工程建设标准规范分类汇编

室外排水工程规范

（修 订 版）

中国建筑工业出版社 编

中 国 建 筑 工 业 出 版 社
中 国 计 划 出 版 社

图书在版编目（CIP）数据

室外排水工程规范/中国建筑工业出版社编．修订版．
—北京：中国建筑工业出版社，中国计划出版社，2003
（工程建设标准规范分类汇编）
ISBN 7-112-06012-5

Ⅰ．室…　Ⅱ．中…　Ⅲ．室外排水-工程施工-建筑规范-汇编-中国　Ⅳ．TU992-02

中国版本图书馆 CIP 数据核字（2003）第 080341 号

工程建设标准规范分类汇编
室外排水工程规范
（修订版）
中国建筑工业出版社　编

*

中国建筑工业出版社
中国计划出版社　出版
新华书店经销
北京蓝海印刷有限公司印刷

*

开本：787×1092 毫米　1/16　印张：66¾　字数：1648 千字
2003 年 11 月第二版　2005 年 8 月第六次印刷
印数：12001-13200 册　定价：**135.00** 元
ISBN 7-112-06012-5
TU・5285（12025）

本社网址：http：//www.china-abp.com.cn
网上书店：http：//www.china-building.com.cn

修 订 说 明

“工程建设标准规范汇编”共35分册，自1996年出版（2000年对其中15分册进行了第一次修订）以来，方便了广大工程建设专业读者的使用，并以其“分类科学，内容全面、准确”的特点受到了社会的好评。这些标准是广大工程建设者必须遵循的准则和规定，对提高工程建设科学管理水平，保证工程质量和工程安全，降低工程造价，缩短工期，节约建筑材料和能源，促进技术进步等方面起到了显著的作用。随着我国基本建设的发展和工程技术的不断进步，国务院有关部委组织全国各方面的专家陆续制订、修订并颁发了一批新标准，其中部分标准、规范、规程对行业影响较大。为了及时反映近几年国家新制定标准、修订标准和标准局部修订情况，我们组织力量对工程建设标准规范分类汇编中内容变动较大者再一次进行了修行。本次修订14册，分别为：

《混凝土结构规范》

《建筑结构抗震规范》

《建筑工程施工及验收规范》

《建筑工程质量标准》

《建筑施工安全技术规范》

《室外给水工程规范》

《室外排水工程规范》

《地基与基础规范》

《建筑防水工程技术规范》

《建筑材料应用技术规范》

《城镇燃气热力工程规范》

《城镇规划与园林绿化规范》

《城市道路与桥梁设计规范》

《城市道路与桥梁施工验收规范》

本次修订的原则及方法如下：

（1）该分册内容变动较大者；

（2）该分册中主要标准、规范内容有变动者；

（3）“▲”代表新修订的规范；

（4）“●”代表新增加的规范；

（5）如无局部修订版，则将“局部修订条文”附在该规范后，不改动原规范相应条文。

修订的2003年版汇编本分别将相近专业内容的标准汇编于一册，便于对照查阅；各册收编的均为现行标准，大部分为近几年出版实施的，有很强的实用性；为了使读者更深刻地理解、掌握标准的内容，该类汇编还收入了有关条文说明；该类汇编单本定价，方便各专业读者购买。

该类汇编是广大工程设计、施工、科研、管理等有关人员必备的工具书。

关于工程建设标准规范的出版、发行，我们诚恳地希望广大读者提出宝贵意见，便于今后不断改进标准规范的出版工作。

中国建筑工业出版社

2003年8月

目　　录

"▲"代表新修订的规范；"●"代表新增加的规范。

中华人民共和国国家标准

室外排水设计规范

GBJ 14-87

（1997年版）

主编部门：上海市建设委员会
批准部门：中华人民共和国国家计划委员会
施行日期：1987年12月1日

工程建设国家标准局部修订公告

第12号

国家标准《室外排水设计规范》GBJ14-87由上海市政工程设计研究院会同有关单位进行了局部修订，已经有关部门会审，现批准局部修订的条文，自1998年3月1日起施行，该规范中相应条文的规定同时废止。现予公告。

中华人民共和国建设部
1997年12月5日

关于发布《室外排水设计规范》的通知

计标〔1987〕666号

根据原国家建委（81）建发设字第546号《关于印发一九八二年至一九八五年工程建设国家标准规范编制、修订计划的通知》，由上海市建委会同有关部门共同修订的《室外排水设计规范》TJ14-74（试行）已修订完毕，并已经有关部门会审。现批准修订后的《室外排水设计规范》GBJ14-87为国家标准，自一九八七年十二月一日起施行。原《室外排水设计规范》TJ14-74（试行）自一九八七年十二月一日起废除。

本规范由上海市建委管理，具体解释工作由上海市政工程设计院负责。出版发行由我委基本建设标准定额研究所负责组织。

国家计划委员会

一九八七年四月二十八日

修订说明

本规范是根据原国家基本建设委员会（81）建设字第546号通知，由上海市建设委员会负责主编，具体由上海市政工程设计院会同设计、大专院校等有关单位，对《室外排水设计规范》TJ14-74（试行）修订而成。

原规范自一九七四年试行以来，规范管理组按统一计划，组织全国有关单位开展科研协作，进行了调查研究和必要的科学试验研究工作。在上述工作的基础上，在修订本规范过程中，规范编制组进一步进行了比较广泛的调查研究和重点测试工作，认真总结了国内外的科研成果和工程实践经验，参考并借鉴了国外的有关标准和资料，广泛征求了全国有关单位的意见，几经讨论修改，最后由我委会同有关部门审查定稿。

本规范共分八章和五个附录。这次修订的主要内容有：增订了污水处理厂厂址选择和总体布置以及污泥处理构筑物两章，立体交叉道路排水、渠道、生物膜法、供氧设施和污泥回流设施五节等内容；修改了暴雨强度公式统计方法和重现期的选用，排水管道最小设计流速、管径和坡度，生活污水水质指标，以及消化池等处理构筑物设计参数；删去了按湿度饱和差法推求暴雨强度公式、酸碱污水、含氰污水、含铬污水、混合池、反应池、生活污水养鱼和平板型表面机械曝气器等有关内容。

本规范执行过程中，如发现需要修改或补充之处，请将意见及有关资料寄给上海市政工程设计院室外给水排水设计规范国家标准管理组，以便再次修订时参考。

上海市建设委员会

1987年2月4日

主要符号

A_1　暴雨强度公式的参数
b　暴雨强度公式的参数
C　暴雨强度公式的参数
F　汇水面积
F_r　曝气池的 BOD_5 容积负荷
F_w　曝气池的 BOD_5 污泥负荷
h　水流深度
I　水力坡降
i　降雨强度
L_j　进水 BOD_5
m　折减系数
N_w　曝气池内混合液悬浮固体平均浓度
n　暴雨强度公式的参数
　粗糙系数
n_o　截流倍数
P　设计重现期
Q　设计流量
Q_g　合流管中的工业废水量
Q_h　溢流井以前的旱流污水量
Q_s　合流管中的生活污水量
Q_y　合流管中的设计雨水量
Q_z　合流管的总设计流量
Q'_h　溢流井以后的旱流污水量
Q'_y　溢流井以后汇水面积的设计雨水量
Q'_z　溢流井以后管段的流量
q　设计暴雨强度
R　水力半径
t　降雨历时
t_1　地面集水时间
t_2　管渠内雨水流行时间
V　曝气池容积
v　流速
ψ　径流系数

目次

第一章　总　　则

第 1.0.1 条　为使我国的排水工程设计，符合国家的方针、政策、法令，达到防止水污染，改善和保护环境，提高人民健康水平的要求，特制订本规范。

第 1.0.2 条　本规范适用于新建、扩建和改建的城镇、工业企业及居住区的永久性的室外排水工程设计。

第 1.0.3 条　排水工程设计应以批准的当地城镇（地区）总体规划和排水工程总体规划为主要依据，从全局出发，根据规划年限、工程规模、经济效益、环境效益和社会效益，正确处理城镇、工业与农业之间，集中与分散、处理与利用、近期与远期的关系。通过全面论证，做到确能保护环境，技术先进，经济合理，安全适用。

第 1.0.4 条　排水制度（分流制或合流制）的选择，应根据城镇和工业企业规划、当地降雨情况和排放标准、原有排水设施、污水处理和利用情况、地形和水体等条件，综合考虑确定。同一城镇的不同地区可采用不同的排水制度。新建地区的排水系统宜采用分流制。

第 1.0.5 条　排水系统设计应综合考虑下列因素：

一、与邻近区域内的污水与污泥处理和处置协调。

二、综合利用或合理处置污水和污泥。

三、与邻近区域及区域内给水系统、洪水和雨水的排除系统协调。

四、接纳工业废水并进行集中处理和处置的可能性。

五、适当改造原有排水工程设施，充分发挥其工程效能。

第 1.0.6 条　工业废水接入城镇排水系统的水质，不应影响城镇排水管渠和污水厂等的正常运行；不应对养护管理人员造成危害；不应影响处理后出水和污泥的排放和利用，且其水质应按有关标准执行。

第 1.0.7 条 工业废水管道接入城镇排水系统时，必须按废水水质接入相应的城镇排水管道。污水管道宜尽量减少出口，在接入城镇排水管道前宜设置检测设施。

第 1.0.8 条 排水工程设计应在不断总结科研和生产实践经验的基础上，积极采用经过鉴定的、行之有效的新技术、新工艺、新材料、新设备。

第 1.0.9 条 排水工程设备的机械化和自动化程度，应根据管理的需要，设备器材的质量和供应情况，结合当地具体条件通过全面的技术经济比较确定。对操作繁重、影响安全、危害健康的主要工艺，应首先采用机械化和自动化设备。

第 1.0.10 条 排水工程的设计，除应按本规范执行外，尚应符合国家现行的有关标准、规范和规定。

第 1.0.11 条 在地震、湿陷性黄土、膨胀土、多年冻土以及其它特殊地区设计排水工程时，尚应符合现行的有关专门规范的规定。

第二章 排 水 量

第一节 生活污水量和工业废水量

第 2.1.1 条 居民生活污水定额和综合生活污水定额应根据当地采用的用水定额，结合建筑内部给排水设施水平和排水系统普及程度等因素确定。可按当地用水定额的 80%～90%采用。

第 2.1.2 条 生活污水量总变化系数宜按表 2.1.2 采用。

生活污水量总变化系数 表 2.1.2

污水平均日流量（l/s）	5	15	40	70	100	200	500	≥1 000
总变化系数	2.3	2.0	1.8	1.7	1.6	1.5	1.4	1.3

注：①当污水平均日流量为中间数值时，总变化系数用内插法求得。
②当居住区有实际生活污水量变化资料时，可按实际数据采用。

第 2.1.3 条 工业企业内生活污水量、淋浴污水量的确定，应与国家现行的《室外给水设计规范》的有关规定协调。

第 2.1.4 条 工业企业的工业废水量及其总变化系数应根据工艺特点确定，并与国家现行的工业用水量有关规定协调。

第 2.1.5 条 在地下水位较高的地区，宜适当考虑地下水渗入量。

第二节 雨 水 量

第 2.2.1 条 雨水设计流量应按下列公式计算：

$$Q = q\psi F \qquad (2.2.1)$$

式中 Q ——雨水设计流量（L/s）；
q ——设计暴雨强度（L/s·ha）；

ψ ——径流系数；

F ——汇水面积（ha）。

注：当有生产废水排入雨水管道时，应将其水量计算在内。

第 2.2.2 条 径流系数可按表 2.2.2-1 采用，汇水面积的平均径流系数按地面种类加权平均计算；区域的综合径流系数，可按表 2.2.2-2 采用。

径 流 系 数 **表 2.2.2-1**

地 面 种 类	ψ
各种屋面、混凝土和沥青路面	0.90
大块石铺砌路面和沥青表面处理的碎石路面	0.60
级配碎石路面	0.45
干砌砖石和碎石路面	0.40
非铺砌土地面	0.30
公园或绿地	0.15

综合径流系数 **表 2.2.2-2**

区 域 情 况	ψ
市 区	0.5～0.8
郊 区	0.4～0.6

第 2.2.3 条 设计暴雨强度应按下列公式计算：

$$q = \frac{167A_1(1 + C\lg P)}{(t + b)^n} \quad (2.2.3)$$

式中 q ——设计暴雨强度（L/s · ha）；

t ——降雨历时（min）；

P ——设计重现期（a）；

A_1、C、n、b——参数，根据统计方法进行计算确定。在具有十年以上自动雨量记录的地区，暴雨强度公式可按本规范附录一的有关规定编制。

注：在自动雨量记录不足十年的地区，可参照附近气象条件相似地区的资料采用。

第 2.2.4 条 雨水管渠设计重现期，应根据汇水地区性质（广场、干道、厂区、居住区）、地形特点和气象特点等因素确定。在同一排水系统中可采用同一重现期或不同重现期。重现期一般选用 0.5～3 a，重要干道、重要地区或短期积水即能引起较严重后果的地区，一般选用 2～5 a，并应与道路设计协调。

注：特别重要地区和次要地区可酌情增减。

第 2.2.5 条 雨水管渠的设计降雨历时，应按下列公式计算：

$$t = t_1 + mt_2 \quad (2.2.5)$$

式中 t ——降雨历时（min）；

t_1——地面集水时间（min），视距离长短、地形坡度和地面铺盖情况而定，一般采用 5～15 min；

m——折减系数，暗管折减系数 m=2，明渠折减系数 m=1.2；

t_2——管渠内雨水流行时间（min）。

注：在陡坡地区，采用暗管时折减系数 m=1.2～2。

第三节 合 流 水 量

第 2.3.1 条 合流管道的总设计流量应按下列公式计算：

$$Q_z = Q_s + Q_g + Q_y = Q_h + Q_y \quad (2.3.1)$$

式中 Q_z——总设计流量（L/s）；

Q_s——设计生活污水量（L/s）；

Q_g——设计工业废水量（L/s）；

Q_y——设计雨水量（L/s）；

Q_h——溢流井以前的旱流污水量（L/s）。

第 2.3.2 条　溢流井以后管段的流量应按下列公式计算：

$$Q'_z = (n_o + 1)Q_h + Q'_y + Q'_h \qquad (2.3.2)$$

式中　Q'_z——溢流井以后管段流量（L/s）；

n_o——截流倍数，即开始溢流时所截留的雨水量与旱流污水量之比；

Q'_y——溢流井以后汇水面积的设计雨水量（L/s）；

Q'_h——溢流井以后的旱流污水量（L/s）。

第 2.3.3 条　截流倍数 n_o 应根据旱流污水的水质和水量及其总变化系数、水体卫生要求、水文、气象条件等因素经计算确定，一般采用 1～5。

第 2.3.4 条　合流管道的雨水设计重现期可适当高于同一情况下的雨水管道设计重现期。

第三章　排水管渠及其附属构筑物

第一节　一 般 规 定

第 3.1.1 条　排水管渠系统应根据城市规划和建设情况统一布置，分期建设。排水管渠应按远期水量设计。

第 3.1.2 条　管渠平面位置和高程，应根据地形、道路建筑情况、土质、地下水位以及原有的和规划的地下设施、施工条件等因素综合考虑确定。

第 3.1.3 条　管渠及其附属构筑物、管道接口和基础的材料，应根据排水水质、水温、冰冻情况、断面尺寸、管内外所受压力、土质、地下水位、地下水侵蚀性和施工条件等因素进行选择，并应尽量就地取材。

第 3.1.4 条　输送腐蚀性污水的管渠必须采用耐腐蚀材料，其接口及附属构筑物必须采取相应的防腐蚀措施。

第 3.1.5 条　当输送易造成管内沉析的污水时，管渠形式和断面的确定，必须考虑维护检修的方便。

第 3.1.6 条　厂区内的生产污水，应根据其不同的回收、利用和处理方法设置专用的污水管道。经常受有害物质污染的场地的雨水，应经预处理后接入相应的污水管道。

第 3.1.7 条　雨水管道、合流管道的设计，应尽量考虑自流排出。计算水体水位时，应同时考虑现有的和规划的水库等水利设施引起的水位变化情况。当受水体水位顶托时，应根据地区重要性和积水所造成的后果，设置潮门、闸门或泵站等设施。

第 3.1.8 条　设计雨水管渠时，可结合城市规划，考虑利用湖泊、池塘调蓄雨水。

第 3.1.9 条　污水管渠系统上应设置事故排出口。

第 3.1.10 条 雨水管道系统之间或合流管道系统之间，可根据需要设置连通管。必要时可在连通管处设置闸槽或闸门。连通管及附设闸井应考虑维护管理的方便。

第 3.1.11 条 设计污水管渠时，对每一独立系统或设置泵站的管道，宜在总出口处设置计量设施。

第二节 水力计算

第 3.2.1 条 排水管渠的流速，应按下列公式计算：

$$v=\frac{1}{n}R^{\frac{2}{3}}I^{\frac{1}{2}} \quad (3.2.1)$$

式中 v——流速（m/s）；

R——水力半径（m）；

I——水力坡降；

n——粗糙系数。

第 3.2.2 条 管渠粗糙系数宜按表 3.2.2 采用。

管渠粗糙系数 表 3.2.2

管渠类别	粗糙系数 n	管渠类别	粗糙系数 n
石棉水泥管、钢管	0.012	浆砌砖渠道	0.015
木槽	0.012～0.014	浆砌块石渠道	0.017
陶土管、铸铁管	0.013	干砌块石渠道	0.020～0.025
混凝土管、钢筋混凝土管水泥砂浆抹面渠道	0.013～0.014	土明渠（包括带草皮）	0.025～0.030

第 3.2.3 条 排水管渠的最大设计充满度和超高，应遵守下列规定：

一、污水管道应按不满流计算，其最大设计充满度应按表 3.2.3 采用。

二、雨水管道和合流管道应按满流计算。

最大设计充满度 表 3.2.3

管径或渠高（mm）	最大设计充满度
200～300	0.55
350～450	0.65
500～900	0.70
≥1 000	0.75

注：在计算污水管道充满度时，不包括沐浴或短时间内突然增加的污水量，但当管径小于或等于 300 mm 时，应按满流复核。

三、明渠超高不得小于 0.2 m。

第 3.2.4 条 排水管道的最大设计流速，应遵守下列规定：

一、金属管道为 10 m/s；

二、非金属管道为 5 m/s。

第 3.2.5 条 排水明渠的最大设计流速应遵守下列规定：

一、当水流深度为 0.4～1.0 m 时，宜按表 3.2.5 采用。

明渠最大设计流速 表 3.2.5

明渠类别	最大设计流速（m/s）
粗砂或低塑性粉质粘土	0.8
粉质粘土	1.0
粘土	1.2
石灰岩或中砂岩	4.0
草皮护面	1.6
干砌块石	2.0
浆砌块石或浆砌砖	3.0
混凝土	4.0

二、当水流深度在0.4～1.0 m范围以外时，表3.2.5所列最大设计流速应乘以下列系数：

h<0.4 m　　0.85；

1.0<h<2.0 m　　1.25；

h≥2.0 m　　1.40。

注：h为水流深度。

第3.2.6条 排水管渠的最小设计流速，应遵守下列规定：

一、污水管道在设计充满度下为0.6 m/s。

注：含有金属、矿物固体或重油杂质的生产污水管道，其最小设计流速宜适当加大。

二、雨水管道和合流管道在满流时为0.75 m/s。

三、明渠为0.4 m/s。

注：① 当起点污水管段中的流速不能满足以上规定时，应符合本规范第3.2.9条要求。

② 设计流速不满足最小设计流速时，应增设清淤措施。

第3.2.7条 生活污水压力输泥管的最小设计流速，一般可按表3.2.7采用。

压力输泥管最小设计流速　　**表3.2.7**

污泥含水率（%）	最小设计流速（m/s）	
	管径150～250 mm	管径300～400 mm
90	1.5	1.6
91	1.4	1.5
92	1.3	1.4
93	1.2	1.3
94	1.1	1.2
95	1.0	1.1
96	0.9	1.0
97	0.8	0.9
98	0.7	0.8

第3.2.8条 压力管道的设计流速宜采用0.7～1.5 m/s。

第3.2.9条 管道的最小管径和最小设计坡度，宜按表3.2.9采用。

最小管径和最小设计坡度　　**表3.2.9**

管 别	位 置	最小管径（mm）	最小设计坡度
污 水 管	在街坊和厂区内	200	0.004
污 水 管	在街道下	300	0.003
雨水管和合流管		300	0.003
雨水口连接管		200	0.01
压力输泥管		150	

注：①管道坡度不能满足上述要求时，可酌情减小，但应有防淤、清淤措施。

②自流输泥管道的最小设计坡度宜采用0.01。

第3.2.10条 管道在坡度变陡处，其管径可根据水力计算确定由大改小，但不得超过2级，并不得小于最小管径。

第三节　管　道

第3.3.1条 各种不同直径的管道在检查井内的连接，宜采用水面或管顶平接。

第3.3.2条 管道转弯和交接处，其水流转角不应小于90°。

注：当管径小于等于300 mm，跌水水头大于0.3 m时，可不受此限制。

第3.3.3条 管道基础应根据地质条件确定，对地基松软或不均匀沉降地段，管道基础或地基应采取加固措施，管道接口应采用柔性接口。

第3.3.4条 设计合流管道时，应防止在压力流情况下，使接户管发生倒灌。

第3.3.5条 污水管道和合流管道应根据需要设通风设施。

第3.3.6条 管顶最小覆土厚度，应根据外部荷载，管材强

度和土的冰冻情况等条件，结合当地埋管经验确定。在车行道下，一般不宜小于0.7 m

注：当土的冰冻线很浅（或冰冻线虽深但有保温措施），且管道保证不受外部荷载损坏时，其覆土厚度可酌情减小。

第3.3.7条 冰冻层内污水管道埋设深度，应根据流量、水温、水流情况和敷设位置等因素确定，一般应符合下列规定：

一、无保温措施的生活污水管道或水温与生活污水接近的工业废水管道，管底可埋设在冰冻线以上0.15 m。

二、有保温措施或水温较高的管道，管底在冰冻线以上的距离可以加大，其数值应根据该地区或条件相似地区的经验确定。

第3.3.8条 在冻冻层内埋设雨水管道，如有防止冰冻膨胀破坏管道的措施时，可埋设在冰冻线以上。

第3.3.9条 设计压力管时，应考虑水锤的影响。在管线的高点以及每隔一定距离处，应设排气装置；在管线的低点以及每隔一定距离处，应设排空装置。

第3.3.10条 承插压力管道应根据管径、转弯角度、试压标准和接口的摩擦力等因素，通过计算确定是否在垂直或水平方向转弯处设置支墩。

第3.3.11条 压力管接入自流管渠时，应有消能设施。

第四节 检 查 井

第3.4.1条 检查井的位置，应设在管道交汇处、转弯处、管径或坡度改变处、跌水处以及直线管段上每隔一定距离处。

注：结合地区规划，在规划建筑物附近宜预留检查井，增设预留支管。

第3.4.2条 检查井在直线管段的最大间距应根据具体情况确定，一般宜按表3.4.2采用。

第3.4.3条 检查井各部尺寸应符合下列要求：

一、井口、井筒和井室的尺寸应便于养护和检修，爬梯和脚窝的尺寸、位置应便于检修和上下安全；

二、检修室高度在管道埋深许可时一般为1.8 m，污水检查井由流槽顶起算，雨水（合流）检查井由管底起算。

检查井最大间距 表3.4.2

管径或暗渠净高（mm）	最大间距（m）	
	污水管道	雨水（合流）管道
200～400	30	40
500～700	50	60
800～1 000	70	80
1 100～1 500	90	100
>1 500，且≤2 000	100	120

注：管径或暗渠净高大于2 000 mm时，检查井的最大间距可适当增大。

第3.4.4条 检查井井底宜设流槽。污水检查井流槽顶可与0.85倍大管管径处相平，雨水（合流）检查井流槽顶可与0.5倍大管管径处相平。流槽顶部宽度宜满足检修要求。

第3.4.5条 在管道转弯处，检查井内流槽中心线的弯曲半径应按转角大小和管径大小确定，但不宜小于大管管径。

第3.4.6条 位于车行道的和经常启闭的检查井，应采用铸铁井盖座。在道路以外时，根据具体情况可高出地面。

第3.4.7条 在污水干管每隔适当距离的检查井内，需要时可设置闸槽。

第3.4.8条 接入检查井的支管（接户管或连接管）数不宜超过3条。

第五节 跌 水 井

第3.5.1条 管道跌水水头为1～2 m时，宜设跌水井；跌水水头大于2.0 m时，必须设跌水井。管道转弯处不宜设跌水井。

第3.5.2条 跌水井的进水管管径不大于200 mm时，一次跌水水头高度不得大于 6 m；管径为 300～400 mm 时，一次不宜大于 4 m。跌水方式一般可采用竖管或矩形竖槽。管径大于 400 mm 时，其一次跌水水头高度及跌水方式应按水力计算确定。

第六节 水 封 井

第 3.6.1 条 当生产污水能产生引起爆炸或火灾的气体时，其管道系统中必须设置水封井。水封井位置应设在产生上述污水的排出口处及其干管上每隔适当距离处。

第 3.6.2 条 水封深度应采用 0.25 m，井上宜设通风设施，井底应设沉泥槽。

第 3.6.3 条 水封井以及同一管道系统中的其它检查井，均不应设在车行道和行人众多的地段，并应适当远离产生明火的场地。

第七节 雨 水 口

第 3.7.1 条 雨水口的型式、数量和布置，应按汇水面积所产生的流量、雨水口的泄水能力及道路型式确定。

第 3.7.2 条 雨水口间距宜为 25～50 m。连接管串联雨水口个数不宜超过 3 个。雨水口连接管长度不宜超过 25 m。

注：低洼和易积水地段，应根据需要适当增加雨水口。

第 3.7.3 条 当道路纵坡大于 0.02 时，雨水口的间距可大于 50 m，其型式、数量和布置应根据具体情况和计算确定。坡段较短时可在最低点处集中收水，其雨水口的数量或面积应适当增加。

第 3.7.4 条 雨水口深度不宜大于 1 m，并根据需要设置沉泥槽。遇特殊情况需要浅埋时，应采取加固措施。有冻胀影响地区的雨水口深度，可根据当地经验确定。

第八节 出 水 口

第 3.8.1 条 排水管渠出水口的位置、型式和出口流速，应根据排水水质、下游用水、水体的流量和水位变化幅度、稀释和自净能力、水流方向、波浪状况、地形变迁和气象等因素确定。

第 3.8.2 条 出水口应采取防冲、消能、加固等措施；当伸入河道时，应设置标志。

第 3.8.3 条 有冻胀影响地区的出水口，应考虑用耐冻胀材料砌筑，出水口的基础必须设置在冰冻线以下。

第九节 立体交叉道路排水

第 3.9.1 条 立体交叉道路排水应排除汇水区域的地面径流水和影响道路功能的地下水，其形式应根据当地规划、现场水文地质条件、立交型式等工程特点确定。

第 3.9.2 条 立体交叉排水的地面径流量计算，宜符合下列规定：

一、设计重现期为 1～5 a，重要部位宜采用较高值，同一立体交叉工程的不同部位可采用不同的重现期；

二、地面集水时间宜为 5～10 min；

三、径流系数宜为 0.8～1.0；

四、汇水面积应合理确定，宜采用高水高排、低水低排互不连通的系统，并应有防止高水进入低水系统的可靠措施。

第 3.9.3 条 立体交叉地道排水宜设独立的排水系统，其出水口必须可靠。

第 3.9.4 条 当立体交叉地道工程的最低点位于地下水位以下时，应采取排水或降低地下水位的措施。

第十节 倒 虹 管

第 3.10.1 条 通过河道的倒虹管，一般不宜少于两条；通过谷地、旱沟或小河的倒虹管可采用一条。

注：通过障碍物的倒虹管，尚应符合与该障碍物相交的有关规定。

第 3.10.2 条 倒虹管的设计应符合下列要求：

一、最小管径宜为 200 mm；

二、管内设计流速应大于 0.9 m/s，并应大于进水管内的流速，当管内设计流速不能满足上述要求时，应加定期冲洗措施，冲洗时流速不应小于 1.2 m/s。

三、倒虹管的管顶距规划河底一般不宜小于 0.5 m，通过航运河道时，其位置与管顶距规划河底距离应与当地航运管理部门协商确定，并设置标志，遇冲刷河床应考虑防冲措施；

四、倒虹管宜设置事故排出口。

第 3.10.3 条 合流管道设倒虹管时，应按旱流污水量校核流速。

第 3.10.4 条 倒虹管进出水井的检修室净高宜为 2 m。进出水井较深时，井内应设检修台，其宽度应满足检修要求。当倒虹管为复线时，井盖的中心宜设在各条管道的中心线上。

第 3.10.5 条 倒虹管进出水井内应设闸槽或闸门。

第 3.10.6 条 倒虹管进水井的前一检查井，应设置沉泥槽。

第十一节 渠 道

第 3.11.1 条 在地形平坦地区、埋设深度或出水口深度受限制的地区，可采用渠道（明渠或盖板渠）排除雨水。盖板渠宜就地取材，构造宜方便维护，渠壁可与路侧石联合砌筑。

第 3.11.2 条 明渠和盖板渠的底宽，不宜小于 0.3 m。无铺砌的明渠边坡，应根据不同的地质按表 3.11.2 采用；用砖石或混凝土块铺砌的明渠可采用 1∶0.75～1∶1 的边坡。

第 3.11.3 条 渠道和涵洞连接时，应符合下列要求：

一、渠道接入涵洞时，应考虑断面收缩、流速变化等因素造成明渠水面壅高的影响；

二、涵洞断面应按渠道水面达到设计超高时的泄水量计算；

三、涵洞两端应设挡土墙和护坡、护底；

四、涵洞宜做成方形，如为圆管时，管底可适当低于渠底，其降低部分不计入过水断面。

明 渠 边 坡 **表 3.11.2**

地 质	边 坡
粉砂	1∶3～1∶3.5
松散的细砂、中砂和粗砂	1∶2～1∶2.5
密实的细砂、中砂、粗砂或粘质粉土	1∶1.5～1∶2
粉质粘土或粘土砾石或卵石	1∶1.25～1∶1.5
半岩性土	1∶0.5～1∶1
风化岩石	1∶0.25～1∶0.5
岩石	1∶0.1～1∶0.25

第 3.11.4 条 渠道和管道连接处应设挡土墙等衔接设施。渠道接入管道处应设置格栅。

第 3.11.5 条 明渠转弯处，其中心线的弯曲半径一般不宜小于设计水面宽度的 5 倍；盖板渠和铺砌明渠可采用不小于设计水面宽度的 2.5 倍。

第十二节 管 道 综 合

第 3.12.1 条 排水管道与其他地下管道和建筑物、构筑物等相互间的位置，应符合下列要求：

一、在敷设和检修管道时，不应互相影响；

二、排水管道损坏时，不应影响附近建筑物、构筑物的基础或污染生活饮用水；

三、排水管道宜与道路中心线平行敷设，并宜尽量设在快车道以外。

第 3.12.2 条 污水管道、合流管道与生活给水管道相交时，应敷设在生活给水管道下面。

注：不能满足上述要求时，必须有防止污染生活给水管道的措施。

第3.12.3条 排水管道与其他地下管线（或构筑物）的水平和垂直最小净距，应根据两者的类型、高程、施工先后和管线损坏的后果等因素，按当地城市或工业企业管道综合设计确定。亦可按本规范附录二采用。

第四章 排水泵站

第一节 一般规定

第4.1.1条 排水泵站宜按远期规模设计，水泵机组可按近期水量配置。

第4.1.2条 排水泵站宜设计为单独的建筑物。抽送会产生易燃易爆和有毒气体的污水泵站，必须设计为单独的建筑物，并应采取相应的防护措施。

第4.1.3条 单独设置的泵站，根据废水对大气的污染程度、机组的噪声等情况，结合当地环境条件，应与居住房屋和公共建筑保持必要距离，周围宜设置围墙，并应绿化。

第4.1.4条 受洪水淹没地区的泵站，其入口处设计地面标高应比设计洪水位高出0.5 m以上，当不能满足上述要求时，可在入口处设置闸槽等临时防洪措施。

第4.1.5条 泵站前应设置事故排出口。

第4.1.6条 泵站供电宜按二级负荷设计。立体交叉道路等重要地区的泵站，必须按二级负荷设计，当不能满足上述要求时，应设备用的动力设施。

第4.1.7条 泵房的采暖、通风、噪声和消防的标准，应符合现行的有关规范的规定。

第4.1.8条 泵房至少应有一个能容最大设备或部件出入的门。

第4.1.9条 抽送腐蚀性污水的泵站，其水泵和管配件等必须采取相应的防腐蚀措施。

第4.1.10条 立体交叉道路排水泵站应根据当地地下水的水位和流量情况，适当考虑抽送地下水的设施。

第 4.1.11 条 在经常有人管理的泵房内，应设有通风，通讯设施的隔声值班室。对远离居民点的泵站，应根据需要适当设置工作人员的生活设施。

第二节 集 水 池

第 4.2.1 条 集水池的容积，应根据水量、水泵能力和水泵工作情况等因素确定。一般应符合下列要求：

一、污水泵房的集水池容积，不应小于最大一台水泵 5 min 的出水量；

注：如水泵机组为自动控制时，每小时开动水泵不得超过 6 次。

二、雨水泵房的集水池容积，不应小于最大一台水泵 30 s 的出水量；

三、初沉污泥和消化污泥泵房的集水池容积，应按一次排入的污泥量和污泥泵抽送能力计算。活性污泥泵房的集水池容积，应按排入的回流污泥量、剩余污泥量和污泥泵抽送能力计算。

第 4.2.2 条 流入集水池的污水与雨水均应通过格栅。

第 4.2.3 条 污水泵房的集水池宜装置冲泥和清泥等设施。抽送含有焦油等类的生产污水时，宜有加热设施。

第 4.2.4 条 泵房集水池前，应设置闸门或闸槽。

第 4.2.5 条 集水池的布置，应考虑改善水泵吸水管的水力条件，减少滞流或涡流。

第三节 泵 房

第 4.3.1 条 水泵的选择应根据水量、水质和所需扬程等因素确定，且应符合下列要求：

一、水泵宜选用同一型号。当水量变化大时，应考虑水泵大小的搭配，但型号不宜过多，或采用可调速电动机。

二、泵房内工作泵不宜少于 2 台。污水泵房内的备用泵台数，应根据地区重要性、泵房特殊性、工作泵型号和台数等因素确定，但不得少于 1 台。雨水泵房可不设备用泵。

三、应采取节约能耗措施。

四、有条件时，应采用潜水泵抽升雨、污水或污泥。

第 4.3.2 条 水泵吸水管及出水管的流速，应符合下列要求：

一、吸水管流速为 0.7～1.5 m/s；

二、出水压力管流速为 0.8～2.5 m/s。

第 4.3.3 条 泵房内的起重设备，根据水泵最重部件或电动机的重量，可按下列规定选用：

一、起重量小于 0.5 t 的地面式泵房，采用固定吊钩或移动吊架；

二、起重量在 1 t 以下时，采用手动单轨单梁起重设备；

三、起重量在 1～3 t 时，采用手动或电动单轨单梁起重设备；

四、起重量在 3 t 以上时，采用电动单梁桥式起重设备。

注：起吊高度大、吊运距离长或起吊次数多的泵房，可适当提高起吊的机械化水平。

第 4.3.4 条 主要机组的布置和通道宽度，应符合下列要求：

一、相邻两机组基础间的净距：

1. 电动机容量小于等于 55 kW 时，不得小于 0.8 m；

2. 电动机容量大于 55 kW 时，不得小于 1.2 m。

二、无吊车起重设备的泵房，一般在每个机组的一侧应有比机组宽度大 0.5 m 的通道，但不得小于本条一款的规定。

三、相邻两机组突出基础部分的间距，以及机组突出部分与墙壁的间距，应保证水泵轴或电动机转子在检修时能够拆卸，并不得小于 0.8 m。如电动机容量大于 55 kW 时，则不得小于 1.0 m。作为主要通道的宽度不得小于 1.2 m。

四、配电箱前面通道的宽度，低压配电时不小于 1.5 m，高压配电时不小于 2.0 m。当采用在配电箱后面检修时，后面距墙不宜小于 1.0 m。

五、在有桥式起重设备的泵房内，应有吊运设备的通道。

第 4.3.5 条 当需要在泵房内检修设备时，应留有检修设备的位置，其面积应根据最大设备（或部件）的外形尺寸确定，并在周围设宽度不小于 0.7 m 的通道。

第 4.3.6 条 泵房高度应遵守下列规定：

一、无吊车起重设备者，室内地面以上有效高度不小于 3.0 m；

二、有吊车起重设备者，应保证吊起物体底部与所越过的固定物体的顶部有不小于 0.5 m 的净空；

三、有高压配电设备的房屋高度，应根据电气设备外形尺寸确定。

第 4.3.7 条 泵房内应有排除积水的设施。

第 4.3.8 条 立式水泵的传动轴当装有中间轴承时应设置养护工作台。

第 4.3.9 条 泵房内地面敷设管道时，应根据需要设置跨越设施。若架空敷设时，不得跨越电气设备和阻碍通道，通行处的管底距地面不宜小于 2.0 m。

第 4.3.10 条 当两台或两台以上水泵合用一条出水管时，每台水泵的出水管上均应设置闸阀，并在闸阀和水泵之间设止回阀；如单独出水管为自由出流时，一般可不设止回阀和闸阀。

第 4.3.11 条 排水泵房宜设计成自灌式，并应符合下列要求：

一、在吸水管上应设有闸阀；

二、宜按集水池的液位变化自动控制运行。

第 4.3.12 条 非自灌式水泵的泵房内，应设置引水设备，并宜设备用。

第五章 污水处理厂的厂址选择和总体布置

第 5.0.1 条 污水处理厂位置的选择，应符合城镇总体规划和排水工程总体规划的要求，并应根据下列因素综合确定：

一、在城镇水体的下游；

二、在城镇夏季最小频率风向的上风侧；

三、有良好的工程地质条件；

四、少拆迁，少占农田，有一定的卫生防护距离；

五、有扩建的可能；

六、便于污水、污泥的排放和利用；

七、厂区地形不受水淹，有良好的排水条件；

八、有方便的交通、运输和水电条件。

第 5.0.2 条 污水厂的厂区面积应按远期规模确定，并作出分期建设的安排。

第 5.0.3 条 污水厂的总体布置应根据厂内各建筑物和构筑物的功能和流程要求，结合厂址地形、气象和地质条件等因素，经过技术经济比较确定，并应便于施工、维护和管理。

第 5.0.4 条 污水厂厂区内各建筑物造型应简洁美观，选材恰当，并应使建筑物和构筑物群体的效果与周围环境协调。

第 5.0.5 条 生产管理建筑物和生活设施宜集中布置，其位置和朝向应力求合理，并应与处理构筑物保持一定距离。

第 5.0.6 条 污水和污泥的处理构筑物宜根据情况尽可能分别集中布置。处理构筑物的间距应紧凑、合理，并应满足各构筑物的施工、设备安装和埋设各种管道以及养护维修管理的要求。

第 5.0.7 条 污水厂的工艺流程、竖向设计宜充分利用原有地形，符合排水通畅、降低能耗、平衡土方的要求。

第 5.0.8 条 厂区消防及消化池、贮气罐、余气燃烧装置、污泥气管道及其它危险品仓库的位置和设计，应符合现行的《建筑设计防火规范》的要求。

第 5.0.9 条 污水厂内可根据需要，在适当地点设置堆放材料、备件、燃料或废渣等物料以及停车的场地。

第 5.0.10 条 污水厂的绿化面积不宜小于全厂总面积的30%。

第 5.0.11 条 污水厂应设置通向各构筑物和附属建筑物的必要通道。通道的设计应符合下列要求：

一、主要车行道的宽度：单车道为 3.5 m，双车道为 6～7 m，并应有回车道；

二、车行道的转弯半径不宜小于 6 m；

三、人行道的宽度为 1.5～2 m；

四、通向高架构筑物的扶梯倾角不宜大于 45°。

五、天桥宽度不宜小于 1 m。

第 5.0.12 条 污水厂周围应设围墙，其高度不宜小于 2 m。工业企业污水站的围护可按具体需要确定。

第 5.0.13 条 污水厂的大门尺寸应能容最大设备或部件出入，并应另设运除废渣的侧门。

第 5.0.14 条 污水厂并联运行的处理构筑物间应设均匀配水装置，各处理构筑物系统间宜设可切换的连通管渠。

第 5.0.15 条 污水厂内各种管渠应全面安排，避免相互干扰。管道复杂时宜设置管廊。处理构筑物间的输水、输泥和输气管线的布置应使管渠长度短、水头损失小、流行通畅、不易堵塞和便于清通。各污水处理构筑物间的通连，在条件适宜时，应采用明渠。

第 5.0.16 条 污水厂应合理地布置处理构筑物的超越管渠。

第 5.0.17 条 处理构筑物宜设排空设施，排出的水应回流处理。

第 5.0.18 条 污水厂的给水系统与处理装置衔接时，必须采取防止污染给水系统的措施。

第 5.0.19 条 污水厂供电宜按二级负荷设计。为维持污水厂最低运行水平的主要设备的供电，必须为二级负荷，当不能满足上述要求时，应设置备用动力设施。

注：工业企业污水站的供电等级，应与主要污水污染源车间相同。

第 5.0.20 条 污水厂应根据处理工艺的要求，设污水、污泥和气体的计量装置，并可设置必要的仪表和控制装置。

第 5.0.21 条 污水厂附属建筑物的组成及其面积，应根据污水厂的规模、工艺流程和管理体制等结合当地实际情况确定，并应符合现行的有关规定。

第 5.0.22 条 工业企业污水处理站的附属建筑物宜与该工业企业的有关建筑物统一考虑。

第 5.0.23 条 位于寒冷地区的污水处理厂，应有保温防冻措施。

第 5.0.24 条 根据维护管理的需要，宜在厂区内适当地点设置配电箱、照明、联络电话、冲洗水栓、浴室、厕所等设施。

第 5.0.25 条 高架处理构筑物应设置适用的栏杆、防滑梯和避雷针等安全措施。

第六章　污水处理构筑物

第一节　一般规定

第 6.1.1 条　城市污水排入水体时，其处理程度及方法应按现行的国家和地方的有关规定，以及水体的稀释和自净能力、上下游水体利用情况、污水的水质和水量、污水利用的季节性影响等条件，经技术经济比较确定。

第 6.1.2 条　城市污水处理厂的处理效率，一般可按表 6.1.2 采用。

污水处理厂的处理效率　　**表 6.1.2**

处理级别	处理方法	主要工艺	处理效率（%）	
			SS	BOD_5
一级	沉淀法	沉淀	40～55	20～30
二级	生物膜法	初次沉淀，生物膜法，二次沉淀	60～90	65～90
	活性污泥法	初次沉淀，曝气，二次沉淀	70～90	65～95

注：①表中 SS 表示悬浮固体量，BOD_5 表示五日生化需氧量。
②活性污泥法根据水质、工艺流程等情况，可不采用初次沉淀。

第 6.1.3 条　在水质和（或）水量变化大的污水厂中，可设置调节水质和（或）水量的设施。

第 6.1.4 条　污水处理构筑物的设计流量，应按分期建设的情况分别计算。当污水为自流进入时，按每期的最大日最大时设计流量计算；当污水为提升进入时，应按每期工作水泵的最大组合流量计算。

注：曝气池的设计流量，应根据曝气池类型和曝气时间确定。曝气时间较长时，设计流量可酌情减小。

第 6.1.5 条　合流制的处理构筑物，除应按本章有关规定设计外，尚应考虑雨水进入后的影响，一般可按下列要求采用：

一、格栅、沉砂池，按合流设计流量计算；

二、初次沉淀池，一般按旱流污水量设计，按合流设计流量校核，校核的沉淀时间不宜小于 30 min；

三、第二级处理系统：一般按旱流污水量计算，必要时可考虑一定的合流水量；

四、污泥浓缩池、湿污泥池和消化池的容积，以及污泥干化场的面积，一般可按旱流情况加大 10%～20%计算；

五、管渠应按相应最大日最大时设计流量计算。

第 6.1.6 条　城市污水的设计水质，在无资料时，一般应按下列要求采用：

一、生活污水的五日生化需氧量应按每人每日 20～35 g 计算；

二、生活污水的悬浮固体量应按每人每日 35～50 g 计算；

三、生活污水的设计水质，可参照同类型工业已有资料采用，其悬浮固体量和五日生化需氧量，可折合人口当量计算；

四、在合流制的情况下，进入污水处理厂的合流污水中悬浮固体量和五日生化需氧量应采用实测值。

五、生物处理构筑物进水的水温宜为 10～40℃，pH 值宜为 6.5～9.5，有害物质不得超过本规范附录三规定的容许浓度，营养组合比（五日生化需氧量：氮：磷）可为 100：5：1。

第 6.1.7 条　各处理构筑物的个（格）数不应少于 2 个（格），并宜按并联系列设计。

注：当污水量较小时，其中沉砂池可考虑 1 个（格）备用。

第 6.1.8 条　处理构筑物的入口处和出口处宜采取整流措施。

第 6.1.9 条 城市污水厂应根据排放水体情况和水质要求考虑设置消毒设施。

第二节 格 栅

第 6.2.1 条 在污水处理系统或水泵前，必须设置格栅。

第 6.2.2 条 格栅栅条间空隙宽度，应符合下列要求：

一、在污水处理系统前，采用机械清除时为 16～25 mm，采用人工清除时为 25～40 mm；

二、在水泵前，应根据水泵要求确定。

注：如水泵前格栅栅条间空隙宽度不大于 20 mm 时，污水处理系统前可不再设置格栅。

第 6.2.3 条 污水过栅流速宜采用 0.6～1.0 m/s，格栅倾角宜采用 45°～75°。

第 6.2.4 条 格栅上部必须设置工作台，其高度应高出格栅前最高设计水位 0.5 m，工作台上应有安全和冲洗设施。

第 6.2.5 条 格栅工作台两侧过道宽度不应小于 0.7 m。工作台正面过道宽度，采用机械清除时不应小于 1.5 m，采用人工清除时不应小于 1.2 m。

第 6.2.6 条 格栅间应设置通风设施。

第三节 沉 砂 池

第 6.3.1 条 城市污水处理厂应设置沉砂池。

第 6.3.2 条 平流沉砂池的设计，应符合下列要求：

一、最大流速应为 0.3 m/s，最小流速应为 0.15 m/s；

二、最大流量时停留时间不应少于 30 s；

三、有效水深不应大于 1.2 m，每格宽度不宜小于 0.6 m。

一级污水处理厂宜采用平流沉砂池。

第 6.3.3 条 曝气沉砂池的设计，应符合下列要求：

一、水平流速为 0.1 m/s；

二、最大时流量的停留时间为 1～3 min；

三、有效水深为 2～3 m，宽深比为 1～1.5；

四、处理每立方米污水的曝气量为 0.1～0.2 m^3 空气；

五、进水方向应与池中旋流方向一致，出水方向应与进水方向垂直，并宜设置挡板。

第 6.3.4 条 城市污水的沉砂量，可按每立方米污水 0.03 L 计算；合流制污水的沉砂量应根据实际情况确定。

注：沉砂量的含水率 60%，容重 1500 kg/m^3。

第 6.3.5 条 砂斗容积不应大于 2 d 的沉砂量，采用重力排砂时，砂斗斗壁与水平面的倾角不应小于 55°。

第 6.3.6 条 除砂宜采用机械方法，并设置贮砂池或晒砂场。采用人工排砂时，排砂管直径不应小于 200 mm。

第四节 沉 淀 池

（Ⅰ） 一 般 规 定

第 6.4.1 条 城市污水沉淀池的设计数据宜按表 6.4.1 采用。生产污水沉淀池的设计数据，应根据试验或实际生产运行经验确定。

城市污水沉淀池设计数据 **表 6.4.1**

沉淀池类型		沉淀时间 (h)	表面水力负荷 [$m^3/(m^2 \cdot h)$]	每人每日污泥量 (g)	污泥含水率 (%)
初次沉淀池		1.0～2.0	1.5～3.0	14～27	95～97
二次沉淀池	生物膜法后	1.5～2.5	1.0～2.0	7～19	96～98
	活性污泥法后	1.5～2.5	1.0～1.5	10～21	99.2～99.6

注：①污泥量系指在 100℃下烘干恒重的污泥干重。
②合建式完全混合曝气池沉淀区的表面水力负荷数据宜按第 6.6.10 条规定采用。

第 6.4.2 条 沉淀池的超高不应小于 0.3 m。

第 6.4.3 条 沉淀池的有效水深宜采用 2～4 m。

第 6.4.4 条 当采用污泥斗排泥时，每个泥斗均应设单独的闸阀和排泥管。泥斗的斜壁与水平面的倾角，方斗宜为 60°，圆斗宜为 55°。

第 6.4.5 条 初次沉淀池的污泥区容积，宜按不大于 2 d 的污泥量计算。曝气池后的二次沉淀池污泥区容积，宜按不大于 2 h 的污泥量计算，并应有连续排泥措施。机械排泥的初次沉淀池和生物膜法处理后的二次沉淀池污泥区容积，宜按 4 h 的污泥量计算。

第 6.4.6 条 排泥管的直径不应小于 200 mm。

第 6.4.7 条 当采用静水压力排泥时，初次沉淀池的静水头不应小于 1.5 m；二次沉淀池的静水头，生物膜法处理后不应小于 1.2 m，曝气池后不应小于 0.9 m。

注：生产污水按污泥性质确定。

第 6.4.8 条 沉淀池出水堰最大负荷，初次沉淀池不宜大于 2.9 L/（s·m）；二次沉淀池不宜大于 1.7 L/（s·m）。

第 6.4.9 条 沉淀池应设置撇渣设施。

（Ⅰ） 沉 淀 池

第 6.4.10 条 平流沉淀池的设计，应符合下列要求：

一、每格长度与宽度之比值不小于 4，长度与有效水深的比值不小于 8；

二、一般采用机械排泥，排泥机械的行进速度为 0.3～1.2 m/min；

三、缓冲层高度，非机械排泥时为 0.5 m，机械排泥时，缓冲层上缘宜高出刮泥板 0.3 m；

四、池底纵坡不小于 0.01。

第 6.4.11 条 竖流沉淀池的设计，应符合下列要求：

一、池子直径（或正方形的一边）与有效水深的比值不大于 3；

二、中心管内流速不大于 30 mm/s；

三、中心管下口应设有喇叭口及反射板，板底面距泥面不小于 0.3 m。

第 6.4.12 条 辐流沉淀池的设计，应符合下列要求：

一、池子直径（或正方形的一边）与有效水深的比值宜为 6～12；

二、一般采用机械排泥，当池子直径（或正方形的一边）较小时也可采用多斗排泥，排泥机械旋转速度宜为 1～3 r/h，刮泥板的外缘线速度不宜大于 3 m/min；

三、缓冲层高度，非机械排泥时宜为 0.5 m；机械排泥时，缓冲层上缘宜高出刮泥板 0.3 m；

四、坡向泥斗的底坡不宜小于 0.05。

（Ⅲ） 斜板（管）沉淀池

第 6.4.13 条 当需要挖掘原有沉淀池潜力或建造沉淀池面积受限制时，通过技术经济比较，可采用斜板（管）沉淀池。

第 6.4.14 条 升流式异向流斜板（管）沉淀池的设计表面水力负荷，一般可按比普通沉淀池的设计表面水力负荷提高一倍考虑；但对于二次沉淀池，尚应以固体负荷核算。

第 6.4.15 条 升流式异向流斜板（管）沉淀池的设计，应符合下列要求：

一、斜板净距（或斜管孔径）为 80～100 mm；

二、斜板（管）斜长为 1 m；

三、斜板（管）倾角为 60°；

四、斜板（管）区上部水深为 0.7～1.0 m；

五、斜板（管）区底部缓冲层高度为 1.0 m。

第 6.4.16 条 斜板（管）沉淀池应设冲洗设施。

（Ⅳ） 双层沉淀池

第 6.4.17 条 双层沉淀池前应设沉砂池。

第 6.4.18 条 设计双层沉淀池时应符合下列要求：

一、当双层沉淀池的消化室不少于 2 个时，沉淀槽内水流方向应能调换；

二、沉淀槽内的污水沉淀时间、表面水力负荷、排泥所需静水头、进出水口结构及排泥管直径等，应符合本节平流沉淀池的有关规定；

三、沉淀槽深度不宜大于 2.0 m，沉淀槽斜壁与水平面的倾角不应小于 55°，沉淀槽底部缝宽宜采用 0.15 m；

四、沉淀槽底部至消化室污泥表面，应保留有缓冲层，其高度宜为 0.5 m；

五、相邻的沉淀槽槽壁间净距不宜小于 0.5 m；

六、消化室底部斜壁与水平面的倾角不得小于 30°；

七、浮渣室的自由表面（扣除沉淀槽的面积）不得小于池子总面积的 20%。

第 6.4.19 条 消化室的容积，可根据污水冬季平均温度按表 6.4.19 计算确定。

消化室容积 **表 6.4.19**

污水冬季平均温度（℃）	每人占有消化室容积（L）
6	110
7	95
8.5	80
10	65
12	50
15	30
20	15

注：有曝气池剩余活性污泥或生物滤池后二次沉淀池污泥进入时，消化室增加的容积应由计算确定。

第五节 生 物 膜 法

（Ⅰ） 一 般 规 定

第 6.5.1 条 生物膜法一般宜用于中小规模污水量的生物处理。

第 6.5.2 条 污水进行生物膜法处理前，一般宜经沉淀处理。

第 6.5.3 条 生物膜法的处理构筑物应根据当地气温和环境等条件，采取防挥发、防冻、防臭和灭蝇等措施。

（Ⅰ） 生 物 滤 池

第 6.5.4 条 生物滤池的填料应采用高强、耐腐蚀、颗粒匀称、比表面积大的材料，一般宜采用碎石、炉渣或塑料制品。

用作填料的塑料制品，尚应具有耐热、耐老化、耐生物性破坏并易于挂膜的性能。

第 6.5.5 条 生物滤池的构造应使全部填料能获得良好的通风，其底部空间的高度不应小于 0.6 m，沿滤池池壁周边下部应设置自然通风孔，其总面积不应小于滤池表面积的 1%。

第 6.5.6 条 生物滤池的布水设备应使污水能均匀分布在整个滤池表面上。布水设备可采用活动布水器，也可采用固定布水器。

第 6.5.7 条 生物滤池底板坡度应采用 0.01 倾向排水渠，并有冲洗底部排水渠的措施。

第 6.5.8 条 生物滤池出水的回流，应根据水质和工艺要求，经计算确定。

第 6.5.9 条 低负荷生物滤池的设计当采用碎石类填料时，应符合下列要求：

一、滤池上层填料的粒径宜为 25～40 mm，厚度宜为 1.3～1.8 m；下层填料的粒径为 70～100 mm，厚度为 0.2 m。

二、处理城市污水时，在正常气温情况下，表面水力负荷以滤池面积计，宜为 1～3 $m^3/(m^2 \cdot d)$；五日生化需氧量容积负荷以填料体积计，宜为 0.15～0.30 $kg/(m^3 \cdot d)$。

三、当采用固定喷咀布水时，最大设计流量时的喷水周期宜为 5～8 min，小型污水厂不应大于 15 min。

第 6.5.10 条 高负荷生物滤池的设计宜采用碎石或塑料制品作填料。当采用碎石类填料时，应符合下列要求：

一、滤池上层填料的粒径宜为 40～70 mm，厚度为不宜大于

1.8 m；下层填料的粒径宜为 70～100 mm，厚度宜为 0.2 m。

二、处理城市污水时，在正常气温情况下。表面水力负荷以滤池面积计，宜为 10～30 m^3/（m^2·d）；五日生化需氧量容积负荷以填料体积计，不宜大于 1.2 kg/（m^3·d）。

注：①当采用塑料等制品为填料时，滤层厚度、表面水力负荷和容积负荷可提高，具体设计数据应由试验或参照相似污水的实际运行资料确定。

②若污水按容积负荷计算确定的表面水力负荷小于本条数值时，应采取回流。

第 6.5.11 条 塔式生物滤池的设计，应符合下列要求：

一、填料应采用塑料制品，滤层总厚度应由试验或参照相似污水的实际运行资料确定，一般宜为 8～12 m；

二、滤层应分层，每层滤层厚度由填料材料确定，一般不宜大于 2.5 m，并应便于安装和养护。

三、设计负荷应根据进水水质、要求处理程度和滤层总厚度，并通过试验或参照相似污水的实际运行资料确定。

（Ⅲ） 生 物 转 盘

第 6.5.12 条 生物转盘的盘体应轻质、高强、防腐蚀、防老化、易于挂膜、比表面积大以及方便安装、养护和运输。

第 6.5.13 条 生物转盘应分 2～4 段布置，盘片净距进水端宜为 25～35 mm；出水端宜为 10～20 mm。

第 6.5.14 条 生物转盘的水槽设计，应符合下列要求：

一、盘体在槽内的浸没深度不应小于盘体直径的 35%，但转轴中心在水位以上不应小于 150 mm。

二、盘体外缘与槽壁的净距不宜小于 100 mm。

三、每平方米盘片全部面积具有的水槽有效容积，一般宜为 5～9 L。

第 6.5.15 条 盘体的外缘线速度宜采用 15～18 m/min。

第 6.5.16 条 生物转盘的转轴强度和挠度必须满足盘体自重和运行过程中附加荷重的要求。

第 6.5.17 条 生物转盘的设计负荷，应按进水水质、要求处理程度、水温和停留时间，由试验或参照相似污水的实际运行资料确定，一般采用五日生化需氧量表面有机负荷，以盘片面积计，宜为 10～20 g/（m^2·d），表面水力负荷以盘片面积计，宜为 50～100 L/（m^2·d）。

第 6.5.18 条 生物转盘宜有防雨、防风和保温的措施。

（Ⅳ） 生物接触氧化池

第 6.5.19 条 生物接触氧化池的填料应采用轻质、高强、防腐蚀、易于挂膜、比表面积大和空隙率高的组合体。

第 6.5.20 条 填料应分层，每层厚度由填料品种确定，一般不宜超过 1.5 m。

第 6.5.21 条 曝气强度应按供氧量、混合和养护的要求确定。

第 6.5.22 条 生物接触氧化池应根据进水水质和要求处理程度确定采用一段式或二段式，并不少于两个系列。设计负荷应由试验或参照相似污水的实际运行资料确定。

第六节 活性污泥法

（Ⅰ） 一 般 规 定

第 6.6.1 条 曝气池的布置，应根据普通曝气、阶段曝气、吸附再生曝气和完全混合曝气各自的工艺要求设计，并宜能调整为按两种或两种以上方式运行。

第 6.6.2 条 曝气池的容积，应按下列公式计算：

一、按污泥负荷计算：

$$V = \frac{24\ L_jQ}{1000F_wN_w} \qquad (6.6.2\text{-}1)$$

二、按容积负荷计算：

$$V = \frac{24L_jQ}{1000F_r} \qquad (6.6.2\text{-}2)$$

三、按污泥泥龄计算：

$$V=\frac{24Q\theta_c Y(L_j-L_{ch})}{1000N_{wv}(1+K_d\theta_c)} \quad (6.6.2\text{-}3)$$

式中 V ——曝气池的容积（m^3）；

L_j ——曝气池进水五日生化需氧量（mg/L）；

Q ——曝气池的设计流量（m^3/h）；

F_W ——曝气池的五日生化需氧量污泥负荷〔kg/k（g·d）〕；

N_W ——曝气池内混合液悬浮固体平均浓度（g/L）；

F_r ——曝气池的五日生化需氧量容积负荷〔kg/（m^3·d）〕；

Y ——污泥产率系数（kgVSS/kgBOD_5）；在20℃，有机物以BOD_5计时，其常数为0.4～0.8。如处理系统无初次沉淀池，Y值必须通过试验确定；

L_{ch} ——出水五日生化需氧量（mg/L）；

N_{WV} ——曝气池内混合液挥发性悬浮固体平均浓度（gVSS/L）；

θ_c ——设计污泥泥龄（d）；高负荷时为0.2～2.5，中负荷时为5～15；低负荷时为20～30；

K_d ——衰减系数（d^{-1}）；20℃的常数值为0.04～0.075。

第6.6.2A条 衰减系数K_d值应按当地冬季和夏季的污水温度修正，温度的修正应按下列公式计算：

$$K_{dt}=K_{d20}\cdot(\theta_t)^{t-20} \quad (6.6.2A)$$

式中 K_{dt} ——t℃时的衰减系数（d^{-1}）；

K_{d20} ——20℃时的衰减系数（d^{-1}）；

θ_t ——温度系数，采用1.02～1.06。

第6.6.3条 处理城市污水的曝气池主要设计数据，宜按表6.6.3采用。

第6.6.4条 曝气池的超高，当采用空气扩散曝气时为0.5～1 m；当采用叶轮表面曝气时，其设备平台宜高出设计水面0.8～1.2 m。

曝气池主要设计数据　　表6.6.3

类 别	F_W〔kg/(kg·d)〕	N_W (g/L)	F_r〔kg/(m^3·d)〕	污泥回流比（%）	总处理效率（%）
普通曝气	0.2～0.4	1.5～2.5	0.4～0.9	25～75	90～95
阶段曝气	0.2～0.4	1.5～3.0	0.4～1.2	25～75	85～95
吸附再生曝气	0.2～0.4	2.5～6.0	0.9～1.8	50～100	80～90
合建式完全混合曝气	0.25～0.5	2.0～4.0	0.5～1.8	100～400	80～90
延时曝气（包括氧化沟）	0.05～0.1	2.5～5.0	0.15～0.3	60～200	95以上
高负荷曝气	1.5～3.0	0.5～1.5	1.5～3	10～30	65～75

注：①本表系根据回流污泥浓度为4～8 g/L的情况确定，如回流污泥浓度不在上述范围时，表列数值应相应修正。

②当处理效率可以降低时，负荷可适当增大。

③当进水五日生化需氧量低于一般城市污水时，负荷尚应适当减小。

④生产污水的负荷宜由试验确定。

第6.6.5条 污水中含有产生大量泡沫的表面活性剂时，应有除泡沫措施。

第6.6.6条 每组曝气池在有效水深一半处宜设置放水管。

（Ⅱ）曝 气 池

第6.6.7条 廊道式曝气池的池宽与有效水深比宜采用1：1～2：1。有效水深应结合流程设计、地质条件、供氧设施类型和选用风机压力等因素确定，一般可采用3.5～4.5 m。在条件许可时，水深尚可加大。

第6.6.8条 阶段曝气池一般宜采取在曝气池始端$\frac{1}{2}$～$\frac{3}{4}$的总长度内设置多个进水口配水的措施。

第 6.6.9 条 吸附再生曝气池的吸附区和再生区可在一个池子内，也可分别由两个池子组成，一般应符合下列要求：

一、吸附区的容积，当处理城市污水时，应不小于曝气池总容积的四分之一，吸附区的停留时间应不小于 0.5 h。生产污水应由试验确定。

二、当吸附区和再生区在一个池子内时，沿曝气池长度方向应设置多个进水口；进水口的位置应适应吸附区和再生区不同容积比例的需要；进水口的尺寸应按通过全部流量计算。

第 6.6.10 条 完全混合曝气池可分为合建式和分建式。合建式曝气池的设计，应符合下列要求：

一、曝气池宜采用圆形，曝气区的有效容积应包括导流区部分；

二、沉淀区的表面水力负荷宜为 0.5～1.0 $m^3/(m^2 \cdot h)$。

第 6.6.11 条 氧化沟宜用于要求出水水质较严或有脱氮要求的中小型污水处理厂，设计应符合下列要求：

一、有效水深宜为 1.0～3.0 m，沟内平均水平流速不宜小于 0.25 m/s。

二、曝气设备宜采用表面曝气叶轮、转刷等。

三、剩余污泥量可按去除每公斤五日生化需氧量产生 0.3 kg 干污泥计算。

四、氧化沟前可不设初次沉淀池。

五、二次沉淀池的表面水力负荷应按本规范表 6.4.1 的规定适当减小。

第七节 供 氧 设 施

（Ⅰ） 一 般 规 定

第 6.7.1 条 曝气池的供氧，应满足污水需氧量、混合和处理效率等要求，一般宜采用空气扩散曝气和机械表面曝气等方式。

第 6.7.2 条 曝气池的污水需氧量应根据去除的五日生化需氧量等计算确定。设计需氧量可按下列公式计算：

$$AOR = 0.024aQ(L_j - L_{ch}) + b[0.024Q(N_j - N_{ch}) - 0.12\frac{V \cdot N_{wv}}{\theta_c}] - C\frac{V \cdot N_{wv}}{\theta_c} \tag{6.7.2}$$

式中 AOR ——设计需氧量（kgO_2/d）；

a ——碳的氧当量，当含碳物质以 BOD_5 计时，a 为 1.47；

b ——常数，为 4.57kgO_2/kgN，其含义为氧化每公斤氨氮所需氧量；

c ——常数，为 1.42，其含义为细菌细胞的氧当量；

N_j ——进水凯氏氮浓度（mg/L）；

N_{ch} ——出水凯氏氮浓度（mg/L）。

通常去除每公斤五日生化需氧量可取用 0.7～1.2 kg。

第 6.7.3 条 当采用空气扩散曝气时，供气量应根据曝气池的设计需氧量、空气扩散装置的型式及位于水面下的深度、水温、污水的氧转移特性、当地的海拔高度以及预期的曝气池溶解氧浓度等因素，由试验或参照相似条件的运行资料确定，一般去除每公斤五日生化需氧量的供气量可采用 40～80 m^3。

配置鼓风机时，其总容量（不包括备机）不得小于设计所需风量的 95%，处理每立方米污水的供气量不应小于 3 m^3。

第 6.7.4 条 当处理城市污水采用表面曝气器时，去除每公斤五日生化需氧量的供氧量（按标准工况计），可采用 1.2～2.0 kg。每座氧化沟应至少有一台备用的曝气器。

曝气池混合全池污水体积所需功率（以表面曝气器配置功率表示），一般不宜小于 25 W/m^3，氧化沟一般不宜小于 15 W/m^3。

第 6.7.5 条 各种类型的曝气叶轮、转刷和射流曝气器的供氧能力应按实测数据或产品规格采用。

第 6.7.6 条 采用表面曝气叶轮供氧时，应符合下列要求：

一、叶轮的直径与曝气池（区）的直径（或正方形的一边）比，倒伞型或混流型为1：3～1：5，泵型为1：3.5～1：7；

二、叶轮线速度采用3.5～5 m/s；

三、曝气池宜有调节叶轮速度或池内水深的控制设备。

（Ⅱ） 鼓 风 机 房

第6.7.7条 污水处理厂采用空气扩散曝气时，宜设置单独的鼓风机房。

鼓风机房内应设有操作人员的值班室、配电室和工具室，必要时尚应设水冷却系统和隔声的维修场所。值班室内应设机房主要设备工况的指示或报警装置，并应采取良好的隔声措施。

第6.7.8条 鼓风机的选型应根据使用风压、单机容量、运行管理和维修等条件确定。在同一供气系统中，应选用同一类型的鼓风机。

在浅层曝气或风压大于等于5 mH_2O，单机容量大于等于80 m^3/min时，设计宜选用离心鼓风机，但应详细核算各种工况条件时鼓风机的工作点，不得接近鼓风机的湍振区，并宜设有风量调节装置。

第6.7.9条 鼓风机的设置台数，应根据气温、污水量和负荷变化等，对供气量的不同需要确定。

鼓风机房应设置备用鼓风机，工作鼓风机台数在3台或3台以下时，应设1台备用鼓风机；工作鼓风机台数在4台或4台以上时，应设2台备用鼓风机，备用鼓风机应按设计配置的最大机组考虑。

第6.7.10条 鼓风机应根据产品本身和空气扩散器的要求，设置空气除尘设施。鼓风机进风管口的位置宜高于地面。大型鼓风机房宜采用风道进风。

第6.7.11条 鼓风机应按产品要求设置供机组启闭、使用的回风管道和阀门，每台鼓风机出口管路宜有防止气水回流的安全保护措施。

第6.7.12条 计算鼓风机的工作压力时，应考虑曝气器局部堵塞、进出风管路系统压力损失和实际使用时阻力增加等因素。

第6.7.13条 鼓风机与输气管道连接处宜设置柔性连接管。空气管道应在最低点设置排除水分（或油分）的放泄口；必要时可设置排入大气的放泄口，并应采取消声措施。

鼓风机出口气温大于60℃时，输气管道宜采用焊接钢管，并应设温度补偿措施。

第6.7.14条 大中型曝气池输气总管宜采用环状布置。

第6.7.15条 大中型鼓风机应设置单独的基座，并不应与机房基础相连接。

第6.7.16条 鼓风机机房内的起重设备和机组布置，可按本规范第4.3.3条和4.3.4条的有关规定执行；机组基础间通道宽度不应小于1.5 m。

第6.7.17条 鼓风机房内外的噪声应分别符合现行的《工业企业噪声卫生标准》和《城市区域环境噪声标准》的有关规定。

第八节 回流污泥及剩余污泥

第6.8.1条 污泥回流设施宜采用螺旋泵、空气提升器和离心泵或混流泵等。

第6.8.2条 污泥回流设施的最大设计回流比宜为100%。污泥回流设备台数不宜少于2台，并应另有备用设备，但空气提升器可不设备用。

第6.8.3条 剩余污泥量可按下列公式计算：

$$W=\frac{V\cdot N_w}{\theta_c} \tag{6.8.3}$$

式中 W——剩余污泥量（kgVSS/d）。

第九节 稳 定 塘

第6.9.1条 当有土地可供利用时，经技术经济比较合理时，可采用稳定塘。

第 6.9.2 条 当处理城市污水时，稳定塘的设计数据应由试验确定。当无试验资料时，根据污水水质、处理程度、当地气候和日照等条件，稳定塘的五日生化需氧量总平均表面有机负荷可采用 1.5～10 g/（m^2·d），总停留时间可采用 20～120 d。

注：①冰封期长的地区，其总停留时间应适当延长。

②曝气塘的有机负荷和停留时间不受上列规定限制。

第 6.9.3 条 稳定塘的设计应符合下列要求：

一、污水进入稳定塘前，宜经过沉淀处理；

二、经过沉淀处理的污水，稳定塘串联级数一般不少于 3 级；

三、经过生物处理的污水，稳定塘串联级数可为 1～3 级。

第 6.9.4 条 稳定塘应采取防止污染地下水源和周围环境的措施，并应妥善处置积泥。

第 6.9.5 条 在多级稳定塘的后面可设养鱼塘，但进入养鱼塘的水质必须符合现行的《渔业水质标准》的规定。

第十节 灌 溉 田

第 6.10.1 条 污水灌溉水质必须符合现行的《农田灌溉水质标准》的规定。

第 6.10.2 条 在给水水源卫生防护地带，含水层露头的地区，以及有裂隙性岩层和溶岩地区，不得使用污水灌溉。灌溉田与水源的防护要求，必须按现行的《生活饮用水卫生标准》中水源卫生防护的有关规定执行。

第 6.10.3 条 污水灌区地下水埋藏深度，不宜小于 1.5 m。

第 6.10.4 条 污水的灌溉制度，应根据当地气候、作物种类、污水水质、土壤性质、地下水位等因素，与当地农林部门共同协商确定。

第 6.10.5 条 污水灌区应有处置每天高峰流量、湿润气候条件下流量以及非灌溉季节流量的措施。如需排入天然水体时，应按现行的《工业企业设计卫生标准》中的有关规定执行。

第 6.10.6 条 污水灌区宜备有清水水源。

第 6.10.7 条 污水预处理构筑物以及主要灌溉渠道、闸门、污水库等，应采取有效的防渗、防漏措施。

第 6.10.8 条 灌溉田距住宅及公共通道的距离，不宜小于 50 m。

第十一节 消 毒

第 6.11.1 条 污水消毒应根据污水性质和排放水体要求综合考虑确定，一般可采用加氯消毒。当污水出水口附近有鱼类养殖场时，应严格控制出水中的余氯量，必要时可设置脱氯设备。

第 6.11.2 条 污水的加氯量应符合下列要求：

一、城市污水，沉淀处理后可为 15～25 mg/L，生物处理后可为 5～10mg/L；

二、生产污水，应由试验确定。

第 6.11.3 条 污水加氯后应进行混合和接触。城市污水接触时间（从混合开始起算）应采用 30 min；生产污水，应由试验确定。

第 6.11.4 条 加氯设施和有关建筑物的设计，应符合现行的《室外给水设计规范》的有关规定。

第七章 污泥处理构筑物

第一节 一 般 规 定

第 7.1.1 条 城市污水污泥的处理流程应根据污泥的最终处置方法选定，首先应考虑用作农田肥料。

第 7.1.2 条 城市污水污泥用作农肥时其处理流程宜采用初沉污泥与浓缩的剩余活性污泥合并消化，然后脱水；也可不经脱水，采用压力管道直接将湿污泥输送出去。污泥脱水宜采用机械脱水，有条件时，也可采用污泥干化场或湿污泥池。

第 7.1.3 条 农用污泥的有害物质含量应符合现行的《农用污泥中污染物控制标准》的规定，并经过无害化处理。

第 7.1.4 条 污泥处理构筑物个数不宜少于 2 个，按同时工作设计。污泥脱水机械可考虑一台备用。

第 7.1.5 条 污泥处理过程中产生的污泥水应送入污水处理构筑物处理。

第二节 污泥浓缩池和湿污泥池

第 7.2.1 条 重力式污泥浓缩池的设计，当浓缩城市污水的活性污泥时，应符合下列要求：

一、污泥固体负荷宜采用 30～60 kg/ ($m^2 \cdot d$)。

二、浓缩时间采用不宜小于 12 h。

三、由曝气池后二次沉淀池进入污泥浓缩池的污泥含水率，当采用 99.2%～99.6%时，浓缩后污泥含水率宜为 97%～98%。

四、有效水深一般宜为 4 m；

五、采用刮泥机排泥时，其外缘线速度一般宜为 1～2 m/min，池底坡向泥斗的坡度不宜小于 0.05。

六、在刮泥机上应设置浓集栅条。

注：浓缩生产污水的活性污泥时，可由试验或参照相似污泥的实际运行数据确定。

第 7.2.2 条 污泥浓缩池一般宜有去除浮渣的装置。

第 7.2.3 条 当湿污泥用作肥料时，污泥的浓缩与贮存可采用湿污泥池。湿污泥池有效深度一般宜为 1.5 m，池底坡向排出口坡度采用不宜小于 0.01。湿污泥池容积应根据污泥量和运输条件等确定。

第 7.2.4 条 间歇式污泥浓缩池和湿污泥池，应设置可排出深度不同的污泥水的设施。

第三节 消 化 池

第 7.3.1 条 污泥消化可采用两级或单级中温消化。一级消化池温度应采用 33～35℃。

第 7.3.2 条 两级消化的一级消化池与二级消化池的容积比可采用 2∶1。一级消化池加热并搅拌；二级消化池可不加热、不搅拌，但应有排出上清液设施。单级消化池也宜设排出上清液设施。

第 7.3.3 条 消化池的有效容积(两级消化为总有效容积)应根据消化时间和容积负荷确定。消化时间宜采用 20～30 d，挥发性固体容积负荷宜为 0.6～1.5 kg/ ($m^3 \cdot d$)。

第 7.3.4 条 污泥加热宜采用池外热交换；也可采用喷射设备将蒸气直接加到池内或投配泵的吸泥井内；也可利用投配污泥泵的吸泥管将蒸气吸入。

第 7.3.5 条 池内搅拌宜采用污泥气循环，也可用水力提升器、螺旋桨搅拌器等。搅拌可采用连续的，也可采用间歇的。间歇搅拌设备的能力应至少在 5～10 h 内将全池污泥搅拌一次。

第 7.3.6 条 消化池应密封，并能承受污泥气的工作压力。固定盖式消化池应有防止池内产生负压的措施。

第 7.3.7 条 消化池宜设有测定气量、气压、泥量、泥温、泥位、pH 值等的仪表和设施。

第 7.3.8 条 消化池及其辅助构筑物的（包括平面位置、间距等）设计应符合现行的《建筑设计防火规范》的规定。防爆区内电机、电器和照明均应符合防爆要求。控制室（包括污泥气压缩机房）应采取下列安全设施：

一、设置沼气报警设备；

二、设置通风设备。

第 7.3.9 条 消化池溢流管出口不得放在室内，并必须有水封。消化池和污泥气贮罐的出气管上均应设回火防止器。

第 7.3.10 条 贮气罐的容积应根据产气和用气情况经计算确定。

第 7.3.11 条 消化池的污泥气应尽量用作燃料。

第四节 污泥干化场

第 7.4.1 条 污泥干化场的污泥固体负荷量，宜根据污泥性质、年平均气温、降雨量和蒸发量等因素，参照相似地区经验确定。

第 7.4.2 条 干化场分块数一般不少于 3 块；围堤高度采用 0.5～1.0 m，顶宽采用 0.5～0.7 m。

第 7.4.3 条 干化场宜设人工排水层，人工排水层填料可分为 2 层，每层厚度各宜为 0.2 m。下层应采用粗矿渣、砾石或碎石，上层宜采用细矿渣或砂等。

第 7.4.4 条 排水层下宜设不透水层。不透水层宜采用粘土，其厚度宜为 0.2～0.4 m，亦可采取厚度为 0.1～0.15 m 的低标号混凝土或厚度为 0.15～0.30 m 的灰土。不透水层坡向排水设施。宜为 0.01～0.02 的坡度。

第 7.4.5 条 干化场宜有排除上层污泥水的设施。

第五节 污泥机械脱水

（Ⅰ） 一 般 规 定

第 7.5.1 条 设计污泥机械脱水时，应遵守下列规定：

一、污泥脱水机械的类型，应按污泥的脱水性质和脱水要求，经技术经济比较后选用；

二、污泥进入脱水机前的含水率一般不应大于 98%；

三、经消化后的污泥，可根据污水性质和经济效益，考虑在脱水前淘洗。

四、机械脱水间的布置，应按本规范第四章的有关规定执行，并应考虑泥饼运输设施和通道；

五、脱水后的污泥应设置泥饼堆场贮存，堆场的容量应根据污泥出路和运输条件等确定；

六、机械脱水间应考虑通风设施。

第 7.5.2 条 城市污水污泥在脱水前，应加药处理。污泥加药应符合下列要求：

一、药剂种类应根据污泥的性质和出路等选用，投加量由试验或参照相似污泥的数据确定；

二、污泥加药后，应立即混合反应，并进入脱水机。

注：生产污水污泥是否加药处理，由试验或参照相似污泥的数据确定。

（Ⅱ） 真空过滤机

第 7.5.3 条 真空过滤机宜采用折带式过滤机或盘式过滤机。

第 7.5.4 条 真空过滤机的泥饼产率和泥饼含水率应由试验或可按相似污泥的数据确定。如无上述数据时，其泥饼产率可按表 7.5.4 采用。泥饼含水率，活性污泥可为 80%～85%，其余可为 75%～80%。

第 7.5.5 条 真空值的采用范围宜为 200～500 mmHg，真空泵的抽气量宜为每平方米过滤面积 0.8～1.2 m^3/min。滤液排除应采用自动排液装置。

真空过滤机的泥饼产率 **表 7.5.4**

污泥种类		泥饼产率〔kg/(m²·h)〕
原污泥	初沉污泥	30～40
	初沉污泥和生物滤池污泥的混合污泥	30～40
	初沉污泥和活性污泥的混合污泥	15～25
	活性污泥	7～12
消化污泥（中温）	初沉污泥	25～35
	初沉污泥和生物滤池污泥的混合污泥	20～35
	初沉污泥和活性污泥的混合污泥	15～25

注：①泥饼重量系指在100℃下烘干恒重的污泥干重。
②消化污泥未经过淘洗。

（Ⅲ） 压 滤 机

第 7.5.6 条 压滤机宜采用箱式压滤机、板框压滤机、带式压滤机或微孔挤压脱水机，其泥饼产率和泥饼含水率，应由试验或参照相似污泥的数据确定。泥饼含水率一般可为 75%～80%。

第 7.5.7 条 箱式压滤机和板框压滤机的设计，应符合下列要求：

一、过滤压力为 400～600 kPa（约为 4～6 kgf/cm^2）；

二、过滤周期不大于 5 h；

三、每台过滤机可设污泥压入泵一台，泵宜选用柱塞式；

四、压缩空气量为每立方米滤室不小于 2 m^3/min（按标准工况计）。

第八章 含油污水和含酚污水

此章删除。

附录一　暴雨强度公式的编制方法

一、本方法适用于具有 10 a 以上自动雨量记录的地区。

二、计算降雨历时采用 5、10、15、20、30、45、60、90、120 min 共九个历时。计算降雨重现期一般按 0.25、0.33、0.5、1、2、3、5、10 a 统计。当有需要或资料条件较好时（资料年数≥20 a、子样点的排列比较规律），也可统计高于 10 a 的重现期。

三、取样方法宜采用年多个样法，每年每个历时选择 6～8 个最大值，然后不论年次，将每个历时子样按大小次序排列，再从中选择资料年数的 3～4 倍的最大值，作为统计的基础资料。

四、选取的各历时降雨资料，一般应用频率曲线加以调整。当精度要求不太高时，可采用经验频率曲线；当精度要求较高时，可采用皮尔逊Ⅲ型分布曲线或指数分布曲线等理论频率曲线。根据确定的频率曲线，得出重现期、降雨强度和降雨历时三者的关系，即 P、i、t 关系值。

五、根据 P、i、t 关系值求解 b、n、A_1、C 各个参数，可用解析法、图解与计算结合法或图解法等方法进行。将求得的各参数代入 $q=\frac{167A_1(1+C\lg p)}{(t+b)^n}$，即得当地的暴雨强度公式。

六、计算抽样误差和暴雨公式均方差。一般按绝对均方差计算，也可辅以相对均方差计算。当计算重现期在 0.25～10 a 时，在一般强度的地方，平均绝对均方差不宜大于 0.05 mm/min。在较大强度的地方，平均相对均方差不宜大于 5%。

附录二　排水管道与其他地下管线（构筑物）的最小净距

名称		水平净距（m）	垂直净距（m）
建筑物		见注③	
给水管		见注④	见注④
排水管		1.5	0.15
煤气管	低压	1.0	
	中压	1.5	0.15
	高压	2.0	
	特高压	5.0	
热力管沟		1.5	0.15
电力电缆		1.0	0.5
通讯电缆		1.0	直埋 0.5 穿管 0.15
乔木		见注⑤	
地上柱杆（中心）		1.5	
道路侧石边缘		1.5	
铁路		见注⑥	轨底 1.2
电车路轨		2.0	1.0
架空管架基础		2.0	
油管		1.5	0.25
压缩空气管		1.5	0.15
氧气管		1.5	0.25
乙炔管		1.5	0.25
电车电缆			0.5
明渠渠底			0.5
涵洞基础底			0.15

注：① 表列数字除注明者外，水平净距均指外壁净距，垂直净距系指下面管道的外顶与上面管道基础底间净距。

② 采取充分措施（如结构措施）后，表列数字可以减小。

③ 与建筑物水平净距：管道埋深浅于建筑物基础时，一般不小于 2.5 m（压力管不小于 5.0 m）；管道埋深深于建筑物基础时，按计算确定，但不小于 3.0 m。

④ 与给水管水平净距：给水管管径小于或等于 200 mm 时，不小于 1.5 m；给水管管径大于 200 mm 时，不小于 3.0 m。
与生活给水管道交叉时，污水管道、合流管道在生活给水管道下面的垂直净距不应小于 0.4 m。当不能避免在生活给水管道上面穿越时，必须予以加固，加固长度不应小于生活给水管道的外径加 4 m。

⑤ 与乔木中心距离不小于 1.5 m；如遇现状高大乔木时，则不小于 2.0 m。

⑥ 穿越铁路时应尽量垂直通过。沿单行铁路敷设时应距路堤坡脚或路堑坡顶不小于 5 m。

附录三 生物处理构筑物进水中有害物质容许浓度

序号	有害物质名称	容许浓度（mg/L）
1	三价铬	3
2	六价铬	0.5
3	铜	1
4	锌	5
5	镍	2
6	铅	0.5
7	镉	0.1
8	铁	10
9	锑	0.2
10	汞	0.01
11	砷	0.2
12	石油类	50
13	烷基苯磺酸盐	15
14	拉开粉	100
15	硫化物（以 S^{2-} 计）	20
16	氯化钠	4000

注：表列容许浓度为持续性浓度。一般可按日平均浓度计。

附录四 习用的非法定计量单位与法定计量单位的换算关系

量的名称	非法定计量单位		法定计量单位		换算关系
	名称	符号	名称	符号	
面积	公顷	ha	平方米	m^2	1 ha＝10000 m^2
时间	年	a	日	d	1 a＝365.24220 d
压力	千克力每平方厘米	kgf/cm^2	千帕	kPa	1 kgf/cm^2＝98.0665 kPa
	毫米汞柱	mmHg	帕	Pa	1 mmHg＝133.322 Pa
	毫米水柱	mmH_2O	帕	Pa	1 mmH_2O＝9.80665 Pa

附录五　本规范用词说明

一、执行本规范条文时，要求严格程度的用词，说明如下，以便在执行中区别对待。

1. 表示很严格，非这样作不可的用词：

正面词采用“必须”；反面词采用“严禁”。

2. 表示严格，在正常情况下均应这样作的用词：

正面词采用“应”；反面词采用“不应”或“不得”。

3. 表示允许稍有选择，在条件许可时首先应这样作的用词：

正面词采用“宜”或“可”；反面词采用“不宜”。

二、条文中指明必须按其他有关标准和规范执行的写法为：“应按……执行”或“应符合……要求或规定”。非必须按所指定的标准和规范执行的写法为“可参照……”。

附加说明

本规范主编单位、参加单位、和主要起草人名单

主 编 单 位：上海市政工程设计院

参 加 单 位：中国市政工程华北设计院
中国市政工程东北设计院
中国市政工程中南设计院
中国市政工程西北设计院
中国市政工程西南设计院
北京市市政设计院
天津市政工程勘测设计院
北京建筑工程学院
同济大学哈尔滨建筑工程学院
冶金部鞍山焦化耐火材料设计研究院
中国石油化工总公司北京设计院
机械部设计研究总院
化工部第三设计院
广东省建筑设计院
福建省建筑设计院
浙江省建筑设计院

主要起草人：盛建康（以下按姓名笔划为序）
邓培德　毛孟修　司永莲　刘章富
刘慧珞　吕乃熙　全家良　许泽美
杨文进　余英影　张芳西　张嘉祥
林雪云　荣铭涛　洪嘉年　徐均官
虞寿枢　潘家贵

中华人民共和国国家标准

室外排水设计规范

GBJ 14-87

条文说明

前言

根据原国家基本建设委员会（81）建设字第546号通知的要求，由上海市建设委员会主管，上海市政工程设计院主编，会同有关单位共同编制的《室外排水设计规范》GBJ 14-87，经国家计划委员会一九八七年四月二十八日以计标〔1987〕666号文批准发布。

为便于广大设计、施工、科研、学校等有关单位人员在使用本规范时能正确理解和执行条文规定，《室外排水设计规范》修订组根据国家计委关于编制标准、规范条文说明的统一要求，按《室外排水设计规范》的章、节、条顺序，编制了《室外排水设计规范》条文说明，供国内各有关部门和单位参考。在使用中如发现本条文说明有欠妥之处，请将意见直接函寄上海市政工程设计院室外给水排水设计规范国家标准管理组。

说明中引用的资料系修订组在1984年前调查、测定或搜集的。其中国外资料主要有：

1974年苏联室外排水工程设计规范（СНиП Ⅱ-32-74）（简称苏联规范）；

1972年日本下水道设施设计指针与解说（简称日本指针）；

1974年英国标准业务条例——沟渠工程（CP2005：1968）（简称英国规范）；

1960年美国排水管道的设计与施工手册（简称美国管道手册）；

1977年美国污水处理厂设计手册（简称美国污水厂手册）；

1978年美国污水工程十州标准（简称美国标准）；

1978年法国水处理手册（简称法国手册）。

本《条文说明》由国家计委基本建设标准定额研究所组织出版印刷，仅供国内有关部门和单位执行本规范时使用，不得外传和翻印。

1987年2月4日

目　次

第一章　总　　则

第 1.0.1 条　说明制订本规范的宗旨目的。

第 1.0.2 条　规定本规范的适用范围。

本规范只适用于新建、扩建和改建的城镇、工业企业及居住区的永久性的室外排水工程设计。

关于农村和临时性室外排水工程：因农村排水的条件和要求具有与城镇排水不同的特点，国内对此尚无经验；临时性排水工程的标准和要求的安全度比永久性工程为低，故不适用本规范。

关于工业废水：根据国家计委编制的“工程建设标准规范体系表”的部署，将逐步制订各工业的专业排水设计规范，本规范也不包括工业废水治理的内容。含油和含酚污水系暂时附列本规范。

第 1.0.3 条　规定排水工程设计的主要设计依据和基本任务。

1984 年 1 月 5 日国务院颁发的《城市规划条例》规定，中华人民共和国的一切城市，都必须制定城市规划，按照规划实施管理。城市总体规划包括各项工程规划和专业规划。排水工程总体规划是城市总体规划的组成部分。城市总体规划批准后，必须严格执行；未经原批准机关同意，任何组织和个人不得擅自改变。

据此，本条规定了主要设计依据。

1983 年 10 月 4 日国家计划委员会颁发的《基本建设设计工作管理暂行办法》规定，设计工作的基本任务是，要做出体现国家有关方针、政策，切合实际，安全适用，技术先进，社会效益、经济效益好的设计，为我国社会主义现代化建设服务。据此，本条结合排水工程的特点，规定了基本任务和应正确处理的有关方面关系。

第 1.0.4 条　规定排水制度选择的原则。

分流制指用不同管渠分别收纳污水和雨水(包括生产废水)的排水方式。

合流制指用同一管渠收纳生活污水、工业废水和雨水的排水方式。

分流制可根据当地规划实施情况和经济情况，分期建设污水系统和雨水系统。污水系统收纳污染严重的那部分污水输送到污水处理厂处理；雨水由雨水系统就近排入水体，可达到花钱少，环境效益高的目的，故推荐新建地区采用分流制。实际上，初期雨水由于洗刷路面和管渠中的沉积污染物，其污染程度也是相当严重的，因此，有的国家建议对初期雨水亦应予以处理。旧建成区由于历史原因，一般已采用合流制，要改造为分流制难度较大，故规定同一城镇可采用不同的排水制度。

第 1.0.5 条　规定进行排水系统设计方案时，从较大范围考虑的若干因素。

一、与邻近区域内的污水和污泥的处理和处置协调包括：

1. 一个区域的污水系统、可能影响邻近区域，特别是影响下游区域的环境质量，故在确定该区的处理水平的处置方案时，必须在较大区域范围内综合考虑。

2. 根据排水规划，有几个区域同时或几乎同时上马时，应考虑合并起来处理和处置的可能性，因为它的经济效益可能更好，但施工时间较长，实现较困难。前苏联和日本都有类似规定。

二、根据国内外经验，污水和污泥可作为有用资源，应考虑综合利用，但在考虑综合利用和处置污水、污泥方案时，首先应对其技术可靠性、经济合理性和卫生影响情况等进行全面论证和评价。

本规范为排水工程设计通用规范，不再对工厂的废弃物处置作规定，故删除“工厂采用循环用水和重复用水系统，利用本厂或厂际废水、废气或废渣，以废治废”。

三、如设计排水区域内尚需考虑给水和防洪问题时，污水排水工程应与给水工程协调，雨水排水工程应与防洪工程协调，以节省总造价。

四、根据国内外经验，只要符合条件，工业废水以集中至城镇一起处理较为经济合理。

本规范为排水工程设计通用规范，不再对工厂的废弃物处理作规定，故删除“工厂应配合生产工艺改革，尽量减少排出废水的水量或改善其水质，并应按不同水质，分别回收污水和污泥中的有用物质。”

五、在扩建和改建排水工程时，对原有排水工程设施利用与否应通过调查作出决定。

第 1.0.6 条 规定工业废水接入城镇排水系统的水质要求。

从全局着眼，工业企业有责任根据本企业污水水质进行适当预处理，使工业废水接入城镇排水系统后，对城镇排水管渠不阻塞，不损坏，不产生易燃、易爆和有毒气体，不传播致病菌和病原体，不危害养护工作人员，不妨碍污水的生物处理和污泥的厌氧消化，不影响污水厂的出水和污泥的利用或排放。在满足上列要求的前提下，厂内预处理宜简单，以节省总的基建和运行费用。排入城市排水系统的污水水质，必须符合现行《污水综合排放标准》、《污水排入城市下水道水质标准》等有关标准。

第 1.0.7 条 关于工业废水管道接入城镇时的出口和检测设施的规定。

为有效地防止工业废水对环境的污染，同时适应我国实行排污收费制度的情况，工业企业必须按不同的废水水质接入相应的城镇排水管道，避免扰乱整个排水系统，保证排水工程的环境效益。污水管道尽量减少出口数和在出口处设置检测设施，是为了便于随时监测工业企业的污水排放情况，包括污水的流量和水质。

第 1.0.8 条 规定排水工程设计采用新技术应遵循的主要原则。

规范应及时地将新技术纳入。凡是在国内普遍推广、行之有效、积有完整的可靠科学数据的新技术，本规范已积极纳入。随着科学技术的发展，今后新技术还会不断涌现。规范不应阻碍或抑制新技术的发展，为此，鼓励大家积极采用经过鉴定的行之有效、节能节地、经济效益较好的新技术。

第 1.0.9 条 本条规定了确定排水工程设备的机械化和自动化程度的主要原则。

排水工程应逐步向机械化、自动化方向发展。但根据我国当前的具体条件，尤其是设备器材的质量和供应情况以及各地操作、管理和维护等水平情况，适宜用于排水工程的仪表较少，故排水工程尚不宜全面地采用机械化和高程度的自动化，只能有条件地因时、因地制宜地确定。

将原条文中“工艺”改为“管理”，使条文更明确，更具有可操作性。

第 1.0.10 条 规定排水工程设计尚应同时执行有关标准、规范和规定。

第 1.0.11 条 规定在特殊地区设计排水工程尚应同时符合有关专门规范和规定。

第二章 排 水 量

第一节 生活污水量和工业废水量

第 2.1.1 条 修改原条文，删除表 2.1.1 及注。因为《室外给水设计规范》规定的生活用水定额已有重大修改，本规范相应修改。

居民生活污水指居民日常生活中洗涤、冲厕、洗澡等产生的污水。

综合生活污水指居民生活污水和公共设施排水二部分的总和。公共设施排水指娱乐场所、宾馆、浴室、商业网点、学校和机关办公室等地方产生的污水。

在按用水定额确定污水定额时，对给排水系统完善的地区可按用水定额的 90%计，一般地区可按用水定额的 80%计。

《室外给水设计规范》局部修订条文的居民生活用水定额和综合生活用水定额摘录如下表：

居民生活用水定额（平均日）

(L/cap・d)

城市规模 / 分区	特大城市	大城市	中、小城市
一	140～210	120～190	100～170
二	110～160	90～140	70～120
三	110～150	90～130	70～110

注：cap 表示“人”的计量单位。

综合生活用水定额（平均日）

(L/cap・d)

城市规模 / 分区	特大城市	大城市	中、小城市
一	210～340	190～310	170～280
二	150～240	130～210	110～180
三	140～230	120～200	100～170

注：①特大城市指：市区和近郊区非农业人口 100 万及以上的城市；
大城市指：市区和近郊区非农业人口 50 万及以上，不满 100 万的城市；
中、小城市指：市区和近郊区非农业人口不满 50 万的城市。
②一区包括：贵州、四川、湖北、湖南、江西、浙江、福建、广东、广西、海南、上海、云南、江苏、安徽、重庆；
二区包括：黑龙江、吉林、辽宁、北京、天津、河北、山西、河南、山东、宁夏、陕西、内蒙古河套以东和甘肃黄河以东的地区；
三区包括：新疆、青海、西藏、内蒙古河套以西和甘肃黄河以西的地区。
③国家级经济开发区和特区城市，根据用水实际情况，用水定额可酌情增加。

第 2.1.2 条 规定采用生活污水量总变化系数值。

生活污水量总变化系数值，系我国自 1972 年起，先后在北京 19 个点进行 1 年观测，长春 4 个点进行 4 个月观测和广州 1 个点进行 2 个月观测，以及郑州、鞍山和广州的历史观测资料，共 27 个观测点的 2000 个数据，经综合分析后得出值。

同时，各地区普遍认为，当污水平均日流量超过 1000 L/s 时，总变化系数至少应为 1.3。国外资料介绍，一般在 1.5 以上。

当居住区有实际生活污水量总变化系数值时，可按实测资料采用。

第 2.1.3 条 有关确定工业企业内生活污水量、淋浴污水量的原则。

第 2.1.4 条 确定工业企业的工业废水量及其总变化系数的原则。

近年来，随着国家对水资源开发利用和保护日益重视，有关部门正在制定各工业的工业用水量等规定，排水工程设计时，应与之协调。

第 2.1.5 条 规定地下水位较高地区考虑地下水渗入量的原则。

因当地土质、地下水位、管道和接口材料以及施工质量等因素的影响，当地下水位高于污水管道时，污水系统设计宜适当考虑地下水渗入量，一般以单位管道延长米或单位服务面积公顷计算。日本指针规定采用经验数据：每人每日最大污水量的 10%～20%，英国规范建议按观测现有管道的夜间流量进行估算。

第二节 雨 水 量

第 2.2.1 条 规定雨水设计流量的计算公式。

本条所列雨水设计流量的计算公式为我国目前普遍采用的公式。

第 2.2.2 条 规定径流系数的选用范围。

根据国内采用 ψ 值的情况，同时列出按地面种类分列的 ψ 值和按区域综合的径流系数 ψ 值的数据。各地区采用的综合径流系数 ψ 值，见表 2.2.1-1、表 2.2.1-2。

北京地区采用的综合径流系数　　表 2.2.1-1

区域情况	综合径流系数
建筑极稠密的中心区	0.70
建筑密集的商业、居住区	0.60
城、郊区一般规划地区	0.55
郊区建筑密度较小的地区	0.45
郊区建筑密度甚小的地区	0.40

国内各地区采用的综合径流系数　　表 2.2.1-2

城市	综合径流系数	城市	综合径流系数
上海	一般 0.5～0.6，最大 0.8，新建小区 0.4～0.44，某工业区 0.4～0.5	西宁	半建成区 0.3 基本建成区 0.5
无锡	一般 0.5，中心区 0.7～0.75	西安	城区 0.54，郊区 0.43～0.47
常州	0.55～0.6	齐齐哈尔	0.3～0.5
南京	0.5～0.7	佳木斯	0.3～0.45
杭州	小区 0.6	哈尔滨	0.35～0.45
宁波	0.5	吉林	0.45
长沙	0.6～0.9	营口	郊区 0.38，市区 0.45
重庆	一般 0.7，最大 0.85	白城	郊区 0.35，市区 0.38
沙市	0.6	四平	0.39
成都	0.6	通辽	0.38
广州	0.5～0.9	浑江	0.40
济南	0.6	唐山	0.5
天津	0.3～0.9	保定	0.5～0.7
兰州	0.6	昆明	0.6
贵阳	0.75		

第 2.2.3 条 规定设计暴雨强度的计算公式。

目前我国各地已积有完整的自记雨量资料，可采用数理统计法计算确定暴雨强度公式。本条所列的计算公式为国内已普遍采用的公式。

在没有自记雨量资料或自记雨量资料少于十年的地区，可参照附近气象条件相似地区的暴雨强度公式采用。

由于湿度饱和差法的公式和参数都不精确，易于造成误差，本规范不再推荐采用。

第 2.2.4 条 规定雨水管渠设计重现期的选用范围。

国内各城市采用的重现期（a） **表 2.2.4**

城　市	重　现　期	城　市	重 现 期
北　京	一般地形的居住区或城市区间道路 0.33～0.5 不利地形的居住区或一般城市道路 0.5～1 城市干道、中心区 1～2 特殊重要地区或盆地 3～10，立交路口 1～3	济　南	1
		天　津	1
		齐齐哈尔	0.33～1
		佳木斯	1
		哈尔滨	0.5～1
		吉　林	1
		长　春	0.5～2
上　海	市区 0.5～1 某工业区的生活区 1，厂区一般车间 2，大型、重要车间 5	营　口	郊区 0.5，市区 1
		白　城	郊区 0.5，市区 1
		四　平	1
无　锡	小巷 0.33，一般 0.5，新建区 1	通　辽	0.5
常　州	1	鞍　山	0.5
南　京	0.5～1	浑　江	1
杭　州	0.33～1	兰　州	0.5～1
宁　波	0.5～1	西　宁	0.33～0.5
广　州	1～2，主要地区 2～20	西　安	1～3
长　沙	0.5～1	唐　山	1
成　都	1	保　定	1～2
重　庆	小面积小区 1～2 面积 30～50 ha 小区 5 大面积或重要地区 5～10	昆　明	0.5
		贵　阳	3
		沙　市	1
武　汉	1		

雨水管渠设计重现期选用范围系根据我国各地目前实际采用的数据，经归纳综合规定。鉴于我国幅员广大，各地气候、地形条件及排水设施各异，故本条规定一般地区的重现期为 0.5～3 a；重要地区为 2～5 a。

在条文中一般地区与重要地区的重现期有交叉现象，对同一城市而言，一般地区与重要地区选用的重现期应协调。国内各城市在雨水排水系统中采用的重现期见表 2.2.4。

第 2.2.5 条 规定雨水管渠设计降雨历时的计算公式。

降雨历时计算公式中的折减系数值，系根据我国对雨水空隙容量的理论研究成果提出的数据。根据国内外资料，地面集水时间采用的数据，大多不经计算，按经验确定，一般为 5～15 min，分别见表 2.2.5-1 和表 2.2.5-2。

国内一些城市采用的 t_1 值 **表 2.2.5-1**

城　市	t_1 (min)	城　市	t_1 (min)
北　京	5～15	重　庆	5
上　海	5～15，某工业区 25	哈尔滨	10
无　锡	23	吉　林	10
常　州	10～15	营　口	10～30
南　京	10～15	白　城	20～40
杭　州	5～10	兰　州	10
宁　波	5～15	西　宁	15
广　州	15～20	西　安	<100 m，5；<200m，8 <300 m，10；<400 m，13
天　津	10～15		
武　汉	10	太　原	10
长　沙	10	唐　山	15
成　都	10	保　定	10
贵　阳	12	昆　明	12

国外采用的 t_1 值 **表 2.2.5-2**

资料来源	工程情况	t_1 (min)
日本指针	人口密度大的地区	5
	人口密度小的地区	10
	平均	7
	干线	5
	支线	7～10
美国管道手册	全部铺装，下水道完备的密集地区	5
	地面坡度较小的发展区	10～15
	平坦的住宅区	20～30
苏联规范	街道内部无雨水管网	由计算确定，居住区采用不小于 10
	街道内部有雨水管网	5

第三节 合流水量

第 2.3.1 条 将原条文中 Q_s（平均日生活污水量）Q_g（最大生产班内的平均日工业废水量）分别改为设计生活污水量和设计工业废水量。这样，使本条文更具灵活性，在要求高的场合，设计生活污水量 Q_s 和设计工业废水量 Q_g 分别可取最大时生活污水量和最大生产班内的最大时工业废水量。

第 2.3.2 条 规定溢流井以后管段流量的计算公式。

第 2.3.3 条 确定截流倍数值的原则。

据调查，目前国内各城市对截流倍数值尚处于探讨计划阶段。有些城市如上海、北京、杭州等正在组织力量，重点研究降雨、水质、溢流量和河道污染的关系，河道自净、耗氧和动态生化反应的关系等，从而可进一步计算确定符合实际的截流倍数。目前国内某些城市采用的截流倍数值为 1～3。

国外采用的截流倍数值见表 2.3.3。

国外采用的截流倍数值 **表 2.3.3**

资料来源	截流倍数
1979 年访美考察报告	美国城市一般采用 2～3
日本指针	一般采用≥2（按最大流量计）
苏联规范	排入流量大于 10 m^3/s 河流时，1～2 排入流量 5～10 m^3/s 河流时，3～5 溢流井设在泵站附近，根据泵站距离住宅建筑边界的位置及水体的水文特征，0.5～2 溢流井位于污水处理构筑物附近，0.5～1

据调查分析，当截流倍数值增大时，其投资的增长倍数与环境效益的改善程度相比较，从经济效益上考虑是不合算的。因此，当合流制排水系统具有排泄能力较大的合流管道，可采用较小的截流倍数，或设置一定容量的雨水调节设施。国外有资料报道采用调节设施（管道或水池调节）在环境效益相同时，经济效益较好。

第 2.3.4 条 确定合流管道雨水设计重现期的原则。

合流管道的短期积水会污染环境，散发臭味，引起较严重的后果，故本条规定合流管道的雨水设计重现期可适当高于同一情况下雨水管道的设计重现期。

第三章　排水管渠及其附属构筑物

第一节　一般规定

第 3.1.1 条　规定排水管渠的布置和设计原则。

排水管渠（包括污水和雨水的管道、明渠、盖板渠、暗渠）的系统布置，如仅根据当前需要设计，不考虑全面规划，在发展过程中会造成被动和浪费；但是如按规划一次建成设计，不考虑分期实施，也会不适当地扩大建设规模，增加投资、拆迁和其他方面的困难，使工程难于上马。因此排水管渠的系统设计，应是按城市总体规划和分期建设情况，全面考虑，统一布置，并有分期建设逐步完善的总体规划设计。

管渠一般使用年限较长，改建困难，应按远期水量设计。在设计上，对不同重要性的管道，其设计年限应有差异，一般城市主干管，年限要长，基本应考虑一次建成后相当长时间不再扩建。次干管、支管、接户管等年限可依次略为降低。至于远期的具体年限应与城市总体规划相协调。

第 3.1.2 条　规定管渠具体设计应考虑的原则。

一般情况下，管渠布置应与其他地下设施综合考虑，尽量避免设在车行道下，如不可避免时，应充分考虑施工对交通和路面的影响。

管渠高程设计除考虑地形坡度外，还应考虑原有的和规划的其他地下设施的关系以及接户管的连接方便。

第 3.1.3 条　规定选用管渠材料时应考虑的各种事项。

一般，管渠采用的材料有混凝土、钢筋混凝土、陶土、砖、石料、石棉水泥、塑料类、铸铁和钢以及木槽、土明渠等。附属构筑物采用的材料有混凝土、钢筋混凝土、砖、石料、塑料类和钢等。管道接口有刚性接口（水泥砂浆）和柔性接口（石棉水泥，沥青玛琋脂）等，基础采用的材料有混凝土、钢筋混凝土、砂砾石、三合土等。视排水水质、水温、冰冻情况、断面尺寸、管内外所受压力、土质、地下水位、地下水侵蚀性和施工条件等因素选用，尽量就地取材。

据上海、兰州等地区的经验，在可能发生流砂现象和湿陷性黄土的地区，管渠如采用顶管施工时应慎重。如上海曾因顶管法施工，管道接口不易严密（尤其是直径 1 m 以下管道），在使用中发现管道漏水，周围土壤被冲刷，造成房屋开裂、围墙倒塌的事故。兰州在湿陷性黄土地区也有类似的房屋开裂等事故发生。

第 3.1.4 条　关于管渠采取防腐蚀措施的规定。

输送腐蚀性污水的管渠，检查井和接口必须采取相应的防腐蚀措施，以保证管渠系统的使用寿命。只要有一段时期可能有腐蚀性污水排出，就应考虑防腐蚀措施。对工业废水管道应先查明其水质及今后水质变化情况，再决定防腐蚀措施。防止酸碱腐蚀的管材有陶土管，塑料管等。

第 3.1.5 条　关于管渠考虑维护检修方便的规定。

某些工业废水在一定条件下会发生沉析，或在管壁结垢，如硬度及水温较高的废水，还有含纤维较多的废水易在管壁粘附杂质。输送此类工业废水时，对管渠型式和断面的选择，均必须着重考虑维修的方便。如大型管渠可建造能进入的拱形管，中小型管渠可采用盖板渠等，以利于清扫。

第 3.1.6 条　有关厂区内部的生产污水管道的规定。

工厂内的生产污水管道，根据污水不同的回收、利用或处理方法，应设置不同的专用管道，如造纸厂将黑液与白水分别通过专用管道，电镀厂将含铬、含氰污水及含其他重金属污水都按质分流等。这样有利于污水的回收、利用和处理，且能节省总体的工程投资。

经常受有害物质污染的露天场地，下雨时，地面径流水夹带有害物质，若直接泄入水体，势必造成水体的污染，故应经过预处理后再接入相应的污水管道。

第 3.1.7 条 关于雨水及合流管道出水口的规定。

如出水口低于水体水位时，在设计上应考虑水体水位顶托的影响。当地面高于排放水体的设计洪水位时，管道出水口的设计水位应尽量高于或等于排放水体的设计水位，并考虑管道受洪水位顶托时排水能力减小的影响。

当地面低于排放水体的设计洪水位时，应根据地区重要性，有无湖泊洼地调蓄，和积水造成的损失等情况，分别设置潮门、闸门或泵站。

据华北、东北等地区经验，有些河流上游已修建水库，即使雨季，水位也很低，计算水体水位时应考虑现有的和规划上的变化因素，如仍按历史洪水位资料设计，会造成不合理的情况。

第 3.1.8 条 关于雨水调蓄的规定。

目前城市规划中，大都规划有公园湖泊或池塘。设计雨水管渠时，可结合城市规划，考虑利用这些条件，调蓄雨水的可能性，以期合理设计管径和节省投资。

第 3.1.9 条 关于事故排出口的规定。

污水管道的事故排出口，一般情况下是不允许任意排放的，仅在发生意外事故（如泵房电源长时间中断），不得已时方可通过事故排出口排入雨水管或能接纳污水的水体。

第 3.1.10 条 有关连通管的规定。

据各地经验，由于雨水管道或合流管道系统的汇水面积、集水时间均不相同，高峰流量不会同时发生，在各系统的排水能力不相同时，如在两个系统间的适当地点设置连通管后，即可相互调剂水量，改善地区的排水情况。但为了便于控制和防止管道检修时污水从连通管倒流，需设置闸槽或闸门，并应考虑检修和养护的方便。

第 3.1.11 条 有关设置计量设施的规定。

在污水系统设置计量设施能掌握排水的水量，收集和积累原始运行资料，为进行科研以及对卫生、环保等管理监测人员创造有利的定量分析研究条件，逐步提高排水工程的技术水平和管理水平。

第二节 水力计算

第 3.2.1 条 规定排水管渠流速的计算公式。

第 3.2.2 条 规定排水管渠的粗糙系数。

英国专家学者认为清水管道的粗糙系数取决于管材及其表面情况，而污水管道的粗糙系数则主要取决于管壁结膜和管底沉积情况，这两者又取决于污水性质及其流动情况，因此推荐用柯尔勃洛克—华特（Colebrook—white）公式计算，并已在英国逐步推广。鉴于国内在这方面的研究还没有开始，美、苏等国仍沿用曼宁（Manning）公式类型进行水力计算。同时，排水管渠多为重力流，一般均按粗糙型紊流考虑，在多年实践中尚未发生过问题，故本次修订仍推荐采用曼宁公式。在设计时应认真按管材质量和管渠内可能沉积情况选用 n 值，n 为 0.013 的计算值比 n 为 0.014 要大 8%。

第 3.2.3 条 关于管道的最大充满度的规定。

根据兰州、西安、天津、北京、长春、上海、广州、成都等城市三十年来的运行经验，管道大多数超负荷运行，故设计时，除应充分预计远期因素外，并应将最大充满度适当减小。其理由为：

1. 为未预见水量的增长留有余地。
2. 对管道的通风和防止爆炸有良好效果。
3. 便于疏通和维护管理。

第 3.2.4 条 规定排水管道的最大设计流速。

第 3.2.5 条 仅修改土名以与 GBJ145-90《土的分类标准》取得协调一致。

第 3.2.6 条 规定管渠的最小设计流速。

根据各地排水管理部门反映，小管道比大管道易堵塞，大管道的最小流速不一定要比小管道更大。因为引起污水中悬浮物沉淀的因素中，起决定性的是充满度，即水深，而流速（或坡度）则是其次。一般小管道水量变化大，水深变小时就容易产生沉淀。大管道水量大，水深变化小，不易沉淀。另外，水量大时动量大，物体不易在管内沉积。例如：天津南运河沿河路 1900×1900 mm 马蹄管，一般水面流速仅 0.4 m/s，常年不用疏通，仅有部分较大的灰渣沉淀。故不需按管径大小分别规定最小设计流速。

根据北京市市政设计院进行的最小流速试验观测，在流速 0.22 m/s 时，已不致造成中等粒度悬浮物沉淀，流速达到 0.5 m/s 时，10 cm^3 的片砾即可冲动，最小流速不必过大。我国张家口、太原、北京、上海、保定均有 0.4～0.5 m/s 流速的运行情况，无不良反映。美国标准、日本指针规定，污水管道最小流速为 0.6 m/s。结合国外经验和国内运行实际情况，考虑到污水流量变化较大，小流量时可能发生的沉淀物，在高峰流量时可冲走，规定污水管道最小流速为 0.6 m/s。

第 3.2.7 条 规定生活污水污泥压力输泥管的最小设计流速。

本条规定的压力输泥管最小设计流速适用于生活污水处理过程中产生的污泥。当污泥含水率为 98%时，压力输泥管最小设计流速采用 0.7 m/s，不会产生沉淀。规定的参数经历年来的实践证明是可行的。

第 3.2.8 条 规定压力管道的设计流速。

压力管道在排水工程泵站输水中较为适用，天津、长春等地已有设计和使用经验，压力排水管流速，国内外设计数据见表 3.2.8。

使用压力管道，可以减少埋深，便于施工，缩短施工周期。但应综合考虑管材强度、压力管道长度、水流条件等因素，确定经济流速。

国内外压力排水管流速（m/s） **表 3.2.8**

资料来源	最小流速	最大流速	一般经济流速
天津	0.7	2.0	1.0～1.5
北京			≮1.5
成都某工程	0.6	1.69	
英国	0.6	1.8	0.6～1.2
苏联			1.0～2.5

第 3.2.9 条 规定排水管道最小管径和最小设计坡度。

根据各地反映，考虑到管道养护和埋深，在满足最小设计流速前提下，适当放大排水管道最小管径，并计算相应的最小坡度。

在平坦地区实际采用最小设计坡度时，街坊或厂区的管道应与街道下的管道协调，防止从街坊或厂区接至街道时，管道埋设过深。

第 3.2.10 条 关于坡度变陡处管道设计的规定。

当管道内流量无明显增大，而下段管道地形变陡时，由于流速增大，过水断面和水深比均明显变小，为节约投资，可以减小 1～2 级管径。但国内多数仅减小一级，减小二级是较少的。

第三节 管 道

第 3.3.1 条 明确管道在检查井内连接方式。

为使管道内水流保持良好的水力条件，尽量减少壅水、涡流和紊流带来的水头损失，规定管道在检查井内连接方式为水面或管顶平接。

采用管道内水面平接，既能使设计水位基本一致，又能把管道埋深减少到最低限度，缺点是施工不便，易发生误差。管顶平接，可保证水流平稳，便利施工，但要增加管道埋深。

第 3.3.2 条 规定管道转弯和交接处，水流转角的条件。

目的为使水在管内平稳地流动，水流转弯时减少水头损失。对于大管道转弯时，尤其要保证本条规定的水流转角。对于管径小于等于 300 mm、跌水水头大于 0.3 m 的管道，其水头损失对整个系统影响极微，可适当放宽要求。

第 3.3.3 条 关于管道的基础、地基和接口的规定。

北京、天津等地设计及施工经验，对地基松软或不均匀沉降地段，为增加管道强度，保证使用效果，对管道基础或地基采取加固措施，接口采用柔性接口。

设计超过 3 m 深的大管道时，均应进行地质钻探，根据地质资料确定管渠基础和地基的处理方法。

第 3.3.4 条 明确指出设计合流管道时，应防止在压力流情况下，接户管发生倒灌。

合流管道均按满管流设计，最大流量在正常情况下为满流，但有时会出现压力流，对接户管设计高程要考虑上述因素，防止发生倒灌。

第 3.3.5 条 关于污水管道和合流管道设通风设施的规定。

据调查，国内二十余城市污水管道和合流管道，曾发生数十起因管道内产生有害气体，致使养护人员中毒、伤亡和因产生易燃气体，接触明火后引起爆炸，伤害过路行人的事故。另外，有些混凝土管因管内气体腐蚀，影响使用寿命。为此，根据管道内产生气体情况、水力条件、周围的通风条件，可设置通风设施。设置地点可考虑在下列位置选择：

一、在管道充满度较高的管段内；

二、设有沉泥槽处；

三、管道转弯处；

四、倒虹管进、出水井；

五、管道高程有突变处。

第 3.3.6 条 规定管道最小覆土厚度。

管道覆土厚度的确定，要考虑各方面因素。首先是管材质量，其次是外部荷载，其中还必须考虑筑路时的临时荷载。另外，在冰冻地区还应考虑冰冻深度影响。据调查，各地有些接户管覆土较浅，非冰冻区（如南京）管道覆土多是 0.3 m，在慢车道上未发现压坏情况。

综合各方面情况，规定管道覆土厚度不宜小于 0.7 m。当埋深不能满足最小覆土时，需对管道采取加固措施。

第 3.3.7 条 关于冰冻层内污水管道埋设深度的规定。

埋设在冰冻层内的污水管道是否会冰冻，与管道埋深、流量、流速、水温、水流连续还是间歇、管道敷设在向阳处还是背阳处，建筑稠密程度，管道内淤积情况，检查井的保温措施等有关。

对哈尔滨、齐齐哈尔和沈阳地区污水管理深与冰冻情况的调查见表 3.3.7。

污水管道埋深与冰冻情况 **表 3.3.7**

资料来源 / 项目	哈尔滨（冰冻层深 1.6～2.0 m）					齐齐哈尔（冰冻层深 2.0 m）			沈阳（冰冻层深 1.2 m）
管径（mm）	250	250	250	300～350	400	600	900	2500×3000 明渠	<300
实测流量（L/s）	≥3.8	≥6.0	≥8.0			130	300	1160	
管底在冰冻线上的距离（m）	0.3	0.4	0.5	0～1.0	0.4～1.4	0.12～0.3	0～0.37	水深 0.6	0.3～0.5
冰冻情况	不冻	不冻	不冻	*	不冻	不冻	不冻	不冻	不冻
备注	*29 处中有 1 处距离为 0.9 m 处有冻								

长春的情况为：冰冻层深 1.6 m，有一条 300 mm 污水管理深 1.0 m，水流不断，不冻；有的管道埋深 1.7 m，但水不常流，有

冰冻。某连通管无坡度，流速极小，发生冰冻；后改建成有坡度，流速加大，不再冰冻。

综上所述，影响冰冻因素中以埋深、流量、水温、水流等情况为主。生活污水如流量小，易冻，埋设需深，但水流不断时，则可减小埋深；如流量大，不易冻，埋设可浅，流量大于一定数值时，可不考虑冰冻影响。

第 3.3.8 条 规定雨水管道在冰冻层内的埋设深度。

雨水管道正常使用是在雨季，冬季一般不降雨，若该地区使雨水管内不贮留水，且地下水位较深，则可将管道埋在冰冻线以上。但同时应满足管道最小覆土厚度的要求。

第 3.3.9 条 关于压力管道应设防止水锤，排气及排空设施的规定。

当管道内流速较大或管路很长时必须有消除水锤的措施。

为保证压力管道内水流稳定，防止污水中产生的气体逸出后在高点堵塞管道，需在管线高点设排气装置；

为考虑检修，故需在管线低点设排空装置。

第 3.3.10 条 关于压力管道设置支墩的规定。

对流速较大的压力管道，应保证管道在交叉或转弯处的稳定，由于液体流动方向突变所产生的冲力或离心力，可能造成管道本身在垂直或水平方向发生位移。为避免影响输水，需经过计算确定是否设置支墩及其位置和大小。

第 3.3.11 条 关于设消能设施的规定。

为防止压力管接入自流管渠时对后者可能产生的不良影响，应根据压力管的压力情况，设置消能设施。

第四节 检 查 井

第 3.4.1 条 规定设置检查井的位置。

检查井的位置，除应按常规的因素设置外，还应结合规划，考虑预留检查井和预留支管。在小区规划时，对第三产业单位尤应

考虑。因这些单位排水量大，如不预留，将会增加管道投资并破坏建成路面。

第 3.4.2 条 根据国内城市排水设计、管理部门意见以及调查资料，规定了检查井的最大间距。目前我国机械化养护管道的水平较低，大多数仍为人工养护，因使用工具所限，井距不宜过大，否则不利于养护。同时，检查井间距过大，也不利于用户接管，但对郊区、厂区管道可将检查井间距适当调整。国内各城市检查井间距见下表：

国内各城市检查井间距

地 名	管径(mm)	污水检查井间距(m)	雨水(合流)检查井间距(m)
天 津	<800	30～40	40～50
济 南	300	30	30
南 京		30	40
长 春	300～600 600～1000	40 50	40 50
常 州		30～40	30～40
上 海		35	35
北 京	300～900 1500～1950	35～45 70～80	35～45 40～50
贵 阳	300	40	雨水 40～50 合流 60～80
成 都	700～1200	50	50
广 州	200～1200	30	30
杭 州		50	30～50
沈 阳			40
石家庄			40～50
郑 州	900	60	50

随着城市范围的扩大，排水设施标准的提高，有些城市出现口径大于2000 mm排水管渠。此类管渠的内净高度可允许养护工人或机械进入管渠内检修养护。为此，在不影响用户接管的前提下，其检查井最大间距可不受表3.4.2规定的限制，故在表3.4.2下增加注。

第3.4.3条 规定检查井设计的具体要求。

据管理单位反映，在设计检查井时尚应注意下列问题：

1. 在我国北方及中部地区，在冬季检修时，因工人操作时多穿棉衣，井口、井筒小于700 mm时，出入不便，对需要经常检修的井，井口井筒以大于800 mm为宜。

2. 以往爬梯发生事故较多，爬梯设计应牢固、防腐蚀，便于上下操作。砖砌检查井内不宜设钢筋爬梯。

3. 井内检修室高度，系根据一般工人可直立操作而规定。

第3.4.4条 关于检查井流槽的规定。

总结各地经验，为创造良好的水流条件，应在检查井内设流槽。流槽顶部宽度应便于在井内养护操作，一般为15～20 cm，随管径增大，井增深，宽度还需加大。

第3.4.5条 规定流槽转弯的弯曲半径。

为创造良好的水力条件，流槽转弯的弯曲半径不宜太小。

第3.4.6条 关于检查井井盖座的具体要求。

位于车行道的检查井，必须在任何车辆荷重下，包括在道路辗压机荷重下，确保井盖座牢固安全。铸铁井盖座能满足上述要求。铸铁井盖不仅有足够的强度，而且重量比钢筋混凝土井盖为轻，故经常启闭的检查井也建议采用铸铁井盖座。

在道路以外的检查井，尤其在绿化带时，为防止地面径流水从井盖流入井内，井盖可高出地面，但不能妨碍观瞻。

第3.4.7条 关于检查井内设置闸槽的规定。

根据北京、上海等地经验，在污水干管中，当流量和流速都较大，检修管道需放空时，采用草袋等措施断流，困难较多。为了方便检修，故规定可设置闸槽。

第3.4.8条 规定接入检查井的支管数。

支管系指接户管等小管径管道。检查井内接入支管过多，维护管理工人操作不便，故予规定。

第五节 跌 水 井

第3.5.1条 规定采用跌水井的条件。

据各地调查，支管接入跌水井水头为1.0 m左右时，一般均不设跌水井。化工部第四设计院一般在跌水水头大于2.0 m才设跌水井；沈阳铝镁院亦有类似意见。上海市市政工程局设计院反映，上海未用过跌水井。据此，本条作了较为灵活的规定。

第3.5.2条 规定跌水井的跌水水头高度和跌水方式。

第六节 水 封 井

第3.6.1条 规定设置水封井的条件。

水封井是一旦污水中产生的气体发生爆炸或火灾时，防止它由管道蔓延的重要安全装置。国内石油化工厂、油品库，油品转运站等含有易燃易爆的工业废水管道系统中均设置水封井。国外资料也明确指出，石油化工厂的排水管道应设置水封井。

当其他管道必须与输送易燃易爆污水的管道连接时，其连接处也应设置水封井。

第3.6.2条 规定水封井内水封深度等。

水封深度与管径、流量和污水中含易燃易爆物质的浓度有关，国内各厂一般采用水封深度为0.25 m。

水封井设置通风管可将井内有害气体及时排出，其直径不得小于100 mm。设置时应注意：

1. 避开锅炉房或其他明火装置；

2. 不得靠近操作台或通风机进口；

3. 通风管有足够的高度，使有害气体在大气中充分扩散；

4. 通风管处设立标志，避免工作人员靠近。

水封井底设置沉泥槽，是为了养护方便，其深度一般采用0.5～0.6 m。

第 3.6.3 条 规定水封井的位置。

水封井位置应考虑一旦管道内发生爆炸或燃烧时造成的影响最小，故不宜设在车行道和行人众多的地段。

第七节 雨 水 口

第 3.7.1 条 规定雨水口设计应考虑的因素。

雨水口的型式，主要有平篦和立篦二类，平篦水流通畅，但暴雨时易被树枝等杂物堵塞，影响收水能力。立篦不易堵塞，边沟需保持一定水深，但有的城市因逐年维修道路，由于路面加高，使立篦断面减小，影响收水功能。各地可根据具体情况和经验确定。

雨水口布置应根据地形及汇水面积确定，有的地区不经计算，完全按道路长度均匀布置，不仅浪费投资，且不能收到预期的效益。

第 3.7.2 条 规定雨水口间距及连接管长度等。

根据各地设计、管理的经验和建议，确定雨水口间距、连接管横向雨水口串联的个数和雨水口连接管的长度。

为保证路面雨水宣泄通畅，又便于维护，雨水口只宜横向串联，不应横、纵向一起串联。

对于低洼和易积水地段，雨水径流面积大，径流量较一般为多，为提高收水速度，需根据实际情况适当增加雨水口。

第 3.7.3 条 关于道路纵坡较大时的雨水口设计的规定。

根据各地经验，对丘陵地区、立交道路引道等，当道路纵坡大于0.02时，在沿途可少设或不设雨水口，因纵坡大于横坡时，雨水流入雨水口少。坡段较短（一般在300 m以内）时，往往在道路低点处集中收水，较为经济合理。

第 3.7.4 条 规定雨水口的深度。

雨水口不宜过深，若埋设较深会给养护带来困难，并增加投资。故规定雨水口深度不宜大于1 m。

雨水口深度指雨水口井盖至连接管管底的距离，不包括沉泥槽深度。

在交通繁忙，行人稠密的地区，根据各地养护经验，可设置沉泥槽。

第八节 出 水 口

第 3.8.1 条 规定管渠出水口设计应考虑的因素。

排水出水口的设计要求是：

一、对航运、给水等水体原有的各种用途无不良影响；

二、能使污水迅速与水体混和稀释，不致使水体中出现明显的污染带，妨碍景观，影响环境；

三、岸滩稳定，河床变化不大，结构安全，施工方便。

出水口的设计包括位置、型式、出口流速等，是一个比较复杂的问题，情况不同，差异很大，很难作具体规定。本条仅根据上述要求，提出应综合考虑的各种因素。由于它牵涉面比较广，设计应取得规划、卫生、环保、航运等有关部门同意，如原有水体系鱼类通道，或重要水产资源基地，还应取得水产部门同意。

第 3.8.2 条 关于出水口结构处理的规定。

据北京、上海等地经验，一般仅设翼墙的出水口，在较大流量和无断流的河道上，易受水流冲刷，致底部掏空，甚至底板折断损坏，并危及岸坡，为此规定应采取防冲、加固措施。一般在出水口底部打桩，或加深齿墙。当出水口跌水水头较大时，尚应考虑消能。

第 3.8.3 条 在冻胀地区的出水口设计的规定。

在有冻胀影响的地区，凡采用砖砌的出水口，一般3～5年即损坏。北京地区采用浆砌块石，未因冻胀而损坏，故设计时应采取块石等耐冻胀材料砌筑。

据东北地区调查，凡基础在冰冻线上的，大都冻胀损坏；在冰冻线下的，一般完好，如长春市伊通河出水口等。

第九节　立体交叉道路排水

第 3.9.1 条　明确立体交叉道路排水设计原则及任务。

立交排水主要任务是解决大气降水的排除，一般不考虑雪的影响。对个别雪量大的地区应进行融雪流量校核。本规范条文均指降雨的地面径流水和影响道路功能的地下水的排除问题。

总结各地立交排水设计经验，立交排水形式必须结合当地规划、立交场地的水文地质条件和立交型式等因素确定。

第 3.9.2 条　规定立交排水设计选用的基本参数。

国内几个城市立交排水设计参数见表 3.9.2，综合各地设计参数和运行效果，确定本条有关设计参数。

国内几个城市立交排水设计参数　　**表 3.9.2**

城市	P (a)	t_1 (min)	ψ
北京	一般 1～2 特殊 3（或变重现期） 郊区 1	5～8	0.9（或按覆盖情况分别计算）
天津	一般 2 特殊 1、3	5～10	0.9（或加权平均）
上海	1～2	7	0.9
石家庄	5		0.9～1.0
无锡	5		0.9
郑州	5	10	0.9
太原	3～5		0.9～1.0
济南	5～6	5	0.9

对同一立交工程的不同部位，可采用不同重现期，如北京某立交桥，下部 P=2 年，其余部位 P=1 年。立交道路选用的重现期应与道路设计协调。

合理确定立交排水的汇水面积，高水高排，低水低排，并采取有效的防止高水进入低水系统的拦截措施，是排除立交（尤其是地道）地面径流水的关键问题。例如某地道立交排水，由于对高水栏截无效，造成高于设计径流量的径流水进入地道，超过泵站排水能力，造成积水。

第 3.9.3 条　强调立交排水的出水口必须可靠。

立交排水的可靠程度包括能在尽量短的时间内排除道路的设计最大径流量。它取决于排水系统出水口的畅通无阻，排水泵站不能停电。故立交排水宜设独立系统，尽量不要利用其他排水管道排出。例如，某立交地道泵站出水管与城市雨水管连通，由于城市雨水管宣泄不畅，致使每逢雨季，不能及时排除立交道路径流水，形成地道积水，不得不进行改建。

第 3.9.4 条　关于治理立交地道地下水的规定。

据天津、上海等地设计经验，治理立交地道的地下水时，应全面详细调查工程所在地的水文、地质、气象资料，以便确定地下水流量、抽水影响半径、渗透系数等，进而选择排水或降低地下水位的设施，一般推荐盲沟收集排除地下水。但如遇特殊情况，地下水渗流量很大，则需要进行现场抽水试验，确定地下水水量，另行考虑设泵站排除地下水。

第十节　倒　虹　管

第 3.10.1 条　规定倒虹管设置的条数。

倒虹管宜敷设两条以上，以便一条倒虹管发生故障时，另一条可继续使用。平时也能逐条清通。通过谷地、旱沟或小河时，因维修困难不大，可以采用一条。

设计通过障碍物的倒虹管，应符合与该障碍物相交的有关规定，如铁路、航运河道、公路等。

第3.10.2条 规定倒虹管的设计参数及有关注意事项。

我国以往设计，都采用倒虹管内流速应大于0.9 m/s，并大于进水管内流速，如达不到时，定期冲洗的水流流速不应小于1.2 m/s。此次调查中未发现问题。日本指针规定：倒虹管内的流速，应比进水管渠增加20%～30%；英国规范为：倒虹管的流速不应低于1.2 m/s，与本规范规定基本一致。

倒虹管在穿过航运河道时，必须与当地航运管理等部门协商，确定河道规划的有关情况，对冲刷河道还应考虑抛石等防冲措施。

为考虑倒虹管道检修时排水，倒虹管进水端宜设置事故排出口。

第3.10.3条 关于合流制倒虹管设计的规定。

鉴于合流制中旱流污水量与设计合流污水量数值差异非常大，根据天津、北京等地设计经验，合流管道的倒虹管应对旱流污水量进行流速校核，当不能达到最小流速（0.9 m/s）时，应采取相应的技术措施。

苏联规范规定，合流制排水系统的倒虹管，其中一条管道的直径应按通过旱流污水量进行计算。

为保证合流制倒虹管在旱流和合流情况下均能正常运行，设计中对合流制倒虹管可设两条，分别使用于旱季旱流和雨季合流两种情况。

第3.10.4条 关于倒虹管检查井的规定。

根据各地设计、管理经验，为便于维护、检修作出有关规定。

第3.10.5条 规定倒虹管进出水井内应设闸槽或闸门。

设计闸槽或闸门时必须确保在事故发生或维修时，能顺利发挥其作用。

第3.10.6条 规定在倒虹管进水井前一检查井内设置沉泥槽。

本条为尽量减少倒虹管段内淤积泥土、杂物，保证管道内水流畅通而规定。

第十一节 渠 道

第3.11.1条 规定渠道（明渠或盖板渠）的应用条件。

在地形平坦地区，埋设深度或出水口深度受限制地区，采用渠道（明渠或盖板渠）排除雨水，经济有效。在地形平坦的东北松辽平原，内蒙东部地区，如通辽、乌兰浩特，以及产石地区，如济南、青岛、福州、贵阳、南昌等地都已采用盖板渠。盖板渠底及壁均采用块石砌筑，它具有就地取材、施工费用省等优点，在北方未发生冻胀损坏的情况。渠壁可与路侧石联合砌筑。

第3.11.2条 仅修改土名以与GBJ145-90《土的分类标准》取得协调一致。

第3.11.3条 规定渠道与涵洞连接时的要求。

第3.11.4条 规定渠道与管道连接处的衔接措施。

第3.11.5条 规定渠道的弯曲半径。

本条规定是为保证渠道内水流有良好的水力条件。

第十二节 管道综合

第3.12.1条 规定排水管道与其他地下管道和构筑物等相互间位置的要求。

当地下管道多时，不仅应考虑到排水管道不与其他管道互相影响，而且要考虑经常维护方便，故排水管道宜尽量敷设在慢车道或人行道。有的城市敷设于街道的绿化带。绿化带内如系乔木，尚应考虑防止树根伸入井中或管中的措施。

第3.12.2条 规定排水管道与生活给水管道相交时的要求。

根据要求，排水管道与生活给水管道相交时，应敷设在生活给水管道下面。当实际存在困难，考虑到雨污水管管径大，且多为重力流，而给水管多为压力流，据太原、长春等地经验，以给水管从排水管道下方倒虹方式加套管解决，运行多年无不良反映。

第 3.12.3 条 规定排水管道与其他地下管线的水平和垂直最小间距。

排水管道与其他地下管线（或构筑物）的水平和垂直最小净距，最好由城市规划部门或工业企业内部管道综合部门根据其管线类型和数量、高程、可敷设管线的地位大小等因素制订管道综合设计确定。附录二的规定系指一般情况下的最小间距，仅供管道综合时参考。

第四章 排水泵站

第一节 一般规定

第 4.1.1 条 关于排水泵站远近期设计原则的规定。

排水泵站应根据排水工程总体规划所划分的近远期规模设计。考虑到泵房土建部分如按近期设计，则远期扩建较为困难。因此，规定排水泵站建筑物宜按远期规模设计，水泵机组可按近期水量配置，根据当地发展情况，随时添装机组。

第 4.1.2 条 关于排水泵站单独建筑的规定。

根据北京、上海、西安、天津等地经验，城市排水泵站一般规模较大，对周围环境有影响，故都设计为单独的建筑物。工业企业的排水泵房，有与其他建筑物合并的，也有单独设置的，应视污水性质等因素而定。对抽送生产废水的水泵，为了便于管理和减少基建费用，则可视条件设在其他建筑物内，这些条件为：水质较清洁，对周围影响较小，水泵容量较小等。

强调抽送会产生易燃易爆和有毒气体或蒸气的污水泵站，必须设计为单独的建筑物，是为了保证工业企业的正常生产和保障工人操作安全。相应的防护措施一般为：

1. 应有良好的通风设备；
2. 采用防火防爆照明、电机和电气设备；
3. 与其他建筑物应有一定防护距离。

第 4.1.3 条 规定泵站与居住房屋等间距的考虑原则。

我国曾经规定泵站与居住房屋和公共建筑物的距离一般不小于 25 m，但根据上海、天津等城市经验，在建成区内的泵站一般均未能达到 25 m 的要求，而周围居民也无不良反映。

鉴于此类间距与污水的污染程度、机组噪声、泵站规模、施工条件等因素有关，统一规定有困难，故本条不作具体规定。同时，在间距内应绿化。为安全起见，泵站周围应筑围墙。

第 4.1.4 条 关于泵站防洪的规定。

泵站的防洪应保证洪水期间水泵能正常运转，一般采取的防洪措施为：

1. 泵站地面标高填高。这需要大量土方，并可能造成与周围地面高差较大，影响交通运输。

2. 泵房室内地坪标高抬高。可减少填土土方量，但可能造成泵房地坪与泵站地面高差较大，影响日常管理维修工作。

3. 泵站或泵房入口处筑高或设闸槽等。仅在入口处筑高可适当降低泵房的室内地坪标高，但可能影响交通运输和日常管理维修工作。目前常采用在入口处设闸槽等，在防洪期间加闸板等，作为临时防洪措施。

第 4.1.5 条 关于设事故排出口的规定。

泵站前设置事故排出口，系防止水泵设备或电源发生故障时，可临时排入附近能接纳排水的水体或管道。

第 4.1.6 条 关于电源的规定。

二级负荷的供电，主要用于在中断供电后将会在政治、经济上造成较大损失的地区或单位。为保证泵站的正常运转，规定宜按二级负荷。二级负荷的供电系统，应尽量做到当发生电力变压器故障，或电力线路常见故障时，不致中断供电（或中断后能迅速恢复）。第二电源的用量可视当地供电情况和泵站重要性而定，一般在工作用量的 50%～100%范围内考虑。当不能满足上述要求时，应采用柴油机等作为备用动力设施。

第 4.1.7 条 关于泵房采暖、通风、噪声和消防的规定。

泵房的采暖、通风、噪声和消防应分别符合现行《工业企业采暖通风和空气调节设计规范》、《工业企业噪声卫生标准》和《城市区域环境噪声标准》、《建筑设计防火规范》的有关规定。

第 4.1.8 条 关于泵房大门的规定。

泵房的大门主要考虑设备出入吊装和运输方便，故应与车行道连通。大门应为外平外开。

第 4.1.9 条 关于防腐蚀的规定。

水泵与管配件的防腐蚀，可采用耐腐蚀水泵和耐腐蚀管配件，或在管配件内壁涂防腐蚀材料。

第 4.1.10 条 关于立交道路排水泵站的规定。

在立交道路路面低于地下水位时，为防止地下水渗至地道，影响道路功能，需要设置抽送地下水的设施，设计应考虑的设施有：设专用水泵抽送地下水；集水池中将雨水和地下水分开，以防止雨水窜流入盲沟中，影响地下水的排除。

第 4.1.11 条 关于管理人员辅助设施的规定。

经常有人管理的泵房设有通风设施，主要是调节泵房内的空气，降低室内温度，以改善工人的安全卫生。一般可采用自然通风（设通风管和在屋顶设置风帽）或机械通风，其标准可采用现行的有关规定。隔声值班室系指在泵房内单独隔开一小间，供值班人员休息、听电话等用。

对远离居民点的泵站尚应适当设置工作人员的生活设施，一般可在泵房内或泵站内设置供居住用的建筑。

第二节 集 水 池

第 4.2.1 条 关于集水池容积的规定。

集水池的容积根据国内管理部门的意见和经验，按以下因素确定：

1. 保证水泵工作时的良好水力条件；
2. 水泵启动所需的瞬时水量；
3. 避免水泵的启闭过于频繁；
4. 满足安装格栅和吸水管的要求。
5. 间歇使用的泵房集水池，应按一次排入的泥（水）量和水泵抽送能力计算。

第 4.2.2 条 关于设格栅的规定。

集水池设格栅是用以截留大块的悬浮或漂浮的污物，以保护水泵叶轮和管配件，避免堵塞或磨损，保证水泵正常运行。

第 4.2.3 条 关于设冲泥清泥和加热设施的规定。

集水池宜装置冲泥和清泥等设施，以防止池中大量杂物沉积和腐化，影响水泵的正常吸水和避免污染周围环境。冲泥和清泥设施可在水泵出水压力管上接出一根直径为 50～100 mm 的支管，伸入集水坑中，定期开阀，以压力水将沉泥冲起，由水泵抽除；也可在集水池上部设给水栓，作为冲洗水源。含有焦油等类的生产污水，考虑到温度较低时易于粘结在管件和叶轮上，影响水泵的正常运行，因而宜设加热设施，在低温季节时使用。

第 4.2.4 条 关于设闸门或闸槽的规定。

泵房集水池前设置闸门或闸槽，主要是考虑清洗集水池或检修水泵时使用。雨水泵房根据雨季检修的要求，也可设置闸槽，但一般雨水泵房检修可在非雨季进行。

第 4.2.5 条 关于集水池布置的原则规定。

集水池的布置会直接影响水泵吸水的水流条件。水流条件差，出现滞流或涡流，不利水泵运行，如易引起汽蚀作用，水泵特性改变，效率下降，出水量减少，电动机超载运行，或运行不稳定，产生噪声和振动，增加能耗。故集水池的设计必须尽量减少滞流和涡流。

集水池的设计一般注意下列几点：

1. 泵的吸水管或叶轮应有足够的淹水深度，防止空气吸入，或形成涡流时吸入空气。

2. 泵的吸入喇叭口与池底保持所要求的距离。

3. 水流应均匀顺畅无旋涡地流近泵吸水管，每台水泵的进水水流条件基本相同，水流不要突然扩大或改变方向。

4. 集水池进口流速和水泵吸入口处的流速尽可能缓慢。

第三节 泵 房

第 4.3.1 条 关于水泵选用及台数的规定：

据调查，在水泵选用上，大小悬殊的配泵，或泵的选型不当，往往使水泵不能在最佳工况点运转，以致增加能耗，对运转也不利，水泵选用的型号过多，不利于维护管理。

污水泵房内的备用泵台数，应根据下列情况考虑：

1. 地区重要性：如重要的工业企业及不允许间断排水的重要政治、经济、文化等地区的泵房，应有较高的水泵备用率。

2. 泵房的特殊性：是指泵房在排水系统中的特殊地位。如多级串联排水的泵房，其中一座泵房因故不能工作时，会影响整个排水区域的排水，故应适当增加备用率。

3. 工作泵型号：当采用轴流泵抽送污水时，因轴流泵的橡皮轴承等容易磨损，造成检修工作繁重，也需要适当提高水泵备用率。

4. 工作泵台数较多的泵房，相应的损坏次数也较多，故备用台数应有所增加。

本条第四款是补充条文。潜水泵是近年新开发的产品。具有节省土建费用，安装方便，操作简单，运行可靠，易于维修等优点，在排水工程应用日益增多，并积有一定设计和运行经验，故增列入规范。选用潜水泵应注意下列事项：

一、目前国内潜水泵已开发出离心泵和轴流泵系列，用于提升雨水、污水和污泥等流体。潜水泵可抽送水温不超过 60℃、pH 值为 4～10 范围的液体。但是考虑电机在水下运行的安全性，污水中应无腐蚀金属和破坏电器绝缘的气体和物质存在。

二、潜水泵安装可为移动式和固定式。作为永久性工程，潜水泵宜采用固定式安装。

水泵出水管不宜采用软管，并宜固定装置在池壁或池底固定支座上，并保证泵体不承受出水管的任何负荷。

三、潜水泵运行应根据水深及水泵台数，配备水位控制器以自动启闭水泵。水泵应设置过载、短路、渗漏、温升等自动保护装置，保证安全运行。

第 4.3.2 条 规定吸水管和出水管的流速。

本条规定的流速数据是为了改善进出水条件，根据国内经验，参照苏联规范制定的。苏联规定的流速，吸水管为 0.7～1.5 m/s；敷设在泵站内的压力管为 1～2.5 m/s。

第 4.3.3 条 关于起重设备的规定。

泵房内设起重设备，是为了吊装和检修设备，以减轻工人的操作强度，改善操作条件。规定选用的标准系根据北京、上海、天津等地的经验制定。

第 4.3.4 条 关于机组布置的规定。

主要机组的间距和通道的要求，是为满足安全防护和便于操作、检修的需要。其值为国内常用的数据，经长期实践考验，表明是可行的。

配电箱前的通道宽度。高压配电装置系根据《工业与民用 35 千伏高压配电装置设计规范》的规定；低压配电装置系根据《低压配电装置及线路设计规范》的规定。

第 4.3.5 条 关于泵房检修面积的规定。

泵房内的水泵、电动机和电气设备等，必须考虑检修。在工业企业或城镇部门具有集中检修车间，且设备搬运条件较好的，检修应尽量集中至专门的检修车间进行。当需要在泵房内检修设备时，其检修面积不应考虑水泵或电动机的大检修，只考虑中小检修。检修的位置应考虑：

1. 便于设备检修；
2. 不影响其余机组的正常运转；
3. 不阻碍主要通道。

第 4.3.6 条 关于泵房高度的规定。

泵房地面以上的有效高度，应满足室内采光、通风，以及便于设备的起吊与安装的要求。

有吊车起重设备者，其有效高度为自梁底起算，包括起重设备高度、吊起物体的高度、所越过固定物体的高度以及吊起物体与固定物体高度间 0.5 m 的净空等的总和。

有高压配电设备的房屋高度，一般采用 4.0 m；当在开关柜顶上装有母线连络用的隔离开关时，室内净高应为 4.5 m；当架空出线时，高压配电室的高度应为 5.0 m。

第 4.3.7 条 规定设排除泵房内积水的设施。

当水泵为非自灌式时，机器间地坪高于集水池，机器间的积水可经管道由集水坑自流泄入集水池。管道上应设控制阀。当吸水管能形成真空时，可在水泵吸水口附近（管径最下处）接出一根小管伸入集水坑，水泵在低水位工作时，将坑中积水吸除。

第 4.3.8 条 关于立式水泵房设养护工作台的规定。

当立式水泵的传动轴装有中间轴承时，应设置中间轴承支架和养护工作台，其与地下泵房地坪的净空不小于 2.0 m，与地面电动机间地坪的梁底净空不小于 2.0 m。相邻两支架应分别布置，避免相互影响。

第 4.3.9 条 关于泵房内敷设管道的有关规定。

泵房内管道敷设在地面上时，为方便操作人员巡回工作，可采用活动踏梯或活络平台作为跨越设施。

当泵房内管道为架空敷设时，为不妨碍电气设备的检修和阻碍通道，规定不得跨越电气设备，通行处的管底距地面不小于 2.0 m。

第 4.3.10 条 关于设闸阀和止回阀的规定。

关于出水管设止回阀问题，国内长期有两种意见。一种意见认为受压管道若仅设闸阀，则关闸阀费力，在突然停泵，来不及关闸阀时，会引起水泵倒转，易造成事故，故必须加设止回阀。另一种意见认为止回阀易损坏，且增加水头损失和电耗。根据上述情况，故本条规定：如单独出水管为自由出流时，一般可不设止回阀和闸阀。

第 4.3.11 条 规定自灌式排水泵房的要求。

吸水管上设置闸阀的作用，为防止水泵检修时集水池内的污水倒灌。

为适应污水泵站水泵开停频繁的特点，要求根据集水池的液位变化，自动控制机组启闭或水泵转速。国内使用较多的有 UQK 型浮球液位控制器、浮球行程式水位开关、浮球拉线式水位开关、电极液位控制器和干簧式液位计等。

第 4.3.12 条 规定非自灌式排水泵房的要求。

当水泵为非自灌式工作时，必须设置引水设备。引水设备有真空泵或水射器抽气引水，也可采用密闭水箱注水。当采用真空泵引水时，在真空泵与污水泵之间应设置气水分离箱。

第五章 污水处理厂的厂址选择和总体布置

第 5.0.1 条 规定厂址选择应考虑的主要因素。

污水厂厂址选择必须在城镇总体规划和排水工程总体规划的指导下进行，保证总体的社会效益、环境效益和经济效益。

一、污水厂在城镇水体的位置一般应选在城镇水体下游的某一区段，污水厂处理后出水排入该河段，对该水体上下游的水源或其他水用途的影响最小。污水厂厂址由于其他因素，不一定必须设在城镇水体的下游，但污水厂处理后出水口，应设在城镇水体的下游。

二、污水厂在城镇的方位，应选在夏季对周围居民点的环境质量影响最小的方位，一般位在夏季最小频率风向的上风侧。

三、厂址的良好工程地质条件，包括土质、地基承载力和地下水位等因素，可为工程的设计、施工、管理和节省造价提供有利条件。

四、根据我国耕田少、人口多的实际情况，选厂址时应尽量少拆迁，少占农田，使污水厂工程易于上马。同时应与附近居民点有一定的卫生防护距离，并予绿化。

五、有扩建的可能系指厂址的区域面积不仅应考虑规划远期的需要，尚应考虑满足不可预见的将来扩建的可能。

六、厂址应与污水、污泥的最终处置结合起来考虑。污水厂尽量靠近污水、污泥的排放或利用的地点，可节省总的基建费用。

七、厂址的防洪和排水问题必须重视，一般不应在淹水区建污水厂。当必须在可能受洪水威胁的地区建厂时，应采取防洪措施。另外，有良好的排水条件，可节省建造费用。

八、为缩短污水厂建造周期和有利于污水厂的日常管理，应有方便的交通、运输、水电条件。

第5.0.2条 关于确定污水厂厂区征地面积的原则。

考虑到城市污水量的增加趋势较快，污水厂的建造周期较长，污水厂厂区面积应按远期规模确定。同时，为尽可能近期少拆迁，少占农田，应作出分期建设，分期征地的安排。它既保证了污水厂在远期扩建的可能性，又利于工程建设在短期内见效。

第5.0.3条 关于污水厂总体布置的规定。

根据污水厂的处理级别：一级处理或二级处理（活性污泥法或生物膜法）和污泥处理流程（浓缩或消化或干化），各种构筑物的形状、大小及其组合，结合厂址地形、气象和地质条件等，可有各种总体布置形式，必须综合确定。总体布置恰当，可为今后施工、维护和管理等提供良好条件。

第5.0.4条 规定污水厂在建筑美学方面应考虑的主要因素。

污水厂建设在满足实用、经济的前提下，应适当考虑美观。除在厂区进行必要的绿化、美化外，应根据污水厂内建筑物和构筑物的特点，使各建筑物之间、建筑物和构筑物群体，污水厂和周围环境均达到建筑美学和谐一致。一般应简洁朴实，不宜过于鲜艳豪华。

第5.0.5条 关于生产管理建筑物和生活设施的布置原则的规定。

城市污水包括生活污水和一部分工业废水，往往散发异嗅和对人体健康有害的气体。另外，在生物处理构筑物附近的空气中，细菌芽孢数量也可能增多。所以，在处理构筑物附近的空气质量较差。为此，生产管理建筑物和生活设施应与处理构筑物保持一定距离，并尽可能集中布置，便于以绿化等措施隔离开来，保持管理人员有良好的工作环境，避免影响正常工作。办公室、化验室和食堂等的位置应在夏季最小频率风向的处理构筑物下风侧，朝向东南。还应考虑污水厂与左邻右舍之间有一定的卫生防护距离。

第5.0.6条 规定处理构筑物的布置原则。

污水和污泥处理构筑物各有不同的处理功能和操作、维护、管理要求，分别集中布置有利于管理。合理的布置可保证施工、安装、运行安全、操作、维护、管理方便，并减少占地面积。

第5.0.7条 规定污水厂工艺流程，竖向设计的主要考虑因素。

第5.0.8条 规定厂区消防及消化池等构筑物的防火防爆要求。

消化池、贮气罐、余气燃烧装置、污泥气管道等是易燃易爆构筑物，应符合现行的《建筑设计防火规范》。有关构筑物的防火等级，详见本规范第7.3.8条说明。厂区内应设一定数量的消火栓。

第5.0.9条 关于堆场和停车场的规定。

堆放场地，尤其是堆放废渣（如泥饼和煤渣）的场地，宜设置在较隐蔽处，不宜设在主干道两侧。

第5.0.10条 关于绿化面积的规定。

据对国内26个污水厂绿化面积的调查，绿化面积参差幅度较大。绿化面积与全厂总面积之比的范围为10%左右到60%左右，其中达30%以上的污水厂，占调查厂数的77%左右。考虑到污水厂本身就是净化污染物的场所等特点，其绿化面积应比其他企业要适当高一些，所以规定污水厂的绿化面积不宜小于全厂总面积的30%。

第5.0.11条 关于厂区内通道的规定。

污水厂区内的通道应根据通向构筑物和附属建筑物的功能要求，如运输、巡回检查、维护操作和管理的需要设置。通道包括双车道、单车道、人行道、扶梯和人行天桥。根据管理部门意见，扶梯不宜太陡，尤其是通行频繁的扶梯，宜利于搬重物上下扶梯。

第 5.0.12 条 关于污水厂围墙的规定。

根据污水厂的安全要求，污水厂周围应设围墙，其高度不宜太低，国内各污水厂一般不低于 2.0 m。

第 5.0.13 条 关于污水厂的门的规定。

第 5.0.14 条 关于配水装置及连通管渠的规定。

并联运行的处理构筑物间的配水是否均匀，直接影响构筑物能否达到设计水量和处理效果，所以设计时应重视配水装置。配水装置一般采用堰或配水井等方式。

构筑物系统之间设可切换的连通管渠，可灵活组合各组运行系列，同时，便于操作人员观察、调节和维护。

第 5.0.15 条 规定污水厂内管渠设计应考虑的主要因素。

污水厂内管渠较多，设计时全面安排，可防止错、漏、碰、缺。设置管廊利于检查维修，在管道复杂时宜设置。管渠尺寸应按可能通过的最大时流量计算确定，并按最小时流量复核，防止发生沉积。明渠的水头损失小，不易堵塞，便于清理，一般情况应尽量采用明渠。合理的管渠设计和布置可保障污水厂运行的安全、可靠、稳定，可节省经常费用。

第 5.0.16 条 关于超越管渠的规定。

污水厂内设置超越管渠，可以是使水流越过某处理构筑物，而流至其后续构筑物，也可以是使水流直接排出厂外。其设置地点和布置应保证在构筑物维护和紧急修理以及发生其他特殊情况时，影响出水水质较小，并能迅速恢复正常运行。

第 5.0.17 条 关于处理构筑物排空设施的规定。

考虑到处理构筑物的维护检修，宜设排空设施。为了保护环境，排空水应回流处理，不应直接排入水体。排空设施有构筑物底部预埋排水管道和临时设泵抽水两种。

第 5.0.18 条 规定严禁污染给水系统。

防止污染给水系统的措施，一般为通过空气间隙和设中间贮存池，然后再与处理装置衔接。

第 5.0.19 条 关于污水厂电源的规定。

考虑到污水厂停电可能对该地区的政治、经济、生活和周围环境等造成不良影响，污水厂的供电宜按二级负荷设计。维持污水厂最低运行水平供电的主要设备，应视污水处理工艺和流程而异。一般为进水泵房、鼓风机房和污泥泵房等部分或全部工作泵、工作鼓风机的供电量，其中进水泵房的工作泵供电量必须全部保证。

第 5.0.20 条 关于污水厂设计量装置、必要仪表和控制装置的规定。

为了准确掌握污水厂运行数据，考核各处理工艺的运行工况，在污水厂设污水、污泥和气体的计量装置是适宜的。由于国内有关仪表和控制装置的特性和质量尚不能完全适合污水厂运行管理的要求，除非确有必要设置，一般不建议全面采用仪表和控制装置。

第 5.0.21 条 关于污水厂附属建筑物的组成及其面积应考虑的主要原则。

确定污水厂附属建筑物的组成及其面积的影响因素较复杂，如各地的管理体制不一，检修协作条件不同，污水厂的规模和工艺流程不同等，目前尚难规定统一的标准。

城乡建设环境保护部编制的《城市污水处理厂辅助建筑和设备标准》，规定了污水厂附属建筑物的组成及其面积，可作为参考。

第 5.0.22 条 关于工业企业污水处理站的附属建筑物应考虑的主要原则。

工业企业污水处理站是工业企业的重要组成之一，污水处理站的附属建筑物应在企业内部统一考虑设置，有关建筑物的组成和面积，能合并的尽量合并，能合建的尽量合建。

第 5.0.23 条 关于污水厂保温防冻的规定。

为了保证寒冷地区的污水厂在冬季能正常运行，有关处理构筑物、管渠和其他设施应有保温防冻措施。一般有池上加盖，池内加热，建于采暖或不采暖房屋内等，视当地气温和处理构筑物的运行要求而定。

第 5.0.24 条 关于污水厂维护管理所需设施的规定。

根据国内污水厂的实践经验，为了有利于维护管理，应在厂区内适当地点设置一定的辅助设施，一般有巡回检查和取样等有关地点所需的照明，维修所需的配电箱，巡回或维修时联络用的电话，冲洗用的给水栓，浴室，厕所。

第 5.0.25 条 关于污水厂安全设施的规定。

为了保障工人安全，应注意安全措施，一般有：高架水池上设必要的栏杆、防滑梯和避雷针等。

第六章 污水处理构筑物

第一节 一般规定

第 6.1.1 条 确定城市污水排入水体的处理程度及方法应考虑的原则。

依据《中华人民共和国环境保护法（试行）》第十一条“保护江、河、湖、海、水库等水域，维护水质良好状态”的规定，城市污水排入受纳水体时，其处理程度及方法应根据水体上下游用途、污水的水质和水量，考虑水体的稀释和自净能力等，使出水口处或水体利用处的水质符合国家和地方的有关标准。目前，我国有《地面水环境质量标准》，《工业企业设计卫生标准》的“地面水水质卫生要求”和“地面水中有害物质的最高容许浓度”，《渔业水质标准》，《海洋水质标准》以及地方水污染物排放标准等。

当有地方水污染物排放标准时，处理程度及方法由该标准和污水的水质与水量确定；当暂无地方水污染物排放标准时，应以《地面水环境质量标准》和各种水用途的水质标准为目标，根据水体水质现状、水体稀释自净能力和污染物的迁移转化规律等，计算水体对各种污染物的允许负荷量，从而确定污染物的排放量。再根据污水的水质和水量，确定其处理程度和方法。

污水利用的季节性影响可作为选择污水处理工艺流程的参考。

第 6.1.2 条 规定城市污水处理厂处理效率的范围。

根据国内污水厂处理效率的实践数据，并参考日本指针制定。其资料见表 6.1.2。

一级处理的处理效率主要是沉淀池的处理效率，未计入格栅和沉砂池的处理效率。二级处理的处理效率包括一级处理在内。

污水处理厂的处理效率　　表 6.1.2

资料来源＼项目	处理效率（%）				备注
	一级处理		二级处理		
	SS	BOD_5	SS	BOD_5	
上海某污水厂	50	24	92	93	二级处理：活性污泥法（1982～1984 年运行资料）
北京某中试厂	50	20	80	92	二级处理：活性污泥法
北京某污水厂			93	95	二级处理：活性污泥法
日本指针	30～40	25～35	65～80	65～85	二级处理：生物过滤法
			80～90	85～95	二级处理：活性污泥法
本规范	40～55	20～30	60～90	65～90	二级处理：生物膜法
			70～90	65～95	二级处理：活性污泥法

第 6.1.3 条　关于在污水厂中设置调节设施的规定。

美国标准规定：在水质、水量变化大的污水厂中，应考虑设置调节设施。据调查，国内有些新建生活小区的污水厂，由于其水质、水量变化很大，致使生物处理效果无法保证。本条据此制定。

第 6.1.4 条　关于污水处理构筑物设计流量的规定。

污水处理构筑物设计，应根据污水厂的远期规模和分期建设的情况统一安排，按每期污水量设计，并考虑到分期扩建的可能性和灵活性，有利于工程建设在短期内见效。设计流量按分期建设的各期最大日最大时设计流量或工作水泵的最大组合流量计算。

关于曝气池的设计流量，根据国内设计经验，认为曝气池如完全按水泵或管道的最大时设计流量计算，不尽合理。实际上当曝气池采用的曝气时间较长时，曝气池对进水流量和有机负荷变化都有一定的调节能力，故规定设计流量可酌情减小。

一般曝气时间超过 5 h，即可认为曝气时间较长。

第 6.1.5 条　关于合流制处理构筑物设计的规定。

对合流制处理构筑物考虑雨水进入后的影响，目前国内尚无成熟的经验。本条系参照美、日、苏等国有关规定。

一、格栅和沉砂池按合流设计流量计算，即按旱流污水量和截留的雨水量的总水量计算。

二、初次沉淀池一般按旱流污水量设计，保证旱流时的沉淀效果。降雨时，容许降低沉淀效果，故按合流水量校核，此时沉淀时间可适当缩短，但不宜小于 30 min。苏联规范规定不应小于 0.75～1 h。

三、第二级处理构筑物按旱流污水量设计。有的地区为保护降雨时的河流水质，要求改善污水厂出水水质，可考虑对一定流量的合流水量进行二级处理。苏联规范规定，二级处理构筑物按合流水量设计，并按旱流水量校核。

四、污泥处理设施应相应加大。根据苏联规范规定，一般比旱流情况加大 10%～20%。

五、管渠应按相应的最大时流量计算。

第 6.1.6 条　关于城市污水设计水质的规定。

一、生活污水水质 BOD_5 和 SS 数值系在 1977 年至 1980 年期间分别在上海、西安、北京、青岛、长沙、成都和石家庄等七个城市，选择了具有一定代表性的八个测试小区，按照统一的水量水质测定方法和严格的人口统计，获得至少连续一整年的数据共 3920 个，经汇总分析，获得生活污水 BOD_5 为每人 20～35 g/d，SS 为每人 30～50 g/d，它基本上包括我国当时东西南北各地区的共 16 万余人口的生活污水水质。

二、据资料介绍，在1979年对天津某合流制系统中初期雨水水质的观测，降雨期间的合流污水水质为：SS最大值7 436 mg/L，最小值90 mg/L，平均值1374 mg/L；COD最大值2756 mg/L，最小值120 mg/L，平均值612 mg/L。另外，日本东京谷端川合流制系统雨天时水质为BOD_5 10～490 mg/L，SS 40～1450 mg/L。

鉴于此类数值的影响因素复杂，不能完全归因于雨水的影响，国内实测资料还不多，故本条规定进入污水处理厂的合流污水中SS和BOD_5数值应按实测采用。

三、生物处理构筑物的进水水质，根据国内污水厂的科研成果和实践数据，提出如下要求。

1. 规定进水水温为10～40℃。微生物在生物处理过程中最适宜温度为25～37℃，当水温高至40℃或低至10℃时，还可获得一定的处理效果，超出此范围时，处理效率即显著下降。

2. 规定进水的pH值宜为6.5～9.5。在处理构筑物内污水的最适宜pH值为7～8，当pH值低于6.5或高于9.5时，微生物的活动能力下降。

3. 规定营养组合比（BOD_5：氮：磷）为100：5：1。一般生产污水含氮、磷较少，当城市污水中生产污水占比例较大时，可能使微生物营养不足，需人工加添至足量，以保证生物处理正常运行。

4. 有害物质容许浓度的规定详见本规范附录三。

第6.1.7条 规定处理构筑物个（格）数和布置的原则。

根据国内污水厂的设计和运行经验，处理构筑物的个（格）数不应少于2个，利于检修维护；同时按并联的系列设计，可使污水厂的运行更为可靠、灵活和合理。

第6.1.8条 关于处理构筑物入口、出口设计的规定。

处理构筑物的入口和出口处设置整流措施，使整个断面布水均匀，并能保持稳定的池水面，可保证处理效率。

第6.1.9条 关于城市污水厂考虑设置消毒设施的规定。

从卫生观点考虑，排入水体的大肠杆菌数有必要加以控制，污水厂应设置消毒设施。但国外有些资料介绍，在污水中加氯易产生致癌物质有机氯化物，不宜提倡。国内多数污水厂建有消毒设施，一般按季节特点和卫生要求投入运行。

第二节 格 栅

第6.2.1条 规定设置格栅的要求。

在污水中混有纤维、木棒、塑料制品和纸张等大小不同的杂物。为了防止泵及处理构筑物的机械设备和管道被磨损或堵塞，使后续处理流程能顺利进行，规定本条要求。

第6.2.2条 关于格栅栅条间空隙宽度的规定。

根据调查，目前国内各污水厂的格栅栅条间空隙宽度都为16～40 mm，机械清除格栅的应用也日见增多。为此，本条分别规定污水处理系统前的栅条间空隙宽度：机械清除时为16～25 mm，人工清除时为25～40 mm。

同时，根据国内某污水厂运行经验，当水泵前格栅栅条间空隙宽度为25 mm时，仍有大量杂物进入后续处理构筑物，故规定污水处理系统前可不设格栅的条件为水泵前格栅栅条间空隙宽度不大于20 mm。

如泵站较深，泵前格栅机械清除或人工清除比较复杂，可在泵前设置仅为保护水泵正常运转的、空隙宽度较大的格栅（宽度根据水泵要求，国外资料认为可大到100 mm）以减少栏渣量，并在处理构筑物前设置空隙宽度较小的格栅，保证后续工序的顺利进行。这样既便于维修养护，投资也不会增加。

第6.2.3条 关于污水过栅流速和格栅倾角的规定。

过栅流速系参照国外资料制定。苏联规范为0.8～1.0 m/s，日本指针为0.45 m/s，美国污水厂手册为0.6～1.2 m/s，法国手册为0.6～1.0 m/s。本规范规定为0.6～1.0 m/s。

格栅倾角系根据国内外的采用数据制定。其资料见表6.2.3。

格栅倾角资料 **表 6.2.3**

资料来源	格栅倾角	
	人工清除	机械清除
国内污水厂	一般为 60°～70°	
日本指针	45°～60°	70°左右
美国污水厂手册	30°～45°	40°～90°
本规范	45°～75°	

第 6.2.4 条 关于设置格栅工作台的规定。

本条规定为便于清除栅渣和养护格栅。

第 6.2.5 条 关于格栅工作台过道宽度的规定。

本条系根据国内污水厂养护管理的实践经验制定。

第 6.2.6 条 关于格栅间设置通风设施的规定。

根据管理单位要求，为改善在格栅间内的操作条件和确保操作人员安全，需设置通风设施。

第三节 沉 砂 池

第 6.3.1 条 将原条文中规范用词“宜”改为“应。因为即使在分流制的污水系统，由于有些井盖密封不严，有些支管连接不合理以及部分家庭院落和工厂雨水进入污水管，在污水中会含有相当数量的砂粒等杂质。设置沉砂池可以避免后续处理构筑物和机械设备受磨损，减少在渠道、管道和处理构筑物产生大量沉积，避免重力排泥困难，防止对生物处理系统、污泥处理构筑物运行的干扰。

第 6.3.2 条 规定设计平流沉砂池的要求，是根据国内污水厂的试验资料和管理经验，并参照国外有关资料。平流沉砂池应满足下列要求：

一、最大流速为 0.3 m/s，最小流速为 0.15 m/s。在此流速范围内可避免已沉淀的砂粒再次翻起，也可避免污水中的有机物大量沉淀，能有效地去除比重 2.65、粒径 0.2 mm 以上的砂颗粒。

二、最大流量时的停留时间至少为 30 s。日本推荐 60 s。

三、从养护方便考虑，规定每格宽度不宜小于 0.6 m。有效水深在理论上与沉砂效率无关，前苏联规范规定为 0.25～1 m，本条规定不应大于 1.2 m。

一级污水处理厂如采用曝气沉砂池而要配套增加鼓风设施时，其造价会急骤上升，因而一级污水处理厂宜采用平流沉砂池。

第 6.3.3 条 规定设计曝气沉砂池的要求。

本条系根据国内实践数据，参照国外资料制定，其资料见表 6.3.3。

第 6.3.4 条 关于城市污水沉砂量的规定。

城市污水的沉砂量，根据北京、上海、青岛等城市在 1978～1979 年的实测数据，分别为：污水沉砂（含水率 60%，容重 1500 kg/m^3）0.02、0.02、0.11 L/m^3。苏联规范规定为每人每日 0.02 L，经核算，相当于每立方米污水沉砂 0.05～0.09 L；日本指针规定为每立方米污水沉砂 0.005～0.02 L；美国污水厂手册规定为每立方米污水沉砂 0.015～0.074 L，一般不大于 0.03 L。据此，本条规定沉砂量为 0.03 L/m^3。

第 6.3.5 条 关于砂斗容积和砂斗壁倾角的规定。

根据国内沉砂池的运行经验，砂斗容积一般不超过 2 d 的沉砂量；当采用重力排砂时，砂斗壁倾角不应小于 55°，国外资料也有类似规定。

第 6.3.6 条 关于除砂方法的规定。

根据国内各污水厂的排砂经验，采用重力或砂泵排砂均易堵塞排砂管。故本条规定宜采用机械方法除砂。

考虑到排砂管易堵，规定最小排砂管直径为 200 mm。

曝气沉砂池设计数据 **表 6.3.3**

设计数据 / 资料来源	旋流速度 (m/s)	水平流速 (m/s)	最大流量时停留时间 (min)	有效水深 (m)	宽深比	曝气量	进水方向	出水方向
上海某污水厂	0.25～0.3		2	2.1	1	0.07 (m^3/m^3)	与池中旋流方向一致	与进水方向垂直，淹没式出水口
北京某污水厂	0.3	0.056	2～6	1.5	1	0.115 (m^3/m^3)	与池中旋流方向一致	与进水方向垂直，淹没式出水口
北京某中试厂	0.25	0.075	3～15（考虑预曝气）	2	1	0.1 (m^3/m^3)	与池中旋流方向一致	与进水方向垂直，淹没式出水口
天津某污水厂			6	3.6	1	0.2 (m^3/m^3)	淹没孔	溢流堰
美国污水厂手册			1～3			16.7～44.6 ($m^3/m\cdot h$)	使污水在空气作用下直接形成旋流	应与进水成直角，并在靠近出口处应考虑装设挡板
苏联规范		0.08～0.12			1～1.5	3～5 ($m^3/m^2\cdot h$)	与水在沉砂池中的旋流方向一致	淹没式出水口
日本指针			1～2	2～3		1～2 (m^3/m^3)		
本规范		0.1	1～3	2～3	1～1.5	0.1～0.2 (m^3/m^3)	应与池中旋流方向一致	应与进水方向垂直，并宜设置挡板

第四节　沉　淀　池

（Ⅰ）　一 般 规 定

第 6.4.1 条　关于城市污水沉淀池设计数据的规定。

一、沉淀池的设计，以往平流和竖流式沉淀池用最大流速设计，辐流沉淀池用表面水力负荷设计。近年来，有的地区不论沉淀池类型都采用表面水力负荷设计。考虑到使用方便和易于比较，本条根据目前国内的实践经验，统一以表面水力负荷为主要设计参数，并参照美国、苏联、日本的资料制定。按表面水力负荷设计沉淀池时，应校核负荷、沉淀时间和沉淀池各部主要尺寸的关系，使之相互协调。

美国标准规定沉淀池的表面水力负荷为：初次沉淀池按设计平均流量计为 1.7 $m^3/m^2 \cdot h$，按高峰时流量计为 2.5 $m^3/m^2 \cdot h$；二次沉淀池一般按高峰时流量计为 2.0 $m^3/m^2 \cdot h$，但延时曝气之后为 1.7 $m^3/m^2 \cdot h$。日本指针规定沉淀池的表面水力负荷（按最大日污水量计）：初次沉淀池为 1～2 $m^3/m^2 \cdot h$，二次沉淀池为 0.8～1.2 $m^3/m^2 \cdot h$。

二、不同有效水深的沉淀时间和表面水力负荷的关系见表 6.4.1。

水深、沉淀时间和表面水力负荷关系　　表 6.4.1

表面水力负荷 ($m^3/m^2 \cdot h$) ＼ 沉淀时间 (h) ＼ 有效水深 (m)	2.0	2.5	3.0	3.5	4.0
3.0			1	1.17	1.33
2.5		1	1.2	1.4	1.6
2.0	1	1.25	1.5	1.75	2
1.5	1.3	1.67	2		
1.0	2	2.5	3		

当沉淀池的有效水深为 2～4 m 时，初次沉淀池的表面水力负荷为 1.3～3 $m^3/m^2 \cdot h$，其相应的沉淀时间为 1～2 h；二次沉淀池的表面水力负荷为 1～2 $m^3/m^2 \cdot h$，其相应的沉淀时间为 1.5～2.5 h。

三、沉淀池的污泥量是根据每人每日 SS 和 BOD_5 数值，按沉淀池沉淀效率经理论推算求得。

初次沉淀池的污泥量计算：

已知：进水 SS 为每人每日 35～50 g；初次沉淀池去除率单独沉淀处理按 40%～55%计。

经计算，得出污泥量为每人每日 14～27 g。

二次沉淀池的污泥量计算：

已知：进水 BOD_5 为每人每日 20～35 g；一级处理去除率按 20%～30%计；活性污泥法总去除率为 65%～95%，污泥增殖系数按 0.6 计；生物膜法总去除率为 65%～90%，污泥增殖系数按 0.5 计。在二次沉淀池沉下的 SS 中，无机物含量按 40%计。

经计算，得出活性污泥法后二次沉淀池污泥量为每人每日 10～21 g；生物膜法后污泥量为每人每日 7～19 g。

四、污泥含水率。按国内污水厂的实践数据制定。

第 6.4.2 条　关于沉淀池超高的规定。

沉淀池的超高按国内污水厂实践经验取 0.3～0.5 m。

第 6.4.3 条　关于沉淀池有效水深的规定。

沉淀池的沉淀效率是由池的表面积决定的，与池深无多大关系，因此宁可采用浅池。但实际上若水深过浅，则因水流会引起污泥的扰动，使污泥上浮；温度、风等外界影响也会使沉淀效率降低。若池水过深，会造成投资增加。有效水深一般以 2～4 m 为宜。

第 6.4.4 条　规定采用污泥斗排泥的要求。

本条系根据国内运行经验制订。国外规范也有类似规定。每个泥斗分别设闸阀和排泥管，目的是便于排泥和控制排泥。

第 6.4.5 条　有关计算污泥区容积的规定。

本条系根据国内的实践数据，并参照国外规范制定。污泥区容积包括污泥斗和池底的贮泥部分的容积。

第 6.4.6 条　关于排泥管直径的规定。

第 6.4.7 条　有关静水压力排泥的若干规定。

系根据国内采用的数据，并参照国外规范制定。

第 6.4.8 条　关于沉淀池出水堰最大负荷的规定。

参照国外资料，规定了出水堰最大负荷，各种类型的沉淀池都宜遵守。

第 6.4.9 条　关于设置撇渣设施的规定。

本条系根据国内外经验增订。初次沉淀池和二次沉淀池均应考虑。

据调查，沉淀池出流处会有浮渣积聚。为防止浮渣随出水溢出，影响出水水质，应设撇渣设施。

（Ⅱ）沉　淀　池

第 6.4.10 条　关于平流沉淀池的规定。

一、长宽比和长深比的要求。长宽比过小，水流不易均匀平稳，过大会增加池中水平流速，二者都影响沉淀效率。长宽比值日本指针规定为 3～5，英、美资料建议值也是 3～5，本规范规定为不小于 4。长深比苏联规范规定为 8～12，本条规定为不小于 8。

二、排泥机械行进速度的要求。据国内外资料介绍，链条刮板式的行进速度一般为 0.3～1.2 m/min，通常为 0.6 m/min。

三、缓冲层高度的要求。参照苏联规范制定。

四、池底纵坡的要求。设刮泥机时的池底纵坡不小于 0.01。日本指针规定为 0.01～0.02。

按表面水力负荷设计平流沉淀池时，可按水平流速进行校核。平流沉淀池的最大水平流速：初次沉淀池为 7 mm/s；二次沉淀池为 5 mm/s。

第 6.4.11 条　关于竖流沉淀池的规定。

一、径深比的要求。根据竖流沉淀池的流态特征，径深比不应大于 3。

二、中心管内流速不宜过大，防止影响沉淀区的沉淀作用。

三、中心管下口设喇叭口和反射板，以消除进入沉淀区的水流能量，保证沉淀效果。

第 6.4.12 条　关于辐流沉淀池的规定。

一、径深比的要求。根据辐流沉淀池的流态特征，径深比宜为 6～12。日本指针和苏联规范都规定为 6～12，沉淀效果较好。

二、排泥方式及排泥机械的要求。近年来，国内各地区设计的辐流沉淀池，其直径都较大，配有中心传动或周边驱动的桁架式刮泥机，已取得一定经验。故规定宜采用机械排泥。当池子直径较小，且无配套的排泥机械时，可考虑多斗排泥，但管理较麻烦。参照日本指针，规定排泥机械旋转速度为 1～3 r/h，刮泥板的外缘线速度不大于 3 m/min。

（Ⅲ）斜板（管）沉淀池

第 6.4.13 条　规定斜板（管）沉淀池的采用条件。

据调查，近年来国内城市污水厂采用斜板（管）沉淀池作为初次沉淀池和二次沉淀池，积有生产实践经验，认为在用地紧张，需要挖掘原有沉淀池的潜力，或需要压缩沉淀池面积等条件下，通过技术经济比较，可采用斜板（管）沉淀池。

第 6.4.14 条　关于升流式异向流斜板（管）沉淀池表面水力负荷的规定。

根据理论计算，升流式异向流斜板沉淀池的表面水力负荷可比普通沉淀池大几倍，但国内污水厂多年生产运行实践，升流式异向流斜板（管）沉淀池的设计表面水力负荷不宜过大，不然沉淀效果不稳定，以比普通沉淀池提高一倍左右为宜。（以沉淀池表面积计）。据调查，斜板（管）二次沉淀池的沉淀效果不太稳定，为防止泛泥，故本条规定对于斜板（管）二次沉淀池，应以固体负荷核算。

第 6.4.15 条　规定设计升流式异向流斜板（管）沉淀池的若干要求。

本条系根据国内污水厂斜板（管）沉淀池采用的设计参数和运行情况，作了相应规定。

一、斜板净距为 45～100 mm，一般为 80 mm，本条规定为 80～100 mm；

二、斜板（管）斜长一般为 1 m；

三、斜板（管）倾角一般为 60°；

四、斜板（管）区上部水深为 0.5～0.7 m，本条规定为 0.7～1.0 m；

五、底部缓冲层高度 0.5～1.2 m，本条规定一般为 1.0 m。

第 6.4.16 条　规定斜板（管）沉淀池设冲洗设施的要求。

根据国内生产实践经验，斜板上和斜管内有积泥现象，为保证斜板（管）沉淀池的正常稳定运行，本条规定应设冲洗设施。

（Ⅳ）　双层沉淀池

第 6.4.17 条　关于设置沉砂池的规定。

双层沉淀池前设沉砂池，可改善双层沉淀池的排泥堵塞情况。

第 6.4.18 条　关于设计双层沉淀池的规定。

一、当双层沉淀池的消化室为两个或两个以上时，为使全部消化室内的污泥分布较均匀，规定沉淀槽内水流方向应能调换。

二、沉淀槽的工况与平流沉淀池一样，所以沉淀槽的污水停留时间、表面水力负荷等与平流沉淀池同。

三、为使污泥能迅速从沉淀槽落入其下面的消化室，规定沉淀槽斜壁与水平面的倾角不应小于 55°，沉淀槽底部缝宽应采用 0.15 m。

四、为保证沉淀槽的沉淀效果，沉淀槽底部至消化室污泥表面应有高度为 0.5 m 的缓冲层。

五、考虑施工和维护的需要，相邻的沉淀槽壁间的净距不应小于 0.5 m。

六、为有利于消化室污泥的排除，消化室底部斜壁与水平面的倾角不得小于 30°。

七、为避免在沉淀槽以外的表面上迅速形成浮渣层，并考虑消化室的维修，应使双层沉淀池表面未被沉淀槽所掩盖的面积大于池总面积的 20%。

第 6.4.19 条　对消化室容积的规定。

消化室容积主要跟温度有关。根据我国设计经验，并参照苏联规范，规定消化室容积按污水冬季平均温度计算确定。

第五节　生 物 膜 法

生物膜法包括低负荷生物滤池、高负荷生物滤池、生物转盘和生物接触氧化池等。后二者是近期新开发的、国内外应用较普遍的、在一定范围行之有效的新工艺。

（Ⅰ）　一 般 规 定

第 6.5.1 条　规定生物膜法的适用范围。

生物膜法如用于大流量污水生物处理，将占用大面积土地，这一主要缺点阻碍了生物膜法的广泛应用。目前国内外均用于中小规模的污水生物处理。

第 6.5.2 条　关于生物膜法的前处理的规定。

根据国内外资料介绍，生物膜对污水中悬浮物的吸附作用不如活性污泥强；初次沉淀池的处理效率对生物膜法处理构筑物（尤其是生物滤池）的运行工况有直接影响。此外，进水的悬浮物质应尽量少，这样有利于防止填料堵塞，保证处理构筑物的正常运行。

第 6.5.3 条　关于生物膜法处理构筑物采取防挥发、防冻、防臭和灭蝇等措施的规定。

如果污水中含有一定浓度的易挥发有机物等，为防止污染空气，处理构筑物应考虑防挥发和防臭措施。例如，塔式生物滤池可采用顶部喷淋，生物转盘可在水槽底部进水。

在冬季气温较寒冷地区，为保证处理构筑物的正常运行，应采取防冻措施。例如，将处理构筑物放在室内，气温较低时采暖，提高室内气温；生物转盘上部加盖罩。

生物滤池易孳生灰蝇，妨碍环境卫生。一般灭蝇措施为定期关闭滤池出口闸门，让滤池填料淹水一段时间，可杀死幼蝇。

（Ⅱ） 生 物 滤 池

第 6.5.4 条 规定生物滤池适用的填料要求。

生物滤池中使用的填料应符合以下要求：

一、高强度和耐腐蚀，以延长填料使用寿命。

二、颗粒匀称，可扩大滤层空隙率；

三、比表面积大，可提高处理负荷。

生物滤池的填料一般采用碎石、炉渣或塑料类制品。碎石和炉渣来源方便，价格便宜。塑料等类似制品是近期国内外新发展的材料，它在高负荷生物滤池、生物转盘和生物接触氧化池中都获得大量应用。耐热、耐老化和耐生物性破坏的塑料材料，可以延长填料使用寿命，减少运行费用。易于挂膜可保证处理效果。

第 6.5.5 条 关于生物滤池通风构造的规定。

滤池的通风是极其重要的。上海某污水厂生物滤池池壁无通风孔，池底部空间高度仅 12 cm。有时由于二次沉淀池的出水问题，使滤池底部空间淹没，以致滤池通风不畅，影响处理效率。

国内外资料表明，创造滤池底部良好通风条件是经济合理的。一般不采用人工通风。苏联规范也规定，滤池底部空间高度不应小于 0.6 m，沿滤池池壁周边的下部设自然通风孔的总面积不应小于滤池面积的 1%。

第 6.5.6 条 关于生物滤池布水设备的规定。

生物滤池布水的原则，应使污水能均匀分布在整个滤池表面上，这样有利于保证构筑物的处理效果。

高负荷生物滤池采用活动布水器，它包括水力驱动和电力驱动两种。塔式生物滤池大都采用水力旋转布水器，也有采用固定穿孔管布水。国内低负荷生物滤池采用固定喷嘴布水。

第 6.5.7 条 关于生物滤池的底板坡度和冲洗底部排水渠的措施。

苏联规范规定底板坡度为 0.01，日本指针规定底板坡度为 0.01～0.02。根据国外资料和国内运行经验规定了生物滤池的底板坡度。为有利于排除底部可能沉积的污泥，规定应有冲洗底部排水渠的措施，保持滤池良好的通风条件。

第 6.5.8 条 关于生物滤池回流的规定。

生物滤池是否需要采取回流措施，主要根据下述计算确定：

一、生物滤池出水排放的水质要求。污水经生物滤池处理后的出水，其有机污染物浓度达不到排放所要求的水质标准时，应采取回流。

二、生物滤池的工艺要求。若污水按容积负荷计算确定的表面水力负荷小于规定的数值时，应采取回流。

第 6.5.9 条 规定低负荷生物滤池处理城市污水的设计参数。

根据国内外资料介绍，低负荷生物滤池的填料都采用碎石类填料。苏联规范也规定，碎石上层填料粒径 25～40 mm，下层填料粒径 70～100 mm。

关于低负荷生物滤池的表面水力负荷和容积负荷，国外一些资料规定如下：苏联规范规定，年平均气温 6℃或 6℃以下时，滤池应置于不采暖或采暖的房屋内，正常气温下的表面水力负荷采用 $1\sim3\ m^3/m^2\cdot d$。日本指针规定，表面水力负荷为 $1\sim3\ m^3/m^2\cdot d$；BOD_5 容积负荷以单位填料体积计，不应大于 $0.3\ kg/m^3\cdot d$。美国污水厂手册介绍，表面水力负荷为 $0.9\sim3.7\ m^3/m^2\cdot d$；$BOD_5$ 容积负荷为 $0.08\sim0.4\ kg/m^3\cdot d$。上海某污水厂低负荷生物滤池的实际运行数据：表面水力负荷为 $1.7\sim2.2\ m^3/m^2\cdot d$；$BOD^5$ 容积负荷为 $0.15\sim0.27\ kg/m^3\cdot d$。据此，本条规定在正常气温情况下，表面水力负荷为 $1\sim3\ m^3/m^2\cdot d$；BOD_5 容积负荷为

0.15～0.3 kg/m³·d。

第 6.5.10 条 规定高负荷生物滤池处理城市污水的设计参数。

当采用碎石类填料处理城市污水时，其粒径和负荷参照国外规范作了相应规定。关于填料粒径，苏联规范规定，上层填料粒径为 40～70 mm，下层填料粒径为 70～100 mm，日本指针规定，上层填料粒径为 50～60 mm，下层填料粒径为 100～150 mm，厚度为 0.2～0.3 m，滤层总厚度为 1.5～2.0 m。

关于表面水力负荷和容积负荷，日本指针规定表面水力负荷为 10～25 m³/m²·d；BOD_5 容积负荷不应大于 1.2 kg/m³·d。美国污水厂手册介绍，表面水力负荷为 10～35 m³/m²·d；BOD_5 容积负荷为 0.4～4.8 kg/m³·d。

塑料等制品填料是近期新开发的填料，国外已获广泛应用。据国外资料介绍，此类填料的设计参数都比碎石类填料为佳，但具体数值与塑料等制品本身的特性和规格有极大关系。国内除塔式生物滤池和生物接触氧化池有应用外，在高负荷生物滤池中尚无实践经验。故建议由试验或参照相似污水的实际运行资料确定。

第 6.5.11 条 关于设计塔式生物滤池的规定。

一、根据国内外资料介绍，由于出现塑料等轻质填料，才开发了塔式生物滤池，轻质填料可保证在较大的滤层厚度时，仍有合理的池子结构和基础。

对一定的填料特性，为达到一定的出水水质，滤层厚度与进水成分和 BOD_5 浓度有关。根据国内某厂在塔高 6～14 m 的实测资料表明，在一定塔高限值内，塔高与进水 BOD_5 浓度成线性正比关系，处理效率随着滤层总厚度的增加而增加。但当滤层总厚度超过某一数值后，处理效率提高极微，因而是不经济的。故本条建议滤层厚度应由试验或参照相似污水的实际运行资料确定。

根据国外有关资料介绍，处理城市污水的滤层总厚度范围为 8～12 m。

二、根据国内经验，由于塑料等制品填料承压强度的限制和保证布水均匀，滤层应分层。一般认为滤层每层厚度不超过 2.5 m，可保证滤层完好。

三、设计负荷问题。国内应用塔式生物滤池处理工业废水较多，但运行数据积累不多。目前尚无应用塔式生物滤池处理城市污水的生产实践经验。

苏联规范和日本指针均无大高度滤池的规定；美国污水厂手册介绍塑料填料生物滤池高度达 12 m，表面水力负荷 14～84 m³/m²·d，BOD_5 容积负荷可高达 4.8 kg/m³·d。法国手册介绍塑料生物滤池的高度不宜大于 7 m，表面水力负荷 36～72 m³/m²·d，BOD_5 容积负荷 1～5 kg/m³·d。据此，本条规定设计负荷由试验或参照相似污水的实际运行资料确定。

（Ⅲ） 生 物 转 盘

第 6.5.12 条 规定生物转盘盘体的材料与构造要求。

生物转盘以能耗省、管理简易、处理效果好和污泥量少著称，但盘体价格较贵，为降低投资、延长盘体使用寿命，避免盘体在运输与安装中损伤，要求盘体材料轻质、高强、耐用性好。为提高处理效果要求比表面积大，易于挂膜。同时应便于安装养护和运输。

第 6.5.13 条 关于生物转盘的段数与盘片净距的规定。

为满足不同的进水水质与处理要求，并防止污水短流，生物转盘常用 2～4 段布置。对单轴转盘而言，可在槽内设隔板分段；对多轴转盘而言，可根据工艺需要，以轴或槽分段。

盘片的间距主要受盘片上生物膜生长量的控制，应保证转盘不被生物膜堵塞，满足盘片间的通气效果。进水端的污水 BOD_5 浓度较高，生物膜较厚，需用较大净距，一般为 25～35 mm；出水端的污水 BOD_5 浓度低，净距可较小，一般为 10～20 mm。

第 6.5.14 条 转盘水槽的尺寸与有效容积的规定。

一、盘体在槽内浸没深度的规定，为保证转盘中心部位的通气。

二、盘体与槽壁的净距，为保证盘体外缘的通气。

三、盘片全部面积具有的水槽有效容积，影响着水在槽中的平均停留时间。实践中常用 5～9 L/m²，数值过小则影响净化效果，过大则净化效果增加极微，不经济。

第 6.5.15 条 转盘线速度的规定。

为保证生物膜需氧、脱膜和满足水槽内混合与防止沉淀的要求，一般对于小直径转盘的线速度用 15 m/min；中大直径转盘用 18 m/min。

第 6.5.16 条 规定转盘的转轴强度要求。

国内曾发生个别生物转盘因转轴强度不够，而转轴断裂和挠曲等现象，为此规定转轴强度必须满足盘体自重、生物膜和附着水重量形成的挠度以及起动时扭矩的要求。

第 6.5.17 条 规定生物转盘的设计负荷。

目前国内生物转盘大都应用于处理工业废水，尚少处理城市污水的生产实践。国外生物转盘用于处理城市污水已有成熟的经验，按城市污水浓度 BOD_5＝200 mg/L，去除率 80%～90%计，一般采用 BOD_5 表面有机负荷 10～20 g/m²·d，表面水力负荷 50～100 L/m²·d。为此，规定由试验或参照相似污水的实际运行资料确定，并根据国外资料规定了设计参数。

第 6.5.18 条 关于生物转盘防雨、防风和保温的规定。

生物转盘设在室外时，生物膜易受暴风雨冲刷，低温影响，故需有防雨、防风和保温措施。一般可设在室内或在室外加盖罩。

（Ⅳ） 生物接触氧化池

第 6.5.19 条 规定生物接触氧化池的填料要求。

生物接触氧化池的填料，要求轻质、高强、防腐蚀，易于挂膜，比表面积大和空隙率高，以便提高处理效果，延长使用寿命，降低工程造价，目前国内常用的填料有玻璃钢蜂窝体和软性纤维，用蜂窝体填料时，蜂窝孔径一般用 20～32 mm。

第 6.5.20 条 关于填料分层的规定。

填料的分层厚度，对于固体填料是考虑到填料的承压、布气均匀和防堵等因素；对于软性纤维填料是考虑上下端固定的间距较大时易于断裂。

第 6.5.21 条 规定曝气强度的要求。

生物接触氧化池的曝气强度应满足供氧量，混合均匀和防堵的要求。

第 6.5.22 条 规定生物接触氧化池的设计负荷。

国内的生物接触氧化池主要用于处理某些工业废水，在城市污水处理方面尚无实例。为此规定由试验或参照相似污水的实际运行资料确定。

第六节 活性污泥法

（Ⅰ） 一 般 规 定

第 6.6.1 条 关于曝气池布置的规定。

曝气池在实际运行时，根据水量、水质的变化，供气量和出水水质等实际情况，有可能需要改变曝气池的运行方式，设计时宜考虑能灵活调整为按二种或二种以上方式运行。

第 6.6.2 条 补充按污泥泥龄计算曝气池容积的公式。

泥龄是污泥在处理系统内的平均停留时间，对于活性污泥系统，泥龄就是曝气池的污泥平均更新一次所需要的时间。在稳定运行条件下，可用下式表示：

$$\theta_c = \frac{\text{曝气池内的污泥量(kg)}}{\text{每天排放的污泥量(kg/d)}}$$

第 6.6.2A 条 衰减系数 K_d 值与温度有关，增列温度修正公式。

第 6.6.3 条 规定曝气池的主要设计数据。

有关设计数据的修改依据见表 6.6.3。它是根据我国污水厂一般回流污泥浓度为 4～8 g/L 的情况确定的。如回流污泥浓度不在上述范围时，可适当修正。

曝气池主要设计数据资料 表 6.6.3

类别	资料来源	Fw (kg/kg·d)	Nw (g/L)	F_r (kg/m³·d)	污泥回流比 (%)	处理效率 (%)	备注
普通曝气	北京某区污水处理试验厂	0.27	1.99	0.54	60	92	
	上海某区污水厂	0.5	0.8～2.1	0.6～0.8	60	82	
	美国污水厂手册	0.15～0.4	1.5～4	0.32～0.96	30～100	90～95	
	美国,废水处理手册(1981)			0.15～0.2		85～95	
	英国,水和水污染手册(1971)	0.2～0.5	1.1～2.8	0.56			
	美国标准	0.2～0.5	1～3	0.65	15～75		Fw 为 MLVSS 时
	法国手册	0.2～0.5		0.6～1.5		90	
	日本指针	0.2～0.4	1.5～2	0.3～0.8	20～30		
	本规范	0.2～0.4	1.5～2.5	0.4～0.9	25～75	90～95	
阶段曝气	上海某区污水厂	0.23	1.7～3.5	0.4～0.5	80	84	
	上海某区污水厂	0.5～0.6	1.3～2.9	1～1.2	60	82	
	美国,废水处理手册			0.15～0.24		85～95	
	英国,水和水污染手册	0.2～0.5	1.6～4.0	>0.8			
	美国标准	0.2～0.5	1～3	0.65	15～75		Fw 为 MLVSS 时
	日本指针	0.2～0.4	2～3	0.4～1.4	20～30		
	本规范	0.2～0.4	1.5～3.0	0.1～1.2	25～75	85～95	

续表 6.6.3

吸附再生曝气	上海某区污水厂	0.57～0.87	1.3～3.4	1.1～1.5	40～50	84～90	
	美国污水厂手册	0.15～0.5	3～8	0.48～1.12	25～75	85～95	
	美国，废水处理手册			0.15～0.24		80～95	
	英国，水和水污染手册	0.2～0.5	2.2～5.5	1.12			
	美国标准	0.2～0.6	1～3	0.81	15～150		F_w 为 MLVSS 时
	日本指针	0.2	2～8	0.8～1.4	50～100		
	本规范	0.2～0.4	2.5～6.0	0.9～1.8	50～100	80～90	
完全混合曝气	上海某区污水厂	0.25～0.4	2～4	0.5～1.6	380	93	合建式
	美国污水厂手册	0.4～1.0	3～5	1.12～2.88	30～100	85～90	合建式
	美国，废水处理手册			0.24		85～95	
	美国标准	0.2～0.5	1～3	0.65			F_w 为 MLVSS 时
	日本指针	0.2～0.4	3～6	0.6～2.4	50～150		合建式
	本规范	0.25～0.5	2～4	0.5～1.8	100～400	80～90	合建式

续表 6.6.3

类别	资料来源	F_w (kg/kg·d)	N_w (g/L)	F_r (kg/m³·d)	污泥回流比 (%)	处理效率 (%)	备注
延时曝气(包括氧化沟)	上海某厂污水站	0.06	4.45	0.25	30	98	
	美国污水厂手册	≤0.05	2～6	0.16～0.24	100～300	>90	
	美国,废水处理手册			0.1		75～95	
	英国,水和水污染手册	0.05～0.2	1.6～6.4	0.32			
	美国标准	0.05～0.1	3～5	0.24	50～200		F_w 为 MLVSS 时
	法国手册	<0.07		<0.35		95	
	日本指针	0.03～0.05	3～4	0.1～0.2	50～150		
	本规范	0.05～0.1	2.5～5.0	0.15～0.3	60～200	>95	
高负荷曝气	美国污水厂手册	1.5～3.0	0.5～1.5	1.5～3.0	10～30	60～75	F_w 为 MLVSS 时
	英国,水和水污染手册	0.5～5.0					
	法国手册	>0.5		>1.5		85	
	日本指针	1.5～3.0	0.4～0.8	0.6～2.4	5～10		
	本规范	1.5～3.0	0.5～1.5	1.5～3.0	10～30	65～75	

曝气池主要设计数据中，容积负荷 F_r 是控制参数，它与污泥负荷 F_W 和污泥浓度 N_W 相关；同时又必须按曝气池实际运行的规律来确定数据，即不可无依据地将本规范规定的 F_W、N_W 取端值相乘以确定最大的容积负荷 F_r。

Q 为曝气池设计流量，不包括污泥回流量。

N_W 为曝气池内混合液悬浮固体 MLSS 的平均浓度；它适用于推流式、完全混合式曝气池。吸附再生曝气池的 N_W，是根据吸附区的 N_{W1} 和再生区的 N_{W2}，按这两个区的容积进行加权平均得出的理论数值。

第 6.6.4 条 规定曝气池的超高。

超高随采用的曝气装置型式而有不同要求。一般，微孔扩散板（管）、穿孔管和直通管，可采用 0.5 m，但对于固定螺旋曝气器和喷咀套筒曝气器，超高 0.5 m 偏小，致池顶溅水严重，故北京某污水厂采用固定螺旋曝气器和喷咀套筒曝气器，超高均为 1.0 m；上海某污水厂采用喷咀套筒曝气器，超高为 0.8 m。

第 6.6.5 条 关于消除泡沫的规定。

曝气池如发生大量泡沫，影响环境卫生和工人操作管理；当采用表面叶轮曝气时，对充氧也不利。目前常用的消除泡沫措施有水喷淋和投加消泡剂等方法。

第 6.6.6 条 关于设置放水管的规定。

根据国内运行经验，为了有助于曝气池投产初期培养活性污泥的工作，每组曝气池在有效水深一半处，宜设置排放上清液的管道。小型曝气池可不设。

（Ⅱ） 曝 气 池

第 6.6.7 条 规定廊道式曝气池的宽深比和有效水深。

本条适用于推流式运行的廊道式曝气池。国内外资料都认为，曝气池的池宽与水深比为 1～2 时，曝气池混合液的旋流前进的水力状态较好。有效水深 3.5～4.5 m，系根据国内鼓风机的风压能力，并考虑尽量降低曝气池占地面积确定的。在污水厂流程布置合理、地形恰当、地质条件许可，且有较大风压的鼓风机或有适合的供氧设施时，为了节约用地，也可采用较大水深。目前，国内最大的曝气池水深为 7.0 m。

第 6.6.8 条 关于阶段曝气池的规定。

本条系根据国内外有关阶段曝气法的资料制订。阶段曝气的特点是污水沿池的始端 $\frac{1}{2}$～$\frac{3}{4}$ 长度内分数点进入（即进水口分布在二廊道曝气池的第一条廊道内，三廊道曝气池的前二条廊道内，和四廊道曝气池的前三条廊道内）尽量使曝气池混合液的氧利用率接近均匀，所以容积负荷可比普通曝气增大。

第 6.6.9 条 关于吸附再生曝气池的规定。

根据国内污水厂的运行经验，参照国外有关资料，规定吸附再生曝气池吸附区和再生区的容积和停留时间。它的特点是回流污泥先在再生区作较长时间的曝气，然后与污水在吸附区充分混合，作较短时间接触，但一般不小于 0.5 h。

第 6.6.10 条 关于合建式完全混合曝气池的规定。

一、根据对上海某污水厂和湖北某印染厂污水站的曝气池回流缝处测定实际的溶解氧，表明污泥室的溶解氧浓度不一定能满足曝气池所需的耗氧速率。据资料介绍，一般曝气池的平均耗氧速率为 30～40 mg/Lh，为安全计，合建式完全混合曝气池曝气部分的容积包括导流区，但不包括污泥室容积。

二、根据国内运行经验，沉淀区的沉淀效果易受曝气区的影响。为了保证出水水质，沉淀区表面水力负荷宜为 0.5～1.0 m^3/m^2h。

第 6.6.11 条 关于氧化沟的规定。

氧化沟是国外应用较普遍的污水处理构筑物之一。它具有的优点为：处理出水水质好而稳定，剩余污泥量少，基建费用低，动力消耗少，运行管理简单。但占地面积较大。上海某肉联厂污水站采用氧化沟处理屠宰污水，取得较好的处理效果。目前已在国内推广应用。

一、普通氧化沟的有效水深一般为0.9～1.5 m，新发展的氧化沟可增至2.0～3.5 m。上海某肉联厂采用3.1 m。本条规定为1.0～3.0 m。

氧化沟内水流流速是为了保证活性污泥处于悬浮状态，国内外普遍采用沟内平均水平流速为0.25～0.35 m/s，本条规定不宜小于0.25 m/s。

二、氧化沟的曝气装置大多采用转刷和表面曝气叶轮。转刷充氧和混合能力较弱，表面曝气叶轮充氧和混合能力较强。

三、氧化沟的剩余污泥量较少，国外资料介绍，去除1 kgBOD_5约产生0.3 kg干污泥，上海某肉联厂去除1 kgBOD_5产生0.23 kg干污泥。本条规定去除1 kgBOD_5产生0.3 kg干污泥。

四、氧化沟中混合液的循环流量为进水量的几十倍，接近于合建式完全混合型曝气池，比重较小的颗粒在氧化沟中呈悬浮状态，故可不设初沉池。至于格栅和沉砂池等预处理设施仍需要。

第七节 供氧设施

（Ⅰ） 一般规定

第6.7.1条 规定曝气池供氧设施的功能和曝气方式。

供氧设施的功能应同时满足污水需氧量、活性污泥与污水的混合和相应的处理效率等要求。

目前国内主要曝气方式有空气扩散曝气和机械表面曝气。射流曝气也有不少应用。

第6.7.2条 规定计算需氧量的公式。

凯氏氮包括有机氮和氨氮。有机氮可通过加水脱氨基，即氨化作用，生成氨氮。

$$R-\underset{H}{\overset{NH_2}{\overset{|}{\underset{|}{C}}}}-COOH \xrightarrow{+HOH} R-\underset{OH}{\overset{H}{\overset{|}{\underset{|}{C}}}}-COOH + NH_3$$

氨化作用只是水解，其时并无氧化还原反应发生，故式(6.7.2)用氧化每公斤氨氮需4.57公斤氧的系数来计算因凯氏氮降低所需氧量。

若处理系统仅实施碳的氧化，则b为零，式（6.7.2）变为：

$$AOR=0.024aQ\ (L_j-L_{ch})\ -c\frac{VN_{WV}}{\theta_c}$$

含碳物质氧化的需氧量，也可采用经验数据。按第6.6.3条所列普通曝气、阶段曝气、吸附再生曝气和完全混合曝气的污泥负荷(0.2～0.5 kg/kg·d)，参照各国学者的研究和国内污水厂曝气池需氧量数据（见表6.1），综合分析确定其范围为去除一公斤BOD_5需0.7～1.2公斤氧。

国内部分污水厂曝气池需氧量资料　　表6.1

厂　名	污水类别	曝气方式	去除每kgBOD_5需氧量（kg）
上海某厂	生活污水	普曝	0.76
上海某厂	生活污水	普曝	0.90
上海某区污水处理试验站	城市污水	普曝	1.30（包括氮的氧化）
北京某污水处理试验厂	城市污水	普曝	1.2
本规范			0.7～1.2

反硝化时，可回收氧化氨氮的氧的62.5%；若处理系统实施反硝化，在计算需氧量时，应扣除这一部分氧量。

第6.7.3条 关于空气扩散曝气供气量的规定。

曝气池的供气量设计，受各种影响因素的控制，建议按实测试验数据或参照相似条件污水厂的运行资料确定。本条规定的供气量系按下式计算确定：

$$供气量\ m^3/h=\frac{需氧量(kgO_2/h)}{0.27\cdot E_A\cdot\alpha(\frac{C_{SW}\cdot\beta-C}{C_{SW}})} \qquad (6.7.3\text{-}1)$$

式中 0.27 ——标准状况下每立方米空气的含氧量（kg）；

E_A ——曝气器的氧转移效率（%）；

C ——预期曝气池平均溶解氧浓度（mg/L）；

α、β ——修正系数。如无实测数据时，一般 α 用 0.85，β 用 0.90

C_{SW} ——曝气池中氧平均饱和浓度（mg/L），

C_{SW}可按下式计算：

$$C_{SW}=C_SW(\frac{O_t}{42}+47.4P_b) \quad (6.7.3\text{-}2)$$

式中 C_s——1 大气压时纯水中氧的溶解度（mg/L）；

O_t——从曝气池逸出的气体中含氧的百分率（%）；

P_b——曝气池底水压力（kPa）。

本条规定的供气量数值已考虑了穿孔管，多孔扩散板（管），固定螺旋和喷咀套筒曝气器等的氧利用特性。在配置鼓风机时，因受鼓风机产品容量分级的限制，规定总容量（不包括备机）不得小于设计需风量的 95%。同时考虑到新型曝气器氧转移效率的逐步提高，为有利于池内的提升和混合的需要，规定了处理每立方米污水最小供气量不少于 3 m^3。

第 6.7.4 条 关于表面曝气器供氧量的规定。

根据需氧量取值范围，考虑泵型、倒伞型、混流型等曝气叶轮和转刷的充氧特性，按标准工况计，机械曝气器去除每公斤 BOD_5 的理论供氧量为 1.1～1.8 kgO_2 但参照国内实际运行资料，考虑表面曝气器受浸染和池型等因素的影响，本条采用 1.2～2.0 kgO_2。延时曝气或氧化沟供氧量参照国内外资料采用 1.8～2.5 kgO_2。

此外，为保证池内的混合需要，参照国内外资料，对混合所需功率也作了相应的规定。

第 6.7.5 条 关于机械表面曝气器，和射流曝气器的供氧能力的规定。

目前多数曝气叶轮，转刷和各种射流曝气器均为非标准型产品，该类产品的供氧能力应按实测数据或厂商提供的产品规格选用，本规范难以统一规定。

第 6.7.6 条 规定使用表面曝气叶轮时的要求。

叶轮使用应与池型相匹配，才可获得良好的效果，本条根据国内运行经验作了相应的规定。

一、叶轮直径与曝气池直径比，根据国内运行经验，较小直径的泵型叶轮的影响范围达不到叶轮直径的 4 倍，故适当调整为 1∶3.5～1∶7。

二、根据国内实际使用情况，叶轮线速度在 3.5～5 m/s 范围内，效果较好，小于 3.5 m/s，提升效果降低，故本条规定为 3.5～5 m/s。

三、控制叶轮供氧量的措施，根据国内外的运行经验，一般有调节叶轮速度和控制曝气池出口水位（即调节池内水深），以改变叶轮浸没深度等。

（Ⅱ） 鼓 风 机 房

第 6.7.7 条 关于鼓风机房辅助设施的规定。

除非采用特制低噪声鼓风机，可不单独设置鼓风机房，国内目前绝大多数工程设计均单独设置鼓风机房，并配有值班室、配电室和工具室。由于中、大型容量离心鼓风机使用日益增多，该类风机需水冷却，为确保运行安全，设计应考虑设置水冷却系统。操作人员除去机房巡视外，一般在值班室，故值班室内应有机房主要设备的工况指示或报警装置。室内噪声水平应符合本规范第 6.7.17 条的规定。

风机的维修场所宜结合全厂的维修工作综合考虑，如必须在机房内设置维修场所时，应配以适当的隔声措施。

第 6.7.8 条 规定鼓风机选型的基本原则。

目前国内离心通风机，罗茨鼓风机，离心鼓风机均有生产。离心通风机适用于浅层曝气。风压高于 5 mH_2O，风量大于 80

m^3/min的罗茨鼓风机国内产品较少，且整机效率和噪声方面，离心鼓风机均优于罗茨鼓风机；但小容量罗茨鼓风机费用较低，维修要求比离心鼓风机为低故目前在中小型污水厂仍有大量应用。本条规定在容量较大、风压较高时宜选用离心鼓风机。离心鼓风机的另一优点是可采用简单的机械装置进行风量调节，为提高运行管理水平提供有利的条件。离心鼓风机有湍振区，机组工作点进入湍振区时要产生振荡，损坏机组，设计时必须避免。湍振区范围由产品制造厂提供。

第 6.7.9 条 规定确定工作和备用鼓风机数量的原则。

鼓风机台数应使运行时，可根据实际需气量进行调节。关于备用鼓风机台数，系指按平均风量配置的鼓风机组情况，主要根据国内污水厂管理部门的经验规定。一般认为，如按最大风量配置的鼓风机组，可不设备用。

第 6.7.10 条 规定进风口位置及除尘要求。

设置空气除尘设施，目的在于保护鼓风机和空气扩散器，特别是离心鼓风机和微孔扩散板（管）。风机进风管口位置的要求系采纳管理部门意见。

第 6.7.11 条 规定鼓风机的相应安全保护措施。

罗茨鼓风机，离心鼓风机均要求轻负载启动，故规定有相应的旁通回风管道和阀门装置。根据国内污水厂运行经验，曾有气水回流等事故发生，故规定宜有相应的安全保护措施。输气管道设置驼峰可防止水回流。根据陕西鼓风机厂和杭州制氧机厂的意见，在鼓风机出口管路装止回阀可防止气水回流。

第 6.7.12 条 关于计算鼓风机工作压力的规定。

根据国内运行经验，污水厂运行中，鼓风机工作压力会由于各种因素而有所增加，例如为了平衡和调整各池（格）供气量，需用阀门调节，安装空气流量仪表等，在计算时应考虑此类阻力损失。

第 6.7.13 条 关于鼓风机输气管道的要求。

设置柔性连接管，适用于风压较高，容量较大的机组，以减少因振动或温升所产生的位移变形和减少维修安装的困难。设置排除水分（或油分）的放泄口，是根据国内运行经验和参照苏联规范规定。气温大于 60℃时，输气管道宜采用焊接钢管，并应设温度补偿措施，系根据天津某污水厂的运行经验，并参照热力管道设计的要求。

第 6.7.14 条 规定大中型污水厂输气总管的布置方式。

本条根据国内设计和运行经验制订。环状布置可提高供气的安全度。

第 6.7.15 条 规定鼓风机基座的布置要求。

本条系根据国内设计和运行经验制订，目的是减少机房振动。

第 6.7.16 条 规定鼓风机房起重设备和机组布置的设计标准。

现暂按本规范第 4.3.3 条和第 4.3.4 条的有关规定执行。

第 6.7.17 条 规定鼓风机房设计应遵守的噪声标准。

目前主要依据现行的《工业企业噪声卫生标准》和《城市区域环境噪声标准》有关规定。

降低噪声污染主要应从噪声源着手，特别是选用低噪声风机、电机，再配以其它消声措施。

第八节 回流污泥及剩余污泥

本节增加了计算剩余污泥量的公式，故标题作修改。

第 6.8.1 条 规定污泥回流提升设备选用的种类。

空气提升器构造简单，使用可靠，调整灵活，适用于采用空气扩散曝气的中小型污水厂。离心泵或混流泵过去使用较多，如不单独设置机房时，可节省建筑面积。螺旋泵的耗电较少、不易堵塞，近年来使用日多。

第 6.8.2 条 对污泥回流设备容量和台数的规定。

系根据国内工程设计和运行的经验制订。

第 6.8.3 条 新增计算剩余污泥量的计算公式，是考虑到进入曝气池的有机污染物，在微生物的作用下，一部分被分解，另一部分被合成为新的微生物，为保持曝气池中污泥平衡，必须排除部分新合成的微生物，即排除剩余污泥。当泥龄较长，微生物的内源呼吸较充分时，剩余污泥量减少，同时污泥性质也较稳定。

第九节 稳 定 塘

第 6.9.1 条 规定稳定塘的采用条件。

在国外，废水稳定塘一般用于处理小水量的污水。稳定塘具有管理方便，能耗少等优点，有负荷低、占地面积大等缺点。选用稳定塘时，必须考虑当地是否有足够的土地可供利用，并应对基建费和运行费作全面的经济比较。

第 6.9.2 条 关于表面有机负荷和停留时间的规定。

我国稳定塘很少，运行数据积累不多，建议设计数据通过试验确定。参考气候相当的国外稳定塘资料，推荐了表面有机负荷和总停留时间，其中高的负荷和短的停留时间，推荐用于南方。在纬度高的北方地区，冰封期很长，其总停留时间可能长达半年左右。本条的表面有机负荷和停留时间适用于兼性塘、好氧塘或厌氧塘。

第 6.9.3 条 关于预处理和串联级数的规定。

国外小流量的稳定塘，前面一般不设沉淀池。但根据国内一些塘的运行经验，由于进水含可沉固体较多，致使塘底沉积污泥，塘的容积减小。如武汉地区某稳定塘，自 1981 年运行以来，1 号塘底平均增高 0.38 m，共计积泥 10 万 m^3，2 号塘底平均增高 0.27 m，共计积泥 6 万 m^3，3 号塘底平均增高 0.27 m，共计积泥 10 万 m^3。为了保证稳定塘的正常运行，减少在稳定塘清除污泥的工作量，本条规定污水宜经沉淀处理后进入稳定塘。但可沉固体含量低的生产污水以及流量小于 1 000 m^3/d 的生活污水也可不经过沉淀。

第 6.9.4 条 关于稳定塘的防污染的规定。

在稳定塘设计过程中，必须注意防止污染地下水水源和周围大气环境；并解决好塘内底泥处置的问题。

第 6.9.5 条 规定进入养鱼塘的水质要求。

多级稳定塘的最后出水中，一般含有藻类、浮游生物，可作鱼饵，故在其后可设置养鱼塘，但水质必须符合现行的《渔业水质标准》的规定。

第十节 灌 溉 田

第 6.10.1 条 规定污水灌溉农田的水质要求。

利用城市污水和部分工业废水灌溉农田，可充分利用污水中的有机肥料和水资源，对农业增产是一件好事。同时利用土壤和植物的生物化学作用和物理作用净化污水。但污水灌溉如应用和管理不合理、会对环境质量带来一定影响，包括污染土壤、作物和水源（地表水或地下水），故灌溉田的确定必须持慎重态度。

我国农牧渔业部编制了国家标准《农田灌溉水质标准》，其中对有害物质允许浓度，以及对含有病原体污水的处理要求，均做出规定，必须遵照执行。

第 6.10.2 条 规定不准污水灌溉的地区。

本条为保护给水水源而规定。有关污水灌区与给水水源的防护距离，国家标准《生活饮用水卫生标准》中已有规定。

第 6.10.3 条 规定了污水灌区地下水的最小埋藏深度。

选择污水灌溉地点时，如地下水埋藏深度过浅，易被污水所污染。苏联规范对过滤田规定地下水埋深不小于 1.5 m，澳大利亚新南威尔斯州污染控制委员会制定的《土壤处理污水条例》中规定，污水灌溉地点的地下水埋藏深度不小于 1.5 m，本规范规定为不宜小于 1.5 m。

第 6.10.4 条 规定了确定灌溉制度的原则。

灌溉制度包括灌溉方式和灌溉定额。灌溉方式有清污混灌、清污轮灌和完全污灌三种方式。灌溉定额可以污水量控制，亦可以污水中含氧量来控制。灌溉制度随当地气候、作物种类、污水水质、土壤性质、地下水位的不同情况而变。目前各地区的灌溉定额相差很大，没有统一的标准，灌溉方式也各不相同，故确定灌溉田的灌溉制度时，必须结合当地的实际情况和条件，与当地的农林部门协商确定。

第 6.10.5 条 规定非灌溉季节的污水出路问题。

主要利用灌溉田净化的污水，必须考虑处置每天高峰流量、湿润气候条件下流量、以及非灌溉期流量的措施，以避免当农田不需污水时，污水任意排放，造成对水源和环境的污染。其措施可采用天然洼地进行污水的人工调蓄，如需排入天然水体时，就应该严格的按现行的《工业企业设计卫生标准》中的有关规定，进行相应的处置。

第 6.10.6 条 规定污水灌区宜备有清水水源。

长期采用污水灌溉的农田，如污水中含盐量大，会造成土壤中盐分的逐年累积，使土壤盐渍化。《农田灌溉水质标准》中规定了污水中的含盐量最高允许值。如备有清水水源，采用清污轮灌，可满足冲洗土壤中盐分的要求，达到保护土壤的目的。

第 6.10.7 条 关于污水灌溉系统防渗防漏的规定。

污水灌溉系统的主要构筑物和主要渠道等，应采取有效的防渗、防漏措施，以保护水源和周围环境不受污染。

防渗、防漏措施，可根据当地实际情况采用粘土、块石、混凝土铺盖面层等。

第 6.10.8 条 规定污水灌区与住宅及公共通道的最小距离。

污水灌区一般反映臭味较大，蚊蝇较多。本条根据国内实际情况，并参考国外资料，对污水灌区和住宅及公共通道之间规定最小距离，有条件的应尽量加大间距，并用防护林带隔开。

第十一节 消 毒

第 6.11.1 条 规定污水消毒的方法。

消毒剂有氯、溴、碘、二氧化氯和臭氧等。在污水消毒中，以加氯法用得最多。虽然加氯消毒的投量大时会产生二次污染，但此法在技术经济上最为可行。在水体有养殖鱼类用途时，尚需设置脱氯设备。

第 6.11.2 条 规定污水的加氯量。

加氯量参照国内外资料修改。清华大学资料认为，加氯量可按接触 15 min 后，尚有余氯 0.5 mg/L 估计，一般城市污水的加氯量为：沉淀处理后，为 25～30 mg/L；生物处理后为 10～15 mg/L。美国环境工程师手册介绍，美国一般要求在接触 15 min 后，结合性余氯为 0.5～1.0 mg/L，加氯量为：一级处理后，为 20～25 mg/L；二级处理后，为 8～15 mg/L。日本指针规定加氯量，初沉处理后，为 5～10 mg/L，生物滤池处理后，为 3～10 mg/L，活性污泥法处理后，为 2～8 mg/L，一般余氯量为 0.2～1.0 mg/L，控制加氯后大肠杆菌数为 3000 个/cm^3 以下。苏联规范规定加氯量，初沉处理后，为 10 mg/L，生物处理后，为 3～5 mg/L，余氯量不小于 1.5 mg/L。据此，本条规定城市污水加氯量，沉淀处理后，为 15～25 mg/L，生物处理后，为 5～10 mg/L。

第 6.11.3 条 关于混合接触时间的规定。

在紊流反应器的条件下，液氯能在很短的接触时间内对污水达到最大的杀菌率。但考虑到接触池中水流可能发生死角和短流，因此，为了提高和保证消毒效果，规定加氯接触时间应采用 30 min。当污水按第 6.11.2 条投加氯量，大肠杆菌的去除率可达 99.9%。

第 6.11.4 条 关于加氯设施和有关建筑物设计的规定。

第七章　污泥处理构筑物

第一节　一 般 规 定

第 7.1.1 条　规定城市污水污泥的最终处置方法。

污泥的最终处置可分为海洋处置与陆地处置。陆地处置包括污泥塘、填埋场和用作农田肥料。不论在国外还是国内，城市污水污泥用作农田，既可增加土壤肥效，还可用来改良土壤。我国生产实践表明，化肥与有机肥料配合使用，既可防止土壤结构破坏，还能增进地力。我国农民一直是欢迎污泥肥料的。在农村生产关系理顺，污水厂和农村输送“渠道”沟通，污泥妥善处理之后，用作农田肥料应是污泥的最佳处置方案。

第 7.1.2 条　规定城市污水污泥用作农肥时的处理流程。

国内外经验都表明，本条建议的流程能满足污泥农用无害化处理的要求。初沉污泥与浓缩的剩余活性污泥合并消化，然后脱水运出的处理流程，行之有效。我国新设计的污水处理厂大多采用此流程。污泥脱水一般宜采用机械脱水。虽然我国已建成的污水处理厂大多采用污泥干化场，但由于总占地面积大，征购土地困难，已受到很大限制，只在有较大空地的地区才有条件采用。湿污泥池主要在南方水网地区使用，近年调查结果表明，只有在湿污泥可直接作肥料，且运输方便，费用又低的地区，才有可能采用湿污泥池。上海某厂经验表明，在湿污泥可直接供给农村时，压力管道输送污泥是经济的。

第 7.1.3 条　规定农用污泥的要求。

城市污水污泥中含有重金属、致病菌、寄生虫卵等有害物质，为保证污泥用作农田肥料的质量，应按照《农用污泥中污染物控制标准》的规定严格限制工业企业排入城市排水管道的重金属等有害物质含量。城市污泥无害化处理，主要是去除大部分病原菌，寄生虫卵和稳定污泥，也就是改善污泥的质量和卫生问题。

第 7.1.4 条　规定污泥处理构筑物的最少个数。

考虑到构筑物检修的需要和运转中会出现故障等因素，各种污泥处理构筑物与设备均不宜只设一个。据调查，我国大多数污水厂的污泥浓缩池、消化池等至少为两个，同时工作；污泥脱水机械台数一般不少于 2 台，其中包括备用。当污泥量很少时，可为 1 台。国外设计规范或设计手册，也有类似规定。

第 7.1.5 条　关于污泥水处理的规定。

污泥处理过程中产生的污泥水均应进行处理，不得直接排出。污泥水含有较多污染物，其浓度一般比原污水还高，若不经处理直接排放，势必污染水体，形成二次污染。

污泥水一般送至污水厂进口，与进水混合后一并处理。若条件允许，也可送入初沉池或生物处理构筑物进行处理。

第二节　污泥浓缩池和湿污泥池

第 7.2.1 条　关于重力式污泥浓缩池浓缩城市污水的活性污泥的规定。

一、根据调查，目前我国运行的污泥浓缩池的固体负荷资料见表 7.2.1。日本指针（84 年版）规定为 60～90 $kg/m^2 \cdot d$。本条规定为一般采用 30～60 $kg/m^2 \cdot d$。

二、根据调查，浓缩时间一般都在 12 h 以上。原来规定的浓缩时间 9～12 h 偏小，故本条规定为不小于 12 h。

三、根据一些浓缩池的实践经验，浓缩后污泥的含水率往往达不到 97%。故本条规定为当浓缩前含水率为 99.2%～99.6% 时，浓缩后含水率为 97%～98%。

四、辐流浓缩池的有效水深，国内一般为 4 m 左右。日本指针（84 年版）为 4 m。本条规定一般为 4 m。

五、刮泥机排泥的外缘线速度的大小，以不影响污泥浓缩为宜。我国目前运行的部分辐流浓缩池，其刮泥机外缘线速度一般为1～2 m/min。同时，根据有关污水厂的使用经验，池底坡向泥斗的坡度规定为不小于0.05。

污泥浓缩池浓缩活性污泥时的固体负荷资料　表 7.2.1

工厂名称	固体负荷 ($kg/m^2 \cdot d$)	使用情况	工厂名称	固体负荷 ($kg/m^2 \cdot d$)	使用情况
吉林某厂污水站	57.6	运转良好、无浮渣	天津某污水厂	29.5	正施工
大连某污水厂	21.1	正施工	包头某污水厂	16.7	正施工
辽阳某厂污水站	64.6	在使用、有浮渣	唐山某污水厂	7.0	
北京某污水厂	34.1	在使用	上海某厂污水站	47.7	在使用
兰州某厂污水站	11.8	正施工	上海某厂污水站	9.6	在使用

六、根据国外经验，在刮泥机上面应设置浓集栅条，它可加快浓缩池中污泥的沉淀浓缩速度。

考虑生产污水的水质变化较大，其活性污泥的性质变化亦较大，为此浓缩生产污水的活性污泥时，重力浓缩池的主要设计数据建议由试验或参照相似污泥的实际运行数据确定。

第 7.2.2 条　关于去除浮渣装置的规定。

由于污泥在池内停留时间较长，有可能会厌气分解而产生污泥气，污泥附着该气体而上浮到水面，形成浮渣。如不及时排除浮渣，会产生污泥出流。为此，规定宜有去除浮渣的装置。

第 7.2.3 条　有关湿污泥池的规定。

我国南方地区雨水多，雨季长，用地紧张，污泥干化场的采用受到很大限制。加之，有的农民惯用湿污泥作肥料。湿污泥池可适应上述情况，起污泥浓缩和贮存作用。

当用人工掏取污泥时，池子有效深度一般为1.5 m，并且池底倾向排出口的坡度不小于0.01。考虑各地运输条件和污泥量等差异较大，所以湿污泥池容积仅作原则规定。

第 7.2.4 条　关于排除污泥水的规定。

污泥在间歇式污泥浓缩池与湿污泥池内均为静置沉淀，一般情况下污泥水在上层，浓缩污泥在下层、但经日晒或贮存时间较长后，部分污泥可能腐化而上浮，形成浮渣，变为中间是污泥水，上下层是浓缩污泥。此外，污泥贮存深度也有不同。为此，本条规定应设置可排出深度不同的污泥水的设施。

第三节　消　化　池

第 7.3.1 条　规定消化方式和消化温度。

我国污水厂原有消化池均为单级消化。七十年代以来，两级消化在国外采用日益广泛，其优点是工程造价和运转能耗都少，排出的污泥浓度高，有利于污泥脱水。苏联规范、日本指针和美国污水厂手册都已将两级消化列入。我国几个城市进行两级消化中试的结果，证明效果良好，与国外有关规定基本相符。国内一些大型污水厂设计也都已采用了两级消化。因此，增列了两级消化内容。

消化温度采用33～35℃的中温消化，而未列入高温消化。主要原因是高温消化消耗热能很大，不一定经济。国外只有少数污水厂采用高温消化，国内目前尚未进行过这方面的中试，缺乏经验和参数。

第 7.3.2 条　规定两级消化的池容积比和有关要求。

两级消化的一级消化池与二级消化池的容积比。日本指针按消化天数（固体平均停留时间）计为1∶1～2∶1，苏联规范按投配率计为2.4∶1～2.8∶1。美国多数是一级消化池大，二级消化池小。北京某中试厂按消化池停留时间计，容积比为2∶1。本条规定容积比2∶1。

污泥消化可缩小体积，但必须经过沉淀浓缩，排出上清液。国外两级消化池和单级消化池都设有上清液排出设施。故本条列入了消化池设置上清液排出设施的要求。

国外的二级消化池一般都不加热不搅拌，但也有为防止浮渣形成污泥壳，而设置搅拌设备的，我国新设计的二级消化池也有不加热不搅拌。

第 7.3.3 条 规定消化池容积计算的参数。

一、以往，国内按污泥投配率计算消化池容积，实践证明投配率是一个不十分科学的参数。投配率相同，污泥含水率不同，构成的容积负荷可以相差几倍。为此，苏联规范按污泥含水率规定不同的投配率。日美等国采用消化时间和容积负荷作为设计计算参数，它不仅比较科学，计算也很方便。因此，本规范不以投配率作为设计参数，而采用消化时间和容积负荷。

二、消化时间，大多数国家系指固体平均停留时间，本条系指水力停留时间。消化池在不排出上清液的情况下，固体停留时间与水力停留时间相同。我国习惯上计算消化时间不考虑排出上清液，也就是按水力停留时间计算。国内外消化池的生产、试验和设计数据见表 7.3.3。由于我国混合污泥的消化池参数缺乏积累。故未按污泥类型分别规定。

第 7.3.4 条 规定污泥加热的方法。

本条所列的三种方法在国内已建的和新设计的消化池中都有采用，实践证明行之有效。国外这三种加热方法也都有采用，但近年来以池外热交换为主。

第 7.3.5 条 规定消化池池内的搅拌方法。

本条所列的三种搅拌方法，我国都在采用，污泥气循环的中试证明效果良好，运转可靠，新设计的污水厂采用这种搅拌方法较多。在国外，污泥气循环和螺旋浆搅拌器两种搅拌方法是普遍采用的，水力提升器则主要在苏联使用。间歇搅拌设备的能力，主要系根据苏联规范规定的。单级消化和两级消化的一级消化池基本都采用连续搅拌。

第 7.3.6 条 规定消化池的结构安全要求。

消化池工作时要维持一定污泥气气压，方能安全运行。所以，它是一个有内压的容器，其压力应按污泥气工作压力确定。固定盖式消化池在大量排泥时，池内可能产生较大负压，导致空气进入池内，它会危及厌氧消化运行，甚至形成爆炸的潜在危险。所以，设计时应有防止池内出现负压的措施，一般措施为进泥和排泥同时进行；与贮气罐连通等等。

第 7.3.7 条 明确消化池需设置的仪表。

据调查，运行和管理部门都认为消化池需设置必要的仪表，及时掌握运行工况，否则会给运转管理带来许多困难，难于保证运转效果。同时，有利于积累原始运转资料。鉴于我国尚缺乏污水污泥专用仪表，故未作硬性的规定。一些地区消防部门还希望采用防爆仪表。

第 7.3.8 条 规定污泥消化系统的防火防爆安全设施。

根据我国消防条例规定，设计均应遵守《建筑设计防火规范》。因此，污泥消化系统的有关防火防爆问题，应按照《建筑设计防火规范》的有关规定执行。本条对控制室规定的安全设施，仅是针对控制室的特殊情况所作的补充。控制室的通风设备也应执行《建筑设计防火规范》的有关规定。

关于防火防爆等级问题，消化池和控制室属甲类生产建筑物，控制室若为单层建筑（面积小于 300 m^2），其耐火等级为三级，否则为二级。污泥气贮气罐属可燃性气体贮罐。

第 7.3.9 条 规定污泥消化系统中管道上的安全设施。

有关消化池溢流管的规定是考虑安全和保证厌氧消化的要求。

根据消防部门意见，消化池和贮气罐出气管上均应设回火防止器，以防火焰进入消化池和贮气罐着火或爆炸。

第 7.3.10 条 规定污泥气贮气罐容积计算方法。

设置贮气罐的原因主要是产气与用气不一致，需要一个贮存

消化池设计参数 表 7.3.3

资料来源	污泥类别	消化池运行方式	投配率(%)	消化时间(d)	容积负荷(kgVSS/m³·d)	有机物分解率(%)
上海某厂污水站(小型试验)	活性污泥 含水率 97.9%,有机物 72.3%	单 级	7	14.3	1.063	40.0 左右
北京某污水处理中试厂	混合污泥 含水率 97%,有机物 62%	两 级	4	25	0.744	38～43
鞍山某污水厂(生产池)	初沉污泥 含水率 97%,有机物 43.5%	单 级	4.3	23.2	0.39	35.0
西安某污水厂(生产池)	初沉污泥 含水率 93%,有机物 55%	单级	一般 3～4 均值 2.8	25～34	一般 1.0～1.35 均值 1.11	33.0 左右
美国污水厂手册		标准池 高速池		30～60 10～20	0.48～1.12 1.0～6.4	40～50
美国废水处理手册		两 级		20		
日本指针				30		40～50
苏联规范		单 级	含水率 93% 7 含水率 94% 8 含水率 95% 9			初沉污泥 53 剩余活性污泥 44
		两 级	第一级 按分解率计算 第二级 3～4			

容器来调节气量。国外规范和手册规定的贮气罐容量多为日产气量的25%～50%，但实际情况很难做到，本条规定的方法，是比较经济的。

第7.3.11条 明确污泥气应利用作燃料。

污泥气应作为能源尽量利用，因为这种利用不仅经济效益好，使用也很方便。污泥气既可作一般燃烧燃料，也可作发电燃料。

第四节 污泥干化场

第7.4.1条 关于污泥干化场固体负荷量的原则规定。

污泥干化场的污泥主要靠渗滤、撇除上层污泥水和蒸发达到干化。渗滤和撇除上层污泥水主要受污泥的含水率、粘滞度等性质的影响，而蒸发则主要视当地自然气候条件，如平均气温、降雨量、蒸发量等因素而定。由于污泥性质不同，各地气温、降雨量和蒸发量等气象条件不同，固体负荷量也不同，所以，建议固体负荷量宜充分考虑当地自然气候条件，参考相似地区的经验确定。在北方地区应考虑结冰期间，干化场储存污泥的能力。

第7.4.2条 规定干化场块数的划分和围堤尺寸。

干化场应划分为不少于3块，系考虑进泥、干化和出泥能轮换进行，提高干化场的使用效率。

第7.4.3条 关于人工排水层的规定。

对脱水性能好的污泥而言，污泥水的渗滤是干化场干化污泥的主要作用之一，设置人工排水层可加速污泥干化。我国已建干化场多设有人工排水层，国外规范也都建议设人工排水层。但国内外建造的干化场也有不设排水层的。

第7.4.4条 设不透水层的规定。

为了防止污泥水渗入土壤深层和地下水，造成二次污染，同时为了加速排水层中污泥水的排除，故在干化场的排水层下面要设置不透水层。某些地下水较深，土壤渗透性又较差的地方，如果卫生上允许，可考虑不设不透水层。

第7.4.5条 规定宜设排除上层污泥水设施。

污泥在干化场上脱水干化中，有一个沉降浓缩污泥析出污泥水的过程，及时将这部分污泥水排除，可以加速污泥脱水，提高干化场的效率。

第五节 污泥机械脱水

（Ⅰ） 一般规定

第7.5.1条 关于设计污泥机械脱水的规定。

一、污泥脱水机械，国内较成熟的有真空过滤机和压滤机等，应根据污泥的脱水性质和脱水要求，以及当前产品供应情况经技术经济比较后选用。污泥脱水性质的指标有比阻、粘滞度、粒度等。脱水要求，指对泥饼含水率的要求。当比阻大、含水率要求小时，宜选用压滤机。

二、进入脱水机的污泥含水率大小，对泥饼产率影响较大。在一定条件下，泥饼产率与污泥含水率成反比关系。根据国内调查资料（见表7.5.1），规定污泥进入脱水机的含水率一般不大于98%。当含水率大于98%时，应对污泥进行预处理，以降低其含水率。

三、据国外资料介绍，消化污泥碱度过高，采用经处理后的废水淘洗，可降低污泥碱度，从而节省某些药剂的投药量，提高过滤脱水效率。苏联规范规定，消化后的生活污水污泥，真空过滤之前应进行淘洗。日本指针规定，污水污泥在真空过滤和加压过滤之前要进行淘洗，淘洗后的碱度低于600 mg/L。国内四川某维尼纶厂污水处理站利用二沉池出水进行剩余活性污泥淘洗试验，结果表明：当淘洗水倍数为1～2时，比阻降低率约15%～30%，提高了过滤效率。但淘洗并不能降低所有药剂的使用量。同时，淘洗后的水需要处理（如返回污水处理构筑物）。为此规定：经消化后的污泥，可根据污泥性质和经济效益考虑在脱水前淘洗。

国内进入脱水机的污泥含水率 表 7.5.1

使用单位	污泥种类	脱水机类型	进入脱水机的污泥含水率(%)	备注
上海某织袜厂	活性污泥	板框压滤机	98.5～99	
四川某维尼纶厂	活性污泥	折带式真空过滤机	95.8	
辽阳某化纤厂	活性污泥	箱式压滤机	98.1	
北京某印染厂	接触氧化后加药混凝沉淀污泥	自动板框压滤机	96～97	
北京某油毡原纸厂	气浮污泥	带式压滤机	93～95	
哈尔滨某毛织厂	电解浮泥	自动板框压滤机	94～97	
上海某污水厂	活性污泥	刮刀式真空过滤机	97	1976 年试验资料
北京某污水厂	消化的初沉污泥	刮刀式真空过滤机	91.2～92.7	1975 年试验资料
上海污水处理试验组	活性污泥	真空过滤机和板框压滤机	95.8～98.7	1975 年试验资料
上海某涤纶厂	活性污泥	折带式真空过滤机	98.0～98.5	滤机从日本引进
上海某厂污水站	活性污泥	折带式真空过滤机	95.0～98.0	1981 年由刮刀式改为折带式,1984 年 5 月投入运行
上海某印染厂	活性污泥	板框压滤机	97.0	
无锡某印染厂	活性污泥	板框压滤机	97.5	

四、根据脱水间机组与泵房机组的布置相似的特点，脱水间的布置可按本规范第四章的有关规定执行。有关规定指机组的布置与通道宽度、起重设备和机房高度等。除此以外，还应考虑泥饼运输的设施和通道。

五、据调查，国内污水厂一般设有泥饼堆场或暂时堆放场地，也有用车立即运走的，由于目前国内泥饼的出路尚未妥善解决，堆存时间等亦无规律性，故堆场容量仅作原则规定。

六、考虑污泥有臭气等，故脱水间应有通风设施。

第 7.5.2 条　对污泥脱水前的加药处理的规定。

为了改善污泥的脱水性质，污泥脱水前应加药处理。

一、污泥脱水投加的药剂，目前国内外仍用三氯化铁和石灰等为多。国内四川某厂的剩余活性污泥，用折带式真空过滤机脱水，加药量为三氯化铁 8.7%～13.3%，石灰 20%左右。辽阳某厂的剩余活性污泥，用箱式压滤机脱水，加药量为三氯化铁 5.4%～11.0%，石灰 19.7%左右。使用单位均反映加药剂量大，增加了污泥出路的困难；同时该药剂的腐蚀性强，投加不便。目前国外已生产专用的高分子聚合物，投加量少，效果好；国内正在探索这类药剂的生产。为此，本条仅提出药剂选用及其投加量应考虑的主要因素。

二、污泥加药以后，应立即混合反应，并进入脱水机，这不仅有利于污泥的凝聚，而且会减小构筑物的容积。

考虑到生产污水污泥的成分复杂，所以对它是否要加药处理，应由试验或参照相似污泥的数据确定。

（Ⅱ）　真空过滤机

第 7.5.3 条　推荐可供污水污泥脱水的两种真空过滤机。

据调查，目前我国的污水污泥机械脱水中采用的真空过滤机，有折带式、刮刀式和盘式，折带式的滤布可在使用中得到再生。刮刀式的滤布不能再生，不断被折带式取代。例如，在七十年代初期，上海某厂的污水化学污泥真空过滤机脱水，由刮刀式改为折带式；1975 年四川某厂的剩余活性污泥，采用折带式真空过滤机脱水，运行较好；天津某污水厂和西安某污水厂也设计采用折带式真空过滤机。盘式有占地面积小等特点。

第 7.5.4 条　规定真空过滤机泥饼的产率和含水率。

由于各种污泥的脱水性质不同，所以真空过滤机泥饼的产率和含水率应根据试验或参照相似污泥的数据确定。本条所列数值系根据国内试验资料，参照国外规范的规定制订。（见表 7.5.4）

泥饼含水率的主要依据为：日本指针（84 年版）规定 75%以下，苏联规范规定为初沉污泥 72%～75%，初沉污泥和活性污泥的混合污泥 75%～80%，活性污泥 85%～87%，消化后的初沉污泥 75%～77%，中温消化后的混合污泥（初沉污泥和活性污泥）78%～80%。

1975 年上海试验资料，生活污水剩余活性污泥的泥饼含水率为 86%～89%。四川某厂污水站运行资料，剩余活性污泥的泥饼含水率平均为 81.9%。上海某污水站运行资料，剩余活性污泥的泥饼含水率为 85.0%～88.0%。为此，本条对污水污泥的真空过滤机脱水的泥饼含水率，规定为活性污泥 80%～85%，其余 75%～80%。

第 7.5.5 条　规定真空过滤机的真空值和真空泵的抽气量等。

根据四川某厂污水站真空过滤机的多年使用经验表明：真空值为 200 mmHg 左右为佳，400～500 mmHg 时，脱水效果不如前者。为此，将下限真空值定为 200 mmHg。我国真空过滤机产品规定抽气量为 0.8～1.2 $m^3/m^2 \cdot min$（真空度 450～600 mm）。日本指针（1984 年）规定为 0.5～1.0 $m^3/m^2 \cdot min$。上海某厂和某污水厂真空过滤机的抽气量分别为 0.8 和 0.7 $m^3/m^2 \cdot min$。本条规定为 0.8～1.2 $m^3/m^2 \cdot min$。

自动排液装置，现由沈阳某厂以产品出售，它不耗电能，比国外目前流行的泵排或高架缸排为好。

表 7.5.4 真空过滤机的泥饼产率($kg/m^2 \cdot h$)

污泥种类 \ 数值 \ 资料来源		1975年上海试验资料	1975年北京试验资料	1976年上海某污水厂试验资料	上海某厂污水站	四川某厂污水站	苏联规范	日本指针	本规范
原污泥	初沉污泥						30～40	30～50	30～40
原污泥	初沉污泥和生物滤池污泥的混合污泥							30～40	30～40
原污泥	初沉污泥和活性污泥的混合污泥						20～30	15～25	15～25
原污泥	活性污泥	7		11.3	7.5～10.8	14.6～15.2	8～12	10～15	7～12
消化污泥(中温)	初沉污泥		16.4～27				25～35	25～40	25～35
消化污泥(中温)	初沉污泥和生物滤池污泥的混合污泥							20～35	20～35
消化污泥(中温)	初沉污泥和活性污泥的混合污泥						20～25	15～25	15～25

（Ⅲ） 压 滤 机

第 7.5.6 条 推荐可供污水污泥脱水的压滤机，以及泥饼的产率和含水率。

目前，国内用于污水污泥脱水的压滤机有箱式压滤机、板框压滤机、带式压滤机和微孔挤压脱水机。带式压滤机有脱水效果好和电耗低等优点，但是目前还没有专门生产这种脱水机的工厂，因此不能作进一步的规定。

由于各种污泥的脱水性质不同，泥饼的产率和含水率变化较大，所以它们应根据试验或参照相似污泥的数据确定。本条所列出的含水率，系根据国内调查资料和参照国外规范制订。

第 7.5.7 条 规定箱式压滤机和板框压滤机的设计要求。

一、过滤压力，哈尔滨某厂污水站的自动板框压滤机和吉林某厂污水站的箱式压滤机均为 500 kPa，辽阳某厂污水站的箱式压滤机为 500～600 kPa，北京某厂污水站的自动板框压滤机为 600 kPa。日本指针（84 年版）为 400～500 kPa。据此，本条规定为 400～600 kPa。

二、过滤周期，吉林某厂污水站的箱式压滤机为 3～4.5 h；辽阳某厂污水站的箱式压滤机为 3.5 h；北京某厂污水站的自动板框压滤机为 3～4 h。据此，本条规定为不大于 5 h。

三、污泥压入泵，国内使用离心泵、往复泵和柱塞泵。北京某厂污水站采用柱塞泵，使用效果较好。日本指针（84 年版）规定可用无堵塞构造的离心泵、往复泵和柱塞泵。

四、我国现有配置的压缩空气量，每立方米滤室一般为 1.4～3.0 m^3/min。日本指针（84 年版）为每立方米滤室 2 m^3/min（按标准工况计）。

第八章 含油污水和含酚污水

全章删去理由：

1）为理顺排水通用规范和专用规范的体系关系，避免体系混乱；

2）已有推荐性标准《焦化厂煤气厂含酚污水处理设计规范》CECS 05：88 和正在编制的《含油污水处理设计规范》可代替。

附录一　暴雨强度公式的编制方法

一、规定资料年数

各地降雨的丰水年与枯水年的一个循环周期平均约是10年。暴雨公式要求自记雨量资料能够反映当地的暴雨强度规律，10年记录是最低要求，并且必须是连续的10年。

二、规定计算降雨历时与计算降雨重现期

计算降雨历时系按目前国内多数习惯采用的九个历时规定。

降雨重现期规定一般统计到10年，这是考虑与雨量资料的要求年数一致，且10年的重现期对于大多数工程设计已经够用。当有需要或资料条件较好时，也可统计高于10年的重现期。

三、规定取样方法

由于我国目前多数城市的雨量资料年数还不长，为了能够选得较多的雨样，又能体现一定的独立性，并且便于统计，规定采用年多个样法。

考虑选取雨样的频率强度误差不致过大，并且统计工作量也不致过大，规定每年选取6～8个最大值。

目前我国各城市最低计算重现期一般是0.25 a或0.33 a。当为0.25 a时，从上述雨样排列顺序中截取资料年数4倍最大值；当为0.33 a时，从上述雨样排列顺序中截取资料年数3倍最大值。

四、规定频率调整

选取的雨样只是样本，用样本推求总体规律，要籍助频率分布线型进行调整。

根据不同要求，规定三种频率曲线，在符合抽样误差的条件下，可任意选用：

经验频率曲线，方法简单，精度不太高。皮尔逊Ⅲ型分布曲线，是水文计算上和城市暴雨公式计算上多年采用的方法，因有三个参数，计算量较大。指数分布曲线，是近年来城市暴雨公式统计方法研究中提出的方法，因有两个参数，计算量较小。

五、规定暴雨强度公式形式及根据P、i、t关系值求解参数的方法

规定 $q=\frac{167A_1\ (1+C\lg P)}{(t+b)^n}$ 为采用的暴雨强度公式形式，它的参数较全，能够较全面地反映我国大多数地区的暴雨强度变化规律，包含了 $i=\frac{A}{t^n}$、$i=\frac{A}{t+b}$ 以及 $A=A_1P^m$ 等形式。

规定三种求解参数的方法。包括了精度较高与精度不太高但已够用的不同方法；包括了计算比较繁复与计算比较简便的不同方法；也包括了电算与手算的不同方法。

六、规定计算抽样误差和暴雨公式均方差的标准

规定绝对均方差标准为0.05 mm/min，主要依据是：

1. 通过实际编制的若干各种降雨情况的公式，按重现期为0.25～100 a统计，其均方差多数不超过0.05 mm/min。现在规定统计的重现期仅为0.25～10 a，要求多数达到不超过0.05 mm/min的标准，应是可行的。

2. 目前国内各地对降雨规律、对暴雨强度公式形式及其各参数的认识与研究正在不断深入，编制暴雨强度公式的精度，在经过必要的调整和优化工作后，正不断提高，规定抽样误差标准，对保证精度是必要的。

3. 出现较大的均方差主要是在那些降雨强度大的地方，在这种情况下，当达到0.05 mm/min的标准确有困难时，还可按照另一规定：平均相对均方差不大于5%。

附录二　排水管道与其它地下管线（构筑物）的最小间距

本附录的目的是做到在管道施工和检修时，尽量不互相影响；排水管道损坏时，不致影响附近建筑物和构筑物，不污染生活饮用水。

本附录是在有足够的地位可敷设管道的条件下规定的。在不能满足本附录要求时，各城市和工业企业可根据各自可供利用的地位，拟敷设的管道类型及数量，进行管道综合竖向设计，合理安排有关管线的敷设。

在地位相当狭窄、各种管线密集的原有街区和厂区内管道综合时，可以在采取结构上的措施后，如建筑物、构筑物或有关管道基础加固，小管线上加套管等，酌情减小间距。

在绿化地带敷设排水管道时，应防止随着树木的生长，树根伸入排水管道内，阻塞管道。

附录三　生物处理构筑物进水中有害物质容许浓度

本附录的目的是为了保证污水好氧生物处理及其后续工序污泥厌氧消化的正常进行。

本附录中的有害物质包括金属离子、无机化合物以及不易生物降解的有机化合物。容易生物降解的有毒有机物质没有被列入本附录，因为这些有机物质的容许浓度与驯化程度、污泥浓度以及其他生物处理条件有关，不宜作统一规定。

本附录的规定不涉及生物处理构筑物出水和污泥的有关有害物质的容许浓度。当出水和污泥排放或被利用时，其有害物质容许浓度应按现行的排放标准或利用水水质标准、农用污泥中污染物控制标准执行。

1. 三价铬

上海某设计院研究结果表明，曝气池进水三价铬为 3.38 mg/L 时，BOD_5 去除率为 90%；三价铬为 16.5 mg/L 时，BOD_5 去除率下降至 74%。国外资料大都表明，三价铬为 5 mg/L 时，对曝气池或生物滤池的处理效率没有影响。故规定三价铬的容许浓度为3 mg/L。

2. 六价铬

活性污泥法进水六价铬在 2 mg/L 以下，或生物滤池进水六价铬在 0.7 mg/L 以下时，生物处理能正常进行，并且不影响其后续的污泥厌氧消化工艺。故规定六价铬的容许浓度为 0.5 mg/L。

3. 铜

曝气池进水含铜 5 mg/L 时，对于去除 BOD_5 的阻碍率为 15%；含铜 1.2 mg/L 时，略有不利影响；含铜 1 mg/L 时，二次沉淀池出水 COD 浓度与不含铜时相同。曝气池进水含铜 1.5 mg/L时，污泥厌氧消化情况良好。故规定铜的容许浓度为 1 mg/L。

4. 锌

曝气池进水含锌 10 mg/L 时，BOD_5、COD 和 SS 的去除率有明显降低；含锌 5 mg/L、2 mg/L 时，BOD_5 和 COD 的去除效果以及氮的硝化都不受阻碍。原污水含锌 10 mg/L 时，污泥厌氧消化的产气量正常。故规定锌的容许浓度为 5 mg/L。

5. 镍

曝气池进水含镍 5 mg/L 时，BOD_5 和 COD 去除率降低，硝化作用受到抑制。含镍 2 mg/L 时，BOD_5 和 COD 去除率正常，硝化作用不受抑制。原污水含镍 10 mg/L 时，污泥厌氧消化的产气量和挥发物质分解量与不含镍时相同。故规定镍的容许浓度为 2 mg/L。

6. 铅

国外资料介绍，水中含铅 1 mg/L 以上时，会推迟细菌繁殖，并使 BOD_5 和 COD 去除率下降。铅浓度超过 0.5 mg/L 时，对于原生动物生长和氮的硝化略有妨碍。本附录规定铅的容许浓度为 0.5 mg/L。

7. 镉

镉浓度为 2.5 mg/L 时，对 BOD_5 培养呈现毒性。污泥厌氧消化可以容许污水镉浓度达到 1 mg/L。参考苏联、瑞典的规定，本附录规定镉的容许浓度为 0.1 mg/L。

8. 铁

Fe^{2+}20 mg/L 对 BOD_5 培养呈现毒性。参考日本和瑞典的规定，本附录规定铁的容许浓度为 10 mg/L。

9. 锑

不破坏生物处理过程的锑最大浓度为 0.2～0.5 mg/L。故规定锑的容许浓度为 0.2 mg/L。

10. 汞

Hg^{2+} 浓度为 0.5 mg/L 时，不利于活性污泥的凝聚；0.25 mg/L时，对 BOD_5 培养呈现毒性。参考苏联、瑞典的规定，本附录规定汞的容许浓度为 0.01 mg/L。

11. 砷

参考苏联、日本、瑞典的资料，规定砷的容许浓度为 0.2 mg/L。

12. 石油类

石油类物质容易覆盖于活性污泥或生物膜表面，妨碍供氧和生物活动，改变污泥性状。根据国内污水处理厂经验，参考美国资料，规定石油类的容许浓度为 50 mg/L。

13. 烷基苯磺酸盐

烷基苯磺酸盐是一种阴离子表面活性剂，简称 ABS。ABS 可使污水产生泡沫，浓度高时妨碍污水氧化，降低硝化速度，阻碍活性污泥或生物膜生长。ABS 浓度不超过 15 mg/L 时，生物处理和污水压氧消化不受明显影响。生物处理可以去除 ABS35%～90%。根据研究资料，规定 ABS 的容许浓度为 15 mg/L。

14. 拉开粉

拉开粉 200 mg/L 对生物处理有妨碍，100 mg/L 对污水充氧、硝化均无不利影响。故规定拉开粉的容许浓度为 100 mg/L。

15. 硫化物

硫化钠、硫化氢在水中氧化非常迅速，容易消耗溶解氧。S^{2-} 浓度高时抑制微生物生长。本附录规定硫化物（S^{2-}）容许浓度为 20 mg/L。

16. 氯化钠

活性污泥法环境由高浓度盐水变为淡水时，会使细菌细胞受到冲击；但氯化钠浓度低至 5000～10000 mg/L 时，虽然环境变为淡水，细菌细胞不会溶解。本附录规定氯化钠容许浓度为 4000 mg/L。

中华人民共和国国家标准

室外给水排水和燃气热力工程抗震设计规范

Code for seismic design of outdoor water supply, sewerage, gas and heating engineering

GB 50032 — 2003

主编部门：北京市规划委员会
批准部门：中华人民共和国建设部
施行日期：2003年9月1日

中华人民共和国建设部
公　　告

第145号

建设部关于发布国家标准《室外给水排水和燃气热力工程抗震设计规范》的公告

现批准《室外给水排水和燃气热力工程抗震设计规范》为国家标准，编号为GB 50032—2003，自2003年9月1日起实施。其中，第1.0.3、3.4.4、3.4.5、3.6.2、3.6.3、4.1.1、4.1.4、4.2.2、4.2.5、5.1.1、5.1.4、5.1.10、5.1.11、5.4.1、5.4.2、5.5.2、5.5.3、5.5.4、6.1.2、6.1.5、7.2.8、9.1.5、10.1.2条为强制性条文，必须严格执行。原《室外给水排水和煤气热力工程抗震设计规范》TJ 32—78同时废止。

本规范由建设部定额研究所组织中国建筑工业出版社出版发行。

中华人民共和国建设部
2003年4月25日

前　　言

根据建设部要求，由主编部门北京市规划委员会组织北京市市政工程设计研究总院和北京市煤气热力工程设计院共同对《室外给水排水和煤气热力工程抗震设计规范》TJ 32—78 进行修订，经有关部门专家会审，批准为国家标准，改名为《室外给水排水和燃气热力工程抗震设计规范》GB 50032—2003。

随着地震工程学科的发展和新的震害反映的积累，TJ 32—78 在内容上和技术水准上已明显呈现不足，为此需加以修订。此外，在工程结构设计标准体系上，亦已由单一安全系数转向以概率统计为基础的极限状态设计方法，据此抗震设计亦需与之相协调匹配，对原规范进行必要的修订。

本规范共有 10 章及 3 个附录，内容包括总则、主要符号、抗震设计的基本要求、场地、地基和基础、地震作用和结构抗震验算、盛水构筑物、贮气构筑物、泵房、水塔、管道等。

本规范以黑体字标志的条文为强制性条文，必须严格执行。本规范将来可能需要进行局部修订，有关局部修订的信息和条文内容将刊登在《工程建设标准化》杂志上。

本规范由建设部负责管理和对强制性条文的解释，北京市规划委员会负责具体管理，北京市市政工程设计研究总院负责具体技术内容的解释。

为提高规范的质量，请各单位在执行本规范过程中，结合工程实践，认真总结经验，并将意见和建议寄交北京市市政工程设计研究总院（地址：北京市西城区月坛南街乙二号；邮编：100045）。

本标准主编单位：北京市市政工程设计研究总院

参编单位：北京市煤气热力工程设计院

主要起草人员：沈世杰　刘雨生　雷宜泰

钟啟承　王乃震　舒亚俐

目　次

1 总 则

1.0.1 为贯彻执行《中华人民共和国建筑法》和《中华人民共和国防震减灾法》，并施行以预防为主的方针，使室外给水、排水和燃气、热力工程设施经抗震设防后，减轻地震破坏，避免人员伤亡，减少经济损失，特制订本规范。

1.0.2 按本规范进行抗震设计的构筑物及管网，当遭遇低于本地区抗震设防烈度的多遇地震影响时，一般不致损坏或不需修理仍可继续使用。当遭遇本地区抗震设防烈度的地震影响时，构筑物不需修理或经一般修理后仍能继续使用；管网震害可控制在局部范围内，避免造成次生灾害。当遭遇高于本地区抗震设防烈度预估的罕遇地震影响时，构筑物不致严重损坏，危及生命或导致重大经济损失；管网震害不致引发严重次生灾害，并便于抢修和迅速恢复使用。

1.0.3 抗震设防烈度为6度及高于6度地区的室外给水、排水和燃气、热力工程设施，必须进行抗震设计。

1.0.4 抗震设防烈度应按国家规定的权限审批、颁发的文件（图件）确定。

1.0.5 本规范适用于抗震设防烈度为6度至9度地区的室外给水、排水和燃气、热力工程设施的抗震设计。

对抗震设防烈度高于9度或有特殊抗震要求的工程抗震设计，应按专门研究的规定设计。

注：本规范以下条文中，一般略去"抗震设防烈度"表叙字样，对"抗震设防烈度为6度、7度、8度、9度"简称为"6度、7度、8

度、9度”。

1.0.6 抗震设防烈度可采用现行的中国地震动参数区划图的地震基本烈度（或与本规范设计基本地震加速度值对应的烈度值）；对已编制抗震设防区划的地区或厂站，可按经批准的抗震设防区划确认的抗震设防烈度或抗震设计地震动参数进行抗震设防。

1.0.7 对室外给水、排水和燃气、热力工程系统中的下列建、构筑物（修复困难或导致严重次生灾害的建、构筑物），宜按本地区抗震设防烈度提高一度采取抗震措施（不作提高一度抗震计算），当抗震设防烈度为9度时，可适当加强抗震措施。

1 给水工程中的取水构筑物和输水管道、水质净化处理厂内的主要水处理构筑物和变电站、配水井、送水泵房、氯库等；

2 排水工程中的道路立交处的雨水泵房、污水处理厂内的主要水处理构筑物和变电站、进水泵房、沼气发电站等；

3 燃气工程厂站中的贮气罐、变配电室、泵房、贮瓶库、压缩间、超高压至高压调压间等；

4 热力工程主干线中继泵站内的主厂房、变配电室等。

1.0.8 对位于设防烈度为6度地区的室外给水、排水和燃气、热力工程设施，可不作抗震计算；当本规范无特别规定时，抗震措施应按7度设防的有关要求采用。

1.0.9 室外给水、排水和燃气、热力工程中的房屋建筑的抗震设计，应按现行的《建筑抗震设计规范》GB 50011 执行；水工建筑物的抗震设计，应按现行的《水工建筑物抗震设计规范》SDJ 10 执行；本规范中未列入的构筑物的抗震设计，应按现行的《构筑物抗震设计规范》GB 50191 执行。

2 主要术语、符号

2.1 术 语

2.1.1 地震作用 earthquake action

由地震动引起的结构动态作用，包括水平地震作用和竖向地震作用。

2.1.2 抗震设防烈度 seismic fortification intensity

按国家规定的权限批准作为一个地区抗震设防依据的地震烈度。

2.1.3 设计地震动参数 design parameter of ground motion

抗震设计采用的地震加速度（速度、位移）时程曲线、加速度反应谱和峰值加速度。

2.1.4 设计基本加速度 design basic acceleration of ground motion

50年设计基准期超越概率10%的地震加速度的设计取值。

2.1.5 设计特征周期 design characteristic period of ground motion

抗震设计采用的地震影响系数曲线中，反映地震震级、震中距和场地类别等因素的下降段起点对应的周期值。

2.1.6 场地 site

工程群体所在地，具有相同的反应谱特征。其范围相当于厂区、居民小区和自然村或不小于1.0km^{2}的平面面积。

2.1.7 抗震概念设计 seismic conceptual design

根据地震震害和工程经验所获得的基本设计原则和设计思想，进行结构总体布置并确定细部抗震措施的过程。

2.1.8 抗震措施 seismic fortification measures

除地震作用计算和抗震计算以外的抗震内容，包括抗震构造措施。

2.2 符 号

2.2.1 作用和作用效应

F_{EK}、F_{EVK}——结构上的水平、竖向地震作用的标准值；

G_E、G_{eq}——地震时结构（构件）的重力荷载代表值、等效总重力荷载代表值；

p——基础底面压力；

s——地震作用效应与其他荷载效应的基本组合；

s_E——地震作用效应（弯矩、轴向力、剪力、应力和变形）；

s_K——作用、荷载标准值的效应；

$\Delta_{pl,k}$——地震引起半个视波长范围内管道沿管轴向的位移量标准值。

2.2.2 材料性能和抗力

f、f_K、f_E——各种材料的强度设计值、标准值和抗震设计值；

K——结构（构件）的刚度；

R——结构构件承载力；

$[u_a]$——管道接头的允许位移量。

2.2.3 几何参数

A——构件截面面积；

d——土层深度或厚度；

H——结构高度、池壁高度；

H_w——池内水深；

L——剪切波的波长；

l——构件长度；

l_p——每根管子的长度。

2.2.4 计算参数

f_w——动水压力系数；

α——水平地震影响系数；

α_{max}、α_{Vmax}——水平地震、竖向地震影响系数最大值；

γ_{RE}——承载力抗震调整系数；

η——地震作用效应调整系数；

ψ——拉杆影响系数；

ψ_λ——结构杆件长细比影响系数；

ζ_t——沿管道方向的位移传递系数。

3 抗震设计的基本要求

3.1 规划与布局

3.1.1 位于地震区的大、中城市中的给水水源、燃气气源、集中供热热源和排水系统，应符合下列要求：

1 水源、气源和热源的设置不宜少于两个，并应在规划中确认布局在城市的不同方位；

2 对取地表水作为主要水源的城市，在有条件时宜配置适量的取地下水备用水源井；

3 在统筹规划、合理布局的前提下，用水较大的工业企业宜自建水源供水；

4 排水系统宜分区布局，就近处理和分散出口。

3.1.2 地震区的大、中城市中给水、燃气和热力的管网和厂站布局，应符合下列要求：

1 给水、燃气干线应敷设成环状；

2 热源的主干线之间应尽量连通；

3 净水厂、具有调节水池的加压泵房、水塔和燃气贮配站、门站等，应分散布置。

3.1.3 排水系统内的干线与干线之间，宜设置连通管。

3.2 场地影响和地基、基础

3.2.1 对工程建设的场地，应根据工程地质、地震地质资料及地震影响按下列规定判别出有利、不利和危险地段：

1 坚硬土或开阔平坦密实均匀的中硬土地段，可判为有利建设场地；

2 软弱土、液化土、非岩质的陡坡、条状突出的山嘴、高耸孤立的山丘、河岸边缘、断层破碎地带、故河道及暗埋的塘浜沟谷地段，应判为不利建设场地；

3 地震时可能发生滑坡、崩塌、地陷、地裂、泥石流等及发震断裂带上可能发生地表错位的地段，应判为危险建设场地。

3.2.2 建设场地的选择，应符合下列要求：

1 宜选择有利地段；

2 应尽量避开不利地段；当无法避开时，应采取有效的抗震措施；

3 不应在危险地段建设。

3.2.3 位于Ⅰ类场地上的构筑物，可按本地区抗震设防烈度降低一度采取抗震构造措施，但设计基本地震加速度为 $0.15g$ 和 $0.30g$ 地区不降；计算地震作用时不降；抗震设防烈度为6度时不降。

3.2.4 对地基和基础的抗震设计，应符合下列要求：

1 当地基受力层范围内存在液化土或软弱土层时，应采取措施防止地基承载力失效、震陷和不均匀沉降导致构筑物或管网结构损坏。

2 同一结构单元的构筑物不宜设置在性质截然不同的地基土上，并不宜部分采用天然地基、部分采用桩基等人工地基。当不可避免时，应采取有效措施避免震陷导致损坏结构，例如设置变形缝分离，加设垫褥等方法。

3 同一结构单元的构筑物，其基础宜设置在同一标高上；当不可避免存在高差时，基础应缓坡相接，缓坡坡度不宜大于1:2。

4 当构筑物基底受力层内存在液化土、软弱黏性土或严重不均匀土层时，虽经地基处理，仍应采取措施加强基础的整体性和刚度。

3.3 地 震 影 响

3.3.1 工程设施所在地区遭受的地震影响，应采用相应于抗震设防烈度的设计基本地震加速度和设计特征周期或本规范第 1.0.5 条规定的设计地震动参数作为表征。

3.3.2 抗震设防烈度和设计基本地震加速度取值的对应关系，应符合表 3.3.2 的规定。设计基本地震加速度为 0.15g 和 0.30g 地区的工程设施，应分别按抗震设防烈度 7 度和 8 度的要求进行抗震设计。

表 3.3.2 抗震设防烈度和设计基本地震加速度的对应关系

抗震设防烈度	6	7	8	9
设计基本地震加速度	0.05g	0.10g (0.15g)	0.20g (0.30g)	0.40g

注：g 为重力加速度。

3.3.3 设计特征周期应根据工程设施所在地区的设计地震分组和场地类别确定。本规范的设计地震共分为三组。

3.3.4 我国主要城镇（县级及县级以上城镇）中心地区的抗震设防烈度、设计基本地震加速度值和所属的设计地震分组，可按本规范附录 A 采用。

3.4 抗震结构体系

3.4.1 抗震结构体系应根据建筑物、构筑物和管网的使用功能、材质、建设场地、地基地质、施工条件和抗震设防要求等因素，经技术经济综合比较后确定。

3.4.2 给水、排水和燃气、热力工程厂站中建筑物的建筑设计中有关规则性的抗震概念设计要求，应按现行《建筑抗震设计规范》GB 50011 的规定执行。

3.4.3 构筑物的平面、竖向布置，应符合下列要求：

1 构筑物的平面、竖向布置宜规则、对称，质量分布和刚度变化宜均匀；相邻各部分间刚度不宜突变。

2 对体型复杂的构筑物，宜设置防震缝将结构分成规则的结构单元；当设置防震缝有困难时，应对结构进行整体抗震计算，针对薄弱部位，采取有效的抗震措施。

3 防震缝应根据抗震设防烈度、结构类型及材质、结构单元间的高差留有足够宽度，其两侧上部结构应完全分开，基础可不分；当防震缝兼作变形缝（伸缩、沉降）时，基础亦应分开。变形缝的缝宽，应符合防震缝的要求。

3.4.4 构筑物和管道的结构体系，应符合下列要求：

1 应具有明确的计算简图和合理的地震作用传递路线；

2 应避免部分结构或构件破坏而导致整个体系丧失承载能力；

3 同一结构单元应具有良好的整体性；对局部削弱或突变形成的薄弱部位，应采取加强措施。

3.4.5 结构构件及其连接，应符合下列要求：

1 混凝土结构构件应合理选择截面尺寸及配筋，避免剪切先于弯曲破坏、混凝土压溃先于钢筋屈服，钢筋锚固先于构件破坏；

2 钢结构构件应合理选择截面尺寸，防止局部或整体失稳；

3 构件节点的承载力，不应低于其连接构件的承载力；

4 装配式结构的连接，应能保证结构的整体性；

5 管道与构筑物、设备的连接处（含一定距离内），应配置柔性构造措施；

6 预应力混凝土构件的预应力钢筋，应在节点核心区以外锚固。

3.5 非结构构件

3.5.1 非结构构件，包括建筑非结构构件和各种设备，这类构件自身及其与结构主体的连接，应由相关专业人员分别负责进行抗震设计。

3.5.2 围护墙、隔墙等非承重受力构件，应与主体结构有可靠连接；当位于出入口、通道及重要设备附近处，应采取加强措施。

3.5.3 幕墙、贴面等装饰物，应与主体结构有可靠连接。不宜设置贴镶或悬吊较重的装饰物，当必要时应加强连接措施或防护措施，避免地震时脱落伤人。

3.5.4 各种设备的支座、支架和连接，应满足相应烈度的抗震要求。

3.6 结构材料与施工

3.6.1 给水、排水和燃气、热力工程厂站中建筑物的结构材料与施工要求，应符合现行《建筑抗震设计规范》GB 50011 的规定。

3.6.2 钢筋混凝土盛水构筑物和地下管道管体的混凝土等级，不应低于 C25。

3.6.3 砌体结构的砖砌体强度等级不应低于 MU10，块石砌体的强度等级不应低于 MU20；砌筑砂浆应采用水泥砂浆，其强度等级不应低于 M7.5。

3.6.4 在施工过程中，不宜以屈服强度更高的钢筋替代原设计的受力钢筋；当不能避免时，应按钢筋强度设计值相等的原则换算，并应满足正常使用极限状态和抗震要求的构造措施规定。

3.6.5 毗连构筑物及与构筑物连接的管道，当坐落在回填土上时，回填土应严格分层压实，其压实密度应达到该回填土料最大压实密度的 95%～97%。

3.6.6 混凝土构筑物和现浇混凝土管道的施工缝处，应严格剔除浮浆、冲洗干净，先铺水泥浆后再进行二次浇筑，不得在施工缝处铺设任何非胶结材料。

4 场地、地基和基础

4.1 场　　地

4.1.1 建（构）筑物、管道场地的类别划分，应以土层的等效剪切波速和场地覆盖层厚度的综合影响作为判别依据。

4.1.2 在场地勘察时，对测定土层剪切波速的钻孔数量，应符合下列要求：

1 在初勘阶段，对大面积同一地质单元，应为控制性钻孔数量的1/3～1/5；对山间河谷地区可适量减少，但不宜少于3个孔。

2 在详勘阶段，对每个建（构）筑物不宜少于2个孔，当处于同一地质单元，且建（构）筑物密集时，虽测孔数可适量减少，但不得少于1个。对地下管道不应少于控制性钻孔的1/2。

4.1.3 对厂站内的小型附属建（构）筑物或埋地管道，当无实测剪切波速或实测数量不足时，可根据各层岩土名称及性状，按表4.1.3划分土的类型，并依据当地经验或已测得的少量剪切波速数据，参照表4.1.3内给出的波速范围内判定各土层的剪切波速。

表 4.1.3 土的类型划分和剪切波速范围

土的类型	岩土名称和性状	剪切波速范围（m/s）
坚硬土或岩石	稳定岩石，密实的碎石土。	$V_S > 500$
中硬土	中密、稍密的碎石土，密实、中密的砾、粗、中砂，$f_{ak} > 200$ 的粘性土和粉土，坚硬黄土。	$500 \geqslant V_S > 250$
中软土	稍密的砾、粗、中砂，除松散外的细、粉砂，$f_{ak} \leqslant 200$ 的粘性土和粉土，$f_{ak} \geqslant 130$ 的填土，可塑黄土。	$250 \geqslant V_S > 140$
软弱土	淤泥和淤泥质土，松散的砂，新近沉积的粘性土和粉土，$f_{ak} < 130$ 的填土，新近堆积黄土和流塑黄土。	$V_S \leqslant 140$

注：f_{ak}为地基静承载力特征值（kPa）；
V_S为岩土剪切波速。

4.1.4 工程场地覆盖层厚度的确定，应符合下列要求：

1 一般情况下，应按地面至剪切波速大于500m/s土层顶面的距离确定；

2 当地面5m以下存在剪切波速大于相邻上层土剪切波速的2.5倍的土层，且其下卧土层的剪切波速均不小于400m/s时，可取地面至该土层顶面的距离确定。

3 剪切波速大于500m/s的孤石、透镜体，应视同周围土层；

4 土层中的火山岩硬夹层，应视为刚体，其厚度应从覆盖土层中扣除。

4.1.5 土层等效剪切波速应按下列公式计算

$$V_{se} = \frac{d_0}{t} \tag{4.1.5-1}$$

$$t=\sum_{i=1}^{n}\left(\frac{d_i}{V_{si}}\right) \tag{4.1.5-2}$$

式中 V_{se}——土层等效剪切波速（m/s）；

d_0——计算深度（m），取覆盖层厚度和20m两者的较小值；

t——剪切波在地表与计算深度之间传播的时间（s）；

d_i——计算深度范围内第 i 土层的厚度（m）；

n——计算深度范围内土层的分层数；

V_{si}——计算深度范围内第 i 层土层的剪切波速（m/s）。

4.1.6 建（构）筑物和管道的场地类别，应根据土层等效剪切波速和场地覆盖层厚度按表4.1.6的划分确定。

表 4.1.6 场地类别划分表

等效剪切波速（m/s） \ 覆盖层厚度（m） \ 场地类别	Ⅰ	Ⅱ	Ⅲ	Ⅳ
$V_{se}>500$	0			
$500\geq V_{se}>250$	<5	≥5		
$250\geq V_{se}>140$	<3	3~50	>50	
$V_{se}\leq 140$	<3	3~15	16~80	>80

4.1.7 当厂站或埋地管道工程的场地遭遇发震断裂时，应对断裂影响做出评价。符合下列条件之一者，可不考虑发震断裂错动对建（构）筑物和埋地管道的影响。

1 抗震设防烈度小于8度；

2 非全新世活动断裂；

3 抗震设防烈度为8度、9度地区，前第四纪基岩隐伏断裂的土层覆盖厚度分别大于60m、90m。

当不能满足上述条件时，首先应考虑避开主断裂带，其避开距离不宜少于表4.1.7的规定。如管道无法避免时，应采取必要的抗震措施或控制震害的应急措施。

表 4.1.7 避开发震断裂的最小距离表（m）

烈度 \ 工程类别	厂 站	管道工程	
		输水、气、热	配管、排水管
8	300	300	200
9	500	500	300

注：1 避开距离指至主断裂外缘的水平距离。

2 厂站的避开距离应为主断裂带外缘至厂站内最近建（构）筑物的距离。

4.1.8 当需要在条状突出的山嘴、高耸孤立的山丘、非岩质的陡坡、河岸和边坡边缘等抗震不利地段建造建（构）筑物时，除应确保其在地震作用下的稳定性外，尚应考虑该场地的震动放大作用。相应各种条件下地震影响系数的放大系数（λ），可按表4.1.8采用。

表 4.1.8 地震影响系数的放大系数 λ 表

突出台地坡降 H/L \ $\frac{B}{H}$ \ 突出高度 H(m)		岩质地层	$H<20$	$20\leq H<40$	$40\leq H<60$	$H\geq 60$
		非岩质地层	$H<5$	$5\leq H<15$	$15\leq H<25$	$H\geq 25$
$\frac{H}{L}<0.3$	$\frac{B}{H}<2.5$		1.00	1.10	1.20	1.30
	$2.5\leq\frac{B}{H}<5$		1.00	1.06	1.12	1.18
	$\frac{B}{H}\geq 5$		1.00	1.03	1.06	1.09

续表 4.1.8

突出台地坡降 H/L ＼ $\frac{B}{H}$ ＼ 突出高度 H(m)	岩质地层	$H<20$	$20\leqslant H<40$	$40\leqslant H<60$	$H\geqslant 60$
	非岩质地层	$H<5$	$5\leqslant H<15$	$15\leqslant H<25$	$H\geqslant 25$
$0.3\leqslant \frac{H}{L}<0.6$	$\frac{B}{H}<2.5$	1.10	1.20	1.30	1.40
	$2.5\leqslant \frac{B}{H}<5$	1.06	1.12	1.18	1.24
	$\frac{B}{H}\geqslant 5$	1.03	1.06	1.09	1.12
$0.6\leqslant \frac{H}{L}<1.0$	$\frac{B}{H}<2.5$	1.20	1.30	1.40	1.50
	$2.5\leqslant \frac{B}{H}<5$	1.12	1.18	1.24	1.30
	$\frac{B}{H}\geqslant 5$	1.06	1.09	1.12	1.15
$\frac{H}{L}\geqslant 1.0$	$\frac{B}{H}<2.5$	1.30	1.40	1.50	1.60
	$2.5\leqslant \frac{B}{H}<5$	1.18	1.24	1.30	1.36
	$\frac{B}{H}\geqslant 5$	1.09	1.12	1.15	1.18

注：表中 B 为建（构）筑物至突出台地边缘的距离；
L 为突出台地边坡的水平长度。

4.1.9 对场地岩土工程勘察，除应按国家有关标准的规定执行外，尚应根据实际需要划分对抗震有利、不利和危险的地段，并提供建设场地类别及岩土的地震稳定性（滑坡、崩塌、液化及震陷特性等）评价。

4.2 天然地基和基础

4.2.1 天然地基上的埋地管道和下列建（构）筑物，可不进行地基和基础的抗震验算：

1 本规范规定可不进行抗震验算的建（构）筑物；

2 设防烈度为 7 度、8 度或 9 度时，水塔及地基的静力承载力标准值分别大于 80、100、120kPa 且高度不超过 25m 的建（构）筑物。

4.2.2 对天然地基进行抗震验算时，应采用地震作用效应标准组合；相应地基抗震承载力应取地基承载力特征值乘以地基抗震承载力调整系数确定。

4.2.3 地基土的抗震承载力应按下式计算：

$$f_{aE}=f_a\cdot\zeta_a \tag{4.2.3}$$

式中 f_{aE}——调整后的地基抗震承载力；

f_a——深宽修正后的地基土承载力特征值，应按现行《建筑地基基础设计规范》GB 50007 的规定确定；

ζ_a——地基抗震承载力调整系数，应按表 4.2.3 采用。

表 4.2.3 地基土抗震承载力调整系数（ζ_a）

岩 土 名 称 和 性 状	ζ_a
岩石，密实的碎石土，密实的砾、粗、中砂，$f_{aK}\geqslant 300$kPa 的粘性土和粉土。	1.5
中密、稍密的碎石土，中密、稍密的砾、粗、中、砂，密实、中密的细、粉砂，$150\text{kPa}\leqslant f_{aK}<300$kPa 的粘性土和粉土，坚硬黄土。	1.3
稍密的细、粉砂，$100\text{kPa}\leqslant f_{aK}<150$kPa 的粘性土和粉土，新近沉积的粘性土和粉土，可塑黄土。	1.1
淤泥，淤泥质土，松散的砂，填土，新近堆积黄土。	1.0

4.2.4 对天然地基验算地震作用下的竖向承载力时，应符合下式要求：

$$p \leqslant f_{aE} \quad (4.2.4\text{-}1)$$

$$p_{max} \leqslant 1.2 f_{aE} \quad (4.2.4\text{-}2)$$

式中 p——在地震作用效应标准组合下的基底平均压力；

p_{max}——在地震作用效应标准组合下的基底最大压力。

对高宽比大于4的建（构）筑物，在地震作用下基础底面不宜出现零压应力区；其他建（构）筑物允许出现零压应力区，但其面积不应超过基础底面积的15%。

4.2.5 设防烈度为8度或9度，当建（构）筑物的地基土持力层为软弱粘性土（f_{aK}小于100kPa、120kPa）时，对下列建（构）筑物应进行抗震滑动验算：

1 矩形敞口地面式水池，底板为分离式的独立基础挡水墙。

2 地面式泵房等厂站构筑物，未设基础梁的柱间支撑部位的柱基等。

验算时，抗滑阻力可取基础底面上的摩擦力与基础正侧面上的水平土抗力之和。水平土抗力的计算取值不应大于被动土压力的1/3。抗滑安全系数不应小于1.10。

4.3 液化土和软土地基

4.3.1 饱和砂土或粉土（不含黄土）的液化判别及相应的地基处理，对位于设防烈度为6度地区的建（构）筑物和管道工程可不考虑。

4.3.2 在地面以下15m或20m范围内的饱和砂土或粉土（不含黄土），当符合下列条件之一时，可初步判为不液化或不考虑液化影响：

1 地质年代为第四纪晚更新世（Q_3）及其以前、设防烈度为7度、8度时；

2 粉土的黏粒（粒径小于0.005mm的颗粒）含量百分率，7度、8度和9度分别不小于10、13和16时；

注：黏粒含量判别系采用六偏磷酸钠作分散剂测定，采用其他方法时应按有关规定换算。

3 当上覆非液化土层厚度和地下水位深度符合下列条件之一时，可不考虑液化影响：

$$d_u > d_0 + d_b - 2 \quad (4.3.2\text{-}1)$$

$$d_w > d_0 + d_b - 3 \quad (4.3.2\text{-}2)$$

$$d_u + d_w > 1.5 d_0 + d_b - 4.5 \quad (4.3.2\text{-}3)$$

式中 d_u——上覆盖非液化土层厚度（m），淤泥和淤泥质土层不宜计入；

d_w——地下水位深度（m），宜按工程使用期内的年平均最高水位采用；当缺乏可靠资料时，也可按近期内年最高水位采用；

d_b——基础埋置深度（m），当不大于2m时，应按2m计算；

d_0——液化土特征深度（m），可按表4.3.2采用。

表 4.3.2 液化土特征深度（m）

设防烈度 / 饱和土类别	7	8	9
粉土	6	7	8
砂土	7	8	9

4.3.3 饱和砂土或粉土经初步液化判别后，确认需要进一步做液化判别时，应采用标准贯入试验法。当标准贯入锤击

数实测值（未经杆长修正）小于液化判别标准贯入锤击数临界值时，应判为液化土。

液化判别标准贯入锤击数临界值可按下式计算：

1　当 $d_s \leqslant 15m$ 时：

$$N_{cr} = N_0[0.9 + 0.1(d_s - d_w)]\sqrt{\frac{3}{\rho_c}} \quad (4.3.3\text{-}1)$$

2　当 $d_s \geqslant 15m$ 时（适用于基础埋深大于 5m 或采用桩基时）：

$$N_{cr} = N_0(2.4 - 0.1d_w)\sqrt{\frac{3}{\rho_c}} \quad (4.3.3\text{-}2)$$

式中　d_s——标准贯入点深度（m）；

N_{cr}——液化判别标准贯入锤击数临界值；

N_0——液化判别标准贯入锤击数基准值，应按表 4.3.3 采用；

ρ_c——粘粒含量百分率，当小于 3 或为砂土时应取 3 计算。

表 4.3.3　标准贯入锤击数基准值（N_0）

设计地震分组 \ 设防烈度	7	8	9
第一组	6（8）	10（13）	16
第二、三组	8（10）	12（15）	18

注：括号内数值适用于设计基本地震加速度为 0.15g 和 0.30g 的地区。

4.3.4　当地基中 15m 或 20m 深度内存在液化土层时，应探明各液化土层的深度和厚度，并按下式计算每个钻孔的液化指数：

$$I_{lE} = \sum_{i=1}^{n}\left(1 - \frac{N_i}{N_{cri}}\right)d_i w_i \quad (4.3.4)$$

式中　I_{lE}——液化指数；

n——每一个钻孔 15m 或 20m 深度范围内液化土中标准贯入试验点的总数；

N_i、N_{cri}——分别为深度 i 点处标准贯入锤击数的实测值和临界值，当实测值大于临界值时应取临界值的数值；

d_i——i 点所代表的土层厚度（m），可采用与该标准贯入试验点相邻的上、下两标准贯入试验点深度差的一半，但上界不高于地下水位深度，下界不深于液化深度；

w_i——i 土层考虑单位土层厚度的层位影响权函数值（单位为 m^{-1}），当该层中点的深度不大于 5m 时应取 10，等于 15m 或 20m（根据判别深度）时应取为 0，5～15m 或 20m 时应按线性内插法取值。

注：对第 1.0.7 条规定的构筑物，可按本地区抗震设防烈度的要求计算液化指数。

4.3.5　对存在液化土层的地基，应根据其钻孔的液化指数按表 4.3.5 确定液化等级。

表 4.3.5　液化等级划分表

判别深度 \ 液化等级	轻微	中等	严重
15	$0 < I_{lE} \leqslant 5$	$5 < I_{lE} \leqslant 15$	$I_{lE} > 15$
20	$0 < I_{lE} \leqslant 6$	$6 < I_{lE} \leqslant 18$	$I_{lE} > 18$

4.3.6 未经处理的液化土层一般不宜作为天然地基的持力层。对地基的抗液化处理措施，应根据建（构）筑物和管道工程的使用功能、地基的液化等级，按表 4.3.6 的规定选择采用。

表 4.3.6 抗液化措施

工程项目类别 \ 液化等级		轻微	中等	严重
第 1.0.6 条规定的工程项目		B 或 C	A 或 B+C	A
厂站内其他建（构）筑物		C	B 或 C	A 或 B+C
管道	输水、气、热干线	D	C	B+C
	配管主干线	D	C	B+D
	一般配管	不采取措施	D	C

注：A——全部消除地基液化沉陷；
B——部分消除地基液化沉陷；
C——减小不均匀沉陷、提高结构对不均匀沉陷的适应能力；
D——提高管道结构适应不均匀沉陷的能力。

4.3.7 全部消除地基液化沉陷的措施，应符合下列要求：

1 采用桩基时，应符合本章第 4 节有关条款的要求；

2 采用深基础时，基础底面应埋入液化深度以下的稳定土层中，其埋入深度不应小于 500mm；

3 采用加密法（如振冲、振动加密、碎石桩挤密，强夯等）加固时，处理深度应达到液化深度下界；处理后桩间土的标准贯入锤击数实测值不宜小于相应的液化标准贯入锤击数临界值（N_{cr}）。

4 采用换土法时，应挖除全部液化土层；

5 采用加密法或换土法时，其处理宽度从基础底面外边缘算起，不应小于基底处理深度的 1/2，且不应小于 2m。

4.3.8 部分清除地基液化沉陷的措施，应符合下列要求：

1 处理深度应使处理后的地基液化指数不大于 4（判别深度为 15m 时）或 5（判别深度为 20m 时）；对独立基础或条形基础，尚不应小于基底液化土层特征深度值（d_0）和基础宽度的较大值。

2 土层当采用振冲或挤密碎石桩加固时，加固后的桩间土的标准贯入锤击数，应符合 4.3.7 条 3 款的要求。

3 基底平面的处理宽度，应符合 4.3.7 条 5 款的要求。

4.3.9 减轻液化沉陷影响，对建（构）筑物基础和上部结构的处理，可根据工程具体情况采用下列各项措施：

1 选择合适的基础埋置深度；

2 调整基础底面积，减少基础偏心；

3 加强基础的整体性和刚度，如采用整体底板（筏基）等；

4 减轻荷载，增强上部结构的整体性、刚度和均匀对称性，合理设置沉降缝，对敞口式构筑物的壁顶加设圈梁等。

4.3.10 提高管道适应液化沉陷能力，应符合下列要求：

1 对埋地的输水、气、热力管道，宜采用钢管；

2 对埋地的承插式接口管道，应采用柔性接口；

3 对埋地的矩形管道，应采用钢筋混凝土现浇整体结构，并沿线设置具有抗剪能力的变形缝，缝宽不宜小于 20mm，缝距一般不宜大于 15m；

4 当埋地圆形钢筋混凝土管道采用预制平口接头管时，应对该段管道做钢筋混凝土满包，纵向钢筋的总配筋率不宜小于 0.3%；并应沿线加密设置变形缝（构造同 3 款要求），缝距一般不宜大于 10m；

5 架空管道应采用钢管，并应设置适量的活动、可挠性连接构造。

4.3.11 设防烈度为 8 度、9 度地区，当建（构）筑物地基主要受力层内存在淤泥、淤泥质土等软弱黏性土层时，应符合下列要求：

1 当软弱黏性土层上覆盖有非软土层，其厚度不小于 5m（8 度）或 8m（9 度）时，可不考虑采取消除软土震陷的措施。

2 当不满足要求时，消除震陷可采用桩基或其他地基加固措施。

4.3.12 厂站建（构）筑物或地下管道傍故河道、现代河滨、海滨、自然或人工坡边建造，当地基内存在液化等级为中等或严重的液化土层时，宜避让至距常时水线 150m 以外；否则应对地基做有效的抗滑加固处理，并应通过抗滑动验算。

4.4 桩 基

4.4.1 设防烈度为 7 度或 8 度地区，承受竖向荷载为主的低承台桩基，当地基无液化土层时，可不进行桩基抗震承载力验算。

4.4.2 当地基无液化土层时，低承台桩基的抗震验算，应符合下列规定：

1 单桩的竖向和水平向抗震承载力设计值，可比静载时提高 25%；

2 当承台四周侧面的回填土的压实系数不低于 90% 时，可考虑承台正面填土抗力与桩共同承担水平地震作用，但不应计入承台底面与地基土间的摩擦力。

承台正面填土的土抗力，可按朗金被动土压力的 1/3 计算。

4.4.3 当地基内存在液化土层时，低承台的抗震验算，应符合下列规定：

1 对一般浅基础不宜计入承台正面填土的土抗力作用；

2 当桩承台底面上、下分别有厚度不小于 1.5m、1.0m 的非液化土层时，可按下列两种情况进行桩的抗震验算，并按不利情况设计：

（1）桩承受全部地震作用，桩承载力按本节第 4.4.2 条规定采用，但液化土的桩周摩阻力及桩水平抗力均应乘以表 4.4.3 所列的折减系数；

表 4.4.3 土层液化影响折减系数

λ_N	深度 d_s（m）	折减系数
$\lambda_N \leq 0.6$	$d_s < 10$	0
	$10 < d_s \leq 20$	1/3
$0.6 < \lambda_N \leq 0.8$	$d_s < 10$	1/3
	$10 < d_s \leq 20$	2/3
$0.8 < \lambda_N \leq 1.0$	$d_s < 10$	2/3
	$10 < d_s \leq 20$	1

注：λ_N 为液化土层的标准贯入锤击数实测值与相应的临界值之比。

（2）地震作用按水平地震影响系数最大值的 10% 采用，桩承载力按本节第 4.4.2 条规定采用，但应扣除液化土层的全部摩阻力及桩承台下 2m 深度范围内非液化土的桩周摩阻力。

4.4.4 厂站内的各类盛水构筑物，其基础为整体式筏基，当采用预制桩或其他挤土桩，且桩距不大于4倍桩径时，打桩后桩间土的标准贯入锤击数达到不液化要求时，其单桩承载力可不折减，但对桩尖持力层做强度校核时，桩群外侧的应力扩散角应取为零。

4.4.5 处于液化土中的桩基承台周围，应采用非液化土回填夯实。

4.4.6 存在液化土层的桩基，桩的箍筋间距应加密，宜与桩顶部相同，加密范围应自桩顶至液化土层下界面以下2倍桩径处；在此范围内，桩的纵向钢筋亦应与桩顶保持一致。

5 地震作用和结构抗震验算

5.1 一 般 规 定

5.1.1 各类厂站构筑物的地震作用，应按下列规定确定：

1 一般情况下，应对构筑物结构的两个主轴方向分别计算水平向地震作用，并进行结构抗震验算；各方向的水平地震作用，应由该方向的抗侧力构件全部承担。

2 设有斜交抗侧力构件的结构，应分别考虑各抗侧力构件方向的水平地震作用。

3 设防烈度为9度时，水塔、污泥消化池等盛水构筑物、球形贮气罐、水槽式螺旋轨贮气罐、卧式圆筒形贮气罐应计算竖向地震作用。

5.1.2 各类构筑物的结构抗震计算，应采用下列方法：

1 湿式螺旋轨贮气罐以及近似于单质点体系的结构，可采用底部剪力法计算；

2 除第1款规定外的构筑物，宜采用振型分解反应谱法计算。

5.1.3 管道结构的抗震计算，应符合下列规定：

1 埋地管道应计算地震时剪切波作用下产生的变位或应变；

2 架空管道可对支承结构作为单质点体系进行抗震计算。

5.1.4 计算地震作用时，构筑物（含架空管道）的重力荷载代表值应取结构构件、防水层、防腐层、保温层（含上覆

土层)、固定设备自重标准值和其他永久荷载标准值（侧土压力、内水压力)、可变荷载标准值（地表水或地下水压力等）之和。可变荷载标准值中的雪荷载、顶部和操作平台上的等效均布荷载，应取 50%计算。

5.1.5 一般构筑物的阻尼比（ζ）可取 0.05，其水平地震影响系数应根据烈度、场地类别、设计地震分组及结构自振周期按图 5.1.5 采用，其形状参数应符合下列规定：

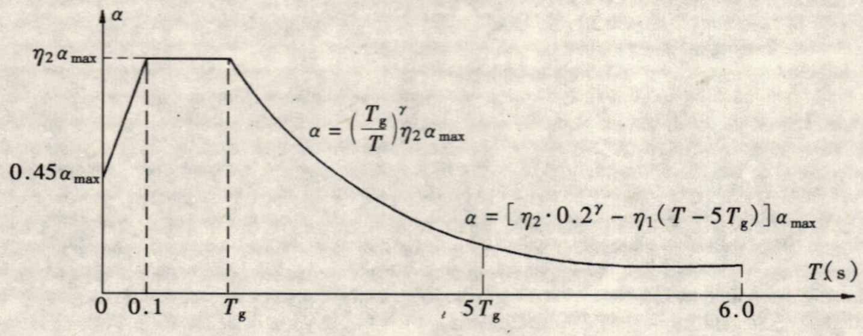

图 5.1.5 地震影响系数曲线

α—地震影响系数；α_{max}—水平地震影响系数最大值；T_g—特征周期；T—结构自振周期；η_1—直线下降段斜率调整系数；η_2—阻尼调整系数；γ—衰减指数。

1 周期小于 0.1s 的区段，应为直线上升段。

2 自 0.1s 至特征周期区段，应为水平段，相应阻尼调整系数为 1.0，地震影响系数为最大值 α_{max}，应按本规范 5.1.7 条规定采用。

3 自特征周期 T_g 至 5 倍特征周期区段，应为曲线下降段，其衰减指数（γ）应采用 0.9。

4 自 5 倍特征周期至 6s 区段，应为直线下降段，其下降斜率调整系数（η_i）应取 0.02。

5 特征周期应根据本规范附录 A 列出的设计地震分组按表 5.1.5 的规定采用。

注：当结构自振周期大于 6.0s 时，地震影响系数应作专门研究确定。

表 5.1.5 特征周期值（s）

场地类别 / 设计地震分组	Ⅰ	Ⅱ	Ⅲ	Ⅳ
第一组	0.25	0.35	0.45	0.65
第二组	0.30	0.40	0.55	0.75
第三组	0.35	0.45	0.65	0.90

5.1.6 当构筑物结构的阻尼比（ζ）不等于 0.05 时，其水平地震影响系数曲线仍可按图 5.1.5 确定，但形状参数应按下列规定调整：

1 曲线下降段的衰减指数应按下式确定：

$$\gamma = 0.9 + \frac{0.05-\zeta}{0.5+5\zeta} \tag{5.1.6-1}$$

2 直线下降段的下降斜率调整系数应按下式确定：

$$\eta_1 = 0.02 + \frac{0.05-\zeta}{8} \tag{5.1.6-2}$$

当 η_1 值小于零时，应取零。

5.1.7 水平地震影响系数最大值的取值，应符合下列规定：

1 当构筑物结构的阻尼比为 0.05 时，多遇地震的水平地震影响系数最大值应按表 5.1.7 采用。

表 5.1.7 多遇地震的水平地震影响系数最大值（$\zeta=0.05$）

烈 度	6	7	8	9
α_{max}	0.04	0.08（0.12）	0.16（0.24）	0.32

注：括号中数值分别用于设计基本地震加速度取值为 $0.15g$ 和 $0.30g$ 的地区（本规范附录 A）。

2　当构筑物结构的阻尼比不等于0.05时，阻尼调整系数（η_2）应按下式计算：

$$\eta_2 = 1 + \frac{0.05 - \zeta}{0.06 + 1.7\zeta} \quad (5.1.7)$$

当 $\eta_2 < 0.55$ 时，应取0.55。

5.1.8　构筑物结构的自振周期，可按本规范有关各章的规定确定；当采用实测周期时，应根据实测方法乘以1.1~1.4系数。

5.1.9　当考虑竖向地震作用时，竖向地震影响系数的最大值（α_{Vmax}）可取水平地震影响系数最大值的65%。

5.1.10　当按水平地震加速度计算构筑物或管道结构的地震作用时，其设计基本地震加速度值应按表3.3.2采用。

5.1.11　构筑物和管道结构的抗震验算，应符合下列规定：

1　设防烈度为6度或本规范有关各章规定不验算的结构，可不进行截面抗震验算，但应符合相应设防烈度的抗震措施要求。

2　埋地管道承插式连接或预制拼装结构（如盾构、顶管等），应进行抗震变位验算。

3　除1、2款外的构筑物、管道结构均应进行截面抗震强度或应变量验算；对污泥消化池、挡墙式结构等，尚应进行抗震稳定验算。

5.2　构筑物的水平地震作用和作用效应计算

5.2.1　当采用基底剪力法时，结构的水平地震作用计算简图可按图5.2.1采用；水平地震作用标准值应按下列公式确定：

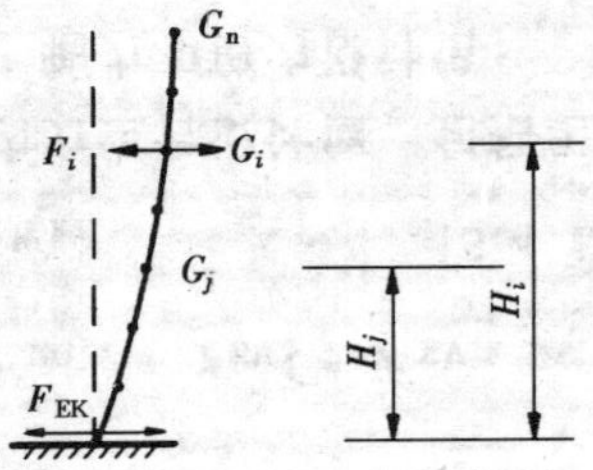

图5.2.1　水平地震作用计算简图

$$F_{EK} = \alpha_1 G_{eq} \quad (5.2.1\text{-}1)$$

$$F_i = \frac{G_i H_i}{\sum_{j=1}^{n} G_j \cdot H_j} \quad (5.2.1\text{-}2)$$

式中　F_{EK}——结构总水平地震作用标准值；

α_1——相应于结构基本自振周期的水平地震影响系数值，应按本章第5.1.5条的规定确定；

G_{eq}——结构等效总重力荷载代表值；单质点应取总重力荷载代表值；多质点可取总重力荷载代表值的85%；

G_i、G_j——分别为集中于质点 i、j 的重力荷载代表值，应按本章第5.1.4条规定确定；

F_i——质点 i 的水平地震作用标准值；

H_i、H_j——分别为质点 i、j 的计算高度。

5.2.2　当采用振型分解反应谱法时，可不计扭转影响的结构，应按下列规定计算水平地震作用和作用效应：

1　结构 j 振型 i 质点的水平地震作用标准值，应按下列公式确定：

$$F_{ji} = \alpha_j \cdot \gamma_j \cdot x_{ji} \cdot G_i \quad (5.2.2\text{-}1)$$

$$\gamma_j = \frac{\sum_{i=1}^{n} x_{ji} G_i}{\sum_{i=1}^{n} x_{ji}^2 G_i} \quad (5.2.2\text{-}2)$$

$(i=1,2,\cdots n; j=1,2,\cdots m)$

式中 F_{ji}——j 振型 i 质点的水平地震作用标准值；

α_j——相应于 j 振型自振周期的地震影响系数，应按本规范 5.1.5 条的规定确定；

x_{ji}——j 振型 i 质点的水平相对位移；

γ_j——j 振型的参与系数。

2 水平地震作用效应（弯矩、剪力、轴力和变形），应按下式确定：

$$S=\sqrt{\Sigma S_j^2} \quad (5.2.2\text{-}3)$$

式中 S——水平地震作用效应；

S_j——j 振型水平地震作用产生的作用效应，可只取前 1～3 个振型；当基本振型的自振周期大于 1.5s 时，所取振型个数可适当增加。

5.2.3 对突出构筑物顶部的小型结构，当采用底部剪力法计算时，其地震作用效应宜乘以增大系数 3.0，此增大部分不应往下传递，但与该突出结构直接相联的构件应予计入。

5.2.4 对于有盖的矩形盛水构筑物应考虑空间作用，其水平地震作用和作用效应计算，可按本规范有关条文规定确定。

5.2.5 计算水平地震作用时，除本规范专门规定外，一般情况下可不考虑结构与地基土的相互作用影响。

5.3 构筑物的竖向地震作用计算

5.3.1 竖向地震作用除本规范有关条文另有规定外，对筒式或塔式构筑物，其竖向地震作用标准值可按下式确定（图 5.3.1）：

$$F_{EVK}=\alpha_{V\max}\cdot G_{eqV} \quad (5.3.1\text{-}1)$$

$$F_{Vi}=F_{EVK}\frac{G_iH_i}{\Sigma G_jH_j} \quad (5.3.1\text{-}2)$$

式中 F_{EVK}——结构总竖向地震作用标准值；

F_{Vi}——质点 i 的竖向地震作用标准值；

$\alpha_{V\max}$——竖向地震影响系数的最大值，应按第 5.1.9 条的规定确定；

G_{eqV}——结构等效总重力荷载，可取其重力荷载代表值的75%；

H_i、H_j——分别为质点 i、j 的计算高度。

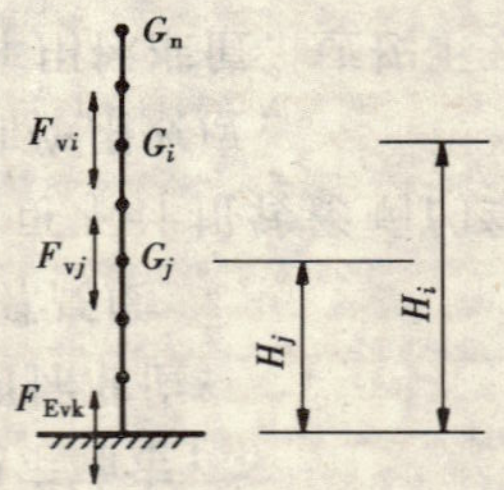

图 5.3.1 结构竖向地震作用计算简图

5.3.2 对长悬臂和大跨度结构的竖向地震作用标准值，当 8 度或 9 度时分别取该结构、构件重力荷载代表值的 10%或 20%。

5.4 构筑物结构构件截面抗震强度验算

5.4.1 结构构件的地震作用效应和其他作用效应的基本组合，应按下式计算：

$$S=\gamma_G\sum_{i=1}^{n}C_{Gi}G_{Ei}+\gamma_{EH}C_{EH}F_{EH,k}+\gamma_{EV}C_{EV}F_{EV,k}+\psi_t\gamma_tC_t\Delta_{tk}+\psi_w\gamma_wC_ww_k \quad (5.4.1)$$

式中 S——结构构件内力组合设计值，包括组合的弯矩、轴力和剪力设计值；

γ_G——重力荷载分项系数，一般情况应采用1.2，当重力荷载效应对构件承载力有利时，可取1.0；

γ_{EH}、γ_{EV}——分别为水平、竖向地震作用分项系数，应按表5.4.1的规定采用；

γ_t——温度作用分项系数，应取1.4；

γ_w——风荷载分项系数，应取1.4；

G_{Ei}——i项重力荷载代表值，可按5.1.4条的规定采用；

$F_{EH,k}$、$F_{EV,k}$——分别为水平、竖向地震作用标准值；

Δ_{tk}——温度作用标准值；

w_k——风荷载标准值；

ψ_t——温度作用组合系数，可取0.65；

ψ_w——风荷载组合系数，一般构筑物可不考虑（即取零），对消化池、贮气罐、水塔等较高的筒型构筑物可采用0.2；

C_{Gi}、C_{EH}、C_{EV}、C_t、C_w——分别为重力荷载、水平地震作用、竖向地震作用、温度作用和风荷载的作用效应系数，可按弹性理论结构力学方法确定。

表 5.4.1　地震作用分项系数

地震作用	γ_{EH}	γ_{EV}
仅考虑水平地震作用	1.3	—
仅考虑竖向地震作用	—	1.3
同时考虑水平与竖向地震作用	1.3	0.5

5.4.2　结构构件的截面抗震强度验算，应按下式确定：

$$S \leq \frac{R}{\gamma_{RE}} \tag{5.4.2}$$

式中　R——结构构件承载力设计值，应按各相关的结构设计规范确定；

γ_{RE}——承载力抗震调整系数，应按表5.4.2的规定采用。

表 5.4.2　承载力抗震调整系数

材料	结构构件	受力状态	γ_{RE}
钢	柱	偏压	0.70
	柱间支撑	轴拉、轴压	0.90
	节点板、连接螺栓		0.90
	构件焊缝		1.00
砌体	两端设构造柱、芯柱的抗震墙	受剪	0.90
	其他抗震墙	受剪	1.00
钢筋混凝土	梁	受弯	0.75
	轴压比小于0.15的柱	偏压	0.75
	轴压比不小于0.15的柱	偏压	0.80
	抗震墙	偏压	0.85
	各类构件	剪、拉	0.85

5.4.3　当仅考虑竖向地震作用时，各类结构构件承载力抗震调整系数均宜采用1.0。

5.5　埋地管道的抗震验算

5.5.1　埋地管道的地震作用，一般情况可仅考虑剪切波行进时对不同材质管道产生的变位或应变；可不计算地震作用引起管道内的动水压力。

5.5.2 承插式接头的埋地圆形管道，在地震作用下应满足下式要求：

$$\gamma_{EHP}\Delta_{pl,k} \leqslant \lambda_c \sum_{i=1}^{n}[u_a]_i \qquad (5.5.2)$$

式中 $\Delta_{pl,k}$——剪切波行进中引起半个视波长范围内管道沿管轴向的位移量标准值；

γ_{EHP}——计算埋地管道的水平向地震作用分项系数，可取1.20；

$[u_a]_i$——管道 i 种接头方式的单个接头设计允许位移量；

λ_c——半个视波长范围内管道接头协同工作系数，可取0.64计算；

n——半个视波长范围内，管道的接头总数。

5.5.3 整体连接的埋地管道，在地震作用下的作用效应基本组合，应按下式确定：

$$S = \gamma_G S_G + \gamma_{EHP} S_{Ek} + \psi_t \gamma_t C_t \Delta_{tk} \qquad (5.5.3)$$

式中 S_G——重力荷载（非地震作用）的作用标准值效应；

S_{Ek}——地震作用标准值效应。

5.5.4 整体连接的埋地管道，其结构截面抗震验算应符合下式要求：

$$S \leqslant \frac{|\varepsilon_{ak}|}{\gamma_{PRE}} \qquad (5.5.4)$$

式中 $|\varepsilon_{ak}|$——不同材质管道的允许应变量标准值；

γ_{PRE}——埋地管道抗震调整系数，可取0.90计算。

6 盛水构筑物

6.1 一般规定

6.1.1 本章内容适用于钢筋混凝土、预应力混凝土和砌体结构的各种功能的盛水构筑物，其他材质的盛水构筑物可参照执行。

6.1.2 当设防烈度为8度、9度时，盛水构筑物不应采用砌体结构。

6.1.3 对盛水构筑物进行抗震验算时，当构筑物高度一半以上埋于地下时，可按地下式结构验算；当构筑物高度一半以上位于地面以上时，可按地面式结构验算。

6.1.4 下列情况的盛水构筑物，当满足抗震构造要求时，可不进行抗震验算：

1 设防烈度为7度各种结构型式的不设变形缝、单层水池；

2 设防烈度为8度的地下式敞口钢筋混凝土和预应力混凝土圆形水池；

3 设防烈度为8度的地下式，平面长宽比小于1.5、无变形缝构造的钢筋混凝土或预应力混凝土的有盖矩形水池。

6.1.5 位于设防烈度为9度地区的盛水构筑物，应计算竖向地震作用效应，并应与水平地震作用效应按平方和开方组合。

6.2 地震作用计算

6.2.1 盛水构筑物在水平地震作用下的自重惯性力标准值，应按下列规定计算（图6.2.1）：

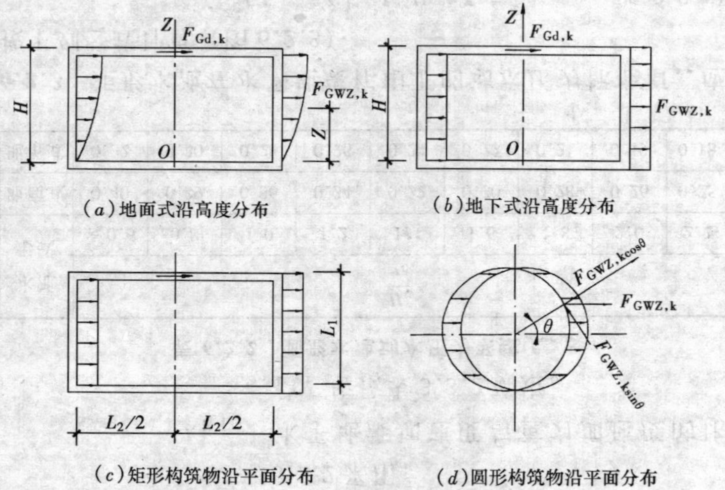

(a)地面式沿高度分布　(b)地下式沿高度分布

(c)矩形构筑物沿平面分布　(d)圆形构筑物沿平面分布

图 6.2.1　自重惯性力分布图

1　地面式水池壁板的自重惯性力标准值，应按下式计算：

$$F_{GWZ,k} = \eta_m \alpha_1 \gamma_1 g_W \sin\left(\frac{\pi Z}{2H}\right) \qquad (6.2.1\text{-}1)$$

2　地面式水池顶盖的自重惯性力标准值，应按下式计算：

$$F_{Gd,k} = \eta_m \alpha_1 \gamma_1 W_d \qquad (6.2.1\text{-}2)$$

3　地下式水池池壁和顶盖的自重惯性力标准值，可按式（6.2.1-1）和（6.2.1-2）计算，但应取 $\gamma_1 \alpha_1 \sin\left(\frac{\pi Z}{2H}\right) = \frac{1}{3}K_H$ 和 $\alpha_1 \gamma_1 = \frac{1}{3}K_H$，其中 K_H 为设计基本地震加速度（按表 3.3.2）与重力加速度的比值。

上列式中　$F_{GWZ,k}$——池壁沿高度的自重惯性力标准值（kN/m^2）；

η_m——地震影响系数的调整系数，可取 1.5；

α_1——相应于水池结构基振型的地震影响系数，一般可取 $\alpha_1 = \alpha_{max}$；

γ_1——相应于水池结构基振型的振型参与系数，一般可取 1.10；

g_W——池壁沿高度的单位面积重度（kN/m^2）；

W_d——水池顶盖的自重（kN）；

$F_{Gd,k}$——水池顶盖的自重惯性力标准值（kN）；

H——池壁高度（m）；

Z——计算截面距池壁底端的高度（m）。

6.2.2 圆形水池在水平地震作用下的动水压力标准值，应按下列公式计算（图 6.2.2）：

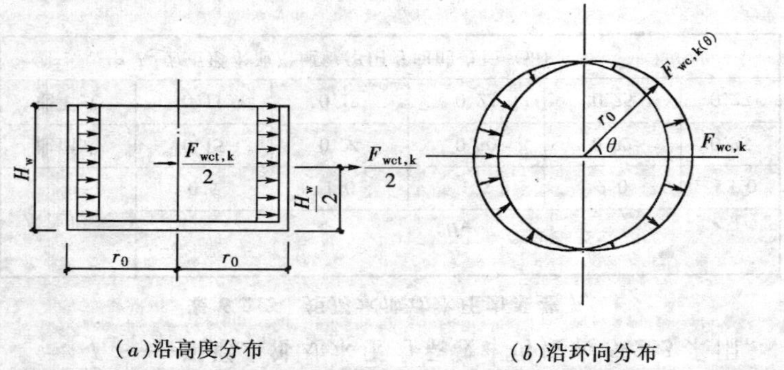

(a)沿高度分布　(b)沿环向分布

图 6.2.2　圆形水池动水压力

$$F_{wc,k}(\theta) = K_H \cdot \gamma_W \cdot H_W \cdot f_{wc}\cos\theta \qquad (6.2.2\text{-}1)$$

$$F_{wct,k} = K_H \cdot \gamma_w \cdot \pi \cdot r_0 \cdot H_w^2 \cdot f_{wc} \qquad (6.2.2\text{-}2)$$

式中 $F_{wc,k}(\theta)$——圆形水池的动水压力标准值（kN/m^2）；

$F_{wct,k}$——圆形水池动水压力标准值沿地震方向的合力（kN）；

γ_W——池内水的重力密度（kN/m^3）；

r_0——水池的内半径（m）；

H_W——池内水深（m）；

θ——计算截面与沿地震方向轴线的夹角；

f_{wc}——圆形水池的动水压力系数，可按表6.2.2采用；

K_H——水平地震加速度与重力加速度的比值，应按表3.3.2确定。

表 6.2.2　圆形水池动水压力系数 f_{wc}

水池形式	H_W/r_0								
	≤0.6	0.8	1.0	1.2	1.4	1.6	1.8	2.0	2.2
地面式	0.40	0.39	0.36	0.34	0.32	0.30	0.28	0.26	0.25
地下式	0.32	0.30	0.28	0.26	0.24	0.22	0.21	0.19	0.18

6.2.3 矩形水池在水平地震作用下的动水压力标准值，应按下列公式计算（图6.2.3）：

$$F_{wr,c} = K_H \cdot \gamma_W H_W \cdot f_{wr} \qquad (6.2.3\text{-}1)$$

$$F_{wrt,k} = 2K_H \cdot \gamma_W L_1 H_W^2 \cdot f_{wr} \qquad (6.2.3\text{-}2)$$

式中 $F_{wr,c}$——矩形水池的动水压力标准值（kN/m^2）；

$F_{wrt,k}$——矩形水池动水压力沿地震方向的合力（kN）；

L_1——矩形水池垂直地震作用方向的边长（m）；

f_{wr}——矩形水池动水压力系数，可按表6.2.3采用。

表 6.2.3　矩形水池动水压力系数 f_{wr}

水池形式	L_2/H_W				
	0.5	1.0	1.5	2.0	≥3.0
地面式	0.15	0.24	0.30	0.32	0.35
地下式	0.11	0.18	0.22	0.25	0.27

注：表中 L_2 为矩形水池沿地震作用方向的边长（m）。

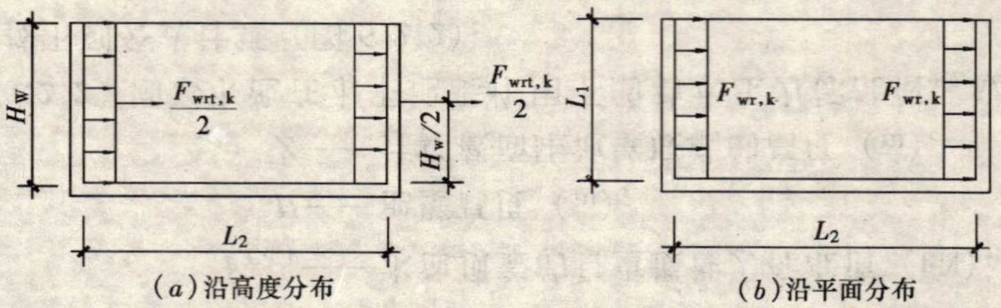

图 6.2.3　矩形水池动水压力

6.2.4 作用在水池池壁上的动土压力标准值，应按下式计算（图6.2.4）：

$$F_{es,k} = K_H \cdot F_{ep,k} \cdot \text{tg}\phi \qquad (6.2.3\text{-}4)$$

式中 $F_{es,k}$——地震时作用于水池池壁任一高度上的最大土压力增量（kN/m^2）；

$F_{ep,k}$——相应计算高度处的主动土压力标准值（kN/m^2）；当位于地下水位以下时，土的重度应取$20kN/m^3$；

ϕ——池壁外侧土的内摩擦角，一般情况下可取30°计算。

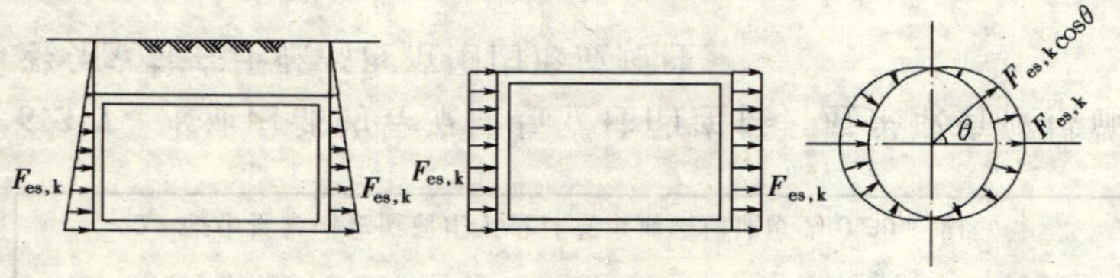

（a）沿高度分布　（b）矩形水池沿平面分布　（c）圆形水池沿平面分布

图 6.2.4　动土压力分布图

6.2.5　当设防烈度为 9 度时，水池的顶盖和动水压力应计算竖向地震作用，其作用标准值可按下列公式确定：

1　水池顶盖：

$$F_{GdV,k} = \alpha_{Vmax} \cdot W_d \qquad (6.2.5\text{-}1)$$

2　动水压力（其作用方向同静水压力）：

$$F_{WVE,k} = 0.8\alpha_{Vmax}\gamma_W\ (H_W - Z) \qquad (6.2.5\text{-}2)$$

式中　$F_{GdV,k}$——水池顶盖的竖向地震作用标准值（kN）；

$F_{WVE,k}$——竖向地震作用下，水池池壁上的动水压力（kN/m^2）；

Z——由池底至计算高度处的距离（m）。

6.2.6　在水平向地震作用下，圆形水池可按竖向剪切梁验算池壁的环向拉力、基础及地基承载力。

池壁的环向拉力标准值可按下式计算：

$$P_{ti,k} = r_c\cos\theta\Sigma F_{ik} \qquad (6.2.6)$$

式中　$P_{ti,k}$——沿池壁高度计算截面 i 处，池壁的环向最大拉力标准值（kN/m）；

F_{ik}——计算截面 i 处的水平地震作用标准值（自重惯性力、动水压力、动土压力）（kN/m^2）；

r_c——计算截面 i 处的水池计算半径（m），即圆水池中心至壁厚中心的距离；

θ——由水平地震方向至计算截面的夹角。

6.2.7　有盖的矩形水池，当顶盖结构整体性良好并与池壁、立柱有可靠连接时，在水平向地震作用下的抗震验算应考虑结构体系的空间作用，可按附录 B 进行计算。

6.2.8　水池内部的隔墙或导流墙，在水平地震作用下，应类同于池壁计算其自重惯性力和动水压力的作用及作用效应。

6.3　构造措施

6.3.1　当水池顶盖板采用预制装配结构时，应符合下列构造要求：

1　在板缝内应配置不少于 1ϕ6 钢筋，并应采用 M10 水泥砂浆灌严；

2　板与梁的连接应预留埋件焊接；

3　设防烈度为 9 度时，预制板上宜浇筑二期钢筋混凝土叠合层。

6.3.2　水池顶盖与池壁的连接，应符合下列要求：

1　当顶盖与池壁非整体连接时，顶盖在池壁上的支承长度不应小于 200mm；

2　当设防烈度为 7 度且场地为Ⅲ、Ⅳ类时，砌体池壁的顶部应设置钢筋混凝土圈梁，并应预留埋件与顶盖上的预埋件焊连；

3　当设防烈度为 7 度且场地为Ⅲ、Ⅳ类和设防烈度为 8 度、9 度时，钢筋混凝土池壁的顶部，应设置预埋件与顶盖内预埋件焊连。

6.3.3　设防烈度为 8 度、9 度时，有盖水池的内部立柱应采用钢筋混凝土结构；其纵向钢筋的总配筋率分别不宜小于0.6%、0.8%；柱上、下两端1/8、1/6高度范围内的箍筋应加密，间距不应大于10cm；立柱与梁或板应整体连结。

6.3.4 设防烈度为7度且场地为Ⅲ、Ⅳ类时，采用砌体结构的矩形水池，在池壁拐角处，每沿300~500mm高度内，应加设不少于3ϕ6水平钢筋，伸入两侧池壁内的长度不应小于1.0m。

6.3.5 设防烈度为8度、9度时，采用钢筋混凝土结构的矩形水池，在池壁拐角处，里、外层水平向钢筋的配筋率均不宜小于0.3%，伸入两侧池壁内的长度不应小于1/2池壁高度。

6.3.6 设防烈度为8度且位于Ⅲ类、Ⅳ类场地上的有盖水池、池壁高度应留有足够高度的干弦，其高度宜按表6.3.6采用。

表 6.3.6 池壁干弦高度（m）

场地类别 \ $\frac{H_W}{r_0}$或$\frac{2H_w}{L_2}$	≤0.2	0.3	0.4	0.5
Ⅲ	0.30	0.30	0.30 (0.35)	0.35 (0.40)
Ⅳ	0.30 (0.40)	0.35 (0.45)	0.40 (0.50)	0.50 (0.60)

注：1 按$\frac{H_W}{r_0}$或$\frac{2H_w}{L_2}$确定的无需插入，就近采用即可；
2 表中括号内数值适用于设计基本地震加速度为0.30g地区。

6.3.7 水池内部的导流墙与立柱的连接，应采取有效措施避免立柱在干弦高度范围内形成短柱。

7 贮气构筑物

7.1 一般规定

7.1.1 本章内容适用于燃气工程中的钢制球形贮气罐（简称球罐），卧式圆筒形贮气罐（简称卧罐）和水槽式螺旋轨贮气罐（简称湿式罐）。

7.1.2 贮气构筑物在水平地震作用下，均可按沿主轴方向进行抗震计算。

7.1.3 湿式罐的钢筋混凝土水槽的地震作用，可按6.2中有关敞口圆形池的条文确定。钢水槽和地下式环形水槽，均可不做抗震强度验算。

7.2 球形贮气罐

7.2.1 球罐可简化为单质点体系，其基本自振周期可按下式计算：

$$T_1 = 2\pi\sqrt{\frac{W_{eqs,k}}{gK_s}} \tag{7.2.1}$$

式中 T_1——球罐的基本自振周期（s）；

$W_{eqs,k}$——等效总重力荷载标准值（N）；

K_s——球罐结构的侧移刚度（N/m）。

7.2.2 球罐的等效总重力荷载，应按下式计算：

$$W_{eqs,k} = W_{sk} + 0.5W_{ck} + 0.7W_{lk} \tag{7.2.2}$$

式中 W_{sk}——球罐壳体及保温层、喷淋装置及工作梯等附件的自重标准值（N）；

W_{ck}——球罐支柱和拉杆的自重标准值（N）；

W_{lk}——罐内贮液的自重标准值（N）。

7.2.3 球罐结构的侧移刚度，可按下列公式计算（图7.2.3）：

$$K_s = \frac{12E_sI_s}{h_0^3}\sum\frac{n_i}{\psi_i} \tag{7.2.3-1}$$

$$\psi_i = 1 - \frac{(1-\psi_h)^4\ (1+2\psi_h)^2}{\psi_\lambda \cdot \frac{I_s l}{A_1 h_0^3 \cos^2\theta\cos^2\phi_i} + (1+3\psi_h)\ (1-\psi_h)^3} \tag{7.2.3-2}$$

$$\psi_h = 1 - \frac{h_1}{h_0} \tag{7.2.3-3}$$

式中 K_s——侧移刚度（N/m）；

E_s——支柱及支撑杆件材料的弹性模量（N/m²）；

I_s——单根支柱的截面惯性矩（m⁴）；

h_0——支柱基础顶面至罐中心的高度（m）；

A_1——单根支撑杆件的截面面积（m²）；

h_1——支撑结构的高度（m）；

l——支撑杆件的长度（m）；

n_i——与地震作用方向夹角为 ϕ_i 的构架榀数，可按表7.2.3确定；

ψ_i——i 构架支撑结构在地震作用方向的拉杆影响系数；

ψ_h——拉杆高度影响系数；

ϕ_i——i 构架与地震作用方向的夹角（°），可按表7.2.3采用；

θ——支撑杆件与水平面的夹角（°）；

ψ_λ——支撑杆件长细比影响系数，长细比小于150时，可采用6；长细比大于、等于150时，可采用12。

表 7.2.3 ϕ_i 及相应的 n_i 值

构架总榀数 \ ϕ_i 及 n_i	6		8		10			12		
ϕ_i	60°	0°	67.5°	22.5°	72°	36°	0°	75°	45°	15°
n_i	4	2	4	4	4	4	2	4	4	4

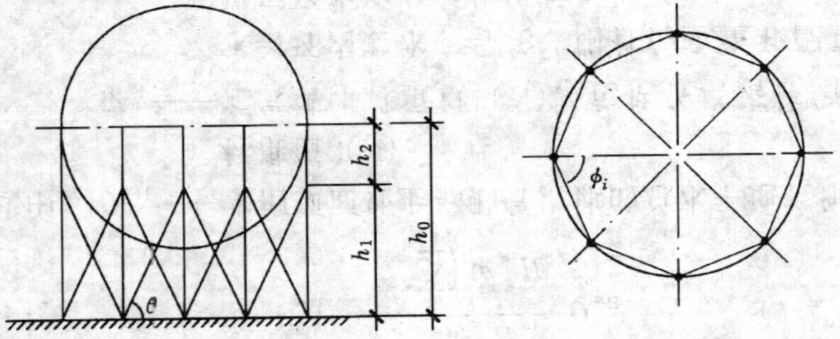

(a) 立面 (b) 平面

图 7.2.3 球罐简图

7.2.4 球罐的水平地震作用标准值应按下式计算：

$$F_{sH,k} = \eta_m \alpha_1 W_{eqs,k} \tag{7.2.4}$$

式中 $F_{sH,k}$——水平地震作用标准值（N）。

注：确定 α_1 时，应取阻尼比 $\zeta = 0.02$。

7.2.5 当设防烈度为9度时，球罐应计入竖向地震效应，竖向地震作用标准值应按下式计算：

$$F_{sV,k} = \alpha_{Vm} W_{eqs,k} \tag{7.2.5}$$

式中　$F_{sV,k}$——竖向地震作用标准值（N）。

7.2.6　当设防烈度为6度、7度且场地为Ⅰ、Ⅱ类时，球罐可采用独立墩式基础；当设防烈度为8度、9度或场地为Ⅲ、Ⅳ类时，球罐宜采用环形基础或在墩式基础间设置地梁连接成整体。

7.2.7　球罐基础的混凝土强度等级不宜低于C20，基础埋深不宜小于1.5m。

7.2.8　位于Ⅲ、Ⅳ类场地的球罐，与之连接的液相、气相管应设置弯管补偿器或其他柔性连接措施。

7.3　卧式圆筒形贮罐

7.3.1　卧罐可按单质点体系计算，其水平地震作用标准值应按下式确定：

$$F_{hH,k} = \eta_m \alpha_{max} W_{eqh,k} \tag{7.3.1}$$

式中　$F_{hH,k}$——水平地震作用标准值（N）；

$W_{eqh,k}$——卧罐的等效重力荷载标准值（N）。

7.3.2　卧罐按单质点体系，在地震作用下的等效重力荷载标准值可按下式计算：

$$W_{eqh,k} = 0.5\ (W_{sk} + W_{lk}) \tag{7.3.2}$$

式中　W_{sk}——罐体及保温层等重量（N）。

7.3.3　当设防烈度为9度时，卧罐应计入竖向地震效应，其竖向地震作用标准值应按下式计算：

$$F_{hV,k} = \alpha_{Vm} W_{eqh,k} \tag{7.3.3}$$

7.3.4　卧罐应设置鞍型支座，支座与支墩间应采用螺栓连接。

7.3.5　卧罐宜设置在构筑物的底层；罐间的联系平台的一端应采用活动支承。

7.3.6　位于Ⅲ、Ⅳ类场地的卧罐，与之连接的液相、气相管应设置弯管补偿器或其他柔性连接措施。

7.4　水槽式螺旋轨贮气罐

7.4.1　湿式罐可简化为多质点体系（图7.4.1），其水平方向的地震作用标准值可按下列公式计算：

$$Q_{wH,k} = \eta_m \alpha_1 W_{wk} \tag{7.4.1-1}$$

$$F_{wHi,k} = \frac{W_{wi}H_{wi}}{\sum_{i=1}^{n} W_{wi}H_{wi}} Q_{wH} \tag{7.4.1-2}$$

式中　Q_{wH}——水槽顶面处上部贮气塔体的总水平地震作用标准值（N）；

W_{wk}——贮气塔体总重量（N），包括各塔塔体结构、水封环内贮水、导轮、附件的重量和配重及罐顶半边均布雪载的50%；

$F_{wHi,k}$——集中质点i处的水平向地震作用标准值（N）；

W_{wi}——集中质点i处的重量（N），包括i塔体结构、水封环内贮水、导轮、附件的重量和配重，顶塔尚应包括罐顶半边均有雪载的50%；

H_{wi}——由水槽顶面至相应集中质点i处的高度（m）；

α_1——相应于基振型周期的地震影响系数，当罐容量不大于15万m^3时，可取$T_1 = 0.5s$。

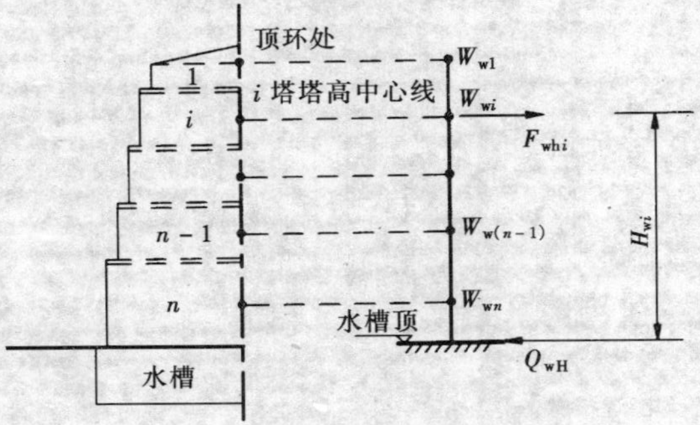

图 7.4.1 湿式罐结构计算简图

7.4.2 当设防烈度为 9 度时，湿式罐应计入竖向地震效应，竖向地震作用标准值应按下列公式计算：

$$P_{wV,k} = \alpha_{Vm} W_w \quad (7.4.2\text{-}1)$$

$$F_{wVi,k} = \frac{W_{wi}H_{wi}}{\sum_{i=1}^{n} W_{wi}H_{wi}} P_{wV,k} \quad (7.4.2\text{-}2)$$

式中 $P_{wV,k}$——总竖向地震作用标准值（N）；

$F_{wVi,k}$——集中质点 i 处的竖向地震作用标准值（N）。

7.4.3 湿式罐的贮气塔体结构，应分别按下列两种情况进行抗震验算：

1 贮气塔全部升起时，应验算各塔导轮、导轨的强度；

2 仅底塔未升起时，应验算该塔上部伸出挂圈的导轨与上挂圈之间的连接强度。

验算时，作用在导轮、导轨上的力应乘以不均匀系数，可取 1.2 计算。

7.4.4 环形水槽在水平地震作用下的动水压力标准值，应按下列公式计算（图 7.4.4）：

$$F_{wr1,k}(\theta) = K_H r_w H_w f_{wr1} \cos\theta \quad (7.4.4\text{-}1)$$

$$F_{wr2,k}(\theta) = K_H r_w H_w f_{wr2} \cos\theta \quad (7.4.4\text{-}2)$$

$$F_{wr1,k} = K_H \pi r_{10} H_w^2 f_{wr1} \quad (7.4.4\text{-}3)$$

$$F_{wr2,k} = K_H \pi r_{20} H_w^2 f_{wr2} \quad (7.4.4\text{-}4)$$

式中 $F_{wr1,k}(\theta)$——外槽壁上的动水压力标准值（N/m²）；

$F_{wr2,k}(\theta)$——内槽壁上的动水压力标准值（N/m²）；

$F_{wr1,k}$——外槽壁上动水压力标准值沿地震方向的合力（N）；

$F_{wr2,k}$——内槽壁上动水压力标准值沿地震方向的合力（N）；

r_{10}——环形水槽外壁的内半径（m）；

r_{20}——环形水槽内壁的外半径（m）；

f_{wr1}——外槽壁上的动水压力系数，可按表 7.4.4 采用；

f_{wr2}——内槽壁上的动水压力系数，可按表 7.4.4 采用。

表 7.4.4 环形水槽动水压力系数 f_{wr1}、f_{wr2}

$\frac{H_w}{r_{10}}$ \ f_{wr} \ $\frac{r_{20}}{r_{10}}$	0.75		0.80		0.85		0.90	
	f_{wr1}	f_{wr2}	f_{wr1}	f_{wr2}	f_{wr1}	f_{wr2}	f_{wr1}	f_{wr2}
0.20	0.33	0.25	0.30	0.22	0.26	0.18	0.21	0.12
0.25	0.31	0.21	0.28	0.17	0.24	0.13	0.19	0.08
0.30	0.29	0.17	0.27	0.14	0.23	0.10	0.18	0.05
0.35	0.58	0.13	0.26	0.10	0.22	0.06	0.17	0.02
0.40	0.57	0.10	0.25	0.07	0.21	0.03	—	—

7.4.5 位于Ⅲ、Ⅳ类场地上的湿式罐，其高度与直径之比不宜大于1.2。

7.4.6 贮气塔的每组导轮的轴座，应具有良好的整体构造，如整体浇铸等。

7.4.7 湿式罐的罐容量等于或大于 5000m^3 时，其贮气塔的导轮不宜采用小于 24kg/m 的钢轨。

7.4.8 位于Ⅲ、Ⅳ类场地上的湿式罐，与之连接的进、出口燃气管，均应设置弯管补偿器或其他柔性连接措施。

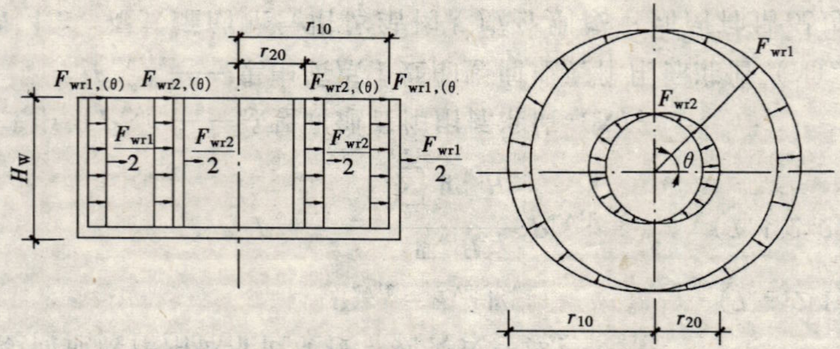

(*a*)沿高度分布　　(*b*)沿平面环向分布

图 7.4.4　环形水槽动水压力

8 泵　房

8.1 一般规定

8.1.1 本章内容可适用于各种功能的提升、加压、输送等泵房结构。

8.1.2 对设防烈度为 6 度、7 度和设防烈度为 8 度且泵房地下部分高度与地面以上高度之比大于 1 的地下水取水井室（泵房）、各种功能泵房的地下部分结构；均可不进行抗震验算，但均应符合相应设防烈度（含需要提高一度设防）的抗震措施要求。

8.1.3 采用卧式泵和轴流泵的地面以上部分泵房结构，其抗震验算和相应的抗震措施，应按《建筑抗震设计规范》GB50011 中相应结构类别的有关规定执行。

8.1.4 当泵房和控制室、配电室或生活用房毗连时，应符合下列要求：

1　基础不宜坐落在不同高程；当不可避免时，对埋深浅的基础下应做人工地基处理，避免导致震陷。

2　当基础坐落高差或建筑竖向高差较大；平面布置相差过大；结构刚度截然不同时，均应设防震缝。

3　防震缝应沿建筑物全高设置，缝两侧均应设置墙体，基础可不设缝（当结合沉降缝时则应贯通基础），缝宽不宜小于 5mm。

8.2 地震作用计算

8.2.1 地下水取水井室可简化为单质点体系，其水平地震作用标准值的确定，应符合下列规定：

1 当场地为Ⅰ、Ⅱ类时，可仅对井室的室外地面以上结构进行计算，水平地震作用标准值可按下式确定：

$$F_{pk} = \alpha_{max} W_{eqp,k} \qquad (8.2.1\text{-}1)$$

$$W_{eqp,k} = W_{pt,k} + 0.37 W_{pw,k} \qquad (8.2.1\text{-}2)$$

式中 F_{pk}——简化为单质点体系时，井室所承受的水平地震作用标准值（kN）；

$W_{eqp,k}$——室外地面以上井室的等效总重力荷载标准值（kN）；

$W_{pt,k}$——井室屋盖自重标准值及50%雪载之和（kN）；

$W_{pw,k}$——室外地面以上井室结构墙体自重标准值（kN）。

2 当场地为Ⅲ、Ⅳ类时，井室所承受的水平地震作用标准值可按下式确定：

$$F_{pk} = \eta_p \alpha_{max} W'_{eqp,k} \qquad (8.2.1\text{-}3)$$

$$W'_{eqp,k} = W_{pt,k} + 0.25 W'_{pw,k} \qquad (8.2.1\text{-}4)$$

式中 η_p——考虑井室结构与地基土共同作用的折减系数，可按表8.2.1采用；

$W'_{eqp,k}$——井室的等效总重力荷载（kN）；

$W'_{pw,k}$——井室基础以上墙体及楼梯等的自重标准值（kN）。

表 8.2.1 折减系数 η_p

$\frac{D_p}{H_p}$	0.40	0.50	0.55	060	0.65	0.70	0.75	0.80
η_p	1.00	0.94	0.89	0.85	0.78	0.74	0.68	0.63

注：表中 H_p 为井室全高；D_p 为井室地面以下埋深。

8.2.2 当设防烈度为8度、9度时，各种功能泵房的地下部分结构，应计入水平地震作用所产生的结构自重惯性力、动水压力（泵房内部）和动土压力，其标准值可按第6章相应计算规定确定。

8.3 构 造 措 施

8.3.1 地下水取水井室的结构构造，应符合下列规定：

1 当设防烈度为7度、8度时，砌体砂浆不应低于M7.5；门宽不宜大于1.0m；窗宽不宜大于0.6m。

2 当设防烈度为7度、8度时，预制装配式钢筋混凝土屋盖的板缝应配置不少于1ϕ6钢筋，并应采用不低于M10砂浆灌严；墙顶应设置钢筋混凝土圈梁；板缝钢筋应与圈梁拉结；板与梁和梁与圈梁间应有可靠拉结。

3 当设防烈度为9度时，屋盖宜整体现浇钢筋混凝土结构或在预制装配结构上浇筑二期钢筋混凝土叠合层；砌体墙上门及窗洞处应设置钢筋混凝土边框，厚度不宜小于120mm。

8.3.2 管井的设计构造应符合下列要求：

1 除设防烈度为6度或7度的Ⅰ、Ⅱ类场地外，管井不宜采用非金属材质。

2 当采用深井泵时，井管内径与泵体外径间的空隙不宜少于50mm。

3 当管井必须设置在可液化地段时，井管应采用钢管，并宜采用潜水泵；水泵的出水管应设有良好的柔性连接。

4 对运转中可能出砂的管井，应设置补充滤料设施。

8.3.3 各种功能泵房的屋盖构造，均应符合8.3.1规定的要求。

8.3.4 各种功能矩形泵房的地下部分墙体的拐角处及两墙相交处，当设防烈度为8度、9度时，均应符合第6章6.3.5的要求。

9 水 塔

9.1 一 般 规 定

9.1.1 本章内容可适用于下列条件的水塔：

1 普通类型、功能单一的独立式水塔；

2 水柜为钢筋混凝土结构。

9.1.2 水柜的支承结构应根据水塔建设场地的抗震设防烈度、场地类别及水柜容量确定结构型式。

1 6度、7度地区且场地为Ⅰ、Ⅱ类，水柜容积不大于20m^{3}时，可采用砖柱支承；

2 6度、7度或8度Ⅰ、Ⅱ类场地，水柜容积不大于50m^{3}时，可采用砖筒支承；

3 9度或8度且场地为Ⅲ、Ⅳ类时，应采用钢筋混凝土结构支承。

9.1.3 水柜可不进行抗震验算，但应符合本章给出的相应构造措施要求。

9.1.4 水柜支承结构当符合下列条件时，可不进行抗震验算，但应符合本章给出的相应构造措施要求。

1 7度且场地为Ⅰ、Ⅱ类的钢筋混凝土支承结构；水柜容积不大于50m^{3}且高度不超过20m的砖筒支承结构；水柜容积不大于20m^{3}且高度不超过7m的砖柱支承结构。

2 7度或8度且场地为Ⅰ、Ⅱ类，水柜的钢筋混凝土筒支承结构。

9.1.5 水塔的抗震验算应符合下列规定：

1　应考虑水塔上满载和空载两种工况；

2　支承结构为构架时，应分别按正向和对角线方向进行验算；

3　9 度地区的水塔应考虑竖向地震作用。

9.2　地震作用计算

9.2.1　水塔的地震作用可按单质点计算，在水平地震作用下的地震作用标准值可按下式计算：

$$F_{wt,k} = [(\alpha_f W_f)^2 + (\alpha_s W_s)^2]^{\frac{1}{2}} \quad (9.2.1\text{-}1)$$

$$W_s = 0.456\frac{r_0}{h_w}\tanh\left(1.84\frac{h_w}{r_0}\right)W_w \quad (9.2.1\text{-}2)$$

$$W_f = (W_w - W_s) + \xi_{ts}G_{ts,k} + G_{tw,k} \quad (9.2.1\text{-}3)$$

式中　$F_{wt,k}$——作用在水柜重心处的水平地震作用标准值（kN）；

W_s——水柜中产生对流振动的水体重量（kN）；

W_f——作用在水柜重心处水塔结构的等效重量及水柜中脉冲水体的重量之和（kN）；

W_w——水柜中的总贮水重量（kN）；

$G_{ts,k}$——水塔支承结构的重量标准值（kN）；

$G_{tw,k}$——水塔水柜结构的重量标准值（kN）；

ζ_{ts}——水塔支承结构重量作用在水柜重心处的等效系数，对等刚度支承结构可取 0.35；对变刚度支承结构可按具体条件取 $0.35 > \xi_{ts} \geq 0.25$；

h_w——水柜内的贮水高度，对倒锥形水柜可取水面至锥壳底端的高度（m）；

r_0——水柜的内半径，对倒锥形水柜可取上部筒壳的内半径（m）；

α_f——相应于水塔结构基本自振周期的水平地震影响系数（空柜或满水），应按本规范 5.1.5 条确定；

α_s——相应于水柜中水的基本自振周期的水平地震影响系数，可按本规范 5.1.5 条及 5.1.6 条规定并取 $\zeta = 0$ 确定。

9.2.2　水塔结构的基本自振周期可按下式计算：

$$T_{ts} = 2\pi\sqrt{\frac{W_f}{gK_{ts}}} \quad (9.2.2)$$

式中　T_{ts}——水塔结构的基本自振周期（s）；

K_{ts}——水塔支承结构的刚度（kN/m）；

g——重力加速度（m/s^2）。

注：当计算空柜时，W_f 中不含贮水作用项。

9.2.3　水柜中水的基本自振周期可按下式计算：

$$T_w = \frac{2\pi}{\sqrt{\frac{g}{r_0}1.84\tanh\left(1.84\frac{h_w}{r_0}\right)}} \quad (9.2.3)$$

9.2.4　对位于 9 度地区的水塔，应验算竖向地震作用，可按本规范 5.3.2 条规定计算。当验算竖向地震作用与水平地震作用组合效应时，应采用平方和开方组合确定。

9.3　构 造 措 施

9.3.1　除Ⅰ类场地外，水塔采用柱支承时，柱基宜采用整体筏基或环状基础；当采用独立柱基时，应设置连系梁。

9.3.2 水柜由钢筋混凝土筒支承时，应符合下列构造要求：

1 筒壁的竖向钢筋直径不应小于12mm，间距不应大于200mm。

2 筒壁上的门洞处，应设置加厚门框，并配置加强筋，两侧门框内的加强筋截面积不应少于切断竖向钢筋截面积的1.5倍，并应在门洞顶部两侧加设八字斜筋，斜筋里外层不少于2ϕ12钢筋。

3 筒壁上的窗洞或其他孔洞处，周围应设置加强筋；加强筋构造同门洞处要求，但八字斜筋应上下均设置。

9.3.3 水柜由钢筋混凝土构架支承时，应符合下列构造要求：

1 横梁内箍筋的搭接长度不应少于40倍钢筋直径；箍筋间距不应大于200mm，且在梁端的1倍梁高范围内，箍筋间距不应大于100mm。

2 立柱内的箍筋间距不应大于200mm，且在水柜以下和基础以上各800mm范围内以及梁柱节点上下各1倍柱宽并不小于1/6柱净高范围内，柱内箍筋间距不应大于100mm；箍筋直径，7度、8度不应小于8mm，9度不应小于10mm。

3 水柜下环梁和支架梁端应加设腋角，并配置不少于主筋截面积50%的钢筋。

4 8度、9度时，当水塔高度超过20m时，沿支架高度每隔10m左右宜设置钢筋混凝土水平交叉支撑一道，支撑构件的截面不宜小于支架柱的截面。

9.3.4 水柜由砖筒支承的水塔，应符合下列构造要求：

1 对6度Ⅳ类场地和7度Ⅰ、Ⅱ类场地的砖筒内应有适量配筋，其配筋范围及配筋量不应少于表9.3.4的要求。

表 9.3.4 砖筒壁配筋要求

配筋方式 ＼ 烈度和场地类别	6度Ⅳ类场地和7度Ⅰ、Ⅱ类场地
配筋高度范围	全高
砌体内竖向配筋	ϕ10，间距500～700mm，并不少于6根
砌体竖槽配筋	每槽1ϕ12，间距1000mm，并不少于6根
砌体内环向配筋	ϕ8，间距360mm

2 对7度Ⅲ、Ⅳ类场地和8度Ⅰ、Ⅱ类场地的砖筒壁，宜设置不少于4根构造柱，柱截面不宜小于240mm×240mm，并与圈梁连接；柱内纵向钢筋宜采用4ϕ14，箍筋间距不应大于200mm，且在柱上、下两端宜加密；沿柱高每隔500mm设置2ϕ6拉结钢筋，每边伸入筒壁内长度不宜小于1m；柱底端应锚入筒壁基础内。

3 砖筒沿高度每隔4m左右宜设圈梁一道，其截面高度不宜小于180mm，宽度不宜小于筒壁厚度的2/3或240mm；梁内纵筋不宜少于4ϕ12，箍筋间距不宜大于250mm。

4 砖筒上的门洞上下应设置钢筋混凝土圈梁。洞两侧7度Ⅰ、Ⅱ类场地应设置门框，门框的截面尺寸应能弥补门洞削弱的刚度；7度Ⅲ、Ⅳ类场地和8度Ⅰ、Ⅱ类场地应设置钢筋混凝土门框，门框内竖向钢筋截面积不应少于上下圈梁内的配筋量，并应锚入圈梁内。

5 砖筒上的其他洞口处，宜与门洞处采取相同的构造措施，当洞上下无圈梁时应加设3ϕ8钢筋，其两端伸入筒壁长度不应小于1m。

10 管　　道

10.1 一 般 规 定

10.1.1 本章中架空管道内容适用于跨越河、湖及其他障碍的自承式管道。

10.1.2 埋地管道应计算在水平地震作用下，剪切波所引起管道的变位或应变。

10.1.3 对高度大于 3.0mm 的埋地矩形或拱形管道，除应计算管道纵向作用效应外，尚应计算在水平地震作用下动土压力等对管道横截面的作用效应。

10.1.4 符合下列条件的管道结构可不进行抗震验算：

1 各种材质的埋地预制圆形管材，其连接接口均为柔性构造，且每个接口的允许轴向拉、压变位不小于 10mm。

2 设防烈度 6 度、7 度，符合 7 度抗震构造要求的埋地雨、污水管道。

3 设防烈度为 6 度、7 度或 8 度Ⅰ、Ⅱ类场地的焊接钢管和自承式架空平管。

4 管道上的阀门井、检查井等附属构筑物。

10.2 地震作用计算

10.2.1 地下直埋式管道的抗震验算应满足第 5 章 5.5 的要求，由地震时剪切波行进中引起的直线段管道结构的作用效应标准值，可按附录 C 计算。

10.2.2 符合本章 10.1.3 规定的地下管道，在水平地震作用下土压力标准值，可按本规定 6.2.4 的规定计算。

10.2.3 架空管道纵向或横向的基本自振周期，可按下式计算：

$$T_1 = 2\pi \sqrt{\frac{G_{eq}}{gK_c}} \tag{10.2.3}$$

式中 T_1——基本自振周期（s）；

G_{eq}——纵向或横向计算单元（跨度）等代重力荷载代表值（N），应取永久荷载标准值的 100%，可变荷载标准值的 50% 和支承结构自重标准值的 30%；

K_c——纵向或横向支承结构的刚度（N/m）。

10.2.4 架空管道支承结构所承受的水平地震作用标准值，可按下式计算：

$$F_{hc,k} = \alpha_1 G_{eq} \tag{10.2.4}$$

式中 α_1——相应纵向或横向基本自振周期的地震影响系数。

10.2.5 当设防烈度为 9 度时，架空管道支承结构应计算竖向地震作用效应，其竖向地震作用标准值可按下式计算：

$$F_{cV,k} = \alpha_{Vmax} G_{eq} \tag{10.2.5}$$

10.2.6 架空管道结构所承受的水平地震作用标准值，可按下列公式计算：

1 平管：

$$F_{ph,k} = \frac{\alpha_1 G'_{eq}}{l} \tag{10.2.6-1}$$

2 折线形管：

$$F_{pc,k} = \frac{\alpha_1 G'_{eq}}{2l_1 + l_2} \tag{10.2.6-2}$$

3 拱形管：

$$F_{pa,k}=\frac{\alpha_1 G'_{eq}}{l_a} \quad (10.2.6\text{-}3)$$

式中 $F_{ph,k}$——平管单位长度的水平地震作用标准值(N/mm)；

l——平管的计算单元长度（mm）；

$F_{pc,k}$——折线形管单位长度的水平地震作用标准值（N/mm）；

l_1——折线形管的折线部分管道长度（mm）；

l_2——折线形管的水平部分管道长度（mm）；

$F_{pa,k}$——拱形管单位长度的水平地震作用标准值（N/mm）；

l_a——拱形管道的拱形弧长（mm）；

G'_{eq}——管道的总重力荷载标准值（N），即为 G_{eq}减去管道支承结构自重标准值的 30%。

10.2.7 当设防烈度为 9 度时，架空管道应计算竖向地震作用效应，其竖向地震作用标准值可按下列公式计算：

1 平管：

$$F_{phv,k}=\alpha_{vm}\frac{G'_{eq}}{l} \quad (10.2.7\text{-}1)$$

2 折线形管：

$$F_{pcv,k}=\alpha_{vm}\frac{G'_{eq}}{2l_1+l_2} \quad (10.2.7\text{-}2)$$

3 拱形管：

$$F_{pav,k}=\alpha_{vm}\frac{G'_{eq}}{l_a} \quad (10.2.7\text{-}3)$$

式中 $F_{phv,k}$——平管单位长度的竖向地震作用标准值（N/mm）；

$F_{pcv,k}$——折线形管单位长度的竖向地震作用标准值（N/mm）；

$F_{pav,k}$——拱形管单位长度的竖向地震作用标准值（N/mm）。

10.3 构 造 措 施

10.3.1 给水和燃气管道的管材选择，应符合下列要求：

1 材质应具有较好的延性；

2 承插式连接的管道，接头填料宜采用柔性材料；

3 过河倒虹吸管或架空管应采用焊接钢管；

4 穿越铁路或其他主要交通干线以及位于地基土为液化土地段的管道，宜采用焊接钢管。

10.3.2 地下直埋或架空敷设的热力管道，当设防烈度为 8 度（含 8 度）以下时，管外保温材料应具有良好的柔性；当设防烈度为 9 度时，宜采取管沟内敷设。

10.3.3 地下直埋圆形排水管道应符合下列要求：

1 当采用钢筋混凝土平口管，设防烈度为 8 度以下及 8 度Ⅰ、Ⅱ类场地时，应设置混凝土管基，并应沿管线每隔 26～30m 设置变形缝，缝宽不小于 20mm，缝内填柔性材料；8 度Ⅲ、Ⅳ类场地或 9 度时，不应采用平口连接管。

2 8 度Ⅲ、Ⅳ类场地或 9 度时，应采用承插式管或企口管，其接口处填料应采用柔性材料。

10.3.4 混合结构的矩形管道应符合下列要求：

1 砌体采用砖不应低于 MU10；块石不应低于 MU20；砂浆不应低于 M10。

2 钢筋混凝土盖板与侧墙应有可靠连接。设防烈度为 7 度、8 度且属Ⅲ、Ⅳ类场地时，预制装配顶盖不得采用梁板系统结构（不含钢筋混凝土槽形板结构）。

3 基础应采用整体底板。当设防烈度为8度且场地为Ⅲ、Ⅳ类时，底板应为钢筋混凝土结构。

10.3.5 当设防烈度为9度或场地土为可液化地段时，矩形管道应采用钢筋混凝土结构，并适当加设变形缝；缝的构造等应符合4.3.10的第3款要求。

10.3.6 地下直埋承插式圆形管道和矩形管道，在下列部位应设置柔性接头及变形缝：

1 地基土质突变处；

2 穿越铁路及其他重要的交通干线两端；

3 承插式管道的三通、四通、大于45°的弯头等附件与直线管段连接处。

注：附件支墩的设计应符合该处设置柔性连接的受力条件。

10.3.7 当设防烈度为7度且地基土为可液化地段或设防烈度为8度、9度时，泵及压送机的进、出管上宜设置柔性连接。

10.3.8 管道穿过建（构）筑物的墙体或基础时，应符合下列要求：

1 在穿管的墙体或基础上应设置套管，穿管与套管间的缝隙内应填充柔性材料。

2 当穿越的管道与墙体或基础为嵌固时，应在穿越的管道上就近设置柔性连接。

10.3.9 当设防烈度为7度、8度且地基土为可液化土地段或设防烈度为9度时，热力管道干线的附件均应采用球墨铸铁或铸钢材料。

10.3.10 燃气厂及储配站的出口处，均应设置紧急关断阀。

10.3.11 管网上的阀门均应设置阀门井。

10.3.12 当设防烈度为7度、8度且地基土为可液化土地段或设防烈度为9度时，管网的阀门井、检查井等附属构筑物不宜采用砌体结构。如采用砌体结构时，砖不应低于MU10，块石不应低于MU20，砂浆不应低于M10，并应在砌体内配置水平封闭钢筋，每500mm高度内不应少于2ϕ6。

10.3.13 架空管道的活动支架上，应设置侧向挡板。

10.3.14 当输水、输气等埋地管道不能避开活动断裂带时，应采取下列措施：

1 管道宜尽量与断裂带正交；

2 管道应敷设在套筒内，周围填充砂料；

3 管道及套筒应采用钢管；

4 断裂带两侧的管道上（距断裂带有一定的距离）应设置紧急关断阀。

附录A　我国主要城镇抗震设防烈度、设计基本地震加速度和设计地震分组

本附录仅提供我国抗震设防区各县级及县级以上的中心地区工程建设抗震设计时所采用的抗震设防烈度、设计基本地震加速度和设计地震分组。

注：本附录一般把设计抗震第一、二、三组简称为“第一组、第二组、第三组”。

A.0.1　首都和直辖市

1　抗震设防烈度为8度、设计基本地震加速度值为0.20g：

北京（除昌平、门头沟外的11个市辖区），平谷，大兴，延庆，宁河，汉沽。

2　抗震设防烈度为7度、设计基本地震加速度值为0.15g：

密云，怀柔，昌平，门头沟，天津（除汉沽、大港外的12个市辖区），蓟县，宝坻，静海。

3　抗震设防烈度为7度、设计基本地震加速度值为0.10g：

大港，上海（除金山外的15个市辖区），南汇，奉贤。

4　抗震设防烈度为6度、设计基本地震加速度值为0.05g：

崇明，金山，重庆（14个市辖区），巫山，奉节，云阳，忠县，丰都，长寿，璧山，合川，铜梁，大足，荣昌，永川，江津，綦江，南川，黔江，石柱，巫溪*。

注：1　首都和直辖市的全部县级和县级以上设防城镇，设计地震分组均为第一组；

2　上标*指该城镇的中心位于本设防区和较低设防区的分界线，下同。

A.0.2　河北省

1　抗震设防烈度为8度、设计基本地震加速度值为0.20g：

第一组：廊坊（2个市辖区），唐山（5个市辖区），三河，大厂，香河，丰南，丰润，怀来，涿鹿。

2　抗震设防烈度为7度、设计基本地震加速度值为0.15g：

第一组：邯郸（4个市辖区），邯郸县，文安，任丘，河间，大城，涿州，高碑店。涞水，固安，永清，玉田，迁安，卢龙，滦县，滦南，唐海，乐亭，宣化，蔚县，阳原，成安，磁县，临漳，大名，宁晋。

3　抗震设防烈度为7度、设计基本地震加速度值为0.10g：

第一组：石家庄（6个市辖区），保定（3个市辖区）。张家口（4个市辖区），沧州（2个市辖区），衡水，邢台（2个市辖区），霸州，雄县，易县，沧县，张北，万全，怀安，兴隆，迁西，抚宁，昌黎，青县，献县，广宗，平乡，鸡泽，隆尧，新河曲周，肥乡，馆陶，广平，高邑，内丘，邢台县，赵县，武安，涉县，赤城，涞源，定兴，容城，徐水，安新，高阳，博野，蠡县，肃宁，深泽，安平，饶阳，魏县，藁城，栾城，晋州，深州，武强，辛集，冀州，任县，柏乡，巨鹿，南和，沙河，临城，泊头，永年，崇礼，

南宫*。

第二组：秦皇岛（海港、北戴河），清苑，遵化，安国。

4 抗震设防烈度为 6 度、设计基本地震加速度值为 0.05g：

第一组：正定，围场，尚义，灵寿，无极，平山，鹿泉，井陉，元氏，南皮，吴桥，景县，东光。

第二组：承德（除鹰手营子以外的两个市辖区），隆化，承德县，宽城，青龙，阜平，满城，顺平，唐县，望都，曲阳，定州，行唐，赞皇，黄骅，海兴，孟村，盐山，阜城，故城，清河，山海关，沽源，新乐，武邑，枣强，威县。

第三组：丰宁，滦平，鹰手营子，平泉，临西，邱县。

A.0.3 山西省

1 抗震设防烈度为 8 度、设计基本地震加速度值为 0.20g：

第一组：太原（6 个市辖区），临汾，忻州，祁县，平遥，古县，代县，原平，定襄，阳曲，太谷，介休，耿石，汾西，霍州，洪洞，襄汾，晋中，浮山，永济，清徐。

2 抗震设防烈度为 7 度、设计基本地震加速度值为 0.15g：

第一组：大同（4 个市辖区），朔州（朔城区），大同县，怀仁，浑源，广灵，应县，山阴，灵丘，繁峙，五台，古交，交城，文水，汾阳，曲沃，孝义，侯马，新绛，稷山，绛县，河津，闻喜，翼城，万荣。临猗，夏县，运城，芮城，平陆。沁源*，宁武*。

3 抗震设防烈度为 7 度、设计基本地震加速度值为 0.10g：

第一组：长治（2 个市辖区），阳泉（3 个市辖区），长治县，阳高，天镇，左云，右玉，神池，寿阳，昔阳。安泽，乡宁，垣曲，沁水，平定，和顺，黎城，潞城，壶关。

第二组：平顺，榆社，武乡，娄烦，交口，隰县，蒲县，吉县，静乐，盂县，沁县，陵川，平鲁。

4 抗震设防烈度为 6 度、设计基本地震加速度值为 0.05g：

第二组：偏关，河曲，保德，兴县，临县，方山，柳林。

第三组：晋城，离石，左权，襄垣，屯留，长子，高平，阳城，泽州，五寨，岢岚，岚县，中阳，石楼，永和，大宁。

A.0.4 内蒙古自治区

1 抗震设防烈度为 8 度、设计基本地震加速度值为 0.30g：

第一组：土默特右旗，达拉特旗*。

2 抗震设防烈度为 8 度、设计基本地震加速度值为 0.20g：

第一组：包头（除白云矿区外的 5 个市辖区），呼和浩特（4 个市辖区），土默特左旗，乌海（3 个市辖区），杭锦后旗，磴口，宁城，托克托*。

3 抗震设防烈度为 7 度、设计基本地震加速度值为 0.15g：

第一组：喀拉沁旗，五原，乌拉特前旗，临河，固阳，武川，凉城，和林格尔，赤峰（红山*，元宝山区）

第二组：阿拉善左旗。

4 抗震设防烈度为 7 度、设计基本地震加速度值为 0.10g：

第一组：集宁，清水河，开鲁，傲汉旗，乌特拉后旗，卓资，察右前旗，丰镇，扎兰屯，乌特拉中旗，赤峰（松山区），通辽*。

第三组：东胜，准格尔旗。

5 抗震设防烈度为6度、设计基本地震加速度值为0.05g：

第一组：满洲里，新巴尔虎右旗，莫力达瓦旗，阿荣旗，扎赉特旗，翁牛特旗，兴和，商都，察右后旗，科左中旗，科左后旗，奈曼旗，库伦旗，乌审旗，苏尼特右旗。

第二组：达尔罕茂明安联合旗，阿拉善右旗，鄂托克旗，鄂托克前旗，白云。

第三组：伊金霍洛旗，杭锦旗，四王子旗，察右中旗。

A.0.5 辽宁省

1 抗震设防烈度为8度、设计基本地震加速度值为0.20g：

普兰店，东港。

2 抗震设防烈度为7度、设计基本地震加速度值为0.15g：

营口（4个市辖区），丹东（3个市辖区），海城，大石桥，瓦房店，盖州，金州。

3 抗震设防烈度为7度、设计基本地震加速度值为0.10g：

沈阳（9个市辖区），鞍山（4个市辖区），大连（除金州外的5个市辖区），朝阳（2个市辖区），辽阳（5个市辖区），抚顺（除顺城外的3个市辖区），铁岭（2个市辖区），盘锦（2个市辖区），盘山，朝阳里，辽阳里，岫岩，铁岭县，凌源，北票，建平，开原，抚顺县，灯塔，台安，大洼，辽中。

4 抗震设防烈度为6度、设计基本地震加速度值为0.05g：

本溪（4个市辖区），阜新（5个市辖区），锦州（3个市辖区），葫芦岛（3个市辖区），昌图，西丰，法库，彰武，铁法，阜新县，康平，新民，黑山，北宁，义县，喀喇沁，凌海，兴城，绥中，建昌，宽甸，凤城，庄河，长海，顺城。

注：全省县级及县级以上设防城镇的设计地震分组。除兴城，绥中，建昌。南票为第二组外，均为第一组。

A.0.6 吉林省

1 抗震设防烈度为8度、设计基本地震加速度值为0.20g：

前郭尔罗斯，松原。

2 抗震设防烈度为7度、设计基本地震加速度值为0.15g：

大安※。

3 抗震设防烈度为7度、设计基本地震加速度值为0.10g：

长春（6个市辖区），吉林，（除丰满外的3个市辖区），白城，乾安，舒兰，九台，永吉*。

4 抗震设防烈度为6度、设计基本地震加速度值为0.05g：

四平（2个市辖区），辽源（2个市辖区），镇赉，洮南，延吉，汪清，图们，珲春，龙井，和龙，安图，蛟河，桦甸，梨树，磐石，东丰，辉南，梅河口，东辽，榆树，靖宇，抚松，长岭，通榆，德惠，农安，伊通，公主岭，扶余，丰满。

注：全省县级及县级以上设防城镇，设计地震分组均为第一组。

A.0.7 黑龙江省

1 抗震设防烈度为 7 度、设计基本地震加速度值为 0.10g：

绥化，萝北，泰来。

2 抗震设防烈度为 6 度、设计基本地震加速度值为 0.05g：

哈尔滨（7 个市辖区），齐齐哈尔（7 个市辖区），大庆（5 个市辖区），鹤岗（6 个市辖区），牡丹江（4 个市辖区），鸡西（6个市辖区），佳木斯（5个市辖区），七台河（3 个市辖区），伊春（伊春区，乌马河区），鸡东，望奎，穆棱，绥芬河，东宁，宁安，五大连池，嘉荫，汤原，桦南，桦川，依兰，勃利，通河，方正，木兰，巴彦，延寿，尚志，宾县，安达，明水，绥棱，庆安，兰西，肇东，肇州，肇源，呼兰，阿城，双城，五常，讷河，北安，甘南，富裕，龙江，黑河，青冈*，海林*。

注：全省县级及县级以上设防城镇，设计地震分组均为第一组。

A.0.8 江苏省

1 抗震设防烈度为 8 度、设计基本地震加速度值为 0.30g：

第一组：宿迁，宿豫*。

2 抗震设防烈度为 6 度、设计基本地震加速度值为 0.20g：

第一组：新沂，邳州，睢宁。

3 抗震设防烈度为 7 度、设计基本地震加速度值为 0.15g：

第一组：扬州（3 个市辖区），镇江（2 个市辖区），东海，沭阳，泗洪，江都，大丰。

4 抗震设防烈度为 7 度、设计基本地震加速度值为 0.10g：

第一组：南京（11 个市辖区），淮安（除楚州外的 3 个市辖区），徐州（5个市辖区），铜山，沛县，常州（4个市辖区），泰州（2 个市辖区），赣榆，泗阳，盱眙，射阳，江浦，武进，盐城，盐都，东台，海安，姜堰，如皋，如东，扬中，仪征，兴化，高邮，六合，句容，丹阳，金坛，丹徒，溧阳，溧水，昆山，太仓。

第三组：连云港（4 个市辖区），灌云。

5 抗震设防烈度为 6 度、设计基本地震加速度值为 0.05g：

第一组：南通（2 个市辖区），无锡（6 个市辖区），苏州（6个市辖区），通州，宜兴，江阴，洪泽，金湖，建湖，常熟，吴江，靖江，泰兴，张家港，海门，启东，高淳，丰县。

第二组：响水，滨海，阜宁，宝应，金湖。

第三组：灌南，涟水，楚州。

A.0.9 浙江省

1 抗震设防烈度为 7 度、设计基本地震加速度值为 0.10g：

岱山，嵊泗，舟山（2 个市辖区）。

2 抗震设防烈度为 6 度、设计基本地震加速度值为 0.05g：

杭州（6 个市辖区），宁波（5 个市辖区），湖州，嘉兴（2 个市辖区），温州（3 个市辖区），绍兴，绍兴县，长兴，安吉，临安，奉化，鄞县，象山，德清，嘉善，平湖，海盐，桐乡，余杭，海宁，萧山，上虞，慈溪，余姚，瑞安，富阳，平阳，苍南，乐清，永嘉，泰顺，景宁，云和，庆元，洞头。

注：全省县级及县级以上设防城镇，设计地震分组均为第一组。

A.0.10 安徽省

1 抗震设防烈度为7度、设计基本地震加速度值为0.15g：

第一组：五河，泗县。

2 抗震设防烈度为7度、设计基本地震加速度值为0.10g：

合肥（4个市辖区），蚌埠（4个市辖区），阜阳（3个市辖区），淮南（5个市辖区），枞阳，怀远，长丰，六安（2个市辖区），灵璧，固镇，凤阳，明光，定远，肥东，肥西，舒城，庐江，桐城，霍山，涡阳，安庆（3个市辖区）*，铜陵县*。

3 抗震设防烈度为6度、设计基本地震加速度值为0.05g：

第一组：铜陵（3个市辖区），芜湖（4个市辖区），巢湖，马鞍山（4个市辖区），滁州（2个市辖区），芜湖县，砀山，萧县，亳州，界首，太和，临泉，阜南，利辛，蒙城，凤台，寿县，颍上，霍丘，金寨，天长，来安，全椒，含山，和县，当涂，无为，繁昌，池州，岳西，潜山，太湖，怀宁，望江，东至，宿松，南陵，宣城，郎溪，广德，泾县，青阳，石台。

第二组：濉溪，淮北。

第三组：宿州。

A.0.11 福建省

1 抗震设防烈度为8度、设计基本地震加速度值为0.20g：

第一组：金门*。

2 抗震设防烈度为7度、设计基本地震加速度值为0.15g：

第一组：厦门（7个市辖区），漳州（2个市辖区），晋江，石狮，龙海，长泰，漳浦，东山，诏安。

第二组：泉州（4个市辖区）。

3 抗震设防烈度为7度、设计基本地震加速度值为0.10g：

第一组：福州（除马尾外的4个市辖区），安溪，南靖，华安，平和，云霄。

第二组：莆田（2个市辖区），长乐，福清，莆田县，平潭，惠安，南安，马尾。

4 抗震设防烈度为6度、设计基本地震加速度值为0.05g：

第一组：三明（2个市辖区），政和，屏南，霞浦，福鼎，福安，柘荣，寿宁，周宁，松溪，宁德，古田，罗源，沙县，龙溪，闽清，闽侯，南平，大田，漳平，龙岩，永定，泰宁，宁化，长汀，武平，建宁，将乐，明溪，清流，连城，上杭，永安，建瓯。

第二组：连江，永泰，德化，永春，仙游。

A.0.12 江西省

1 抗震设防烈度为7度、设计基本地震加速度值为0.10g：

寻乌，会昌。

2 抗震设防烈度为6度、设计基本地震加速度值为0.05g：

南昌（5个市辖区），九江（2个市辖区），南昌县，进贤，余干，九江县，彭泽，湖口，星子，瑞昌，德安，都昌，武宁，修水，靖安，铜鼓，宜丰，宁都，石城，瑞金，安远，安南，龙南，全南，大余。

注：全省县级及县级以上设防城镇，设计地震分组均为第一组。

A.0.13 山东省

1 抗震设防烈度为8度、设计基本地震加速度值为0.20g：

第一组：郯城，临沭，莒南，莒县，沂水，安丘，阳谷。

2 抗震设防烈度为7度、设计基本地震加速度值为0.15g：

第一组：临沂（3个市辖区），潍坊（4个市辖区），菏泽，东明，聊城，苍山，沂南，昌邑，昌乐，青州，临驹，诸城，五莲，长岛，蓬莱，龙口，莘县，鄄城，寿光*。

3 抗震设防烈度为7度、设计基本地震加速度值为0.10g：

第一组：烟台（4个市辖区），威海，枣庄（5个市辖区），淄博（除博山外的4个市辖区），平原，高唐，茌平，东阿，平阴，梁山，郓城，定陶，巨野，成武，曹县，广饶，博兴，高青，桓台，文登，沂源，蒙阴，费县，微山，禹城，冠县，莱芜（2个市辖区）*，单县*，夏津*。

第二组：东营（2个市辖区），招远，新泰，栖霞，莱州，日照，平度，高密，垦利，博山，滨州*，平邑*。

4 抗震设防烈度为6度、设计基本地震加速度值为0.05g：

第一组：德州，宁阳，陵县，曲阜，邹城，鱼台，乳山，荣成，兖州。

第二组：济南（5个市辖区），青岛（7个市辖区），泰安（2个市辖区），济宁（2个市辖区），武城，乐陵，庆云，无棣，阳信，宁津，沾化，利津，惠民，商河，临邑，济阳，齐河，邹平，章丘，泗水，莱阳，海阳，金乡，滕州，莱西，即墨。

第三组：胶南，胶州，东平，汶上，嘉祥，临清，长清，肥城。

A.0.14 河南省

1 抗震设防烈度为8度、设计基本地震加速度值为0.20g：

第一组：新乡（4个市辖区），新乡县，安阳（4个市辖区），安阳县，鹤壁（3个市辖区），原阳，延津，汤阴，淇县，卫辉，获嘉，范县，辉县。

2 抗震设防烈度为7度、设计基本地震加速度值为0.15g：

第一组：郑州（6个市辖区），濮阳，濮阳县，长桓，封丘，修武，武陟，内黄，浚县，滑县，台前，南乐，清丰，灵宝，三门峡，陕县，林州*。

3 抗震设防烈度为7度、设计基本地震加速度值为0.10g：

第一组：洛阳（6个市辖区），焦作（4个市辖区），开封（5个市辖区），南阳（2个市辖区），开封县，许昌县，沁阳，博爱，孟州，孟津，巩义，偃师，济源，新密，新郑，民权，兰考，长葛，温县，荥阳，中牟，杞县*，许昌*。

4 抗震设防烈度为6度、设计基本地震加速度值为0.05g：

第一组：商丘（2个市辖区），信阳（2个市辖区），漯河，平顶山（4个市辖区），登封，义马，虞城，夏邑，通许，尉氏，睢县，宁陵，柘城，新安，宜阳，嵩县，汝阳，伊州，禹州，郏县，宝丰，襄城，郾城，鄢陵，扶沟，太康，鹿邑，郸城，沈丘，项城，淮阳，周口，商水，上蔡，临颍，西华，西平，栾川，内乡，镇平，唐河，邓州，新野，社旗，平舆，新县，驻马店，泌阳，汝南，桐柏，淮滨，息县，正阳，遂平，光山，罗山，潢川，商城，固始，南召，舞阳*。

第二组：汝州，睢县，永城。

第三组：卢氏，洛宁，渑池。

A.0.15 湖北省

1 抗震设防烈度为7度、设计基本地震加速度值为0.10g：

竹溪，竹山，房县。

2 抗震设防烈度为6度、设计基本地震加速度值为0.05g：

武汉（13个市辖区），荆州（2个市辖区），荆门，襄樊（2个辖区），襄阳，十堰（2个市辖区），宜昌（4个市辖区），宜昌县，黄石（4个市辖区），恩施，咸宁，麻城，团风，罗田，英山，黄冈，鄂州，浠水，蕲春，黄梅，武穴，郧西，郧县，丹江口，谷城，老河口，宜城，南漳，保康，神农架，钟祥，沙洋，远安，兴山，巴东，秭归，当阳，建始，利川，公安，宣恩，咸丰，长阳，宜都，枝江，松滋，江陵，石首，监利，洪湖，孝感，应城，云梦，天门，仙桃，红安，安陆，潜江，嘉鱼，大冶，通山，赤壁，崇阳，通城，五峰*，京山*。

注：全省县级及县级以上设防城镇，设计地震分组均为第一组。

A.0.16 湖南省

1 抗震设防烈度为7度、设计基本地震加速度值为0.15g：

常德（2个市辖区）。

2 抗震设防烈度为7度、设计基本地震加速度值为0.10g：

岳阳（3个市辖区），岳阳县，汨罗，湘阴，临澧，澧县，津市，桃源，安乡，汉寿。

3 抗震设防烈度为6度、设计基本地震加速度值为0.05g：

长沙（5个市辖区），长沙县，益阳（2个市辖区），张家界（2个市辖区），郴州（2个市辖区），邵阳（3个市辖区），邵阳县，泸溪，沅陵，娄底，宜章，资兴，平江，宁乡，新化，冷水江，涟源，双峰，新邵，邵东，隆回，石门，慈利，华容，南县，临湘，沅江，桃江，望城，溆浦，会同，靖州，韶山，江华，宁远，道县，临武，湘乡*，安化*，中方*，洪江*。

注：全省县级及县级以上设防城镇，设计地震分组均为第一组。

A.0.17 广东省

1 抗震设防烈度为8度、设计基本地震加速度值为0.20g：

汕头（5个市辖区），澄海，潮安，南澳，徐闻，潮州*。

2 抗震设防烈度为7度、设计基本地震加速度值为0.15g：

揭阳，揭东，潮阳，饶平。

3 抗震设防烈度为7度、设计基本地震加速度值为0.10g：

广州（除花都外的9个市辖区），深圳（6个市辖区），湛江（4个市辖区），汕尾，海丰，普宁，惠来，阳江，阳东，阳西，茂名，化州，廉江，遂溪，吴川，丰顺，南海，顺德，中山，珠海，斗门，电白，雷州，佛山（2个市辖区）*，江门（2个市辖区）*，新会*，陆丰*。

4 抗震设防烈度为6度、设计基本地震加速度值为0.05g：

韶关（3个市辖区），肇庆（2个市辖区），花都，河源，揭西，东源，梅州，东莞，清远，清新，南雄，仁化，始兴，乳源，曲江，英德，佛冈，龙门，龙川，平远，大埔，从化，梅县，兴宁，五华，紫金，陆河，增城，博罗，惠州，惠阳，惠东，三水，四会，云浮，云安，高要，高明，鹤山，封开，郁南，罗定，信宜，新兴，开平，恩平，台山，阳春，高州，翁源，连平，和平，蕉岭，新丰*。

注：全省县级及县级以上设防城镇，设计地震分组均为第一组。

A.0.18 广西自治区

1 抗震设防烈度为7度、设计基本地震加速度值为0.15g：

灵山，田东。

2 抗震设防烈度为7度、设计基本地震加速度值为0.10g：

玉林，兴业，横县，北流，百色，田阳，平果，隆安，浦北，博白，乐业*。

3 抗震设防烈度为6度、设计基本地震加速度值为0.05g：

南宁（6个市辖区），桂林（5个市辖区），柳州（5个市辖区），梧州（3个市辖区），钦州（2个市辖区），贵港（2个市辖区），防城港（2个市辖区），北海（2个市辖区），兴安，灵川，临桂，永福，鹿寨，天峨，东兰，巴马，都安，大化，马山，融安，象州，武宣，桂平，平南，上林，宾阳，武鸣，大新，扶绥，邕宁，东兴，合浦，钟山，贺州，藤县，苍梧，容县，岑溪，陆川，凤山，凌云，田林，隆林，西林，德保，靖西，那坡，天等，崇左，上思，龙州，宁明，融水，凭祥，全州。

注：全省县级及县级以上设防城镇，设计地震分组均为第一组。

A.0.19 海南省

1 抗震设防烈度为8度、设计基本地震加速度值为0.30g：

海口（3个市辖区），琼山。

2 抗震设防烈度为8度、设计基本地震加速度值为0.20g：

文昌，文安。

3 抗震设防烈度为7度、设计基本地震加速度值为0.15g：

澄迈。

4 抗震设防烈度为7度、设计基本地震加速度值为0.10g：

临高，琼海，儋州，屯昌。

5 抗震设防烈度为6度、设计基本地震加速度值为

$0.05g$：

三亚，万宁，琼中，昌江，白沙，保亭，陵水，东方，乐东，通什。

注：全省县级及县级以上设防城镇，设计地震分组均为第一组。

A.0.20 四川省

1 抗震设防烈度不低于9度、设计基本地震加速度值不小于$0.40g$：

第一组：康定，西昌。

2 抗震设防烈度为8度、设计基本地震加速度值为$0.30g$：

第一组：冕宁*。

3 抗震设防烈度为8度、设计基本地震加速度值为$0.20g$：

第一组：松潘，道孚，泸定，甘孜，炉霍，石棉，喜德，普格，宁南，德昌，理塘。

第二组：九寨沟。

4 抗震设防烈度为7度、设计基本地震加速度值为$0.15g$：

第一组：宝兴，茂县，巴塘，德格，马边，雷波。

第二组：越西，雅江，九龙，平武，木里，盐源，会东，新龙。

第三组：天全，荥经，汉源，昭觉，布拖，丹巴，芦山，甘洛。

5 抗震设防烈度为7度、设计基本地震加速度值为$0.10g$：

第一组：成都（除龙泉驿、清白江的5个市辖区），乐山（除金口河外的3个市辖区），自贡（4个市辖区），宜宾，宜宾县，北川，安县，绵竹，汶川，都江堰，双流，新津，青神，峨边，沐川，屏山，理县，得荣，新都*。

第二组：攀枝花（3个市辖区），江油，什邡，彭州，郫县，温江，大邑，崇州，邛崃，蒲江，彭山，丹棱，眉山，洪雅，夹江，峨嵋山，若尔盖，色达，壤塘，马尔康，石渠，白玉，金川，黑水，盐边，米易，乡城，稻城，金口河，朝天区*。

第三组：青川，雅安，名山，美姑，金阳，小金，会理。

6 抗震设防烈度为6度、设计基本地震加速度值为$0.05g$：

第一组：泸州（3个市辖区），内江（2个市辖），德阳，宣汉，达州，达县，大竹，邻水，渠县，广安，华蓥，隆昌，富顺，泸县，南溪，江安，长宁，高县，珙县，兴文，叙永，古蔺，金堂，广汉，简阳，资阳，仁寿，资中，犍为，荣县，威远，南江，通江，万源，巴中，苍溪，阆中，仪陇，西充，南部，盐亭，三台，射洪，大英，乐至，旺苍，龙泉驿，清白江。

第二组：绵阳（2个市辖区），梓潼，中江，阿坝，筠连，井研。

第三组：广元（除朝天区外的2个市辖区），剑阁，罗江，红原。

A.0.21 贵州省

1 抗震设防烈度为7度、设计基本地震加速度值为$0.10g$：

第一组：望谟。

第二组：威宁。

2 抗震设防烈度为6度、设计基本地震加速度值为0.05g：

第一组：贵阳（除白云外的5个市辖区），凯里，毕节，安顺，都匀，六盘水，黄平，福泉，贵定，麻江，清镇，龙里，平坝，纳雍，织金，水城，普定，六枝，镇宁，惠水，长顺，关岭，紫云，罗甸，兴仁，贞丰，安龙，册亨，金沙，印江，赤水，习水，思南*。

第二组：赫章，普安，晴隆，兴义。

第三组：盘县。

A.0.22 云南省

1 抗震设防烈度不低于9度、设计基本地震加速度值不小于0.40g：

第一组：寻甸，东川。

第二组：澜沧。

2 抗震设防烈度为8度、设计基本地震加速度值为0.30g：

第一组：剑川，嵩明，宜良，丽江，鹤庆，永胜，潞西。龙陵，石屏，建水

第二组：耿马，双江，沧源，勐海，西盟，孟连。

3 抗震设防烈度为8度、设计基本地震加速度值为0.20g：

第一组：石林，玉溪，大理，永善，巧家，江川，华宁，峨山，通海，洱源，宾川，弥渡，祥云，会泽，南涧。

第二组：昆明（除东川外的4个市辖区），思茅，保山，马龙，呈贡，澄江，晋宁，易门，漾濞，巍山，云县，腾冲，施甸，瑞丽，梁河，安宁，凤庆*，陇川*。

第三组：景洪，永德，镇康，临沧。

4 抗震设防烈度为7度、设计基本地震加速度值为0.15g：

第一组：中甸，泸水，大关，新平*。

第二组：沾益，个旧，红河，元江，禄丰，双柏，开远，盈江，永平，昌宁，宁蒗，南华，楚雄，勐腊；华坪，景东*。

第三组：曲靖，弥勒，陆良，富民，禄功，武定，兰坪，云龙，景谷，普洱。

5 抗震设防烈度为7度、设计基本地震加速度值为0.10g：

第一组：盐津，绥江，德钦，水富，贡山。

第二组：昭通，彝良，鲁甸，福贡，永仁，大姚，元谋，姚安，牟定，墨江，绿春，镇沅，江城，金平。

第三组：富源，师宗，泸西，蒙自，元阳，维西，宣威。

6 抗震设防烈度为6度、设计基本地震加速度值为0.05g：

第一组：威信，镇雄，广南，富宁，西畴，麻栗坡，马关。

第二组：丘北，砚山，屏边，河口，文山。

第三组：罗平。

A.0.23 西藏自治区

1 抗震设防烈度不低于9度、设计基本地震加速度值不小于0.40g：

第二组：当雄，墨脱。

2 抗震设防烈度为8度、设计基本地震加速度值为0.30g：

第一组：申扎。

第二组：米林，波密。

3 抗震设防烈度为8度、设计基本地震加速度值为0.20*g*：

第一组：普兰，聂拉木，萨嘎。

第二组：拉萨，堆龙德庆，尼木，仁布，尼玛，洛隆，隆子，错那，曲松。

第三组：那曲，林芝（八一镇），林周。

4 抗震设防烈度为7度、设计基本地震加速度值为0.15*g*：

第一组：扎达，吉隆，拉孜，谢通门，亚东，洛扎，昂仁。

第二组：日土，江孜，康马，白朗，扎囊，措美，桑日，加查，边坝，八宿，丁青，类乌齐，乃东，琼结，贡嘎，朗县，达孜，日喀则*，噶尔*。

第三组：南木林，班戈，浪卡子，墨竹工卡，曲水，安多，聂荣。

5 抗震设防烈度为7度、设计基本地震加速度值为0.10*g*：

第一组：改则，措勤，仲巴，定结，芒康。

第二组：昌都，定日，萨迦，岗巴，巴青，工布江达，索县，比如，嘉黎，察雅，左贡，察隅，江达，贡觉。

6 抗震设防烈度为6度、设计基本地震加速度值为0.05*g*：

第一组：革吉。

A.0.24 陕西省

1 抗震设防烈度为8度、设计基本地震加速度值为0.20*g*：

第一组：西安（8个市辖区），渭南，华县，华阴，潼关，大荔。

第二组：陇县。

2 抗震设防烈度为7度、设计基本地震加速度值为0.15*g*：

第一组：咸阳（3个市辖区），宝鸡，（2个市辖区），高陵，千阳，岐山，凤翔，扶风，武功，兴平，周至，眉县，宝鸡县，三原，富平，澄城，蒲城，泾阳，礼泉，长安，户县，蓝田，韩城，合阳。

第二组：凤县。

3 抗震设防烈度为7度、设计基本地震加速度值为0.10*g*：

第一组：安康，平利，乾县，洛南。

第二组：白水，耀县，淳化，麟游，永寿，商州，铜川（2个市辖区）*，柞水*。

第三组：太白，留坝，勉县，略阳。

4 抗震设防烈度为6度、设计基本地震加速度值为0.05*g*：

第一组：延安，清涧，神木，佳县，米脂，绥德，安塞，延川，延长，定边，吴旗，志丹，甘泉，富县，商南，旬阳，紫阳，镇巴，白河，岚皋，镇坪，子长*。

第二组：府谷，吴堡，洛川，黄陵，旬邑，洋县，西乡，石泉，汉阴，宁陕，汉中，南郑，城固。

第三组：宁强，宜川，黄龙，宜君，长武，彬县，佛坪，镇安，丹凤，山阳。

A.0.25 甘肃省

1 抗震设防烈度不低于9度、设计基本地震加速度值不小于0.40g：

第二组：古浪。

2 抗震设防烈度为8度、设计基本地震加速度值为0.30g：

第一组：天水（2个市辖区），礼县，西和。

3 抗震设防烈度为8度、设计基本地震加速度值为0.20g：

第一组：宕昌，文县，肃北，武都。

第二组：兰州（5个市辖区），成县，舟曲，徽县，康县，武威，永登，天祝，景泰，靖远，陇西，武山，秦安，清水，甘谷，漳县，会宁，静宁，庄浪，张家川，通渭，华亭。

4 抗震设防烈度为7度、设计基本地震加速度值为0.15g：

第一组：康乐，嘉峪关，玉门，酒泉，高台，临泽，肃南。

第二组：白银（2个市辖区），永靖，岷县，东乡，和政，广河，临谭，卓尼，迭部，临洮，渭源，皋兰，崇信，榆中，定西，金昌，两当，阿克塞，民乐，永昌。

第三组：平凉。

5 抗震设防烈度为7度、设计基本地震加速度值为0.10g：

第一组：张掖，合作，玛曲，金塔，积石山。

第二组：敦煌，安西，山丹，临夏，临夏县，夏河，碌曲，泾川，灵台。

第三组：民勤，镇原，环县。

6 抗震设防烈度为6度、设计基本地震加速度值为0.05g：

第二组：华池，正宁，庆阳，合水，宁县。

第三组：西峰。

A.0.26 青海省

1 抗震设防烈度为8度、设计基本地震加速度值为0.20g：

第一组：玛沁。

第二组：玛多，达日。

2 抗震设防烈度为7度、设计基本地震加速度值为0.15g：

第一组：祁连，玉树。

第二组：甘德，门源。

3 抗震设防烈度为7度、设计基本地震加速度值为0.10g：

第一组：乌兰，治多，称多，杂多，囊谦。

第二组：西宁（4个市辖区），同仁，共和，德令哈，海宴，湟源，湟中，平安，民和，化隆，贵德，尖扎，循化，格尔木，贵南，同德，河南，曲麻莱，久治，班玛，天峻，刚察。

第三组：大通，互助，乐都，都兰，兴海。

4 抗震设防烈度为6度、设计基本地震加速度值为0.05g：

第二组：泽库。

A.0.27 宁夏自治区

1 抗震设防烈度为8度、设计基本地震加速度值为0.30g：

第一组：海原。

2 抗震设防烈度为 8 度、设计基本地震加速度值为 0.20g：

第一组：银川（3 个市辖区），石嘴山（3 个市辖区），吴忠，惠农，平罗，贺兰，永宁，青铜峡，泾源，灵武，陶乐，固原。

第二组：西吉，中卫，中宁，同心，隆德。

3 抗震设防烈度为 7 度、设计基本地震加速度值为 0.15g：

第三组：彭阳。

4 抗震设防烈度为 6 度、设计基本地震加速度值为 0.05g：

第三组：盐池。

A.0.28 新疆自治区

1 抗震设防烈度不低于 9 度、设计基本地震加速度值不小于 0.40g：

第二组：乌恰，塔什库尔干。

2 抗震设防烈度为 8 度、设计基本地震加速度值为 0.30g：

第二组：阿图什，喀什，疏附。

3 抗震设防烈度为 8 度、设计基本地震加速度值为 0.20g：

第一组：乌鲁木齐（7 个市辖区），乌鲁木齐县，温宿，阿克苏，柯坪，米泉，乌苏，特克斯，库车，巴里坤，青河，富蕴，乌什*。

第二组：尼勒克，新源，巩留，精河，奎屯，沙湾，玛纳斯，石河子，独山子。

第三组：疏勒，伽师，阿克陶，英吉沙。

4 抗震设防烈度为 7 度、设计基本地震加速度值为 0.15g：

第一组：库尔勒，新和，轮台，和静，焉耆，博湖，巴楚，昌吉，拜城，阜康*，木垒*。

第二组：伊宁，伊宁县，霍城，察布查尔，呼图壁。

第三组：岳普湖。

5 抗震设防烈度为 7 度、设计基本地震加速度值为 0.10g：

第一组：吐鲁番，和田，和田县，昌吉，吉木萨尔，洛浦，奇台，伊吾，鄯善，托克逊，和硕，尉犁，墨玉，策勒，哈密。

第二组：克拉玛依（克拉玛依区），博乐，温泉，阿合奇，阿瓦提，沙雅。

第三组：莎车，泽普，叶城，麦盖提，皮山。

6 抗震设防烈度为 6 度、设计基本地震加速度值为 0.05g：

第一组：于田，哈巴河，塔城，额敏，福海，和布克赛尔，乌尔禾。

第二组：阿勒泰，托里。民丰，若羌，布尔津，吉木乃，裕民，白碱滩。

第三组：且末。

A.0.29 港澳特区和台湾省

1 抗震设防烈度不低于 9 度、设计基本地震加速度值不小于 0.40g：

第一组：台中。

第二组：苗栗，云林，嘉义，花莲。

2 抗震设防烈度为 8 度、设计基本地震加速度值为 0.30g：

第二组：台北，桃园，台南，基隆，宜兰，台东，屏东。

3 抗震设防烈度为 8 度、设计基本地震加速度值为 0.20g：

第二组：高雄，澎湖。

4 抗震设防烈度为 7 度、设计基本地震加速度值为 0.15g：

第一组：香港。

5 抗震设防烈度为 7 度、设计基本地震加速度值为 0.10g：

第一组：澳门。

附录 B 有盖矩形水池考虑结构体系的空间作用时水平地震作用效应标准值的确定

B.0.1 有盖的矩形水池，当符合本规范 6.2.7 要求时，可将水池结构简化为若干等代框架组成，每榀等代框架所受的地震作用，通过空间作用，由顶盖传至周壁共同承担。

B.0.2 各榀等代框架所承受的地震作用及其作用效应（内力），可按下列方法确定：

1 先按本规范第 6.2.1、6.2.3 及 6.2.4 条规定，计算各项水平地震作用标准值，并折算到每榀等代框架上；

2 在等代框架顶端加设限制侧移的链杆，计算等代框架在水平地震作用下的内力，并求出附加链杆的反力 R；

3 根据矩形水池的长、宽比$\left(\frac{L}{B}\right)$及顶盖结构构造，按附表 B.0.2 确定地震作用折减系数 η_r，将链杆反力 R 折减为 $\eta_r R$；

4 将 $\eta_r R$ 反方向作用于等代框架顶部，计算等代框架的内力；

5 将上述第 2、4 项计算所得的等代框架内力叠加，即为考虑空间作用时，等代框架在水平地震作用下所产生的作用效应（内力）。

B.0.3 对于大容量的水池，结构的长度或宽度上，或两个方向上设有变形缝时，在变形缝处应设置抗侧力构件。此时考虑空间作用应取变形缝间的水池结构作为计算单元，等代框架两侧的抗侧力构件及其刚度，应根据计算单元的具体构造确定，在水平地震作用下的作用效应计算方法，可参照B.0.3进行。

表 B.0.3　水平地震作用折减系数 η_r（%）

水池顶盖结构构造	水池长宽比 $\frac{L}{B}$								
	1.0	1.2	1.4	1.6	1.8	2.0	2.5	3.0	4.0
现浇钢筋混凝土	6	7	9	11	12	14	21	28	47
预制装配钢筋混凝土	9	12	14	17	21	25	35	47	70

附录 C　地下直埋直线段管道在剪切波作用下的作用效应计算

C.1　承插式接头管道

C.1.1　地下直埋直线段管道沿管轴向的位移量标准值，可按下列公式计算（图 C.1.1）：

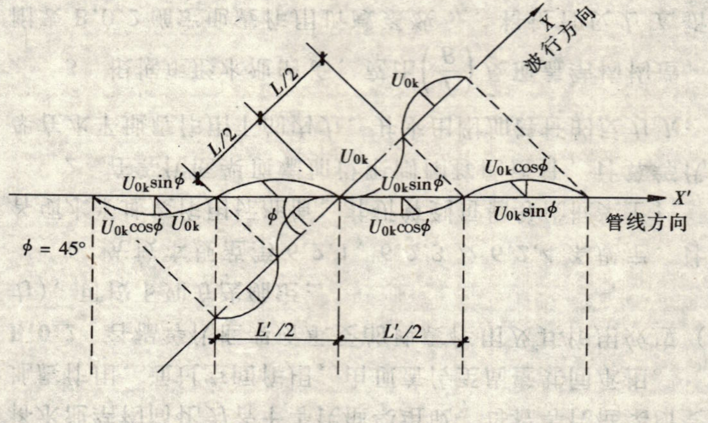

图 C.1.1　地下管道计算简图

管道在行波作用下，管道敷设处自由土体的变位

$$\Delta_{pl,k} = \zeta_1 \Delta'_{sl,k} \tag{C.1.1-1}$$

$$\Delta'_{sl,k} = \sqrt{2}\,U_{0k} \tag{C.1.1-2}$$

$$\zeta_t = \frac{1}{1+\left(\frac{2\pi}{L}\right)^2 \frac{EA}{K_1}} \tag{C.1.1-3}$$

式中 $\Delta_{pl,k}$——在剪切波作用下，管道沿管线方向半个视波长范围内的位移标准值（mm）；

$\Delta'_{sl,k}$——在剪切波作用下，沿管线方向半个视波长范围内自由土体的位移标准值（mm）；

ζ_t——沿管道方向的位移传递系数；

E——管道材质的弹性模量（N/mm^2）；

A——管道的横截面面积（mm^2）；

K_1——沿管道方向单位长度的土体弹性抗力（N/mm^2），可按 C.1.2 确定；

L——剪切波的波长（mm）；可按 C.1.3 确定；

U_{0k}——剪切波行进时管道埋深处的土体最大位移标准值（mm）；可按 C.1.4 确定。

C.1.2 沿管道方向的土体弹性抗力，可按下式计算：

$$K_1 = u_p k_1 \quad (C.1.2)$$

式中 u_p——管道单位长度的外缘表面积（mm^2/mm）；对无刚性管基的圆管即为 πD_1（D_1 为管外径）；当设置刚性管基时，即为包括管基在内的外缘面积；

k_1——沿管道方向土体的单位面积弹性抗力（N/mm^3），应根据管道外缘构造及相应土质试验确定，当无试验数据时，一般可采用 $0.06N/mm^3$。

C.1.3 剪切波的波长可按下式计算：

$$L = V_{sp} T_g \quad (C.1.3)$$

式中 V_{sp}——管道埋设深度处土层的剪切波速（mm/s），应取实测剪切波速的 2/3 值采用；

T_g——管道埋设场地的特征周期（s）。

C.1.4 剪切波行进时管道埋深处的土体最大水平位移标准值，可按下式确定：

$$U_{0k} = \frac{K_H g T_g}{4\pi^2} \quad (C.1.4)$$

C.1.5 地下直埋承插式圆形管道的结构抗震验算应满足本规范 5.5.2 的要求。管道各种接头方式的单个接头设计允许位移量［U_a］；可按表 C.1.5 采用；半个剪切波视波长度范围内的管道接头数量（n），可按下式确定：

$$n = \frac{V_{sp} T_g}{\sqrt{2} l_p} \quad (C.1.5)$$

式中 l_p——管道的每根管子长度（mm）。

表 C.1.5 管道单个接头设计允许位移量［U_a］

管道材质	接头填料	［U_a］（mm）
铸铁管（含球墨铸铁）、PC 管	橡胶圈	10
铸铁、石棉水泥管	石棉水泥	0.2
钢筋混凝土管	水泥砂浆	0.4
PCCP	橡胶圈	15
PVC、FRP、PE 管	橡胶圈	10

C.1.6 地下矩形管道变形缝的单个接缝设计允许位移量，当采用橡胶或塑料止水带时，其轴向位移可取 30mm。

C.2 整体焊接钢管

C.2.1 焊接钢管在水平地震作用下的最大应变量标准值可按下式计算；

$$\varepsilon_{sm,k} = \zeta_t U_{0k} \frac{\pi}{L} \quad (C.2.1)$$

C.2.2 焊接钢管的抗震验算应符合本规范5.5.3及5.5.4规定的要求。

C.2.3 钢管的允许应变量标准值，可按下式采用：

1 拉伸 $[\varepsilon_{at,k}] = 1.0\%$ (C.2.3-1)

2 压缩 $[\varepsilon_{ac,k}] = 0.35 \frac{t_p}{D_1}$ (C.2.3-2)

式中 $[\varepsilon_{at,k}]$——钢管的允许拉应变标准值；

$[\varepsilon_{ac,k}]$——钢管的允许压应变标准值；

t_p——管壁厚；

D_1——管外径。

本规范用词说明

1 为便于在执行本规范条文时区别对待，对要求严格程度不同的用词说明如下：

1）表示很严格，非这样做不可的：

正面词采用“必须”，反面词采用“严禁”。

2）表示严格，在正常情况下均应这样做的：

正面词采用“应”，反面词采用“不应”或“不得”，

3）对表示允许稍有选择，在条件许可时首先应这样做的：

正面词采用“宜”或“可”，反面词采用“不宜”。

2 指定应按其他有关标准、规范执行时，写法为“应符合……的规定”“应按……执行”。非必须按所指定的标准、规范或其他规范执行时，写法为“可参照……”。

中华人民共和国国家标准

室外给水排水和燃气热力工程抗震设计规范

GB 50032—2003

条文说明

修订总说明

本规范修订中，主要做了如下的修改和增补：

1. 根据给水、排水、燃气、热力工程的特点，使之符合“小震不坏、中震可修、大震不倒”的抗震设防要求，并与常规结构设计采用的以概率统计为基础的极限状态设计模式相协调。

2. 对设计反应谱、场地划分、液化土判别等抗震设计的一系列基础性数据，做了全面修订，与我国现行《建筑抗震设计规范》GB 50011—2001 等协调一致。

3. 对设防烈度为9度（一般为震中）地区，增补了应进行竖向地震作用的抗震验算；对盛水构筑物的动水压力，增补了考虑长周期地震波动的影响。

4. 对贮气构筑物中的球罐和卧罐，修改了地震作用计算公式，以使与《构筑物抗震设计规范》GB50191 协调一致。

5. 将各种功能的泵房结构独立成章，增补了对地下水取水泵房的地震作用计算规定；并对埋深较大的泵房，规定了考虑结构与土共同工作的计算方法。

6. 增补了自承式架空管道的地震作用计算规定。

7. 对地下直埋管的抗震验算，修改了位移传递系数的确定，使之与国际接轨。

8. 根据新修订的《建筑抗震设计规范》GB 50011—2001，其内容中已删去“水塔”抗震，为此将其纳入本规范中。在确定“水塔”地震作用时，对水柜中的贮水，分别考虑了脉冲质量和对流振动质量，并对抗震措施做了若干补充，方便工程应用。

目　次

1 总 则

1.0.1 本条是编制本规范的目的和设防要求。阐明了本规范的编制是以“地震工作要以预防为主”作为基本指导思想，达到减轻地震对工程设施的破坏程度，保障工作人员和生产安全的目的。

1.0.2 本条规定体现了抗震设防三个水准的要求：“小震不坏，中震可修，大震不倒”。即当遭遇低于设防烈度的地震影响时，结构基本处于弹性工作状态，不需修理仍能保持其正常使用功能；当遭遇本地区设防烈度的地震影响时，给水、排水、燃气和热力工程中的各类构筑物的损坏仅可能出现在非主要受力构件，主要受力构件不需修理或经一般修理后仍能继续生产运行；当遭遇高于本地区设防烈度一度时，相当于遭遇大震（50年超越概率2%～3%），此时构筑物符合抗震设计基本要求，通过概念设计的控制并满足抗震构造措施，即可避免严重震害，不致发生倒塌或大量涌水危及工作人员生命安全。

给水、排水、燃气和热力工程的管网，是城市生命线工程的主体，涉及面广，沿线地基土质情况、场地条件多变，由此遭遇的地震影响各异，很难确保完全避免震害。本规范立足于尽量减少损坏，并通过抗震构造措施，当局部发生损坏时，不致造成严重次生灾害，并便于抢修，迅速恢复运行。

1.0.3 本条阐明本规范的适用范围。适用的地震烈度区，除设防烈度7～9度地区外，还增加了6度区，主要是依据当前国家有关政策规定拟定的，同时也和现行国家标准《建筑抗震设计规范》等协调一致。

1.0.6 本条阐明了抗震设防的基本依据。明确在一般情况下可采用现行中国地震动参数区划图规定的基本烈度作为设防烈度。同时根据其说明书提到："由于编图所依据的基础资料、比例尺和概率水平所限，本区划图不宜作为重大工程和某些可能引起严重次生灾害的工程建设的抗震设防依据"。即当厂站占地大、场地条件复杂时，按区划基本烈度进行抗震设计可能导致较大误差。为了使抗震设计尽量符合实际情况，很多大的工程建设和某些地震区城市均有针对性地做了抗震设施区划，经审查确认批准后，该区划所提供的设防烈度和地震动参数可作为抗震设计依据。

1.0.7 本条针对给水、排水、燃气和热力工程系统中的一些关键部位设施，在抗震设计时应加强其抗震能力，并明确了加强方法可从抗震措施上着手，即可按本地区设防烈度提高一度采取抗震措施；当设防烈度为9度时，则可在相应9度烈度抗震措施的基础上适当予以加强。

本条规定主要考虑到这些工程设施，均系城市生命线工程的重要组成部分，一旦遭受地震后严重损坏，将导致城市赖以运行的生命线陷于瘫痪，酿成严重次生灾害（二次灾害）或危及人民生命安全。例如给水工程中的净水厂、水处理构筑物、变电站、进水和输水泵房及氯库等，前者决定着有否供水能力，后者氯毒外泄有害生命；排水工程中除对污水处理厂设施应防止震害导致污染第二次灾害外，还有道路立交排水泵房，当遭遇严重损坏无法正常使用时，将导致立交路口雨水集中不能及时排除而中断交通，1976年唐山地震后适逢降大雨，正是由于立交路口积水过深阻断交通，给震后抢救工作带来很大困难，因此从次生灾害考虑，对这类泵房的抗震能力有必要适当提高；类似这种情况，对燃气工程系统中一些关键部位设施，如加压站、高中压调压站以及相应的配电室等，均应尽量减少次生灾害，适当提高抗震能力。

1.0.8 本条提出了对位于设防烈度为6度区的工程设施的抗震要求，即可以不做抗震计算，但在抗震措施方面符合7度的要求即可。

1.0.9 在给水、排水、燃气、热力工程的厂站中，其厂前区通常均设有综合办公楼、化验室及其他单宿、食堂等附属建筑物，本条文明确对于这类建筑物的抗震设计要求，应按《建筑抗震设计规范》执行；同时在水源工程中还会遇到挡水坝等中、小型水工建筑物，在燃气、热力工程中尚有些工业构筑物及设备，条文同样明确了应按现行的《水工建筑物抗震设计规范》SDJ110和《构筑物抗震设计规范》GB50191执行，本规范不再转引。

3 抗震设计的基本要求

3.1 规 划 与 布 局

3.1.1～3.1.3 这些条文的要求，基本上沿用了原规范的规定。

主要考虑到给水、排水、燃气和热力工程设施是城市生命线工程的重要组成部分，一旦受到震害严重损坏后，将影响城市正常运转，给居民生活造成困难，工业生产和国家财产受到大量损失。在强烈地震时，往往由于场地、地基等因素的影响，城市中各个区域的震害反映是不等同的，例如1975年我国辽南海城地震时，7度区鞍山市的震害，以铁西区最为突出；1976年河北唐山地震时，唐山路南区受灾甚于路北区，天津市以和平区最为严重。因此，首先应该从整体城市建设方面做出合理的规划，地震区城市中的给水水源、燃气气源、热力热源和相应输配管网亟需统筹规划，合理布局，排水管网及污水处理厂的分区布局、干线沟通等筹划，这是提高城市建设整体抗震能力、力求减少震害、次生灾害的基本措施。

3.2 场地影响和地基、基础

3.2.1，3.2.2 条文提出的要求，均沿用原规范的规定。

主要考虑到历次烈震中工程设施的震害反映，建设场地的影响十分显著，在有条件时宜尽量避开对抗震不利的措施，并不应在危险的场地建设，这样做可以确保工程设施的安全可靠，同时也可减少工程投资，提高工程设施的投资效益。

3.2.3 本条对位于Ⅰ类场地上的构筑物，规定了在抗震措施方面可以适当降低要求，即可按建设地区的设防烈度降低一度采用，但在抗震计算时不能降低。主要考虑到Ⅰ类场地的地震动力反应较小，而给水、排水、燃气、热力工程中的各类构筑物一般整体性较好，可以不需要做进一步加强，即可满足要求。同时对设防烈度为6度区的构筑物，规定了不宜再降低，还是应该定位在地震区建设的范畴，符合必要的抗震措施要求。

3.2.4 条文对地基和基础的抗震设计提出了总体要求。首先指出当工程设施的地震受力层内存在液化土时，应防止可能导致地基承载力失效；当存在软弱土层时，应防止震陷或显著不均匀沉降，导致工程设施损坏或影响正常运转（例如一些水质净化处理水设备等）。同时条文还规定了当对液化土和软弱粘性土进行必要的地基处理后，还有必要采取措施加强各类构筑物基础的整体性和刚度，主要考虑到地基处理比较复杂，很难做到完全消除地基变形和不均匀沉降。

此外，条文对各类构筑物基础的设计高程和构造提出了要求。当同一结构单元的构筑物不可避免设置在性质截然不同的地基土上时，应考虑到地基震动形态的差异，为此要求在相应部位的结构上设置防震缝分离或通过加设垫褥地基，以消除结构遭致损坏。与此相类似情况，同一结构单元的构筑物，宜采用同一结构类型的基础，不宜混用天然地基和人工地基。

结合给水、排水工程中经常遇到的情况，构筑物的基础高程由于工艺条件存在不同高差，对此，条文要求这种情况的基础宜缓坡相连，以免地震时产生滑移而导致结构损坏。

3.3 地 震 影 响

3.3.1 对工程抗震设计，如何反映地震作用影响，本条明确了应以相应抗震设防烈度的设计基本地震加速度和设计特征周期作为表征。对已编制抗震设防区划的地区或厂站，则可按批准确认的抗震设防烈度或抗震设计地震动参数进行抗震设防。

3.3.2 本条给定了抗震设防烈度和设计基本地震加速度的对应关系，这些数据与原规范是一致的，只是根据新修订的《中国地震动参数区划图 A_1》，在地震动峰值加速度 0.1g 和 0.2g 之间存在 0.15g 区域，0.2g 和 0.4g 之间存在 0.3g 区域。条文明确规定了该两个区域内的工程设施，其抗震设计要求应分别与 7 度和 8 度地区相当。

3.3.3 条文针对设计特征周期，即设计所用的地震影响系数特征周期（T_g）的确定，按工程设施所在地的设计地震分组和场地类别给出了规定。主要是根据实际震害反应，在同一影响烈度条件下，远震和近震的影响不同，对高柔结构、贮液构筑物、地下管线等工程设施，远震长周期的影响更甚，为此条文将设计地震分为三组，更好地反映震中距的影响。

3.3.4 条文明确了以附录 A 给出我国主要城镇中心区的抗震设防烈度、设计基本地震加速度和相应的设计地震分组，便于工程抗震设计应用。

3.4 抗震结构体系

3.4.1 本条是对抗震设计提出的总体要求。根据国内外历次强烈地震中的震害反映，对构筑物的结构体系和管网的结构构造，应综合考虑其使用功能、结构材质、施工条件以及建设场地、地基地质等因素，通过技术经济综合比较后选定。

3.4.2、3.4.3 条文对构筑物的工艺设计提出了要求。工艺设计对结构抗震性能影响显著，平、立面布置不规则，质量和刚度变化较大时，将导致结构在地震作用下产生扭矩，对结构体系的抗震带来困难，因此条文要求尽量避免。当不可避免时，则宜将构筑物的结构采用防震缝分割成若干规则的结构单元，避免造成震害。对设置防震缝确有困难时，条文要求应对结构体系进行整体分析，并对其薄弱部位采取恰当的抗震构造措施。

针对建筑物这方面的抗震规定，条文明确应按《建筑抗震设计规范》GB50011 执行。

3.4.4 本条要求结构分析的计算简图应明确，并符合实际情况；在水平地震作用下具有合理的传递路线；充分发挥地基逸散阻尼对上部结构的减震效果。

同时要求在结构体系上尽量具有多道抗震防线，例如尽可能具备结构体系的空间工作和超静定作用，藉以提高结构的抗震能力，避免部分结构或构件破坏导致整个结构体系丧失承载力。此外，针对工艺要求往往形成结构上的削弱部位，将是抗震的薄弱部位，应加强其构造措施，使同一单元的结构体系，具有良好的整体性。

3.4.5 本条对钢筋混凝土结构构件提出的要求，主要是改善其适应变形的性能。对钢结构应注意在地震作用下（水平向及竖向）防止局部或整体失稳，合理确定其构件的截面尺寸。

同时，条文还对各类构件的节点连接提出了要求，除满足承载力外，尚应符合加强结构的整体性，以求获得结构体系的整体空间作用效果，提高结构的抗震能力。

对地下管道结构的要求，不同于构筑物，管道为一线状结构，管周覆土形成很大的阻尼，管道结构的振动特性可以忽略，主要随地震时剪切波的行进形态而变位，不可能以单纯加强管道结构的刚度达到抗震目的，为此条文提出在管道与构筑物、设备的连接处，应予妥善处理，既要防止管道本身损坏，又要避免由于管道变位（瞬时拉、压）造成设备损坏（唐山地震中就发生过多起事故），因此该连接处应在管道上设置柔性连接接头，但可以离开一定的距离（根据管线的布置确定），以使在柔性接头与设备等之间尚可设置止推（拉）的构造措施。

3.5 非结构构件

3.5.1～3.5.4 非承重受力构件遭受震害破坏，往往引起二次灾害，砸坏设备，甚至砸伤工作人员，对震后的生产正常运行和人民生命造成祸害，为此条文要求进行抗震设计并加强其抗震措施。

3.6 结构材料与施工

3.6.2～3.6.3 在水工业工程中，通常应用混凝土和砌体材料，当承受地震作用时，一般对材料的抗拉、抗剪强度要求较高，过低的混凝土等级或砂浆等级（砌体结构主要与灰缝强度有关）对抗震不利，为此条文提出了低限的要求。

3.6.4 本条要求主要是从控制混凝土构件的延性考虑，规定在施工过程中对原设计的钢筋不能以屈服强度更高的钢材直接简单地替代。

3.6.5 构筑物基础或地下管道坐落在肥槽回填土，在厂站工程中经常会遇到，此时有必要控制好回填土的密实度；地震时密实度不够的回填土将会出现震陷，从而损坏结构。为此条文规定了对回填土压实密度的要求。

3.6.6 混凝土构筑物和管道的施工缝，通常是结构的关键部位，接茬质量不佳就会形成薄弱部位，当承受水平地震作用时，施工缝处的连接质量尤为重要，因此条文规定了最低限度应做到的要求。条文还针对有在施工缝处放置非胶结材料的做法作了限制，这种处理虽对该处防止渗水有一定作用，但却削弱了该处的截面强度（尤其是抗剪），对抗震不利。

4 场地、地基和基础

4.1 场　　地

本节内容包括场地类别划分方法及其所依据的指标、地下断裂对工程建设的影响评价、局部突出地形对地震动参数的放大作用等，条文对此所做出的规定，均系按照我国《建筑抗震设计规范》GB50011（最新修订的版本）的要求引用。这样对工程抗震设计的基础数据和条件方面，在我国保持协调一致。

4.2 天然地基和基础

本节内容除保留原规范的规定外，补充了对基些构筑物的稳定验算要求，例如厂站中的地面式敞口水处理池，不少情况会采用分离式基础，墙体结构成为独立挡水墙，此时在水平地震作用下应进行抗滑稳定验算；同时规定水平向土抗力的取值不应大于被动土压力的1/3，避免过多利用土的被动抗力导致过大变位。

4.3 液化土和软土地基

4.4 桩　　基

这两节的内容和规定，基本上按《建筑抗震设计规范》GB50011的要求引用。其中对管道结构的抗液化沉陷，系针对管道结构和功能的特点，补充了如下规定：

1. 管道组成的网络结构在城市中密布，涉及面广，通过液化土地段的沉陷量及其可能出现的不均匀沉陷，很难准确预计，管道能否完全免除震害难以确认；据此对输水、气和热力管道，考虑到遭受震害损坏后次生灾害严重，规定应采用钢管敷设，钢管的延性较好，同时还立足于抢修方便。

2. 对采用承插式接口的管道，要求采用柔性接口以此适应地震波动位移和震陷，达到免除或减少震害。

3. 对矩形管道和平口连接的钢筋混凝土预制管管道，从采用钢筋混凝土结构和沿线设置变形缝（沉降缝）两方面做了规定；前者增加管道结构的整体性，后者用以适应波动位移和震陷。

4. 对架空管道规定了应采用钢管，同时设置适量的可挠性连接，用以适应震陷并便于抢修。

5 地震作用和结构抗震验算

5.1 一 般 规 定

5.1.1 本条对给水、排水、燃气、热力工程各类厂站中构筑物的地震作用，规定了计算原则，其中，对污水处理厂中的消化池和各种贮气罐，提出了当设防烈度为9度时，应计算竖向地震作用的影响，前者考虑到壳型顶盖的受力条件；后者罐体的连接件的强度。这些部位均属结构上的薄弱环节，在震中地区承受竖向拉、压应有足够的强度，避免震害损坏导致次生灾害。

5.1.2 本条关于各类构筑的抗震计算方法的规定，沿用了原规范的要求。

5.1.3 本条对埋地管道结构的抗震计算模式，沿用了原规范的规定。同时补充了对架空管道结构的抗震计算方法的规定。

5.1.4 本条系根据《工程结构设计统一标准》的原则规定和原规范的规定，对计算地震作用时构筑物的重力荷载代表值提出了统一要求。

5.1.5～5.1.7 条文对于抗震设计反应谱的规定，系按《建筑抗震设计规范》GB50011的规定引用，这样也可在抗震设计基本数据上取得协调一致。

5.1.8 本条对构筑物的自振周期的取值做了规定。构筑物结构的实测振动周期，通常是在脉动或小振幅振动的条件下测得，而当遭遇地震强烈振动时，结构的阻尼作用将减少，相应的振动周期加长，因此条文规定当根据实测周期采用时，应予以适当加长。

5.1.9 当考虑竖向地震作用时，竖向地震影响系数的最大值，国内外取值不尽相同，条文规定系根据国内统计数据，即取水平地震影响系数最大值的65%作为计算依据。

5.1.10 埋地管道结构在水平地震作用下，通常需要应用水平地震加速度计算管道的位移或应力，据此条文规定了相应设防烈度的水平地震加速度值。此项取值沿用了原规范的规定，同时也和国内其他专业的抗震设计规范的规定协调一致。

5.1.11 本条对各类构筑物和管道结构的抗震验算，做了原则规定。即当设防烈度为6度或有关章节规定可不做抗震验算的结构，在抗震构造措施上，仍应符合本规范规定的要求。对埋地管道，当采用承插式连接或预制拼装结构时，在地震作用下应进行变位验算，因为大量震害反映，这类管道结构的震害通常多发生在连接处变位过量，从而导致泄漏，甚至破坏。对污泥消化池等较高的构筑物和独立式挡墙结构，除满足强度要求外，尚应进行抗震稳定验算，以策安全。

5.2 构筑物的水平地震作用和作用效应计算

本节内容分别对水平地震作用下的基底剪力法和振型分解法的具体计算方法，给出了规定，基本上沿用了原规范的要求。当考虑构筑物两个或两个以上振型时，其作用效应标准值由各振型提供的分量的平方和开方确定。

5.3 构筑物的竖向地震作用计算

本节对构筑物的竖向地震作用计算做了具体规定。通常竖向地震的第一振型振动周期是很短的，其相应的地震影响系数可取最大值。对湿式燃气罐的第一振型可确定为线性变化，故条文规定其竖向地震作用可按竖向地震影响系数的最大值与第一振型等效质量的乘积计算；相应对于其他长悬臂结构等，均可直接按这一原则进行计算。

5.4 构筑物结构构件截面抗震强度验算

本节规定了构筑物结构构件截面的抗震强度验算。其中关于荷载（作用）分项系数的取值，考虑了与常规设计协调，对永久作用取1.20，可变作用取1.40；对地震作用的分项系数与《建筑抗震设计规范》协调一致，由此相应的承载力抗震调整系数一并引入。

5.5 埋地管道的抗震验算

5.5.1 本条规定了埋地管道地震作用的计算原则，同时明确可不计地震动引起管道内的动水压力。因为在常规设计中，需要考虑管道运行中可能出现的残余水锤作用，此值一般取正常运行压力的40%～50%，而强烈地震与残余水锤同时发生的几率极小，因此可以不再计入地震动引起的管内动水压力。

5.5.2 本条规定了承插式接头埋地圆管的抗震验算要求。地震作用引起的管道位移，对承插接头的圆管，由于接口是薄弱环节，位移量将由管道接头来承担，如果接头的允许位移不足，就会形成泄漏、拔脱等震害，这在国内外次强烈地震中多有反映。为此条文规定具体验算条件，应满足(5.5.2)式，其中采用了数值小于1.0的接头协同工作系数，主要考虑到虽然管道上的接头在顺应地震动位移时都会发挥作用，但也不可能每个接头的允许位移量都能充分发挥，因此必须给予一定的折减。对接头协同工作系数取0.64，与原规范保持一致。

5.5.3～5.5.4 对整体连接的埋地管道，例如焊接钢管等，条文给出了验算方法，以验算管道结构的应变量控制，对钢管可考虑其可延性，允许进入塑性阶段，与国外标准协调一致。

6 盛水构筑物

6.1 一般规定

本节内容基本上保持了原规范的规定，补充明确了当设防烈度为8度和9度时，不应采用砌体结构，主要考虑到砌体结构的抗拉强度低，难以满足抗震要求，如果执意加厚截面厚度或加设钢筋，也将是不经济的，不如采用钢筋混凝土结构，提高其抗震能力，稳妥可靠。

此外，结合当前大型水池和双层盛水构筑物的兴建，对不需进行抗震验算的范围，做了修正和补充；并对位于9度地区的盛水构筑物明确了计算竖向地震作用的要求，提高抗震安全。

6.2 地震作用计算

本节内容基本上保持了原规范的规定，仅对设防烈度为9度时，补充了顶盖和内贮水的竖向地震作用计算，其中在竖向地震作用下的动水压力标准值，系根据美国A.S.Veletsos和国内的研究报告给出。此外，还对水池中导流墙，规定了需进行水平地震作用的验算要求。

6.3 构造措施

本节内容除保持了原规范的要求外，补充了下列规定：

1. 对位于Ⅲ、Ⅳ类场地上的有盖水池，规定了在运行水位基础上池壁应预留的干弦高度。这是考虑到在长周期地震波的影响下，池内水面可能会出现晃动，此时如干弦高度不足将形成真空压力，顶盖受力剧增。条文对此项液面晃动影响，主要考虑长周期地震的作用，9度通常为震中，7度的影响有限，为此仅对8度Ⅲ、Ⅳ类场地提出了干弦高度的要求。根据理论计算，由于水的阻尼很小，液面晃动高度会是很高的，考虑到地震毕竟发生几率很小，不宜过于增加投资，因此只是按照计算数值，给定了适当提高干弦高度的要求，即允许顶盖出现部分损坏，例如裂缝宽度超过常规设计的规定等。

2. 对水池内导流墙，须要与立柱或池壁连接，又需要避免立柱在干弦高度内形成短柱，不利于抗震，为此条文提出应采取有效措施，符合两方面的要求。

7 贮气构筑物

本章内容基本上保持了原规范的规定，仅就下列内容做了补充和修改：

1. 增补了竖向地震作用的计算规定；

2. 对球罐和卧罐的水平地震作用计算规定，按《构筑物抗震设计规范》GB50191 的相应内容做了修改，以使协调一致，但明确了在计算地震作用时，应取阻尼比 $\zeta=0.02$；

3. 对湿式贮气罐的环形水槽动水压力系数做了修改，即使在计算式中不再出现原规范引用的结构系数 C 值，因此将 C 值归入动水压力系数中，这样计算结果保持了原规范中的规定。

8 泵　　房

8.1 一般规定

8.1.1 在给水、排水、燃气、热力工程中，各种功能的泵房众多，根据工艺要求泵房的体型、竖向高程设计各不相似，条文明确了本章内容对这些泵房的抗震验算等均可适用。

8.1.2 在历次强烈地震中，提升地下水的取水井室（泵房型式的一种）当地下部分大于地面以上结构高度时，在 6 度、7 度区并未发生过震害损坏。主要是这种井室体型不大，结构构造简单、整体刚度较好，当埋深较大时动力效应较小，因此条文规定只需符合相应的抗震构造措施，可不做抗震验算。

8.1.3 卧式泵和轴流泵的泵房地面以上结构，其结构型式均与工业民用建筑雷同，因此条文明确应直接按《建筑抗震设计规范》GB50011 的规定执行。

8.1.4 本条要求保持了原规范的规定。

8.2 地震作用计算

本节主要对地下水取水井室的地震作用计算做了规定。这类取水泵房在唐山地震中受到震害众多，一旦损坏，水源断绝，给震后生活、生产造成很大的次生灾害。

条文对位于Ⅰ、Ⅱ类场地的井室结构，规定了仅可对其地面以上部分结构计算水平地震作用，并考虑结构以剪切变形为主。对位于Ⅲ、Ⅳ类场地的井室结构，则规定应对整个井室进行地震作用计算，但可考虑结构与土的共同作用，结构所承受的地震作用随地下埋深而衰减。此时将结构视为以弯曲变形为主，并通过有限元分析确定了衰减系数的具体数据。

8.3 构造措施

本节内容保持了原规范的各项规定。

9 水　塔

本章内容原属《建筑抗震设计规范》GBJ 11—89 中的一部分，经新修订后，将水塔的抗震设计纳入本规范。

本章内容除保留了原规范拟定的抗震设计要求外，做了以下几方面的修订：

1　明确了水塔的水柜可不进行抗震计算，主要考虑支水柜通常的容量都不大，在历次强震中均未出现震害，损坏都位于水柜的支承结构。

2　修订了确定地震作用的计算公式，计入了在水平地震作用下，水柜内贮水的对流振动作用。地震动时，水柜内贮水将形成脉冲和对流两种运动形态，前者随结构一并振动，后者将产生水的晃动，两者的振动周期不同，因此应予分别计入。

3　在分别计算贮水的脉冲和对流作用时，考虑到贮水振动和结构振动的周期相差较大，两者的耦联影响很小，因此未予计入，简化了工程抗震计算。

4　在确定对流振动作用时，考虑到水的阻尼要远小于0.05，因此在确定地震影响系数 α 时，规定了可取阻尼比 $\zeta=0$。

5　水柜内贮水的脉冲质量约位于柜底以上 $0.38H_w$（水深）处，与对流质量组合后其总的动水压力作用将会提高，为简化计算，与结构重力荷载代表值的等效作用一并取在水柜结构的重心处。

6　在构造措施方面，对支承筒体的孔洞加强措施，做了进一步具体的补充。

10 管　　道

10.1 一 般 规 定

10.1.1 本条明确了本章有关架空管道的规定，主要是针对给水、排水、燃气、热力工程中跨越河、湖等障碍的自承式钢管道，对其他非自承式架空管道则可参照执行。

10.1.2 条文规定对埋地管道主要应计算在水平地震作用下，剪切波所引起的管道变位或应力，相的剪切波速应为管道埋深一定范围内的综合平均波速，规定应由工程地质勘察单位提供自地面至管底不小于5m深度内各层土的剪切波速。

10.1.3 条文规定了对较大的矩形或拱形管道，除应验算剪切波引起的位移或应力外，尚应对其横截面进行抗震验算，即此时管道横截面上尚承受动土压力等作用，对较大的矩形或拱形管道不应忽视，唐山地震中的一些大断面排水矩形管道，就发生过多起横断面抗震强度不足的震害。

10.1.4 条文规定了对埋地管道可以不做抗震验算的几种情况，主要是根据历次强震中的反映和原规范的相应规定。

10.2 地震作用计算

本节内容规定了埋地和架空管道地震作用的计算方法。对架空管道可按单质点体系计算，在确定等代重力荷载代表值时，条文分别给出了不同结构型式架空管道的地震作用计算公式。

10.3 构 造 措 施

本节内容保持了原规范的各项规定。需要补充说明的是管道与机泵等设备的连接，从地震动考虑，管道在剪切波作用下将瞬时产生接、压位移，造成对与之连接设备的损坏，唐山地震中多有发生（如汉沽取水泵房等），据此要求在该连接处应设置柔性可活动接头；而常规运行时，可能发生回水推力，该处需可靠连接，共同承受此项推力。据此本次修改时在10.3.7、10.3.8中，明确规定了针对这种情况，应在该连接管道上就近设置柔性连接，兼顾常规运行和抗震的需要。

附录B 有盖矩形水池考虑结构体系的空间作用时水平地震作用效应标准值的确定

本附录保持了原规范的内容。同时针对当前城市给水工程中清水池的池容量日益扩大，不少清水池结构由于超长而设置了温度变形缝，附录条文中规定了在变形缝处应设置抗侧力构件（框架、斜撑等），此时水平地震作用的作用效应计算方法完全一致，只是水池的边墙由该处的抗侧力构件替代，从而计算其水平地震作用折减系数 η_1 值。

附录C 地下直埋直线段管道在剪切波作用下的作用效应计算

1 计算模式及公式

地下直埋管道在剪切波作用下，如图 C.1.1 所示，在半个视波长范围内的管段，将随波的行进处于瞬时受拉、瞬时受压状态。半个视波长内管道沿管轴向的位移量标准值（Δ_{pl}）可按下式计算，即

$$\Delta_{pl} = \zeta_t \cdot \Delta_{sl}$$

此式的计算模式系将管道视作弹性地基内的线状结构。ζ_t 为剪切波作用下沿管轴向土体位移传递到管道上的传递系数，原规范对传递系数的取值系根据我国 1975 年海城营口地震和 1976 年唐山地震中承插式铸铁管的震害数据统计获得，这次修改时考虑到原规范统计数据毕竟很有限，为此对传递系数 ζ_t 值改用计算模式的理论解，即（C.1.1-3）式。

对管道位移量的计算，并非管道上各点的位移绝对值，而应是管道在半个视波长内的位移增量，这是导致管道损坏的主要因素。

2 计算参数

沿管道轴向土体的单位面积弹性抗力（K_1），当无实测数据时，给定可采用 0.06N/mm^3，系引用日本高、中压煤气抗震设计规范所提供数据。从理论上分析，此值应与管道埋深有关，而且还应与管道外表面的构造、体型有关，很难统一取值，这里给出的采用值不是很确切的，必要时应通过试

验测定。在无实测数据时，对 K_1 推荐采用统一常数，主要考虑到埋地管体均与回填土相接触，其误差不致很大。

关于管道单个接头的设计允许位移量 $[U_a]$，系通过国内试验测定获得的。该项专题试验研究，由北京市科委给予经费资助。

3　对焊接钢管这种整体连接管道，条文规定了可以直接验算在水平地震作用下的最大应变量，同时亦可与国内外有关钢管的抗震验算取得协调。对于钢管的允许应变量，考虑到在市政工程中钢管的材质多采用 Q235 钢，因此条文中的允许应变量系针对 Q235 给出。

中华人民共和国国家标准

室外给水排水工程设施抗震鉴定标准

GBJ 43—82

（试 行）

主编部门：北 京 市 基 本 建 设 委 员 会
批准部门：中华人民共和国国家基本建设委员会
试行日期：1 9 8 2 年 9 月 1 日

关 于 颁 发

《室外给水排水工程设施抗震鉴定标准》和《室外煤气热力工程设施抗震鉴定标准》的通知

（82）建发设字125号

根据国家基本建设委员会（78）建发设字第562号通知的要求，由北京市基本建设委员会负责主编，并由北京市抗震办公室会同有关单位共同编制的《室外给水排水工程设施抗震鉴定标准》和《室外煤气热力工程设施抗震鉴定标准》已经有关部门会审。现批准《室外给水排水工程设施抗震鉴定标准》GBJ43—82和《室外煤气热力工程设施抗震鉴定标准》GBJ44—82为国家标准，自一九八二年九月一日起试行。

上述两本标准均由北京市基本建设委员会管理。其具体解释等工作，有关给水排水方面的，由北京市市政设计院负责；有关煤气热力方面的，由北京市煤气热力设计所负责。

国家基本建设委员会
一九八二年三月三十日

编制说明

本标准系根据国家基本建设委员会（78）建发设字第562号通知的要求，由我委负责主编，并由北京市抗震办公室组织北京市市政设计院等有关单位共同编制而成。

本标准编制过程中，遵循“地震工作要以预防为主”的方针，根据现行的《室外给水排水和煤气热力工程抗震设计规范》、《工业与民用建筑抗震设计规范》及《工业与民用建筑抗震鉴定标准》的有关规定，结合我国室外给水排水工程设施的实际，认真吸取了海城、唐山地震的经验，并广泛征求全国有关单位的意见，反复讨论修改，最后会同有关部门审查定稿。

本标准共分五章和一个附录。其主要内容有总则和给水取水建筑物、泵房、水池和地下管道等有关抗震鉴定及加固处理的规定。

本标准系属初次编制，在试行过程中，请各单位结合工程实际，认真总结经验，注意积累资料，如发现需要修改和补充之处，请将有关资料或意见寄北京市市政设计院，以供修订时参考。

北京市基本建设委员会

一九八二年三月

目　次

第一章　总　则

第 1.0.1 条　为了贯彻落实“地震工作要以预防为主”的方针，搞好地震区室外给水、排水工程设施的抗震鉴定加固工作，以避免室外给水、排水工程设施在地震时遭受严重破坏和造成严重次生灾害，保障人民生命财产和重要生产设备的安全，特制订本标准。

第 1.0.2 条　凡符合本标准抗震鉴定加固要求的室外给水、排水工程设施，在遭遇相当于抗震鉴定加固烈度的地震影响时，其建筑物（包括构筑物）一般不致倒塌伤人或砸坏重要生产设备，经修理后仍可继续使用；管网震害控制在局部范围内，一般不致造成严重次生灾害。

第 1.0.3 条　本标准适用于抗震鉴定加固烈度为7度至9度的室外给水、排水工程设施，不适用于有特殊抗震要求的工程设施。

第 1.0.4 条　抗震鉴定加固烈度，宜按基本烈度采用。对大、中城市给水、排水系统的关键部位，如必须提高烈度时，应按国家规定的批准权限报请批准后，其抗震鉴定加固烈度可比基本烈度提高一度采用。对于给水、排水工程设施中的下列设施可不作抗震鉴定加固：

一、室外排水工程中，除水源防护地区的污水或合流管网外，埋深较浅，位于地下水位以上的一般排水支线及其附属构筑物；

二、基本烈度为7度，敷设在Ⅰ类场地土或坚实均匀的Ⅱ类场地土的地下管道。

关于场地土的具体划分、岩石和土的分类及鉴定指标，应按国家现行的《工业与民用建筑工程地质勘察规范》执行，但场地土的分类宜遵守下列规定：

Ⅰ类稳定岩石；

Ⅱ类除Ⅰ、Ⅲ类场地土外的一般稳定土；

Ⅲ类饱和松砂、软塑至流塑的轻亚粘土、淤泥和淤泥质土、冲填土、松散的人工填土等。

对于尚可使用又无加固价值的设施，必须对人员和重要生产设备采取安全措施。

第 1.0.5 条 进行抗震鉴定加固时，首先应对建筑物及管网的设计、施工、使用现状和该地区的强震影响等，进行全面的调查研究，并结合场地、地基土质条件判断其对抗震有利或不利因素。

对建在Ⅰ类场地土或坚实均匀的Ⅱ类场地土上的建筑物，可适当降低抗震构造措施。

对建在Ⅲ类场地土及河、湖、沟、坑（包括故河道、暗藏沟、坑等）边缘地带，可能产生滑坡地裂、地陷的地形、地貌不利地段的建筑物和管道，应适当加强抗震构造措施。

建筑物的体形复杂、重量和刚度分布很不均匀以及质量缺陷（如墙体酥裂、歪闪、空臌、不均匀沉陷、温度伸缩等引起裂缝，梁、柱、屋架损伤、木屋架下弦及端支座劈裂、腐朽等），管网内管体、附件的严重腐蚀及管道立交部位等，均应作为结构构造上的不利因素考虑，加强抗震措施。

第 1.0.6 条 室外给水排水工程的厂、站中的其它附属建筑物，抗震鉴定应按国家现行的《工业与民用建筑抗震鉴定标准》执行。有关机电等设备的抗震鉴定，可参照现行的《工业设备抗震鉴定标准》执行。

第二章　给水取水建筑物

第一节　地表水取水建筑物

第 2.1.1 条 固定式岸边取水泵房的抗震鉴定，应着重检查岸边土层的场地和地基条件、基础做法、上部结构构造（墙体或柱的强度和质量 圈梁的设置、屋盖构件与屋架或梁以及山墙的连接等）及进、出水管的布局和构造等。

第 2.1.2 条 固定式岸边取水泵房建筑在场地土为Ⅲ类或场地土为Ⅱ类但夹有软弱土层、可液化土层等可能导致滑坡的岸边时，应符合下列要求：

一、应具有牢靠的基础，如结合进水间设有箱形基础或沉井基础等整体性良好的基础。

二、进、出水管宜采用钢管。

三、管道穿过泵房墙体处应嵌固，并应在墙外侧管道上设有柔性连接。

不符合上述要求时，应采取加强岸坡稳定、增设管道柔性连接等加固措施。

第 2.1.3 条 固定式岸边取水泵房内，出水管的竖管部分应具有牢靠的横向支撑。支撑可结合竖管安装设置，间距不宜大于 4 米。竖管底部应与支墩有铁件连接。

不符合要求时，应增设横向支撑和锚固措施。

第 2.1.4 条 非自灌式取水泵房的虹吸管，当采用铸铁管时，弯头处及直线管段上应具有一定数量的柔性接口。不符合要求时，应增设柔性接口或采取改用钢管等其他加固措施。

当铸铁管改用柔性接口有困难时，可采用胶圈石棉水泥填料代替柔性接口，但应全线设置。

第 2.1.5 条 非自灌式泵房与吸水井之间的连通管（吸水管），在穿越泵房墙壁处宜嵌固，并应在墙外侧连通管上设有柔性接口，在穿越吸水井墙壁处宜设置套管，连通管与套管间缝隙内应采用柔性填料。不符合要求时，应采取在连通管上增设柔性接口或其他加固措施。

第 2.1.6 条 固定式岸边取水泵房或活动式取水构筑物的引桥，当桥面结构采用装配式钢筋混凝土结构时，板与梁、梁与支座应有连接。不符合要求时，应增设或采取其他加固措施。

第 2.1.7 条 固定式岸边取水泵房的上部结构的抗震鉴定，应符合本标准第三章的要求。

第二节 地下水取水建筑物

第 2.2.1 条 深井泵房的抗震鉴定，应结合场地土质着重检查管井构造、运转情况及井室构造等。

第 2.2.2 条 管井在运转过程中应无经常出砂的现象。对经常出砂的管井，设有回灌补充滤料设施时，应定期回灌补充滤料。

当经常出砂的深井泵管井，未设有回灌补充滤料设施时，宜改用潜水泵。

第 2.2.3 条 井管内径与泵体外径间的空隙，不宜少于25毫米，并应在运转过程中无明显的倾斜。不符合要求时，采用深井泵运转的管井宜改用潜水泵。

第 2.2.4 条 位于可液化土地段或场地土为Ⅲ类的河、湖、沟、坑边缘地带的管井，应符合下列要求：

一、井管具有良好的整体构造。当采用非金属井管时，宜采取加设金属内套管等措施，加强地表以下25米深度范围内井管的整体性。

二、出水管应加强良好的柔性连接。

三、宜采用潜水泵。

第 2.2.5 条 深井泵房的装配式钢筋混凝土屋盖及木屋盖底部，应设有现浇钢筋混凝土圈梁，并与梁、板、屋架有可靠的锚固。当不符合要求，抗震鉴定加固烈度为8度、9度时，应增设或采取其他加固措施。

第 2.2.6 条 深井泵房井室和大口井取水构筑物的抗震鉴定，应符合本标准第三章的有关要求。

第三章 泵　房

第一节 矩形泵房

第 3.1.1 条 给水、排水工程设施中的矩形泵房的抗震鉴定，应着重检查下列各项：

一、泵房的平剖面布置；

二、泵房与其他建筑物的毗连构造；

三、砖壁柱、钢筋混凝土排架柱、墙体的质量、强度和拉结构造；

四、屋盖构造；

五、圈梁的设置；

六、女儿墙、山墙尖等易倒塌的部位。

第 3.1.2 条 平剖面布置体形简单、重量、刚度对称和均匀分布的地面式砖壁柱（墙）承重的泵房，当其抗震墙最大间距不超过表3.1.2.1要求时，可按表3.1.2.2～4的要求进行抗震鉴定，抗震墙体的面积率[A/F]不应小于表3.1.2.2～4的规定值。不符合要求时，应加固。

注：地面式泵房系指室内地坪与室外地坪的高差不大于1.5米。

抗震墙最大间距（米） **表 3.1.2.1**

屋盖类别	抗震鉴定加固烈度		
	7 度	8 度	9 度
现浇或装配整体式钢筋混凝土	18	15	11
装配式钢筋混凝土	15	11	7
木屋盖	11	7	4

注：装配整体式钢筋混凝土屋盖系指整个屋顶盖装配后另有加强整体性措施，例如配有连续钢筋网和混凝土后浇层等。

非承重抗震墙体的最小面积率$\left[\frac{A}{F}\right]$ **表 3.1.2.2**

墙体开洞率	砂浆标号		
λ	10	25	50
0.00	0.0226	0.0142	0.0098
0.10	0.0223	0.0141	0.0097
0.20	0.0219	0.0140	0.0096
0.25	0.0217	0.0139	0.0096
0.30	0.0215	0.0138	0.0095

续表

墙体开洞率	砂浆标号		
λ	10	25	50
0.35	0.0212	0.0137	0.0095
0.40	0.0209	0.0135	0.0094
0.45	0.0206	0.0134	0.0093
0.50	0.0203	0.0132	0.0092

厚24厘米承重抗震墙体的最小面积率$\left[\frac{A}{F}\right]$

表 3.1.2.3

l_p	墙体开洞率	砂浆标号		
(米)	λ	10	25	50
<4	0.00	0.0201	0.0132	0.0092
	0.10	0.0197	0.0130	0.0091
	0.20	0.0192	0.0127	0.0090
	0.25	0.0189	0.0126	0.0089
	0.30	0.0186	0.0124	0.0088
	0.35	0.0183	0.0123	0.0087
	0.40	0.0179	0.0121	0.0086
	0.45	0.0175	0.0119	0.0085
	0.50	0.0170	0.0116	0.0084
4	0.00	0.0195		
	0.10	0.0190		
	0.20	0.0185		
	0.25	0.0182		
	0.30	0.0179		
	0.35	0.0175		
	0.40	0.0171		
	0.45	0.0167		
	0.50	0.0163		
5	0.00	0.0189		
	0.10	0.0184		
	0.20	0.0179		
	0.25	0.0176		
	0.30	0.0172		
	0.35	0.0169		
	0.40	0.0165		
	0.45	0.0160		
	0.50	0.0156		
6	0.00	0.0183		
	0.10	0.0178		
	0.20	0.0173		
	0.25	0.0170		
	0.30	0.0166	0.0114	0.0083
	0.35	0.0163	0.0112	0.0082
	0.40	0.0159	0.0110	0.0080
	0.45	0.0154	0.0108	0.0079
	0.50	0.0150	0.0105	0.0077
7	0.00	0.0178		
	0.10	0.0173		
	0.20	0.0168		
	0.25	0.0165		
	0.30	0.0161	0.0111	0.0081
	0.35	0.0157	0.0109	0.0080
	0.40	0.0153	0.0107	0.0079
	0.45	0.0149	0.0105	0.0077
	0.50	0.0144	0.0102	0.0075

厚37厘米承重抗震墙体的最小面积率$\left[\frac{A}{F}\right]$

表 3.1.2.4

l_p (米)	墙体开洞率 λ	砂浆标号 10	砂浆标号 25	砂浆标号 50
≤4	0.00	0.0209	0.0135	
	0.10	0.0205	0.0133	
	0.20	0.0200	0.0131	
	0.25	0.0198	0.0130	
	0.30	0.0195	0.0129	0.0091
	0.35	0.0192	0.0127	0.0090
	0.40	0.0188	0.0125	0.0089
	0.45	0.0184	0.0123	0.0088
	0.50	0.0180	0.0121	0.0087
6	0.30	0.0179		
	0.35	0.0176		
	0.40	0.0172		
	0.45	0.0168		
	0.50	0.0163		
7	0.30	0.0175		
	0.35	0.0172		
	0.40	0.0168		
	0.45	0.0163		
	0.50	0.0159		

注：①符号说明：

A——验算平行于地震力方向全部抗震墙在$\frac{1}{2}$墙高处净面积之和；

A_K——验算平行于地震力方向第K道抗震墙在$\frac{1}{2}$墙高处的净面积；

F——泵房的建筑面积；

F_K——第K道抗震墙与其相邻抗震墙之间建筑面积的$\frac{1}{2}$；

λ——验算墙体的开洞率，即门、窗洞总长与该墙体总长之比值；

l_p——验算横墙时取支承在抗震横墙上的板跨长度(米)；验算纵墙时取纵墙间距(米)；

②本表$\left[\frac{A}{F}\right]$是按7度编制的。当验算8度时，应将表列$\left[\frac{A}{F}\right]$值乘以系数2.0，当验算9度时，应将表列$\left[\frac{A}{F}\right]$值乘以系数4.0。

③编制本表时，屋盖单位面积折算平均重量取1000公斤/米^2（即包括墙体等效折算重量在内，一般取墙体重量的$\frac{1}{3}$），适用于一般具有保温层的钢筋混凝土屋盖，对屋盖单位面积实际折算重量ω与1000公斤/米^{2}相差较多的泵房，表中$\left[\frac{A}{F}\right]$值应乘以系数$\frac{\omega}{1000}$。

④当墙体采用纯水泥砂浆砌筑时，表中$\left[\frac{A}{F}\right]$值应乘以系数1.3。

⑤对于现浇和装配整体式钢筋混凝土屋盖等刚性屋盖泵房，抗震横墙的面积率应按$\frac{A}{F}$计算。

对于装配式钢筋混凝土屋盖等中等刚性屋盖泵房，抗震横墙面积率应按$\frac{2A_K}{\left(\frac{FA_K}{A}+F_K\right)}$计算。

对于木屋盖等柔性屋盖泵房，抗震横墙的面积率应按$\frac{A_K}{F_K}$计算。

抗震纵墙面积率的计算方法同刚性屋盖。

⑥本表中λ≤0.5范围内未列出$\left[\frac{A}{F}\right]$值的情况，属于该墙体满足抗震强度要求，可不进行抗震验算。

第 3.1.3 条 地面式砖壁柱（墙）承重的泵房，抗震墙最大间距不符合本标准表3.1.2.1要求时，当抗震鉴定加固烈度为7度Ⅲ类场地土和8度、9度时，应按国家现行《工业与民用建筑抗震设计规范》进行抗震强度验算。砖壁柱并应有竖向配筋，配筋量应按计算确定，8度时不应少于4φ10；9度时不应少于4φ12。不符合要求时，应加固。

地面式钢筋混凝土排架柱承重的泵房，当抗震鉴定加固烈度为7度Ⅲ类场地土和8度、9度时，应按国家现行《工业与民用建筑抗震设计规范》进行抗震强度验算，其安全系数应取不考虑地震荷载时数值的65%，不满足要求时，应加固。

第 3.1.4 条 半地下式泵房，当符合本标准表3.1.2.1要求时，仍可按表3.1.2.2～4的最小面积率[A/F]作为控制要求，验算室外地坪以上的抗震墙体所需的面积率。对不符合本标准表3.1.2.1要求的半地下式泵房，当抗震鉴定加固烈度为8度、9度时，应进行抗震强度验算。验算时，泵房结构计算简图可取室外地坪至屋盖底部作为计算高度；对砌体承重结构，安全系数应取不考虑地震荷载时数值的80%，对钢筋混凝土承重结构安全系数应取不考虑地震荷载时数值的65%，不满足要求时，应加固。

第 3.1.5 条 当泵房的机器间和控制室、配电室等毗连，平、剖面布置不规则或结构刚度截然不同，并且未设防震缝时，应进行抗震强度验算，其安全系数应取不考虑地震荷载时数值的80%，不满足要求时，应加固。

注：对钢筋混凝土屋盖的泵房，由于其质量中心和刚度中心不重合产生扭矩，导致的附加地震力可按下式计算：

$$Q_i' = M_0 \frac{K_i d_i}{\sum_{1}^{n} K_i d_i^2} \qquad (3.1.5.1)$$

式中 Q_i'——对构件 i（墙体或排架）由总扭矩M_0产生的附加剪力(吨)；

M_0——总扭矩(吨-米)即$M_0 = Q\cdot S$；

Q——不考虑扭转影响时的总地震荷载(吨)，可根据泵房的整体基本振型振动周期T_1，按国家现行的《工业与民用建筑抗震设计规范》确定；T_1值可按 $T_1 = 2\pi\sqrt{\frac{W}{g\sum_{i}^{n} K_i}}$ 计算；

S——泵房结构相应垂直于计算地震力方向的刚度中心和质量中心的偏距(米)；

W——泵房整体屋盖重量及支承结构(墙体、排架等)的等效重量之和（吨）；

K_i——i构件（墙体或排架）的抗侧移刚度（吨/米）；

g——重力加速度（米/秒²）；

d_i——i构件（墙体或排架）至泵房刚度中心的距离（米）；

n——墙体和排架的总个数。

第 3.1.6 条 砖砌体应符合下列要求：

一、屋架、大梁等主要承重构件支座下的墙体应无明显裂缝；

二、墙体应无明显的歪闪变形；

三、纵、横墙交接处，外墙尽端门窗处，应无上下贯通的竖向裂缝；

四、砖过梁（包括平拱、弧形拱、半圆拱）应无严重开裂变形。

不符合上述要求时，应加固。

第 3.1.7 条 砖壁柱（墙）承重的泵房，其纵、横墙交接处，应有良好的拉结构造。当抗震鉴定加固烈度为7度时，纵、横墙交接处应咬槎砌筑；当为8度、9度时，外墙转角及抗震内墙与外墙交接处，沿墙高10皮砖应有不少于2ϕ6钢筋拉结，每边伸入墙内不得少于1.0米。不符合要求时，应加固。

第 3.1.8 条 钢筋混凝土排架柱和柱间的填充墙，应符合下列要求：

一、填充墙应与排架柱有可靠的拉结构造；

二、对贴砌的填充墙，当抗震鉴定加固烈度为8度、9度时，应有一道柱间支撑，并在两端柱间应有上柱柱间支撑；支撑的杆件长细比不宜大于150。

不符合上述要求时，应加固。

第 3.1.9 条 泵房的木屋盖构造，应符合下列要求：

一、木屋盖构件和支撑不应腐朽、严重开裂；

二、木屋盖的屋架支撑布置，当抗震鉴定加固烈度为8度时，上弦横向支撑除端部单元应设置外，间距不宜大于30米；当为9度时，上、下弦横向支撑除端部应设置外，间距不宜大于20米，跨间垂直支撑隔间应设有一道，并应设有下弦通长水平系杆；

三、支撑与屋架宜有螺栓连接；

四、檩条与屋架应钉牢；檩条在屋架上的支承长度不应小于6厘米；在墙上的支承长度不应小于12厘米。

不符合要求时，应增设、拆换或采取其他加固措施。

第 3.1.10 条 木屋盖构件应与山墙锚固。当抗震鉴定加固烈度为8度、9度时，山墙顶部应设有卧梁，并应与屋盖构件锚固。不符合要求时，应加固。

第 3.1.11 条 当抗震鉴定加固烈度为8度、9度时，木屋盖的底部应设现浇钢筋混凝土闭合圈梁，并与屋架有可靠锚固。不符合要求时，应增设或采取其他加固措施。

第 3.1.12 条 装配式钢筋混凝土屋盖，应符合下列要求：

一、屋盖底部应设有钢筋混凝土闭合圈梁，并与柱、梁或板有可靠的连接。

二、板与梁应有可靠的连接，如大型屋面板应有三个角与梁的预埋件焊接等。

三、当板搁置在砖墙上时，板端搁进墙内应有不小于12厘米的长度。

四、挑檐板应有锚固措施。

不符合要求时，应采取增设支托等加固措施。

第 3.1.13 条 当抗震鉴定加固烈度为8度、9度时，半地下式单层泵房的地下部分墙体为无筋砌体，且深度大于2.0米时，在地下墙体顶部处应设有圈梁。不符合要求时，宜增设或采取其他加固措施。

第 3.1.14 条 当抗震鉴定加固烈度为7度Ⅲ类场地土和8度、9度时，屋盖底部标高大于6米的单层泵房，除在屋盖底部应设有现浇钢筋混凝土闭合圈梁（现浇屋盖可不设）外，尚应结合门、窗洞口设有闭合圈梁一道。不符合要求时，应增设。

第 3.1.15 条 女儿墙应有可靠的拉结措施；采用25号砂浆砌筑的厚24厘米的女儿墙，其悬出高度不应超过0.5米，不符合要求时，应加固或拆矮。

第二节 圆形泵房

第 3.2.1 条 圆形泵房的抗震鉴定，应着重检查泵房的平、剖面布置及构造、屋盖构造、圈梁的设置等。

第 3.2.2 条 圆形泵房的地下部分机器间与地面部分结构的平面尺寸不一致时，地上部分结构与地下部分机器间结构应有可靠的连接，如设有钢筋混凝土悬墙或挑梁作为地上部分结构的支托等。当不符合要求且地上部分结构直接座落在天然地基上时，应采取加固措施。

第 3.2.3 条 圆形泵房的屋盖构造，应符合本标准第2.2.6条要求。

第 3.2.4 条 当抗震鉴定加固烈度为 8 度、9 度时，地面以上高度大于 6 米的圆形泵房，应按国家现行的《工业与民用建筑抗震设计规范》进行抗震强度验算。不符合要求时，应加固。

第四章 水 池

第 4.0.1 条 水池的抗震鉴定，应着重检查池壁强度、顶盖构造以及顶盖与池壁、梁、柱的连接构造等。

第 4.0.2 条 当抗震鉴定加固烈度为 8 度、9 度时，应按国家现行的《室外给水排水和煤气热力工程抗震设计规范》对水池池壁进行抗震强度验算。对无筋砌体的池壁，其安全系数应取不考虑地震荷载时数值的80%；对钢筋混凝土池壁，其安全系数应取不考虑地震荷载时数值的70%，不满足要求时，应加固。

第 4.0.3 条 无筋砌体的矩形敞口水池，当抗震鉴定加固烈度为 8 度、9 度时，其角隅处（外墙拐角及内墙与外墙交接处）沿高度每30～50厘米应配有不少于3ϕ6水平钢筋，伸入两侧池壁内长度不应少于1.0米。不符合要求时，宜对该处采取加固措施。

第 4.0.4 条 钢筋混凝土池壁的矩形敞口水池，当抗震鉴定加固烈度为 8 度、9 度时，其角隅处的里、外层水平方向配筋率均不宜小于0.3%，伸入两侧池壁内长度不宜少于1.0米。不符合要求时，宜对该处采取加固措施。

第 4.0.5 条 有盖水池的顶盖为装配式钢筋混凝土结构时，顶盖与池壁应有拉结措施。不符合要求时，应采取在池壁顶部加设现浇钢筋混凝土圈梁或其他加固措施，钢筋混凝土圈梁的配筋不宜少于4ϕ12，并应与顶盖连成整体。

第 4.0.6 条 当抗震鉴定加固烈度为 8 度、9 度时，有盖清水池的装配式钢筋混凝土顶盖，应有连成整体的构造措施，并应符合下列要求：

一、8 度时，装配式顶盖的板缝内应有配置不少于1ϕ6钢筋，并用100号水泥砂浆灌严；

二、9 度时，装配式顶盖上部宜有钢筋混凝土现浇层。

不符合要求时，应加固。

第 4.0.7 条 当抗震鉴定加固烈度为 8 度、9 度时，装配式结构的有盖水池，顶板与梁、柱及梁与柱均应有可靠的锚固措施。不符合要求时，应加固。

第 4.0.8 条 有盖水池采用无筋砌体拱壳顶盖时，拱脚处应有可靠的拉结构造。不符合要求时，应采取加固措施。

第 4.0.9 条 由于温度收缩、干缩、不均匀沉陷等原因，水池在下列部位存在贯通裂缝时，应采取补强加固：

一、现浇顶盖的水池的池壁顶端周圈；

二、矩形有盖清水池的现浇顶盖。

第 4.0.10 条 当抗震鉴定加固烈度为8度、9度时，有盖水池的柱子为无筋砌体，宜采取加固措施。

第 4.0.11 条 清水池的无筋砌体导流墙，当有可能砸坏进、出水管或堵塞吸水坑时，应与池壁、立柱或顶板有可靠的拉结。不符合要求时，应采取加固措施。

第五章 地下管道

第一节 给水管道

第 5.1.1 条 给水工程中的地下管道的抗震鉴定，应着重检查管道沿线的场地和地基土质情况、管网的整体布置、阀门的设置和管材、接口构造等。

第 5.1.2 条 通过发震断裂带及地基土为可液化土地段的输水管道或给水管网的主干线，宜对该段范围内的管道采用钢管。并宜在两端增设阀门，阀门两侧管道上应设置柔性接口。

第 5.1.3 条 给水管网布置为树枝状时，宜增设连通管。

第 5.1.4 条 管网内的主要干、支线连接处应设有阀门。阀门两侧管道上应设置柔性接口。不符合要求时，应增设。

第 5.1.5 条 管径大于75毫米的阀门应建有阀门井。凡采用闸罐做法的应予改建。

第 5.1.6 条 消火栓及管径大于75毫米的阀门邻近有危险建筑物（指缺乏抗震能力又无加固价值的建筑物）时，应调整阀门及消火栓的设置部位。阀门及消火栓应设置在便于应急使用的部位。

第 5.1.7 条 承插式管道的下列部位，应设有柔性接口：

一、过河倒虹管的上部弯头两侧；

二、穿越铁路及其他重要交通干线两侧；

三、主要干、支线上的三通、四通，大于45度的弯头等附件与直线管段连接处；

四、管道与泵房、水池等建筑物连接处。

不符合上述要求时，应增设。

第 5.1.8 条 对重要的给水输水管及配水干线，凡采用承插式管道的直线管段，应在一定长度内设有柔性接口。柔性接口的间距，应按国家现行的《室外给水排水和煤气热力工程抗震设计规范》进行抗震验算确定。

第 5.1.9 条 沿河、湖、沟坑边缘敷设的承插式给水输水管及配水干管管段，当场地土为Ⅲ类或场地土为Ⅱ类但岸坡范围内夹有软弱粘性土层、可液化土层可能产生滑坡时，该管段上不大于20米距离应设有一个柔性接口。不符合要求时，应增设。

第二节 排水管道

第 5.2.1 条 排水工程中的地下管道的抗震鉴定，

应着重检查管道沿线的场地、地基土质和水文地质情况；管道的埋深和管内排放的水质；管材和接口构造等。

第 5.2.2 条 排水管网系统间或系统内，各干管之间应尽量设有连通管。不符合要求时，可结合各排水系统的重要性，逐步增设连通管。

第 5.2.3 条 位于地基土为可液化土地段的管道，应符合下列要求：

一、圆形管道应配有钢筋，设有管基及柔性接口。

二、无筋砌体的矩形或拱形管道，应有良好的整体构造，基础应设有整体底板并宜配有钢筋。

当不符合上述要求时，对具有重要影响的排水干线的管段，应采取加固措施。

第 5.2.4 条 当抗震鉴定加固烈度为8度、9度时，敷设在地下水位以下的圆形管道，应配有钢筋并设有管基。不符合要求时，对下列情况的管段应采取加固措施：

一、与其他工业或市政设施管、线立交处；

二、邻近建筑物基底标高高于管道内底标高，管道破裂将导致建筑物基土流失时（亦可对建筑物地基土采取防护加固）。

第 5.2.5 条 管道与水池、泵房等建筑物连接处，应设有柔性连接（如建筑物墙上预留套管，套管与接入管道间的空隙内填以柔性填料）。不符合要求时，应增设或采取其他加固措施。

第 5.2.6 条 过河倒虹吸管的上端弯头处应设有柔性连接。不符合要求时，当场地土为Ⅲ类或地基土夹有软弱粘性土、可液化土层时，应增设。

第 5.2.7 条 对于下列排水管道，应按国家现行的《室外给水排水和煤气热力工程抗震设计规范》进行抗震验算。当其强度或变形不符合要求时，应采取加固措施：

一、敷设于水源防护地带的污水或合流管道；

二、排放有毒废水的管道；

三、敷设在地下水位以下的具有重要影响的排水干管。

附录一 本标准用词说明

一、执行本标准条文时，要求严格程度的用词，说明如下，以便在执行中区别对待。

1.表示很严格，非这样作不可的用词：

正面词采用“必须”；

反面词采用“严禁”。

2.表示严格，在正常情况下均应这样作的用词：

正面词采用“应”；

反面词采用“不应”或“不得”。

3.表示允许稍有选择，在条件许可时首先应这样作的用词：

正面词采用“宜”或“可”；

反面词采用“不宜”。

二、条文中指明应按其他有关标准、规范执行的写法为“应按……执行”或“应符合……要求”。非必须按照所指的标准、规范执行的写法为“可参照……”。

中华人民共和国国家标准

工业循环冷却水处理设计规范

Code for design of industrial recirculating cooling water treatment

GB 50050－95

主编部门：中华人民共和国化学工业部
批准部门：中华人民共和国建设部
施行日期：1995年10月1日

关于发布国家标准《工业循环冷却水处理设计规范》的通知

建标[1995]132号

根据国家计委计综[1992]490号文的要求，由化工部会同有关部门共同修订的《工业循环冷却水处理设计规范》已经有关部门会审，现批准《工业循环冷却水处理设计规范》GB50050－95为强制性国家标准，自一九九五年十月一日起施行，原《工业循环冷却水处理设计规范》GBJ50－83同时废止。

本标准由化工部负责管理，具体解释等工作由中国寰球化学工程公司负责，出版发行由建设部标准定额研究所负责组织。

中华人民共和国建设部
一九九五年三月十六日

目　次

1 总　　则

1.0.1 为了控制工业循环冷却水系统内由水质引起的结垢、污垢和腐蚀，保证设备的换热效率和使用年限，并使工业循环冷却水处理设计达到技术先进、经济合理，制定本规范。

1.0.2 本规范适用于新建、扩建、改建工程中间接换热的工业循环冷却水处理设计。

1.0.3 工业循环冷却水处理设计应符合安全生产、保护环境、节约能源和节约用水的要求，并便于施工、维修和操作管理。

1.0.4 工业循环冷却水处理设计应在不断地总结生产实践经验和科学试验的基础上，积极慎重地采用新技术。

1.0.5 工业循环冷却水处理设计除应按本规范执行外，尚应符合有关现行国家标准、规范的规定。

2 术语、符号

2.1 术　　语

2.1.1 循环冷却水系统　Recirculating cooling water system

以水作为冷却介质，由换热设备、冷却设备、水泵、管道及其它有关设备组成，并循环使用的一种给水系统。

2.1.2 敞开式系统　Open system

指循环冷却水与大气直接接触冷却的循环冷却水系统。

2.1.3 密闭式系统　Closed system

指循环冷却水不与大气直接接触冷却的循环冷却水系统。

2.1.4 药剂　Chemicals

循环冷却水处理过程中所使用的各种化学物质。

2.1.5 异养菌数　Count of heterotrophic bacteria

按细菌平皿计数法求出每毫升水中的异养菌个数。

2.1.6 粘泥　Slime

指微生物及其分泌的粘液与其它有机和无机的杂质混合在一起的粘浊物质。

2.1.7 粘泥量　Slime content

用标准的浮游生物网，在一定时间内过滤定量的水，将截留下来的悬浊物放入量筒内静置一定时间，测其沉淀后粘泥量的容积，以 mL/m^3 表示。

2.1.8 污垢热阻值　Fouling resistance

表示换热设备传热面上因沉积物而导致传热效率下降程度的数值，单位为 $m^2 \cdot K/W$。

2.1.9 腐蚀率　Corrosion rate

以金属腐蚀失重而算得的平均腐蚀率，单位为mm/a。

2.1.10 系统容积 System capacity volume

循环冷却水系统内所有水容积的总和。

2.1.11 浓缩倍数 Cycle of concentration

循环冷却水的含盐浓度与补充水的含盐浓度之比值。

2.1.12 监测试片 Monitoring test coupon

放置在监测换热设备或测试管道上监测腐蚀用的标准金属试片。

2.1.13 预膜 Prefilming

在循环冷却水中投加预膜剂，使清洗后的换热设备金属表面形成均匀密致的保护膜的过程。

2.1.14 间接换热 Indirect heat exchange

换热介质之间不直接接触的一种换热形式。

2.1.15 旁流水 Side stream

从循环冷却水系统中分流出部分水量，按要求进行处理后，再返回系统。

2.1.16 药剂允许停留时间 Permitted retention time of chemicals

药剂在循环冷却水系统中的有效时间。

2.1.17 补充水量 Amount of makeup water

循环冷却水系统在运行过程中补充所损失的水量。

2.1.18 排污水量 Amount of blowdown

在确定的浓缩倍数条件下，需要从循环冷却水系统中排放的水量。

2.1.19 热流密度 Heat load intensity

换热设备的单位传热面每小时传出的热量。以 W/m^2 表示。

2.2 符 号

编号	符号	含义
2.2.1	A	冷却塔空气流量(m^3/h)
2.2.2	C_a	空气中的含尘量(g/m^3)
2.2.3	C_{mi}	补充水中某项成份的含量(mg/L)
2.2.4	C_{ms}	补充水的悬浮物含量(mg/L)
2.2.5	C_{ri}	循环冷却水中某项成份的含量(mg/L)
2.2.6	C_{rs}	循环冷却水的悬浮物含量(mg/L)
2.2.7	C_{si}	旁流处理后水中某项成份的含量(mg/L)
2.2.8	C_{ss}	旁流过滤后水的悬浮物含量(mg/L)
2.2.9	G_c	加氯量(kg/h)
2.2.10	G_f	系统首次加药量(kg)
2.2.11	G_n	非氧化性杀菌灭藻剂的加药量(kg)
2.2.12	G_r	系统运行时的加药量(kg/h)
2.2.13	g	单位循环冷却水的加药量(mg/L)
2.2.14	g_c	单位循环冷却水的加氯量(mg/L)
2.2.15	K_s	悬浮物沉降系数
2.2.16	N	浓缩倍数

续表

编号	符号	含义
2.2.17	Q	循环冷却水量(m^3/h)
2.2.18	Q_b	排污水量(m^3/h)
2.2.19	Q_e	蒸发水量(m^3/h)
2.2.20	Q_m	补充水量(m^3/h)
2.2.21	Q_{si}	旁流处理水量(m^3/h)
2.2.22	Q_{sf}	旁流过滤水量(m^3/h)
2.2.23	Q_w	风吹损失水量(m^3/h)
2.2.24	T_d	设计停留时间(h)
2.2.25	V	系统容积(m^3)
2.2.26	V_f	设备中的水容积(m^3)
2.2.27	V_p	管道容积(m^3)
2.2.28	V_{pc}	管道和膨胀罐的容积(m^3)
2.2.29	V_t	水池容积(m^3)

3　循环冷却水处理

3.1　一般规定

3.1.1　循环冷却水处理设计方案的选择，应根据换热设备设计对污垢热阻值和腐蚀率的要求，结合下列因素通过技术经济比较确定：

3.1.1.1　循环冷却水的水质标准；

3.1.1.2　水源可供的水量及其水质；

3.1.1.3　设计的浓缩倍数（对敞开式系统）；

3.1.1.4　循环冷却水处理方法所要求的控制条件；

3.1.1.5　旁流水和补充水的处理方式；

3.1.1.6　药剂对环境的影响。

3.1.2　循环冷却水用水量应根据生产工艺的最大小时用水量确定，供水温度应根据生产工艺要求并结合气象条件确定。

3.1.3　补充水水质资料的收集与选取应符合下列规定：

3.1.3.1　当补充水水源为地表水时，不宜少于一年的逐月水质全分析资料；

3.1.3.2　当补充水水源为地下水时，不宜少于一年的逐季水质全分析资料；

3.1.3.3　循环冷却水处理设计应以补充水水质分析资料的年平均值作为设计依据，以最差水质校核设备能力。

3.1.4　水质分析项目宜符合本规范附录A的要求。

3.1.5　敞开式系统中换热设备的循环冷却水侧流速和热流密度，应符合下列规定：

3.1.5.1　管程循环冷却水流速不宜小于0.9m/s；

3.1.5.2　壳程循环冷却水流速不应小于0.3m/s。当受条件限制不能满足上述要求时，应采取防腐涂层、反向冲洗等措施；

3.1.5.3 热流密度不宜大于58.2kW/m²。

3.1.6 换热设备的循环冷却水侧管壁的污垢热阻值和腐蚀率应按生产工艺要求确定，当工艺无要求时，宜符合下列规定：

3.1.6.1 敞开式系统的污垢热阻值宜为 $1.72\times10^{-4}\sim3.44\times10^{-4}m^2\cdot K/W$；

3.1.6.2 密闭式系统的污垢热阻值宜小于 $0.86\times10^{-4}m^2\cdot K/W$。

3.1.6.3 碳钢管壁的腐蚀率宜小于0.125mm/a，铜、铜合金和不锈钢管壁的腐蚀率宜小于0.005mm/a。

3.1.7 敞开式系统循环冷却水的水质标准应根据换热设备的结构形式、材质、工况条件、污垢热阻值、腐蚀率以及所采用的水处理配方等因素综合确定，并宜符合表3.1.7的规定。

循环冷却水的水质标准 **表3.1.7**

项目	单位	要求和使用条件	允许值
悬浮物	mg/L	根据生产工艺要求确定	≤20
		换热设备为板式、翅片管式、螺旋板式	≤10
pH值		根据药剂配方确定	7.0～9.2
甲基橙碱度	mg/L	根据药剂配方及工况条件确定	≤500
Ca^{2+}	mg/L	根据药剂配方及工况条件确定	30～200
Fe^{2+}	mg/L		<0.5
Cl^-	mg/L	碳钢换热设备	≤1000
		不锈钢换热设备	≤300

续表3.1.7

项目	单位	要求和使用条件	允许值
SO_4^{2-}	mg/L	$[SO_4^{2-}]$与$[Cl^-]$之和	≤1500
		对系统中混凝土材质的要求按现行的《岩土工程勘察规范》GB50021－94的规定执行	
硅酸	mg/L		≤175
		$[Mg^{2+}]$与$[SiO_2]$的乘积	<15000
游离氯	mg/L	在回水总管处	0.5～1.0
石油类	mg/L		<5(此值不应超过)
		炼油企业	<10(此值不应超过)

注：①甲基橙碱度以 $CaCO_3$ 计；
②硅酸以 SiO_2 计；
③Mg^{2+} 以 $CaCO_3$ 计。

3.1.8 密闭式系统循环冷却水的水质标准应根据生产工艺条件确定。

3.1.9 敞开式系统循环冷却水的设计浓缩倍数不宜小于3.0。浓缩倍数可按下式计算：

$$N=\frac{Q_m}{Q_b+Q_w} \quad (3.1.9)$$

式中 N——浓缩倍数；

Q_m——补充水量(m^3/h)；

Q_b——排污水量(m^3/h)；

Q_w——风吹损失水量(m^3/h)。

3.1.10 敞开式系统循环冷却水中的异养菌数宜小于 5×10^5 个/mL；

粘泥量宜小于 $4mL/m^3$。

3.2 敞开式系统设计

3.2.1 循环冷却水在系统内的设计停留时间不应超过药剂的允许停留时间。设计停留时间可按下式计算：

$$T_d=\frac{V}{Q_b+Q_w} \tag{3.2.1}$$

式中 T_d —— 设计停留时间(h)；

V —— 系统容积(m^3)。

3.2.2 循环冷却水的系统容积宜小于小时循环水量的1/3。当按下式计算的系统容积超过前述规定时，应调整水池容积。

$$V=V_f+V_p+V_t \tag{3.2.2}$$

式中 V_f —— 设备中的水容积(m^3)；

V_p —— 管道容积(m^3)；

V_t —— 水池容积(m^3)。

3.2.3 经过投加阻垢剂、缓蚀剂和杀菌灭藻剂处理后的循环冷却水不应作直流水使用。

3.2.4 系统管道设计应符合下列规定：

3.2.4.1 循环冷却水回水管应设置直接接至冷却塔集水池的旁路管；

3.2.4.2 换热设备的接管宜预留接临时旁路管的接口；

3.2.4.3 循环冷却水系统的补充水管管径、集水池排空管管径应根据清洗、预膜置换时间的要求确定。置换时间应根据供水能力确定，宜小于8h。当补充水管设有计量仪表时，应增设旁路管。

3.2.5 冷却塔集水池宜设置便于排除或清除淤泥的设施。集水池出口处和循环水泵吸水井宜设置便于清洗的栏污滤网。

3.3 密闭式系统设计

3.3.1 密闭式循环冷却水系统容积可按下式计算：

$$V=V_f+V_{pc} \tag{3.3.1}$$

式中 V_{pc} —— 管道和膨胀罐的容积(m^3)。

3.3.2 密闭式循环冷却水系统的加药设施，应具备向补充水和循环水投药的功能。

3.3.3 密闭式循环冷却水系统的供水总管和换热设备的供水管，应设置管道过滤器。

3.3.4 密闭式循环冷却水系统的管道低点处应设置泄空阀，管道高点处应设置自动排气阀。

3.4 阻垢和缓蚀

3.4.1 循环冷却水的阻垢、缓蚀处理方案应经动态模拟试验确定，亦可根据水质和工况条件相类似的工厂运行经验确定。当做动态模拟试验时，应结合下列因素进行：

3.4.1.1 补充水水质；

3.4.1.2 污垢热阻值；

3.4.1.3 腐蚀率；

3.4.1.4 浓缩倍数；

3.4.1.5 换热设备的材质；

3.4.1.6 换热设备的热流密度；

3.4.1.7 换热设备内水的流速；

3.4.1.8 循环冷却水温度；

3.4.1.9 药剂的允许停留时间；

3.4.1.10 药剂对环境的影响；

3.4.1.11 药剂的热稳定性与化学稳定性。

3.4.2 当敞开式系统换热设备的材质为碳钢，循环冷却水采用磷系复合配方处理时，循环冷却水的主要水质标准除应符合本规范3.1.7条的规定外，尚应符合下列规定：

3.4.2.1 悬浮物宜小于10mg/L；

3.4.2.2 甲基橙碱度宜大于50mg/L(以 $CaCO_3$ 计)；

3.4.2.3 正磷酸盐含量(以 PO_4^{3-} 计)宜小于或等于磷酸盐总含量(以 PO_4^{3-} 计)的 50%。

3.4.3 当采用聚磷酸盐及其复合药剂配方时，换热设备出口处的循环冷却水温度宜低于 50℃。

3.4.4 当敞开式系统循环冷却水处理采用含锌盐的复合药剂配方时，锌盐含量宜小于 4.0mg/L(以 Zn^{2+} 计)，pH 值宜小于 8.3。当 pH 值大于 8.3 时，水中溶解锌与总锌重量比不应小于 80%。

3.4.5 当敞开式系统循环冷却水处理采用全有机药剂配方时，循环冷却水的主要水质标准除应符合本规范 3.1.7 条的规定外，尚应符合下列规定：

3.4.5.1 pH 值应大于 8.0；

3.4.5.2 钙硬度应大于 60mg/L；

3.4.5.3 甲基橙碱度应大于 100mg/L(以 $CaCO_3$ 计)。

3.4.6 当循环冷却水系统中有铜或铜合金换热设备时，循环冷却水处理应投加铜缓蚀剂或采用硫酸亚铁进行铜管成膜。

3.4.7 循环冷却水系统阻垢、缓蚀剂的首次加药量，可按下列公式计算：

$$G_f = V \cdot g/1000 \quad (3.4.7)$$

式中 G_f —— 系统首次加药量(kg)；

g —— 单位循环冷却水的加药量(mg/L)。

3.4.8 敞开式循环冷却水系统运行时，阻垢、缓蚀剂的加药量，可按下列公式计算：

$$G_r = Q_e \cdot g/[1000(N-1)] \quad (3.4.8)$$

式中 G_r —— 系统运行时的加药量(kg/h)；

Q_e —— 蒸发水量(m^3/h)。

3.4.9 密闭式循环冷却水系统运行时，缓蚀剂加药量可按下列公式计算：

$$G_r = Q_m \cdot g/1000 \quad (3.4.9)$$

3.5 菌藻处理

3.5.1 敞开式循环冷却水的菌藻处理应根据水质、菌藻种类、阻垢剂和缓蚀剂的特性以及环境污染等因素综合比较确定。

3.5.2 敞开式循环冷却水的菌藻处理宜采用加氯为主，并辅助投加非氧化性杀菌灭藻剂。

3.5.3 敞开式循环冷却水的加氯处理宜采用定期投加，每天宜投加 1～3 次，余氯量宜控制在 0.5～1.0mg/L 之内。每次加氯时间根据实验确定，宜采用 3～4h。加氯量可按下式计算：

$$G_c = Q \cdot g_c/1000 \quad (3.5.3)$$

式中 G_c —— 加氯量(kg/h)；

Q —— 循环冷却水量(m^3/h)；

g_c —— 单位循环冷却水的加氯量，宜采用 2～4mg/L。

3.5.4 液氯的投加点宜设在冷却塔集水池水面以下 2/3 水深处，并应采取氯气分布措施。

3.5.5 非氧化性杀菌灭藻剂的选择应符合下列规定：

3.5.5.1 高效、广谱、低毒；

3.5.5.2 pH 值的适用范围较宽；

3.5.5.3 具有较好的剥离生物粘泥作用；

3.5.5.4 与阻垢剂、缓蚀剂不相互干扰；

3.5.5.5 易于降解并便于处理。

3.5.6 非氧化性杀菌灭藻剂，每月宜投加 1～2 次。每次加药量可按下式计算：

$$G_n = V \cdot g/1000 \quad (3.5.6)$$

式中 G_n —— 加药量(kg)。

3.5.7 非氧化性杀菌灭藻剂宜投加在冷却塔集水池的出水口处。

3.6 清洗和预膜处理

3.6.1 循环冷却水系统开车前，应进行清洗、预膜处理，但密闭式系统的预膜处理应根据需要确定。

3.6.2 循环冷却水系统的水清洗，应符合下列规定：

3.6.2.1 冷却塔集水池、水泵吸水池、管径大于或等于 800mm 的新管，应进行人工清扫；

3.6.2.2 管道内的清洗水流速不应低于 1.5m/s；

3.6.2.3 清洗水应从换热设备的旁路管通过；

3.6.2.4 清洗时应加氯杀菌，水中余氯宜控制在 0.8～1.0mg/L 之内。

3.6.3 换热设备的化学清洗方式应符合下列规定：

3.6.3.1 当换热设备金属表面有防护油或油污时，宜采用全系统化学清洗。可采用专用的清洗剂或阴离子表面活性剂；

3.6.3.2 当换热设备金属表面有浮锈时，宜采用全系统化学清洗。可采用专用的清洗剂；

3.6.3.3 当换热设备金属表面锈蚀严重或结垢严重时，宜采用单台酸洗。当采用全系统酸洗时，应对钢筋混凝土材质采取耐酸防腐措施。换热设备酸洗后应进行中和、钝化处理；

3.6.3.4 当换热设备金属表面附着生物粘泥时，可投加具有剥离作用的非氧化性杀菌灭藻剂进行全系统清洗。

3.6.4 循环冷却水系统的预膜处理应在系统清洗后立即进行，预膜处理的配方和操作条件应根据换热设备材质、水质、温度等因素由试验或相似条件的运行经验确定。

3.6.5 当一个循环冷却水系统向两个或两个以上生产装置供水时，清洗、预膜应采取不同步开车的处理措施。

3.6.6 循环冷却水系统清洗、预膜水应通过旁路管直接回到冷却塔集水池。

4 旁流水处理

4.0.1 循环冷却水处理设计中有下列情况之一时，应设置旁流水处理设施：

4.0.1.1 循环冷却水在循环过程中受到污染，不能满足循环冷却水水质标准的要求；

4.0.1.2 经过技术经济比较，需要采用旁流水处理以提高设计浓缩倍数；

4.0.1.3 生产工艺有特殊要求。

4.0.2 旁流水处理设计方案应根据循环冷却水水质标准，结合去除的杂质种类、数量等因素综合比较确定。

4.0.3 敞开式系统采用旁流过滤方案去除悬浮物时，其过滤水量可按下式计算：

$$Q_{sf}=\frac{Q_m\cdot C_{ms}+K_s\cdot A\cdot C_a-(Q_b+Q_w)\cdot C_{rs}}{C_{rs}-C_{ss}} \qquad (4.0.3)$$

式中 Q_{sf}——旁流过滤水量(m^3/h)；

C_{ms}——补充水的悬浮物含量(mg/L)；

C_{rs}——循环冷却水的悬浮物含量(mg/L)；

C_{ss}——旁流过滤后水的悬浮物含量(mg/L)；

A——冷却塔空气流量(m^3/h)；

C_a——空气中含尘量(g/m^3)；

K_s——悬浮物沉降系数，可通过试验确定。当无资料时可选用 0.2。

4.0.4 敞开式系统的旁流过滤水量亦可按循环水量的 1%～5% 或结合国内运行经验确定。

4.0.5 密闭式系统宜设旁滤处理设施，旁滤量宜为循环水量的

2%～5%。

4.0.6 当采用旁流水处理去除碱度、硬度、某种离子或其它杂质时，其旁流水量应根据浓缩或污染后的水质成份、循环冷却水水质标准和旁流处理后的出水水质要求等按下式计算确定：

$$Q_{si}=\frac{Q_m \cdot C_{mi}-(Q_b+Q_w)C_{ri}}{C_{ri}-C_{si}} \qquad (4.0.6)$$

式中 Q_{si}——旁流处理水量(m^3/h)；

C_{mi}——补充水中某项成份的含量(mg/L)；

C_{ri}——循环冷却水中某项成份的含量(mg/L)；

C_{si}——旁流处理后水中某项成份的含量(mg/L)。

5 补充水处理

5.0.1 敞开式系统补充水处理设计方案应根据补充水量、补充水的水质成份、循环冷却水的水质标准、设计浓缩倍数等因素，并结合旁流水处理和全厂给水处理的内容综合确定。

5.0.2 密闭式系统的补充水，应符合生产工艺对水质和水温的要求，可采用软化水、除盐水或冷凝水等。当补充水经除氧或除气处理后，应设封闭设施。

5.0.3 循环冷却水系统的补充水量可按下列公式计算：

5.0.3.1 敞开式系统

$$Q_m=Q_e+Q_b+Q_w \qquad (5.0.3.1\text{-}1)$$

$$Q_m=Q_e \cdot N/(N-1) \qquad (5.0.3.1\text{-}2)$$

5.0.3.2 密闭式系统

$$Q_m=\alpha \cdot V \qquad (5.0.3.2)$$

式中 α——经验系数，可取 $\alpha=0.001$。

5.0.4 密闭式系统补充水管道的输水能力，应在4～6h内将系统充满。

5.0.5 补充水的加氯处理，宜采用连续投加方式。游离性余氯量可控制在0.1～0.2mg/L的范围内。

5.0.6 补充水应控制铝离子的含量。

6 排水处理

6.0.1 循环冷却水系统的排水应包括系统排污水、排泥、清洗和预膜的排水、旁流水处理及补充水处理过程中的排水等，当水质超过排放标准时，应结合下列因素确定排水处理设计方案：

6.0.1.1 排水的水质和水量；

6.0.1.2 排放标准或排入全厂污水处理设施的水质要求；

6.0.1.3 重复使用的条件。

6.0.2 排水处理设施的设计能力应按正常的排放量确定。当排水的水质、水量变化较大，影响污水处理设施正常运行时，应设调节池。

6.0.3 系统清洗、预膜的排水和杀菌灭藻剂毒性降解所需的调节设施，宜结合全厂的排水调节设施统一设计。

6.0.4 当排水需要进行生物处理时，宜结合全厂的生物处理设施统一设计。

6.0.5 密闭式系统因试车、停车或紧急情况排出含有高浓度药剂的循环冷却水时，应设置贮存设施。

7 药剂的贮存和投配

7.0.1 循环冷却水系统的水处理药剂宜在全厂室内仓库贮存，并应在循环冷却水装置区内设药剂贮存间。液氯和非氧化性杀菌灭藻剂应设专用仓库或贮存间贮存。

7.0.2 药剂的贮存量应根据药剂的消耗量、供应情况和运输条件等因素确定，或按下列要求计算：

7.0.2.1 全厂仓库中贮存的药剂量可按15～30d消耗量计算；

7.0.2.2 贮存间贮存的药剂量可按7～10d消耗量计算；

7.0.2.3 酸贮罐容积宜按一罐车的容积加10d消耗量计算。

7.0.3 药剂在室内的堆放高度宜符合下列规定：

7.0.3.1 袋装药剂为1.5～2.0m；

7.0.3.2 散装药剂为1.0～1.5m；

7.0.3.3 桶装药剂为0.8～1.2m。

7.0.4 药剂贮存间与加药间宜相互毗连，并设运输和起吊设备。

7.0.5 浓酸的装卸和投加应采用负压抽吸、泵输送或重力自流，不应采用压缩空气压送。

7.0.6 酸贮罐的数量不宜少于2个。贮罐应设安全围堰或放置于事故池内，围堰或事故池应作内防腐处理并设集水坑。

7.0.7 药剂溶解槽的设置应符合下列规定：

7.0.7.1 溶解槽的总容积可按8～24h的药剂消耗量和5%～20%的溶液浓度确定；

7.0.7.2 溶解槽应设搅拌设施；

7.0.7.3 溶解槽宜设一个；

7.0.7.4 易溶药剂的溶解槽可与溶液槽合并。

7.0.8 药剂溶液槽的设置应符合下列规定：

7.0.8.1 溶液槽的总容积可按 8～24h 的药剂消耗量和 1%～5%的溶液浓度确定；

7.0.8.2 溶液槽的数量不宜少于 2 个；

7.0.8.3 溶液槽宜设搅拌设施，搅拌方式应根据药剂的性质和配制条件确定。

7.0.9 液态药剂宜原液投加。

7.0.10 药剂溶液的计量宜采用计量泵或转子流量计，计量设备宜设备用。

7.0.11 液氯计量应有瞬时和累计计量。加氯机出口宜设转子流量计进行瞬时计量，氯瓶宜设磅秤进行累计计量。

7.0.12 加氯机的总容量和台数应按最大小时加氯量确定。加氯机宜设备用。

7.0.13 加氯间必须与其它工作间隔开，并应符合下列规定：

7.0.13.1 应设观察窗和直接通向室外的外开门；

7.0.13.2 氯瓶和加氯机不应靠近采暖设备；

7.0.13.3 应设通风设备，每小时换气次数不宜小于 8 次。通风孔应设在外墙下方；

7.0.13.4 室内电气设备及灯具应采用密闭、防腐类型产品，照明和通风设备的开关应设在室外；

7.0.13.5 加氯间的附近应设置防毒面具、抢救器材和工具箱。

7.0.14 当工作氯瓶的容量大于或等于 500kg 时，氯瓶间应与加氯间隔开，并应设起吊设备；当小于 500kg 时，氯瓶间和加氯间宜合并，并宜设起吊设备。

7.0.15 向循环冷却水直接投加浓酸时，应设置酸与水的均匀混合设施。

7.0.16 药剂的贮存、配制、投加设施、计量仪表和输送管道等，应根据药剂的性质采取相应的防腐、防潮、保温和清洗的措施。

7.0.17 药剂贮存间、加药间、加氯间、酸贮罐、加酸设施等，应根据药剂性质及贮存、使用条件设置生产安全防护设施。

7.0.18 循环冷却水系统可根据药剂投加设施的具体需要，结合循环冷却水处理的内容和规模设置维修工具。

8 监测、控制和化验

8.0.1 循环冷却水系统监测仪表的设置应符合下列要求：

8.0.1.1 循环给水总管应设流量、温度和压力仪表；

8.0.1.2 循环回水总管宜设流量、温度和压力仪表；

8.0.1.3 旁流水管、补充水管应设流量仪表；

8.0.1.4 换热设备对腐蚀率和污垢热阻值有严格要求时，应在换热设备的进水管或出水管上设流量、温度和压力仪表。

8.0.2 循环冷却水系统宜设模拟监测换热器、监测试片器和粘泥测定器。

8.0.3 循环冷却水系统宜在下列管道上设置取样管：

(1)循环给水总管；

(2)循环回水总管；

(3)补充水管；

(4)旁流水出水管；

(5)换热设备出水管。

8.0.4 循环水泵的吸水池或冷却塔的集水池应设液位计，水池的水位与补充水进水阀门宜用联锁控制。吸水池宜设低液位报警器。

8.0.5 循环冷却水系统采用加酸处理时，应对pH值进行检测。

8.0.6 化验室的设置应根据循环冷却水系统的水质分析要求确定。日常检测项目的化验设施宜设置在循环冷却水装置区内，非日常检测项目可利用全厂中央化验室的设施或与其它单位协作检测。

8.0.7 以水质化验和微生物分析为主的化验室，宜设水质分析间、天平间、试剂间、仪器间、生物分析间和更衣间等。

8.0.8 水质日常检测项目包括下列内容：

(1)pH值；

(2)硬度；

(3)碱度；

(4)钾离子；

(5)电导率；

(6)悬浮物；

(7)游离氯；

(8)药剂浓度。

8.0.9 循环冷却水水质化验可根据具体要求增加以下检测项目：

(1)微生物分析；

(2)垢层与腐蚀产物的成分分析；

(3)腐蚀速率测定；

(4)污垢热阻值测定；

(5)生物粘泥量测定；

(6)药剂质量分析。

8.0.10 循环冷却水宜每季进行水质全分析。

附录 A　水质分析项目表

水样(水源)名称：　　　　外观：
取 样 地 点：　　　　水温：　℃
取 样 日 期：

分析项目	单位	数量	分析项目	单位	数量	备注
K^+			pH			
Na^+			色度			
Ca^{2+}			悬浮物			
Mg^{2+}			溶解氧			
Cu^{2+}			游离 CO_2			
Fe^{2+}			石油类			
Fe^{3+}			溶解固体			
Mn^{2+}			COD(Cr)			
Mn^{3+}			暂硬			
Al^{3+}			总硬			
Σ 阳离子			总碱度			
HCO_3^-						
OH^-						
Cl^-						
NO_2^-						
NO_3^-						
CO_3^{2-}						
SO_4^{2-}						
SiO_3^{2-}						
PO_4^{3-}						
Σ 阴离子						

附录 B　本规范用词说明

B. 0. 1　为便于在执行本规范条文时区别对待，对要求严格程度不同的用词说明如下：

(1)表示很严格，非这样做不可的：
正面词采用“必须”；
反面词采用“严禁”。

(2)表示严格，在正常情况均应这样做的：
正面词采用“应”；
反面词采用“不应”或“不得”。

(3)表示允许稍有选择，在条件许可时首先应这样做的：
正面词采用“宜”或“可”；
反面词采用“不宜”。

B. 0. 2　条文中指定应按其它有关标准、规范执行时，写法为“应符合……的规定”或“应按……执行”。

附加说明

本规范主编单位、参加单位和主要起草人名单

主编单位： 中国寰球化学工程公司

参加单位： 中国石化总公司扬子石油化工公司
冶金部北京钢铁设计研究总院
中国纺织工业设计院
水电部山西省电力勘测设计院
中国轻工业北京设计院
中国石化总公司洛阳石油化工工程公司
吉林化学工业公司设计院

主要起草人： 薛树森　包义华　王大中　何如军
王　健　陈金印　陆森堡　田贵阔

中华人民共和国国家标准

工业循环冷却水处理设计规范

GB 50050—95

条文说明

修订说明

本规范是根据国家计委〔1992〕490 号文的要求，由化学工业部负责主编，具体由中国寰球化学工程公司会同中国石化总公司扬子石油化工公司、冶金部北京钢铁设计研究总院、中国纺织工业设计院、水电部山西省电力勘测设计院、中国轻工业北京设计院、中国石化总公司洛阳石油化工工程公司及吉林化学工业公司设计院对原国家标准《工业循环冷却水处理设计规范》GBJ50－83 共同修订而成，经建设部 1995 年 3 月 16 日以建标〔1995〕132 号文批准，并会同国家技术监督局联合发布。

这次修订的主要内容有：新增了设计常用的计算公式，对设计工作更为实用；补充了循环冷却水水质指标，其中很多指标都是总结国内先进技术的成果，多数数据已接近或达到了国际水平；增加了密闭系统的内容，扩大了规范的覆盖面等内容。在本规范的修订过程中，规范修订组进行了广泛的调查研究，认真总结我国工业循环冷却水处理的实践经验，同时参考了有关国际标准和国外先进标准，针对主要技术问题开展了科学研究与试验验证工作，并广泛地征求了全国有关单位的意见，最后由建设部会同化学工业部审查定稿。

本规范在执行过程中如发现需要修改和补充之处，请将意见和有关资料寄送中国寰球化学工程公司规范管理组（北京和平街北口，邮政编码：100029），并抄送化学工业部建设协调司，以便今后修订时参考。

目次

1 总 则

1.0.1 本条阐明了编制本规范的目的以及为了达到这一目的而执行的技术经济原则。

在工业生产中，影响水冷设备的换热效率和使用寿命的因素来自两个方面，一是工艺物料引起的沉积和腐蚀；二是循环冷却水引起的沉积和腐蚀。后者是本规范所要解决的问题。

因循环冷却水未加处理而造成的危害是很严重的，例如，某化工厂，原来循环水的补充水是未经处理的深井水，每小时的循环量9560t。由于井水硬度大、碱度高，每运行50h后，有50%的碳酸盐在设备、管道内沉积下来，严重影响换热效率。据统计，空分透平压缩机冷却器，在运转3个月后，结垢厚达20mm，打气量减少20%。该厂不少设备，在运转3个月后，必须停车酸洗一次，不但影响生产，而且浪费人力、物力。为了防止设备管道内产生结垢，该厂在循环水中直接加入六偏磷酸钠、EDTMP和T－801水质稳定剂之后，机器连续3年运转正常。虽然每年需要增加药剂费用2万元，但综合评价经济效益还是合算的。又如某石油化工厂，常减压车间设备腐蚀与结垢现象十分严重，Φ57×3.5碳钢排管平均使用16～20个月就出现严重泄漏，水浸式列管换热器投入使用后3～5d就开始结垢，3个月后，垢厚达15～40mm。后经投加聚磷酸盐＋膦酸盐＋聚合物的复合药剂进行处理，对腐蚀、结垢和菌藻的控制取得了良好的效果。每年可节约停车检修费用约60万元，延长生产周期增产的利润约70万元，减少设备更新费用约4.7万元。现将该厂水质处理前后的冷却设备更新情况列表如下：

某厂冷却设备更新情况统计表（单位：台） 表1

水质情况 / 年份 / 更换台数 / 装置	水质未加处理		水质经过处理			
	1971	1972	1973	1974	1975	1976
一套常减压	4	5	—	—	—	—
二套常减压	12	10	7	—	7	3
热裂化	2	8	1	2	3	1

从上述情况可以看出，循环冷却水采取适当的处理方法，能够控制由水质引起的沉积和腐蚀，保证换热设备的换热效率和使用寿命，保证生产的正常运行。

本规范是根据国内工业循环冷却水处理设计和生产实践经验而编制的。规范中的条文规定都是以成熟经验为基础并体现了国家的技术政策。规范中一些要求严格的条文，均可通过设计、施工和管理达到。对于一些特殊情况，规范中也给予了适当的灵活性，按照本规范执行可以取得满意的技术、经济效果。

1.0.2 本条规定了规范的适用范围，包括敞开式和密闭式两类循环冷却水系统。考虑到直接换热的循环冷却水处理的特殊性，目前尚不能统一作出具体的规定，故暂不包括在内，俟条件成熟后再总结归纳。

1.0.3 本条提出循环冷却水处理设计的原则和要求。

安全生产、保护环境、节约能源、节约用水是在工业循环冷却水处理设计中需要贯彻的国家技术方针政策的几个重要方面。在符合安全生产要求方面：循环冷却水处理不当，首先会使冷却设备产生不同程度的结垢和腐蚀，导致能耗增加，严重时不仅会损坏设备，而且会引起工厂停车、停产和减产的生产事故，造成极大的经济损失。因此，安全生产首先应保证循环冷却水处理设施连续、稳定地运行并能达到预期的处理要求。其次，在循环冷却水处理的各个环节如循环水处理、旁流水处理、补充水处理、排水处理及其辅助生产设施如仓库、加药间等，设计中都应该考虑生产上安全操作的要求。特别是使用的各种药剂如酸、碱、阻垢剂、缓蚀剂、杀菌灭藻剂等，常常是有腐蚀性、有毒、对人体有害的。因此，对各种药剂的贮存、运输、配制和使用，设计上都必须考虑有保证工作人员卫生、安全的设施，并按使用药剂的特性，具体考虑其防火、防腐、防毒、防尘等安全生产要求。

在保护环境方面：使用各种化学药剂处理时，要注意避免和消除各种可能产生危害周围环境的不利因素，对于循环冷却水各种处理设施中的“三废”排放处理，尤须符合环境保护要求，严加控制。

在节约能源方面：循环冷却水系统中由水质形成冷却设备的污垢是最常见的一种危害。垢层降低了设备的换热效率，影响产品的产量和质量，而且造成能源的浪费。1mm 的垢厚大约相当于 8%的能源损失，垢层越厚，换热效率越低，能源消耗越大，同时也使水系统管道的阻力增大，直接造成动力的浪费。在冷却水、补充水和旁流水处理设计系统中，各种构筑物或设备及其管线布置等，都要注意节约能源、动力，应该力求达到单位水处理成本最低、动力消耗最小的技术经济指标。

在节约用水方面：工业冷却水占工业用水的 70%～80%。要节约用水，首先要做到工业冷却水循环使用，以减少净水消耗和废水排放量。在循环冷却水系统中，提高设计浓缩倍数，对于充分利用水资源、节约用水、节约药剂、降低处理成本有很大的经济效果。现代化的大型工业企业尤其如此。如某化肥厂循环冷却水系统的浓缩倍数由 3 提高到 5，即节约补充水量 20%左右，减少排污水量 50%以上，且每月可节约 6 万元左右的经营管理费用。在循环冷却水处理的各个工艺过程中，还有相当一部分的自用水量，同样应该贯彻节约用水的原则，充分利用循环冷却水系统的优越性，进一步发挥其节水潜力。

因此，本条规定循环冷却水处理设计应符合安全生产、保护环境、节约能源、节约用水的要求。

其次，工程设计是国家基本建设的重要环节，设计的好坏直接影响到今后的施工、运行和管理各方面的质量。在设计过程中，从一开始就应考虑便于施工、操作与维修，做到安全使用，确保质量。

1.0.4 本条提出在设计上采用新技术（包括新工艺、新药剂、新设备、新材料等方面）的原则要求。

我国循环冷却处理技术的发展，由于历史原因，大体上形成了两个阶段：从单纯防止碳酸钙结垢到控制污垢、腐蚀和菌藻的综合处理。到目前为止，积累了比较成熟的使用经验。但我国的循环冷却水处理技术在各行业之间，以及在大、中、小容量不同的水系统的发展上是很不均衡的。目前综合处理主要应用在现代的大型工程上，对中、小型工程正处于逐步研究推广阶段。在综合处理方面，从 70 年代引进技术以来，已经取得了比较好的成绩，有的已经达到国际先进水平，但某些方面也还存在差距。例如目前在循环冷却水处理上使用的化学药剂，主要还只限于磷系药剂，旁流水处理技术还只是以旁流过滤为主等。因此，在循环冷却水处理的各个环节上，都还面临开发新技术、使用新的药剂品种、采用新的工艺技术这样一些重要课题，还需要不断地吸收符合我国具体情况的国外先进经验。在国内各行业之间，也要根据生产实际需要，不断吸收符合本部门具体情况的国内其它行业的实践经验。这些情况，都应该落实在总结生产实践和科学试验的基础上。对待新技术的采用，采取既积极又慎重的态度，使我国这门工程技术得以稳步地向前发展。

1.0.5 本条规定了执行本规范与其它的国家标准、规范之间的关系问题。

本规范是从循环冷却水处理的工艺范围提出的，对于循环冷却水处理、旁流水处理、补充水处理、排水处理等方案中的水处理单体构筑物设施的设计，除因工艺处理过程的需要提出相应要求的条文以外，一般都不作规定，应按有关的国家标准、规范执行。

同时，在卫生、农业、渔业、环境保护等方面对工程设计的要求，同样应按有关的标准、规范执行。

2 术语、符号

2.1 术 语

2.1.1 本条中换热设备指生产工艺的换热设备、冷凝器等，冷却设备指循环冷却水系统中的冷却塔、空气冷却器等。

2.1.4 循环冷却水处理过程中所使用的药剂包括补充水处理、旁流水处理、排水处理、循环水处理等所使用的药剂，如凝聚剂、阻垢剂、缓蚀剂、杀菌灭藻剂等。

2.1.10 系统容积包括冷却塔集水池的有效容积、管道容积和换热设备水侧容积等。

2.1.15 采用过滤方法处理悬浮物的旁流水称为旁流过滤水。

2.1.17 循环冷却水系统在运行过程中所损失的水量包括蒸发、风吹、排污等损失水量。

3 循环冷却水处理

3.1 一 般 规 定

3.1.1 本条文提出：选择循环冷却水处理设计方案时，应根据生产工艺对阻垢、缓蚀和菌藻等处理效果的要求，结合本条文提出的若干因素进行研究，并通过技术经济比较后确定。因此设计时应全面地加以考虑，制订出较为完整的处理方案。

3.1.1.1 循环冷却水的水质标准：

循环冷却水的水质标准与换热设备的特性及其生产操作条件等有着密切的关系。如在换热器的结构、型式上就有列管式、板式、螺旋式、蛇管式、夹套式、套管式、喷淋排管式等不同类型，结构繁简不一，水流通道尺寸差别很大，检修难易程度不同，反映到水质要求上会有差异。工况条件差别也较大，壳程式换热器（水侧）流速一般较低，对水质要求就高些。这些都关系到水质标准的要求与其处理方法的适应性。

在换热器材质方面，常用的有碳钢、铜、铜合金、铝合金、不锈钢等，以及这些材质的组合，这些材质对于水质、药剂配方等方面都有不同要求。有些工业（如电力工业）在设计中往往需根据水质条件考虑管材的选择问题，不同材料的连接与组合易于导致电偶腐蚀（结构设计上要足够重视）等。这些因素在设计中均需加以考虑。

换热器的工况条件，如循环冷却水侧水温、流速、管壁热流密度等，对水质要求、水处理方式及其适应性等均有重要影响。

换热器污垢热阻值和容许腐蚀率反映了工艺和设备设计上的要求，同时也是对循环冷却水水质及其处理效果上的要求。

水质标准中某些指标反映了换热器结构型式方面的特殊要求

（如缝隙狭窄的板式换热器对浊度的限制）；或者材质方面的特殊限制（如不同品种不锈钢对 Cl^- 和铜合金对 NH_3 的含量要求等）。

根据以上因素，对循环冷却水水质的一般和特殊要求有一个总括的分析、研究，为选用药剂、确定浓缩倍数、考虑补充水和旁流水的处理方案奠定基础。

3.1.1.2 循环冷却水处理设计，应对建厂地区可供作补充水的水源、水量与其水质进行分析研究，包括：

对可供的水量要了解清楚，尤其在缺水地区，对确定设计的浓缩倍数、处理方法至关重要。

对原水水质的情况要尽量掌握不同季节，以及枯水、丰水期间水质变化的资料，以便正确选择处理方案。

3.1.1.3 在不涉及循环冷却水受到外界污染的情况下，浓缩倍数与补充水水质两者相互制约，并受控于循环冷却水水质标准。这样，在确定某一循环冷却水水质标准条件下，补充水水质的要求即取决于确定的浓缩倍数。从上述关系式也可知浓缩倍数除对确定补充水水质处理有重要关系外，也是确定补充水量的重要因素。

排污水量 Q_b 是按照物质平衡的原理推导出来的理论计算公式计算所得的数量，它不包括渗漏水量，也不包括旁流处理过程中的排水量，更不包括冲灰水量。但是，在等于并小于计算排污水量 Q_b 的条件下，上述各水量可以替代排污水量。

3.1.1.4 循环冷却水水质除因工业生产和换热器设计要求不同而有差别以外（如对浊度、Cl^- 等指标限制），也与循环冷却水是否采取阻垢剂、缓蚀剂处理有很大关系。在投加阻垢剂、缓蚀剂处理时，水质的各种成份如碳酸盐硬度、总硬度、钙离子、硫酸根离子等限值以及 pH 的控制范围，与使用药剂的品种、配方及剂量均有一定关系。同时，对悬浮物、油污等也常有一定限制，以避免降低药效或增加药耗。

对选用的阻垢剂、缓蚀剂，还应考虑药剂的来源和价格等因素，作为必要的技术经济论证的依据。

3.1.1.5 旁流水和补充水处理：旁流水的处理作为整个循环冷却水处理设计中的一个组成部分，需结合前四款的内容及外界污染，其中包括大气中灰尘、粉尘、飞虫、菌藻孢子和其它污染物，以及工艺物料（指正常运转条件下微量的）的泄漏、排放要求等条件综合考虑。

由于补充水来源不同（如来自城市自来水厂、工业用水处理厂，直接取自江、河、湖泊或取用井水等），水质条件也有差异，处理内容也就不同，根据水源可供水量的情况、设计的浓缩倍数条件等，对补充水水质也会有不同的要求，处理内容也会不同。

在确定补充水和旁流水的处理方案时，应当统一考虑简化处理流程。如在处理悬浮物时，是在旁流水处理还是在补充水处理中解决，或同时进行处理，这就要进行分析比较，通过技术经济比较后确定。

3.1.1.6 药剂对环境的影响：一般投加的化学药剂都具有某种程度的毒性，有些药剂在极少量的情况下就能使人畜、植物等受到危害，如铬酸盐、五氯酚钠杀菌灭藻剂等。铬酸盐（以六价铬计）在地面水中最高允许浓度是 0.05mg/L，在排放标准中最高允许浓度是 0.5mg/L，对水蚤 48h 的 TL－50 为 3mg/L。五氯酚钠含量为 0.4mg/L 时，许多鱼类在几小时内就会死亡。有的药剂是动、植物的微营养物，但当超过一定量时也会造成危害，如磷酸盐等。虽然磷的排放标准没有规定，但易使水体发生富营养化问题。总之，在循环冷却水处理方案中选用药剂时，除考虑其对水质处理的效果之外，还要考虑其对环境的污染问题。因此国内目前在水处理药剂上多选用磷系复合配方，而不采用铬系的药剂配方。当药剂对环境有影响时，依据排放标准对系统排水进行处理。另外，在评价风吹带出的循环冷却水对四周环境的影响时，亦应考虑水中的盐份对植物的危害，对高压输电线的影响等等。有的资料介绍，当循环冷却水中氯离子含量约为 497mg/L 时，在距冷却塔 100m 处的植物叶上的水滴中，氯离子含量为 674.5mg/L（其水滴的 pH＝6.7，电导率 2700μS/cm，总硬度 719.6℃G）。此时对白蜡树、桷树、白桦树、山楂、白杨和垂柳都有不同程度的损伤，出现大部分叶片变黄、掉叶等现象。

采用对人体健康有影响的毒性药剂（如铬酸盐）处理时，除应具备回收、处理装置以保证排放水质符合指标外，还应对冷却塔收水器效率提出严格要求，并有防止水滴飞溅对周围环境污染的措施。

零排污或近于零排污的循环冷却水系统，是排污水的最大回用，有利于保护环境，实质上是将循环冷却水系统排水处理与旁流水处理相结合的设计。对于这种系统，应根据其极限浓缩倍数（仅由风吹损失水量或加上极少量的排污水量所决定）与循环冷却水中容许的水质极限值等因素，考虑其处理流程和水量。

由于形成污垢和腐蚀的因素来自多方面（补充水水源、大气污染、工艺过程等），设计中应综合考虑各种因素，采取处理措施，以求得整个处理方案技术经济上的合理性。

结合补充水水源水质、水量及循环冷却水污染（包括大气及工艺物料）情况，根据浓缩倍数、生产特点、材质情况所要求的循环冷却水水质指标，可以确定是否需要进行补充水处理、旁流水处理及其具体处理的内容和深度，而在投加阻垢剂、缓蚀剂处理的系统中，药剂配方要求控制的指标（如 pH、Ca^{2+}、碱度、硬度、含盐量等），又与浓缩倍数、补充水处理和旁流水处理内容及循环冷却水水质允许指标之间有着互相制约的关系。而且应注意到补充水处理、旁流水处理对进一步提高浓缩倍数、节约用水和减少阻垢剂、缓蚀剂处理费用上的重要作用（尤其当水源水量紧张，或在排放要求严格的场合）。同时针对不同的处理流程，需考虑其相应的排水处理措施（零排放时，应与旁流水处理统一考虑）及排渣处置问题。

在药剂处理方面，对阻垢剂、缓蚀剂与杀菌灭藻剂间的共容性，对 pH 的要求，以及对材质的影响等，均需加以考虑。

这样综合上述各个方面、各个环节之间的相互依存关系，通过全面地权衡、比较，才能够确定出技术可靠、经济合理的循环冷却水处理方案。

3.1.2 循环冷却水用水量由于行业、设备型式、工况条件等不同而不同，故其用水量应根据工艺生产需要确定。

3.1.3 对补充水水源的水量、水质资料的收集及其处理方法，是设计的基础工作。

3.1.5 本条是根据目前国内能够广泛采用的药剂种类性能（包括聚磷酸盐、膦酸盐、聚丙烯酸盐、聚马来酸等）及其复合配方，参照国外经验，并检验国内一些工厂在生产运行中易于出现故障的换热器的工况条件而提出的。

间壁式换热器水侧设计流速一般在 0.3～3m/s 范围内，个别可能超过这一范围。但从保证处理效果、减少污垢和腐蚀（包括冲刷侵蚀）来说，一般以 1～2m/s 流速为佳。

对国内一些工厂的换热器调查表明，流速低于 0.3m/s 的换热器，普遍存在污垢和垢下腐蚀问题，流速越低问题就越突出。根据目前药剂处理的效能与壳程换热器设计流速选用的常规范围，规定流速不应低于 0.3m/s，以保证处理效果。

对于管程换热器，虽然从传热效果上看，大于 0.5m/s 已可满足要求，但并非最适宜的流速，根据有关资料统计，一般取用大于 0.9m/s 的流速效果较好，因此将 0.9m/s 作为规定流速的下限。

水侧流速上限的要求则需结合不同材质考虑防止冲刷侵蚀，这方面一般在设备设计中已有考虑，这里未作规定。

当换热器水侧流速低于 0.3m/s 时，不仅导致各种杂质的沉积，降低了传热效果，而且还将导致垢下腐蚀。

在壳程换热器的结构上，由于几何形状的限制，要做到各个部位具有均一的流速是不可能的。即使设计计算时的流速（认为是均一的）为 0.3m/s，实际上个别部位，尤其是靠近管板、折流板的死角区流速远低于此值，因此发生的问题就更为严重。这一点已为很多工厂的生产实践所证实。在这种不利的工况下，药剂处理难以发挥其应有的效果。国外报导的经验也表明，在这种情况下，即使投加像铬酸盐这种效果很好的强缓蚀剂，其保护作用也变差，这种换热器仍过早地损坏。为此，条文规定对这种换热器可采用涂层防腐作为附加的保护措施。

国内已有一些厂在碳钢壳程换热器的涂层防腐方面作了试验研究，有的厂通过实践证实这一措施是有效的，可供设计采用。

此外，涂层防腐也可推广到管程换热器的封头、端板碳钢材质的保护方面，作为附加的措施也是有益的。

防腐涂层应有导热系数的测定值，并不得低于换热管本体金属的导热系数，否则，应考虑增加换热设备的换热面积。

关于反向冲洗、常用压缩气体(如氮气)振荡、搅拌并配合反向冲洗等，对减少污垢、改善清洗效果，也都为国内外运行经验所证实，设计中可供参照选用。

热流密度的规定($5.82\times10^4W/m^2$)，实际上反映了对冷却水侧管壁壁温的要求，主要根据国外经验数据。定性地说，随管壁壁温增高，水中碳酸钙结垢趋势增强。但国内尚缺乏这方面的数据，对照一般换热器的工况条件，大多低于此值。

热流密度的法定计量单位为 W/m^2，$1kcal/m^2\cdot h=1.163W/m^2$。

3.1.6 本条规定污垢热阻、腐蚀率等允许值应根据各种工艺的具体要求确定。当没有具体规定时，可按本条所列各值选用。

在换热器设计计算时(选取传热系数、选定管壁厚度)，对污垢热阻、腐蚀率都有相应的考虑。这两项指标实际上也是对经过处理的循环冷却水水质提出的要求，或者说是对阻垢、缓蚀效果的检验标准，在设计阶段作为检验阻垢、缓蚀剂配方的依据。设计时应该从工艺及设备设计方面的合理性、水质处理的合理性、适宜的运行周期、折旧年限等多方面因素进行综合权衡。

年污垢热阻值标准：原规范条文规定敞开式系统的污垢热阻值为 $1.72\times10^{-4}\sim5.16\times10^{-4}m^2\cdot K/W$，现修订为 $1.72\times10^{-4}\sim3.44\times10^{-4}m^2\cdot K/W$，因为近十几年来的循环冷却水处理水平不断提高，现场监测的污垢速率均在 $25mg/cm^2\cdot month$(相当于污垢热阻值 $3.27\times10^{-4}m^2\cdot K/W$)以下，因此这一修改是合适的，同时也接近目前国际上常用的水平。

污垢热阻值的法定计量单位为 $m^2\cdot K/W$，$1m^2\cdot h\cdot ℃/kcal=0.86m^2\cdot K/W$。

对于密闭式系统：由于工况条件较为苛刻(如温度较高，对传热效率要求比较严格)，一般考虑采用软化水或除盐水(或冷凝水)作为循环冷却水，在腐蚀控制效果良好的情况下，一般污垢热阻值均可做到小于 $0.86\times10^{-4}m^2\cdot K/W$。

腐蚀率标准：碳钢换热设备的腐蚀率根据国内运行水平及参照国际上公认的允许值，一般可以达到小于或等于 0.125mm/a (即 5 密耳/年)这一标准。但某些工业(如冶金系统)的某些冷却设备，在腐蚀率控制上并不十分严格，材料的腐蚀裕量较大，故在条文中选用了“宜”，没有严格控制。对铜、不锈钢的设备，在条文中规定为“宜小于 0.005mm/a”，主要是这些材质本身已具有一定的耐蚀性能(如果牌号选择适当)，从实际运行效果检验，在采取有效的阻垢、缓蚀处理的情况下，可以做到低于 0.005mm/a。国内一些电厂的监测数据一般均在此范围内。在条文中选用了“宜”，这是因为此项标准较严，为了给设计留有一定的灵活性，并考虑到需结合我国的国情而定，因而没有严格控制。

条文中没有给出参考性的“点蚀深度”标准。形成点蚀的因素是多方面的，如换热器金属材料本身、结构设计上的合理性、工况条件(温度、流速)等，都有很大关系。尤其是不锈钢、铜合金材质本身的因素及其应力状况等，更起着重要作用。另外，目前国内还缺乏“控制”点蚀方面的具体经验(进行预测也还需要做大量工作)，因此条文还只限于提供均匀腐蚀率(条文中简称为腐蚀率)的标准值。有关点蚀的测定方法，如何预测及控制点蚀的发生，尚需积累更多的经验，有待今后修订中加以补充。

3.1.7 由于换热器的结构型式、工况条件对污垢热阻、腐蚀率要求的严格程度，循环冷却水处理方式，投加阻垢剂、缓蚀剂处理的配方，循环冷却水系统中各种金属材质及其组合等因素，随不同行业的生产特点不同而有较大差异，因此难以制订出一个完全统一的水质标准。尤其对循环冷却水系统中金属主材不同时，某些水质标准的允许高限之差异更为明显。目前从国内条件出发，在设计中具体拟订水质标准时宜采取较为灵活的方法，即结合生产特点和选用处理方法的要求，吸收生产运行中成熟的经验数据，而且要通过科学试验加以确定。目前考虑到在设计时常缺少必要的数据，因此提供一个可供使用的允许值，如表 3.1.7 所列。

（1）悬浮物：循环冷却水中悬浮物含量对换热设备的污垢热阻和腐蚀速率影响很大，所以要求越低越好。工厂运行的实践证明循环冷却水系统设有旁滤池时，补充水悬浮物能控制在 5mg/L 以内，因此循环冷却水中悬浮物可以控制在 10mg/L 以下。表 3.1.7 规定板式、螺旋板式和翅片管式换热设备，悬浮物规定不宜大于 10mg/L，其它一般不应大于 20mg/L 是恰当的，而且也是可以做到的。

对于电厂凝汽器，因传热管内水的流速一般均大于 1.5m/s，另外凝汽器均设有胶球清洗设施，因此电厂凝汽器对悬浮物含量的指标可适当放宽。

（2）pH 值：循环冷却水的 pH 值是根据药剂配方来确定的，加酸调节的药剂配方，pH 值低限不宜低于 7.0；不加酸的碱性运行药剂配方，pH 值上限一般为 9.2。

（3）甲基橙碱度：国内一些配方中甲基橙碱度可允许至 500mg/L（以 $CaCO_3$ 计），当然，随着药剂性能的提高，这一限值也可随着提高，但在目前情况下，如超过此限值则需加酸处理或降低浓缩倍数。

（4）钙离子：从缓蚀角度要求循环冷却水中钙离子不小于 30mg/L，如在较软的补充水中（如广东的东江水）钙离子较低，应尽可能提高浓缩倍数，如仍达不到 30mg/L 时，则应在缓蚀剂中投加两价金属离子（如锌离子）；钙离子上限一般不宜大于 200mg/L，国内的全有机配方中的 W－331 允许钙离子上限可达 228mg/L，因此规定循环冷却水中不宜大于 200mg/L 是留有一定裕度的。

（5）铁离子：据资料介绍，水中有 2mg/L 的 Fe^{2+} 存在时，会使碳钢换热器年腐蚀率增加 6～7 倍，且加剧局部腐蚀。铁离子含量高还会给铁细菌的繁殖创造有利条件。此外，当采用聚磷酸盐作为缓蚀剂时，铁离子会干扰聚磷酸盐在缓蚀方面的作用，同时还可能导致坚硬的磷酸铁垢。本条指标是根据国内外运行经验确定的。

（6）氯离子和硫酸根离子：这两项离子属于腐蚀性离子。氯离子对不锈钢的腐蚀影响较大，我国某大型化肥厂采用磷系复合配方，循环冷却水中氯离子浓度控制在 300～380mg/L，其不锈钢换热器自 1976 年运行至今，未出现腐蚀穿孔情况。因此规定不宜大于 300mg/L 是合适的。

氯离子与硫酸根离子之和不宜大于 1500mg/L，是来自国内外一些药剂配方的允许值。

（7）硅酸：本项共有两个指标，前一个指标（≤175mg/L）是根据硅酸盐的饱和溶解度确定的，主要是防止循环冷却水中形成硅酸盐垢；后一个指标主要是防止形成粘性较大、颗粒较细的硅酸镁粘泥。

两个指标值均根据国外资料和国内运行经验确定。

（8）游离氯：本项指标是为控制循环冷却水中菌、藻微生物而制定的。指标值是结合国内运行情况确定的。

（9）石油类：石油类杂质易形成油污粘附于设备传热面上，影响传热效率和产生垢下腐蚀。

由于炼油企业的特殊性，对其指标略微放宽一些，根据试验室所取得的数据，循环水中石油类杂质的含量达到 10mg/L 时，污垢热阻和腐蚀率均在本规范的限值之内。

3.1.8 密闭式系统：目前国内应用密闭式循环冷却水系统的生产

装置及设备包括如下几方面：

（1）冶金系统：主要用于高炉、电炉、转炉、连铸机等冶炼设备。如某厂连铸机冷却用水，其水质标准根据国外公司要求为：补充水碱度＜1.8mg/L（以 $CaCO_3$ 计，未经除氧），油 0。国内设计时采用未经除氧的软化水补入，硬度为 0.0168°G，pH 值 8.5，全固形物 160mg/L 左右，循环冷却水采用投加 D－100 缓蚀剂处理，剂量大于 2000mg/L。

注：补充水虽未要求除氧，但补水器内设有氮气层以隔绝空气并压力补入循环冷却水系统。

（2）电力系统：循环冷却水主要应用于水内冷发电机定子（或包括转子）绕组（容量从 5 万到 30 万 kW）冷却，其水质目前尚未完全统一，按制造厂（电机厂）要求为：

电导率：1～5μS/cm；

溶解氧：＜20μg/L，水质清彻透明无杂质。

电力部颁发的管理法规要求为：

电导率：＜10μS/cm；

硬　度：＜0.028°G。

有些电厂根据其具体情况对项目又有所增加，如规定必需进行巯基苯并噻唑（MBT）处理，剂量＜3mg/L，铜：＜0.03mg/L 等。

目前正在不断开展工作，结合国内外生产运行经验（在科学试验、生产运行经验积累的基础上），对现有的规定进行修订，使得制造部门提供的水质标准更加先进、合理。

（3）铁道系统：循环冷却水主要应用于国产及引进的内燃机车的设备及润滑油系统的冷却方面。水质标准上也不够统一，从使用自来水到采用除盐水均有。除要求制造厂（机车车辆厂）在产品说明书中加以指明外，目前也通过各有关部门（机务段）大力开展试验研究工作，逐步加以补充、修订，目前所用水质有所差别，是难以避免的。

（4）石油化纤、化工系统：在某些反应装置（反应釜、管道反应）中的用水，有的水温很高（大于 100℃），其水质要求一般为除盐水，有的有除氧要求，有的没有（但配方为高浓度铬酸盐缓蚀剂处理），这些标准都是根据国外公司提供的要求确定的。

（5）核工业系统：核反应堆系统中密闭循环冷却水系统的水质标准是根据以往国外经验数据确定的，主要指标如下：

硬度：＜0.1008°G；

机械杂质：＜0.5mg/L；

pH 值：7.0～8.5；

含氧量：＜0.05mg/L。

（6）机械工业系统：主要应用于高温加热炉的冷却（如电极冷却）等方面。

①真空炉：用于熔化金属，引进西德 L-H 公司的 2SP2/Ⅲ-F 真空炉要求的水质为：清洁，电导率 600μS/cm，腐蚀性 CO_2、NH_3 均测不出，铁＜0.3mg/L，锰＜0.05mg/L，硫酸盐＜250mg/L，氯化物＜150mg/L，耗氧量（$KMnO_4$）＜15mg/L，碳酸盐硬度：当 pH 值为 7.8 时，最大 8°G；pH 值为 8.3 时，最大 4°G。

②定向结晶炉：用于金属熔炼，其水质要求用软化水。

国内生产的熔炼、热处理用电炉亦采用密闭式系统，目前所用水质已由原来的自来水改为软化水。

国外资料要求水质：硬度 200mg/L（$CaCO_3$ 计），悬浮物 10mg/L。

（7）其它：密闭式系统也广泛应用于空调、制冷系统，属于低温水系统的居多（因此其冷却水升温后需借助制冷装置予以冷却降温）。由于工况条件特殊（水温低）、水质要求高等条件，故结垢问题常不是主要问题，但腐蚀控制（尤其是采用除盐水的系统）常为其重点，微生物控制问题也是存在的。

由上述情况可知，密闭式系统循环冷却水水质标准应由冷却设备制造厂或设计部门根据其生产工艺要求和工况特点加以确定并提供设计依据是适宜的。

3.1.9 在浓缩倍数1.5～10的条件下，通过对循环水量为$10000m^3/h$的计算得出下表：

不同浓缩倍数系统的补充水量与排污水量　　表2

计算项目＼浓缩倍数(N)	1.5	2.0	3.0	4.0	5.0	6.0	7.0	10.0
循环冷却水量 $R(m^3/h)$	10000	10000	10000	10000	10000	10000	10000	10000
水温差 Δt(℃)	10	10	10	10	10	10	10	10
排污水量 B (m^3/h)	343.8	169.4	82.2	53.1	38.6	29.9	24.1	14.4
补充水量 M (m^3/h)	523.2	348.8	261.6	232.5	218.0	209.3	203.5	193.8
排污水量占循环水量的百分比(%)	3.4	1.7	0.8	0.5	0.4	0.3	0.2	0.1
补充水量占循环水量的百分比(%)	5.2	3.5	2.6	2.3	2.2	2.1	2.0	1.9

由此可见，随着浓缩倍数的提高，补充水量逐渐减少，节水效果明显提高。同时也减少了排污水量，有利于环境保护。

但某些工业企业存在特殊的用水方式：如电力系统采用循环冷却水作冲灰用水还很普遍，而且目前受冲灰方式的影响，用水量大，限制了浓缩倍数的提高。冶金系统由于生产工艺上的不同要求，往往采用串级复用的方式，局部循环冷却水系统浓缩倍数可能会低于2，等等。但从节约用水和环境保护日趋严格的要求来说，不断改进循环冷却水的处理技术，逐步提高浓缩倍数是很必要的。

本次规范修订，将浓缩倍数提高到3倍，从目前国内工厂循环冷却水系统的运行情况看，有些工厂还未达到这一指标，但是只要在设计上严格执行本规范的有关条款，特别是加强管理，浓缩倍数3是可以做到的。我国是一个缺水的国家，从长远的角度考虑，还应从严要求。

3.1.10 敞开式系统冷却水中的异养菌数宜小于5×10^5个/mL，粘泥量宜小于$4mL/m^3$，主要参照国外经验规定。根据国内一些石油、化工装置循环冷却水系统的运行经验，菌藻控制严格的厂，夏季可以达到上述规定(冬季还要低)，并基本上控制了粘泥危害和严重的垢下腐蚀问题。

3.2　敞开式系统设计

3.2.1 本条规定当采用阻垢、缓蚀药剂处理时应考虑药剂所允许的停留时间，对于目前使用聚磷酸盐作为缓蚀剂主剂的，对此加以强调是必要的。

聚磷酸盐转化成正磷酸盐除了水温、pH值等因素以外，还与时间因素有关。根据资料介绍，设计停留时间(T_d)可用条文所列的公式计算。当已知对应于某一浓缩倍数的Q_b和Q_w值时，确定V值即可计算出T_d值，该值应小于药剂允许的停留时间。当不能满足这一要求时，则需调整V值直至满足为止，或者更换药剂配方。

3.2.2 根据设计资料统计，系统容积(V)一般均小于循环水小时流量值(m^3)的1/3。按这个指标根据国内运行经验，冷却塔集水池、吸水池容积均能保证安全运行。但对某些行业(如电力、炼油等)做不到时，可以适当放宽。

3.2.3 本条规定对采用阻垢剂、缓蚀剂和杀菌灭藻剂处理的循环冷却水不应作直流水使用。

不加限制地作直流水使用，不仅会影响浓缩倍数的提高与控制，对节水、节药都不利，而且大量排放投加这类药剂的循环冷却水，将对环境造成污染。

国内有些厂，由于循环水管网上供直流水用的接管太多，用水量过大，使浓缩倍数的提高受到限制或无法控制，造成大量的药剂损耗。因此，条文明确限制是必要的。

条文中的直流用水是指冲洗地坪、冲洗设备、燃煤锅炉的熄火和水力冲灰等。

在允许的排污量范围内，认为水质条件适合、不污染环境，在设计上可以考虑将这部分排污水供作直流使用，但其使用条件不得超出允许的排污量范围，以利于控制浓缩倍数。因此设计中要有控制其使用量的措施：如装设流量表，避免超量使用。

3.2.4

3.2.4.1 主要目的是避免系统清洗时的脏物堵塞冷却塔配水系统和淋水填料，其次是清洗和预膜的水不需冷却，再者冷却塔本身不需清洗和预膜。

3.2.4.2 目的是避免系统清洗时脏物堵塞换热设备。

3.2.4.3 当清洗之后转入预膜阶段或预膜之后转入正常运行时，均要求尽快地将水置换，目的是避免置换时间过长而引起腐蚀；另外预膜之后由于有热负荷，置换时间过长会导致换热设备传热管壁的沉积，因此补充水管径、集水池排空管管径计算，均应考虑清洗、预膜时水的尽快置换要求。

3.2.5 冷却塔本身也是空气洗涤塔。随空气带入的飘尘、飞虫、树叶等杂质，与塔中的填料碎片等机械杂物均会落入水中。较大、较重的可能沉积于池底，细微、较轻的会悬浮于水中。当循环冷却水系统具备菌藻孳生条件时，又会有大量的污泥悬浮于水中或沉于池底。这些污物如不及时排除或有效的拦截住，进入换热器内会形成额外的沉积、附着、甚至堵塞，不仅影响传热效率，而且会产生垢下腐蚀，对阻垢、缓蚀效果影响很大，并增加额外的药剂消耗。

国内一些工厂的运行经验表明，这些污物已形成对安全生产的威胁，每年大修时要花大量人力进行清理。因此设计中结合具体的冷却塔型式，考虑有效的池底排污措施（如池底有一定坡度，分布几处设置排污泥管等），并在集水池和泵前吸水池内分别设置两道不锈钢丝滤网（考虑滤网的提升、冲洗）是很必要的。

3.3 密闭式系统设计

3.3.2 本条是考虑系统加药的灵活性。密闭式系统加药一般是加入补充水中，当系统内药剂浓度降低而又不须补充水时，药剂可直接注入系统中，注药设备的输出压力应大于循环系统的压力。

3.3.3 为了保护换热设备免遭机械杂质的堵塞，尤其在系统清洗阶段，管道过滤器能有效地截留水中的悬浮杂质。工程实践表明，在系统运行初期，管道过滤器常常截存了很多焊渣、碎石、木块和破布等杂质，所以设置管道过滤器是必要的。

3.3.4 为了在清洗、预膜以及事故检修时能及时将系统中的水放空，应在管网的低点设置泄空阀。可能管网有几个低点，那么在几个低点处都应设置泄空阀。

在清洗、预膜以及加药处理时，在循环冷却水从常温升至较高温度时，可能局部汽化产生气体，为了避免这些气体在管网高点形成气囊阻碍水流，应设置自动排气阀。

3.4 阻垢和缓蚀

3.4.1 目前对水质结垢和腐蚀倾向性的判断可以通过计算的方法定性判定，但是对于循环水处理配方的筛选只有通过模拟试验的方法确定。国内循环冷却水系统运行的经验表明，经试验所筛选的配方能满足设计上预期的要求。

3.4.2 目前国内普遍应用的缓蚀剂聚磷酸盐（如三聚磷酸钠、六偏磷酸钠等）和很多阻垢药剂（如膦酸盐）对碳钢具有缓蚀作用，在碱性条件下循环冷却水处理中应用较多，这些药剂一般均属于磷系（无机、有机）药剂类。

条文中提出的要求，是根据国内使用磷系药剂进行循环冷却水处理时的经验数据，并适当参照国外运行经验数据提出的，是针对敞开式循环冷却水系统、冷却设备材质以碳钢为主时的控制数据。由于每一种具体的药剂配方适应的水质范围是有一定限度的，规范中不可能给出更为详尽的数据范围，因此给出的数值只是其高限或低限的界限值，而具体数据需根据所采用药剂的功效（或该药剂配方所能适应的范围）确定其具体值。

3.4.2.1 悬浮物：根据国内经验，采用磷系配方的循环冷却水系统大部分控制在小于10mg/L的范围内。

3.4.2.2 甲基橙碱度（碳酸盐硬度）及钙硬度的限值是根据国内外经验数据规定的。

3.4.2.3 正磷：小于或等于50%总磷的规定是考虑设计时可选用其高限（等于50%总磷），而相应考虑其磷酸钙指数和允许停留时间的计算。实际运行中一般控制小于50%总磷是可以做到的。

3.4.3 当采用聚磷酸盐及其复合药剂配方时，换热设备的出口处循环冷却水水温宜小于50℃。主要是根据目前国内药剂配方的品种，参照国外经验规定的。

作为缓蚀剂的主要品种——聚磷酸盐是目前国内普遍采用的药剂。聚磷酸盐的主要问题之一，就是易于转化成正磷酸盐，不仅缓蚀效果下降，而且会导致产生磷酸钙垢。影响其转化的主要因素之一是水温，大于50℃时转化率较高，产生磷酸钙垢的可能性增大，因此根据国外资料和国内使用经验，规定不宜大于50℃，这一温度限制是针对以聚磷酸盐为缓蚀剂主剂的情况而言的。据有关资料介绍，当采用全有机配方时，水温的限制可以放宽。但是这方面的经验还很不够，因此具体选用时还需通过试验验证。

3.4.4 锌盐含量标准宜小于4.0mg/L（Zn^{2+}计），其目的是避免排污水对环境水域的污染。

pH值宜小于8.3的规定，目的是避免氢氧化锌沉积。冷却水中锌盐在pH值大于8.3时就会有较多的氢氧化锌沉积，由于技术的发展，在药剂配方中采用某些有稳定锌盐作用的聚合物，则其pH值可以允许放宽，因此条文补充规定："当pH值大于8.3时，水中溶解锌与总锌重量比不应小于80%"。

3.4.5 近几年来，国内外致力发展并在工业上得到应用的全有机药剂配方，适用于高pH值、高硬度和高碱度的循环冷却水。根据国外的技术交流和国内的应用实例，条文中规定了采用全有机药剂配方处理的三项下限指标。

3.4.6 在碳钢与铜合金（或铝与铜合金）材质组合使用的系统中，为防止铜离子对碳钢（或铝）形成电偶腐蚀——点蚀，需投加铜缓蚀剂保护。

一般常用的铜缓蚀剂有巯基苯并噻唑、苯并三氮唑等，可结合水质与杀菌灭藻剂——Cl_2的使用条件等选择。巯基苯并噻唑抗氯性差（易氧化），但价格较便宜；苯并三氮唑抗氯性强，但价格较贵。

根据国内电力系统的经验总结，提出了采用硫酸亚铁成膜及胶球清洗等措施。这两项措施对铜管缓蚀及在运行中清垢方面是有效的，具备条件的其它工厂设计中也可选用。

3.4.7～3.4.9 给出了阻垢、缓蚀剂投加量的计算公式，可满足设计人员计算阻垢、缓蚀剂的用量，对确定计量设备、运输以及贮存仓库都是需要的。

3.5 菌藻处理

3.5.1 控制敞开式循环冷却水中的菌藻繁殖，是循环冷却水处理的重要内容。常见藻类一般在冷却塔受阳光照射的地方大量繁殖，并附着于塔体和池壁上，干扰空气和水的流动，降低冷却效率。脱落的藻类带进管道而沉积，附着在换热器壁上形成污垢、降低传热效率，增加水头损失。同时藻类也是细菌的食料，促使细菌繁殖，加剧腐蚀过程，危害很大。

影响循环冷却水中菌藻生长的因素很多，因各厂的地理位置、气候条件、季节变化和投入的药剂或漏入系统中工艺介质的营养成分不一，形成不同的水质特点，可能孳生不同种类的菌藻，而存在程度不一的菌藻危害。当然，也有少数不产生或不需菌藻处理的循环冷却水系统，如核反应堆的循环冷却水等。

当前，国内除对液氯的杀菌灭藻效果和使用条件了解较为清楚外，对其它药剂的效果和条件掌握得不多，加上各厂的生产性质和所在地区的水质特点、气候条件、环境保护等因素各异，因而无法规定统一的处理方法。故本条只提出一些因素作为选定药剂种类的原则。

3.5.2 循环冷却水经常使用的杀菌灭藻剂是液氯，因为液氯杀菌灭藻效果较好，价格低廉，所以被广泛使用。但在水的pH值较高时，氯的杀菌灭藻效果降低；长期使用液氯，能使菌藻产生一定的抗药性；另外，对粘着在换热器管壁上的生物粘泥，液氯是不起作用的。因此本条规定辅助投加非氧化性杀菌灭藻剂是必要的。

氧化性杀菌剂除了液氯以外还有二氧化氯、次氯酸钠、次氯酸钙等，但价格较贵。

3.5.3 在敞开式循环冷却水系统中使用液氯进行菌藻处理时，一般均采用定期投加方式，视菌藻生长情况，一般每天投加1～3次，每次加氯时间按余氯量达到要求后再保持1～2h的时间来控制，通常采用3～4h。关于游离性余氯量，调查了国内一定数量的工厂，经统计，大多数为0.5～1.0mg/L。余氯量小于0.5mg/L时，可能会增加投加次数，给操作带来困难，而且降低处理效果，因为循环冷却水中氯对常见的菌藻杀灭剂量大多数在0.5mg/L以上，所以余氯量的下限定为0.5mg/L。至于上限，目前很少有超过1.0mg/L的，超过此值对杀菌灭藻没有明显好处，反而使耗氯量增大，对循环冷却水系统中不锈钢和铜材换热器、木结构冷却塔会带来加剧金属的点蚀和木材损坏等问题。

本条给出加氯量的计算公式，对工厂运行以及设计人员确定加氯设备、运输和贮存仓库都是需要的。

加氯频率根据季节和冷却水中异养菌数量而定，一般在气温高的季节每天投加3次，气温较低的季节（如春、秋季节）可减少投加频率，冬季可每天投加1次。

3.5.4 本条规定的目的是使液氯与冷却水充分混合，以提高液氯的杀菌灭藻效果。

3.5.5 本条规定选择非氧化性杀菌灭藻剂的五项要求。国内使用效果较好的非氧化性杀菌灭藻剂有季铵盐类（如十二烷基二甲基苄基氯化铵，商品牌号为“1227”；十二烷基和十四烷基二甲基苄基氯化铵，商品牌号为JN-2），这类药剂均能符合条文中的五条要求，它对冷却水系统中生物粘泥的剥离作用是国内其它类型非氧化性杀菌灭藻剂所不及的；二硫氰基甲烷及其复合物（商品牌号为SQ_8、S_{15}）杀菌效果较好，但对生物粘泥剥离效果较差，有较强的刺激味；氯酚类（如5,5′-二氯-2,2′-二羟基-二苯甲烷和对氯苯酚，商品牌号为NL-4）对真菌抑制效果较好，常用于冷却水系统木结构冷却塔的喷涂防腐，对生物粘泥的剥离没有效果，由于氯酚类药剂不易降解，对环境影响较大，近几年使用较少，有很多国家禁止用于循环冷却水处理。

近年来国内开发研制的异噻唑啉酮复合物（5-氯-2-甲基-4-异噻唑啉-3-酮和2-甲基-4-异噻唑啉-3-酮复合，商品牌号为SM-103），在某塑料厂工业性应用试验效果较好，据资料报导，这种药剂对循环冷却水系统生物粘泥有一定的剥离作用。这类药剂的研制成功为我国为数较少的非氧性杀菌灭藻剂增添了可供选择的一个新品种。

3.5.6 非氧化性杀菌灭藻剂的投加频率，根据季节和循环冷却水中异养菌数量、冷却系统粘泥附着程度而定，一般气温高的季节每月投加2次，气温低的季节如冬季每月投加1次；当异养菌数量较高或粘泥附着程度较严重时，不论季节气温高低，每月均需投加2次。

本条给出了非氧化性杀菌灭藻剂投加量的计算公式。公式中的单位循环冷却水的加药量，根据药剂性能和产品说明中的推荐值选用，或根据试验确定。

3.6 清洗和预膜处理

3.6.1 循环冷却水系统的清洗和预膜处理是循环冷却水化学处理的一个组成部分。

循环冷却水管道、水池在基建施工中留有焊渣、泥土等杂物是不可避免的，这些杂物在循环冷却水系统开车前都需要清洗掉，以免污染和堵塞换热设备；换热设备在制造加工时有可能涂有防护油，当存放时间较长时有可能产生锈蚀，因此需要进行化学清洗，以使换热设备水侧金属表面清洁，保证后一步预膜的效果。

循环冷却水系统运行一个周期大检修时，管道、水池都会有不同程度的粘泥、碎片等杂物，换热设备都会有不同程度的粘泥、污垢和锈蚀等情况，也都需要进行清洗。

系统清洗之后，需要进行预膜，预膜的目的是使换热设备水侧金属表面有一层较薄的、密致的缓蚀保护膜。

通常密闭式系统循环冷却水中的药剂含量很高，在运行时即起到了预膜作用，因此对密闭式系统是否需要预膜这一处理程序，应根据具体情况确定。

3.6.2 本条规定循环冷却水系统的清洗应首先进行全系统水清洗，并提出四项具体要求。

3.6.2.1 冷却塔集水池、吸水池以及大管径的管道内污泥杂物较多，应先进行人工清扫，然后进行系统水清洗；

3.6.2.2 系统水清洗流速要求不小于1.5m/s，其目的是尽量使系统清洗干净，要求把备用水泵也开起来以使清洗水流速增大；

3.6.2.3 系统清洗的水应从换热设备的旁路管通过，避免清洗出来的污泥杂物污染堵塞换热设备；

3.6.2.4 系统清洗时要求通氯杀菌，目的是使系统内的微生物尽量减少。加氯量按水中余氯维持0.8～1.0mg/L来控制，加氯时间按余氯达到上述标准时再保持1～2h来控制。

3.6.3 当换热设备水侧金属表面有防护油或油污、锈蚀、结垢以及有生物粘泥等情况时，都须进行化学清洗。

一个循环冷却水系统有许多台换热设备，每台换热设备的材质、操作参数（如温度、压力、流速等）以及设备的结构都不完全相同，所产生的问题也不尽相同，因此条文中根据换热设备的不同情况分别列出是采用全系统化学清洗，还是采用单台清洗方式以及应用的清洗药剂和注意事项。

3.6.4 换热设备水侧表面经化学清洗之后呈活化状态，极易产生二次腐蚀，因此要求在化学清洗之后立即进行预膜处理，以保证在活化的金属表面形成一层密致的缓蚀保护膜。

预膜的药剂配方和预膜条件应通过试验确定，或根据相似条件的运行经验确定。

3.6.5 一个循环冷却水系统向两个或两个以上生产装置供水时，由于基建施工进度的原因，生产装置一般不可能同时开车，有时相隔半年之久；年度大检修后由于生产装置开车程序的安排，循环冷却水系统开车也会出现不同步情况。

开车不同步会给循环冷却水系统的清洗、预膜带来不利影响。首先是清洗问题，已开车的生产装置换热设备、循环冷却水管道和冷却塔水池、吸水池等已清洗干净，而后继的生产装置换热设备、管道还在施工，当后继的换热设备、管道进行清洗时，必然要污染和堵塞已开车的换热设备、管道和冷却塔水池等。其次是预膜问题，已开车的换热设备经预膜、置换后进入正常运行状态，并带有热负荷，因此当后继开车的换热设备进行预膜时，对已开车并带有热负荷的换热设备必然会产生沉积，因为预膜剂一般是采用高浓度的缓蚀剂。所以当一个循环冷却水系统向两个或两个以上生产装置供水时，循环冷却水系统设计应考虑有临时切换措施，以避免开车不同步所产生的不利影响。

3.6.6 同3.2.4.1的说明。

4 旁流水处理

4.0.1 本条说明在循环冷却水处理中旁流水处理所起的作用，即说明其适用范围、设置的目的。

4.0.1.1 指明循环冷却水在循环过程中由于受到污染(包括由空气带入循环冷却水中的灰尘、粉尘等悬浮固体物，循环过程中由于工艺侧的渗漏而带入污染物如油及其它杂质等)，使循环冷却水水质不断恶化而超出允许值。在此情况下，必须对系统中分流出的旁流水进行相应的处理，以维持循环冷却水水质指标在允许范围之内。这是旁流水处理的主要作用，是其它处理手段(指补充水处理、冷却水投加药剂处理)所难以解决的。因此设计中应对循环过程中的环境和其它污染因素进行调查了解，从定性、定量的角度掌握污染的来源、性质和数量，为确定旁流水处理设计方案准备必要的原始资料。

4.0.1.2 指由于水质的浓缩而引起循环冷却水某一项或几项成份超出允许值的情况下，可考虑采取旁流水处理措施加以解决。

应该明确的是，在这种情况下必须首先在循环冷却水处理总体设计方案中进行全面的分析、比较，经过技术经济论证确认采用旁流水处理措施是合理的情况下才能确定。由于设计的浓缩倍数需综合很多因素(如水源水质、水量，各种处理方法处理费用比较等)才能确定，旁流水处理是其中的一个因素，因此单纯从解决水质浓缩角度而言，旁流水处理方案是解决途径之一，是整个循环冷却水处理设计方案选择过程中的一个步骤。

值得注意的是，在某些情况下采用旁流水处理，可以适当降低对补充水水质的要求，尤其是结合上一款情况，即结合环境污染情况而统一在旁流水处理中一并解决，更显得经济合理，如对补充水浊度的要求即是一例。而对于“零排放”系统，旁流水处理与冷却水系统排水处理相结合，采用旁流水处理是必然要考虑的内容，可以作为一种特定情况加以分析。

4.0.1.3 主要针对密闭式系统而言。密闭式系统中经常是水温较高，热流密度较大，对污垢热阻和腐蚀率的要求苛刻，而且有时还存在生产工艺对水质的特殊要求，如水内冷发电机密闭式系统为了保证发电机的效率和安全，对水的电导率有严格要求。因此必须设置旁流水处理，以使循环冷却水水质保持在生产工艺要求的允许值以内，从而保证生产运行的安全。

总之，旁流水处理设施可使循环冷却水水质指标保持在允许值以内。对于敞开式系统，能保证在设计的浓缩倍数条件下有效和经济地运行；对于密闭式系统则提供了安全保证。设计中应根据生产特点和具体要求加以确定。

4.0.2 本条说明选择旁流水处理设计方案时应考虑的主要因素。

应该说明的是，旁流水处理所采用的方法，一般来说属于给水处理、废水处理的范畴，如混凝、沉淀、过滤、除油、软化、除盐等等。但具体应用中应注意循环冷却水中由于投加了阻垢剂、分散剂、缓蚀剂等，有时会产生相互间的干扰作用；当循环冷却水中粘泥、油污较多时，常规的过滤设施也会出现问题，因此需要结合循环冷却水水质特点，在选择处理方法时进行具体分析、合理选型或作必要的改进，甚至还需要进行必要的试验。目前国内这方面的实践经验还很缺乏，有待今后探索。

4.0.3 计算公式中的空气含尘量，一般在环保部门大气监测站均有测定数据，如在某些地区无测定资料时，可在工厂建设的前期工作中进行测定，也可参照附近地区的测定资料。

含尘量数据的选取可根据保证率的要求来确定。

计算公式中悬浮物可沉降系数 K_s 值的选取可通过试验确定，当无试验条件时，根据国外资料可选用 0.2。

4.0.4 本条给出敞开式系统采用旁流过滤去除悬浮物时其处理

量的经验数据是1%～5%，但是它不能概括所有的部门，据调查有的部门达6%～8%，最高可达17%。有的部门由于循环冷却水量大，就是1%的旁滤水量，亦达每小时几千立方米。鉴于这种情况，这次"修编"给出旁流过滤水量的计算公式，这些部门可按公式计算确定。

4.0.5 密闭式循环水系统在运行过程中有可能因腐蚀产物或水处理药剂中杂质过多而使悬浮物增多，从而加重金属的腐蚀，因此需设旁滤设施。旁滤量根据几项引进工程宜为循环水量的2%～5%。

4.0.6 本条给出的旁流处理水量的计算式为理论计算公式，公式中某项成分的含义为需处理的物质。

5 补充水处理

5.0.1 本条规定指出了确定敞开式系统补充水处理方案时应考虑的一些因素。条文中除了补充水的水质成份、循环冷却水的水质标准和设计浓缩倍数几项显而易见的因素以外，对于补充水量、旁流水处理和全厂给水处理是这样考虑的：

补充水量——应结合给水水源情况综合考虑。如果水源输水距离很长、高差很大或水量不足，则应考虑提高浓缩倍数、减少补充水量的措施；

旁流水处理——当循环冷却水中某些成份需经旁流处理时，应结合补充水的处理要求确定采用何种处理方式最为合理；

全厂给水处理——主要是防止处理流程上的重复，避免浪费。

总之，本条所考虑的各因素归结为技术、经济比较问题，最终以确定出技术可靠、经济合理的补充水处理方案为目的。

5.0.2 密闭式系统的补充水应采用符合生产工艺要求的水质，因为工艺不同，对水质要求也不同。一般采用软化水时，水质宜符合中压锅炉给水标准；采用除盐水时，其电导率不宜大于25μS/cm。

根据密闭式系统对循环冷却水水质的要求，当需要对补充水进行除氧或除气处理时，为避免处理后的补充水与大气接触而受到污染，需要对补充水的贮存和补给系统采取封闭措施。一般常采用惰性气体（如氮气）充于补充水贮水箱液面上，以隔绝空气。当对气体有严格要求时，则须采取专门措施。

5.0.3 本条给出了循环冷却水系统补充水量的计算公式。敞开式系统是理论计算式，密闭式系统是经验计算式。

5.0.4 本条规定是根据开车和大检修的要求制定的。

5.0.5 本条说明补充水采用加氯处理时的一些要求。

补充水中的微生物（主要是菌、藻类，也包括某些水生生物），一方面作为菌、藻来源而污染循环冷却水，同时也常常由于在补充水处理设施中孳生、繁殖而影响处理设备的正常运行。尤其考虑到菌藻繁殖是极其迅速的，因此在进入循环冷却水系统前即加以控制，先行杀灭，待进入循环冷却水系统后再次进行菌藻处理（主要是空气带入的污染），则会取得事半功倍的效果。这方面已为国内一些工厂的经验所证明。

由于补充水中的菌藻数量远较循环冷却水中为少，采用连续投加方式可取得较好的效果，同时也便于运行管理（尤其在采用加氯氧化有机物、铁等以提高混凝、澄清处理效果时，一般是连续地加氯，此时需氯量、投加量可一并考虑）。

在采用连续投加方式时，一般经验认为余氯量采用 0.1～0.2mg/L，已可满足要求。具体数值可根据补充水质情况和补充水处理工艺流程确定。

5.0.6 本条规定，对处理后的补充水中铝离子含量需加以控制。

一般天然水中铝含量并不高，但当补充水采用铝盐进行混凝、沉淀处理时，有可能使出水残留的铝离子含量过高而产生问题。

水中铝离子的存在不仅会增加浊度，产生铝泥沉积，导致垢下腐蚀，同时在采用聚磷酸盐为缓蚀剂时，也会由于相互作用产生污泥，使系统中阻垢、缓蚀作用紊乱而影响处理效果，此外还将导致药剂耗量的加大。由于补充水含铝离子量较高而使冷却水呈乳白浑浊的现象，在国内一些工厂中已出现过问题，而不得不改用铁盐凝聚剂来改善这种状况。

总之，在目前尚没有确切资料可遵循的情况下，这项标准的确定是有具体困难的，设计中应不断收集这方面的资料，吸取生产运行中的成熟经验。同时对于水质较差（浊度尚好），以及洪水期内补充水的混凝处理，应从适宜的凝聚剂选择入手，或投加必要的助凝剂以降低凝聚剂用量，这是一个重要的解决途径。

6 排 水 处 理

6.0.1 本条规定了排水处理设计的标准、范围、内容及选择排水处理设计方案时应考虑的一些主要因素，并强调要通过技术经济比较确定。

6.0.1.1 排水的水质、水量的分析不仅是选择排水处理方案的基础，而且只有通过详细分析，才能区分出哪些排水可以合流、哪些可以直接送往全厂（或地区性）污水处理厂、哪些必须分流而单独地进行处理，做到心中有数。

6.0.1.2 根据排放标准，这里包括现行的有关国家（包括行业）排放标准和地区（包括城镇）的排放标准，结合 6.0.1.1 中的水质、水量情况，可以明确哪些排水超过允许的排放标准而必须进行处理。当有全厂性或地区性污水处理厂时，除首先协商与之合并处理以简化处理程序外，常常由于这些污水处理厂对进厂污水的泥渣或悬浮物含量、pH 值及毒性等方面均有一定的要求，必须进行预处理，使水质满足进污水处理厂的要求之后再合并处理。从技术、经济比较方面看，这样做也常常是经济的，因此对于预处理后的水质要求（也就是污水处理厂进厂水水质要求）要加以明确。

6.0.1.3 本款提出了使排水处理设计做到技术和经济方面先进、合理的一些途径。

重复使用，包含了可重复用于本系统（即回用）和其它循环冷却水系统或作为其它用途的用水（如冲灰或冲渣用水等），从而使考虑排水处理设计方案时思路更加开阔。

6.0.2 因处理流程不同，排水的水质、水量变化幅度也不同，因此，调节池的设置可结合同类型的工厂加以确定。

6.0.3 由于系统清洗、预膜的排水量较大，单独靠某一两个局部的小调节池难以达到要求，因此设计中要充分利用全厂各个排水系统中的调节池容量，使之得到合理的解决。

杀菌灭藻剂毒性的降解一般需要一段时间，即需要有一定的排水贮存容积，同样也不宜单独设置，采取上述考虑方法也可得到合理的解决。

目前在国内尚无很成熟的经验，大多数工厂由于没有考虑处理措施而被罚款，今后从严格控制环境污染的角度出发，设计中须妥善地加以解决。

6.0.4 本条说明一般不宜单独设置排水的生物处理设施，这是由于生物处理设施投资较多或占地较大。一般情况下循环冷却水系统的排水须采用生物处理的原因，大多是由于工艺物料的污染所致，结合全厂生物处理设施统一考虑也比较恰当。对于与物料接触的直接冷却式循环冷却水系统的内容，本规范尚未涉及到，因此这里不再作进一步分析。

6.0.5 本条对密闭式系统在停车或紧急情况下排出的、能够造成环境污染的循环冷却水，规定了应采取的解决办法。从环境保护的角度而言是需要的，同时也考虑到临时排出的有高浓度药剂的循环冷却水，在未受工艺侧物料污染情况下常可继续回用，因此加以贮存也有利于回用，避免浪费。因为这种紧急情况不经常出现，所以贮存设施可以适当地简化。

当排放水不能回用时（循环冷却水被泄漏的工艺物料所污染），则需要在设计中考虑其处理措施，绝不能任意排放，污染环境。

7 药剂的贮存和投配

7.0.1 本条提出循环冷却水处理药剂的贮存原则。

根据调查，目前有些工厂对水处理药剂的保管和贮存存在一些问题，例如羟基乙叉二膦酸、聚丙烯酸钠以及氯瓶等未设仓库而随意露天堆放，使得有些药剂变质，有些药剂受到污染或腐蚀并危害周围环境，导致投加已失效的药剂，造成处理效果下降。基于以上情况，本条规定循环冷却水处理药剂宜放入全厂室内仓库贮存。考虑药剂的配制方便，须在循环冷却水装置区内设置药剂贮存间，贮存一定量的药剂，以备日常使用。

氯气具有强烈的窒息臭味，是有毒气体。氯气在低温加压后成液态注入能承受一定压力的特制钢瓶内，即通常所见的液氯钢瓶。如经曝晒后，瓶内液氯吸热气化，钢瓶内压增加，有引起爆炸的危险。任意在露天乱放，会使氯瓶上的保险帽锈蚀，或者在使用时打不开，或者松动脱落，或者碰坏保险阀造成氯气外溢，同时也影响厂内交通。故本条明确规定，液氯钢瓶要贮存在专用仓库中，不能乱放或在露天经受雨淋日晒。

非氧化性杀菌灭藻剂必须集中管理，根据用量大小设置专用库、专用间或专用柜，建立严格的贮存、保管和使用制度，保证生产使用安全，保护环境不受污染，防止人身事故。

7.0.2 本条规定在全厂性仓库内药剂总贮存量与确定贮量时应考虑的主要因素。

设计时除考虑药剂消耗量外，库容大小还同工厂所在地的运输条件有关。例如地处偏僻、交通不便的一些工厂，药剂仓库又远离车站或码头，药剂经由火车、轮船、汽车等多次转运才能入库，如果库容量过小，不但运输成本增加，而且稍有不周还会产生用药中断，对循环冷却水系统生产运行极为不利。

贮存量还应考虑药剂市场的供应状况。

根据国内一些工厂的情况，总贮量一般均在15～30d的用量范围内考虑，故本条规定宜按15～30d用量确定。

酸的总贮量由每天的用量与酸的来源、运输距离等因素综合考虑确定。目前国内一般按15～30d的用量来贮存。用量小且靠近酸的来源地时，贮存天数可以少些，反之则可多些。

当用槽罐车（火车的或汽车的）运输时，一般以槽罐车容量加上运输周转期中酸库剩余量来考虑贮量。如不考虑周转期的库存酸量，会使槽罐车不能卸空，使运输车皮积压，造成不应有的经济损失。根据历年来各厂的生产经验，以槽罐车的容量加上10d用酸量计算贮量为宜。

药剂贮存间的储备量，按目前大多数厂的生产实践，一般每月进药3～4次。故本条规定最大贮存量宜按日最大投加量7～10d计算。

7.0.3 确定了药剂的贮存量，就可以依药剂包装形式与容许的堆高定出药剂库的设计面积。在确定药剂堆放高度时，应考虑药剂的包装形式和包装强度。近年来国内对药剂的包装有所改进，但不外乎袋装、坛装、桶装、瓶装。桶装又分为木桶、铁桶、塑料桶、纸桶等。袋装分为纸袋、纤维袋、塑料袋等。每袋（桶、瓶、坛）重量很不统一，常用药剂一般都在40kg以内。条文中的堆放高度是总结国内近几年靠人力搬运时的数据。

7.0.4 为便于操作管理，药剂贮存间应尽量靠近加药间。目前大部分工厂的药剂贮存间与加药间合并，在加药间内留有一定面积堆放药剂。这种方式对用药品种少、毒性小的药剂是合适的。有的厂将加药间和药剂贮存间用墙隔开，但留有便于通行的门洞相互连通，这种方式不如合用方式操作方便，但对药剂管理、改善加药间的操作条件，尤其对某些有毒药剂、要求避光药剂及一些有特殊要求的药剂还是较适用的。

目前的水处理药剂大部分采用25kg的塑料桶包装，因此人工搬卸药剂劳动强度较大，故本条推荐采用起吊设备，以减轻操作人员的劳动强度。

7.0.5 长期使用的运酸槽罐，可能在某些部位产生腐蚀，使金属结构强度减弱。当用压缩空气以加压方式卸酸时，很可能使槽罐破裂以致酸液外泄，造成人身伤害事故。为此，槽罐卸酸一般都采用负压抽吸、泵输送或自流的方式，例如国内一些大化肥厂所设的贮酸站，卸酸均用负压抽吸方法，多年来未发生问题。

7.0.6 本条规定酸贮罐的数量不宜少于两个，主要是当一个酸贮罐检修时，另一个仍能保证安全运行。

当罐体发生腐蚀穿孔或阀门、管道接口有严重泄漏时，围堰或事故池用以贮存泄漏出来的酸液，避免四处溢流烧伤操作人员。堰内或池内的集水坑主要是收集泄漏出来的酸液，便于泵抽吸排出。

7.0.7 本条提出药剂溶解槽设置的要求。

7.0.7.1 本款提出药剂配制每日按8～24h药剂消耗量确定，考虑了两个因素：

一是溶解槽不宜过大，溶药次数不宜过于频繁，二是对某些药剂不希望在溶解槽中停留时间过长。例如，聚合磷酸盐在常温水溶液中虽转化较慢，但在循环系统中停留时间不希望超过50～60h。若每天或几天配制一次，部分药液在投加前已在溶解槽停留24h或更长时间，将此药液投加到循环冷却水中，将会使处理效果不佳。但大多数药剂不受此种情况限制，故条文没有规定得太死。

药液的投配浓度对溶解槽、溶液槽体积影响较大，浓度越高，粘度越大，虽槽体减少但泵或管道易堵，输送不便。因此，药液的配制浓度结合药剂溶解度来确定较妥。但是根据过去对一些水处理药剂（如凝聚剂、助凝剂、石灰等）及近几年对阻垢、缓蚀等药剂调配浓度的运行经验来看，条文提出的取值范围能够满足生产的要求。

7.0.7.2 溶解槽应设有搅拌设施以加速药剂的溶解。一般可采用机械、压缩空气等方法进行搅拌，但应注意适应溶解药剂的特性。

7.0.7.3 当前使用的水处理药剂绝大部分为易溶药剂，难溶药剂已相当少，故本条修改为溶解槽宜设一个。当与溶液槽合并时则不宜少于两个。

7.0.7.4 易溶药剂的溶解槽可与溶液槽合并，这可简化药剂配制手续，并可节省设备费用。

7.0.8 本条是根据一些大型厂循环冷却水处理的运行经验而制订的。

7.0.8.1 由于国内水处理药剂的水解性能已有较大改进，溶液贮存时间相对延长，故本次修订推荐按8～24h药剂消耗量计算容积。

7.0.8.2 经初步调查，当对补充水进行凝聚处理时，常用凝聚剂为铝盐或铁盐，因药剂纯度不一，沉渣有多有少，若只设一个带有搅拌装置的溶解槽而不设溶液槽，则因槽内渣滓的沉积，出液管、排渣管、输送泵及管道易被沉渣堵塞，经常被迫停车疏通，不能保证药液的连续投加。因此溶液槽的设置不宜少于两个。

7.0.8.3 溶液槽的搅拌设施是否设置，应根据药剂的性状和配制条件确定，如补充水或旁流水以石灰进行部分软化时，因国产石灰目前多半为地方土法生产，品位高低不一，设置带有搅拌装置的、乳液槽是必要的。对于一些易溶的药品则可不设。

至于溶液槽的进出口部位是否设置过滤器，要根据药剂纯度及配制过程中的残渣量、粒度等因素确定，条文不作统一规定。

7.0.9 目前很多工厂对液体药剂采用原液投加方式（经计量泵或水射器），运行情况良好。

7.0.10 循环冷却水处理中投加药剂是否准确，直接影响到循环冷却水处理效果的好坏，一般用手工控制难以做到连续均匀地投加，故多采用计量泵或水射器（以转子流量计计量）按一定比例投加。

为保证计量设施在出现故障时也能正常工作，故本条规定计量设备宜有一台备用。

7.0.11 在只用加氯机投加液氯时，因缺少累计计量，容易发生氯瓶已空而操作者尚未发现的情况，故现在多采用磅秤称重，避免发生上述情况。

由于冬季液氯蒸发量不足，可适当提高加氯间采暖温度。

7.0.12 在循环冷却水处理中投加液氯杀菌灭藻时，一般均采用冲击投加方式，可以取得最大杀菌灭藻的效果，故而在本条中规定加氯机的总容量宜按最大小时的投加量确定。同时为了保证加氯的正常进行，一般情况宜设一台备用。当一台发生事故时，另一台即可投入使用。当补充水需进行加氯处理时，加氯机的能力按最大小时连续加氯量确定为宜。

7.0.13 加氯间的安全措施主要是防止一旦发生漏氯事故如何避免事态扩大，以及保证人员安全操作，故加氯间要与其它工作间隔开，并应符合下列要求：

7.0.13.1 设观察窗，可通过观察窗观察加氯间内情况，是否发生泄漏等异常现象，以便及时采取措施设法排除故障，保证安全操作。有的厂设置液氯报警装置，从安全角度讲当然更可靠一些，但需与工厂的控制水平相协调。设计中可根据工程情况自定。设置通向室外的外开门，是当加氯间内发生严重泄漏等故障不能当即排除时，为保证操作人员安全，可以推门而出，以便进一步采取措施；

7.0.13.2 为防止氯瓶受热使液氯气化，瓶内压力增高发生爆炸，条文中规定了氯瓶不应靠近采暖设备（包括暖气、火炉、电炉等热源）；

7.0.13.3 加氯间内应保持良好的换气通风条件，以保证工作人员操作、维修的安全。氯气比重大于空气，通风孔设在外墙下方，泄漏的氯气易于排出室外；

7.0.13.4 氯气对钢铁有腐蚀性，条文规定室内电气设备及灯具应选用密封、防腐类型，以防因腐蚀造成电器短路，并将其控制开关设在室外，以保证安全；

7.0.13.5 加氯间外部备有防毒面具、抢救材料、工具箱，都是为了在发生偶然性事故时能及时抢救。防毒面具应严密封藏，以防失效。

7.0.14 充氯量等于500kg及超过500kg的氯瓶属于较大规格，此时规定氯瓶与加氯间隔开，主要是当氯气一旦泄漏时，避免事态扩大。

对于较大规格的氯瓶，采用人力搬运装卸既不安全且劳动强度又太大，故本条规定采用起吊设备。对于较小规格的氯瓶可采用人力搬运，也可设起吊设备。

7.0.15 采用浓硫酸直接投加方式较为简便，其贮存、输送及提升设备使用普通碳钢材料即可。但关键是要将酸加在能保证混合均匀的部位，如冷却塔集水池，可通过混合器（如水力旋流器）使之混合均匀。

当采用稀硫酸投加时，其输送、贮存、投加设施要求的材质较高，需用聚氯乙烯、聚乙烯或不锈钢管道和设备。碳钢管不能用于稀酸，钢制贮存设备用铅或橡胶内衬。

7.0.16 循环冷却水处理设计中使用的药剂性质是多种多样的，有的有毒，有的无毒，有的具有腐蚀性，有的具有粘附性，有的具有潮解现象等等。故药剂的贮存、配制和投加设施、计量仪表和输送管道等，应分别不同情况采取相应措施。对于酸的贮存、计量、输送等，需考虑防腐问题。输送液氯管道的防腐、石灰乳管道的冲洗，在寒冷地区室外设备及管道保温等，均应加以考虑，以保证安全生产。

7.0.17 循环冷却水处理中所用药剂有凝聚剂和助凝剂，阻垢剂和缓蚀剂，杀菌灭藻剂，以及其它常用水处理药剂等。药剂的性质、状态、包装多种多样，有的有毒，有的无毒，有的吸潮，有的不吸潮，有的易水解，有的不易水解等。液态药剂的纯度和粘度各不相同，有易挥发的，有不易挥发的，有的有腐蚀性，有的无腐蚀性，有的药剂要求避光保存，等等。因此药剂贮存间和加药间的设计都应根据药剂性状与其贮存、使用条件，在建筑标准、防火等级、卫生和环境保护等方面，按各有关标准、规范的规定，并参考必要的安全生产防护措施执行。

为减轻浓酸泄漏对人员造成的伤害，本条规定，在贮存和使用浓酸的部位设置洗眼器、事故淋浴器等。

7.0.18 由于各行业及各地的管理体制不一样，检修条件也不同，再加上各类工厂的生产性质以及循环冷却水处理的工况、规模不同，故在生产上的维修设施组成及其面积均不相同，难于作出统一规定。因此条文中仅提出“可根据药剂投加设施的具体需要，结合循环冷却水处理的内容和规模设置维修工具”，此处的维修工具是指保持正常生产运行条件的小修用的维修工具。

8 监测、控制和化验

8.0.1 设置这些仪表的目的在于及时掌握运行情况，以利于操作管理，也便于考核系统的各项经济指标和事故分析。

在总管上设仪表，可以减少仪表重复设置的数量。当循环水系统同时向几个生产装置供水时，每个装置的供水干管上均应设置仪表。

仪表的型式、精度，既与循环冷却水系统操作、管理需要有关，又应和各工艺生产装置的仪表水平相适应。

在供水干管上设置仪表，有时不足以反映工况条件要求严格的换热设备的腐蚀或结垢状况，因此对个别要求严格的关键性换热设备，亦应在设备进水或出水管上设置流量、温度、压力仪表。

8.0.2 为了了解循环冷却水对换热设备的不良影响，检验循环冷却水处理效果，可在给水总管或在生产装置的给水干管上设置具有模拟功能的小型监测换热器，可在热流密度、壁温、材质、流速、流态、水温方面进行与实际换热设备极为接近或相同的模拟。因为它接近实际换热设备的工作过程和状态，可以用来检测污垢热阻值（或结垢速率）和腐蚀速率。

监测试片器主要用来监测腐蚀情况，比较多的是设在给水管路上。有的工厂也安装在回水管道上，缺点是没有换热面，优点是迅速、简便，同时可设多种材质挂片。

在冷却塔集水池内设监测挂片，由于池内水流速不均，不同位置的监测挂片，其腐蚀速率差异较大，故一般较少采用。

生物粘泥测定一般由给水总管或回水总管取样。生物粘泥量的多少，反映了循环冷却水中微生物危害的情况。

8.0.3 取样管容易在设计时被忽视，造成生产的不便，故有必要进行规定，这些取样管可以就地，也可集中，在北方冬季要注意防冻。

换热设备出水管设取样管的目的，在于检查该设备是否有物料泄漏。

8.0.4 为控制循环冷却水系统的浓缩倍数，维持系统中稳定的药剂浓度，便于操作管理，并达到预期效果，要求系统内各水池的水位能控制在一定的高度变化范围内，同时也为了防止补充水量的突然变化，引起池内水位下降，造成水泵抽空的事故，或盲目溢流造成损失，所以吸水池一般都设有液位计（引至值班室），并设低液位报警。水池水位与补充水管阀门宜设置联锁控制。

8.0.5 循环冷却水系统采用加酸调整 pH 值时，应有检测措施。一是要求 pH 值在规定的范围内，保证处理效果；二是防止 pH 值急剧下降，造成设备、管道、构筑物的腐蚀。

pH 值的检测方式，主要有人工检验和用 pH 计仪表显示，可根据各自情况选用。即使设有仪表显示，也要有人工检验，配合使用，以保安全。

8.0.6 本条规定了设置化验室应考虑的几个原则。

化验室的规模和设施因工厂的生产性质、规模，以及对循环冷却水的水质要求不同而有差异。

日常检测项目是分析循环冷却水处理是否正常运行和处理效果好坏的必要手段，因此每班或每天都需进行检测，这些项目的分析化验设施宜设在循环冷却水装置区内，便于工作和管理。

非日常检测项目的数据需较长时间才能有所变化，因此检测周期较长，有的一周、有的一月或者更长。为了节约化验室的投资，这些项目的分析化验宜利用全厂中央化验室的能力或与当地其它单位协作。

水质管理是保证处理效果的重要环节。水处理的分析化验工作比较频繁，因此当不具备协作条件、全厂化验室又兼顾不上时，应建立专门水质化验室，以保证这方面工作的开展。

总之，化验室的设置应按化验分析内容、处理规模、管理体制等因素及条件中三种情况统一考虑后确定。

8.0.7 本条规定了以水质化验和微生物分析为主的车间化验室的各种房间。在实践中，由于情况复杂，可根据各自情况适当变通。

8.0.8 循环冷却水的水质检测项目与很多因素有关，日常监测有下列项目：

（1）pH 值

pH 值在循环冷却水项目检测中占有重要位置。补充水受外界影响，pH 值可能变化；循环冷却水由于 CO_2 在冷却塔的逸出，随着浓缩倍数的升高，pH 值会不断升高；某些药剂配方要求循环水的 pH 值控制在一定范围内才能发挥最大作用。所有这些，都决定了 pH 值是一个重要指标，尤其是对低 pH 值的水稳配方更为敏感。

（2）硬度

在循环冷却水中，要求具有一定数量的 Ca^{2+}，以磷系配方为例，Ca^{2+} 一般不得少于30mg/L，以形成磷酸钙的保护膜而起到缓蚀作用，只有控制适当，才能达到缓蚀和阻垢的效果。

一般而言，循环冷却水中 Ca^{2+}、Mg^{2+} 有较大幅度下降，说明结垢加重；Ca^{2+}、Mg^{2+} 含量变化不大时，说明阻垢效果稳定。

（3）碱度

碱度是操作控制中的一个重要指标，当浓缩倍数控制稳定、没有其它外界干扰时，由碱度的变化可以看出系统的结垢趋势。

（4）钾离子的检测主要是为控制循环冷却水的浓缩倍数。

（5）电导率

浓缩倍数是循环冷却水系统操作中的一个重要指标。通常将循环冷却水及补充水中的 Cl^- 浓度的比值作为循环水的浓缩倍数。但往往受加氯影响，且水中含 Cl^- 都不太高，其计算结果误差较大，因此常采用测定水中的 K^+ 或电导率来计算。

通过对电导率的测定可以确定水中含盐量。含盐量对冷却系统的沉积和腐蚀有较大影响，这也是人们注意水中含盐量的原因。

水中含盐量是水中阴、阳离子的总和，离子浓度愈高，则电导率愈大，反之，则愈小。水中离子组成比较稳定时，含盐量与电导率大致有一定的比例关系。用电导率表示水中的含盐量，比起用化学分析方法要简单得多。因此也用电导率的比值来计算浓缩倍数。

（6）悬浮物

循环冷却水中悬浮物的含量是影响污垢热阻和腐蚀率的一项重要指标，当发生异常变化时，要求及时查明原因，以便采取相应对策，如菌藻繁殖、补充水悬浮物过大、空气中灰尘多等都可以增加循环冷却水的悬浮物。再者，悬浮物高是循环冷却水系统形成沉积、污垢的主要原因，这些沉积物不仅影响换热器的传热效率，同时也会加剧金属的腐蚀。因此循环冷却水中悬浮物愈低愈好。

（7）游离氯

循环冷却水中控制菌藻微生物的数量是很重要的一个环节。根据大量调查表明，循环冷却水的余氯量一般都在 0.5～1.0mg/L 之间，因此，监测余氯对杀菌灭藻保证水质有重要意义。如通氯后仍连续测不出余氯，则说明系统中出现漏氨或硫酸盐还原菌大量孳生，因为氯与氨相遇，会生成氯氨而耗掉氯。硫酸盐还原菌孳生时，会产生 H_2S、S_2 与氯发生反应，也消耗氯。因此通过余氯测定，可及时发现系统中的问题。

（8）药剂浓度分析的目的是保持药剂浓度的稳定，及早发现问题，及时处理，确保水质。

8.0.9 本条规定，循环冷却水系统的水质化验，除日常水质的物理、化学分析外，还应根据具体需要选做条文中提出的 6 个项目的分析和测定的内容。

化验室是否需要设置无菌操作室，应视具体情况结合要求确定，不作统一规定。

循环冷却水处理中使用的各种药剂，在购进一定的批量时，往往也需要取样检查分析，以保证药剂的成份、纯度符合生产使用的要求。

中华人民共和国国家标准

给水排水工程构筑物结构设计规范

Structural design code for special structures of water supply and waste water engineering

GB 50069—2002

批准部门：中华人民共和国建设部
施行日期：2 0 0 3 年 3 月 1 日

中华人民共和国建设部
公　告

第 91 号

建设部关于发布国家标准《给水排水工程构筑物结构设计规范》的公告

现批准《给水排水工程构筑物结构设计规范》为国家标准，编号为 GB 50069—2002，自 2003 年 3 月 1 日起实施。其中，第 3.0.1、3.0.2、3.0.5、3.0.6、3.0.7、3.0.9、4.3.3、5.2.1、5.2.3、5.3.1、5.3.2、5.3.3、5.3.4、6.1.3、6.3.1、6.3.4 条为强制性条文，必须严格执行。原《给水排水工程结构设计规范》GBJ 69—84 中的相应内容同时废止。

本规范由建设部标准定额研究所组织中国建筑工业出版社出版发行。

中华人民共和国建设部
2002 年 11 月 26 日

前　言

本规范根据建设部（92）建标字第 16 号文的要求，对原规范《给水排水工程结构设计规范》GBJ 69—84 作了修订。由北京市规划委员会为主编部门，北京市市政工程设计研究总院为主编单位，会同有关设计单位共同完成。原规范颁布实施至今已 15 年，在工程实践中效果良好。这次修订主要是由于下列两方面的原因：

（一）结构设计理论模式和方法有重要改进

GBJ 69—84 属于通用设计规范，各类结构（混凝土、砌体等）的截面设计均应遵循本规范的要求。我国于 1984 年发布《建筑结构设计统一标准》GBJ 68—84（修订版为《建筑结构可靠度设计统一标准》GB 50068—2001）后，1992 年又颁发了《工程结构可靠度设计统一标准》GB 50153—92。在这两本标准中，规定了结构设计均采用以概率理论为基础的极限状态设计方法，替代原规范采用的单一安全系数极限状态设计方法，据此，有关结构设计的各种标准、规范均作了修订，例如《混凝土结构设计规范》、《砌体结构设计规范》等。因此，《给水排水工程结构设计规范》GBJ 69—84 也必须进行修订，以与相关的标准、规范协调一致。

（二）原规范 GBJ 69—84 内容过于综合，不利于促进技术进步

原规范 GBJ 69—84 为了适应当时的急需，在内容上力求能概括给水排水工程的各种结构，不仅列入了水池、沉井、水塔等构筑物，还包括各种不同材料的管道结构。这样处理虽然满足了当时的工程应用，但从长远来看不利于发展，不利于促进技术进步。我国实行改革开放以来，通过交流和引进国外先进技术，在科学技术领域有了长足进步，这就需要对原标准、规范不断进行修订或增补。由于原规范的内容过于综合，往往造成不能及时将行之有效的先进技术反映进去，从而降低了它应有的指导作用。在这次修订 GBJ 69—84 时，原则上是尽量减少综合性，以利于及时更新和完善。为此将原规范分割为以下两部分，共 10 本标准：

1. 国家标准

（1）《给水排水工程构筑物结构设计规范》；

（2）《给水排水工程管道结构设计规范》。

2. 中国工程建设标准化协会标准

（1）《给水排水工程钢筋混凝土水池结构设计规程》；

（2）《给水排水工程水塔结构设计规程》；

（3）《给水排水工程钢筋混凝土沉井结构设计规程》；

（4）《给水排水工程埋地钢管管道结构设计规程》；

（5）《给水排水工程埋地铸铁管管道结构设计规程》；

（6）《给水排水工程埋地预制混凝土圆形管管道结构设计规程》；

（7）《给水排水工程埋地管芯缠丝预应力混凝土管和预应力钢筒混凝土管管道结构设计规程》；

（8）《给水排水工程埋地矩形管管道结构设计规程》。

本规范主要是针对给水排水工程构筑物结构设计中的一些共性要求作出规定，包括适用范围、主要符号、材料性能要求、各种作用的标准值、作用的分项系数和组合系数、承载能力和正常使用极限状态，以及构造要求等。这些共性规

定将在协会标准中得到遵循，贯彻实施。

本规范由建设部负责管理和对强制性条文的解释，由北京市市政工程设计研究总院负责对具体技术内容的解释。请各单位在执行本规范过程中，注意总结经验和积累资料，随时将发现的问题和意见寄交北京市市政工程设计研究总院（100045），以供今后修订时参考。

本规范编制单位和主要起草人名单

主编单位：北京市市政工程设计研究总院

参编单位：中国市政工程中南设计研究院、中国市政工程西北设计研究院、中国市政工程西南设计研究院、中国市政工程东北设计研究院、上海市政工程设计研究院、天津市市政工程设计研究院、湖南大学、铁道部专业设计院。

主要起草人：沈世杰、刘雨生（以下按姓氏笔画排列）

王文贤　王憬山　冯龙度　刘健行

苏发怀　陈世江　沈宜强　宋绍先

钟启承　郭天木　葛春辉　翟荣申

潘家多

目　次

1 总　则

1.0.1 为了在给水排水工程构筑物结构设计中贯彻执行国家的技术经济政策，达到技术先进、经济合理、安全适用、确保质量，制定本规范。

1.0.2 本规范适用于城镇公用设施和工业企业中一般给水排水工程构筑物的结构设计；不适用于工业企业中具有特殊要求的给水排水工程构筑物的结构设计。

1.0.3 贮水或水处理构筑物、地下构筑物，一般宜采用钢筋混凝土结构；当容量较小且安全等级低于二级时，可采用砖石结构。

在最冷月平均气温低于 -3℃的地区，外露的贮水或水处理构筑物不得采用砖砌结构。

1.0.4 本规范系根据国家标准《建筑结构可靠度设计统一标准》GB 50068—2001 和《工程结构可靠度设计统一标准》GB 50153—92 规定的原则制定。

1.0.5 按本规范设计时，对于一般荷载的确定、构件截面计算和地基基础设计等，应按现行有关标准的规定执行。对于建造在地震区、湿陷性黄土或膨胀土等地区的给水排水工程构筑物的结构设计，尚应符合现行有关标准的规定。

2 主要符号

2.0.1 作用和作用效应

$F_{ep,k}$、$F'_{ep,k}$——地下水位以上、以下的侧向土压力标准值；

$F_{dw,k}$——流水压力标准值；

$q_{fw,k}$——地下水的浮托力标准值；

F_{Ik}——冰压力标准值；

f_I——冰的极限抗压强度；

f_{Im}——冰的极限弯曲抗压强度；

S——作用效应组合设计值；

w_{max}——钢筋混凝土构件的最大裂缝宽度；

γ_s——回填土的重力密度；

γ_{s0}——原状土的重力密度。

2.0.2 材料性能

Fi——混凝土的抗冻等级；

Si——混凝土的抗渗等级；

α_c——混凝土的线膨胀系数；

β_c——混凝土的热交换系数；

λ_c——混凝土的导热系数。

2.0.3 几何参数

A_n——构件的混凝土净截面面积；

A_0——构件的换算截面面积；

A_s——钢筋混凝土构件的受拉区纵向钢筋截面面积；

e_0——纵向轴力对截面重心的偏心距；

H_s——覆土高度；

t_I——冰厚；

W_0——构件换算截面受拉边缘的弹性抵抗矩；

Z_w——自地面至地下水位的距离。

2.0.4 计算系数及其他

K_a——主动土压力系数；

K_f——水流力系数；

K_s——设计稳定性抗力系数；

m_p——取水头部迎水流面的体型系数；

n_d——淹没深度影响系数；

n_s——竖向土压力系数；

T_a——壁板外侧的大气温度；

T_m——壁板内侧介质的计算温度；

Δt——壁板的内、外侧壁面温差；

α_{ct}——混凝土拉应力限制系数；

α_E——钢筋的弹性模量与混凝土弹性模量的比值；

γ——受拉区混凝土的塑性影响系数；

η_{fw}——地下水浮托力折减系数；

ν——受拉钢筋表面形状系数；

ψ——裂缝间纵向受拉钢筋应变不均匀系数；

ψ_c——可变作用的组合值系数；

ψ_q——可变作用的准永久值系数。

3 材　　料

3.0.1 **贮水或水处理构筑物、地下构筑物的混凝土强度等级不应低于 C25。**

3.0.2 **混凝土、钢筋的设计指标应按《混凝土结构设计规范》GB 50010 的规定采用；砖石砌体的设计指标应按《砌体结构设计规范》GB 50003 的规定采用；钢材、钢铸件的设计指标应按《钢结构设计规范》GB 50017 的规定采用。**

3.0.3 钢筋混凝土构筑物的抗渗，宜以混凝土本身的密实性满足抗渗要求。构筑物混凝土的抗渗等级要求应按表 3.0.3 采用。

混凝土的抗渗等级，应根据试验确定。相应混凝土的骨料应选择良好级配；水灰比不应大于 0.50。

表 3.0.3 混凝土抗渗等级 *Si* 的规定

最大作用水头与混凝土壁、板厚度之比值 i_w	抗渗等级 Si
< 10	S4
10 ~ 30	S6
> 30	S8

注：抗渗等级 Si 的定义系指龄期为 28d 的混凝土试件，施加 $i\times0.1$MPa 水压后满足不渗水指标。

3.0.4 贮水或水处理构筑物、地下构筑物的混凝土，当满足抗渗要求时，一般可不作其他抗渗、防腐处理；对接触侵蚀性介质的混凝土，应按现行的有关规范或进行专门试验确定防腐措施。

3.0.5 贮水或水处理构筑物、地下构筑物的混凝土，其含碱量最大限值应符合《混凝土碱含量限值标准》CECS 53 的规定。

3.0.6 最冷月平均气温低于 –3℃的地区，外露的钢筋混凝土构筑物的混凝土应具有良好的抗冻性能，并应按表 3.0.6 的要求采用。混凝土的抗冻等级应进行试验确定。

表 3.0.6 混凝土抗冻等级 Fi 的规定

结构类别 / 工作条件 / 气候条件	地表水取水头部		其他
	冻融循环总次数		地表水取水头部的水位涨落区以上部位及外露的水池等
	≥100	<100	
最冷月平均气温低于 –10℃	F300	F250	F200
最冷月平均气温在 –3～–10℃	F250	F200	F150

注：1 混凝土抗冻等级 Fi 系指龄期为 28d 的混凝土试件，在进行相应要求冻融循环总次数 i 次作用后，其强度降低不大于 25%，重量损失不超过 5%；

2 气温应根据连续 5 年以上的实测资料，统计其平均值确定；

3 冻融循环总次数系指一年内气温从 +3℃以上降至 –3℃以下，然后回升至 +3℃以上的交替次数；对于地表水取水头部，尚应考虑一年中月平均气温低于 –3℃期间，因水位涨落而产生的冻融交替次数，此时水位每涨落一次应按一次冻融计算。

3.0.7 贮水或水处理构筑物、地下构筑物的混凝土，不得采用氯盐作为防冻、早强的掺合料。

3.0.8 在混凝土配制中采用外加剂时，应符合《混凝土外加剂应用技术规范》GBJ 119 的规定。并应根据试验鉴定，确定其适用性及相应的掺合量。

3.0.9 混凝土用水泥宜采用普通硅酸盐水泥；**当考虑冻融作用时，不得采用火山灰质硅酸盐水泥和粉煤灰硅酸盐水泥；受侵蚀介质影响的混凝土，应根据侵蚀性质选用。**

3.0.10 混凝土热工系数，可按表 3.0.10 采用。

表 3.0.10 混凝土热工系数

系数名称	工作条件	系 数 值
线膨胀系数 α_c	温度在 0～100℃范围内	1×10^{-5} (1/℃)
导热系数 λ_c	构件两侧表面与空气接触	1.55 [W/(m·K)]
	构件一侧表面与空气接触，另一侧表面与水接触	2.03 [W/(m·K)]
热交换系数 β_c	冬季混凝土表面与空气之间	23.26 [W/(m^2·K)]
	夏季混凝土表面与空气之间	17.44 [W/(m^2·K)]

3.0.11 贮水或水处理构筑物、地下构筑物的砖石砌体材料，应符合下列要求：

1 砖应采用普通粘土机制砖，其强度等级不应低于 MU10；

2 石材强度等级不应低于 MU30；

3 砌筑砂浆应采用水泥砂浆，并不应低于 M10。

4 结构上的作用

4.1 作用分类和作用代表值

4.1.1 结构上的作用可分为三类：永久作用、可变作用和偶然作用。

4.1.2 永久作用应包括：结构和永久设备的自重、土的竖向压力和侧向压力、构筑物内部的盛水压力、结构的预加应力、地基的不均匀沉降。

4.1.3 可变作用应包括：楼面和屋面上的活荷载、吊车荷载、雪荷载、风荷载、地表或地下水的压力（侧压力、浮托力）、流水压力、融冰压力、结构构件的温、湿度变化作用。

4.1.4 偶然作用，系指在使用期间不一定出现，但发生时其值很大且持续时间较短，例如高压容器的爆炸力等，应根据工程实际情况确定需要计入的偶然发生的作用。

4.1.5 结构设计时，对不同的作用应采用不同的代表值：对永久作用，应采用标准值作为代表值；对可变作用，应根据设计要求采用标准值、组合值或准永久值作为代表值。

作用的标准值，应为设计采用的基本代表值。

4.1.6 当结构承受两种或两种以上可变作用时，在承载能力极限状态设计或正常使用极限状态按短期效应标准组合设计中，对可变作用应取其标准值和组合值作为代表值。

可变作用组合值，应为可变作用标准值乘以作用组合系数。

4.1.7 当正常使用极限状态按长期效应准永久组合设计时，对可变作用应采用准永久值作为代表值。

可变作用准永久值，应为可变作用的标准值乘以作用的准永久值系数。

4.1.8 使结构或构件产生不可忽略的加速度的作用，应按动态作用考虑，一般可将动态作用简化为静态作用乘以动力系数后按静态作用计算。

4.2 永久作用标准值

4.2.1 结构自重的标准值，可按结构构件的设计尺寸与相应材料单位体积的自重计算确定。对常用材料和构件，其自重可按现行《建筑结构荷载规范》GB 50009 的规定采用。

永久性设备的自重标准值、可按该设备的样本提供的数据采用。

4.2.2 直接支承轴流泵电动机、机械表面曝气设备的梁系，设备转动部分的自重及由其传递的轴向力应乘以动力系数后作为标准值。动力系数可取 2.0。

4.2.3 作用在地下构筑物上竖向土压力标准值，应按下式计算：

$$F_{sv,k} = n_s \gamma_s H_s \tag{4.2.3}$$

式中 $F_{sv,k}$——竖向土压力（kN/m^2）；

n_s——竖向土压力系数，一般可取 1.0，当构筑物的平面尺寸长宽比大于 10 时，n_s 宜取 1.2；

γ_s——回填土的重力密度（kN/m^3）；可按 $18kN/m^3$ 采用；

H_s——地下构筑物顶板上的覆土高度（m）。

4.2.4 作用在开槽施工地下构筑物上的侧向土压力标准值，

应按下列规定确定（图 4.2.4）：

1 应按主动土压力计算；

2 当地面平整、构筑物位于地下水位以上部分的主动土压力标准值可按下式计算（图 4.2.4）：

$$F_{ep,k} = K_a \gamma_s z \qquad (4.2.4\text{-}1)$$

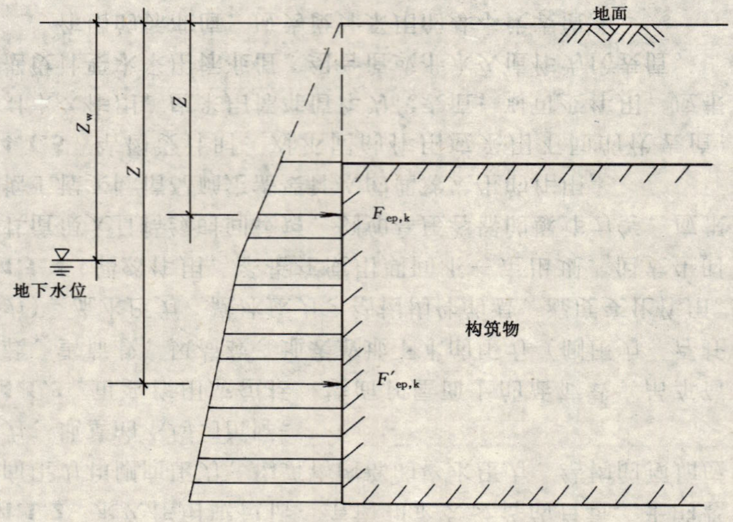

图 4.2.4 侧壁上的主动土压力分布图

构筑物位于地下水位以下部分的侧壁上的压力应为主动土压力与地下水静水压力之和，此时主动土压力标准值可按下式计算（图 4.2.4）：

$$F'_{ep,k} = K_a[\gamma_s z_w + \gamma'_s(z - z_w)] \qquad (4.2.4\text{-}2)$$

上列式中 $F_{ep,k}$——地下水位以上的主动土压力（kN/m²）；

$F'_{ep,k}$——地下水位以下的主动土压力（kN/m²）；

K_a——主动土压力系数，应根据土的抗剪强度确定，当缺乏试验资料时，对砂类土或粉土可取$\frac{1}{3}$；对粘性土可取$\frac{1}{3}\sim\frac{1}{4}$；

z——自地面至计算截面处的深度（m）；

z_w——自地面至地下水位的距离（m）；

γ'_s——地下水位以下回填土的有效重度（kN/m³），可按 10kN/m³ 采用。

4.2.5 作用在沉井构筑物侧壁上的主动土压力标准值，可按公式 4.2.4-1 或 4.2.4-2 计算，此时应取 $\gamma_s = \gamma_{so}$。位于多层土层中的侧壁上的主动土压力标准值，可按下式计算：

$$F_{epn,k} = K_{an}\left[\sum_1^{n-1}\gamma_{soi}h_i + \gamma_{son}\left(z_n - \sum_1^{n-1}h_i\right)\right] \qquad (4.2.5)$$

式中 $F_{epn,k}$——第 n 层土层中，距地面 z_n 深度处侧壁上的主动土压力（kN/m²）；

γ_{soi}——i 层土的天然状态重度（kN/m³）；当位于地下水位以下时应取有效重度；

γ_{son}——第 n 层土的天然状态重度（kN/m³）；当位于地下水位以下时应取有效重度；

h_i——i 层土层的厚度（m）；

z_n——自地面至计算截面处的深度（m）；

K_{an}——第 n 层土的主动土压力系数。

4.2.6 构筑物内的水压力应按设计水位的静水压力计算，对给水处理构筑物，水的重度标准值，可取 10kN/m³ 采用；对污水处理构筑物，水的重度标准值，可取 10～10.8kN/m³ 采用。

注：机械表面曝气池内的设计水位，应计入水面波动的影响。

4.2.7 施加在结构构件上的预加应力标准值，应按预应力钢筋的张拉控制应力值扣除相应张拉工艺的各项应力损失采用。张拉控制应力值应按现行《混凝土结构设计规范》GB 50010 的有关规定确定。

注：当对构件作承载能力极限状态计算，预加应力为不利作用时，由钢筋松弛和混凝土收缩、徐变引起的应力损失不应扣除。

4.2.8 地基不均匀沉降引起的永久作用标准值，其沉降量及沉降差应按现行《建筑地基基础设计规范》GB 50007 的有关规定计算确定。

4.3 可变作用标准值、准永久值系数

4.3.1 构筑物楼面和屋面的活荷载及其准永久值系数，应按表 4.3.1 采用。

表 4.3.1 构筑物楼面和屋面的活荷载及其准永久值系数 ψ_q

项序	构筑物部位	活荷载标准值（kN/m^2）	准永久值系数 ψ_q
1	不上人的屋面、贮水或水处理构筑物的顶盖	0.7	0.0
2	上人屋面或顶盖	2.0	0.4
3	操作平台或泵房等楼面	2.0	0.5
4	楼梯或走道板	2.0	0.4
5	操作平台、楼梯的栏杆	水平向 1.0kN/m	0.0

注：1 对水池顶盖，尚应根据施工或运行条件验算施工机械设备荷载或运输车辆荷载；
2 对操作平台、泵房等楼面，尚应根据实际情况验算设备、运输工具、堆放物料等局部集中荷载；
3 对预制楼梯踏步，尚应按集中活荷载标准值 1.5kN 验算。

4.3.2 吊车荷载、雪荷载、风荷载的标准值及其准永久值系数，应按《建筑结构荷载规范》GB 50009 的规定采用。

确定水塔风荷载标准值时，整体计算的风载体型系数 μ_s 应按下列规定采用：

1 倒锥形水箱的风载体型系数应为 +0.7；

2 圆柱形水箱或支筒的风载体型系数应为 +0.7；

3 钢筋混凝土构架式支承结构的梁、柱的风载体型系数应为 +1.3。

4.3.3 地表水或地下水对构筑物的作用标准值应按下列规定采用：

1 构筑物侧壁上的水压力，应按静水压力计算；

2 水压力标准值的相应设计水位，应根据勘察部门和水文部门提供的数据采用：可能出现的最高和最低水位，对地表水位宜按 1%频率统计分析确定；**对地下水位应综合考虑近期内变化及构筑物设计基准期内可能的发展趋势确定。**

3 水压力标准值的相应设计水位，应根据对结构的作用效应确定取最低水位或最高水位。当取最高水位时，相应的准永久值系数对地表水可取常年洪水位与最高水位的比值，对地下水可取平均水位与最高水位的比值。

4 地表水或地下水对结构作用的浮托力，其标准值应按最高水位确定，并应按下式计算：

$$q_{fw,k} = \gamma_w h_w \eta_{fw} \tag{4.3.3}$$

式中 $q_{fw,k}$——构筑物基础底面上的浮托力标准值(kN/m^2)；
γ_w——水的重度（kN/m^3）；可按 $10kN/m^3$ 采用；
h_w——地表水或地下水的最高水位至基础底面（不包括垫层）计算部位的距离（m）；
η_{fw}——浮托力折减系数，对非岩质地基应取 1.0；

对岩石地基应按其破碎程度确定，当基底设置滑动层时，应取1.0。

注：1 当构筑物基底位于地表滞水层内，又无排除上层滞水措施时，基础底面上的浮托力仍应按式4.3.3计算确定。

2 当构筑物两侧水位不等时，基础底面上的浮托力可按沿基底直线变化计算。

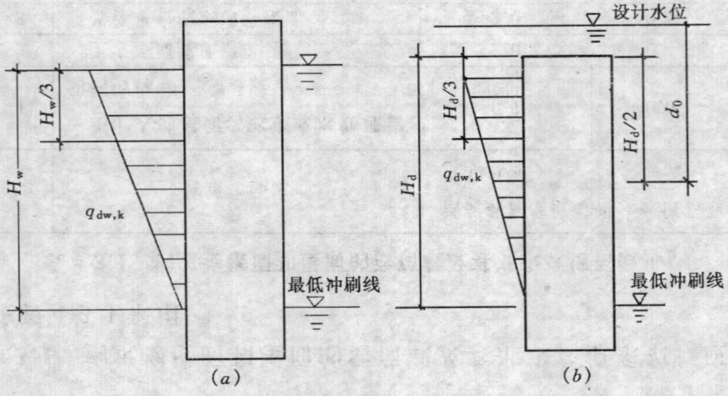

图4.3.4 作用在取水头部上的流水压力图

(a) 非淹没式；(b) 淹没式

4.3.4 作用在取水构筑物头部上的流水压力标准值，应根据设计水位按下式计算确定（图4.3.4）：

$$F_{dw,k} = n_d K_f \frac{\gamma_w v_w^2}{2g} A \quad (4.3.4)$$

式中 $F_{dw,k}$——头部上的流水压力标准值（kN）；

n_d——淹没深度影响系数，可按表4.3.4-1采用；对于非淹没式取水头部应为1.0；

K_f——作用在取水头部上的水流力系数，可按表4.3.4-2采用；

v_w——水流的平均速度（m/s）；

g——重力加速度（m/s^2）；

A——头部的阻水面积（m^2），应计算至最低冲刷线处。

表4.3.4-1 淹没深度影响系数 n_d

$\frac{d_0}{H_d}$	0.50	1.00	1.50	2.00	2.25	2.50	3.00	3.50	4.00	5.00	≥6.00
n_d	0.70	0.89	0.96	0.99	1.00	0.99	0.99	0.97	0.95	0.88	0.84

注：表中 d_0 为取水头部中心至水面的距离；H_d 为取水头部最低冲刷线以上的高度。

表4.3.4-2 取水头部上的水流力系数 K_f

头部体型	方形	矩形	圆形	尖端形	长圆形
K_f	1.47	1.28	0.78	0.69	0.59

流水压力的准永久值系数，应按4.3.3中3的规定确定。

4.3.5 河道内融流冰块作用在取水头部上的压力，其标准值可按下列规定确定：

1 作用在具有竖直边缘头部上的融冰压力，可按下式计算：

$$F_{Ik} = m_h f_I b t_I \quad (4.3.5\text{-}1)$$

2 作用在具有倾斜破冰棱的头部上的融冰压力，可按下式计算：

$$F_{Iv,k} = f_{Iw} b t_I^2 \quad (4.3.5\text{-}2)$$

$$F_{Ih,k} = f_{Iw} b t_I^2 \mathrm{tg}\theta \quad (4.3.5\text{-}3)$$

式中 F_{Ik}——竖直边缘头部上的融冰压力标准值（kN）；

m_h——取水头部迎水流面的体型系数，方形时为1.0；圆形时为0.9；尖端形时应按表4.3.5采用；

f_I——冰的极限抗压强度（kN/m^2），当初融流冰水位时可按750kN/m^2采用；

t_I——冰厚（m），应按实际情况确定；

$F_{Iv,k}$——竖向冰压力标准值（kN）；

$F_{Ih,k}$——水平向冰压力标准值（kN）；

b——取水头部在设计流冰水位线上的宽度（m）；

f_{Iw}——冰的弯曲抗压极限强度（kN/m^2），可按$0.7f_I$采用；

θ——破冰棱对水平线的倾角（°）。

表4.3.5 尖端形取水头部体形系数 m_h

尖端形取水头部迎水流向角度	45°	60°	75°	90°	120°
m_h	0.60	0.65	0.69	0.73	0.81

3 融冰压力的准永久值系数 ψ_q，对东北地区和新疆北部地区可取 $\psi_q=0.5$；对其他地区可取 $\psi_q=0$。

4.3.6 贮水或水处理构筑物的温度变化作用（包括湿度变化的当量温差）标准值，可按下列规定确定：

1 暴露在大气中的构筑物壁板的壁面温差，应按下式计算：

$$\Delta t=\frac{\frac{h}{\lambda_i}}{\frac{1}{\beta_i}+\frac{h}{\lambda_i}}(T_m-T_o) \tag{4.3.6}$$

式中 Δt——壁板的内、外侧壁面温差（℃）；

h——壁板的厚度（m）；

λ_i——i材质的壁板的导热系数[W/（m·K）]；

β_i——i材质壁板与空气间的热交换系数[W/(m^2·K)]；

T_m——壁板内侧介质的计算温度（℃）；可按年最低月的平均水温采用；

T_o——壁板外侧的大气温度（℃）；可按当地年最低月的统计平均温度采用。

2 暴露在大气中的构筑物壁板的壁面湿度当量温差Δt，应按10℃采用。

3 温度、湿度变化作用的准永久值系数 ψ_q 宜取1.0计算。

注：1 对地下构筑物或设有保温措施的构筑物，一般可不计算温度、湿度变化作用；

2 暴露在大气中有圆形构筑物和符合本规范有关伸缩变形缝构造要求的矩形构筑物壁板，一般可不计算温、湿度变化对壁板中面的作用。

5 基本设计规定

5.1 一般规定

5.1.1 本规范采用以概率理论为基础的极限状态设计方法，以可靠指标度量结构构件的可靠度；按承载能力极限状态计算时，除对结构整体稳定验算外均采用以分项系数的设计表达式进行设计。

5.1.2 本规范采用的极限状态设计方法，对结构设计应计算下列两类极限状态：

1 承载能力极限状态：应包括对结构构件的承载力（包括压曲失稳）计算、结构整体失稳（滑移及倾覆、上浮）验算。

2 正常使用极限状态：应包括对需要控制变形的结构构件的变形验算，使用上要求不出现裂缝的抗裂度验算，使用上需要限制裂缝宽度的验算等。

5.1.3 结构内力分析，均应按弹性体系计算，不考虑由非弹性变形所产生的塑性内力重分布。

5.1.4 结构构件的截面承载力计算，应按我国现行设计规范《混凝土结构设计规范》GB 50010 或《砌体结构设计规范》GB 50003、《钢结构设计规范》GB 50017 的规定执行。

5.1.5 构筑物的地基计算（承载力、变形、稳定），应按我国现行设计规范《建筑地基基础设计规范》GB 50007 的规定执行。

5.1.6 结构构件按承载能力极限状态进行强度计算时，结构上的各项作用均应采用作用设计值。

作用设计值，应为作用分项系数与作用代表值的乘积。

5.1.7 结构构件按正常使用极限状态验算时，结构上的各项作用均应采用作用代表值。

5.1.8 对构筑物进行结构设计时，根据《工程结构可靠度设计统一标准》GB 50153 的规定，应按结构破坏可能产生的后果的严重性确定安全等级，按二级执行。对重要工程的关键构筑物，其安全等级可提高一级执行，但应报有关主管部门批准或业主认可。

5.2 承载能力极限状态计算规定

5.2.1 对结构构件作强度计算时，应采用下列极限状态计算表达式：

$$\gamma_0 S \leqslant R \tag{5.2.1}$$

式中 γ_0——结构重要性系数，对安全等级为一、二、三级的结构构件，应分别取 1.1、1.0、0.9；

S——作用效应的基本组合设计值；

R——结构构件抗力的设计值，应按《混凝土结构设计规范》GB 50010、《砌体结构设计规范》GB 50003、《钢结构设计规范》GB 50017 的规定确定。

5.2.2 作用效应的基本组合设计值，应按下列规定确定：

1 对于贮水池、水处理构筑物、地下构筑物等可不计算风荷载效应，其作用效应的基本组合设计值，应按下式计算：

$$S = \sum_{i=1}^{m} \gamma_{Gi} C_{Gi} G_{ik} + \gamma_{Q1} C_{Q1} Q_{1k} + \psi_c \sum_{j=2}^{n} \gamma_{Qj} C_{Qj} Q_{jk} \tag{5.2.2-1}$$

式中 C_{ik}——第 i 个永久作用的标准值；

C_{Gi}——第 i 个永久作用的作用效应系数；

γ_{Gi}——第 i 个永久作用的分项系数，当作用效应对结构不利时，对结构和设备自重应取 1.2，其他永久作用应取 1.27；当作用效应对结构有利时，均应取 1.0；

Q_{jk}——第 j 个可变作用的标准值；

C_{Qj}——第 j 个可变作用的作用效应系数；

γ_{Q1}、γ_{Qj}——第 1 个和第 j 个可变作用的分项系数，对地表水或地下水的作用应作为第一可变作用取 1.27，对其他可变作用应取 1.40；

ψ_c——可变作用的组合值系数，可取 0.90 计算。

2 对水塔等构筑物，应计入风荷载效应，当进行整体分析时，其作用效应的基本组合设计值，应按下式计算：

$$S = \sum_{i=1}^{n} \gamma_{Gi} \cdot C_{Gi} \cdot G_{ik} + 1.4\left(C_{Q1} \cdot Q_{1k} + 0.6 \sum_{j=2}^{n} C_{Qj} \cdot Q_{jk} \right) \quad (5.2.2\text{-}2)$$

式中 C_{Q1}、Q_{1k}——第一可变作用的作用效应系数、作用标准值，第一可变作用应为风荷载。

5.2.3 **构筑物在基本组合作用下的设计稳定性抗力系数 K_s 不应小于表 5.2.3 的规定。验算时，抵抗力应只计入永久作用，可变作用和侧壁上的摩擦力不应计入；抵抗力和滑动、倾覆力应均采用标准值。**

5.2.4 对挡土（水）墙、水塔等构筑物基底的地基反力，可按直线分布计算。基底边缘的最小压力，不宜出现负值（拉力）。

表 5.2.3 构筑物的设计稳定性抗力系数 K_s

失稳特征	设计稳定性抗力系数 K_s
沿基底或沿齿墙底面连同齿墙间土体滑动	1.30
沿地基内深层滑动（圆弧面滑动）	1.20
倾覆	1.50
上浮	1.05

5.3 正常使用极限状态验算规定

5.3.1 **对正常使用极限状态，结构构件应分别按作用短期效应的标准组合或长期效应的准永久组合进行验算，并应保证满足变形、抗裂度、裂缝开展宽度、应力等计算值不超过相应的规定限值。**

5.3.2 **对混凝土贮水或水质净化处理等构筑物，当在组合作用下，构件截面处于轴心受拉或小偏心受拉（全面处于受拉）状态时，应按不出现裂缝控制；并应取作用短期效应的标准组合进行验算。**

5.3.3 **对钢筋混凝土贮水或水质净化处理等构筑物，当在组合作用下，构件截面处于受弯或大偏心受压、受拉状态时，应按限制裂缝宽度控制；并应取作用长期效应的准永久组合进行验算。**

5.3.4 **钢筋混凝土构筑物构件的最大裂缝宽度限值，应符合表 5.3.4 的规定。**

表 5.3.4 钢筋混凝土构筑物构件的最大裂缝宽度限值 w_{max}

类别	部位及环境条件	w_{max}(mm)
水处理构筑物、水池、水塔	清水池、给水水质净化处理构筑物	0.25
	污水处理构筑物、水塔的水柜	0.20

续表

类别	部位及环境条件	w_{max}(mm)
泵房	贮水间、格栅间	0.20
	其他地面以下部分	0.25
取水头部	常水位以下部分	0.25
	常水位以上湿度变化部分	0.20
注：沉井结构的施工阶段最大裂缝宽度限值可取0.25mm。		

5.3.5 电机层楼面的支承梁应按作用的长期效应的准永久组合进行变形计算，其允许挠度应符合下式要求：

$$w_v \leqslant \frac{l_0}{750} \tag{5.3.5}$$

式中 w_v——支承梁的允许挠度（cm）；

l_0——支承梁的计算跨度（cm）。

5.3.6 对于正常使用极限状态，作用效应的标准组合设计值 S_s 和作用效应的准永久组合设计值 S_d，应分别按下列公式确定：

1 标准组合

$$S_d = \sum_{i=1}^{m} G_{Gi} \cdot G_{ik} + C_{Q1} \cdot Q_{1k} + \psi_c \sum_{j=2}^{n} C_{Qj} \cdot Q_{jk} \tag{5.3.6-1}$$

对水塔等构筑物，当计入风荷载时可取 $\psi_c = 0.6$；当不计入风荷载时，应为

$$S_d = \sum_{i=1}^{m} G_{Gi} \cdot G_{ik} + \sum_{j=1}^{n} C_{Qj} \cdot Q_{jk} \tag{5.3.6-2}$$

2 准永久组合

$$S_d = \sum_{i=1}^{m} G_{Gi} \cdot G_{ik} + \sum_{j=1}^{n} C_{Qj} \cdot \psi_{qj} \cdot Q_{jk} \tag{5.3.6-3}$$

式中 ψ_{qj}——第 j 个可变作用的准永久值系数。

5.3.7 对钢筋混凝土构筑物，当其构件在标准组合作用下处于轴心受拉或小偏心受拉的受力状态时，应按下列公式进行抗裂度验算：

1 对轴心受拉构件应满足：

$$\frac{N_k}{A_0} \leqslant \alpha_{ct} f_{tk} \tag{5.3.7-1}$$

式中 N_k——构件在标准组合下计算截面上的纵向力（N）；

f_{tk}——混凝土轴心抗拉强度标准值（N/mm^2），应按现行《混凝土结构设计规范》GB 50010 的规定采用；

A_0——计算截面的换算截面面积（mm^2）；

α_{ct}——混凝土拉应力限制系数，可取0.87。

2 对偏心受拉构件应满足：

$$N_k\left(\frac{e_0}{\gamma W_0} + \frac{1}{A_0}\right) \leqslant \alpha_{ct} f_{tk} \tag{5.3.7-2}$$

式中 e_0——纵向力对截面重心的偏心距（mm）；

W_0——构件换算截面受拉边缘的弹性抵抗矩（mm^3）；

γ——截面抵抗矩塑性系数，对矩形截面为1.75。

5.3.8 对于预应力混凝土结构的抗裂验算，应满足下式要求：

$$\alpha_{cp}\sigma_{sk} - \sigma_{pc} \leqslant 0 \tag{5.3.8}$$

式中 σ_{sk}——在标准组合作用下，计算截面的边缘法向应力（N/mm^2）；

σ_{pc}——扣除全部预应力损失后，计算截面上的预压应力（N/mm^2）；

α_{cp}——预压效应系数，对现浇混凝土结构可取 1.15；对预制拼装结构可取 1.25。

5.3.9 钢筋混凝土构筑物的各部位构件，在准永久组合作用下处于受弯、大偏心受压或大偏心受拉状态时，其可能出现的最大裂缝宽度可按附录 A 计算确定，并应符合 5.3.4 的要求。

6 基本构造要求

6.1 一 般 规 定

6.1.1 贮水或水处理构筑物一般宜按地下式建造；当按地面式建造时，严寒地区宜设置保温设施。

6.1.2 钢筋混凝土贮水或水处理构筑物，除水槽和水塔等高架贮水池外，其壁、底板厚度均不宜小于 20cm。

6.1.3 构筑物各部位构件内，受力钢筋的混凝土保护层最小厚度（从钢筋的外缘处起），应符合表 6.1.3 的规定。

表 6.1.3 钢筋的混凝土保护层最小厚度（mm）

构件类别	工作条件	保护层最小厚度
墙、板、壳	与水、土接触或高湿度	30
	与污水接触或受水气影响	35
梁、柱	与水、土接触或高湿度	35
	与污水接触或受水气影响	40
基础、底板	有垫层的下层筋	40
	无垫层的下层筋	70

注：1 墙、板、壳内的分布筋的混凝土净保护层最小厚度不应小于 20mm；梁、柱内箍筋的混凝土净保护层最小厚度不应小于 25mm；
2 表列保护层厚度系按混凝土等级不低于 C25 给出，当采用混凝土等级低于 C25 时，保护层厚度尚应增加 5mm；
3 不与水、土接触或不受水气影响的构件，其钢筋的混凝土保护层的最小厚度，应按现行的《混凝土结构设计规范》GB 50010 的有关规定采用；
4 当构筑物位于沿海环境，受盐雾侵蚀显著时，构件的最外层钢筋的混凝土最小保护层厚度不应少于 45mm；
5 当构筑物的构件外表设有水泥砂浆抹面或其他涂料等质量确有保证的保护措施时，表列要求的钢筋的混凝土保护层厚度可酌量减小，但不得低于处于正常环境的要求。

6.1.4 钢筋混凝土墙（壁）的拐角及与顶、底板的交接处，宜设置腋角。腋角的边宽不应小于150mm，并应配置构造钢筋，一般可按墙或顶、底板截面内受力钢筋的50%采用。

6.2 变形缝和施工缝

6.2.1 大型矩形构筑物的长度、宽度较大时，应设置适应温度变化作用的伸缩缝。伸缩缝的间距可按表6.2.1的规定采用。

表6.2.1 矩形构筑物的伸缩缝最大间距（m）

结构类别 \ 工作条件 \ 地基类别		岩基		土基	
		露天	地下式或有保温措施	露天	地下式或有保温措施
砌体	砖	30		40	
	石	10		15	
现浇混凝土		5	8	8	15
钢筋混凝土	装配整体式	20	30	30	40
	现浇	15	20	20	30

注：1 对于地下式或有保温措施的构筑物，应考虑施工条件及温度、湿度环境等因素，外露时间较长时，应按露天条件设置伸缩缝；
2 当有经验时，例如在混凝土中施加可靠的外加剂或浇筑混凝土时设置后浇带，减少其收缩变形，此时构筑物的伸缩缝间距可根据经验确定，不受表列数值限制。

6.2.2 当构筑物的地基土有显著变化或承受的荷载差别较大时，应设置沉降缝加以分割。

6.2.3 构筑物的伸缩缝或沉降缝应做成贯通式，在同一剖面上连同基础或底板断开。伸缩缝的缝宽不宜小于20mm；沉降缝的缝宽不应小于30mm。

6.2.4 钢筋混凝土构筑物的伸缩缝和沉降缝的构造，应符合下列要求：

1 缝处的防水构造应由止水板材、填缝材料和嵌缝材料组成；

2 止水板材宜采用橡胶或塑料止水带，止水带与构件混凝土表面的距离不宜小于止水带埋入混凝土内的长度，当构件的厚度较小时，宜在缝的端部局部加厚，并宜在加厚截面的突缘外侧设置可压缩性板材；

3 填缝材料应采用具有适应变形功能的板材；

4 嵌缝材料应采用具有适应变形功能、与混凝土表面粘结牢固的柔性材料，并具有在环境介质中不老化、不变质的性能。

6.2.5 位于岩石地基上的构筑物，其底板与地基间应设置可滑动层构造。

6.2.6 混凝土或钢筋混凝土构筑物的施工缝设置，应符合下列要求：

1 施工缝宜设置在构件受力较小的截面处；

2 施工缝处应有可靠的措施保证先后浇筑的混凝土间良好固结，必要时宜加设止水构造。

6.3 钢筋和埋件

6.3.1 钢筋混凝土构筑物的各部位构件的受力钢筋，应符合下列规定：

1 受力钢筋的最小配筋百分率，应符合现行《混凝土结构设计规范》GB 50010的有关规定；

2 受力钢筋宜采用直径较小的钢筋配置；每米宽度的

墙、板内，受力钢筋不宜少于4根，且不超过10根。

6.3.2 现浇钢筋混凝土矩形构筑物的各构件的水平向构造钢筋，应符合下列规定：

1 当构件的截面厚度小于、等于50cm时，其里、外侧构造钢筋的配筋百分率均不应小于0.15%。

2 当构件的截面厚度大于50cm时，其里、外侧均可按截面厚度50cm配置0.15%构造钢筋。

6.3.3 钢筋混凝土墙（壁）的拐角处的钢筋，应有足够的长度锚入相邻的墙（壁）内；锚固长度应自墙（壁）的内侧表面起算。

6.3.4 **钢筋的接头应符合下列要求：**

1 对具有抗裂性要求的构件（处于轴心受拉或小偏心受拉状态），其受力钢筋不应采用非焊接的搭接接头；

2 受力钢筋的接头应优先采用焊接接头，非焊接的塔接接头应设置在构件受力较小处；

3 受力钢筋的接头位置，应按现行《混凝土结构设计规范》GB 50010的规定相互错开；如必要时，同一截面处的绑扎钢筋的搭接接头面积百分率可加大到50%，相应的搭接长度应增加30%。

6.3.5 钢筋混凝土构筑物各部位构件上的预埋件，其锚筋面积及构造要求，除应按现行《混凝土结构设计规范》GB 50010的有关规定确定外，尚应符合下列要求：

1 预埋件的锚板厚度应附加腐蚀裕度；

2 预埋件的外露部分，必须作可靠的防腐保护。

6.4 开孔处加固

6.4.1 钢筋混凝土构筑物的开孔处，应按下列规定采取加强措施：

1 当开孔的直径或宽度大于300mm但不超过1000mm时，孔口的每侧沿受力钢筋方向应配置加强钢筋，其钢筋截面积不应小于开孔切断的受力钢筋截面积的75%；对矩形孔口的四周尚应加设斜筋；对圆形孔口尚应加设环筋。

2 当开孔的直径或宽度大于1000mm时，宜对孔口四周加设肋梁；当开孔的直径或宽度大于构筑物壁、板计算跨度的$\frac{1}{4}$时，宜对孔口设置边梁，梁内配筋应按计算确定。

6.4.2 砖砌体的开孔处，应按下列规定采取加强措施：

1 砖砌体的开孔处宜采用砌筑砖券加强。砖券厚度，对直径小于1000mm的孔口，不应小于120mm；对直径大于1000mm的孔口，不应小于240mm。

2 石砌体的开孔处，宜采用局部浇筑混凝土加强。

附录 A　钢筋混凝土矩形截面处于受弯或大偏心受拉（压）状态时的最大裂缝宽度计算

A.0.1　受弯、大偏心受拉或受压构件的最大裂缝宽度，可按下列公式计算：

$$w_{max} = 1.8\psi\frac{\sigma_{sq}}{E_s}\left(1.5c + 0.11\frac{d}{\rho_{te}}\right)(1+\alpha_1)\cdot\nu \tag{A.0.1-1}$$

$$\psi = 1.1 - \frac{0.65f_{tk}}{\rho_{te}\sigma_{sq}\alpha_2} \tag{A.0.1-2}$$

式中　w_{max}——最大裂缝宽度（mm）；

ψ——裂缝间受拉钢筋应变不均匀系数，当 $\psi<0.4$ 时，应取 0.4；当 $\psi>1.0$ 时，应取 1.0；

σ_{sq}——按长期效应准永久组合作用计算的截面纵向受拉钢筋应力（N/mm²）；

E_s——钢筋的弹性模量（N/mm²）；

c——最外层纵向受拉钢筋的混凝土净保护层厚度（mm）；

d——纵向受拉钢筋直径（mm）；当采用不同直径的钢筋时，应取 $d=\frac{4A_s}{u}$；u 为纵向受拉钢筋截面的总周长（mm）；

ρ_{te}——以有效受拉混凝土截面面积计算的纵向受拉钢筋配筋率，即 $\rho_{te}=\frac{A_s}{0.5bh}$；$b$ 为截面计算宽度，h 为截面计算高度；A_s 为受拉钢筋的截面面积（mm²），对偏心受拉构件应取偏心力一侧的钢筋截面面积；

α_1——系数，对受弯、大偏心受压构件可取 $\alpha_1=0$；对大偏心受拉构件可取 $\alpha_1=0.28\left(\frac{1}{1+\frac{2e_0}{h_0}}\right)$；

ν——纵向受拉钢筋表面特征系数，对光面钢筋应取 1.0；对变形钢筋应取 0.7；

f_{tk}——混凝土轴心抗拉强度标准值（N/mm²）；

α_2——系数，对受弯构件可取 $\alpha_2=1.0$；对大偏心受压构件可取 $\alpha_2=1-0.2\frac{h_0}{e_0}$；对大偏心受拉构件可取 $\alpha_2=1+0.35\frac{h_0}{e_0}$。

A.0.2　受弯、大偏心受压、大偏心受拉构件的计算截面纵向受拉钢筋应力 σ_{sq}，可按下列公式计算：

1　受弯构件的纵向受拉钢筋应力

$$\sigma_{sq} = \frac{M_q}{0.87A_sh_0} \tag{A.0.2-1}$$

式中　M_q——在长期效应准永久组合作用下，计算截面处的弯矩（N-mm）；

h_0——计算截面的有效高度（mm）。

2　大偏心受压构件的纵向受拉钢筋应力

$$\sigma_{sq} = \frac{M_q - 0.35N_q(h_0 - 0.3e_0)}{0.87A_sh_0} \tag{A.0.2-2}$$

式中 N_q——在长期效应准永久组合作用下，计算截面上的纵向力（N）；

e_0——纵向力对截面重心的偏心距（mm）。

3 大偏心受拉构件的纵向钢筋应力

$$\sigma_{ls} = \frac{M_q + 0.5N_q(h_0 - a')}{A_s(h_0 - a')} \qquad (A.0.2\text{-}3)$$

式中 a'——位于偏心力一侧的钢筋至截面近侧边缘的距离（mm）。

附录 B 本规范用词说明

B.0.1 为便于在执行本规范条文时区别对待，对要求严格程度不同的用词说明如下：

1 表示很严格，非这样做不可的：

正面词采用“必须”，反面词采用“严禁”。

2 表示严格，在正常情况下均应这样做的：

正面词采用“应”，反面词采用“不应”或“不得”。

3 表示允许稍有选择，在条件许可时首先应这样做的：

正面词采用“宜”或“可”，反面词采用“不宜”。

B.0.2 条文中指定应按其他有关标准、规范执行时，写法为“应符合……规定”。

中华人民共和国国家标准

给水排水工程构筑物结构设计规范

GB 50069—2002

条 文 说 明

目 次

1 总　　则

1.0.1～1.0.5 主要是针对本规范的适用范围，给出了明确规定。同时明确了本规范的修订系遵照我国现行标准《工程结构可靠度设计统一标准》GB 50153—92 进行的，亦即在结构设计理论模式和方法上，统一采用了以概率理论为基础的极限状态设计方法。

针对适用范围，主要从工程性质、结构类型以及和其他规范的关系等方面，做出了明确规定。其考虑与原规范 GBJ 69—84 是一致的，只是排除了有关地下管道结构的内容。

1　工程性质

在《总则》中，阐明了本规范系适用于城镇公用设施和工业企业中的一般给水排水工程设施的构筑物结构设计，排除了某些特殊工程中相应设施的结构设计。主要是考虑到给水排水工程作为生命线工程的重要内容，涉及面较广，除城镇公用设施外，各行业情况比较复杂，在安全性和可靠度要求方面会存在不同要求，本规范很难概括。遇到这种情况，可以不受本规范的约束，可以按照某特定条件的要求，另行拟订设计标准，当然也不排除很多技术问题可以参照本规范实施。

2　结构类型

关于结构类型，在大量的给水排水工程构筑物中，主要是采用混凝土结构（广义的，包括钢筋混凝土和预应力混凝土结构），只是在一些小型的工程中，限于经济条件和地区条件，也还采用砖石结构。自 20 世纪 60 年代开始，通过对已建工程的总结，明确了贮水或水处理构筑物以及各种位于地下、水下的防水结构，采用砌体结构很难做到很好地符合设计使用标准，在渗、漏水方面难能完善达标；同时在工程投资上，采用砌体结构并无可取的经济效益（各部位构件截面加大、附加防水构造措施等）。另外，在砌体结构的静力计算方面，也存在一定的问题。在给水排水工程的构筑物结构中，多为板、壳结构，其受力状态多属平面问题，甚至需要进行空间分析，这就有别于一般按构件的计算，需要涉及砌体的双向受力的力学性参数，对不同的砌体材料如何合理可靠地确定，目前尚缺乏依据。如果再考虑为提高砌体的防水性能，采用浇筑混凝土夹层等组合结构，此时将涉及两者共同工作的若干力学参数，情况将更为复杂，尚缺乏可资总结的可靠经验。反之，如果不考虑这些因素，完全按照杆件结构分析，则构件的截面厚度将大为增加，与工程实际条件不符，规范这样处理显然将是不恰当的。

据此，本规范明确了对于给水排水工程中的贮水或水处理构筑物、地下构筑物，一般宜采用混凝土结构，仅当容量较小时可采用砌体结构。此时对砌体结构的设计，可根据各地区的实践经验，参照混凝土结构的有关规定进行具体设计。

3　本规范与其他规范的关系

在《总则》中明确了本规范与其他规范的关系。

本规范属于专业规范的范畴，其任务是解决有关给水排水工程中有关构筑物结构设计的特定问题。因此对于有关结构设计的可靠度标准、荷载标准、构件截面设计以及地基基础设计等，均就根据我国现行的相关标准、规范执行，例如

《砌体结构设计规范》、《混凝土结构设计规范》、《建筑地基基础设计规范》等。本规范主要是针对一些特定问题，作了补充规定，以确保给水排水工程中构筑物的结构设计，达到技术先进、安全适用、确保质量的目标。

此外，本规范还明确了对于承受偶遇作用或建造在特殊地基上的给水排水工程构筑物的结构设计（例如地震区的强烈地面运动作用、湿陷性黄土地区、膨胀土地区等），应遵照我国现行的相关标准、规范执行，本规范不作引入。

2 主要符号

2.0.1～2.0.4 主要针对有关给水排水工程构筑物结构设计中一些常用的符号，做出了统一规定，以供有关给水排水工程中各项构筑物结构设计规范中共同遵照使用。

本规范中对主要符号的统一规定，系依据下列原则：

1 一般均按《建筑结构设计术语和符号标准》GB/T 50083—97 的规定采用；

2 相关标准、规范已采用的符号，在本规范中均直接引用；

3 在不与上述一、二相关的条件下，尽量沿用原规范已用符号。

3 材 料

3.0.1 这一条是针对贮水或水处理构筑物、地下构筑物的混凝土强度等级提出了要求，比之原规范要求稍高。主要是根据工程实践总结，一般盛水构筑物或地下构筑物的防渗，以混凝土的水密性自防水为主，这样满足承载力要求的混凝土等级，往往与抗渗要求不协调，实际工程用混凝土等级将取决于抗渗要求；同时考虑到近几年来的混凝土制筑工艺，多转向商品化、泵送，加上多生产高标号水泥，导致实际采用的混凝土等级偏高。据此，规范修订时将混凝土等级结合工程实际予以适当提高，以使在承载力设计中能够获得充分利用，避免相互脱节。

3.0.2 本条内容与原规范的提法是一致的，只是将离心悬辊工艺的混凝土等有关要求删去，因为这种混凝土成型工艺在给水排水工程中，仅在管道制作中应用，所以这方面的内容将列入《给水排水工程管道结构设计规范》中。

3.0.3 关于构筑物混凝土抗渗的要求，与原规范的要求相同，以构筑物承受的最大水头与构件混凝土厚度的比值为指标，确定应采用的混凝土抗渗等级。原规范考虑了国内施工单位可能由于试验设备的限制，对混凝土抗渗等级的试验会产生困难，从而给出了变通做法，在修订时本条删去了这一内容。主要是在实施中了解到一般正规的施工单位都拥有试验设备，不存在试验有困难；而一些承接转包的非正规施工单位，不但无试验设备，而且技术力量较弱，施工质量欠佳。为此在确保混凝土的水密性问题上，应从严要求，一概通过试验核定混凝土的配比，可靠保证构筑物的防渗性能。

3.0.4、**3.0.7**、**3.0.8** 条文保持原规范的要求。其内容主要从保证结构的耐久性考虑，混凝土内掺加氯盐后将形成氯化物溶液，增强其导电性；加速产生电化学腐蚀，严重影响结构耐久性。

这方面在国外有关标准中都有类似的规定。例如《英国贮液构筑物实施规范》（BS 5337—1976）中，对混凝土的拌合料及其他掺合料就明确规定："不得使用氯化钙或含有氯化物的拌合料，其他掺合料仅在工程师许可时方可应用"；日本土木学会 1977 年编制的《日本混凝土与钢筋混凝土规范》，在第二十一章"冬季混凝土施工"中，同样也明确规定："不得采用食盐或其他药剂，借以降低混凝土的冻结温度"。

3.0.5 这一条内容是根据近几年来工程实践反映的问题而制订的，主要是防止混凝土在潮湿土在潮湿环境下产生异常膨胀而导致破坏。这种异常膨胀来源于水泥中的碱与活性骨料发生化学反应形成，因此条文引用了《混凝土碱含量限值标准》（CECS 53:93），对控制混凝土中的碱含量和选用非活性骨料作出规定。这个问题在国外早已引起重视，英、美、日、加拿大等国均对此进行过大量的研究，并据此提出要求。我国 CECS 53:93 拟订的标准，即系在参照国外研究资料的基础上进行的。

3.0.6 本条与抗渗等级相似，用以控制混凝土必要的抗冻性能，采用抗冻等级多年来已是国内行之有效的方法。结合原规范 GBJ 69—84 实施以来，反映了对一般贮液构筑物规定的抗冻等级偏低，在实际工程中尤其是应用商品混凝土的水灰比偏高时，出现了混凝土抗冻不足而酥裂现象，同时也反映了构筑物阳面冻融条件的不利影响，为此在这次修订时适当提高了混凝土的抗冻等级。

3.0.9 原规范 GBJ 69—84 中有此内容，但系以附注的形式给出。在这次修订时，结合工程实际应用情况予以独立条文明确。主要是强调了对有水密性要求的混凝土，提出了选择水泥材料品种的要求。从结构耐久性考虑，普通硅酸盐水泥制作的混凝土，其碳化平均率最低，较之其他品种的水泥对保证结构耐久性更有利，按有关研究资料提供的数据如表 3.0.9 所示。

表 3.0.9 各种水泥品种混凝土的相对平均碳化率

水泥品种	普通水泥	矿渣水泥	火山灰水泥	粉煤灰水泥
碳化平均率	1	1.4	1.7	1.9

3.0.10 关于混凝土材料热工系数的规定，与原规范 GBJ 69—84 是一致的，本次修订时仅对各项系数的计量单位，按我国现行法定计量单位作了换算。

3.0.11 本文内容保持原规范的要求。主要是针对砌体材料提出了规定，对砌体的砌筑砂浆强调应采用水泥砂浆，考虑到白灰系属气硬性材料，用于高湿度环境的结构不妥，难能保证达到应有的强度要求。对于砂浆的强度等级条文未作具体规定，但从施工砌筑操作要求，一般不宜低于 M5，即使用 M5 其和易性仍然是比较差的，习惯上均沿用不低于 M7.5 相当于水灰比 1:4 较为合适，本规范给予适当提高，规定采用 M10，以使与《砌体结构设计规范》协调一致。

4 结构上的作用

4.1 一 般 规 定

4.1.1 本条是针对给水排水工程构筑物常遇的各种作用，根据其性质和出现的条件，作了区分为永久作用和可变作用的规定。

其中，关于构筑物内的盛水压力，本条规定按永久作用考虑。这对滤池、清水池等构筑物的内盛水情况是有差别的，这些池子在运行时水位不是没有变化的，但出现最高水位的时间要占整个设计基准期的 2/3 以上，同时其作用效应将占 90%以上，对壁板甚至是 100%，因此以列为永久性作用为宜。至于其满足可靠度要求的设计参数，可根据工程经验校核获得，与原规范要求取得较好的协调。

4.1.2～4.1.4 主要对作用中有些荷载的设计代表值、标准值、相关标准、规范中已作了规定，本规范中不再另订，应予直接引用。

4.2 永久作用的标准值

4.2.2 对于电动机的动力影响，保持了原规范的要求，主要考虑在给水排水工程中应用的电动机容量不大，因此可简化为静力计算。

4.2.3 本条对作用地下地构筑物上的竖向土压力计算做出了规定。

原规范 GBJ 69—84 中给出的计算公式，经工程实践证明是适宜的。其中竖向土压力系数 n_s 值，原规范按不同施工条件给出，主要是针对地下管道上的竖向土压力。这次修订时在编制内容上将构筑物与地下管道分别制订，因此 n_s 值一般应为 1.0，当遇到狭长型构筑物即其长宽比大于 10 时，竖向土压力可能出现与地下管道这种线状结构相类似的情况，即将由于沟槽内回填沉陷不均而在构筑物顶部形成竖向土压力的增大。

4.2.4 条文对地下构筑物上的侧土压力计算作了规定。主要是保持了原规范的计算公式，按回填土的主动土压力考虑，并按习惯上使用的朗金氏主动土压计算模式给出，应用较为方便。

土对构筑物形成的压力，可以有主动土压力、静止土压力、被动土压力三种情况。被动土压力的产生，相当于土体被动受到挤压而达到极限平衡状态，这实际上要求构筑物产生较大的侧向位移，在工程上一般是不允许的，即使对某些结构（拱结构的支座、顶进结构的后背等）需要利用被动土压力时，也经常留有足够的余度，避免结构产生过大的侧移。静止土压力相当于结构和土体都不产生任何变形的情况，这在一般施工条件下是不成立的。同时工程实践也同上述的古典土压力理论模式有差别，结构物外侧的土体并非半无限均匀介质，而是基槽回填土。一般回填土的密实度要差一些，即使回填土的密实度良好，试验证明其抗剪强度也低于原状土，主要在于土的结构内聚力消失，不能在短时期内恢复。因此基槽内回填土内形成主动极限平衡状态，并不真正需要结构物沿土压方向产生位移或转动，安全可以由于结构物外侧土体的抗剪强度不同而自行向结构物方向的变形，很多试验已证明这种变形不需很显著，即可使土体达到主动极限平衡状态，对构筑物形成主动土压力。

条文对位于地下水位以下的土压力计算，做出了具体规定：对土的重度取有效重度，即扣去浮力的作用；除计算土压力外，还应另行计算地下水的静水压力，即认为在地下水位以下的土体中存在连续的自由水，它们在一般压力下可视作不可压缩的，因此其侧压力系数应为 1.0。这种计算原则为国内、外极大多数工程技术人员所采用。例如日本的《预应力混凝土清水池标准设计书及编制说明》中，对土压力计算的规定为："用朗金公式计算作用在水池上的土压力。如水池必须建在地下水位以下时，除用浮容重外，还要考虑水压力"。我国高教部试用教材《地基及基础》（1980 年，华南工学院、南京工学院主编和天津大学、哈尔滨建工学院主编的两本）中，亦均介绍了按这一原则的计算方法。

针对位于地下水位以下的土压力计算问题，有些资料介绍了直接取土的饱和容重乘以侧压力系数计算；也有些资料认为水压力可只计算土内孔隙部分的水压力等。应该指出这些方法都是不妥的，前者忽略了土中存在自由水，其泊桑系数为 0.5，相应的侧压系数应为 1.0，后者将自由水视作在土体中不连续，这是缺乏根据并且也与水压力的计算和分布相矛盾的。同时必须指出这两种计算方法均减少了静水压力的实际数值，实质上导致降低了结构的可靠度。

4.2.5 针对沉井结构上的土压力计算，条文的规定与原规范的要求是一致的。沉井在下沉过程中不可能完全紧贴土体，因此周围土体仍将处于主动极限平衡状态，按主动土压力计算是恰当的，只是土的重度应按天然状态考虑。

4.2.6 本条系关于池内水压力的计算规定。只是明确了表面曝气池内的盛水压力，应考虑水面波动影响，实际上可按池壁齐顶水压计算。

4.3 可变作用标准值、准永久值系数

本节内容中关于作用标准值的采用，均保持了原规范的规定，仅作了以下补充：

1. 对地表水和地下水的压力，提出应考虑的条件，即地表水位宜按1%频率统计确定，地下水位则根据近期变化及补给发展趋势确定。同时规定了相应的准永久值系数的采用。这些规定主要是保证结构安全，避免在50年使用期由于地表水或地下水的压力变化，导致构筑物损坏。

2. 对于融冰压力的准永久值系数，按不同地区分别作了规定。东北地区和新疆北部气温低、冰冻期长，因此准永久值系数取0.5，而我国其他地区冰冻期短，相应的准永久值系数可取零。

3. 对于温、湿度变化作用，暴露在大气中的构筑物长年承受，只是程度不同，例如冬、夏季甚于春、秋，并且冬季以温差为主，温差影响很小，夏季则相反，保温、湿度作用总是存在的，因此条文规定相应的准永久值系数可取1.0计算。

5 基本设计规定

5.1 一般规定

5.1.1、**5.1.2** 本条明确规定这次修订的规范系采用以概率理论为基础的极限状态设计方法。并规定了在结构设计中应考虑满足承载能力和正常使用两种极限状态。

对于给水排水工程的各种构筑物，主要是处于盛水或潮湿环境，因此防渗、防漏和耐久性是必须考虑的。满足正常使用要求时，控制裂缝开展是必要的，对于圆形构筑物或矩形构筑物的某些部位（例如长壁水池的角隅处），其受力状态多属轴拉或小偏心受拉，即整个截面处于受拉状态，这就需要控制其裂缝出现；更多的构件将处于受弯，大偏心受力状态，从耐久性要求，需要限制其裂缝开展宽度，防止钢筋锈蚀影响构筑物的使用年限，这里也包括混凝土的抗渗，抗冻以及钢筋保护层厚度等要求。另外，在某些情况下，也需要控制构件的过大变位，例如轴流泵电机层的支承结构，变位过大时将导致传动轴的寿命受损以及能耗增加、功效降低。

5.1.3 本条规定了对各种构筑物进行结构内力分析时的要求。主要是根据给水排水工程中构筑物的正常运行特点，从抗渗、耐久性的要求，不允许结构内力达到塑性重分布状态，明确按内力处于弹性阶段的弹性体系进行结构分析。

5.1.4～5.1.8 条文主要明确与相应现行设计规范的衔接。同时规定了一般给水排水工程中的各种构筑物，其重要性等

级应按二级采用，当有特殊要求时，可以提高等级，但相应工程投资将增加，应报工程主管部门批准。

5.2 承载能力极限状态计算规定

5.2.1、5.2.2 条文按我国现行规范《建筑结构可靠度设计统一标准》GB 50068—2001、《工程结构可靠度设计统一标准》GB 50153 的规定，给出了设计表达式。其中有关结构构件抗力的设计值，明确应按相应的专业结构设计规范规定的值采用。

1 对于作用分项系数的拟定，这次修订中尚缺乏足够的实测统计数据，因此主要还以工程校核法确定，即以原规范 GBJ 69—84 行之有效的作用效应为基础，使修订后的作用效应能与之相接轨。

对于结构自重的分项系数，均按原规范的单一安全系数，通过工程校核，维持原水准确定，即取 1.20 采用。

考虑到在给水排水工程中，不少构筑物的受力条件，均以永久作用为主，因此对构筑物内的盛水压力和外部土压力的作用分项系数，均规定采用 1.27，以使与原规范的作用效应衔接。

按原规范 GBJ 69—84，盛水压力取齐顶计算时，安全系数可乘以附加安全系数 0.9。当以受弯构件为例时，安全系数 $K = 0.9 \times 1.4 = 1.26$。此时可得

$$1.26 M_G = \mu b h_0^2\left(1 - \frac{\mu R_g}{2R_w}\right) R_g \qquad (5.2.2.1)$$

式中 M_G——永久作用盛水压力的作用效应；

μ——构件的截面受拉钢筋配筋百分率；

b——构件截面的计算宽度；

h_0——构件截面的计算有效高度；

R_g——受拉钢筋的抗拉强度设计值；

R_w——混凝土的弯曲抗压强度设计值。

按 GBJ 10—89 计算时，可得

$$\gamma_G M_G = \rho b h_0^2\left(1 - \frac{\rho f_y}{2f_{cm}}\right) f_y \qquad (5.2.2.2)$$

式中 ρ、f_y、f_{cm}同 μ、R_g、R_w。

如果令 $\mu = \rho$ 时，可得分项系数 γ_G 为：

$$\gamma_G = \frac{1.2 b f_y\left(\frac{\rho f_y}{2f_{cm}}\right)}{R_g\left(1 - \frac{\mu R_g}{2R_w}\right)} \qquad (5.2.2.3)$$

以 200# 混凝土、Ⅱ级钢为例，则：

$R_g = 340\text{N/mm}^2$；$R_w = 14\text{N/mm}^2$；

$f_y = 310\text{N/mm}^2$；$f_{cm} = 10\text{N/mm}^2$。

代入式（5.2.2-3）可得：

$$\gamma_G = \frac{390.6(1 - 15.50\rho)}{340(1 - 12.14\rho)} \qquad (5.2.2.4)$$

在不同的 ρ 值下的变化如表 5.2.2 所示。

表 5.2.2 ρ-γ_G 表

ρ（%）	0.2	0.4	0.6	0.8	1.0	1.2
γ_G	1.140	1.133	1.124	1.115	1.105	1.095

如果盛水压力取设计水位，相应单一安全系数 $K = 1.4$ 时，表 5.2.2 内 $\rho = 0.2\%$ 时的 $\gamma_G = 1.27$。此值不仅对受弯构件，对轴拉、偏心受力、受剪等构件均可适用。

当构件同时承受永久作用和可变作用时，仍以受弯构件

为例，此时按原规范：

$$K(M_G + M_Q) = \mu bh_0^2(1 - \mu R_g/2R_w) R_g \quad (5.2.2.5)$$

按 GBJ 10—89：

$$\gamma_G M_G + \gamma_Q M_Q = \rho bh_0^2\left(1 - \frac{\rho f_y}{2f_{cm}}\right) f_y \quad (5.2.2.6)$$

令 $\eta = M_Q/M_G$，则

$$K(M_G + M_Q) = K(1 + \eta) M_G$$

$$\gamma_G M_G + \gamma_G M_Q = (\gamma_G + \eta\gamma_Q) M_G$$

$$\frac{(\gamma_G + \eta\gamma_Q)}{K(1 + \eta)} = \frac{f_y\left(1 - \frac{\rho f_y}{2f_{cm}}\right)}{R_g\left(1 - \frac{\mu R_g}{2R_w}\right)} \quad (5.2.2.7)$$

以式（5.2.2-3）代入式（5.2.2-7）可得：

$$\gamma_Q = \frac{(1 + \eta)\gamma_G - \gamma_G}{\eta} = \gamma_G \quad (5.2.2.8)$$

以工程校核前提来看，式(5.2.2.8)是符合式(5.2.2.5)的。γ_G 值是随配筋率 ρ 而变的，对给水排水工程中的板、壳结构，ρ 值很少超过 1%，因此取 $\gamma_Q = 1.27$ 与原规范相比，不会带来很大的出入，一般都在 3%以内，稍偏于安全。但考虑与《工程结构可靠度设计统一标准》(GB 50153)相协调，条文对 γ_Q 仍取 1.40，并与组合系数配套使用。

2 对于地下水或地表水压力的作用分项系数，考虑到很多情况是与土压力并存的，并且对构筑物壁板的作用效应是主要的，一般应为第一可变作用，因此可与土压力计算相协调，取该项系数 $\gamma_Q = 1.27$，方便设计应用（可由受水位变动引起土、水压力同时变动）。

3 关于组合系数 ψ_C 的取值，同样根据工程校核的原则，为此取 $\gamma_Q = 1.4$，$\psi_C = 0.9$，最终结果符合上述式(5.2.2-8)，与原规划协调一致。仅当可变作用只有一项温、湿度变化时，相应的可变作用效应比原规范提高了 1.10 倍，这是考虑到温、湿度变化在实践中往往难以精确计算，也是结构出现裂缝的主要因素，为此适当地提高应该认为需要的。同样，对水塔设计中的风荷载，保持了原规范中的考虑，适当提高了要求。

4 关于满足可靠度指标的要求，上述换算系通过原规范依据的《钢筋混凝土结构设计规范》TJ 10—74 与其修编的《混凝土结构设计规范》GBJ 10—89 对此获得，基于后者是满足要求的，因此也可确认换算后的各项系数，同样可满足应具备的可靠度指标。

5.2.3 关于构筑物设计稳定抗力系数的规定

构筑物的稳定性验算，包括抗浮、抗滑动和抗倾覆，除抗浮与地下水有关外，后两者均与地基土的物理力学性参数直接相关。目前在稳定设计方法方面，尚很不统一，尽管在《建筑结构设计统一标准》GB 50068、《工程结构设计统一标准》GB 50153—92 及《建筑结构荷载规范》GB 50009 中，规定了稳定性验算同样按多系数极限状态进行，但现行的《建筑地基基础设计规范》GB 50007，仍采用单一抗力系数的极限状态设计方法。对此考虑到原规范 GBJ 69—84 给出的验算方法，亦以 GBJ 7 为基础，并且地基土的物理力学性参数的统计资料尚不完善，因此在这次修订时仍保持原规范 GBJ 69—84 的规定，待今后条件成熟后再行局部修订，以策安全。

5.2.4 本条规定保持了原规范的要求。

5.3 正常使用极限状态验算规定

5.3.1～5.3.3 正常使用极限状态验算，包括运行要求，观感要求，尤其是耐久性（使用寿命）要求。条文对验算内容及相应的作用组合条件做出了规定：当构件在组合作用下，截面处于全截面受拉状态（轴拉或小偏心受拉）时，一旦应力超过其抗拉强度时，截面将出现贯通裂缝，这对盛水构筑物是不能允许的，对此应按抗裂度验算，限制裂缝出现，相应作用组合应按短期效应的标准组合作为验算条件；当构件在组合作用下，截面处于压弯或拉弯状态（受弯、大偏心受拉或偏心受压）时，可以允许截面出现裂缝，但需要从耐久性考虑，限制裂缝的最大宽度，避免钢筋的锈蚀，此时相应的作用组合可按长期效应的准永久组合作为验算条件。

5.3.4 关于构件截面最大裂缝宽度限值的规定。

条文基本上仍采用了原规范 GBJ 69—84 的规定值，因为这些限值在实践中证明是合适的。仅对沉井结构的最大裂缝限值作了修订，主要考虑到原规范仅对沉井的施工阶段作用效应作了规定，允许裂宽偏大，这样对使用阶段来说不一定是合适的，因此这次修订时与其他构筑物的衡量标准协调一致，允许裂宽适当减小，确保结构的使用寿命。

5.3.5 本条对于泵房内电机层的支承梁变形限值，维持原规范 GBJ 69—84 的要求，实践证明它对保证电机正常运行、节约耗电是适宜的。

5.3.6 条文对正常使用极限状态给出了作用效应计算通式。结合给水排水工程的具体情况，考虑了长期作用效应和短期作用效应两种计算式，分别针对构件不同的受力条件，与本节 5.3.2 及 5.3.3 的规定协调一致。

5.3.7～5.3.8 条文给出了钢筋混凝土构件处于轴心受拉或小偏心受力状态时，相应的抗裂度验算公式。条文根据工程实践经验和原规范的规定，拟定了混凝土拉应力限制系数 α_{cf}的取值。即根据工程校准法，可通过下式计算：

$$\alpha_{ct} f_{tk} = R_f / K_f \qquad (5.3.7.1)$$

式中 f_{tk}——《混凝土结构设计规范》GBJ 10—89 中的混凝土抗拉强度标准值；

R_f——《钢筋混凝土结构设计规范》TJ 10—74 中混凝土抗裂设计强度；

K_f——抗裂安全系数，取 1.25。

按 TJ 10—74，对混凝土的抗裂设计强度按 200mm 立方体试验强度的平均值减 1.0 倍标准差采用，即

$$R_f = 0.5\mu_{fcu(200)}^{2/3}(1-\delta_f)$$

以混凝土标号 R^b 表示，则可得

$$R^b = \mu f_{cu(200)}(1-\delta_f)$$

$$R_f = 0.5\left(\frac{R^b}{1-\delta_f}\right)^{2/3}(1-\delta_f)$$

$$= 0.5(R^b)^{2/3}(1-\delta_f)^{1/3} \qquad (5.3.7.2)$$

按 GBJ 10—89，试块改为 150mm 立方体（考虑与国际接轨），混凝土的各项强度标准值取其试验平均值减去 1.645 倍标准差，并统一采用量钢 N/mm^2，则可得：

$$\mu_{fcu(200)} = 0.95\mu_{fcu(150)}$$

$$f_{tk} = 0.5(0.95\mu_{fcu(150)})^{2/3}(0.1)^{1/3}(1-1.645\delta_f)$$

$$= 0.23\left(\frac{f_{cu,k}}{1-1.645\delta_f}\right)^{2/3}(1-1.645\delta_f)$$

$$= 0.23 f_{cu \cdot k}^{2/3}(1-1.645\delta_f)^{1/3} \qquad (5.3.7.3)$$

对于标准差 δ_f 值，当 $R^b \leqslant 200$；$\delta_f \leqslant 0.167$

$250 \leqslant R^b \leqslant 400$；$\delta_f = 0.145$

以此代入式（5.3.7.2）及式（5.3.7.3），计算结果可列于表5.3.7作为新、旧对比。

表 5.3.7　R_f/f_{tk}对比表

TJ 10—74	R^b（kgf/cm^2）	220	270	320	370	420
	R_f（N/mm^2）	1.70	2.00	2.20	2.45	2.65
GBJ 10—89	f_{cuk}（N/mm^2）	C 20	C 25	C 30	C 35	C 40
	f_{tk}（N/mm^2）	1.50	1.75	2.00	2.25	2.45
$R_f/f_{tk} \cdot k_f$	R_f/f_{tk}	1.13	1.14	1.10	1.09	1.08
	α_{ct}	0.90	0.91	0.88	0.87	0.86

从表5.3.7所列 α_{ct}的数据，在给水排水工程中混凝土的等级不可能超过C40，为此条文规定可取0.87采用，与原规范的抗裂安全要求基本上协调一致。

5.3.8　本条对于预应力混凝土结构的抗裂验算，基本上按照原规范的要求。以往在给水排水工程中，对贮水构筑物的预加应力均要求设计荷载作用下，构件截面上保持一定的剩余压应力。此次修订时，对预制装配结构仍保持了原规范的规定，即取预压效应系数 $\alpha_{cp} = 1.25$；对现浇混凝土结构适当降低了 α_{cp}值，采用1.15，仍留有足够的剩余压应力，应该认为对结构的安全可靠还是有充分保证的。

6　基本构造要求

本章大部分条文的内容和要求，均保持原规范GBJ 69—84的规定，下面仅对修订后有增补或局部修改的条文加以说明。

6.1　一　般　规　定

6.1.2　对贮水或水处理构筑物的壁和底板厚度规定了不小于20cm。主要是从保证施工质量和构筑物的耐久性考虑，这类构筑物的钢筋净保护层厚度不宜太小，也就决定了构件的厚度不宜太小，否则难能做好混凝土的振捣密实性，就会影响其水密性要求，并且将不利于钢筋的锈蚀，从而影响构筑物的使用寿命。

6.1.3　关于钢筋最小保护层厚度的规定

钢筋的最小保护层厚度比之原规范GBJ 69—84稍有增加，主要是从构筑物的耐久性考虑。钢筋混凝土结构的使用寿命通常取决于钢筋的严重锈蚀而导致破坏。钢筋锈蚀可有集中锈蚀和均匀锈蚀两种情况，前者发生于裂缝处，加大保护层厚度可以延长碳化时间，亦即对结构的使用寿命提高了保证率。

同时，对比国外标准，例如BS 8007是针对盛水构筑物的技术规范，对钢筋的保护层厚度最小是40mm，比之我国标准要大一些。另外，对钢筋保护层厚度取稍大一些，有利于混凝土（钢筋与模板间）的振捣，对混凝土的水密性是有好处，也就提高了施工质量的保证率。

6.2 对变形缝和施工缝的构造要求

6.2.1 关于大型矩形构筑物的伸缩缝间距要求，原规范 GBJ 69—84 的规定在实践中是可行的，为此在修订时仍予引用。考虑到近年来混凝土中的掺合料发展较快，有一些微膨胀型掺合料对减少混凝土的温、湿度收缩可望收到成效，因此在条文中加注了如果有这方面的使用经验，可以适当扩大伸缩缝的间距。

6.2.4 对钢筋混凝土构筑物的伸缩缝和沉降缝的构造，在原规范条文要求的基础上稍作了补充，明确了应由止水板材、填缝材料和嵌缝材料组成，并对后两者的性能提出了要求。

6.2.5 本条对建于岩基上的大型构筑物，规定了底板下应设置滑动层的要求。主要是考虑到底板混凝土如果直接浇筑在基岩上，两者粘结力很强，当混凝土收缩时很难避免产生裂缝，仅以减少伸缩缝的间距还难能奏效，应设置滑动层为妥。

6.2.6 本条除保留原规范要求外，对施工缝处先后浇筑的混凝土的界面结合，指出应保证做到良好固结，必要时如施工操作条件较差处应考虑设置止水构造，即在该处加设止水板，避免造成渗漏。

6.3 关于钢筋和埋件的构造规定

6.3.4 本条中有关钢筋的接头，除要求满足不开裂构件的钢筋接头应采用焊接和钢筋接头位置应设在构件受力较小处外，对接头在同一截面处的错开百分率，容许采用 50% 的规定，但要求搭接长度适当增加。这在国外标准中亦有类似的做法，目的在于方便施工，虽然钢筋用量稍有增加，但对钢筋加工和绑扎工序都缩减了工作量，也就加速了施工进度，从总体考虑可认为在一定的条件下还是可取的。

附录 A 钢筋混凝土矩形截面处于受弯或大偏心受拉（压）状态时的最大裂缝宽度计算

本附录对最大裂缝宽度的计算规定，基本上保持了原规范的要求，仅作了如下的修改及说明。

1 对裂缝间受拉钢筋应变不均匀系数 ψ 的表达式，与《混凝土结构设计规范》GB 50010 作了协调，统一了计算公式。实际上这两种表达式是一致的。如以受弯构件为例：

$$\psi = 1.1\left(1 - \frac{0.235 R_f bh^2}{M\alpha_\psi}\right) \quad \text{（附 A-1）}$$

受弯时取 $M = 0.87 A_s \sigma_s h_0$，$\alpha_\psi = 1.0$

$$h \approx 1.1 h_0$$

代入（附 A-1）式可得

$$\psi = 1.1\left(1 - \frac{0.235 R_f bh \times 1.1 h_0}{0.87 A_s \sigma_s h_0}\right)$$

$$= 1.1\left(1 - \frac{0.29 f_{tk}}{A_s \sigma_s / bh}\right)$$

$$= 1.1\left(1 - \frac{2 \times 0.297 f_{tk}}{2 A_s \sigma_s / bh}\right) = 1.1 - \frac{0.65 f_{tk}}{\rho_{te} \sigma_s}$$

2 补充了对钢筋保护层厚度的影响因素。此项因素国外很重视，认为对结构的总体耐久性至关重要，为此条文对原规范中的 l_f 作了修改，即：

$$l_f = \left(b + 0.06\frac{d}{\mu}\right) = \left(6 + 0.06\frac{d}{\frac{0.5}{0.5} \cdot \frac{A_s}{bh/1.1}}\right)$$

$$= \left(6 + 0.109\frac{d}{\rho_{te}}\right) = 1.5C + 0.11 d/\rho_{te}$$

式中 C 为钢筋净保护层厚度，当 $C = 40$mm 时，即与原规范一致；当 $C < 40$mm 时，将稍低于原规范计算数据，但与工程实践反映相比还是符合的。

3 原规范给出的计算公式，对构件处于受弯、偏心受力（压、拉）状态是连续的，应该认为是较为合理的，为此本规范修订时保持了原规范的基本计算模式。

中华人民共和国国家标准

电镀废水治理设计规范

GBJ 136—90

主编部门：中华人民共和国机械电子工业部
批准部门：中华人民共和国建设部
施行日期：1991 年 5 月 1 日

关于发布国家标准《电镀废水治理设计规范》的通知

（90）建标字第311号

根据原国家建委（81）建发设字第546号文的要求，由机械电子部会同有关部门共同制订的《电镀废水治理设计规范》，已经有关部门会审。现批准《电镀废水治理设计规范》GBJ 136—90为国家标准，自1991年5月1日起施行。

本规范由机械电子部负责管理，其具体解释等工作由机械电子部第七设计研究院负责。出版发行由建设部标准定额研究所负责组织。

建 设 部

1990年6月29日

编制说明

本规范是根据原国家基本建设委员会（81）建发设字第546号通知的要求，由我部第七设计研究院负责主编，并会同有关单位共同编制而成。

在本规范的编制过程中，规范编制组进行了广泛的调查研究，认真总结我国电镀废水治理的实践经验，吸取了有关的科研成果，参考了国外有关资料，针对主要技术问题开展了科学研究与试验验证工作，并广泛征求了全国有关单位的意见，几经讨论修改，最后由我部会同有关部门审查定稿。

鉴于本规范系初次编制，在执行过程中，希望各单位结合工程实践和科学研究，认真总结经验，注意积累资料。如发现需要修改和补充之处，请将意见和有关资料寄交我部第七设计研究院（陕西省西安市和平门口，邮政编码710054），以供今后修订时参考。

机械电子工业部
1989年4月

目　次

第一章　总　则

第1.0.1条　为使电镀废水治理工程设计贯彻执行国家有关环境保护等方面的方针、政策、法律、法规、标准，达到防治污染，保护和改善环境，提高人民健康水平的要求；并做到技术先进，经济合理，安全适用，特制订本规范。

第1.0.2条　本规范适用于新建、扩建和改建的电镀废水治理工程设计。

第1.0.3条　在选择电镀废水治理的设计方案时，必须结合电镀工艺、废水排放条件和当地环境要求等具体情况，经全面技术经济比较后确定。

第1.0.4条　电镀废水治理工程设计，应在不断总结生产实践经验和科学实验成果的基础上，积极采用行之有效的新技术、新工艺、新设备和新材料，并应逐步提高半自动化、自动化控制和监测的水平。

第1.0.5条　电镀废水治理的装置、构筑物和建筑物等均应根据其接触介质的性质、浓度和环境要求等具体情况，采用相应的防腐、防渗、防漏等措施。

对于扩建和改建的电镀废水治理工程，应尽量利用原有的建筑物、构筑物和处理装置等设施。

第1.0.6条　电镀废水治理工程设计以及治理过程中所产生的污泥和废气等的治理设计，除应执行本规范外，尚应符合国家现行的有关标准、规范的规定。

第二章　镀件的清洗

第一节　一般规定

第2.1.1条　镀件用水清洗工艺的选择，应采用清洗效率高、清洗水量少和能回收利用镀件带出液的清洗方法。

第2.1.2条　电镀工艺的设计，宜采用低浓度镀液，并应采取有效措施，减少镀液带出量。镀件单位面积的镀液带出量应通过试验确定，当无条件试验时，可按本规范附录一采用。

第2.1.3条　回收槽或第一级清洗槽的清洗水，应采用根据电镀工艺要求的水质或除盐水。当槽内回收液达到回用所要求的浓度时，宜补入镀槽回用。当回收液对镀液质量产生影响时，应采用过滤、离子交换或隔膜电解等方法净化后再回用。

第2.1.4条　末级清洗槽废水中主要的金属离子允许浓度，应根据电镀工艺要求等确定，一般情况下可采用下列数据：

一、中间镀层清洗为5～10mg／L；

二、最终镀层清洗为20～50mg／L。

注：当末级清洗槽采用喷洗或淋洗清洗时，可采用数据的上限值。

第2.1.5条　当电镀槽镀液蒸发量与清洗用水量相平衡时，应采用自然封闭循环工艺流程；当蒸发量小于清洗用水量时，可采用强制封闭循环工艺流程。镀液蒸发量宜通过试验确定。当无条件试验时，可按本规范附录二采用。

第2.1.6条　当电镀工艺采用自动线生产时，镀件清洗应采用反喷洗清洗法；当采用手工操作时宜首先采用间歇逆流清洗法或回收清洗法。

第2.1.7条　镀件预处理的清洗，宜采用串联清洗工艺流程，其酸洗清洗水可复用于碱洗清洗水。

第2.1.8条　清洗槽级数的选择，当电镀生产为自动线时，宜采用3～5级；为手工操作时，不宜超过3级。

第2.1.9条　镀件的各种清洗方法可根据具体情况与离子交换、电解等处理方法组合使用。

第二节　回收清洗法

第2.2.1条　回收清洗法宜用于手工操作的电镀生产。

第2.2.2条　回收清洗法可采用图2.2.2所示基本工艺流程。

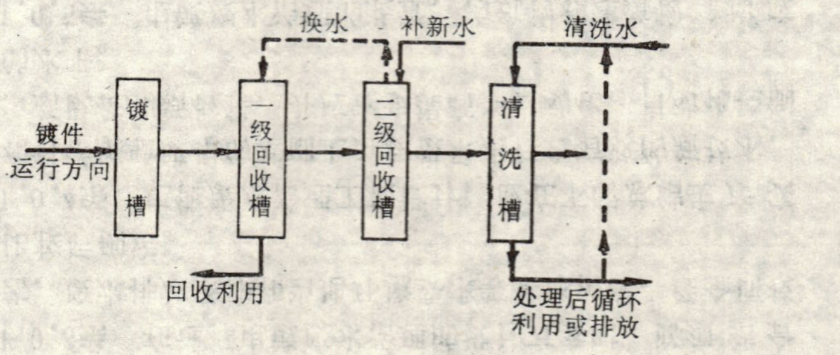

图2.2.2 回收清洗法基本工艺流程

第2.2.3条　回收清洗法必须设置一级或两级回收槽。回收液必须要加以利用。

第2.2.4条　回收清洗法镀件单位面积的清洗用水量应小于100L／m²。

第三节　连续逆流清洗法

第2.3.1条　连续逆流清洗法宜用于镀件清洗间隔时间较短或连续电镀的自动线生产。也可用于手工生产。

第2.3.2条　连续逆流清洗法可采用图2.3.2所示基本工艺流程。

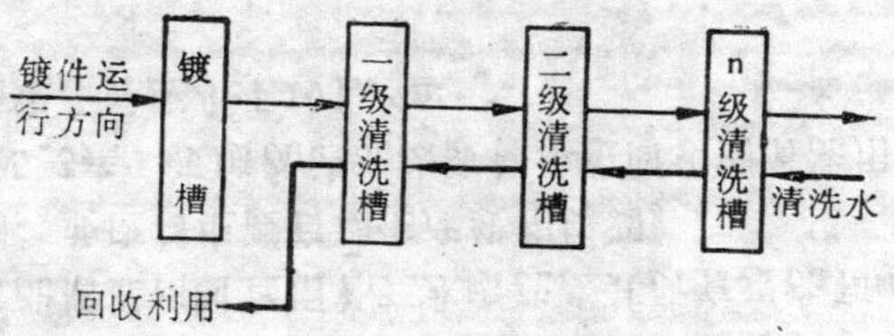

图2.3.2 连续逆流清洗法基本工艺流程

清洗水流向与镀件运行方向相反，並应控制末级清洗槽废水浓度不得超过允许浓度。

第2.3.3条 连续逆流清洗法的小时清洗水量可按下式计算，並应以小时电镀镀件面积的产量进行复核，其镀件单位面积的清洗用水量应小于50L／m²。

$$q=dt\sqrt[n]{\frac{C_0}{C_nS_1}} \quad (2.3.3)$$

式中 q——小时清洗水量（L／h）；

dt——单位时间镀液带出量（L／h）；

n——清洗槽级数；

C_0—电镀槽镀液中金属离子含量（mg／L）；

C_n——末级清洗槽废水中金属离子含量（mg／L）；

S_1——浓度修正系数（系指每级清洗槽的理论计算浓度与实测浓度的比值）。

第2.3.4条 浓度修正系数宜通过试验确定，当无条件试验时，可按表2.3.4采用。

浓度修正系数 S_1 **表2.3.4**

清洗槽级数	1	2	3	4	5
浓度修正系数S_1	0.9～0.95	0.7～0.8	0.5～0.6	0.3～0.4	0.1～0.2

第2.3.5条 连续逆流清洗的各级清洗槽之间应设置档扳、溢流导管等防止水流短路的措施。清洗槽底部宜设置排空管。

第四节 间歇逆流清洗法

第2.4.1条 间歇逆流清洗法宜用于电镀自动线生产和手工生产。

第2.4.2条 间歇逆流清洗法可采用图2.4.2所示基本工艺流程。

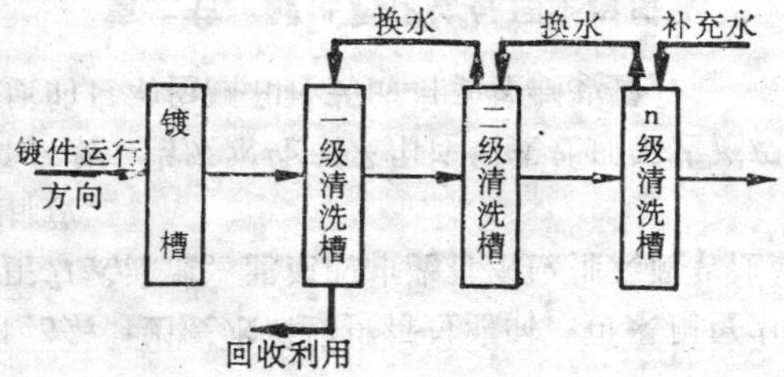

图2.4.2 间歇逆流清洗法基本工艺流程

当末级清洗槽废水浓度达到允许浓度时，应逆流逐级全部换水或部分换水，第一级清洗槽水应回收利用。

第2.4.3条 间歇逆流清洗法每清洗周期换水量可按下式计算，並应以每周期的电镀镀件面积产量进行复核，其镀件单位面积的清洗用水量应小于30L／m²。

$$Q=\frac{dtT}{X} \quad (2.4.3-1)$$

$$X=\sqrt[n]{\frac{C_n n!\ S_2}{C_0}} \quad (2.4.3-2)$$

式中 Q——每清洗周期换水量（L）；

X——镀件带出量与换水量之比；

T——清洗周期（h）；

n！——清洗槽级数阶乘；

S_2——浓度修正系数。

第2.4.4条　浓度修正系数宜通过试验确定，当无条件试验时，可按表2.4.4采用。

浓度修正系数 S_2　　表2.4.4

清洗槽级数	1	2	3	4	5
浓度修正系数S_2	0.9～0.95	0.7～0.8	0.5～0.6	0.3～0.4	0.2～0.25

第五节　反喷洗清洗法

第2.5.1条　反喷洗清洗法应用于电镀自动线生产。

第2.5.2条　反喷洗清洗法可采用图2.5.2所示基本工艺流程。

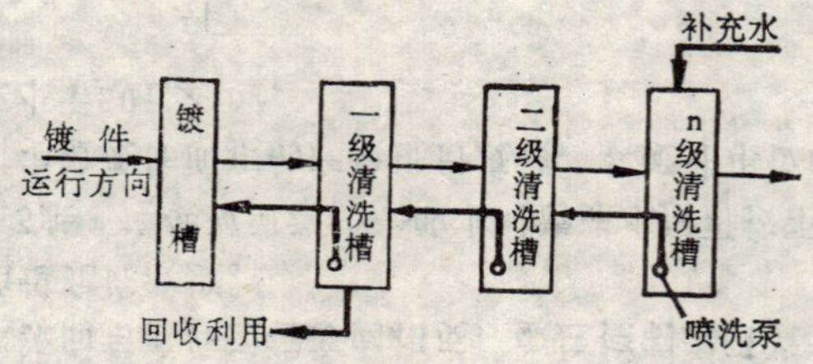

图2.5.2　反喷洗清洗法基本工艺流程

镀件每次浸洗后应用后一级槽的清洗水进行反喷洗，当镀件从末级清洗槽提出时宜用补充水喷洗，其所有浸洗和喷洗应采用自动控制，並应与电镀自动生产线相协调。

第2.5.3条　反喷洗清洗法镀件单位面积的清洗用水量宜通过试验确定，并应小于10L／m²。

第三章　化学处理法

第一节　一般规定

第3.1.1条　电镀废水采用化学法处理时应设置废水调节池。调节池宜设计成两格，其总有效容积可按2～4平均小时废水量计算，並应设置除油、清除沉淀物等的设施。

第3.1.2条　废水与投加的化学药剂混合、反应时应进行搅拌，可采用机械搅拌、水力搅拌或压缩空气搅拌。当废水含有氰化物或所投加的药剂易挥发有害气体时，不宜采用压缩空气搅拌。

第3.1.3条　当废水需要进行过滤时，可采用重力式滤池，也可采用压力式滤池。滤池的冲洗排水应排入调节池或沉淀池，不得直接排放。

第3.1.4条　当废水处理采用连续式处理工艺流程时，宜设置废水水质的自动检测和投药的自动控制装置。

第二节　碱性氯化法处理含氰废水

第3.2.1条　碱性氯化法宜用于处理电镀生产过程中所产生的各种含氰废水。废水中氰离子含量不宜大于50mg／L。

第3.2.2条　采用碱性氯化法处理含氰废水时应避免铁、镍离子混入含氰废水处理系统。

第3.2.3条　碱性氯化法处理含氰废水，一般情况下可采用一级氧化处理。有特殊要求时可采用两级氧化处理。

第3.2.4条　含氰废水经氧化处理后，应再经沉淀和过滤处理。当车间设有混合废水处理系统时，含氰废水经氧化处理后可直接排入混合废水处理系统进行处理。

第3.2.5条 采用一级氧化处理含氰废水时，可采用图3.2.5所示基本工艺流程。一般情况下可采用间歇式处理。当设置两格反应沉淀池交替使用时，可不设调节池，沉淀方式宜采用静止沉淀。当采用连续式处理时，沉淀方式宜采用斜板沉淀池等设施。

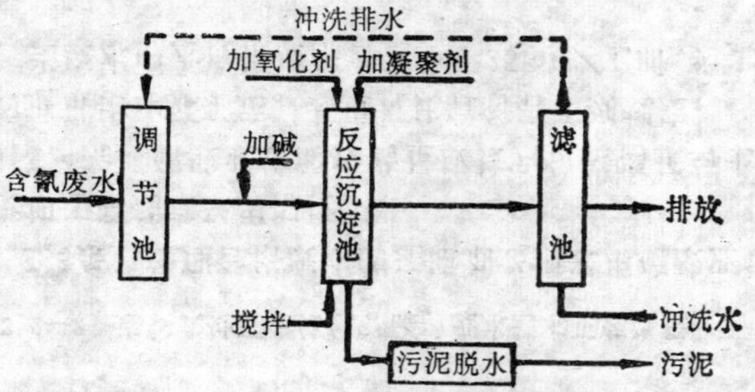

图3.2.5 一级氧化处理含氰废水基本工艺流程

第3.2.6条 采用两级氧化处理含氰废水时，可采用图3.2.6所示基本工艺流程。第一级氧化和第二级氧化所需氧化剂必须分阶段投加，投加比宜为1：1。

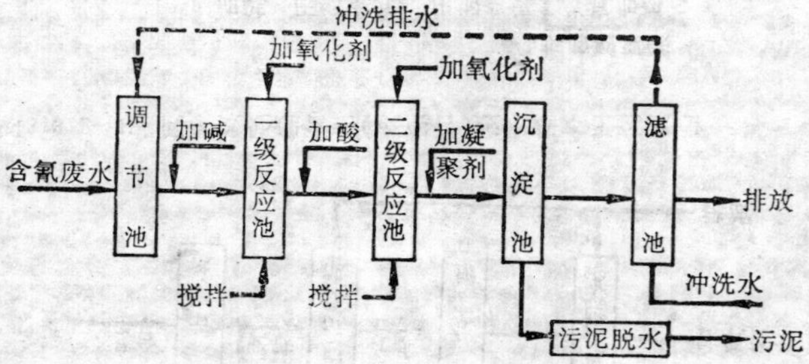

图3.2.6 两级氧化处理含氰废水基本工艺流程

第3.2.7条 处理含氰废水的氧化剂可采用次氯酸钠、漂白粉、漂粉精和液氯。其投药量宜通过试验确定。当无条件试验时，其投药量应按氰离子与活性氯的重量比计算确定。其重量比为：当一级氧化处理时宜为1：3～1：4；两级氧化处理时宜为1：7～1：8。

第3.2.8条 当采用次氯酸钠、漂白粉、漂粉精进行一级氧化处理时，反应时废水的PH值应控制在10～11，当采用液氯作氧化剂时，PH值应控制在11～11.5，反应时间宜为30min。当采用两级氧化处理时，一级氧化阶段废水PH值应控制在10～11，反应时间宜为10～15min；二级氧化阶段的PH值应控制在6.5～7.0，反应时间宜为10～15min。

第3.2.9条 反应池应采取防止有害气体逸出的封闭或通风措施。

第3.2.10条 当采用间歇式处理时，反应后沉淀时间宜采用1.0～1.5h。

第三节 铁氧体法处理含铬及混合废水

（Ⅰ）处理含铬废水

第3.3.1条 铁氧体法宜用于处理电镀生产过程中的各种含铬废水，并可使污泥形成铁氧体。废水中六价铬离子含量宜大于10mg／L。

第3.3.2条 采用铁氧体法处理含铬废水，当废水量较小，六价铬离子的浓度变化幅度较大时，宜采用间歇式处理，可采用图3.3.2—1所示基本工艺流程；当废水量较大，六价铬离子浓度变化不大时，宜采用连续式处理，可采用图3.3.2—2所示基本工艺流程。

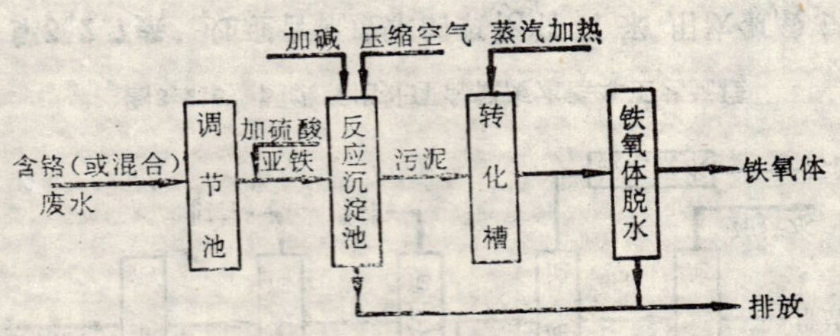

图3.3 2-1　间歇式处理含铬(或混合)废水基本工艺流程

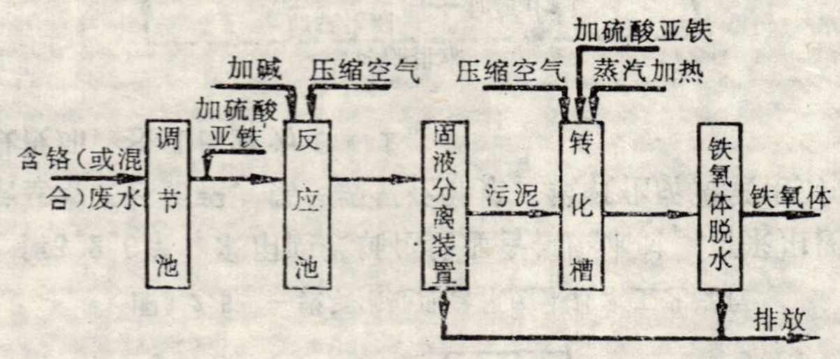

图3.3.2—2　连续式处理含铬(或混合)废水基本工艺流程

第3.3.3条　处理含铬废水的还原剂必须采用硫酸亚铁等亚铁盐。投加还原剂宜采用湿投。

第3.3.4条　硫酸亚铁的投药量应按六价铬离子与七水合硫酸亚铁的重量比计算确定。其重量比宜符合下列规定：

一、当废水中六价铬离子含量小于25mg／L时，为1：40～1：50；

二、当废水中六价铬离子含量为25～50mg／L时，为1：35～1：40；

三、当废水中六价铬离子含量为50～100mg／L时，为1：35；

四、当废水中六价铬离子含量大于100mg／L时，为1：30。

第3.3.5条　处理含铬废水过程中的废水PH值应符合下列要求：

一、投加硫酸亚铁前废水的PH值不宜大于6；

二、硫酸亚铁与废水混合反应均匀后，应将PH值调整至7～8。

第3.3.6条　向废水投加碱后应通入压缩空气，并宜符合下列要求：

一、当废水中六价铬离子含量小于25mg／L时，将废水与药剂搅拌均匀后可停止通气；

二、当废水中六价铬离子含量在25～50mg／L时，通气时间宜为5～10min；

三、当废水中六价铬离子含量大于50mg／L时，通气时间宜为10～20min；

四、所需压缩空气量可采用0.1～0.2m³／min·m³（废水），压力可采用80～120kPa。

第3.3.7条　用铁氧体法间歇式处理含铬废水时，经混合反应后的静止沉淀时间可采用40～60min，相应的污泥体积宜为处理废水体积的25%～30%。

第3.3.8条　污泥转化成铁氧体的加热温度宜为70°C。当间歇式处理时，宜将几次废水处理后的污泥排入转化槽后集中加热；当受条件限制时，也可不设转化槽，每次废水处理后的污泥在反应沉淀池内加热。

第3.3.9条　用铁氧体法间歇式处理含铬废水的一个处理周期时间可采用2.0～2.5h。

（Ⅱ）处理混合废水

第3.3.10条　铁氧体法亦可用于处理含铬、镍、铜、锌、银等金属离子的电镀混合废水，并可使其污泥形成铁氧体。

第3.3.11条　含氰废水应先经氧化处理后才能采用铁氧体法处理。

第3.3.12条 采用铁氧体法处理的电镀混合废水内含络合剂、表面活性剂浓度不宜过高，其允许浓度应通过试验确定。

第3.3.13条 用铁氧法处理混合废水，一般宜采用连续式处理，其处理基本工艺流程见图3.3.2—2；当废水量较小，废水含金属离子浓度变化幅度较大时，宜采用间歇式处理，其处理基本工艺流程见图3.3.2—1。

第3.3.14条 铁氧体法也可用于处理离子交换法树脂再生所产生的洗脱液、电解法和化学法所产生的含各种金属氢氧化物的污泥等，使之形成铁氧体。一般宜采用间歇式处理，其处理基本工艺流程可参照图3.3.2—1。

第3.3.15条 采用铁氧体法处理混合废水的硫酸亚铁投药量，应为废水中各种金属离子需药量的总和。每种金属离子的需药量应分别按金属离子与七水合硫酸亚铁的重量比计算确定，其重量比可按表3.3.15采用。

投药重量比（金属离子：$FeSO_4 \cdot 7H_2O$） 表3.3.15

金属离子种类	六价铬	镍	铜	锌
投药重量比	1∶30～1∶50	1∶10～1∶15	1∶10～1∶15	1∶10～1∶15

第3.3.16条 连续式处理的固液分离采用溶气气浮法时，硫酸亚铁应分两次投加。反应时可投加总量的2／3，转化时可投加总量的1／3；间歇式处理时，硫酸亚铁可在反应和转化时分两次投加，也可在反应时一次投加。

第3.3.17条 处理混合废水过程中的废水PH值应符合下列要求：

一、当混合废水中含有六价铬离子时，投加硫酸亚铁前废水PH值不宜大于6；

二、硫酸亚铁与废水混合反应均匀后，应将PH值调整至8～9。

第3.3.18条 处理混合废水的通气量和通气时间宜符合本规范第3.3.6条规定。

第四节 亚硫酸氢钠法处理含铬废水

第3.4.1条 亚硫酸氢钠法宜用于处理电镀生产过程中所产生的各种含铬废水。

第3.4.2条 采用亚硫酸氢钠法处理含铬废水，可采用图3.4.2所示基本工艺流程。一般宜采用间歇式处理，当设置两格反应沉淀池交替使用时，可不设废水调节池，其沉淀方式宜采用静止沉淀。当废水量大，含六价铬离子浓度变化幅度不大时，可采用连续式处理，沉淀方式宜采用斜板沉淀池、溶气气浮等设施。

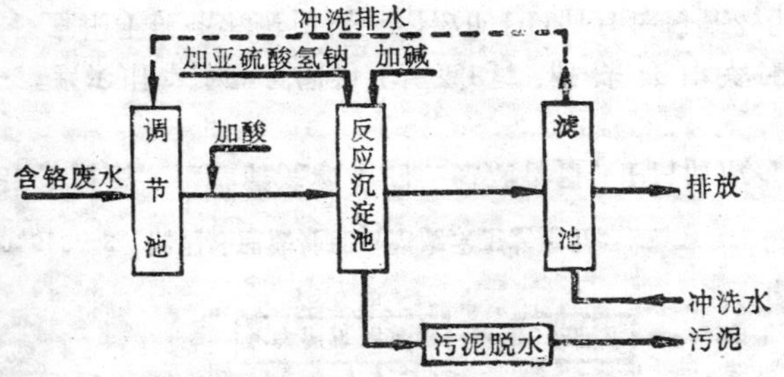

图3.4.2 亚硫酸氢钠法处理含铬废水基本工艺流程

第3.4.3条 采用亚硫酸氢钠法处理含铬废水，应符合下列要求：

一、废水应先进行酸化，其PH值应小于或等于3；

二、亚硫酸氢钠的投药量宜按实际情况确定，一般可按六价铬离子与亚硫酸氢钠的重量比为1∶3.5～1∶5投加；

三、亚硫酸氢钠与废水混合反应均匀后，应加碱调整PH值至7～8；

四、亚硫酸氢钠与废水混合反应时间和碱与废水混合反应时间都不宜小于15～30min。

第3.4.4条 当采用间歇式处理时，反应沉淀池宜加盖封闭，其有效容积可按3～4平均小时废水量计算，反应后的沉淀时间宜为1.0～1.5h。

第五节 槽内处理法处理含铬废水

第3.5.1条 槽内处理法宜用于直接处理镀铬或钝化零件所带出的铬酸溶液。

第3.5.2条 槽内处理法的化学还原剂宜采用亚硫酸氢钠或水合肼。

第3.5.3条 采用槽内处理法处理含铬废水的工艺流程宜符合下列规定：

一、在酸性条件下以亚硫酸氢钠或水合肼为还原剂时可采用图3.5.3—1所示工艺流程。化学清洗槽可采用一级或两级。

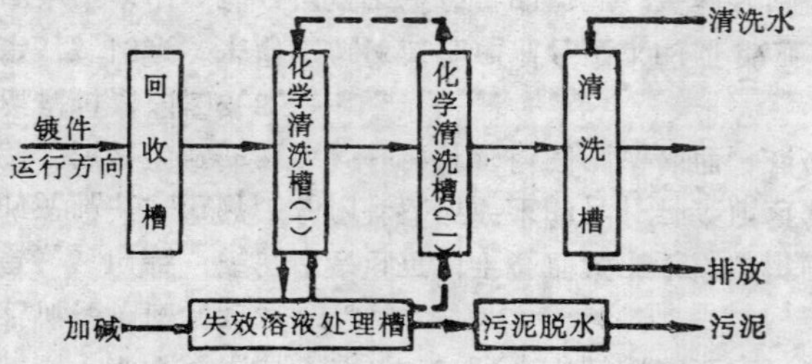

图3.5.3—1 槽内处理法处理含铬废水工艺流程之一

二、在碱性条件下以水合肼为还原剂时可采用图3.5.3—2所示工艺流程。

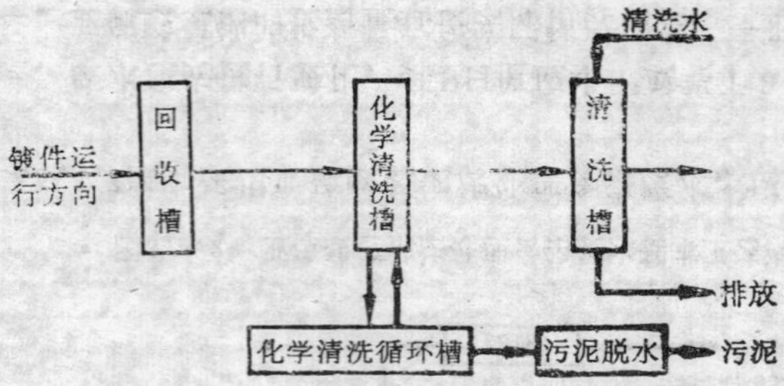

图3.5.3—2 槽内处理法处理含铬废水工艺流程之二

第3.5.4条 化学清洗液中的还原剂含量、PH值应符合下列要求：

一、当采用亚硫酸氢钠为还原剂时，清洗液中含量宜为3g／L，宜用于镀铬和镀黑铬，溶液的PH值宜保持在2.5～3.0。

二、当采用水合肼（有效含量40%）为还原剂时，清洗液中含量宜为0.5～1.0g／L。用于镀铬时，溶液的PH值宜保持在2.5～3.0；用于钝化时pH值宜保持在8～9。

第3.5.5条 化学清洗槽的有效容积可按下式计算，并应符合镀件对槽体尺寸的要求。

$$W=\frac{dC_oFTM}{C_R} \qquad (3.5.5)$$

式中 W——化学清洗槽有效容积（L）；

d——单位面积镀液带出量（L/dm^2）；

C_o——回收槽溶液中六价铬离子含量（g／L）；

F——单位时间清洗镀件面积（dm^2/h）；

T——使用周期，当采用亚硫酸氢钠为还原剂时，不宜超过72h；

M——还原1g六价铬离子所需的还原剂量：亚硫酸氢钠宜为3.0～3.5g，水合肼（有效含量40%）宜为2.0～2.5g；

C_R——化学清洗液中的还原剂含量，应符合本规范第3.5.4条规定。

第3.5.6条 失效溶液处理槽的容积可与化学清洗槽采用的容积相同。

第六节 镀锌废水

第3.6.1条 本节规定宜用于处理碱性锌酸盐镀锌的清洗废水。废水中锌离子含量不宜大于50mg／L。

第3.6.2条 采用化学法处理碱性锌酸盐镀锌清洗废水，宜采用连续式处理，并可采用图3.6.2所示基本工艺流程。

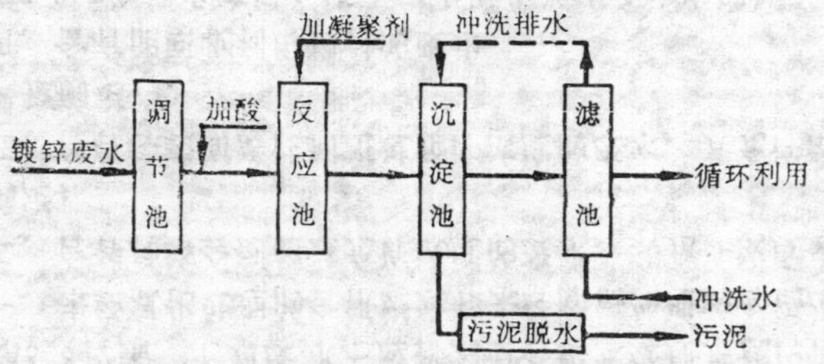

图3.6.2 化学法处理镀锌废水基本工艺流程

第3.6.3条 经处理后的清洗水可循环利用，但每天应采用新鲜水更新处理水量的10%～15%。

第3.6.4条 混合反应时间可采用5～10min。反应池宜设机械搅拌装置。

第3.6.5条 混合反应时废水的PH值应控制在8.0～9.0。

第3.6.6条 凝聚剂可采用碱式氯化铝，其投药量宜为15mg／L（以铝离子计）。

第3.6.7条 含锌污泥（含水率99.7%）的体积可按处理废水体积的4%～8%确定。

第七节 酸、碱废水

第3.7.1条 本节规定宜用于镀件预处理过程中所产生的酸、碱废水。

第3.7.2条 酸、碱废水的处理，应首先利用酸、碱废水本身的自然中和或利用本厂、本车间的酸、碱废液、废渣等相互中和的方法处理。

第3.7.3条 处理酸性废水，当没有碱性废物可利用时，可采用碱性药剂中和法或过滤中和法。当废水中含有多种金属离子时，宜采用药剂中和法。

第3.7.4条 采用一般的升流式膨胀过滤中和塔处理酸性废水时，应符合下列要求：

一、滤料宜采用石灰石，其碳酸钙含量不宜小于75%。

二、滤料粒径宜为0.5～3.0mm。中和塔下部滤速宜为130～150m／h，上部滤速宜为40～60m／h；当采用不变径的中和塔时，滤速宜为60～80m／h。

三、滤层高度应根据酸性废水的浓度、滤料粒径、中和反应时间等条件确定，新的或全部更新后的滤料层高度宜为1.0～1.2m。当滤料层高度因惰性物质积累而达到2.0m时，应全面更新滤料。中和塔的总高度一般情况下可采用3～3.5m。

四、废水进中和塔前应采取必要的预处理，经中和塔处理后的废水应采取脱二氧化碳气和沉淀等措施。

第3.7.5条 在酸、碱废水中和处理的同时，应去除金属离子和氢氟酸等有毒、有害物质。

第3.7.6条 当酸、碱废水排入电镀混合废水系统进行处理时，应避免对混合废水处理产生不良的影响。

第3.7.7条 酸、碱废水中和反应后所产生的干污泥量，宜通过试验确定。当无条件试验时，可按处理废水体积的0.1%～0.25%估算。

第八节 混合废水

第3.8.1条 本节规定宜用于处理电镀混合废水。

注：电镀混合废水，系指含多种金属离子的电镀废水，也可以包括酸、碱废水在内。

第3.8.2条 下列废水不应排入混合废水处理系统内：

一、未经氧化处理的含氰废水和未经除镉处理的含镉废水；

二、含各种络合剂超过允许浓度的废水，其允许浓度应通过试验确定；

三、含各种表面活性剂超过允许浓度的废水，其允许浓度应通过试验确定；

四、含有能回收利用物料的废水。

第3.8.3条 电镀混合废水可先用化学法（或电解法）处理，将废水中有害的金属离子转化为金属的氢氧化物，然后可用沉淀、溶气气浮、过滤等固液分离措施将金属氢氧化物从废水中分离出来，使废水符合排放标准。

第3.8.4条 采用化学法处理电镀混合废水时，可采用图3.8.4所示基本工艺流程。一般情况下宜采用连续式处理。

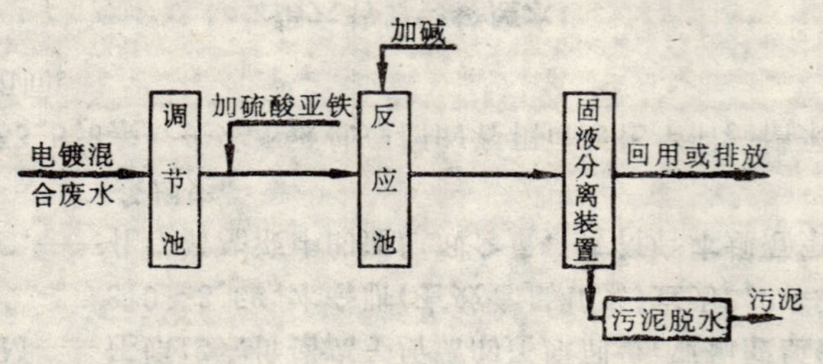

图3.8.4 化学法处理电镀混合废水基本工艺流程

第3.8.5条 处理混合废水过程中的废水PH值应符合本规范第3.3.17条规定。

第3.8.6条 经化学法处理后废水中悬浮物含量可按下式计算：

$$C_{S_j} = KC_1 + 2C_2 + 1.7C_3 + C_4 \quad (3.8.6)$$

式中 C_{S_j}——计算求得的废水中悬浮物含量(mg／L)，称为计算悬浮物含量；

K——系数。当废水中六价铬离子含量等于或大于5mg／L时，K值宜为14；当废水中六价铬离子含量小于5mg／L时，K值宜为16；

C_1——废水中六价铬离子含量（mg／L）。当含量小于5mg／L时，应以5mg／L计算；

C_2——废水中含铁离子总量（mg／L）；

C_3——废水中除铬和铁离子以外的金属离子含量总和（mg／L）；

C_4——废水进水中悬浮物含量（mg／L）；

注：当混合废水中含六价铬离子浓度较高，采用硫酸亚铁作还原剂悬浮物浓度过高时，还原剂可改用亚硫酸氢钠或焦亚硫酸钠。

第3.8.7条 当混合废水中计算悬浮物含量小于500mg／L时，可采用溶气气浮设备；当超过500mg／L时，宜采用其它固液分离措施。

第3.8.8条 在混合废水化学处理过程中，可根据需要投加凝聚剂和助凝剂，其品种和投药量应通过试验确定。

第四章　离子交换处理法

第一节　一般规定

第4.1.1条　采用离子交换法处理某一镀种的清洗废水时，不应混入其它镀种或地面散水等废水。当离子交换树脂的洗脱回收液要求回用于镀槽时，则虽属同一镀种，但镀液配方不同的清洗废水，亦不应混入。

第4.1.2条　进入离子交换柱的电镀清洗废水的悬浮物含量不应超过15mg／L，当超过时应进行预处理。

第4.1.3条　清洗废水的调节池和循环水池的设置，可根据电镀生产情况、废水处理流程和现场条件等具体情况确定，其有效容积可按2～4平均小时废水量计算。

第4.1.4条　离子交换柱的设计数据可按下式计算：

一、单柱体积　$$V=\frac{Q}{u}1000 \quad (4.1.4-1)$$

二、空间流速　$$u=\frac{E}{C_0T}1000 \quad (4.1.4-2)$$

三、流　　速　$$v=uH \quad (4.1.4-3)$$

四、交换柱直径　$$D=2\sqrt{\frac{Q}{\pi V}} \quad (4.1.4-4)$$

式中　V——阴（阳）离子交换树脂单柱体积（L）；

Q——废水设计流量（m^3／h）；

u——空间流速〔L／L（R）·h〕；

E——树脂饱和工作交换容量〔g／L（R）〕；

C_0——废水中金属离子含量（mg／L）；

T——树脂饱和工作周期（h）；

v——流速（m／h）；

H——树脂层高度（m）；

D——交换柱直径（m）。

第4.1.5条　废水通过树脂层的阻力损失，可按本规范附录三确定。

第二节　镀铬废水

第4.2.1条　本节规定不宜用于镀黑铬和镀含氟铬的清洗废水。

第4.2.2条　用离子交换法处理的镀铬清洗废水，六价铬离子含量不宜大于200mg／L。

第4.2.3条　用离子交换法处理镀铬清洗废水，必须做到水的循环利用和铬酸的回收利用，并宜做到铬酸回用于镀槽。

第4.2.4条　用离子交换法处理镀铬清洗废水，宜采用三阴柱串联、全饱和及除盐水循环的基本工艺流程（图4.2.4）。

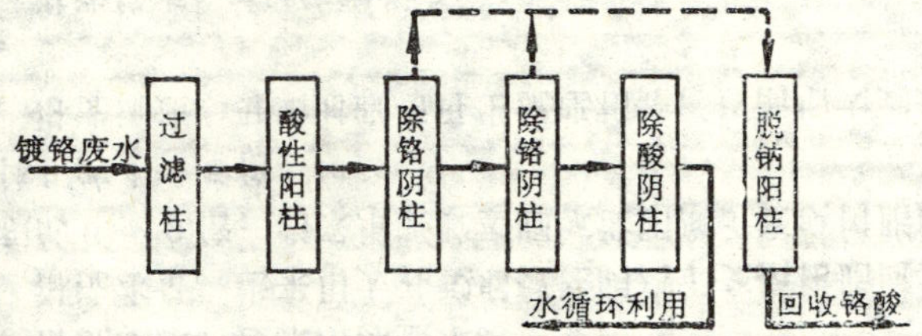

图4.2.4　镀铬废水处理基本工艺流程

第4.2.5条　阳离子交换剂宜采用强酸性阳离子交换树脂；阴离子交换剂宜采用大孔型弱碱性阴离子交换树脂。

注：当大孔型弱碱性阴离子交换树脂的供应等有困难时，可采用凝胶型强碱性阴离子交换树脂。

第4.2.6条　离子交换树脂再生时的淋洗水，含六价铬离子部分应返回调节池；含酸、碱和重金属离子部分应经处理，符合排放标准后排放。

第4.2.7条 阴、阳离子交换树脂运行中受到污染时，应及时进行活化处理，活化方法可按本规范附录四采用。

（Ⅰ）除铬阴柱及除酸阴柱的设计

第4.2.8条 除铬阴柱的设计可采用下列数据，并按本规范第4.1.4条所列公式计算。

一、树脂饱和工作交换容量（E）。

1．大孔型弱碱性阴离子交换树脂（如型号为710、D370、D301树脂）为60～70g（Cr^{6+}）／L（R）；

2．凝胶型强碱性阴离子交换树脂（如型号为717、201树脂）为40～45g（Cr^{6+}）／L（R）。

二、树脂饱和工作周期（T）。

1．当废水中六价铬离子含量为200～100mg／L时，T值宜为36h，其树脂层高度宜采用上限；

2．当废水中六价铬离子含量为100～50mg／L时，T值宜为36—48h；

3．当废水中六价铬离子含量小于50mg／L时，应取u值为30〔L／L（R）·h〕计算T值，其树脂层高度宜采用下限。

三、树脂层高度（H）。宜为0.6～1.0m。

四、流速（V）。不宜大于20m／h。

第4.2.9条 除酸阴柱的直径和树脂层高度，可与除铬阴柱相同。

第4.2.10条 除铬阴柱的饱和交换终点应按进、出水含六价铬浓度基本相等进行控制。除酸阴柱的交换终点应按出水PH值接近5进行控制。

第4.2.11条 除铬阴柱和除酸阴柱的再生和淋洗宜符合下列要求：

一、再生剂。宜采用含氯离子低的工业用氢氧化钠。

二、再生液浓度。当采用大孔型弱碱性阴离子交换树脂时宜为2.0～2.5mol／L。当采用凝胶型强碱性阴离子交换树脂时宜为2.5～3.0mol／L，再生液应采用除盐水配制。

三、再生液用量。宜为树脂体积的2倍，再生液应复用，先用0.5～1.0倍上周期后期的再生洗脱液，再用1.5～1.0倍的新配再生液。

四、再生液流速。宜为0.6～1.0m／h。

五、淋洗水质。应采用除盐水。

六、淋洗水量。当采用大孔型弱碱性阴离子交换树脂时宜为树脂体积的6～9倍；当采用凝胶型强碱性阴离子交换树脂时宜为树脂体积的4～5倍。

七、淋洗流速。开始时宜与再生流速相等，逐渐增大到运行时流速。

八、淋洗终点。pH值宜为8～10。

九、反冲时树脂层膨胀率。宜为50%。

（Ⅱ）酸性阳柱的设计

第4.2.12条 酸性阳柱的直径和树脂层高度宜与除铬阴柱相同。

第4.2.13条 强酸性阳离子交换树脂的工作交换容量，可采用60～65g（以$CaCO_3$表示）／L（R）。

第4.2.14条 酸性阳柱的交换终点，必须按出水的PH值为3.0～3.5进行控制。

第4.2.15条 阳离子交换树脂的再生和淋洗宜符合下列要求：

一、再生剂。宜采用工业用盐酸。

二、再生液浓度。宜为1.5～2.0mol／L，可采用生活饮用水配制。

三、再生液用量。宜为树脂体积的2倍。

四、再生液流速。宜为1.2～4.0m／h。

五、淋洗水质。可采用生活饮用水。

六、淋洗水量。宜为树脂体积的4～5倍。

七、淋洗流速。开始时宜与再生流速相等，逐渐增大到运行时流速。

八、淋洗终点。pH值宜为2～3。

九、反冲时树脂层膨胀率。宜为30%～50%。

第4.2.16条 阳离子交换树脂的淋洗水和洗脱液中含有各种金属离子及酸，应经处理符合排放标准后排放。

（Ⅲ）脱钠阳柱的设计和稀铬酸的回收及利用

第4.2.17条 脱钠阳柱的设计宜符合下列规定：

一、树脂体积可按下式计算：

$$V_{N_a}=\frac{Q_{C_r}}{E_{N_a}n} \qquad (4.2.17)$$

式中 V_{N_a}——阳离子交换树脂体积（L）；

Q_{C_r}——每周期回收的饱和除铬阴柱洗脱液量（L），可为阴离子交换树脂体积的1.0～1.5倍；

E_{N_a}——每升阳离子交换树脂每次可回收的稀铬酸量，当回收的稀铬酸含量（以CrO_3计）为40～60g／L时，可采用0.7～0.9L；

n——每周期脱钠阳柱的操作次数，可采用1～2次。

二、树脂层高度（H）。宜为0.8～1.2m。

三、流速（v）。宜为2.4～4.0m／h。

第4.2.18条 脱钠阳柱的再生和淋洗，宜符合下列要求：

一、再生剂。宜采用工业用盐酸。

二、再生液浓度。宜为1.0～1.5mol/L，应采用除盐水配制。

三、再生液用量。宜为树脂体积的2倍。

四、再生液流速。宜为1.2～4.0m／h。

五、淋洗水质。应采用除盐水。

六、淋洗水量。宜为树脂体积的10倍。

七、淋洗流速。开始时宜与再生流速相等，逐渐增大到运行时流速。

八、淋洗终点。应以出水中基本上无氯离子进行控制。

第4.2.19条 当回收的稀铬酸中含氯离子量过高而影响回用时，可采用无隔膜电解法或其它方法脱氯。

注：无隔膜电解法脱氯设备的设计数据可按本规范附录五采用。

第4.2.20条 当回收的稀铬酸量超过镀铬槽所需补给量时，可采取浓缩措施后回用。

第三节 钝化含铬废水

第4.3.1条 本节规定宜用于处理铜钝化、锌钝化等的含铬清洗废水。

第4.3.2条 用离子交换法处理钝化含铬清洗废水，除应符合本节规定外，其余有关部分尚应符合本章第二节的规定。

第4.3.3条 用离子交换法处理的钝化含铬清洗废水，必须做到水的循环利用和铬酸的回收利用，并宜做到铬酸经浓缩后回用于钝化槽。

第4.3.4条 应采用与处理镀铬废水相同的三阴柱串联、全饱和及除盐水循环的基本工艺流程，见本规范图4.2.4。但酸性阳柱和除酸阴柱均应设计为两个，交替使用。

第4.3.5条 进入酸性阳柱前废水的PH值宜大于4。

第4.3.6条 酸性阳柱和除酸阴柱的树脂用量均应为除铬阴柱（单柱）树脂用量的2倍。

第4.3.7条 酸性阳柱的交换终点，必须按出水PH值为3.0～3.5和按除酸阴柱出水的电阻率小于或等于$2\times10^4\Omega\cdot cm$进行控制。

第4.3.8条 酸性阳柱的再生液（工业用盐酸）浓度，宜为2～3mol／L。

第四节　镀镍废水

第4.4.1条　本节规定宜用于处理镀液成份以硫酸镍、氯化镍为主的镀暗镍和镀光亮镍等的清洗废水。

第4.4.2条　用离子交换法处理的镀镍清洗废水中镍离子含量不宜大于200mg／L。

第4.4.3条　用离子交换法处理镀镍清洗废水，必须做到水的循环利用，回收的硫酸镍应回用于镀槽。

注：循环水宜定期更换新水或连续补充部分新水，更换或补充的新水均应用除盐水。

第4.4.4条　用离子交换法处理镀镍清洗废水，宜采用双阳柱串联、全饱和及除盐水循环的工艺流程（图4.4.4）。

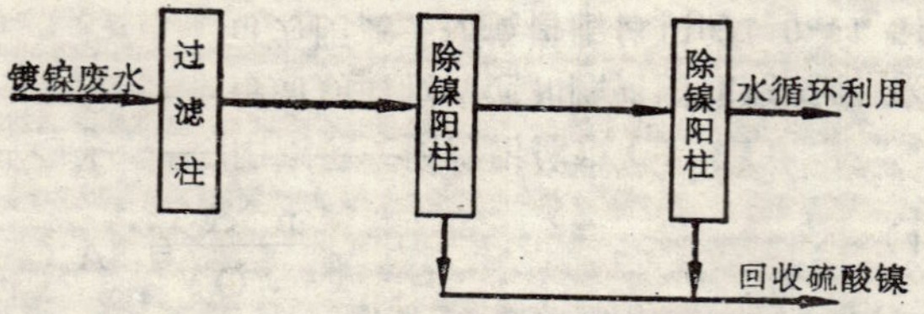

图4.4.4　镀镍废水处理工艺流程

第4.4.5条　阳离子交换剂宜采用凝胶型强酸性阳离子交换树脂、大孔型弱酸性阳离子交换树脂或凝胶型弱酸性阳离子交换树脂，均应以钠型投入运行。

第4.4.6条　除镍阳柱的设计可采用下列数据，并按本规范第4.1.4条所列公式计算。

一、树脂饱和工作交换容量（E）。宜通过试验确定，当无条件试验时，可按表4.4.6—1采用。

阳离子交换树脂的饱和工作交换容量　　表4.4.6—1

树　脂　型　号	饱和工作交换容量（钠型）g（Ni^{2+}）／L（R）
732凝胶型强酸性阳离子交换树脂	30～35
116B凝胶型弱酸性阳离子交换树脂	37～42
111×22凝胶型弱酸性阳离子交换树脂	35～42
DK110大孔型弱酸性阳离子交换树脂	30～35

二、树脂饱和工作周期（T）。可按表4.4.6—2采用。

树脂饱和工作周期（T）　　表4.4.6—2

树脂种类	废水中镍离子含量（mg／L）	饱和工作周期（h）	树脂层高度
强酸性阳离子交换树脂	200～100	24	宜采用上限
	100～20	24～48	
	<20	宜取u＝50〔L／L（R）·h〕计算T值	宜采用下限
弱酸性阳离子交换树脂	200～100	24	宜采用上限
	100～30	24～48	
	<30	宜取u＝30〔L／L（R）·h〕计算T值	宜采用下限

三、树脂层高度（H）。可采用下列数据：

1．强酸性阳离子交换树脂（钠型）可采用0.5～1.0m；

2．弱酸性阳离子交换树脂（钠型）可采用0.5～1.2m。

四、流速（v）。可采用下列数据：

1．强酸性阳离子交换树脂流速宜小于或等于25m／h；

2．弱酸性阳离子交换树脂流速，宜小于或等于15m／h。

第4.4.7条 除镍阳柱的饱和工作终点应按进、出水中的镍离子浓度基本相等进行控制。

第4.4.8条 除镍阳柱的再生和淋洗宜符合下列要求：

一、强酸性阳离子交换树脂。

1．再生剂。宜采用工业用无水硫酸钠。

2．再生液浓度。宜为1.1～1.4mol／L，并应采用除盐水配制，经沉淀或过滤后使用。

3．再生液用量。宜为树脂体积的2倍。

4．再生液温度。控制再生液流出时的温度不宜低于20°C。

5．再生液流速。宜为0.3～0.5m／h。

6．淋洗水质。应采用除盐水。

7．淋洗水量。宜为树脂体积的4～6倍。

8．淋洗流速。开始时宜与再生流速相等，逐渐增大到运行时流速。

9．淋洗终点。应以洗去多余的硫酸钠进行控制。

10．反冲时树脂层膨胀率。宜为30%～50%。

二、弱酸性阳离子交换树脂。

1．再生剂。宜采用化学纯硫酸。

2．再生液浓度。宜为1.0～1.5mol／L，并应采用除盐水配制。

3．再生液用量。宜为树脂体积的2倍。

4．再生流速。顺流再生时宜为0.3～0.5m／h；循环的顺流再生时为4～5m／h，循环时间宜为20～30min。

5．淋洗终点。pH值宜为4～5。

注：淋洗的其它要求与强酸性阳离子交换树脂相同。

6．转型剂。宜采用工业用氢氧化钠。

7．转型液浓度。1.0～1.5mol／L，并应采用除盐水配制。

8．转型液用量。宜为树脂体积的2倍。

9．转型液流速。宜为0.3～0.5m／h。

10．淋洗终点。pH值宜为8～9。

11．反冲时树脂层膨胀率。宜为50%左右。

注：淋洗的其它要求与强酸性阳离子交换树脂相同。

第4.4.9条 回收的硫酸镍应经沉淀、过滤等预处理后回用于镀槽。

第4.4.10条 再生时的前期淋洗水应经处理，符合排放标准后排放，后期淋洗水可作为循环水的补充水用。

第五节 氰化镀铜和氰化镀铜锡合金废水

（Ⅰ） 一般规定

第4.5.1条 本节规定宜用于处理氰化镀铜和氰化镀铜锡合金的清洗废水。

第4.5.2条 用离子交换法处理氰化镀铜和氰化镀铜锡合金的清洗废水中，其总氰含量不应大于100mg／L。

第4.5.3条 用离子交换法处理氰化镀铜和氰化镀铜锡合金清洗废水，必须做到水的循环利用，回收的氰化钠及铜氰化钠应回用于镀槽。

注：循环水宜定期更换新水或连续补充部分新水，更换或补充的新水均应用除盐水。

第4.5.4条 用离子交换法处理氰化镀铜或氰化镀铜锡合金的清洗废水，应采用图4.5.4所示工艺流程。

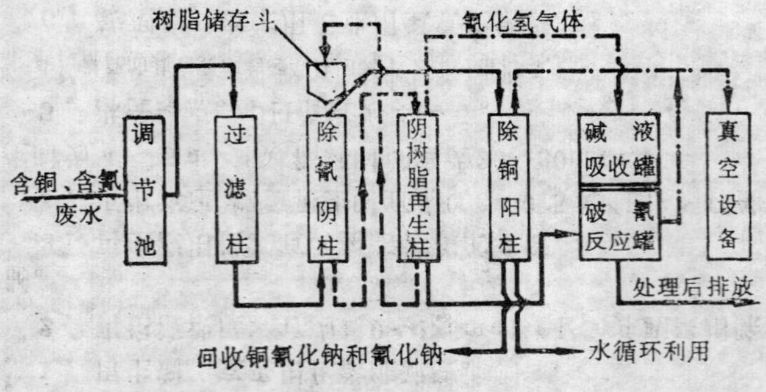

图4.5.4 氰化镀铜和氰化镀铜锡合金废水处理基本工艺流程

第4.5.5条 本处理设备所在场地应设置机械通风，每小时应换气8～12次。

（Ⅱ） 除氰系统的设计

第4.5.6条 除氰阴柱应采用移动床，加设阴树脂再生柱及阴树脂贮存斗。

第4.5.7条 除氰阴柱的设计，可采用下列数据，按本规范第4.1.4条所列公式计算。

一、阴离子交换剂。可采用强碱性阴离子交换树脂，717树脂的工作交换容量（E）可采用27g（CN^-）/L（R）。

二、流速（v）。不宜大于30m／h。

三、树脂层高度（H）。宜为1.5～1.8m。

四、除氰阴柱有效高度。宜为树脂层高度的1.1倍。

五、每次移入再生柱的树脂量。宜为阴柱树脂用量的⅓。

六、计算树脂工作周期（T）时，树脂量应按阴柱树脂用量的⅓计，树脂工作周期可采用下列数据：

1．当氰的含量为100～50mg／L时，T值宜为8～12h，其树脂层高度宜采用上限。

2．当氰的含量小于50mg/L时，宜取u值为20〔L/L(R)·h〕计算T值，其树脂层高度宜采用下限。

第4.5.8条 阴离子交换树脂应以铜氯络离子型（$CuCl_3^{2-}$）投入运行。

第4.5.9条 阴树脂储存斗的有效容积可采用阴柱树脂用量的⅓。

第4.5.10条 阴树脂再生柱的设计可按下列数据计算：

一、每次再生树脂量宜为除氰阴柱树脂用量的⅓。

二、树脂层高度（H）。宜为0.5～0.6m。

三、再生柱有效高度。应为树脂层高度的2倍。

四、再生柱的直径。宜与除氰阴柱相同。

第4.5.11条 阴树脂的再生宜符合下列要求：

一、再生剂。宜采用工业用盐酸。

二、再生液浓度。宜为6mol／L，可采用生活饮用水配制。

三、再生液用量。宜为树脂体积的0.5倍，利用负压吸入。

四、再生柱内真空度。宜为20～27kPa。

五、再生时间。宜为3h，同时从柱底吸入空气进行搅拌。

六、淋洗水质。可采用生活饮用水。

七、淋洗水量。宜为树脂体积的6～9倍。

八、淋洗流速。宜为10～30m／h。

九、淋洗终点。pH值宜为5。

十、氰化氢气体。再生过程中产生的氰化氢气体必须利用负压吸入碱液吸收罐。

十一、洗脱液。酸再生后的洗脱液宜利用负压吸入破氰反应罐处理。

十二、淋洗水。应返回调节池再处理。

第4.5.12条 碱液吸收罐的设计应符合下列要求：

一、碱液宜采用浓度为4mol／L的氢氧化钠溶液；

二、再生柱所需的碱吸收液用量宜为再生柱树脂体积的1.5

倍，可连续使用两次；

三、碱液吸收罐的容积可按再生柱树脂体积的1.5倍计算，并应在罐上部留有高度为0.3～0.4m的空间；

四、罐内真空度应保持略大于再生柱所要求的真空度。

第4.5.13条 破氰反应罐的设计应符合下列要求：

一、罐的容积可按2～3次再生柱洗脱废液量计算；

二、罐内真空度的要求，应与碱液吸收罐相同；

三、再生柱洗脱废液必须经破氰处理和除铜处理，符合排放标准后才能排放。

第4.5.14条 再生柱、碱液吸收罐和破氰反应罐以及相应的管道、阀门等，必须有良好的密闭性、耐腐性和足够的机械强度。

（Ⅲ） 除铜系统的设计

第4.5.15条 除铜阳柱的设计可采用下列数据，按本规范第4.1.4条所列公式计算。

一、阳离子交换剂宜采用弱酸性阳离子交换树脂，116树脂的工作交换容量（E）。可采用10～14g（Cu^{2+}）／L（R）。

二、流速（v）。不宜大于30m／h。

三、树脂层高度（H）。宜为0.6～0.8m。

四、交换柱有效高度。宜为树脂层高度的2倍。

五、阳离子交换树脂的体积用量.宜为阴树脂用量的$^1/_2$。

六、树脂工作周期（T）。宜与除氰阴柱同步再生。

第4.5.16条 除铜阳柱再生，可采用负压吸入空气搅拌，并应符合下列要求：

一、再生液。宜利用碱液吸收罐内的氰化钠溶液，用负压从阳柱底部吸入，真空度要求与除氰再生柱相同。

二、再生液用量。宜为树脂体积的0.5～0.8倍。

三、再生时间。宜为30min，同时吸入空气进行搅拌。

四、淋洗水质。可用生活饮用水。

五、淋洗水量。宜为树脂体积的6～9倍，全部返回调节池再处理。

六、淋洗流速。宜为10～30m／h。

七、淋洗终点。应按出水氰含量小于或等于0.5mg／L进行控制。

第4.5.17条 除铜阳柱的密闭性等要求，应按本规范第4.5.14条执行。

第六节 钾盐镀锌废水

第4.6.1条 本节规定宜用于钾盐镀锌清洗废水，也可用于铵盐镀锌转化为钾盐镀锌过程中的清洗废水。

第4.6.2条 用离子交换法处理钾盐镀锌清洗废水的锌离子含量不宜大于200mg／L。

第4.6.3条 用离子交换法处理钾盐镀锌清洗废水，必须做到水的循环利用，回收的氯化锌应回用于镀槽。

注：循环水应定期更换新水或连续补充部分新水，新水量为每天处理水量的5%～10%。循环水及其更换或补充的新水均应用除盐水。

第4.6.4条 用离子交换法处理钾盐镀锌清洗废水，宜采用双阳柱串联、全饱和及除盐水循环的工艺流程（见图4.6.4）。

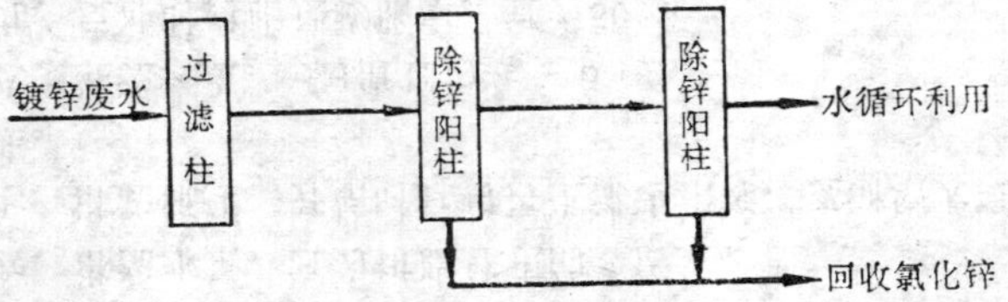

图4.6.4 钾盐镀锌废水处理工艺流程

第4.6.5条 阳离子交换剂宜采用大孔型弱酸性阳离子交换树脂，以钠型投入运行。

注：大孔型弱酸性阳离子交换树脂宜采用D113树脂。

第4.6.6条 除锌阳柱的设计可采用下列数据，并可按本规范第4.1.4条所列公式计算。

一、树脂饱和工作交换容量（E）。宜通过试验确定，当无条件试验时，可按表4.6.6采用。

阳离子交换树脂的饱和工作交换容量　　表4.6.6

树脂型号	饱和工作交换容量（钠型）g（Zn^{2+}）/L（R）
D113大孔型弱酸性阳离子交换树脂	55
DK110大孔型弱酸性阳离子交换树脂	45

二、树脂饱和工作周期（T）可采用下列数据：

1．当废水中锌离子含量为200～150mg／L时，T值宜为24h，其树脂层高度宜采用上限；

2．当废水中锌离子含量为150～100mg／L时，T值宜为24～36h；

3．当废水中锌离子含量为100～50mg／L时，T值宜为24～48h；

4．当废水中锌离子含量小于50mg／L时，宜取u值为24〔L／L（R）·h〕，计算T值，其树脂层高度宜采用下限。

三、树脂层高度（H）。宜为0.6～1.2m（钠型）。

四、流速（v）宜为10～14m／h。

第4.6.7条 除锌阳柱的饱和工作终点，可控制在进、出水的含锌浓度相差在10%范围内。

第4.6.8条 除锌阳柱的再生和淋洗宜符合下列要求：

一、再生剂。宜采用化学纯盐酸。

二、再生液浓度。宜为3mol／L，并应采用除盐水配制。

三、再生液用量。宜为树脂体积的1.2倍，再生液宜复用，可先用0.5倍上周期后期的再生洗脱液，再用0.7倍的新配再生液。

四、再生液流速。宜为0.3～0.5m／h。

五、淋洗水质。应采用除盐水。

六、淋洗水量。宜为树脂体积的3倍。

七、淋洗流速。开始时宜与再生流速相等，逐渐增大到运行时流速。

八、淋洗终点。pH值宜为4～5。

九、反冲时树脂层膨胀率。宜为50%。

注：转型要求同本规范第4.4.8条。

第4.6.9条 回收的氯化锌溶液中铁含量过高时，可调整溶液PH值，使其形成氢氧化铁沉淀后除去，或用锌粉置换法去铁。

第4.6.10条 循环利用于镀件清洗的水质，当处理钾盐镀锌废水时，可保持锌离子含量小于5mg／L；当处理铵盐镀锌转化为钾盐镀锌的废水时，锌离子含量可为20～40mg／L；当换水排放时，应处理到符合排放标准。

第4.6.11条 再生时的前期清洗水应经处理，符合排放标准后排放；后期淋洗水经调整PH值后，可作为循环水的补充水用。

第七节　镀金废水

第4.7.1条 本节规定宜用于从氰化镀金的清洗废水中回收黄金。

第4.7.2条 用离子交换法处理氰化镀金清洗废水时，水不宜循环使用，废水排放时必须对氰进行氧化处理并达到符合排放标准。

第4.7.3条 用离子交换法处理氰化镀金清洗废水宜采用双阴柱串联、全饱和的工艺流程（图4.7.3）。

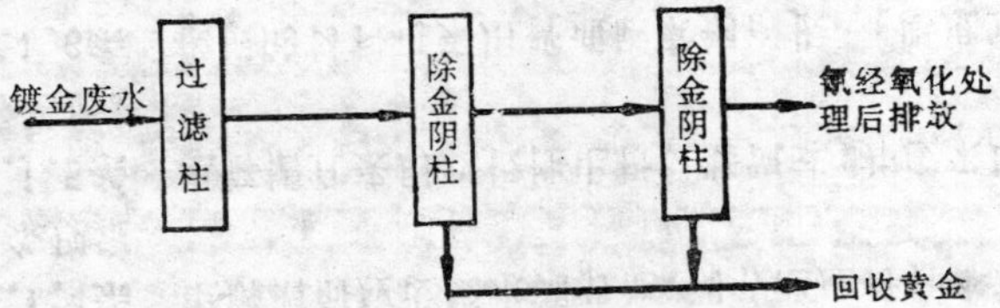

图4.7.3 镀金废水处理工艺流程

第4.7.4条 阴离子交换剂应采用凝胶型强碱性阴离子交换树脂或大孔型强碱性阴离子交换树脂，树脂应以氯型投入运行。

第4.7.5条 当废水需进行预处理时，应选用不吸附废水中金离子的滤料，一般情况下可采用树脂白球。

第4.7.6条 除金阴柱的设计可采用下列数据：

一、树脂饱和工作交换容量（E），可按表4.7.6采用。

强碱性阴离子交换树脂的饱和工作交换容量（E） 表4.7.6

树脂型号	饱和工作交换容量（氯型）g（Au^+）／L（R）
717凝胶型强碱性阴离子交换树脂	170～190
711凝胶型强碱性阴离子交换树脂	160～180
D293大孔型强碱性阴离子交换树脂	160～180
D231大孔型强碱性阴离子交换树脂	

二、树脂饱和工作周期（T）。每年宜为1～4个周期。

三、树脂层高度（H）。宜为0.6～1.0m。

四、流速（v）。不宜大于15m／h。

注：除金阴柱直径不宜过大，一般情况下可采用0.10～0.15m。

第4.7.7条 除金阴柱的饱和工作终点，应按进、出水的含金浓度基本相等进行控制。

第4.7.8条 树脂交换吸附金达饱和后，可送专门回收单位回收黄金。当地无回收单位时，可焚烧树脂回收黄金。

第4.7.9条 处理镀金废水所用的水箱、水泵、管道等均应采用塑料制品。

第五章　电解处理法

第一节　含铬废水

第5.1.1条　电解法宜用于处理生产过程中所产生的各种含铬废水。

第5.1.2条　用电解法处理的含铬废水六价铬离子含量不宜大于100mg／L，pH值宜为4.0～6.5。

第5.1.3条　用电解法处理含铬废水宜采用连续式，并宜采用图5.1.3所示工艺流程。

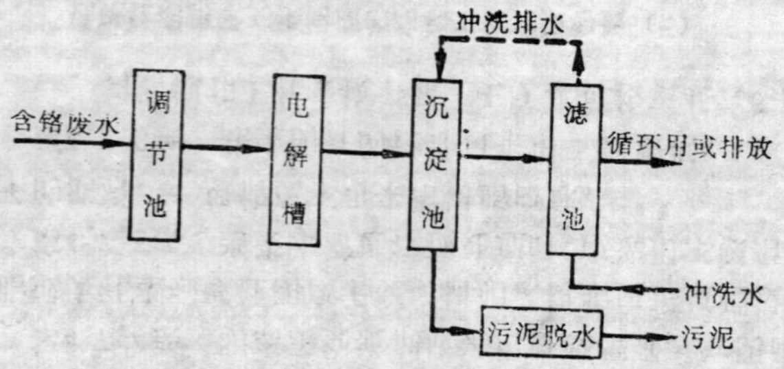

图5.1.3　含铬废水处理工艺流程

第5.1.4条　电解槽前应设废水调节池，调节池应符合本规范第3.1.1条规定。

第5.1.5条　电解槽宜采用双极性电极、竖流式，并应采取防腐和绝缘措施。

第5.1.6条　极板的材料可采用普通碳素钢钢板，厚度宜为3～5mm，极板间的净距宜为10mm。

第5.1.7条　还原1g六价铬离子的极板消耗量可按4～5g计算。

第5.1.8条　电解槽的电极电路，应按换向设计。

第5.1.9条　电解槽的设计可按下列公式计算。

一、电流计算：

$$I=\frac{K_{Cr}QC_o}{n} \qquad (5.1.9-1)$$

式中　I——计算电流（A）；

K_{Cr}——1g六价铬离子还原为三价铬离子时所需的电量，宜通过试验确定，当无试验条件时，可采用4～5〔$A\cdot h/g(Cr^{6+})$〕；

Q——废水设计流量（m^3/h）；

C_o——废水中六价铬离子含量（g/m^3）；

n——电极串联次数，n值应为串联极板数减1。

二、电解槽有效容积可按下式计算，并应满足极板安装所需的空间。

$$W=\frac{Qt}{60} \qquad (5.1.9-2)$$

式中　W——电解槽有效容积（m^3）；

t——电解历时，当废水中六价铬离子含量小于50mg/L时，t值宜为5～10min；当含量为50～100mg／L时，t值宜为10～20min。

三、极板面积计算：

$$F=\frac{I}{\alpha m_1 m_2 i_F} \qquad (5.1.9-3)$$

式中　F——单块极板面积（dm^2）；

α——极板面积减少系数，可采用0.8；

m_1——并联极板组数（若干段为一组）；

m_2——并联极板段数（每一串联极板单元为一段）；

i_F——极板电流密度，可采用0.15～0.3A／dm²。

四、电压计算：

$$U=nU_1+U_2 \qquad (5.1.9—4)$$

式中 U——计算电压（V）；

U_1——极间电压降（V）；

U_2——导线电压降（V）。

五、极间电压降计算：

$$U_1=a+bi_F \qquad (5.1.9—5)$$

式中 a——电极表面分解电压（V）；

b——极间电压计算系数（V·dm²／A）。

注：①a和b宜通过试验确定，当无试验资料时，a值可采用1V左右，b值可按本规范附录六采用。

②极间电压降一般宜在3－5V范围内。

六、电能消耗计算：

$$N=\frac{IU}{1000Q\ \eta} \qquad (5.1.9—6)$$

式中 N——电能消耗（kW·h／m³）；

η——整流器效率，当无实测数值时，可采用0.8。

第5.1.10条 电解槽采用的最高直流电压，应符合国家现行的有关直流安全电压标准、规范的规定。

第5.1.11条 选用电解槽的整流器时，应根据计算的总电流和总电压值增加30%～50%的备用量。

第5.1.12条 电解法处理含铬废水应设沉淀池，沉淀前废水的PH值宜为7～9。

第5.1.13条 当废水中六价铬离子含量为50～100mg/L时，沉淀时间宜为2h，污泥体积可按处理废水体积的5%～10%估算。

第5.1.14条 当废水中六价铬离子含量为100mg／L时，处理每立方米废水所产生的污泥干重可按1kg计算。

第5.1.15条 电解法处理含铬废水宜设置滤池，滤池冲洗排水应符合本规范第3.1.3条规定。

第二节 镀银废水

第5.2.1条 电解法可用于从氰化镀银清洗废水中回收金属银，并可同时分解部分氰。

第5.2.2条 用电解法回收银时，一级回收槽内废水中银离子含量宜控制在200～600mg／L。

第5.2.3条 用电解法处理氰化镀银清洗废水，可采用图5.2.3所示基本工艺流程。当清洗槽排水中氰离子浓度超过排放标准时，应经化学法处理，符合排放标准后排放。

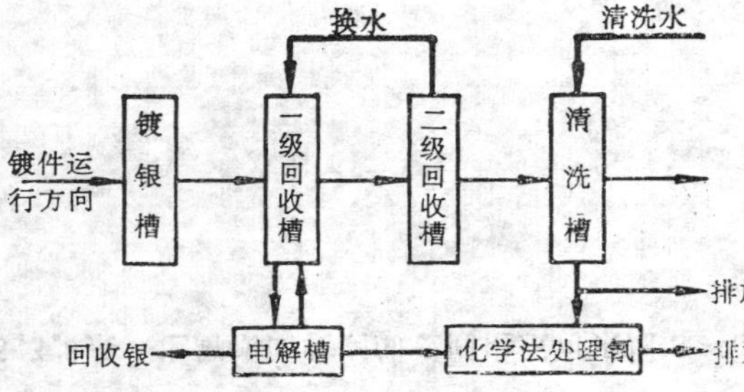

图5.2.3 镀银废水处理基本工艺流程

第5.2.4条 电解槽宜采用无隔膜、单极性平板电极电解槽或同心双筒电极旋流式电解槽。

第5.2.5条 回收槽的水应采用除盐水。

第5.2.6条 电解槽的阴极材料，可采用不锈钢。阳极材料应根据废水性质和电解槽形式确定，一般可采用钛基涂二氧化铅、钛基涂二氧化钌、石墨、不锈钢等不溶性阳极材料。

第5.2.7条 电极间的净距，当为平板电极时，可采用10～20mm；为同心双筒电极时，可采用10mm。

第5.2.8条 电解槽内废水宜采用快速循环，废水通过电极间的最佳流速，应根据能提高极限电流密度及降低能耗的原则确定，一般平板电极宜为300～900m／h；同心双筒电极宜为300～1200m／h。

第5.2.9条 阴极电流密度，应根据废水含银离子浓度等因素确定，并应符合下列规定：

一、当废水中银离子含量大于400mg／L时，可采用0.1～0.25A／dm^2；

二、当废水中银离子含量小于400mg／L时，可采用0.1～0.03A／dm^2。

第5.2.10条 电解槽回收银的极间电压可采用1～3V。

第5.2.11条 电解法回收银的电源，可采用直流电源或脉冲电源，应通过技术经济比较确定。

第三节 镀铜废水

第5.3.1条 电解法可用于从镀铜清洗废水中回收金属铜。

第5.3.2条 用电解法回收铜时，一级回收槽内废水中铜离子含量宜控制在500～1000mg／L。

第5.3.3条 用电解法回收铜的基本工艺流程，当为氰化镀铜清洗废水时，可参照本规范图5.2.3；当为酸性镀铜清洗废水时，可采用图5.3.3所示基本工艺流程。

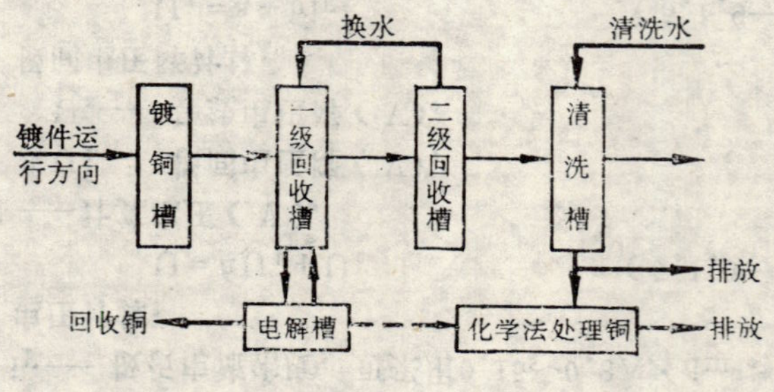

图5.3.3 镀铜废水处理基本工艺流程

第5.3.4条 电解槽一般情况下宜采用无隔膜、单极性平板电极式。

第5.3.5条 电解槽的阳极应采用不溶性材质；阴极可采用不锈钢板或铜板。

第5.3.6条 平板电极极板间的净距可采用15～20mm。

第5.3.7条 阴极电流密度应根据废水中铜离子浓度等因素确定，并宜符合下列规定：

一、当废水中铜离子含量大于700mg／L时宜为0.5～1.0A／dm^2。

二、当废水中铜离子含量小于700mg／L时宜为0.5～0.1A／dm^2。

第5.3.8条 电解槽回收铜的极间电压可采用3～4V。

第六章　污泥脱水

第6.0.1条　电镀废水处理后所产生的各种污泥，必须进行脱水处理，一般情况宜脱水到污泥含水率约为80%。对脱水后的污泥应设置具有防水、防渗措施的专门堆放场所，严禁污泥流失。

第6.0.2条　污泥脱水的特性参数应通过污泥脱水测试装置确定。当无条件测试时，可按表6.0.2采用。

污泥特性参数　　表6.0.2

污泥品种	中和药剂	压力降（kPa）	滤饼重量比阻（m/kg）	压缩指数
电解法或硫酸亚铁法处理含铬废水	氢氧化钠	300	$1.2\sim1.5\times10^{13}$	0.6～0.7
		100	$6\sim8\times10^{12}$	
亚硫酸氢钠法处理含铬废水	氢氧化钠	300	$4\sim5\times10^{12}$	0.4～0.5
		100	$2.5\sim3.5\times10^{12}$	
电镀混合废水	氢氧化钠	300	$1.5\sim2.5\times10^{13}$	0.65～0.75
		100	$6\sim8\times10^{12}$	
铁件预处理时酸碱废水	氢氧化钠	300	$1.7\sim3\times10^{13}$	0.7～0.8
		100	$7\sim9\times10^{12}$	
	氢氧化钙	300	8.36×10^{11}	0.4～0.5
		100	5.17×10^{11}	

第6.0.3条　污泥脱水设备可根据污泥特性、需要脱水的程度、贮存或运输、综合利用或无害化处理等要求来选用。常用过滤机的类型可按表6.0.3选用。

常用过滤机的类型　　表6.0.3

污泥脱水程度含水率（%）	污泥的压缩指数	压力为100kPa时的污泥比阻（m/kg）	选用过滤机的类型
>85	<0.85	$<10^{12}$	真空过滤机
80～75	<0.80	$<10^{13}$	加压过滤机 压力为400～500kPa
<75	<0.80	$<5\times10^{13}$	加压过滤机 压力为500kPa

第6.0.4条　电镀污泥脱水一般情况下宜采用加压过滤机，当间歇过滤时可采用箱式压滤机，连续过滤时可采用带式压滤机。

第6.0.5条　污泥进入污泥脱水设备前一般要求含水率不宜大于98%。当处理的废水量小于$2m^3/h$时，则污泥含水率可不受此限，混合液可直接进入微孔管压滤机或箱式压滤机等进行脱水。

第6.0.6条　当污泥量较少、脱水程度要求不高时，可采用滤布袋重力式脱水或复合石膏槽静态脱水。

附录一　镀件单位面积的镀液带出量

镀件单位面积的镀液带出量　　**附表1**

电镀方式	不同镀件形状镀液带出量（mL／dm²）			
	简单	一般	较复杂	复杂
手工挂镀	＜2	2～3	3～4	4～5
自动线挂镀	＜1	1左右	1～2	2～3
滚镀	3左右	3～4	4～5	5～6

注：①选用时可再结合镀件的排液时间、悬挂方式、镀液性质、挂具制作等情况考虑。

②上表所列镀液带出量已包括挂具的带出量在内。

③滚镀在不同情况下，镀液带出量区别较大，表中所列为一般情况，如情况特殊，不能采用表中的数据。

附录二　镀液蒸发量

镀液蒸发量　　**附表2.1**

工作班次	气温条件		镀液温度（°C）	蒸发量（L／m²·d）
	室温（°C）	相对湿度（%）		
一班	9～24	45～100	50～60	25～50
两班	10～25	50～100	40～62	45～90

注：①上表根据对镀铬槽的实测资料整理。

②工作时开通风机及对镀液连续加温。

③镀槽不加F—53等铬酸雾抑制剂。

附录三　废水通过树脂层的阻力计算公式

废水通过树脂层的阻力计算公式　　附表3.1

废水性质	适用的树脂型号	采用公式
含铬废水	710、370、732、小白球	$\Delta P=7\frac{\nu v H}{d^2_{cp}}$
含镍废水	732（Ni型）	$\Delta P=7\frac{\nu v H}{d^2_{cp}}$
	110（Ni型）	$\Delta P=9\frac{\nu v H}{d^2_{cp}}$
含铜废水	732（Cu型）	$\Delta P=7\frac{\nu v H}{d^2_{cp}}$
	110（Cu型）	$\Delta P=9\frac{\nu v H}{d^2_{cp}}$

注：式中　ΔP——树脂层的水头损失（m）；
v——废水通过树脂层的流速（m／h）；
H——树脂层高度（m）；
d_{cp}——树脂的平均直径（mm）；
ν——水最低温度时的运动粘滞系数（cm^2／s）。

附录四　阴、阳离子交换树脂的活化方法

一、本方法适用于用离子交换法处理镀铬废水时阴、阳离子交换树脂受污染时的活化。

二、阴离子交换树脂，可采用体外活化。活化液用量为树脂体积的1～2倍，活化液用浓度为2.0～2.5mol／L硫酸与亚硫酸氢钠配制，亚硫酸氢钠含量对凝胶型强碱阴树脂为45g／L；对大孔型弱碱阴树脂为28g／L。活化时，树脂在活化液中浸泡一夜。

三、阳离子交换树脂，可在体内活化。活化液用量为树脂体积的2倍。活化液用浓度为3.0mol／L的盐酸配制，以1.2～4.0m／h的流速通过树脂层，再采用体积为树脂体积的1～2倍、浓度为2.0～2.5mol／L的硫酸浸泡3h以上。

附录五　无隔膜电解法脱氯设备的设计数据

一、电解槽的有效容积可按下式计算：

$$W=\frac{K_{Cl}It\eta}{C_0-C} \quad (附5.1)$$

式中　W——电解槽的有效容积（L）；

K_{Cl}——电化当量，等于1.323g／A·h；

I——总电流（A）；

t——电解时间（h）；

η——电流效率（%）；

C_0——电解前铬酸中氯离子含量（g／L）；

C——电解后铬酸中氯离子含量，可采用0.2g／L。

二、阳极板和阴极板总面积可按下式计算：

$$F_{阳}=\frac{I}{i_{阳}}=W\cdot\lambda \quad (附5.2)$$

$$F_{阴}=\frac{F_{阳}}{M} \quad (附5.3)$$

式中　$F_{阳}$——阳极板总面积（dm^2）；

$F_{阴}$——阴极板总面积（dm^2）；

$i_{阳}$——阳极电流密度（A／dm^2）；

λ——阳极板的极水比〔dm^2／L（溶液）〕；

M——阳极板与阴极板面积比。

上式中有关数据可按附表5.1选用。

电解脱氯设备数据　　附表5.1

参数名称	单位	氯离子含量<2g／L	氯离子含量3～5g／L	
阳极电流密度	（A／dm^2）	2.5	2.5	2.5
阳极板的极水比	（dm^2／L）	0.3～0.4	0.3～0.4	0.6～0.8
电解时间	（h）	12～15	18～23	7～10
电压	（V）	4～12	4～12	4～12
电流效率	（%）	8～15	15～20	15～21
阳极板与阴极板面积比		10～20	10～20	20～25
电解时溶液温度	（℃）	60～80	60～80	60～80
耗电指标	〔g（Cl^-）／kW·h〕	20～30	37～50	35～45
阳极材料		铅锑合金	铅锑合金	铅锑合金
阴极材料		铜棒	铜棒	铜棒

注：①当铬酐含量为40～100g／L时，电压宜为8～12V。

②当铬酐含量为100～200g／L时，电压宜为6～8V。

③当铬酐含量为200～350g／L时，电压宜为4～6V。

附录六　极间电压计算系数(b)

极间电压计算数系(b)　附表 6.1

投加食盐含量 (g/L)	温度 (°C)	极距 (mm)	电导率 ($\mu\Omega^{-1}\cdot cm^{-1}$)	b 值
0.5	10~15	5		8.0
		10		10.5
		15		12.5
		20		15.7
不投加食盐	13—15	5	400	8.5
			600	6.2
			800	4.8
		10	400	14.7
			600	11.2
			800	8.3

附录七　本规范用词说明

一、执行本规范条文时，对于要求严格程度的用词说明如下，以便在执行中区别对待：

1．表示很严格，非这样作不可的用词：

正面词采用“必须”；

反面词采用“严禁”。

2．表示严格，在正常情况下均应这样作的用词：

正面词采用“应”；

反面词采用“不应”或“不得”。

3．表示允许稍有选择，在条件许可时，首先应这样作的用词：

正面词采用“宜”或“可”；

反面词采用“不宜”。

二、条文中指明必须按其它有关标准和规范执行的写法为“应按……执行”或“应符合……要求或规定”。非必须按所指定的标准和规范执行的写法为“可参照……”。

附加说明

本规范主编单位、参加单位
和主要起草人名单

主编单位： 机械电子工业部第七设计研究院
参加单位： 机械电子工业部工程设计研究院
航空航天工业部第四勘测设计研究院
中国船舶工业总公司第九设计研究院
轻工业部上海轻工业设计院
机械电子工业部第二设计研究院
铁道部铁道专业设计院
上海市机电设计研究院
机械电子工业部第十一设计研究院
北京市政设计院
机械电子工业部第五设计研究院
北京工业大学
主要起草人： 胡冠民　涂锦葆　宁天禄　孙书云
陈士洪　陈萃岚　肖立人　李春华
张秉镛　周赓武　经守谦　赵肇一
蒋文彪　谭孝良　樊振江　戴鼎康

中华人民共和国国家标准

给水排水构筑物施工及验收规范

GBJ 141—90

主编部门：中华人民共和国原城乡建设环境保护部
主编单位：北京市市政工程局
批准部门：中华人民共和国建设部
施行日期：1991年8月1日

关于发布国家标准《给水排水构筑物施工及验收规范》的通知

(90)建标字第672号

根据国家计委计综[1984]305号文的要求，由北京市市政工程局会同有关部门共同制订的《给水排水构筑物施工及验收规范》已经有关部门会审，现批准《给水排水构筑物施工及验收规范》GBJ 141—90为国家标准，自1991年8月1日起施行。

本标准由建设部城市建设司负责管理，其具体解释工作由北京市市政工程局负责。出版发行由建设部标准定额研究所负责组织。

中华人民共和国建设部
1990年12月22日

编 制 说 明

本规范是根据国家计委计综[1984]305号文的要求，由我部城市建设司主管，由北京市市政工程局主编，会同上海市政工程管理局、天津市市政工程局、天津市公用局、武汉市建委城管处、吉林省建设厅、甘肃省建设厅、铁道部基建总局、北京建筑工程学院、化工部基建局共同编制而成。

在本规范的编制过程中，规范编制组进行了广泛的调查研究，认真总结我国各地区给水排水构筑物施工的实践经验，参考了有关国内和国外先进标准，约请了冶金部基建局、四川省建设厅参加讨论，广泛征求了全国有关单位的意见，并经过了试点工程的验证。最后，由我部会同有关部门审查定稿。

鉴于本规范系初次编制，在执行过程中，希望各单位结合工程实践和科学研究，认真总结经验，注意积累资料。如发现需要修改和补充之处，请将意见和有关资料寄交北京市市政工程局（地址：北京市复外南礼士路十七号，邮政编码：100045），以供今后修订时参考。

中华人民共和国建设部

1990年12月

目　次

第一章　总　　则

第 1.0.1 条　为使给水排水构筑物在施工中加强管理，不断提高技术水平，确保工程质量，安全生产，节约材料。提高经济效益，特制订本规范。

第 1.0.2 条　本规范适用于城镇和工业给水排水构筑物的施工及验收，不适用于工业中具有特殊要求的给水排水构筑物。

第 1.0.3 条　给水排水构筑物必须按设计要求和施工图纸施工，变更设计必须经过设计单位同意。

第 1.0.4 条　给水排水构筑物施工，必须遵守国家和地方有关安全、劳动保护、防火、环境保护等方面的规定。

第 1.0.5 条　给水排水构筑物施工及验收除应符合本规范规定外，尚应符合国家现行有关标准、规范的规定。

第二章 施工准备

第 2.0.1 条 给水排水构筑物施工前应由设计单位进行设计交底，当施工单位发现施工图有错误时，应及时向设计单位和建设单位提出变更设计的要求。

第 2.0.2 条 施工前应根据施工需要，进行调查研究，充分掌握下列情况和资料：

一、现场地形及现有建筑物和构筑物的情况；

二、工程地质与水文地质资料；

三、气象资料；

四、工程用地、交通运输及排水条件；

五、施工供水、供电条件；

六、工程材料和施工机械供应条件；

七、在地表水水体中或岸边施工时，应掌握地表水的水文资料、航运资料，在寒冷地区施工时应掌握地表水、冰凌的资料；

八、结合工程特点和现场条件的其它情况和资料。

第 2.0.3 条 给水排水构筑物施工前应编制施工组织设计，施工组织设计的内容，主要应包括工程概况、施工部署、施工方法、施工技术组织措施、施工计划及施工总平面布置图等。对主要施工方法应分别编制施工设计。

第 2.0.4 条 施工技术组织措施应包括保证工程质量、安全、工期、降低成本和提高经济效益的措施，并应根据施工特点，采取下列特殊措施：

一、对地下、半地下构筑物应采取防止地表水流进基坑和地下水排水中断的措施。必要时应对构筑物采取抗浮的应急措施；

二、在寒冷地区冬期施工时，应采取防冻措施；

三、在地表水水体内或岸边施工时，应采取防汛、防冲刷、防漂浮物、防冰凌的措施以及对防洪堤的保护措施；

四、对沉井和基坑施工排水，应对其影响范围内的原有建筑物、构筑物进行沉降观测，必要时采取防护措施。

第 2.0.5 条 给水排水构筑物施工时，应按先地下后地上、先深后浅的顺序施工，并应防止各构筑物交叉施工时相互干扰。

对建在地表水水体中、岸边及地下水位以下的构筑物，其主体结构宜在枯水期施工；对抗渗混凝土宜避开低温及高温季节施工。

第 2.0.6 条 施工临时设施应根据工程特点合理设置，并作出总体布置。对不宜中途间断施工的项目，应有备用动力和设备。

第 2.0.7 条 施工测量应符合下列规定：

一、施工前建设单位应组织有关单位向施工单位进行现场交桩；

二、施工设置的临时水准点及轴线控制桩必须设在稳固地段和便于观测的位置，并采取保护措施。临时水准点的数量不得少于两个；

三、施工设置的临时水准点、轴线桩及构筑物施工的定位桩、高程桩，必须经过复核，方可使用，并应经常校核；

四、已建构筑物与本工程衔接的平面位置及高程，开工前必须校测。

第 2.0.8 条 施工测量的允许偏差应符合表2.0.8的规定。

施工测量允许偏差 表 2.0.8

项目		允许偏差
水准线路测量高程闭合差	平地	$\pm 20\sqrt{L}$ (mm)
	山地	$\pm 6\sqrt{n}$ (mm)
导线测量方位角闭合差		$\pm 40\sqrt{n}$ (″)
导线测量相对闭合差		1/3000
直接丈量测距两次较差		1/5000

注：①L为水准测量闭合线路的长度(km)。
②n为水准或导线测量的测站数。

第三章 围 堰

第一节 一 般 规 定

第 3.1.1 条 围堰应编制施工设计，其构造应简单，符合强度、稳定、防冲和抗渗要求，并应便于施工、维修和拆除。

第 3.1.2 条 围堰的施工设计应包括以下主要内容：

一、围堰平面布置图；

二、河道缩窄后过水断面的壅水和波浪高度；

三、围堰的强度和稳定性计算；

四、围堰断面施工图；

五、板桩加工图；

六、围堰施工方法、施工材料和机具；

七、围堰拆除方法与要求；

八、安全措施。

第 3.1.3 条 围堰类型的选择应根据河道的水文、地形、地质及地方材料、施工技术和装备等因素，经综合技术经济比较确定，并应符合表3.1.3的规定。

第 3.1.4 条 土、草（麻）袋、钢板桩围堰的顶面高程，宜高出施工期间的最高水位0.5～0.7m；草捆土围堰顶面高程宜高出施工期间的最高水位1.0～1.5m。

第 3.1.5 条 围堰施工和拆除，不得影响航运和污染临近取水水源的水质。

围堰的选用范围　　表 3.1.3

围堰类型	适用条件	
	最大水深(m)	最大流速(m/s)
土围堰	2	0.5
草捆土围堰	5	3
草(麻)袋围堰	3.5	2
钢板桩围堰	—	3

注：土、草捆土、草(麻)袋围堰适用于土质透水性较小的河床。

第二节　土、草捆土、草(麻)袋围堰

第 3.2.1 条　土、草捆土、草(麻)袋围堰填筑前，应清除堰底处河床上的树根、石块、表面淤泥及杂物等。

第 3.2.2 条　土、草捆土、草(麻)袋围堰应采用松散的粘性土，不得含有石块、垃圾、木料等杂物，冬期施工时不应使用冻土。

第 3.2.3 条　土、草捆土、草(麻)袋围堰施工过程中，对堰体应随时进行观察、测量，如发生滑坡、渗漏、淘刷等现象时，应分析原因，及时采取加固措施。

第 3.2.4 条　土围堰堰顶宽度当不行驶机动车辆时不应小于1.5m。堰内边坡坡度不宜陡于1:1；堰外边坡坡度不宜陡于1:2。当流速较大时，外坡面宜用草皮、柴排(树枝)，毛石或装土草袋等加以防护。

第 3.2.5 条　草捆土围堰应采用未经碾压的新鲜稻草或麦秸，其长度不应小于50cm。

第 3.2.6 条　草捆土围堰堰底宽度宜为水深的2.5～3倍。堰体的草与土应铺筑平整，厚度均匀。

第 3.2.7 条　草捆土围堰的施工应符合下列规定：

一、每个草捆长度宜为150～180cm；直径宜为40～50cm，迎水面和转弯处草捆应用麻绳捆扎，其它部位宜采用草绳捆扎。

二、草捆拉绳应采用麻绳。直径宜为2cm，长度可按草捆预计下沉位置确定，宜为水深的三倍。

三、草捆铺设应与堰体的轴线平行。草捆与草捆之间的横向应靠紧，纵向搭接应呈阶梯状，其搭接长度可按该层草捆所处水深确定。当水深等于或小于3m时，其搭接长度应为草捆长度的1/2；当水深大于3m时，其搭接长度应为草捆长度的2/3。

四、草捆层上面宜用散草先将草捆间的凹处填平，再垂直于草捆铺设散草，其厚度宜为20cm。

五、散草层上面的铺土，应将散草全部覆盖，其厚度宜为30～40cm。

六、堰体下沉过程中，应随下沉速度放松拉绳，保持草捆下沉位置。沉底后应将拉绳固定在堰体上。

第 3.2.8 条　土、草捆土围堰填筑出水面后，或干筑土围堰时，填土应分层压实。

第 3.2.9 条　草(麻)袋围堰的施工应符合下列规定：

一、堰顶宽宜为1～2m，堰外边坡坡度视水深及流速确定，宜为1:0.5～1:1.0；堰内边坡坡度宜为1:0.2～1:0.5。

二、草(麻)袋装土量宜为草(麻)袋容量的2/3，袋口应缝合，不得漏土。

三、土袋堆码时应平整密实，相互错缝。

四、草(麻)袋围堰可用粘土填心防渗。在流速较大处，堰外边坡草(麻)袋内可填装粗砂或砾石，以防冲刷。

第 3.2.10 条 土、草捆土、草（麻）袋围堰填筑时，应由上游开始至下游合拢。拆除时应由下游开始，由堰顶至堰底，背水面至迎水面，逐步拆除。如采用爆破法拆除时，应采取安全措施。

第三节 钢板桩围堰

第 3.3.1 条 新钢板桩材质和外型尺寸应符合国家有关现行标准的规定，并有出厂合格证，当有怀疑时应进行抽检。旧钢板桩经整修或焊接后，应采用2～3m长同类型钢板桩作锁口通过试验。

第 3.3.2 条 钢板桩顶端应设吊孔，并用钢板补强加固。钢板桩搬运起吊时，应防止锁口损坏和由于自重导致变形。在堆存期间应防止变形及锁口内积水。

第 3.3.3 条 接长的钢板桩应以同规格、等强度的材料焊接。焊接时应用夹具夹紧。先焊钢板桩接头，后焊连接钢板。

第 3.3.4 条 当起吊设备允许时，钢板桩可由2～3块拼成组合桩，每隔3～6m用夹具夹紧，夹具应与围堰形式相符。组拼时应在锁口内填充防水混合料。夹具夹紧后，应采用油灰和棉絮捻塞拼接缝。

第 3.3.5 条 插打钢板桩应符合下列规定：

一、插打前，在锁口内应涂抹防水混合料。

二、吊装钢板桩，当起重设备高度不够需要改变吊点位置时，吊点位置不得低于桩顶以下1/3桩长。

三、钢板桩可采用锤击、震动或辅以射水等方法下沉。但在粘土中，不宜采用射水。锤击时应设桩帽。

四、插打时，必须有可靠的导向设备。宜先将全部钢板桩逐根或逐组插打稳定，然后依次打到设计高程；当能保证钢板桩插打垂直时，可将每根或每组钢板桩一次锤打到设计高程。

五、最初插打的钢板桩，应详细检查其平面位置和垂直度。当发现倾斜时，应即予纠正。

六、接长的钢板桩，其相邻两钢板桩的接头位置，应上下错开，不得小于2m。

七、在同一围堰内采用不同类型的钢板时桩，应将两种不同类型钢板桩的各一半拼接成异型钢板桩。

八、钢板桩因倾斜无法合拢时，应采用特制的楔形钢板桩，楔形的上下宽度之差不得超过桩长的2%。

第 3.3.6 条 插打钢板桩的允许偏差应符合表3.3.6的规定。

插打钢板桩允许偏差 表 3.3.6

项目		允许偏差（mm）
轴线位置	陆上打桩	100
	水上打桩	200
顶部高程	陆上打桩	±100
	水上打桩	±200
垂直度		L/100，且不大于100

注：L为桩长(mm)。

第 3.3.7 条 **拔出钢板桩前，应向堰内灌水，使堰内外水位相等。拔桩应由下游开始。**

第四章 基 坑

第一节 施 工 排 水

（Ⅰ） 一 般 规 定

第 4.1.1 条 施工排水应编制施工设计并应包括以下主要内容：

一、排水量的计算；

二、施工排水的方法选定；

三、排水系统的平面布置和竖向布置以及抽水机械的选型和数量；

四、排水井的构造，井点系统的构造，排放管渠的构造，断面和坡度；

五、电渗排水所采用的设施及电极。

第 4.1.2 条 施工排水系统排出的水，应输送至抽水影响半径范围以外，且不得破坏道路、河坡及其它构筑物，不得损害农田和影响交通。

第 4.1.3 条 在施工排水过程中不得间断排水，并应对排水系统加强检查和维护。当构筑物未具备抗浮条件时，严禁停止排水。

第 4.1.4 条 施工排水终止抽水后，排水井及拔除井点管所留的孔洞，应立即用砂、石等填实；地下静水位以上部分，可用粘土填实。

第 4.1.5 条 冬期施工时，排水系统的管路应采取防冻措施；停止抽水后必须立即将泵体及进出水管内的存水放空。

（Ⅱ） 明 排 水

第 4.1.6 条 采取明排水施工时，应保证基坑边坡的稳定和地基不被扰动。排水井宜布置在构筑物基础范围以外，且不得影响基坑的开挖及构筑物施工。当基坑面积较大或基坑底部呈倒锥形时，可在基础范围内设置，但应采取使集水井筒与基础紧密连结，并在终止排水时便于封堵的措施。

第 4.1.7 条 排水井应在地下水位以下的土方开挖以前建成。

第 4.1.8 条 排水井的井壁宜加支护；当土层稳定、井深不大于1.2m时，可不加支护。

第 4.1.9 条 排水井处于细砂、粉砂或轻亚粘土等土层时，应采取过滤或封闭措施，封底后的井底高程，应低于基坑底，且不宜小于1.2m。

第 4.1.10 条 配合基坑的开挖，排水沟应及时开挖及降低深度。排水沟的深度不宜小于0.3m。

第 4.1.11 条 基坑开挖至设计高程后排水沟的处理，宜符合下列规定：

一、渗水量较少时，宜采用盲沟排水；

二、渗水量较大、盲沟排水不能满足要求时，宜在排水沟内埋设直径150～200mm的排水管、排水管接口处留缝或排水管留滤水孔，管两侧和上部应采用卵石或碎石回填。

第 4.1.12 条 排水管、盲沟及排水井的结构布置及排水情况，应作施工记录。其格式应符合本规范附录三附表3.1的规定。

（Ⅲ） 井 点 降 水

第 4.1.13 条 井点降水应使地下水位降至基坑底面以下不小于0.5m；对软土地基的水位降低深度宜适当加大。

第 4.1.14 条 井点孔的直径应为井点管外径加2倍管外滤层厚度，滤层厚度宜为10～15cm。井点孔应垂直，其深度可略大于井点管所需深度，超深部分可用滤料回填。

第 4.1.15 条 井点管的安装应居中，并保持垂直。填滤料时，应对井点管口临时封堵。滤料应沿井点管四周均匀灌入；灌填高度应高出地下静水位。

第 4.1.16 条 井点管安装后，可进行单井或分组试抽水，根据试抽水的结果，可对井点设计作必要的调整。

第 4.1.17 条 轻型井点的集水总管底面及水泵基座的高程宜尽量降低。滤管的顶部高程，宜为井管处设计动水位以下不小于0.5m。

第 4.1.18 条 井壁管长度偏差不应超过±100mm；井点管安装高程的偏差不应超过±100mm。

第二节 基 坑 开 挖

第 4.2.1 条 基坑应编制施工设计并应包括以下主要内容：

一、基坑施工平面布置图及开挖断面图；

二、挖土、运土、采用的机械数量与型号；

三、基坑开挖的施工方法；

四、采用支撑时，支撑的型式、结构、支拆方法及安全措施；

五、坑上堆土位置及数量，多余土方的处置，运输路线以及土方挖运、填的平衡。

第 4.2.2 条 基坑底部为倒锥形时，坡度变换处应增设控制桩；沿圆弧方向的控制桩应加密。

第 4.2.3 条 地质条件良好、土质均匀，且地下水位低于基坑底面高程，且挖方深度在5m以内边坡不加支撑时，边坡最陡坡度应符合表4.2.3的规定。

深度在5m以内的基坑边坡的最陡坡度　　表 4.2.3

土的类别	边坡坡度（高:宽）		
	坡顶无荷载	坡顶有静载	坡顶有动载
中密的砂土	1:1.00	1:1.25	1:1.50
中密的碎石类土（充填物为砂土）	1:0.75	1:1.00	1:1.25
硬塑的轻亚粘土	1:0.67	1:0.75	1:1.00
中密的碎石类土（充填物为粘性土）	1:0.50	1:0.67	1:0.75
硬塑的亚粘土、粘土	1:0.33	1:0.50	1:0.67
老黄土	1:0.10	1:0.25	1:0.33
软土（经井点降水后）	1:1.00	—	—

注：(1)当有成熟施工经验时，可不受本表限制。
(2)在软土基坑坡顶不宜设置静载或动载，需要设置时，应对土的承载力和边坡的稳定性进行验算。

第 4.2.4 条 基坑支撑的设计应满足下列要求：

一、支撑应具有足够的强度、刚度和稳定性。支撑部件的型号、尺寸、支撑点的布置、板桩的入土深度、锚杆的长度和直径等应经计算确定；

二、不妨碍基坑开挖及构筑物的施工；

三、支拆方便。

第 4.2.5 条 支撑的安装应遵守下列规定：

一、需要支撑的基坑，在开挖到规定深度时，应立即对基坑上部进行支撑，对下部边挖边支撑；

二、设在基坑中下层的支撑梁及土锚杆，应在挖土至该深度后，及时安装；

三、支撑的接点必须支紧或拉紧并牢固可靠。

第 4.2.6 条 雨期施工时基坑开挖必须采取防止坑外雨水流入基坑措施，坑内雨水应及时排出。

第 4.2.7 条 雨期施工当基坑边坡不稳定时，其坡度应适当放缓；对软土边坡应采取保护措施。

第 4.2.8 条 基坑土方应随挖随运，当采用机械挖、运联合作业时，宜将适于回填的土分类堆存备用。

第 4.2.9 条 基坑开挖至接近设计高程，发现土质与设计不符或其它异常情况时，应由施工、建设、设计单位会同研究处理措施。

第 4.2.10 条 地基不得扰动，也不得超挖。当局部扰动或超挖超过允许偏差时，应按下列规定处理，并做施工记录。

一、地基因排水不良被扰动时，应将扰动部分全部清除，可回填卵石、碎石或级配砾石；

二、地基超挖时，应采用原土回填压实，其压实度不应低于原地基的天然密实度；当地基含水量较大时，可回填卵石、碎石或级配砂石；

三、岩石地基局部超挖超过允许偏差时，应将基底碎碴全部清除，回填低强度混凝土或碎石。

第 4.2.11 条 基坑开挖至设计高程后，应及时组织验收和进行下一工序的施工。基坑验收后应予保护，防止扰动。

第 4.2.12 条 基坑质量应符合下列要求：

一、天然地基应不被扰动；地基处理应符合设计要求；

二、基底高程的允许偏差；当开挖土方时，应为±20mm，当开挖石方时，应为+20mm、-200mm；

三、底部尺寸不得妨碍构筑物的施工，并不小于施工设计规定。

四、边坡坡度应符合本规范第4.2.3条的规定；

五、支撑必须牢固安全。

第三节 基 坑 回 填

第 4.3.1 条 基坑回填必须在构筑物的地下部分验收合格后及时进行。不做满水试验的构筑物，在其墙的强度未达到设计强度以前进行基坑回填时，其允许填土高度应与设计单位协商确定。

第 4.3.2 条 支撑的拆除应自下而上逐层进行，当基坑填土压实高度达到支撑梁或土锚杆的高度时，方可拆除支撑。拔除板桩后的孔洞应用砂填实。

第 4.3.3 条 雨期填土应经常检验土的含水量，随填随压，防止松土淋雨。填土时基坑四周被破坏的土堤及排水沟应及时修复。但雨天不宜填土。

第 4.3.4 条 冬期填土，在道路或管道通过的部位、不得回填冻土，其他部位可均匀掺入冻土，其数量不得超过填土总体积的15%，且冻块尺寸不得大于15cm。

第 4.3.5 条　基坑填土的质量应符合下列要求：

一、回填土的压实度应符合设计要求，当设计无要求时，回填土的压实度不应低于90％；地面有散水的，不应低于95％；道路通过的部位其回填土的压实度应符合国家现行有关标准规范的规定；

二、填土表面应略高于地面、清理平整，并利于排水。

第五章　水　池

第一节　一　般　规　定

第 5.1.1 条　水池底板位于地下水位以下时，施工前应验算施工阶段的抗浮稳定性。当不能满足抗浮要求时，必须采取抗浮措施。

第 5.1.2 条　位于水池底板以下的管道，应经验收合格后再进行下一工序的施工。

第 5.1.3 条　水池施工完毕必须进行满水试验。在满水试验中并应进行外观检查，不得有漏水现象。水池渗水量按池壁和池底的浸湿总面积计算，钢筋混凝土水池不得超过$2L/m^2\cdot d$；砖石砌体水池不得超过$3L/m^2\cdot d$；试验方法应符合本规范附录一的规定。

第 5.1.4 条　水池满水试验应在下列条件下进行：

一、池体的混凝土或砖石砌体的砂浆已达到设计强度；

二、现浇钢筋混凝土水池的防水层、防腐层施工以及回填土以前；

三、装配式预应力混凝土水池施加预应力以后，保护层喷涂以前；

四、砖砌水池防水层施工以后、石砌水池勾缝以后；

五、砖石水池满水试验与填土工序的先后安排符合设计规定。

第 5.1.5 条　水池满水试验前，应做好下列准备工作：

一、将池内清理干净，修补池内外的缺陷，临时封堵预留孔洞、预埋管口及进出水口等。并检查充水及排水闸门，不得渗漏；

二、设置水位观测标尺；

三、标定水位测针；

四、准备现场测定蒸发量的设备；

五、充水的水源应采用清水并做好充水和放水系统的设施。

第 5.1.6 条 水池满水试验应填写试验记录，格式应符合本规范附录三中附表3.2的规定。

第 5.1.7 条 满水试验合格后，应及时进行池壁外的各项工序及回填土方，池顶亦应及时均匀对称地回填。

第 5.1.8 条 水池在满水试验过程中，需要了解水池沉降量时，应编制测定沉降量的施工设计，并应根据施工设计测定水池的沉降量。

第 5.1.9 条 水泥砂浆防水层的水泥宜采用不低于325号的普通硅酸盐水泥、膨胀水泥或矿渣硅酸盐水泥；砂宜采用质地坚硬、级配良好的中砂，其含泥量不得超过3％。

第 5.1.10 条 水泥砂浆防水层的施工应符合下列规定：

一、基层表面应清洁、平整、坚实、粗糙、及充分湿润，但不得有积水；

二、水泥砂浆的稠度宜控制在7～8cm，当采用机械喷涂时，水泥砂浆的稠度应经试配确定；

三、掺外加剂的水泥砂浆防水层应分两层铺抹，其总厚度应按设计规定，但不宜小于20mm；

四、刚性多层作法防水层每层宜连续操作，不留施工缝。当必须留施工缝时，应留成阶梯茬，按层次顺序，层层搭接。接茬部位距阴阳角的距离不应小于20cm。

五、水泥砂浆应随拌随用；

六、防水层的阴、阳角应做成圆弧形。

第 5.1.11 条 水泥砂浆防水层的操作环境温度不应低于5℃，且基层表面应保持0℃以上。

第 5.1.12 条 水泥砂浆防水层宜在凝结后覆盖并洒水养护。其外防水层在砌保护墙或回填土时，方可撤除养护。冬期施工应采取防冻措施。

第 5.1.13 条 水池的预埋管与外部管道连接时，跨越基坑的管下填土应压实，必要时可填灰土、砌砖或浇筑混凝土。

第二节 现浇钢筋混凝土水池

（Ⅰ）模 板

第 5.2.1 条 模板及其支架应根据结构形式、施工工艺、设备和材料供应等条件进行设计。模板设计应包括以下主要内容：

一、模板的选型和选材；

二、模板及其支架的强度、刚度及稳定性计算，其中包括支杆支承面积的计算，受力铁件的垫板厚度及与木材接触面积的计算；

三、防止吊模变形和位移的措施；

四、模板及其支架在风载作用下防止倾倒的构造措施；

五、各部分模板的结构设计，各接点的构造，以及预埋件、止水片等的固定方法；

六、隔离剂的选用；

七、模板的拆除程序、方法及安全措施。

第 5.2.2 条 池壁与顶板连续施工时，池壁内模立柱不得同时作为顶板模板立柱。顶板支架的斜杆或横向连杆不得与池壁模板的杆件相连接。

第 5.2.3 条 池壁模板可先安装一侧，绑完钢筋后，分层安装另一侧模板，或采用一次安装到顶而分层预留操作窗口的施工方法。采用这种方法时，应遵守下列规定：

一、分层安装模板，其每层层高不宜超过1.5m，分层留置窗口时，窗口的层高及水平净距不宜超过1.5m。斜壁的模板及窗口的分层高度应适当减小。

二、当有预留孔洞或预埋管时，宜在孔口或管口外径1/4～1/3高度处分层；孔径或管外径小于200mm时，可不受此限制。

三、分层模板及窗口模板应事先做好连接装置，使能迅速安装。安装一层模板或窗口模板的时间，应符合本规范第5.2.31条关于浇筑混凝土间歇时间的规定。

四、分层安装模板或安装窗口模板时，应严防杂物落入模内。

第 5.2.4 条 在安装池壁的最下一层模板时，应在适当位置预留清扫杂物用的窗口。在浇筑混凝土前，应将模板内部清扫干净，经检验合格后，再将窗口封闭。

第 5.2.5 条 测量有斜壁或斜底的圆形水池半径时，宜在水池中心设立测量支架或中心轴。

第 5.2.6 条 池壁的整体式内模施工，当木模板为竖向木纹使用时，除应在浇筑前将模板充分湿透外，并应在模板适当间隔处设置八字缝板。拆模时，应先拆内模。

第 5.2.7 条 采用螺栓固定池壁模板时，应选用两端能拆卸的螺栓，螺栓中部宜加焊止水环；螺栓拆卸后，混凝土壁面应留有4～5cm深的锥形槽。

第 5.2.8 条 止水带的质量应符合下列要求：

一、金属止水带应平整、尺寸准确，其表面的铁锈、油污应清除干净，不得有砂眼、钉孔；

接头应按其厚度分别采用折叠咬接或搭接；搭接长度不得小于20mm，咬接或搭接必须采用双面焊接；

金属止水带在伸缩缝中的部分应涂防锈和防腐涂料。

二、塑料或橡胶止水带的形状、尺寸及其材质的物理性能，均应符合设计要求，且无裂纹，无气泡。

接头应采用热接，不得采用叠接；接缝应平整牢固，不得有裂口、脱胶现象。T字接头、十字接头和Y字接头，应在工厂加工成型。

第 5.2.9 条 止水带安装应牢固，位置准确，与变形缝垂直；其中心线应与变形缝中心线对正，不得在止水带上穿孔或用铁钉固定就位。

第 5.2.10 条 固定在模板上的预埋管、预埋件的安装必须牢固，位置准确。安装前应清除铁锈和油污，安装后应作标志。

第 5.2.11 条 模板支架的立柱和斜杆的支点应垫木板或方木。

第 5.2.12 条 整体现浇混凝土模板安装的允许偏差应符合表5.2.12的规定。

第 5.2.13 条 整体现浇混凝土的模板及其支架的拆除，应符合下列规定：

一、侧模板，应在混凝土强度能保证其表面及棱角不因

整体现浇混凝土模板安装允许偏差　　表 5.2.12

项	目	允许偏差(mm)
轴线位置	底　板	10
	池壁、柱、梁	5
高　程		±5
平面尺寸（混凝土底板和池体的长、宽或直径）	$L \leqslant 20m$	±10
	$20m < L \leqslant 50m$	$\pm L/2000$
	$50m < L \leqslant 250m$	±25
混凝土结构截面尺寸	池壁、柱梁、顶板	±3
	洞、槽、沟净空，变形缝宽度	±5
垂直度(池壁、柱)	$H \leqslant 5m$	5
	$5m < H \leqslant 20m$	$H/1000$
表面平整度(用2m直尺检查)		5
中心位置	预埋件、预埋管	3
	预留洞	5
相邻两表面高低差		2

注：(1)L为混凝土底板和池体的长、宽或直径。
(2)H为池壁、柱的高度。

拆除模板而受损坏时，方可拆除；

二、底模板，应在与结构同条件养护的混凝土试块达到表5.2.13的规定强度，方可拆除。

第 5.2.14 条　冬期施工时，池壁模板应在混凝土表面温度与周围气温温差较小时拆除，温差不宜超过15℃，拆模后必须立即覆盖保温。

整体现浇混凝土底模板拆模时所需混凝土强度　表 5.2.13

结构类型	结构跨度(m)	达到设计强度的百分率(%)
板	≤2 >2，≤8	50 70
梁	≤8 >8	70 100
拱、壳	≤8 >8	70 100
悬臂构件	≤2 >2	70 100

（Ⅱ）钢　筋

第 5.2.15 条　钢筋的绑扎接头应符合下列规定：

钢筋绑扎接头的最小搭接长度　　表 5.2.15

钢筋级别	受拉区	受压区
Ⅰ级	$30d_0$	$20d_0$
Ⅱ级	$35d_0$	$25d_0$
Ⅲ级	$40d_0$	$30d_0$
低碳冷拔钢丝(mm)	250	200

注：(1)d_0为钢筋直径。
(2)钢筋绑扎接头的搭接长度，除应符合本表要求外，在受拉区不得小于250mm，在受压区不得小于200mm。
(3)当混凝土设计强度大于15MPa时，其最小搭接长度应按表5.2.15的规定执行；当混凝土设计强度为15MPa时，除低碳冷拔钢丝外，最小搭接长度应按表中数值增加$5d_0$。

一、搭接长度的末端与钢筋弯曲处的距离，不得小于钢筋直径的10倍。接头不宜位于构件最大弯矩处；

二、受拉区域内，Ⅰ级钢筋绑扎接头的末端应做弯钩；Ⅱ、Ⅲ级钢筋可不做弯钩；

三、直径等于和小于12mm的受压Ⅰ级钢筋的末端，以及轴心受压构件中任意直径的受力钢筋的末端，可不做弯钩，但搭接长度不应小于钢筋直径的30倍；

四、钢筋搭接处，应在中心和两端用铁丝扎牢；

五、绑扎接头的搭接长度应符合表5.2.15的规定。

第 5.2.16 条 受力钢筋的绑扎接头位置应相互错开。在受力钢筋直径30倍且不小于500mm的区段范围内，绑扎接头的受力钢筋截面面积占受力钢筋总截面面积的百分率，应符合下列规定：

一、受压区不得超过50%；

钢筋位置的允许偏差 **表 5.2.19**

项次	项	目	允许偏差(mm)
1	受力钢筋的间距		±10
2	受力钢筋的排距		±5
3	钢筋弯起点位置		20
4	箍筋、横向钢筋间距	绑扎骨架	±20
		焊接骨架	±10
5	焊接预埋件	中心线位置	3
		水平高差	+3
6	受力钢筋的保护层	基础	±10
		柱、梁	±5
		板、墙	±3

二、受拉区不得超过25%；但池壁底部施工缝处的预埋竖向钢筋可按50%控制，并应按本规范规定的受拉区钢筋搭接长度增加20%。

第 5.2.17 条 当底板钢筋采取焊接排架的方法固定时，排架的间距应根据钢筋的刚度适当选择。

第 5.2.18 条 预埋件、预埋螺栓及插筋等，其埋入部分不得超过混凝土结构厚度的3/4。

第 5.2.19 条 钢筋位置的允许偏差应符合表5.2.19的规定。

（Ⅲ） 混 凝 土

第 5.2.20 条 现浇混凝土应编制施工设计并应包括以下主要内容：

一、混凝土配合比设计及外加剂的选择；

二、混凝土的搅拌及运输；

三、混凝土的分仓布置、浇筑顺序、速度及振捣方法；

四、预留施工缝的位置及要求；

五、预防混凝土施工裂缝的措施；

六、季节性施工的特殊措施；

七、控制工程质量的措施；

八、搅拌、运输及振捣机械的型号与数量。

第 5.2.21 条 水池主体结构部位的混凝土应使用同品种、同标号的水泥拌制。当不能满足全部主体结构混凝土的需用量时，底板、池壁、顶板等应采用同品种、同标号的水泥。

第 5.2.22 条 配制现浇水池的混凝土，宜采用普通硅酸盐水泥、火山灰质硅酸盐水泥。当掺用外加剂时，可采用矿渣硅酸盐水泥。

冬期施工宜采用普通硅酸盐水泥。

有抗冻要求的混凝土，宜采用普通硅酸盐水泥，不宜采用火山灰质水泥。

第 5.2.23 条 混凝土用的粗骨料，其最大颗粒粒径不得大于结构截面最小尺寸的1/4，不得大于钢筋最小净距的3/4，同时不宜大于40mm。其含泥量不应大于1%，吸水率不应大于1.5%。当采用多级级配时，其规格及级配应通过试验确定。

第 5.2.24 条 混凝土的细骨料，宜采用中、粗砂，其含泥量不应大于3%。

第 5.2.25 条 拌制混凝土宜采用对钢筋混凝土的强度耐久性无影响的洁净水。

第 5.2.26 条 配制混凝土时，根据施工要求宜掺入适宜的外加剂，外加剂应符合现行国家标准的规定。钢筋混凝土水池的混凝土中不得掺入氯盐。

第 5.2.27 条 混凝土配合比的选择，应保证结构设计所规定的强度、抗渗、抗冻等标号和施工和易性的要求，并应通过计算和试配确定。

第 5.2.28 条 配制坍落度大于5cm的混凝土时，应掺用外加剂。

第 5.2.29 条 混凝土的浇筑必须在对模板和支架、钢筋、预埋管、预埋件以及止水带等经检查符合设计要求后，方可进行。

第 5.2.30 条 采用振捣器捣实混凝土时，应符合下列规定：

一、每一振点的振捣延续时间，应使混凝土表面呈现浮浆和不再沉落；

二、采用插入式振捣器捣实混凝土的移动间距，不宜大于作用半径的1.5倍；振捣器距离模板不宜大于振捣器作用半径的1/2；并应尽量避免碰撞钢筋、模板、预埋管（件）等。振捣器应插入下层混凝土5cm；

三、表面振动器的移动间距，应能使振动器的平板覆盖已振实部分的边缘；

四、浇筑预留孔洞、预埋管、预埋件及止水带等周边混凝土时，应辅以人工插捣。

第 5.2.31 条 浇筑混凝土应连续进行；当需要间歇时，间歇时间应在前层混凝土凝结之前，将次层混凝土浇筑完毕。混凝土从搅拌机卸出到次层混凝土浇筑压茬的间歇时间，当气温小于25℃时，不应超过3h，气温大于或等于25℃时，不应超过2.5h；如超过时，应留置施工缝。

第 5.2.32 条 在施工缝处继续浇筑混凝土时，应符合下列规定：

一、已浇筑混凝土的抗压强度不应小于$2.5N/mm^2$；

二、在已硬化的混凝土表面上，应凿毛和冲洗干净，并保持湿润，但不得积水；

三、在浇筑前，施工缝处应先铺一层与混凝土配比相同的水泥砂浆，其厚度宜为15～30mm；

四、混凝土应细致捣实，使新旧混凝土紧密结合。

第 5.2.33 条 混凝土底板和顶板，应连续浇筑不得留置施工缝。当设计有变形缝时，宜按变形缝分仓浇筑。

池壁的施工缝，底部宜留在底板上面不小于20cm处，当底板与池壁连接有腋角时，宜留在腋角上面不小于20cm处；顶部宜留在顶板下面不小于20cm处，当有腋角时，宜留在腋角下部。

第 5.2.34 条 浇筑大面积底板混凝土时，可分组浇筑，但先后浇筑混凝土的压茬时间应符合本规范第5.2.31条的规定。

第 5.2.35 条 浇筑倒锥壳底板或拱顶混凝土时，应由低向高，分层交圈，连续浇筑。

第 5.2.36 条 浇筑池壁混凝土时，应分层交圈，连续浇筑。

第 5.2.37 条 混凝土浇筑完毕后，应根据现场气温条件及时覆盖和洒水，养护期不少于14d。池外壁在回填土时，方可撤除养护。

第 5.2.38 条 在日最高气温高于30℃的热天施工时，可根据情况选用下列措施：

一、利用早晚气温较低的时间浇筑混凝土；

二、适当增大混凝土的坍落度

三、掺入缓凝剂；

四、石料经常洒水降温，或加棚盖防晒；

五、混凝土浇筑完毕后及时覆盖养护，防止曝晒，并应增加浇水次数，保持混凝土表面湿润。

第 5.2.39 条 评定混凝土质量的试块应在浇筑地点制作，留置组数应符合下列规定：

一、强度试块：

（一）标准养护试块：

1.每工作班不应少于一组，每组三块；

2.每拌制100m³混凝土不应少于一组，每组三块。

（二）与结构同条件养护的试块：根据施工设计规定按拆模、施加预应力和施工期间临时荷载等需要的数量留置。

二、抗渗试块：每池按底板、池壁和顶板留置每一部位不应少于一组，每组六块。

三、抗冻试块：根据设计要求的抗冻标号，按下列规定留置：

（一）冻融循环25次及50次：留置三组，每组三块；

（二）冻融循环100次及100次以上：留置五组，每组三块；

四、冬期施工，应增置强度试块两组与水池同条件养护，一组用以检验混凝土受冻前的强度，另一组用以检验解冻后转入标准养护28d的强度；并应增置抗渗试块一组，用以试验解冻后转入标准养护28d的抗渗标号。

第 5.2.40 条 混凝土的抗压、抗渗、抗冻试块应按下列规定进行评定：

一、同批混凝土抗压试块的强度应按国家现行有关标准规范的规定评定；

二、抗渗试块的抗渗标号不得低于设计规定；

三、抗冻试块在按设计规定的循环次数进行冻融后，其抗压极限强度同检验用的相当龄期的试块抗压极限强度相比较，其降低值不得超过25%；其重量损失不得超过5%。

第 5.2.41 条 冬期施工的混凝土应能满足冷却前达到要求的强度，并宜降低入模温度。

第 5.2.42 条 当室外最低气温不低于－15℃时，应采用蓄热法养护。

对预留孔、洞以及迎风面等容易受冻部位，应加强保温措施。

第 5.2.43 条 采用蒸汽养护时，应使用低压饱和蒸汽均匀加热，最高温度不宜大于30℃；升温速度不宜大于10

℃/h；降温速度不宜大于5℃/h。

第 5.2.44 条 采用池内加热养护时，池内温度不得低于5℃，且不宜高于15℃，并应洒水养护，保持湿润。池壁外侧应覆盖保温。

第 5.2.45 条 现浇钢筋混凝土水池不宜采用电热法养护。

第 5.2.46 条 现浇钢筋混凝土水池施工的允许偏差应符合表5.2.46的规定。

现浇钢筋混凝土水池施工允许偏差 **表 5.2.46**

项次	项	目	允许偏差(mm)
1	轴线位置	底板	15
		池壁、柱、梁	8
2	高　程	垫层、底板、池壁、柱、梁	±10
3	平面尺寸(底板和池体的长、宽或直径)	$L\leqslant 20m$	±20
		$20m<L\leqslant 50m$	$\pm L/1000$
		$50m<L\leqslant 250m$	±50
4	截面尺寸	池壁、柱、梁、顶板	+10 −5
		洞、槽、沟净空	±10
5	垂直度	$H\leqslant 5m$	8
		$5m<H\leqslant 20m$	$1.5H/1000$
6	表面平整度(用2m直尺检查)		10
7	中心位置	预埋件、预埋管	5
		预留洞	10

注：①L为底板和池体的长、宽或直径。
②H为池壁、柱的高度。

第三节 装配式预应力混凝土水池

（Ⅰ）一般规定

第 5.3.1 条 本节适用于现浇钢筋混凝土底板、预制梁、预制柱、预制壁板及后张预应力池壁的圆形水池。

第 5.3.2 条 水池底板与壁板采用杯槽连接时，安装杯槽模板前，应复测杯槽中心线位置。杯槽模板必须安装牢固。

第 5.3.3 条 杯槽内壁与底板的混凝土应同时浇筑，不应留置施工缝；外壁宜后浇。

第 5.3.4 条 杯槽、杯口施工的允许偏差应符合表5.3.4的规定。

杯槽、杯口施工允许偏差 **表 5.3.4**

项　目	允许偏差(mm)
轴线位置	8
底面高程	±5
底宽、顶宽	+10 −5
壁　厚	±10

第 5.3.5 条 施加预应力前，应先清除池壁外表面的混凝土浮粒、污物，壁板外侧接缝处宜采用水泥砂浆抹平压光，洒水养护。

第 5.3.6 条 浇筑壁板接缝的混凝土强度应达到设计

强度的70％及以上，方可施加板壁环向预应力。

第 5.3.7 条 施加预应力前，应在池壁上标记预应力钢丝、钢筋的位置和次序号。

第 5.3.8 条 测定钢丝、钢筋预应力值的仪器应在使用前进行标定。

第 5.3.9 条 带有锚具槽的壁板数量和布置，应符合设计规定；当设计无规定，且水池直径小于或等于25m时，可采用4块；直径大于25m或等于50m时，可采用6块；直径大于50m或等于75m时，可采用8块。并应沿水池的周长均匀布置。

第 5.3.10 条 池壁缠丝或电热张拉钢筋前，在池壁周围，必须设置防护栏杆。

（Ⅱ）构件的制作及吊装

第 5.3.11 条 预制构件的允许偏差应符合表5.3.11的规定，合格构件，应有证明书及合格印记。

第 5.3.12 条 构件运输及吊装的混凝土强度应符合设计规定，当设计无规定，不应低于设计强度的70％。

第 5.3.13 条 构件的堆放，应符合下列规定：

一、应按构件的安装部位配套就近堆放；

二、堆放时，应按设计受力条件支垫并保持稳定；对曲梁，应采用三点支承；

三、堆放构件的场地，应平整夯实，并有排水措施；

四、构件上的标志应向外。

第 5.3.14 条 构件安装前，应经复查合格后方可使用；有裂缝的构件，应进行鉴定。

第 5.3.15 条 柱、梁及壁板等在安装前应标注中心线，并在杯槽、杯口上标出中心线。

预制构件的允许偏差　　表 5.3.11

项目		允许偏差（mm）	
		板	梁、柱
长度		±5	-10
横截面尺寸	宽	-8	±5
	高	±5	±5
	肋宽	+4 -2	—
	厚	+4 -2	—
板对角线差		10	—
直顺度（或曲梁的曲度）		$L/1000$，且不大于20	$L/750$，且不大于20
表面平整度（用2m直尺检查）		5	—
预埋件	中心线位置	5	5
	螺栓位置	5	5
	螺栓明露长度	+10 -5	+10 -5
预留孔洞中心线位置		5	5
受力钢筋的保护层		+5 -3	+10 -5

注：①L为构件长度（mm）。
②受力钢筋的保护层偏差，仅在必要时进行检查。
③横截面尺寸栏内的高，对板系指肋高。

第 5.3.16 条 壁板安装前应将不同类别的壁板按预定位置顺序编号。壁板两侧面宜凿毛，并将浮渣、松动的混凝土等冲洗干净。

第 5.3.17 条 构件应按设计位置起吊，曲梁宜采用三点吊装。吊绳与构件平面的交角不应小于45°；当小于45°时，应进行强度验算。

第 5.3.18 条 构件安装就位后，应采取临时固定措施。曲梁应在梁的跨中临时支撑，待上部二期混凝土达到设计强度的70%及以上时，方可拆除支撑。

第 5.3.19 条 安装的构件，必须在轴线位置及高程进行校正后焊接或浇筑接头混凝土。

第 5.3.20 条 柱、梁、壁板及顶板等安装的允许偏差应符合表5.3.20的规定。

柱、梁、壁板及顶板安装允许偏差 表 5.3.20

项目		允许偏差(mm)
轴线位置		5
垂直度（柱、壁板）	$H\leq5$m	5
	$H>5$m	10
高程(柱、壁板)		±5
壁板间隙		±10

注：H为柱或壁板的高度。

第 5.3.21 条 装配式预应力混凝土水池壁板的接缝施工，应符合下列规定：

一、壁板接缝的内模宜一次安装到顶；外模应分段随浇随支。分段支模高度不宜超过1.5m；

二、浇筑前，接缝的壁板表面应洒水保持湿润，模内应洁净；

三、接缝的混凝土强度应符合设计规定，当设计无规定时，应比壁板混凝土强度提高一级；

四、浇筑时间应根据气温和混凝土温度选在壁板间缝宽较大时进行；

五、混凝土如有离析现象，应进行二次拌合；

六、混凝土分层浇筑厚度不宜超过250mm，并应采用机械振捣，配合人工捣固。

第 5.3.22 条 杯槽中壁板里侧和外侧的填料可在施加预应力后进行，或在施加预应力前填塞里侧柔性防水填料。

（Ⅲ） 壁 板 缠 丝

第 5.3.23 条 缠绕环向预应力钢丝时，应符合下列规定：

一、预应力钢丝接头应采用18～20号铁丝并密排绑扎牢固，其搭接长度不应小于250mm；

二、缠绕预应力钢丝，应由池壁顶向下进行，第一圈距池顶的距离应按设计规定或依缠丝机设备确定，并不宜大于500mm；

三、池壁两端不能用绕丝机缠绕的部位，应在顶端和底端附近局部加密或改用电热张拉；

四、已缠绕的钢丝，不得用尖硬或重物撞击。

第 5.3.24 条 施加预应力时，每缠一盘钢丝应测定一次钢丝应力，并应作记录。记录格式应符合本规范附录三附表3.3的规定。

（Ⅳ） 电热张拉钢筋

第 5.3.25 条 电热张拉前，应根据电工、热工等参数计算伸长值，并应取一环作试张拉，进行验证。

第 5.3.26 条 采用电热张拉时，预应力钢筋的弹性模量应由试验确定。

第 5.3.27 条 电热张拉可采用螺丝端杆，墩粗头插U形垫板，帮条锚具U形垫板或其他锚具。

第 5.3.28 条 电热张拉应符合下列规定：

一、张拉顺序，当设计无规定时，可由池壁顶端开始，逐环向下；

二、与锚固肋相交处的钢筋应有良好的绝缘处理；

三、端杆螺栓接电源处应除锈，并保持接触紧密；

四、通电前，钢筋应测定初应力，张拉端应刻划伸长标记；

五、通电后，应进行机、具、设备、线路绝缘检查，测定电流、电压及通电时间；

六、电热温度不应超过350℃；

七、在张拉过程中，应采用木锤连续敲打各段钢筋；

八、伸长值的允许偏差不得超过+10%、-5%；经电热达到规定伸长值后，应立即进行锚固，锚固必须牢固可靠；

九、每一环预应力钢筋应对称张拉，并不得间断；

十、电热张拉应一次完成。当必须重复张拉时，同一根钢筋的重复次数不得超过3次，当发生裂纹时，应更换预应力钢筋；

十一、通电张拉过程中，当发现钢筋伸长时间超过预计张拉时间过多，应立即停电检查。

第 5.3.29 条 电热张拉预应力钢筋应力值的测定，应在每环钢筋中选一根钢筋，在两端和中间附近各设测点一处。测点的初读数应在钢筋初应力建立后，通电前测读；末读数应在断电并冷却后测读。

第 5.3.30 条 电热张拉和试张拉及其预应力值的测定应作记录，其格式应符合本规范附录三附表3.4及附表3.5的规定。

（Ⅴ） 预应力钢筋枪喷水泥砂浆保护层

第 5.3.31 条 预应力钢筋保护层的施工应在满水试验合格后的满水条件下进行。

第 5.3.32 条 枪喷水泥砂浆应符合下列规定：

一、砂子粒径不得大于5mm；细度模量应为2.3～3.7，最优含水率应经试验确定，宜为1.5～5.0%；

二、水泥砂浆的配合比应符合设计要求，经试验确定，当无条件试验时，其灰砂比宜为1:2～1:3；水灰比宜为0.25～0.35；

三、砂浆应拌合均匀，随拌随喷，存放时间不得超过2h。

第 5.3.33 条 喷浆作业应遵守下列规定：

一、喷浆前，必须对受喷面进行除污、去油、清洗等处理；

二、喷浆机罐内压力宜为0.5MPa，供水压力应相适应。输料管长度不宜小于10m；管径不宜小于25mm；

三、喷浆应沿池壁的圆周方向自池身上端开始；喷口至受喷面的距离应以回弹物较少，喷层密实确定；

四、喷枪应与喷射面保持垂直，当受障碍物影响时，其入射角不应大于15°；

五、喷浆时应连环旋射，出浆量应稳定和连续，不得滞射或扫射，并保持层厚均匀密实；

六、喷浆宜在气温高于15℃时进行，当有大风、冰冻、降雨或当日最低气温低于0℃时，不得进行喷射作业。

第 5.3.34 条 喷射完的水泥砂浆保护层，凝结后应加遮盖，保持湿润并不应少于14d。

第 5.3.35 条 在进行下一工序前，应对水泥砂浆保护层进行外观和粘结情况的检查，当有空鼓现象时，应凿开检查。

砂浆保护层施工及质量检查应作记录。

第四节 砖石砌体水池

（Ⅰ）一般规定

第 5.4.1 条 砖石砌体所用的材料，应符合下列要求：

一、机制普通粘土砖的强度等级不应低于MU7.5，其外观质量应符合设计规定，当无规定时，应符合国家现行标准《普通粘土砖》规定的一等砖的要求；

二、石料应采用料石，质地坚实，无风化和裂纹，其强度等级不应低于MU20；

三、砂子宜采用中、粗砂，质地坚硬、清洁、级配良好，使用前应过筛，其含泥量不应超过3%；

四、砌筑砂浆应采用水泥砂浆。

第 5.4.2 条 每座砖石砌体水池或每$100m^3$的砌体中，其砂浆强度等级应至少检查一次；每次应制作试块一组，每组六块。当组成砂浆材料有变更时，应增作试块。

第 5.4.3 条 砂浆品种应符合设计要求，其强度应符合下列要求：

一、同品种同强度等级砂浆各组试块的平均强度不得低于设计强度标准值；

二、任意一组试块的强度不得低于设计强度标准值的0.75倍。

注：砂浆强度按单位工程内同品种同强度等级为同一验收批。当单位工程中同品种同强度等级按取样规定仅有一组试块时，其强度不应低于设计强度标准值。

第 5.4.4 条 砖石砌筑前应将砖石表面上的污物和水锈清除。砖石应浇水湿润，砖应浇透。

第 5.4.5 条 砖石砌体中的预埋管应有防渗措施。当设计无规定时，可以满包混凝土将管固定而后接砌。满包混凝土宜呈方型，其管外浇筑厚度不应小于10cm。

第 5.4.6 条 砖石砌体的池壁不得留设脚手眼和支搭脚手架。

第 5.4.7 条 砖石砌体砌筑完毕，应即进行养护，养护时间不应少于7d。

第 5.4.8 条 砖石砌体水池不宜冬期施工。

（Ⅱ）砖砌水池

第 5.4.9 条 砖砌池壁时，砌体各砖层间应上下错缝，内外搭砌，灰缝均匀一致。水平灰缝厚度和竖向灰缝宽度宜为10mm，但不应小于8mm，并不应大于12mm。圆形池壁，里口灰缝宽度不应小于5mm。

第 5.4.10 条 砌砖时砂浆应满铺满挤，挤出的砂浆应随时刮平，严禁用水冲浆灌缝，严禁用敲击砌体的方法纠正偏差。

第 5.4.11 条 砖砌体水池的施工允许偏差应符合表5.4.11的规定。

砖砌水池施工允许偏差　　表 5.4.11

项目			允许偏差(mm)
轴线位置(池壁、隔墙、柱)			10
高程(池壁、隔墙、柱的顶面)			±15
平面尺寸(池体长、宽或直径)	$L\leqslant20m$		±20
	$20<L\leqslant50m$		$\pm L/1000$
垂直度(池壁、隔墙、柱)	$H\leqslant5m$		8
	$H>5m$		$1.5H/1000$
表面平整度(用2m直尺检查)	清水		5
	混水		8
中心位置	预埋件、预埋管		5
	预留洞		10

注：①L为池体长、宽或直径。
②H为池壁、隔墙或柱的高度。

（Ⅲ） 料石砌体水池

第 5.4.12 条 砌筑料石池壁时，应分层卧砌，上下错缝，丁、顺搭砌；水平缝宜采用坐灰法，竖向缝宜采用灌浆法。水平灰缝厚度宜为10mm。竖向灰缝厚度：细料石、半细料石不宜大于10mm；粗料石不宜大于20mm。

第 5.4.13 条 纠正料石砌筑位置的偏移时，应将料石提起，刮除灰浆后再砌，并应防止碰动邻近料石，严禁用撬移或敲击纠偏。

第 5.4.14 条 料石砌体的勾缝应符合下列规定：

一、在勾缝前，应将砌体表面上粘结的灰浆、泥污等清扫干净，并洒水湿润。

二、勾缝灰浆宜采用细砂拌制的1:1.5水泥砂浆。

三、勾缝深度宜为3～4cm，分2～3层填入，分层抹压密实。

第 5.4.15 条 料石砌体水池施工允许偏差应符合表5.4.15的规定。

料石砌体水池施工允许偏差　　表 5.4.15

项目		允许偏差(mm)
轴线位置(池壁)		10
高程(池壁顶面)		±15
平面尺寸(池体长、宽或直径)	$L\leqslant20m$	±20
	$20<L\leqslant50m$	$\pm L/1000$
砌体厚度		+10
		－5
垂直度(池壁)	$H\leqslant5m$	10
	$H>5m$	$2H/1000$
表面平整度(池壁用2m直尺检查)	清水	10
	混水	15
中心位置	预埋件、预埋管	5
	预留洞	10

注：①L为池体长、宽或直径。
②H为池壁高度。

5.4.15的规定。

第五节 处理构筑物

第 5.5.1 条 构筑物均匀布水的进出口采用薄壁堰、穿孔槽或孔口时，其允许偏差应符合下列规定：

一、同一水池内各堰顶、穿孔槽孔眼的底缘在同一水平面上，其水平度允许偏差应为±2mm；

二、穿孔槽孔眼或穿孔墙孔眼的数量和尺寸应符合设计要求，其间距允许偏差应为±5mm。

第 5.5.2 条 构筑物清污设备的钢轨在铺设前应进行检查。当有弯曲、歪扭等变形时，应进行矫形。矫形后应符合下列规定：

一、钢轨正面、侧面直顺度的允许偏差应为钢轨长度的1/1500，且不得大于2mm；

二、圆弧形钢轨中心线的允许偏差应为2mm；

三、钢轨的两端面应平直，其垂直度允许偏差应为1mm。

第 5.5.3 条 轨道铺设的允许偏差，应符合表5.5.3的规定。

第 5.5.4 条 滤池池壁与滤砂层接触的部位，应按设计规定处理；当设计无规定时，应采取加糙措施。

第 5.5.5 条 滤料的铺设应在滤池土建施工和设备安装完毕，并经验收合格后及时进行。当不能及时进行时，应采取防止杂物落入滤池和堵塞滤板的防护措施。

第 5.5.6 条 消化池经满水试验合格后，必须进行气密性试验。气密性试验压力宜为消化池工作压力的1.5倍；24h气压降应不超过试验压力的20%。

轨道铺设允许偏差 表 5.5.3

项目	允许偏差（mm）
轴线位置	5
轨顶高程	±2
两轨间距或圆形轨道的半径	±2
轨道接头间隙	±0.5
轨道接头左、右、上三面错位	1

注：①轴线位置：对平行两直线轨道，应为两平行轨道之间的中线；对圆形轨道，为其圆心位置。
②平行两直线轨道接头的位置应错开，其错开距离不应等于行走设备前后轮的轮距。

气密性试验方法应符合本规范附录二的规定。试验应作记录，记录表格应符合本规范附录三附表3.6的规定。

第六章 泵 房

第一节 一 般 规 定

第 6.1.1 条 泵房地下部分的混凝土及砖石砌体除应符合本章规定外，尚应按本规范第五章水池的有关规定执行。

第 6.1.2 条 岸边式泵房宜在枯水期施工，并应在汛前施工至安全部位。当需度汛时，对已建部分应有防护措施。

第 6.1.3 条 泵房地下部分的内壁、隔水墙及底板均不得渗水。电缆沟内不得洇水。

第 6.1.4 条 大型轴流泵的现浇钢筋混凝土进、出口的变径流道断面，不得小于设计规定，其表面应光滑。

第 6.1.5 条 水泵和电机分装在两个楼层时，各层楼板的高程允许偏差应为±10mm；上下层楼板安装机电和水泵的预留洞中心位置应在同一垂直线上。其相对偏差应为5mm。

第 6.1.6 条 水泵与电动机基础施工的允许偏差应符合表6.1.6的规定。

第 6.1.7 条 水泵与电机安装后，进行基座二次灌浆及地脚螺栓预留孔灌浆时，应遵守下列规定：

一、地脚螺栓埋入混凝土部分的油污应清除干净。

二、地脚螺栓的弯钩底端不应接触孔底，外缘离孔壁的距离不应小于15mm。

水泵与电动机基础施工允许偏差　表 6.1.6

项目		允许偏差(mm)
轴线位置		8
高程		-20
平面尺寸		±10
水平度		$L/200$，且不大于10
垂直度		$H/200$，且不大于10
预埋地脚螺栓	顶端高程	+20
	中心距（在跟部和顶部两处测量）	±2
地脚螺栓预留孔	中心位置	8
	深度	+20
	孔壁垂直度	10
预埋活动地脚螺栓锚板	中心位置	5
	高程	+20
	水平度（带槽的锚板）	5
	水平度（带螺纹的锚板）	2

注：①L为基础的长或宽(mm)。
②H为基础的高(mm)。
③轴线位置允许偏差，对管井是指与管井实际中心的偏差。

三、当浇筑厚度大于或等于40mm时，宜采用细石混凝土灌筑；当小于40mm时，宜采用水泥砂浆灌筑。其标号均应比基座混凝土设计强度提高一级。

四、混凝土或砂浆达到设计强度的75%以后，方可将螺栓对称拧紧。

第 6.1.8 条 水泵和电动机的基础与底板混凝土不同时浇筑时，其接触面除应按施工缝处理外，底板应预埋插筋。

第 6.1.9 条 平板闸的闸槽安装位置应准确。闸槽空位及埋件固定完毕经检查合格后，应及时浇筑混凝土，闸槽安装的允许偏差应符合表6.1.9的规定。

平板闸闸槽安装允许偏差 表 6.1.9

项目		允许偏差(mm)
轴线位置		5
垂直度		$H/1000$ 且不大于20
两闸槽间净距		±5
闸槽扭曲 (自身及两槽相对)		2
底槛	高程	±10
	水平度	3
	平整度	2

注：H为闸槽高度(mm)。

第 6.1.10 条 采用转动螺旋泵成型螺旋泵槽时，应将槽面压实抹光。槽面与螺旋叶片外缘间的空隙应均匀一致，且不得小于5mm。

第 6.1.11 条 现浇钢筋混凝土及砖石砌筑泵房施工的允许偏差应符合表6.1.11的规定。

现浇钢筋混凝土及砖石砌筑泵房施工允许偏差 表 6.1.11

项目		允许偏差(mm) 混凝土	砖砌体	石砌体 毛料石	粗、细料石
轴线位置	混凝土底板、砖石墙基	15	10	20	15
	墙、柱、梁	8	10	15	10
高程	垫层、底板、墙、柱、梁	±10	±15	±15	±15
	吊装的支承面	−5	—	—	—
平面尺寸(长宽或直径)	$L \leqslant 20m$	±20	±20	±20	±20
	$20m < L \leqslant 50m$	$\pm L/1000$	$\pm L/1000$	$\pm L/1000$	$\pm L/1000$
	$50m < L \leqslant 250m$	±50	±50	±50	±50
截面尺寸	墙、柱、梁、顶板	+10 −5	—	+20 −10	+10 −5
	洞、槽、沟净空	±10	±20	±20	±20

续表

项目			允许偏差（mm）			
			混凝土	砖砌体	石砌体	
					毛料石	粗、细料石
垂直度	$H\leqslant5m$		8	8	10	10
	$5m<H\leqslant20m$		1.5H/1000	1.5H/1000	2H/1000	2H/1000
	$H>20m$		30	—	—	—
表面平整度（用2m直尺检查）	平面	垫层、底板、顶板	10	—	—	—
		墙、柱、梁	8	清水5 混水8	20	清水10 混水15
中心位置	预埋件、预埋管		5	5	5	5
	预留洞		10	10	10	10

注：①L为泵房的长、宽或直径。
②H为墙、柱等的高度。

第二节　沉　　井

第 6.2.1 条　沉井应编制施工设计并应包括以下主要内容：

一、施工平面及剖面（包括地质剖面）布置图；

二、采用分节制作或一次制作，分节下沉或一次下沉的措施；

三、沉井制作的地基处理要求及施工方法；

四、刃脚的承垫及抽除的设计；

五、沉井制作的模板设计；

六、沉井制作的混凝土施工设计；

七、分阶段计算下沉系数，制订减阻、加荷、防止突沉和超沉措施；

八、排水下沉或不排水下沉的措施；

九、沉井下沉遇到障碍物的处理措施；

十、沉井下沉中的纠偏措施；

十一、挖土、出土、运输、堆土的方法及其机械设备的选用；

十二、封底方法及控制质量的措施；

十三、安全措施。

第 6.2.2 条　沉井施工应有详细的工程地质及水文地质资料和剖面图。地质勘探钻孔深度应根据施工需要确定，但不得小于沉井刃脚设计高程以下 5 m。

第 6.2.3 条　采用砖模制作沉井刃脚时，其底模和斜面部分可采用砂浆砌筑；每隔适当距离砌成垂直缝。砖模表面可采用水泥砂浆抹面，并应涂一层隔离剂。

第 6.2.4 条　沉井制作的允许偏差，应符合表6.2.4的

沉井制作的允许偏差　　　　表 6.2.4

项	目	允许偏差（mm）
平面尺寸	长、宽	±0.5%，且不得大于100
	曲线部分半径	±0.5%，且不得大于50
	两对角线差	对角线长的1%
井壁厚度		±15

规定。

第 6.2.5 条　刃脚斜面的模板应待混凝土强度达到设计强度的70%及以上时，方可拆除。

第 6.2.6 条　当分节制作、分节下沉的沉井接高时，第二节及其以上各节的模板不应支撑于地面上。

第 6.2.7 条　沉井下沉前应做下列准备工作：

一、将井壁、底梁与封底及底板连接部位凿毛。

二、将预留孔、洞和预埋管临时封堵，并应严密牢固和便于拆除。对预留顶管孔，可在井壁内侧以钢板密封；外侧用粘性土填实。

三、应在沉井的外壁四面中心对称画出标尺，内壁画出垂线。

第 6.2.8 条　泵房下部为大口井且采用沉井法施工时，不得采用泥浆润滑套减阻。

第 6.2.9 条　沉井下沉完毕后的允许偏差应符合下列规定：

一、刃脚平均高程与设计高程的偏差不得超过100mm；当地层为软土层时，其允许偏差值可根据使用条件和施工条件确定；

二、刃脚平面轴线位置的偏差，不得超过下沉总深度的1%；当下沉总深度小于10m时，其偏差可为100mm；

三、沉井四角（圆形为相互垂直两直径与圆周的交点）中任何两角的刃脚底面高差，不得超过该两角间水平距离的1%，且最大不得超过300mm；当两角间水平距离小于10m时，其刃脚底面高差可为100mm。

注：下沉总深度，系指下沉前与下沉完毕后刃脚高程之差。

第 6.2.10 条　沉井干封底时，应待底板混凝土强度达到设计规定，且沉井满足抗浮要求时，方可停止抽水。将其排水井封闭，补浇底板混凝土。

第 6.2.11 条　采用导管法进行水下混凝土封底时，应遵守下列规定：

一、基底的浮泥、沉积物和风化岩块等应清除干净。当为软土地基时，应铺以碎石或卵石垫层。

二、混凝土凿毛处应洗刷干净。

三、导管应采用直径为200～300mm的钢管制作，并应有足够的强度和刚度。导管内壁应光滑，管段的接头应密封良好并便于拆装。

四、导管的数量应由计算确定。导管的有效作用半径可取3～4m。其布置应使各导管的浇筑面积互相覆盖，对边沿或拐角处，可加设导管。

五、导管设置的位置应准确。每根导管上端应装有数节1.0m长的短管；导管中应设球塞或隔板等隔水。采用球塞时，导管下端距井底的距离应比球塞直径大5～10cm；采用隔板或扇形活门时，其距离不宜大于10cm。

六、每根导管浇筑前，应备有足够的混凝土量，使开始浇筑时，能一次将导管底埋住。

七、水下混凝土封底的浇筑顺序，应从低处开始，逐渐向周围扩大。当井内有隔墙、底梁或混凝土供应量受到限制时，应分格浇筑。

八、每根导管的混凝土应连续浇筑，且导管埋入混凝土的深度不宜小于1.0m。各导管间混凝土浇筑面的平均上升速度不应小于0.25m/h；相邻导管间混凝土上升速度宜相近，终浇时混凝土面应略高于设计高程。

第 6.2.12 条 水下封底混凝土强度达到设计规定，且沉井能满足抗浮要求时，方可将井内水抽除。

第七章 地下水取水构筑物

第一节 一般规定

第 7.1.1 条 采用无砂混凝土制作大口井井筒或渗渠集水管时，应经试验确定其骨料粒径、灰石比和水灰比。并应制定搅拌、浇筑和养护的施工措施，其渗透系数、阻砂能力和强度不应低于设计规定。

第 7.1.2 条 滤料的制备应符合下列规定：

一、滤料的粒径及性质符合设计要求。

二、滤料经过筛选并检验合格后，按不同规格堆放在干净的场地上，并防止杂物混入。

三、标明堆放的滤料的规格、数量和铺设的层次。

四、滤料在铺设前应冲洗干净。其含泥量不应大于1.0%（重量比）。

第 7.1.3 条 铺设大口井或渗渠的反滤层前，应将大口井中或渗渠沟槽中的杂物全部清除，并经检查合格后，方可铺设反滤层。

第 7.1.4 条 滤料在运输和铺设过程中，应防止不同规格的滤料或其它杂物混入。

冬期施工时，滤料中不得含有冻块。

第 7.1.5 条 滤料的运送应采用溜槽或其他方法将滤料送至大口井井底或渗渠槽底，不得直接由高处向下倾倒。

第 7.1.6 条 大口井或渗渠施工完毕，并经检验合格后，应按下列规定进行抽水清洗；

一、抽水清洗前应将大口井或渗渠中的泥砂和其它杂物清除干净。

二、抽水清洗时，对大口井应在井中水位降到设计最低动水位以下停止抽水；对渗渠，应将集水井中水位降到集水管管底以下停止抽水。待水位回升至静水位左右应再行抽水。并应在抽水时取水样，测定含砂量。

当设备能力已经超过设计产水量而水位未达到上述要求时，可按实际抽水设备的能力抽水清洗。

三、当水中的含砂量小于或等于0.5ppm（体积比）时，停止抽水清洗。

四、抽水清洗时的静水位、水位下降值及含砂量测定结果，应及时做好记录。

第 7.1.7 条 大口井或渗渠经过抽水清洗后，应按下列规定测定产水量：

一、应测定大口井或渗渠集水井中的静水位；

二、抽出的水应排至降水影响半径范围以外；

三、按设计产水量进行抽水，并测定井中的相应动水位。当含水层的水文地质情况与设计不符时，应测定实际产水量及相应的水位；

四、测定产水量时，水位和水量的稳定延续时间，基岩地区不少于8h；松散层地区不少于4h；

五、测定产水量宜采用薄壁堰；

六、产水量及其相应的水位下降值的测定结果，应及时做记录；

七、测定产水量宜在枯水期进行。

第二节 大 口 井

第 7.2.1 条 井壁进水孔的反滤层必须按设计要求分层铺设，层次分明，装填密实。

当采用沉井法下沉井筒，并在下沉前铺设进水孔反滤层时，应在井壁的内侧将进水孔临时封闭。

第 7.2.2 条 井筒下沉就位后应按设计要求整修井底，井经检验合格后方可进行下一工序。

当井底超挖时应回填，并填至井底设计高程。井底进水的大口井，可采用与基底相同的砂砾料或与基底相邻的滤料回填；封底的大口井，宜采用粗砂、砾石或卵石等粗颗粒材料回填。

第 7.2.3 条 铺设大口井井底反滤层时，应符合下列规定：

一、宜将井中水位降到井底以下；

二、必须在前一层铺设完毕并经检验合格后，方可铺设次层；

三、每层厚度不得小于该层的设计厚度。

第 7.2.4 条 辐射管管材的外观应直顺、无残缺、无裂缝，管端应呈平面且与管子轴线垂直。

第 7.2.5 条 辐射管的施工。应根据含水层的土类、辐射管的直径、长度、管材以及设备条件等进行综合比较，选用锤打法、顶管法、水射法、水射法与锤打法或顶管法的联合以及其它方法。

一、采用锤打法或顶管法时，应符合下列规定：

（一）辐射管的入土端应安装顶帽，施力端应安装管帽；

（二）锤打方向，千斤顶的轴线或合力作用线方向，应位于辐射管施力端的中心；

（三）千斤顶的支架应与底板固定；

（四）千斤顶的后背布置应符合设计要求。

二、采用水射法时，应符合下列规定：

（一）高压胶管与喷射水枪的连接，必须过水通畅，安全可靠，且不得漏水；

（二）辐射管开始推进时，其入土端宜稍低于外露端；

（三）配合水枪射水，应缓缓推进辐射管。

第 7.2.6 条 每根辐射管的施工应连续作业，不得中断。

第 7.2.7 条 辐射管施工完毕，应采用高压水冲洗；辐射管与预留孔之间的孔隙应封闭牢固，且不得漏砂。

第 7.2.8 条 大口井周围散水下填粘土层时，应符合下列规定：

一、粘土应呈松散状态，不含有大于5cm的硬土块，且不含有卵石、木块等杂物；

二、不得使用冻土；

三、分层铺设压实，压实度不小于95%；

四、粘土与井壁贴紧，且不漏夯。

第 7.2.9 条 新建复合井一般应先施工管井。建成的管井井口应临时封闭牢固。大口井施工时不得碰撞管井，且不得将管井作任何支撑使用。

第三节 渗 渠

第 7.3.1 条 渗渠沟槽的槽底及两壁应平整，其中心线至槽壁的宽度不得小于中心线至设计反滤层外缘的宽度，槽底高程的允许偏差应为±20mm。

当采用弧形基础时，其弧形曲线应与集水管的弧度基本吻合，且其中心线的允许偏差应为20mm。

集水管与弧形基础之间的空隙，宜用砂石填充。

第 7.3.2 条 采用预制混凝土枕基现场安装时，枕基应与槽底接触稳定。枕基间铺设的滤料应捣实，并按枕基弧面最低点整平。枕基中心线的允许偏差应为20mm；顶面高程的允许偏差应为±15mm；相邻枕基的中心距离允许偏差应为±20mm。

第 7.3.3 条 采用预制混凝土条形基础现浇管座时，应符合下列规定：

一、条形基础与槽底接触稳定；

二、条形基础的中心线允许偏差为20mm；顶面高程的允许偏差为±15mm；

三、条形基础的上表面凿毛，并冲刷干净；

四、浇筑管座时，在集水管两侧同时浇筑，集水管与条形基础间的三角区应填实，且不得使集水管位移。

第 7.3.4 条 下管前应对集水管作外观检查。凡有裂缝、缺口、露筋者不得使用。进水孔眼数量和总面积的允许偏差应为设计值的±5%。下管时不得损伤集水管。

第 7.3.5 条 集水管铺设前应将管内外清扫干净，且不得有堵塞进水孔眼现象，铺设时，应使集水管无进水孔眼部分的中线位于管底，并用垫块将集水管固定。

第 7.3.6 条 集水管铺设的允许偏差，应符合表7.3.6的规定。

第 7.3.7 条 铺设反滤层时，现场浇筑管座混凝土的强度应达到5N/mm²以上方可铺设。

第 7.3.8 条 铺设反滤层应符合下列规定：

集水管铺设允许偏差　　　　表 7.3.6

项　　目	允许偏差（mm）
轴线位置	10
内底高程	±20
对口间隙	±5
相邻两管节高差和左右错口	5

注：对口间隙不得大于相邻滤层中的滤料最小直径。

一、集水管两侧的反滤层应对称分层铺设，每层厚度不宜超过30cm，且不得使集水管产生位移。

二、每层滤料应厚度均匀，层次清楚，其厚度不得小于该层的设计厚度。

三、分段铺设时，相邻滤层的留茬应呈阶梯形。铺设接头时应层次分明。

第 7.3.9 条　反滤层铺设完毕应采取保护措施，严禁车辆、行人通行或堆放材料，抛掷杂物。

第 7.3.10 条　沟槽回填应符合下列规定：

一、反滤层以上的回填土应符合设计规定。当设计无规定时，宜选用不含有害物质，不易堵塞反滤层的砂类土。

二、若槽底以上原土成层分布，宜按原土层顺序回填。

三、回填土时，宜对称于集水管中心线分层回填，并不得破坏反滤层和损伤集水管。

四、冬期回填土时，反滤层以上0.5m范围内，不得回填冻土。

五、回填土的压实度应按设计规定。当设计无规定时，压实度不得小于90％。

第 7.3.11 条　渗渠施工完毕，应清除现场遗留的土方及其它杂物，恢复施工前的河床地形。

第八章　地表水取水构筑物

第一节　一般规定

第 8.1.1 条　地表水取水构筑物施工场地布置、土石方堆弃及排泥等，均不得影响航运航道及港池水深；也不得影响堤岸及附近建筑物的稳定。施工中产生的废料、废液等应妥善处理。

第 8.1.2 条　施工船舶的停靠、锚泊、作业等，必须事先经有关航政、航道等部门的同意；当对航运有影响时，应提请有关部门密切配合，并进行必要的监测、监督。以保证施工和航行安全。

第 8.1.3 条　水下构筑物的基坑或沟槽开挖前，必须对施工范围内河床地形进行校测。

第 8.1.4 条　水下开挖基坑或沟槽应根据河道的水文、地质、航运等条件，确定水下挖泥、出泥及水下爆破、出碴等施工方案，必要时可进行试挖或试爆。

第 8.1.5 条　制作钢管的材料应有出厂合格证方可加工，加工后的管节应经焊接检验合格后，方可使用。

第 8.1.6 条　地表水取水构筑物竣工后，应及时拆除全部施工设施、清理现场，修复原有护坡、护岸等工程。

第二节　移动式取水构筑物

第 8.2.1 条　移动式取水构筑物施工设计应包括以下

主要内容：

一、取水构筑物施工平面布置图及纵、横断面图；

二、水下抛石方法；

三、浇筑混凝土及预制构件现场组装；

四、缆车或浮船及其联络管组装和试运转；

五、水上打桩；

六、水下安装。

第 8.2.2 条 水下抛石应符合下列规定：

一、抛石顶宽不得小于设计规定；

二、抛石时应采用对标控制位置；水流流速、水深及抛石方法对抛石位置的影响，宜通过试抛确定；

三、抛石应有良好的级配；

四、抛石应由深处向岸坡进行；

五、抛石时应测水深。

第 8.2.3 条 对水下抛石需作夯实处理时，应预留夯沉量，其数值可按当地经验或现场试夯资料确定，宜为抛石厚度的10～20%。在水面附近无法夯实时，则应进行铺砌或人工抛埋。

第 8.2.4 条 水下基床抛石面的平整应符合下列规定：

一、石料粒径：

粗平为100～300mm；

细平为20～40mm。

二、平整宽度：

粗平时，为混凝土基础加宽1.0～1.5m；

细平时，为混凝土基础加宽0.5m。

三、表面高程允许偏差：

粗平为－150mm；

细平为－50mm。

第 8.2.5 条 对易受水流、波浪、冲淤影响的部位，基床平整后应及时进行下一工序。

第 8.2.6 条 反滤层和垫层的铺设应符合下列规定：

一、反滤层和垫层铺设后应立即浇筑混凝土面层或砌筑石面层，铺设时宜从坡脚或戗台开始自下而上施工；

二、当分段铺设时，应采取措施，保证铺设段的稳定；

三、分段连接处的反滤层，应铺成阶梯形的接茬；

四、分层铺设时，每层厚度的偏差不得超过±30mm；总厚度偏差不得超过±10%。

第 8.2.7 条 斜坡道应自下而上进行施工。当现浇混

现浇混凝土和砖、石砌筑的缆车、浮船接管车斜坡道施工允许偏差　　表 8.2.9

项目		允许偏差(mm)
轴线位置		20
长度		±L/200
宽度		±20
厚度		±10
高程	设计枯水位以上	±10
	设计枯水位以下	±30
表面平整度 (用2m直尺检查)		10
中心位置	预埋件	5
	预留孔	10

注：L为斜坡道总长度(mm)。

凝土坡度较陡时，应采取防止混凝土下滑的措施。

第 8.2.8 条 在水位以下的轨道枕、梁、底板，当采用预制混凝土构件时，应预埋安装测量标志的辅助铁件。

第 8.2.9 条 现浇混凝土和砖石砌筑的缆车、浮船接管车斜坡道施工的允许偏差，应符合表8.2.9的规定。

第 8.2.10 条 缆车、浮船接管车斜坡道上现浇钢筋混凝土框架施工的允许偏差，应符合表8.2.10的规定。

缆车、浮船接管车斜坡道上现浇钢筋混凝土框架施工允许偏差　表 8.2.10

项目		允许偏差（mm）
轴线位置		20
长、宽		±10
高程		±10
垂直度		H/200，且不大于15
水平度		L/200，且不大于15
表面平整度(用2m直尺检查)		10
中心位置	预埋件	5
	预留孔	10

注：①H为柱的高度(mm)。
②L为单梁或板的长度(mm)。

第 8.2.11 条 缆车、浮船接管车斜坡道上预制钢筋混凝土框架施工的允许偏差，应符合表8.2.11的规定。

第 8.2.12 条 缆车、浮船接管车斜坡道上预制框架安装的允许偏差，应符合表8.2.12的规定。

缆车、浮船接管车斜坡道上预制钢筋混凝土框架施工允许偏差　表 8.2.11

项目		允许偏差（mm）		
		板	梁	柱
长度		+10 −5	+10 −5	+5 −10
宽度、高度或厚度		±5	±5	±5
直顺度		L/1000， 且不大于20	L/750， 且不大于20	L/750， 且不大于20
表面平整度 (用2m直尺检查)		5	5	5
中心位置	预埋件	5	5	5
	预留孔	10	10	10

注：L为构件长度(mm)。

缆车、浮船接管车斜坡道上预制框架安装允许偏差　表 8.2.12

项目	允许偏差(mm)
轴线位置	20
长、宽、高	±10
高程(柱基、柱顶)	±10
垂直度	H/200，且不大于10
水平度	L/200，且不大于10

注：(1)H为柱的高度(mm)。
(2)L为单梁或板的长度(mm)。

第 8.2.13 条 缆车、浮船接管车斜坡道上钢筋混凝土轨枕、梁及轨道安装的允许偏差，应符合表8.2.13的规定。

缆车、浮船接管车斜坡道上轨枕、梁及轨道安装允许偏差　　表 8.2.13

项目		允许偏差(mm)
钢筋混凝土轨枕、轨梁	轴线位置	10
	高　程	+2 −5
	中心线间距	±5
	接头高差	5
	轨梁柱跨间对角线差	15
轨　道	轴线位置	5
	高　程	±2
	同一横截面上两轨高差	2
	两轨内距	±2
	钢轨接头左、右、上三面错位	1

摇臂管钢筋混凝土支墩施工允许偏差　　表 8.2.14

项目		允许偏差(mm)
轴线位置		20
长、宽或直径		±20
曲线部分的半径		±10
顶面高程		±10
顶面平整度		10
中心位置	预埋件	5
	预留孔	10

第 8.2.14 条　摇臂管钢筋混凝土支墩，一般应在水位上涨至平台前完成。摇臂管钢筋混凝土支墩施工的允许偏差应符合表8.2.14的规定。

第 8.2.15 条　摇臂管安装前应按设计条件测定挠度。如挠度超过设计规定，应会同设计单位采取补强措施，复测合格后方可安装。

第 8.2.16 条　摇臂管及摇臂接头应在组装前进行水压试验，不得渗漏。其试验压力应为设计压力的1.25倍，且不小于0.4MPa。

第 8.2.17 条　摇臂接头的铸件材质及零部件加工尺寸应符合设计规定。铸件切削加工后，不得进行导致铸件填料函部位变形的任何焊补。

第 8.2.18 条　摇臂接头应在岸上进行试组装调试，使接头能上、下、左、右转动灵活。

第 8.2.19 条　摇臂管安装应在下列条件下进行：

一、摇臂接头的岸、船两端组装就位，调试完成；

二、浮船上、下游锚固妥当，并能按施工要求移动泊位；

三、江河流速不超过1m/s，当超过时，应采取安全措施；

四、避开雨天、雪天和五级以上的风天。

第 8.2.20 条　浮船与摇臂管联合试运转前应对浮船进行验收，并符合下列规定：

一、浮船各部尺寸的允许偏差应符合表8.2.20的规定；

二、船上吊装设备的布置应符合设计要求，并安装牢固；

三、船上机电设备应安装完毕，电器设备联动应调试合格；

四、进水口处应有防漂浮物的装置及清理设备；船舷外

浮船各部尺寸允许偏差　　表 8.2.20

项目		允许偏差(mm)		
		钢船	钢筋混凝土船	木船
长、宽		±15	±20	±20
高度		±10	±15	±15
板梁、横隔梁	高度	±5	±5	±5
	间距	±5	±10	±10
接头外边缘高差		$d/5$，且不大于2	3	2
机组与设备位置		10	10	10
摇臂管支座中心位置		10	10	10

注：d为板厚(mm)。

侧应有防撞击设施。安全及防火器材应配置合理、完善；

五、抛锚位置应正确，锚链和缆绳强度的安全系数应符合规定。

第 8.2.21 条　浮船与摇臂管联合试运转应按下列步骤进行，并作好记录：

一、空载试运转：

1.配电设备投试，一切用电设备试运转；

2.测定摇臂管空载挠度；

3.移动浮船泊位，检查摇臂管水平移动是否正常；

4.测定浮船四角干舷高度。

二、满载试运转：

1.机组连续试运转24h；

2.测定浮船四角干舷高度，船体倾斜度应符合设计规定，当设计无规定，船体不允许向摇臂管方向倾斜；船体向水泵吸水管方向的倾斜度不得超过船宽的2%，且不大于100mm。当超过时，应会同有关单位协商处理；

3.测定摇臂管的满载挠度；

4.移动浮船泊位，检查摇臂管水平移动是否正常；

5.检查摇臂接头，当有渗漏时，应调整填料函的尺寸。

第 8.2.22 条　缆车、浮船接管车的尺寸允许偏差应符合表8.2.22的规定。

缆车、浮船接管车尺寸允许偏差　　表 8.2.22

项目	允许偏差(mm)
轮中心距	±1
两对角轮距差	2
外型尺寸	±5
倾斜角	±30(′)
机组与设备位置	10
出水管中心位置	10

注：倾斜角为轮轨接触平面与水平面的倾角。

第 8.2.23 条　缆车、浮船接管车试运转，应按下列步骤进行，并作好记录。

一、配电设备投试，一切用电设备试运转；

二、移动缆车、浮船接管车上下三次，行走必须平稳，出水管与斜坡管松、接正常；

三、起重设备试吊合格；

四、水泵机组连续试运转24h。

第三节　取水头部

第 8.3.1 条　取水头部应编制施工设计，并应包括以下主要内容：

一、取水头部施工平面布置图及纵、横断面图；

二、取水头部制作；

三、取水头部的基坑开挖；

四、水上打桩；

五、取水头部下水措施；

六、取水头部浮运措施；

七、取水头部下沉、定位及固定措施；

八、混凝土预制构件水下组装。

第 8.3.2 条 取水头部制作场地应符合下列要求：

一、取水头部制作场地周围应有足够供堆料、锚固、下滑、牵引以及安装施工机具、机电设备、牵引绳索的地段；

二、地基承载力应满足取水头部的荷载要求，当达不到荷载要求时，应对地基进行加固处理。

第 8.3.3 条 取水头部水上打桩的允许偏差应符合表8.3.3的规定。

取水头部水上打桩的允许偏差　　表 8.3.3

项目		允许偏差(mm)
上面有盖梁的桩轴线位置	垂直于盖梁中心线	150
	平行于盖梁中心线	200
上面无纵横梁的桩轴线位置		1/2桩径或边长
桩顶高程		+100 −50

第 8.3.4 条 预制箱式钢筋混凝土取水头部的允许偏差应符合表8.3.4的规定。

预制箱式钢筋混凝土取水头部允许偏差　　表 8.3.4

项目		允许偏差(mm)
长、宽(直径)、高度		±20
厚度		+10 −5
表面平整度(用2m直尺检查)		10
中心位置	预埋件、预埋管	5
	预留孔	10

第 8.3.5 条 箱式和管式钢结构取水头部制作的允许偏差，应符合表8.3.5的规定。

箱式和管式钢结构取水头部制作的允许偏差　　表 8.3.5

项目		允许偏差(mm)	
		箱式	管式
椭圆度		$D/200$，且不大于20	$D/200$，且不大于10
周长	$D\leqslant1600$	±8	±8
	$D>1600$	±12	±12
长、宽(多边形边长)、高度		1/200 且不大于20	
端面垂直度		4	2
中心位置	进水管	10	10
	进水孔	20	20

注：D为直径(mm)。

第 8.3.6 条 取水头部浮运前应设置下列测量标志：

一、取水头部中心线的测量标志；

二、取水头部进水管口中心测量标志；

三、取水头部各角吃水深度的标尺，当圆形时为相互垂直两直径与圆周交点吃水深度的标尺；

四、取水头部基坑定位的水上标志。

下沉后，测量标志仍应露出水面。

第 8.3.7 条 取水头部浮运前，应做下列准备工作：

一、取水头部的混凝土强度达到设计规定，并经验收合格；

二、取水头部清扫干净，水下孔洞全部封闭，不得漏水；

三、拖曳缆绳绑扎牢固；

四、上滑机具安装完毕，并经过试运转；

五、检查取水头部下水后的吃水平衡，当不平衡时，应采取浮托或配重措施；

六、浮运拖轮、导向船及测量定位人员均做好准备工作。

第 8.3.8 条 取水头部的定位，应采用经纬仪三点交叉定位法。岸边的测量标志，应设在水位上涨不被淹没的稳固地段。

第 8.3.9 条 取水头部下沉定位的允许偏差应符合表8.3.9的规定。

取水头部下沉定位允许偏差 **表 8.3.9**

项　　目	允许偏差(mm)
轴线位置	150
顶面高程	±100
扭　　转	1°

第 8.3.10 条 取水头部定位后，应进行测量检查，当符合本规范第8.3.9条的规定时，应及时进行固定，并按河道航行规定设立航行标志及安全保护设施。

第四节　进　水　管　道

（Ⅰ）　水下埋管及架空管

第 8.4.1 条 水下开挖沟槽整平后的高程偏差不得超过+000、-300mm。

第 8.4.2 条 水下开挖沟槽整平后，应及时下管。下管后，应即将管底两侧有孔洞的部分用砂石材料及时回填密实。

第 8.4.3 条 用拖运法、浮运法、船运吊装法等铺设水下管道时，应采取措施保护管段及防腐层不受损伤。当有损伤时，应及时修补。

第 8.4.4 条 管段吊装前应正确选定吊点，并进行吊装应力与变形验算。管子产生的应力与变形不得大于设计值；当超过时，应采取临时加固措施。

第 8.4.5 条 管道采用浮运法时，应进行浮力计算；当浮力不足时，应按需要增设浮筒。下管时应使管道缓慢均匀下沉和就位。

第 8.4.6 条 水下管道接头采用半圆箍连接时，应先在陆地或船上试接和校正，合格后方可进行下管和水下连接。管道在水下连接后，应由潜水员检查接头质量，并做好质量检查记录。

第 8.4.7 条 水下埋管及水下架空管安装的允许偏差，应符合表8.4.7的规定。

水下埋管及水下架空管的安装允许偏差　　表 8.4.7

项	目	允许偏差(mm)
轴线位置	水下埋管	200
	水下架空管	150
高　程	水下埋管	±150
	水下架空管	±100

（Ⅱ）水　下　顶　管

第 8.4.8 条　本节水下顶管适用于取水泵房与取水头部连接的直径大于1000mm钢制进水管道的顶管。

第 8.4.9 条　水下顶管工具管的选用或制作，应根据管道的外径和工程地质条件确定，其主要性能应符合下列要求：

一、能抵抗最大正面阻力及周边摩阻力；

二、能按最大纠偏角进行上、下、左、右纠偏；

三、保证泥浆壁厚度；

四、有水力破土和排泥能力；

五、具有测量、准直和观测设施；

六、有保障操作人员安全的设施；

七、有处理事故的手段。

第 8.4.10 条　利用沉井井壁作顶管后背时，后背设计应征得设计单位同意。后背与千斤顶接触的平面应与管段轴线垂直，其倾斜偏差不得超过5mm。

第 8.4.11 条　顶管导轨安装的允许偏差，应符合表8.4.11的规定。

顶管导轨安装允许偏差　　表 8.4.11

项　目	允许偏差（mm）
轴线位置	3
高　程	±2
两轨内距	±2

第 8.4.12 条　安装顶管千斤顶应符合下列规定：

一、千斤顶应沿管子圆周左右对称布置；

二、在使用两台或两台以上千斤顶时，宜用型号相同的千斤顶；当千斤顶型号不同，则应按照管子两侧顶力相同的原则对称组合，并使千斤顶操作同步；

三、千斤顶安装的位置和高程，应使其轴线与顶进钢管的轴线平行，对设计合力位置的偏差不得大于5mm；千斤顶头部向下允许偏差应为3mm，左右允许偏差应为2mm；

四、千斤顶钢支架的刚度，应能保证千斤顶工作时的稳定；支架应与操作台底板固定，并不得在顶进时产生位移；

五、千斤顶的后盖应与后背垫平、贴紧。

第 8.4.13 条　顶管使用触变泥浆润滑剂时，触变泥浆的配比应通过试验确定。泥浆的供给不得间断。压浆应与顶进协调进行。

第 8.4.14 条　顶管工具管必须经过调试合格，方可使用，调试的主要项目包括：环形止水、水力机械、泥浆润滑、气压、油压以及纠偏等系统的设备。

第 8.4.15 条　工具管穿墙时，应采取防止水及砂涌入工作坑的措施，并宜将工具管前端稍微抬高。

第 8.4.16 条 顶进过程中，应保持顶进速度与射水破土出泥量的平衡，并严禁超量排泥。

第 8.4.17 条 采用加气压顶进时，应符合下列规定：

一、工具管所有密封装置应密封良好；

二、加气压力宜为水头压力的80～90％；

三、若顶进中正面阻力过大，可冲去工具管前舱格栅处部分土体，但不得冲射到工具管刃脚以外；

四、当顶进停止时间较长时，应将吸泥闸门关闭，并加气压到内外压力平衡。

第 8.4.18 条 顶管进程中，高程和轴线的测量，宜每顶进1m左右测量一次；当顶进出现偏差时，宜每顶进30cm左右测量一次。

第 8.4.19 条 顶管中的纠偏应符合下列规定：

一、纠偏必须在顶进中进行，严禁在停止顶进时纠偏；

二、应不间断地分析管道顶进中偏移轨迹的变化，确定合理的纠偏幅度；

三、每次纠偏角度不宜过大，并缓慢地调整纠偏角。纠偏角度可根据管径大小和顶进长度以及土质情况确定，宜为5～20（′）；

四、在纠偏中，应控制和调整射水破土量和射水破土方向，但不得破坏工具管刃脚外的土体；

五、严格控制纠偏油泵的压力，不得使油泵压力上升过快；

六、纠偏结束后应锁紧螺旋定位器。

第 8.4.20 条 钢管顶进中的管段连接，应符合下列规定：

一、管子轴线应一致。管口应对齐。其错口不得大于管壁厚的10％，且不大于2mm；

二、连接管段时，不得切割管端；

三、管段焊接后，经检验合格方可继续顶进。

第 8.4.21 条 钢管顶进完成后的轴线偏差不得超过200mm；管底高程偏差不得超过±200mm。

第九章　水　塔

第一节　一　般　规　定

第 9.1.1 条　水塔的钢筋混凝土基础、塔身及水柜，砖石塔身、钢塔身及钢水柜的施工，除应符合本章规定外，还应按现行国家有关标准规范的规定执行。

第 9.1.2 条　水塔避雷针的安装应符合下列规定：

一、避雷针安装应垂直，位置准确，安装牢固。

二、接地体和接地线的安装，应位置准确，焊接牢固，并应检验接地体的接地电阻。

三、利用塔身钢筋作导线时，应作标志，接头必须焊接牢固，并应检验接地电阻。

第二节　基　础

第 9.2.1 条　“M”型、球型等壳体基础的施工应符合下列规定：

一、挖修土模时，宜按“十”字或“米”字型布置，用特制的靠尺控制，先挖成标准槽，然后向两侧扩挖成型。

二、土模表面的保护层宜采用1:3水泥砂浆抹面，其厚度宜为15～20mm；浇筑混凝土时不得破坏；

三、混凝土浇筑厚度的允许偏差应为＋5mm、－3mm。混凝土表面应抹压密实。

第 9.2.2 条　基础的预埋螺栓及滑模支承杆，应位置准确，并必须采取防止浇筑混凝土时发生位移的固定措施。

第三节　塔　身

（Ⅰ）钢筋混凝土圆筒塔身

第 9.3.1 条　整体现浇钢筋混凝土圆筒塔身，可采用滑升模板或“三节模板倒用施工法”。采用滑升模板时，应符合有关国家现行标准规范的规定。

第 9.3.2 条　预制钢筋混凝土圆筒塔身采用上、下节预埋扁钢环对接时，其圆度应一致。钢环应用临时拉、撑控制圆度，上下口调平并找正位置后再与钢筋焊接。采用预留钢筋搭接时，上下节的预留钢筋应错开。

第 9.3.3 条　预制钢筋混凝土圆筒塔身的装配应遵守下列规定：

一、装配前，检验每节圆筒的质量应合格；

二、圆筒上口应标出控制轴线的中心位置；

三、圆筒两端扁钢环对接的接缝应按设计规定处理；设计无规定时，可采用1:2水泥砂浆抹压平整：

四、圆筒采用预留钢筋搭接时，其接缝混凝土应比圆筒混凝土强度提高一级，混凝土表面应抹压平整。

第 9.3.4 条　钢筋混凝土圆筒塔身施工的允许偏差应符合表9.3.4的规定。

钢筋混凝土圆筒塔身施工允许偏差　　表 9.3.4

项　目	允许偏差(mm)
中心垂直度	$1.5H/1000$，且不大于30
壁　厚	+10 −3

续表

项目	允许偏差(mm)
塔身直径	±20
内外表面平整度 (用弧长为2m的弧形尺检查)	10
预埋管、预埋件中心位置	5
预留孔中心位置	10

注：H为圆筒塔身高度(mm)。

（Ⅱ） 钢筋混凝土框架塔身

第 9.3.5 条 现浇钢筋混凝土框架塔身模板的安装，应符合下列规定：

一、支模前应核对框架基础预埋竖向钢筋的规格以及基面的轴线和高程；

二、对框架必须具有控制其垂直度或倾斜度的措施；

三、每节模板的高度不宜超过1.5m。

第 9.3.6 条 钢筋混凝土框架塔身施工的允许偏差应符合表9.3.6的规定。

钢筋混凝土框架塔身施工允许偏差　　表 9.3.6

项目	允许偏差(mm)
中心垂直度	$1.5H/1000$，且不大于30
柱间距和对角线差	$L/500$
框架节点距塔身中心的距离	±5
每节柱顶水平高差	5
预埋件中心位置	5

注：(1)H为框架塔身高度(mm)。
(2)L为柱间距或对角线长(mm)。

（Ⅲ） 钢架、钢圆筒塔身

第 9.3.7 条 钢架塔身施工应符合下列规定：

一、钢架塔身的主杆上应有中线标志；

二、螺栓孔位不正需扩孔时，扩孔部分应不超过2mm；当超过时，应堵焊后重新钻孔。不得用气割进行穿孔或扩孔；

三、钢架构件的组装应紧密牢固。构件在交叉处遇有间隙时，应装设相应厚度的垫圈或垫板；

四、用螺栓连接构件时，应符合下列要求：

1.螺杆应与构件面垂直，螺头平面与构件间不得有间隙；

2.螺母紧固后，外露丝扣应不少于两扣；

钢架及钢圆筒塔身施工允许偏差　　表 9.3.8

项目		允许偏差(mm)	
		钢架塔身	钢圆筒塔身
中心垂直度		$1.5H/1000$，且不大于30	$1.5H/1000$，且不大于30
柱间距和对角线差		$L/1000$	
钢架节点距塔身中心的距离		5	
塔身直径	$D\leqslant2m$		$+D/200$
	$D>2m$		+10
内外表面平整度 (用弧长2m的弧形尺检查)			10
焊接附件及预留孔中心位置		5	5

注：(1)H为钢架或圆筒塔身高度(mm)。
(2)L为柱间距或对角线长(mm)。
(3)D为圆筒塔身直径。

3.承受剪力的螺栓，其丝扣不得位于连接构件的剪力面内；

4.当必须加垫时，每端垫圈不应超过两个；

5.螺栓穿入的方向，水平螺栓应由内向外；垂直螺栓应由下向上；

6.钢架塔身的全部螺栓应紧固两次，第一次在钢架组装以后，第二次在水柜安装以后。

第 9.3.8 条 钢架及钢圆筒塔身施工的允许偏差应符合表9.3.8的规定。

（Ⅳ） 砖石砌体塔身

第 9.3.9 条 砌筑砖石塔身时，应按设计要求将各种预埋件砌入，不得预留孔洞再进行安装。

砖石砌体塔身施工允许偏差　　表 9.3.10

项目		允许偏差(mm)	
		砖砌塔身	石砌塔身
中心垂直度		1.5H/1000	2H/1000
壁厚			+20 -10
塔身直径	$D\leqslant5$m	±D/100	±D/100
	$D>5$m	±50	±50
内外表面平整度（用弧长2m的弧形尺检查）		20	25
预埋管、预埋件中心位置		5	5
预留洞中心位置		10	10

注：(1)H为塔身高度(mm)。
(2)D为塔身截面直径。

第 9.3.10 条 砖石砌体塔身施工的允许偏差见表9.3.10。

第四节 水　柜

（Ⅰ） 一 般 规 定

第 9.4.1 条 水柜在地面预制或装配时，必须对地基妥善处理。

第 9.4.2 条 水柜下环梁穿插吊杆的预留孔应与塔顶提升装置的吊杆孔位置一致，并垂直对应。

第 9.4.3 条 水柜在地面进行满水试验时，应对地下室底板及内墙采取防渗漏措施。

第 9.4.4 条 钢丝网水泥及钢筋混凝土水柜的满水试验应符合下列规定：

一、试验时，水柜强度应达到设计规定；

二、保温水柜试验，应在保温层施工前进行；

三、充水应分三次进行，每次充水宜为设计水深的1/3，且静置时间不少于3h；

四、充水至设计水深后的观测时间：钢丝网水泥水柜不应少于72h；钢筋混凝土水柜不应少于48h；

五、水柜及其配管穿越部分，均不得渗水、漏水；

六、试验结果应作记录。

第 9.4.5 条 水柜的保温层施工应符合下列规定：

一、水柜的保　层，应在水柜的满水试验合格后进行喷涂或安装；

二、采用装配式保温层时，保温罩上的固定装置应与水柜上预埋件位置一致；

三、采用空气层保温时，保温罩接缝处的水泥砂浆必须填塞密实。

第 9.4.6 条 水柜提升（或吊装）应编制施工设计，并应包括以下主要内容：

一、提升方式的选定及需用机械的规格、数量；

二、提升架的设计；

三、提升杆件的材质、尺寸、构造及数量；

四、保证平稳提升的措施；

五、安全措施。

第 9.4.7 条 钢丝网水泥及钢筋混凝土倒锥壳水柜的提升应符合下列规定：

一、水柜中环梁及其以下部分结构强度达到设计规定后方可提升；

二、提升前应在塔身外壁周围标明水柜底面的座落位置，并检查提升架及机电设备等，必须保持完好；

三、应先作提升试验，将水柜提升至离地面0.2m左右，对各部位进行详细检查，确认完全正常后，方可正式提升；

四、水柜应掌握平稳上升；

五、水柜下环梁底一般允许提升超过设计高程0.2m，此时应立即垫入支座，经调平固定后，徐徐使水柜就位，再与支座焊接固定。

（Ⅱ） 钢丝网水泥倒锥壳水柜

第 9.4.8 条 钢丝网水泥倒锥壳水柜的施工材料应符合下列规定：

一、水泥宜采用普通硅酸盐水泥，其标号不应低于425号；不宜采用矿渣硅酸盐水泥或火山灰质硅酸盐水泥。

二、砂的细度模量宜为2.0～3.5；最大粒径不宜超过4mm，并应过筛；含泥量不得大于2%；云母含量不得大于0.5%。

三、钢丝网的规格应符合设计要求，其网格尺寸应均匀，且网面平直。

第 9.4.9 条 钢丝网水泥倒锥壳水柜模板安装的允许偏差应符合表9.4.9-1及表9.4.9-2的规定。

钢丝网水泥倒锥壳水柜整体现浇模板安装允许偏差

表 9.4.9-1

项目	允许偏差(mm)
轴线位置(对塔身轴线)	5
高度	±5
平面尺寸	±5
表面平整度(用弧长2m的弧形尺检查)	3

钢丝网水泥倒锥壳水柜预制构件模板安装允许偏差

表 9.4.9-2

项目	允许偏差(mm)
长度	±3
宽度	±2
厚度	±1
预留孔洞中心位置	2
表面平整度(用2m直尺检查)	3

第 9.4.10 条 钢丝网水泥倒锥壳水柜的筋网绑扎应符

合下列规定：

一、筋网表面应洁净，无油污；锈蚀的筋网应除锈。

二、低碳冷拔钢丝的连接不应采用焊接。绑扎时搭接长度不宜小于250mm。

三、壳体纵筋必须平直，间距均匀，每根纵筋应用整根钢筋。

四、钢丝网应铺平绷紧，不得有波浪、束腰、网泡、丝头外翘等现象。

五、钢丝网的搭接长度，环向不得小于100mm，竖向不得少于50mm。上下层搭接位置应错开。

六、筋网绑扎应采用22号铁丝或退火铁丝。绑扎时宜从中间向两端或沿一个方向进行。扎结点应按梅花形排列，其间距不宜大于100mm（网边处不大于50mm）。扎结点一般应在钢筋上；在无钢筋处的扎结点，不宜太紧或过松。

七、严禁在网面上走动和抛掷物件。

八、绑扎完成后应进行全面检查，补扎漏点和对不平处进行修整。

第 9.4.11 条 钢丝网水泥砂浆，水灰比宜为0.32～0.40；灰砂比宜为1:1.5～1:1.7。

第 9.4.12 条 水泥砂浆的拌制与使用应遵守下列规定；

一、砂浆应拌合均匀。机械拌合时间不得小于3min。

二、砂浆应随拌随用。从拌好至用完，不宜超过1h，初凝后的砂浆不得使用。

三、抹压过程中砂浆不得加水稀释或撒干水泥吸水。

第 9.4.13 条 抹压砂浆前，应将网层内清理干净。

第 9.4.14 条 钢丝网水泥砂浆采用机械振动时，应根据构件形状选用适宜的振动器。砂浆应振至不再有明显下沉无气泡逸出，表面出现稀浆时为止。

第 9.4.15 条 现浇钢丝网水泥砂浆倒锥壳水柜可采用喷浆法或手工施浆。其施工顺序应自下而上，由中间向两边（或一边）环圈进行。

第 9.4.16 条 采用喷浆法施工时，喷枪移动速度应均匀，不得滞射和扫射。喷嘴应与喷射面保持近于垂直，当受障碍物影响时，其入射角不宜大于15°。喷嘴与喷射面控制的距离，应以回弹物较少，喷浆层密实为宜。

第 9.4.17 条 钢丝网保护层厚度应按设计规定；当无规定时，应为3～5mm。

第 9.4.18 条 手工施浆时，首先应进行压实抹平，使砂浆压入网内，避免中间夹空。无模施工时，其对面应有专人检查，待每个网孔均充满砂浆并稍突出时，方可加抹保护层砂浆，压实抹平。当保护层厚度不够，需补添砂浆时，应先将已抹平面进行刮糙，补浆后再压实抹平。

砂浆接茬及与环梁交角处应细致操作。交角处宜抹成圆角。

待砂浆的游离水析出后，应进行压光，消除气泡，提高密实度。压光宜进行三遍，最后一遍应在接近终凝时完成。

第 9.4.19 条 采用机械振捣或喷浆法施工时，还应按本规范第9.4.18条的规定，进行压光。

第 9.4.20 条 水泥砂浆的抹压应一次连续成活；当不能一次成活时，接头处应在砂浆终凝前拉毛，接茬前应把该处浮渣清除，用水冲洗干净。

第 9.4.21 条 水泥砂浆应在现场制作标准试块三组（每组三块），其中一组作标准养护，用以检验标号；两组随壳体养护，用以检验脱模、出厂或吊装时的水泥砂浆强度。

第 9.4.22 条 水泥砂浆现浇壳体或预制构件的养护可选用薄膜养护、自然养护或蒸汽养护，养护应在压光成活后及时进行。并应符合下列规定：

一、自然养护：应保持砂浆表面充分湿润，养护时间不应少于14d；

二、蒸汽养护：温度与时间应符合表9.4.22的规定。

蒸汽养护温度与时间 表 9.4.22

项目		温度与时间
静置期	室温10℃以下	>12h
	室温10～25℃	>8h
	室温25℃以上	>6h
升温速度		10～15℃/h
恒温		65～70℃，6～8h
降温速度		10～15℃/h
降温后浸水或覆盖洒水养护		不少于10d

第 9.4.23 条 水泥砂浆应达到$0.70f_{m,k}$方可脱模。

第 9.4.24 条 钢丝网水泥倒锥壳水柜的施工质量应符合下列规定：

一、水柜轴线位置对塔身中心的偏差不得大于10mm；

二、壳体内外表面平整度（用弧长2m的弧形尺检查）偏差不得大于5mm；

三、壳体裂缝宽度不得大于0.05mm；

四、壳体砂浆不得有空鼓和缺棱掉角；表面不得有露丝、露网、印网和气泡。累计有缺陷的面积不得大于1.5m²，且缺陷应进行整修。

第 9.4.25 条 预制的钢丝网水泥扇形板构件宜侧放，支架垫木应牢固稳定。

第 9.4.26 条 预制装配式钢丝网水泥倒锥壳水柜，装配前应作好下列准备工作：

一、下环梁企口面上，应测定每块壳体构件安装的中心位置，并检查其高程；

二、应根据水塔中心线设置构件装配的控制桩，用以控制构件的起立高度及其顶部距水柜中心距离；

三、构件接缝处表面必须凿毛，伸出的连接钢环应调整平顺，灌缝前应冲洗干净，并使接茬面湿润。

第 9.4.27 条 倒锥壳水柜的装配应符合下列规定：

一、构件吊装时，吊绳与构件接触处应设木垫板。起吊时，严禁猛起。吊离地面后，应立即认真检查，确认平稳后，方准提升。

二、装配时，宜按一个方向顺序进行。构件下端与下环梁拼接的三角缝，宜用薄铁板衬垫，三角缝的上面缝口应临时封堵，构件的临时支撑点应加垫木板。

三、构件全部装配并经调整就位后，方可固定穿筋。插入预留钢筋环内的两根穿筋，应各与预留钢环靠紧，并使用短钢筋，在接缝中每隔0.5m处与穿筋焊接。

四、中环梁安装模板前，应检查已安装固定的倒锥壳壳体顶部高程，按实测高程作为安装模板控制水平的依据。混凝土浇筑前，应先埋设塔顶栏杆的预埋件和伸入顶盖接缝内的预留钢筋，并采取措施控制其位置。

五、倒锥壳壳体的接缝施工宜在中环梁混凝土浇筑后进行。接缝宜从下向上灌筑、振动、抹压密实，并应由其中一缝向两边方向进行。

第 9.4.28 条 水柜顶盖装配前，应先安装和固定上环梁底模。其装配、穿筋、接缝等施工可按照本节有关倒锥壳装配的规定执行。但接缝插入穿筋前必须将塔顶栏杆安装好。

（Ⅲ） 钢筋混凝土水柜

第 9.4.29 条 钢筋混凝土倒锥壳水柜的混凝土施工缝宜留在中环梁内。

第 9.4.30 条 正锥壳顶盖模板的支撑点应与倒锥壳模板的支撑点相对应。

第 9.4.31 条 浇筑钢筋混凝土倒锥壳和圆筒水柜的施工允许偏差应符合表9.4.31的规定。

钢筋混凝土倒锥壳、圆筒水柜施工允许偏差

表 9.4.31

项　　目	允许偏差(mm)
轴线位置(对塔身轴线)	10
水柜直径	±20
壁　厚	+10 −3
表面平整度(用弧长2m的弧形尺检查)	10
预埋管、预埋件中心位置	5
预留孔中心位置	10

（Ⅳ） 钢 水 柜

第 9.4.32 条 钢水柜的吊装应符合下列规定：

一、水柜吊装应视吊装机械性能选用一次吊装，或分柜底、柜壁及顶盖三组吊装；

二、吊装前应先将吊机定位，并用吊钩试位，经试吊检验合格后，方可正式吊装；

三、水柜内应在与吊点的相应位置加十字支撑，防止水柜起吊后变形。

第 9.4.33 条 整体吊装单支筒全钢水塔，应符合下列规定：

一、吊立前，对吊装机具设备及地锚规格，必须指定专人进行检查。

二、主牵引地锚、水塔中心、桅杆顶、制动地锚四点必须在一垂直面上。

三、吊立离地时，应作一次全面检查，如发现问题，应落地调整，符合要求后，方可正式吊立。

四、水塔必须一次立起，不得中途停下。立起至70度后，牵引速度应减缓。

五、吊立过程中，现场人员均应远离塔高1.2倍的距离以外。

六、水塔吊立完成，必须紧固地脚螺栓，并安装拉线后，方可上塔解除钢丝绳。

第十章　工程验收

第 10.0.1 条　给水排水构筑物施工完毕必须经过竣工验收合格后，方可投入使用。隐蔽工程必须经过中间验收合格后，方可进行下一工序。

第 10.0.2 条　中间验收应由施工单位会同建设单位、设计单位、质量监督部门共同进行。竣工验收应由建设单位组织施工、设计、管理（使用）质量监督及有关单位联合进行，对重大建设项目可由建设单位报请主管部门组织验收。

第 10.0.3 条　中间验收时，应按各章规定的质量标准进行检验，并填写中间验收记录，其格式应符合本规范附录三附表3.7的规定。

第 10.0.4 条　竣工验收应提供下列资料：

一、竣工图及设计变更文件；

二、主要材料和制品的合格证或试验记录；

三、施工测量记录；

四、混凝土、砂浆、焊接及水密性、气密性等试验、检验记录；

五、施工记录；

六、中间验收记录；

七、工程质量检验评定记录；

八、工程质量事故处理记录；

九、其它。

第 10.0.5 条　竣工验收时，应核实竣工验收资料，并应进行必要的复验和外观检查，对下列项目应作出鉴定，并填写竣工验收鉴定书，其格式应符合本规范附录三 附 表3.8的规定。

一、构筑物的位置、高程、坡度、平面尺寸，管道及其附件等安装的位置和数量；

二、结构强度、抗渗、抗冻的标号；

三、水池及水柜等的水密性，消化池的气密性；

四、外观；

五、其它。

第 10.0.6 条　给水排水构筑物竣工验收后，建设单位应将有关设计、施工及验收的文件和技术资料立卷归档。

附录一 水池满水试验

（一）充水

1.向水池内充水宜分三次进行：第一次充水为设计水深的1/3；第二次充水为设计水深的2/3；第三次充水至设计水深。

对大、中型水池，可先充水至池壁底部的施工缝以上，检查底板的抗渗质量，当无明显渗漏时，再继续充水至第一次充水深度。

2.充水时的水位上升速度不宜超过2m/d。相邻两次充水的间隔时间，不应小于24h。

3.每次充水宜测读24h的水位下降值，计算渗水量，在充水过程中和充水以后，应对水池作外观检查。当发现渗水量过大时，应停止充水。待作出处理后方可继续充水。

4.当设计单位有特殊要求时，应按设计要求执行。

（二）水位观测

1.充水时的水位可用水位标尺测定。

2.充水至设计水深进行渗水量测定时，应采用水位测针测定水位。水位测针的读数精度应达1/10mm。

3.充水至设计水深后至开始进行渗水量测定的间隔时间，应不少于24h。

4.测读水位的初读数与末读数之间的间隔时间，应为24h。

5.连续测定的时间可依实际情况而定，如第一天测定的渗水量符合标准，应再测定一天；如第一天测定的渗水量超过允许标准，而以后的渗水量逐渐减少，可继续延长观测。

（三）蒸发量测定

1.现场测定蒸发量的设备，可采用直径约为50cm，高约30cm的敞口钢板水箱，并设有测定水位的测针。水箱应检验，不得渗漏。

2.水箱应固定在水池中，水箱中充水深度可在20cm左右。

3.测定水池中水位的同时，测定水箱中的水位。

（四）水池的渗水量按下式计算：

$$q=\frac{A_1}{A_2}[(E_1-E_2)-(e_1-e_2)] \quad (附1.1)$$

式中 q——渗水量（$L/m^2\cdot d$）；

A_1——水池的水面面积（m^2）；

A_2——水池的浸湿总面积（m^2）；

E_1——水池中水位测针的初读数，即初读数(mm)；

E_2——测读E_1后24h水池中水位测针末的读数，即末读数（mm）；

e_1——测读E_1时水箱中水位测针的读数（mm）；

e_2——测读E_2时水箱中水位测针的读数（mm）。

注：(1)当连续观测时，前次的E_2、e_2，即为下次的E_1及e_1。

(2)雨天时，不做满水试验渗水量的测定。

(3)按上式计算结果，渗水量如超过规定标准，应经检查，处理后重新进行测定。

附录二　消化池气密性试验

（一）主要试验设备

1.压力计：可采用U形管水压计或其它类型的压力计，刻度精确至mm水柱，用于测量消化池内的气压。

2.温度计：用以测量消化池内的气温，刻度精确至1℃。

3.大气压力计：用以测量大气压力，刻度精确至daPa（10Pa）。

4.空气压缩机一台。

（二）测读气压

1.池内充气至试验压力并稳定后，测读池内气压值，即初读数，间隔24h，测读末读数。

2.在测读池内气压的同时，测读池内气温和大气压力，并将大气压力换算为与池内气压相同的单位。

（三）池内气压降可按下式计算：

$$\Delta P=(P_{d1}+P_{a1})-(P_{d2}+P_{a2})\frac{273+t_1}{273+t_2} \quad \text{（附2.1）}$$

式中　ΔP——池内气压降（daPa）；

P_{d1}——池内气压初读数（daPa）；

P_{d2}——池内气压末读数（daPa）；

P_{a1}——测量P_{d1}时的相应大气压力（daPa）；

P_{a2}——测量P_{d2}时的相应大气压力（daPa）；

t_1——测量P_{d1}时的相应池内气温（℃）；

t_2——测量P_{d2}时的相应池内气温（℃）。

附录三　施工及检验记录表格

明排水施工记录　　　　**附表 3.1**

工程名称________施工单位________

构筑物名称________

排水井号	1	2	3	4	5
井深（地面至井底）(m)					
基坑底高程(m)					
封底面高程(m)					
封底与基坑底高差(m)					
封底材料					
井身结构					
设置水泵型号及数量					
建成使用日期(年、月、日)					
终止抽水日期(年、月、日)					
回填完成日期(年、月、日)					
井身回填材料					
记　事					

工程负责人________记录________

注：附排水沟及排水井的结构图与平面布置图。

水池满水试验记录　　附表 3.2

工程名称________建设单位________

水池名称________施工单位________

水 池 结 构		允许渗水量 (L/m²·d)	
水池平面尺寸(m)		水面面积 A_1(m²)	
水　深(m)		湿润面积 A_2(m²)	
测读记录	初　读	末　读	两次读数差
测读时间(年、月、日、时、分)			
水池水位E(mm)			
蒸发水箱水位e(mm)			
大气温度(℃)			
水　温(℃)			
实际渗水量	(m³/d)	(L/m²·d)	占允许量的百分率
参加单位和人员	建设单位	设计单位	施工单位

壁板缠绕钢丝应力测定记录　　附表 3.3

工程名称________施工单位________

构筑物名称________构筑物外径(m)________

锚固肋数________钢筋环数________

钢筋直径(mm)________每段钢筋长度(m)________

日　期 (年、月、日)	环　号	肋　号	平均应力 (N/mm²)	应力损失 (N/mm²)	应力损失 (%)	备　注

工程负责人________记录________

电热张拉钢筋记录　　附表 3.4

工程名称________施工单位________

构筑物名称________构筑物外径(m)________

锚固肋数________钢筋环数________

钢筋直径(mm)________每段钢筋长度(m)________

日　期 (年、月、日)	气温 (℃)	环 号	肋 号	一次电压 (V)	一次电流 (A)	二次电压 (V)	二次电流 (A)	通电时间 (s)	钢筋表面温度 (℃)	伸长值 (mm)

工程负责人________记录________

电热张拉钢筋应力测定记录　　附表 3.5

工程名称________施工单位________
构筑物名称________构筑物外径(m)________
锚固肋数________钢筋环数________
钢筋直径(mm)________每段钢筋长度(m)________

日期 (年、月、日)	环号	肋号	测点	应变 (mm)		应力 (N/mm²)
				初读数	末读数	

工程负责人________记录________

污泥消化池气密性试验记录　　附表 3.6

工程名称________建设单位________
池　　号________施工单位________

气室顶面直径(m)		顶面面积(m^2)	
气室底面直径(m)		底面面积(m^2)	
充气高度(m)		气室体积(m^3)	
测读记录	初读数	末读数	两次读数差
测读时间(年、月、日、时、分)			
池内气压P_d(daPa)			
大气压力P_a(daPa)			
池内气温t(℃)			
池内水位E(mm)			
压力降ΔP(daPa)			
压力降占试验压力(%)			
参加单位及人员	建设单位	设计单位	施工单位

中间验收记录　　附表 3.7

工程名称________建设单位________
构筑物名称________施工单位________
构筑物部位________验收日期____年___月___日___

验收项目及数量				
质量情况及验收意见				
参加单位及人员	建设单位	设计单位	质量监督部门	施工单位

竣工验收鉴定书 **附表 3.8**

工程名称＿＿＿＿＿＿ 建设单位＿＿＿＿＿＿

构筑物名称＿＿＿＿＿＿ 施工单位＿＿＿＿＿＿

开工日期＿＿年＿＿月＿＿日竣工日期＿＿年＿＿月＿＿日

验收日期＿＿年＿＿月＿＿日

验收内容				
复验质量情况				
鉴定结果及验收意见				
参加单位及人员	验收委员会（或组长）	建设单位	设计单位	质量监督部门
	施工单位	管理（或使用）单位	其他单位	

附录四　本规范用词说明

一、为便于在执行本规范条文时区别对待，对要求严格程度不同的用词说明如下：

1.表示很严格，非这样作不可的：正面词采用"必须"，反面词采用"严禁"。

2.表示严格，在正常情况下均应这样作的：正面词采用"应"，反面词采用"不应"或"不得"。

3.表示允许稍有选择，在条件许可时首先应这样作的：正面词采用"宜"或"可"，反面词采用"不宜"。

二、条文中指定应按其它有关标准、规格执行时，写法为"应符合……的规定"或"应按……执行"。

附加说明

本规范主管部门、主编单位、参加单位和主要起草人名单

主管部门：建设部城市建设司

主编单位：北京市市政工程局

参加单位：上海市政工程管理局
天津市第二市政工程公司
天津市自来水工程公司
武汉市自来水公司
吉林市自来水公司
甘肃省建筑工程总公司
铁道部第一工程局
北京建筑工程学院
化工部第十一化工建设公司

主要起草人：王登镛　线续生　戚伏波　石志圻　祁钦发
厉家德　李国业　张美华　张华玉　潘慧民
刘光本　刘汉卿　谭　弨　王信东　常志续
霍昭荣　韩世荣　姬殿录　陈克定　何玉符
应元良　张宏儒　刘国清

中华人民共和国国家标准

地面水环境质量标准

Environmental quality standard
for surface water

UDC 614.7
(083.75)

GB 3838—88

代替 GB 3838—83

中华人民共和国国家环境保护局

1988—04—05批准 1988—06—01实施

目 次

为贯彻执行中华人民共和国《环境保护法（试行）》和《水污染防治法》，控制水污染。保护水资源，特制订本标准。

本标准适用于中华人民共和国领域内江、河、湖泊、水库等具有使用功能的地面水水域。

1 水域功能分类

依据地面水水域使用目的和保护目标将其划分为5类：

Ⅰ类　主要适用于源头水、国家自然保护区。

Ⅱ类　主要适用于集中式生活饮用水水源地一级保护区、珍贵鱼类保护区、鱼虾产卵场等。

Ⅲ类　主要适用于集中式生活饮用水水源地二级保护区、一般鱼类保护区及游泳区。

Ⅳ类　主要适用于一般工业用水区及人体非直接接触的娱乐用水区。

Ⅴ类　主要适用于农业用水区及一般景观要求水域。

同一水域兼有多类功能的，依最高功能划分类别。有季节性功能的，可分季划分类别。

2 水质要求

本标准规定不同功能水域执行不同标准值，地面水五类水域的水质要求按表1执行。

2.1　不得用瞬时一次监测值使用本标准。

2.2　标准值单项超标，即表明使用功能不能保证。危害程度应参考背景值及水生生物调查数据，硬度修正方程及有关基准资料综合评价。

地面水环境质量标准　　mg/L　　表 1

序号	参数		分类 标准值 Ⅰ类	Ⅱ类	Ⅲ类	Ⅳ类	Ⅴ类
1	基本要求		所有水体不应有非自然原因所导致的下述物质： a.凡能沉淀而形成令人厌恶的沉积物； b.漂浮物，诸如碎片、浮渣、油类或其他的一些引起感官不快的物质； c.产生令人厌恶的色、臭、味或浑浊度的； d.对人类、动物或植物有损害、毒性或不良生理反应的； e.易滋生令人厌恶的水生生物的				
	水温 ℃		人为造成的环境水温变化应限制在： 夏季周平均最大温升≤1 冬季周平均最大温降≤2				
2	pH		6.5～8.5				6～9
3	硫酸盐①（以SO_4^{2-}计）	≤	250以下	250	250	250	250
4	氯化物①（以Cl^-计）	≤	250以下	250	250	250	250
5	溶解性铁①	≤	0.3以下	0.3	0.5	0.5	1.0
6	总锰①	≤	0.1以下	0.1	0.1	0.5	1.0
7	总铜①	≤	0.01以下	1.0（渔0.01）	1.0（渔0.01）	1.0	1.0
8	总锌①	≤	0.05	1.0（渔0.1）	1.0（渔0.1）	2.0	2.0
9	硝酸盐（以N计）	≤	10以下	10	20	20	25
10	亚硝酸盐（以N计）	≤	0.06	0.1	0.15	1.0	1.0
11	非离子氨	≤	0.02	0.02	0.02	0.2	0.2

续表

序号	参数		Ⅰ类	Ⅱ类	Ⅲ类	Ⅳ类	Ⅴ类
			标准值				
12	凯氏氮	≤	0.5	0.5	1	2	2
13	总磷(以P计)	≤	0.02	0.1(湖、库0.025)	0.1(湖、库0.05)	0.2	0.2
14	高锰酸盐指数	≤	2	4	6	8	10
15	溶解氧	≥	饱和率90%	6	5	3	2
16	化学需氧量(COD_{Cr})	≤	15以下	15以下	15	20	25
17	生化需氧量(BOD_5)	≤	3以下	3	4	6	10
18	氟化物(以F^-计)	≤	1.0以下	1.0	1.0	1.5	1.5
19	硒(四价)	≤	0.01以下	0.01	0.01	0.02	0.02
20	总砷	≤	0.05	0.05	0.05	0.1	0.1
21	总汞②	≤	0.00005	0.00005	0.0001	0.001	0.001
22	总镉③	≤	0.001	0.005	0.005	0.01	0.01
23	铬(六价)	≤	0.01	0.05	0.05	0.05	0.1
24	总铅②	≤	0.01	0.05	0.05	0.05	0.1
25	总氰化物	≤	0.005	0.05(渔0.005)	0.2(渔0.005)	0.2	0.2
26	挥发酚②	≤	0.002	0.002	0.005	0.01	0.1
27	石油类②(石油醚萃取)	≤	0.05	0.05	0.05	0.5	1.0
28	阴离子表面活性剂	≤	0.2以下	0.2	0.2	0.3	0.3

续表

序号	参数	Ⅰ类	Ⅱ类	Ⅲ类	Ⅳ类	Ⅴ类
		标准值				
29	总大肠菌群③(个/L) ≤			10000		
30	苯并(a)芘③(μg/L) ≤	0.0025	0.0025	0.0025		

① 允许根据地方水域背景值特征做适当调整的项目。

② 规定分析检测方法的最低检出限，达不到基准要求。

③ 试行标准。

3 标准的实施

3.1 本标准由各环境保护部门及水资源保护部门负责监督与实施。

3.2 各地环境保护部门会同城建、水利、卫生、农业等有关部门，根据流域或水系整体规划，结合水域使用要求，将所辖水域划分功能类别，报省、自治区、直辖市人民政府批准后，按相应的标准值管理。

3.3 划分各水域功能，一般不得低于现状功能。需要降低现状功能时，应做技术经济论证。并报上级主管部门批准。

3.4 排污口所在水域形成的混合区，不得影响鱼类回游通道及邻近功能区水质。

3.5 渔业水域，由各级渔业行政部门按TJ 35—79《渔业水质标准》监督管理；生活饮用水取水点，由各级卫生防疫部门按GB 5749—85《饮用水卫生标准》监督管理；放射性指标执行国家GB 8703—88《辐射防护规定》。

3.6 本标准项目不能满足地方环境保护要求时，省、自治区、直辖市人民政府可以制订地方补充标准，并报国务院环境保护部门备案。

4 水质监测

4.1 监测取样点，应布设于各功能区代表位置。

4.2 本标准各参数的检测分析方法按表 2 执行。

地面水环境质量标准选配分析方法　　表 2

序号	参数	测定方法	检测范围 mg/L	注释	分析方法来源
1	水温				
2	pH值	玻璃电极法			GB 6920—86
3	硫酸盐	硫酸钡重量法	10以上	结果以SO_4^{2-}计	GB 5750—85
		铬酸钠比色法	5～200		
		硫酸钡比浊法	1～40		
4	氯化物	硝酸银容量法①	10以上	结果以Cl^-计	GB 5750—85
		硝酸汞容量法①	可测至10以下		
5	总铁	二氮杂菲比色法①	检出下限0.05	测得为水体中溶解态、胶体态、悬浮颗粒以及生物体中的总铁量	GB 5750—85
		原子吸收分光光度法①	检出下限0.3		
6	总锰	过硫酸铵比色法①	检出下限0.05		
		原子吸收分光光度法①	检出下限0.1		

续表

序号	参数	测定方法		检测范围 mg/L	注释	分析方法来源
7	总铜	原子吸收分光光度法	直接法	0.05～5	未过滤的样品经消解后测得的总铜量，包括溶解的和悬浮的	GB 7475—87
			螯合萃取法	0.001 0.05		
		二乙基二硫代氨基甲酸钠(铜试剂)分光光度法		检出下限0.003 (3cm比色皿) 0.02～0.70 (1cm比色皿)		GB 7474—87
		2,9-二甲基-1,10-二氮杂菲(新铜试剂)分光光度法		0.006～3		GB 7473—87
8	总锌	双硫腙分光光度法		0.005～0.05	经消化处理后测得的水样中总锌量	GB 7472—87
		原子吸收分光光度法		0.05～1		GB 7475—87
9	硝酸盐	酚二磺酸分光光度法		0.02～1	硝酸盐含量过高时应稀释后测定结果以氮(N)计	GB 7480—87
10	亚硝酸盐	分子吸收分光光度法		0.003～0.20	采样后应尽快分析。结果以氮(N)计	GB 7493—87
11	非离子氨 (NH_3)	纳氏试剂比色法		0.05～2 (分光光度法) 0.20～2 (目视法)	测得结果是以氮(N)计的氨氮浓度，然后再根据附表，换算为非离子氨浓度	GB 7479—87
		水杨酸分光光度法		0.01～1		GB 7481—87
12	凯氏氮①			0.05～2 (分光光度法) 0.02～2 (目视法)	前处理后用钠氏比色法，测得为氨氮与有机氮之总和，结果以氮(N)计	
13	总磷	钼蓝比色法①		0.025～0.6	结果为未过滤水样经消化处理后测得的溶解的和悬浮的总磷量(以P计)	

续表

序号	参数	测定方法	检测范围 mg/L	注释	分析方法来源
14	高锰酸盐指数	酸性高锰酸钾法*	0.5～4.5		
		碱性高锰酸钾法*	0.5～4.5		
15	溶解氧	碘量法	0.2～20	碘量法测定溶解氧有各种修正法，测定时应根据干扰情况具体选用	GB 7489—87
16	化学需氧量(COD_{Cr})	重铬酸盐法*	10～800		
17	生化需氧量(BOD_5)	稀释与接种法	3以上		GB 7488—87
18	氟化物	氟试剂比色法	0.05～1.8	结果以F^-计	GB 7482—87
		茜素磺酸锆目视比色法	0.05～2.5		
		离子选择电极法	0.05～1900		GB 7484—87
19	硒(四价)	二氨基联苯胺比色法	检出下限0.01		GB 5750—85
		荧光分光光度法	检出下限0.001		
20	总砷	二乙基二硫代氨基甲酸银分光光度法	0.007～0.5	测得为单体形态、无机或有机物中元素砷的总量	GB 7485—87
21	总汞	冷原子吸收分光光度法：高锰酸钾-过硫酸钾消解法；溴酸钾-溴化钾消解法	检出下限0.0001（最佳条件0.00005）	包括无机或有机结合的，可溶的和悬浮的全部汞	GB 7468—87
		高锰酸钾-过硫酸钾消解-双硫腙比色法	0.002～0.04		GB 7469—87
22	总镉	原子吸收分光光度法(螯合萃取法)	0.001～0.05	经酸硝解处理后，测得水样中的总镉量	GB 7475—87
		双硫腙分光光度法	0.001～0.05		GB 7471—87

续表

序号	参数	测定方法	检测范围 mg/L	注释	分析方法来源
23	铬(六价)	二苯碳酰二肼分光光度法	0.004～1.0		GB 7467—87
24	总铅	原子吸收分光光度法：直接法	0.2～10	经酸硝解处理后，测得水样中的总铅量	GB 7475—87
		原子吸收分光光度法：螯合萃取法	0.01～0.2		
		双硫腙分光光度法	0.01～0.30		GB 7470—87
25	总氰化物	异烟酸-吡唑啉酮比色法	0.004～0.25	包括全部简单氰化物和绝大部分络合氰化物，不包括钴氰络合物	GB 7486—87
		吡啶-巴比妥酸比色法	0.002～0.45		
26	挥发酚	蒸馏后4-氨基安替比林分光光度法(氯仿萃取法)	0.002～6		GB 7490—87
27	石油类	紫外分光光度法①	0.05～50		
28	阴离子表面活性剂	亚甲基蓝分光光度法	0.05～2.0	本法测得为亚甲基蓝活性物质(MBAS)，结果以LAS计	GB 7494—87
29	总大肠菌群	多管发酵法			GB 5750—85
		滤膜法			
30	苯并(a)芘	纸层析-荧光分光光度法	2.5μg/L		GB 5750—85

① 暂时采用环境监测分析方法(1983年版)，待方法标准发布后执行国家标准。

附加说明：

本标准由国家环境保护局规划标准处提出。

本标准由中国环境科学研究院组织制订。

本标准由国家环境保护局负责解释。

中华人民共和国国家标准

污水综合排放标准

Integrated wastewater discharge standard

UDC 628.39:628.54

GB 8978—88

代替 GB 54—73
（废水部分）

中华人民共和国国家环境保护局
1988—04—05批准 1989—01—01实施

目　次

根据中华人民共和国《环境保护法（试行）》、《水污染防治法》、《海洋环境保护法》和国务院环境保护委员会《关于防治水污染技术政策的若干规定》，为了控制水污染，保护江河、湖泊、运河、渠道、水库和海洋等地面水体以及地下水体水质的良好状态，保障人体健康，维护生态平衡，促进国民经济和城乡建设的发展，特制订本标准。

本标准适用于排放污水和废水的一切企、事业单位。

1　标准分级

1.1　本标准按地面水域使用功能要求和污水排放去向，对向地面水水域和城市下水道排放的污水分别执行一、二、三级标准。

1.1.1　特殊保护水域，指国家GB 3838—88《地面水环境质量标准》Ⅰ、Ⅱ类水域，如城镇集中式生活饮用水水源地一级保护区、国家划定的重点风景名胜区水体、珍贵鱼类保护区及其他有特殊经济文化价值的水体保护区，以及海水浴场和水产养殖场等水体，不得新建排污口，现有的排污单位由地方环保部门从严控制，以保证受纳水体水质符合规定用途的水质标准。

1.1.2　重点保护水域，指国家GB 3838—88Ⅲ类水域和《海水水质标准》Ⅱ类水域，如城镇集中式生活饮用水水源地二级保护区、一般经济渔业水域、重要风景游览区等，对排入本区水域的污水执行一级标准。

1.1.3　一般保护水域，指国家GB 3838—88Ⅳ、Ⅴ类水域和《海水水质标准》Ⅲ类水域，如一般工业用水区、景观用水区及农业用水区、港口和海洋开发作业区，排入本区水域的污水执行二级标准。

1.1.4　对排入城镇下水道并进入二级污水处理厂进行生物处理的污水执行三级标准。

1.2　对排入未设置二级污水处理厂的城镇下水道的污水，必须根据下水道出水受纳水体的功能要求按1.1.2和1.1.3条规定，分别执行一级或二级标准。

2　标准值

2.1　本标准将排放的污染物按其性质分为两类。

2.1.1　第一类污染物，指能在环境或动植物体内蓄积，对人体健康产生长远不良影响者，含有此类有害污染物质的污水，不分行业和污水排放方式，也不分受纳水体的功能类别，一律在车间或车间处理设施排出口取样，其最高允许排放浓度必须符合表1的规定。

第一类污染物最高允许排放浓度　mg/L　　表 1

污　染　物	最高允许排放浓度
1 总　汞	0.05①
2 烷基汞	不得检出
3 总　镉	0.1
4 总　铬	1.5
5 六价铬	0.5
6 总　砷	0.5
7 总　铅	1.0
8 总　镍	1.0
9 苯并(a)芘②	0.00003

注：①烧碱行业（新建、扩建、改建企业）采用0.005mg/L。
②为试行标准，二级、三级标准区暂不考核。

2.1.2　第二类污染物，指其长远影响小于第一类的污染物

第二类污染物最高允许排放浓度　mg/L　　表 2

标准值 / 规模 / 污染物	标准分级				
	一级标准		二级标准		三级标准
	新扩改	现有	新扩改	现　有	
1 pH值	6～9	6～9	6～9	6～9①	6～9
2 色度(稀释倍数)	50	80	80	100	—
3 悬浮物	70	100	200	250②	400
4 生化需氧量(BOD_5)	30	60	60	80	300③
5 化学需氧量(COD_{Cr})	100	150	150	200	500③
6 石油类	10	15	10	20	30
7 动植物油	20	30	20	40	100
8 挥发酚	0.5	1.0	0.5	1.0	2.0
9 氰化物	0.5	0.5	0.5	0.5	1.0
10 硫化物	1.0	1.0	1.0	2.0	2.0
11 氨　氮	15	25	25	40	—
12 氟化物	10	15	10	15	20
	—	—	20④	30④	—
13 磷酸盐(以P计)⑤	0.5	1.0	1.0	2.0	—
14 甲　醛	1.0	2.0	2.0	3.0	—
15 苯胺类	1.0	2.0	2.0	3.0	5.0
16 硝基苯类	2.0	3.0	3.0	5.0	5.0
17 阴离子合成洗涤剂(LAS)	5.0	10	10	15	20
18 铜	0.5	0.5	1.0	1.0	2.0
19 锌	2.0	2.0	4.0	5.0	5.0
20 锰	2.0	5.0	2.0⑥	5.0⑥	5.0

注：①现有火电厂和粘胶纤维工业，二级标准pH值放宽到9.5。
②磷肥工业悬浮物放宽至300mg/L。
③对排入带有二级污水处理厂的城镇下水道的造纸、皮革、食品、洗毛、酿造、发酵、生物制药、肉类加工、纤维板等工业废水，BOD_5可放宽至600mg/L，COD_{Cr}可放宽至1000mg/L。具体限度还可以与市政部门协商。
④为低氟地区（系指水体含氟量<0.5mg/L）允许排放浓度。
⑤为排入蓄水性河流和封闭性水域的控制指标。
⑥合成脂肪酸工业新扩改为5mg/L，现有企业为7.5mg/L。

部分行业最高允许排水定额及污染物最高允许排放浓度①　　表 3

序号	行业类别			企业性质	最高允许排水量或最低允许水循环利用率	污染物最高允许排放浓度，mg/L									
						BOD_5		COD_{Cr}		悬浮物		其他			
												石油类		硫化物	
						一级	二级	一级	二级	一级	二级	一级	二级	一级	二级
1	矿山工业	冶金系统选矿		新扩改	(90%)										
		有色金属系统选矿			(75%)						300				
		其他矿山工业采矿、选矿、选煤等			(选煤90%)										
		冶金系统选矿		现　有	大中(75%)小(60%)										
		有色金属系统选矿			大中(60%)小(50%)					150	400				
		其他矿山工业采矿、选矿、选煤等			(选煤85%)										
		黄金矿山② 脉金矿选矿	重选	新扩改	16.0m³/吨矿石										
			浮选		9.0m³/吨矿石						500				
			氰化		8.0m³/吨矿石										
			碳浆		8.0m³/吨矿石										

续表

序号	行业类别			企业性质	最高允许排水量或最低允许水循环利用率	污染物最高允许排放浓度，mg/L									
						BOD_5		COD_{Cr}		悬浮物		其他			
												石油类		硫化物	
						一级	二级	一级	二级	一级	二级	一级	二级	一级	二级
1	矿山工业	黄金矿山② 脉金矿选矿	重选	现　有	16.0m³/吨矿石										
			浮选		9.0m³/吨矿石						500				
			氰化		8.0m³/吨矿石										
			碳浆		8.0m³/吨矿石										
2	钢铁、铁合金、钢铁联合企业（不包括选矿厂）			新扩改	(缺水区90%)						200				
					(南方丰水区80%)										
				现　有	(缺水区85%)					150	300				
					(南方丰水区60%)										
3	焦化企业(煤气厂)			新扩改	1.2m³/吨焦炭				200						

续表

序号	行业类别		企业性质	最高允许排水量或最低允许水循环利用率	BOD5 一级	BOD5 二级	CODCr 一级	CODCr 二级	悬浮物 一级	悬浮物 二级	石油类 一级	石油类 二级	硫化物 一级	硫化物 二级
					污染物最高允许排放浓度，mg/L									
3	焦化企业(煤气厂)		现有	缺水区3.0m³/吨焦碳				350						
				南方丰水区6.0m³/吨焦炭										
4	有色金属冶炼及金属加工		新扩改	（80%）						200				
			现有	（60%）					150	300				
5	陆地石油开采	普通油田	新扩改	（回注率90～95%）				200		200				
			现有	（回注率85～90%）				200	150	200				
		气田及高含盐油田	新扩改	（回注率75～80%）				200		200				
			现有	（回注率60～65%）				200	300	500		30		

续表

序号	行业类别	企业性质		最高允许排水量或最低允许水循环利用率	BOD5 一级	BOD5 二级	CODCr 一级	CODCr 二级	悬浮物 一级	悬浮物 二级	石油类 一级	石油类 二级	硫化物 一级	硫化物 二级
					污染物最高允许排放浓度，mg/L									
6	石油炼制工业（不包括自排水炼油厂） 加工深度分类： *A*类：燃料型炼油厂 *B*类：燃料+润滑油型炼油厂 *C*类：燃料+润滑油型+炼油化工型炼油厂（包括加工高含硫原油页石油和石油添加剂生产基地的炼油厂）	新扩改	*A*	1.0m³/吨原油(＞500万吨)				100				10		1.0
				1.2m³/吨原油(250～500万吨)										
				1.5m³/吨原油(＜250万吨)										
			B	1.5m³/吨原油(＞500万吨)				100				10		1.0
				2.0m³/吨原油(250～500万吨)										
				2.0m³/吨原油(＜250万吨)										
			C	2.0m³/吨原油(＞500万吨)				120				15		1.0
				2.5m³/吨原油(250～500万吨)										
				2.5m³/吨原油(＜250万吨)										

续表

序号	行业类别	企业性质		最高允许排水量或最低允许水循环利用率	污染物最高允许排放浓度,mg/L									
					BOD_5		COD_{Cr}		悬浮物		其他			
											石油类		硫化物	
					一级	二级	一级	二级	一级	二级	一级	二级	一级	二级
6	石油炼制工业（不包括直排水炼油厂）加工深度分类：*A*类：燃料型炼油厂 *B*类：燃料＋润滑油型炼油厂 *C*类：燃料＋润滑油型＋炼油化工型炼油厂（包括加工高含硫原油页石油和石油添加剂生产基地的炼油厂）	现有	*A*	1.0m³/吨原油（>500万吨） 1.5m³/吨原油（250～500万吨） 2.0m³/吨原油（<250万吨）			100	120			10	10	1.0	1.0
			B	2.0m³/吨原油（>500万吨） 2.5m³/吨原油（250～500万吨） 3.0m³/吨原油（<250万吨）			100	150			10	10	1.0	1.0
			C	3.5m³/吨原油（>500万吨） 4.0m³/吨原油（250～500万吨） 4.5m³/吨原油（<250万吨）			150	200			15	20	1.0	1.5

续表

序号	行业类别		企业性质	最高允许排水量或最低允许水循环利用率	污染物最高允许排放浓度，mg/L									
					BOD_5		COD_{Cr}		悬浮物		其他			
											LAS		有机磷农药（以P计）	
					一级	二级	一级	二级	一级	二级	一级	二级	一级	二级
7	合成洗涤剂工业	氯化法生产烷基苯	新扩改	200.0m³/吨烷基苯								15		
		裂解法生产烷基苯		70.0m³/吨烷基苯										
		烷基苯生产合成洗涤剂		10.0m³/吨产品										
		氯化法生产烷基苯	现有	250.0m³/吨烷基苯							15	20		
		裂解法生产烷基苯		80.0m³/吨烷基苯										
		烷基苯生产合成洗涤剂		30.0m³/吨产品										
8	合成脂肪酸工业		新扩改	200.0m³/吨产品				200						
			现有	300.0m³/吨产品				350						

续表

序号	行业类别	企业性质	最高允许排水量或最低允许水循环利用率	污染物最高允许排放浓度，mg/L									
				BOD_5		COD_{Cr}		悬浮物		其他			
										LAS		有机磷农药（以P计）	
				一级	二级	一级	二级	一级	二级	一级	二级	一级	二级
9	湿法生产纤维板工业	新扩改	30.0m³/吨板		90		200						
		现有	50.0m³/吨板		150		350						
10	石油化工工业（大、中型）③	新扩改			60		150						
		现有		60	80	150	200						
11	石油化工工业（小型）③（排放废水量1000m³/d）	新扩改					150						
		现有				150	250						
12	有机磷农药工业	新扩改					200						0.5
		现有					250						0.5

续表

序号	行业类别				企业性质	最高允许排水量或最低允许水循环利用率	污染物最高允许排放浓度，mg/L									
							BOD_5		COD_{Cr}		悬浮物		其他			
							一级	二级	一级	二级	一级	二级	一级	二级	一级	二级
13	造纸工业	制浆、造纸④	木浆及浆粕行业（包括化纤浆粕）	本色	新扩改	150.0m³/吨浆		150		350		200				
				漂白		240.0m³/吨浆										
				本色	现有	190.0m³/吨浆 220.0m³/吨浆	150	180	350	400	200	250				
				漂白		280.0m³/吨浆 320.0m³/吨浆										
			非木浆	本色	新扩改	190.0m³/吨浆		150		350		200				
				漂白		290.0m³/吨浆										
				本色	现有	230.0m³/吨浆 270.0m³/吨浆	150	200	350	450	200	250				
				漂白		330.0m³/吨浆 370.0m³/吨浆										
		造纸（无纸浆）			新扩改	60.0m³/吨纸										
					现有	70.0m³/吨纸 80.0m³/吨纸										

续表

序号	行业类别		企业性质	最高允许排水量或最低允许水循环利用率	污染物最高允许排放浓度，mg/L									
					BOD_5		COD_{Cr}		悬浮物		其他			
					一级	二级	一级	二级	一级	二级	一级	二级	一级	二级
14	制糖工业	甘蔗制糖	新扩改	10.0m^3/吨甘蔗		100		160		150				
			现有	14.0m^3/吨甘蔗	100	120	160	200	150	200				
		甜菜制糖	新扩改	4.0m^3/吨甜菜		140		250		200				
			现有	6.0m^3/吨甜菜	150	250	250	400	200	300				
15	皮革工业	猪盐湿皮	新扩改	60.0m^3/吨原皮		150		300		200				
		牛干皮		100.0m^3/吨原皮										
		羊干皮		150.0m^3/吨原皮										
		猪盐湿皮	现有	70.0m^3/吨原皮	150	250	300	400	200	300				
		牛干皮		120.0m^3/吨原皮										
		羊干皮		170.0m^3/吨原皮										

续表

序号	行业类别			企业性质	最高允许排水量或最低允许水循环利用率	污染物最高允许排放浓度，mg/L									
						BOD_5		COD_{Cr}		悬浮物		其他			
						一级	二级	一级	二级	一级	二级	一级	二级	一级	二级
16	发酵、酿造工业	酒精行业	以玉米为原料	新扩改	100.0m^3/吨酒精		200		350		200				
			以薯类为原料		80.0m^3/吨酒精										
			以糖蜜为原料		70.0m^3/吨酒精										
			以玉米为原料	现有	160.0m^3/吨酒精	200	300	350	450	200	300				
			以薯类为原料		90.0m^3/吨酒精										
			以糖蜜为原料		80.0m^3/吨酒精										
		味精行业		新扩改	600.0m^3/吨味精		200		350		200				
				现有	650.0m^3/吨味精	200	300	350	450	200	300				
		啤酒行业（排水量不包括麦芽水部分）		新扩改	16.0m^3/吨啤酒										
				现有	20.0m^3/吨啤酒										

续表

序号	行业类别		企业性质	最高允许排水量或最低允许水循环利用率	污染物最高允许排放浓度，mg/L							
					BOD$_5$		COD$_{Cr}$		悬浮物		其他 氨氮	
					一级	二级	一级	二级	一级	二级	一级	二级
17	烧碱工业	汞法	新扩改	1.5m³/吨产品								
		隔膜法		7.0m³/吨产品								
		汞法	现有	2.0m³/吨产品								
		隔膜法		7.0m³/吨产品								
18	铬盐工业		新扩改	5.0m³/吨产品								
			现有	20.0m³/吨产品								
19	硫酸工业(水洗法)		新扩改	15.0m³/吨硫酸								
			现有	15.0m³/吨硫酸								
20	合成氨工业		新扩改	引进厂或装置≥30万吨装置，10.0m³/吨氨								
				≥4.5万吨装置，80.0m³/吨氨								50
				<4.5万吨装置，120.0m³/吨氨								
			现有	引进厂或装置≥30万吨装置，10.0m³/吨氨								120
				≥4.5万吨装置，100.0m³/吨氨								80
				<4.5万吨装置，150.0m³/吨氨								100

续表

序号	行业类别		企业性质	最高允许排水量或最低允许水循环利用率	污染物最高允许排放浓度，mg/L									
					BOD$_5$		COD$_{Cr}$		悬浮物		其他 锌		其他 色度（稀释倍数）	
					一级	二级	一级	二级	一级	二级	一级	二级	一级	二级
21	制药工业	生物制药工业	新扩改					300						
			现有					350						
		化学制药工业	新扩改					150						
			现有					250						
22	纺织印染及染料工业	染料工业	新扩改			60		200						180
			现有			80		250						200
		苎麻脱胶工业⑤	新扩改	500.0m³/吨原麻或750.0m³/吨精干麻		100		300						
			现有	700.0m³/吨原麻或1050.0m³/吨精干麻		100	300	350						
		纺织印染工业④	新扩改	2.5m³/百米布		60		180						100
			现有	2.5m³/百米布	60	80	180	240						160
23	粘胶纤维工业（单纯纤维）	短纤维（棉型中长纤维、毛型中长纤维）	新扩改	300m³/吨纤维		60		120				5.0		
		长纤维		800m³/吨纤维										
		短纤维（棉型中长纤维、毛型中长纤维）	现有	350m³/吨纤维	50	60	160	200			4.0	5.0		
		长纤维		1200m³/吨纤维										

质，在排污单位排出口取样，其最高允许排放浓度和部分行业最高允许排水定额必须符合表 2 和表 3 的规定。

表 3 中列入的行业执行表 3 中所列项目的标准值，在表 3 中未列入的项目和行业仍需执行表 2 中规定的标准值。

对本标准未列入的污染物应执行相应的行业水污染物排放标准。

3 其他规定

3.1 对于排放含有放射性物质的污水，除执行本标准外，其放射性物质浓度必须符合GB 8703—88《辐射防护规定》的要求。

3.2 海洋石油开发工业含油污水的排放及其海洋分区，执行GB4914—85《海洋石油开发工业含油污水排放标准》的规定。

3.3 船舶为流动污染源，禁止其向本标准规定的特殊保护水域排放污水，在其他水域排放污水应执行GB3552—83《船舶污染物排放标准》。

3.4 医院污水排放除执行本标准外，还须符合GBJ 48—83《医院污水排放标准（试行）》规定要求。

3.5 国家行业污染物排放标准宽于本标准的一律执行本标准。

4 标准实施

4.1 各地环保部门会同有关部门根据流域水系整体规划，结合当地所辖地面水域使用要求，划定保护区和功能区类别，按相应的标准值进行管理。

4.2 本标准由各地环境保护部门负责监督管理。其中三级标

续表

序号	行业类别	企业性质	最高允许排水量或最低允许水循环利用率	污染物最高允许排放浓度，mgL							
				BOD_5		COD_{Cr}		悬浮物		其他 大肠菌群数(个/L)	
				一级	二级	一级	二级	一级	二级	一级	二级
24	肉类联合加工工业	新扩改	5.8m³/吨活畜 6.5m³/吨活畜			100	120			5000	
		现有	7.2m³/吨活畜 7.8m³/吨活畜			120	160			5000	
25	铁路货车洗刷	新扩改	5.0m³/辆								
		现有	5.0m³/辆								
26	城市二级污水处理厂(现有城市污水处理厂，根据超负荷情况与当地环保部门协商，指标值可适当放宽)	新扩改			30		120		30		
		现有			30		120		30		

注：①最高允许排水定额不包括间接冷却水，厂区生活排水及厂内锅炉、电站排水。括弧内数字为最低允许水循环利用率。未列最高允许排水量的行业，应由行业或地方环境保护部门补充制订最高允许排水定额。

②砂金选矿（对环境影响小的边远地区，在矿区处理设施出口检测）悬浮物新扩改，800mg/L，现有1000mg/L。

③有丙烯睛装置的石油化工工业现有企业二级标准氰化物为1.0。

④制浆、苎麻脱胶工业排水色度暂不考核。

⑤印染污水排放定额不包括洗毛、煮茧和单一漂厂及用水量较大的灯芯绒等品种的生产厂。毛精纺染色排水COD_{Cr}、BOD_5按表2标准值执行。

准由市政部门协同环保部门管理。

省、自治区、直辖市人民政府对执行国家污染物排放标准不能保证达到水环境质量标准的水体，可以制定严于国家污染物排放标准的地方污染物排放标准，并报国务院环境保护部门备案。

5 取样与监测

5.1 按本标准2.1.1及2.1.2和有关采样方法国家标准的规定确定监测取样点。其所取水样，必须代表水质和水量的真实现状。

5.2 本标准采用国家颁布的分析方法标准（包括采样方法标准）（见表4）。

污水分析和采样方法 表 4

序号	项目	测定方法	方法标准编号
1	总汞	冷原子吸收光度法	GB7468—87
		过硫酸钾消解法-双硫腙分光光度法	GB7469—87
2	烷基汞		
3	总镉	原子吸收分光光度法	GB7475—87
		双硫腙分光光度法	GB7471—87
4	总铬	高锰酸钾氧化-二苯碳酰二肼分光光度法	GB7466—87
5	六价铬	二苯碳酰二肼分光光度法	GB7467—87
6	总砷	二乙基二硫代氨基甲酸银分光光度法	GB7485—87
7	总铅	原子吸收分光光度法	GB7475—87
		双硫腙分光光度法	GB7470—87
8	总镍	原子吸收分光光度法①	
		丁二酮肟分光光度法①	

续表

序号	项目	测定方法	方法标准编号
9	苯并(a)芘	纸层析-荧光分光光度法	GB5750—85
10	pH值	玻璃电极法	GB6920—86
11	色度	稀释倍数法①	
12	悬浮物	滤纸法②	
		石棉坩埚法②	
13	生化需氧量(BOD_5)	稀释与接种法	GB7488—87
14	化学需氧量(COD_{Cr})	重铬酸钾法①	
15	石油类	重量法②	
		非分散红外法②	
16	动植物油	重量法③	
17	挥发酚	蒸馏后用4-氨基安替比林分光光度法	GB7490—87
		蒸馏后用溴化容量法	GB7491—87
18	氰化物	异烟酸-吡唑啉酮比色法	GB7487—87
19	硫化物	碘量法（高浓度）②	
		对氨基二甲基苯胺比色法（低浓度）②	
20	氨氮(NH_3-N)	蒸馏-中和滴定法	GB7478—87
		纳氏试剂比色法	GB7479—87
		水杨酸分光光度法	GB7481—87
21	氟化物	氟试剂分光光度法	GB7483—87
		离子选择电极法	GB7484—87
		茜素磺酸锆目视比色法	GB7482—87
22	硝酸盐	钼蓝比色法③	
23	甲[illegible]	乙酰丙酮比色法④	
24	苯胺类	重氮偶合比色法或分光光度法①	
25	硝基苯类	还原-偶氮比色法或分光光度法①	
26	阴离子合成洗涤剂	亚甲蓝分光光度法	GB7479—87
27	铜	原子吸收分光光度法	GB7475—87

续表

序号	项　　目	测　定　方　法	方法标准编号
28	锌	二乙基二硫化氨基甲酸钠分光光度法	GB7474－87
		原子吸收分光光度法	GB7475—87
		双硫腙分光光度法	GB7472—87
29	锰	原子吸收分光光度法①	
		过硫酸铵比色法①	
30	有机磷农药		
31	大肠菌群数	发酵法	GB5750—85
32	样品采集与保存⑤	采样方法	

注：暂时采用下列方法，待国家方法标准发布后，执行国家标准：

①水和废水标准检验法（第15版），中国建筑工业出版社，1985年。

②污染源统一监测分析方法（废水部分），技术标准出版社，1983年。

③环境监测分析方法，城乡建设环境保护部环境保护局，1983年。

④环境污染标准分析方法手册——工业废水分析方法，中国环境科学出版社，1987年。

⑤ISO5667/1—3水质——采样第一部分，第二部分，第三部分等。

5.3　污水排放口的例行监测按国家《环境监测管理条例》执行。

附加说明：

本标准由国家环境保护局规划标准处提出。

本标准由上海市环境保护局、北京市环境保护科学研究所等负责起草。

本标准由国家环境保护局负责解释。

中华人民共和国国家标准

防 洪 标 准

Standard for flood control

GB 50201-94

主编部门：中华人民共和国水利部
批准部门：中华人民共和国建设部
施行日期：1 9 9 5 年 1 月 1 日

关于发布国家标准《防洪标准》的通知

建标[1994]369 号

根据国家计委计综[1986]2630 号文的要求，由水利部会同有关部门共同制订的《防洪标准》，已经有关部门会审。现批准《防洪标准》GB 50201-94 为强制性国家标准，自一九九五年一月一日起施行。

本标准由水利部负责管理，其具体解释等工作由水利水电规划设计总院负责。出版发行由建设部标准定额研究所负责组织。

中华人民共和国建设部
一九九四年六月二日

目　次

1 总 则

1.0.1 为适应国民经济各部门、各地区的防洪要求和防洪建设的需要，维护人民生命财产的防洪安全，根据我国的社会经济条件，制订本标准。

1.0.2 本标准适用于城市、乡村、工矿企业、交通运输设施、水利水电工程、动力设施、通信设施、文物古迹和旅游设施等防护对象，防御暴雨洪水、融雪洪水、雨雪混合洪水和海岸、河口地区防御潮水的规划、设计、施工和运行管理工作。

1.0.3 防护对象的防洪标准应以防御的洪水或潮水的重现期表示；对特别重要的防护对象，可采用可能最大洪水表示。根据防护对象的不同需要，其防洪标准可采用设计一级或设计、校核两级。

1.0.4 各类防护对象的防洪标准，应根据防洪安全的要求，并考虑经济、政治、社会、环境等因素，综合论证确定。有条件时，应进行不同防洪标准所可能减免的洪灾经济损失与所需的防洪费用的对比分析，合理确定。

1.0.5 下述的防护对象，其防洪标准应按下列的规定确定：

1.0.5.1 当防护区内有两种以上的防护对象，又不能分别进行防护时，该防护区的防洪标准，应按防护区和主要防护对象两者要求的防洪标准中较高者确定。

1.0.5.2 对于影响公共防洪安全的防护对象，应按自身和公共防洪安全两者要求的防洪标准中较高者确定。

1.0.5.3 兼有防洪作用的路基、围墙等建筑物、构筑物，其防洪标准应按防护区和该建筑物、构筑物的防洪标准中较高者确定。

1.0.6 下列的防护对象，经论证，其防洪标准可适当提高或降低：

1.0.6.1 遭受洪灾或失事后损失巨大、影响十分严重的防护对象，可采用高于本标准规定的防洪标准。

1.0.6.2 遭受洪灾或失事后损失及影响均较小或使用期限较短及临时性的防护对象，可采用低于本标准规定的防洪标准。

采用高于或低于本标准规定的防洪标准时，不影响公共防洪安全的，应报行业主管部门批准；影响公共防洪安全的，尚应同时报水行政主管部门批准。

1.0.7 各类防护对象现有的防洪标准低于本标准规定的，应积极采取措施，尽快达到。确有困难，经论证，并报行业主管部门批准，可适当降低或分期达到。

1.0.8 按本标准规定的防洪标准进行防洪建设，若需要的工程量大，费用多，一时难以实现时，经报行业主管部门批准，可分期实施，逐步达到。

1.0.9 各类防护对象的防洪标准确定后，相应的设计洪水或潮位、校核洪水或潮位，应根据防护对象所在地区实测和调查的暴雨、洪水、潮位等资料分析研究确定，并应符合下列的要求：

1.0.9.1 对实测的水文资料进行审查，并检查资料的一致性和分析计算系列的代表性。对调查资料应进行复核。

1.0.9.2 根据暴雨资料计算设计洪水，对产流、汇流计算方法和参数，应采用实测的暴雨洪水资料进行检验。

1.0.9.3 对暴雨、洪水的统计参数和采用成果，应进行合理性分析。

1.0.10 各类防护对象的防洪标准，除应符合本标准外，尚应符合国家现行有关标准、规范的规定。

2 城 市

2.0.1 城市应根据其社会经济地位的重要性或非农业人口的数量分为四个等级。各等级的防洪标准按表 2.0.1 的规定确定。

城市的等级和防洪标准　　表 2.0.1

等 级	重 要 性	非农业人口（万 人）	防洪标准［重现期(年)］
Ⅰ	特别重要的城市	≥150	≥200
Ⅱ	重要的城市	150～50	200～100
Ⅲ	中等城市	50～20	100～50
Ⅳ	一般城镇	≤20	50～20

2.0.2 城市可以分为几部分单独进行防护的，各防护区的防洪标准，应根据其重要性、洪水危害程度和防护区非农业人口的数量，按表 2.0.1 的规定分别确定。

2.0.3 位于山丘区的城市，当城区分布高程相差较大时，应分析不同量级洪水可能淹没的范围，并根据淹没区非农业人口和损失的大小，按表 2.0.1 的规定确定其防洪标准。

2.0.4 位于平原、湖洼地区的城市，当需要防御持续时间较长的江河洪水或湖泊高水位时，其防洪标准可取表 2.0.1 规定中的较高者。

2.0.5 位于滨海地区中等及以上城市，当按表 2.0.1 的防洪标准确定的设计高潮位低于当地历史最高潮位时，应采用当地历史最高潮位进行校核。

3 乡 村

3.0.1 以乡村为主的防护区（简称乡村防护区），应根据其人口或耕地面积分为四个等级，各等级的防洪标准按表 3.0.1 的规定确定。

乡村防护区的等级和防洪标准　　表 3.0.1

等 级	防护区人口（万 人）	防护区耕地面积(万亩)	防洪标准［重现期(年)］
Ⅰ	≥150	≥300	100～50
Ⅱ	150～50	300～100	50～30
Ⅲ	50～20	100～30	30～20
Ⅳ	≤20	≤30	20～10

3.0.2 人口密集、乡镇企业较发达或农作物高产的乡村防护区，其防洪标准可适当提高。地广人稀或淹没损失较小的乡村防护区，其防洪标准可适当降低。

3.0.3 蓄、滞洪区的防洪标准，应根据批准的江河流域规划的要求分析确定。

4 工矿企业

4.0.1 冶金、煤炭、石油、化工、林业、建材、机械、轻工、纺织、商业等工矿企业，应根据其规模分为四个等级，各等级的防洪标准按表4.0.1的规定确定。

工矿企业的等级和防洪标准　　表4.0.1

等级	工矿企业规模	防洪标准［重现期(年)］
Ⅰ	特大型	200～100
Ⅱ	大型	100～50
Ⅲ	中型	50～20
Ⅳ	小型	20～10

注：①各类工矿企业的规模，按国家现行规定划分。

②如辅助厂区（或车间）和生活区单独进行防护的，其防洪标准可适当降低。

4.0.2 滨海的中型及以上的工矿企业，当按表4.0.1的防洪标准确定的设计高潮位低于当地历史最高潮位时，应采用当地历史最高潮位进行校核。

4.0.3 当工矿企业遭受洪水淹没后，损失巨大，影响严重，恢复生产所需时间较长的，其防洪标准可取表4.0.1规定的上限或提高一等。

工矿企业遭受洪灾后，其损失和影响较小，很快可恢复生产的，其防洪标准可按表4.0.1规定的下限确定。

地下采矿业的坑口、井口等重要部位，应按表4.0.1规定的防洪标准提高一等进行校核，或采取专门的防护措施。

4.0.4 当工矿企业遭受洪水淹没后，可能引起爆炸或会导致毒液、毒气、放射性等有害物质大量泄漏、扩散时，其防洪标准应符合下列的规定：

4.0.4.1 对于中、小型工矿企业，其规模应提高两等后，按表4.0.1的规定确定其防洪标准。

4.0.4.2 对于特大、大型工矿企业，除采用表4.0.1中Ⅰ等的最高防洪标准外，尚应采取专门的防护措施。

4.0.4.3 对于核工业与核安全有关的厂区、车间及专门设施，应采用高于200年一遇的防洪标准。对于核污染危害严重的，应采用可能最大洪水校核。

4.0.5 工矿企业的尾矿坝或尾矿库，应根据库容或坝高的规模分为五个等级，各等级的防洪标准按表4.0.5的规定确定。

尾矿坝或尾矿库的等级和防洪标准　　表4.0.5

等级	工程规模		防洪标准［重现期(年)］	
	库容 (10^8m^3)	坝高 (m)	设计	校核
Ⅰ	具备提高等级条件的Ⅱ、Ⅲ等工程			2000～1000
Ⅱ	>1	>100	200～100	1000～500
Ⅲ	1～0.10	100～60	100～50	500～200
Ⅳ	0.10～0.01	60～30	50～30	200～100
Ⅴ	<0.01	<30	30～20	100～50

4.0.6 当尾矿坝或尾矿库一旦失事，对下游的城镇、工矿企业、交通运输等设施会造成严重危害，或有害物质会大量扩散，

的，应按表 4.0.5 的规定确定的防洪标准提高一等或二等。对于特别重要的尾矿坝或尾矿库，除采用表 4.0.5 中Ⅰ等的最高防洪标准外，尚应采取专门的防护措施。

5 交通运输设施

5.1 铁 路

5.1.1 国家标准轨距铁路的各类建筑物、构筑物，应根据其重要程度或运输能力分为三个等级，各等级的防洪标准按表 5.1.1 的规定，并结合所在河段、地区的行洪和蓄、滞洪的要求确定。

国家标准轨距铁路各类建筑物、构筑物的等级和防洪标准

表 5.1.1

等级	重要程度	运输能力 (10^4t／年)	防洪标准［重现期(年)］			
			设计			校核
			路基	涵洞	桥梁	技术复杂、修复困难或重要的大桥和特大桥
Ⅰ	骨干铁路和准高速铁路	>1500	100	50	100	300
Ⅱ	次要骨干铁路和联络铁路	1500～750	100	50	100	300
Ⅲ	地区（包括地方）铁路	<750	50	50	50	100

注：①运输能力为重车方向的运量。

②每对旅客列车上下行各按每年 70×10^4t 折算。

③经过蓄、滞洪区的铁路，不得影响蓄、滞洪区的正常运用。

5.1.2 工矿企业专用标准轨距铁路的防洪标准，应根据工矿企业的防洪要求确定。

5.2 公　路

5.2.1 汽车专用公路的各类建筑物、构筑物，应根据其重要性和交通量分为高速、Ⅰ、Ⅱ三个等级，各等级的防洪标准按表5.2.1的规定确定。

汽车专用公路各类建筑物、构筑物的等级和防洪标准　表 5.2.1

等级	重要性	防洪标准［重现期(年)］				
		路基	特大桥	大、中桥	小桥	涵洞及小型排水构筑物
高速	政治、经济意义特别重要的，专供汽车分道高速行驶，并全部控制出入的公路	100	300	100	100	100
Ⅰ	连接重要的政治、经济中心，通往重点工矿区、港口、机场等地，专供汽车分道行驶，并部分控制出入的公路	100	300	100	100	100
Ⅱ	连接重要的政治、经济中心或大工矿区、港口、机场等地，专供汽车行驶的公路	50	100	50	50	50

注：经过蓄、滞洪区的公路，不得影响蓄、滞洪区的正常运用。

5.2.2 一般公路的各类建筑物、构筑物，应根据其重要性和交通量分为Ⅱ～Ⅳ三个等级，各等级的防洪标准按表5.2.2的规定确定。

一般公路各类建筑物、构筑物的等级和防洪标准　表 5.2.2

等级	重要性	防洪标准［重现期(年)］				
		路基	特大桥	大、中桥	小桥	涵洞及小型排水构筑物
Ⅱ	连接重要的政治、经济中心或大工矿区、港口、机场等地的公路	50	100	100	50	50
Ⅲ	沟通县城以上等地的公路	25	100	50	25	25
Ⅳ	沟通县、乡(镇)、村等地的公路		100	50	25	

注：①Ⅳ级公路的路基、涵洞及小型排水构筑物的防洪标准，可视具体情况确定。
②经过蓄、滞洪区的公路，不得影响蓄、滞洪区的正常运用。

5.3 航　运

5.3.1 江河港口主要港区的陆域，应根据所在城镇的重要性和受淹损失程度分为三个等级，各等级主要港区陆域的防洪标准按表5.3.1的规定确定。

江河港口主要港区陆域的等级和防洪标准　表 5.3.1

等级	重要性和受淹损失程度	防洪标准［重现期(年)］	
		河网、平原河流	山区河流
Ⅰ	直辖市、省会、首府和重要的城市的主要港区陆域，受淹后损失巨大	100～50	50～20
Ⅱ	中等城市的主要港区陆域，受淹后损失较大	50～20	20～10

续表 5.3.1

等级	重要性和受淹损失程度	防洪标准［重现期(年)］	
		河网、平原河流	山区河流
Ⅲ	一般城镇的主要港区陆域，受淹后损失较小	20～10	10～5

5.3.2 当港区陆域的防洪工程是城镇防洪工程的组成部分时，其防洪标准应与该城镇的防洪标准相适应。

5.3.3 天然、渠化河流和人工运河上的船闸的防洪标准，应根据其等级和所在河流以及船闸在枢纽建筑物中的地位，按表5.3.3的规定确定。

船闸的等级和防洪标准　　表 5.3.3

等　级	Ⅰ	Ⅱ	Ⅲ、Ⅳ	Ⅴ、Ⅵ、Ⅶ
防洪标准［重现期（年）］	100～50	50～20	20～10	10～5

5.3.4 海港主要港区的陆域，应根据港口的重要性和受淹损失程度分为三个等级，各等级主要港区陆域的防洪标准按表5.3.4的规定确定。

海港主要港区陆域的等级和防洪标准　　表 5.3.4

等级	重要性和受淹损失程度	防洪标准［重现期（年）］
Ⅰ	重要的港区陆域，受淹后损失巨大	200～100
Ⅱ	中等港区陆域，受淹后损失较大	100～50
Ⅲ	一般港区陆域，受淹后损失较小	50～20

注：海港的安全主要是防潮水，为统一起见，本标准将防潮标准统称防洪标准。

5.3.5 当按表5.3.4的防洪标准确定的海港主要港区陆域的设计高潮位低于当地历史最高潮位时，应采用当地历史最高潮位进行校核。有掩护的Ⅲ等海港主要港区陆域的防洪标准，可按50年一遇的高潮位进行校核。

5.4 民用机场

5.4.1 民用机场应根据其重要程度分为三个等级，各等级的防洪标准按表5.4.1的规定确定。

民用机场的等级和防洪标准　　表 5.4.1

等级	重　要　程　度	防洪标准［重现期（年）］
Ⅰ	特别重要的国际机场	200～100
Ⅱ	重要的国内干线机场及一般的国际机场	100～50
Ⅲ	一般的国内支线机场	50～20

5.4.2 当跑道和机场的重要设施可分开单独防护时，跑道的防洪标准可适当降低。

5.5 管道工程

5.5.1 跨越水域（江河、湖泊）的输水、输油、输气等管道工程，应根据其工程规模分为三个等级，各等级的防洪标准按表5.5.1的规定和所跨越水域的防洪要求确定。

输水、输油、输气等管道工程的等级和防洪标准　　表 5.5.1

等　级	工程规模	防洪标准［重现期（年）］
Ⅰ	大　型	100
Ⅱ	中　型	50
Ⅲ	小　型	20

注：经过蓄、滞洪区的管道工程，不得影响蓄、滞洪区的正常运用。

5.5.2 从洪水期冲刷较剧烈的水域（江河、湖泊）底部穿过的输水、输油、输气等管道工程，其埋深应在相应的防洪标准洪水的冲刷深度以下。

5.6 木材水运工程

5.6.1 木材水运工程各类建筑物、构筑物，应根据其工程类别和工程规模分为二个或三个等级，各等级的防洪标准按表 5.6.1 的规定确定。

木材水运工程各类建筑物、构筑物的等级和防洪标准　表 5.6.1

工程类别	等级	工程规模		防洪标准［重现期(年)］	
				设计	校核
收漂工程	Ⅰ	设计容材量 (10^4m^3)	>7	50	100
	Ⅱ		7～2	20	50
	Ⅲ		<2	10	20
木材流送闸坝	Ⅰ	坝高 (m)	>15	50	100
	Ⅱ		15～5	20	50
	Ⅲ		<5	10	20
水上作业场	Ⅰ	年作业量 (10^4m^3)	>20	50	100
	Ⅱ		20～10	20	50
	Ⅲ		<10	10	20
木材出河码头	Ⅰ	年出河量 (10^4m^3)	>20	50	100
	Ⅱ		20～10	20	50
	Ⅲ		<10	10	20
推河场	Ⅰ	年推河量 (10^4m^3)	>5	20	
	Ⅱ		<5	10	

6　水利水电工程

6.1 水利水电枢纽工程的等别和级别

6.1.1 水利水电枢纽工程，应根据其工程规模、效益和在国民经济中的重要性分为五等，其等别按表 6.1.1 的规定确定。

水利水电枢纽工程的等别　表 6.1.1

工程等别	水库		防洪		治涝	灌溉	供水	水电站
	工程规模	总库容 (10^8m^3)	城镇及工矿企业的重要性	保护农田 (万亩)	治涝面积 (万亩)	灌溉面积 (万亩)	城镇及工矿企业的重要性	装机容量 (10^4kW)
Ⅰ	大(1)型	>10	特别重要	>500	>200	>150	特别重要	>120
Ⅱ	大(2)型	10～1.0	重要	500～100	200～60	150～50	重要	120～30
Ⅲ	中型	1.0～0.10	中等	100～30	60～15	50～5	中等	30～5
Ⅳ	小(1)型	0.10～0.01	一般	30～5	15～3	5～0.5	一般	5～1
Ⅴ	小(2)型	0.01～0.001		<5	<3	<0.5		<1

6.1.2 水利水电枢纽工程的水工建筑物，应根据其所属枢纽工程的等别、作用和重要性分为五级，其级别按表 6.1.2 的规定确定。

水工建筑物的级别　　表 6.1.2

工程等别	永久性水工建筑物级别		临时性水工建筑物级别
	主要建筑物	次要建筑物	
Ⅰ	1	3	4
Ⅱ	2	3	4
Ⅲ	3	4	5
Ⅳ	4	5	5
Ⅴ	5	5	

6.2 水库和水电站工程

6.2.1 水库工程水工建筑物的防洪标准，应根据其级别按表6.2.1的规定确定。

水库工程水工建筑物的防洪标准　　表 6.2.1

水工建筑物级别	防洪标准［重现期（年）］				
	山区、丘陵区			平原区、滨海区	
	设计	校核		设计	校核
		混凝土坝、浆砌石坝及其它水工建筑物	土坝、堆石坝		
1	1000～500	5000～2000	可能最大洪水(PMF)或 10000～5000	300～100	2000～1000
2	500～100	2000～1000	5000～2000	100～50	1000～300
3	100～50	1000～500	2000～1000	50～20	300～100
4	50～30	500～200	1000～300	20～10	100～50
5	30～20	200～100	300～200	10	50～20

注：当山区、丘陵区的水库枢纽工程挡水建筑物的挡水高度低于15m，上下游水头差小于10m时，其防洪标准可按平原区、滨海区栏的规定确定；当平原区、滨海区的水库枢纽工程挡水建筑物的挡水高度高于15m，上下游水头差大于10m时，其防洪标准可按山区、丘陵区栏的规定确定。

6.2.2 土石坝一旦失事将对下游造成特别重大的灾害时，1级建筑物的校核防洪标准，应采用可能最大洪水（PMF）或10000年一遇；2～4级建筑物的校核防洪标准，可提高一级。

6.2.3 混凝土坝和浆砌石坝，如果洪水漫顶可能造成极其严重的损失时，1级建筑物的校核防洪标准，经过专门论证，并报主管部门批准，可采用可能最大洪水（PMF）或10000年一遇。

6.2.4 低水头或失事后损失不大的水库枢纽工程的挡水和泄水

建筑物，经过专门论证，并报主管部门批准，其校核防洪标准可降低一级。

6.2.5 水电站厂房的防洪标准，应根据其级别按表 6.2.5 的规定确定。河床式水电站厂房作为挡水建筑物时，其防洪标准应与挡水建筑物的防洪标准相一致。

水电站厂房的防洪标准　　表 6.2.5

水工建筑物级别	防洪标准［重现期（年）］	
	设　计	校　核
1	＞200	1000
2	200～100	500
3	100	200
4	50	100
5	30	50

6.2.6 抽水蓄能电站的上下调节池，若容积较小，失事后对下游的危害不大，修复较容易的，其水工建筑物的防洪标准，可根据其级别按表 6.2.5 的规定确定。

6.3 灌溉、治涝和供水工程

6.3.1 灌溉、治涝和供水工程主要建筑物的防洪标准，应根据其级别分别按表 6.3.1–1 和 6.3.1–2 的规定确定。

灌溉和治涝工程主要建筑物的防洪标准　　表 6.3.1–1

水工建筑物级别	防洪标准［重现期（年）］
1	100～50
2	50～30

续表 6.3.1–1

水工建筑物级别	防洪标准［重现期（年）］
3	30～20
4	20～10
5	10

注：灌溉和治涝工程主要建筑物的校核防洪标准，可视具体情况和需要研究确定。

供水工程主要建筑物的防洪标准　　表 6.3.1–2

水工建筑物级别	防洪标准［重现期（年）］	
	设　计	校　核
1	100～50	300～200
2	50～30	200～100
3	30～20	100～50
4	20～10	50～30

6.3.2 灌溉、治涝和供水工程系统中的次要建筑物及其管网、渠系等的防洪标准，可根据其级别按表 6.3.1–1 和 6.3.1–2 的规定适当降低。

6.4 堤 防 工 程

6.4.1 江、河、湖、海及蓄、滞洪区堤防工程的防洪标准，应根据防护对象的重要程度和受灾后损失的大小，以及江河流域规划或流域防洪规划的要求分析确定。

6.4.2 堤防上的闸、涵、泵站等建筑物、构筑物的设计防洪标准，不应低于堤防工程的防洪标准，并应留有适当的安全裕度。

6.4.3 潮汐河口挡潮枢纽工程主要建筑物的防洪标准，应根据水工建筑物的级别按表 6.4.3 的规定确定。

潮汐河口挡潮枢纽工程主要建筑物的防洪标准　　表 6.4.3

水工建筑物级别	1	2	3	4、5
防洪标准［重现期（年）］	>100	100～50	50～20	20～10

注：潮汐河口挡潮枢纽工程的安全主要是防潮水，为统一起见，本标准将防潮标准统称防洪标准。

6.4.4 对于保护重要防护对象的挡潮枢纽工程，如确定的设计高潮位低于当地历史最高潮位时，应采用当地历史最高潮位进行校核。

7　动 力 设 施

7.0.1 火电厂应根据其装机容量分为四个等级，各等级的防洪标准按表 7.0.1 的规定确定。

火电厂的等级和防洪标准　　表 7.0.1

等级	电厂规模	装机容量(10^4kW)	防洪标准［重现期（年）］
Ⅰ	特大型	>300	>100
Ⅱ	大　型	300～120	100
Ⅲ	中　型	120～25	100～50
Ⅳ	小　型	<25	50

7.0.2 在电力系统中占主导地位的火电厂，其防洪标准可适当提高。

7.0.3 工矿企业自备火电厂的防洪标准，应与该工矿企业的防洪标准相适应。

7.0.4 核电站核岛部分的防洪标准，必须采用可能最大洪水或可能最大潮位进行校核。

7.0.5 35kV 及以上的高压和超高压输配电设施，应根据其电压分为四个等级，各等级的防洪标准按表 7.0.5 的规定确定。

高压和超高压输配电设施的等级和防洪标准　　表 7.0.5

等　级	电压（kV）	防洪标准［重现期（年）］
Ⅰ	>500	>100
Ⅱ	500～110	100

续表 7.0.5

等　级	电压 (kV)	防洪标准 [重现期 (年)]
Ⅲ	110～35	100～50
Ⅳ	35	50

注：±500kV 及以上的直流输电设施的防洪标准按Ⅰ等采用。

7.0.6 工矿企业专用高压输配电设施的防洪标准，应与该工矿企业的防洪标准相适应。

7.0.7 35kV 以下的中、低压配电设施的防洪标准，应根据所在地区和主要用户的防洪标准确定。

7.0.8 火电厂灰坝或灰库的防洪标准，应根据其工程规模按本标准第 4.0.5 条和第 4.0.6 条的规定确定。

8 通 信 设 施

8.0.1 公用长途通信线路，应根据其重要程度和设施内容分为三个等级，各等级的防洪标准按表 8.0.1 的规定确定。

公用长途通信线路的等级和防洪标准　表 8.0.1

等级	重要程度和设施内容	防洪标准 [重现期 (年)]
Ⅰ	国际干线，首都至各省会（首府、直辖市）的线路，省会（首府、直辖市）之间的线路	100
Ⅱ	省会（首府、直辖市）至各地（市）的线路，各地（市）之间的重要线路	50
Ⅲ	各地（市）之间的一般线路，地（市）至各县的线路，各县之间的线路	30

8.0.2 公用通信局、所，应根据其重要程度和设施内容分为二个等级，各等级的防洪标准按表 8.0.2 的规定确定。

公用通信局、所的等级和防洪标准　表 8.0.2

等级	重要程度和设施内容	防洪标准 [重现期 (年)]
Ⅰ	省会（首府、直辖市）及省会以上城市的电信枢纽楼，重要市内电话局，长途干线郊外站，海缆登陆局	100
Ⅱ	省会（首府、直辖市）以下城市的电信枢纽楼，一般市内电话局	50

8.0.3 公用无线电通信台、站，应根据其重要程度和设施内容分为二个等级，各等级的防洪标准按表 8.0.3 的规定确定。

公用无线电通信台、站的等级和防洪标准　　表 8.0.3

等级	重要程度和设施内容	防洪标准［重现期（年）］
Ⅰ	国际通信短波无线电台，大型和中型卫星通信地球站，1 级和 2 级微波通信干线链路接力站（包括终端站、中继站、郊外站等）	100
Ⅱ	国内通信短波无线电台、小型卫星通信地球站、微波通信支线链路接力站	50

8.0.4 交通运输、水利水电工程及动力设施等专用的通信设施，其防洪标准可根据服务对象的要求确定。

9　文物古迹和旅游设施

9.0.1 不耐淹的文物古迹，应根据其文物保护的级别分为三个等级，各等级的防洪标准按表 9.0.1 的规定确定。对于特别重要的文物古迹，其防洪标准可适当提高。

文物古迹的等级和防洪标准　　表 9.0.1

等级	文物保护的级别	防洪标准［重现期（年）］
Ⅰ	国家级	>100
Ⅱ	省（自治区、直辖市）级	100～50
Ⅲ	县（市）级	50～20

9.0.2 受洪灾威胁的旅游设施，应根据其旅游价值、知名度和受淹损失程度分为三个等级，各等级的防洪标准按表 9.0.2 的规定确定。

旅游设施的等级和防洪标准　　表 9.0.2

等级	旅游价值、知名度和受淹损失程度	防洪标准［重现期（年）］
Ⅰ	国线景点，知名度高，受淹后损失巨大	100～50
Ⅱ	国线相关景点，知名度较高，受淹后损失较大	50～30
Ⅲ	一般旅游设施，知名度较低，受淹后损失较小	30～10

9.0.3 供游览的文物古迹的防洪标准，应根据其等级按表 9.0.1 和表 9.0.2 中较高者确定。

附录A　本标准用词说明

A.0.1　为便于在执行本标准条文时区别对待，对要求严格程度不同的用词说明如下：

(1) 表示很严格，非这样做不可的：
正面词采用“必须”；
反面词采用“严禁”。

(2) 表示严格，在正常情况均应这样做的：
正面词采用“应”；
反面词采用“不应”或“不得”。

(3) 表示允许稍有选择，在条件许可时首先应这样做的：
正面词采用“宜”或“可”；
反面词采用“不宜”。

A.0.2　条文中指定应按其它有关标准、规范执行时，写法为“应符合……的规定”或“应按……执行”。

附加说明

本标准主编单位、参编单位和主要起草人名单

主编单位： 水利水电规划设计总院

参编单位： 水利部黄河水利委员会
水利部松辽水利委员会
水利部珠江水利委员会
水利电力部天津勘测设计院
安徽省水利水电勘测设计院
水利部水利管理司
河海大学水利经济研究所
水利电力信息研究所
水利部南京水文水资源研究所

主要起草人： 陈清濂　王中礼　滕炜芬　徐泳九
王国安　温善章　李文山　叶林宜
朱　杰　尤家煌　程炳元　张　英
戴树声　高又生　金懋高　骆承政

中华人民共和国国家标准

防 洪 标 准

GB 50201–94

条 文 说 明

制 订 说 明

本标准是根据国家计委计综（1986）2630号文的要求，由水利部负责主编，具体由水利水电规划设计总院会同水利部黄河水利委员会等九个单位共同编制而成。在本标准的编制过程中，标准编制组进行了广泛的调查研究，认真总结我国防洪工程建设的实践经验，广泛征求了全国有关单位的意见，同时参考了有关国外先进标准，由我部会同有关部门审查定稿。经建设部于1994年6月2日以建标〔1994〕369号文批准，并会同国家技术监督局联合发布。

本标准系初次编制，在执行过程中，希望各单位结合工程实践和科学研究，认真总结经验，注意积累资料，如发现需要修改和补充之处，请将意见和有关资料寄交水利水电规划设计总院(通信地址：北京市安德路六铺炕；邮政编码：100011)，并抄送水利部科技教育司。

1994年5月

目　次

1　总　则

1.0.1　洪水泛滥是一种危害很大的自然灾害，防御洪水、减免洪灾损失是国家的一项重要的任务。建国以来，为了满足大规模防洪建设的需要，我国有关部门对所管理的防护对象的防洪标准，先后作过一些规定。由于制订的时期不同，对防洪安全与经济的关系等的处理有差异，类似的防护对象，其防洪标准不够协调。本条阐述制订本标准的目的是为了维护人民生命财产的防洪安全，适应国民经济各部门、各地区的要求和防洪建设的需要，而制订的国家统一的防洪标准。

我国是发展中国家，目前财力有限，不可能用大量投资进行防洪建设。考虑我国现阶段的社会经济条件，本标准按照具有一定的防洪安全度，承担一定的风险，经济上基本合理、技术上切实可行的原则，在各部门现行规定的基础上，经综合分析研究，充实补充制订。随着社会经济的发展，国家财力的增强，防洪安全要求的提高，本标准也应相应地进行修订。

1.0.2　本条规定本标准的适应范围是：

(1) 城市、乡村和国民经济主要部门等防护对象。

(2) 防御暴雨洪水、融雪洪水和雨雪混合洪水；海岸、河口地区防御潮水。

(3) 防洪工程设施的规划、设计、施工和管理等阶段。

我国的洪水，根据其成因可分为许多类，由暴雨形成的洪水称为暴雨洪水；由冰雪融化形成的洪水称为融雪洪水；由降雨和融雪形成的洪水称为雨雪混合洪水。我国大部分地区都可能发生暴雨洪水，这类洪水大，造成的灾害最严重。我国的西部、北部以及中、南部的高山地区，融雪和雨雪混合洪水也会造成一定的灾害。本标准主要是针对防御这三类洪水制订的。

我国海岸线很长，沿海地区除受江、河洪水的威胁外，由于风暴潮引起的灾害也很大。防潮和防洪相似，滨海地区的防洪、防潮又常有联系，为适应这类地区防洪、防潮建设的需要，本标准一并作了规定。防洪、防潮比较起来，防洪更为普遍，为简明起见，将防洪、防潮统称为防洪，本标准简称为《防洪标准》。

由于山崩、滑坡、冰凌以及泥石流等，也可引发洪水，造成灾害，有时危害很大。目前对于这类洪水的研究较少，制订防御标准的条件还不成熟，故本标准未作具体规定。

1.0.3 我国洪水年际间变差很大，要防御一切洪水，彻底消灭洪水灾害，需付出很大代价，也很不经济。目前我国和世界许多国家，一般都是根据防护对象的重要程度和洪灾损失情况，确定适度的防洪标准，以该标准相应的洪水作为防洪规划、设计、施工和管理的依据。

本标准中"防洪标准"是指防护对象防御洪水能力相应的洪水标准。沿海地区的防洪标准用潮位的重现期来表示。

国内外表示防护对象防洪标准的方式主要有以下三种：

(1) 以调查、实测的某次大洪水或适当加成表示。这种方式表示防洪标准很不明确，其洪水的大小，与调查、实测期的长短和该时期洪水状况有关，适当加成任意性很大。随着水文、气象资料的积累和洪水分析计算技术水平的提高，这种方式现已很少采用。

(2) 以洪水的重现期（N）或出现频率（P%）表示。它较科学地反映洪水出现几率和防护对象的安全度，目前已被很多国家采用，我国许多部门也普遍采用。

(3) 以可能最大洪水或其3／4、2／3、1／2表示。可能最大洪水很难准确计算，取其某倍比，任意性较大，而且防洪安全度也不明确，目前已很少采用。

根据以上情况，本标准统一采用洪水的重现期表示防护对象的防洪标准，如50年一遇、100年一遇等。有少数防护对象特别重要，一旦受洪水灾害，损失特别严重或将造成难以挽回的影响，为保证其防洪的绝对安全，本条规定这类防护对象可采用可能最大洪水。

我国各部门现行的防洪标准，有的规定设计一级标准，有的规定设计和校核两级标准。为尊重各部门的现行规定，本标准未加以统一，规定根据不同防护对象和需要，可采用设计一级标准，也可采用设计、校核两级标准。

设计标准，是指当发生小于或等于该标准洪水时，应保证防护对象的安全或防洪设施的正常运行。校核标准是指遇该标准相应的洪水时，采取非常运用措施，在保障主要防护对象和主要建筑物安全的前提下，允许次要建筑物局部或不同程度的损坏，次要防护对象受到一定的损失。

1.0.4 本标准中的"防护对象"，是指受到洪水威胁需要采取措施保护的对象，根据防护对象的安全要求可分为以下三类：

(1) 自身无防洪能力需要采取防洪措施保护其安全的对象，如城市、乡村、工矿企业、民用机场、文物古迹和旅游设施以及位于洪泛区的各类经济设施等。

(2) 受洪水威胁需要保护自身防洪安全的对象，如修建在江、河、湖泊的桥梁、水利水电工程以及跨越江、河的线路、管道等，需要保证自身具有一定的安全标准，影响江、河行洪或失事后对下游会造成人为灾害的，还应满足行洪和影响对象的安全要求。

(3) 保障防护对象防洪安全的对象，如堤防和有防洪任务的水库等，它应具有不低于防护对象防洪安全要求的标准。

我国地域辽阔，各地区间自然、社会、经济等的差异很大，为使选定的防洪标准更符合各地区的实际，本条作了"应根据防洪安全要求，并考虑经济、政治、社会、环境等因素，综合论证确定"的原则规定。这是我国多年防洪建设和许多国家的基本经验，使用本标准时应很好贯彻这个原则。

为保障防护对象的防洪安全，需投入资金进行防洪建设和维持其正常运行。防洪标准高，需投资多，但安全度高，风险小；防洪标准低，需投资少，而安全度相应低，需承担的风险大。选定防洪标准，在很大程度上是如何处理好防洪安全和经济的关系。进行不同防洪标准可减免的洪灾经济损失（或称为防洪效益）与需投入的防洪费用（包括建设投资和年运行费）的对比分析论证，选定防洪标准是合理可行的方法，但考虑估算防洪经济效益较困难，需进行较多的调查、分析和研究。除可减免的洪灾经济损失外，还有社会、政治、环境等多方面的效益，该效益很难定量并且用经济价值量计算。基于以上原因，本条对经济论证只提倡，未作硬性规定，凡有条件的希尽量进行这一工作。

1.0.5 如果一个防护地区的范围较大，区内的防护对象较多，按本标准的规定，可以有一个地区和各防护对象的多个防洪标准，本条是针对这种情况，考虑防洪安全事关重大，按防洪标准宜“就高不就低”的原则制订的。

本条“影响公共防洪安全的防护对象”，主要是指修建在江河上的桥梁以及水利水电工程等。这类防护对象，除需保证自身的防洪安全外，由于它的存在，对其它防护对象的防洪安全有一定的影响，特别是一旦失事，影响更大，本条第二款就是针对选定这类防护对象的防洪标准的规定。

1.0.6 本标准是为一般防护对象制订的，为适应某些特殊防护对象的需要，本条作了可适当提高或降低的原则规定。

本条中“遭受洪灾或失事后损失巨大”是指关系国计民生，遭受洪灾或失事后损失巨大的防护对象，如特别重要的军事基地或军事设施；特别重要的科研基地或科研设施，特别重要的工矿企业或经济设施；下游有人口密集、经济发达的城镇的水库等。

“影响十分严重”是指遭受洪灾后会引起严重的爆炸、燃烧、剧毒扩散和核污染，对社会、经济、环境影响十分严重的防护对象。

“遭受洪灾或失事后损失及影响均较小”是指规模相对小、遭受洪灾后损失较小、影响范围不大的防护对象，如下游为戈壁沙漠、或距海很近以及远离人口稠密区的水库；规模较小、设备简陋、修复容易的工矿企业等。

“使用期限较短及临时性”是指非永久性的防护对象，如临时性的仓库、季节性生产的工矿企业、为施工服务的临时性工程等。这类防护对象使用期短，适当降低防洪标准，承担一定风险，在经济上是合理的。

防洪安全十分重要，为了避免任意提高或降低防洪标准，本条对需要提高或降低防洪标准的，作了“经论证”和“报行业主管部门批准”等规定。

1.0.7 本标准颁布之前，许多防护对象都具有一定的防洪标准，与本标准比较，现有防洪标准高于或等于本标准的，一般可维持现状，不存在问题，本条对此未作规定。现有防洪标准低于本标准规定的，为保障其防洪安全，本条规定应积极采取措施，尽快达到。但考虑到现有工程不同于新建工程，提高标准有时有实际困难，对此，本条作了“经论证”、“报批准”、“可适当降低或分期达到”的灵活规定，执行时，可根据具体情况掌握。防洪安全十分重要，一时达不到，也应创造条件，尽快达到。

1.0.8 进行防洪建设，需要投入一定的资金，特别是防洪标准较高的防护对象，需要修建的防洪工程设施的工程量大，投资多，有时难以一次达到。本条主要是针对这类情况作的灵活规定，“经行业主管部门批准，可分期实施，逐步达到”。行业主管部门审批时，要慎重，应避免初期防洪标准过低和分期间隔时间过长，要积极创造条件，尽快达到规定的防洪标准，使防护对象尽早达到必要的防洪安全度。

1.0.9 进行防洪规划、设计、施工和运行管理，选定防洪标准后，还需分析计算该标准相应的设计洪水或潮位。我国幅员辽阔，海岸线很长，洪水和潮位特性的差异很大。合理确定设计洪水（或潮位）是一项重要又较复杂的专门技术问题，如果设计洪水（或潮位）的数值偏大，实际上是提高了防护对象的防洪标准；相反，如果设计洪水（或潮位）的数值偏小，又会降低防护对象的实际防洪安全度。建国以来，我国一些部门，总结了国内外的经验，经多年的研究，制订了适用于本部门的设计洪水（或潮位）计算的专门技术规范。由于各种原因，现还没有适用于各部门的国家统一的规范，本条根据各部门的规范，对于保证设计洪水（或潮位）分析计算成果质量的主要环节作了规定，具体的分析计算，可按各部门的规范进行。现没有制订这类规范的部门，可根据防护对象的情况，参照类似部门的规范进行计算。

1.0.10 在执行本标准时，尚应符合国家现行有关标准的规定，如《中华人民共和国防汛条例》、《中华人民共和国河道管理条例》等。

2 城 市

2.0.1 本条主要是参照《中国城市统计年鉴》、中华人民共和国行业标准《城市防洪工程设计规范》、我国现行的《水利水电枢纽工程等级划分及设计标准（山区、丘陵区部分）》SDJ12—78（试行）和《水利水电工程水利动能设计规范》SDJ11—77（试行）中的有关规定制订的。

我国的城镇数量多，规模相差大，为了适应这种情况，并与其它多数的防护对象的分等相协调，本条将《中国城市统计年鉴》中城市的等级，由原来的大、中、小型三个等级，改为Ⅰ、Ⅱ、Ⅲ、Ⅳ四个等级。《中国城市统计年鉴》中的城市规模以市区非农业人口作为划分等级的指标，此项指标也是全国各城市通行的统计指标，故本条也采用了非农业人口。

我国非农业人口多于200万人的城市称为特别重要的城市，考虑目前达到这种规模的城市只有上海、北京、天津、沈阳、武汉、广州、哈尔滨、重庆等，而南京、西安、成都、长春等城市，非农业人口虽然还不到200万人，但其地位也十分重要，亦应具有较高的防洪标准，因此，本条将Ⅰ等城市的非农业人口指标由200万人改为150万人。

城市的防洪标准，是综合考虑目前国家的经济实力，各等级城市可能达到的防洪标准，并参考有关部门已颁布的各类工矿企业居民区的防洪标准（见表1）而制订的。

各类工矿企业设计规范中居民区的防洪标准 **表1**

规 范 名 称	防洪标准〔重现期(年)〕
《工矿企业总平面设计规范》（第一稿，1987年）	20～50

续表 1

规 范 名 称	防洪标准〔重现期(年)〕
《煤炭矿山工程设计规范》(送审稿，1987年)	50
《煤炭工业设计规范》(1978年)	50
《有色金属企业总图运输设计规范》(预审稿，1987年6月)	采选矿区 25～50 冶炼厂区 25～50
《机械工厂总平面及运输设计规范》JBJ9－81（试行）	20～50

2.0.2 我国有些城市，因河流分隔、地形起伏或其它原因，分成了几个单独防护的部分。例如哈尔滨市，位于松花江岸，主要市区和财产均在江的南岸，北岸很少。对于这种情况，就可把南、北岸作为两个单独的防护区。本条是针对确定这类城镇各防护区的防洪标准而制订的，即应根据各防护区的重要性或非农业人口的数量，分别确定其不同的防洪标准。

2.0.3 我国位于山丘区的城镇，如重庆、万县等，城区高程相差悬殊，遭遇大洪水，洪水位高，淹没范围就大；相反，洪水小，洪水位低，淹没范围也小。如仍按整个城区非农业人口的数量确定这类城镇区的防洪标准，有时是不妥的，对此，本条作了原则性的规定。

2.0.4 我国位于平原、洼地的城镇，主要是依靠堤防工程保护的。堤防工程受到高水位长时间的浸泡，容易出现险情，威胁城镇区内人民生命财产的安全，一旦溃决，经济损失巨大，后果严重。故本条规定“位于平原、湖洼地区的城市……防洪标准可取表 2.0.1 规定中的较高者。”

2.0.5 本条主要是参照航运部门和沿海一些城市目前采用的有关规定制订的。

3 乡 村

3.0.1 根据调查，在我国南方长江、淮河一带，耕地 100 万亩的防护区，其人口均在 50 万人以上；耕地 500 万亩的，人口 300 万人左右。我国北方同样面积的防护区，人口相对较少。本条防护区人口和防护区耕地面积指标，主要是参照《水利水电枢纽工程等级划分及设计标准（山区、丘陵区部分）》SDJ12－78（试行）和《水利水电工程水利动能设计规范》SDJ11－77（试行）中的有关规定并参照上述调查资料拟订的。各等级乡村防护区的防洪标准，是根据我国江河防洪体系、湖区圩垸和滨海海圹等地区目前已达到或近期规划达到的防洪标准拟订的。

3.0.2 同面积的乡村防护区，情况相差较大，本条是为了适应各地区的不同情况，确定经济合理的乡村防护区的防洪标准作的补充规定。

3.0.3 我国许多江河的洪水，峰高量大，单靠堤防或水库等工程措施来防御比较大的洪水，往往不经济或不可能。我国长江、淮河、海河等大江大河的流域规划中，都利用低洼地区，安排其作为较大洪水时的临时性的蓄、滞洪区。这类地区比较特殊，是为了保“大局”而舍弃的“小局”，其防洪标准不同于一般的地区，必须按照江河流域规划部署的蓄、滞洪水的要求确定，本条是针对这类地区制订的专门规定。

4 工矿企业

4.0.1 我国许多部门，对所属的工矿企业，按其规模有的划分为大、中、小型三个等级，有的划分为特大、大、中、小型四个等级。为统一起见，本标准统一划分为四个等级。

各等级工矿企业的防洪标准，主要是参考已颁发或草拟的各类工矿企业设计规范中的有关规定（见表2）制订的。

各类工矿企业设计规范中有关防洪标准的规定　　表2

规范名称	工、矿区防洪标准〔重现期（年）〕				
	防护区	特大型	大型	中型	小型
《工矿企业总平面设计规范》（第一稿，1987年）	厂、场区		100	50～100	20～50
	坑口、井口校核		200～300		
《煤炭矿山工程设计规范》（送审稿，1987年）	厂、场区		100	50～100	50
	井口校核		300	300	200
《煤炭工业设计规范》（1978年）	厂、场区		100	50～100	
	井口校核		300	300	
《露天煤矿工程设计规范》（征求意见稿，1987年）	厂、矿区设计		100	50	
	厂、矿区校核		300	100	
《黑色金属矿山企业总图运输设计资料汇编》（1976年）	露天矿设计；校核		50；100	20；50	10；20
	地下矿设计；校核		100；200	50；100	20；50
《有色金属企业总图运输设计规范》（预审稿，1987年6月）	采选矿区		100	50	25
	冶炼矿区		100	100	50
《机械工厂总平面及运输设计规范》JBJ9－81（试行）			100	50～100	20～50
《贮木场设计规范》（LYJ112－87）			50	25	10
《水泥厂设计规定》（调查材料）			100	100	
《玻璃厂设计规定》（调查材料）			50～100	50～100	
《纺织厂设计规定》（调查材料）		100～200	50～100	50～100	20～50

4.0.2 稀遇高潮位通常伴有风暴，而且受海水淹没的损失大，

为保障沿海的中型和中型以上的工矿企业的防洪安全，本条规定“当按表 4.0.1 的防洪标准确定的设计高潮位低于当地历史最高潮位时，应采用当地历史最高潮位进行校核”，是根据现在有些工矿企业的防洪经验并参照航运部门的规定制订的。

4.0.3 鉴于工矿企业的门类繁多，等级相同的工矿企业，遭受的洪水淹没的损失差别很大。为适应这些情况，本条规定“遭受洪水淹没后，损失巨大”的，应选用“表 4.0.1 规定的上限或提高一个等级”。以保证其具有较高的防洪安全度；反之，可采用较低的防洪标准，其主要目的在于既要保证防洪安全，又要尽量节省防洪建设的费用。

采矿业的坑口或井口，一旦遭受洪水淹没，损失严重，恢复往往也很困难，有的还威胁人身的生命安全。本条是为了保证其具有较高的防洪安全度，根据国内外的防洪经验拟订的。是提高一等进行校核，或是采取专门的防护措施，可根据各矿的情况具体分析选定。

4.0.4 对于遭受洪水淹没会引起爆炸，导致有害物质大量泄漏，或将造成重大人身伤亡的工矿企业，其防洪安全比一般的工矿企业更为重要。对此，本条规定这类“中、小型工矿企业，其防洪标准应提高两个等级”，特大、大型工矿企业，……尚应采取专门的防护措施”。目的在于确保其防洪安全。核工业企业和与核安全有关的厂区、车间及专门设施，一旦失事，其后果不堪设想，为了确保其在防洪上万无一失，本条规定“对于核污染危害严重的，应采用可能最大洪水校核”。这是参照国外和我国的现状制订的。

4.0.5 工矿企业的尾矿坝或尾矿库，系指堆放或存储冶金、化工等工矿企业选矿残渣的坝或库。它与蓄水的水库不同，本条主要是参考行业标准《选矿厂尾矿设施设计规范》ZBJ1-90 的有关规定制订的，其中分等指标是按照该规范表 2.0.4 的规定制订的，使用时，如尾矿坝或尾矿库的库容和坝高分等不同时，一般应以高者为准；当等差大于一个等级时，按高者降低一个等级采用。其防洪标准是参考该规范中表 4.1.2 拟订的，但将其中按初期和中、后期分别选定设计标准，改为设计和校核两级。作这种改动的目的，是为了使本标准的表达形式统一，其具体的分等指标和防洪标准与有关行业标准基本协调一致。有关部门的规定详见表 3，供使用时参考。

有关尾矿、灰坝库的分等和防洪标准　　表 3

坝库名称	标准、规范名称	项目		各等的防洪标准（重现期（年）） I	II	III	IV	V
尾矿坝库	《城镇防洪》（中国建筑工业出版社，1983 年）	规模	库容		>1.0	0.1~1.0	0.01~0.1	<0.01
			坝高		>100	50~100	20~50	<20
		防洪标准	设计		100	50	20	10
			校核		1000	200	100	20
山谷灰场灰坝	《水力发电厂设计技术规程》SDJ1-84	规模	库容		>1.0	0.1~1.0	0.01~0.1	
			坝高		>70	50~70	30~50	
		防洪标准	设计		100	50	20	
			校核		500	200	100	
尾矿坝库	《选矿厂尾矿设计规范》（送审稿，有色冶金设研总院，1988 年）	规模	库容		>1.0	0.1~1.0	0.01~0.1	<0.01
			坝高		>100	60~100	30~60	<30
		防洪标准	设计	500	200	100	50	30
			校核	2000	500	300	200	100

注：库容的单位为 10^8m^3；坝高的单位为 m。

4.0.6 对于规模较大、下游有重要的城镇、工矿企业和交通运输设施的尾矿坝或尾矿库，一旦因洪水漫溢失事，将会造成严重灾害，本条规定这类坝或库应将“确定的防洪标准提高一个或二个等级”。以保证其有较高的防洪安全度。对于存有剧毒的尾矿坝或尾矿库，其防洪标准一般应按提高二个等级确定。“对于特别重要的尾矿坝或尾矿库”，本条还规定“尚应采取专门的防护措施”。这是根据国内外的防洪经验拟订的。

5 交通运输设施

5.1 铁　路

5.1.1 本条中铁路的等级是按照铁道部 1986 年颁布的《铁路桥涵设计规范》JBJ2−85 中的第 1.0.1～1.0.3 条的规定制订的。

国家标准轨距铁路各类建筑物、构筑物的防洪标准是按照铁道部颁布的《铁路路基设计规范》JBJ1−85 中的第 1.0.9 条和《铁路桥涵设计规范》JBJ2−85 中的第 1.0.8 条的规定制订的。该规范对可能被洪水淹没的铁路桥头路基和沿河或沿水库边缘地段的路基，规定路肩高程应高于设计水位加波浪壅高 0.5m。设计水位的规定是：Ⅰ、Ⅱ级铁路路基和桥梁为 100 年一遇的洪水位；Ⅲ级铁路路基和桥梁为 50 年一遇的洪水位；涵洞均为 50 年一遇的洪水位。当观测（实测）洪水（包括历史调查洪水）大于上述洪水时，则采用观测的洪水位。如果Ⅰ、Ⅱ级铁路的观测值大于 300 年一遇，则以此值为其上限；如果Ⅲ级铁路的观测值大于 100 年一遇，则以 100 年为其上限值；涵洞均以 100 年为其上限值。此外、还对特大、大桥规定了校核（检验）洪水标准。以上这些规定，本标准未一一列入，可直接参照该规范。

经过蓄、滞洪区的铁路各类建筑物、构筑物，除了要保护铁路各类建筑物、构筑物自身的防洪安全外，还要考虑所在蓄、滞洪区的防洪运用要求和安全。当铁路的防洪标准高于所在河段蓄、滞洪区的防洪标准时，应按铁路的防洪要求确定其防洪标准；反之，应按蓄、滞洪区的防洪运用要求，确定铁路的防洪标准，以保证蓄、滞洪区的正常运用。

5.1.2 工矿企业的专用铁路，其运量、线路长度和使用年限的差别很大，目前尚难统一划分等级和给出相应的防洪标准，本条未作具体规定。一般情况下，重要的工矿企业，防洪标准高的，其专用铁路的防洪标准相应高些；反之，则相应低些。

5.2 公　路

5.2.1、5.2.2 本条中公路的类别和等级是按照交通部 1988 年颁布的《公路工程技术标准》JTJ01–88 中的第 1.0.2 条的规定制订的。公路各类建筑物、构筑物的防洪标准是按照交通部 1988 年颁布的《公路工程技术标准》JTJ01–88 中的第 4.0.4 条和第 6.0.3 条的规定制订的。该规范中公路桥涵的防洪标准有的略高于铁路桥涵的防洪标准，似不合理，但考虑到全国交通部门多年来普遍执行这一标准，经与交通部主管部门协商研究，倾向于暂予保留，故本标准未作调整。

经过蓄、滞洪区的公路，其性质与铁路相同，可参照 5.1.1 条的规定处理。

5.3 航　运

5.3.1 江河港口主要港区的陆域，包括码头、仓库、货物堆放场、办公楼及生活住宅区等，其等级和防洪标准，是根据交通部颁布的《港口工程技术规范》JTJ211–87 中第一篇第二册第六十八条的规定制订的。该规范根据港口所在城市的重要程度及受洪水淹没可能带来损失的大小，划分为三个等级；考虑到河网、平原河流和山区河流的洪水特性不同，港口受淹情况有一定的差异，又分为河网、平原河流及山区河流，并分别规定了相应的防洪标准。

5.3.2 根据交通部 1987 年颁布的《船闸设计规范》JTJ261～266–87（试行）第 1.1.2 条的规定，天然河流和人工运河上船闸的等级，按其设计最大船舶吨级分为七个等级。本条参照该规范第 3.1.2 条的规定，对相应的防洪标准作了适当的调整。

5.3.3 海港主要港区的陆域等级划分的依据与第 5.3.1 条相同，以其重要性和遭受潮水淹没后的损失程度，划分为三个等级。各等级港区陆域的防洪标准，主要是参照现有沿海港口的防潮能力综合分析制订的。

5.3.4 沿海多数地区年最高高潮位的变差较小，一般情况下，防洪标准提高一级增加的防潮费用也较小。本条是根据航运主管部门的意见，为保障港区的防洪安全而制订的。

5.4 民 用 机 场

5.4.1 根据民用机场的重要程度，本条将其划分为三个等级，主要担负国际及省会与首都之间的民航航线，为Ⅰ等机场；主要担负国内省会之间及一般国际通航的，为Ⅱ等机场；主要担负一般市、县城通航的，为Ⅲ等机场。

各等级民用机场的防洪标准是根据典型调查资料，并征求有关部门的意见，经综合分析后拟定的。调查的广东省三个民用机场的防洪标准见表 4。

广东省民用机场现行的防洪标准　　表 4

机场名称	重　要　程　度	防洪标准［重现期（年）］
广　州	特别重要的国际机场	＞100
深　圳	重要的国内干线及一般国际机场	100
佛　山	一般的国内支线机场	50～20

5.4.2 本条主要是考虑机场跑道遭受洪水淹没的损失比导航等重要设施小得多，故规定其“防洪标准可适当降低”。

5.5 管 道 工 程

5.5.1 本条是参照《原油长输管道穿跨越工程设计规范》SYJ15–85（试行）中第 207 条的规定和其它有关资料制订的，

见表 5

输油、输气管道工程的等别和防洪标准　表 5

规范名称		防洪标准[重现期（年）]		
		大型	中型	小型
《原油长输管道穿跨越工程设计规范》SYJ13-85（试行）		100	50	20
《原油长输管道工艺及输油站设计规范》SYJ13-86（试行）	首、末站址	≥50		
	中间站址	≥25		
《油田油气集输设计规范》SYJ14-84（试行）	原油脱水站、油气集中处理站、压气站、矿场油库	25~50		
	计量站、接转站、油田气增压站、集气压气站	10~25		
	采油井场	5~10		

输水管道的防洪要求，与输油、输气管道基本相同，本条跨越水域的管道工程应包括输水、输油、输气等。

5.5.2 大洪水时，水域往往发生程度不同的冲淤变化。为了防止洪水将管道冲断，影响正常供水、供油、供气，本条规定从"水域（江河、湖泊）底部穿过的输水、输油、输气等管道工程，其埋深应在相应的防洪标准洪水的冲刷深度以下"。

5.6 木材水运工程

5.6.1 木材水运工程的类别和等级是按林业主管部门的规定和意见制订的。收漂工程包括河埂、羊圈、拦木架，一般用设计容材量和流速两个指标划分等级，由于两者往往不太一致，本标准采用了设计容材量作为收漂工程分等的主要指标。

木材流送闸坝，大多数修建在山区的小河上，坝高对工程投资、经济效益以及破坏后的影响比库容更重要，故本标准选用坝高作为划分木材流送闸坝工程等级的指标。

木材出河码头的规模，决定于木材出河量的大小，本标准也以此作为划分其工程等级的主要指标。

推河场以木材推河量的大小作为划分其工程等级的指标。根据我国现有推河场的规模，以年推河量 50000m^3 为界，分为Ⅰ、Ⅱ两个等级。

木材水运工程各类建筑物、构筑物的防洪标准是根据现有木材水运工程实际运行经验拟订的。Ⅰ等工程采用 50 年一遇洪水设计、100 年一遇洪水校核；Ⅱ、Ⅲ等工程分别采用 20 年、10 年一遇洪水设计，50 年、20 年一遇洪水校核，基本符合我国的国情。推河场大都位于流送河道的中、上游，洪水时损失较小，Ⅰ、Ⅱ等工程分别采用 20 年、10 年一遇洪水设计，不采用校核标准，也基本合理。

6 水利水电工程

6.1 水利水电枢纽工程的等别和级别

6.1.1 本条主要是按照原水利电力部1978年颁布的《水利水电枢纽工程等级划分及设计标准（山区、丘陵区部分)》SDJ12-78（试行）和原能源部、水利部1988年颁布的《水利水电枢纽工程等级划分及设计标准（平原、滨海部分)》SDJ217-87（试行）等两项标准中的表1和表2.0.1制订的，其中装机容量经与原能源部和水利部协商后作了修改。

6.1.2 水利水电枢纽工程包括各种水工建筑物，按其作用和重要程度可分为永久性和临时性水工建筑物，永久性水工建筑物又分为主要和次要建筑物。由于洪水对各种建筑物可能造成的危害不同，现水利水电部门通行的是除了按照工程规模的大小划分其等别外，还按照水工建筑物的作用和重要性进行分级，再按照不同级别分别制订其防洪标准。本条是按照《水利水电枢纽工程等级划分及设计标准（山区、丘陵区部分)》SDJ12-78（试行）和《水利水电枢纽工程等级划分及设计标准（平原、滨海部分)》SDJ217-87（试行）两项标准中的表2和表2.0.5制订的。

6.2 水库和水电站工程

6.2.1 本条是在《水利水电枢纽工程等级划分及设计标准（山区、丘陵区部分）SDJ12-78（试行）补充规定》和《水利水电枢纽工程等级划分及设计标准（平原、滨海部分)》SDJ217-87（试行）两项标准中的表1、表2和表3.0.1的基础上制订的。考虑到平原、滨海部分水工建筑物的防洪标准有变化幅度，而山区、丘陵区部分只有一个定值，两者不太协调。根据专门召开的原能源、水利两部专家咨询会多数专家的意见，同一等别的水库枢纽的库容及效益指标都有一定的变化范围，与其相应的设计和校核防洪标准也应有个变化范围的原则意见，经协商后拟订的。

关于山区、丘陵区与平原、滨海区水利水电枢纽工程划分的界限，是参照《水利水电枢纽工程等级划分及设计标准（平原、滨海部分)》SDJ217-87（试行）第1.0.2条的规定，即挡水建筑物的挡水高度15m，上、下游水头差10m拟订的。

表6.2.1中所列土石坝1级建筑物校核防洪标准的上限为"PMF或10000年一遇，"其含意是这二者是并列的：当采用水文气象法求得的可能最大洪水（PMF）较为合理时（不论其所相当的重现期是多少），则采用PMF；当采用频率分析法所求得的10000年一遇洪水较为合理时，则采用10000年一遇洪水；当所求得的PMF和10000年一遇洪水二者的可靠程度相差不多时，则取二者的平均值或取其大者。

6.2.2 土石坝遭遇洪水漫顶，其后果严重，它的防洪标准一般应高于其它坝型，特别是在其下游又有重要的城镇或工矿企业等设施，坝一旦失事，将对下游造成重大灾害，为保证下游的安全或具有较高的安全度，本条规定各级建筑物的校核防洪标准可提高一级。其中"1级建筑物的校核防洪标准，应采用可能最大洪水（PMF）或10000年一遇"。

6.2.3 混凝土坝和浆砌石坝遭遇短期洪水漫顶，一般不会造成坝体溃决。但是，如果1级建筑物的下游有重要设施，保证其安全是很必要的，对此，本条规定"如果洪水漫顶可能造成严重损失时，1级建筑物的校核防洪标准，经过专门论证并报主管部门批准，可采用可能最大洪水（PMF）或10000年一遇"。

6.2.4 低水头或水库枢纽工程，下游没有重要的城镇或工矿企业等设施的，枢纽万一失事，损失不大，对这类挡水和泄水建筑物，其防洪标准太高似无太大的必要。本条规定"经过专门论证并报主管部门批准，其校核防洪标准可降低一级"。

6.2.5 本条是参照《水利水电枢纽工程等级划分及设计标准（山区、丘陵区部分）SDJ12－78（试行）补充规定》中第4条的规定，考虑到水电站分等指标的变化，经与原能源、水利两部协商后制订的。其中设计防洪标准，根据两部专家的意见作了适当的提高，校核防洪标准未作调整。

6.2.6 本条主要是按照《水利水电枢纽工程等级划分及设计标准（山区、丘陵区部分）SDJ12－78（试行）补充规定》中第5条的规定制订的。

6.3 灌溉、治涝和供水工程

6.3.1 本条关于灌溉、治涝和供水工程的枢纽工程和主要建筑物的防洪标准，是按照《水利水电枢纽工程等级划分及设计标准（平原、滨海部分）》SDJ217－87（试行）中第3.0.4条的规定制订的。

6.3.2 灌溉、治涝和供水工程系统中的次要建筑物和面上的管网、渠系等工程，涉及面广，各种建筑物在系统中的重要程度又不尽相同，其防洪标准难以统一规定，本条原则规定应低于枢纽和主要建筑物的防洪标准，执行时，可根据各建筑物的具体情况分析研究确定。

6.4 堤 防 工 程

6.4.1 江（河）堤、湖堤、海堤和蓄、滞洪区的围堤等，是为了保护防护对象的防洪安全而修建的，它本身并无特殊的防洪要求，它的防洪标准应根据防护对象的要求决定。各类防护对象的防洪标准，按本标准的有关规定分析选定。

蓄、滞洪区是拦蓄洪水的场所，它的围堤的防洪标准应按所在流域防洪规划的要求分析确定。

6.4.2 考虑我国大多数堤防工程为土堤，加高、加固容易，而闸、涵和泵站等建筑物、构筑物，一般为钢筋混凝土、混凝土或浆砌石结构，改建和加固较困难，故本条作出了“设计防洪标准，不应低于堤防工程的防洪标准，并应留有适当的安全裕度”的规定。关于校核防洪标准未作规定，可根据具体情况和需要分析研究确定。

蓄、滞洪区堤防工程上修建的闸、涵等建筑物、构筑物，其防洪标准应按蓄、滞洪区的使用要求分析确定。

6.4.3 潮汐河口挡潮枢纽工程，其防洪标准用潮位的重现期来表示。本条是参照《水利水电枢纽工程等级划分及设计标准（平原、滨海部分）》SDJ217－87（试行）中第3.0.6条及表3.0.6的规定制订的。

6.4.4 本条主要是参照航运部门的规定，为保障港区的防洪安全而制订的。

7 动力设施

7.0.1 原水电部颁布的《火电厂设计技术规程》SDJ1-84、《小型火力发电厂设计规范》SDJ49-83，以及国家计委、经委、统计局、财政部、劳动人事部联合颁布的《大中小型企业划分标准》等有关标准、规范，对火电厂的等级作了规定，但不统一。根据火电厂建设规模的发展趋势以及电力部门的意见，按火电厂的装机容量将其划分为表 7.0.1 中的四个等级。按照原水利电力部颁布的有关标准、规范的规定，大、中型火电厂的防洪标准为 100 年一遇洪水，小型火电厂为 50 年一遇洪水，经与电力部门多次协商，本标准对中型火电厂的防洪标准作了小的调整。

7.0.2 对于占主导地位的火电厂，一旦遭受洪水淹没而停电，将会造成重大的损失。为了保证在遇到较大的洪水时，仍可正常供电，本条规定“其防洪标准可适当提高”。

7.0.3 工矿企业的自备电厂是提供本厂生产的电源，为了保证该电厂的正常运行，本条规定“其防洪标准，应与该工矿企业的防洪标准相适应”。执行时，可根据具体情况分析研究确定。

7.0.4 国内目前尚无核电站防洪标准的专门规范。根据调查秦山、大亚湾核电站的防洪堤工程，均按 100 年一遇洪水设计，1000 年一遇洪水校核，还要求在出现海潮与台风迭加的最高潮位或历史上发生的最大洪水时，主厂房的外部标高不能被淹没和破坏。核电站核岛部分的防洪安全十分重要，为了避免出现严重核泄漏或其它事故，本条规定不论其规模大小，“必须采用可能最大洪水或可能最大潮位进行校核”。

7.0.5 本条是在《架空送电线路设计技术规程》和《送电线路大跨越设计技术规定》规定的基础上，征询电力部门专家的意见，对电压的等级和防洪标准进行调整制订的。

高压和超高压变电所的等级和防洪标准，按与高压和超高压输配电线路一致的规定，是经征询电力部门专家的意见制订的。

7.0.6 工矿企业专用高压输配电设施，是为该工矿企业服务的。本条规定其“防洪标准，应与该工矿企业的防洪标准相适应”。执行时，可根据具体情况分析研究确定。

7.0.7 35kV 以下的中、低压配电设施，一般是为城镇、乡村和工矿企业服务的，考虑到这类设施的数量大，分布面广，提高防洪标准的难度较大。故本条规定其“防洪标准，应根据所在地区和主要用户的防洪标准确定”。

7.0.8 火电厂储存粉煤灰的坝或库，与堆放工矿企业选矿残渣的尾矿坝或尾矿库没有本质的区别，其等级和防洪标准，也应基本一致，本条是根据这种情况制订的。执行时，可参照有关规定分析确定。

8　通 信 设 施

8.0.1～8.0.3　邮电系统目前颁布的各类通信工程的设计规范中，还没有关于通信设施防洪标准的具体规定。本条根据邮电部门有关专家的意见，将通信设施分为公用长途通信线路，公用通信局、所和公用无线电通信台、站等三类，并根据其重要程度，分别划分为三个或二个等级。

通信设施担负着传递各种信息的任务，是保证国民经济正常运行的重要基础设施，应具有相应的防洪标准。本条各类通信设施各等级的防洪标准的规定，是参照其服务对象的防洪标准拟订的。

为了保障通信设施的防洪安全，对于位于或经过易受洪水冲刷地区的杆、塔等设施的基础，还应考虑遭遇相应洪水的冲刷深度；跨越江河、湖泊和经过蓄、滞洪区的架空明线，应高出设计洪水位。本条对此均未作规定，执行时，可参照有关规定确定。

8.0.4　除公用通信设施外，交通运输、水利水电以及动力等部门，也有一些专用或特殊用途的通信设施。为了保障这些通信设施的畅通，也需要保证其防洪安全，本条是针对这些通信设施作的规定。一般情况下，可采用与其服务对象相应的防洪标准或特殊要求的防洪标准，也可参照 8.0.1 的规定，结合所服务部门的要求分析确定，使遭遇设计规定防洪标准的洪水时，通信设施可畅通，专用部门可正常运行。

9　文物古迹和旅游设施

9.0.1　我国对文物保护的级别分为国家级、省（自治区、直辖市）级和县（市）级三级。如北京的卢沟桥、十三陵，陕西临潼的秦代兵马俑，广东曲江的“马坝人”等均为国家级文物古迹；广东肇庆的阅江楼，南京的瞻园均为省（自治区、直辖市）级文物古迹等。本条文物古迹的等级，是根据其文物保护的级别的高低相应划分的。

文物古迹有耐淹和不耐淹之分。对于耐淹的文物古迹，防洪不是很重要的问题。本条主要是针对不耐淹的文物古迹制订的。我国至今还没有关于文物古迹的防洪标准的规定，表 9.0.1 是根据文物古迹的等级，参照类似防护对象的防洪标准，并与旅游主管部门反复协商拟订的。

许多文物古迹一旦受淹损毁，往往很难恢复和补救。因此，本条还规定对于特别重要的又不耐淹的文物古迹，其防洪标准可适当提高。执行时，可根据文物古迹的具体情况分析研究确定。

9.0.2　旅游是我国国民经济的新兴产业，也是加快发展第三产业的重点产业。旅游设施的内涵是指为旅游者旅行、游览和住宿、餐饮、购物、娱乐等服务的设施，包括旅游专用的短程公路、码头；旅游区景点、索道、道路设施；水、电、通信、接待设施；旅游定点餐馆、饭店；旅游商品生产和销售场所；晚间娱乐和其它旅游设施等。

目前我国尚未对旅游设施制订过等级划分和相应防洪标准的专门规定。本条是参照国家旅游局 1991 年 5 月公布的第一批国线景点资料，根据旅游设施的旅游价值、知名度和受淹后的损失程度等，划分为三个等级，其中国线相关景点是介于国线景点与

中华人民共和国国家标准

泵站设计规范

Design code for pumping station

GB/T 50265-97

主编部门：中华人民共和国水利部
批准部门：中华人民共和国建设部
施行日期：1 9 9 7 年 9 月 1 日

关于发布国家标准《泵站设计规范》的通知

建标[1997]134 号

根据国家计委计综〔1986〕2630 号文和建设部建标〔1991〕727 号文的要求，由水利部会同有关部门共同制订的《泵站设计规范》，已经有关部门会审。现批准《泵站设计规范》GB/T 50265－97 为推荐性国家标准，自 1997 年 9 月 1 日起施行。

本规范由水利部负责管理，具体解释等工作由北京水利水电管理干部学院负责，出版发行由建设部标准定额研究所负责组织。

中华人民共和国建设部
一九九七年六月二日

目　次

1 总 则

1.0.1 为统一泵站设计标准,保证泵站设计质量,使泵站工程技术先进、安全可靠、经济合理、运行管理方便,制定本规范。

1.0.2 本规范适用于新建、扩建或改建的大、中型灌溉、排水及工业、城镇供水泵站的设计。

1.0.3 泵站设计应广泛搜集和整理基本资料。基本资料应经过分析鉴定,准确可靠,满足设计要求。

1.0.4 泵站设计应吸取实践经验,进行必要的科学实验,节省能源,积极采用新技术、新材料、新设备和新工艺。

1.0.5 泵站设计除应符合本规范外,尚应符合国家现行有关标准、规范的规定。

2 泵站等级划分

2.0.1 泵站的规模,应根据流域或地区规划所规定的任务,以近期目标为主,并考虑远景发展要求,综合分析确定。

2.0.2 灌溉、排水泵站应根据装机流量与装机功率分等,其等别应按表2.0.2确定。

灌溉、排水泵站分等指标 表2.0.2

泵站等别	泵站规模	分等指标	
		装机流量(m^3/s)	装机功率(10^4kW)
Ⅰ	大(1)型	≥200	≥3
Ⅱ	大(2)型	200～50	3～1
Ⅲ	中型	50～10	1～0.1
Ⅳ	小(1)型	10～2	0.1～0.01
Ⅴ	小(2)型	<2	<0.01

注:①装机流量、装机功率系指单站指标,且包括备用机组在内;
②由多级或多座泵站联合组成的泵站工程的等别,可按其整个系统的分等指标确定;
③当泵站按分等指标分属两个不同等别时,应以其中的高等别为准。

2.0.3 对工业、城镇供水泵站等别的划分,应根据供水对象、供水规模和重要性确定。

2.0.4 直接挡洪的堤身式泵站,其等别应不低于防洪堤的工程等别。

2.0.5 泵站建筑物应根据泵站所属等别及其在泵站中的作用和重要性分级,其级别应按表2.0.5确定。

泵站建筑物级别划分 **表 2.0.5**

泵站等别	永久性建筑物级别		临时性建筑物级别
	主要建筑物	次要建筑物	
Ⅰ	1	3	4
Ⅱ	2	3	4
Ⅲ	3	4	5
Ⅳ	4	5	5
Ⅴ	5	5	—

注:①永久性建筑物系指泵站运行期间使用的建筑物,根据其重要性分为主要建筑物和次要建筑物。主要建筑物系指失事后造成灾害或严重影响泵站使用的建筑物,如泵房,进水闸,引渠,进、出水池,出水管道和变电设施等;次要建筑物系指失事后不致造成灾害或对泵站使用影响不大并易于修复的建筑物,如挡土墙、导水墙和护岸等。

②临时性建筑物系指泵站施工期间使用的建筑物,如导流建筑物、施工围堰等。

2.0.6 对位置特别重要的泵站,其主要建筑物失事后将造成重大损失,或站址地质条件特别复杂,或采用实践经验较少的新型结构者,经过论证后可提高其级别。

3 泵站主要设计参数

3.1 防洪标准

3.1.1 泵站建筑物防洪标准应按表 3.1.1 确定。

泵站建筑物防洪标准 **表 3.1.1**

泵站建筑物级别	洪水重现期(年)	
	设计	校核
1	100	300
2	50	200
3	30	100
4	20	50
5	10	20

注:修建在河流、湖泊或平原水库边的堤身式泵站,其建筑物防洪标准不应低于堤坝现有防洪标准。

3.1.2 对于受潮汐影响的泵站,其挡潮水位的重现期应根据工程等级,结合历史最高潮水位,按表 3.1.1 规定的设计标准确定。

3.2 设计流量

3.2.1 灌溉泵站设计流量应根据设计灌水率、灌溉面积、渠系水利用系数及灌区内调蓄容积等综合分析计算确定。

3.2.2 排水泵站排涝设计流量及其过程线,可根据排涝标准、排涝方式、排涝面积及调蓄容积等综合分析计算确定。

排水泵站排渍设计流量可根据地下水排水模数与排水面积计算确定。

3.2.3 供水泵站设计流量应根据供水对象的用水量标准确定。

3.3 特征水位

3.3.1 灌溉泵站进水池水位应按下列规定采用：

3.3.1.1 防洪水位：按本规范3.1.1的规定确定。

3.3.1.2 设计水位：从河流、湖泊或水库取水时，取历年灌溉期水源保证率为85%～95%的日平均或旬平均水位；从渠道取水时，取渠道通过设计流量时的水位。

3.3.1.3 最高运行水位：从河流、湖泊取水时，取重现期5～10年一遇洪水的日平均水位；从水库取水时，根据水库调蓄性能论证确定；从渠道取水时，取渠道通过加大流量时的水位。

3.3.1.4 最低运行水位：从河流、湖泊或水库取水时，取历年灌溉期水源保证率为95%～97%的最低日平均水位；从渠道取水时，取渠道通过单泵流量时的水位。

受潮汐影响的泵站，其最低运行水位取历年灌溉期水源保证率为95%～97%的日最低潮水位。

3.3.1.5 平均水位：从河流、湖泊或水库取水时，取灌溉期多年日平均水位；从渠道取水时，取渠道通过平均流量时的水位。

3.3.1.6 上述水位均应扣除从取水口至进水池的水力损失。从河床不稳定的河道取水时，尚应考虑河床变化的影响，方可作为进水池相应特征水位。

3.3.2 灌溉泵站出水池水位应按下列规定采用：

3.3.2.1 最高水位：当出水池接输水河道时，取输水河道的校核洪水位；当出水池接输水渠道时，取与泵站最大流量相应的水位。

3.3.2.2 设计水位：取按灌溉设计流量和灌区控制高程的要求推算到出水池的水位。

3.3.2.3 最高运行水位：取与泵站加大流量相应的水位。

3.3.2.4 最低运行水位：取与泵站单泵流量相应的水位；有通航要求的输水河道，取最低通航水位。

3.3.2.5 平均水位：取灌溉期多年日平均水位。

3.3.3 排水泵站进水池水位应按下列规定采用：

3.3.3.1 最高水位：取排水区建站后重现期10～20年一遇的内涝水位。

3.3.3.2 设计水位：取由排水区设计排涝水位推算到站前的水位；对有集中调蓄区或与内排站联合运行的泵站，取由调蓄区设计水位或内排站出水池设计水位推算到站前的水位。

3.3.3.3 最高运行水位：取按排水区允许最高涝水位的要求推算到站前的水位；对有集中调蓄区或与内排站联合运行的泵站，取由调蓄区最高调蓄水位或内排站出水池最高运行水位推算到站前的水位。

3.3.3.4 最低运行水位：取按降低地下水埋深或调蓄区允许最低水位的要求推算到站前的水位。

3.3.3.5 平均水位：取与设计水位相同的水位。

3.3.4 排水泵站出水池水位应按下列规定采用：

3.3.4.1 防洪水位：按本规范表3.1.1的规定确定。

3.3.4.2 设计水位：取承泄区重现期5～10年一遇洪水的3～5日平均水位。

当承泄区为感潮河段时，取重现期5～10年一遇的3～5日平均潮水位。

对特别重要的排水泵站，可适当提高排涝标准。

3.3.4.3 最高运行水位：当承泄区水位变化幅度较小，水泵在设计洪水位能正常运行时，取设计洪水位。当承泄区水位变化幅度较大时，取重现期10～20年一遇洪水的3～5日平均水位。

当承泄区为感潮河段时，取重现期10～20年一遇的3～5日平均潮水位。

对特别重要的排水泵站，可适当提高排涝标准。

3.3.4.4 最低运行水位：取承泄区历年排水期最低水位或最低

潮水位的平均值。

3.3.4.5 平均水位:取承泄区排水期多年日平均水位或多年日平均潮水位。

3.3.5 供水泵站进水池水位应按下列规定采用:

3.3.5.1 防洪水位:按本规范表 3.1.1 的规定确定。

3.3.5.2 设计水位:从河流、湖泊或水库取水时,取水源保证率为 95%~97%的日平均或旬平均水位;从渠道取水时,取渠道通过设计流量时的水位。

3.3.5.3 最高运行水位:从河流、湖泊取水时,取重现期 10~20 年一遇洪水的日平均水位;从水库取水时,根据水库调蓄性能论证确定;从渠道取水时,取渠道通过加大流量时的水位。

3.3.5.4 最低运行水位:从河流、湖泊或水库取水时,取水源保证率为 97%~99%的最低日平均水位;从渠道取水时,取渠道通过单泵流量时的水位。

3.3.5.5 平均水位:从河流、湖泊或水库取水时,取多年日平均水位;从渠道取水时,取渠道通过平均流量时的水位。

3.3.5.6 上述水位均应扣除从取水口至进水池的水力损失。从河床不稳定的河道取水时,尚应考虑河床变化的影响,方可作为进水池相应特征水位。

3.3.6 供水泵站出水池水位应按下列规定采用:

3.3.6.1 最高水位:取输水渠道的校核水位。

3.3.6.2 设计水位:取与泵站设计流量相应的水位。

3.3.6.3 最高运行水位:取与泵站加大流量相应的水位。

3.3.6.4 最低运行水位:取与泵站单泵流量相应的水位。

3.3.6.5 平均水位:取输水渠道通过平均流量时的水位。

3.3.7 灌排结合泵站的特征水位,可根据本规范 3.3.1~3.3.4 的规定进行综合分析确定。

3.4 特征扬程

3.4.1 设计扬程:应按泵站进、出水池设计水位差,并计入水力损失确定。

在设计扬程下,应满足泵站设计流量要求。

3.4.2 平均扬程:可按(3.4.2)式计算加权平均净扬程,并计入水力损失确定;或按泵站进、出水池平均水位差,并计入水力损失确定。

$$H=\frac{\sum H_i Q_i t_i}{\sum Q_i t_i} \tag{3.4.2}$$

式中 H ——加权平均净扬程(m);

H_i ——第 i 时段泵站进、出水池运行水位差(m);

Q_i ——第 i 时段泵站提水流量(m^3/s);

t_i ——第 i 时段历时(d)。

在平均扬程下,水泵应在高效区工作。

3.4.3 最高扬程:应按泵站出水池最高运行水位与进水池最低运行水位之差,并计入水力损失确定。

3.4.4 最低扬程:应按泵站进水池最高运行水位与出水池最低运行水位之差,并计入水力损失确定。

4 站址选择

4.1 一般规定

4.1.1 泵站站址应根据流域(地区)治理或城镇建设的总体规划、泵站规模、运行特点和综合利用要求,考虑地形、地质、水源或承泄区、电源、枢纽布置、对外交通、占地、拆迁、施工、管理等因素以及扩建的可能性,经技术经济比较选定。

4.1.2 山丘区泵站站址宜选择在地形开阔、岸坡适宜、有利于工程布置的地点。

4.1.3 泵站站址宜选择在岩土坚实、抗渗性能良好的天然地基上,不应设在大的和活动性的断裂构造带以及其它不良地质地段。

选择站址时,如遇淤泥、流沙、湿陷性黄土、膨胀土等地基,应慎重研究确定基础类型和地基处理措施。

4.2 不同类型泵站站址选择

4.2.1 由河流、湖泊、渠道取水的灌溉泵站,其站址应选择在有利于控制提水灌溉范围,使输水系统布置比较经济的地点。

灌溉泵站取水口应选择在主流稳定靠岸,能保证引水,有利于防洪、防沙、防冰及防污的河段;否则,应采取相应的措施。由潮汐河道取水的灌溉泵站取水口,还应符合淡水水源充沛、水质适宜灌溉的要求。

4.2.2 直接从水库取水的灌溉泵站,其站址应根据灌区与水库的相对位置和水库水位变化情况,研究论证库区或坝后取水的技术可靠性和经济合理性,选择在岸坡稳定、靠近灌区、取水方便、少受泥沙淤积影响的地点。

4.2.3 排水泵站站址应选择在排水区地势低洼、能汇集排水区涝水,且靠近承泄区的地点。

排水泵站出水口不宜设在迎溜、岸崩或淤积严重的河段。

4.2.4 灌排结合泵站站址,应根据有利于外水内引和内水外排,灌溉水源水质不被污染和不致引起或加重土壤盐渍化,并兼顾灌排渠系的合理布置等要求,经综合比较选定。

4.2.5 供水泵站站址应选择在城镇、工矿区上游,河床稳定、水源可靠、水质良好、取水方便的河段。

4.2.6 梯级泵站站址应根据总功率最小的原则,结合各站站址地形、地质条件,经综合比较选定。

5 总体布置

5.1 一般规定

5.1.1 泵站的总体布置应根据站址的地形、地质、水流、泥沙、供电、环境等条件，结合整个水利枢纽或供水系统布局，综合利用要求，机组型式等，做到布置合理，有利施工，运行安全，管理方便，少占耕地，美观协调。

5.1.2 泵站的总体布置应包括泵房，进、出水建筑物，专用变电站，其它枢纽建筑物和工程管理用房、职工住房，内外交通、通信、以及其它维护管理设施的布置。

5.1.3 站区布置应满足防火安全、卫生防护和环境绿化等要求，泵房附近和职工生活区宜列为绿化重点地段。

5.1.4 泵站室外专用变电站应靠近辅机房布置，宜与安装检修间同一高程，并应满足变电设备的安装检修、运输通道、进线出线、防火防爆等要求。

5.1.5 站区内交通布置应满足机电设备运输、运行人员上下班方便的要求，并应延伸至辅机房和安装检修间门前。道路的最大纵坡应符合国家现行标准《公路工程技术标准》的规定。

5.1.6 具有泄洪任务的水利枢纽，泵房与泄洪建筑物之间应有分隔设施；具有通航任务的水利枢纽，泵房与通航建筑物之间应有足够的安全距离及安全设施。

5.1.7 对于建造在污物、杂草较多的河流上的泵站，应设置专用的拦污、清污设施，其位置宜设在引渠末端或前池入口处。站内交通桥宜结合拦污栅设置。

5.1.8 当泵站进水引渠或出水干渠与铁路、公路干道交叉时，泵站进、出水池与铁路桥、公路桥之间的距离不宜小于100m。

5.1.9 对于水流条件复杂的大型泵站枢纽布置，应通过水工整体模型试验论证。

5.2 泵站布置型式

5.2.1 由河流取水的灌溉泵站，当河道岸边坡度较缓时，宜采用引水式布置，并应在引渠渠首设进水闸；当河道岸边坡度较陡时，宜采用岸边式布置，其进水建筑物前缘宜与岸边齐平或稍向水源凸出。

由渠道取水的灌溉泵站，宜在渠道取水口下游侧设节制闸。

由湖泊取水的灌溉泵站，可根据湖泊岸边地形、水位变化幅度等，采用引水式或岸边式布置。

由水库取水的灌溉泵站，可根据水库岸边地形、水位变化幅度及农作物对水温要求等，采用竖井式(干室型)、缆车式、浮船式或潜没式泵房布置。

5.2.2 在具有部分自排条件的地点建排水泵站，泵站宜与排水闸合建；当建站地点已建有排水闸时，排水泵站宜与排水闸分建。排水泵站宜采用正向进水和正向出水的方式。

5.2.3 灌排结合泵站，当水位变化幅度不大或扬程较低时，可采用双向流道的泵房布置型式；当水位变化幅度较大或扬程较高时，可采用单向流道的泵房布置型式，另建配套涵闸，但配套涵闸与泵站之间应有适当的距离，其过流能力应与泵站机组抽水能力相适应。

5.2.4 供水泵站的布置型式，应符合现行国家标准《室外给水设计规范》的规定。

5.2.5 建于堤防处且地基条件较好的低扬程、大流量泵站，宜采用堤身式布置；而扬程较高或地基条件稍差或建于重要堤防处的泵站，宜采用堤后式布置。

5.2.6 从多泥沙河流上取水的泵站，当具备自流引水沉沙、冲沙条件时，应在引渠上布置沉沙、冲沙或清淤设施；当不具备自流引水沉沙、冲沙条件时，可在岸边设低扬程泵站，布置沉沙、冲沙及其它排沙设施。

5.2.7 对于运行时水源有冰凌的泵站，应有防冰、导冰设施。

5.2.8 在深挖方地带修建泵站，应合理确定泵房的开挖深度，减少地下水对泵站运行的不利影响，并应采取必要的通风、采暖和采光等措施。

5.2.9 紧靠山坡、溪沟修建泵站，应设置排泄山洪和防止局部滑坡、滚石等的工程措施。

6 泵房设计

6.1 泵房布置

6.1.1 泵房布置应根据泵站的总体布置要求和站址地质条件，机电设备型号和参数，进、出水流道（或管道），电源进线方向，对外交通以及有利于泵房施工、机组安装与检修和工程管理等，经技术经济比较确定。

6.1.2 泵房布置应符合下列规定：

6.1.2.1 满足机电设备布置、安装、运行和检修的要求。

6.1.2.2 满足泵房结构布置的要求。

6.1.2.3 满足泵房内通风、采暖和采光要求，并符合防潮、防火、防噪声等技术规定。

6.1.2.4 满足内外交通运输的要求。

6.1.2.5 注意建筑造型，做到布置合理，适用美观。

6.1.3 泵房挡水部位顶部安全超高不应小于表 6.1.3 的规定。

泵房挡水部位顶部安全超高下限值 **表 6.1.3**

泵站建筑物级别 / 安全超高（m） / 运用情况	1	2	3	4、5
设计	0.7	0.5	0.4	0.3
校核	0.5	0.4	0.3	0.2

注：①安全超高系指波浪、壅浪计算顶高程以上距离泵房挡水部位顶部的高度；

②设计运用情况系指泵站在设计水位时运用的情况，校核运用情况系指泵站在最高运行水位或洪（涝）水位时运用的情况。

6.1.4 主机组间距应根据机电设备和建筑结构布置的要求确定，

并应符合本规范 9.11.2～9.11.5 的规定。

6.1.5 主泵房长度应根据主机组台数、布置形式、机组间距，边机组段长度和安装检修间的布置等因素确定，并应满足机组吊运和泵房内部交通的要求。

6.1.6 主泵房宽度应根据主机组及辅助设备、电气设备布置要求，进、出水流道(或管道)的尺寸，工作通道宽度，进、出水侧必需的设备吊运要求等因素，结合起吊设备的标准跨度确定，并应符合本规范 9.11.7 的规定。

立式机组主泵房水泵层宽度的确定，还应考虑集水、排水廊道的布置要求等因素。

6.1.7 主泵房各层高度应根据主机组及辅助设备、电气设备的布置，机组的安装、运行、检修，设备吊运以及泵房内通风、采暖和采光要求等因素确定，并应符合本规范 9.11.8～9.11.10 的规定。

6.1.8 主泵房水泵层底板高程应根据水泵安装高程和进水流道(含吸水室)布置或管道安装要求等因素确定。水泵安装高程应根据本规范 9.1.10 规定的要求，结合泵房处的地形、地质条件综合确定。

主泵房电动机层楼板高程应根据水泵安装高程和泵轴、电动机轴的长度等因素确定。

6.1.9 安装在主泵房机组周围的辅助设备、电气设备及管道、电缆道，其布置应避免交叉干扰。

6.1.10 辅机房宜设置在紧靠主泵房的一端或出水侧，其尺寸应根据辅助设备布置、安装、运行和检修等要求确定，且应与泵房总体布置相协调。

6.1.11 安装检修间宜设置在主泵房内对外交通运输方便的一端或进水侧，其尺寸应根据主机组安装、检修要求确定，并应符合本规范 9.11.6 的规定。

6.1.12 当主泵房分为多层时，各层楼板均应设置吊物孔，其位置应在同一垂线上，并在起吊设备的工作范围之内。吊物孔的尺寸应按吊运的最大部件或设备外形尺寸各边加 0.2m 的安全距离确定。

6.1.13 主泵房对外至少应有两个出口，其中一个应能满足运输最大部件或设备的要求。

6.1.14 立式机组主泵房电动机层的进水侧或出水侧应设主通道，其它各层应设置不少于一条的主通道。主通道宽度不宜小于 1.5m，一般通道宽度不宜小于 1.0m。吊运设备时，被吊设备与固定物的距离不宜小于 0.3m。

卧式机组主泵房内宜在管道顶部设工作通道。

6.1.15 当主泵房分为多层时，各层应设 1～2 道楼梯。主楼梯宽度不宜小于 1.0m，坡度不宜大于 40°，楼梯的垂直净空不宜小于 2.0m。

6.1.16 立式机组主泵房内的水下各层或卧式机组主泵房内，四周均应设将渗水汇入集水廊道或集水井的排水沟。

6.1.17 主泵房顺水流向的永久变形缝(包括沉降缝、伸缩缝)的设置，应根据泵房结构型式、地基条件等因素确定。土基上的缝距不宜大于 30m，岩基上的缝距不宜大于 20m。缝的宽度不宜小于 2.0cm。

6.1.18 主泵房排架的布置，应根据机组设备安装、检修的要求，结合泵房结构布置确定。排架宜等跨布置，立柱宜布置在隔墙或墩墙上。当泵房设置顺水流向的永久变形缝时，缝的左右侧应设置排架柱。

6.1.19 主泵房电动机层地面宜铺设水磨石。采用酸性蓄电池的蓄电池室和贮酸室应采用耐酸地面，其内墙面应涂耐酸漆或铺设耐酸材料。中控室、微机室和通信室宜采用防尘地面，其内墙应刷涂料或贴墙面布。

6.1.20 主泵房门窗应根据泵房内通风、采暖和采光的需要合理布置。严寒地区应采用双层玻璃窗。向阳面窗户宜有遮阳设施。有防酸要求的蓄电池室和贮酸室不应采用空腹门窗，受阳光直射的窗户宜采用磨沙玻璃。

6.1.21 主泵房屋面可根据当地气候条件和泵房内通风、采暖要求设置隔热层。

6.1.22 主泵房的耐火等级不应低于二级。泵房内应设消防设施，并应符合现行国家标准《建筑设计防火规范》和国家现行标准《水利水电工程设计防火规范》的规定。

6.1.23 主泵房电动机层值班地点允许噪声标准不得大于 85dB(A)，中控室、微机室和通信室允许噪声标准不得大于 65dB(A)。

若超过上述允许噪声标准时，应采取必要的降声、消声或隔声措施，并应符合现行国家标准《工业企业噪声控制设计规范》的规定。

6.1.24 装置斜轴式、贯流式机组的主泵房，可按卧式机组泵房进行布置。

6.2 防渗排水布置

6.2.1 防渗排水布置应根据站址地质条件和泵站扬程等因素，结合泵房、两岸连接结构和进、出水建筑物的布置，设置完整的防渗排水系统。

6.2.2 土基上泵房基底防渗长度不足时，可结合出水池底板设置钢筋混凝土铺盖。铺盖应设永久变形缝，缝距不宜大于 20m，且应与泵房底板永久变形缝错开布置。

松砂或砂壤土地基上的防渗设施宜采用铺盖和齿墙、板桩(或截水墙)相结合的布置形式。板桩(或截水墙)宜布置在泵房底板上游端(出水侧)的齿墙下。在地震区的粉砂地基上，泵房底板下的板桩(或截水墙)布置宜构成四周封闭的形式。

前池、进水池底板上可根据排水需要设置适量的排水孔。在渗流出口处必须设置级配良好的排水反滤层。

6.2.3 当地基持力层为较薄的砂性土层或砂砾石层，其下有相对不透水层时，可在泵房底板的上游端(出水侧)设置截水槽或短板桩。截水槽或短板桩嵌入不透水层的深度不宜小于 1.0m。在渗流出口处应设置排水反滤层。

6.2.4 当下卧层为相对透水层时，应验算覆盖层抗渗、抗浮稳定性。必要时，前池、进水池可设置深入相对透水层的排水减压井。

6.2.5 岩基上泵房可根据防渗需要在底板上游端(出水侧)的齿墙下设置灌浆帷幕，其后应设置排水设施。

6.2.6 高扬程泵站的泵房可根据需要在其上游侧(出水侧)岸坡上设置通畅的自流排水沟和可靠的护坡措施。

6.2.7 所有顺水流向永久变形缝(包括沉降缝、伸缩缝)的水下缝段，应埋设不少于一道材质耐久、性能可靠的止水片(带)。

6.2.8 侧向防渗排水布置应根据泵站扬程，岸、翼墙后土质及地下水位变化等情况综合分析确定，并应与泵站正向防渗排水布置相适应。

6.2.9 具有双向扬程的灌排结合泵站，其防渗排水布置应以扬程较高的一向为主，合理选择双向布置形式。

6.3 稳定分析

6.3.1 泵房稳定分析可采取一个典型机组段或一个联段作为计算单元。

6.3.2 用于泵房稳定分析的荷载应包括：自重、静水压力、扬压力、土压力、泥沙压力、波浪压力、地震作用及其它荷载等。其计算应遵守下列规定：

6.3.2.1 自重包括泵房结构自重、填料重量和永久设备重量。

6.3.2.2 静水压力应根据各种运行水位计算。对于多泥沙河流，应考虑含沙量对水容重的影响。

6.3.2.3 扬压力应包括浮托力和渗透压力。渗透压力应根据地基类别，各种运行情况下的水位组合条件，泵房基础底部防渗、排水设施的布置情况等因素计算确定。对于土基，宜采用改进阻力系数法计算；对于岩基，宜采用直线分布法计算。

6.3.2.4 土压力应根据地基条件、回填土性质、泵房结构可能产生的变形情况等因素，按主动土压力或静止土压力计算。计算时应计及填土面上的超载作用。

6.3.2.5 泥沙压力应根据泵房位置、泥沙可能淤积的情况计算确定。

6.3.2.6 波浪压力可采用官厅—鹤地水库公式或莆田试验站公式计算确定。

在设计水位时，风速宜采用相应时期多年平均最大风速的1.5～2.0倍；在最高运行水位或洪(涝)水位时，风速宜采用相应时期多年平均最大风速。

6.3.2.7 地震作用可按国家现行标准《水工建筑物抗震设计规范》的规定计算确定。

6.3.2.8 其它荷载可根据工程实际情况确定。

6.3.3 设计泵房时应将可能同时作用的各种荷载进行组合。地震作用不应与校核运用水位组合。

用于泵房稳定分析的荷载组合应按表6.3.3的规定采用。必要时还应考虑其它可能的不利组合。

荷载组合表 **表6.3.3**

荷载组合	计算情况	荷载：自重	静水压力	扬压力	土压力	泥沙压力	波浪压力	地震作用	其它荷载
基本组合	完建情况	√	—	—	√	—	—	—	√
	设计运用情况	√	√	√	√	√	√	—	√
特殊组合	施工情况	√	—	—	√	—	—	—	√
	检修情况	√	√	√	√	√	√	—	√
	核算运用情况	√	√	√	√	√	√	—	—
	地震情况	√	√	√	√	√	√	√	—

6.3.4 泵房沿基础底面的抗滑稳定安全系数应按(6.3.4-1)式或(6.3.4-2)式计算：

$$K_c=\frac{f\sum G}{\sum H} \quad (6.3.4\text{-}1)$$

$$K_c=\frac{f'\sum G+C_0A}{\sum H} \quad (6.3.4\text{-}2)$$

式中 K_c——抗滑稳定安全系数；

$\sum G$——作用于泵房基础底面以上的全部竖向荷载(包括泵房基础底面上的扬压力在内，kN)；

$\sum H$——作用于泵房基础底面以上的全部水平向荷载(kN)；

A——泵房基础底面面积(m^2)；

f——泵房基础底面与地基之间的摩擦系数，可按试验资料确定；当无试验资料时，可按本规范附录A表A.0.1规定值采用；

f'——泵房基础底面与地基之间摩擦角Φ_0的正切值，即$f'=\mathrm{tg}\Phi_0$；

C_0——泵房基础底面与地基之间的粘结力(kPa)。

对于土基，Φ_0、C_0值可根据室内抗剪试验资料，按本规范附录A表A.0.2的规定采用；对于岩基，Φ_0、C_0值可根据野外和室内抗剪试验资料，采用野外试验峰值的小值平均值或野外和室内试验峰值的小值平均值。

当泵房受双向水平力作用时，应核算其沿合力方向的抗滑稳定性。

当泵房地基持力层为较深厚的软弱土层，且其上竖向作用荷载较大时，尚应核算泵房连同地基的部分土体沿深层滑动面滑动的抗滑稳定性。

对于岩基，若有不利于泵房抗滑稳定的缓倾角软弱夹层或断裂面存在时，尚应核算泵房沿可能组合滑裂面滑动的抗滑稳定性。

6.3.5 泵房沿基础底面抗滑稳定安全系数的允许值应按表6.3.5采用。

抗滑稳定安全系数允许值 **表 6.3.5**

地基类别	荷载组合		泵站建筑物级别 1	2	3	4、5	适用公式
土基	基本组合		1.35	1.30	1.25	1.20	适用于(6.3.4-1)式或(6.3.4-2)式
	特殊组合	Ⅰ	1.20	1.15	1.10	1.05	
		Ⅱ	1.10	1.05	1.05	1.00	
岩基	基本组合		1.10				适用于(6.3.4-1)式
	特殊组合	Ⅰ	1.05				
		Ⅱ	1.00				
	基本组合		3.00				适用于(6.3.4-2)式
	特殊组合	Ⅰ	2.50				
		Ⅱ	2.30				

注：①特殊组合Ⅰ适用于施工情况、检修情况和非常运用情况，特殊组合Ⅱ适用于地震情况。

②在特殊荷载组合条件下，土基上泵房沿深层滑动面滑动的抗滑稳定安全系数允许值，可根据软弱土层的分布情况等，较表列值适当增加。

③岩基上泵房沿可能组合滑裂面滑动的抗滑稳定安全系数允许值，可根据缓倾角软弱夹层或断裂面的充填物性质等情况，较表列值适当增加。

6.3.6 泵房抗浮稳定安全系数应按(6.3.6)式计算：

$$K_f=\frac{\sum V}{\sum U} \qquad (6.3.6)$$

式中 K_f——抗浮稳定安全系数；

$\sum V$——作用于泵房基础底面以上的全部重力(kN)；

$\sum U$——作用于泵房基础底面上的扬压力(kN)。

6.3.7 泵房抗浮稳定安全系数的允许值，不分泵站级别和地基类别，基本荷载组合下为1.10，特殊荷载组合下为1.05。

6.3.8 泵房基础底面应力应根据泵房结构布置和受力情况等因素计算确定。

6.3.8.1 对于矩形或圆形基础，当单向受力时，应按(6.3.8-1)式计算：

$$P_{\min}^{\max}=\frac{\sum G}{A}\pm\frac{\sum M}{W} \qquad (6.3.8\text{-}1)$$

式中 $P_{\min}^{\max}$——泵房基础底面应力的最大值或最小值(kPa)；

$\sum M$——作用于泵房基础底面以上的全部竖向和水平向荷载对于基础底面垂直水流向的形心轴的力矩(kN·m)；

W——泵房基础底面对于该底面垂直水流向的形心轴的截面矩(m^3)。

6.3.8.2 对于矩形或圆形基础，当双向受力时，应按(6.3.8-2)式计算：

$$P_{\min}^{\max}=\frac{\sum G}{A}\pm\frac{\sum M_x}{W_x}\pm\frac{\sum M_y}{W_y} \qquad (6.3.8\text{-}2)$$

式中 $\sum M_x$、$\sum M_y$——作用于泵房基础底面以上的全部水平向和竖向荷载对于基础底面形心轴 x、y 的力矩(kN·m)；

W_x、W_y——泵房基础底面对于该底面形心轴 x、y 的截面矩(m^3)。

6.3.9 各种荷载组合情况下的泵房基础底面应力应不大于泵房地基允许承载力(见本规范6.4.5～6.4.7)。

土基上泵房基础底面应力不均匀系数的计算值不应大于本规范附录A表A.0.3规定的允许值。

岩基上泵房基础底面应力不均匀系数可不控制，但在非地震情况下基础底面边缘的最小应力应不小于零，在地震情况下基础底面边缘的最小应力应不小于－100kPa。

6.4 地基计算及处理

6.4.1 泵房选用的地基应满足承载能力、稳定和变形的要求。

6.4.2 泵房地基应优先选用天然地基。标准贯入击数小于4击的粘性土地基和标准贯入击数小于或等于8击的砂性土地基，不得作为天然地基。

当泵房地基岩土的各项物理力学性能指标较差，且工程结构又难以协调适应时，可采用人工地基。

6.4.3 土基上泵房和取水建筑物的基础埋置深度，应在最大冲刷线以下。

6.4.4 位于季节性冻土地区土基上的泵房和取水建筑物，其基础埋置深度应大于该地区最大冻土深度。

6.4.5 只有竖向对称荷载作用时，泵房基础底面平均应力不应大于泵房地基持力层允许承载力；在竖向偏心荷载作用下，除应满足基础底面平均应力不大于地基持力层允许承载力外，还应满足基础底面边缘最大应力不大于1.2倍地基持力层允许承载力的要求；在地震情况下，泵房地基持力层允许承载力可适当提高。

6.4.6 泵房地基允许承载力应根据站址处地基原位试验数据，按照本规范附录B.1所列公式计算确定。

6.4.7 当泵房地基持力层内存在软弱夹层时，除应满足持力层的允许承载力外，还应对软弱夹层的允许承载力进行核算，并应满足(6.4.7)式要求：

$$P_C+P_Z=[R_Z] \tag{6.4.7}$$

式中 P_C —— 软弱夹层顶面处的自重应力(kPa)；

P_Z —— 软弱夹层顶面处的附加应力(kPa)，可将泵房基础底面应力简化为竖向均布、竖向三角形分布和水平向均布等情况，按条形或矩形基础计算确定；

$[R_Z]$ —— 软弱夹层的允许承载力(kPa)。

复杂地基上大型泵房地基允许承载力计算，应作专门论证确定。

6.4.8 当泵房基础受振动荷载影响时，其地基允许承载力可降低，并可按(6.4.8)式计算：

$$[R']\leqslant\psi[R] \tag{6.4.8}$$

式中 $[R']$ —— 在振动荷载作用下的地基允许承载力(kPa)；

$[R]$ —— 在静荷载作用下的地基允许承载力(kPa)；

ψ —— 振动折减系数，可按0.8～1.0选用。高扬程机组的基础可采用小值，低扬程机组的块基型整体式基础可采用大值。

6.4.9 泵房地基最终沉降量可按(6.4.9)式计算：

$$S_\infty=\sum_{i=1}^{n}\frac{e_{1i}-e_{2i}}{1+e_{1i}}h_i \tag{6.4.9}$$

式中 S_∞ —— 地基最终沉降量(cm)；

i —— 土层号；

n —— 地基压缩层范围内的土层数；

e_{1i}、e_{2i} —— 泵房基础底面以下第i层土在平均自重应力作用下的孔隙比和在平均自重应力、平均附加应力共同作用下的孔隙比；

h_i —— 第i层土的厚度(cm)。

地基压缩层的计算深度应按计算层面处附加应力与自重应力之比等于0.2的条件确定。

6.4.10 泵房地基允许沉降量和沉降差，应根据工程具体情况分析确定，满足泵房结构安全和不影响泵房内机组的正常运行。

6.4.11 泵房的地基处理方案应综合考虑地基土质、泵房结构特点、施工条件和运行要求等因素，宜按本规范附录B表B.2，经技术经济比较确定。

换土垫层、桩基础、沉井基础、振冲砂(碎石)桩和强夯等常用地基处理设计应符合国家现行标准《水闸设计规范》及其它有关专业规范的规定。

6.4.12 泵房地基中有可能发生“液化”的土层应挖除。当该土层难以挖除时，宜采用桩基础、振冲砂(碎石)桩或强夯等处理措施，也可结合地基防渗要求，采用板桩或截水墙围封。

6.4.13 泵房地基为湿陷性黄土地基，可采用重锤表层夯实、换土垫层、灰土桩挤密、桩基础或预浸水等方法处理，并应符合现行国家标准《湿陷性黄土地区建筑规范》的规定。泵房基础底面下应有必要的防渗设施。

6.4.14 泵房地基为膨胀土地基，在满足泵房布置和稳定安全要求的前提下，应减小泵房基础底面积，增大基础埋置深度，也可将膨胀土挖除，换填无膨胀性土料垫层，或采用桩基础。

6.4.15 泵房地基为岩石地基，应清除表层松动、破碎的岩块，并对夹泥裂隙和断层破碎带进行处理。

对岩溶地基，应进行专门处理。

6.5 主要结构计算

6.5.1 泵房底板，进、出水流道，机墩，排架，吊车梁等主要结构，可根据工程实际情况，简化为平面问题进行计算。必要时，可按空间结构进行计算。

6.5.2 用于泵房主要结构计算的荷载及荷载组合除应按本规范6.3.2和6.3.3的规定采用外，还应根据结构的实际受力条件，分别计入风荷载、雪荷载、楼面活荷载、吊车荷载、屋面活荷载等。风荷载、雪荷载、楼面和屋面活荷载可按现行国家标准《建筑结构荷载规范》的规定采用。吊车和其它设备活荷载可根据工程实际情况确定。

6.5.3 泵房底板应力可根据受力条件和结构支承形式等情况，按弹性地基上的板、梁或框架结构进行计算。

对于土基上的泵房底板，当采用弹性地基梁法计算时，应根据可压缩土层厚度与弹性地基梁长度之半的比值，选用相应的计算方法。当比值小于0.25时，可按基床系数法(文克尔假定)计算；当比值大于2.0时，可按半无限深的弹性地基梁法计算；当比值为0.25～2.0时，可按有限深的弹性地基梁法计算。当底板的长度和宽度均较大，且两者较接近时，可按交叉梁系的弹性地基梁法计算。

对于岩基上的泵房底板，可按基床系数法计算。

6.5.4 当土基上泵房底板采用有限深或半无限深的弹性地基梁法计算时，可按下列情况考虑边荷载的作用：当边荷载使泵房底板弯矩增加时，宜计及边荷载的全部作用；当边荷载使泵房底板弯矩减少时，在粘性土地基上可不计边荷载的作用，在砂性土地基上可只计边荷载的50%。

6.5.5 肘型、钟型进水流道和直管式、屈膝式、猫背式、虹吸式出水流道的应力，可根据各自的结构布置、断面形状和作用荷载等情况，按单孔或多孔框架结构进行计算。若流道壁与泵房墩墙联为一整体结构，且截面尺寸又较大时，计算中应考虑其厚度的影响。

当肘型进水流道和直管式出水流道由导流隔水墙分割成双孔矩形断面时，亦可按对称框架结构进行应力计算。

当虹吸式出水流道的上升段承受较大的纵向力时，除应计算横向应力外，还应计算纵向应力。

6.5.6 双向进、出水流道应力，可分别按肘型进水流道和直管式出水流道进行计算。

6.5.7 混凝土蜗壳式出水流道应力，可简化为平面“Γ”型刚架、环形板或双向板结构进行计算。

6.5.8 机墩结构型式可根据机组特性和泵房结构布置等因素选用。机墩强度可按正常运用和短路两种荷载组合分别进行计算。计算时，应计入动荷载的影响。对于高扬程泵站，计算机墩稳定时，应计入出水管道水柱的推力，并应设置必要的抗推移设施。

6.5.9 立式机组机墩可按单自由度体系的悬臂梁结构进行共振、

振幅和动力系数的验算。对共振的验算，要求机墩强迫振动频率与自振频率之差和自振频率的比值不小于20%；对振幅的验算，应分析阻尼的影响，要求最大振幅不超过下列允许值：垂直振幅0.15mm，水平振幅0.20mm；对动力系数的验算，可忽略阻尼的影响，要求动力系数的验算结果为1.3～1.5。

卧式机组机墩可只进行垂直振幅的验算。

单机功率在160kW以下的立式轴流泵机组和单机功率在500kW以下的卧式离心泵机组，其机墩可不进行动力计算。

6.5.10 泵房排架应力可根据受力条件和结构支承形式等情况进行计算。对于干室型泵房，当水下侧墙刚度与排架柱刚度的比值小于或等于5.0时，墙与柱可联合计算；当水下侧墙刚度与排架柱刚度的比值大于5.0时，墙与柱可分开计算。泵房排架应具有足够的刚度。在各种情况下，排架顶部侧向位移应不超过1.0cm。

6.5.11 吊车梁结构型式可根据泵房结构布置、机组安装和设备吊运要求等因素选用。负荷重量大的吊车梁，宜采用预应力钢筋混凝土结构或钢结构。

吊车梁设计中，应考虑吊车起动、运行和制动时产生的影响，并应控制吊车梁的最大计算挠度不超过计算跨度的1/600（钢筋混凝土结构）或1/700（钢结构）。对于钢筋混凝土吊车梁，还应验算裂缝开展宽度，要求最大裂缝宽度不超过0.30mm。

负荷重量不大的吊车梁，可套用标准设计图集。

6.5.12 在地震基本烈度7度及7度以上地区，泵房应进行抗震计算，并应加设抗震措施。在地震基本烈度为6度的地区，对重要建筑物应采取适当的抗震措施。

7 进、出水建筑物设计

7.1 引　渠

7.1.1 泵站引渠的线路应根据选定的取水口及泵房位置，结合地形地质条件，经技术经济比较选定，并应符合下列要求：

7.1.1.1 渠线宜避开地质构造复杂、渗透性强和有崩塌可能的地段。渠身宜座落在挖方地基上，少占耕地。

7.1.1.2 渠线宜顺直。如需设弯道时，土渠弯道半径不宜小于渠道水面宽的5倍，石渠及衬砌渠道弯道半径不宜小于渠道水面宽的3倍，弯道终点与前池进口之间宜有直线段，长度不宜小于渠道水面宽的8倍。

7.1.2 引渠纵坡和断面，应根据地形、地质、水力、输沙能力和工程量等条件计算确定，并应满足引水流量，行水安全，渠床不冲、不淤和引渠工程量小的要求。

渠床糙率、渠道的比降和边坡系数等重要设计参数，可按国家现行有关规定采用。

7.1.3 引渠末段的超高应按突然停机，压力管道倒流水量与引渠来水量共同影响下水位壅高的正波计算确定。

7.1.4 季节性冻土地区的土质引渠采用衬砌时，应采取抗冻胀措施。

7.2 前池及进水池

7.2.1 泵站前池布置应满足水流顺畅、流速均匀、池内不得产生涡流的要求，宜采用正向进水方式。正向进水的前池，扩散角不应大于40°，底坡不宜陡于1∶4。

7.2.2 侧向进水的前池，宜设分水导流设施，并应通过水工模型试验验证。

7.2.3 多泥沙河流上的泵站前池应设隔墩分为多条进水道，每条进水道通向单独的进水池。在进水道首部应设进水闸及拦污设施，也可设水力排沙设施。

7.2.4 梯级泵站前池顶高可根据上、下级泵站流量匹配的要求，在最高运行水位以上预留调节高度确定。

7.2.5 泵站进水池的布置型式应根据地基、流态、含沙量、泵型及机组台数等因素，经技术经济比较确定，可选用开敞式、半隔墩式、全隔墩式矩形池或圆形池。多泥沙河流上宜选用圆形池，每池供一台或两台水泵抽水。

7.2.6 进水池设计应使池内流态良好，满足水泵进水要求，且便于清淤和管理维护。其尺寸的确定应符合本规范 9.2.3 的规定。

7.2.7 进水池的水下容积可按共用该进水池的水泵 30～50 倍设计流量确定。

7.3 进、出水流道

7.3.1 泵站进、出水流道型式应根据泵型、泵房布置、泵站扬程、出水池水位变化幅度和断流方式等因素，经技术经济比较确定。重要的大型泵站应进行装置模型试验验证。

7.3.2 泵站进水流道布置应满足下列要求：

7.3.2.1 流道型线平顺，各断面面积沿程变化应均匀合理。

7.3.2.2 出口断面处的流速和压力分布应比较均匀。

7.3.2.3 进口断面处流速宜取 0.8～1.0m/s。

7.3.2.4 在各种工况下，流道内不应产生涡带。

7.3.2.5 进口宜设置检修门槽。

7.3.2.6 应方便施工。

7.3.3 叶轮直径较大的立式机组的进水流道宜采用肘型。当受地基条件限制不宜深挖方时，可采用钟型进水流道。叶轮直径较小的立式机组和卧式机组可采用带有进水喇叭口的进水管道。

7.3.4 肘型和钟型进水流道的进口段底面宜做成平底，或向进口方向上翘，上翘角不宜大于 12°；进口段顶板仰角不宜大于 30°，进口上缘应淹没在进水池最低运行水位以下至少 0.5m。当进口段宽度较大时，可在该段设置隔水墩。

肘型和钟型流道的主要尺寸应根据水泵的结构和外形尺寸结合泵房布置确定。

7.3.5 泵站出水流道布置应满足下列要求：

7.3.5.1 与水泵导叶出口相连的出水室型式应根据水泵的结构和泵站的要求确定。

7.3.5.2 流道型线变化应比较均匀，当量扩散角宜取 8°～12°。

7.3.5.3 出口流速不宜大于 1.5m/s（出口装有拍门时，不宜大于 2.0m/s）。

7.3.5.4 应有合适的断流方式。

7.3.5.5 平直管出口宜设置检修门槽。

7.3.5.6 应方便施工。

7.3.6 泵站的断流方式应根据出水池水位变化幅度、泵站扬程、机组特性等因素，并结合出水流道型式选择，经技术经济比较确定。断流方式应符合下列要求：

7.3.6.1 运行可靠。

7.3.6.2 设备简单，操作灵活。

7.3.6.3 维护方便。

7.3.6.4 对机组效率影响较小。

7.3.7 对于出水池最低运行水位较高的泵站，可采用直管式出水管道，在出口设置拍门或快速闸门，并应在门后设置通气孔。

直管式出水流道的底面可做成平底，顶板宜向出口方向上翘。

7.3.8 对于立式或斜式轴流泵站，当出水池水位变化幅度不大时，宜采用虹吸式出水流道，配以真空破坏阀断流方式。驼峰底部高程应略高于出水池最高水位，驼峰顶部的真空度不应超过 7.5m

水柱高。驼峰处断面宜设计成扁平状。虹吸管管身接缝处应具有良好的密封性能。

7.3.9 对于低扬程卧式轴流泵站，可采用猫背式出水流道。若水泵叶轮中心线高于猫背式出水流道水位时，应采取抽真空充水起动的方式。

7.3.10 出水流道的出口上缘应淹没在出水池最低运行水位以下0.3～0.5m。当流道宽度较大时，宜设置隔水墩，其起点与机组中心线间的距离不应小于水泵出口直径的2倍。

7.3.11 进、出水流道均应设置检查孔，其孔径不宜小于0.7m。

7.3.12 灌排结合泵站的进水流道内宜设置导流锥、隔板等，必要时应进行装置模型试验。

7.4 出水管道

7.4.1 泵房外出水管道的布置，应根据泵站总体布置要求，结合地形、地质条件确定。管线应短而直，水力损失小，管道施工及运行管理应方便。管型、管材及管道根数等应经技术经济比较确定。

出水管道应避开地质不良地段，不能避开时，应采取安全可靠的工程措施。铺设在填方上的管道，填方应压实处理，做好排水设施。管道跨越山洪沟道时，应设置排洪建筑物。

7.4.2 出水管道的转弯角宜小于60°，转弯半径宜大于2倍管径。

管道在平面和立面上均需转弯且其位置相近时，宜合并成一个空间转弯角。管顶线宜布置在最低压力坡度线下。

当出水管道线路较长时，应在管线最高处设置排(补)气阀，其数量和直径应经计算确定。

7.4.3 出水管道的出口上缘应淹没在出水池最低运行水位以下0.1～0.2m。出水管道出口处应设置断流设施。

7.4.4 明管设计应满足下列要求：

7.4.4.1 明管转弯处必须设置镇墩。在明管直线段上设置的镇墩，其间距不宜超过100m。两镇墩之间的管道应设伸缩节，伸缩节应布置在上端。

7.4.4.2 管道支墩的型式和间距应经技术分析和经济比较确定。除伸缩节附近处，其他各支墩宜采用等间距布置。预应力钢筋混凝土管道应采用连续管座或每节设2个支墩。

7.4.4.3 管间净距不应小于0.8m，钢管底部应高出管道槽地面0.6m，预应力钢筋混凝土管承插口底部应高出管槽地面0.3m。

7.4.4.4 管槽应有排水设施。坡面宜护砌。当管槽纵向坡度较陡时，应设人行阶梯便道，其宽度不宜小于1.0m。

7.4.4.5 当管径大于或等于1.0m、且管道较长时，应设检查孔。每条管道设置的检查孔不宜少于2个。

7.4.4.6 在严寒地区冬季运行时，可根据需要对管道采取防冻保温措施。

7.4.5 埋管设计应满足下列要求：

7.4.5.1 埋管管顶最小埋深应在最大冻土深度以下。

7.4.5.2 埋管宜采用连续垫座。圬工垫座的包角可取90°～135°。

7.4.5.3 管间净距不应小于0.8m。

7.4.5.4 埋入地下的钢管应做防锈处理；当地下水对钢管有侵蚀作用时，应采取防侵蚀措施。

7.4.5.5 埋管上回填土顶面应做横向及纵向排水沟。

7.4.5.6 埋管应设检查孔，每条管道不宜少于2个。

7.4.6 钢管管身应采用镇静钢，钢材性能必须符合国家现行有关规定。焊条性能应与母材相适应。焊接成型的钢管应进行焊缝探伤检查和水压试验。

7.4.7 钢筋混凝土管道设计应满足下列要求：

7.4.7.1 混凝土强度等级：预应力钢筋混凝土不得低于C40；预制钢筋混凝土不得低于C25，现浇钢筋混凝土不得低于C20。

7.4.7.2 现浇钢筋混凝土管道伸缩缝的间距应按纵向应力计算确定，且不宜大于20m。在软硬两种地基交界处应设置伸缩缝或沉降缝。

7.4.7.3 预制钢筋混凝土管道及预应力混凝土管道在直线段每隔50～100m宜设一个安装活接头。管道转弯和分岔处宜采用钢管件连接，并设置镇墩。

7.4.8 管道上作用的荷载应包括：自重、水重、水压力、土压力、地下水压力、地面活荷载、温度作用、镇墩和支墩不均匀沉降引起的力、施工荷载、地震作用等。

管道结构分析的荷载组合可按表7.4.8采用。

7.4.9 出水管道应进行水力损失计算及水力暂态分析（水锤计算）。

7.4.10 明设钢管抗外压稳定的最小安全系数：光面管可取2.0，有加劲环的钢管可取1.8。

7.4.11 明设光面钢管管壁最小厚度，不宜小于（7.4.11）式计算值：

$$\delta=\frac{D}{130} \tag{7.4.11}$$

式中 δ——管壁厚度（mm）；

D——钢管内径（mm）。

设计采用的管壁厚度应考虑锈蚀、磨损等因素的影响，按其计算值增加1～2mm。受泥沙磨损较严重的钢管，对其管壁厚度的确定应作专门论证。

7.4.12 钢管管壁、加劲环及支承环的应力分析，可按国家现行标准《水电站压力钢管设计规范》规定的方法执行。

7.4.13 岔管布置宜采用Y型、卜型或三分岔型。对于管径大、水头高的岔管也可采用其它型式。钢岔管的结构设计和计算可按国家现行标准《水电站压力钢管设计规范》的有关规定执行。

7.4.14 镇墩和支墩的地基处理与否应根据地质条件确定。在季节性冻土地区，其埋置深度应大于最大冻土深度，镇墩和支墩四周回填土料宜采用砂砾料。

7.4.15 镇墩应按本规范附录C的规定进行抗滑、抗倾稳定及地基强度验算。镇墩抗滑稳定安全系数的允许值：基本荷载组合下为1.30，特殊荷载组合下为1.10；抗倾稳定安全系数的允许值：基本荷载组合下为1.50，特殊荷载组合下为1.20。

7.5 出水池及压力水箱

7.5.1 出水池的位置应结合站址、管线及输水渠道的位置进行选择。宜选在地形条件好、地基坚实稳定、渗透性小、工程量少的地点。如出水池必须建在填方上时，填土应碾压密实，并应采取防渗措施。

7.5.2 出水池布置应满足下列要求：

7.5.2.1 池内水流顺畅、稳定，水力损失小。

7.5.2.2 出水池若建在湿陷性地基上，应进行地基处理。

7.5.2.3 出水池底宽若大于渠道底宽，应设渐变段连接，渐变段的收缩角不宜大于40°。

7.5.2.4 出水池池中流速不应超过2.0m/s，且不允许出现水跃。

7.5.3 压力水箱应建在坚实地基上，并应与泵房或出水管道联接牢固。压力水箱的尺寸应满足闸门安装和检修的要求。

荷载组合表 表7.4.8

管道铺设形式	荷载组合	计算情况	荷载												
			管自重	满管水重	正常水压力	最高水压力	最低水压力	试验水压力	土压力	地下水压力	地面活荷载	温度作用	镇墩、支墩不均匀沉降力	施工荷载	地震作用
明管	基本组合	设计运用情况	√	√	√	—	—	—	—	—	—	√	√	—	—
	特殊组合	校核运用情况Ⅰ	√	√	—	√	—	—	—	—	—	√	√	—	—
		校核运用情况Ⅱ	√	√	—	—	√	—	—	—	—	√	√	—	—
		水压试验情况	√	√	—	—	—	√	—	—	—	—	—	—	—
		施工情况	√	—	—	—	—	—	—	—	—	—	—	√	—
		地震情况	√	√	√	—	—	—	—	—	—	√	√	—	√
埋管	基本组合	设计运用情况	√	√	√	—	—	—	√	√	√	—	—	—	—
		管道放空情况	√	—	—	—	—	—	√	√	√	—	—	—	—
	特殊组合	校核运用情况Ⅰ	√	√	—	√	—	—	√	√	√	—	—	—	—
		校核运用情况Ⅱ	√	√	—	—	√	—	√	√	√	—	—	—	—
		水压试验情况	√	√	—	—	—	√	—	—	—	—	—	—	—
		施工情况	√	—	—	—	—	—	—	—	—	—	—	√	—
		地震情况	√	√	√	—	—	—	√	√	√	—	—	—	√

注：正常水压力系指设计运用情况或地震情况下作用于管道内壁的内水压力；最高、最低水压力系指因事故停泵等暂态过程中（校核运用情况）出现在管道内壁的最大、最小内水压力。

8 其它型式泵站设计

8.1 竖井式泵站

8.1.1 当水源水位变化幅度在10m以上，且水位涨落速度大于2m/h，水流流速又大时，宜采用竖井式泵站。

8.1.2 当河岸坡度较陡，地质条件较好，洪、枯水期岸边水深和泵站提水流量均较大时，宜采用岸边取水的集水井与泵房合建的竖井式泵站。在岩基或坚实土基上，集水井与泵房基础可呈阶梯形布置；在中等坚实土基上，集水井与泵房基础宜呈水平布置。

当河岸坡度较缓，地质条件较差，洪、枯水期岸边有足够的水深，泵站提水流量不大，且机组起动要求不高时，可采用岸边取水的集水井与泵房分建的竖井式泵站。

8.1.3 无论集水井与泵房合建或分建，其取水建筑物的布置均应满足下列要求：

8.1.3.1 取水口上部的工作平台设计高程应按校核洪水位加波浪高度和0.5m的安全超高确定。

8.1.3.2 最低的取水口下缘距离河底高度应根据河流水文、泥沙特性及河床稳定情况等因素确定，但侧面取水口下缘距离河底高度不得小于0.5m，正面取水口下缘距离河底高度不得小于1.0m。

8.1.3.3 集水井应分格，每格应设置不少于两道的拦污、清污设施。

8.1.3.4 集水井的进水管数量不宜少于2根，其管径应按最低运行水位时的取水要求，经水力计算确定。

8.1.3.5 从多泥沙河流上取水，应设分层取水口，且在集水井内设排沙设施。

8.1.3.6 当水源有冰凌时，应设防冰、导冰设施。

8.1.4 当取水河段主流不靠岸，且河岸坡度平缓，枯水期岸边水深不足时，可采用河心取水的竖井式泵站。除取水建筑物的布置应符合本规范8.1.3的规定外，还应设置与河岸相通的工作桥。

8.1.5 竖井式泵房宜采用圆形。泵房内机组台数不宜多于4台。井壁顶部应设起吊运输设备。泵房内可不另设检修间。

8.1.6 竖井式泵房内应设安全方便的楼梯。对于总高度大于20m的竖井式泵房，宜增设电梯。泵房窗户应根据泵房内通风、采暖和采光的需要合理布置。当自然通风量不足时，可采用机械通风。

8.1.7 竖井式泵房内应有与机组隔开的操作室。操作室内应设置噪声消除措施。

8.1.8 竖井式泵房底板、井壁等结构应满足抗渗要求，联接部位止水措施应可靠耐久。

8.1.9 竖井式泵房、集水井、栈桥桥墩等基础埋置深度，均应在最大冲刷线以下。

8.1.10 竖井式泵房应建在坚实的地基上，否则应进行地基处理。

建于岸边的竖井式泵房，其抗滑稳定安全系数和基础底面应力不均匀系数的计算及允许值应符合本规范6.3.4，6.3.5，6.3.8和6.3.9的规定；建于河心的竖井式泵房，其抗浮稳定安全系数的计算及允许值应符合本规范6.3.6和6.3.7的规定。

8.2 缆车式泵站

8.2.1 当水源水位变化幅度在10m以上，水位涨落速度小于或等于2m/h，每台泵车日最大取水量为40000～60000m^3时，可采用缆车式泵站。其位置选择应符合下列要求：

8.2.1.1 河流顺直，主流靠岸，岸边水深不小于1.2m。

8.2.1.2 避开回水区或岩坡凸出地段。

8.2.1.3 河岸稳定，地质条件较好，岸坡在1∶2.5～1∶5

之间。

8.2.1.4 漂浮物少，且不易受漂木、浮筏或船只的撞击。

8.2.2 缆车式泵站设计应满足下列要求：

8.2.2.1 泵车数不应少于2台，每台泵车宜布置一条输水管。

8.2.2.2 泵车的供电电缆(或架空线)和输水管不得布置在同一侧。

8.2.2.3 变配电设施、对外交通道路应布置在校核洪水位以上，绞车房的位置应能将泵车上移到校核洪水位以上。

8.2.2.4 坡道坡度应与岸坡坡度接近，对坡道附近的上、下游天然岸坡亦应按所选坡道坡度进行整理，坡道面应高出上、下游岸坡0.3～0.4m，坡道应有防冲设施。

8.2.2.5 在坡道两侧应设置人行阶梯便道，在岔管处应设工作平台。

8.2.2.6 泵车上应有拦污、清污设施。从多泥沙河流上取水，应另设供应清水的技术供水系统。

8.2.3 每台泵车上宜装置水泵2台，机组应交错布置。

8.2.4 泵车车体竖向布置宜成阶梯形。泵车房的净高应满足设备布置和起吊的要求。泵车每排桁架下面的滚轮数宜为2～6个(取双数)，车轮宜选用双凸缘形。泵车上应设减震器。

8.2.5 泵车的结构设计除应进行静力计算外，还应进行动力计算，验算共振和振幅。结构的强迫振动频率与自振频率之差和自振频率的比值不应小于30%；振幅应符合国家现行标准《动荷载机器作用下的建筑物承重结构设计规范》的规定。

8.2.6 泵车应设保险装置。对于大、中型泵车，可采用挂钩式保险装置；对于小型泵车，可采用螺栓夹板式保险装置。

8.2.7 水泵吸水管可根据坡道形式和坡度进行布置。采用桥式坡道时，吸水管可布置在车体的两侧；采用岸坡式坡道时，吸水管应布置在车体迎水的正面。

8.2.8 水泵出水管道应沿坡道布置。对于岸坡式坡道，可采用埋设；对于桥式坡道，可采用架设。

水泵出水管均应装设闸阀。出水管并联后应与联络管相接。联络管宜采用曲臂式，管径小于400mm时，可采用橡胶管。出水管上还应设置若干个接头岔管。接头岔管间的高差：当采用曲臂联络管时，可取2.0～3.0m；当采用其它联络管时，可取1.0～2.0m。

8.3 浮船式泵站

8.3.1 当水源水位变化幅度在10m以上，水位涨落速度小于或等于2m/h，水流流速又较小时，可采用浮船式泵站。其位置选择应符合下列要求：

8.3.1.1 水位平稳，河面宽阔，且枯水期水深不小于1.0m。

8.3.1.2 避开顶冲、急流、大回流和大风浪区以及与支流交汇处，且与主航道保持一定距离。

8.3.1.3 河岸稳定，岸坡坡度在1∶1.5～1∶4之间。

8.3.1.4 漂浮物少，且不易受漂木、浮筏或船只的撞击。

8.3.1.5 附近有可利用作检修场地的平坦河岸。

8.3.2 浮船的型式应根据泵站的重要性、运行要求、材料供应及施工条件等因素，经技术经济比较选定。

8.3.3 浮船布置应包括机组设备间、船首和船尾等部分。当机组容量较大、台数较多时，宜采用下承式机组设备间。浮船首尾甲板长度应根据安全操作管理的需要确定，且不应小于2.0m。首尾舱应封闭，封闭容积应根据船体安全要求确定。

8.3.4 浮船的设备布置应紧凑合理，在不增加外荷载的情况下，应满足船体平衡与稳定的要求。不能满足要求时，应采取平衡措施。

8.3.5 浮船的型线和主尺度(吃水深、型宽、船长、型深)应按最大排水量及设备布置的要求选定，其设计应符合内河航运船舶设计规定。在任何情况下，浮船的稳性衡准系数不应小于1.0。

8.3.6 浮船的锚固方式及锚固设备应根据停泊处的地形、水流状况、航运要求及气象条件等因素确定。当流速较大时，浮船上游方向固定索不应少于3根。

8.3.7 联络管及其两端接头形式应根据河流水位变化幅度、流速、取水量及河岸坡度等因素，经技术经济比较选定。

8.3.8 输水管的坡度应与岸坡坡度一致。当地质条件能满足管道基础要求时，输水管可沿岸坡敷设；不能满足要求时，应进行地基处理，并设置支墩固定。

当输水管设置接头岔管时，其位置应按水位变化幅度及河岸坡度确定。接头岔管间的高差可取0.6～2.0m。

8.4 潜没式泵站

8.4.1 当水源水位变化幅度在15m以上，洪水期较短，含沙量不大时，可采用潜没式泵站。泵房内宜安装卧式机组，机组台数不宜多于4台。

8.4.2 潜没式泵站泵房内机电设备可采用单列式或双列式布置。筒壁顶部应设环形起重设备，泵房内可不另设检修间。房顶宜设天窗。廊道除设置缆车用作交通运输外，可兼作进风道和排风道。运行操作屏柜可布置在廊道入口处绞车房内。机电设备应有较高的自动化程度，可在岸上进行控制。

8.4.3 潜没式泵站泵房底板、墙壁、屋顶等结构应满足抗渗要求，联接部位止水措施应可靠耐久。

8.4.4 潜没式泵站泵房基础应锚固在完整的基岩上。泵房抗浮稳定安全系数的计算及其允许值，应符合本规范6.3.6和6.3.7的规定。

9 水力机械及辅助设备

9.1 主 泵

9.1.1 主泵选型应符合下列要求：

9.1.1.1 应满足泵站设计流量、设计扬程及不同时期供排水的要求。

9.1.1.2 在平均扬程时，水泵应在高效区运行；在最高与最低扬程时，水泵应能安全、稳定运行。排水泵站的主泵，在确保安全运行的前提下，其设计流量宜按最大单位流量计算。

9.1.1.3 由多泥沙水源取水时，应计入泥沙含量、粒径对水泵性能的影响；水源介质有腐蚀性时，水泵叶轮及过流部件应有防腐措施。

9.1.1.4 应优先选用国家推荐的系列产品和经过鉴定的产品。当现有产品不能满足泵站设计要求时，可设计新水泵。新设计的水泵必须进行模型试验或装置模型试验，经鉴定合格后方可采用。采用国外先进产品时，应有充分论证。

9.1.1.5 具有多种泵型可供选择时，应综合分析水力性能、机组造价、工程投资和运行检修等因素择优确定。条件相同时宜选用卧式离心泵。

9.1.2 梯级泵站主泵选型除应符合本规范9.1.1规定外，尚应满足下列要求：

9.1.2.1 级间流量搭配合理，在正常情况下不应弃水，也不得用阀门调节流量。

9.1.2.2 应按下列因素确定级间调节流量：

(1)进水侧水位的变化幅度；

(2)水泵流量的允许偏差宜为±5%；

(3)汽蚀、磨损对水泵流量的影响；

(4)水源含沙量对水泵流量的影响；

(5)级间的调蓄能力；

(6)级间渠系的输水损失。

9.1.2.3 轴流泵站或混流泵站宜选用变角调节满足流量平衡要求。

9.1.2.4 离心泵站的流量调节水泵宜采用1～3台卧式离心泵。

9.1.2.5 采用无级变速调节应经过技术经济论证。

9.1.3 多泥沙水源主泵选型除符合本规范9.1.1规定外，还应满足下列要求：

9.1.3.1 应优先选用汽蚀性能好的水泵。

9.1.3.2 机组转速宜较低。

9.1.3.3 过流部件应具有抗磨蚀措施。

9.1.3.4 水泵导轴承宜用清水润滑或油润滑。

9.1.4 主泵台数宜为3～9台。流量变化幅度大的泵站，台数宜多；流量比较稳定的泵站，台数宜少。

9.1.5 备用机组数的确定应根据供水的重要性及年利用小时数，并应满足机组正常检修要求。

对于重要的城市供水泵站，工作机组3台及3台以下时，应增设1台备用机组；多于3台时，宜增设2台备用机组。

对于灌溉泵站，装机3～9台时，其中应有1台备用机组；多于9台时应有2台备用机组。

对于年利用小时数很低的泵站，可不设备用机组。

对于处于水源含沙量大或含腐蚀性介质的工作环境的泵站，或有特殊要求的泵站，备用机组经过论证后可增加数量。

9.1.6 对于叶轮名义直径大于或等于1600mm的轴流泵和混流泵，应有装置模型试验资料；当对过流部件型线作较大更改时，应重新进行装置模型试验。

9.1.7 离心泵和蜗壳式混流泵可采用车削调节方式改变水泵性能参数，对车削后的叶轮必须做静平衡试验。

9.1.8 水泵可降速或增速运行。增速运行的水泵，其转速超过设计转速5%时，应对其强度、磨损、汽蚀、水力振动等进行论证。

9.1.9 应按下列因素分析确定水泵最大轴功率：

(1)配套电动机与水泵额定转速不同时对轴功率的影响；

(2)运行范围内最不利工况对轴功率的影响；

(3)含沙量对轴功率的影响。

9.1.10 水泵安装高程必须满足下列要求：

9.1.10.1 在进水池最低运行水位时，必须满足不同工况下水泵的允许吸上真空高度或必需汽蚀余量的要求。当电动机与水泵额定转速不同时，或在含泥沙水源中取水时，应对水泵的允许吸上真空高度或必需汽蚀余量进行修正。

9.1.10.2 轴流泵或混流泵立式安装时，其基准面最小淹没深度应大于0.5m。

9.1.10.3 进水池内严禁产生有害的漩涡。

9.1.11 并联运行的水泵，其设计扬程应接近，并联运行台数不宜超过4台。串联运行的水泵，其设计流量应接近，串联运行台数不宜超过2台，并应对第二级泵壳进行强度校核。

9.1.12 采用液压操作的全调节水泵，全站可共用一套油压装置，其有效容积可按一台接力器有效容积的5倍确定。

9.1.13 低扬程轴流泵应有防止抬机的措施。用于城镇供水的全调节水泵，不宜采用油压操作。

9.1.14 轴流泵站与混流泵站的装置效率不宜低于70%；净扬程低于3m的泵站，其装置效率不宜低于60%。

9.1.15 离心泵站抽取清水时，其装置效率不宜低于65%；抽取多沙水流时，不宜低于60%。

9.2 进水管道及泵房内出水管道

9.2.1 离心泵进水管道设计流速宜取 1.5～2.0m/s，出水管道设计流速宜取 2.0～3.0m/s。

9.2.2 离心泵进水管件应按下列要求配置：

9.2.2.1 水泵进口最低点位于进水池最高运行水位以下时，应有截流设施。

9.2.2.2 进水管进口应设喇叭管，喇叭口流速宜取 1.0～1.5m/s，喇叭口直径宜等于或大于 1.25 倍进水管直径。

9.2.3 离心泵进水管喇叭口与建筑物距离应符合下列要求：

9.2.3.1 喇叭口的悬空高度：

(1)喇叭管垂直布置时，取(0.6～0.8)D(D 为喇叭管进口直径，下同)；

(2)喇叭管倾斜布置时，取(0.8～1.0)D；

(3)喇叭管水平布置时，取(1.0～1.25)D。

9.2.3.2 喇叭口的淹没深度：

(1)喇叭管垂直布置时，大于(1.0～1.25)D；

(2)喇叭管倾斜布置时，大于(1.5～1.8)D；

(3)喇叭管水平布置时，大于(1.8～2.0)D。

9.2.3.3 喇叭管中心线与后墙距离取(0.8～1.0)D，同时应满足喇叭管安装的要求。

9.2.3.4 喇叭管中心线与侧墙距离取 1.5D。

9.2.3.5 喇叭管中心线至进水室进口距离大于 4D。

9.2.4 离心泵出水管件配置应符合下列要求：

9.2.4.1 水泵出口应设工作阀门，扬程高、管道长的大型泵站，宜选用两阶段关闭的液压操作蝶阀。

9.2.4.2 出水管工作阀门的额定工作压力及操作力矩，应满足水泵关阀起动的要求。

9.2.4.3 出水管不宜安装逆止阀。

9.2.4.4 出水管应安装半固定式伸缩节，其安装位置应便于水泵的安装和拆卸。

9.2.4.5 进水钢管穿墙时，宜采用刚性穿墙管，出水钢管穿墙时宜采用柔性穿墙管。

9.3 泵站水锤及其防护

9.3.1 有可能产生水锤危害的泵站，在各设计阶段均应进行事故停泵水锤计算。在可行性研究阶段，允许采用简易图解法计算；在初步设计阶段及施工图阶段宜采用特征线法或其它精度比较高的计算方法进行计算。

9.3.2 当事故停泵瞬态特性参数不能满足下列要求时，应采取防护措施。

9.3.2.1 离心泵最高反转速度不应超过额定转速的 1.2 倍，超过额定转速的持续时间不应超过 2min。

9.3.2.2 立式机组在低于额定转速 40%的持续运行时间不应超过 2min。

9.3.2.3 最高压力不应超过水泵出口额定压力的 1.3～1.5 倍。

9.3.2.4 管道任何部位不应出现水柱断裂。

9.3.3 真空破坏阀应有足够的过流面积，动作应准确可靠；用拍门或快速闸门作为断流设施时，其断流时间应满足水锤防护的要求。

9.4 真空、充水系统

9.4.1 泵站有下列情况之一者宜设真空、充水系统：

9.4.1.1 具有虹吸式出水流道的轴流泵站和混流泵站。

9.4.1.2 卧式泵叶轮淹没深度低于 3/4 时。

9.4.2 真空泵宜设 2 台，互为备用，其容量确定应符合下列要求：

9.4.2.1 轴流泵和混流泵抽除流道内最大空气容积的时间宜

为 10～20min。

9.4.2.2 离心泵单泵抽气充水时间不宜超过 5min。

9.4.3 采用虹吸式出水流道的泵站，可利用已运行机组的驼峰负压，作为待起动机组抽真空之用，但抽气时间不应超过 10～20min。

9.4.4 抽真空系统应密封良好。

9.5 排水系统

9.5.1 泵站应设机组检修及泵房渗漏水的排水系统，泵站有调相要求时，应兼顾调相运行排水。检修排水与其它排水合成一个系统时，应有防止外水倒灌的措施，并宜采用自流排水方式。

9.5.2 排水泵不应少于 2 台，其流量确定应满足下列要求：

9.5.2.1 无调相运行要求的泵站，检修排水泵可按 4～6h 排除单泵流道积水和上、下游闸门漏水量之和确定。

9.5.2.2 采用叶轮脱水方式作调相运行的泵站，按一台机组检修，其余机组按调相的排水要求确定。

9.5.2.3 渗漏排水自成系统时，可按 15～20min 排除集水井积水确定，并设 1 台备用泵。

9.5.3 渗漏排水和调相排水应按水位变化实现自动操作，检修排水可采用手动操作。

9.5.4 叶轮脱水调相运行时，流道内水位应低于叶轮下缘 0.3～0.5m。

9.5.5 排水泵的管道出口上缘应低于进水池最低运行水位，并在管口装设拍门。

9.5.6 采用集水廊道时，其尺寸应满足人工清淤的要求，廊道的出口不应少于 2 个。采用集水井时，井的有效容积按 6～8h 的漏水量确定。

9.5.7 在主泵进、出水管道的最低点或出水室的底部，应设放空管。排水管道应有防止水生生物堵塞的措施。

9.5.8 蓄电池室含酸污水及生活污水的排放，应符合环境保护的有关规定。

9.6 供水系统

9.6.1 泵站应设主泵机组和辅助设备的冷却、润滑、密封、消防等技术用水以及运行管理人员生活用水的供水系统。

9.6.2 供水系统应满足用水对象对水质、水压和流量的要求。水源含沙量较大或水质不满足要求时，应进行净化处理，或采用其它水源。生活饮用水应符合现行国家标准《生活饮用水卫生标准》的规定。

9.6.3 自流供水时，可直接从泵出水管取水；采用水泵供水时，应设能自动投入工作的备用泵。

9.6.4 供水管内流速宜按 2～3m/s 选取，供水泵进水管流速宜按 1.5～2.0m/s 选取。

9.6.5 采用水塔(池)集中供水时，其有效容积应满足下列要求：

9.6.5.1 轴流泵站和混流泵站取全站 15min 的用水量。

9.6.5.2 离心泵站取全站 2～4h 的用水量。

9.6.5.3 满足全站停机期间的生活用水需要。

9.6.6 每台供水泵应有单独的进水管，管口应有拦污设施，并易于清污；水源污物较多时，宜设备用进水管。

9.6.7 沉淀池或水塔应有排沙清污设施，在寒冷地区还应有防冻保温措施。

9.6.8 供水系统应装设滤水器，在密封水及润滑水管路上还应加设细网滤水器，滤水器清污时供水不应中断。

9.6.9 泵房消防设施的设置应符合下列规定：

9.6.9.1 油库、油处理室应配备水喷雾灭火设备。

9.6.9.2 主泵房电动机层应设室内消火栓，其间距不宜超过 30m。

9.6.9.3 单台储油量超过 5t 的电力变压器，应设水喷雾灭火设备。

9.6.10 消防水管的布置应满足下列要求：

9.6.10.1 一组消防水泵的进水管不应少于2条，其中1条损坏时，其余的进水管应能通过全部用水量。消防水泵宜用自灌式充水。

9.6.10.2 室内消火栓的布置，应保证有2支水枪的充实水柱同时到达室内任何部位。

9.6.10.3 室内消火栓应设于明显的易于取用的地点，栓口离地面高度应为1.1m，其出水方向与墙面应成90°角。

9.6.10.4 室外消防给水管道直径不应小于100mm。

9.6.10.5 室外消火栓的保护半径不宜超过150m，消火栓距离路边不应大于2.0m，距离房屋外墙不宜小于5m。

9.6.11 室内消防用水量宜按2支水枪同时使用计算，每支水枪用水量不应小于2.5L/s。同一建筑物内应采用同一规格的消火栓、水枪和水带，每根水带长度不应超过25m。

9.7 压缩空气系统

9.7.1 泵站应根据机组的结构和要求，设置机组制动、检修、防冻吹冰、密封围带、油压装置及破坏真空等用气的压缩空气系统。

9.7.2 压缩空气系统应满足各用气设备的用气量、工作压力及相对湿度的要求，根据需要可分别设置低压和高压系统：

低压系统压力应为8×10^5～10×10^5Pa；

高压系统压力应为25×10^5～40×10^5Pa。

9.7.3 低压系统应设贮气罐，其总容积可按全部机组同时制动的总耗气量及最低允许压力确定。

9.7.4 低压空气压缩机的容量可按15～20min恢复贮气罐额定压力确定。

低压系统宜设2台空气压缩机，互为备用，或以高压系统减压作为备用。

9.7.5 高压空气压缩机宜设2台，总容量可按2h内将1台油压装置的压力油罐充气至额定工作压力值确定。

9.7.6 低压空气压缩机宜按自动操作设计，贮气罐应设安全阀、排污阀及压力信号装置。

9.7.7 空气压缩机和贮气罐宜设于单独的房间内。主供气管道应有坡度，并在最低处装设集水器和放水阀。空气压缩机出口管道上应设油水分离器。自动操作时，应装卸荷阀和温度继电器以及监视冷却水中断的示流信号器。

9.7.8 供气管直径应按空气压缩机、贮气罐、用气设备的接口要求，并结合经验选取。低压系统供气管道可选用水煤气管，高压系统应选用无缝钢管。

9.8 供油系统

9.8.1 泵站应根据需要设置机组润滑、叶片调节、油压启闭等用油的透平油供油系统和变压器、油断路器用油的绝缘油供油系统。两系统均应满足贮油、输油和油净化的要求。

9.8.2 透平油和绝缘油供油系统均宜设置不少于2只容积相等、分别用于贮存净油和污油的油桶。

每只透平油桶的容积，可按最大一台机组、油压装置或油压启闭设备中最大用油量的1.1倍确定。

每只绝缘油桶的容积，可按最大一台变压器用油量的1.1倍确定。

9.8.3 油处理设备的种类、容量及台数应根据用油量选择。泵站不宜设油再生设备和油化验设备。

9.8.4 梯级泵站或泵站群宜设中心油系统，配置油分析与油化验设备，加大贮油及油净化设备的容量和台数，并根据情况设置油再生设备。每个泵站宜设能贮存最大一台机组所需油量的净油容器一个。

9.8.5 机组台数在4台及4台以上时，宜设供、排油总管。机组充油时间不宜大于2h。机组少于4台时，可通过临时管道直接向用油设备充油。

9.8.6 装有液压操作阀门的泵站，在低于用油设备的地方设漏油箱，其数量可根据液压阀的数量决定。

9.8.7 油桶及变压器事故排油不应污染水源或污染环境。

9.9 起重设备及机修设备

9.9.1 泵站应设起重设备，其额定起重量应根据最重吊运部件和吊具的总重量确定。起重机的提升高度应满足机组安装和检修的要求。

9.9.2 起重量等于或小于5t，主泵台数少于4台时，宜选用手动单梁起重机；起重量大于5t时，宜选用电动单梁或双梁起重机。

9.9.3 起重机的工作制应采用轻级、慢速。制动器及电气设备的工作制应采用中级。

9.9.4 起重机跨度级差应按0.5m选取，起重机轨道两端应设阻进器。

9.9.5 泵站宜设机械修配间，机修设备的品种和数量应满足机组小修的要求。

9.9.6 梯级泵站或泵站群宜设中心修配厂，所配置的机修设备应能满足机组及辅助设备大修的要求。各泵站还应配备简易的常用机修设备。

9.9.7 泵站可适当配置供维修与安装用的汽车、手动葫芦和千斤顶等起重运输设备。

9.10 通风与采暖

9.10.1 泵房通风与采暖方式应根据当地气候条件、泵房型式及对空气参数的要求确定。

9.10.2 主泵房和辅机房宜采用自然通风。当自然通风不能满足要求时，可采用自然进风，机械排风。中控室和微机室宜设空调装置。

9.10.3 主电动机宜采用管道通风、半管道通风或空气密闭循环通风。风沙较大的地区，进风口宜设防尘滤网。

9.10.4 蓄电池室、贮酸室和套间应设独立的通风系统。室内换气次数应符合下列规定：

(1)开敞式酸性蓄电池室，不应少于15次/h；

(2)防酸隔爆蓄电池室，不应少于6次/h；

(3)贮酸室，不应少于6次/h；

(4)套间，不应少于3次/h。

(5)蓄电池室及贮酸室应采用机械排风，室内应保持负压。严禁室内空气循环使用。排风口至少应高出泵房顶1.5m。

9.10.5 蓄电池室、贮酸室和套间的通风设备应有防腐措施。配套电动机应选用防爆型。通风机与充电装置之间可设电气联锁装置。

当采用防酸隔爆蓄电池时，通风机与充电装置之间可不设电气联锁装置。

9.10.6 蓄电池室温度宜保持在10～35℃。室温低于10℃时，可在旁室的进风管上装设密闭式电热器。电热器与通风机之间应设电气联锁装置。不设采暖设备时，室内最低温度不得低于0℃。

9.10.7 中控室、微机室和载波室的温度不宜低于15℃，当不能满足时应有采暖设施，且不得采用火炉。

电动机层宜优先利用电动机热风采暖，其室温在5℃及其以下时，应有其它采暖设施。严寒地区的泵站在非运行期间，可根据当地情况设置采暖设备。

9.10.8 主泵房和辅机房夏季室内空气参数应符合表9.10.8-1及表9.10.8-2的规定。

主泵房夏季室内空气参数表　　表 9.10.8-1

部位	室外计算温度（℃）	地面式泵房 温度（℃）	地面式泵房 相对湿度（%）	地面式泵房 平均风速（m/s）	地下式或半地下式泵房 温度（℃）	地下式或半地下式泵房 相对湿度（%）	地下式或半地下式泵房 平均风速（m/s）
电动机层工作地带	<29	<32	<75	不规定	<32	<75	0.2～0.5
	29～32	比室外高 3	<75	0.2～0.5	比室外高 2	<75	0.5
	>32	比室外高 3	<75	0.5	比室外高 2	<75	0.5
水泵层		<33	<80	不规定	<33	<80	不规定

辅机房夏季室内空气参数表　　表 9.10.8-2

部位	室外计算温度（℃）	地面式辅机房 温度（℃）	地面式辅机房 相对湿度（%）	地面式辅机房 平均风速（m/s）	地下室或半地下室辅机房 温度（℃）	地下室或半地下室辅机房 相对湿度（%）	地下室或半地下室辅机房 平均风速（m/s）
中控室载波室	<29	<32	<70	0.2	<32	≤70	不规定
	29～32	<32	<70	0.2～0.5	比室外高 2	≤70	0.2
	>32	<32	<70	0.5	<33	≤70	0.2～0.5
微机室		20～25	≤60	0.2～0.5	20～25	≤60	0.2～0.5
开关室 站用变压器室		≤40	不规定	不规定	≤40	不规定	不规定
蓄电池室		≤35	≤75	不规定	≤35	不规定	不规定

9.11 水力机械设备布置

9.11.1 泵房水力机械设备布置应满足设备的运行、维护、安装和检修的要求，达到紧凑、整齐、美观的要求。

9.11.2 立式泵机组的间距应取下列的大值：

9.11.2.1 电动机风道盖板外径与不小于 1.5m 宽的运行通道的尺寸总和。

9.11.2.2 进水流道最大宽度与相邻流道之间的闸墩厚度的尺寸总和。

9.11.3 机组段长度应按本规范 9.11.2 的规定确定。当泵房分缝或需放置辅助设备时，可适当加大。

9.11.4 卧式泵进水管中心线的距离应符合下列要求：

9.11.4.1 单列布置时，相邻机组之间的净距不应小于 1.8～2.0m。

9.11.4.2 双列布置时，管道与相邻机组之间的净距不应小于 1.2～1.5m。

9.11.4.3 就地检修的电动机应满足转子抽芯的要求。

9.11.4.4 应满足进水喇叭管布置及水工布置的要求。

9.11.5 边机组段长度应满足设备吊装以及楼梯、交通道布置的要求。

9.11.6 安装检修间长度可按下列原则确定：

9.11.6.1 立式机组应满足一台机组安装或扩大性大修的要求。机组检修应充分利用机组间的空地。在安装间，除了放置电动机转子外，尚应留有运输最重件的汽车进入泵房的场地，其长度可取 1.0～1.5 倍机组段长度。

9.11.6.2 卧式机组应满足设备进入泵房的要求，但不宜小于 5.0m。

9.11.7 主泵房宽度应按下列原则确定：

9.11.7.1 立式机组：泵房宽度应由电动机或风道最大尺寸及上、下游侧运行维护通道所要求的尺寸确定。电动机层和水泵层的上、下游侧均应有运行维护通道，其净宽不宜小于 1.2～1.5m；当一侧布置有操作盘柜时，其净宽不宜小于 2.0m。水泵层的运行通道还应满足设备搬运的要求。

9.11.7.2 卧式机组：泵房宽度应根据水泵、阀门和所配置的其它管件尺寸，并满足设备安装、检修以及运行维护通道或交通道布置的要求确定。

9.11.8 主泵房电动机层以上净高应满足以下要求：

9.11.8.1 立式机组：应满足水泵轴或电动机转子连轴的吊运要求。如果叶轮调节机构为机械操作，还应满足调节杆吊装的要求。

9.11.8.2 卧式机组：应满足水泵或电动机整体吊运或从运输设备上整体装卸的要求。

9.11.8.3 起重机最高点与屋面大梁底部距离不应小于0.3m。

9.11.9 吊运设备与固定物的距离应符合下列要求：

9.11.9.1 采用刚性吊具时，垂直方向不应小于0.3m；采用柔性吊具时，垂直方向不应小于0.5m。

9.11.9.2 水平方向不应小于0.4m。

9.11.9.3 主变压器检修时，其抽芯所需的高度不得作为确定主泵房高度的依据。起吊高度不足时，应设变压器检修坑。

9.11.10 水泵层净高不宜小于4.0m，排水泵室净高不宜小于2.4m，排水廊道净高不宜小于2.2m。空气压缩机室净高应大于贮气罐总高度，且不应低于3.5m，并有足够的泄压面积。

9.11.11 在大型卧式机组的四周，宜设工作平台。平台通道宽度不宜小于1.2m。

9.11.12 装有立式机组的泵房，应有直通水泵层的吊物孔，其尺寸应能满足导叶体吊运的要求。

9.11.13 在泵房的适当位置应预埋便于设备搬运或检修的挂环以及架设检修平台所需要的构件。

10 电气设计

10.1 供电系统

10.1.1 泵站的供电系统设计应以泵站所在地区电力系统现状及发展规划为依据，经技术经济论证，合理确定供电点、供电系统接线方案、供电容量、供电电压、供电回路数及无功补偿方式等。

10.1.2 泵站宜采用专用直配输电线路供电。根据泵站工程的规模和重要性，合理确定负荷等级。

10.1.3 对泵站的专用变电站，宜采用站、变合一的供电管理方式。

10.1.4 泵站供电系统应考虑生活用电，并与站用电分开设置。

10.2 电气主接线

10.2.1 电气主接线设计应根据供电系统设计要求以及泵站规模、运行方式、重要性等因素合理确定。应接线简单可靠、操作检修方便、节约投资。当泵站分期建设时，应便于过渡。

10.2.2 电气主接线的电源侧宜采用单母线不分段。对于双回路供电的泵站，也可采用单母线分段或其它接线方式。

10.2.3 电动机电压母线宜采用单母线接线，对于多机组、大容量和重要泵站也可采用单母线分段接线。

10.2.4 6～10kV电动机电压母线进线回路宜设置断路器。采用双回路供电时，应按每一回路承担泵站全部容量设计。

10.2.5 站用变压器宜接在供电线路进线断路器的线路一侧，也可接在主电动机电压母线上。

当设置2台站用变压器，且附近有可靠外来电源时，宜将其中

1台与外电源连接。

10.3 主电动机及主要电气设备选择

10.3.1 泵站电气设备选择应符合下列规定：

10.3.1.1 性能良好、可靠性高、寿命长。

10.3.1.2 功能合理，经济适用。

10.3.1.3 小型、轻型化，占地少。

10.3.1.4 维护检修方便，不易发生误操作。

10.3.1.5 确保运行维护人员的人身安全。

10.3.1.6 便于运输和安装。

10.3.1.7 设备噪声应符合国家有关环境保护的规定。

10.3.1.8 对风沙、冰雪、地震等自然灾害，应有防护措施。

10.3.2 泵站主电动机的选择应符合下列要求：

10.3.2.1 主电动机的容量应按水泵运行可能出现的最大轴功率选配，并留有一定的储备，储备系数宜为1.10～1.05。

10.3.2.2 主电动机的型号、规格和电气性能等应经过技术经济比较选定。

10.3.2.3 当技术经济条件相近时，电动机额定电压宜优先选用10kV。

10.3.3 主变压器的容量应根据泵站的总计算负荷以及机组起动、运行方式进行确定。

当选用2台及2台以上变压器时，宜选用相同型号和容量的变压器。

当选用不同容量和型号的变压器时，必须符合变压器并列运行条件。

主变压器容量计算与校验应符合本规范附录D的规定。

10.3.4 泵站在系统中有调相任务，或供电网络的电压偏移不能满足供电电压要求时，宜选用有载调压变压器。

10.3.5 选择6～10kV断路器时，应按电动机起动频繁度和短路电流，选用新型电气设备。

10.3.6 导体和电器的选择及校验，除应符合本规范的规定外，尚应符合国家现行标准《导体和电器设备选择设计技术规定》及《高压配电装置设计技术规程》的有关规定。

10.4 无功功率补偿

10.4.1 无功功率补偿应按现行的《全国供用电规则》及《功率因数调整电费办法》的要求进行设计，做到全面规划，合理布局，就地平衡。

10.4.2 泵站在计费计量点的功率因数不应低于0.85。当主变压器采用有载调压装置或容量在3150kVA及3150kVA以上时，功率因数不应低于0.9。达不到上述要求时，应进行无功功率补偿。

10.4.3 主电动机的单机额定容量在630kW及630kW以上时，宜用同步电动机进行补偿。

10.4.4 主电动机的单机额定容量在630kW以下的泵站，宜采用静电电容器进行无功功率补偿。无功补偿电容器应分组，并能根据需要及时投入或退出运行。电容补偿装置宜选用成套电容器柜，并应装设专用的控制、保护和放电设备。设备载流部分长期允许电流不应小于电容器组额定电流值的1.3倍。

10.5 机组起动

10.5.1 机组应优先采用全电压直接起动方式，并应符合下列规定：

10.5.1.1 母线电压降不宜超过额定电压的15%。

10.5.1.2 当电动机起动引起的电压波动不致破坏其它用电设备正常运行，且起动电磁力矩大于静阻力矩时，电压降可不受15%额定电压的限制。

10.5.1.3 当对系统电压波动有特殊要求时，也可采用降压起动。

10.5.1.4 必要时应进行起动分析，计算起动时间和校验主电动机的热稳定。

10.5.2 电动机起动应按供电系统最小运行方式和机组最不利的运行组合形式进行计算：

10.5.2.1 当同一母线上全部装置同步电动机时，必须首先按最大一台机组的起动进行起动计算。

10.5.2.2 当同一母线上全部装置异步电动机时，必须按最后一台最大机组的起动进行起动计算。

10.5.2.3 当同一母线上装置有同步电动机和异步电动机时，必须按全部异步电动机投入运行，再起动最大一台同步电动机的条件进行起动计算。

10.6 站 用 电

10.6.1 泵站站用电设计应根据电气主接线及运行方式、枢纽布置条件和泵站特性进行技术经济比较确定。

10.6.2 站用变压器台数应根据站用电的负荷性质、接线形式和检修方式等综合确定，数量不宜超过2台。

10.6.3 站用变压器容量应满足可能出现的最大站用负荷。采用2台站用变压器时，其中1台退出运行，另1台应能承担重要站用负荷或短时最大负荷，其容量应按本规范附录E的要求选择。

10.6.4 站用电的电压应采用380/220V中性点接地的三相四线制系统。当设置2台站用变压器时，站用电母线宜采用单母线分段接线，并装设备用电源自动投入装置。由不同电压等级供电的2台站用变压器低压侧不得并列运行。接有同步电动机励磁电源的站用变压器，应将其高压侧与该电动机接在同一母线段。

10.6.5 集中布置的站用电低压配电装置，应采用成套低压配电屏。对距离低压配电装置较远的站用电负荷，宜在负荷中心设置动力配电箱供电。

10.7 屋内外主要电气设备布置及电缆敷设

10.7.1 泵站电气设备布置应符合下列要求：

10.7.1.1 布置应紧凑，并有利于主要电气设备之间的电气联接和安全运行，且检修维护方便。降压变电站应尽量靠近主泵房、辅机房。

10.7.1.2 必须结合泵站枢纽总体规划，交通道路、地形、地质条件，自然环境和水工建筑物等特点进行布置，应减少占地面积和土建工程量，降低工程造价。

10.7.1.3 泵站分期建设时，应按分期实施方案确定。

10.7.2 6～10kV高压配电装置应优先采用成套高压开关柜，并设置单独的高压配电室。高、低压配电室，中控室，电缆沟进、出口洞，通气孔应有防止鸟、雀、鼠等小动物钻入和雨雪飘入屋内的设施。

10.7.3 电动机单机容量在630kW及630kW以上，且机组在2台及2台以上时或单机容量在630kW以下、且机组台数在3台以上时，应设中控室，采用集中控制。室净高不应低于4m。

10.7.4 中控室的设计应符合下列要求：

10.7.4.1 便于运行和维护。

10.7.4.2 条件允许时，宜设置能从中控室瞭望机组的窗户或平台。

10.7.4.3 中控室面积应根据泵站规模、自动化水平等因素确定。

10.7.4.4 中控室噪声、温度和湿度应满足工作和设备环境要求。

10.7.5 站用变压器如布置在主泵房内，其油量为100kg以上时，应安装在单独的防爆专用变压器小间内，站用电低压配电装置应靠近站用变压器布置。

专供同步电动机励磁用的油浸变压器亦应安装在单独小

间内。

10.7.6 站用变压器室内最高温度不应超过设备最高允许使用温度，干式变压器场地的相对湿度不宜大于85%。

10.7.7 干式变压器可不设单独的变压器小间，高、低压引线裸露部分对地距离应符合国家现行标准《高压配电装置设计技术规程》的规定。对无外罩的干式变压器应设置安全防护设施。

10.7.8 油浸变压器上部空间不得作为与其无关的电缆通道。干式变压器上部可通过电缆，但电缆与变压器顶部距离不得小于2m。

10.7.9 6～10kV高压配电装置和380/220V低压配电装置宜布置在单独的高低压配电室内。

10.7.10 同步电动机励磁屏宜布置在机旁。当机组保护、自动屏等布置在机旁时，可选用同一类型屏，采用一列式布置。

10.7.11 布置在室内的配电装置和站用变压器应设火警信号装置。

10.7.12 当采用酸性蓄电池时，必须设单独的蓄电池室，并应布置在地面层，不得布置在中控室和高、低压配电室，电子计算机房和通信室上层。蓄电池室应有套间和通风设施，其设计应符合国家现行标准《蓄电池运行规程》的有关规定。

10.7.13 高压油浸式电容器室的设计应符合下列要求：

10.7.13.1 耐火等级不应低于二级。

10.7.13.2 环境温度不应低于－5℃，且不得超过40℃。

10.7.13.3 电容器组应设置贮油坑。

10.7.14 中控室，主泵房和高、低压配电室内的电缆，应敷设在电缆支(吊)架上或电缆沟内托架上。电缆沟应设强度高、质量轻、便于移动的防火盖板。

10.7.15 电缆沟内应设置防火、排水设施，排水坡度不宜小于2%。电缆管进、出口应采取防止水进入管内的措施。

10.7.16 屋外直埋敷设的电缆，其埋设深度不宜小于0.7m。当冻土层厚度超过0.7m时，应采取防止电缆损坏的措施。

10.7.17 电缆敷设应符合下列要求：

10.7.17.1 普通支(吊)架的跨距、桥架组成中的梯形托架横撑间距，不宜大于表10.7.17-1所列数值。

普通支(吊)架跨距、桥架组成中的梯形托架横撑间距(mm)　　表10.7.17-1

类　型	明敷电缆特征	敷设方式	
		水平	垂直
普通支(吊)架跨距	全塑性	400①	1000
	除全塑型外的中、低压电缆	800	1500
	35kV以上高压电缆	1500	2000
桥架组成中的梯形托架、横撑间距	中低压电缆	300	400
	35kV以上高压电缆	400	600

注：①沿支架能把电缆固定时，允许跨距增大一倍。

10.7.17.2 电缆垂直敷设时，应在每一个支架上用夹头固定；水平敷设时，应在电缆首末两端、转弯处两侧及接头处用夹头固定。钢丝铠装电缆水平敷设时，支持点间距可取3～5m；垂直敷设时，可取6～10m。

10.7.17.3 垂直敷设或沿陡坡敷设的电缆，最高点与最低点之间的允许最大高差不应超过表10.7.17-2的规定。

电缆允许最大高差　　表10.7.17-2

电缆种类	额定电压(kV)	结构型式	允许敷设高差(m)	
			铅包铝包	塑料
粘性油浸纸绝缘电缆	3及3以下	无铠装	20	20
		有铠装	25	25
	6～10	有(无)铠装	15	15
	20～35	有(无)铠装	5	5
油浸纸滴干绝缘电缆	1～10	铅(铝)包型	100	100
		分相包型	300	

10.7.17.4 电缆允许弯曲半径不得小于表 10.7.17-3 的规定。

国产常用电缆允许弯曲半径(电缆外径倍数)

表 10.7.17-3

电缆种类			多芯	单芯
聚氯乙烯绝缘电缆			10	10
橡皮绝缘	非裸铅包或钢铠套		10	
	裸铅包护套		15	
	钢铠护套		20	
交联聚乙烯绝缘电缆(35kV 及 35kV 以下)			15	20
油浸纸绝缘	铅包	铠装	15	
		无铠装	20	10
	铝包	外径在 40mm 以下时	25	25
		外径在 40mm 以上时	30	30

10.7.17.5 电缆从地下(或电缆沟、廊道、井)引出在地坪上 2m 高的一段应采用金属管或罩加以保护并可靠接地。

10.7.17.6 动力电缆与控制电缆分层敷设在同一电缆支架上时,动力电缆应在控制电缆的上面,格层之间应用耐火板隔开。动力电缆格层间应按电压高的在最上层,依电压高低顺序向下排列,并在层间加装石棉水泥板。

10.7.17.7 电缆穿管敷设时,每管宜只穿一根电缆,管内径与电缆外径之比不得小于 1.5。每管最多不应超过 3 个弯头,直角弯头不应多于 2 个。

10.8 电气设备的防火

10.8.1 泵站电气设备的防火,应贯彻"预防为主,防消结合"的消防工作方针,预防火灾,减少火灾危害。应积极采用先进的防火技术,做到保障安全,使用方便,经济合理。

10.8.2 泵站建筑物、构筑物生产的火灾危险性类别和耐火等级不应低于表 10.8.2 的规定。

建筑物、构筑物生产的火灾危险性类别和耐火等级表

表 10.8.2

序号	建筑物、构筑物名称	火灾危险性类别	耐火等级
一、	主要建筑物、构筑物		
1.	主泵房、辅机房及安装间	丁	二
2.	油浸式变压器室	丙	一
3.	干式变压器室	丁	二
4.	配电装置室		
	单台设备充油量>100kg	丙	二
	单台设备充油量<100kg	丁	二
5.	母线室、母线廊道和竖井	丁	二
6.	中控室(含照明夹层)、继电保护屏室、自动和远动装置室、电子计算机房、通信室	丙	二
7.	屋外变压器场	丙	二
8.	屋外开关站、配电装置构架	丁	二
9.	组合电气开关站	丁	二
10.	高压充油电缆隧道和竖井	丙	二
11.	高压干式电力电缆隧道和竖井	丁	二
12.	电力电缆室、控制电缆室、电缆隧道和竖井	丁	二
13.	蓄电池室		
	防酸隔爆型铅酸蓄电池室	丙	二
	碱性蓄电池室	丁	二
14.	贮酸室、套间及通风机室	丙	二
15.	充放电盘室	丁	二
16.	通风机室、空气调节设备室	戊	二
17.	供排水泵室	戊	三

续表 10.8.2

序号	建筑物、构筑物名称	火灾危险性类别	耐火等级
18.	消防水泵室	戊	二
二、	辅助生产建筑物		
1.	油处理室	丙	二
2.	继电保护和自动装置试验室	丙	二
3.	高压试验室、仪表试验室	丁	二
4.	机械试验室	丁	三
5.	电工试验室	丁	三
6.	机械修配厂	丁	三
7.	水工观测仪表室	丁	二
三、	附属建筑物、构筑物		
1.	一般器材仓库		三
2.	警卫室		三
3.	汽车库(含消防仓库)		三

10.8.3 站区地面建筑物、屋外电气设备周围及主泵房、辅机房均应设置消火栓。

10.8.4 油量为2500kg以上的油浸式变压器之间防火间距：电压为35kV及35kV以下时，不应小于5m；电压为110kV时，不应小于8m；电压为220kV时，不应小于10m。

10.8.5 当相邻2台油浸式变压器之间防火间距不能满足要求时，应设置防火隔墙。隔墙顶高不应低于变压器油枕顶端高程，隔墙长度不应短于变压器贮油坑两端各加0.5m之和。

10.8.6 油浸式变压器及其它充油电气设备，其单台油量在100kg以上时，应设置贮油坑及公共集油池。

10.8.7 贮油坑容积应按贮存单台设备100%的油量确定。当贮油坑底设有排油管，能将油安全排至公共集油池时，其容积可按20%油量确定。

排油管内径不应小于150mm。管口应加装金属滤网。

10.8.8 贮油坑内应铺设粒径为50～80mm卵石层，其厚度不宜小于0.25m。

贮存100%设备油量的贮油坑上部宜装设栅格，栅条净距不应大于40mm。应在栅格上铺放卵石层。

10.8.9 油浸式站用变压器布置在屋内时，房门应为向外开启的乙级防火门，并直通屋外或走廊，不得开向其它房间。

10.8.10 变电站、配电装置室、蓄电池室、中控室、计算机房和通信室等均应配置手提式卤代烷灭火器及其它灭火器材。

10.8.11 配电装置室的长度大于7m时，应设2个出口；大于60m时，宜再增设1个出口。

10.8.12 配电装置室的门应为向疏散方向开启的丙级防火门。相邻配电装置室之间有门时，门应能向两个方向开启。

10.8.13 防酸隔爆型铅酸蓄电池室应有泄压设施。其泄压面设置不应影响疏散通道及设备安全。泄压面积与该室体积的比值不应小于0.03(m^2/m^3)。

10.8.14 电缆室、电缆隧道和穿越各机组段之间架空敷设的动力电缆、控制电缆等均应分层排列敷设。动力电缆上下层之间，应装设耐火隔板，其耐火极限不应低于0.5h。

10.8.15 电缆隧道和电缆沟道在穿越中控室、配电装置室处；穿越泵房外墙边以及电缆分支引接处，应设防火分隔设施。

10.8.16 动力电缆和控制电缆隧道每150m、充油电力电缆隧道每120m、电缆沟道每20m、电缆室每300m宜设一个防火分隔物。

防火分隔物应采用非燃烧材料，其耐火极限不应低于0.7h。

设在防火分隔物上的门应为丙级防火门。当不设防火门时，在防火分隔物两侧各1m的电缆区段上，应有防止串火的措施。

10.9 过电压保护及接地装置

10.9.1 砖木结构(无钢筋)主泵房和辅机房、屋内外配电装置、母线桥与架空进线、油处理室等重要设施均应装设防直击雷保护装置。

10.9.2 电压在 110kV 及 110kV 以上的屋外配电装置防直击雷保护，可将避雷针装设在配电装置构架上，构架应可靠接地。

对于 35～60kV 配电装置的防直击雷保护，宜采用独立避雷针，附近应设避雷针辅助接地装置，其接地电阻不应大于 10Ω。

独立避雷针离被保护的建筑物及与其有联系的金属物的距离应符合下列要求：

$$S_1 \geqslant 0.3R + 0.1h_x \quad (10.9.2\text{-}1)$$

$$S_2 \geqslant 0.3R \quad (10.9.2\text{-}2)$$

式中 S_1——地上部分距离(m)，当 $S_1<5$m 时，取 $S_1=5$m；

S_2——地下部分距离(m)，当 $S_2<3$m 时，取 $S_2=3$m；

R——避雷针接地装置的冲击接地电阻(Ω)；

h_x——被保护物或计算点的高度(m)。

10.9.3 采用避雷线作为防直击雷保护时，避雷线与屋面和各种突出体的距离应符合下列规定：

$$S_3 \geqslant 0.1R + 0.05L \quad (10.9.3)$$

式中 S_3——避雷线与屋面和各种突出物体的距离(m)，当 $S_3<$ 3m 时，取 $S_3=3$m 并应计及避雷线的弧度；

R——避雷线每端接地装置的冲击电阻(Ω)；

L——避雷线的水平长度(m)。

避雷线接地装置的冲击电阻值不应大于 10Ω。在土壤电阻率高的地区，允许提高电阻值，且必须符合本条和本规范 10.9.2 规定的距离要求。

10.9.4 当本规范 10.9.1 所列的建筑物设立独立避雷针有困难时，可采用避雷带作为防直击雷保护。其网格宜为 8～10m。接地引线应远离电气设备，其数量不应少于 2 处，每隔 10～20m 引一根，可与总接地网连接，并在连接处加设集中接地装置，其接地电阻不应大于 10Ω。

10.9.5 钢筋混凝土结构主泵房、中控室、屋内配电装置室、油处理室、大型电气设备检修间等，可不设专用的防直击雷保护装置，但应将建筑物顶上的钢筋焊接成网。所有金属构件、金属保护网、设备金属外壳及电缆的金属外皮等均应可靠接地，并与总接地网连接。

10.9.6 屋外配电装置应采用阀型避雷器以及与避雷器相配合的进线保护段，作为防侵入雷电波的保护。

10.9.7 直接与架空线路连接的电动机应在母线上设置阀型避雷器与电容器组。对中性点有引出线的电动机，还应在中性点设置一只阀型避雷器，该避雷器应符合下列要求：

10.9.7.1 灭弧电压(最大允许电压)不应低于 1.2 倍相电压。

10.9.7.2 工频放电电压不应低于 2.2 倍相电压。

10.9.7.3 冲击放电电压和残压不应高于电动机耐压试验电压。

10.9.8 保护电动机的避雷器应采用保护旋转电机的专用避雷器，并应靠近电动机装设。当避雷器和电容器组与电动机之间的电气距离不超过 50m 时，应在每组母线上装设一套避雷器和电容器组。

10.9.9 泵站应装设保护人身和设备安全的接地装置。接地装置应充分利用直接埋入地中或水中的钢筋、压力钢管、闸门、拦污栅等金属件，以及其它各种金属结构等自然接地体。

当自然接地体的接地电阻常年都能符合要求时，不宜设单独的人工接地体，但自然接地体之间必须可靠连接，钢筋之间连接必须电焊。不能符合要求时，应装设人工接地装置。

10.9.10 对小电流接地系统，其接地装置的接地电阻值不宜超过 4Ω。对大电流接地系统，其接地装置的接地电阻值不宜超过

0.5Ω。

10.9.11 泵站接地网宜采用棒型和带型接地体联合组成的环形接地装置。环形接地装置应埋于冻土层以下，接地体埋设深度不宜小于0.7m。接地装置应在不同地点引出，与屋内接地干线可靠连接。引出线不得少于2根，并应设置自然接地体与人工接地体分开的测量井。垂直打入地下的接地钢管，其直径宜为50～60mm，长度宜为2.5m，接地极间距不应小于4m。接地扁铁截面积不应小于48mm²，厚度不应小于4mm。埋于有强烈腐蚀性土壤中的接地扁铁，其截面积不得小于160mm²，厚度不应小于4mm。

10.9.12 1kV以下中性点直接接地的电网中，电力设备的金属外壳宜与变压器接地中性线(零线)连接。

10.9.13 泵站的过电压保护和接地装置除应符合本节规定外，并应符合现行国家标准《工业与民用电力装置的过电压保护设计规范》及《工业与民用电力装置的接地设计规范》的有关规定。

10.10 照　　明

10.10.1 泵站应设置正常工作照明、事故照明以及必要的安全照明装置。

10.10.2 工作照明电源应由厂用电系统的380/220V中性点直接接地的三相四线制系统供电，照明装置电压宜采用交流220V；事故照明电源应由蓄电池或其它固定可靠电源供电；安装高度低于2.5m时，应采用防止触电措施或采用12～36V安全照明。

10.10.3 站内照明导线应按导线允许载流量选择，且用允许电压损失进行校验。

10.10.4 泵站各种场所的最低照度标准值，应按表10.10.4规定执行。

泵站最低照度标准值　　　　表10.10.4

工作场所地点	工作面名称	规定照度被照面	工作照明(lx) 混合	工作照明(lx) 一般	事故照明(lx)
一、主泵房和辅机房：					
1. 主机室(无天然采光)	设备布置和维护地区	离地0.8m水平面	500	150	10
2. 主机室(有天然采光)	设备布置和维护地区	离地0.8m水平面	300	100	10
3. 中控室(主环范围内)	控制盘上表针，操作屏台，值班台	控制盘上表针垂直面 控制台水平面		200 500	30
4. 继电保护盘室、控制屏	屏前屏后	离地0.8m水平面		100	5
5. 计算机房、通信室	设备上	离地0.8水平面		200	10
6. 高低压配电装置、母线室，变压器室	设备布置和维护地区	离地0.8m水平面		75	3
7. 蓄电池室	设备布置和维护地区			30	3
8. 电气试验室		离地0.8m水平面	300	100	
9. 机修间	设备布置和维护地区	离地0.8m水平面	200	60	
10. 主要楼梯和通道		地面		10	0.5
二、室外：					
1. 35kV及35kV以上配电装置		垂直面		5	
2. 主要通道和车道		地面		1	
3. 水工建筑物		地面		5	

10.10.5 泵站内外照明应采用光学性能和节能特性好的新型灯具,安装的灯具应便于检修和更新。

10.10.6 在正常工作照明消失仍需工作的场所和运行人员来往的主要通道均应装设事故照明。

10.10.7 照明线的零线不得装设开关和熔断器。

10.11 继电保护及安全自动装置

10.11.1 泵站的电力设备和馈电线路均应装设主保护和后备保护。主保护应能准确、快速、可靠地切除被保护区域内的故障;在主保护或断路器拒绝动作时,应分别由元件本身的后备保护或相邻元件的保护装置将故障切除。

10.11.2 动作于跳闸的继电保护应有选择性。前后两级之间的动作时限应相互配合。

10.11.3 保护装置的灵敏系数应根据最不利的运行方式和故障类型进行计算确定。保护装置的灵敏系数 K_m 不应低于表 10.11.3 规定值。

保护装置的灵敏系数 K_m　　表 10.11.3

保护类型	组成元件	灵敏系数	备　注
变压器、电动机纵联差动保护	差电流元件	2	
变压器、电动机线路电流速断保护	电流元件	2	
电流保护或电压保护	电流元件和电压元件	1.3～1.5	当为后备保护时可为 1.2
后备保护	电流电压元件	1.5	按相邻保护区末端短路计算
零序电流保护	电流元件	1.5	

10.11.4 泵站主电动机电压母线应装设下列保护:

10.11.4.1 带时限电流速断保护整定值应大于 1 台机组起动、其余机组正常运行和站用电满负荷时的电流值,动作于断开进线断路器。当主电动机母线设有分段断路器时,可设带时限电流速断。

10.11.4.2 低电压保护电压整定值为 40%～50%额定电压,时限宜为 1s,动作于进线断路器。

10.11.4.3 单相接地故障监视,动作于信号。

10.11.5 对电动机相间短路,应采用下列保护方式:

10.11.5.1 对于额定容量为 2000kW 以下的电动机,应采用两相式电流速断保护装置。

10.11.5.2 对于额定容量为 2000kW 及 2000kW 以上的电动机,应采用纵联差动保护装置。

额定容量为 2000kW 以下的电动机,当采用两相式电流速断保护装置不能满足灵敏系数要求时,应采用纵联差动保护装置。

上述保护装置均应动作于断开电动机断路器。

10.11.6 电动机应装设低电压保护。电压整定值为 40%～50%额定电压,时限宜为 0.5s,动作于断开电动机断路器。

10.11.7 当单相接地电流大于 5A 时,应设单相接地保护。单相接地电流为 5～10A 时,可动作于断开电动机断路器,也可动作于信号;单相接地电流为 10A 以上时,动作于断开电动机断路器。

10.11.8 电动机应装设过负荷保护,同步电动机应带两阶时限:第一阶时限动作于信号;第二阶时限动作于断开断路器。异步电动机宜动作于信号,也可断开电动机断路器。动作时限均应大于机组起动时间。

10.11.9 同步电动机应装设失步与失磁保护。失步保护可采用下列方式之一:

10.11.9.1 反应转子回路出现的交流分量。

10.11.9.2 反应定子电压与电流间相角的变化。

10.11.9.3 短路比为0.8及0.8以上的电动机采用反应定子过负荷。

失步保护应带时限断开电动机断路器。失磁保护应瞬时断开电动机断路器。

10.11.10 机组应设轴承温度升高和过高保护。温度升高动作于信号，温度过高动作于断开电动机断路器。

10.11.11 对中性点直接接地的站用变压器，应在低压侧中性线上装设零序电流保护，且高压侧的过流保护宜采用三相式。当利用高压侧过电流保护来切除低压侧单相接地短路能满足灵敏系数要求时，可不装设零序电流保护。

10.11.12 泵站专用供电线路不应设自动重合闸装置。

10.11.13 站用电备用电源自动投入装置应符合下列要求：

10.11.13.1 当任一段低压母线失去电压时，应能动作。

10.11.13.2 必须在失去电压的母线电源断开后，备用电源才允许投入。

10.11.13.3 备用电源自动投入装置只允许投入一次。

10.11.14 泵站可逆式电机，站、变合一的降压变电站所及静电电容器的保护装置，应符合现行国家标准《电力装置的继电保护和自动装置设计规范》的有关规定。

10.12 自动控制和信号系统

10.12.1 泵站的自动化程度及远动化范围应根据该地区区域规划和供电系统的要求，以及泵站运行管理具体情况确定。对今后可能采用的新技术宜留有适当的发展余地。

10.12.2 对于大型泵站，在实现自动化的基础上可采用微机监控。

10.12.3 泵站主机组及辅助设备按自动控制设计时，应符合下列要求：

10.12.3.1 以一个命令脉冲使机组按规定的顺序开机或停机，同时发出信号指示。

10.12.3.2 机组辅助设备，包括技术供水、真空充水、排水系统及压缩空气系统均能实现自动和手动操作。

10.12.4 泵站应设中央复归和重复动作的信号装置，并能发出区别故障和事故的音响和光字牌信号。

10.13 测量表计装置

10.13.1 泵站高压异步电动机应装设有功功率表及电流表。高压同步电动机定子回路应装设电流表、有功功率表、无功功率表、有功电度表及无功电度表；转子回路应装设电流表及电压表，也可在中控室装设功率因数表。

10.13.2 根据泵站检测与控制的要求，可装设自动巡回检测装置和遥测系统。

10.13.3 主变压器或进线应装设电流表、电压表、有功功率表、无功功率表、频率表、功率因数表、有功电度表及无功电度表。有调相任务的机组还应装双向有功无功电度表和带有逆止器的双向有功无功电度表。

10.13.4 6～10kV电动机电压母线上应装设带切换开关测量相和相间电压的电压表。

10.13.5 静电电容器装置的总回路应分相设置电流表，在分组回路中可只设置一只电流表。总回路应设置无功功率表和无功电度表。

10.13.6 站用变压器低压侧应装设有功电度表、电流表及带切换开关的电压表。

10.13.7 直流系统应装设直流电流表、电压表及绝缘监视仪表。

10.13.8 泵站测量仪器仪表装置设计，除应符合上述规定外，尚应符合现行国家标准《电力装置的电气测量仪表装置设计规范》的有关规定。

电能计量仪表装置的配置应符合《全国供用电规则》的有关

规定。

10.14 操作电源

10.14.1 操作电源应保证对继电保护、自动控制、信号回路等负荷的连续可靠供电。

10.14.2 泵站操作电源宜采用独立的硅整流蓄电池直流系统，宜只装置一组蓄电池，并应按浮充电方式运行。直流操作电压可采用110V或220V。

10.14.3 蓄电池组的容量应满足下列要求：

10.14.3.1 全站事故停电时的用电容量，停电时间可按0.5h计算。

10.14.3.2 全站最大冲击负荷容量。

10.15 通　信

10.15.1 应设置包括水、电的生产调度通信和行政通信的泵站专用通信设施。泵站的通信方式应根据泵站规模、地方供电系统要求、生产管理体制、生活区位置等因素规划设计、统一安排。宜采用电力载波、有线通信或专业网微波通信系统。对于担负防汛任务的泵站，还应设置专门的防汛通信。

10.15.2 泵站生产调度通信和行政通信可根据具体情况合并或分开设置。梯级泵站宜有单独的调度通信设施，其总机、中继站及分机的设置应和调度运行方式相适应。

10.15.3 通信设备的容量应根据泵站规模、枢纽布置及自动化和远动化的程度等因素确定。

10.15.4 通信总机应设有与当地电信局联系的中继线。泵站与电力系统间的联系宜采用电力载波通信。

10.15.5 通信装置必须有可靠的供电电源。直流电源应采用蓄电池组浮充电供电方式，也可采用交流电源经整流后直接供电的方式以及经逆变器由蓄电池组供电的方式。

10.16 电气试验设备

10.16.1 梯级泵站、集中管理的泵站群以及大型泵站应设置中心电气试验室，并应符合下列要求：

10.16.1.1 应能进行本站及其管辖范围内各泵站电气设备的检修、调试与校验。

10.16.1.2 应能对35kV及35kV以下的电气设备进行预防性试验。

10.16.2 对距电气试验中心较远或交通不便的泵站，应设置必要的电气试验设备。

10.16.3 电气试验室仪器、仪表的配置，宜按本规范附录F的要求选用。

11 闸门、拦污栅及启闭设备

11.1 一般规定

11.1.1 泵站进水侧应设拦污栅和检修闸门。当引水建筑物有防淤或控制水位要求时，应设工作闸门。

11.1.2 拦污栅布置应根据来污量和污物性质确定。来污量较多时，除泵站进口应设拦污栅外，还可在引渠或前池加设站前拦污栅。

拦污栅应配备起吊设备；来污量较多时应有清污设施。清污平台宜结合交通桥布置，并应满足装运污物的要求。污物应有集散场地。

站前拦污栅宜与流向斜交，或采用人字形布置。

11.1.3 采用拍门或快速闸门断流的泵站，其出水侧应设事故闸门或经论证设检修闸门；采用真空破坏阀断流的泵站，可根据水位情况决定设防洪闸门或检修闸门，不设闸门必须有充分论证。

11.1.4 拍门、快速闸门及事故闸门门后应设通气孔，通气孔应有防护设施。通气孔的面积可按下式计算确定：

$$S \geqslant 0.01Q \tag{11.1.4}$$

式中 S——通气孔面积(m^2)；

Q——设计流量(m^3/s)。

11.1.5 事故闸门停泵闭门宜与拍门或快速闸门联动。快速卷扬启闭机、液压启闭机应能就地操作和远动控制，并应有可靠的操作电源。

11.1.6 检修闸门的数量应根据机组台数、工程重要性及检修条件等因素确定。每3台机组宜设一套；10台机组以上每增加4台可增设一套。

11.1.7 后止水检修闸门应采用反向预压装置。

11.1.8 检修闸门和事故闸门宜设平压装置。

11.1.9 在严寒地区闸门和拦污栅应有防冰冻措施。

11.1.10 两道闸门之间及闸门与拦污栅之间的距离应满足闸门安装、维修、启闭机布置要求，最小净距宜大于1.5m；拍门外缘至闸墩或底槛的最小净距宜大于0.20m。

11.1.11 拍门、闸门、拦污栅及其启闭设备的埋件，其安装应采用后浇混凝土方式，并应预留后浇混凝土尺寸。

多孔共用的检修闸门，其埋件的安装精度应满足一门多槽使用要求。

11.1.12 拍门、闸门和拦污栅应根据水质情况和运用条件，采取有效的防腐蚀措施。自多泥沙水源取水的泵站，应有防淤措施。

11.1.13 闸门的孔口尺寸，可按国家现行标准《水利水电工程钢闸门设计规范》规定的系列标准选定。

11.1.14 闸门、拦污栅设计及启闭力计算可按国家现行标准《水利水电工程钢闸门设计规范》有关规定执行。

11.1.15 启闭机宜设启闭机房。启闭机房和检修平台的高程及工作空间，应满足闸门和拦污栅及启闭机安装、运行与检修要求。

11.2 拦污栅及清污机

11.2.1 拦污栅孔口尺寸的确定应计入污物堵塞使进水流道过水面积减小的因素。过栅流速：采用人工清污时，宜取0.6～0.8m/s；采用机械清污或提栅清污时，可取0.6～1.0m/s。

11.2.2 拦污栅应采用活动式。栅体可直立布置，也可以倾斜布置。倾斜布置时，栅体与水平面的倾角，宜取70°～80°。

11.2.3 拦污栅的设计荷载，应根据来污量、污物性质及清污措施确定。拦污栅设计水位差可按1.0～2.0m选用，特殊情况酌情增减。有流冰并于流冰期运用时应计入壅冰影响。

11.2.4 拦污栅栅条净距：对于轴流泵，可取 $D_0/20$；对于混流泵和离心泵，可取 $D_0/30$。D_0 为水泵叶轮直径。最小净距不得小于5cm。

11.2.5 拦污栅栅条宜采用扁钢制作。栅体构造应满足清污要求。

11.2.6 机械清污的泵站，根据来污量、污物性质及泵站水工布置等因素可选用耙斗(齿)式、抓斗式或迴转式清污机；对环境保护有充分论证时，也可以选用粉碎式清污机。清污机应运行可靠、操作方便、结构简单。

11.2.7 耙斗(齿)式清污机的起升速度可取15～18m/min；行走速度可取18～25m/min。迴转式清污机的迴转线速度可取3～5m/min。

11.2.8 清污机应设过载保护装置；宜设压差报警设施和自动运行装置。

11.2.9 自多泥沙水源取水的泵站，其清污机水下部件应有抗磨损和防淤措施。

11.3 拍门及快速闸门

11.3.1 拍门和快速闸门选型应根据机组类型、水泵扬程与口径、流道型式和尺寸等因素决定。

单泵流量在 $8m^3/s$ 以下时，可选用整体自由式拍门；单泵流量较大时，可选用快速闸门或双节自由式、液压控制式及机械控制式拍门。

11.3.2 拍门、快速闸门事故停泵闭门时间应满足机组保护要求。

11.3.3 设计工况下整体自由式拍门开启角应大于60°；双节自由式拍门上节门开启角宜大于50°，下节门开启角宜大于65°，上下门开启角差不宜大于20°。

增大拍门开度可采用减小或调整门重和空箱结构等措施。当采用加平衡重措施时，应有充分论证。

11.3.4 双节式拍门的下节门宜作成部分或全部空箱结构。上下门高度比可取1.5～2.0。

11.3.5 轴流泵机组用快速闸门或有控制的拍门作为断流装置时，应有安全泄流设施。泄流设施可布置在门体或胸墙上。泄流孔的面积可根据机组安全起动要求，按水力学孔口出流公式试算确定。

11.3.6 拍门、快速闸门的结构应保证足够的强度、刚度和稳定性；荷载计算应考虑停泵撞击力。

11.3.7 拍门、快速闸门应采用钢材制作；经计算论证，平面尺寸小于1.2m的拍门可采用铸铁制作。

11.3.8 拍门铰座应采用铸钢制作。吊耳孔宜加设耐磨衬套并宜做成长圆形。

11.3.9 拍门、快速闸门应设缓冲装置。

11.3.10 拍门的止水橡皮和缓冲橡皮宜设在门框埋体上，并便于安装、更换。

11.3.11 拍门宜倾斜布置，其倾角可取10°左右。拍门止水工作面宜进行机械加工。

11.3.12 拍门铰座与门框埋体应采用预埋螺栓锚固在钢筋混凝土结构中，预埋螺栓应有足够的强度和预埋深度。成套供货的拍门，其铰座与管道可采用法兰联接或焊接。

11.3.13 自由式拍门开启角和闭门撞击力可按本规范附录G和附录H计算。

11.3.14 快速闸门闭门撞击力可按本规范附录J计算。

11.4 启 闭 机

11.4.1 启闭机的型式应根据泵站水工布置、闸门(拦污栅)型式、孔口尺寸与数量及运行条件等因素确定。

工作闸门和事故闸门宜选用固定式启闭机；有控制的拍门和快速闸门应选用快速卷扬启闭机或液压启闭机；检修闸门和拦污栅宜选用固定式卷扬启闭机、螺杆启闭机或电动葫芦。孔口数量较多时,宜选用移动式启闭机或小车式葫芦。

11.4.2 启闭机的计算容量,应满足启闭闸门的要求。其选用容量应大于计算容量。

11.4.3 固定式或移动式卷扬启闭机和液压启闭机应设高度指示装置;容量较大的启闭机应设过载保护装置。

11.4.4 快速卷扬启闭机和液压启闭机应设紧急手动释放装置。

11.4.5 卷扬启闭机的钢丝绳宜采用镀锌或其它防腐蚀措施。

11.4.6 启闭机房宜配置适当的检修起吊设施或设备。启闭机与机房墙面及两台启闭机间净距均不应小于0.8m。

12 工程观测及水力监测系统设计

12.1 工程观测

12.1.1 泵站根据工程等级、地基条件、工程运用及设计要求应设置沉降、位移、扬压力、泥沙等观测设备,并宜设应力和振动等观测设备。

12.1.2 沉降观测宜埋设沉降标点进行水准测量;沉降观测的起测基点,水平位移观测的工作基点及校核基点,应布置在建筑物两岸、不受沉降和位移影响,且便于观测的岩基或坚实土基上,两端各布置1个。

12.1.3 扬压力观测可通过埋设在建筑物下的测压管或渗压计进行。观测点应布设在与主泵房轴线垂直的横向观测断面上。每个横断面上的观测点不宜少于3点,并至少应在3个横断面布置观测点。

12.1.4 多泥沙水源泵站应对进水池内泥沙淤积部位和高度进行观测,并在出水渠道上选择一长度不小于50m的平直段设置3个观测断面,对水流的含沙量、渠道输沙量和淤积情况进行测量分析。

12.1.5 应通过理论计算,分别在泵站结构应力和振动位移最大值的部位埋设或安置相应的观测设备。

12.2 水力监测系统

12.2.1 泵站应设置水力监测系统,并应根据泵站的性质和特点确定水位、压力、流量等监测项目。

12.2.2 泵站进、出水池应设置水位标尺。根据泵站管理的要求可加装水位传感器或水位报警装置。水源污物较多的泵站还应对拦污栅前后的水位落差进行监测。

12.2.3 水泵进、出口及虹吸式出水流道驼峰顶部，应设真空或压力监测设备，真空表宜选择1.5级的。对于真空或压力值不大于3×10^4Pa的泵站宜采用水柱测压管测量。根据泵站的需要还可同时安装相应的压力传感器。

12.2.4 泵站应装设单泵流量及水量累计的监测设备，并在合理位置设置对流量监测设备进行标定所必需的设施。

12.2.5 对配有肘型、钟型或渐缩型进水流道的大型泵站，宜采用进水流道差压法并配合水柱差压计或差压流量变送器进行流量监测。施工时应布置预埋件，埋设取压管并将其引至泵房下层。对于有等断面管道(或流道)的泵站宜采用测量流速的方法对差压流量计进行标定；对于流道断面不规则的泵站宜采用盐水浓度法对差压流量计进行标定测量。设计时应按规定要求设置预埋件。

12.2.6 对于装有进水喇叭管的轴流泵站，宜采用喇叭口差压法，配合水柱差压计或差压流量变送器进行流量监测。测压孔的位置应在叶片进口端与前导锥尖之间选取，宜与来流方向成45°对称布置4个测压孔，联接成匀压环。差压流量计的标定宜在水泵生产厂或流量标定站进行。当在泵站现场标定时，应根据国家现行标准《泵站现场测试规程》和各站的具体条件选定标定方法，在设计中应根据标定测量的要求设置必要的预埋件。

12.2.7 对于进、出水管道系统没有稳定的差压可供利用的抽水装置，当管道较长时，宜在出水管道上装置钢板焊接的文丘里管，并正确选择流量测量仪表。

12.2.8 对进水管装有90°或45°弯头或出水管装有90°弯头的中型卧式离心泵或混流泵站，宜利用弯头内侧与外侧的水流压力差配备水柱差压计或差压流量变送器进行流量监测。弯头流量系数宜在实验室或泵站现场进行标定。

附录A 泵房稳定分析有关数据

A.0.1 泵房基础底面与地基之间的摩擦系数f值可按表A.0.1采用：

摩擦系数f值 **表A.0.1**

地基类别		f值
粘土	软弱	0.20～0.25
	中等坚硬	0.25～0.35
	坚硬	0.35～0.45
壤土、粉质壤土		0.25～0.40
砂壤土、粉砂土		0.35～0.40
细砂、极细砂		0.40～0.45
中砂、粗砂		0.45～0.50
砾石、卵石		0.50～0.55
碎石土		0.40～0.50
软质岩石		0.40～0.60
硬质岩石		0.60～0.70

A.0.2 泵房基础底面与地基之间的摩擦角Φ_0值和粘结力C_0值可按表A.0.2采用：

摩擦角Φ_0值和粘结力C_0值 **表A.0.2**

地基类别	抗剪强度指标	采用值
粘性土	Φ_0(°)	0.9Φ
	C_0(kPa)	$0.2C$～$0.3C$
砂性土	Φ_0(°)	0.85Φ～0.9Φ
	C_0(kPa)	0

注：①表中Φ为室内饱和固结快剪试验摩擦角值(°)；C为室内饱和固结快剪试验粘结力值(kPa)。

②按本表采用Φ_0值和C_0值时，对于粘性土地基，应控制折算的综合摩擦系数$f_0=\frac{\mathrm{tg}\Phi_0\sum G+C_0A}{\sum G}\leqslant0.45$；对于砂性土地基，应控制摩擦角的正切值$\mathrm{tg}\Phi_0\leqslant0.50$。

A.0.3 泵房基础底面压应力不均匀系数的允许值可按表 A.0.3 采用：

不均匀系数的允许值　　　　**表 A.0.3**

地基土质	荷载组合	
	基本组合	特殊组合
松软	1.5	2.0
中等坚实	2.0	2.5
坚实	2.5	3.0

注：①对于重要的大型泵站，不均匀系数的允许值可按表列值适当减小。

②对于地基条件较好，且泵房结构简单的中型泵站，不均匀系数的允许值可按表列值适当增大，但增大值不应超过 0.5。

③对于地震情况，不均匀系数的允许值可按表中特殊组合栏所列值适当增大。

附录 B　泵房地基计算及处理

B.1　泵房地基允许承载力

B.1.1 在只有竖向对称荷载作用下，可按下列限制塑性开展区的公式计算：

$$[R_{1/4}]=N_B\gamma_B B+N_D\gamma_D D+N_C C \tag{B.1.1}$$

式中　$[R_{1/4}]$——限制塑性变形区开展深度为泵房基础底面宽度的 1/4 时的地基允许承载力(kPa)；

B——泵房基础底面宽度(m)；

D——泵房基础埋置深度(m)；

C——地基土的粘结力(kPa)；

γ_B——泵房基础底面以下土的重力密度(kN/m^3)，地下水位以下取有效重力密度；

γ_D——泵房基础底面以上土的加权平均重力密度(kN/m^3)，地下水位以下取有效重力密度；

N_B、N_D、N_C——承载力系数，可查表 B.1.1。

承载力系数　　　　**表 B.1.1**

Φ(°)	N_B	N_D	N_C	Φ(°)	N_B	N_D	N_C	Φ(°)	N_B	N_D	N_C
0	0.00	1.00	3.14	6	0.10	1.39	3.71	12	0.23	1.94	4.42
1	0.01	1.06	3.23	7	0.12	1.47	3.82	13	0.26	2.05	4.55
2	0.03	1.12	3.32	8	0.14	1.55	3.93	14	0.29	2.17	4.69
3	0.04	1.18	3.41	9	0.16	1.64	4.05	15	0.32	2.30	4.84
4	0.06	1.25	3.51	10	0.18	1.73	4.17	16	0.36	2.43	4.99
5	0.08	1.32	3.61	11	0.21	1.83	4.29	17	0.39	2.57	5.15

续表 B.1.1

Φ(°)	N_B	N_D	N_C	Φ(°)	N_B	N_D	N_C	Φ(°)	N_B	N_D	N_C
18	0.43	2.73	5.31	26	0.84	4.37	6.90	34	1.55	7.22	9.22
19	0.47	2.89	5.48	27	0.91	4.64	7.14	35	1.68	7.71	9.58
20	0.51	3.06	5.66	28	0.98	4.93	7.40	36	1.81	8.24	9.97
21	0.56	3.24	5.84	29	1.06	5.25	7.67	37	1.95	8.81	10.37
22	0.61	3.44	6.04	30	1.15	5.59	7.95	38	2.11	9.44	10.80
23	0.66	3.65	6.24	31	1.24	5.95	8.24	39	2.28	10.11	11.25
24	0.72	3.87	6.45	32	1.34	6.34	8.55	40	2.46	10.85	11.73
25	0.78	4.11	6.67	33	1.44	6.76	8.88				

B.1.2 在既有竖向荷载作用，且有水平向荷载作用下，可按下式计算：

$$[R_h]=\frac{1}{K}(0.5\gamma_B N_r S_r i_r+qN_q S_q d_q i_q+CN_C S_C d_C i_c) \quad (B.1.2)$$

式中 $[R_h]$——地基允许承载力(kPa)；

K——安全系数，对于固结快剪试验的抗剪强度指标时，K值可取用2.0～3.0，(对于重要的大型泵站或软土地基上的泵站，K值可取大值；对于中型泵站或较坚实地基上的泵站，K值可取小值)；

q——泵房基础底面以上的有效侧向荷载(kPa)；

N_r、N_q、N_C——承载力系数，可查表B.1.2-1。

承载力系数表　表 B.1.2-1

Φ(°)	N_r	N_q	N_C	Φ(°)	N_r	N_q	N_C	Φ(°)	N_r	N_q	N_C
0	0	1.00	5.14	6	0.14	1.72	6.82	12	0.76	2.97	9.29
2	0.01	1.20	5.69	8	0.27	2.06	7.52	14	1.16	3.58	10.37
4	0.05	1.43	6.17	10	0.47	2.47	8.35	16	1.72	4.33	11.62

续表 B.1.2-1

Φ(°)	N_r	N_q	N_C	Φ(°)	N_r	N_q	N_C	Φ(°)	N_r	N_q	N_C
18	2.49	5.25	13.09	26	9.53	11.85	22.25	34	34.54	29.45	42.18
20	3.54	6.40	14.83	28	13.13	14.71	25.80	36	48.08	37.77	50.61
22	4.96	7.82	16.89	30	18.09	18.40	30.15	38	67.43	48.92	61.36
24	6.90	9.61	19.33	32	24.95	23.18	35.50	40	95.51	64.23	75.36

S_r、S_q、S_C——形状系数，对于矩形基础 $S_r\cong 1-0.4\frac{B}{L}$，$S_q=S_C\cong 1+0.2\frac{B}{L}$；对于条形基础，$S_r=S_q=S_C=1$；

L——泵房基础底面长度(m)；

d_q、d_C——深度系数，$d_q=d_C\cong 1+0.35\frac{B}{L}$；

i_r、i_q、i_C——倾斜系数，可查表B.1.2-2；当荷载倾斜率tgδ=0时，$i_r=i_q=i_C=1$；

δ——荷载倾斜角(°)。

倾斜系数　表 B.1.2-2

Φ(°) \ tgδ, i	0.1			0.2			0.3			0.4		
	i_r	i_q	i_c	i_r	i_q	i_c	i_r	i_q	i_c	i_r	i_q	i_c
6	0.64	0.80	0.53									
8	0.71	0.84	0.69									
10	0.72	0.85	0.75									
12	0.73	0.85	0.78	0.40	0.63	0.44						
14	0.73	0.86	0.80	0.44	0.67	0.54						
16	0.73	0.85	0.81	0.46	0.68	0.58						
18	0.73	0.85	0.82	0.47	0.69	0.61	0.23	0.48	0.36			
20	0.72	0.85	0.82	0.47	0.69	0.63	0.26	0.51	0.42			
22	0.72	0.85	0.82	0.47	0.69	0.64	0.27	0.52	0.45	0.10	0.32	0.22
24	0.71	0.84	0.82	0.47	0.68	0.65	0.28	0.53	0.47	0.13	0.37	0.29
26	0.70	0.84	0.82	0.46	0.68	0.65	0.28	0.53	0.48	0.15	0.38	0.32
28	0.69	0.83	0.82	0.45	0.67	0.65	0.27	0.52	0.49	0.15	0.39	0.34

续表 B.1.2-2

Φ(°) \ tgδ / i	0.1			0.2			0.3			0.4		
	i_r	i_q	i_c	i_r	i_q	i_c	i_r	i_q	i_c	i_r	i_q	i_c
30	0.69	0.83	0.82	0.44	0.67	0.65	0.27	0.52	0.49	0.15	0.39	0.35
32	0.68	0.82	0.81	0.43	0.66	0.64	0.26	0.51	0.49	0.15	0.39	0.36
34	0.67	0.82	0.81	0.42	0.65	0.64	0.25	0.50	0.49	0.14	0.38	0.36
36	0.66	0.81	0.81	0.41	0.64	0.63	0.25	0.50	0.48	0.14	0.37	0.36
38	0.65	0.80	0.80	0.40	0.63	0.62	0.24	0.49	0.47	0.13	0.37	0.35
40	0.64	0.80	0.79	0.39	0.62	0.62	0.23	0.48	0.47	0.13	0.36	0.35

B.1.3 在既有竖向荷载作用，且有水平向荷载作用下，可按下列 C_k 法核算泵房地基整体稳定性：

$$C_k=\frac{\sqrt{(\frac{\sigma_y-\sigma_x}{2})^2+\tau_{xy}^2}-\frac{\sigma_y+\sigma_x}{2}\sin\Phi}{\cos\Phi} \qquad (B.1.3)$$

式中 C_k ——满足极限平衡条件时所必需的最小粘结力(kPa)；

Φ ——地基土的摩擦角(°)；

σ_y、σ_x、τ_{xy} ——核算点的竖向应力、水平向应力和剪应力(kPa)，可将泵房基础底面以上荷载简化为竖向均布、竖向三角形分布、水平向均布和竖向半无限均布等情况，按核算点坐标与泵房基础底面宽度的比值查出应力系数，分别计算求得。应力系数可按国家现行标准《水闸设计规范》附表查得。

当按公式(B.1.3)计算的最小粘结力值小于核算点的粘结力值时，该点处于稳定状态；当计算的最小粘结力值等于核算点的粘结力值时，该点处于极限平衡状态；当计算的最小粘结力值大于核算点的粘结力值时，该点处于塑性变形状态。经多点核算后，可将处于极限平衡状态的各点连接起来，绘出泵房地基土的塑性开展区范围。

泵房地基允许的塑性开展区最大开展深度可按泵房进水侧基础边缘下垂线上的塑性变形开展深度不超过基础底面宽度 $\frac{1}{4}$ 的条件控制。当不满足上述控制条件时，可减小或调整泵房基础底面以上作用荷载的大小或分布。

B.2 常用地基处理方法

常用地基处理方法　　表 B.2

地基处理方法	基本作用	适用条件	说　明
换土垫层	改善地基应力分布，提高地基整体稳定性	①软弱土层厚度不大的地基 ②垫层厚度不宜超过3.0m	如用于深厚层软土地基，仍有较大的沉降量
桩基础	增大地基承载能力，减少沉降量，提高抗滑稳定性	各种松软地基，特别是上部为松软土层，下部为坚硬土层的地基	①桩尖未嵌入坚硬土层的摩擦桩，仍有一定的沉降量 ②如用于松砂、砂壤土地基，应注意地基渗透变形问题
沉井基础	增大地基承载能力，减少沉降量，提高抗滑稳定性，并对地基防渗有利，亦可减少开挖流沙层的难度	上部为软弱土层或流沙层，下部为坚硬土层或岩层的地基	应下沉到坚硬土层或岩层
振冲砂（碎石）桩	增大地基承载能力，减少沉降量，提高地基整体稳定性	各种松软地基，特别是松砂或软弱的壤土和粘土地基	处理后，地基的均匀性和防渗条件较差
强　夯	增大地基承载能力，减少沉降量，并提高抗振动液化的能力	各种松软地基，特别是松砂、杂填土、非饱和粘性土及湿陷性黄土地基	对饱和软粘土地基进行强夯应持慎重态度

附录C 镇墩稳定计算

C.0.1 荷载及有关系数可按表C.0.1-1～表C.0.1-3计算选用。

荷载计算 **表C.0.1-1**

编号	作用力与管轴线的关系	作用力名称	计算公式	各力作用在镇墩上方向 温升 镇墩轴线 上段	下段	温降 镇墩轴线 上段	下段
1	轴线方向	管道自重的轴向分力	$A_1=q_cL\sin\varphi$	↘	|→	↘	|→
2		管道转弯处的内水压力	$A_2=\frac{\pi}{4}D_0^2H_p\gamma$	↘	|←	↘	|←
3		作用在闸阀上的水压力	$A_3=\frac{\pi}{4}D_F^2H_p\gamma$		|→		|→
4		管道直径变化段的水压力	$A_4=\frac{\pi}{4}(D_{01}^2-D_{02}^2)H_p\gamma$				
5		在伸缩接头边缝处的内水压力	$A_5=\frac{\pi}{4}(D_1^2-D_2^2)H_p\gamma$	↘	|←	↘	|←
6		水流与管壁之间的摩擦力	$A_6=\frac{\pi}{4}D_0^2f_H\gamma$	↘	|→	↘	|→
7		温度变化时伸缩接缝填料的摩擦力	$A_7=\pi D_1b_Kf_KH_p\gamma$	↘	|←	↖	|→
8		温度变化时管道沿支墩的摩擦力	$A_8=f_0(q_c+q_s)L\cos\varphi$	↘	|←	↖	|→
9		管道转弯处水流的离心力	$A_9=\frac{\pi}{4}D_0^2\frac{V^2}{g}\gamma$	↘	|←	↘	|←

续表C.0.1-1

编号	作用力与管轴线的关系	作用力名称	计算公式	各力作用在镇墩上方向 温升 镇墩轴线 上段	下段	温降 镇墩轴线 上段	下段
10	法线方向	水管自重的法向分力	$Q_c=q_cL\cos\varphi$	↓		↓	
11		水管中水重的法向分力	$Q_s=q_sL\cos\varphi$	↓		↓	
12		水平地震惯性力	$p_i=K_HC_z\alpha_iW_i$				

注：表中所列公式中各符号意义如下：

q_c ——每米管自重(kN/m)；

L ——计算管长(m)；

φ ——管轴线与水平线的夹角(°)；

D_0 ——管道内径(m)；

D_F ——闸阀内径(m)；

H_p ——管道断面中心之计算水头(m)；

γ ——水的容重(kN/m³)；

D_{01} ——水管直径变化时的最大内径(m)；

D_{02} ——水管直径变化时的最小内径(m)；

D_1 ——伸缩接头外管内径(m)；

D_2 ——伸缩接头内管内径(m)；

f_H ——管道和水的摩擦系数；

b_K ——伸缩节填料宽度(m)；

f_K ——填料与管壁摩擦系数；

f_0 ——管壁与支墩接触面的摩擦系数，可按表C.0.1-2选用；

q_s ——每米管内水重(kN/m)；

V ——管道中水的平均流速(m/s)；

g ——重力加速度(m/s)；

K_H ——水平向地震系数，可按表C.0.1-3选用；

C_z ——综合影响系数，取$\frac{1}{4}$；

α_i ——地震加速度分布系数，取1.0；

W_i ——集中在i点的重量(kN)。

管道与支墩接触面的摩擦系数 f_0 值　　表 C.0.1-2

管道与接触面材料	摩擦系数
钢管与混凝土	0.6～0.75
钢管与不涂油的金属板	0.5
钢管与涂油的金属板	0.3
混凝土管与混凝土	0.7

水平向地震系数 K_H 值　　表 C.0.1-3

设计烈度	7	8	9
K_H	0.1	0.2	0.3

C.0.2 镇墩稳定分析应符合下列规定：

C.0.2.1 荷载组合

C.0.2.1(1) 基本荷载组合：

正常运行情况：$A_1+A_2+A_4+A_5+A_6+A_7+A_8+A_9+Q_c+Q_s$

正常停机情况(水泵停机，闸阀关闭，管内充满水)：

$$A_1+A_2+A_3+A_4+A_5+A_7+A_8+Q_c+Q_s$$

C.0.2.1(2) 特殊荷载组合：

事故停机情况(突然停机，管内发生水锤)：

$$A_1+A_2+A_3+A_4+A_5+A_7+A_8+Q_c+Q_s$$

地震情况：

$$A_1+A_2+A_4+A_5+A_6+A_7+A_8+A_9+Q_c+Q_s+P_i$$

C.0.2.2 镇墩抗滑稳定应按(C.0.2-1)式计算：

$$K_c=\frac{f(\sum y+G)}{\sum x}\geqslant[K_c] \qquad (C.0.2\text{-}1)$$

式中　K_c ——抗滑稳定安全系数；

$[K_c]$——允许的抗滑稳定安全系数；

f——镇墩底面与地基的摩擦系数；

G——镇墩自重(kN)；

$\sum x$、$\sum y$ ——荷载在 x 和 y 轴方向的投影之和(kN)。

C.0.2.3 镇墩抗倾覆稳定应按(C.0.2-2)式计算：

$$K_0=\frac{y_0(\sum y+G)}{x_0\sum x}\geqslant[K_0] \qquad (C.0.2\text{-}2)$$

式中　K_0——抗倾覆稳定安全系数；

$[K_0]$——允许的抗倾覆稳定安全系数；

y_0 —— 作用在镇墩上的垂直合力的作用点距倾覆原点的距离(m)；

x_0 —— 作用在镇墩上的水平合力的作用点距倾覆原点的距离(m)。

C.0.2.4 镇墩基底应力应按(C.0.2-3)式计算：

$$P_{\min}^{\max}=\frac{\sum y+G}{BL}(1\pm\frac{6e}{B})\leqslant[R] \qquad (C.0.2\text{-}3)$$

式中　$P_{\min}^{\max}$——作用在地基上的最大或最小应力(kPa)；

B——镇墩沿管轴线方向的底面宽度(m)；

L——镇墩垂直管轴线方向的底面长度(m)；

e——合力作用点对镇墩底面形心的偏心距(m)；

$[R]$——地基的允许承载力(kPa)。

附录D　主变压器容量计算与校验

D.0.1 主变压器容量应按下式计算：

$$S=\sum_{k=1}^{n}\left(\frac{P_1}{\eta}\cdot\frac{K_1}{\cos\varphi}\right)+P_2K_2 \qquad (D.0.1)$$

式中　S——主变压器容量(kVA)；

P_1——电动机额定功率(kW)；

P_2——照明等用电总负荷(kW)；

η——电动机效率；

$\cos\varphi$——电动机功率因数；

K_2——照明同时系数；

K_1——电动机负荷系数；按(D.0.2)式确定：

$$K_1=\frac{P_3}{P_1}\cdot K_3 \qquad (D.0.2)$$

式中　P_3——水泵轴功率；

K_3——修正系数，按表D.0.1确定。

修正系数 K_3　　**表 D.0.1**

P_3/P_1	0.8～1.0	0.7～0.8	0.6～0.7	0.5～0.6
K_3	1	1.05	1.1	1.2

D.0.2 当泵站用双回路双断路器供电，且电动机侧采用单母线断路器分段时，若一台主变压器检修或产生故障，另一台变压器应能担负主要负荷或短时担负60％最大负荷。

附录E　站用变压器容量的选择

站用变压器的容量一般按泵站最大运行方式下的站用最大可能运行负荷，计入功率因数、同时系数、负荷系数及网络损失系数确定，并用发生事故时，可能出现的最大站用负荷校验，此时可考虑变压器短时过负荷能力。变压器容量可按下列公式计算：

$$S_b\geqslant 1.05\times 0.8\sum p \qquad (E.1)$$

$$\sum p=p_1+p_2+p_3+\cdots\cdots \qquad (E.2)$$

$$p_1=K_1P_{ed}/\eta\cos\varphi \qquad (E.3)$$

$$p_2=K_2P_{eg}/\eta\cos\varphi \qquad (E.4)$$

式中　S_b——变压器容量(kVA)；

1.05——网络损失系数；

0.8——各种不同用电设备的平均负荷系数，根据统计及运行经验确定；

$\sum p$——计算容量之和(kVA)；

p_1——单项计算容量(kVA)；

K_1——同时系数，根据具体情况而定；

P_{ed}——电动机功率(kW)；

η——电动机效率；

$\cos\varphi$——电动机功率因数；

P_{eg}——硅整流及其它负荷等。

附录F　电气试验设备配置

电气试验设备配置表　　表F

序号	设备名称	规格型号	单位	数量	备　注
1	工频高压试验变压器	0～50kV/0.38kV　5kVA	台	1	
2	工频高压试验变压器	0～150kV/0.38kV　25kVA	台	1	
3	单相自耦调压器	1kVA　0～25V	台	1	
4	单相自耦调压器	3kVA　0～250V	台	1	
5	三相自耦调压器	3～6kVA，220/0～430V	台	1	
6	行灯变压器	220/12、24、36V　500A	台	2	
7	电压互感器	10kV	台	1	
8	三相移相器	0.5或1kVA 移相范围0～360°	台	2	
9	标准电流互感器	15～600/5A　0.1或0.2级	台	1	
10	试　油　器	输出0～60kV　2kVA	台	1	
11	高压整流管或泄漏试验变压器	TDM－0.0025/60	台	2	
12	阴极示波器		台	适量	同步电动机用
13	滑线式变阻器	容量和电阻值各种规格	台	10	
14	旋转式电阻箱	0～99999.9　0.1或0.25级	台	1	

续表F

序号	设备名称	规格型号	单位	数量	备　注
15	旋转式电阻箱	0～9999　0.1或0.25级	台	1	
16	高压电桥	QS_1 携带式	台	1	附标准电容器
17	直流单臂电桥	1-9999×10^3　0.2%～1%	台	1	
18	直流双臂电桥	10^{-2}～11.05　0.5%～1%	台	1	
19	万能电桥	0.5～1100PF，0.2PH～110H 0.01～11Ω　1.0级	台	1	
20	介质损耗测量仪		台	1	
21	接地电阻测量仪	0～1～10～100Ω	台	1	
22	蓄电池测试仪	±3V　2.5级	台	1	
23	兆欧表	500V　1～500MΩ	台	1	
24	兆欧表	1100V　0～5000MΩ	台	1	
25	兆欧表	2500V　0～10000MΩ	台	1	
26	交直流电流表	0.5～1A　0.5级	块	2	
27	交直流电流表	2.5～5A　0.5级	块	2	
28	交直流电流表	10～20～50～10A　0.5级	块	1	
29	交直流毫安表	5～10～20mA	块	1	
30	交直流毫安表	25～50～100mA	块	1	
31	交直流毫安表	75～150～300mA	块	1	

续表 F

序号	设备名称	规格型号	单位	数量	备注
32	交直流毫安表	250～500mA	块	1	
33	交直流电压表	0～150～300V 0.5级	块	2	
34	交直流电压表	0～300～600V 0.5级	块	2	
35	直流电流表	0.015～0.03～0.075～30A 0.5级	块	2	
36	直流微安表	0～2000μA	块	2	
37	直流电压表	0.045～0.075～300～600V 0.5级	块	1	
38	直流电流电压表	1.5～3～30A，3～15～600A 0.5级	块	1	
39	真空管电压表	0～10～30～100～300mV 0～1～3～10～30～100～300V	块	1	
40	单相功率表	2.5～5A 75～150～300V 0.5级	块	3	
41	钳形交流电压电流表	0～10～30～100～300～1000A 0～300～600V 50Hz 2.5级	块	1	
42	万用表		块	适量	
43	相序表	0～75～500V 40～60Hz	块	1	
44	电秒表	0.01～60s 50Hz	块	1	
45	电秒表	0～10s 50Hz	块	1	
46	电子毫秒表	0～1000ms 0.2级 50Hz	块	2	
47	转速表	0～3000r/min	块	1	

续表 F

序号	设备名称	规格型号	单位	数量	备注
48	钳形电流电压相序表		块	1	
49	半导体点温计	0～100℃	支	1	
50	光线示波器		台	1	
51	直流稳压电源	1A，220/0～30V 0.5级稳定度直流±0.01%	台	1	晶体管保护用
52	晶体管参数测试仪	携带式，交直流两用	台	1	晶体管保护用
53	高频信号发生器	30kHz以上，电源：110/200V 输出电压0～1V	台	1	载波高频通信用
54	音频信号发生器	20～200kHz 电源：110/200V 输出电压0～1V	台	1	载波高频通信用
55	高频毫伏表	DP－6	块	1	载波高频通信用
56	电缆探伤仪	0～10kV 0～10PF	台	1	
57	数字频率表	1Hz～200kHz	块	1	载波高频通信用
58	Z频振荡器	40～60Hz 60～220V	台	1	
59	可控硅元件参数测试仪		台	1	
60	定值分流器	75mV 0.2级各种电流规格	台	适量	
61	标准电阻	各种型号	台	适量	
62	静电电压表		台	1	

附录G　自由式拍门开启角近似计算

G.0.1　整体自由式拍门开启角可按下列公式之一计算(图G.0.1)：

拍门前管(流)道任意布置，门外两边无侧墙时，

$$\sin\alpha=\frac{m}{2}\cos^2(\alpha-\alpha_B) \tag{G.0.1-1}$$

拍门前管(流)道水平布置，门外两边有侧墙时，

$$\sin\alpha=\frac{m}{4}\frac{\cos^3\alpha}{(1-\cos\alpha)^2} \tag{G.0.1-2}$$

式中　α——拍开门启角(°)；

α_B——管(流)道中心线与水平面夹角(°)；

m——与水泵运行工况、管(流)道尺寸、拍门设计参数有关的参数，其值按下式计算：

$$m=\frac{2\rho QVL_c}{GL_g-WL_w}$$

式中　ρ——水体密度(kg/m^3)；

Q——水泵流量(m^3/s)；

V——管(流)道出口流速(m/s)；

G——拍门自重力(N)；

W——拍门浮力(N)；

L_c——拍门水流冲力作用平面形心至门铰轴线的距离(m)；

L_g——拍门重心至门铰轴线的距离(m)；

L_w——拍门浮心至门铰轴线的距离(m)。

G.0.2　双节自由式拍门开启角按下列联立方程试算或电算(图G.0.2)：

$$\sin\alpha_1=m_1\cos(\alpha_1-\alpha_B)+m_3\times\frac{\cos\left(\alpha_1+\frac{90°-\alpha_2-\alpha_B}{2}\right)\cos\frac{90°+\alpha_2-\alpha_B}{2}\cos^2\frac{90°-\alpha_2+\alpha_B}{2}}{\left[1-\frac{h_1}{h_1+h_2}\cos^2(\alpha_1-\alpha_B)\right]^2} \tag{G.0.2-1}$$

$$\sin\alpha_2=m_2\frac{\cos^2\frac{90°+\alpha_2-\alpha_B}{2}\cos^2\frac{90°-\alpha_2+\alpha_B}{2}}{\left[1-\frac{h_1}{h_1+h_2}\cos^2(\alpha_1-\alpha_B)\right]^2} \tag{G.0.2-2}$$

式中　α_1、α_2——分别为上节拍门和下节拍门开启角(°)；

α_B——管(流)道中心线与水平面夹角(°)；

h_1、h_2——分别为上节拍门和下节拍门的高度(m)；

m_1、m_2、m_3——与水泵运行工况、管(流)道尺寸、拍门设计参数有关的常数，其值按下式计算：

$$m_1=\frac{\rho QVL_{c1}h_1}{(h_1+h_2)[G_1L_{g1}-W_1L_{w1}+(G_2-W_2)h_1]}$$

$$m_2=\frac{\rho QVL_{c2}h_2}{(h_1+h_2)(G_2L_{g2}-W_2L_{w2})}$$

$$m_3=\frac{\rho QVh_1h_2}{(h_1+h_2)[G_1L_{g1}-W_1L_{w1}+(G_2-W_2)h_1]}$$

式中　ρ——水体密度(kg/m^3)；

Q——水泵流量(m^3/s)；

V——管(流)道出口流速(m/s)；

G_1、G_2——分别为上节拍门和下节拍门的自重力(N)；

W_1、W_2——分别为上节拍门和下节拍门的浮力(N)；

L_{g1}、L_{g2}——分别为上节拍门和下节拍门的重心至相应门铰轴线的距离(m)；

L_{w1}、L_{w2}——分别为上节拍门和下节拍门的浮心至相应门铰轴线的距离(m)；

L_{c1}、L_{c2}——分别为上节拍门和下节拍门水流冲力作用平面形心至相应门铰轴线的距离(m)。

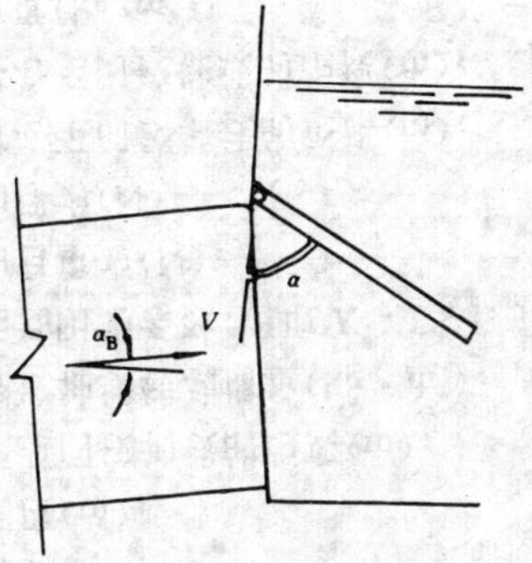

图 G.0.1　拍门开启角

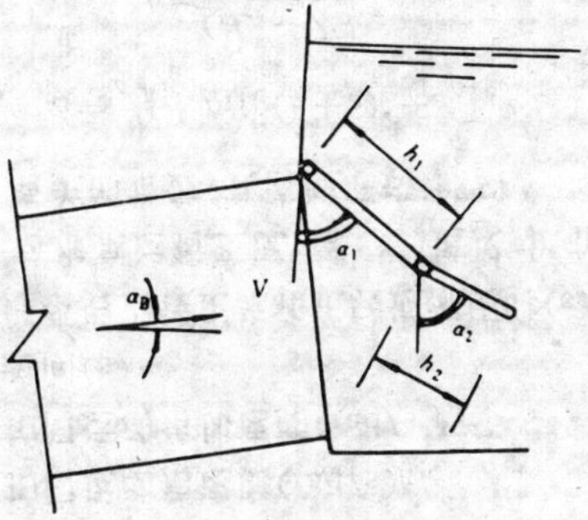

图 G.0.2　双节式拍门开启角

附录H　自由式拍门停泵闭门撞击力近似计算

H.0.1　停泵后正转正流时间和正转逆流时间可按下式计算：

$$T_1=\frac{\eta}{\rho gQH}[J(\omega_0{}^2-\omega^2)+\rho MQ^2] \quad (H.0.1\text{-}1)$$

$$T_2=T_1\frac{\omega}{\omega_0-\omega} \quad (H.0.1\text{-}2)$$

式中　T_1——停泵正转正流时间(s)；

T_2——停泵正转逆流时间(s)；

ρ——水体密度(kg/m^3)；

g——重力加速度(m/s^2)；

H——停泵前水泵运行扬程(m)；

Q——停泵前水泵流量(m^3/s)；

η——停泵前水泵运行效率；

J——机组转动部件转动惯量(kg·m^2)；

ω_0——水泵额定角速度(rad/s)；

ω——正转正流时段末水泵角速度(rad/s)，ω值可由水泵全特性曲线求得，或取轴流泵$\omega=(0.5\sim0.7)\omega_0$，混流泵、离心泵$\omega=(0.4\sim0.5)\omega_0$；

M——与管(流)道尺寸有关的系数，其值按下式计算：

$$M=\int_0^L\frac{dl}{f(l)}$$

当管(流)道断面积为常数时，

$$M=L/A$$

式中　L——管(流)道进口至出口总长度(m)；

$f(l)$——管(流)道断面积沿长度变化的函数；

A——管(流)道断面积(m^2)。

H.0.2 整体自由式拍门停泵下落运动计算应符合下列规定：

正流阶段运动方程，

$$\alpha''=a\alpha'^2-b\sin\alpha+c_1(1-\frac{t}{T_1})^2\cos^2\alpha \qquad (H.0.2\text{-}1)$$

逆流阶段运动方程，

$$\alpha''=a\alpha'^2-b\sin\alpha-c_2\frac{t}{T_2} \qquad (H.0.2\text{-}2)$$

式中 α ——拍门瞬时位置角度(rad)；

α'——拍门运动角速度(rad/s)；

α''——拍门运动角加速度(rad/s²)；

t ——时间(s)；

T_1、T_2 ——停泵后正转正流和正转逆流历时(s)；

a、b、c_1、c_2 ——与水泵运行工况、管(流)道尺寸、拍门设计参数有关的常数，其值按下式计算：

$$a=\frac{1}{4J_P}K\rho B[(h+e)^4-e^4]$$

$$b=\frac{GL_g-WL_w}{J_P}$$

$$c_1=\rho QVL_c/J_P$$

$$c_2=\rho gHBhL_y/J_P$$

式中 B ——拍门宽度(m)；

h ——拍门高度(m)；

e ——拍门顶至门铰轴线的距离(m)；

J_P ——拍门绕铰轴线转动惯量(kg·m²)；

K ——拍门运动阻力系数，可取 $K=1\sim1.5$；

G ——拍门的自重力(N)；

W ——拍门的浮力(N)；

L_g ——拍门重心至门铰轴线的距离(m)；

L_w ——拍门浮心至门铰轴线的距离(m)；

ρ ——水体密度(kg/m³)；

g ——重力加速度(m/s²)；

Q ——停泵前水泵流量(m³/s)；

V ——停泵前管(流)道出口流速(m/s)；

L_c ——拍门水流冲力作用平面形心至门铰轴线的距离(m)；

L_y ——拍门反向水压力作用平面形心至门铰轴线的距离(m)。

H.0.3 拍门停泵下落运动方程可按表 H.0.3 的规定确定。

拍门运动布里斯近似积分计算表式　　表 H.0.3

t	α	$h\alpha'$	$\frac{h^2}{2}\alpha''$
$t_0=0$	$\alpha_0=\alpha_{max}$	$h\alpha'_0=0$	$\frac{h^2}{2}\alpha''_0$
t_1	$\alpha_1=\alpha_0+h\alpha'_0+\frac{h^2}{2}\alpha''_0$	$h\alpha'_1=h'\alpha_0+2\frac{h^2}{2}\alpha''_0$	$\frac{h^2}{2}\alpha''_1$
t_2	$\alpha_2=\alpha_1+h\alpha'_1+\frac{h^2}{2}\alpha''_1$	$h\alpha'_2=h'\alpha_1+2\frac{h^2}{2}\alpha''_1$	$\frac{h_2}{2}\alpha''_2$
t_3	$\alpha_3=\alpha_2+h\alpha'_2+\frac{h^2}{2}\alpha''_2$	$h\alpha'_3=h'\alpha_2+2\frac{h^2}{2}\alpha''_2$	$\frac{h^2}{2}\alpha''_3$
t_4	$\alpha_4=\alpha_3+h\alpha'_3+\frac{h^2}{2}\alpha''_3$	$h\alpha'_4=h'\alpha_3+2\frac{h^2}{2}\alpha''_3$	$\frac{h^2}{2}\alpha''_4$
t_5	$\alpha_5=\alpha_4+h\alpha'_4+\frac{h^2}{2}\alpha''_4$	$h\alpha'_5=h'\alpha_4+2\frac{h^2}{2}\alpha''_4$	$\frac{h^2}{2}\alpha''_5$
	修正量 $\delta_5=\overline{\alpha_5}-\alpha_5$	$\varepsilon_5=h\overline{\alpha_5}-h\alpha'_5$	
t_5	$\overline{\alpha_5}$	$h\overline{\alpha'}_5$	$\frac{h^2}{2}\overline{\alpha'}_5$
t_6	$\alpha_6=\alpha_5+h\overline{\alpha'}_5+\frac{h^2}{2}\overline{\alpha''}_5$	$h\alpha'_6=h\overline{\alpha'}_5+2\frac{h^2}{2}\overline{\alpha''}_5$	$\frac{h^2}{2}\alpha''_6$
⋮	⋮	⋮	⋮

表中 h 为计算步长，$t_i=h\cdot i(i=1,2,3\cdots\cdots)$；

t_5.$_i$处修正量：

$$\delta_{5\cdot i}=\bar{\alpha}_{5\cdot i}-\alpha_{5\cdot i}=\frac{5}{24}\frac{h^2}{2}(9\alpha''_{5\cdot i-1}+20\alpha''_{5\cdot i-4}-29\alpha''_{5\cdot i-5})$$

$$\varepsilon_{5\cdot i}=h\,\bar{\alpha}_{5\cdot i}-h\alpha'_{5\cdot i}=\frac{1}{12}\frac{h^2}{2}(11\alpha''_{5\cdot i-1}+5\alpha''_{5\cdot i-4}-16\alpha''_{5\cdot i-5})$$

H.0.4 拍门撞击力可按下式计算

$$N=\frac{1}{L_n}\left[(M_y-\frac{1}{2}M_R)+\sqrt{(M_y-\frac{1}{2}M_R)^2+\frac{SE}{\delta}J_p\omega_m^2L_n^2}\right] \quad (H.0.4\text{-}1)$$

$$M_y=\frac{1}{2}\rho gHh^2B \quad (H.0.4\text{-}2)$$

$$M_R=\frac{1}{4}KB\rho h^4\omega_m^2 \quad (H.0.4\text{-}3)$$

式中 N ——拍门撞击力(N)；

L_n ——撞击力作用点至门铰轴线的距离(m)；

M_y ——拍门水压力绕门铰轴线的力矩(N·m)；

M_R ——拍门运动阻力绕门铰轴线的力矩(N·m)；

h ——拍门高度(m)；

B ——拍门宽度(m)；

H ——拍门下落运动计算所得作用水头(m)；

ω_m ——拍门下落运动计算所得闭门角速度(rad/s)；

ρ ——水体密度(kg/m³)；

g ——重力加速度(m/s²)；

K ——拍门运动阻力系数，可取 $K=1\sim1.5$；

S ——拍门缓冲块撞击接触面积(m²)；

E ——缓冲块弹性模量(N/m²)；

δ ——缓冲块厚度(m)。

附录J 快速闸门停泵闭门撞击力近似计算

J.0.1 快速闸门停泵下落运动速度可按下式计算(图J.0.1)

$$V=\sqrt{\frac{2ac+bm}{2a^2}(1-e^{-2ax/m})-bx/a} \quad (J.0.1)$$

式中 V ——闸门下落运动速度(m/s)；

x ——闸门从初始位置下落高度(m)；

m ——闸门的质量(kg)；

a、b、c ——与闸门和启闭机设计参数有关的常数，其值按下式计算：

卷扬启闭机自由下落闸门，

$$a=K\rho\delta B$$

油压启闭机有阻尼下落闸门，

$$a=K\rho\delta B+\frac{\rho\pi}{8}(D^2-d^2)^3\sum_{1}^{n}(\frac{\lambda_iL_i}{d_i^5}+\frac{\zeta_i}{d_i^4})$$

$$(i=1,2,3,\cdots\cdots n)$$

$$b=mg+\rho gB[\frac{h-H}{2}\delta-(hH+H^2/2)\cdot f]$$

$$c=\rho gB(\frac{\delta}{2}-H\cdot f);$$

式中 ρ ——水体密度(kg/m³)；

g ——重力加速度(m/s²)；

K ——闸门运动阻力系数，可取 $K=1$；

B ——闸门宽度(m)；

H ——闸门高度(m)；

δ ——闸门厚度(m)；

f ——闸门止水橡皮与门槽的摩擦系数；

d_i ——油压启闭机系统供油、回油 i 段管路直径或当量直径(m)；

L_i ——i 段管路长度或当量长度(m)；

λ_i ——i 段管路摩阻系数；

ζ_i ——i 段管路局部阻力系数；

d ——油压启闭机活塞杆直径(m)；

D ——油压启闭机油缸内径(m)；

h ——初始位置时门顶淹没水深(m)。

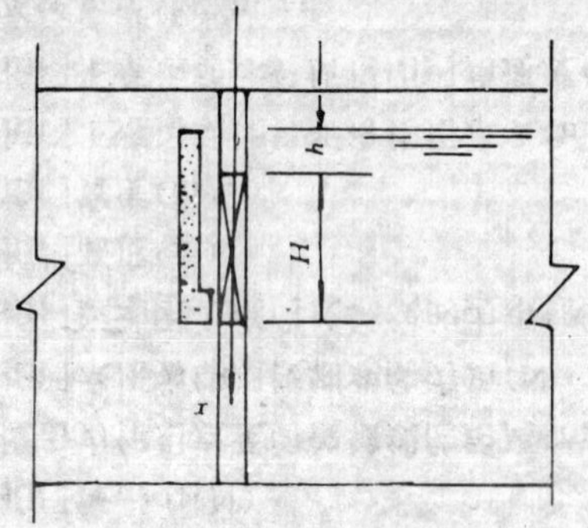

图 J.0.1 快速闸门下落运动

J.0.2 快速闸门对门槽部位底板撞击力可按下式计算

$$N=mg\left[1+\sqrt{1+\frac{V_m^2}{g\delta_c}}\right] \tag{J.0.2}$$

式中 N ——闸门撞击力(N)；

m ——闸门质量(kg)；

g ——重力加速度(m/s^2)；

V_m ——闸门下落运动计算所得闭门运动速度(m/s)；

δ_c ——闸门自重作用下门底缓冲橡皮最大压缩变形(m)。

附录 K 本规范用词说明

K.0.1 为便于在执行本规范条文时区别对待，对要求严格程度不同的用词说明如下：

(1) 表示很严格，非这样做不可的：
正面词采用“必须”；
反面词采用“严禁”。

(2) 表示严格，在正常情况均应这样做的：
正面词采用“应”；
反面词采用“不应”或“不得”。

(3) 表示允许稍有选择，在条件许可时首先应这样做的：
正面词采用“宜”或“可”；
反面词采用“不宜”。

K.0.2 条文中指定应按其它有关标准、规范执行时，写法为“应符合……的规定”或“应按……执行”。

附加说明

主编单位、参编单位和主要起草人名单

主编单位： 水利部水利水电规划设计总院
北京水利水电管理干部学院
(即华北水利水电学院北京研究生部)

参编单位： 江苏省水利勘测设计院
湖北省水利勘测设计院
甘肃省水利水电勘测设计院
山西省水利勘测设计院
广东省东深供水工程管理局
中国水利水电科学研究院
武汉水利电力大学
扬州大学农学院

主要起草人： 窦以松　刘清奎　陈登毅　黄兴南
杨来春　严登丰　张锦文　李继珊
于鲁田　沈潜民　吴道志　董　岩
金　勇

中华人民共和国国家标准

泵站设计规范

GB/T 50265-97

条文说明

制订说明

本规范是根据国家计委计综[1986]2630号文及建设部建标[1991]727号文的要求，由水利部主编，具体由水利部水利水电规划设计总院、北京水利水电管理干部学院（即华北水利水电学院北京研究生部）会同中国水利水电科学研究院，江苏、山西、甘肃、湖北等省水利（水电）勘测设计院，广东省东深供水工程管理局，武汉水利电力大学和扬州大学农学院等单位共同编制而成，经建设部1997年6月2日以建标[1997]134号文批准，并会同国家技术监督局联合发布。

本规范在编制过程中，规范编制组进行了大量的调查研究，认真总结了我国泵站建设和技术改造中的实践经验，同时参考了有关国际标准和国外先进标准，并广泛征求了全国有关单位和专家的意见，最后由水利部会同有关部门审查定稿。

鉴于本规范系初次编制，在执行过程中，希望各单位结合工程实践和科学研究，认真总结经验，注意积累资料。如发现需要修改和补充之处，请将意见和有关资料寄交北京市西外花园村北京水利水电管理干部学院国家标准《泵站设计规范》管理组（邮政编码100044），并抄送水利部科技司技术监督处，以供今后修订时参考。

一九九七年六月

目 次

1 总 则

1.0.1 根据1991年的统计资料，至1990年底，我国现有固定农用机电灌排泵站473680座，排灌机械保有量6805.45万kW，灌溉面积达40853万亩，占全国有效灌溉面积的56.3%，其中固定电动泵站376824座，动力保有量1790万kW，灌溉面积18619万亩，占全国有效灌溉面积的25.65%。此外，跨流域调水工程，工业城镇供水工程中都有不少泵站。制定本规范目的，就是为了统一泵站设计标准，保证泵站设计质量，使泵站工程在国民经济建设中更好地发挥作用。

1.0.2 中国的泵站类型很多，数量很大，且多数为小型。小型泵站设计相对简单。本规范适用范围主要是新建、扩建或改建的大、中型灌溉、排水及工业、城镇供水泵站的设计。

1.0.3 广泛搜集和整理基本资料是一项十分重要的工作，它给泵站设计提供重要依据。过去，因对基本资料重视不够有不少经验教训：泵站建成后有的水源无保证，有的供电不可靠，有的流量达不到设计要求，完不成灌排任务，因而造成损失和浪费。所以，本条强调要广泛搜集和整理与泵站关系密切的基本资料，包括水源、电源、地质、主机型号以及作为设计依据的其它重要数据等。如系城镇供水泵站，还应充分搜集有关供水方面的基本资料。基本资料和数据均应经过分析鉴定，准确可靠，满足设计要求。

1.0.4 在采用新技术、新材料、新设备和新工艺时，要注意其是否成熟可靠。重要的新技术、新材料、新设备和新工艺的采用，一定要经过国家有关部门或权威机构进行鉴定验证。

2 泵站等级划分

2.0.2 泵站系指单个泵站，泵站按装机流量和装机功率两项指标分等能表征出泵站本身特点，比较合理，理由如下：

一、不管用途如何，泵站的功能是提水，用单位时间的提水量表示。因此，装机流量直接体现了泵站的规模，应被定为划分等别的主要指标。

二、泵站是利用动力进行提水，装机功率大小表征动力消耗量多少，即泵站的装机功率大小，同时还表示出提水扬程的高低，因此装机功率也是划分泵站等别的重要指标。

当泵站按分等指标分属两个不同等别时，应选取其中较高的等别。

三、简单明确，覆盖了各种用途的泵站，衡量标准一致，也与过去的划分相衔接。

四、符合技术立法应相对稳定的原则，它不会因政策调整而变动。

五、体现了编制本规范的主要目的是用于指导泵站设计，亦即划分成不同等级，是为了根据泵站规模及重要性，确定防洪标准、安全超高和各种安全系数等，而与确定管理体制、投资渠道、机构人员编制无关。

为了理顺关系，与枢纽等级划分相衔接，根据泵站的特点和已建泵站的实际状况，参考历史习惯的分等情况，将泵站及其建筑物划分为五等5级是合适的。

2.0.3 对工业、城镇供水泵站的分等指标，应根据供水对象、供水规模和供水重要性确定。特别重要、且供水规模比较大，如城市或工矿供水泵站，可定为Ⅰ等泵站；重要的乡镇供水泵站，一般可定为Ⅲ等泵站。

2.0.4 修建在堤身上的泵站，当泵房直接起挡水作用时，泵站等别不应低于防洪堤的等别。在执行本条规定时，还应注意堤防规划和发展的要求，应避免泵站建成不久因堤防标准提高，又要对泵站进行加固或改建。在多泥沙河流上修建泵站，尤其应重视这条规定。

3 泵站主要设计参数

3.1 防洪标准

3.1.1 修建在河流、湖泊或平原水库岸边的堤身式泵站建筑物(包括进水闸、泵房等)，和其它水工建筑物一样，都有防洪的问题。众所周知，水工建筑物的整体稳定和强度均需分别按设计洪水位和校核洪水位进行核算。据了解，各地已建的中、小型泵站工程多自行拟定防洪标准，往往偏低，遇较大洪水时发生的事故较多；而部分大、中型泵站工程则采用国家现行标准《水利水电枢纽工程等级划分及设计标准(山区、丘陵区部分)》和《水利水电枢纽工程等级划分及设计标准(平原滨海部分)(试行)》规定的防洪标准。这对于修建在河流、湖泊或平原水库岸边的泵站工程显然偏高，势必增加工程投资。原部标[即《泵站技术规范》SD204－86(设计分册)]表4.1.1规定的防洪标准，从几年来执行情况看，基本适宜，但需作一些调整。因此，在原部标表4.1.1的基础上，根据现行国家标准《防洪标准》中有关灌溉、治涝和供水工程主要建筑物防洪标准的规定，制定了泵站建筑物的防洪标准(表3.1.1)。

3.2 设计流量

3.2.1 灌溉泵站设计流量应由灌区规划确定。由于水泵提水需耗用一定的电能，对提水灌区输水渠道的防渗有着更高的要求。因此，灌溉泵站输水渠道渠系水利用系数的取用可高于自流灌区。灌溉泵站机组的日开机小时数应根据灌区作物的灌溉要求及机电设备运行条件确定，一般可取24h。

对于提蓄结合灌区或井渠结合灌区，在计算确定泵站设计流量时，应先绘制灌水率图，然后考虑调节水量或可能提取的地下水量，削减灌水率高峰值，以减少泵站的装机功率，降低工程投资。

3.2.2 排水泵站排涝设计流量应由排水区规划确定。在设计排水泵站时，必须对泵站设计流量进行校核。影响排涝流量的因素很多，除了排涝面积的大小外，主要有降雨量，蒸发量，田间蓄水量，湖泊、港汊、河网的调蓄水量，作物耐淹深度，地面覆盖程度以及涝水对城镇、工矿企业安全的影响等，应进行综合研究确定。

3.2.3 工矿区工业供水泵站的设计流量应根据用户（供水对象）提出的供水量要求和用水主管部门的水量分配计划等确定，城镇生活供水泵站的设计流量一般可由用水主管部门确定。

3.3 特征水位

3.3.1 灌溉泵站进水池水位

3.3.1.1 防洪水位是确定泵站建筑物防洪墙顶部高程的依据，是计算分析泵站建筑物稳定安全的重要参数。直接挡洪的泵房，其防洪水位应按本规范表 3.1.1 的规定确定；不直接挡洪的泵房，因泵房前设有防洪进水闸（涵洞），泵房设计时可不考虑防洪水位的作用。

3.3.1.2 设计水位是计算确定泵站设计扬程的依据。从河流、湖泊或水库取水的灌溉泵站，确定其设计水位时，以历年灌溉期的日平均或旬平均水位排频，取相应于设计保证率的水位作为设计水位。根据我国农业灌溉的现状及发展要求，设计保证率取为85%～95%。水资源紧缺地区可取低值，水资源较丰富地区可取高值；以旱作物为主的地区可取低值，以水稻为主的地区可取高值。

3.3.1.4 最低运行水位是确定水泵安装高程的依据。如果最低运行水位确定偏高，将会引起水泵的汽蚀、振动，给工程运行造成困难；如果最低运行水位确定得太低，将增大工程量，增加工程投资。合适的安装高程应通过技术经济比较确定。确定最低运行水位时取用的设计保证率应比确定设计水位时取用的设计保证率要高些。对于从河流、湖泊或水库取水的灌溉泵站，原部标取保证率90%～95%，经讨论认为偏低，本规范改为95%～97%。对于从河床不稳定河道取水的灌溉泵站，由于河床冲淤变化大，水位与流量的关系不固定，当没有条件进行水位频率分析时，可进行流量频率的分析，然后再计入河床变化等因素的影响。

3.3.2 灌溉泵站出水池水位

3.3.2.1 灌溉泵站出水池有的接输水河道，有的接灌区输水渠道。前者多见于南方平原区，后者多见于北方各地及南方山丘区。只有当出水池接输水河道时，才以输水河道的校核洪水位作为最高水位。

3.3.2.4 在南方平原地区，与灌溉泵站出水池相通的输水河道，往往有船只通航的要求。如果取与泵站单泵流量相应的水位作为最低运行水位，虽然已能满足作物灌溉的需要，但低于最低通航水位，此时应取最低通航水位作为泵站出水池最低运行水位，这样才能同时满足船只通航的要求。

3.3.3 排水泵站进水池水位

3.3.3.1 最高水位是确定泵房电动机层楼板高程或泵房进水侧挡水墙顶部高程的依据。由于排水泵站的建成，建站前历史上曾出现过的最高内涝水位一般不会再现。按照目前我国各地规划的治涝标准，一般重现期5～10年一遇，为适当提高治涝标准，本规范取排水区建站后重现期10～20年一遇的内涝水位作为排水泵站进水池最高水位。

3.3.3.2 设计水位是排水泵站站前经常出现的内涝水位，是计算确定泵站设计扬程的依据。在设计扬程工况下，泵站必须满足排涝设计流量的要求。

设计水位的确定与排水区有无调蓄容积等关系很大。在一般情况下，根据排田或排调蓄区的要求，由排水渠道首端的设计水位推算到站前的水位。

一、根据排田要求确定设计水位。在调蓄容积不大的排涝区一般以较低耕作区(约占排水区面积90%～95%)的涝水能被排除为原则,确定排水渠道的设计水位。南方一些省常以排水区内部耕作区90%以上的耕地不受涝的高程作为排水渠道的设计水位。有些地区则以大部分耕地不受涝的高程作为排水渠道的设计水位。这样,可使渠道和泵站充分发挥排水作用,但是土方工程量大,只能在排水渠道长度较短的情况下采用。

二、根据排调蓄区要求确定设计水位。当泵站前池由排水渠道与调蓄区相连时,可按下列两种方式确定设计水位:

一种是以调蓄区设计低水位加上排水渠道的水力损失后作为设计水位。运行时,自调蓄区设计低水位起,泵站开始满负荷运行(当泵站外水位为设计外水位时),随着来水不断增加,调蓄区边排边蓄直至达到正常水位为止。此时,泵站前池的水位也相应较设计水位高,泵站满负荷历时最长,排空调蓄区的水也最快。湖南省洞庭湖地区排水泵站进水池设计水位多按这种方式确定。

另一种是以调蓄区设计低水位与设计蓄水位的平均值加上排水渠道的水力损失后作为设计水位。按这种方式,只有到平均水位时,泵站才能满载运行(当泵站外水位为设计外水位时)。湖北省排水泵站进水池设计水位多按这种方式确定。

3.3.3.3 最高运行水位是排水泵站正常运行的上限排涝水位。超过这个水位,将扩大涝灾损失,调蓄区的控制工程也可能遭到破坏。因此,最高运行水位应在保证排涝效益的前提下,根据排涝设计标准和排涝方式(排田或排调蓄区),通过综合分析计算确定。

3.3.3.4 最低运行水位是排水泵站正常运行的下限排涝水位,是确定水泵安装高程的依据。低于这个水位运行将使水泵产生汽蚀、振动,给工程运行带来困难。最低运行水位的确定,需注意以下三方面的要求:

一、满足作物对降低地下水位的要求。一般按大部分耕地的平均高程减去作物的适宜地下水埋深,再减0.2～0.3m。

二、满足调蓄区预降最低水位的要求。

三、满足盐碱地区控制地下水的要求。一般按大部分盐碱地的平均高程减去地下水临界深度,再减0.2～0.3m。

按上述要求确定的水位分别扣除排水渠道水力损失后,选其中最低者作为最低运行水位。

3.3.4 排水泵站出水池水位

3.3.4.1 同本规范3.3.1.1条文说明。

3.3.4.2 设计水位是计算确定泵站设计扬程的依据。在设计扬程工况下,泵站必须满足排涝设计流量的要求。

根据调查资料,我国各地采用的排涝设计标准:河北、辽宁等省采用重现期5年一遇;广东、安徽等省采用重现期5～10年一遇;湖北、湖南、江西、浙江、广西等省、自治区采用重现期10年一遇;江苏、上海等省、市采用重现期10～20年一遇。泵站出水池设计水位多数采用重现期5～10年的外河3～5日平均水位,有的采用某一涝灾严重的典型年汛期外河最高水位的平均值,也有采用泵站所在地大堤防汛警戒水位作为泵站出水池的设计水位。

由于设计典型年的选择具有一定的区域局限性,且任意性较大,因此本规范规定采用重现期5～10年一遇的外河3～5日平均水位作为泵站出水池设计水位。具体计算时,根据历年外河水位资料,选取每年排涝期3～5日连续最高水位平均值进行排频,然后取相应于重现期5～10年一遇的外河水位作为设计水位。

在某些经济发展水平较高的地区或有特殊要求的粮棉基地和大城市郊区,如条件允许,对特别重要的排水泵站,可适当提高排涝设计标准。

3.3.4.3 最高运行水位是确定泵站最高扬程的依据。对采用虹吸式出水流道的块基型泵房,该水位也是确定驼峰顶部底高程的主要依据。例如湖北省采用虹吸式出水流道的泵站,驼峰顶部底高程一般高于出水池最高运行水位0.05～0.15m;江苏省采用虹吸式出水流道的泵站,驼峰顶部底高程一般高于出水池最高运行水位0.5m左右。最高运行水位的确定与外河水位变化幅度有关,但其重现期的采用应保证泵站机组在最高运行水位工况下能安全运行，同时也不应低于确定设计水位时所采用的重现期标准。因此，本规范规定外河水位变化幅度较小时，取设计洪水位作为最高运行水位；外河水位变化幅度较大时，取重现期10～20年一遇的外河3～5日平均水位作为最高运行水位。

当然，对特别重要的排水泵站，可适当提高排涝设计标准。

3.3.4.4 最低运行水位是确定泵站最低扬程和流道出口淹没高程的依据。在最低运行水位工况下，要求泵站机组仍能安全运行。

3.4 特征扬程

3.4.1 设计扬程是选择水泵型式的主要依据。在设计扬程工况下，泵站必须满足设计流量要求。设计扬程应按泵站进、出水池设计水位差，并计入进、出水流道或管道沿程和局部水力损失确定。

3.4.2 平均扬程是泵站运行历时最长的工作扬程。选择水泵时应使其在平均扬程工况下，处于高效区运行，因而单位消耗能量最少。平均扬程一般可按泵站进、出水池平均水位差，并计入水力损失确定，但按这种方法计算确定平均扬程，精度稍差，只适用于中、小型泵站工程；对于提水流量年内变化幅度较大，水位、扬程变化幅度也较大的大、中型泵站，应按(3.4.2)式计算加权平均净扬程，并计入水力损失确定，按这种方法计算确定平均扬程，工作量较大，因为(3.4.2)式需根据设计水文系列资料按泵站提水过程所出现的分段扬程、流量和历时进行加权平均才能求得加权平均净扬程，但由于这种方法同时考虑了流量和运行历时的因素，即总水量的因素，因而计算成果比较精确合理，符合实际情况。

3.4.3 最高扬程是泵站正常运行的上限扬程。水泵在最高扬程工况下运行，其提水流量虽小于设计流量，但应保证其运行的稳定性。对于供水泵站，在最高扬程工况下，应考虑备用机组投入，以满足供水设计流量要求。

3.4.4 最低扬程是泵站正常运行的下限扬程。水泵在最低扬程工况下运行，亦应保证其运行的稳定性，即不致发生水泵汽蚀、振动等情况。

4 站址选择

站址选择和总体布置有一定的联系，但站址选择是从面上进行选点的工作，在诸多因素中，是否便于总体布置，这仅是其中概略地考虑的因素之一；而总体布置则是在点上进行深化的工作，这就需要充分利用当地条件，通过多方案的技术经济比较，最终取用符合建站目的的最优布置方案。考虑到站址选择和总体布置是泵站工程设计开始时前后两个重要环节，特别是站址选得是否合适，将直接关系到整个泵站工程建设的成败和经济效益、社会效益的显著与否，因此本规范将站址选择和总体布置分开，各列为一章。

4.1 一般规定

4.1.1 执行本条规定应注意下列事项：

一、选择站址，首先要服从流域（地区）治理或城镇建设的总体规划。前者是指农业灌排泵站，后者是指城市、乡镇、工矿区的供水泵站。不得选用与流域（地区）治理或城镇建设的总体规划有抵触的站址。否则，泵站建成后不仅不能发挥预期的作用，甚至还会造成很大的损失和浪费。例如某泵站事先未作工程规划，以致工程建成后基本上没有发挥什么作用，引河淤积厚度达5～6m，电动机质量差，水泵汽蚀严重，泵站效率只有50%左右。又如某泵站事先未作认真的工程规划，工程建成后，出水池水位低于进水池水位，扬程竟出现负值。

二、选择站址，要考虑工程建成后的综合利用要求。尽量发挥综合利用效益，这是兴建包括泵站在内的一切水利工程的基本原则之一，也是体现水利为农业和有关国民经济部门服务的一条根本宗旨。例如某大型泵站原定站址位于某河的西岸，只能作为跨流域调水的起点站，后将站址移至另一条河的东岸，不仅担负了跨流域调水的任务，还能结合一大片地区的排涝，成为一座能灌、能排，能抽引、能自引，能利用余水发电，还能为航运和部分地区工业、生活提供用水的综合利用泵站。

三、选择站址，要考虑水源（或承泄区）包括水流、泥沙等条件。如果所选站址的水流条件不好，不但会影响泵站建成后的水泵使用效率，而且会影响整个泵站的正常运行。例如某排水泵站与排水闸并列布置，抽排时主流不集中，进水池形成回流和漩涡，造成机组振动和汽蚀，降低效率，对运行极为不利。又如某排灌泵站采用侧向进水方式，排水时，主流偏向引渠的一侧，另一侧形成顺时针旋转向的回流区直达引渠口。在前池翼墙范围内，水流不平顺，有时出现阵阵横向流动。水流在流道分水墩两侧形成阵发性漩涡。灌溉时，情况基本相似，但回流方向相反。又如某引黄泵站站址选得不够理想，引渠泥沙淤积严重，水泵叶轮严重磨损，功率损失很大，泵站效率很低。

四、选择站址，要考虑占地、拆迁因素。十分珍惜和合理利用每寸土地，是我国的一项基本国策。拆迁赔偿费用往往在整个工程建设投资中占有很大的比重。因此，要尽量减少占地，减少拆迁赔偿费用。

五、选择站址，还要考虑工程扩建的可能性，特别是分期实施的工程，要为今后扩建留有余地。

4.1.3 泵站和其它水工建筑物一样，要求建在岩土坚实和抗渗性能良好的天然地基上，不应设在大的和活动性的断裂构造带以及其它不良地质地段。在平原、滨湖地区建站，可能会遇到淤泥、流沙等，应尽量避开，选择在土质均匀密实，承载力高，压缩性小的地基上。否则就要进行地基处理，增加工程投资。如处理不当，还会影响泵站的安全运行。例如某泵站装机功率6×1600kW，建在淤泥质软粘土地基上，其含水量为29%～57%，孔隙比为0.83～1.66，承载力为50kPa，压缩系数为0.325～1.12MPa^{-1}，属低承载力、高压缩性地基。该泵站建成9年后的实测最大沉降量累计达0.65m，不均匀沉降差达0.35m，机组每年都要进行维修调试，否则就难以运行。又如某泵站装机功率8×800kW，建在粉砂土地基上。当基坑开挖至距离设计底高程尚有2.1m时，即发现有流沙现象，挖不下去，后采取井点排水措施，井点运行48h后，流沙现象才告消失。在井点不断进行排水的条件下，继续开挖基坑，直至底高程时为止，均未发现流沙管涌情况，从而为泵房底板的混凝土浇筑质量和整个泵房的安全施工提供了必要的保证。因此，在选择站址时，如遇淤泥、流沙等，首先应考虑能否改变站址，如不可能则需采用人工地基，或采取改变上部结构型式等工程措施，以适应软土地基的要求。例如某泵站，为了寻找好的站址，作了大量的地质勘察工作，经比较后将站址选在距离取水口位置4.7km的红砂岩地基上，大大节省了工程投资，而且对泵站的安全运行有利。

4.2 不同类型泵站站址选择

4.2.1 灌溉泵站是用来抽引农作物栽插和生长所需要的灌溉水。对于从河流、渠道、湖泊取水的灌溉泵站，为了能充分发挥其工程效益，应将泵站选在有利于控制提水灌区，使输水系统布置比较经济的地点。

对于从河流、渠道、湖泊，特别是北方水资源比较紧缺的地区水源中取水的灌溉泵站，其取水口位置的选择尤为重要。如果取水口位置选得不好，轻则影响泵站的正常运行，重则导致整个泵站工程的失败。例如某泵站的取水口位于黄河游荡性河段，河床宽浅，水流散乱，浅滩沙洲多，主流摆动频繁，致使取水口经常出现脱流。该泵站建成已30余年，主流相对稳定、能保证引水的年份仅有8年，其余年份均受尽主流摆动之苦，主流偏离取水口的最大距离（垂直河岸）曾达4.2km。为了引水需要，不得不在黄河滩上开挖引渠，最长达6.5km。1990年严重伏旱时，曾组织2万多人次，开挖引渠长3.38km，耗资近30万元。为防止引渠淤死断流，被迫采取加大流速的办法拉沙，致使滩岸坍塌，弯道冲刷，大颗粒粗沙连同引渠底沙一起，通过水泵进入渠系和田间。同时由于汽蚀和泥沙磨损，水泵效率显著下降，泵站装置效率下降10.4%，实际抽水能力仅为设计抽水能力的61.8%，水泵运转仅500h，泵体即磨蚀穿孔，刮舌磨光，直径1.4m、长500m的出水管道全部淤满，曾发生管道破裂，5间厂房被毁坏的严重事故。此外，出水干渠严重淤高，致使灌溉水漫顶决堤，将大量泥沙灌入田间，使农田迅速沙化，影响农作物的正常生长，农业减产，损失严重。因此，灌溉泵站取水口应选在主流稳定靠岸，能保证引水的河段，而且应根据取水口所在河段的水文、气象资料，自然灾害情况和环境保护需要等，分别满足防洪、防沙、防冰及防污要求。如果不能满足这些要求，就应采取相应的措施。

4.2.2 对于直接从水库取水的灌溉泵站，最要紧的是认真研究水库水位的变化对泵站机组选型及泵站建成投产后机组运行情况的影响，研究水库泥沙淤积对泵站取水可靠性的影响，并对站址选在库区或坝后进行技术经济比较。从库区即坝前取水，泵房会受到水库水位涨落的影响，因而防洪是一个突出的问题；从坝后取水，当然不存在防洪问题，因而可用管道直接从水库向泵房引水，但有可能受到泥沙淤积的影响。因此，本规范规定，直接从水库取水的灌溉泵站站址，应选择在岸坡稳定，靠近灌区，取水方便，少受泥沙淤积影响的地点。

4.2.3 排水泵站是用来排除低洼地区对农作物生长有害的涝水。为了能及时排净涝水，将排水泵站设在排水区地势低洼，能汇集排水区涝水，且靠近承泄区的地点，以降低泵站扬程，减小装机功率。例如某泵站装机功率6×1600kW，站址选在排水区地势低洼处，紧靠长江岸边，由一条长32km，宽100m的平直排水渠道汇集涝水，进、出口均采用正向布置方式，加之合适的地形、地质条件，泵站建成后，进出水流顺畅，无任何异常情况。如果有的排水区涝水可向不同的承泄区（河流）排泄，且各河流汛期高水位又非同期发生时，需对河流水位（即所选站址的站上水位）作对比分析，以选择装置扬程较低，运行费用较经济的站址。如果有的排水区涝水需高低分片排泄时，各片宜单独设站，并选用各片控制排涝条件最为有利的站址。因此，本规范规定，排水泵站站址应选择在排水区地势低洼、能汇集排水区涝水，且靠近承泄区的地点。

4.2.4 灌排结合泵站的任务有抽灌、抽排、自灌、自排等，可采用泵站本身或通过设闸控制来实现。在选择灌排结合泵站站址时，应综合考虑外水内引和内水外排的要求，使灌溉水源不致被污染，土壤不致引起或加重盐渍化，并兼顾灌排渠系的合理布置等。例如某泵站装机功率 4×6000kW，位于已建的排涝闸左侧，枯水季节可用排涝闸自排，汛期外江水位低时也可利用排涝闸抢排，而在汛期外江水位高时，则利用泵站抽排，做到自排与抽排相结合。又如某泵站装机功率 4×1600kW，利用已建涵洞作为挡洪闸，以挡御江水，并利用原有河道作为排水渠道。闸站之间为一较大的出水池，以利水流稳定，同时在出水池两侧河堤上分别建灌溉闸。汛期可利用泵站抽排涝水，亦可进行抽灌。当外江水位较高时，还可通过已建涵洞引江水自灌，做到了抽排、抽灌与自灌相结合。再如某泵站装机功率 9×1600kW，多座灌排闸、节制闸及灌溉、排水渠道相配合，当外河水位正常时，低片地区的涝水可由泵站抽排，高片地区的涝水可由排涝节制闸自排，下雨自排有困难时，也可通过闸的调度改由泵站抽排；天旱时，可由外河引水自灌或抽灌入内河，实行上、下游分灌。因此，该站以泵房为主体，充分运用附属建筑物，使灌排紧密结合，既能抽排，又能自排；高、低水可以分排，上、下游可以分灌，合理兼顾，运用灵活，充分发挥了灌排效益。

4.2.5 供水泵站是为城镇、工矿区提供生活和生产用水的。确保水源可靠和水质符合规定要求是供水泵站站址选择时必须考虑的首要条件。由于城镇、工矿区上游水源一般不易受污染，因此，本规范规定，供水泵站站址应选择在城镇、工矿区上游，河床稳定，水源可靠，水质良好，取水方便的河段。生活饮用水的水质必须符合现行国家标准《生活饮用水卫生标准》的要求。

5 总体布置

总体布置是在站址选定后需要进行的一项重要工作。总体布置是否合理，将直接影响到泵站的安全运行和工程造价。

5.1 一般规定

5.1.1 供电条件包括供电方式、输电走向、电压等级等，它与泵房平面布置关系密切，应尽量避免出现高压输电线跨河布置的不合理情况。此外，泵站的总体布置要结合考虑整个水利枢纽或供水系统布局，即泵站的总体布置不要和整个水利枢纽或供水系统布局相矛盾。当然这是就大型水利枢纽或供水系统而言的，一般水利枢纽或供水系统不存在这样的问题。

5.1.2 许多已建成泵站的管理条件往往很差，对工程的正常运用有较大的影响。根据上级主管部门关于"基本建设必须为工程管理运行创造条件，工程设计中应考虑各种管理维护基础设施，其中包括闸、坝观测设施和基地建设(包括水利施工队伍基地建设在内)等"的要求，本规范规定，泵站的总体布置应包括泵房，进、出水建筑物，专用变电站，其它枢纽建筑物和工程管理用房、职工住房，内外交通、通信以及其它管理维护设施等。

5.1.6 泵房不能用来泄洪，必须设专用泄洪建筑物，并与泵房分建，两者之间应有分隔设施，以免泄洪建筑物泄洪时，影响泵房与进、出水池的安全。同样，泵房不能用来通航，必须设专用通航建筑物，并与泵房分建，两者之间应有足够的安全距离。否则，泵房与通航建筑物同时运用，因有较大的横向流速，影响来往船只的安全通航。例如某泵站装机功率 6×1600kW，将泵站、排涝闸、船闸三者合建，并列成一字形，泵房位于河道左岸，排涝闸共 6 孔，分为两组，其中一组3孔紧靠泵房布置，另外一组3孔位于河道右岸，船闸则位于两组排涝闸之间。当泵房抽排或排涝闸自排时，进、出水口流速较高，且有横向流速，通航极不安全，经常发生翻船事故。又如某泵站装机功率10×1600kW，泵站、排涝闸、船闸三者也是并列成一字形，但因将船闸设在河道左岸，且与泵站、排涝闸分开另建，船闸导航墙又长，故通航不受泵站、排涝闸影响。因此，本规范规定，泵房与泄洪建筑物之间应有分隔设施，与通航建筑物之间应有足够的安全距离及安全设施。

5.1.7 根据调查资料，站内交通桥一般都是紧靠泵房布置，拦污栅往往结合站内交通桥的布置，设在进水流道的进口处，且多呈竖向布置，往往给清污工作带来许多不便。对于堆积在拦污栅前的污物、杂草，如不及时清除，将会大大减小过流断面，造成栅前水位壅高，增大过栅水头损失，并使栅后水流状态恶化，严重影响机组的正常运行。例如某泵站安装2.8CJ－70型轴流泵，单泵设计流量20m³/s。由于污物、杂草阻塞在拦污栅前，增大过栅水头损失0.25m，查该泵型性能曲线可知流量减少约0.5m³/s；减少值相当于单泵设计流量的1/40。如果过栅水头损失增大至1～2m，则单机流量的减少就更可观了。又如某泵站1989年春灌时，多机组抽水，进水闸前出现长40～50m、厚1～2m的柴草堆，人立草上不下沉，泵站被迫停止引水，组织100余人下水3天，才将柴草捞净，满足了泵站引水的要求。因此，本规范规定，对于建造在污物、杂草较多的河流上的泵站，应设置专用的拦污栅和清污设施，其位置宜设在引渠末端或前池入口处。

5.1.8 根据调查资料，在已建的泵站中当公路干道与泵站引渠或出水干渠交叉时，公路桥往往与站内交通桥结合，紧靠泵房布置。这样虽可利用泵房墩、墙作为桥墩、桥台，节省工程投资，但有很多弊端，如车辆从桥上通过时噪声轰鸣，干扰泵房值班人员的工作，容易导致机组运行的误操作；同时由于尘土飞扬，还会污染泵房环境等。例如某泵站装机功率6×1600kW，由于兴建时片面强调节约资金，将通往某市的干线公路桥与泵房建在一起，建成后，每日过桥车辆如梭，轰鸣声不绝于耳，晴天灰雾腾腾，雨天泥泞飞溅，对泵站的安全运行和泵房环境影响极大，曾发生过由于车辆噪声干扰导致机组运行误操作的事故。如果公路桥与泵房之间拉开一段距离，虽增加了工程投资，但可避免上述弊端，改善泵站运行条件和泵房环境。因此，本规范规定泵站进、出水池与铁路桥、公路桥之间的距离不宜小于100m。

5.1.9 水工整体模型试验是研究和预测泵站抽水能力及机组运行时进、出口水流条件的最好方法。但是，进行水工整体整型试验需要一定的时间和经费。根据以往的工作实践，安排水工整体模型试验常常不是时间上满足不了要求，就是经费上受限制。因此，即使对于大、中型泵站工程，也没有必要规定必须做水工整体模型试验，但是对于水流条件复杂的大型泵站枢纽布置，还是应通过水工整体模型试验验证。

5.2 泵站布置型式

5.2.1 灌溉泵站的总体布置，一般可分为引水式和岸边式两种。引水式布置一般适用于水源岸边坡度较缓的情况。在满足灌溉引水要求的条件下，为了节省工程投资和运行费用，泵房位置应通过经济计算比较确定。当水源水位变化幅度不大时，可不设进水闸控制；当水源水位变化幅度较大时，则应在引渠渠首设进水闸。这种布置型式在我国平原和丘陵地区从河流、渠道或湖泊取水的灌溉泵站中采用较多。而在多泥沙河流上，由于引渠易淤积，建议尽量不要采用引水式布置。根据某地区泵站引渠淤积状况调查，进口设闸控制的引渠，一般每年需清淤1～2次；而进口未设闸控制的引渠，每当灌溉时段结束，引渠即被淤满，下次引水时，必须首先清淤，汛期每次洪水过后，再次引水时，同样也必须清淤，每年清淤工作量相当大，大大增加了运行管理费用。岸边式布置一般适用于水源岸边坡度较陡的情况。采用岸边式布置，由于站前无引渠，可大大减少管理维护工作量；但因泵房直接挡水，加之泵房结构又比较复杂，因此，泵房的工程投资要大一些。至于泵房与岸边的相对位置，根据调查资料，其进水建筑物的前缘，有与岸边齐平的，有稍向水源凸出的，运用效果均较好。

从水库取水的灌溉泵站，当水库岸边坡度较缓、水位变化幅度不大时，可建引水式固定泵房；当水库岸边坡度较陡、水位变化幅度较大时，可建岸边式固定泵房或竖井式(干室型)泵房；当水位变化幅度很大时，可采用移动式泵房(缆车式、浮船式泵房)或潜没式固定泵房。这几种泵房在布置上的最大困难是出水管道接头问题。

5.2.2 由于自排比抽排可节省大量电能，因此在具有部分自排条件的地点建排水泵站时，如果自排闸尚未修建，应优先考虑排水泵站与自排闸合建，以简化工程布置，降低工程造价，方便工程管理。例如某泵站将自排闸布置在河床中央，泵房分别布置在自排闸的两侧。泵房底板紧靠自排闸底板，用永久变形缝隔开。当内河水位高于外河水位时，打开自排闸自排；当内河水位低于外河水位，又需排涝时，则关闭自排闸，由排水泵站抽排。又如某泵站将水泵装在自排闸闸墩内，布置更为紧凑，大大降低了工程造价，水流条件也比较好。但对于大、中型泵站，采用这种布置往往比较困难。如果建站地点已建有自排闸，可考虑将排水泵站与自排闸分建，以方便施工。但需另开排水渠道与自排渠道相连接，其交角不宜大于30°，排水渠道转弯段的曲率半径不宜小于5倍渠道水面宽度，且站前引渠宜有长度为5倍渠道水面宽度以上的平直段，以保证泵站进口水流平顺通畅。因此，本规范规定，在具有部分自排条件的地点建排水泵站，泵站宜与排水闸合建；当建站地点已建有排水闸时，排水泵站宜与排水闸分建。

5.2.3 根据调查资料，已建成的灌排结合泵站多数采用单向流道的泵房布置，另建配套涵闸的方式。这种布置方式，适用于水位变化幅度较大或扬程较高的情况，只要布置得当，即可达到灵活运用的要求。但缺点是建筑物多而分散，占用土地较多，特别是在土地资源紧缺的地区，采用这种分建方式，困难较多。至于要求泵房与配套涵闸之间有适当的距离，目的是为了保证泵房进水侧有较好的进水条件；同时也为了保证泵房出水侧有一个容积较大的出水池，以利池内水流稳定，并可在出水池两侧布置灌溉渠首建筑物。例如某泵站枢纽以4个泵房为主体，共安装33台大型水泵，总装机功率49800kW，并有13座配套建筑物配合，通过灵活的调度运用，做到了抽排、抽灌与自排、自灌相结合。4个泵房排成一字形，泵房之间距离250m，共用一个容积足够大的出水池。又如某泵站枢纽由两座泵房，一座水电站和几座配套建筑物组成，抽水机组总装机功率16400kW，发电机组总装机容量2000kW，泵房与水电站呈一字形排列，泵房进水两侧的引水河和排涝河上，分别建有引水灌溉闸和排涝闸，泵房出水侧至外河之间由围堤围成一个容积较大的出水池。围堤上建有挡洪控制闸。抽引时，打开引水闸和挡洪控制闸，关闭排涝闸；抽排时，打开排涝闸和挡洪控制闸，关闭引水闸；防洪时，关闭挡洪控制闸；发电时，打开挡洪控制闸，关闭引水闸。再如某泵站装机功率9×1600kW，通过6座配套涵闸的控制调度，做到了自排、自灌与抽排、抽灌相结合，既可使高、低水分排，又可使上、下游分灌，运用灵活，效益显著。也有个别泵站由于出水池容积不足，影响泵站的正常运行。例如某泵站装机功率6×800kW，单机流量8.7m^3/s，由于出水池容积小于设计总容积，当6台机组全部投入运行时，出水池内水位壅高达0.6m，致使池内水流紊乱，增大了扬程，增加了电能损失。对于配套涵闸的过流能力，则要求与泵房机组的抽水能力相适应，否则，亦将抬高出水池水位，增加电能损失。例如某泵站装机功率4×1600kW，抽水流量84m^3/s，建站时，为了节省工程投资，利用原有3孔排涝闸排涝，但其排涝能力只有60m^3/s，当泵站满负荷运行时，池内水位壅高，过闸水头损失达0.85～1.0m，运行情况恶劣，后将3孔排涝闸扩建为4孔，运行条件才大为改善，过闸水头损失不超过0.15m；满足了排涝要求。

当水位变化幅度不大或扬程较低时，可优先考虑采用双向流道的泵房布置。这种布置方式，其突出优点是不需另建配套涵闸。例如某泵站装机功率6×1600kW，采用双向流道的泵房布置，快速闸门断流，通过闸门、流道的调度转换，达到能灌、能排的目的。采用这种布置方式，省掉了进水闸、节制闸、排涝闸等配套建筑物，布置十分紧凑，占用土地少，工程投资省，而且管理运行方便；缺点是泵站装置效率较低，当扬程在3m左右时，实测装置效率仅有54%～58%，使耗电量增多，年运行费用增加很多。目前这种布置方式在我国为数甚少，主要是由于扬程受到限制和装置效率较低的缘故。另外，还有一种灌排结合泵站的布置型式，即在出水流道上设置压力水箱或直接开岔。例如某泵站装机功率2×2800kW，采用并联箱涵及拱涵形式的直管出流，单机双管，拍门断流，在出水管道中部设压力水箱（闸门室）。压力水箱两端设灌溉管，分别与灌溉渠首相接，并设闸门控制流量。这种布置型式，可少建配套建筑物，少占用土地，节省工程投资，是一种较好的灌排结合泵站布置型式。又如某两座泵站，装机功率均为8×800kW，均采用在出水流道上直接开岔的布置型式，其中一座泵站是在左侧三根出水流道上分岔，另一座泵站是在左、右两侧边的出水流道上开岔，岔口均设阀门控制流量，通过与灌溉渠首相接的岔管，将水引入灌溉渠道。这两座泵站的布置型式，均可少建灌溉节制闸及有关附属建筑物，少占用土地，节省工程投资，也是一种较好的灌排结合泵站布置型式；但因在出水流道上开岔，流道内水力条件不如设压力水箱好，当泵站开机运行时，可能对机组效率有影响。

5.2.5 大、中型泵站因机组功率较大，对基础的整体性和稳定性要求较高，通常是将机组的基础和泵房的基础结合起来，组合成为块基型泵房。块基型泵房按其是否直接挡水及与堤防的连接方式，可分为堤身式和堤后式两种布置型式。堤身式泵房因破堤建站，其两翼与堤防相连接，泵房直接挡水，对地基条件要求较高，其抗滑稳定安全主要由泵房本身重量来维持，同时还应满足抗渗稳定安全的要求，因此适用的扬程不宜高，否则不经济。堤后式泵房因堤后建站，泵房不直接挡水，对地基条件要求稍低，同时因泵房只承受一部分水头，容易满足抗滑、抗渗稳定安全的要求，因此适用的扬程可稍高些。例如某泵站工程包括一、二两站，一站装机功率8×800kW，设计净扬程7.5m，采用虹吸式出水流道，建在轻亚粘土地基上；二站装机功率2×1600kW，设计净扬程7.0m，采用直管式出水流道，建在粘土地基上。在设计中曾分别按堤身式和堤后式布置进行比较，一站采用堤身式布置，其工程量与堤后式布置相比，混凝土多3500m^3，浆砌石少200m^3，钢材多30t；二站采用堤身式布置，其工程量与堤后式布置相比，混凝土多3100m^3，浆砌石少2100m^3，钢材多160t。由上述比较可见，当泵房承受较大水头时，采用堤身式布置是不经济的。因为泵房自身重量不够，地基土的抗剪强度又较低，为维持抗滑、抗渗稳定安全，需增设阻滑板和防渗刺墙等结构，再加上堤身式布置的进、出口翼墙又比较高，这样便增加了工程量。因此，本规范规定，建于堤防处且地基条件较好的低扬程、大流量泵站，宜采用堤身式布置；而扬程较高、地基条件稍差或建于重要堤防处的泵站，宜采用堤后式布置。

5.2.6 从多泥沙河流上取水的泵站，通常是先在引水口处进行泥沙处理，如布置沉沙池、冲沙闸等，为泵房抽引清水创造条件。例如某引水工程，引水口处具备自流引水沉沙、冲沙条件，在一级站未建之前，先开挖若干条条形沉沙池，保证了距离引水口80余公里的二级站抽引清水。但有的地方并不具备自流引水沉沙、冲沙条件，就需要在多泥沙河流的岸边设低扬程泵站，布置沉沙、冲沙及其它除沙设施。根据工程实践结果，这种处理方式的效果比较好。例如某泵站建在多泥沙的黄河岸边，站址处水位变化幅度7～13m，岸边坡度陡峻，故先在岸边设一座缆车式泵站，设有7台泵车，配7条出水管道和7套牵引设备。每台泵车上正反交错地布置了2台20Sh－19型水泵，设计扬程20.8m，设计流量5.8～8.0m^3/s，总装机功率2590kW。沉沙池位于低扬程缆车式泵站的东北侧，其进口与低扬程泵站的出水池相接，出口则与高扬程泵站的引渠相连。沉沙池分为两厢，每厢长 220m，宽 4.5～6.0m，深 4.2～8.4m，纵向底坡 1∶50，顶部为溢流堰，泥沙在池内沉淀后，清水由溢流堰顶经集水渠进入高扬程泵站引渠。该沉沙池运行 10 余年来，累计沉沙量达 300 余万 m^3，所沉泥沙由设在沉沙池尾端下部的排沙廊道用水力排走。高扬程泵站安装了 24 台 10DK－9×2A 型离心泵，每 4 台泵的出水管道并联与一条大直径压力管道相连接，设计扬程 193.2m，设计流量 5.7m^3/s，总装机功率 16320kW。又如某泵站是建在多泥沙的黄河岸边，先在岸边设一座低扬程泵站，安装了 9 台 64ZLB－50 型轴流泵和 1 台 36ZLB－100 型轴流泵，设计扬程 7.5m，设计流量共计 46.5m^3/s，总装机功率 7460kW。浑水经较长的输水渠道沉沙后，进入高扬程泵站引渠。高扬程泵站安装了 26 台 32Sh－19 型离心泵和 2 台 48Sh－22 型离心泵，设计扬程分别为 32.83m 和 15.45m，设计流量共计42.4m^3/s，总装机功率 17980kW。以上两泵站的实际运行效果都比较好。因此，本规范规定，从多泥沙河流上取水的泵站，当具备自流引水沉沙、冲沙条件时，应在引渠上布置沉沙、冲沙或清淤设施，当不具备自流引水沉沙、冲沙条件时，可在岸边设低扬程泵站，布置沉沙、冲沙及其它除沙设施。

5.2.8 在深挖方地带修建泵站，应合理确定泵房的开挖深度。因为，开挖深度不足，满足不了水泵安装高程的要求，而且可能因不好的土层未挖除而增加地基处理工程量；开挖深度过深，显然大大增加了开挖工程量，而且可能遇到地下水，对泵房施工、运行管理（如泵房内排水、防潮等）均带来不利的影响，同时因通风、采暖和采光条件不好，还会恶化泵站的运行条件。因此，本规范规定，深挖方修建泵站，应合理确定泵房的开挖深度，减少地下水对泵站运行的不利影响，并应采取必要的通风、采暖和采光等措施。

5.2.9 紧靠山坡、溪沟修建泵站，应设置排泄山洪的工程措施，以确保泵房的安全。站区附近如有局部滑坡或滚石，必须在泵房建成前进行妥善处理，以免危及工程的安全。

6 泵房设计

泵房是装设主机组，辅助、电气及其它设备的建筑物，是整个泵站工程的主体。合理地设计泵房，对节约工程投资，延长机电设备的使用寿命，保证整个泵站工程安全经济运行有重大意义。

6.1 泵房布置

6.1.1、6.1.2 执行这两条规定应注意下列事项：

一、站址地质条件是进行泵房布置的重要依据之一。如果站址地质条件不好，必然影响泵房建成后的结构安全。为此，在布置泵房时，必须采取合适的结构措施，如减轻结构重量，调整各分部结构的布置等，以适应地基允许承载力、稳定和变形控制的要求。

二、泵房施工、安装、检修和管理条件也是进行泵房布置的重要依据。一个合理的泵房布置方案，不仅工程量少、造价低，而且各种设备布置相互协调，整齐美观，便于施工、安装、检修、运行与管理，有良好的通风、采暖和采光条件，符合防潮、防火、防噪声等技术规定，并满足内外交通运输方便的要求。

三、为了做好泵房布置工作，水工、水力机械、电气、金属结构、施工等专业必须密切配合，进行多方案比较，才能选取符合技术先进、经济合理、安全可靠、管理方便原则的泵房布置方案。

6.1.3 泵房挡水部位顶部安全超高，是指在一定的运用条件下波浪、壅浪计算顶高程以上距离泵房挡水部位顶部的高度，是保证泵房内不受水淹和泵房结构不受破坏的一个重要安全措施。泵房运用情况有设计和校核两种。前者是指泵站在设计水位时的运用情况，后者是指泵站在最高运行水位或洪(涝)水位时的运用情况。考虑到机遇因素，校核运用情况的安全超高值应略低于设计运用情况的安全超高值。但因目前尚无一个比较成熟的安全超高值计算方法,因此多从安全感出发,凭经验取用。安全超高值取用得是否合理,关系到工程的安全程度和工程量的大小。安全超高值规定得适当高一些,一旦遇到超标准洪(涝)水,则回旋余地大一些;但是如果安全超高值规定过大,显然是不经济的。现根据已建泵站工程的实践经验,并考虑与国家现行标准《水利水电枢纽工程等级划分及设计标准(山区、丘陵区部分)》和《水利水电枢纽工程等级划分及设计标准(平原滨海部分)(试行)》协调一致,确定泵房挡水部位顶部安全超高下限值见本规范表 6.1.3。实际取用的安全超高值不应小于表 6.1.3 的规定值。

6.1.4 主机组间距是控制泵房平面布置的一个重要特征指标,应根据机电设备和建筑结构的布置要求确定。详见本规范 9.11.2～9.11.5的条文说明。

6.1.5 当主机组的台数、布置形式(单列式或双列式布置)、机组间距、边机组段长度确定以后,主泵房长度即可确定,如安装检修间设在主泵房一端,则主泵房长度还应包括安装检修间的长度。

6.1.6 主泵房电动机层宽度主要是由电动机、配电设备、吊物孔、工作通道等布置,并考虑进、出水侧必需的设备吊运要求,结合起吊设备的标准跨度确定。当机组间距拟定以后,再适当调整电动机、配电设备、吊物孔等相对位置。当配电设备布置在出水侧,吊物孔布置在进水侧,并考虑适当的检修场地,则电动机层宽度需放宽一些;当配电设备集中布置在主泵房一端,吊物孔又不设在主泵房内,而是设在主泵房另一端的安装检修间时,则电动机层宽度可窄一些。水泵层宽度主要是由进、出水流道(或管道)的尺寸,辅助设备、集水廊道、排水廊道和工作通道的布置要求等因素确定。详见本规范 9.11.7 的条文说明。

6.1.7 主泵房各层高度应根据主机组及辅助设备、电气设备的布置,机组的安装、运行、检修,设备吊运以及泵房内通风、采暖和采光要求等因素确定,详见本规范 9.11.8 和 9.11.11 的条文说明。

6.1.8 主泵房水泵层底板高程是控制主泵房立面布置的一个重要指标,应根据水泵安装高程和进水流道(含吸水室)布置或管道安装要求等因素确定。底板高程确定合适与否,涉及机组能否安全正常运行和地基是否需要处理及处理工程量大小的问题,因而是一个十分重要的问题,应认真做好这项工作。

主泵房电动机层楼板高程也是主泵房立面布置的一个重要指标。当水泵安装高程确定后,根据泵轴、电动机轴的长度等因素,即可确定电动机层的楼板高程。

6.1.9 根据调查资料,已建成泵站内的辅助设备多数布置在主泵房的进水侧,而电气设备则布置在出水侧,这样可避免交叉干扰,便于运行管理。

6.1.10 辅机房布置一般有两种:一种是一端式布置,即布置在主泵房一端,这种布置方式优点是进、出水侧均可开窗,有利于通风、采暖和采光;缺点是机组台数较多时,运行管理不方便。另一种是一侧式布置,通常是布置在主泵房出水侧,这种布置方式优点是有利于机组的运行管理;缺点是通风、采暖和采光条件不如一端式布置好。

6.1.11 安装检修间的布置一般有三种:一种是一端式布置,即在主泵房对外交通运输方便的一端,沿电动机层长度方向加长一段,作为安装检修间,其高程、宽度一般与电动机层相同。进行机组安装、检修时,可共用主泵房的起吊设备。目前国内绝大多数泵站均采用这种布置方式。另一种是一侧式布置,即在主泵房电动机层的进水侧布置机组安装、检修场地,其高程一般与电动机层相同。进行机组安装、检修时,也可共用主泵房的起吊设备。由于布置进水流道的需要,主泵房电动机层的进水侧往往比较宽敞,具备布置机组安装、检修场地的条件。例如某泵站装机功率 10×1600kW,泵房宽度 12.0m,机组轴线至进口侧墙的距离为 6.5m,与电动机层的长度构成安装检修间所需的面积,并可设置一个大吊物孔。还有一种是平台式布置,即将机组安装、检修场地布置在检修平台上。

这种布置必须具备机组间距较大和电动机层楼板高程低于泵房外四周地面高程这两个条件。例如某泵站装机功率 8×800**kW**，机组间距 6.0m，检修平台高于电动机层 5.0m，宽 1.8m，局部扩宽至 2.7m，作为机组安装、检修场地。

安装检修间的尺寸主要是根据主机组的安装、检修要求确定，其面积大小应能满足一台机组安装或解体大修的要求，应能同时安放电动机转子连轴、上机架、水泵叶轮或主轴等大部件。部件之间应有 1.0～1.5m 的净距，并有工作通道和操作需要的场地。现将我国部分泵站的安装检修间尺寸列于表 1。

我国部分泵站安装检修间尺寸统计表 **表 1**

泵站序号	单机功率 (kW)	机组间距 (m)	安装检修间 位置	安装检修间 高程	安装检修间 长度×宽度 (m)	安装检修间长度/机组间距
1	800	4.8	左端	低于电动机层 2.05m	3.9×10.75	0.81
2	800	4.8	左端	低于电动机层 2.05m	3.9×10.75	0.81
3	800	4.8		低于电动机层 2.55m	4.05×9.4	0.84
4	800	5.0		与电动机层同高	4.65×11.9	0.93
5	800	5.0		与电动机层同高	4.65×11.9	0.93
6	800	5.0	左端	与电动机层同高	5.0×9.0	1.00
7	800	5.2	左端	与电动机层同高	6.6×8.5	1.27
8	800	5.4	检修平台	高于电动机层 4.35m	11.0×3.0	2.04
9	800	5.5	右端	低于电动机层 2.65m	5.5×9.0	1.00
10	800	5.5	左端	与电动机层同高	11.0×10.4	2.00
11	800	5.6	东站左端、西站右端	与电动机层同高	6.4×10.5	1.14
12	800	6.0	检修平台	高于电动机层 5.0m		
13	1600	6.8	在机组间	与电动机层同高		
14	1600	6.8	左端	与电动机层同高	7.8×12.5	1.15
15	1600	7.0	左端	与电动机层同高	5.0×12.5	0.71
16	1600	7.0	右端	与电动机层同高	7.0×10.5	1.00
17	1600	7.0	右端	与电动机层同高	9.8×12.0	1.40
18	1600	7.0	右端	与电动机层同高	10.0×10.5	1.43
19	2800	7.6	左端	与电动机层同高	7.6×12.0	1.00
20	1600	7.7	在主泵房一侧	与电动机层同高		

续表 1

泵站序号	单机功率 (kW)	机组间距 (m)	安装检修间 位置	安装检修间 高程	安装检修间 长度×宽度 (m)	安装检修间长度/机组间距
21	3000	8.0	左端	与电动机层同高	17.75×10.4	2.22
22	3000	8.0	右端	与电动机层同高	17.75×10.4	2.22
23	2800	9.2	左端	与电动机层同高	7.1×9.8	0.77
24	3000	10.0	右端	与电动机层同高	7.1×10.5	0.71
25	6000	11.0	左端	与电动机层同高	17.76×11.5	1.61
26	5000	12.7	左端	低于电动机层 3.74m	12.7×13.5	1.00
27	7000	18.8	左端	与电动机层同高	16.5×17.8	0.88

由表 1 可知，安装检修间长度约为机组间距的 0.7～2.2 倍。

6.1.12 立式机组主泵房自上而下分为：电动机层、联轴层、人孔层（机组功率较小的泵房无人孔层）和水泵层等，为方便设备、部件的吊运，各层楼板均应设置吊物孔，其位置应在同一垂线上，并在起吊设备的工作范围之内，否则无法将设备、部件吊运到各层。

6.1.13～6.1.15 为满足泵房对外交通运输方便和建筑防火安全的要求，本规范规定，主泵房对外至少应有两个出口，其中一个应能满足通行运输最大部件或设备的要求。为满足机组运行管理和泵房内部交通要求，本规范规定，主泵房电动机层的进水侧或出水侧应设置主通道，其它各层至少应设置不少于一条的主通道。如主泵房内装设卧式机组，宜在管道顶设工作通道。为满足泵房内部各层之间的交通要求，本规范规定各层应设 1～2 道楼梯。

6.1.16 为便于汇集和抽排泵房内的渗漏水、生产污水和检修排水等，本规范规定，主泵房内（特别是水下各层）四周应设排水沟，其末端应设集水廊道或集水井，以便将渗水汇入集水廊道或集水井内，再由排水泵排出。

6.1.17 当主泵房为钢筋混凝土结构，且机组台数较多，泵房结构长度较长时，为了防止和减少由于地基不均匀沉降、温度变化和混凝土干缩等产生的裂缝，必须设置永久变形缝（包括沉降缝、伸缩缝）。永久变形缝的间距应根据泵房结构型式、地基土质（岩性）、基底应力分布情况和当地气温条件等因素确定。如辅机房和安装检修间分别设在主泵房的两端，因两者与主泵房在结构型式、基底应力分布情况等方面均有较大的差异，故其间均应设置永久变形缝。主泵房本身永久变形缝的间距则根据主机组台数、布置型式、机组间距等因素确定，通常情况下是将永久变形缝设在流道之间的隔墩上，大约是机组间距的整倍数。严禁将永久变形缝设在机组的中心线上，以免影响机组的正常运行。如设置的永久变形缝间距过大，不可能完全起到防止和减少产生裂缝的作用；如设置的永久变形缝间距过小，则缝的道数增多，不仅增加施工的复杂性，增加工程造价，而且多一道缝，即可能多一个防渗薄弱环节。因此，将永久变形缝的道数设置得不多不少，即缝的间距设置得不大不小，是泵房布置中的一个重要问题。现将我国部分泵站泵房永久缝间距列于表 2。

我国部分泵站泵房永久缝间距统计表　　表 2

泵站序号	泵房型式或泵房基础型式	地基土质（岩性）	泵房底板长度（m）	永久缝间距（m）	底板块数
1	湿室型	砂土	27.6	9.2	3
2		粉砂	59.2	14.8	4
3		轻亚粘土	31.4	15.7	2
4			39.9	19.95	2
5	块基型	中砂	42.5	12.2,14.7,15.6	3
6		粉砂与亚粘土	57.0	14.6,21.2	3
7		中粉质粘土	58.4	14.6,29.2	3
8		淤泥	15.8	—	1
9		粉质粘土	32.8	16.4	2
10		细砂	36.0	18.0	2
11		亚粘土	19.5	—	1
12		板岩	20.3	—	1
13		细砂	41.6	20.8	2
14		淤泥质粘土	44.0	22.0	2
15		淤泥质粉砂	23.0	—	1
16		粘土	47.98	23.99	2

续表 2

泵站序号	泵房型式或泵房基础型式	地基土质（岩性）	泵房底板长度（m）	永久缝间距（m）	底板块数
17	块基型	粉质壤土	49.4	23.7,25.7	2
18		粉质粘土	24.0	—	1
19			48.6	24.3	2
20		轻亚粘土夹细砂层	24.9	—	1
21		粉质粘土	26.0	—	1
22		轻粉质砂壤土	26.6	—	1
23		亚粘土	34.0	—	1
24		轻亚粘土	46.0	—	1
25		风化砂岩与页岩	53.58	—	1

由表 2 可知，所列泵站多数建在软土地基上，除 1 号泵站的 3 块底板长度（9.2m）和 5 号泵站 3 块底板中的一块底板长度（12.2m）均小于 15m，2 号泵站 4 块底板长度（14.8m），5、6 号泵站 3 块底板中的一块底板长度（14.7m、14.6m），7 号泵站 3 块底板中的 2 块底板长度（14.6m）接近 15m，以及 23、24 号泵站底板长度（34.0m、46.0m）大于 30m 外，其余各座软土地基上泵站底板长度，以及 5、6、7 号泵站部分底板（除长度小于或接近 15m 的底板外）长度均为 15～30m，即相应的永久变形缝间距在 15～30m 之间，因此本规范规定土基上的永久变形缝间距不宜大于 30m。最小缝距未作规定，但最好不小于 15m。表 2 中所列岩基上的泵站仅有两座，均为单块底板，底板长度分别为 20.3m 和 53.58m。考虑到目前对岩基上底板裂缝形成原因的分析研究还不够深入，参照有关设计规范的规定，本规范规定岩基上的永久变形缝间距不宜大于 20m。

6.1.18　为了方便主泵房排架结构的设计和施工，并省掉排架柱的基础处理工程量，本规范规定排架宜等跨布置，立柱宜布置在隔墙或墩墙上。同时，为了避免地基不均匀沉降、温度变化和混凝土干缩对排架结构的影响，当泵房结构连同泵房底板设置永久变形缝时,排架柱应设置在缝的左右侧,即排架横梁不应跨越永久变形缝。

6.1.19 为了保持主泵房电动机层的洁净卫生,其地面宜铺设水磨石。采用酸性蓄电池的蓄电池室和贮酸室应符合防硫酸腐蚀的要求,并采用耐酸材料铺设地面,其内墙应涂耐酸漆或铺设耐酸材料。中控室、微机室和通信室对室内卫生要求较高,宜采用拼木地板,其内墙应刷涂料或贴墙面布。

6.1.20 主泵房门窗主要是根据泵房内通风、采暖和采光的需要而设置的,其布置尺寸与主泵房的结构型式、面积和空间的大小、当地气候条件等因素有关。一般窗户总面积与泵房内地面面积之比控制在1/5~1/7,即可满足自然通风的要求。在南方湿热地区,夏天气温较高,且多阴雨天气,还需采取机械通风措施。如泵房窗户开得过大,在夏季,由于太阳辐射热影响,会使泵房内温度升高,不利于机组的正常运行和运行值班人员的身体健康;在冬季,对主泵房内采暖保温也不利。因此,泵房设计时要全面考虑。为了冬季保温和夏季防止阳光直射的影响,本规范规定严寒地区的泵房窗户应采用双层玻璃窗,向阳面窗户宜有遮阳设施。

6.1.22 建筑防火设计是建筑物设计的一个重要方面。建筑物的耐火等级可分为四级。考虑到主泵房建筑的永久性和重要性,本规范规定主泵房的耐火等级不应低于二级,建筑物构件的燃烧性能和耐火极限,以及泵房内应设置的消防设施(包括消防给水系统及必要的固定灭火装置等)均应符合现行国家标准《建筑设计防火规范》和国家现行标准《水利水电工程设计防火规范》的规定。

6.1.23 当噪声超过规定标准时,既不利于运行值班人员的身体健康,又容易导致误操作,带来严重的后果。根据调查资料,本规范规定主泵房电动机层值班地点允许噪声标准不得大于85dB(A),中控室、微机室和通信室允许噪声标准不得大于65dB(A)。若超过上述允许噪声标准时,应采取必要的降声、消声和隔声措施,如在中控室、微机室和通信室进口分别设气封隔音门等。

6.2 防渗排水布置

6.2.1 泵站和其它水工建筑物一样,地基防渗排水布置是设计中十分重要的环节,尤其是修建在江河湖泊堤防上和松软地基上的挡水泵站。根据已建工程的实践,工程的失事多数是由于地基防渗排水布置不当造成的。因此,应高度重视,千万不可疏忽大意。

泵站地基的防渗排水布置,即在泵房高水位侧(出水侧)结合出水池的布置设置防渗设施,如钢筋混凝土防渗铺盖、齿墙、板桩(或截水墙、截水槽)、灌浆帷幕等,用来增加防渗长度,减小泵房底板下的渗透压力和平均渗透坡降;在泵房低水位侧(进水侧)结合前池、进水池的布置,设置排水设施,如排水孔(或排水减压井)、反滤层等,使渗透水流尽快地安全排出,并减小渗流出逸处的出逸坡降,防止发生渗透变形,增强地基的抗渗稳定性。至于采用何种防渗排水布置,应根据站址地质条件和泵站扬程等因素,结合泵房和进、出水建筑物的布置确定。对于粘性土地基,特别是坚硬粘土地基,其抗渗透变形的能力较强,一般在泵房高水位侧设置防渗铺盖,加上泵房底板的长度,即可满足泵房地基防渗长度的要求,泵房低水位侧的排水设施也可做得简单些;对于砂性土地基,特别是粉、细砂地基,其抗渗透变形的能力较差,要求的安全渗径系数较大,往往需要设置防渗铺盖和齿墙、板桩(或截水墙、截水槽相结合的防渗设施),才能有效地保证抗渗稳定安全,同时对排水设施的要求也比较高。对于岩石地基,如果防渗长度不足,只需在泵房底板上游端(出水侧)增设齿墙,或在齿墙下设置灌浆帷幕,其后再设置排水孔即可。泵站扬程较高,防渗排水布置的要求也较高;反之,泵站扬程较低,防渗排水布置的要求也较低。

同上述正向防渗排水布置一样,对侧向防渗排水布置也应认真做好,不可忽视。侧向防渗排水布置应结合两岸联接结构(如岸墙,进、出口翼墙)的布置确定。一般可设置防渗刺墙、板桩(或截水墙)等,用来增加侧向防渗长度和侧向渗径系数。但必须指出,要特别注意侧向防渗排水布置与正向防渗排水布置的良好衔接，以构成完整的防渗排水系统。

6.2.2 当土基上泵房基底防渗长度不足时，一般可结合出水池底板设置钢筋混凝土铺盖。铺盖长度应根据防渗效果好和工程造价低的原则确定。从渗流观点看，铺盖长度过短，不能满足防渗要求；但铺盖长度过长，其单位长度的防渗效果也会降低，是不经济的。因此，铺盖长度一定要适当。为了防止和减少由于地基不均匀沉降、温度变化和混凝土干缩等产生的裂缝，铺盖应设永久变形缝。根据已建的泵站工程实践，永久变形缝的间距不宜大于20m，且应与泵房底板的永久变形缝错开布置，以免形成通缝，对基底防渗不利。

由于砂土或砂壤土地基容易产生渗透变形，当泵房基底防渗长度不足时，一般可采用铺盖和齿墙、板桩（或截水墙）相结合的布置形式，用来增加防渗长度，减小泵房底板下的渗透压力和平均渗透坡降。如果只采用铺盖防渗，其长度可能需要很长，不仅工程造价高，不经济，而且防渗效果也不理想。因此，铺盖必须和齿墙、板桩（或截水墙）结合使用，才有可能取得最佳的防渗效果。

齿墙、板桩（或截水墙）是垂直向的防渗设施，它比作为水平向防渗设施的铺盖不仅防渗效果好，而且工程造价低。在泵房底板的上、下游端，一般常设有深度不小于0.8～1.0m的浅齿墙，既能增加泵房基底的防渗长度，又能增加泵房的抗滑稳定性。齿墙深度最深不宜超过2.0m，否则，施工有困难，尤其是在粉、细砂地基上，在地下水水位较高的情况下，浇筑齿墙的坑槽难以开挖成形。板桩（或截水墙）的长度也应根据防渗效果好和工程造价低的原则，并结合施工方法的选用确定。在一般情况下，板桩（或截水墙）宜布置在泵房底板上游端（出水侧）的齿墙下，这对减小泵房底板下的渗透压力效果最为显著。板桩（或截水墙）长度不宜过长，否则，不仅在经济上不够合理，而且又增大施工困难。

在地震基本烈度为7度及7度以上地震区的粉砂地基上，泵房底板下的板桩（或截水墙）布置宜构成四周封闭的形式，以防止在地震荷载作用下可能发生粉砂地基的“液化”破坏，即地基产生较大的变形或失稳，从而影响泵房的结构安全。

为了减小泵房底板下的渗透压力，增强地基的抗渗稳定性，在前池、进水池底板上设置适量的排水孔，在渗流出逸处设置级配良好、排水通畅的反滤层，这和在泵房基底防渗段设置防渗设施具有同样的重要性。排水孔的布置直接关系到泵房底板下渗透压力的大小和分布状况。排水孔的位置愈往泵房底板方向移动，泵房底板下的渗透压力就愈小，泵房基底的防渗长度随之缩短，作为防渗设施的铺盖、板桩（或截水墙）需作相应的加长或加深。排水孔孔径一般为5～10cm，孔距为1～2m，呈梅花形布置。反滤层一般由2～3层，每层厚15～30cm的不同粒径无粘性土构成，每层层面应大致与渗流方向正交，粒径应沿着渗流的方向由细变粗，第一层平均粒径为0.25～1mm，第二层平均粒径为1～5mm，第三层平均粒径为5～20mm。

6.2.3 当地基持力层为较薄的透水层（如砂性土层或砾石层），其下为相对不透水层时，可将板桩（或截水墙）改为截水槽或短板桩。但截水槽或短板桩必须截断透水层。为了保证良好的防渗效果，截水槽或短板桩嵌入不透水层的深度不宜小于1.0m。

6.2.4 当地基持力层为不透水层，其下为相对透水层时，为了消减承压水对泵房和覆盖层稳定的不利影响，必要时，可在前池、进水池设置深入相对透水层的排水减压井，但绝对不允许将排水减压井设置在泵房基底防渗段范围内，以免与泵房基底的防渗要求相抵触。

6.2.6 高扬程泵站出水管道一段为沿岸坡铺设的明管或埋管，而出水池通常布置在高达数十米甚至上百米的岸坡顶。为了防止由于降水形成的岸坡径流对泵房基底造成冲刷，或对泵房基底防渗产生不利的影响，可在泵房上游侧（出水侧）岸坡上设置能拦截岸坡径流的通畅的自流排水沟和可靠的护坡措施。

6.2.7 为了防止水流通过永久变形缝渗入泵房，在水下缝段应埋设材质耐久、性能可靠的止水片(带)。对于重要的泵站，应埋设两道止水片(带)。目前常用的止水片(带)有紫铜片、塑料止水带和橡胶止水带等，可根据承受的水压力、地区气温、缝的部位及变形情况选用。

止水片(带)的布置应对结构的受力条件有利。止水片(带)除应满足防渗要求外，还能适应混凝土收缩及地基不均匀沉降的变形影响，同时材质要耐久，性能要可靠，构造要简单，还要方便施工。

在水平缝与水平缝，水平缝与垂直缝的交叉处，止水构造必须妥善处理；否则，很有可能形成渗漏点，破坏整个结构的防渗效果。交叉处止水片(带)的连接方式有柔性连接和刚性连接两种，可根据结构特点、交叉类型及施工条件等选用。对于水平缝与垂直缝的交叉，一般多采用柔性连接方式；对于水平缝与水平缝的交叉，则多采用刚性连接方式。

6.3 稳定分析

6.3.1 为了简化泵房稳定分析工作，可采取一个典型机组段或一个联段(几台机组共用一块底板，以底板两侧的永久变形缝为界，称为一个联段)作为计算单元。经工程实践检验，这样的简化是可行的。

6.3.2 执行本条规定应注意下列事项：

一、计算作用于泵房底板底部渗透压力的方法，主要根据地基类别确定。土基上可采用渗径系数法(亦称直线分布法)或阻力系数法。前者较为粗略，但计算方法简便，可供初步设计阶段泵房地下轮廓线布置时采用；后者较为精确，但计算方法较为复杂。我国南京水利科学研究院的研究人员对阻力系数法作了改进，提出了改进阻力系数法。该法既保持了阻力系数法的较高精确度，又使计算方法作了一定程度的简化，使用方便，实用价值大。因此，本规范规定，对于土基上的泵房，宜采用改进阻力系数法。岩基渗流计算，因涉及基岩的性质，岩体构造、节理，裂隙的分布状况等，情况比较复杂。根据调查资料，作用在岩基上泵房底板底部的渗透压力均按进、出口水位差作为全水头的三角形分布图形确定。因此，本规范规定对于岩基上的泵房，宜采用直线分布法。

二、计算作用于泵房侧面土压力的方法，主要根据泵房结构在土压力作用下可能产生的变形情况确定。土基上的泵房，在土压力作用下往往产生背离填土方向的变形，因此，可按主动土压力计算；岩基上的泵房，由于结构底部嵌固在基岩中，且因结构刚度较大，变形较小，因此可按静止土压力计算。土基上的岸墙、翼墙，由于这类结构比较容易出问题，为安全起见有时亦可按静止土压力计算。至于被动土压力，因其相应的变形量已超出一般挡土结构所允许的范围，故一般不予考虑。

关于主动土压力的计算公式，当填土为砂性土时多采用库仑公式；当填土为粘性土时可采用朗肯公式，也可采用楔体试算法。考虑到库仑公式、朗肯公式或其它计算方法都有一定的假设条件和适用范围，因此本规范对具体的计算公式或方法不作硬性规定，设计人员可根据工程具体情况选用合适的计算公式或方法。至于静止土压力的计算，目前尚无精确的计算公式或方法，一般可采用主动土压力系数的1.25～1.5倍作为静止土压力系数。

关于超载问题，当填土上有超载作用时可将超载换算为假想的填土高度，再代入计算公式中计算其土压力。

三、计算波浪压力的公式很多。经计算分析比较，莆田试验站公式考虑的影响因素全面，适用范围广，计算精度高，对深水域或浅水域均适用。官厅—鹤地水库公式在形式上与安德扬诺夫公式类似，但因采用的系数不同，其计算成果精度比安德扬诺夫公式有很大提高，且使用较为简便，特别适用于与山丘区水库条件基本类似的情况。因此，本规范推荐采用官厅—鹤地水库公式或莆田试验站公式。对于从水库、湖泊取水的灌溉泵站或向湖泊排水的排水泵站以及湖泊岸边的灌排结合泵站，宜采用官厅—鹤地水库公式；对于从河流、渠道取水的灌溉泵站或向河流排水的排水泵站以及河流岸边的灌排结合泵站，宜采用莆田试验站公式。

关于风速值的采用，过去多采用当地实测风速值或由当地实测风力级别查莆福氏风力表确定风速值，但国家现行标准《混凝土重力坝设计规范》、《水闸设计规范》和《碾压式土石坝设计规范》均推荐采用多年平均最大风速加成法。按照这种方法确定的风速值，在一般情况下，较采用当地实测风速值或由莆福氏风力表确定的风速值偏大，即偏于安全。因此，本规范推荐采用多年平均最大风速加成法，即在设计水位时，风速宜采用相应时期多年平均最大风速的1.5～2.0倍；在最高运行水位或洪(涝)水位时，风速宜采用相应时期多年平均最大风速。

关于吹程的采用，参照有关资料规定，当对岸最远水面距离不超过建筑物前沿水面宽度5倍时，可采用建筑物至对岸的实际距离；当对岸最远水面距离超过建筑物前沿水面宽度5倍时，可采用建筑物前沿水面宽度的5倍作为有效吹程。这样的规定是比较符合工程实际情况的。

至于风浪的持续作用时间，是指保证风浪充分形成所必需的最小风时。当采用莆田试验站公式时，风浪的持续作用时间可按莆田试验站公式的配套公式计算求得。

6.3.3 泵房在施工、运用和检修过程中，各种作用荷载的大小、分布及机遇情况是经常变化的，因此应根据泵房不同的工作条件和情况进行荷载组合。荷载组合的原则是，考虑各种荷载出现的机率，将实际可能同时作用的各种荷载进行组合。由于地震荷载的瞬时性与校核运用水位同时遭遇的机率极少，因此地震荷载不应与校核运用水位组合。

表6.3.3规定了计算泵房稳定时的荷载组合。根据调查资料，这样的规定符合我国泵站工程实际情况。完建情况一般控制地基承载力的计算，故应作为基本荷载组合；而施工情况和检修情况均具有短期性的特点，故可作为特殊荷载组合；至于地震情况，出现的机率很少，而且是瞬时性的，则更应作为特殊荷载组合。

6.3.4、6.3.5 泵房的抗滑稳定安全系数是保证泵房安全运行的一个重要指标，其最小值通常是控制在设计运用情况下、校核运用情况下或设计运用水位时遭遇地震的情况下。在泵站初步设计阶段，计算泵房的抗滑稳定安全系数较多地采用(6.3.4-1)式，因为采用该公式计算简便，但f值的取用比较困难。f值可按试验资料确定；当无试验资料时，可按本规范附录表A.0.1规定值采用。附录表A.0.1是参照国家现行标准《水闸设计规范》等制定的。(6.3.4-2)式是根据现场混凝土板的抗滑试验资料进行分析研究后提出来的。抗滑试验结果表明，混凝土板的抗滑能力不仅和基底面与地基土之间的摩擦角Φ_0值有关，而且还和基底面与地基土之间的粘结力C_0值有关，因此对于粘性土地基上的泵房抗滑稳定安全系数的计算，采用(6.3.4-2)式显然是比较合理的。在采用(6.3.4-2)式计算时，对于土基，公式中的Φ_0、C_0值可根据室内抗剪试验资料按本规范附录A表A.0.2的规定采用。经工程实验检验，其计算成果能够比较真实地反映工程的实际运用情况。本规范附录A表A.0.2是根据现场凝土板的抗滑试验资料与室内抗剪试验资料进行对比分析后制定的，该表所列数据与国家现行标准《水闸设计规范》的规定相同。对于岩基，公式中的Φ_0、C_0值可根据野外和室内抗剪断试验资料确定。

由于f值或Φ_0、C_0值的取用，对泵房结构设计是否安全、经济、合理关系极大，取用时必须十分慎重。如取用值偏大，则泵房结构在实际运用中将偏于不安全，甚至可能出现滑动的危险；反之，如取用值偏小，则必然会导致工程上的浪费。现将我国部分泵站泵房抗滑稳定计算成果列于表3。

我国部分泵站泵房抗滑稳定计算成果表　　表 3

泵站序号	泵站设计级别	装机功率(kW)	设计扬程(m)	泵房型式	水泵叶轮直径(m)	进水/出水流道型式	地基土质	摩擦系数 f	抗滑稳定安全系数计算值 K_c
1	1	8×800	7.0	堤身式	1.6	肘型/虹吸管	粘壤土	0.35	校核 1.46 检修 2.43
2	1	10×1600	4.7	堤身式	2.8	肘型/虹吸管	淤泥质粘土	0.25	中块 1.35 边块 1.50
3	1	7×3000	7.0	堤后式	3.1	肘型/虹吸管	中粉质壤土	—	检修 1.49 运行 1.60
4	2	8×800	7.0	堤身式	1.6	肘型/平直管	粉质壤土	0.35	灌溉 1.19 排水 1.33
5	2	6×1600	3.7	堤身式	2.8	肘型/虹吸管	粘土	0.30	1.21
6	2	6×1600	5.5	堤身式	2.8	肘型/平直管	淤泥质粘土	0.30	1.32
7	2	6×1600	7.2	堤身式	2.8	肘型/虹吸管	淤泥质粘土	0.25	1.48
8	2	6×1600	5.41	堤身式	2.8	双向	中粉质壤土	0.45	排水 1.56 发电 2.46
9	2	4×1600	5.0	堤后式	2.8	肘型/虹吸管	壤土	0.30	1.27
10	2	9×1600	6.0	堤后式	2.8	肘型/虹吸管	粘土	0.30	中块 1.26 边块 1.13

由表 3 可知，4 号泵站灌溉工况下的 K_c 值偏小，该泵站建在粉质壤土地基上。如 f 值取用 0.4，即可满足规范规定的 K_c 计算值大于允许值的要求。5、9、10 号泵站 K_c 值亦均偏小，其中 5、10 号泵站建在粘土地基上，9 号泵站建在壤土地基上，如 f 值均取用 0.35，即均可满足规范规定的 K_c 计算值大于允许值的要求。但是，建在淤泥质粘土地基上的 6 号泵站，f 值取用 0.30 略偏大，如改用 0.25，则 K_c 计算值小于允许值，不能满足规范规定的要求。修建在中粉质壤土地基上的 8 号泵站，f 值取用 0.45 明显偏大，如改用 0.40，则 K_c 计算值大于允许值，仍能满足规范规定的要求；如改用 0.35，则 K_c 计算值小于允许值，就不能满足规范规定的要求了。

抗滑稳定安全系数允许值是一个涉及建筑物安全与经济的极为重要的指标，如何合理规定不仅要与计算公式的采用以及计算公式中计算指标的取值相适应，而且要考虑到国家的技术经济政策是否许可。如规定得过高或过低，将会导致工程上的浪费或危险，都是不符合我国社会主义经济建设要求的。由于规范规定的抗滑稳定安全系数允许值十分重要，因此在设计工作中，未经充分论证，不得任意提高或降低。表6.3.5所列土基上抗滑稳定安全系数允许值与国家现行标准《水利水电枢纽工程等级划分及设计标准(平原滨海部分)(试行)》和《水闸设计规范》的规定是一致的；岩基上抗滑稳定安全系数允许值与国家现行标准《水利水电枢纽工程等级划分及设计标准(山区、丘陵区部分)》、《混凝土重力坝设计规范》和《水电站厂房设计规范》的规定是基本一致的。必须指出，表 6.3.5 规定的抗滑稳定安全系数允许值应与表中规定的适用公式配套使用，不能将表 6.3.5 中的规定值用于检验不适用公式的计算成果。还必须指出，对于土基，表 6.3.5 中的规定值对(6.3.4-1)式和(6.3.4-2)式均适用，因为当计算指标 f 值和 Φ_0、C_0 值取用合理时，按(6.3.4-1)式和(6.3.4-2)式的计算结果大体上是相当的。

6.3.6、6.3.7　泵房的抗浮稳定安全系数也是保证泵房安全运行的一个重要指标，其最小值通常是控制在检修情况下或校核运用情况下。(6.3.6)式是计算泵房抗浮稳定安全系数的唯一公式。

抗浮稳定安全系数允许值的确定，以泵房不浮起为原则。为留有一定的安全储备，本规范规定不分泵站级别和地基类别，基本荷载组合下为 1.10，特殊荷载组合下为 1.05。

6.3.8、6.3.9　泵房基础底面应力大小及分布状况也是保证泵房安全运行的一个重要指标，其最大平均值通常是控制在完建情况下,不均匀系数的最大值通常是控制在校核运用情况下或设计运用水位时遭遇地震的情况下。(6.3.8-1)式或(6.3.8-2)式是众所周知的偏心受压公式。由于泵房结构刚度比较大,泵房基础底面应力可近似地认为呈直线分布,因此泵房基础底面应力可按偏心受压公式进行计算。目前我国普遍就采用这两个公式计算。

为了减少和防止由于泵房基础底部应力分布不均匀导致基础过大的不均匀沉降,从而避免产生泵房结构倾斜甚至断裂的严重事故,本规范规定,土基上泵房基础底面应力不均匀系数(即泵房基础底面应力计算最大值与最小值的比值)不应大于本规范附录A表A.0.3的规定值。附录表A.0.3规定的不均匀系数允许值与国家现行标准《水闸设计规范》的规定值一致。岩基上泵房基础底面应力的不均匀系数可不受控制,这是因为岩基的压缩性很小,作为泵房地基不会使泵房基础产生较大的不均匀沉降。但是,为了避免基础底面基岩之间脱开,要求在非地震情况下基础底面边缘的最小应力不小于零,即基础底面不出现拉应力;在地震情况下基础底面边缘的最小应力应不小于-100kPa,即允许基础底面出现不小于-100kPa的拉应力。现将我国部分泵房基础底面应力及其不均匀系数的计算成果列于表4。

由表4可知,2、6、7号泵站均建在淤泥质粘土地基上,其中6号泵站泵房基础底面应力平均值达211kPa,最大值高达276kPa,是淤泥质粘土地基所不能承受的,而不均匀系数为1.89,超过了本规范附录表A.0.3的规定值,该泵站泵房在施工过程中的最大沉降值超过了50cm,沉降差达25~35cm,被迫停工达半年之久,影响了工程进度,因而未能及时发挥工程效益;2号泵站泵房边块基础底面应力平均值达221kPa,最大值高达270kPa,7号泵站泵房左块基础底面应力平均值达200kPa,最大值高达245kPa,都是淤泥质粘土地基所不能承受的,但这两座泵站泵房边块和左块基础底面压应力不均匀系数分别为1.57和1.59,稍大于本规范附录A表A.0.3的规定值,加之施工程序安排比较适当,因而施工

我国部分泵站泵房基础底面应力及其不均匀系数计算成果表 **表4**

泵站序号	泵站设计级别	装机功率(kW)	泵房型式	地基土质	计算情况或计算部位	基础底面应力(kPa)			不均匀系数
						最大值	最小值	平均值	
1	1	8×800	堤身式	粘壤土	校核、检修	220、164	99、83	160、124	2.22、1.89
2	1	10×1600	堤身式	淤泥质粘土	中块、边块	225、270	183、172	204、221	1.23、1.57
3	1	7×3000	堤后式	中粉质壤土	检修、运行	143、223	41、108	92、166	3.49、2.06
4	2	8×800	堤身式	粉质壤土	灌溉、排水	116、89	87、68	102、79	1.33、1.31
5	2	6×1600	堤身式	粘　土	左块、右块	205、206	145、147	175、177	1.41、1.40
6	2	6×1600	堤身式	淤泥质粘土		276	146	211	1.89
7	2	6×1600	堤身式	淤泥质粘土	左块、右块	245、237	154、188	200、213	1.59、1.26
8	2	6×1600	堤身式	中粉质壤土	排水、发电	143、93	38、37	91、65	3.76、2.51
9	2	4×1600	堤后式	壤　土		203	188	196	1.08
10	2	9×1600	堤后式	粘　土	中块、边块	187、224	163、136	177、180	1.12、1.65

过程中均未发现什么问题。这就说明在设计中严格控制泵房基础底面应力及其不均匀系数和在施工中适当安排好施工程序，是十分重要的。3、8号泵站均建在中粉质壤土地基上，其中3号泵站泵房在检修工况下和8号泵站泵房在排水工况下的基础底面应力不均匀系数分别达3.49和3.76，大大超过了本规范附录A表A.0.3的规定值，但因基础底面应力的平均值仅为91～92kPa，最大值均为143kPa，是中粉质壤土地基所能够承受的，因而在泵站运行过程中未发生什么问题。

这里必须着重说明，在建筑物工程设计中如果控制建筑物基础底面应力的不均匀系数计算值不超过本规范附录A表A.0.3的规定值，那么该建筑物的抗倾覆稳定安全肯定能够得到满足。

现分析这一结论的正确性如下：

由公式 $\eta=\dfrac{P_{\max}}{P_{\min}}=\dfrac{\dfrac{\sum G}{A}(1+\dfrac{6e_o}{L})}{\dfrac{\sum G}{A}(1-\dfrac{6e_o}{L})}=\dfrac{L+6e_o}{L-6e_o}$，变换形式后可得：

$$e_o=\frac{L(\eta-1)}{6(\eta+1)} \tag{1}$$

式中 η——泵房基础底面应力的不均匀系数；

L——泵房基础底面宽度(m)；

e_o——作用于泵房基础底面以上的所有外力的合力的竖向分力对于基础底面形心轴的偏心距(m)。

由(1)式可知，当 $\eta\to1$，$e_o\to0$；当 $\eta\to\infty$，$e_o\to L/6$。前者为接近中心受压的状况，即作用于泵房基础底面以上的所有外力的合力的竖向分力作用点接近于基础底面的形心轴，泵房基础底面应力的不均匀系数接近于1，此时基础底面应力接近于矩形分布；后者为偏心受压时，控制泵房基础底面不产生拉应力的条件，即作用于泵房基础底面以上的所有外力的合力的竖向分力作用点接近于距离基础底面形心轴为 $L/6$ 处(此处即基础底面宽度的"三分点")，泵房基础底面应力的不均匀系数接近于∞，此时基础底面应力接近于三角形分布。因此，当泵房基础底面应力的不均匀系数介于1和∞之间的任一数值，即基础底面应力为梯形分布时，作用于泵房基础底面以上的所有外力的合力的竖向分力作用点距离基础底面形心轴介于0与 $L/6$ 之间的某一数值，即作用于泵房基础底面以上的所有外力的合力的竖向分力作用点不超出基础底面宽度的"三分点"，亦即泵房基础底面不产生拉应力。事实上，本规范附录表A.0.3规定的不均匀系数 η 值为1.5～3.0之间的有限值，远远小于∞，显然作用于泵房基础底面以上的所有外力的合力的竖向分力作用点位置远远不会超出基础底面宽度的"三分点"。而建筑物发生倾覆，必然是由于建筑物基础底面以上的所有外力对于该基础底面最大受压边缘线的倾覆力矩总和 $\sum M_H$ 值，大于建筑物自重和所有外力对于同一最大受压边缘线的抗倾覆力矩总和 $\sum M_V$ 值，此时所有外力的合力的竖向分力作用点已大大超出基础底面宽度的"三分点"，即基础底面的较大范围内早已出现了拉应力，因此满足了本规范附录A表A.0.3的规定，根本就不存在泵房结构发生倾覆的问题。至于本规范附录A表A.0.3的规定值为何是远远小于∞的有限值，这主要是根据控制泵房基础底面不产生过大的不均匀沉降，即控制泵房结构的竖向轴线(中垂线)不产生过大倾斜的要求确定的，这正是土基上建筑物的一个很显著的特点。而岩基上建筑物一般不存在由于地基不均匀沉降导致的不良后果，因此对不均匀系数可不控制。

因此，本规范取消了原规范中关于计算泵房抗倾覆稳定安全系数的规定。因为只要控制住建筑物基础底面应力的不均匀系数计算值不超过本规范附录A表A.0.3规定的不均匀系数允许值，该建筑物就根本不存在发生倾覆的问题。在这样情况下，如果再按 $K_0=\sum M_V/\sum M_H$ 计算抗倾覆稳定安全系数 K_0 值就显得是多余的，因而其计算成果也就没有什么实际意义的了。

6.4 地基计算及处理

6.4.1 建筑物的地基计算应包括地基的承载能力计算，地基的整体稳定计算和地基的沉降变形计算等，其计算结果是判断地基要不要处理和如何处理的重要依据。如果计算结果不能满足要求而地基又不作处理，就会影响建筑物的安全或正常使用。因此，本规范规定泵房选用的地基应满足承载能力、稳定和变形的要求。

6.4.2 标准贯入击数小于4击的粘性土地基和标准贯入击数小于或等于8击的砂性土地基均为松软地基，其抗剪强度均较低，地基允许承载力均在80kPa以下，而泵房结构作用于地基上的平均压应力一般均在150～200kPa，少则80～100kPa，多则200kPa以上，特别是标准贯入击数小于4击的粘性土地基，含水量大，压缩性高，透水性差，往往会产生相当大的地基沉降和沉降差，对安装精度要求严格的水泵机组来说，更是不能允许的。因此，本规范规定，标准贯入击数小于4击的粘性土地基（如软弱粘性土地基、淤泥质土地基、淤泥地基等）和标准贯入击数小于或等于8击的砂性土地基（如疏松的粉砂、细砂地基或疏松的砂壤土地基等），均不得作为天然地基。对于这些地基，由于各项物理力学性能指标较差，当工程结构上难以协调适应时，就必须进行妥善处理。

6.4.3 国家现行标准《公路桥涵地基与基础设计规范》规定，土基上大、中桥基础底面埋置在局部冲刷线以下的安全值，一般为1.0～3.5m；技术复杂、修复困难的大桥和重要大桥为1.5～4.0m。土基上泵房和取水建筑物由于受水流作用的影响，也可能在基础底部产生局部冲刷，从而影响建筑物的安全，但比公路桥涵基础底部可能产生的局部冲刷深度毕竟要小得多，因此本规范规定土基上泵房和取水建筑物的基础埋置深度应在最大冲刷线以下，即应将基础底面埋置在不致被冲刷的土层中，而对埋置在不被冲刷土层中的深度多少不作具体规定。

6.4.4 位于季节性冻土地区土基上的泵房和取水建筑物，由于土的冻胀力作用，可能引起基础上抬，甚至产生开裂破坏。因此，本规范规定，位于季节性冻土地区土基上的泵房和取水建筑物，其基础埋置深度应大于该地区最大冻土深度，即应将基础底面埋置在该地区最大冻土深度以下的不冻胀土层中。国家现行标准《公路桥涵地基与基础设计规范》规定，当上部为超静定结构的桥涵基础，其地基为冻胀性土时，应将基础底面埋入冻结线以下不小于0.25m。这一规定，可供泵房和取水建筑物设计时参考使用。

6.4.6 本规范附录B.1选列的泵房地基允许承载力计算公式，主要有限制塑性开展区的公式、汉森公式和核算泵房地基整体稳定性的C_k法公式。限制塑性开展区的公式是按塑性平衡理论推导而得的。当地基持力层承受竖向荷载作用时，在基础两端将产生塑性开展区。竖向荷载作用强度愈大，该塑性开展区的范围愈大，在横向愈靠近，建筑物的安全稳定也愈难保证。当取塑性开展区的最大开展深度为某一允许值时，即可以此时的竖向荷载作为地基持力层的允许承载力。通常是将塑性开展区的最大开展深度视为基础宽度的函数。根据工程实践经验，一般取为基础宽度的1/3或1/4，但不宜规定过大，否则影响建筑物的安全稳定；同时，也不宜规定过小，否则就不能充分发挥地基的潜在能力。为安全起见，本规范取用塑性开展区的最大开展深度为基础宽度的1/4〔见附录B.1中的（B.1.1）式〕。

对于（B.1.1）式中的基础底面宽度，现行国家标准《建筑地基基础设计规范》规定，大于6m时，按6m考虑；小于3m时，按3m考虑。考虑到大、中型泵房基础底面宽度一般都大于6m，不加区别的都取用6m，显然不符合泵站工程的实际，因此本规范对泵房基础底面宽度不作任何限制，按实际取用，但必须同时满足地基的变形要求。

对于（B.1.1）式中的基础埋置深度，现行国家标准《建筑地基基础设计规范》规定，一般自室外地面标高算起。在填方整平地区，可自填土地面标高算起，但填土在上部结构施工后完成时，应从天然地面标高算起。这一规定，对房屋建筑地基基础是合理的，因其四周开挖深度基本一致，且开挖后回填时间短，地基回弹影响小。但对大、中型泵房基础情况就不同了。大、中型泵房基础和大、中型水闸底板一样，基坑开挖后回填时间长，地基有充分时间回弹，而且两面不回填土，因此基础埋置深度只能按其实际埋深取用。如基础上、下游端有较深的齿墙，亦可从齿墙底脚算至基础顶面，作为基础的埋置深度。

对于(B.1.1)式中土的抗剪强度指标，考虑到大、中型泵站和大、中型水闸一样，施工时间一般都比较长，地基有充分时间固结，而且浸于水下，因此宜采用饱和固结快剪试验指标。

严格地说，(B.1.1)式只适用于竖向对称荷载作用的情况。如果地基承受竖向非对称荷载作用时，可按基础底面应力的最大值进行计算，所得地基持力层的允许承载力则偏于安全。

汉森公式是极限承载力计算公式中的一种，不仅适用于只有竖向荷载作用的情况，而且对既有竖向荷载作用，又有水平向荷载作用的情况也适用。该公式在国际上应用较为广泛，在我国应用也较多，如国家现行标准《港口工程技术规范》(第六篇地基基础)便规定地基持力层的极限承载力应按汉森公式计算。该公式的主要特点是，考虑了基础形状、埋置深度和作用荷载倾斜率的影响。采用该公式计算地基持力层的允许承载力时，规定取用安全系数为2.0～3.0，这是根据工程的重要性、地基持力层条件和过去使用经验等因素确定的。例如，对于重要的大型泵站或软土地基上的泵站，安全系数可取用大值；对于中型泵站或较坚实地基上的泵站，安全系数可取用小值。本规范附录B.1所列汉森公式，已将取用的安全系数计入，可直接计算地基持力层的允许承载力，即(B.1.2)式。

无论是采用(B.1.1)式，还是采用(B.1.2)式，式中的重力密度和抗剪指标值，都是将整个地基视为均质土取用的。实际工程中常见的多是成层土，可将各土层的重力密度和抗剪强度指标值加权平均，取用加权平均值。这种处理方法比较简单，但容易掩盖软弱夹层的真实情况，对泵房安全是不利的，为此必须同时控制地基沉降不超出允许范围。还有一种处理方法是根据各土层的重力密度和抗剪强度指标值，分层计算其允许承载力，同时绘出地基持力层以下的附加应力曲线，然后检查各土层(特别是软弱夹层)的实际附加应力是否超过各相应土层的允许承载力。如果未超过就安全，超过了就不安全。后一种处理方法虽然克服了前一种处理方法的缺点，不掩盖软弱夹层的真实情况，但计算工作量相当大，往往是与地基沉降计算同时完成。

至于 C_k 法公式，也是按塑性平衡理论推导而得，尤其适用于成层土地基。该公式在水闸工程设计中，是多年常用的公式，已被列入国家现行标准《水闸设计规范》，后又推广用于船闸工程设计，并被列入国家现行标准《船闸设计规范》。在泵站工程设计中，近年来也有一些泵站使用该公式，因此将该公式列入本规范附录B.1，即(B.1.3)式。

6.4.7 由于软弱夹层抗剪强度低，往往对地基的整体稳定起控制作用，因此当泵房地基持力层内存在软弱夹层时，应对软弱夹层的允许承载力进行核算。计算软弱夹层顶面处的附加应力时，可将泵房基础底面应力简化为竖向均布、竖向三角形分布和水平向均布等情况，按条形或矩形基础计算确定。条形或矩形基础底面应力为竖向均布、竖向三角形分布和水平向均布等情况的附加应力计算公式可查有关土力学、地基与基础方面的设计手册。

6.4.8 作用于泵房基础的振动荷载，必将降低泵房地基允许承载力，这种影响可用振动折减系数反映。根据现行国家标准《动力机器基础设计规范》规定，对于汽轮机组和电机基础，振动折减系数可采用0.8；对于其他机器基础，振动折减系数可采用1.0。有关动力机器基础的设计手册推荐，对于高转速动力机器基础，振动折减系数可采用0.8；对于低转速动力机器基础，振动折减系数可采用1.0。考虑水泵机组基础在动力荷载作用下的振动特性，本规范规定振动折减系数可按0.8～1.0选用。高扬程机组的基础可采用小值；低扬程机组的块基型整体式基础可采用大值。

6.4.9、6.4.10 我国水利工程界地基沉降计算，多采用分层总和法，即(6.4.9)式。严格地说，该式只有在地基土层无侧向膨胀的条件下才是合理的。而这只有在承受无限连续均布荷载作用的情况下才有可能。实际上地基土层受到某种分布形式的荷载作用后，总是要产生或多或少的侧向变形，但因采用分层总和法计算，方法比较简单，工作量相对比较小，计算成果一般与实际沉降量比较接近，因此实际工程中宜使用这种计算方法。应该说，无论采用何种计算方法计算地基沉降都是近似的，因为目前各种计算方法在理论上都有一定的局限性，加之地基勘探试验资料的取得，无论是在现场，还是在室内，都难以准确地反映地基的实际情况，因此要想非常准确地计算地基沉降量是很困难的。

当按(6.4.9)式计算地基最终沉降量时，必须采用土壤压缩曲线，这是由土壤压缩试验提供的。如果基坑开挖较深，基础底面应力往往小于被挖除的土体自重应力，可采用土壤回弹再压缩曲线，以消除开挖土层的先期固结影响。

对于地基压缩层的计算深度，可按计算层面处附加应力与自重应力之比等于0.2的条件确定。这种控制应力分布比例的方法，对于底面积较大的泵房基础，应力往下传递比较深广的实际情况是适宜的，经过水利工程实际使用证明，这种方法是能够满足工程要求的。

泵房地基允许沉降量和沉降差的确定，是一个比较复杂的问题。在目前水利工程设计中，对地基允许沉降量和沉降差尚无统一规定。我国现行国家标准《建筑地基基础设计规范》规定，建筑物的地基变形允许值，可根据地基土类别，上部结构的变形特征，以及上部结构对地基变形的适应能力和使用要求等确定。如单层排架结构(柱距为6m)柱基的允许沉降量，当地基土为中压缩性土时为12cm，当地基土为高压缩性土时为20cm；建筑物高度为100m以下的高耸结构基础允许沉降量，当地基土为中压缩性土时为20cm，当地基土为高压缩性土时为40cm。框架结构相邻柱基础的允许沉降差，当地基土为中、低压缩性土时为0.002L(L为相邻柱基础的中心距，cm)，当地基土为高压缩性土时为0.003L；当基础不均匀沉降时不产生附加应力的结构，其相邻柱基础的沉降差，不论地基土的压缩性如何，均为0.005L。国家现行标准《水闸设计规范》对地基允许沉降量和沉降差未作具体规定，但该规范的编制说明认为，由于水闸基础尺寸和刚度比较大，对地基沉降的适应性比较强，因此在不危及水闸结构安全和不影响水闸正常使用的条件下，一般水闸基础的最大沉降量达到10～15cm和最大沉降差达到3～5cm是允许的。

根据调查资料，多数泵站的泵房地基实测最大沉降量为10～25cm，最大沉降差为5～10cm，只有少数泵站的泵房地基实测最大沉降量和最大沉降差超过或低于上述范围。例如某泵站的泵房地基实测最大沉降量竟达65cm，最大沉降差竟达35cm；又如某泵站的泵房地基实测最大沉降量只有4cm，沉降差只有2cm。但实测资料证明，即使出现较大的沉降量和沉降差，除个别泵站机组每年需进行维修调试，否则难以继续运行外，其余泵站泵房地基均稳定，运行情况正常。显然，如果对这两个控制指标规定太高，软土地基上的泵房结构将难以得到满足，则必须采取改变结构型式(如采用轻型、简支结构)，或回填轻质材料，或加大基础的平面尺寸，或调整施工程序和施工进度等措施，但有时采取某种措施却会对泵房结构的抗滑、抗浮稳定带来或多或少的不利影响；如果对这两个控制指标规定太低，固然容易使软土地基上的泵房结构得到满足，但实际上将会危及泵房结构的安全和影响泵房的正常使用，或给泵站的运行管理工作带来较多的麻烦。

6.4.11 水工建筑物的地基处理方法很多，随着科学技术的不断发展，新的地基处理方法，如高压喷射法、深层搅拌法等不断出现。但是，有些地基处理方法目前仍处于研究阶段，在设计或施工技术方面还不够成熟，特别是用于泵房的地基处理尚有一定的困难；有些方法目前用于实际工程，单价太高，与其它地基处理方法相比较，显得很不经济。根据泵站工程的实际情况，并参照国家现行标准《水闸设计规范》，本规范列出换土垫层、桩基础、沉井基础、振冲砂（碎石）桩和强夯等几种常用地基处理方法的基本作用、适用条件和说明事项（见本规范附录表B.2）。但应指出，任何一种地基处理方法都有它的适用范围和局限性，因此对每一个具体工程要进行具体分析，综合考虑地基土质、泵房结构特点、施工条件和运行要求等因素，经技术经济比较确定合适的地基处理方案。

常用地基处理设计应符合国家现行标准《水闸设计规范》及其它有关专业规范的规定，本规范不另作专门规定。

6.4.12 根据工程实践经验，桩基础、振冲砂（碎石）桩或强夯等处理措施，对于防止土层可能发生"液化"，均有一定效果。对于粉砂、极细砂、轻粉质砂壤土地基，如果存在可能发生"液化"的问题，采用板桩或截水墙围封，即将泵房底板下四周封闭，其效果尤为显著。

6.4.13 在我国黄河流域及北方地区，广泛分布着黄土和黄土状土，特别是黄河中游的黄土高原区，是我国黄土分布的中心地带。黄土（典型黄土）湿陷性大，且厚度较大；黄土状土（次生黄土）由典型黄土再次搬运而成，其湿陷性一般不大，且厚度较小。黄土在一定的压力作用下受水浸湿，土的结构迅速破坏而产生显著附加下沉，称为湿陷性黄土。湿陷性黄土可分为自重湿陷性黄土和非自重湿陷性黄土。前者在其自重压力下受水浸湿后发生湿陷，后者在其自重压力下受水浸湿后不发生湿陷。对湿陷性黄土地基的处理，应减小土的孔隙比，增大土的重力密度，消除土的湿陷性，本规范列举了如下几种常用的处理方法：①重锤表层夯实法一般可消除1.2～1.8m深度内黄土的湿陷性，但当表层土的饱和度大于60%时，则不宜采用；②换土垫层法（包括换灰土垫层法）是消除黄土地基部分湿陷性最常用的处理方法，一般可消除1～3m深度内黄土的湿陷性，同时可将垫层视为地基的防水层，以减少垫层下天然黄土层的浸水机率。垫层的厚度和宽度可参照现行国家标准《湿陷性黄土地区建筑规范》确定；③土桩挤密法（包括灰土桩挤密法）适用于地下水位以上，处理深度为5～15m的湿陷性黄土地基，对地下水位以下或含水量超过25%的黄土层，则不宜采用；④桩基础是将一定长度的桩穿透湿陷性黄土层，使上部结构荷载通过桩尖传到下面坚实的非湿陷性黄土层上，这样即使上面黄土层受水浸湿产生湿陷性下沉，也可使上部结构免遭危害。在湿陷性黄土地基上采用的桩基础一般有钢筋混凝土打入式预制桩和就地灌注桩两类，而后者又有钻孔桩、人工挖孔桩和爆扩桩之分。钻孔桩即一般软土地基上的钻孔灌注桩，对上部为湿陷性黄土层，下部为非湿陷性黄土层的地基尤为适合。人工挖孔桩适用于地下水含水层埋藏较深的自重湿陷性黄土地基，一般以卵石层或含钙质结核较多的土层作为持力层，挖孔桩孔径一般为0.8～1.0m，深度可达15～25m。爆扩桩施工简便，工效较高，不需打桩设备，但孔深一般不宜超过10m，且不适宜打入地下水位以下的土层。至于打入式预制桩，采用时一定要选择可靠的持力层，而且要考虑打桩时黄土在天然含水量情况下对桩的摩阻力作用。当黄土含有一定数量钙质结核时，桩的打入会遇到一定的困难，甚至不能打到预定的设计桩底高程。湿陷性黄土地基上的桩基础应按支承桩设计，即要求桩尖下的受力土层在桩尖实际压力的作用下不致受到湿陷的影响，特别是自重湿陷性黄土地基受水浸湿后，不仅正摩擦力完全消失，甚至还出现负摩擦力，连同上部结构荷载一起，全部要由桩尖下的土层承担。因此，在湿陷性黄土地基上，对于上部结构荷载大或地基受水浸湿可能性大的重要建筑物，采用桩基础尤为合理；⑤预浸水法是利用黄土预先浸水后产生自重湿陷性的处理方法，适用于处理厚度大、自重湿陷性强的湿陷性黄土地基。需用的浸水场地面积应根据建筑物的平面尺寸和湿陷性黄土层的厚度确定。由于预浸水法用水量大，工期长，因此在没有充足水源保证的地点，不宜采用这种处理方法。经预浸水法处理后的湿陷性黄土地基，还应重新评定地基的湿陷等级，并采取相应的处理措施。

6.4.14 在我国黄河流域以南地区，不同程度地分布着膨胀土。膨胀土的粘粒成分主要由强亲水性矿物质组成，其矿物成分可归纳为以蒙脱石为主和以伊利石为主两大类，均具有吸水膨胀、失水收缩、反复胀缩变形的特点。这种特点对修建在膨胀土地基上的建筑物危害较大，因此必须在满足建筑物布置和稳定安全要求的前提下，采取可靠的措施。根据多年来对膨胀土的研究和工程实践经验，对修建在膨胀土地基上的泵站工程而言，目前主要采取减小泵房基础底面积，增大泵房基础埋置深度，以及换填无膨胀性土料垫层和设置桩基础等地基处理方法。减小泵房基础底面积是在不影响泵房结构的使用功能和充分利用膨胀土地基允许承载力的条件下，增大基础底面的压应力，以减少地基膨胀变形。增大泵房基础埋置深度是将泵房基础尽量往下埋入非膨胀性或膨胀性相对较小的土层中，以减少由于天气干湿变化对地基胀缩变形的影响。上述两种工程措施主要适用于大气影响急剧层深度一般不大于1.5m的平坦地区。换填无膨胀性土料垫层的方法主要适用于强膨胀性或较强膨胀性土层露出较浅，或建筑物在使用中对地基不均匀沉降有严格要求的情况。换填的无膨胀性土料主要有非膨胀性的粘性土、砂、碎石、灰土等，这对含水量及孔隙比较高的膨胀性土地基是很有效的工程措施。换填无膨胀性土料垫层厚度可依据当地大气影响急剧层的深度，或通过胀缩变形计算确定。当大气影响急剧层深度较深，采用减小基础底面积、增大基础埋置深度，或换填无膨胀性土料垫层的方法对泵房结构的使用功能或运行安全有影响，或施工有困难，或工程造价不经济时，可采用桩基础。膨胀土地基中单桩的允许承载力应通过现场浸水静载试验，或根据当地工程实践经验确定。在桩顶以下3m范围内，桩周允许摩擦力的取值应考虑膨胀土的胀缩变形影响，乘以折减系数0.5。在膨胀土地基上设置的桩基础，桩径宜采用25～35cm，桩长应通过计算确定，并应大于大气影响急剧层深度的1.6倍，且应大于4m，同时桩尖应支承在非膨胀性或膨胀性相对较小的土层上。

6.4.15 在岩石地基上修建泵房，均不难满足地基的承载能力、稳定和变形要求，因此只需对岩石地基进行常规性的处理，如清除表层松动、破碎岩块，对夹泥裂隙和断层破碎带进行适当的处理等。

岩溶地基即可溶性岩石地基，主要是指石灰岩地基或白云岩地基，这种地基在我国分布较广，在云南、贵州、广西、四川等省、自治区及广东北部、湖南北部、浙江西部、江苏南部等地均有分布，其中以云贵高原最为集中。由于水对可溶性岩石的长期溶蚀作用，岩石表面溶沟、溶槽遍布，石芽、石林耸立，岩体中常有奇特洞穴和暗沟，以及联接地表和地下的通道，这种岩溶现象又称“喀斯特”现象。鉴于岩溶现象的复杂性，自然界中很难找到各种条件都完全相同的岩溶形态，加之修建在岩溶地基的建筑物也是各不相同的，因此在岩溶地基上修建泵房，应根据岩溶地基对建筑物的危害程度，进行专门处理。

6.5 主要结构计算

6.5.1 泵房底板，进、出水流道，机墩，排架，吊车梁等主要结构，严格地说均属空间结构，本应按空间结构进行设计，但是这样做计算工作量很大；同时只要满足了工程实际要求的精度，过于精确的计算亦无必要。因此，对上述各主要结构，均可根据工程实际情况，简化为按平面问题进行计算。只是在有必要且条件许可时，才按空间结构进行计算。

6.5.3 泵房底板是整个泵房结构的基础，它承受上部结构重量和作用荷载并均匀地传给地基。依靠它与地基接触面的摩擦力抵抗水平滑动，并兼有防渗、防冲的作用。因此，泵房底板在整个泵房结构中占有十分重要的地位。泵房底板一般均采用平底板型式。它的支承型式因与其联结的结构不同而异，例如大型立式水泵块基型泵房底板，在进水流道的进口段，与流道的边墙、隔墩相联结，和水闸底板与闸墩的联结结构型式相似；在进水流道末端，三面支承在较厚实的混凝土块体上；在集水廊道及其后的空箱部分，一般为纵、横向墩墙所支承。这样的"结构—地基"体系，严格地说应按空间问题分析其应力分布状况，但计算极为繁冗，在工程实践中，一般可简化成平面问题，选用近似的计算分析方法。例如进水流道的进口段，一般可沿垂直水流方向截取单位宽度的梁或框架，按倒置梁、弹性地基梁或弹性地基上的框架计算；进水流道末端，一般可按三边固定、一边简支的矩形板计算；集水廊道及其后的空箱部分，一般可按四边固定的双向板计算。现将我国几个已建泵站的泵房底板计算方法列于表 5，供参考。

我国几个已建泵站泵房底板计算方法参考表　　表 5

泵站序号	泵房型式	底板计算方法			说　明
		进水流道进口段	进水流道末端	集水廊道及其后的空箱部分	
1	块基型	其中 3 个泵站按倒置梁和双向板计算，另一个泵站按倒置连续梁计算		按四边固定的双向板计算	由 4 个泵站组成泵站群
2	块基型	按倒置梁、弹性地基梁和弹性地基上的框架计算	按三边固定、一边简支的矩形板和圆形板计算，并按交叉梁法补充计算	按四边固定的双向板计算	进水流道末端为钟型
3	块基型	按多跨倒置连续梁计算	按三边固定、一边自由的梯形板计算	按四边固定的双向板计算	设计中曾考虑施工实际情况，当进水流道和空箱顶板尚未浇筑，不能形成整体框架结构时，整块底板按交叉梁法计算
4	块基型	按倒置连续框架计算		按双向板计算	

应当指出，倒置梁法未考虑墩墙结点宽度和边荷载的影响，加之地基反力按均匀分布，又与实际情况不符，因此该法计算成果比较粗略，但因该法计算简捷，使用方便，对于中、小型泵站工程仍不失为一种简化计算方法。

弹性地基梁法是一种广泛用于大、中型泵站工程设计的比较精确的计算方法。当按弹性地基梁法计算时，应考虑地基土质，特别是地基可压缩层厚度的影响。弹性地基梁法通常采用的有两种假定：一种是文克尔假定，假定地基单位面积所受的压力与该单位面积的地基沉降成正比，其比例系数称为基床系数，或称为垫层系数，显然按此假定基底压力值未考虑基础范围以外地基变形的影响；另一种是假定地基为半无限深理想弹性体，认为土体应力和变形为线性关系，可利用弹性理论中半无限深理想弹性体的沉降公式（如弗拉芒公式）计算地基的沉降，再根据基础挠度和地基变形协调一致的原则求解地基反力，并计及基础范围以外边荷载作用的影响。上述两种假定是两种极限情况，前者适用于岩基或可压缩土层厚度很薄的土基，后者适用于可压缩土层厚度无限深的情况。在此情况下，宜按有限深弹性地基的假定进行计算。至于“有限深”的界限值，目前尚无统一规定。参照国家现行标准《水闸设计规范》，本规范规定当可压缩土层厚度与弹性地基梁长度之半的比值为0.25～2.0时，可按有限深弹性地基梁法计算；当上述比值小于0.25时，可按基床系数法（文克尔假定）计算；当上述比值大于2.0时，可按半无限深弹性地基梁法计算。

泵房底板的长度和宽度一般都比较大，而且两者又比较接近，按板梁判别公式判定，应属弹性地基上的双向矩形板，对此可按交叉梁系的弹性地基梁法计算。这种计算方法，从试荷载法概念出发，利用纵横交叉梁共轭点上相对变位一致的条件进行荷载分配，分别按纵、横向弹性地基梁计算弹性地基板的双向应力，但计算繁冗，在泵房设计中，通常仍是沿泵房进、出水方向截取单位宽度的弹性地基梁，只计算其单向应力。

6.5.4 边荷载是作用于泵房底板两侧地基上的荷载，包括与计算块相邻的底板传到地基上的荷载，均可称为边荷载。当采用有限深或半无限深弹性地基梁法计算时，应考虑边荷载对地基变形的影响。根据试验研究和工程实践可知，边荷载对计算泵房底板内力影响，主要与地基土质、边荷载大小及边荷载施加程序等因素有关。如何准确确定边荷载的影响，这是一个十分复杂问题。因此，在泵房设计中，对边荷载的影响只能作一些原则性的考虑。鉴于目前所采用的计算方法本身还不够完善和取用的计算参数不够准确，对边荷载影响百分数作很具体的规定是没有必要的。因此，本规范只作概略性的规定，执行时可结合工程实际情况稍作选择。这个概略性的规定，即当边荷载使泵房底板弯矩增加时，无论是粘性土地基或砂性土地基，均宜计及边荷载的100%；当边荷载使泵房底板弯矩减少时，在粘性土地基上可不计边荷载的作用，在砂性土地基上可只计边荷载的50%，显然这都是从偏安全角度考虑的。

6.5.5～6.5.7 执行这三条规定应注意下列事项：

一、肘型进水流道和直管式、虹吸式出水流道是目前泵房设计中采用最为普遍的进、出水流道型式，其应力计算方法主要取决于结构布置、断面形状和作用荷载等情况，按单孔或多孔框架结构进行计算。钟型进水流道进口段虽然比较宽，但它的高度较肘型流道矮得多，其结构布置和断面形状与肘型进水流道的进口段相比，有一定的相似性；屈膝式或猫背式出水流道主要是为了满足出口淹没的需要，将出口高程压低，呈“低驼峰”状，其结构布置和断面形状与虹吸式出水流道相比，也有一定的相似性，因此钟型进水流道进口段和屈膝式、猫背式出水流道的应力，也可按单孔或多孔框架结构进行计算。

虹吸式出水流道的结构布置按其外部联结方式可分为管墩整体联结和管墩分离两种型式。前者将流道管壁与墩墙浇筑成一整体结构；后者视流道管壁与墩墙是各自独立的。如果流道宽度较大，中间可增设隔墩。

管墩整体联结的出水流道实属空间结构体系。为简化计算，可将流道截取为彼此独立的单孔或多孔闭合框架结构，但因作用荷载是随作用部位的不同而变化的，如内水压力在不同部位或在同一部位、不同运用情况下的数值都是不同的，因此，进行应力计算时，要分段截取流道的典型横断面。管墩整体联结的出水流道管壁较厚（尤其是在水泵弯管出口处），进行应力计算时，必须考虑其厚度的影响。例如某泵房设计时，考虑了管壁厚度的影响，获得了较为合理的计算成果，减少了钢筋用量。

管墩整体联结的出水流道，一般只需进行流道横断面的静力计算及抗裂核算；管墩分离的出水流道，除需进行流道横断面的静力计算及抗裂核算外，还需进行流道纵断面的静力计算。

当虹吸式出水流道为管墩分离型式时，其上升段受有较大的纵向力，除应计算横向应力外，还应计算纵向应力。例如某泵站的虹吸式出水流道，类似一根倾斜放置的空腹梁，其上端与墩墙联结，下端支承在梁上，上升高度和长度均较大，承受的纵向力也较大，设计时对结构纵向应力进行了计算。计算结果表明，纵向应力是一项不可忽视的内力。

二、双向进、出水流道型式目前在国内还不多见。这是一种双进双出的双层流道结构，呈X状，亦称"X型"流道结构，其下层为双向肘型进水流道，上层为双向直管式出水流道。因此，双向进、出水流道可分别按肘型进水流道和直管式出水流道进行应力计算。如果上、下层之间的隔板厚度不大，则按双层框架结构计算也是可以的。

三、混凝土蜗壳式出水流道目前在国内也不多见。这是一种和水电站厂房混凝土蜗壳形状极为相似的很复杂的整体结构，其实际应力状况很难用简单的计算方法求解。因此，必须对这种结构进行适当的简化方可进行计算。例如某泵房采用混凝土蜗壳式出水流道型式，蜗壳断面为梯形，系由蜗壳顶板、侧墙和底板构成。设计中采用了两种计算方法：一种是将顶板与侧墙视为一个整体，截取单位宽度，按"Γ形"刚架结构计算；另一种是将顶板与侧墙分开，顶板按环形板结构计算，侧墙按上、下两端固定板结构计算。由于蜗壳断面尺寸较大，出水管内设有导水用的隔墩，因此可按对称矩形框架结构计算。

泵房是低水头水工建筑物，其混凝土蜗壳承受的内水压力较小，因而计算应力也较小，一般只需按构造配筋。

6.5.8、6.5.9 大、中型立式轴流泵机组的机墩型式有井字梁式、纵梁牛腿式、梁柱构架式、环形梁柱式和圆筒式等。大、中型卧式离心泵机组的机墩型式有块状式、墙式等，机墩结构型式可根据机组特性和泵房结构布置等因素选用。根据调查资料，立式机组单机功率为800kW的机组间距多数在4.8～5.5m之间，机墩一般采用井字梁式结构，支承电动机的井字梁由两根横梁和两根纵梁组成，荷载由井字梁传至墩上，这种机墩型式结构简单，施工方便；单机功率为1600kW的机组间距多数在6.0～7.0m之间，机墩一般采用纵梁牛腿式结构，支承电动机的是两根纵梁和两根与纵梁方向平行的短牛腿。前者伸入墩内，后者从墩上悬出，荷载由纵梁和牛腿传至墩上，这种机墩型式工程量较省；单机功率为2800kW和3000kW的机组间距约在7.6～10.0m之间，机墩一般采用梁柱构架式结构，荷载由梁柱构架传至联轴层大体积混凝土上面；单机功率为5000kW和6000kW的机组间距约在11.0～12.7m之间。机墩则采用环形梁柱式结构，荷载由环形梁经托梁和立柱分别传至墩墙和密封层大体积混凝土上面；单机功率为7000kW的机组间距达18.8m，机墩则采用圆筒式结构，荷载由圆筒传至下部大体积混凝土上面。卧式机组的水泵机墩一般采用块状式结构，电动机机墩一般采用墙式结构。工程实践证明，这些型式的机墩，结构安全可靠，对设备布置和安装检修都比较方便。

关于机墩的设计，泵房内的立式抽水机组机墩与水电站发电机组机墩基本相同，卧式抽水机组机墩与工业厂房内动力机器的基础基本相同，所不同的是抽水机组的电动机转速比较低，对机墩的要求没有水电站发电机组对其机墩或工业厂房内的动力机器对其基础的要求高。因此，截面尺寸一般不太大的抽水机组机墩，不难满足结构强度、刚度和稳定要求。但对扬程在100m以上的高扬程泵站，在进行卧式机组机墩稳定计算时，应计入水泵启动时出水管道水柱的推力，必要时应设置抗推移设施。例如某泵站设计扬程达160m，由于机墩设计时未考虑出水管道水柱的推力，工程建成后，水泵启动时作用于泵体的水柱推力很大，水泵基础螺栓阻止不住泵体的滑移，致使泵体与电动机不同心，从而产生振动，影响了机组的正常运行。后经重新安装机组，并设置了抗推移设施，才使机组恢复正常运行。又如某二级泵站的设计扬程为140m，在机墩设计时考虑了出水管道水柱的推力，机墩抗滑稳定安全系数的计算值大于1.3，同时还设置了抗推移设施，作为附加安全因素，工程建成后，经多年运行证明，设计正确。因此，对于扬程在100m以上的高扬程泵站，计算机墩稳定时，应计入出水管道水柱的推力，并应设置必要的抗推移设施。

立式机组机墩的动力计算，主要是验算机墩在振动荷载作用下会不会产生共振，并对振幅和动力系数进行验算。为简化计算，可将立式机组机墩简化为单自由度体系的悬臂梁结构。对共振的验算，要求机墩强迫振动频率与自振频率之差和机墩自振频率的比值不小于20%；对振幅的验算，要求最大振幅值不超过下列允许值：垂直振幅0.15mm，水平振幅0.20mm。这些允许值的规定与水电站发电机组机墩动力计算规定的允许值是一致的，但因目前动力计算本身精度不高，因此对自振频率的计算只能是很粗略的。至于动力系数的验算，根据已建泵站的调查资料，验算结果一般为1.0～1.3。由于泵站电动机转速比较低，机墩强迫振动频率与自振频率的比值很小，加之机组制造精度和安装质量等方面可能存在的问题，因此要求动力系数的计算值不小于1.3。但为了不过多地增加机墩的工程量，还要求动力系数的计算值不大于1.5。如动力系数的计算值不在1.3～1.5范围内，则应重作机墩设计，直至符合上述要求时为止。

对于卧式机组机墩，由于机组水平卧置在泵房内，其动力特性明显优于立式机组机墩，因此可只进行垂直振幅的验算。

工程实践证明，对于单机功率在1600kW以下的立式机组机墩和单机功率在500kW以下的卧式机组机墩，因受机组的振动影响很小，故均可不进行动力计算。例如某省7座立式机组泵站，单机功率均为800kW，机墩均未进行动力计算，经多年运行考验，均未出现异常现象。

6.5.10 泵房排架是泵房结构的主要承重构件，它承担屋面传来的重量、吊车荷载、风荷载等，并通过它传至下部结构，其应力可根据受力条件和结构支承形式等情况进行计算。干室型泵房排架柱多数是支承在水下侧墙上。当水下侧墙刚度与排架柱刚度的比值小于或等于5.0时，水下侧墙受上部排架柱变形的影响较大，因此墙与柱可联合计算；当水下侧墙刚度与排架柱刚度的比值大于5.0时，水下侧墙对排架柱起固结作用，即水下侧墙不受上部排架柱变形的影响，因此墙与柱可分开计算，计算时将水下侧墙作为排架柱的基础。

6.5.11 吊车梁也是泵房结构的主要承重构件，它承受吊车启动、运行、制动时产生的荷载，如垂直轮压、纵向和横向水平制动力等，并通过它传给排架，再传至下部结构，其受力情况比较复杂。吊车梁总是沿泵房纵向布置，对加强泵房的纵向刚度，连接泵房的各横向排架起着一定的作用。吊车梁有单跨简支梁或多跨连续梁等结构型式，可根据泵房结构布置、机组安装和设备吊运要求等因素选用。单跨简支式吊车梁多为预制，吊装较方便；多跨连续式吊车梁工程量较省，造价较经济。根据调查资料，泵房内的吊车梁多数为钢筋混凝土结构，也有采用预应力钢筋混凝土结构及钢结构。对于负荷量大的吊车梁，为充分利用材料强度，节省工程量，宜采用预应力钢筋混凝土结构或钢结构。预应力钢筋混凝土吊车梁施工较复杂，钢吊车梁需用钢材较多。钢筋混凝土或预应力钢筋混凝土吊车梁一般有T形、I形等截面型式。T形截面吊车梁有较大的横向刚度，且外形简单，施工方便，是最常用的截面型式。I形截面吊车梁具有受拉翼缘，便于布置预应力钢筋，适用于负荷量较大的情况。变截面吊车梁的外形有鱼腹式、折线式、轻型桁架式等。其特点是薄腹，变截面能充分利用材料强度，节省混凝土和钢筋用量，但因设计计算较复杂，施工制作较麻烦，运输堆放又不方便，因此这种截面型式的吊车梁目前在泵房工程中没有得到广泛的应用。

由于吊车梁是直接承受吊车荷载的结构构件，吊车的启动、运行和制动对吊车梁的运用均有很大的影响，因此设计吊车梁时，应考虑吊车启动、运行和制动产生的影响。为保证吊车梁的结构安全，设计中应控制吊车梁的最大计算挠度不超过计算跨度的1/600（钢筋混凝土结构）或1/700（钢结构）。对于钢筋混凝土吊车梁结构，还应按限裂要求，控制最大裂缝宽度不超过0.30mm。

对于负荷量不大的常用吊车梁，设计时可套用标准设计图集。但套用时要注意实际负荷量和吊车梁的计算跨度与所套用图纸上规定的设计负荷量和吊车梁的计算跨度是否符合，千万不可套错。由于泵房毕竟不同于一般工业厂房，特别是负荷量较大的吊车梁，有时难以套用标准设计图集，在此情况下，必须自行设计。

6.5.12 泵房结构的抗震计算，可采用国家现行标准《水工建筑物抗震设计规范》或现行国家标准《建筑抗震设计规范》规定的计算方法；也可采用“有限单元法”(电算)进行计算。前者计算方法简单，具有一定的精度，是工程上常用的计算方法；后者计算方法较复杂，但计算精度较高，可通过一定容量的电子计算机进行计算。

对于抗震措施的设置，要特别注意增强上部结构的整体性和刚度，减轻上部结构的重量，加强各构件连接点的构造，对关键部位的永久变形缝也应有加强措施。

7 进、出水建筑物设计

7.1 引 渠

7.1.1、7.1.2 在水源附近修建临河泵站确有困难时，需设置引渠将水引至宜于修建泵站的位置。为了减少工程量，引渠线路宜短宜直，引渠上的建筑物宜少。为了防止引渠渠床产生冲淤变形，引渠的转弯半径不宜太小。本规范规定土渠弯道半径不宜小于渠道水面宽的5倍，石渠及衬砌渠道弯道半径不宜小于渠道水面宽的3倍。为了改善前池、进水池的水流流态，弯道终点与前池进口之间宜有直线段，其长度不宜小于渠道水面宽的8倍。

7.1.3 对于高扬程泵站，引渠末段的超高值计算应考虑突然停机时引渠来水的壅高及压力管道倒流水量的共同影响，其超高值可按明渠不稳定流计算。在初步设计阶段，引渠末段的超高值可按(2)式作近似估算：

$$\Delta h_v=\frac{(\nu_0-\nu_0')\sqrt{h_0}}{2.76}-0.01h_0 \qquad (2)$$

式中 Δh_v——由于涌浪引起的波浪高度(m)；

h_0——突然停机前引渠末段水深(m)；

ν_0——突然停机前引渠末段流速(m/s)；

ν_0'——突然停机后引渠末段流速(m/s)。

7.2 前池及进水池

7.2.1、7.2.2 前池、进水池是泵站的重要组成部分。池内水流状态对泵站装置性能，特别是对水泵吸水性能影响很大。如流速分布不均匀，可能出现死水区、回流区及各种漩涡，发生池中淤积，造成部分机组进水量不足，严重时漩涡将空气带入进水流道（或吸水管），使水泵效率大为降低，并导致水泵汽蚀和机组振动等。

前池有正向进水和侧向进水两种形式。正向进水的前池流态较好。例如某泵站前池采用正向进水，进口前的引渠直线段较长，且引渠和前池在同一中心线上。运行情况证明，水流很平稳，即使在最低运行水位时（此时水泵叶轮中心线淹没深度只有0.7m），前池水流仍较为平稳，无回流和漩涡现象。又如某泵站前池采用侧向进水，模型试验资料表明，池内出现大范围回水区和机组前局部回水区，流态很不好，流速分布极不均匀。为改善侧向进水前池流态，结合进水池的隔墩设置分水导流设施是有效的。因此，在泵站设计中，应尽量采用正向进水方式，如因条件限制必须采用侧向进水时，宜在前池内增设分水导流设施，必要时应通过水工模型试验验证。

7.2.3 多泥沙河流上的泵站前池，当部分机组抽水或前池流速低于水流的不淤流速时，在前池的部分区域将发生淤积，这是北方地区开敞式前池普遍存在的问题。例如某泵站前池通过水工模型试验，将原正向进水开敞式前池，改在每2台机组进水口之间设隔墩及分水墩，形成多条进水道，每条进水道通向单独的进水池，从而解决了前池泥沙淤积的问题。

7.2.5 对于圆形进水池（无前池），在有较大的秒换水系数（即进水池的水下容积与共用该池的水泵设计流量的比值）及淹没深度情况下，水流入池后，主流偏向底部，在坎下形成立面旋滚，而进水池两侧出现较强的回流，水流紊乱，受到立面旋滚所起的搅拌作用，从而使流向进水管喇叭口的水流流速增大，挟沙能力增强。因此，在消耗有限能量的前提下，圆形进水池是一种防止泥沙淤积的良好型式。本规范规定多泥沙河流上宜选用圆形进水池，就是这个道理。

7.2.7 为了满足泵站连续正常运行的需要，进水池水下部分必须保证有适当的容积。如果容积过小，满足不了秒换水系数的要求；如果容积过大，显然会增加进水池的工程量，而且对改善进水池的流态没有明显的作用。根据国内一些泵站工程的运行经验，认为进水池的秒换水系数取30～50是适宜的。

7.3 进、出水流道

7.3.2 进水流道内的水流运动状态决定了水泵的吸入条件，对水泵运行状况有着直接的影响。因此，要求进水流道内具有良好的流态和均匀的出口流场，以减小能量损失。由于进水流道形状较复杂，水流运动状况一般只有通过水工模型试验或者原型观测才能了解清楚。

有关试验研究表明：进水流道的设计，主要问题是要保证其出口流速和压力分布比较均匀。为此，要求进水流道型线平顺，各断面面积沿程变化均匀合理，且进口断面处流速宜控制不大于1.0m/s，以减小水力损失，为水泵运行提供良好的水流条件。

7.3.3、7.3.4 肘型进水流道是目前国内外采用最广泛的一种流道型式。如国内已建成的两座最大轴流泵站，水泵叶轮直径分别为4.5m和4.0m，配套电动机功率分别为5000kW和6000kW，都是采用这种流道型式，经多年运行检验，情况良好。我国部分泵站肘型进水流道的设计成果（有些经过装置试验验证）见表6、表7和图1。由表7可知，多数泵站肘型进水流道$H/D=1.5\sim2.2$，$B/D=2.0\sim2.5$，$L/D=3.5\sim4.0$，$h_k/D=0.8\sim1.0$，$R_0/D=0.8\sim1.0$，可作为设计肘型进水流道的控制性数据。由于肘型进水流道是逐渐收缩的，流道内的水流状态较好，水力损失较小，但不足之处是其底面高程比水泵叶轮中心线高程低得较多，即泵房底板高程落得较低，致使泵房地基开挖较深，需增加一定的工程投资。

钟型进水流道也是一种较好的流道型式。根据几座采用钟型进水流道的泵站装置试验资料，与肘型进水流道相比，钟型进水流道的平面宽度较大，B/D值一般为$2.5\sim2.8$；而高度较小，H/D值一般为$1.1\sim1.4$。这样可提高泵房底板高程，减少泵房地基开

我国部分泵站肘型进水流道各控制断面面积及流速汇总表 **表 6**

泵站序号	A-A 断面		B-B 断面		C-C 断面		备注
	面积 F_A (m^2)	流速 V_A (m/s)	面积 F_B (m^2)	流速 V_B (m/s)	面积 F_C (m^2)	流速 V_C (m/s)	
1	12.6	0.60	4.50	1.67	2.22	3.38	
2	13.2	0.53	4.02	1.74	2.22	3.15	
3	22.4	0.81	10.0	1.81	7.07	2.56	
4	23.7	0.89	11.9	1.77	7.25	2.90	
5	25.4	0.82	11.5	1.82	6.60	3.18	
6	25.5	0.82	12.1	1.74	7.06	2.98	
7	25.7	0.82	11.7	1.79	6 47	3.24	
8	30.0	0.70	12.0	1.75	6.83	3.07	
9	33.7	0.62	11.1	1.90	6.45	3.25	
10	36.1	0.84	17.9	1.69	9.62	3.14	
11	75.0	0.80	35.3	1.70	16.9	3.55	
12	59.1	0.91	29.1	1.84	14.7	3.65	

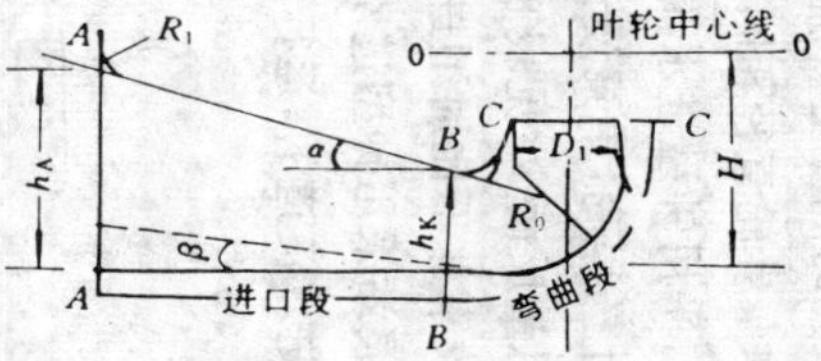

我国部分泵站肘型进水流道主要尺寸汇总表 **表 7**

泵站序号	主要尺寸 (cm)												
	D	H	h_1	h_k	h_2	L	L_1	L_2	L_3	L_4	L_5	B	b
1	154	345	—	184	245	1080	—	—	—	162.5	122	450	—
2	154	346.5	500.5	184.2	245.2	1074.8	—	—	—	—	—	440.4	—
3	160	288	280	134	188	732.2	—	—	159	130.7	105	450	—
4	280	490	420	231.4	324.5	1000	700	332	282	257.8	—	620	60
5	280	420	490	228	320	1000	600	367	250	217.6	130	600	70
6	280	440	526.1	230	280	1000	—	—	200	200	68.2	560	—
7	280	450	450	216.2	310	1100	700	367	494	245	136.6	600	60
8	300	540	380	230	400	1140	535	—	275	244.1	145.5	600	60
9	310	560	700	298.6	386.6	1120	845.2	—	75.5	274.8	123.9	700	—
10	400	700	730	348	450	1300	900	620	330.3	330.3	186.5	1000	100
11	450	720	785	360	522	1500	1100	660	360	360	215	1150	—

挖深度，机组段间需填充的混凝土量也较少，因而可节省一定的工程数量。例如，两座水泵叶轮直径相同的泵站，分别采用肘型进水流道和钟型进水流道，采用钟型进水流道的泵站与采用肘型进水流道的泵站相比，设计扬程高，单泵设计流量大，而泵房地基开挖深度反而浅，混凝土用量反而少（见表8）。根据钟型进水流道的装置试验结果，其装置效率并不比肘型进水流道的装置效率低。因此，国外一些大、中型泵站采用钟型进水流道的较多。近几年来，国内泵站也有采用钟型进水流道的，运行情况证明效果良好。

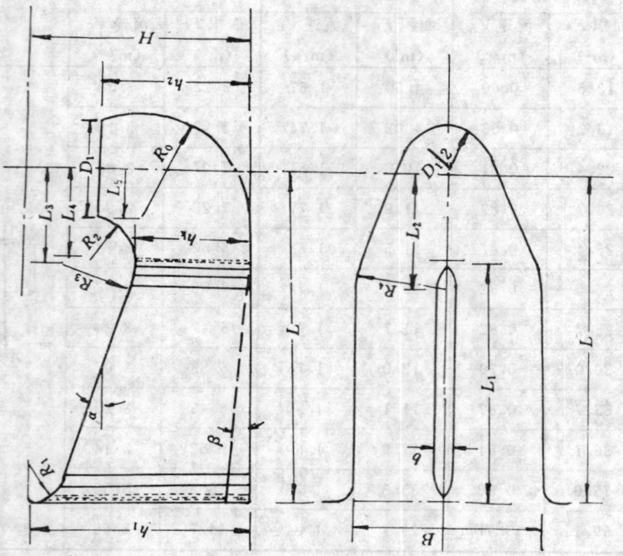

图1 肘型进水流道主要尺寸图

续表 7

泵站序号	主要尺寸 (cm)						进口段收缩角		比值				
	R_0	R_1	R_2	R_3	R_4	D_1	α	β	H/D	B/D	L/D	h_k/D	R_0/D
1	208	130	79	—	—	168	26°09′	0°	2.24	2.92	7.03	1.19	1.35
2	208.7	—	79	—	—	167.9	28°	0°	2.25	2.86	6.98	1.20	1.36
3	189	197.2	46.7	92.3	—	168	8°56′	0°	1.80	2.81	4.58	0.84	1.18
4	280	—	100	280	360	304	22°	8°27′	1.75	2.21	3.57	0.83	1.00
5	280	50	70	100	360	295	20°	0°	1.50	2.14	3.57	0.81	1.00
6	225	50	30	200	697	300	27°	8°32′	1.57	2.00	3.57	0.82	0.80
7	280	—	100	806	360	295	12°57′	7°50′	1.61	2.14	3.93	0.77	1.00
8	300	50	90	280	510	300	28°06′	10°14′	1.80	2.00	3.80	0.77	1.00
9	308	130	102.3	1065	—	350	26°27′	10°15′	1.81	2.26	3.61	0.96	0.99
10	405	165	115	300	500	432	32°	9°56′	1.75	2.50	3.25	0.87	1.01
11	450	100	130	200	575	460	25°11′	8°32′	1.60	2.56	3.33	0.80	1.00

钟型流道与肘型流道的工程特性参数比较表　　表 8

泵站序号	水泵叶轮直径 (m)	单机功率 (kW)	设计扬程 (m)	单泵设计流量 (m^3/s)	流道型式	泵房地基开挖深度 (m)	混凝土用量 (m^3)
1	2.8	1600	5.62	21.0	肘型	4.98	3200
2	2.8	2800	9.00	25.9	钟型	4.00	1300

有关试验资料表明，在水泵叶片安装角相同的情况下，无论是肘型进水流道或钟型进水流道，当进口上缘的淹没水深大于 0.35m 时，基本上未出现局部漩涡；当淹没水深在 0.2～0.3m 时，流道进口水面产生时隐时现的漩涡，有时涡带还伸入流道进口内，但此时对水泵性能的影响并不大，机组仍能正常运行；当淹没水深在 0.1～0.18m 时，进口水面漩涡出现频繁；当淹没水深为 0.06m 时，漩涡剧烈，并挟带大量空气进入流道，致使水泵运行不稳，噪声严重。因此，本规范规定进水流道进口上缘的最小淹没水深为 0.5m，即应淹没在进水池最低运行水位以下至少 0.5m。

进水流道的进口段底面一般宜做成平底。为了抬高进水池和前池的底部高程，降低其两岸翼墙的高度，以减少地基土石方开挖量和混凝土工程量，可将进水流道进口段底面向进口方向上翘，即做成斜坡面形式。根据我国部分泵站的工程实践，除有些泵站进水流道进口段底面做成平底外，多数泵站进水流道的进口段底面上翘角采用 7°～11°(见表 7)。因此，本规范规定进水流道进口段底面上翘角不宜超过 12°。至于进口段顶板仰角，我国多数泵站的进水流道采用 20°～28°，也有个别泵站采用 32°(见表 7)。因此，本规范规定进水流道进口段顶板仰角不宜超过 30°。

7.3.5　与水泵导叶出口相连接的出水室型式有弯管型和蜗壳型两种，应根据水泵的结构特点和泵站的要求经技术经济比较后确定。

出水流道布置对泵站的装置效率影响很大，因此流道的型线变化应比较均匀。为了减小水力损失，出口流速应控制在 1.5m/s 以下，当出口装有拍门时，可控制在 2.0m/s。如果水泵出水室出口处流速过大，宜在其后面直至出水流道出口设置扩散段，以降低流速。扩散段的当量扩散角不宜过大，一般取 8°～12°较为合适。

7.3.7　直管式出水流道进口与水泵出水室相连接，然后沿水平方向或向上倾斜至出水池。为了便于机组启动和排除管内空气，在流道出口常采用拍门或快速闸门断流，并在门后管道较高处设置通气孔，以减少水流脉动压力，机组停机时还可向流道内补气，避免流道内产生负压，减少关闭拍门时的撞击力，改善流道和拍门的工作条件。

7.3.8　虹吸式出水流道的进口与水泵出水室相连接，出口淹没在出水池最低运行水位以下，中间较高部位为驼峰，并略高于出水池最高运行水位，出口不需设置快速闸门或拍门。在正常运行工况下，由于出水流道的虹吸作用，其顶部出现负压；停机时，需及时打开设在驼峰顶部的真空破坏阀，使空气进入流道而破坏真空，从而切断驼峰两侧的水流，防止出水池的水向水泵倒灌，使机组很快停稳。根据工程实践经验，驼峰顶部的真空度一般应限制在 7～8m 水柱高，因此本规范规定驼峰顶部的真空度不应超过 7.5m 水柱高。

驼峰断面的高度对该处的流速和压力分布均有影响。如果高度较大，断面处的上、下压差就会很大。工程实践证明，在尽量减少局部水力损失的情况下，压低驼峰断面的高度是有好处的。这样一方面可加大驼峰顶部流速，使水流挟气能力增加，并可减小该断面处的上、下压差；另一方面可减少驼峰顶部的存气量，便于及早形成虹吸和满管流，而且还可减小驼峰顶部的真空度，从而增大适应出水池水位变化的范围，因此驼峰处断面宜设计成扁平状。

7.3.10　由于大、中型泵站机组功率较大，如出水流道的水力损失稍有增大，将使电能有较多的消耗，因此常将出水流道的出口上缘淹没在出水池最低运行水位以下0.3～0.5m。当流道宽度较大时，为了减小出口拍门或快速闸门的跨度，常在流道中间设置隔水墩。有关试验资料表明，如果隔水墩布置不当，将影响分流效果，使出流分配不均匀，增加出水流道的水力损失。因此，隔水墩起点位置距水泵出水室宜远一点，待至水泵出流流速较均匀处再分隔为好。一般隔水墩起点位置与机组中心线距离不应小于水泵出口直径的2倍。

7.4 出水管道

7.4.1、7.4.2 在结合地形、地质条件布置出水管道线路时，通常会出现几个平面及立面转弯点。这些转弯点转弯角和转弯半径的大小对出水管道的局部水头损失影响很大。现将转弯角 $\alpha=20°\sim90°$、弯曲半径与管径的比值 $R/d=1.0\sim3.0$ 时的局部水头损失系数 ζ_a 值及局部水头损失 Δh 值关系列于表9。

出水管道 α、R/d 与 ζ_a、Δh 值关系表 **表9**

R/d \ α	1.0		1.5		2.0		3.0	
	ζ_a	Δh	ζ_a	Δh	ζ_a	Δh	ζ_a	Δh
20°	0.320	0.102	0.240	0.076	0.192	0.061	0.144	0.046
30°	0.440	0.140	0.330	0.105	0.264	0.084	0.198	0.063
40°	0.520	0.166	0.390	0.124	0.312	0.099	0.234	0.075
50°	0.600	0.191	0.450	0.143	0.360	0.115	0.270	0.086
60°	0.644	0.205	0.498	0.159	0.398	0.127	0.299	0.095
70°	0.704	0.224	0.528	0.168	0.422	0.134	0.317	0.101
80°	0.760	0.242	0.570	0.182	0.456	0.145	0.342	0.109
90°	0.800	0.255	0.600	0.191	0.480	0.152	0.360	0.115

注：水头损失 Δh 的计算式为：$\Delta h=\zeta_a\frac{v^2}{2g}$(m)。

由表9可知，当 R/d 值一定时，Δh 值随着 α 值的增加而增加，但增量却逐渐递减；当 α 值一定时，Δh 值随着 R/d 值的增加而减小，但在 R/d 值增至1.5以上时，减量几乎是按等数值递减。

由于高扬程泵站出水管道长，转弯角较多，如果设置过多的大转弯角，势必加大局部水头损失，从而增大耗电量。因此，本规范规定出水管道的转弯角宜小于60°。但当泵站水位变化幅度大时，部分管道必须在泵房内直立安装，因此，少量设置 $\alpha=90°$ 的弯管还是允许的。

出水管道转弯半径 R 值的大小对局部水头损失 Δh 值有直接影响。这种影响表现为：随着 R 值的增大，Δh 值的增量逐渐变小；但 R 值过大时，需增大镇墩尺寸，而且增加弯管制作安装的困难。根据我国大、中型高扬程泵站工程的实践经验，出水管道直径一般大于500mm，为了有效地减少出水管道的局部水头损失，同时也不过多地增加弯管制作安装的困难，转弯半径 R 取等于或大于2倍管径是比较适宜的。因此，本规范规定，出水管道的转弯半径宜大于2倍管径。

当管道在平面和立面上均需转弯，且其位置相近时，为了节省镇墩工程量，宜将平面和立面转弯合并成一个空间转弯角。这样，弯管的加工制作并不复杂，而安装对中则可采取一些措施加以解决。

当水泵倒转，管道中水流倒流时，如管道立面有较大的向下转弯，镇墩前后的管中流速差别将很大，很可能出现水流脱壁，产生负压，从而影响管道的外压稳定，为此要求将管顶线布置在最低压力坡度线以下。因此，本规范规定，管顶线宜布置在最低压力线以下。

7.4.4 明管的分节长度除根据地形条件确定外，还应满足下列公式要求：

$$L\leqslant\frac{[\alpha EF(t_1-t_2)-(A_2\pm A_4)]L_0}{A_1+A_2\pm A_3} \tag{3}$$

式中 L ——明管的分节长度(m)；

α ——钢管线性膨胀系数(1/℃)；

E ——钢管弹性模量(N/cm^2)；

F ——钢管管壁断面面积(cm^2)；

t_1 ——管道开始滑动时的金属温度(℃)；

t_2 ——管道安装合拢时的温度(℃)；

A_1——钢管自重下滑分力(N)；

A_2——伸缩接头处的内水压力(N)；

A_3——水对管壁的摩擦力(N)；

A_4——温度变化时伸缩接头处填料与管壁的摩擦力(N)；

A_5——温度变化时管道与支座的摩擦力(N)；

L_0——伸缩节至镇墩前计算断面的距离(m)。

(3)式的含义是钢管在温度变化时产生的轴向力，由阻止其变形而产生的阻力所分担，管道不发生滑动，伸缩节处的伸缩变形最小，因而按(3)式确定明管分节长度是偏于安全的。

至于明管直线段上的镇墩间距，日本规定为120～150m，美国垦务局及太平洋煤气和电气公司规定小于150m。为了安全起见，本规范规定明管直线段上的镇墩间距不宜超过100m。

7.4.6、7.4.7 管道有木管道、铸铁管道、钢管道及预应力钢筋混凝土管道等。在大、中型高扬程泵站工程中，近十年来已不再使用铸铁管，木管只在建国初期的小型工程上使用过，因此本规范不推荐采用这两种管道。

钢管及钢管件使用的钢材性能要求，在国家现行标准《水电站压力钢管设计规范》编写说明中已有详细说明，可参照执行。

为了保证预应力钢筋混凝土管的质量，选材时要注意符合国家定型产品的规格，以便能在工厂定货。

7.4.8 作用在管道上的荷载主要有自重、水重、水压力、土压力以及温度作用等。它们的计算和组合是比较明确的。在高扬程长管道水压力计算中可考虑以下四种工况：一是设计运用工况下，作用在管道上的稳定的内水压力(即正常水压力)；二是水泵由于突然断电出现倒转的校核运用工况下，产生的最大水锤压力(即最高水压力)；三是水泵出现倒转的校核运用工况下，当某些管段补气不足时产生的负压(即最低水压力)；四是在管道制作或安装工况下，进行水压试验时出现的最大水压力(即试验水压力)。

7.4.9 水力暂态分析是指水泵设计运用工况以外的各种工况水力分析，如7.4.8所述二、三、四种工况下的水压力计算等，其中最重要的是最大水锤压力计算。水锤压力的计算方法常用解析法和图解法等。

7.4.10 明设钢管抗外压稳定的最小安全系数取值与国家现行标准《水电站压力钢管设计规范》规定相同。由于光面管和有加劲环的钢管在失稳后造成事故破坏的程度是不一样的，因此光面管抗外压稳定的最小安全系数定为2.0，有加劲环的钢管抗外压稳定的最小安全系数定为1.8。

对于不设加劲环的明设钢管，当事故停机管内通气不足或当管道转弯角很大时，由于管道中水流倒流，从而产生真空，在大气压力作用下很有可能变形失稳，因此需要进行外压稳定性校核。

7.4.11 为了防止明设光面钢管外压失稳，规定其管壁最小厚度不宜小于(7.4.11)式所规定的数值。(7.4.11)式的推导条件是：外压力为$10N/cm^2$，钢的弹性模量$E=2.2\times10^6N/cm^2$，泊松比$\mu=0$，安全系数$K=2$。符合(7.4.11)式的规定的管壁厚度是偏于安全的。

钢管的锈蚀、磨损与其表面防锈蚀措施及工艺关系密切。在钢结构表面进行喷锌保护，效果很好。例如法国丹尼斯运河闸门镀锌80μm，经30年运行检查镀层完好；又如英国某造纸厂闸门镀锌100μm，经25年运行检查镀层完好；再如我国三河闸喷锌80～120μm，经14年运行检查，也没有锈蚀现象。因此，如果对钢管采取这种防锈蚀办法进行表面处理，可以减少或取消所增加的防锈蚀厚度，但我国目前喷锌技术尚未普遍推广，现仍按常规要求，按管壁厚度计算值增加1～2mm防锈蚀厚度。受泥沙磨损较严重的钢管，需增加的耐磨损厚度，应作专门论证。

7.4.12 钢管结构应力分析有第三强度理论(也称为最大剪应力理论)和第四强度理论(也称为畸变能理论)。应用第三强度理论分析应力的结果与试验成果大致相符,其主要缺点是不能反映第二主应力对材料屈服的影响。而应用第四强度理论分析应力则能反映第二主应力对材料屈服的影响,且分析成果比应用第三强度理论更符合试验成果。我国现行国家标准《钢结构设计规范》、国家现行标准《钢闸门设计规范》和《水电站压力钢管设计规范》及目前世界上大多数国家的钢管设计规范都采用第四强度理论进行钢管结构应力分析。

7.4.13 我国目前高扬程泵站出水管道的直径多在1.0m左右,其承受的水头多在100m以内。由于管径较小,压力较低,岔管布置多采用丫型和卜型,其构造要求和计算方法可参照国家现行标准《水电站压力钢管设计规范》的规定执行。

7.4.15 镇墩有开敞式和闭合式两种。开敞式镇墩管道固定在镇墩的表面,闭合式镇墩管道埋设在镇墩内。大、中型泵站一般都采用闭合式镇墩。为了加强钢管与镇墩混凝土的整体性,需在混凝土中埋设螺栓及抱箍,待管道安装就位后浇入混凝土中。由于镇墩是大体积混凝土,为防止温度变化引起镇墩混凝土开裂,破坏其整体性,应在镇墩表面按构造要求布置钢筋网。座落在较完整基岩上的镇墩,为减少岩石开挖量和混凝土工程量,可在镇墩底部设置一定数量的锚筋,使部分岩体与镇墩共同受力。锚筋的布置应满足构造要求,并需进行锚固力的分析计算。

作用在镇墩上的荷载,荷载组合及镇墩的稳定计算,可采用常规的分析计算方法。安全系数允许值的选用,是一个涉及工程安全与经济的极为重要的问题。例如某高扬程泵站工程出水管道的镇墩设计,其抗滑稳定安全系数:设计运用工况下采用1.30,校核运用(事故停泵)工况下采用1.10;抗倾稳定安全系数:设计运用工况下采用1.50,校核运用(事故停泵)工况下采用1.20。多年来,工程运用情况良好。因此,本规范规定,镇墩抗滑稳定安全系数的允许值:基本荷载组合下为1.30,特殊荷载组合下为1.10;抗倾稳定安全系数的允许值:基本荷载组合下为1.50,特殊荷载组合下为1.20。这与国家现行标准《公路桥涵地基与基础设计规范》中墩台或挡土墙抗滑和抗倾稳定安全系数允许值的规定是基本一致的。

7.5 出水池及压力水箱

7.5.1 出水池应尽可能建在挖方上。如因地形条件必须建在填方上时,填土应碾压密实,严格控制填土质量,并将出水池做成整体式结构,加大砌置深度,尤其应采取防渗排水措施,以确保出水池的结构安全。

7.5.2 出水池主要起消能稳流作用。因此,要求池内水流顺畅、稳定,且水力损失小,这样才能消减出水流道或出水管道出流的余能,使水流平顺而均匀地流入渠道或容泄区,以免造成冲刷。

出水池与渠道或容泄区的连接,一般需设置逐渐收缩的渐变段。渐变段在平面上的收缩角不宜太大,否则池中水位容易壅高,增加泵站扬程,加大电能消耗;但收缩角也不宜太小,否则使渐变段长度过大,增加工程投资。根据试验资料和工程实践经验,渐变段的收缩角宜采用30°~40°,最大不宜大于40°。

出水池池中流速不应太大,否则由于过大的流速,使佛劳德数Fr超过临界值,池中产生水跃,同时与渠道流速也难以衔接,造成渠道的严重冲刷。根据一些泵站工程实践经验,出水池中流速应控制最大不超过2.0m/s,且不允许出现水跃。

7.5.3 压力水箱多用于堤后式排水泵站,且容泄区水位变化幅度较大的情况下。压力水箱可和泵房合建,也可分建。分建式压力水箱应建在坚实地基上,不能建在未经碾压密实的填方上。如压力水箱一端与泵房相联接,应将压力水箱简支在泵房后墙上,以防止产生由于泵房和压力水箱之间的不均匀沉降所造成的危害。

压力水箱是钢筋混凝土框架结构,一般在现场浇筑而成。压力水箱尺寸应根据并联进入水箱的出水管直径与根数而定,但尺寸不宜过小，否则不能满足水箱出口闸门安装和检修的要求。例如某排水泵站，为节省工程量将站址选在紧接原自排涵洞进口处，并将进口改建成压力水箱，其尺寸为6.89m×17.4m×7.2m（长×宽×高），压力水箱底板高程与已建涵洞底板相同，两侧与自排涵洞相接，并设闸门控制，从而较好地解决了自排与抽排相结合的问题，而且节省了附属建筑物的投资。

8 其它型式泵站设计

8.1 竖井式泵站

8.1.1 我国长江上、中游河段的水位变化幅度在10～33m范围。有些河段每小时水位涨落在2m以上。河流流速大，采用竖井式泵站较多，多年来，工程运行情况良好，而且管理也比较方便。因此，本规范规定当水源水位变化幅度在10m以上，且水位涨落速度大于2m/h，水流速度又大时，宜采用竖井式泵站。

8.1.2 集水井与泵房合建在一起，机电设备布置紧凑，总建筑面积较小，吸水管长度较短，运行管理方便。因此，在岸坡地形、地质、岸边水深等条件均能满足要求的情况下，宜首先考虑采用岸边取水的集水井与泵房合建的竖井式泵站。在岩基或坚实土基上，集水井与泵房基础采用阶梯形布置，可减小泵房开挖深度和工程量，且有利于施工。

8.1.3 竖井式泵站的取水建筑物，洪水期多位于洪水包围之中，根据已建竖井式泵站的工程实践，按校核洪水位加波浪高度再加0.5m的安全超高确定工作平台设计高程，即可满足运行安全要求。

在河流上取水，为防止推移质泥沙进入取水口，要求最下层取水口下缘距离河底有一定的高度。根据已建竖井式泵站的运行经验，侧面取水口下缘高出河底的高度取0.5～0.8m，正面取水口下缘高出河底的高度取1.0～1.5m是合适的。因此，本规范规定侧面取水口下缘距离河底高度不得小于0.5m，正面取水口下缘距离河底高度不得小于1.0m。

为了满足安全运行和检修要求，集水井通常用隔墙分成若干个空格。为了保证供水水质要求，每格应至少设两道拦污、清污设施。对于污物、杂草较多的河流，可能需设3～4道。例如某电厂的竖井式泵站，从黄河干流取水，共设置了4道拦污栅，并设置专用的清污设施，以便将污物、杂草清除干净。

具有取水头部的竖井式泵站，自取水头部布置了通向集水井的进水管。为了保证供水要求，进水管数量一般不宜少于两根，当其中一根进水管因事故停止使用时，另一根进水管尚可供水。当进水管埋设较深或需穿越防洪堤坝时，为了减少开挖工程量或避免因管道四周渗流影响堤坝防洪安全，亦可采用虹吸式布置。计算确定进水管直径时，管内流速一般采用1.0～1.5m/s，最小不宜小于0.6m/s。

从多泥沙河流上取水，应设多层取水口。这样，汛期可取表层含沙量较小的水。根据黄河中游的某些取水泵站测验资料，当取表层水时，其含沙量比底层水含沙量减少5%～20%。同时，在集水井内应设清淤排沙设施：大型泵站可采用排污泵（或排泥泵）；中、小型泵站集水井内泥沙淤积不严重时，亦可采用射流泵。为了冲动沉积在底部的泥沙，在井内可设置若干个高压水喷嘴，其个数可根据集水井面积而定，一般可设置4～6个；对于小型泵站集水井，亦可采用水龙带冲沙。

8.1.5 由于圆形泵房受力条件好，水流阻力小，又便于采用沉井法施工，且运行情况良好，因此竖井式泵房宜采用圆形。

竖井式泵房内面积小，安装机组台数不宜多；否则，布置上有一定的困难。为了满足供水保证率要求，需要有一定数量的备用机组，机组台数也不宜少。因此，泵房内机组台数宜采用3～4台。

8.1.9 竖井式泵房、集水井、栈桥桥墩等基础，均位于河床或岸边，很容易遭受冲刷破坏，因此应布置在最大冲刷线以下。河床最大冲刷线的计算，一般包括河床自然演变引起的自然冲刷、建筑物及其基础压缩水流产生的一般冲刷和建筑物周围水流状态变化造成的局部冲刷等三部分。因河床与岸边受冲刷情况有所不同，基础埋置的安全深度也应有所区别。建筑物基础埋置的安全深度可根据已建泵站、桥墩的实际冲刷调查资料和工程实践经验分析确定。

8.1.10 竖井式泵房的竖向高度较大，而平面尺寸相对较小，在较大的水平荷载作用下，很可能由于基础底部应力不均匀系数的增大，导致基础过大的不均匀沉降和泵房结构的倾斜，这对机组的正常运行是有害的。因此，在进行竖井式泵房设计时，除应满足抗滑、抗浮稳定安全要求外，还应满足抗倾（即计算基础底部应力不均匀系数不超过规定值）的要求。因岸边竖井式泵房与河心竖井式泵房的受力条件有所不同，因此两者的稳定安全要求也有所区别。前者应满足抗滑稳定安全和抗倾要求，后者应满足抗浮稳定安全要求。当然，两者均应首先满足地基允许承载力的要求。

8.2 缆车式泵站

8.2.1 我国已建缆车式泵站，其水源水位变化幅度多在10～35m范围内；当水源水位变化幅度小于10m时，采用缆车式泵站就不经济了。同时，由于泵车容积的限制和对运行的要求，单泵流量宜小，水位涨落速度不宜大。因此本规范规定当水源水位变化幅度在10m以上，水位涨落速度小于或等于2m/h，单泵流量又小时，可采用缆车式泵站。

8.2.2 缆车式泵站泵车数不应少于2台，主要是考虑移车时，可交替进行，不致影响供水。根据已建缆车式泵站的运行经验，每台泵车宜布置一条输水管道，移车时接管比较方便。

泵车的供电电缆（或架空线）与输水管道应分别布置在泵车轨道两侧，这是为了防止移车时供电电缆（或架空线）与输水管道互相干扰的缘故。

变配电房、绞车房是缆车式泵站的固定设施，两者均应布置在校核洪水位以上，且在同一高程上，这样管理较为方便。绞车房的位置应能将泵车上移到校核洪水位以上，这是为了满足泵车车身防洪的需要。

8.2.3 泵车布置要求紧凑合理，便于操作检修，同时要求车架受力均匀，以保证运行安全。已建的缆车式泵站泵车内机组平面布置大致有三种形式：一是两台机组正反布置；二是两台机组平行布置；三是三台机组呈“品”字形布置。从运行情况看，两台机组正反布置形式较好，其优点是泵车受力均匀，运行时产生振动小，近年来新建的缆车式泵站均采用此种布置形式。因此，本规范规定，每台泵车上宜装置水泵2台，机组应交错即正反布置。

8.2.4 泵车车型竖向布置宜采用阶梯形，这样可减少三角形纵向车架腹杆高度，增加车体刚度和降低车体重心，有利于车体的整体稳定。

8.2.5 根据调查资料，已建缆车式泵站的泵车车架较普遍存在的主要问题是：在动荷载影响下，强度和稳定性不够，车架结构的变形和振动偏大等，从而影响到泵车的正常运用。其中有少部分泵车已不得不进行必要的加固改造。经分析认为，车架结构产生较大变形和振动的主要原因是由于轨道下地基产生不均匀沉降，致使轨道出现纵向弯曲，车架下弦支点悬空，引起车架杆件内力加剧，造成车架结构的变形；车架承压竖杆和空间刚架的刚度不足而引起变形；平台梁挑出过长结构按自由端处理，在动荷载作用下，振动严重。因此，在设计泵车结构时，除应进行静力（强度、稳定）计算外，还应进行动力计算，验算振幅和共振等，并应对纵向车架杆件按最不利的支承方式进行验算。

8.2.6 由于泵车一直是在斜坡道上上下移动的，如果操作稍有不当，或绞车失灵，或钢丝绳断裂，很容易造成下滑事故，因此泵车应设保险装置以保证运行安全。

8.2.8 泵车出水管与输水管的连接方式对泵车的运行影响很大。目前已建缆车式泵站的泵车接管大致有三种：柔性橡胶管、曲臂式联络管和活动套管。泵车出水管直径小于400mm时，多采用柔性橡胶管；大于400mm时多采用曲臂式联络管；而活动套管则很少采用。在水位变化幅度较大的情况下，尤其适宜采用曲臂式联络管。因此，本规范规定，联络管宜采用曲臂式；管径小于400mm时，可采用橡胶管。

输水管应沿坡道铺设。对于岸坡式坡道，管道可埋设在地下，宜采用预应力钢筋混凝土管；对于桥式坡道，管道可架设，应采用钢管。

沿输水管应设置若干个接头岔管，供泵车出水管与输水管连接输水用。接头岔管的间距和高差，主要取决于水泵允许吸上真空高度、水位涨落幅度和出水管与输水管的连接方式。当采用柔性橡胶管时，接头岔管间的高差可取1.0～2.0m；当采用曲臂式联络管时，接头岔管间的高差可取2.0～3.0m。

8.3 浮船式泵站

8.3.1 我国已建浮船式泵站，其水源水位变化幅度多在10～20m范围内；当水源水位变化幅度太大时，联络管及其两端的接头结构较复杂，技术上有一定的难度。同时，由于运行的要求和安全的需要，水流速度和水位涨落速度都不宜大。因此本规范规定当水源水位变化幅度在10m以上，水位涨落速度小于或等于2m/h，水流速度较小时，可采用浮船式泵站。

8.3.3 机组设备间布置有上承式与下承式两种：上承式机组设备间，即将水泵机组安装在浮船甲板上，这种布置便于运行管理且通风条件好，适用于木船、钢丝网水泥船或钢船，但缺点是重心高，稳定性差，振动大；下承式机组设备间，即将水泵机组安装在船舱底部骨架上，这种布置重心低，稳定性好，振动小，但运行管理和通风条件差，加上吸水管要穿过船弦，因此仅适用于钢船。不论采用何种布置形式，均应力求船体重心低，振动小，并保证在各种不利条件下运行的稳定性。特别是机组容量较大、台数较多时，宜采用下承式布置。为了确保浮船的安全，防止沉船事故，首尾舱还应封闭，封闭容积应根据浮船船体的安全要求确定。

8.3.5 浮船的稳性衡准系数 K 即回复力矩 M_q 与倾覆力矩 M_f 的

比值。浮船设计时，要求在任何情况下均应满足 $K\geqslant 1.0$，方可确保浮船不致倾覆。

8.3.6 浮船的锚固方式关系到浮船运行的安全。锚固的主要方式有岸边系缆，船首、尾抛锚与岸边系缆相结合，船首、尾抛锚并增设角锚与岸边系缆相结合等。采用何种锚固方式，应根据浮船安全运行要求，结合停泊处的地形、水流状况及气象条件等因素确定。

8.4 潜没式泵站

8.4.1 潜没式泵站是泵房潜没在水中的固定式泵站，适用于水源水位变化幅度较大的情况。为了有利于潜没式泵站泵房结构的抗浮稳定，应尽可能减小泵房体积，泵房内宜安装卧式机组，且台数不宜太多。目前我国已建的潜没式泵站，其水源水位变化幅度多在15～40m范围内，机组台数一般不超过4台。为了防止泥沙淤积，建站处洪水期不宜长，含沙量不宜大。因此本规范规定，当水源水位变化幅度在15m以上，洪水期较短，含沙量不大时，可采用潜没式泵站。

8.4.2 潜没式泵站泵房顶可设置天窗，作为非洪水期通风采光用。天窗结构必须保证启闭灵活、密封性好。为了便于管理运用，要求机电设备应能在岸上进行自动控制。

8.4.4 潜没式泵站泵房的抗浮稳定安全系数允许值，同地面上固定式泵站泵房的抗浮稳定安全系数值一样，基本荷载组合下取1.10，特殊荷载组合下取1.05。

9 水力机械及辅助设备

9.1 主 泵

9.1.1 根据国内已建泵站的选型经验，并考虑到今后的提高和发展，本条规定了主泵选型的基本原则：

一、主泵选型最基本的要求是满足泵站设计流量和设计扬程的要求，同时要求在整个运行范围内，机组安全、稳定，并且有最高的平均效率。

二、要求在泵站设计扬程时，能满足泵站设计流量的要求；在泵站平均扬程时，水泵应有最高效率；在泵站最高或最低扬程时，水泵能安全、稳定运行，配套电动机不超载。

排水泵站的利用率比较低，当需要运行时，又要求在最短时间内排除积水，所以水泵选型时应与一般泵站有所区别，强调在保证机组安全、稳定运行的前提下，水泵的设计流量宜按最大单位流量计算。

三、水泵一般按抽送清水设计。当水源含沙量比较大时，水泵效率下降，流量减少，汽蚀性能恶化。所以，在水泵选型时充分考虑含沙量、粒径对水泵性能的影响是必要的。

四、国家系列产品是指列入水泵型谱的产品，国家已公布淘汰的产品不得选用。已有的系列产品不能满足要求时，应优先考虑采用变速、车削、变角等调节方式达到泵站设计要求。

随着科学技术的不断发展，性能优良的水力模型不断出现。在水泵选型时，应以积极的态度推广使用性能优良的新产品，逐步替代落后的系列产品。新设计的水泵应有比较完整的模型试验资料，并经过鉴定合格后才能使用。大型机组在无任何资料可借鉴，而且原型泵的放大超过 10 倍时，有必要进行中间机组试验。

五、有多种泵型可供选择时，应考虑机组运行调度的灵活性、可靠性、运行费用、主机组费用、辅助设备费用、土建投资、主机组事故可能造成的损失等因素进行比较论证，选择综合指标优良的水泵。在条件相同时应优先选用卧式离心泵。

9.1.2 梯级泵站级间流量的良好搭配，是指前一级泵站的来水量与本级泵站的抽水量相适应，不应有弃水或频繁开停机现象。采用阀门调节流量将增加水力损失，增大单位能耗，故不提倡。

从水位变化幅度比较大的河道中取水的第一级泵站，水泵抽水量的变化幅度也比较大，配置的流量调节水泵应适当增加，力求在不同的运行水位时，通过不同的运行台数组合，使泵站总流量均能接近设计流量。以后的各级泵站如果进、出水池水位变化幅度不大时，流量调节水泵的数量可适当减少。流量调节水泵的单泵流量可按主泵流量的 1/5 或 1/10 选择。

水泵的变速调节方式有机械调速、鼠笼型异步电动机变极调速、绕线式电动机转差功率反馈调速和变频调速等。选择调速方式时要考虑下列因素：

1. 调速范围的要求；
2. 调速设备的可靠性和运行的灵活性；
3. 设备投资省，节能效果显著。

9.1.3 在含沙介质中工作的水泵，由于大量泥沙颗粒的存在，使叶轮内的流速场和压力场发生畸变，流态将不再符合流动分层，也不符合每层间的液体互不相混杂的假设。因为泥沙颗粒的质量和惯性力与水质点的质量和惯性力有明显差异，所以泥沙颗粒的运动轨迹会偏离水质点的流线。也就是说，泥沙颗粒的存在将使水泵效率、流量、扬程下降，汽蚀性能恶化，在水泵选型时应充分注意到这一点。在含沙介质中工作的水泵，反映最明显的是水泵汽蚀破坏加剧，使用寿命缩短。所以，选择汽蚀性能好的水力模型，提高水泵的汽蚀比转数是比较有效的途径。

从我国黄河沿岸大多数泵站的运行经验看，在相同的含沙量下，水泵叶轮外缘的线速度愈大，汽蚀破坏愈严重。线速度 36～40m/s 是一个比较明显的界线，所以有一种意见认为水泵叶轮外缘的线速度宜小于 36m/s；另一种意见认为水泵叶片出口边外缘的相对速度是影响水泵磨蚀的关键参数，宜限制出水边的相对流速不大于 25m/s。对此，本规范未作定量规定。

9.1.4 主泵台数包括工作泵和备用泵，但不包括流量调节泵。主泵的台数选择主要考虑经济性和运行调度灵活性，总台数超过 9 台是不合适的，若超过 9 台应有充分论证。

9.1.5 为了保证机组正常检修或发生事故时泵站仍能满足设计流量的要求，设置一定数量的备用机组是非常必要的。对于重要的城市供水泵站，由于机组事故或检修而不能正常供水，将会影响千家万户的生活，也会给国民经济造成巨大损失，所以备用机组应适当增加。

对于灌溉泵站，备用机组台数可适当少，但也需具体分析，区别对待。随着我国外向型农业以及集约型农业经济的发展，某些灌溉泵站的重要性十分明显，这就不能同一而论了。

在设置备用机组时，不宜采用容量备用，而应采用台数备用。

9.1.6 轴流泵和混流泵装置模型试验是指包括进、出水流道在内的水力模型试验。由于低扬程水泵进、出水流道的水力损失对泵站装置效率影响很大，除要求提高泵段效率外，还应提高进、出水流道的效率，选择最佳的流道型线。

9.1.7 采用车削叶轮外径改变水泵性能参数的方法比较简单易行。为保证车削后的水泵叶轮仍有较高的效率，其最大车削量应符合表 10 的规定。

水泵叶轮车削限度 **表 10**

比转数	60	120	200	300	350	350 以上
许可最大车削量(%)	20	15	11	9	7	0

9.1.8 水泵的变速调节一般只宜降速使用。水泵转速降低，其流量相应减少。如果此时泵站扬程变化不大，当流量小于设计流量的20%时，会引起大量的内部环流，水力损失增大，效率降低。所以，变速范围要视泵站扬程变化情况而定，扬程变化范围愈大，转速变化范围愈大，但要力求保持水泵变速前后的水力相似关系，使变速后的水泵仍能处于高效区运行。所以，变速范围以0～30%为宜，最大不超过50%。

水泵的轴功率与转速的立方成正比，汽蚀余量与转速的平方成正比。水泵若作增速运行，必须验算电动机是否过载，水泵安装高程是否满足要求，同时要验算水泵结构强度及振动等。

9.1.9 为保证配套电动机在水泵的运行范围内不超载，应分别计算最大扬程、平均扬程、最小扬程时的轴功率，取其最大者作为最大轴功率。

在含沙介质中工作的低比转数水泵，随着含沙量的增大，水泵流量随之减少，故水泵轴功率无明显的变化。高比转数水泵，含沙量对水泵轴功率则有明显影响。由于水泵严重磨蚀引起容积效率大为降低，由于虹吸式出水流道漏气引起扬程增加，水泵有可能出现超载现象，这是不正常的运行状态，在计算最大轴功率时可酌情考虑。

9.1.10 水泵安装高程合理与否，影响到水泵的使用寿命及运行的稳定性，所以大型水泵的安装高程的确定需要详细论证。

以往我们对泥沙影响水泵汽蚀余量的严重程度认识不足，导致安装高程定得不够合理。近年来，我国学者做了不少实验与研究，所得的结论是一致的：泥沙含量对水泵的汽蚀性能有很大的影响。室内实验证明，泥沙含量5～10kg/m^3，水泵的允许吸上真空高度降低0.5～0.8m；含沙量100kg/m^3时，允许吸上真空高度降低1.2～2.6m；含沙量200kg/m^3时，允许吸上真空高度降低2.75～3.15m。所以，水泵安装高程应根据水源设计含沙量进行修正。

由于水泵额定转速与配套电动机转速不一致而引起汽蚀余量的变化往往被忽视。当水泵的工作转速不同于额定转速时，汽蚀余量应按下式换算：

$$[NPSH]' = NPSH\left(\frac{n'}{n}\right)^2 \tag{4}$$

式中 $[NPSH]'$——相应于工作转速n'的汽蚀余量；

$NPSH$——相应于额定转速n的汽蚀余量。

9.1.11 将并联运行水泵台数限制在4台以内，除了考虑土建投资和管道工程费用因素外，还考虑了对水泵性能的影响。因为水泵总扬程由净扬程和管路水头损失两部分组成，如果一条总管有4台水泵并联运行，在设计流量下管路水头损失为ΔH，当单泵运行时，总管通过流量只有设计流量的1/4，管路水头损失只有设计值的1/16，水泵总扬程大为减小，流量增大，效率降低，水泵允许吸上真空高度减小，安装高程需要降低，土建投资也会增大。并联台数愈多，水泵扬程变化范围愈大，对水泵的流量和允许吸上真空高度的影响愈明显。所以，应校核单台水泵运行时的工作点，检查是否出现超载、汽蚀和效率偏低等情况。比转数低于90的水泵，其特性曲线有驼峰出现，同样应考虑能否并联运行。

9.1.12 油压装置的有效容积指油压从2.5MPa降低到2.0MPa时的供油体积，泵站开机并非同时进行，而且机组运行工况变化比较缓慢，油压装置处于半工作状态，故全站共用一套油压装置即可满足要求。

9.1.13 考虑到叶片调节机构在安装、检修以及运行过程的漏油，有可能污染水源，故城市供水泵站宜采用机械操作。对于已不宜用机械操作的大型水泵，应有一套防止漏油而污染水源的措施。

轴流泵在扬程3～4m以下启动，甚至正常运行时，有时出现抬机现象，威胁到机组的安全，建议设反推力装置或限制叶片的最小运行角度。

9.2 进水管道及泵房内出水管道

9.2.1 水泵进水管路比较短，其直径不宜按经济流速确定，而应同时考虑减少进水管水力损失，减少泵房挖深和改善水泵汽蚀性能等因素综合比较确定。一般进水管流速建议按 1.5～2.0 m/s选取。

水泵出水管道一般都比较长，出水管流速需进行技术经济比较确定。我国地域辽阔，地区之间有差别，泵站服务对象也不尽相同，致使电价或运行成本差别较大，出水管流速可在 2.0～3.0m/s 范围内选取。

9.2.2 当进水池水位将影响水泵正常检修时，进水管上应有断流设施。断流设施包括闸门、拍门和阀门等型式，其中采用拍门最经济，但需解决拍门止水密封问题。

曲线形进水喇叭口水力损失比较小，但制造成本比较高。大型水泵一般采用直线形喇叭管，其锥角不宜大于 30°。

9.2.3 为保证水泵进水管有比较好的流态，使其流速分布比较均匀，避免进水池出现漩涡，离心泵进水喇叭管的布置型式(参见图 2)以及与建筑物的距离应符合本条文的规定。

一、喇叭管进口直径 $D \geqslant 1.25d$(d 为进水管直径)。

二、喇叭口与池底距离 F：

喇叭管垂直布置时，$F=(0.6\sim1.0)D$；

喇叭管倾斜布置时，$F=(0.8\sim1.0)D$；

喇叭管水平布置时，$F=(1.0\sim1.25)D$。

三、喇叭口的淹没深度 E：

喇叭管垂直布置时，$E \geqslant (1.0\sim1.25)D$；

喇叭管倾斜布置时，$E \geqslant (1.5\sim1.8)D$；

喇叭管水平布置时，$E \geqslant (1.8\sim2.0)D$。

四、喇叭管中心线与后墙距离 $G=(0.8\sim1.0)D$。

五、喇叭管中心线与侧墙距离为 $1.5D$。

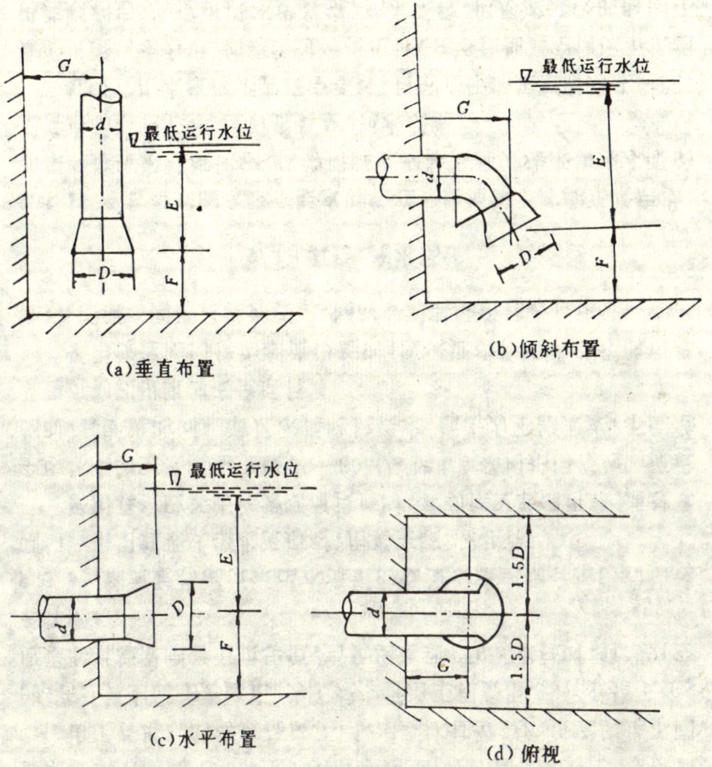

图 2 进水喇叭管布置图

9.2.4 离心泵必需关阀启动，所以出水管路上应设操作阀门。扬程高、管道长的大、中型泵站，事故停泵可能导致机组长时间超速倒转或造成水锤压力过大，因而推荐在水泵出口安装两阶段关闭的缓闭蝶阀。根据水泵过渡过程理论分析，水泵从事故失电至逆流开始的这个时段，如果阀门以比较快的速度关闭至某一角度(65°

～75°)，不致于造成过大的水锤压力升高或降低。管道出现逆流或稍后的某一时刻(如半相时间)，阀门必须以缓慢的速度关闭至全关。由于阀门开始慢关时，阀瓣已关至某一角度，作用于水泵叶轮的压力已很小，虽然慢关时段较长，也不会使机组产生大的逆转速度。两阶段关闭蝶阀可以减少水锤压力，减小机组逆转速度，又能动水启闭，有一阀多用的特点。

普通止回阀阻力损失大，能耗高，关闭速度不易控制，势必造成水锤压力过大，故不宜装设。当管道直径小于 500mm 时，可装微阻缓闭止回阀。

离心泵关阀启动时的扬程即零流量时的扬程，一般达到设计扬程 1.3～1.4 倍。所以，水泵出口操作阀门的工作压力应按零流量时压力选定。

9.3 泵站水锤及其防护

9.3.1 当水泵机组事故失电时，管道系统将产生水锤(包括正压水锤和负压水锤)以及机组逆转。水锤压力的大小是管路系统的重要设计依据之一。充分了解水泵在失去动力后管路系统各参数的变化情况，并采取必要的防护措施，确保机组及管路系统的安全，是泵站设计的重要内容。用简易图解法进行水锤计算精度较差，但仍可以满足可行性研究阶段的要求。在初步设计及施工图设计阶段，应采用精度比较高的计算方法，并将水锤防护措施作为计算的边界条件优化计算结果，从而可以获得比较小的水锤压力和比较小的逆转速度。

9.3.2 事故停泵水锤防护的主要内容应包括以下几方面：

一、防止最大水锤压力对压力管道及管道附件的破坏；

二、防止压力管道内水柱断裂或出现不允许的负压；

三、防止机组逆转造成水泵和电动机的破坏；

四、防止流道内压力波动对水泵机组的破坏。

本条规定的逆转速度不超过额定转速的 1.2 倍，是根据电动机的有关技术标准制定的。事实上，只要水锤防护设施(如两阶段关闭蝶阀)选择得当，完全有可能将逆转速度限制在很小的范围，甚至不发生逆转。从机组的结构特点看，机组逆转属于不正常的运行方式，容易造成某些部件的损坏，所以希望逆转速度愈小愈好，但也应避免出现长时间的低速旋转。

最大水锤压力值限制在水泵额定工作压力的 1.3～1.5 倍，主要考虑两方面因素：一是管道系统的经济性；二是采取适当的防护措施，最大水锤压力完全可以限制在此范围内。例如，景泰川电力提灌二期工程最大水锤压力只有额定工作压力的 1.2～1.25 倍。

由于各地区的海拔高度不同，出现水柱分裂的负压值是不同的，在计算上应注意修正。为了减少管道工程费用，确保管道安全，应采取措施限制管道负压值，当负压达到 2.0m 水柱时，宜装真空破坏阀。

9.3.3 轴流泵和混流泵出水流道的断流设施主要有拍门和快速闸门。采用虹吸式出水流道时，用真空破坏阀断流。

采用真空破坏阀作为断流设施时，其动作应准确可靠。通过真空破坏阀的空气流速宜按 50～60m/s 选取。采用拍门作为断流设施时，其断流时间应满足水锤防护要求，撞击力不能太大，不能危及建筑物和机组的安全运行。

采用快速闸门作为断流设施时，应保证操作机构动作的可靠性，其断流时间满足设计要求，同时要对其经济性进行论证。

9.4 真空、充水系统

9.4.1 各种型式的水泵都要求叶轮在一定淹深下才能正常启动。如果经过技术经济比较，认为用降低安装高程方法来实现水泵的正常启动不经济，则应设置真空、充水系统。

虹吸式出水流道设置真空系统，目的在于缩短虹吸形成时间，减少机组启动力矩。如果经过分析论证，在不预抽真空情况下机组仍能顺利启动，也可以不设真空、充水系统，但形成虹吸的时间不宜超过 5min。

9.4.2 最大抽气容积是虹吸式出水流道内水位由出口最低水位升至离驼峰底部 0.2～0.3m 时所需排除的空气容积，即驼峰两侧水位上升的容积加上驼峰部分形成负压后排除的空气容积。

9.4.3 利用运行机组驼峰负压作为待启动机组抽真空时，首先要核算运行机组的抽气量。抽气时间不宜大于 10～20min。利用驼峰负压抽气期间，运行机组的扬程增大，轴功率增加，这种抽气方式是否经济还需详细分析。

9.4.4 抽真空管路系统，尤其是虹吸式出水流道抽真空系统，应该有良好的密封性。若真空破坏阀或其它阀件漏气，驼峰部分的真空度降低，相当于水泵扬程增加，轴功率增大，能耗增加。所以，维持抽真空系统的良好密封具有重要意义。

9.5 排水系统

9.5.1 机组检修周期比较长或检修排水量比较小时，宜将检修排水和渗漏排水合并成一个系统。排水泵单泵容量及台数应同时满足两个系统的要求。两个系统合并时，应有防止外水倒灌入集水井的措施。防倒灌措施建议采用下列方法之一：

一、吸水室的排空管接于排水泵的吸水管上，不得返回集水井；

二、排空管与集水井(或集水廊道)相通时，应有监视放空管阀门开、关状态的信号装置。

9.5.2 两个排水系统合成一个系统时，排水泵流量应按检修排水量确定。检修时，排水泵全部投入，在 4～6h 内排除吸水室全部积水，然后至少有 1 台泵退出运行作备用，其余水泵用以排除闸门的漏水。用于渗漏排水时，至少有 1 台泵作为备用。

9.5.4 大型立式轴流泵或混流泵多数采用同步电动机驱动。机组不抽水时，可作为调相机运行，以补偿系统无功。调相运行时，可落下进水口闸门，利用排水泵降低进水室水位，使叶轮脱水运行。进水室最高水位应离叶轮下缘 0.3～0.5m。

9.5.5 为配合排水泵实现自动操作，其出水管应位于进水池最低运行水位以下。为避免鱼类或其它水生生物堵塞排水管，排水管出口可装拍门。

9.5.6 集水井或集水廊道均应考虑清淤以及清淤时的工作条件。

9.5.7 为便于设备检修，在进、出水管路最低点设排空管是非常必要的。在寒冷地区，排空管路积水可以避免冻涨引起的设备损坏。

9.5.8 对于城市给水泵站，含酸污水及生活污水在未经净化处理之前不得排入取水水源中。

9.6 供水系统

9.6.1 泵站的冷却、密封、润滑、消防以及生活供水系统，应根据泵站规模、机组要求。运行管理人员数量确定。水泵的轴承润滑及生活用水要求有比较好的水质，可单独自成系统。

9.6.2 用水对象对水质的要求，主要包括泥沙含量、粒径以及有害物质含量。作为冷却水，泥沙及污物含量以不堵塞冷却器为原则。水质不符合要求时，应进行净化处理或采用地下水。

9.6.3 主泵扬程低于 10～15m 时，宜用水泵供水，并按自动操作设计。工作泵故障时备用泵应能自动投入。

9.6.5 轴流泵及混流泵站，因机组用水量较大，水塔容积只按全站 15min 的用水量确定，水塔存水仅满足事故停电时，机组停机过程的冷却用水及泵房的消防用水。

离心泵站用水量较小，水塔容积可按全站 2～4h 的用水量确定，干旱地区的泵站或停泵期间无其它水源的泵站，应充分考虑运行管理人员的生活用水，水塔或水池的容积应能满足停机期间生活和消防用水的需要。

9.6.9 消防水源可能中断的泵站，一般应配备大型手推车式化学灭火器，喷射距离应满足泵房灭火的要求。电气设备应配备专用化学灭火器。

9.6.10 本条根据现行国家标准《建筑设计防火规范》有关规定制订。

9.7 压缩空气系统

9.7.2 采用油压操作的轴流泵或混流泵站应设高压气系统，以满足油压装置充气的要求。

9.7.3 油压装置漏气量较少，补气机会不多，故高压气系统可不设贮气罐，但管路设计应保证进入油压装置的压缩空气能得到充分冷却，以降低空气湿度。

9.7.4 若站内必须设高压系统，而低压系统用气量又不大时，低压用气可由高压系统减压供给，此时可不设低压空压机，但必须设低压贮气罐。高、低压系统之间可用管路连接，通过减压阀或手动阀减压后向低压气系统供气，但应设安全阀，确保低压系统的安全。

9.7.6 高压空压机宜按手动操作设计。若泵站确需按自动操作要求设计时，油压装置的压力油罐上应有液位信号器，只有当油位过高，而压力又不足时，才自动向压力油罐补气。

9.8 供油系统

9.8.3 泵站的油再生及油化验任务较小，加之油分析化验技术性较强，运行人员一般难以掌握，故泵站不宜设油再生和油化验设备。大型多级泵站及泵站群，由于机组台数多，用油量大，且属同一管理系统，宜设中心油系统，贮备必需的净油并进行污油处理，可配备比较完整的油化验设备。

9.8.5 当机组充油量不大，机组台数又比较少时，供油总管利用率比较低，管内积油变质后又被带入轴承油槽，影响新油质量，所以宜用临时管道加油。

9.8.7 绝缘油和透平油均为不溶于水、不易被分解的物质，油桶或变压器事故排油不得排入河道或输水渠道，以免对环境和水质造成污染。

9.9 起重设备及机修设备

9.9.1 为改善工人劳动条件、缩短检修时间，泵房内应装设桥式起重机。起重机的额定起重量应与现行起重机系列一致。

立式机组起重量按电动机转子连轴的总重量确定，当电动机为整体结构时，应按整机重量确定。

对整体吊装的卧式机组，起重量按电动机或水泵的整体重量选定。

对可解体的卧式机组，起重量按解体后最重部件的重量选定。

9.9.2 起重机的类型应根据装机台数、起重量的大小等因素选定。对机组台数较多、年利用小时数较高的泵站，宜选用电动桥式起重机，否则，可选用手动梁式起重机。

起重量为5～10t时，起重机的类型可根据泵站具体情况，参考上述说明自行选定。

9.9.3 起重机的工作制应根据其利用率决定。一般泵站起重机的利用率较低，故起重机的桥架，主起升机构，大、小车运行机构的机械部分以及运行机构的电气设备均可选用轻级工作制。主起升机构的电气设备及制动器、副起升机构及电气设备在机组安装检修期间工作强度大，故应选用中级工作制。

9.9.6 梯级泵站或泵站群常由一个管理机关管辖。由于设备比较多，维修任务重，宜设置中心修配厂。机修设备按满足主机组及辅助设备的大修要求配置，所配置的机修设备应满足下列零部件加工的要求：

(1) 离心泵或蜗壳式混流泵叶轮车削；

(2) 水泵轴精车；

(3) 一般大件的刨削加工；

(4) 端面及键槽加工；

(5) 螺孔钻削加工；

(6) 叶轮补焊。

中心修配厂尚需配置其它小型机械加工设备。大型和精密零部件的修理应通过与有关机械厂协作加以解决，不得作为确定机修设备的依据。

9.10 通风与采暖

9.10.1 泵房的通风方式有：自然通风；机械送风，自然排风；自然进风，机械排风；机械送风，机械排风等。选择泵房的通风方式，应根据当地的气象条件、泵房的结构型式及对空气参数的要求，并力求经济实用，有利于泵房设备布置，便于通风设备的运行维护。

泵房的采暖方式有：利用电动机热风采暖，电辐射板采暖，热风采暖，电炉采暖，热水(或蒸气)锅炉采暖等。我国各地区的气温差别很大，需根据各地的实际情况以及设备的要求，合理选择采暖方式。

9.10.2 当主泵房属于地面厂房时，应优先考虑最经济、最有效的自然通风。只有在排风量不满足要求时，才采用自然进风，机械排风。采用其它通风方式需进行详细论证。

对于值班人员经常工作的场所(如中控室)，或者有特殊要求的房间，宜装设空气调节装置。

9.10.4 蓄电池室通风主要用于排除酸气和氢气。为防止有害气体进入相邻的房间或重新返回室内，本条规定应使室内保持负压，并使排风口高出泵房屋顶1.5m。

采用镉镍蓄电池或其它不溢出有害气体的新型电池时，可不设通风设施。

9.10.7 根据电气设备及运行人员的需要，计算机室、中控室和载波室的温度不宜低于15℃。

电动机进风温度低于5℃时将引起出力降低。室温过低还会加速电气设备绝缘材料老化过程。故电动机层室温不宜低于5℃。

冬季不运行的泵站当室内温度低于0℃时，对无法排干放空积水的设备应采取局部取暖。

9.10.8 两表系参照现行国家标准《工业企业设计卫生标准》制定。

对于南方部分地区，夏季室外计算温度较高，无法满足一般通风设计的要求，若采用特殊措施又造价昂贵，故表中定为比室外计算温度高3℃。

9.11 水力机械设备布置

9.11.1 水力机械设备布置直接影响到泵房的结构尺寸，设备布置的合理与否还对运行、维护、安装、检修有很大的影响。所以，在进行水力机械设备布置时，除满足其结构尺寸的需要外，还要兼顾到以下几方面：

一、满足设备运行维护的要求。有操作要求的设备，应留有足够的操作距离。只需要巡视检查的设备，应有不小于1.2～1.5m的运行维护通道。为便于其它设备的事故处理，需要考虑比较方便的全厂性通道。

二、满足设备安装、检修的要求。在设备的安装位置，应留有一定的空间，以保证设备能顺利地安装或拆卸。需要将设备吊至安装间或其它地区检修时，既要满足吊运的要求，又要满足设备安放及检修工作的需要。

三、设备布置应整齐、美观、紧凑、合理。

9.11.2 影响立式机组段尺寸的主要因素是水泵进水流道尺寸及电动机风道盖板尺寸。在进行泵房布置时，首先要满足上述尺寸的要求，并保证两台电动机风道盖板间有不小于1.5m的净距。

9.11.4 卧式机组电动机抽芯有多种方式。如果在安装位置抽芯，往往需加大机组间距，增大泵房投资。多数情况是将电动机定子与转子一起吊至安装间或其它空地进行抽芯。

9.11.5 边机组段长度主要考虑电动机吊装的要求。有空气冷却器时，还要考虑空气冷却器的吊装。在边机组段需要布置楼梯时，可以兼顾其需要。如果仅仅为了布置交通道或楼梯而加长边机组段，是很不经济的，需要重新研究交通道布置的合理性。

9.11.6 安装间长度主要决定于机组检修的需要。立式机组在安装间放置的大件主要有电动机转子、上机架、水泵叶轮等。由于电动机层布置的辅助设备和控制保护设备比较少，有足够的空地放置上机架及水泵叶轮，所以，在安装间只需放置电动机转子，并留有汽车开进泵房所必需的场地，即可满足机组检修的要求。

卧式机组一般都在机组旁检修，安装间只作电动机转子抽芯或从泵轴上拆卸叶轮之用，利用率比较低，其长度只需满足设备进出入泵房的要求即可。

9.11.7 泵站的辅助设备比较简单。主泵房宽度除应满足设备的结构尺寸需要外，只需满足各层所必需的运行维护通道即可。卧式机组的运行维护通道可以在进、出水管上部布置，其高度应满足管道安装、检修的需要。一般情况下运行维护通道的布置不宜加大泵房宽度。

9.11.8 主泵房高度主要决定于设备吊运的要求。立式水泵最长部件是水泵轴。泵房高度往往由泵轴的吊运决定。如果水泵叶轮采用机械操作，则泵房高度由调节机构操作杆的安装需要决定。

9.11.11 大型卧式水泵及电动机轴中心线高程距水泵层地面比较高。在中心线高程或稍低于中心线高程位置，设置工作平台，以利于轴承的运行维护、泵盖拆卸及叶轮的检查。目前有不少泵站在轴中心线高程设一运行、维护、检修层，或在机组四周加一平台，效果比较好，受到运行人员的欢迎。

10 电气设计

10.1 供电系统

10.1.1 规定了泵站供电系统设计的基本原则和设计应考虑的内容。泵站供电系统设计应以泵站所在地区电力系统现状及发展规划为依据，是说在设计中应收集并考虑本地区电力系统的现状及发展规划等有关资料。在制订本规范的调查中，曾发现专用变电所、专用输电线和泵站电气联接不合理，使得有的工程初期投资增加，有的在工程投运后还需改造。因此，本条文强调了要“合理确定供电点、供电系统接线方案”等是非常必要的。

10.1.2 通过对12个省、直辖市、自治区的调查情况看，大、中型泵站容量较大，从几千千瓦到十几万千瓦，有的工程对国民经济影响较大，一般采用专用直配输电线路，设置专用降压变电所，也有从附近区域变电所取得电源，采用直配线供电的，电压一般为6kV或10kV，此时，应考虑变电所其它负荷性质。

变电所的其它负荷也不能影响本泵站电气设备的运行，当技术上不能满足上述要求时，则应采取设专用变电所方案。

10.1.3 “站变合一”的供电管理方式是指将专用变电所的开关设备、保护控制设备等与泵站的同类设备统一进行选择和布置。这种供电管理方式能节省电气设备和土建投资，并且可以相对减少运行管理人员。据对17个工程55个泵站的调查，“站变合一”的供电管理方式占设专用变电所泵站的70%。这种方案在技术上是可行的，经济上是合理的，大多数设计、供电及泵站管理部门都比较欢迎。据此，对于有条件的工程宜优先采用“站变合一”的供电管理方式。

调查中还了解到“站变合一”的供电管理方式在运行管理中存在以下问题：当变电所产权属供电部门时，有两个系统的值班员同室、同台或同屏操作情况，容易造成管理上的矛盾与混乱；或者是供电部门委托泵站值班员代为操作，其检修或试验仍由供电部门负责，这样容易造成运行和检修的脱节，有些设备缺陷不能及时发现和处理，以致留下事故隐患。因此，“站变合一”供电管理方式应和运行管理体制相适应。当专用变电所确定由泵站管理时，推荐采用“站变合一”的供电管理方式。

10.2　电气主接线

10.2.1　本条规定了在电气主接线设计时应遵循的原则和应考虑的因素。泵站分期建设时，特别强调了主接线的设计应考虑便于过渡的接线方式，否则会造成浪费。

10.2.2　由 12 个省、直辖市、自治区的 55 个泵站的调查发现，主接线大都采用单母线接线，其中单母线分段的占 47%，一般有双回路进线时，均采用单母线分段接线。运行实践证明，上述接线方式能够满足泵站运行的要求。

10.2.5　关于站用变压器高压侧接点：当泵站电气主接线为 35kV“站变合一”供电方案时，在设计中常将站用变压器(至少是其中一台)，从 35kV 侧接出。这台变压器运行期间可担负站用电负荷，停水期间可作为照明和检修用电。主变压器退出运行，避免空载损耗。如某工程装机功率为 6 万 kW，停水期间主要仅带检修及电热照明负荷运行，每年停水期间主变损耗有功 25kW，无功 187 万 kW。

有些地区有第二电源时，在设计中为了提高站用电的可靠性或避免主变停水期间的空载损耗，常将其中一台站用变压器或另外增加一台变压器接至第二电源上。

当采用 220V 硅整流合闸 48V 蓄电池跳闸直流系统时，为了解决进线开关电动合闸问题，常将站用变压器(有时是其中一台)接至泵站进线处，否则该进线开关只能手动合闸或选用弹簧储能机构。

当泵站采用蓄电池合跳闸直流系统时，站用变压器一般从主电动机电压母线接出。

站用变压器高压侧接线如图 3～图 10。

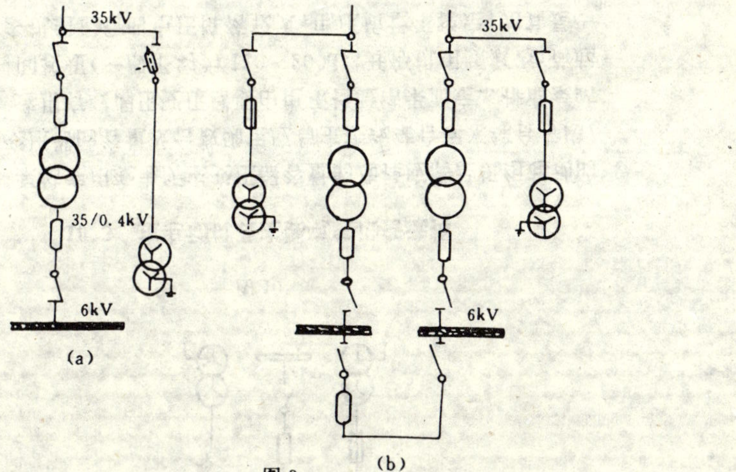

图 3

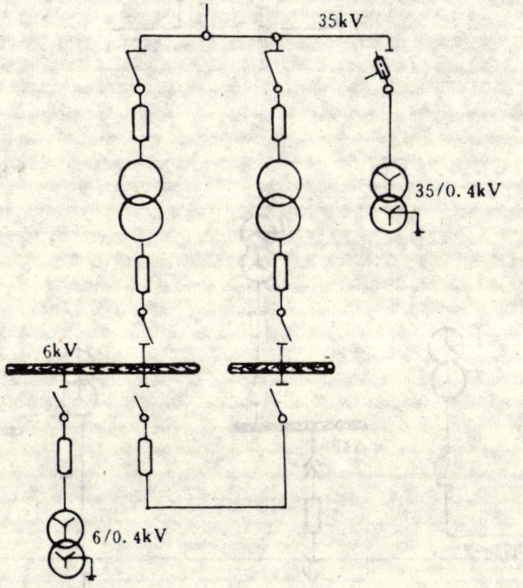

图 4

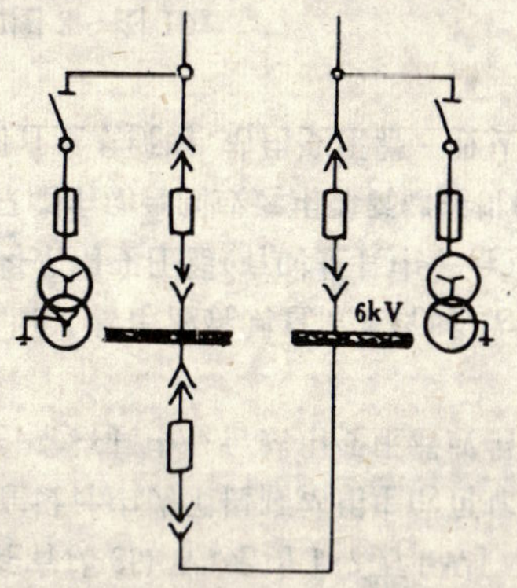

图 5

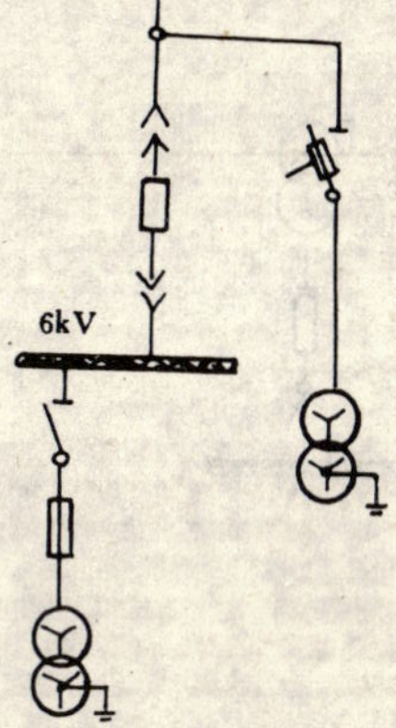

图 8

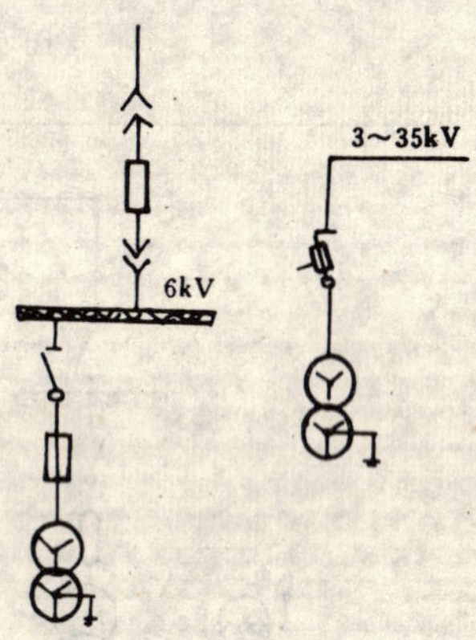

图 9

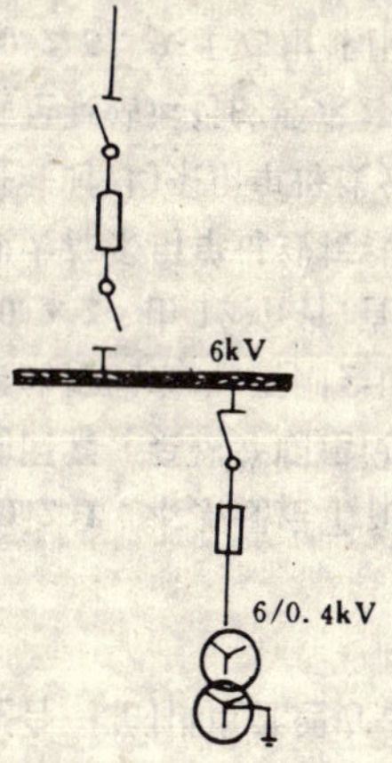

图 6

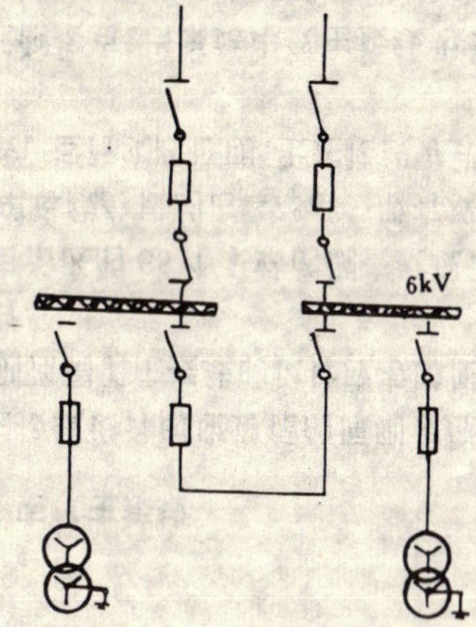

图 7

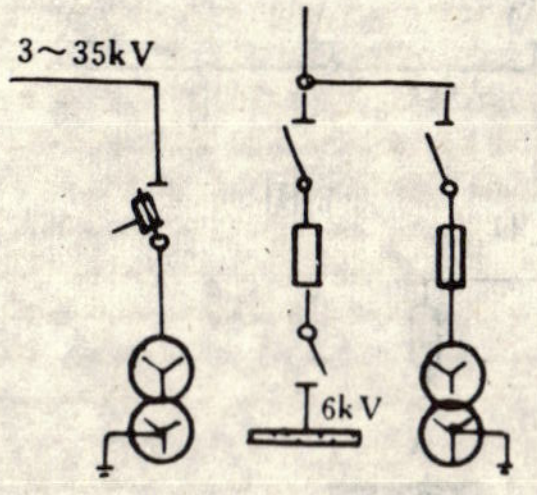

图 10

10.3 主电动机及主要电气设备选择

10.3.3 泵站专用变电所主变压器容量的选择应满足机组起动的要求，主变压器的容量及台数确定应与主接线结合起来综合考虑。

10.3.4 选用有载调压变压器要由电压检验结果而定。排灌泵站年运行时间较短(一般平均为 120～200d)，开停机组频繁，负荷起落较大；多机组运行时电压降落较大，电压质量不稳定，尤其是一

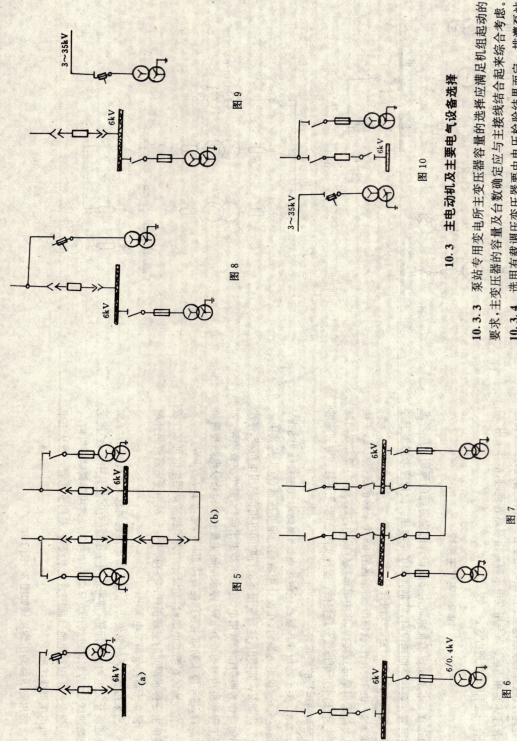

些处于电网末端的泵站，这种现象更为严重。调查中有的泵站降压到 20%，这时若再开一台机，就有可能引起电动机低电压保护动作而跳闸。将泵站专用变电所的主变压器改换成有载调压变压器，情况就明显好转。近年来，越来越多的大、中型泵站工程设计选用了有载调压变压器。

10.4 无功功率补偿

10.4.1 本条根据国家有关政策确定了泵站无功功率补偿的基本原则。无功补偿容量的分配应根据泵站的供电系统潮流计算，经技术经济比较确定。无功补偿容量布局要合理，力求做到“就地平衡”。这种方案避免了无功电力在系统中远距离输送，从运行来看，损耗较少，较为经济。从泵站初期投资来看，这种方案与集中补偿方案相比，可使变压器容量、无功补偿容量以及输送导线截面相对减少，从而节省了输变电及无功补偿设备的投资。1983 年颁布的《全国供电规则》(以下简称《规则》)及《功率因数调整电费办法》(以下简称《办法》)都强调了无功电力就地补偿，防止无功电力倒送的原则。通过《办法》的执行，还与各运行泵站的经济利益发生关系。按照《办法》中的规定，用户功率因数比规定标准每降低 0.01，电价将提高 0.5%。对于执行《办法》的期限，原水电部和原国家物价局联合颁布的“关于颁发功率因数调整电费办法的通知”中规定，可以根据情况，拟定措施，但不能晚于 1986 年底。因此，在设计初期就要从经济运行的角度出发，根据工程情况进行必要的经济核算工作。故本条明确指出无功功率补偿设计要按上述两个文件中有关规定执行。

10.4.2 本条系根据我国有关能源经济政策和国家计委颁发的“关于工程设计中认真贯彻节约能源，合理利用电能，并加速修订补充设计规范的通知”的精神；参照《规则》、《办法》及其条文解释的具体要求而制定的，旨在保证泵站及其工程在计费处的功率因数值不低于国家标准。

从某泵站专用变电所的 110kV 母线的功率的因数来看，其设计值为 0.94，每年的实际运行值均能达到 0.9，电力系统处在高功率因数下运行。因此，本条文的规定是完全正确的。

条文的规定值考核处定在计费点，即产权分界点，纯属业务部门的具体规定。

10.4.3、10.4.4 条文中肯定了目前在泵站中采用的两种无功功率补偿的方式。由于同步电动机补偿与静电电容器补偿相比有一些明显的优点，如适应电网电压波动能力较强，能进行无级调节等，所以在经济性比较相差不多的情况下，宜优先采用同步电动机补偿。在这两条文中推荐单机容量以 630kW 为界分别采用两种补偿方式。

根据《规则》中有关“无功电力就地平衡”的原则，在条文中强调电容器应分组，其分组数及每组容量应与运行方式相适应，达到能随负荷变动及时投入或切除，防止无功电力倒送的要求。

10.5 机组起动

10.5.1 条款规定主电动机起动时，其母线电压降不超过 15%额定电压，以保证主电动机顺利完成起动过程。

但经过准确计算，主电动机起动时能保证其起动力矩大于水泵静阻力矩，并能产生足够的加速力矩使机组速率上升。当供电网络中产生的电压降不影响其它用电设备正常运行时，主电动机母线电压降也可大于 15%额定电压。

调查情况表明，某泵站主电动机系 6000kW 同步电动机，直接起动时电压降达 23%额定电压；另一泵站主电动机系 8000kW 同步电动机，直接起动时电压降高达 37%额定电压。上述两种同步电动机均能顺利完成起动过程，并已投运多年，起动时未影响与之有联系的其它负荷的正常工作。

无论采用哪种起动方式，根据实际需要均可计算起动时间和校验主电动机的热稳定。

10.5.2 由于我国同步电动机的配套励磁装置尚处于发展阶段，为了慎重起见，在确定最不利运行组合形式时，应进行排列组合计算。

10.6 站 用 电

10.6.2 站用变压器台数的确定，主要取决于泵站负荷性质和泵站主接线。据调查情况表明：站用变压器设置一台的占45%，两台的占35%，三台的占20%。当泵站采用单母线分段时，绝大多数用两台站用变压器；当采用单母线时，一般采用一台站用变压器。

10.7 屋内外主要电气设备布置及电缆敷设

10.7.1 为了便于操作巡视和运行管理，减少土建工程量，节省投资，本条明确要求降压变电站尽可能靠近泵站主泵房与辅机房的高压配电室。在调查中发现有降压变电站远离泵站，进线铝排转弯三次进高压室的不合理的现象。

主变压器尽量靠近泵房，但应满足防火防爆要求。当设置两台主变压器时，其净距不应小于10m，否则应在变压器之间设置防火隔墙，墙顶应高出变压器顶盖1m，宽度应超出变压器的外廓0.5m。变压器与防火隔墙之间以及变压器与泵房防火墙之间的净距不应小于1.2m。如主变压器外廓距泵房墙小于5m时，在主变压器总高度3m以下及外廓两侧各3m以内的泵房墙上，不宜开设门窗或通气孔，当变压器外廓距泵房墙为5～10m时，可在墙上设防火门，并可在变压器高度以上设非燃性固定窗。

10.7.3 是否设置中控室，与泵站性质、装机多少及自动化程度有密切关系。调查表明：五六十年代设计并投入运行的泵站，多数为就地操作，不单设中控室。70年代以后设计投入运行的泵站，绝大多数采用集中控制方式，一般都设置了控制室。有一些潜没式泵站设置了控制室，是因为这类泵站主泵房与辅机房相隔甚远，虽然机组容量不大，台数也不多，但从运行需要来讲应当设置控制室。有些有条件的地区在对过去设计的泵站进行改建、扩建时，往往也增设了中控室。

主泵房噪声大、湿度大、夏天湿度高，因而劳动条件较差，如设置控制室能大大改善工人的工作条件，投资又不多。因此，今后设计的泵站推荐设置中控室。

10.7.12 蓄电池室应按防酸、防爆、防火建筑物设计，并应符合国家现行有关标准的规定。调查中发现有一部分灌排泵站蓄电池室设计不符合规程要求，影响泵站主机的安全运行，因而本条作了上述规定。

10.8 电气设备的防火

10.8.1～10.8.16 在国家现行标准《泵站技术规范》中没有"电气设备的防火"这部分内容。我们参照国家现行有关防火设计规范的规定，结合泵站特点，制定了泵站"电气设备的防火"部分共17条规定。

防火设计是一项政策性和技术性很强的工作。本部分针对泵站的电气设备提出了防火要求，根据泵站特点不对主泵房及辅机房进行防火分区，只就主要部位规定了应当采取的消防措施。对蓄电池室的防火，要求按酸性、碱性不同类型的蓄电池区别对待。对于大型泵站和泵站群，不作单独设置消防控制室的规定。自动报警信号可集中在中控室，实行统一监视管理。

10.9 过电压保护及接地装置

10.9.1～10.9.13 这13条规定除参照了国家现行标准《电力设备过电压保护设计技术规程》及《电力设备接地设计技术规程》和《水力发电厂机电设计技术规范(试行)》外，还结合泵站的特点补充了部分内容，提出了一些具体要求。

10.10 照　　明

10.10.1～10.10.7 泵站照明在泵站设计中很容易被疏忽，致使泵站建成后常给运行人员带来很大不便，有的甚至造成误操作事故。所以，在这部分条款中，对泵站的照明设计作了一些原则的规定。一般照明的照度不宜低于混合照明总照度的10%，且不低于20lx；事故照明以占工作照明的30%～50%为宜；全部事故照明用电量约占全泵站总照明用电量的15%～20%。在电光源的选择上，规定应选择光效高、节能、寿命长、光色与显色好的新型灯具。

10.11 继电保护及安全自动装置

10.11.4 根据泵站运行特点，一般情况下应设进线断路器（"变站合一"泵站可与变压器出线断路器合用）。

从进线处取得电流，经保护装置作用于进线断路器的保护称为泵站母线保护。

母线保护设定时限速断保护，动作于跳开进线断路器，作为主保护。设定时限速断保护可以与电动机速断保护相配合，使之尽可能满足选择性的要求。

母线设置低压保护，动作于跳开进线断路器，是电动机低电压保护的后备。

当泵站机组台数较多，母线设有分段断路器时，为了迅速切断故障母线，保证无故障母线上的机组正常运行，一般在分段断路器上设置带时限电流速断保护。

10.11.5 从泵站抽水工作流程看，是允许短时停电的，不需要机组自起动。

对于梯级泵站，即使个别泵站或个别机组自起动成功，对整个工程提水也没有意义。相反，由于大、中型泵站单机功率或总装机功率较大，自起动容量较大，若自起动将因全站或系统的电流保护动作而使全站或电网重新停电。此外，目前多数高扬程泵站不设逆止回阀，当机组失电后可能产生倒转现象；突然恢复供电时，机组重新自启动将会带来一些严重后果。为此，设置低压保护使机组在失电后尽快与电源断开，防止自启动是很有必要的。

10.11.8 从调查的情况来看，主电动机的保护，有的采用GL型过流继电器兼作过负荷及速断两种保护。也有的采用DL型电流继电器作过负荷保护。

虽然水泵机组属平稳负荷，但有时因流道堵塞，必须停机清除杂物，并且根据有关规程规定："启动或自启动条件严重，需要防止启动或自启动时间过长的电动机应装设过负荷保护"；有些资料上也介绍："启动条件较差，启动或自启动时间较长，或不允许自启动时，应设置过负荷保护"，"抽水工程负荷起落较大，电压波动范围大，电压质量可能较差。同时对于大、中型泵站，一般不允许自启动，有时由于某些特殊原因产生自启动时，因为启动容量较大，自启动时间较长，并且可能使机组损坏。"因此，规定大、中型泵站设置过负荷保护是有必要的。

对于同步电动机当短路比在0.8以上并且有失磁保护时，可用过负荷保护兼作失步保护。此时，过负荷保护应作用于跳闸。在设计时，为了使保护接线简单，凡满足以上条件时，通常采用GL型电流继电器兼作电流速断、过负荷及失步保护。

另外，设置负荷保护，可以不增加保护元件就能实现。因此，泵站电动机应设置过负荷保护。

10.11.9 本条是参照国家现行标准《继电保护和安全自动装置技术规程》第2.12.6条要求规定的。

装设于泵站的同步电动机，其短路比一般大于0.8。调查表明：几乎全是采用本规范10.11.9.3的保护方案。该方案的限制条件是主电动机短路比应大于或等于0.8。若小于此值，说明电动机设计的静过载能力较差，其转子励磁绕组的温升值裕度小，失步情况容易产生过热现象。因此，应考虑其它两种失步保护方式。

10.12 自动控制和信号系统

10.12.3 对于泵站主机组及辅助设备的自动控制设计问题，调查中运行、设计单位都认为提高单机自动化程度是十分必要的。单机自动化是实现整个泵站自动控制及分散泵站集中远动控制的基本环节。只有抓好这个基本环节，才能有效地提高泵站自动控制水平。本条所规定的机组按预定程度自动完成开机、停机，在设计中是完全可以办到的。据调查，我国70年代以后建设的泵站，大、中型机组基本都按此要求进行设计，但是，也有不少站的自动控制处于停运状态，其原因有以下几点：1. 部分变换器及自动化元件质量不过关，动作不可靠；2. 一些测试手段尚未妥善解决；3. 泵站使用环境条件差，特别是地处黄河流域的一些泵站，水源含沙量大，泥沙的沉积淤塞常常造成一些问题。例如，一些抽黄泵站，泥沙堵塞闸阀，使闸阀电动机在开闸时过负荷，需要运行人员反复开停多次，这给闸阀联入程序控制带来麻烦；有的泵站因泥沙淤塞使抽真空用的电磁阀无法动作。因此，有自动控制手段的这些泵站只好采用分步操作。今后，应着手解决上述问题。对于因具体情况暂时无法实现自动控制的泵站，可以再增加集中分步操作手段，使其能在集中控制室分步控制机组的开机、停机。因此，执行本条各款规定的前提条件是"确定按自动控制设计"的泵站主机组及辅助设备，不包括那些因具体情况限制或技术条件不具备的泵站机电设备。

10.12.4 是参照国家现行标准《继电保护和安全自动装置技术规程》第3.7.7条"同步电动机应装设强行励磁装置"制定的。目前我国生产的大、中型同步电动机励磁装置定型产品具有自动调节励磁的性能。在调查中发现，单机功率在630kW以上，才选用同步电动机，70年代以后设计投入运行的泵站，其励磁装置全部采用上述产品；70年代以前设计中采用直流机励磁的，现已逐步改换为可控硅励磁。

10.13 测量表计装置

10.13.1 泵站电气测量仪表的准确度，与仪表连接的分流器、附加电阻和互感器的准确度以及测量范围等基本要求可参考国家现行标准《电气仪表装置设计技术规程》确定。本条只规定了泵站高压异步电动机测量仪表的装置。对于同步电动机的测量仪表，因考虑到有的泵站有调相任务，或装有可逆式机组，可执行发电机测量仪表设置的规定。

据调查，有些泵站常在控制屏或台面上设置同步机功率因数表以便于监视，因此本条作出了"必要时可在控制室装设功率因数表"的规定。

10.13.2 巡回检测技术已在某些设有中控室的泵站中应用。巡回检测装置可以根据需要巡视或检测泵站各电气参数及其它有关参数如前池水位、电动机绕组和轴承温度，以及管道流量、压力等，并用数字显示。有的装置还具有自动打印和制表功能。这样，就大大减轻了巡视人员的劳动强度。当泵站系统采用远动控制时，巡回检测装置应与遥测装置共用。

10.13.8 本规范适用范围内的泵站用电量较大。投入运行后，一般为本地区电力系统的大用户之一。在设计初期，应按《全国供用电规则》(以下简称《规则》)中有关规定，处理好供用电联接处的一些技术问题，防止产生矛盾。按《规则》要求，计费电度表应装在产权分界处。因具体情况或其它原因不能装在产权分界处时，其变损和线损应由产权所有者负担。当确定本设计范围内有计费电度表时，其测量回路接线，电压降允许值，电流互感器及电压互感器选择和设置等均应按计费电表的有关要求确定。

10.14 操作电源

10.14.3 根据泵站运行经验，事故停电时间按0.5h计，一般能满足要求。"全站最大冲击负荷容量"为采用已颁布的规程规范中的有关规定，对于泵站来讲，应考虑以下两种情况：

一、采用 110V 或 220V 合跳闸直流系统的，一般仅需考虑一台断路器的合闸电流；

二、采用 48V 蓄电池时，最大冲击负荷应按泵站最大运行方式时，电力系统发生事故，全部断路器同时跳闸的电流之和确定。

10.15 通　　信

10.15.1、10.15.2 通信设计对于泵站安全运行是十分重要的。值班调度员通过通信手段指挥各级泵站开机运行和各渠道管理所合理配水灌溉以及排除工程故障与处理事故。因此，本条规定泵站应有专用的通信设施。在调查中发现一些特殊情况。例如，独立管理的单个小站或地理位置分散，相互间没有配合要求的泵站群，若设置专用通信网可能造价太高或无能力管理维护等，在这种情况下也可将泵站通信接入当地电信局通信网。

生产电话和行政电话是合一还是分开设置，应根据具体泵站运行调度方式及泵站之间的关系而定。调查中发现，某些单独管理的大型泵站，一般设置行政和调度电话合一的通信设备。但对于一些大、中型梯级泵站，因调度业务比较复杂，工作量较大，有时需要对下属几个单位同时下达命令，采用行政和调度总机合一的方式是不合适的。因此，本条规定梯级泵站宜有单独的调度通信设施，并与调度运行方式相适应。

10.15.4 为了同供电部门的联系，本条规定通信总机应设有与当地电信局联系的中继线。供电部门设有专用线时，可利用中继线通过电信局与供电部门联系，以解决对内联络问题。

10.15.5 本条规定了对通信装置电源的基本要求。当泵站操作电源采用蓄电池组时，在交流电源消失后，通信装置的逆变器应由蓄电池供应；否则，应设通信专用蓄电池。

10.16 电气试验设备

10.16.1 泵站的电气设备应进行定期检修和试验。集中管理的梯级泵站和相对集中管理的泵站群以及大型泵站，由于电气设备多，检修任务大，要负担起本站和所管辖范围内各泵站的电气设备的检修、调试、校验，35kV 及以下电气设备的预防性试验等任务，根据国家现行标准《电气设备交接和预防性试验标准》规定，应设中心电气试验室。

在配备 35kV 及以下预防性电气试验设备时，应注意与所管辖范围内的被试件技术参数相配合。

中心电气试验室设备宜按本规范附录 F 选用。

10.16.2 对某些偏远、交通不便，委托试验困难的单独泵站，可根据情况设置简单而必要的电气试验设备。对于距离电气试验部门较近或交通方便的单独泵站，可不设电气试验室，委托电气试验部门进行电气试验。

11 闸门、拦污栅及启闭设备

11.1 一般规定

11.1.2 据调查，各类泵站在进水侧均设有拦污栅，这对于保证泵站正常运行起到了重要作用。但有相当多的泵站，由于河渠或内湖污物来量较多，栅面发生严重堵塞，影响泵站的正常运行，甚至被迫停机。较为常见简单可行的办法是在引渠或前池加设一道拦污栅。

拦污栅设置起吊设备的目的，是为了能提栅清污及对拦污栅进行检修或更换。

目前国内大多数泵站，均采用人工清污或提栅清污，但对于污物较多的泵站，即使设置两道拦污栅，也不可能解决污物堵塞的问题，故采用机械清污势在必行。

清污平台应能将污物运走，结合交通桥考虑，可节约投资。据调查，有些泵站将清除的污物随意堆放，未作任何处理，既影响清污效率，也于环保不利。

拦污栅设于站前时，一般可布置成与流向斜交或作成人字形，这样可扩大过水面积，降低过栅流速，便于清污。

11.1.3 轴流泵及混流泵站出口设断流装置的目的是为了保护机组安全。断流方式很多，其中包括拍门及快速闸门等，为防止拍门或快速闸门也发生事故，参照国家现行标准《闸门设计规范》，要求门前设置事故闸门。对于经分析论证无停泵飞逸危害的泵站，也可以不设事故闸门，仅设检修闸门。

虹吸式出水流道系采用真空破坏阀断流。由于运行可靠，一般可不设事故闸门，但要根据出口高程及外围堤岸的防洪要求设置防洪闸门或检修闸门。

11.1.4 门后设置通气孔，是保证拍门、闸门正常工作，减少拍门、闸门振动和撞击的重要措施。对通气孔的要求是：孔口应设置在紧靠门后的流道或管道顶部，有足够的通气面积并安全可靠。通气孔的上端应远离行人处，并与启闭机房分开，以策安全。

通气孔面积的估算方法，所列公式系根据已建泵站经验提出，同时参考了《大型电力排灌站》（水电版，1984 年）所提拍门通气孔面积经验公式和《江都排灌站》第三版（水电版，1986 年）推荐采用的真空破坏阀面积经验公式。

11.1.5 泵站停机时特别是事故停机时，如拍门或快速闸门出现事故，事故闸门应能迅速或延时下落，以保护机组安全。

所谓快速闸门启闭机就地操作和远动控制，是指启闭机房的就近操作和中控室的自动控制两种方式，其目的都是使启闭机操作灵活方便。据调查，泵站事故停电时有发生，严重威胁机组安全，因此，启闭机操作电源应十分可靠。目前国内一些大型泵站，均采用交流和直流两套电源，运用效果较好。

11.1.6 据调查，为了检修机组各泵站一般均设有检修闸门。检修闸门的数量各泵站不一，有的泵站每台机组设一套，有的泵站数台机组共设一套。机组的检修期限，国家现行标准《泵站技术规范（管理分册）》有具体规定。每台机组的检修时间，大型轴流泵约需 1～3 个月。若检修闸门过少，不能按时完成机组检修计划，影响抽水。考虑到大泵站机组台数较少，而每台机组的检修时间又较长，故本条规定检修闸门每 3 台机组设一套。

对机组台数较多（例如 10 台以上）的泵站，通常因检修能力的限制，同时检修 3 台机组以上的情况较少，故可不必按上述规定依次类推增加。

11.1.7 泵站检修闸门，一般设计水头较低，止水效果差，严重时影响机组的检修。因此，对检修闸门，一般均采用反向预压措施，使止水紧贴座板，实践证明具有较好的止水效果。

11.1.10 闸门与闸门及闸门与拦污栅之间的净距不宜过小，否则对闸槽施工，启闭机布置、运行以及闸门安装、检修造成困难。

11.1.11 对于闸门、拦污栅及启闭设备的埋件，由于安装精度要求较高，先浇混凝土浇筑时干扰大，不易达到安装精度要求。因此，本条规定应采用后浇混凝土方式安装，同时还应预留保证安装施工的空间尺寸。

因检修闸门一般要求能进入所有孔口闸槽内，故对于多孔共用的检修闸门，要求所有闸槽埋件均能满足共用闸门的止水要求。

11.2 拦污栅及清污机

11.2.1 拦污栅孔口尺寸的确定，应考虑栅体结构挡水和污物堵塞的影响，特别是堵塞比较严重又有泥沙淤积的泵站，有可能堵塞1/4～1/2的过水面积。拦污栅的过栅流速，根据调查和有关资料介绍：用人工清污时，一般均为0.6～1.0m/s；如采用机械清污，可取1.0～1.25m/s。为安全计，本条采用较小值。

11.2.2 为了便于检查、拆卸和更换，拦污栅应作成活动式。拦污栅一般有倾斜和直立两种布置形式。倾斜布置一般适用于机械清污，栅体与水平面倾角，参考有关资料，本条取70°～80°。

11.2.3 拦污栅的设计荷载，即设计水位差，根据国家现行标准《水利水电工程钢闸门设计规范》规定为2～4m。但对泵站来说，栅前水深一般较浅，通过调查了解，由污物堵塞引起的水位差一般为0.5m左右，1m左右的也不少，严重时，栅前堆积的污物可以站人，泵站被迫停机，此时水位差可达2m以上。

拦污栅水位差的大小，与清污是否及时以及采用何种清污方式有关。在目前泵站使用清污机尚不普遍，多数采用人工清污的情况下，为安全计，本条规定按1.2～2.0m选用。遇特殊情况，亦可酌情增减。

11.2.4 泵站拦污栅栅条净距，国内未见规范明确规定，不少设计单位参照水电站拦污栅净距要求选用。前苏联1959年《灌溉系统设计技术规范及标准》抽水站部分第361条，对栅条净距的规定和水电站拦污栅栅条净距相同，即轴流泵取0.05倍水泵叶轮直径，混流泵和离心泵取0.03倍水泵叶轮直径。

栅条净距不宜选得过小（小于5cm），过小则水头损失增大，清污频繁。据调查资料，我国各地泵站拦污栅栅条净距多数为5～10cm，接近本条规定。

11.2.5 从调查中看到有不少泵站拦污栅结构过于简单，有的栅条采用钢筋制作，使用中容易产生变形，甚至压垮破坏。为了保证栅条的抗弯抗扭性能，减少阻水面积，本条要求采用扁钢制作。

使用清污机清污或人工清污的拦污栅，因耙齿要在栅面上来回运动，故栅体构造应满足清污耙齿的工作要求。对于回转式拦污栅或粉碎式清污机，其栅体构造还需特殊设计。

11.2.6、11.2.7 清污机的选型，因河道特性、泵站水工布置、污物性质及来污量的多少差异很大，应按实际情况认真分析研究。粉碎式清污机因将污物粉碎后排向出水侧，没有污物集散场地要求，但应对环境保护作充分论证。

据调查统计，耙斗（齿）式清污机的提升速度一般为15～18m/min，行走速度一般为18～25m/min。回转式清污机的线速度，调查资料为3～5m/min，有关设计院推荐为3～7m/min，本条综合考虑取3～5m/min。

11.3 拍门及快速闸门

11.3.1 拍门和快速闸门的选型，应根据机组类型、扬程、水泵口径、流道型式和尺寸等因素综合考虑。

据调查了解，单泵流量较小（$8m^3/s$以下）时，多采用整体自由式拍门。这种拍门尺寸小，结构简单，运用灵活且安全可靠，因而得到广泛应用。

当流量较大时，整体自由式拍门由于可能产生较大的撞击力，影响机组安全运行；且开启角过小，增加水力损失，故不推荐采用。

目前国内大型泵站多采用快速闸门或双节自由式拍门、液压控制式及机械控制式拍门断流。这些断流方式在减少撞击力及水力损失方面均取得了不同成效，设计时可结合具体情况选用。

11.3.3 拍门水力损失与开启角的大小有关，据调查了解，一般整体自由式拍门开启角为50°～60°，个别的不到40°。实际调查到的拍门开启角情况为50°～60°的有3个泵站；60°以上的有1个泵站；双节式拍门上节门开启角在30°～40°的有6个泵站；40°以上的只有1个泵站。

关于拍门的水力损失，由于开启角过小，有5个泵站降低泵效率达到2%～3%，2个泵站达到4%～5%。

拍门开启角过小时，其水力损失大，特别是长期运行的泵站，其电能损耗相当可观，因此拍门开启角宜加大，但鉴于目前的拍门设计方法不尽完善，开启角又不宜过大，否则将加大撞击力。故本条规定拍门开启角应大于60°，其上限由设计者酌情决定。

对于双节式拍门，本条规定上节门开启角大于50°，下节门开启角大于65°，通过试验观察，其水力损失大致与整体自由式拍门开启角60°时的水力损失相当。上节门与下节门开启角差不宜过大，否则将使水力损失增加，并将加大撞击力，根据模型和原型测试综合分析，本条规定不大于20°。

拍门加平衡重虽然可以加大开度，但却相应增大了撞击力，且平衡滑轮钢丝绳经常出现脱槽事故。因此本条要求采用加平衡重应有充分论证。

11.3.4 双节式拍门上节门高度一般比下节门大，其主要目的是为了增大下节门开启角，同时拍门撞击力主要由下节门决定，下节门高度小于上节门，就能减少下节门撞击力。根据模型试验，上下门高度比适宜范围为1.5～2.0。

11.3.5 轴流泵不能闭阀启动，为防止拍门或闸门对泵启动的不利影响，故应设有安全泄流设施，即在拍门上或在闸门上设小拍门，亦可在胸墙上开泄流孔或墙顶溢流。

泄流孔面积可以根据最大扬程条件、机组启动要求试算确定。先初定泄流孔面积，计算各种流量条件孔口前后水位差。根据此水位差、相应流道水力损失及净扬程计算泵扬程和轴功率，核算电动机功率余量及起动的可靠性，据以确定合理的泄流孔面积。

11.3.7 拍门和快速闸门是在动水中关闭，要承受很大的撞击力，为确保其安全使用，应采用钢材制作。小型拍门一般由水泵制造厂供货。目前拍门最大直径为1.4m，且为铸铁制造。据调查，在使用中出现了不少问题。为安全计，经论证拍门尺寸小于1.2m时，可酌情采用铸铁制作。

11.3.8 拍门铰座是主要受力构件，出现事故的机会较多且不易检修，故应采用铸钢制作，以策安全。

吊耳孔做成长圆形，可减轻拍门撞击时的回弹力，从而减轻对支座的不利影响，并有利于止水。

11.3.10 将拍门的止水橡皮和缓冲橡皮装在门框埋件上，主要是避免其长期受水流正面冲击而破坏，设计时应考虑安装和更换方便。

11.3.11 采用拍门倾斜布置形式，当拍门关闭时，橡皮止水能藉门重紧密压于门框上，使其封水严密。对拍门止水工作面进行机械加工，亦是确保封水严密的措施之一。据调查，拍门倾角一般在10°以内。

11.3.12 拍门支座一般用预埋螺栓固定在混凝土胸墙上，螺栓因是主要支承受力构件，且维修更换困难，应予以十分重视，故特别提出应有足够的强度和预埋深度。

11.3.13、11.3.14 拍门的开启角和撞击力以及快速闸门的撞击力，可分别按附录G、H和J计算。

附录中公式的推导过程以及实验数据，参见水利部部标准《泵站技术规范》拍门试验项目成果“泵站拍门近似计算方法”（江苏农学院泵站教研室，1986年）和《江都排灌站》第二版（水电版，1979年）。

11.4 启 闭 机

11.4.1 启闭机型式的选择，应根据水工布置、闸门（拦污栅）型式、孔口尺寸与数量以及运行条件等因素确定。

工作闸门和事故闸门是需要经常操作的闸门，随时处于待命状态。因此，宜选用固定式启闭机；有控制的拍门和快速闸门因要求能快速关闭，故应选用快速卷扬启闭机或液压启闭机；而检修闸门和拦污栅一般不需要同时启闭，故当其数量较多时，为节省投资，宜选用移动式启闭机或小车式葫芦。

11.4.4 据调查，泵站运行期间，事故停电时有发生。为确保机组安全，快速启闭机应设有紧急手动释放装置，当事故停电时，能迅速关闭闸门。

12 工程观测及水力监测系统设计

12.1 工 程 观 测

12.1.1 泵站工程观测的目的是为了监视泵站施工和运行期间建筑物沉降、位移、振动、应力以及扬压力和泥沙淤积等情况。当出现不正常情况时，应及时分析原因，采取措施，保证工程安全运用。

12.1.2 直接从天然水源取水的泵站，特别是低洼地区的排水泵站，大部分建在土基上。由于基础变形，常引起建筑物发生沉降和位移。因此，沉降观测是必不可少的观测项目。沉降观测常通过埋设在建筑物上的沉降标点进行水准测量，其起测基点应埋设在泵站两岸，不受建筑物沉降影响的岩基或坚实土基上。

水平位移观测是以平行于建筑物轴线的铅直面为基准面，采用视准线法测量建筑物的位移值。工作基点和校核基点的设置，要求不受建筑物和地基变形的影响。

12.1.3 目前使用的扬压力观测设备多为测压管装置，由测压管和滤料箱组成。通过读取测压管的水位，计算作用于建筑物基础的扬压力。实际运用表明，测压管易被堵塞。设计扬压力观测系统时，应对施工工艺提出详细要求。目前已有用于测量扬压力的渗压计，埋设简单，但电子元件性能不稳定，埋在基础下面时间久可能失灵。

12.1.4 对泥沙的处理是多泥沙水源泵站设计和运行中的一个重要问题。目前，泥沙对泵站的危害仍然相当严重。对水流含沙量及淤积情况进行观测，以便在管理上采取保护水泵和改善流态的措施。同时也可为研究泥沙问题积累资料。

12.1.5 对于建筑在软基上的大型泵站，或采用新型结构、新型机组的泵站，为了监测结构应力、地基应力和机组运行引起的振动，应考虑安装相应测量仪器的要求，预埋必要部件或预留适宜位置。观测应力或振动的目的，是检查工程质量，对工程的安全采取必要的预防措施，并为总结设计经验积累资料。

12.2 水力监测系统

12.2.1 根据泵站科学管理和经济运行的要求，对泵站运行期间水位、压力、单泵流量和累积水量进行经常性的观测是十分必要的。观测设备和系统的设置应明确规定为设计者应完成的一项设计内容。

12.2.2 在泵站进水池和出水池分别设置水位标尺，它既是直接观测和记录水位的设施，又是定期标定水位传感器的基准。监测拦污栅前后的水位落差是为判断污物对拦污栅的堵塞情况，以便启动清污机械或用人工进行清淤。

12.2.3 测量水泵进口和出口的真空和压力值是计算水泵效率的需要，同时还可判断水泵的吸水和汽蚀情况。对于真空或压力值不大于 3×10^4Pa 的泵站，采用水柱测压管既可以提高测量的精确度，同时又有经济可靠的特点。

12.2.4 在泵站现场，应根据水泵装置的条件，选择流态和压力稳定的位置，进行单泵流量及水量累计监测。由于大型流量计在室内标定比较困难，而且费用高，一般宜在现场进行标定。

12.2.5～12.2.7 根据能量平衡的原理，利用流道（或管道）过水断面沿程造成的压力差来计算流量，是泵站流量监测的一种简单、经济、可靠的技术，已为生产实践所证实。

12.2.8 弯头流量计在一些国家已形成系列产品。利用水泵装置按工程要求安装的弯头配置差压测量系统即可作为水泵流量的监测设备。弯头量水具有简单、可靠、经济、便于推广、不因量水而增加管路系统阻力等优点，其测量精度满足泵站技术经济管理的要求，弯头流量计的应用已在实验室和生产实践中得到证实。

中华人民共和国国家标准

给水排水管道工程施工及验收规范

Code for construction and acceptance of water supply and sewerage pipelines

GB 50268—97

主编部门：中华人民共和国建设部
批准部门：中华人民共和国建设部
施行日期：1 9 9 8 年 5 月 1 日

关于发布国家标准《给水排水管道工程施工及验收规范》的通知

建标［1997］279 号

根据国家计委计综合［1990］160 号文的要求，由建设部会同有关部门共同制订的《给水排水管道工程施工及验收规范》，已经有关部门会审。现批准《给水排水管道工程施工及验收规范》（GB50268—97）为强制性国家标准，自 1998 年 5 月 1 日起施行。

本规范由建设部负责管理，具体解释等工作由北京市市政工程局负责，出版发行由建设部标准定额研究所负责组织。

中华人民共和国建设部
1997 年 10 月 5 日

编制说明

本规范是根据国家计委计综合〔1990〕160 号和建设部（90）建标技字第 9 号文的要求，由我部城市建设司主管，由北京市市政工程局主编，会同上海市市政工程管理局、天津市市政工程局、西安市市政工程管理局、上海市自来水公司、天津市自来水公司、天津市自来水工程公司、武汉市自来水公司、北京建筑工程学院、铁道部第四工程局、冶金部包头冶金建筑研究所、吉林市自来水公司共同编制而成。

在本规范的编制过程中，规范编制组进行了广泛的调查研究，认真总结我国各地区给水排水管道工程施工的实践经验，参考了有关国内和国外标准，广泛征求了全国有关单位的意见，邀请了有关部门的专家进行函审，在函审的基础上，在北京召开审定会议。最后，由我部会同有关部门审查定稿。

鉴于本规范系初次编制，在执行过程中，希望各单位结合工程实践和科学研究，认真总结经验，注意积累资料。如发现需要修改和补充之处，请将意见和有关资料寄交北京市市政工程局（地址：北京市复兴门外南礼士路 17 号，邮政编码：100045），以供今后修订时参考。

中华人民共和国建设部

1997 年 6 月 24 日

目　次

1 总 则

1.0.1 为加强给水排水管道工程的施工管理，提高技术水平，确保工程质量，安全生产，节约材料，提高经济效益，特制定本规范。

1.0.2 本规范适用于城镇和工业区的室外给水排水管道工程的施工及验收。

1.0.3 给水排水管道工程应按设计文件和施工图施工。变更设计应经过设计单位同意。

1.0.4 给水排水管道工程的管材、管道附件等材料，应符合国家现行的有关产品标准的规定，并应具有出厂合格证。用于生活饮用水的管道，其材质不得污染水质。

1.0.5 给水排水管道工程施工，应遵守国家和地方有关安全、劳动保护、防火、防爆、环境和文物保护等方面的规定。

1.0.6 给水排水管道工程施工及验收除应符合本规范规定外，尚应符合国家现行的有关标准、规范的规定。

2 施 工 准 备

2.0.1 给水排水管道工程施工前应由设计单位进行设计交底。当施工单位发现施工图有错误时，应及时向设计单位提出变更设计的要求。

2.0.2 给水排水管道工程施工前，应根据施工需要进行调查研究，并应掌握管道沿线的下列情况和资料：

2.0.2.1 现场地形、地貌、建筑物、各种管线和其他设施的情况；

2.0.2.2 工程地质和水文地质资料；

2.0.2.3 气象资料；

2.0.2.4 工程用地、交通运输及排水条件；

2.0.2.5 施工供水、供电条件；

2.0.2.6 工程材料、施工机械供应条件；

2.0.2.7 在地表水水体中或岸边施工时，应掌握地表水的水文和航运资料。在寒冷地区施工时，尚应掌握地表水的冻结及流冰的资料；

2.0.2.8 结合工程特点和现场条件的其他情况和资料。

2.0.3 给水排水管道工程施工前应编制施工组织设计。施工组织设计的内容，主要应包括工程概况、施工部署、施工方法、材料、主要机械设备的供应、保证施工质量、安全、工期、降低成本和提高经济效益的技术组织措施、施工计划、施工总平面图以及保护周围环境的措施等。对主要施工方法，尚应分别编制施工设计。

2.0.4 施工测量应符合下列规定：

2.0.4.1 施工前，建设单位应组织有关单位向施工单位进行现场交桩；

2.0.4.2 临时水准点和管道轴线控制桩的设置应便于观测且必须牢固，并应采取保护措施。开槽铺设管道的沿线临时水准点，每 200m 不宜少于 1 个；

2.0.4.3 临时水准点、管道轴线控制桩、高程桩，应经过复核方可使用，并应经常校核；

2.0.4.4 已建管道、构筑物等与本工程衔接的平面位置和高程，开工前应校测。

2.0.5 施工测量的允许偏差，应符合表 2.0.5 的规定。

施工测量允许偏差 **表 2.0.5**

项目		允许偏差
水准测量高程闭合差	平地	$\pm 20\sqrt{L}$ (mm)
	山地	$\pm 6\sqrt{n}$ (mm)
导线测量方位角闭合差		$\pm 40\sqrt{n}$ (″)
导线测量相对闭合差		1/3000
直接丈量测距两次较差		1/5000

注：1. L 为水准测量闭合路线的长度（km）；

2. n 为水准或导线测量的测站数。

3　沟槽开挖与回填

3.1　施　工　排　水

3.1.1　施工排水应编制施工设计，并应包括以下主要内容：

3.1.1.1　排水量的计算；

3.1.1.2　排水方法的选定；

3.1.1.3　排水系统的平面和竖向布置，观测系统的平面布置以及抽水机械的选型和数量；

3.1.1.4　排水井的构造，井点系统的组合与构造，排放管渠的构造、断面和坡度；

3.1.1.5　电渗排水所采用的设施及电极。

3.1.2　施工排水系统排出的水，应输送至抽水影响半径范围以外，不得影响交通，且不得破坏道路、农田、河岸及其他构筑物。

3.1.3　在施工排水过程中不得间断排水，并应对排水系统经常检查和维护。当管道未具备抗浮条件时，严禁停止排水。

3.1.4　施工排水终止抽水后，排水井及拔除井点管所留的孔洞，应立即用砂、石等材料填实；地下水静水位以上部分，可采用粘土填实。

3.1.5　冬期施工时，排水系统的管路应采取防冻措施；停止抽水后应立即将泵体及进出水管内的存水放空。

3.1.6　采取明沟排水施工时，排水井宜布置在沟槽范围以外，其间距不宜大于150m。

3.1.7　在开挖地下水水位以下的土方前，应先修建排水井。

3.1.8　排水井的井壁宜加支护；当土层稳定、井深不大于1.2m时，可不加支护。

3.1.9　当排水井处于细砂、粉砂或轻亚粘土等土层时，应采取过滤或封闭措施。封底后的井底高程应低于沟槽槽底，且不宜小于1.2m。

3.1.10　配合沟槽的开挖，排水沟应及时开挖及降低深度。排水沟的深度不宜小于0.3m。

3.1.11　沟槽开挖至设计高程后宜采用盲沟排水。当盲沟排水不能满足排水量要求时，宜在排水沟内埋设管径为150～200mm的排水管。排水管接口处应留缝。排水管两侧和上部宜采用卵石或碎石回填。

3.1.12　排水管、盲沟及排水井的结构布置及排水情况，应作施工记录。

3.1.13　井点降水应使地下水水位降至沟槽底面以下，并距沟槽底面不应小于0.5m。

3.1.14　井点孔的直径应为井点管外径加2倍管外滤层厚度。滤层厚度宜为10～15cm。井点孔应垂直，其深度应大于井点管所需深度，超深部分应采用滤料回填。

3.1.15　井点管的安装应居中，并保持垂直。填滤料时，应对井点管口临时封堵。滤料应沿井点管四周均匀灌入；灌填高度应高出地下水静水位。

3.1.16　井点管安装后，可进行单井或分组试抽水。根据试抽水的结果，可对井点设计进行调整。

3.1.17　轻型井点的集水总管底面及水泵基座的高程宜尽量降低。滤管的顶部高程，宜为井管处设计动水位以下不小于0.5m。

3.1.18　井壁管长度的允许偏差应为±100mm；井点管安装高程的允许偏差应为±100mm。

3.2　沟　槽　开　挖

3.2.1　管道沟槽底部的开挖宽度，宜按下式计算：

$$B = D_1 + 2(b_1 + b_2 + b_3) \qquad (3.2.1)$$

式中　B——管道沟槽底部的开挖宽度（mm）；

D_1——管道结构的外缘宽度（mm）；

b_1——管道一侧的工作面宽度（mm），可按表 3.2.1 采用；

b_2——管道一侧的支撑厚度，可取 150～200mm；

b_3——现场浇筑混凝土或钢筋混凝土管渠一侧模板的厚度（mm）。

管道一侧的工作面宽度（mm）　　**表 3.2.1**

管道结构的外缘宽度 D_1	管道一侧的工作面宽度 b_1	
	非金属管道	金属管道
$D_1 \leqslant 500$	400	300
$500 < D_1 \leqslant 1000$	500	400
$1000 < D_1 \leqslant 1500$	600	600
$1500 < D_1 \leqslant 3000$	800	800

注 1. 槽底需设排水沟时，工作面宽度 b_1 应适当增加；

2. 管道有现场施工的外防水层时，每侧工作面宽度宜取 800mm。

3.2.2 当地质条件良好、土质均匀，地下水位低于沟槽底面高程，且开挖深度在 5m 以内边坡不加支撑时，沟槽边坡最陡坡度应符合表 3.2.2 的规定。

深度在 5m 以内的沟槽边坡的最陡坡度　　**表 3.2.2**

土的类别	边坡坡度（高：宽）		
	坡顶无荷载	坡顶有静载	坡顶有动载
中密的砂土	1：1.00	1：1.25	1：1.50
中密的碎石类土（充填物为砂土）	1：0.75	1：1.00	1：1.25
硬塑的粉土	1：0.67	1：0.75	1：1.00
中密的碎石类土（充填物为粘性土）	1：0.50	1：0.67	1：0.75
硬塑的粉质粘土、粘土	1：0.33	1：0.50	1：0.67
老黄土	1：0.10	1：0.25	1：0.33
软土（经井点降水后）	1：1.00	—	—

注：1. 当有成熟施工经验时，可不受本表限制；

2. 在软土沟槽坡顶不宜设置静载或动载；需要设置时，应对土的承载力和边坡的稳定性进行验算。

3.2.3 当沟槽挖深较大时，应合理确定分层开挖的深度，并应符合下列规定：

3.2.3.1 人工开挖沟槽的槽深超过 3m 时应分层开挖，每层的深度不宜超过 2m；

3.2.3.2 人工开挖多层沟槽的层间留台宽度：放坡开槽时不应小于 0.8m，直槽时不应小于 0.5m，安装井点设备时不应小于 1.5m；

3.2.3.3 采用机械挖槽时，沟槽分层的深度应按机械性能确定。

3.2.4 沟槽每侧临时堆土或施加其他荷载时，应符合下列规定：

3.2.4.1 不得影响建筑物、各种管线和其他设施的安全；

3.2.4.2 不得掩埋消火栓、管道闸阀、雨水口、测量标志以及各种地下管道的井盖，且不得妨碍其正常使用；

3.2.4.3 人工挖槽时，堆土高度不宜超过 1.5m，且距槽口边缘不宜小于 0.8m。

3.2.5 采用坡度板控制槽底高程和坡度时，应符合下列规定：

3.2.5.1 坡度板应选用有一定刚度且不易变形的材料制作，其设置应牢固；

3.2.5.2 平面上呈直线的管道，坡度板设置的间距不宜大于 20m，呈曲线管道的坡度板间距应加密，井室位置、折点和变坡点处，应增设坡度板；

3.2.5.3 坡度板距槽底的高度不宜大于 3m。

3.2.6 当开挖沟槽发现已建的地下各类设施或文物时，应采取保护措施，并及时通知有关单位处理。

3.2.7 沟槽的开挖质量应符合下列规定：

3.2.7.1 不扰动天然地基或地基处理符合设计要求；

3.2.7.2 槽壁平整，边坡坡度符合施工设计的规定；

3.2.7.3 沟槽中心线每侧的净宽不应小于管道沟槽底部开挖宽度的一半；

3.2.7.4 槽底高程的允许偏差：开挖土方时应为±20mm；开

挖石方时应为＋20mm、－200mm。

3.3 沟 槽 支 撑

3.3.1 沟槽支撑应根据沟槽的土质、地下水位、开槽断面、荷载条件等因素进行设计。支撑的材料可选用钢材、木材或钢材木材混合使用。

3.3.2 撑板支撑采用木材时，其构件规格宜符合下列规定：

3.3.2.1 撑板厚度不宜小于50mm，长度不宜大于4m；

3.3.2.2 横梁或纵梁宜为方木，其断面不宜小于150mm×150mm；

3.3.2.3 横撑宜为圆木，其梢径不宜小于100mm。

3.3.3 撑板支撑的横梁、纵梁和横撑的布置应符合下列规定：

3.3.3.1 每根横梁或纵梁不得少于2根横撑；

3.3.3.2 横撑的水平间距宜为1.5～2.0m；

3.3.3.3 横撑的垂直间距不宜大于1.5m。

3.3.4 撑板支撑应随挖土的加深及时安装。

3.3.5 在软土或其他不稳定土层中采用撑板支撑时，开始支撑的开挖沟槽深度不得超过1.0m；以后开挖与支撑交替进行，每次交替的深度宜为0.4～0.8m。

3.3.6 撑板的安装应与沟槽槽壁紧贴，当有空隙时，应填实。横排撑板应水平，立排撑板应顺直，密排撑板的对接应严密。

3.3.7 横梁、纵梁和横撑的安装，应符合下列规定：

3.3.7.1 横梁应水平，纵梁应垂直，且必须与撑板密贴，联接牢固；

3.3.7.2 横撑应水平并与横梁或纵梁垂直，且应支紧，联接牢固。

3.3.8 采用横排撑板支撑，当遇有地下钢管道或铸铁管道横穿沟槽时，管道下面的撑板上缘应紧贴管道安装；管道上面的撑板下缘距管道顶面不宜小于100mm。

3.3.9 采用钢板桩支撑，应符合下列规定：

3.3.9.1 钢板桩支撑可采用槽钢、工字钢或定型钢板桩；

3.3.9.2 钢板桩支撑按具体条件可设计为悬臂、单锚，或多层横撑的钢板桩支撑，并应通过计算确定钢板桩的入土深度和横撑的位置与断面；

3.3.9.3 钢板桩支撑采用槽钢作横梁时，横梁与钢板桩之间的孔隙应采用木板垫实，并应将横梁和横撑与钢板桩联接牢固。

3.3.10 支撑应经常检查。当发现支撑构件有弯曲、松动、移位或劈裂等迹象时，应及时处理。

雨期及春季解冻时期应加强检查。

3.3.11 支撑的施工质量应符合下列规定：

3.3.11.1 支撑后，沟槽中心线每侧的净宽不应小于施工设计的规定；

3.3.11.2 横撑不得妨碍下管和稳管；

3.3.11.3 安装应牢固，安全可靠；

3.3.11.4 钢板桩的轴线位移不得大于50mm；垂直度不得大于1.5%。

3.3.12 上下沟槽应设安全梯，不得攀登支撑。

3.3.13 承托翻土板的横撑必须加固。翻土板的铺设应平整，其与横撑的连接必须牢固。

3.3.14 拆除支撑前，应对沟槽两侧的建筑物、构筑物和槽壁进行安全检查，并应制定拆除支撑的实施细则和安全措施。

3.3.15 拆除撑板支撑时应符合下列规定：

3.3.15.1 支撑的拆除应与回填土的填筑高度配合进行，且在拆除后应及时回填；

3.3.15.2 采用排水沟的沟槽，应从两座相邻排水井的分水岭向两端延伸拆除；

3.3.15.3 多层支撑的沟槽，应待下层回填完成后再拆除其上层槽的支撑；

3.3.15.4 拆除单层密排撑板支撑时，应先回填至下层横撑底面，再拆除下层横撑，待回填至半槽以上，再拆除上层横撑。

当一次拆除有危险时，宜采取替换拆撑法拆除支撑。

3.3.16 拆除钢板桩支撑时应符合下列规定：

3.3.16.1 在回填达到规定要求高度后，方可拔除钢板桩；

3.3.16.2 钢板桩拔除后应及时回填桩孔；

3.3.16.3 回填桩孔时应采取措施填实。当采用砂灌填时，可冲水助沉；当控制地面沉降有要求时，宜采取边拔桩边注浆的措施。

3.4 管道交叉处理

3.4.1 给水排水管道施工时若与其他管道交叉，应按设计规定进行处理；当设计无规定时，应按本节规定处理并通知有关单位。

3.4.2 混凝土或钢筋混凝土预制圆形管道与其上方钢管道或铸铁管道交叉且同时施工，当钢管道或铸铁管道的内径不大于400mm时，宜在混凝土管道两侧砌筑砖墩支承。砖墩的砌筑应符合下列规定（图3.4.2）：

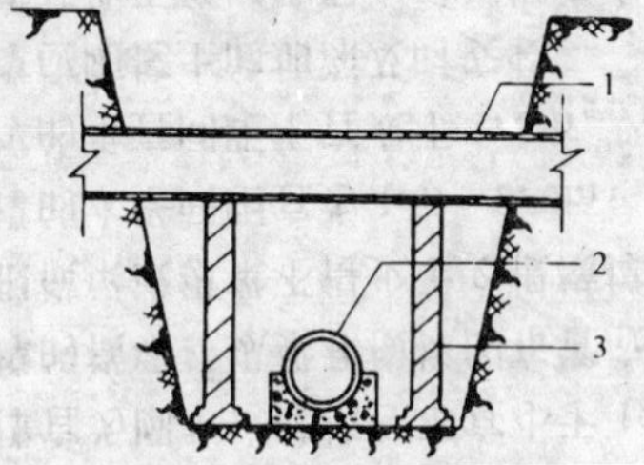

图3.4.2 圆形管道两侧砖墩支承

1—铸铁管道或钢管道；2—混凝土圆形管道；3—砖砌支墩

3.4.2.1 应采用粘土砖和水泥砂浆，砖的强度等级不应低于MU7.5；砂浆不应低于M7.5；

3.4.2.2 砖墩基础的压力不应超过地基的允许承载力；

3.4.2.3 砖墩高度在2m以内时，砖墩宽度宜为240mm；砖墩高度每增加1m，宽度宜增加125mm；砖墩长度不应小于钢管道或铸铁管道的外径加300mm；砖墩顶部应砌筑管座，其支承角不应小于90°；

3.4.2.4 当覆土高度不大于2m时，砖墩间距宜为2～3m；

3.4.2.5 对铸铁管道，每一管节不应少于2个砖墩。

当钢管道或铸铁管道为已建时，应在开挖沟槽时按本规范第3.2.6条处理后再砌筑砖墩支承。

3.4.3 混合结构或钢筋混凝土矩形管渠与其上方钢管道或铸铁管道交叉，当顶板至其上方管道底部的净空在70mm及以上时，可在侧墙上砌筑砖墩支承管道（图3.4.3-1）。

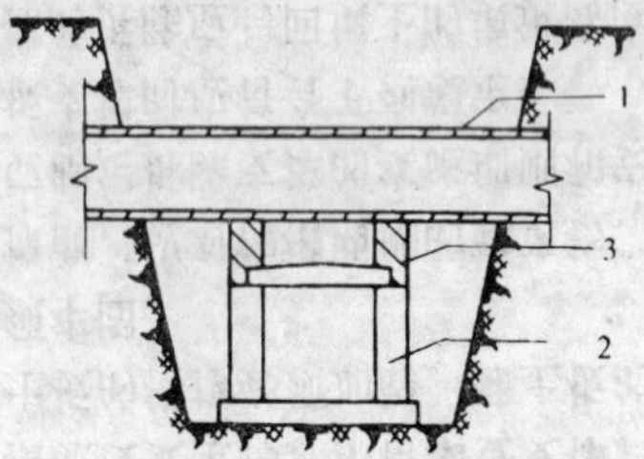

图3.4.3-1 矩形管渠上砖墩支承

1—铸铁管道或钢管道；2—混合结构或钢筋混凝土矩形管渠；3—砖砌支墩

当顶板至其上方管道底部的净空小于70mm时，可在顶板与管道之间采用低强度等级的水泥砂浆或细石混凝土填实，其荷载不应超过顶板的允许承载力，且其支承角不应小于90°（图3.4.3-2）。

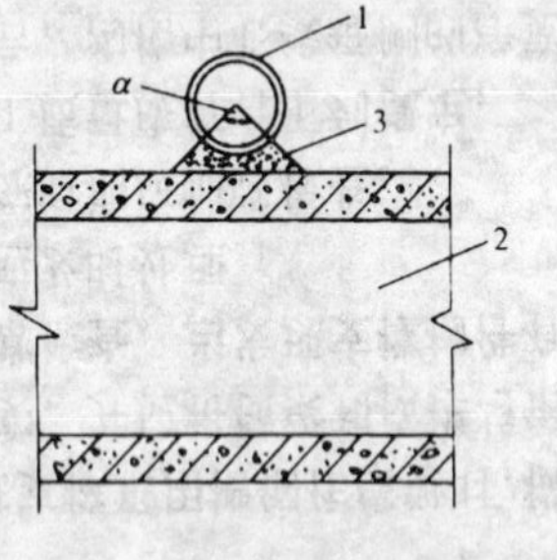

图3.4.3-2 矩形管渠上填料支承

1—铸铁管道或钢管道；2—混合结构或钢筋混凝土矩形管渠；

3—低强度等级的水泥砂浆或细石混凝土；α—支承角

3.4.4 圆形或矩形排水管道与其下方的钢管道或铸铁管道交叉且同时施工时，对下方的管道宜加设套管或管廊，并应符合下列规定（图 3.4.4）：

3.4.4.1 套管的内径或管廊的净宽，不应小于管道结构的外缘宽度加 300mm；

3.4.4.2 套管或管廊的长度不宜小于上方排水管道基础宽度加管道交叉高差的 3 倍，且不宜小于基础宽度加 1m；

3.4.4.3 套管可采用钢管、铸铁管或钢筋混凝土管；管廊可采用砖砌或其他材料砌筑的混合结构；

3.4.4.4 套管或管廊两端与管道之间的孔隙应封堵严密。

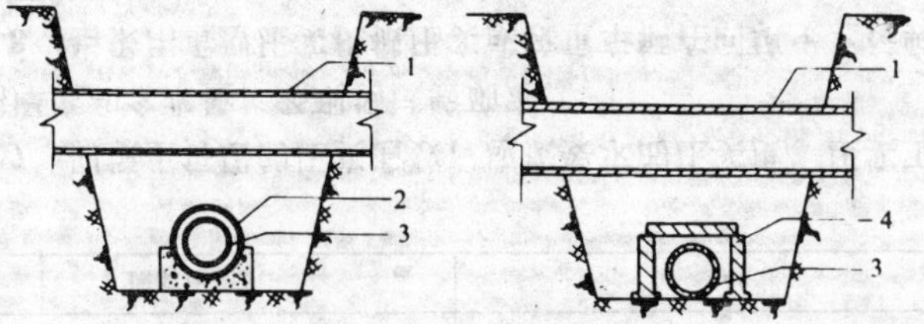

(a) 套管　(b) 管廊

图 3.4.4　套管和管廊

1—排水管道；2—套管；3—铸铁管道或钢管道；4—管廊

3.4.5 当排水管道与其上方的电缆管块交叉时，宜在电缆管块基础以下的沟槽中回填低强度等级的混凝土、石灰土或砌砖。其沿管道方向的长度不应小于管块基础宽度加 300mm，并应符合下列规定：

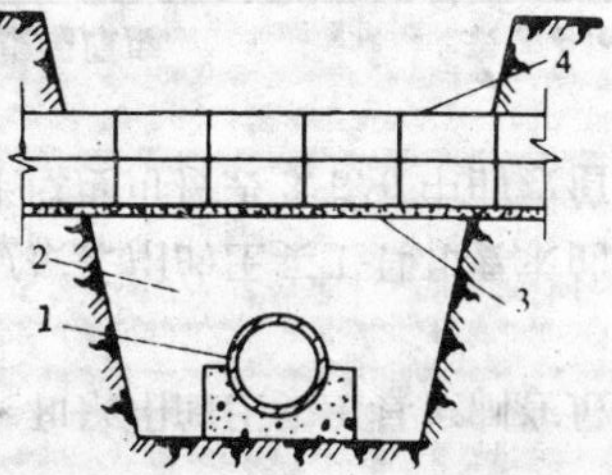

图 3.4.5　电缆管块下方回填

1—排水管道；2—回填材料；3—中砂或粗砂；4—电缆管块

3.4.5.1 排水管道与电缆管块同时施工时，可在回填材料上铺一层中砂或粗砂，其厚度不宜小于 100mm（图 3.4.5）；

3.4.5.2 当电缆管块已建时，应符合下列规定：

（1）当采用混凝土回填时，混凝土应回填到电缆管块基础底部，其间不得有空隙。

（2）当采用砌砖回填时，砖砌体的顶面宜在电缆管块基础底面以下不小于 200mm，再用低强度等级的混凝土填至电缆管块基础底部，其间不得有空隙。

3.5 沟 槽 回 填

3.5.1 给水排水管道施工完毕并经检验合格后，沟槽应及时回填。回填前，应符合下列规定：

3.5.1.1 预制管铺设管道的现场浇筑混凝土基础强度，接口抹带或预制构件现场装配的接缝水泥砂浆强度不应小于 $5N/mm^2$；

3.5.1.2 现场浇筑混凝土管渠的强度应达到设计规定；

3.5.1.3 混合结构的矩形管渠或拱形管渠，其砖石砌体水泥砂浆强度应达到设计规定；当管渠顶板为预制盖板时，并应装好盖板；

3.5.1.4 现场浇筑或预制构件现场装配的钢筋混凝土拱形管渠或其他拱形管渠应采取措施，防止回填时发生位移或损伤。

3.5.2 压力管道沟槽回填前应符合下列规定：

3.5.2.1 水压试验前，除接口外，管道两侧及管顶以上回填高度不应小于 0.5m；水压试验合格后，应及时回填其余部分；

3.5.2.2 管径大于 900mm 的钢管道，应控制管顶的竖向变形。

3.5.3 无压管道的沟槽应在闭水试验合格后及时回填。

3.5.4 沟槽的回填材料，除设计文件另有规定外，应符合下列规定：

3.5.4.1 回填土时，应符合下列规定：

（1）槽底至管顶以上 50cm 范围内，不得含有机物、冻土以及大于 50mm 的砖、石等硬块；在抹带接口处、防腐绝缘层或电缆周围，应采用细粒土回填；

(2) 冬期回填时管顶以上 50cm 范围以外可均匀掺入冻土，其数量不得超过填土总体积的 15%，且冻块尺寸不得超过 100mm。

3.5.4.2 采用石灰土、砂、砂砾等材料回填时，其质量要求应按设计规定执行。

3.5.5 回填土的含水量，宜按土类和采用的压实工具控制在最佳含水量附近。

3.5.6 回填土的每层虚铺厚度，应按采用的压实工具和要求的压实度确定。对一般压实工具，铺土厚度可按表 3.5.6 中的数值选用。

回填土每层虚铺厚度　　表 3.5.6

压实工具	虚铺厚度（cm）
木夯、铁夯	≤20
蛙式夯、火力夯	20～25
压路机	20～30
振动压路机	≤40

3.5.7 回填土每层的压实遍数，应按要求的压实度、压实工具、虚铺厚度和含水量，经现场试验确定。

3.5.8 当采用重型压实机械压实或较重车辆在回填土上行驶时，管道顶部以上应有一定厚度的压实回填土，其最小厚度应按压实机械的规格和管道的设计承载力，通过计算确定。

3.5.9 沟槽回填时，应符合下列规定：

3.5.9.1 砖、石、木块等杂物应清除干净；

3.5.9.2 采用明沟排水时，应保持排水沟畅通，沟槽内不得有积水；

3.5.9.3 采用井点降低地下水位时，其动水位应保持在槽底以下不小于 0.5m。

3.5.10 回填土或其他回填材料运入槽内时不得损伤管节及其接口，并应符合下列规定：

3.5.10.1 根据一层虚铺厚度的用量将回填材料运至槽内，且不得在影响压实的范围内堆料；

3.5.10.2 管道两侧和管顶以上 50cm 范围内的回填材料，应由沟槽两侧对称运入槽内，不得直接扔在管道上；回填其他部位时，应均匀运入槽内，不得集中推入；

3.5.10.3 需要拌和的回填材料，应在运入槽内前拌和均匀，不得在槽内拌和。

3.5.11 沟槽回填土或其他材料的压实，应符合下列规定：

3.5.11.1 回填压实应逐层进行，且不得损伤管道；

3.5.11.2 管道两侧和管顶以上 50cm 范围内，应采用轻夯压实，管道两侧压实面的高差不应超过 30cm。

3.5.11.3 管道基础为土弧基础时，管道与基础之间的三角区应填实。压实时，管道两侧应对称进行，且不得使管道位移或损伤；

3.5.11.4 同一沟槽中有双排或多排管道的基础底面位于同一高程时，管道之间的回填压实应与管道与槽壁之间的回填压实对称进行；

3.5.11.5 同一沟槽中有双排或多排管道但基础底面的高程不同时，应先回填基础较低的沟槽；当回填至较高基础底面高程后，再按上款规定回填；

3.5.11.6 分段回填压实时，相邻段的接茬应呈阶梯形，且不得漏夯；

3.5.11.7 采用木夯、蛙式夯等压实工具时，应夯夯相连；采用压路机时，碾压的重叠宽度不得小于 20cm；

3.5.11.8 采用压路机、振动压路机等压实机械压实时，其行驶速度不得超过 2km/h。

3.5.12 管道沟槽位于路基范围内时，管顶以上 25cm 范围内回填土表层的压实度不应小于 87%，其他部位回填土的压实度应符合表 3.5.12 的规定。

3.5.13 管道两侧回填土的压实度应符合下列规定：

3.5.13.1 对混凝土、钢筋混凝土和铸铁圆形管道，其压实度不应小于 90%；对钢管道，其压实度不应小于 95%；

沟槽回填土作为路基的最小压实度　　表 3.5.12

由路槽底算起的深度范围（cm）	道路类别	最低压实度（%）	
		重型击实标准	轻型击实标准
≤80	快速路及主干路	95	98
	次干路	93	95
	支路	90	92
>80～150	快速路及主干路	93	95
	次干路	90	92
	支路	87	90
>150	快速路及主干路	87	90
	次干路	87	90
	支路	87	90

注：1. 表中重型击实标准的压实度和轻型击实标准的压实度，分别以相应的标准击实试验法求得的最大干密度为 100%；
2. 回填土的要求压实度，除注明者外，均为轻型击实标准的压实度（以下同）。

3.5.13.2 矩形或拱形管渠的压实度应按设计文件规定执行；设计文件无规定时，其压实度不应小于 90%；

3.5.13.3 有特殊要求管道的压实度，应按设计文件执行；

3.5.13.4 当沟槽位于路基范围内，且路基要求的压实度大于上述有关款的规定时，按本规范第 3.5.12 条执行。

3.5.14 当管道覆土较浅，管道的承载力较低，压实工具的荷载较大，或原土回填达不到要求的压实度时，可与设计单位协商采用石灰土、砂、砂砾等具有结构强度或可以达到要求的其他材料回填。

为提高管道的承载力，可采取加固管道的措施。

3.5.15 没有修路计划的沟槽回填土，在管道顶部以上高为 50cm，宽为管道结构外缘范围内应松填，其压实度不应大于 85%；其余部位，当设计文件没有规定时，不应小于 90%（图 3.5.15）。

处于绿地或农田范围内的沟槽回填土，表层 50cm 范围内不宜压实，但可将表面整平，并宜预留沉降量。

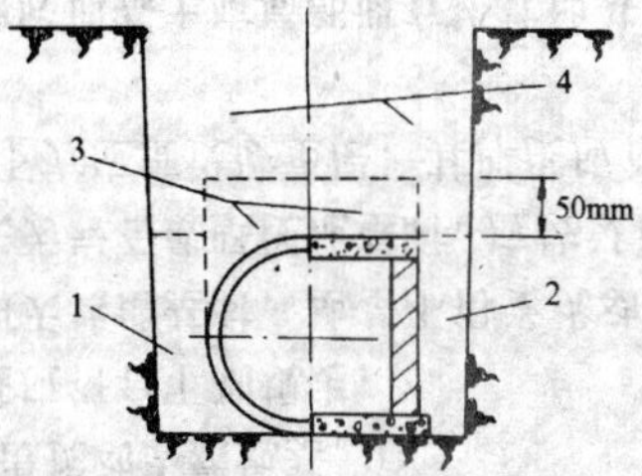

图 3.5.15 没有修路计划的沟槽回填土部位划分
1—圆形管道两侧；2—矩形或拱形管渠两侧；
3—管道顶部以上松填部位；4—其余部位

3.5.16 管道沟槽回填土，当原土含水量高且不具备降低含水量条件不能达到要求压实度时，管道两侧及沟槽位于路基范围内的管道顶部以上，应回填石灰土、砂、砂砾或其他可以达到要求压实度的材料。

3.5.17 检查井、雨水口及其他井室周围的回填，应符合下列规定：

3.5.17.1 现场浇筑混凝土或砌体水泥砂浆强度应达到设计规定；

3.5.17.2 路面范围内的井室周围，应采用石灰土、砂、砂砾等材料回填，其宽度不宜小于 40cm；

3.5.17.3 井室周围的回填，应与管道沟槽的回填同时进行；当不便同时进行时，应留台阶形接茬；

3.5.17.4 井室周围回填压实时应沿井室中心对称进行，且不得漏夯；

3.5.17.5 回填材料压实后应与井壁紧贴。

3.5.18 新建给水排水管道与其他管道交叉部位的回填应符合要求的压实度，并应使回填材料与被支承管道紧贴。

4 预制管安装与铺设

4.1 一 般 规 定

4.1.1 管及管件应采用兜身吊带或专用工具起吊，装卸时应轻装轻放，运输时应垫稳、绑牢，不得相互撞击；接口及钢管的内外防腐层应采取保护措施。

4.1.2 管节堆放宜选择使用方便、平整、坚实的场地；堆放时必须垫稳，堆放层高应符合表4.1.2的规定。使用管节时必须自上而下依次搬运。

管节堆放层高 表4.1.2

管材种类	管径(mm)							
	100～150	200～250	300～400	500～600	400～500	600～800	800～1200	≥1400
自应力混凝土管	7层	5层	4层	3层	—	—	—	—
预应力混凝土管	—	—	—	—	4层	3层	2层	1层
铸铁管	≤3m							

4.1.3 橡胶圈贮存运输应符合下列规定：

4.1.3.1 贮存室内温度宜为－5～30℃，湿度不应大于80%，存放位置不宜长期受紫外线光源照射，离热源距离不应小于1m；

4.1.3.2 橡胶圈不得与溶剂、易挥发物、油脂和可产生臭氧的装置放在一起；

4.1.3.3 在贮存、运输中不得长期受挤压。

4.1.4 管道安装前，宜将管、管件按施工设计的规定摆放，摆放的位置应便于起吊及运送。

4.1.5 起重机下管时，起重机架设的位置不得影响沟槽边坡的稳定；起重机在高压输电线路附近作业与线路间的安全距离应符合当地电业管理部门的规定。

4.1.6 管道应在沟槽地基、管基质量检验合格后安装，安装时宜自下游开始，承口朝向施工前进的方向。

4.1.7 接口工作坑应配合管道铺设及时开挖，开挖尺寸应符合表4.1.7的规定。

接口工作坑开挖尺寸(mm) 表4.1.7

管材种类	管径	宽度		长度：承口前	长度：承口后	深度
刚性接口铸铁管	75～300	D_1+800		800	200	300
	400～700	D_1+1200		1000	400	400
	800～1200	D_1+1200		1000	450	500
预应力、自应力混凝土管，滑入式柔性接口铸铁和球墨铸铁管	≤500	承口外径加	800	200	承口长度加200	200
	600～1000		1000			400
	1100～1500		1600			450
	>1600		1800			500

注：1. D_1为管外径(mm)；

2. 柔性机械式接口铸铁、球墨铸铁管接口工作坑开挖各部尺寸，按照预应力、自应力混凝土管一栏的规定，但表中承口前的尺寸宜适当放大。

4.1.8 管节下入沟槽时，不得与槽壁支撑及槽下的管道相互碰撞；沟内运管不得扰动天然地基。

4.1.9 管道地基应符合下列规定：

4.1.9.1 采用天然地基时，地基不得受扰动；

4.1.9.2 槽底为岩石或坚硬地基时，应按设计规定施工，设计无规定时，管身下方应铺设砂垫层，其厚度应符合表4.1.9的规定；

4.1.9.3 当槽底地基土质局部遇有松软地基、流砂、溶洞、墓穴等，应与设计单位商定处理措施；

4.1.9.4 非永冻土地区，管道不得安放在冻结的地基上；管道安装过程中，应防止地基冻胀。

砂垫层厚度（mm） 表4.1.9

管材种类	管径		
	≤500	>500，且≤1000	>1000
金属管	≥100	≥150	≥200
非金属管	150～200		

注：非金属管指混凝土、钢筋混凝土管，预应力、自应力混凝土管及陶管。

4.1.10 合槽施工时，应先安装埋设较深的管道，当回填土高程与邻近管道基础高程相同时，再安装相邻的管道。

4.1.11 管道安装时，应将管节的中心及高程逐节调整正确，安装后的管节应进行复测，合格后方可进行下一工序的施工。

4.1.12 管道安装时，应随时清扫管道中的杂物，给水管道暂时停止安装时，两端应临时封堵。

4.1.13 雨期施工应采取以下措施：

4.1.13.1 合理缩短开槽长度，及时砌筑检查井，暂时中断安装的管道及与河道相连通的管口应临时封堵；已安装的管道验收后应及时回填土；

4.1.13.2 做好槽边雨水径流疏导路线的设计、槽内排水及防止漂管事故的应急措施；

4.1.13.3 雨天不宜进行接口施工。

4.1.14 冬期施工不得使用冻硬的橡胶圈。

4.1.15 当冬期施工管口表面温度低于−3℃，进行石棉水泥及水泥砂浆接口施工时，应采取以下措施：

4.1.15.1 刷洗管口时宜采用盐水；

4.1.15.2 砂及水加热后拌和砂浆，其加热温度应符合表4.1.15-1的规定；

材料加热温度（℃） 表4.1.15-1

接口材料	加热材料	
	水	砂
水泥砂浆	≤80	≤40
石棉水泥	≤50	—

4.1.15.3 有防冻要求的素水泥砂浆接口，应掺食盐，其掺量应符合表4.1.15-2的规定；

4.1.15.4 接口材料填充打实、抹平后，应及时覆盖保温材料进行养护。

4.1.16 新建管道与已建管道连接时，必须先核查已建管道接口高程及平面位置后，方可开挖。

食盐掺量（占水的重量%） 表4.1.15-2

接口材料	日最低温度（℃）		
	0～−5	−6～−10	−10～−15
水泥砂浆	3	5	8

4.1.17 当地面坡度大于18%，且采用机械法施工时，施工机械应采取稳定措施。

4.1.18 安装柔性接口的管道，当其纵坡大于18%时，或安装刚性接口的管道，当其纵坡大于36%时，应采取防止管道下滑的措施。

4.1.19 压力管道上采用的闸阀，安装前应进行启闭检验，并宜进行解体检验。

4.1.20 已验收合格入库存放的管、管件、闸阀，在安装前应进行外观及启闭等复验。

4.1.21 钢管内、外防腐层遭受损伤或局部未做防腐层的部位，下管前应修补，修补后的质量应符合本规范第4.3.4条和第4.3.11条的规定。

4.1.22 露天或埋设在对柔性接口橡胶圈有腐蚀作用的土质及地下水中时，应采用对橡胶圈无影响的柔性材料，封堵住外露橡胶圈的接口缝隙。

4.1.23 管道保温层的施工应符合下列规定：

4.1.23.1 管道焊接、水压试验合格后进行；

4.1.23.2 法兰连接处应留有空隙，其长度为螺栓长加20～30mm；

4.1.23.3 保温层与滑动支座、吊架、支架处应留出空隙；

4.1.23.4 硬质保温结构，应留伸缩缝；

4.1.23.5 施工期间，不得使保温材料受潮；

4.1.23.6 保温层允许偏差应符合表 4.1.23 的规定；

4.1.23.7 保温层变形缝宽度允许偏差应为±5mm。

保温层允许偏差 **表 4.1.23**

项　目	允　许　偏　差	
厚度（mm）	瓦块制品	+5%
	柔性材料	+8%

4.2 钢 管 安 装

4.2.1 钢管质量应符合下列要求：

4.2.1.1 管节的材料、规格、压力等级、加工质量应符合设计规定；

4.2.1.2 管节表面应无斑疤、裂纹、严重锈蚀等缺陷；

4.2.1.3 焊缝外观应符合本规范表 4.2.17 的规定；

4.2.1.4 直焊缝卷管管节几何尺寸允许偏差应符合表 4.2.1 的规定；

直焊缝卷管管节几何尺寸允许偏差 **表 4.2.1**

项　目	允　许　偏　差　（mm）	
周　长	$D \leqslant 600$	±2.0
	$D > 600$	±0.0035D
圆　度	管端 0.005D；其他部位 0.01D	
端面垂直度	0.001D，且不大于 1.5	
弧　度	用弧长 $\pi D/6$ 的弧形板量测于管内壁或外壁纵缝处形成的间隙，其间隙为 $0.1t+2$，且不大于 4；距管端 200mm 纵缝处的间隙不大于 2	

注：1. D 为管内径（mm），t 为壁厚（mm）；

2. 圆度为同端管口相互垂直的最大直径与最小直径之差。

4.2.1.5 同一管节允许有两条纵缝，管径大于或等于 600mm 时，纵向焊缝的间距应大于 300mm；管径小于 600mm 时，其间距应大于 100mm。

4.2.2 管道安装前，管节应逐根测量、编号，宜选用管径相差最小的管节组对对接。

4.2.3 下管前应先检查管节的内外防腐层，合格后方可下管。

4.2.4 管节组成管段下管时，管段的长度、吊距，应根据管径、壁厚、外防腐层材料的种类及下管方法确定。

4.2.5 弯管起弯点至接口的距离不得小于管径，且不得小于 100mm。

4.2.6 管节焊接采用的焊条应符合下列规定：

4.2.6.1 焊条的化学成分、机械强度应与母材相同且匹配，兼顾工作条件和工艺性；

4.2.6.2 焊条质量应符合现行国家标准《碳钢焊条》、《低合金焊条》的规定；

4.2.6.3 焊条应干燥。

4.2.7 管节焊接前应先修口、清根，管端端面的坡口角度、钝边、间隙，应符合表 4.2.7 的规定；不得在对口间隙夹焊帮条或用加热法缩小间隙施焊。

电弧焊管端修口各部尺寸 **表 4.2.7**

修口形式		间隙 b (mm)	钝边 p (mm)	坡口角度 α (°)
图示	壁厚 t (mm)			
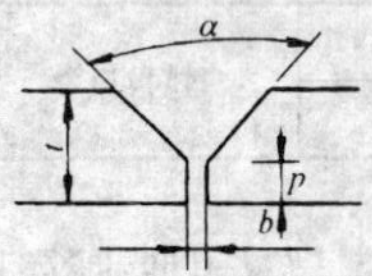	4～9	1.5～3.0	1.0～1.5	60～70
	10～26	2.0～4.0	1.0～2.0	60±5

4.2.8 对口时应使内壁齐平，当采用长 300mm 的直尺在接口内壁周围顺序贴靠，错口的允许偏差应为 0.2 倍壁厚，且不得大于 2mm。

4.2.9 对口时纵、环向焊缝的位置应符合下列规定：

4.2.9.1 纵向焊缝应放在管道中心垂线上半圆的45°左右处；

4.2.9.2 纵向焊缝应错开，当管径小于600mm时，错开的间距不得小于100mm，当管径大于或等于600mm时，错开的间距不得小于300mm；

4.2.9.3 有加固环的钢管，加固环的对焊焊缝应与管节纵向焊缝错开，其间距不应小于100mm；加固环距管节的环向焊缝不应小于50mm；

4.2.9.4 环向焊缝距支架净距不应小于100mm；

4.2.9.5 直管管段两相邻环向焊缝的间距不应小于200mm；

4.2.9.6 管道任何位置不得有十字形焊缝。

4.2.10 不同壁厚的管节对口时，管壁厚度相差不宜大于3mm。不同管径的管节相连时，当两管径相差大于小管管径的15%时，可用渐缩管连接。渐缩管的长度不应小于两管径差值的2倍，且不应小于200mm。

4.2.11 管道上开孔应符合下列规定：

4.2.11.1 不得在干管的纵向、环向焊缝处开孔；

4.2.11.2 管道上任何位置不得开方孔；

4.2.11.3 不得在短节上或管件上开孔。

4.2.12 直线管段不宜采用长度小于800mm的短节拼接。

4.2.13 组合钢管固定口焊接及两管段间的闭合焊接，应在无阳光直照和气温较低时施焊。当采用柔性接口代替闭合焊接时，应与设计单位协商确定。

4.2.14 在寒冷或恶劣环境下焊接应符合下列规定：

4.2.14.1 清除管道上的冰、雪、霜等；

4.2.14.2 当工作环境的风力大于5级、雪天或相对湿度大于90%时，应采取保护措施施焊；

4.2.14.3 焊接时，应使焊缝可自由伸缩，并应使焊口缓慢降温；

4.2.14.4 冬期焊接时，应根据环境温度进行预热处理，并应符合表4.2.14的规定。

冬期焊接预热的规定 　　**表 4.2.14**

钢　　号	环境温度(℃)	预热宽度(mm)	预热达到温度(℃)
含碳量≤0.2%碳素钢	≤−20	焊口每侧不小于40	100～150
0.2%<含碳量<0.3%	≤−10		
16Mn	≤0		100～200

4.2.15 钢管对口检查合格后，方可进行点焊，点焊时，应符合下列规定：

4.2.15.1 点焊焊条应采用与接口焊接相同的焊条；

4.2.15.2 点焊时，应对称施焊，其厚度应与第一层焊接厚度一致；

4.2.15.3 钢管的纵向焊缝及螺旋焊缝处不得点焊；

4.2.15.4 点焊长度与间距应符合表4.2.15的规定；

点焊长度与间距 　　**表 4.2.15**

管径(mm)	点焊长度(mm)	环向点焊点(处)
350～500	50～60	5
600～700	60～70	6
≥800	80～100	点焊间距不宜大于400mm

4.2.16 管径大于800mm时，应采用双面焊。

4.2.17 管道对接时，环向焊缝的检验及质量应符合下列规定：

4.2.17.1 检查前应清除焊缝的渣皮、飞溅物；

4.2.17.2 应在油渗、水压试验前进行外观检查；

4.2.17.3 管径大于或等于800mm时，应逐口进行油渗检验，不合格的焊缝应铲除重焊；

4.2.17.4 焊缝的外观质量应符合表4.2.17的规定；

4.2.17.5 当有特殊要求，进行无损探伤检验时，取样数量与要求等级应按设计规定执行；

4.2.17.6 不合格的焊缝应返修，返修次数不得超过三次。

焊缝的外观质量 表 4.2.17

项目	技术要求
外观	不得有熔化金属流到焊缝外未熔化的母材上，焊缝和热影响区表面不得有裂纹、气孔、弧坑和灰渣等缺陷；表面光顺、均匀，焊道与母材应平缓过渡
宽度	应焊出坡口边缘 2～3mm
表面余高	应小于或等于 1+0.2 倍坡口边缘宽度，且不应大于 4mm
咬边	深度应小于或等于 0.5mm，焊缝两侧咬边总长不得超过焊缝长度的 10%，且连续长不应大于 100mm
错边	应小于或等于 0.2t，且不应大于 2mm
未焊满	不允许

注：t 为壁厚（mm）。

4.2.18 钢管采用螺纹连接时，管节的切口断面应平整，偏差不得超过一扣，丝扣应光洁，不得有毛刺、乱丝、断丝，缺丝总长不得超过丝扣全长的 10%。接口紧固后宜露出 2～3 扣螺纹。

4.2.19 管道法兰连接应符合下列规定：

4.2.19.1 法兰接口平行度允许偏差应为法兰外径的 1.5%，且不应大于 2mm；螺孔中心允许偏差应为孔径的 5%；

4.2.19.2 应使用相同规格的螺栓；安装方向应一致，螺栓应对称紧固，紧固好的螺栓应露出螺母之外；

4.2.19.3 与法兰接口两侧相邻的第一至第二个刚性接口或焊接接口，待法兰螺栓紧固后方可施工；

4.2.19.4 法兰接口埋入土中时，应采取防腐措施。

4.2.20 钢管道安装允许偏差应符合表 4.2.20 的规定。

钢管道安装允许偏差（mm） 表 4.2.20

项目	允许偏差	
	无压力管道	压力管道
轴线位置	15	30
高程	±10	±20

4.3 钢管道内外防腐

4.3.1 钢管道水泥砂浆内防腐层施工前应符合下列规定：

4.3.1.1 管道内壁的浮锈、氧化铁皮、焊渣、油污等，应彻底清除干净；焊缝突起高度不得大于防腐层设计厚度的 1/3；

4.3.1.2 先下管后作防腐层的管道，应在水压试验、土方回填验收合格，且管道变形基本稳定后进行；

4.3.1.3 管道竖向变形不得大于设计规定，且不应大于管道内径的 2%。

4.3.2 水泥砂浆内防腐层的材料质量应符合下列规定：

4.3.2.1 不得使用对钢管道及饮用水水质造成腐蚀或污染的材料；使用外加剂时，其掺量应经试验确定；

4.3.2.2 砂应采用坚硬、洁净、级配良好的天然砂，除符合国家现行标准《普通混凝土用砂质量标准及检验方法》外，其含泥量不应大于 2%，其最大粒径不应大于 1.2mm，级配应根据施工工艺、管径、现场施工条件，在砂浆配合比设计中选定；

4.3.2.3 水泥宜采用 425 号以上的硅酸盐、普通硅酸盐水泥或矿渣硅酸盐水泥；

4.3.2.4 拌和水应采用对水泥砂浆强度、耐久性无影响的洁净水。

4.3.3 钢管道水泥砂浆内防腐层施工应符合下列规定：

4.3.3.1 水泥砂浆内防腐层可采用机械喷涂、人工抹压、拖筒或离心预制法施工；采用预制法施工时，在运输、安装、回填土过程中，不得损坏水泥砂浆内防腐层；

4.3.3.2 管道端点或施工中断时，应预留搭茬；

4.3.3.3 水泥砂浆抗压强度标准值不应小于 30N/mm^2；

4.3.3.4 采用人工抹压法施工时，应分层抹压；

4.3.3.5 水泥砂浆内防腐层成形后，应立即将管道封堵，终凝后进行潮湿养护；普通硅酸盐水泥养护时间不应少于 7d，矿渣硅酸盐水泥不应少于 14d；通水前应继续封堵，保持湿润。

4.3.4 水泥砂浆内防腐层的质量，应符合下列规定：

4.3.4.1 裂缝宽度不得大于 0.8mm，沿管道纵向长度不应大于管道的周长，且不应大于 2.0m；

4.3.4.2 防腐层厚度允许偏差及麻点、空窝等表面缺陷的深度应符合表 4.3.4 的规定，缺陷面积每处不应大于 $5cm^2$；

防腐层厚度允许偏差及表面缺陷的允许深度(mm)　**表 4.3.4**

管径(mm)	防腐层厚度允许偏差	表面缺陷允许深度
≤1000	±2	2
>1000，且≤1800	±3	3
>1800	+4 −3	4

4.3.4.3 防腐层平整度：以 300mm 长的直尺，沿管道纵轴方向贴靠管壁，量测防腐层表面和直尺间的间隙应小于 2mm；

4.3.4.4 防腐层空鼓面积每平方米不得超过 2 处，每处不得大于 $100cm^2$。

4.3.5 埋地钢管道外防腐层的构造应符合设计规定，当设计无规定时其构造应符合表 4.3.5-1 及表 4.3.5-2 的规定。

石油沥青涂料外防腐层构造　**表 4.3.5-1**

材料种类	三油二布		四油三布		五油四布	
	构　造	厚度(mm)	构　造	厚度(mm)	构　造	厚度(mm)
石油沥青涂料	1. 底漆一层 2. 沥青 3. 玻璃布一层 4. 沥青 5. 玻璃布一层 6. 沥青 7. 聚氯乙烯工业薄膜一层	≥4.0	1. 底漆一层 2. 沥青 3. 玻璃布一层 4. 沥青 5. 玻璃布一层 6. 沥青 7. 玻璃布一层 8. 沥青 9. 聚氯乙烯工业薄膜一层	≥5.5	1. 底漆一层 2. 沥青 3. 玻璃布一层 4. 沥青 5. 玻璃布一层 6. 沥青 7. 玻璃布一层 8. 沥青 9. 玻璃布一层 10. 沥青 11. 聚氯乙烯工业薄膜一层	≥7.0

环氧煤沥青涂料外防腐层构造　**表 4.3.5-2**

材料种类	二油		三油一布		四油二布	
	构　造	厚度(mm)	构　造	厚度(mm)	构　造	厚度(mm)
环氧煤沥青涂料	1. 底漆 2. 面漆 3. 面漆	≥0.2	1. 底漆 2. 面漆 3. 玻璃布 4. 面漆 5. 面漆	≥0.4	1. 底漆 2. 面漆 3. 玻璃布 4. 面漆 5. 玻璃布 6. 面漆 7. 面漆	≥0.6

4.3.6 钢管道石油沥青及环氧煤沥青涂料外防腐层，雨期、冬期施工应符合下列规定：

4.3.6.1 当环境温度低于 5℃时，不宜采用环氧煤沥青涂料，当采用石油沥青涂料时，应采取冬期施工措施；当环境低于−15℃或相对湿度大于 85%时，未采取措施不得进行施工。

4.3.6.2 不得在雨、雾、雪或 5 级以上大风中露天施工；

4.3.6.3 已涂石油沥青防腐层的管道，炎热天气下，不宜直接受阳光照射；冬期当气温等于或低于沥青涂料脆化温度时，不得起吊、运输和铺设。脆化温度试验应符合现行国家标准《石油沥青脆点测定法》的规定。

4.3.7 外防腐层的材料质量应符合下列规定：

4.3.7.1 沥青应采用建筑 10 号石油沥青；

4.3.7.2 玻璃布应采用干燥、脱蜡、无捻、封边、网状平纹、中碱的玻璃布；当采用石油沥青涂料时，其经纬密度应根据施工环境温度选用 8×8 根/cm～12×12 根/cm 的玻璃布；当采用环氧煤沥青涂料时，应选用经纬密度为 10×12 根/cm～12×12 根/cm 的玻璃布；

4.3.7.3 外包保护层应采用可适应环境温度变化的聚氯乙烯工业薄膜，其厚度应为 0.2mm，拉伸强度应大于或等于 $14.7N/mm^2$，断裂伸长率应大于或等于 200%；

4.3.7.4 环氧煤沥青涂料，宜采用双组份，常温固化型的涂料，其性能应符合国家现行标准《埋地钢质管道环氧煤沥青防腐层技术标准》中规定的指标。

4.3.8 石油沥青涂料的配制应符合下列规定：

4.3.8.1 底漆与面漆涂料应采用同一标号的沥青配制，沥青与汽油的体积比例应为1：2～3；

4.3.8.2 涂料应采用建筑10号石油沥青熬制，其性能应符合表4.3.8的规定。

石油沥青涂料性能 **表4.3.8**

项目	性能指标
软化点(环球法)	95℃
针入度	5～20(1/10mm)
延度	＞1cm

注：软化点、针入度、延度，其试验方法应符合现行国家标准的规定。

4.3.9 钢管道石油沥青涂料外防腐层施工应符合下列规定：

4.3.9.1 涂底漆前管子表面应清除油垢、灰渣、铁锈，氧化铁皮采用人工除锈时，其质量标准应达St3级；喷砂或化学除锈时，其质量标准应达Sa2.5级；

注：St3级及Sa2.5级应符合国家现行标准《涂装前钢材表面处理规范》的规定。

4.3.9.2 涂底漆时基面应干燥，基面除锈后与涂底漆的间隔时间不得超过8h。应涂刷均匀、饱满，不得有凝块、起泡现象，底漆厚度宜为0.1～0.2mm，管两端150～250mm范围内不得涂刷；

4.3.9.3 沥青涂料熬制温度宜在230℃左右，最高温度不得超过250℃，熬制时间不大于5h，每锅料应抽样检查，其性能应符合表4.3.8的规定；

4.3.9.4 沥青涂料应涂刷在洁净、干燥的底漆上，常温下刷沥青涂料时，应在涂底漆后24h之内实施；沥青涂料涂刷温度不得低于180℃。

4.3.9.5 涂沥青后应立即缠绕玻璃布，玻璃布的压边宽度应为30～40mm；接头搭接长度不得小于100mm，各层搭接接头应相互错开，玻璃布的油浸透率应达到95%以上，不得出现大于50mm×50mm的空白；管端或施工中断处应留出长150～250mm的阶梯形搭茬；阶梯宽度应为50mm；

4.3.9.6 当沥青涂料温度低于100℃时，包扎聚氯乙烯工业薄膜保护层，不得有摺皱、脱壳现象，压边宽度应为30～40mm，搭接长度应为100～150mm；

4.3.9.7 沟槽内管道接口处施工，应在焊接、试压合格后进行，接茬处应粘结牢固、严密。

4.3.10 环氧煤沥青外防腐层施工应符合下列规定：

4.3.10.1 管节表面应符合本规范第4.3.9.1款的规定；焊接表面应光滑无刺、无焊瘤、棱角；

4.3.10.2 涂料配制应按产品说明书的规定操作；

4.3.10.3 底漆应在表面除锈后的8h之内涂刷，涂刷应均匀，不得漏涂；管两端150～250mm范围内不得涂刷。

4.3.10.4 面漆涂刷和包扎玻璃布，应在底漆表干后进行，底漆与第一道面漆涂刷的间隔时间不得超过24h。

4.3.11 外防腐层质量应符合表4.3.11的规定。

外防腐层质量标准 **表4.3.11**

材料种类	构造	检查项目			
		厚度(mm)	外观	电火花试验	粘附性
石油沥青涂料	三油二布	≥4.0	涂层均匀无摺皱、空泡、凝块	18kV 用电火花检漏仪检查无打火花现象	以夹角为45～60°边长40～50mm的切口，从角尖端撕开防腐层；首层沥青层应100%地粘附在管道的外表面
	四油三布	≥5.5		22kV	
	五油四布	≥7.0		26kV	
环氧煤沥青涂料	二油	≥0.2		2kV	以小刀割开一舌形切口，用力撕开切口处的防腐层，管道表面仍为漆皮所覆盖，不得露出金属表面
	三油一布	≥0.4		3kV	
	四油二布	≥0.6		5kV	

4.4 铸铁、球墨铸铁管安装

4.4.1 铸铁管、球墨铸铁管及管件的外观质量应符合下列规定：

4.4.1.1 管及管件表面不得有裂纹，管及管件不得有妨碍使用的凹凸不平的缺陷；

4.4.1.2 采用橡胶圈柔性接口的铸铁、球墨铸铁管，承口的内工作面和插口的外工作面应光滑、轮廓清晰，不得有影响接口密封性的缺陷；

4.4.1.3 铸铁管、球墨铸铁管及管件的尺寸公差应符合现行国家产品标准的规定。

4.4.2 管及管件下沟前，应清除承口内部的油污、飞刺、铸砂及凹凸不平的铸瘤；柔性接口铸铁管及管件承口的内工作面、插口的外工作面应修整光滑，不得有沟槽、凸脊缺陷；有裂纹的管及管件不得使用。

4.4.3 沿直线安装管道时，宜选用管径公差组合最小的管节组对连接，接口的环向间隙应均匀，承插口间的纵向间隙不应小于3mm。

4.4.4 管道沿曲线安装时，接口的允许转角，不得大于表4.4.4的规定。

沿曲线安装接口的允许转角　　表4.4.4

接口种类	管径(mm)	允许转角(°)
刚性接口	75～450	2
	500～1200	1
滑入式T形、梯唇形橡胶圈接口及柔性机械式接口	75～600	3
	700～800	2
	≥900	1

4.4.5 刚性接口材料应符合下列规定：

4.4.5.1 水泥宜采用425号水泥；

4.4.5.2 石棉应选用机选4F级温石棉；

4.4.5.3 油麻应采用纤维较长、无皮质、清洁、松软、富有韧性的油麻；

4.4.5.4 圆形橡胶圈应符合国家现行标准《预　应力　、自应力钢筋混凝土管用橡胶密封圈》的规定；

4.4.5.5 铅的纯度不应小于99%。

4.4.6 刚性接口填料应符合设计规定。设计无规定时，宜符合表4.4.6的规定。

刚性接口填料的规定　　表4.4.6

接口种类	内层填料 材料	内层填料 填打深度	外层填料 材料	外层填料 填打深度
刚性接口	油麻辫	约占承口总深度的1/3，不得超过承口水线里缘；当采用铅接口时，应距承口水线里缘5mm	石棉水泥	约占承口深度的2/3，表面平整一致，凹入端面2mm
	橡胶圈	填打至插口小台或距插口端10mm	石棉水泥	填打至橡胶圈，表面平整一致，凹入端面2mm

注：1. 油麻辫直径为1.5倍接口环向间隙；环向搭接宜为50～100mm填打密实。
2. 橡胶圈细部尺寸应按本规范第4.5.10条规定选用。

4.4.7 石棉水泥应在填打前拌和，石棉水泥的重量配合比应为石棉30%，水泥70%，水灰比宜小于或等于0.20；拌好的石棉水泥应在初凝前用完；填打后的接口应及时潮湿养护。

4.4.8 热天或昼夜温差较大地区的刚性接口，宜在气温较低时施工，冬期宜在午间气温较高时施工，并应采取保温措施。

4.4.9 采用石棉水泥做接口外层填料时，当地下水对水泥有侵蚀作用时，应在接口表面涂防腐层。

4.4.10 刚性接口填打后，管道不得碰撞及扭转。

4.4.11 当柔性接口采用滑入式T形、梯唇形及柔性机械式接口时，橡胶圈的质量、性能、细部尺寸，应符合现行国家铸铁管、球墨铸铁管及管件标准中有关橡胶圈的规定。每个橡胶圈的接头不得超过2个。

4.4.12 橡胶圈安装就位后不得扭曲。当用探尺检查时，沿圆周各点应与承口端面等距，其允许偏差应为±3mm。

4.4.13 安装滑入式橡胶圈接口时，推入深度应达到标记环，并复查与其相邻已安好的第一至第二个接口推入深度。

4.4.14 安装柔性机械接口时，应使插口与承口法兰压盖的纵向轴线相重合；螺栓安装方向应一致，并均匀、对称地紧固。

4.4.15 当特殊需要采用铅接口施工时，管口表面必须干燥、清洁，严禁水滴落入铅锅内；灌铅时铅液必须沿注孔一侧灌入，一次灌满，不得断流；脱膜后将铅打实，表面应平整，凹入承口宜为1～2mm。

4.4.16 铸铁、球墨铸铁管安装偏差应符合下列规定：

4.4.16.1 管道安装允许偏差应符合表4.4.16的规定；

铸铁、球墨铸铁管安装允许偏差(mm) **表 4.4.16**

项目	允许偏差	
	无压力管道	压力管道
轴线位置	15	30
高程	±10	±20

4.4.16.2 闸阀安装应牢固、严密，启闭灵活，与管道轴线垂直。

4.5 非金属管安装

4.5.1 非金属管外观质量及尺寸公差应符合现行国家产品标准的规定。

4.5.2 混凝土及钢筋混凝土管刚性接口的接口材料除应符合本规范第4.4.5条的有关规定外，应选用粒径0.5～1.5mm，含泥量不大于3%的洁净砂及网格10mm×10mm、丝径为20号的钢丝网。

4.5.3 管节安装前应进行外观检查，发现裂缝、保护层脱落、空鼓、接口掉角等缺陷，使用前应修补并经鉴定合格后，方可使用。

4.5.4 管座分层浇筑时，管座平基混凝土抗压强度应大于5.0N/mm²，方可进行安管。管节安装前应将管内外清扫干净，安装时应使管节内底高程符合设计规定，调整管节中心及高程时，必须垫稳，两侧设撑杠，不得发生滚动。

4.5.5 采用混凝土管座基础时，管节中心、高程复验合格后，应及时浇筑管座混凝土。

4.5.6 砂及砂石基础材料应震实，并应与管身和承口外壁均匀接触。

4.5.7 管道暂时不接支线的预留孔应封堵。

4.5.8 混凝土管座的模板，可一次或两次支设，每次支设高度宜略高于混凝土的浇筑高度。

4.5.9 浇筑混凝土管座，应符合下列规定：

4.5.9.1 清除模板中的尘渣、异物，核实模板尺寸；

4.5.9.2 管座分层浇筑时，应先将管座平基凿毛冲净，并将管座平基与管材相接触的三角部位，用同强度等级的混凝土砂浆填满、捣实后，再浇混凝土；

4.5.9.3 采用垫块法一次浇筑管座时，必须先从一侧灌注混凝土，当对侧的混凝土与灌注一侧混凝土高度相同时，两侧再同时浇筑，并保持两侧混凝土高度一致；

4.5.9.4 管座基础留变形缝时，缝的位置应与柔性接口相一致；

4.5.9.5 浇筑混凝土管座时，应留混凝土抗压强度试块，留置数量及强度评定方法应按本规范第5.3.22条及第5.3.23.1款进行。

4.5.10 当柔性接口采用圆形橡胶圈时，其材质应符合本规范第4.4.5.4款的规定，圆形橡胶圈的细部尺寸应按下列公式计算确定：

$$d_0 = \frac{e}{\sqrt{K_R} \cdot (1-\rho)} \tag{4.5.10-1}$$

$$D_R = K_R \cdot D_W \tag{4.5.10-2}$$

式中 d_0——橡胶圈截面直径（mm）；

e——接口环向间隙（mm）；

ρ——压缩率，铸铁管取34%～40%，预应力、自应力混凝土管取35%～45%；

D_R——安装前橡胶圈环向内径（mm）；

K_R——环径系数，取0.85～0.90；

D_W——插口端外径（mm）。

4.5.11 橡胶圈使用前必须逐个检查，不得有割裂、破损、气泡、大飞边等缺陷。

4.5.12 陶管、混凝土及钢筋混凝土管沿直线安装时，管口间的纵向间隙应符合表4.5.12的规定。

管口间的纵向间隙（mm） **表4.5.12**

管材种类	接口类型	管径	纵向间隙
混凝土及钢筋混凝土管	平口、企口	<600	1.0～5.0
		≥700	7.0～15
	承插式甲型口	500～600	3.5～5.0
	承插式乙型口	300～1500	5.0～15
陶管	承插式接口	<300	3.0～5.0
		400～500	5.0～7.0

4.5.13 预应力管、自应力混凝土管安装应平直、无突起、突弯现象。沿曲线安装时，管口间的纵向间隙最小处不得大于5mm，接口转角不得大于表4.5.13的规定。

沿曲线安装接口允许转角 **表4.5.13**

管材种类	管径（mm）	转角（°）
预应力混凝土管	400～700	1.5
	800～1400	1.0
	1600～3000	0.5
自应力混凝土管	100～800	1.5

4.5.14 预应力、自应力混凝土管及乙型接口的钢筋混凝土管安装时，承口内工作面、插口外工作面应清洗干净；套在插口上的圆形橡胶圈应平直、无扭曲。安装时，橡胶圈应均匀滚动到位，放松外力后回弹不得大于10mm，就位后应在承、插口工作面上。

4.5.15 预应力、自应力混凝土管不得截断使用。

4.5.16 当预应力、自应力混凝土管道采用金属管件连接时，管件应进行防腐处理。

4.5.17 当采用水泥砂浆填缝及抹带接口时，落入管道内的接口材料应清除。管径大于或等于700mm时，应采用水泥砂浆将管道内接口纵向间隙部位抹平、压光；当管径小于700mm时，填缝后应立即拖平。

4.5.18 钢丝网水泥砂浆及水泥砂浆抹带接口施工应符合下列规定：

4.5.18.1 抹带前应将管口的外壁凿毛、洗净，当管径小于或等于400mm时，水泥砂浆抹带可一次抹成；当管径大于400mm时，应分两层抹成；

4.5.18.2 钢丝网端头应在浇筑混凝土管座时插入混凝土内，在混凝土初凝前，分层抹压钢丝网水泥砂浆抹带；

4.5.18.3 抹带完成后，应立即用平软材料覆盖，3～4h后洒水养护。

4.5.19 承插式甲型接口，采用水泥砂浆填缝时，安装前应将接口部位清洗干净。插口进入承口后，应将管节接口环向间隙调整均匀，再用水泥砂浆填满、捣实、表面抹平。

4.5.20 水泥砂浆抹带及接口填缝时，水泥砂浆配合比应符合设计规定。当设计无规定时水泥砂浆配合比宜符合表4.5.20的规定。

水泥砂浆配合比 **表4.5.20**

使用范围	重量配合比		
	水泥	砂浆	水灰比
甲型接口填缝	1	2.0	≤0.5
抹带	1	2.5	

4.5.21 非金属管道接口安装质量应符合下列规定：

4.5.21.1 承插式甲型接口、套环口、企口应平直，环向间隙应均匀，填料密实、饱满，表面平整，不得有裂缝现象；

4.5.21.2 钢丝网水泥砂浆抹带接口应平整，不得有裂缝、空鼓等现象，抹带宽度、厚度的允许偏差应为0～+5mm；

4.5.21.3 预应力混凝土管及钢筋混凝土管乙型接口，对口间隙应符合本规范表4.5.12及第4.5.13条的规定，橡胶圈应位于插口小台内，并应无扭曲现象。

4.5.22 非金属管道基础及安装的允许偏差应符合表4.5.22的规定。

非金属管道基础及安装的允许偏差　　表4.5.22

项目				允许偏差 无压力管道	允许偏差 压力管道
垫层			中线每侧宽度	不小于设计规定	
垫层			高程	0 −15 (mm)	
管道基础	混凝土	管座平基	中线每侧宽度	0 +10 (mm)	
管道基础	混凝土	管座平基	高程	0 −15 (mm)	
管道基础	混凝土	管座平基	厚度	不小于设计规定	
管道基础	混凝土	管座	肩宽	+10 −5 (mm)	
管道基础	混凝土	管座	肩高	±20 (mm)	
管道基础	混凝土	管座	抗压强度	不低于设计规定	
管道基础	混凝土	管座	蜂窝麻面面积	两井间每侧≤1.0%	
管道基础	土弧、砂或砂砾		厚度	不小于设计规定	
管道基础	土弧、砂或砂砾		支承角侧边高程	不小于设计规定	
管道安装 (mm)	轴线位置			15	30
管道安装 (mm)	管道内底高程		$D\leqslant1000$	±10	±20
管道安装 (mm)	管道内底高程		$D>1000$	±15	±30
管道安装 (mm)	刚性接口相邻管节内底错口		$D\leqslant1000$	3	3
管道安装 (mm)	刚性接口相邻管节内底错口		$D>1000$	5	5

注：D为管道内径（mm）。

5 管 渠

5.1 一 般 规 定

5.1.1 管渠施工设计应包括以下主要内容：

5.1.1.1 施工平面及剖面布置图；

5.1.1.2 确定分段施工顺序；

5.1.1.3 降水、支撑及地基处理措施；

5.1.1.4 砌筑、现浇及装配等施工方法的设计；

5.1.1.5 安全施工及保证质量的措施。

注：管渠指采用砖、石及混凝土砌块砌筑、钢筋混凝土现场浇筑的以及采用钢筋混凝土预制构件装配的圆形、矩形、拱形等异形截面的输水管道。

5.1.2 管渠施工宜按变形缝分段进行。墙体、拱圈、顶板的变形缝与底板的变形缝应对正，缝宽应符合设计要求。

5.1.3 砌筑或装配式钢筋混凝土管渠应采用水泥砂浆。水泥标号不应低于325号；砂宜采用质地坚硬、级配良好而洁净的中粗砂，其含泥量不应大于3%；掺用防水剂或防冻剂时，应符合国家现行有关防水剂或防冻剂标准的规定。

5.1.4 水泥砂浆配制和应用应符合下列要求：

5.1.4.1 砂浆应按设计配合比配制；

5.1.4.2 砂浆应搅拌均匀，稠度符合施工设计规定；

5.1.4.3 砂浆拌和后，应在初凝前使用完毕。使用中出现泌水时，应拌和均匀后再用。

5.1.5 砂浆试块的留置与抗压强度试块的评定应符合下列要求：

5.1.5.1 每砌筑100m^3砌体，或每砌筑段、安装段，留取砂浆试块不得少于一组，每组6块。当砌体不足100m^3时，亦应留取一组试块，6个试块应取自同盘砂浆；

5.1.5.2 试块抗压强度的评定：同标号砂浆各组试块强度的平均值不应低于设计规定；任意一组试块强度不得低于设计抗压强度标准值的0.75倍。

5.1.5.3 当每单位工程中仅有一组试块时，其测得强度值不应低于砂浆设计抗压强度标准值。

注：①砂浆有抗渗、抗冻要求时，应在配合比设计中予以保证。施工中应取样检验，配合比变更时应增留试块；

②每一砌筑或安装段系指按变形缝分段的段长。

5.1.6 配制现浇混凝土的水泥应符合下列要求：

5.1.6.1 水泥宜采用普通硅酸盐水泥、火山灰质硅酸盐水泥，当选用矿渣硅酸盐水泥时，应掺用适宜品种的外加剂；

5.1.6.2 冬期施工宜采用普通硅酸盐水泥，有抗冻要求的混凝土不宜采用火山灰质硅酸盐水泥；

5.1.6.3 管渠主体结构的同一浇筑段内应使用同一品种同一标号的水泥；

5.1.6.4 环境水对混凝土管渠有侵蚀时，应按设计要求选用水泥。

5.1.7 配制管渠混凝土所用骨料除应符合国家现行有关标准的规定外，尚应符合下列要求：

5.1.7.1 粗骨料最大粒径不得大于结构截面最小尺寸的1/4，不得大于钢筋最小净距的3/4，且不得大于40mm。其含泥量不得大于1%，吸水率不应大于1.5%；当采用多级配时，其规格及级配应通过试验确定；

5.1.7.2 细骨料宜选用质地坚硬、级配良好的中粗砂，其含泥量不应大于3%；

5.1.7.3 当发现骨料中含无定形二氧化硅，且可能引起碱-骨料反应时，应通过试验决定可否取用。

5.1.8 配制混凝土时，应根据施工设计要求掺入适宜品种的外加剂，选用外加剂的应用条件、掺量范围等应符合现行国家标准《混凝土外加剂应用技术规范》的有关规定。钢筋混凝土中不得掺入氯盐，给水管渠混凝土中不得掺入亚硝酸钠及6价铬盐等有毒掺剂。

5.1.9 混凝土配合比的选择，应根据抗压强度、抗渗、抗冻等要求指标和施工和易性，并通过计算和试验确定。

5.1.10 管渠的水压试验应符合本规范第10章的有关规定。

5.2 砌筑管渠

5.2.1 管渠砌筑材料应符合下列要求：

5.2.1.1 砌筑用砖应采用机制普通粘土砖，其强度等级不应低于MU7.5，并应符合国家现行标准《普通粘土砖》的规定；

5.2.1.2 石料应采用质地坚实、无风化和裂纹的料石或块石，其强度等级不应低于MU20；

5.2.1.3 混凝土砌块的抗压强度、抗渗、抗冻指标应符合设计要求。

5.2.2 砌筑管渠应按变形缝分段施工，当段内砌筑需间断时，应预留阶梯型斜茬；接砌时，应将斜茬冲净并铺满砂浆，墙转角和交接处应与墙体同时砌筑。

5.2.3 砌筑管渠变形缝的施工应符合下列要求：

5.2.3.1 变形缝内应清除干净，缝的两侧应刷冷底子油一道；

5.2.3.2 缝内填料应填塞密实；

5.2.3.3 灌注沥青等填料应待灌注底板缝的沥青冷却后，再灌注墙缝，并应连续灌满灌实；

5.2.3.4 缝外墙面铺贴沥青卷材时，应将底层抹平，铺贴平整，不得有拥包现象。

5.2.4 砖砌管渠砌筑前应将砖用水浸透，当混凝土基础验收合格，抗压强度达到1.2N/mm²，基础面处理平整和洒水湿润后，方可铺浆砌筑。

5.2.5 砖砌管渠砌筑应符合下列规定：

5.2.5.1 砖砌管渠砌筑应满铺满挤、上下搭砌，水平灰缝厚度和竖向灰缝宽度宜为10mm，并不得有竖向通缝；曲线段的竖向灰缝，其内侧灰缝宽度不应小于 5mm，外侧灰缝不应大于 13mm；

5.2.5.2 墙体宜采用五顺一丁砌法，但底皮与顶皮均应用丁砖砌筑；

5.2.5.3 墙体有抹面要求时，应在砌筑时将挤出的砂浆刮平；墙体为清水墙时，应在砌筑时搂出深度 10mm 的凹缝。

5.2.6 砖砌拱圈应符合下列要求：

5.2.6.1 拱胎模板尺寸应符合施工设计要求，并留出模板伸胀缝，板缝应严实平整；

5.2.6.2 拱胎安装应稳固，高程准确，拆装简易；

5.2.6.3 砌筑前拱胎应充分湿润，冲洗干净，并均匀涂刷隔离剂；

5.2.6.4 砌筑应自两侧向拱中心对称进行，灰缝匀称，拱中心位置正确，灰缝砂浆饱满严密；

5.2.6.5 拱圈应采用退茬法，每块砌块退半块留茬，拱圈应在24h 内封顶，两侧拱圈之间应满铺砂浆，拱顶上不得堆置器材。

5.2.7 采用混凝土砌块砌筑拱形管渠或管渠的弯道时，宜采用楔形或扇形砌块。当砌体垂直灰缝宽度大于 30mm 时，应采用细石混凝土灌实。混凝土强度等级不应小于 C20。

5.2.8 石砌管渠砌筑应符合下列规定：

5.2.8.1 石块应清除表面的污垢等杂质，并用水湿润；

5.2.8.2 砌筑应采用铺浆法分层卧砌，上下错缝，内外搭砌，并应在每 0.7m^2 墙面内至少设置拉结石一块，拉结石在同层内的中距不应大于 2m，每日砌筑高度不宜超过 1.2m；

5.2.8.3 灰缝宽度应均匀，嵌缝应饱满密实。

5.2.9 石砌拱圈，相邻两行拱石的砌缝应错开，砌体必须错缝，咬茬紧密，不得采用外贴侧立石块、中间填心的砌筑方法。

5.2.10 拱形管渠砌筑时，拱的外面、墙体和渠底的灰缝，宜在砌筑时用水泥砂浆勾平，并使其与砌体齐平，拱内面的灰缝应在拆除拱胎后立即勾抹。采用石砌时，拱外及侧墙外面宜根据要求抹成凸缝或平缝。

5.2.11 反拱砌筑应符合下列规定：

5.2.11.1 砌筑前应按设计要求的弧度制作反拱的样板，沿设计轴线每隔 10m 设一块；

5.2.11.2 根据样板挂线，先砌中心的一列砖、石，并找准高程后接砌两侧，灰缝不得凸出砖面，反拱砌筑完成后，应待砂浆强度达到设计抗压强度标准值的 25%时，方准踩压；

5.2.11.3 反拱表面应光滑平顺，高程允许偏差应为±10mm。

5.2.12 拱形管渠侧墙砌筑完毕，并经养护后，在安装拱胎前，两侧墙外回填土时，墙内应采取措施，保持墙体稳定。

5.2.13 砌筑后的砌体应及时进行养护，并不得遭受冲刷、震动或撞击。当砂浆强度达到设计抗压强度标准值的 25%时，方可在无震动条件下拆除拱胎。

5.2.14 砌筑渠体抹面应符合下列规定：

5.2.14.1 渠体表面粘接的杂物应清理干净，并洒水湿润；

5.2.14.2 水泥砂浆抹面宜分两道抹成，第一道抹成后应刮平并使表面造成粗糙纹，第二道砂浆抹平后，应分两次压实抹光；

5.2.14.3 抹面应压实抹平，施工缝留成阶梯形；接茬时，应先将留茬均匀涂刷水泥浆一道，并依次抹压，使接茬严密；阴阳角应抹成圆角；

5.2.14.4 抹面砂浆终凝后，应及时保持湿润养护，养护时间不宜少于 14d。

5.2.15 水泥砂浆抹面质量应符合下列要求：

5.2.15.1 砂浆与基层及各层间应粘结紧密牢固，不得有空鼓及裂纹等现象；

5.2.15.2 抹面平整度不应大于 5mm；

5.2.15.3 接茬应平整，阴阳角清晰顺直。

5.2.16 矩形管渠的钢筋混凝土盖板，应按设计吊点起吊、搬运和堆放，不得反向放置。

5.2.17 矩形管渠钢筋混凝土盖板的安装应符合下列要求：

5.2.17.1 盖板安装前，墙顶应清扫干净，洒水湿润，而后铺浆安装；

5.2.17.2 盖板安装的板缝宽度应均匀一致，吊装时应轻放，不得碰撞；

5.2.17.3 盖板就位后，相邻板底错台不应大于10mm，板端压墙长度，允许偏差应为±10mm，板缝及板端的三角灰，应采用水泥砂浆填抹密实。

5.2.18 管渠砌筑质量允许偏差应符合表5.2.18的要求。

管渠砌筑质量允许偏差（mm）　　**表5.2.18**

项目		砌体允许偏差			
		砖	料石	块石	混凝土块
轴线位置		15	15	20	15
渠底	高程	±10	±20		±10
	中心线每侧宽	±10	±10	±20	±10
墙高		±20	±20		±20
墙厚		不小于设计规定			
墙面垂直度		15	15		15
墙面平整度		10	20	30	10
拱圈断面尺寸		不小于设计规定			

5.2.19 冬期施工砌筑材料应符合下列要求：

5.2.19.1 砖、石及混凝土砌块不得用水湿润，应将冰雪或粘结的泥土等杂物清除干净，并应增大砂浆的流动性；

5.2.19.2 砂浆宜选用普通硅酸盐水泥拌制。

5.2.20 冬期砌筑管渠，应采用抗冻砂浆，抗冻砂浆的食盐掺量应符合表5.2.20的规定。

5.2.21 冬期施工应防止地基遭受冻结，砂浆砌体不得在冻结土基上砌筑。

5.2.22 冬期砂浆抹面应符合下列规定：

5.2.22.1 砂浆可按最低气温掺入食盐，掺量范围应符合表5.2.20的规定；

抗冻砂浆食盐掺量（占水重%）　　**表5.2.20**

类别	最低气温		
	0～−5℃	−6～−10℃	−10℃以下
砖及混凝土块	2	4	5
料石及块石	5	8	10

注：1. 最低气温，系指一昼夜中最低的大气温度；
2. 当砌体中配置钢筋时，钢筋应做防腐处理。

5.2.22.2 抹面前宜采用热盐水将墙面刷净；

5.2.22.3 抹面应在气温0℃以上进行；

5.2.22.4 外露抹面应覆盖养护，有顶盖的内墙抹面应堵住风口。

5.3 现浇钢筋混凝土管渠

5.3.1 现浇钢筋混凝土管渠的施工，应根据管渠的结构形式、施工方法和振捣成型的设施等进行模板和钢筋的施工设计。

5.3.2 矩形管渠的直墙侧模，当不采取螺栓固定时，其两侧模板间应加临时支撑杆；浇筑时，在混凝土面接近撑杆时，应将撑杆拆除。

管渠顶板的底模，当跨度等于或大于4m时，其底模应预留拱度，预留拱度宜为跨长的2‰～3‰。

5.3.3 拱形管渠模板支设时，其拱架结构应简单、坚固，便于制作与拆装；倒拱形渠底流水面部分，应使内模略低于设计高程，且拱面模板应圆整光滑。采用木模时，拱面中心宜设八字缝板一块。

5.3.4 现浇圆形钢筋混凝土管渠模板的支设应符合下列规定：

5.3.4.1 浇筑混凝土基础时，应埋设固定钢筋骨架的架立筋、内模箍筋地锚和外模地锚；

5.3.4.2 当基础混凝土抗压强度达到$1.2N/mm^2$后，应固定钢筋骨架及管内模；

5.3.4.3 管内模尺寸不应小于设计规定，并便于拆装；当采用木模时，应在圆内对称位置各设八字缝板一块；浇筑前模板应洒水湿透；

5.3.4.4 管外模直面部分和堵头板应一次支设，直面部分应设八字缝板，弧面部分宜在浇筑过程中支设；当外模采用框架固定时，应防止整体结构的纵向扭曲变形。

5.3.5 固定模板的支撑不得与脚手架相连。侧墙模板与顶模板、拱模板的支设应分开。

5.3.6 现浇钢筋混凝土管渠，其变形缝内止水带的设置位置应准确牢固，与变形缝垂直，与墙体中心对正。架立止水带的钢筋应预先制作成型。

5.3.7 现浇钢筋混凝土管渠中钢筋骨架安装的允许偏差应符合表5.3.7的规定。

管渠钢筋骨架安装的允许偏差　　表5.3.7

项目	允许偏差
环筋同心度	±10mm
环筋内底高程	±5mm
倾斜度	1%D

注：D 为钢筋骨架的直径（mm）。

5.3.8 现浇钢筋混凝土管渠模板安装允许偏差应符合表5.3.8的规定。

现浇钢筋混凝土管渠模板安装允许偏差（mm）　　表5.3.8

项目		允许偏差
轴线位置	基础	10
	墙板、管、拱	5
相邻两板表面高低差	刨光模板、钢模	2
	不刨光模板	4
表面平整度	刨光模板、钢模	3
	不刨光模板	5
垂直度	墙、板	0.1%H，且不大于6
截面尺寸	基础	+10、−20
	墙、板	+3、−8
	管、拱	不小于设计断面
中心位置	预埋管、件及止水带	3
	预留孔洞	5

注：H 为墙的高度（mm）。

5.3.9 现浇钢筋混凝土管渠模板的拆除应符合下列规定：

5.3.9.1 应在混凝土强度能保证其表面及棱角不受损伤时，拆除侧模板。

5.3.9.2 现浇钢筋混凝土拱或矩形管渠顶部的底模，应在与结构同条件养护的混凝土试块达到表5.3.9规定的抗压强度时进行。

底模拆除时混凝土的抗压强度值　　表5.3.9

结构类型	结构跨度（m）	达到设计强度标准值（%）
板、拱	≤2	50
	>2且≤8	75

注：根据实测抗压强度验算结构安全有保障时，可不受此限制。

5.3.9.3 现浇钢筋混凝土管渠的内模，应待混凝土达到设计强度标准值的75%以后，方可拆除。预留孔洞的内模，在混凝土强度能保证构件和孔洞表面不发生坍塌和裂缝时拆除。

5.3.10 管渠钢筋骨架的安设与定位，应在基础混凝土抗压强度达到规定要求后，将钢筋骨架放在预埋架立筋的预定位置，使其平直后与架立筋焊牢。

钢筋骨架的段与段之间的纵向钢筋的焊接与绑扎应相间进行。

5.3.11 管渠基础下的砂垫层铺平拍实后，混凝土浇筑前不得踩踏。

5.3.12 浇筑管渠基础垫层时，基础面高程宜低于设计基础面，其允许偏差应为0～－10mm。

5.3.13 管渠混凝土的浇筑应连续进行；分层浇筑的压茬间隙时间，当环境温度低于25℃时，不应超过3h，环境温度在25℃及以上时，不应超过2.5h。

5.3.14 现浇钢筋混凝土矩形管渠的施工缝应留在墙底腋角以上不小于20cm处。墙与顶板宜连续浇筑，当浇筑至墙顶时，宜停留1～1.5h的沉降时间，再继续浇筑顶板。

5.3.15 混凝土浇筑不得发生离析现象，管渠两侧应对称浇筑，高差不宜大于30cm。

5.3.16 圆形管渠两侧混凝土的浇筑，当浇筑到管径之半的高度时，宜间歇1～1.5h后再继续浇筑。

5.3.17 现浇钢筋混凝土管渠，除应遵守常规的混凝土浇筑与养护要求外，并应符合下列规定：

5.3.17.1 管顶及拱顶混凝土的坍落度宜降低1～2cm；

5.3.17.2 宜选用碎石作混凝土的粗骨料；

5.3.17.3 增加二次振捣，顶部厚度不得小于设计值；

5.3.17.4 初凝后抹平压光。

5.3.18 浇筑管渠混凝土时，应经常观察模板、支撑、钢筋骨架预埋件和预留孔洞，当有变形或位移时，应立即修整。

5.3.19 采用钢筋混凝土板桩支护并与现浇钢筋混凝土内衬组成排水管渠主体结构时，其板桩施工应符合下列规定：

5.3.19.1 在平面上纵向直线允许偏差为±50mm；

5.3.19.2 垂直度允许偏差为1％。

5.3.20 现浇混凝土管渠每段宜采用同一方法养护，使覆盖厚度、养护温度及洒水等条件保持一致。

5.3.21 冬期施工混凝土管渠采用蒸汽养护时，可在管渠内通低压饱和蒸汽养护，其蒸汽温度不宜大于30℃，升温速度不宜大于10℃/h，降温速度不宜大于5℃/h，混凝土的内外温差不应大于20℃。

5.3.22 混凝土质量应以配合比设计作保证，检验混凝土质量的试块应在浇筑地点制作，其试块留置应符合下列规定：

5.3.22.1 抗压强度试块：

（1）标准养护试块：每工作班不应少于一组，每组3块；

每浇筑$100m^3$或每段长不大于100m时，不应少于一组，每组3块；

（2）与结构同条件养护试块：根据施工设计规定按拆模、施加预应力和施工期间临时荷载等的需要数量留置；

5.3.22.2 抗渗试块：每浇$500m^3$混凝土不得少于一组，每组6块；

5.3.22.3 抗冻试块留置组数应按抗冻标号规定留置，每浇$500m^3$混凝土留置一组。

注：①当浇筑混凝土数量不足$500m^3$时，抗渗、抗冻试块也应按上述规定留置；
②当配合比和施工条件发生变化时，应增加留置组数。

5.3.23 现浇钢筋混凝土管渠质量应符合下列要求：

5.3.23.1 混凝土的抗压强度应按现行国家标准《混凝土强度检验评定标准》进行评定，抗渗、抗冻试块应按现行国家有关标准评定，并不得低于设计规定；

5.3.23.2 现浇钢筋混凝土管渠允许偏差应符合表5.3.23的规定。

现浇钢筋混凝土管渠允许偏差（mm） **表5.3.23**

项目	允许偏差
轴线位置	15
渠底高程	±10
管、拱圈断面尺寸	不小于设计规定
盖板断面尺寸	不小于设计规定
墙高	±10
渠底中线每侧宽度	±10
墙面垂直度	15
墙面平整度	10
墙厚	+10 0

5.4 装配式钢筋混凝土管渠

5.4.1 装配式钢筋混凝土管渠的预制构件的外观、几何尺寸及抗压强度等，应按现行国家有关标准检验合格后方可进入施工现场，构件应按装配顺序编号组合。

5.4.2 矩形或拱形管渠构件的运输、堆放及吊装，不得使构件受损。

5.4.3 当装配式管渠的基础与墙体等上部构件采用杯口连接时，杯口宜与基础一次连续浇筑。当采用分期浇筑时，其基础面应凿毛并清洗干净后方可浇筑。

5.4.4 矩形或拱形构件的安装应符合下列要求：

5.4.4.1 基础杯口混凝土达到设计强度标准值的75%以后，方可进行安装；

5.4.4.2 安装前应将与构件连接部位凿毛清洗，杯底应铺设水泥砂浆；

5.4.4.3 安装时应使构件稳固、接缝间隙符合设计的要求，并将上、下构件的竖向企口接缝错开。

5.4.5 当管渠采用现浇底板后装配墙板法施工时，安装墙板应位置准确，相邻墙板板顶平齐。当采用钢管支撑器临时固定时，支撑器应待板缝及杯口混凝土达到规定强度，并盖好盖板后方可拆除。

5.4.6 管渠侧墙两板间的竖向接缝应采用设计规定的材料填实；当设计无规定时，宜采用细石混凝土或水泥砂浆填实。

5.4.7 后浇杯口混凝土的浇筑，宜在墙体构件间接缝填筑完毕，杯口钢筋绑扎后进行。后浇杯口混凝土达到设计抗压强度标准值的75%以后方可回填土；

5.4.8 矩形或拱形构件进行装配施工时，其水平接缝应铺满水泥砂浆，使接缝咬合，且安装后应及时勾抹压实接缝内外面。

5.4.9 矩形或拱形构件的填缝或勾缝应先做外缝，后做内缝，并适时洒水养护。内部填缝或勾缝，应在管渠外部回填土后进行。

5.4.10 管渠顶板的安装应轻放，不得震裂接缝，并应使顶板缝与墙板缝错开。

5.4.11 矩形或拱形管渠顶部的内接缝，当采用石棉水泥填缝时，宜先填入3/5深度的麻辫后，方可填打石棉水泥至缝平。

5.4.12 装配式钢筋混凝土管渠构件安装允许偏差应符合表5.4.12的规定。

装配式钢筋混凝土管渠构件安装允许偏差（mm）表 5.4.12

项目	允许偏差
轴线位置	10
高程（墙板、拱）	±5
垂直度（墙板）	5
墙板、拱构件间隙	±10
杯口底、顶宽度	+10 −5

6 顶管施工

6.1 一般规定

6.1.1 顶管的施工设计应包括以下主要内容：

6.1.1.1 施工现场平面布置图；

6.1.1.2 顶进方法的选用和顶管段单元长度的确定；

6.1.1.3 工作坑位置的选择及其结构类型的设计；

6.1.1.4 顶管机头选型及各类设备的规格、型号及数量；

6.1.1.5 顶力计算和后背设计；

6.1.1.6 洞口的封门设计；

6.1.1.7 测量、纠偏的方法；

6.1.1.8 垂直运输和水平运输布置；下管、挖土、运土或泥水排除的方法；

6.1.1.9 减阻措施；

6.1.1.10 控制地面隆起、沉降的措施；

6.1.1.11 地下水排除方法；

6.1.1.12 注浆加固措施；

6.1.1.13 安全技术措施。

6.1.2 管道顶进方法的选择，应根据管道所处土层性质、管径、地下水位、附近地上与地下建筑物、构筑物和各种设施等因素，经技术经济比较后确定，并应符合下列规定：

6.1.2.1 在粘性土或砂性土层，且无地下水影响时，宜采用手掘式或机械挖掘式顶管法；当土质为砂砾土时，可采用具有支撑的工具管或注浆加固土层的措施；

6.1.2.2 在软土层且无障碍物的条件下，管顶以上土层较厚时，宜采用挤压式或网格式顶管法；

6.1.2.3 在粘性土层中必须控制地面隆陷时，宜采用土压平衡顶管法；

6.1.2.4 在粉砂土层中且需要控制地面隆陷时，宜采用加泥式土压平衡或泥水平衡顶管法；

6.1.2.5 在顶进长度较短、管径小的金属管时，宜采用一次顶进的挤密土层顶管法。

6.1.3 采用手掘式顶管时，应将地下水位降至管底以下不小于0.5m处，并应采取措施，防止其他水源进入顶管管道。

6.1.4 顶管施工中的测量，应建立地面与地下测量控制系统，控制点应设在不易扰动、视线清楚、方便校核、易于保护处。

6.2 工作坑

6.2.1 顶管工作坑的位置应按下列条件选择：

6.2.1.1 管道井室的位置；

6.2.1.2 可利用坑壁土体作后背；

6.2.1.3 便于排水、出土和运输；

6.2.1.4 对地上与地下建筑物、构筑物易于采取保护和安全施工的措施；

6.2.1.5 距电源和水源较近，交通方便；

6.2.1.6 单向顶进时宜设在下游一侧。

6.2.2 采用装配式后背墙时应符合下列规定：

6.2.2.1 装配式后背墙宜采用方木、型钢或钢板等组装，组装后的后背墙应有足够的强度和刚度；

6.2.2.2 后背土体壁面应平整，并与管道顶进方向垂直；

6.2.2.3 装配式后背墙的底端宜在工作坑底以下，不宜小于50cm；

6.2.2.4 后背土体壁面应与后背墙贴紧，有孔隙时应采用砂石料填塞密实；

6.2.2.5 组装后背墙的构件在同层内的规格应一致，各层之间的接触应紧贴，并层层固定。

6.2.3 工作坑的支撑宜形成封闭式框架,矩形工作坑的四角应加斜撑。

6.2.4 顶管工作坑及装配式后背墙的墙面应与管道轴线垂直,其施工允许偏差应符合表6.2.4的规定。

工作坑及装配式后背墙的施工允许偏差（mm） **表6.2.4**

项目		允许偏差
工作坑每侧	宽度	不小于施工设计规定
	长度	
装配式后背墙	垂直度	0.1%H
	水平扭转度	0.1%L

注：1. H 为装配式后背墙的高度（mm）；
2. L 为装配式后背墙的长度（mm）。

6.2.5 当无原土作后背墙时，应设计结构简单、稳定可靠、就地取材、拆除方便的人工后背墙。

6.2.6 利用已顶进完毕的管道作后背时，应符合下列规定：

6.2.6.1 待顶管道的顶力应小于已顶管道的顶力；

6.2.6.2 后背钢板与管口之间应衬垫缓冲材料；

6.2.6.3 采取措施保护已顶入管道的接口不受损伤。

6.2.7 当顶管工作坑采用地下连续墙时，应符合现行国家标准《地基与基础工程施工及验收规范》的规定，并应编制施工设计。施工设计应包括以下主要内容；

6.2.7.1 工作坑施工平面布置及竖向布置；

6.2.7.2 槽段开挖土方及泥浆处理；

6.2.7.3 墙体混凝土的连接形式及防渗措施；

6.2.7.4 预留顶管洞口设计；

6.2.7.5 预留管、件及其与内部结构连接的措施；

6.2.7.6 开挖工作坑支护及封底措施；

6.2.7.7 墙体内面的修整、护衬及顶管后背的设计；

6.2.7.8 必要的试验研究内容。

6.2.8 地下连续墙墙段间宜采用接头箱法连接，且其接缝位置应与井室内部结构相接处错开。

6.2.9 槽段开挖成形允许偏差应符合表6.2.9的规定。

槽段开挖成形允许偏差（mm） **表6.2.9**

项目	允许偏差
轴线位置	30
成槽垂直度	<H/300
成槽深度	清孔后不小于设计规定

注：1. 轴线位置指成槽轴线与设计轴线位置之差；
2. H 为成槽深度（mm）。

6.2.10 采用钢管作预埋顶管洞口时，钢管外宜加焊止水环，且周围应采用钢制框架,按设计位置与钢筋骨架的主筋焊接牢固;钢管内宜采用具有凝结强度的轻质胶凝材料封堵；钢筋骨架与井室结构或顶管后背的连接筋、螺栓、连接挡板锚筋，应位置准确，联接牢固。

6.2.11 槽段混凝土浇筑的技术要求应符合表6.2.11的规定。

槽段混凝土浇筑的技术要求 **表6.2.11**

项目		技术要求指标
混凝土配合比	水灰比	≤0.6
	灰砂比	1∶2～1∶2.5
	水泥用量	≥370kg/m³
	坍落度	20±2cm
混凝土浇筑	拼接导管检漏压力	>0.3MPa
	钢筋骨架就位后到浇筑开始	<4h
	导管间距	≤3m
	导管距槽端距离	≤1.50m
	导管埋置深度	>1.00m，<6.00m
	混凝土面上升速度	>4.00m/h
	导管间混凝土面高差	<0.50m

注：1. 工作坑兼做管道构筑物时，其混凝土施工尚应满足结构要求；
2. 导管埋置深度系指开浇后正常浇筑时，混凝土面距导管底口的距离；
3. 导管间距系指当导管管径为200～300mm时，导管中心至中心的距离。

6.2.12 地下连续墙的顶管后背部位，应按施工设计采取加固措施。

6.2.13 开挖工作坑，应按施工设计规定及时支护，可采用与墙体连接的钢筋混凝土圈梁和支撑梁的方法支护，也可采用钢管支撑法支护。支撑应满足便于运土、提吊管件及机具设备等的要求。

6.2.14 地下连续墙施工允许偏差应符合表 6.2.14 的规定。

地下连续墙施工允许偏差 **表 6.2.14**

项目		允许偏差
轴线位置		100mm
墙面平整度	粘土层	100mm
	砂土层	200mm
预埋管	中心位置	100mm
混凝土抗渗、抗冻及弹性模量		符合设计要求

注：墙面平整度允许偏差值系指允许凸出设计墙面的数值。

6.2.15 矩形工作坑的底部宜符合下列公式要求：

$$B = D_1 + S \quad (6.2.15\text{-}1)$$

$$L = L_1 + L_2 + L_3 + L_4 + L_5 \quad (6.2.15\text{-}2)$$

式中 B——矩形工作坑的底部宽度（m）；

D_1——管道外径（m）；

S——操作宽度（m），可取 2.4～3.2m；

L——矩形工作坑的底部长度（m）；

L_1——工具管长度（m）。当采用管道第一节管作为工具管时，钢筋混凝土管不宜小于 0.3m；钢管不宜小于 0.6m；

L_2——管节长度（m）；

L_3——运土工作间长度（m）；

L_4——千斤顶长度（m）；

L_5——后背墙的厚度（m）。

6.2.16 工作坑深度应符合下列公式要求：

$$H_1 = h_1 + h_2 + h_3 \quad (6.2.16\text{-}1)$$

$$H_2 = h_1 + h_3 \quad (6.2.16\text{-}2)$$

式中 H_1——顶进坑地面至坑底的深度（m）；

H_2——接受坑地面至坑底的深度（m）；

h_1——地面至管道底部外缘的深度（m）；

h_2——管道外缘底部至导轨底面的高度（m）；

h_3——基础及其垫层的厚度。但不应小于该处井室的基础及垫层厚度（m）。

6.2.17 顶管完成后的工作坑应及时进行下步工序，经检验后及时回填。

6.3 设 备 安 装

6.3.1 导轨应选用钢质材料制作，其安装应符合下列规定：

6.3.1.1 两导轨应顺直、平行、等高，其纵坡应与管道设计坡度一致；

6.3.1.2 导轨安装的允许偏差应为：

轴线位置：3mm

顶面高程：0～+3mm

两轨内距：±2mm

6.3.1.3 安装后的导轨应牢固，不得在使用中产生位移，并应经常检查校核。

6.3.2 千斤顶的安装应符合下列规定：

6.3.2.1 千斤顶宜固定在支架上，并与管道中心的垂线对称，其合力的作用点应在管道中心的垂直线上；

6.3.2.2 当千斤顶多于一台时，宜取偶数，且其规格宜相同；当规格不同时，其行程应同步，并应将同规格的千斤顶对称布置；

6.3.2.3 千斤顶的油路应并联，每台千斤顶应有进油、退油的控制系统。

6.3.3 油泵安装和运转应符合下列规定：

6.3.3.1 油泵宜设置在千斤顶附近，油管应顺直、转角少；

6.3.3.2 油泵应与千斤顶相匹配，并应有备用油泵；油泵安装完毕，应进行试运转；

6.3.3.3 顶进开始时，应缓慢进行，待各接触部位密合后，再按正常顶进速度顶进；

6.3.3.4 顶进中若发现油压突然增高，应立即停止顶进，检查原因并经处理后方可继续顶进；

6.3.3.5 千斤顶活塞退回时，油压不得过大，速度不得过快。

6.3.4 分块拼装式顶铁的质量应符合下列规定：

6.3.4.1 顶铁应有足够的刚度；

6.3.4.2 顶铁宜采用铸钢整体浇铸或采用型钢焊接成型；当采用焊接成型时，焊缝不得高出表面，且不得脱焊；

6.3.4.3 顶铁的相邻面应互相垂直；

6.3.4.4 同种规格的顶铁尺寸应相同；

6.3.4.5 顶铁上应有锁定装置；

6.3.4.6 顶铁单块放置时应能保持稳定。

6.3.5 顶铁的安装和使用应符合下列规定：

6.3.5.1 安装后的顶铁轴线应与管道轴线平行、对称，顶铁与导轨和顶铁之间的接触面不得有泥土、油污；

6.3.5.2 更换顶铁时，应先使用长度大的顶铁；顶铁拼装后应锁定；

6.3.5.3 顶铁的允许连接长度，应根据顶铁的截面尺寸确定。当采用截面为20cm×30cm顶铁时，单行顺向使用的长度不得大于1.5m；双行使用的长度不得大于2.5m，且应在中间加横向顶铁相连；

6.3.5.4 顶铁与管口之间应采用缓冲材料衬垫，当顶力接近管节材料的允许抗压强度时，管端应增加U形或环形顶铁；

6.3.5.5 顶进时，工作人员不得在顶铁上方及侧面停留，并应随时观察顶铁有无异常迹象。

6.3.6 采用起重设备下管时应符合下列规定：

6.3.6.1 正式作业前应试吊，吊离地面10cm左右时，检查重物捆扎情况和制动性能，确认安全后方可起吊；

6.3.6.2 下管时工作坑内严禁站人，当管节距导轨小于50cm时，操作人员方可近前工作；

6.3.6.3 严禁超负荷吊装。

6.4 顶　　进

6.4.1 开始顶进前应检查下列内容，确认条件具备时方可开始顶进。

6.4.1.1 全部设备经过检查并经过试运转；

6.4.1.2 工具管在导轨上的中心线、坡度和高程应符合第6.3.1条的规定；

6.4.1.3 防止流动性土或地下水由洞口进入工作坑的措施；

6.4.1.4 开启封门的措施。

6.4.2 拆除封门时应符合下列规定：

6.4.2.1 采用钢板桩支撑时，可拔起或切割钢板桩露出洞口，并采取措施防止洞口上方的钢板桩下落；

6.4.2.2 采用沉井时，应先拆除内侧的临时封门，再拆除井壁外侧的封板或其他封填措施；

6.4.2.3 在不稳定土层中顶管时，封门拆除后应将工具管立即顶入土层。

6.4.3 工具管开始顶进5～10m的范围内，允许偏差应为：轴线位置3mm，高程0～+3mm。当超过允许偏差时，应采取措施纠正。

在软土层中顶进混凝土管时，为防止管节飘移，可将前3～5节管与工具管连成一体。

6.4.4 采用手工掘进顶管法时，应符合下列规定（图6.4.4）：

6.4.4.1 工具管接触或切入土层后，应自上而下分层开挖；工具管迎面的超挖量应根据土质条件确定；

6.4.4.2 在允许超挖的稳定土层中正常顶进时，管下部135°范围内不得超挖；管顶以上超挖量不得大于1.5cm；管前超挖应根据具体情况确定，并制定安全保护措施；

6.4.4.3 在对顶施工中，当两管端接近时，可在两端中心先掏小洞通视调整偏差量。

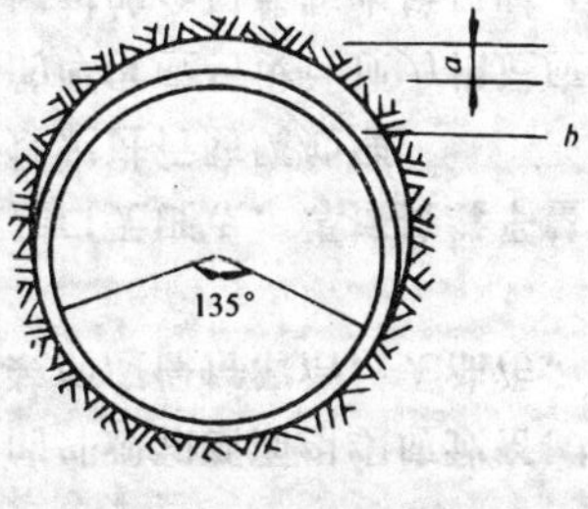

图 6.4.4 超挖示意

a—最大超挖量；b—允许超挖范围

6.4.5 采用网格式水冲法顶管时，应符合下列规定：

6.4.5.1 网格应全部切入土层后方可冲碎土块；

6.4.5.2 进水应采用清水；

6.4.5.3 在地下水位以下的粉砂层中的进水压力宜为 0.4～0.6MPa；在粘性土层中，进水压力宜为 0.7～0.9MPa；

6.4.5.4 工具管内的泥浆应通过筛网排出管外。

6.4.6 采用挤压式顶管时，应符合下列规定：

6.4.6.1 喇叭口的形状及其收缩量应根据土层情况确定，且应与其形心的垂线左右对称；

6.4.6.2 每次顶进的长度，应根据车斗的容积、起吊能力和地面运输条件综合确定；

6.4.6.3 工具管开始顶进和接近顶完时，应采用手工挖土缓慢顶进；

6.4.6.4 顶进时，应防止工具管转动；

6.4.6.5 临时停止顶进时，应将喇叭口全部切入土层。

6.4.7 采用挤密土层法顶管时，应符合下列规定：

6.4.7.1 管前应安装管尖或管帽。当采用管尖时，其中心角宜为：砂性土层，不宜大于 60°；粉质粘土，不宜大于 50°；粘土，不宜大于 40°；

6.4.7.2 为防止相邻管道损坏及地面隆起，应根据施工设计控制与相邻管道间的净距及距地面的深度。

6.4.8 顶管的顶力可按下式计算，亦可采用当地的经验公式确定：

$$P = f\gamma D_1\left[2H + (2H + D_1)\mathrm{tg}^2\left(45° - \frac{\Phi}{2}\right) + \frac{\omega}{\gamma D_1}\right]L + P_F \quad (6.4.8)$$

式中 P——计算的总顶力（kN）；

γ——管道所处土层的重力密度（kN/m^3）；

D_1——管道的外径（m）；

H——管道顶部以上覆盖土层的厚度（m）；

Φ——管道所处土层的内摩擦角（°）；

ω——管道单位长度的自重（kN/m）；

L——管道的计算顶进长度（m）；

f——顶进时，管道表面与其周围土层之间的摩擦系数，其取值可按表 6.4.8-1 所列数据选用；

P_F——顶进时，工具管的迎面阻力（kN），其取值，宜按不同顶进方法由表 6.4.8-2 所列公式计算。

顶进管道与其周围土层的摩擦系数 表 6.4.8-1

土类	湿	干
粘土、亚粘土	0.2～0.3	0.4～0.5
砂土、亚砂土	0.3～0.4	0.5～0.6

6.4.9 顶进钢管采用钢丝网水泥砂浆和肋板保护层时，焊接后应补做焊口处的外防腐层。

6.4.10 采用钢筋混凝土管时，其接口处理应符合下列规定：

6.4.10.1 管节未进入土层前，接口外侧应垫麻丝、油毡或木垫板，管口内侧应留有 10～20mm 的空隙；顶紧后两管间的孔隙宜为 10～15mm；

顶进工具管迎面阻力（P_F）的计算公式　　表 6.4.8-2

顶进方法		顶进时，工具管迎面阻力（P_F）的计算公式（kN）
手工掘进	工具管顶部及两侧允许超挖	0
	工具管顶部及两侧不允许超挖	$\pi \cdot D_{av} \cdot t \cdot R$
挤压法		$\pi \cdot D_{av} \cdot t \cdot R$
网格挤压法		$\alpha \cdot \frac{\pi}{4} \cdot D_t^2 \cdot R$

注：D_{av}—工具管刃脚或挤压喇叭口的平均直径（m）；

t—工具管刃脚厚度或挤压喇叭口的平均宽度（m）；

R—手工掘进顶管法的工具管迎面阻力，或挤压、网格挤压顶管法的挤压阻力。前者可采用 500kN/m²，后者可按工具管前端中心处的被动土压力计算（kN/m²）；

α—网格截面参数，可取 0.6～1.0。

6.4.10.2　管节入土后，管节相邻接口处安装内胀圈时，应使管节接口位于内胀圈的中部，并将内胀圈与管道之间的缝隙用木楔塞紧。

6.4.11　采用 T 形钢套环橡胶圈防水接口时，应符合下列规定：

6.4.11.1　混凝土管节表面应光洁、平整，无砂眼、气泡；接口尺寸符合规定；

6.4.11.2　橡胶圈的外观和断面组织应致密、均匀，无裂缝、孔隙或凹痕等缺陷；安装前应保持清洁，无油污，且不得在阳光下直晒；

6.4.11.3　钢套环接口无疵点，焊接接缝平整，肋部与钢板平面垂直，且应按设计规定进行防腐处理；

6.4.11.4　木衬垫的厚度应与设计顶力相适应。

6.4.12　采用橡胶圈密封的企口或防水接口时，应符合下列规定：

6.4.12.1　粘结木衬垫时凹凸口应对中，环向间隙应均匀；

6.4.12.2　插入前，滑动面可涂润滑剂；插入时，外力应均匀；

6.4.12.3　安装后，发现橡胶圈出现位移、扭转或露出管外，应拔出重插。

6.4.13　顶管结束后，管节接口的内侧间隙应按设计规定处理；设计无规定时，可采用石棉水泥、弹性密封膏或水泥砂浆密封。填塞物应抹平，不得凸入管内。

6.4.14　工具管进入土层后的管端处理应符合下列规定：

6.4.14.1　进入接收坑的工具管和管端下部应设枕垫；

6.4.14.2　管道两端露在工作坑中的长度不得小于 0.5m，且不得有接口；

6.4.14.3　钢筋混凝土管道端部应及时浇筑混凝土基础。

6.4.15　在管道顶进的全部过程中，应控制工具管前进的方向，并应根据测量结果分析偏差产生的原因和发展趋势，确定纠偏的措施。

6.4.16　管道顶进过程中，工具管的中心和高程测量应符合下列规定：

6.4.16.1　采用手工掘进时，工具管进入土层过程中，每顶进 30cm，测量不应少于一次；管道进入土层后正常顶进时，每顶进 100cm，测量不应少于一次，纠偏时应增加测量次数；

6.4.16.2　全段顶完后，应在每个管节接口处测量其轴线位置和高程；有错口时，应测出相对高差；

6.4.16.3　测量记录应完整、清晰。

6.4.17　纠偏时应符合下列规定：

6.4.17.1　应在顶进中纠偏；

6.4.17.2　应采用小角度逐渐纠偏；

6.4.17.3　纠正工具管旋转时，宜采用挖土方法进行调整或采用改变切削刀盘的转动方向，或在管内相对于机头旋转的反向增加配重。

6.4.18　顶管穿越铁路或公路时，除应遵守本规范外，并应符合铁路或公路有关技术安全规定。

6.4.19　管道顶进应连续作业。管道顶进过程中，遇下列情况时，应暂停顶进，并应及时处理：

6.4.19.1 工具管前方遇到障碍；

6.4.19.2 后背墙变形严重；

6.4.19.3 顶铁发生扭曲现象；

6.4.19.4 管位偏差过大且校正无效；

6.4.19.5 顶力超过管端的允许顶力；

6.4.19.6 油泵、油路发生异常现象；

6.4.19.7 接缝中漏泥浆。

6.4.20 当管道停止顶进时，应采取防止管前塌方的措施。

6.4.21 顶进管道的施工质量应符合下列规定：

6.4.21.1 管内清洁，管节无破损；

6.4.21.2 允许偏差应符合表6.4.21的规定；

顶进管道允许偏差（mm） **表6.4.21**

项目		允许偏差
轴线位置		50
管道内底高程	$D<1500$	+30 −40
	$D\geqslant1500$	+40 −50
相邻管间错口	钢管道	≤2
	钢筋混凝土管道	15%壁厚且不大于20
对顶时两端错口		50

注：D为管道内径（mm）。

6.4.21.3 有严密性要求的管道应按本规范第10章的有关规定进行检验；

6.4.21.4 钢筋混凝土管道的接口应填料饱满、密实，且与管节接口内侧表面齐平，接口套环对正管缝、贴紧，不脱落；

6.4.21.5 顶管时地面沉降或隆起的允许量应符合施工设计的规定。

6.4.22 采用中继间时应符合下列规定：

6.4.22.1 中继间千斤顶的数量应根据该段单元长度的计算顶力确定，并应有安全贮备；

6.4.22.2 中继间的外壳在伸缩时，滑动部分应具有止水性能；

6.4.22.3 中继间安装前应检查各部件，确认正常后方可安装；安装完毕应通过试运转检验后方可使用；

6.4.22.4 中继间的启动和拆除应由前向后依次进行；

6.4.22.5 拆除中继间时，应具有对接接头的措施；中继间外壳若不拆除时，应在安装前进行防腐处理。

6.5 触变泥浆及注浆

6.5.1 采用触变泥浆减阻措施时，应编制施工设计，并应包括以下主要内容：

6.5.1.1 泥浆配合比压浆数量及压力的确定；

6.5.1.2 制备和输送泥浆的设备及其安装规定；

6.5.1.3 注浆工艺、注浆系统及注浆孔的布置；

6.5.1.4 顶进洞口封闭泥浆的措施；

6.5.1.5 泥浆的置换。

6.5.2 触变泥浆的压浆泵，宜采用活塞泵或螺杆泵。管路接头宜选用拆卸方便、密封可靠的活接头。

6.5.3 注浆孔的布置宜符合下列规定：

6.5.3.1 注浆孔的布置宜按管道直径的大小确定，每个断面可设置3～5个，并具备排气功能；

6.5.3.2 相邻断面上的注浆孔可平行布置或交错布置。

6.5.4 触变泥浆的配合比，应按管道周围土层的类别、膨润土的性质以及触变泥浆的技术指标确定。

6.5.5 触变泥浆的注浆量，宜按管道与其周围土层之间环形间隙的1～2倍估算。

6.5.6 触变泥浆的灌注应符合下列规定：

6.5.6.1 搅拌均匀的泥浆应静置一定时间后方可灌注；

6.5.6.2 注浆前，应通过注水检查注浆设备，确认设备正常后方可灌注；

6.5.6.3 注浆压力可按不大于0.1MPa开始加压，在注浆过程中的注浆流量、压力等施工参数，应按减阻及控制地面变形的量测资料调整。

6.5.6.4 每个注浆孔宜安装阀门，注浆遇有机械故障、管路堵塞、接头渗漏等情况时，经处理后方可继续顶进。

6.5.7 触变泥浆的置换应符合下列规定：

6.5.7.1 可采用水泥砂浆或粉煤灰水泥砂浆置换触变泥浆；

6.5.7.2 拆除注浆管路后，应将管道上的注浆孔封闭严密；

6.5.7.3 注浆及置换触变泥浆后，应将全部注浆设备清洗干净。

6.5.8 在不稳定土层中顶管采用注浆加固法时，应通过技术经济比较确定加固方案。

7 盾构施工

7.0.1 给水排水管道采用盾构施工时，施工设计应包括以下主要内容：

7.0.1.1 盾构的选型、制作与安装方案；

7.0.1.2 工作室结构形式、位置的选择及封门设计；

7.0.1.3 管片的制作、运输、拼装、防水及注浆方案；

7.0.1.4 施工现场临时给水、排水、照明、供电、消防、通风、通讯等设计；

7.0.1.5 施工机械设备的选型、规格及数量；

7.0.1.6 垂直运输及水平运输布置；

7.0.1.7 盾构的入土、出土、穿越土层的条件以及掘进与运土方案；

7.0.1.8 测量与监控；

7.0.1.9 施工现场平面布置图；

7.0.1.10 安全保护措施。

7.0.2 盾构施工的供电应设置两个变电所的两路电源，并能自动切换。

7.0.3 应建立地面、地下控制测量系统，测定导轨和管道的轴线和高程。

7.0.4 根据土层性质、邻近建筑物及地表的允许沉降要求，应采用降低地下水位、土壤加固及保护等措施。

7.0.5 盾构形式应根据盾构推进沿线的工程地质和水文地质条件，地上与地下建筑物、构筑物情况，运土条件及地表沉降要求，经综合考虑后确定，并应确保开挖面的土体稳定。

7.0.6 盾构施工中，应对沿线地面、主要建筑物和设施设置观测点，发现问题及时处理。

7.0.7 盾构工作室宜设在管道上检查井的位置。

7.0.8 盾构工作室应根据具体情况选择沉井、地下连续墙、钢板桩等方法修建。后背墙应坚实平整，能有效地传递顶力。

7.0.9 盾构工作室的尺寸应符合下列规定：

7.0.9.1 宽度及长度应能满足盾构安装和拆卸、洞门拆除、后背墙设置、施工车架或临时平台、测量及垂直运输等要求；

7.0.9.2 深度应满足盾构基座安装、洞口防水处理、工作室与管道联接及处理等要求，距洞底的最小处应大于 60cm；

7.0.9.3 周壁顶部应高出地面 20～50cm，并应设置安全护栏，底板应设集水坑；

7.0.10 盾构制作应符合设计、加工和工艺精度的要求，并应进行质量检验及试运转。

7.0.11 根据运输和进入工作室吊装条件，盾构可整体或解体运入现场，并应采取防止变形的措施。

7.0.12 盾构在工作室内安装应达到工厂安装的精度指标，经复验及试运转后，根据施工要求就位在基座导轨上。

7.0.13 盾构推进前，应对推进、拼装、运土、压浆、运输、供电、照明、通风、消防、通讯及监控等系统进行检查。

7.0.14 洞口封门应拆除方便，缩短土层暴露时间。

7.0.15 当盾构出入土层的位置处于不稳定土层时，应按洞口允许沉降要求加固土层，并排除洞口外各种障碍。封门拆除前，应将盾构紧靠洞口；拆除后，将盾构迅速推入洞口内。

7.0.16 盾构推进时，应符合下列规定：

7.0.16.1 确保前方土体的稳定，在软土地层，应根据盾构类型采取不同的正面支护方法；

7.0.16.2 盾构推进轴线应按设计要求控制质量，推进中每环测量一次；

7.0.16.3 纠偏时应在推进中逐步进行；

7.0.16.4 推进千斤顶的编组应根据地层情况、设计轴线、埋深、胸板开孔等因素确定。

7.0.16.5 推进速度应根据地质、埋深、地面的建筑设施及地面的隆沉值等情况，调整盾构的施工参数；

7.0.16.6 盾构推进中，遇有停止推进且间歇时间较长时，应做好正面封闭、盾尾密封并及时处理；

7.0.16.7 在拼装管片或盾构推进停歇时，应采取防止盾构后退的措施；

7.0.16.8 当推进中盾构旋转时，应采取纠正的措施。

7.0.17 根据盾构选型、施工现场环境，应合理选择土方输送方式和机械设备。

7.0.18 预制钢筋混凝土管片应符合设计强度及抗渗规定，并不得有影响工程质量的缺损；管片应进行整环拼装检验；衬砌后的几何尺寸应符合质量标准。

7.0.19 管片安装应符合下列规定：

7.0.19.1 管片下井前应编组编号，进行防水处理，管片与联接件等应有专人检查，配套送至工作面；

7.0.19.2 千斤顶顶出长度应大于管片宽度 20cm；

7.0.19.3 拼装前应清理盾尾底部，并检查举重设备运转是否正常；

7.0.19.4 拼装每环中的第一块时，应准确定位，拼装次序应自下而上，左右交叉对称安装，最后封顶成环；

7.0.19.5 拼装时应逐块初拧环向和纵向螺栓，成环后环面平整时，复紧环向螺栓；继续推进时，复紧纵向螺栓；

7.0.19.6 拼装成环后应进行质量检测，并记录填写报表。

7.0.20 管片接缝防水施工应符合下列规定：

7.0.20.1 进行管片表面防水处理；

7.0.20.2 螺栓与螺栓孔之间应加防水垫圈并拧紧螺栓；

7.0.20.3 当管片沉降稳定后，应将管片填缝槽填实，如有渗漏现象，应及时封堵，注浆处理；

7.0.20.4 拼装时，应防止损伤管片防水涂料及衬垫；当有损伤或衬垫挤出环面时，应进行处理。

7.0.21 衬砌脱出盾尾后应及时进行壁后注浆，注浆应多点进行，压浆量需与地面测量相配合，宜大于环形空隙体积的150%。压力宜为0.2～0.5MPa，使空隙全部填实。注浆完毕后，压浆孔应在规定时间内封闭。

7.0.22 盾构法施工的管道，内衬施工前，应对初期衬砌进行检查，发现渗漏应处理；当内衬采用混凝土时，宜采用台车滑模浇筑。

7.0.23 盾构法施工的管道监控内容包括：地表降陷监测、分层土体变位、孔隙水压力、地下管道保护、地面建筑物、构筑物变形和管道结构的内力量测等。施工监测情况应及时反馈。

7.0.24 盾构法施工的给水排水管道，允许偏差应符合表7.0.24的规定。

盾构法施工的给水排水管道允许偏差　　表7.0.24

项目		允许偏差
高程	排水管道	$^{+15}_{-150}$mm
	套管或管廊	±100mm
轴线位置		150mm
圆环变形		8‰
初期衬砌相邻环高差		≤20mm

注：圆环变形等于圆环水平及垂直直径差值与标准内径的比值。

7.0.25 盾构法施工的排水管道的严密性标准及试验方法，应按本规范第10.3节规定执行。

8　倒虹管施工

8.1　一般规定

8.1.1 倒虹管施工前，应编制施工设计，并宜包括以下主要内容：

8.1.1.1 倒虹管施工平面布置图及沟槽开挖断面图；

8.1.1.2 导流或断流工程施工图；

8.1.1.3 施工机械设备数量与型号；

8.1.1.4 施工场地临时供电、供水、通讯等设计；

8.1.1.5 沟槽开挖与回填的方法；

8.1.1.6 管道的制作与组装方法；

8.1.1.7 管道运输方法与浮力计算；

8.1.1.8 水上运输航线的确定；

8.1.1.9 管基的打桩方法；

8.1.1.10 管道铺设方法；

8.1.1.11 安全保护措施。

8.1.2 倒虹管的施工场地布置、土石方堆弃及排泥等，不得影响航运、航道及水利灌溉。施工中，对危及堤岸和建筑物应采取保护措施。

8.1.3 倒虹管施工前，应对施工范围内的河道地形进行校测。设置在河道两岸的管道中线控制桩及临时水准点，每侧不应少于2个，应设在稳固地段和便于观测的位置，并采取保护措施。

8.1.4 沟槽土基超挖时，应采用砂或砾石填补。

8.1.5 在斜坡地段的倒虹管现浇混凝土基础时，应自下而上进行浇筑，并采取防止混凝土下滑的措施。

8.1.6 倒虹管水平段与斜坡段交接处应采用弯头连接。钢管弯头处的加强措施应符合设计规定；排水倒虹管的混凝土弯头可现浇或预制，混凝土强度等级和抗渗标号不应低于设计规定。

8.1.7 倒虹管竣工后，应进行水压试验。给水倒虹管应进行冲洗消毒。

8.1.8 穿越通航河道的倒虹管竣工后，应按国家航运部门有关规定设置浮标或在两岸设置标志牌，标明水下管线的位置。

8.2 水下铺设管道

8.2.1 施工船舶的停靠、锚泊、作业及管道浮运、沉放等，应符合航政、航道等部门的有关规定。

8.2.2 采用拖运法或浮运法铺设倒虹管时，应根据河道水位情况确定施工时间，不宜在洪水季节进行。

8.2.3 沟槽底宽应根据管道结构的宽度、开挖方法和水底泥土流动性确定。成槽后，管道中心线距边坡下角处每侧开挖宽度应符合下式规定：

$$\frac{B}{2} \geqslant \frac{D_1}{2} + b + 500 \tag{8.2.3}$$

式中 B——管道沟槽底部的开挖宽度（mm）；

D_1——管外径（mm）；

b——管道保护层及沉管附加物等宽度（mm）。

8.2.4 沟槽边坡应根据土质情况、水流速度、方向、沟槽深度及开挖方法确定，并应满足管道下沉就位时的要求。

8.2.5 开挖沟槽的泥土应抛在与河流相交沟槽断面的下游。回填后，多余的土不得堆积在河道内。

8.2.6 岩石沟槽开挖前，应进行试爆。爆破时，应有专人指挥，并制订操作安全及保护施工机械设备的措施。

8.2.7 沟槽挖好后，应测量槽底高程和沟槽横段面，其测量间距应根据沟槽开挖方法及地质情况等确定，在全管道沟槽范围内不得小于设计断面。

8.2.8 水下开挖沟槽的允许偏差应符合表8.2.8的规定。

8.2.9 倒虹管基础施工时，投料位置应准确，沟槽两侧定位桩上应设置基础高程标志，由潜水员下水检验和整平。

水下开挖沟槽允许偏差 表8.2.8

项目	允许偏差	
	土	石
槽底高程	0 −300mm	0 −500mm
槽底中心线每侧宽度	不小于设计规定	
沟槽边坡	不陡于设计规定	

8.2.10 沟槽挖至槽底或基础施工完成后，经检验合格应及时铺设管道。

8.2.11 钢制倒虹管的制作成型宜与开挖沟槽同时进行或提前制作与组装。

8.2.12 倒虹管采用钢管组装时，应选择溜放方便的场地。组装时可制作平台，平台的结构宜简易牢固，其高度应在管节施焊过种中不被水淹没，并设有滑移装置。

8.2.13 组装的钢管段应逐段进行水压试验，合格后方可进行管段防腐处理。其试验压力应符合设计规定，设计无规定时，应为工作压力的2倍，且不得小于1.0MPa，试压达到规定压力后10min不得降压，并不得有渗水现象。

8.2.14 倒虹管整体浮运时，下水前管道两端管口应采用堵板封堵．并在堵板上设置进水管、排气管和阀门。当采用分段浮运在水上连接时，管段两端管口可采用橡胶球等堵塞。

8.2.15 当倒虹管整体或分段浮运所承受浮力不足以使管漂浮时，可在管两旁系结刚性浮筒、柔性浮囊或捆绑竹、木材等。

8.2.16 钢制倒虹管在水中采用浮运或在岸上、冰上采用拖运时，应有保护外防腐层不受损坏的措施，当外防腐层局部损坏时应及时修补。

8.2.17 倒虹管浮运至下沉位置时，在下沉前应做好下列准备工作：

8.2.17.1 设置管道下沉定位标志；

8.2.17.2 沟槽断面及槽底高程符合规定；

8.2.17.3 管道和施工船舶采用缆绳绑扎牢固，船体保持平稳；

8.2.17.4 牵引起重设备布置及安装完毕，试运转良好；

8.2.17.5 灌水设备及排气阀门齐全完好；

8.2.17.6 潜水员装备完毕，做好下水准备。

8.2.18 钢制倒虹管吊装前应正确选用吊点，并进行吊装应力与变形验算，吊装的吊环宜焊在钢制包箍上，再用紧固件固定在管段的吊点位置上。

8.2.19 倒虹管下沉时应符合下列规定：

8.2.19.1 测量定位准确，并在下沉中经常校测；

8.2.19.2 管道充水时同时排气；

8.2.19.3 下沉速度不得过快；

8.2.19.4 两端起重设备在吊装时应保持管道水平，并同步沉放于槽底就位，将管道稳固后，再撤走起重设备。

8.2.20 倒虹管在水中采用浮箱法分段连接时，浮箱应止水严密。管道接口应作防腐处理。

8.2.21 倒虹管铺设后，应检查下列项目，并作好记录。

8.2.21.1 检查管底与沟底接触的均匀程度和紧密性，管下如有冲刷，应采用砂或砾石铺填；

8.2.21.2 检查接口情况；

8.2.21.3 测量管道高程和位置。

8.2.22 水下铺设管道的允许偏差应符合表 8.2.22 的规定。

水下铺设管道允许偏差（mm） **表 8.2.22**

项目	允许偏差	
	轴线位置	高程
给水管道	50	0 −200
排水管道	50	0 −100

8.2.23 管道验收合格后应及时回填沟槽。回填时，应投抛砂砾石将管道拐弯处固定后，再均匀回填沟槽。水下部位的沟槽应连续回填满槽；水上部位应分层回填夯实。

8.3 明挖铺设管道

8.3.1 采用导流法或断流法铺设倒虹管时，宜在枯水时期进行。当与水利灌溉、取水水源、通航河道等有关时，应事先经过有关部门同意和协商办理。

8.3.2 采用导流法施工时，可分段进行围堰和铺设管道。围堰施工应符合现行国家标准《给水排水构筑物施工及验收规范》和《地基与基础工程施工及验收规范》的有关规定。

当采用断流法碾压式土石坝施工时，应符合国家现行标准《碾压式土石坝施工技术规范》的有关规定。

8.3.3 坝或围堰的背水面坡底与沟槽边的安全距离，应根据坝、堰体高度和迎水面水深、沟槽深度、水下地质情况及施工时的运输、堆土、排水设施等因素确定。

8.3.4 坝和围堰填筑前，应清除基底淤泥、石块及杂物等。当遇有透水性较强地基时，应作好防渗处理。

8.3.5 倒虹管竣工后，应将坝或围堰拆除干净，不得影响航运和污染临近取水水源。

9 附属构筑物

9.1 检查井及雨水口

9.1.1 检查井及雨水口的施工除应遵守本规范第 5.2 节的有关规定外，尚应符合本节所规定的各项要求。

9.1.2 井底基础应与管道基础同时浇筑。

9.1.3 排水管检查井内的流槽，宜与井壁同时进行砌筑。当采用砖石砌筑时，表面应采用砂浆分层压实抹光，流槽应与上下游管道底部接顺，管道内底高程应符合本规范表 4.5.22 的规定。

9.1.4 给水管道的井室安装闸阀时，井底距承口或法兰盘的下缘不得小于 100mm，井壁与承口或法兰盘外缘的距离，当管径小于或等于 400mm 时，不应小于 250mm；当管径大于或等于 500mm 时，不应小于 350mm。

9.1.5 在井室砌筑时，应同时安装踏步，位置应准确，踏步安装后，在砌筑砂浆或混凝土未达到规定抗压强度前不得踩踏。混凝土井壁的踏步在预制或现浇时安装。

9.1.6 在砌筑检查井时应同时安装预留支管，预留支管的管径、方向、高程应符合设计要求，管与井壁衔接处应严密，预留支管管口宜采用低强度等级砂浆砌筑封口抹平。

9.1.7 检查井接入圆管的管口应与井内壁平齐，当接入管径大于 300mm 时，应砌砖圈加固。

9.1.8 砌筑圆形检查井时，应随时检测直径尺寸，当四面收口时，每层收进不应大于 30mm；当偏心收口时，每层收进不应大于 50mm。

9.1.9 砌筑检查井及雨水口的内壁应采用水泥砂浆勾缝，有抹面要求时，内壁抹面应分层压实，外壁应采用水泥砂浆搓缝挤压密实。

9.1.10 检查井采用预制装配式构件施工时，企口座浆与竖缝灌浆应饱满，装配后的接缝砂浆凝结硬化期间应加强养护，并不得受外力碰撞或震动。

9.1.11 检查井及雨水口砌筑或安装至规定高程后，应及时浇筑或安装井圈，盖好井盖。

9.1.12 雨季砌筑检查井或雨水口，井身应一次砌起。为防止漂管，可在检查井的井室侧墙底部预留进水孔，回填土前应封堵。

9.1.13 冬期砌筑检查井应采取防寒措施，并应在两管端加设风档。

9.1.14 检查井及雨水口的周围回填前应符合下列规定：

9.1.14.1 井壁的勾缝、抹面和防渗层应符合质量要求；

9.1.14.2 井壁同管道连接处应采用水泥砂浆填实；

9.1.14.3 闸阀的启闭杆中心应与井口对中。

9.1.15 检查井允许偏差应符合表 9.1.15 的规定。

检查井允许偏差（mm） **表 9.1.15**

项目		允许偏差
井身尺寸	长度、宽度	±20
	直径	±20
井盖与路面高程差	非路面	±20
	路面	±5
井底高程	$D \leq 1000$	±10
	$D > 1000$	±15

注：表中 D 为管内径（mm）。

9.1.16 雨水口施工质量应符合下列规定：

9.1.16.1 位置应符合设计要求，不得歪扭；

9.1.16.2 井圈与井墙吻合，允许偏差应为±10mm；

9.1.16.3 井圈与道路边线相邻边的距离应相等，其允许偏差应为 10mm；

9.1.16.4 雨水支管的管口应与井墙平齐。

9.1.17 雨水口与检查井的连管应直顺、无错口；坡度应符合设计规定；雨水口底座及连管应设在坚实土质上。

9.2 进出水口构筑物

9.2.1 进出水口构筑物宜在枯水期施工。

9.2.2 进出水口构筑物的基础应建在原状土上，当地基松软或被扰动时，应按设计要求处理。

9.2.3 进出水口的泄水孔应畅通，不得倒坡。

9.2.4 翼墙变形缝应位置准确、安设直顺、上下贯通，其宽度允许偏差应为0～5mm。

9.2.5 翼墙背后填土应满足下列要求：

9.2.5.1 在混凝土或砌筑砂浆达到设计抗压强度标准值后，方可进行；

9.2.5.2 填土时墙后不得有积水；

9.2.5.3 墙后反滤层与填土应同时进行，反滤层铺筑断面不得小于设计规定；

9.2.5.4 填土应分层压实，其压实度不得小于95%。

9.2.6 管道出水口防潮闸门井的混凝土浇筑前，应将防潮闸门框架的预埋件固定，预埋件中心位置允许偏差应为3mm。

9.2.7 护坦干砌时，嵌缝应严密，不得松动；浆砌时，灰缝砂浆应饱满，缝宽均匀，无裂缝，无起鼓，表面平整。

9.2.8 护坡砌筑的施工顺序应自下而上，石块间相互交错，使砌体缝隙严密，砌块稳定，坡面平整，并不得有通缝。

9.2.9 干砌护坡应使砌体边沿封砌整齐、坚固。

9.2.10 砌筑护坡、护坦允许偏差应符合下列规定：

9.2.10.1 护坡坡度不应陡于设计规定；

9.2.10.2 坡度及坡底应平整；

9.2.10.3 坡脚顶面高程应为±20mm；

9.2.10.4 砌体厚度不应小于设计规定。

9.3 支 墩

9.3.1 管道及管道附件的支墩和锚定结构应位置准确，锚定应牢固。

9.3.2 支墩应在坚固的地基上修筑。当无原状土做后背墙时，应采取措施保证支墩在受力情况下，不致破坏管道接口。当采用砌筑支墩时，原状土与支墩间应采用砂浆填塞。

9.3.3 管道支墩应在管道接口做完、管道位置固定后修筑。管道安装过程中的临时固定支架，应在支墩的砌筑砂浆或混凝土达到规定强度后拆除。

10 管道水压试验及冲洗消毒

10.1 一 般 规 定

10.1.1 当管道工作压力大于或等于0.1MPa时，应按第10.2节的规定，进行压力管道的强度及严密性试验。当管道工作压力小于0.1MPa时，除设计另有规定外，应按第10.3节的规定，进行无压力管道严密性试验。

10.1.2 管道水压、闭水试验前，应做好水源引接及排水疏导路线的设计。

10.1.3 管道灌水应从下游缓慢灌入。灌入时，在试验管段的上游管顶及管段中的凸起点应设排气阀，将管道内的气体排除。

10.1.4 冬期进行管道水压及闭水试验时，应采取防冻措施。试验完毕后应及时放水。

10.2 压力管道的强度及严密性试验

10.2.1 压力管道全部回填土前应进行强度及严密性试验，管道强度及严密性试验应采用水压试验法试验。

10.2.2 管道水压试验前，应编制试验设计，其内容应包括：

10.2.2.1 后背及堵板的设计；

10.2.2.2 进水管路、排气孔及排水孔的设计；

10.2.2.3 加压设备、压力计的选择及安装的设计；

10.2.2.4 排水疏导措施；

10.2.2.5 升压分段的划分及观测制度的规定；

10.2.2.6 试验管段的稳定措施；

10.2.2.7 安全措施。

10.2.3 管道水压试验的分段长度不宜大于1.0km。

10.2.4 试验管段的后背应符合下列规定：

10.2.4.1 后背应设在原状土或人工后背上；土质松软时，应采取加固措施；

10.2.4.2 后背墙面应平整，并应与管道轴线垂直。

10.2.5 管道水压试验时，当管径大于或等于600mm时，试验管段端部的第一个接口应采用柔性接口，或采用特制的柔性接口堵板。

10.2.6 水压试验时，采用的设备、仪表规格及其安装应符合下列规定：

10.2.6.1 当采用弹簧压力计时精度不应低于1.5级，最大量程宜为试验压力的1.3～1.5倍，表壳的公称直径不应小于150mm，使用前应校正；

10.2.6.2 水泵、压力计应安装在试验段下游的端部与管道轴线相垂直的支管上。

10.2.7 管道水压试验前应符合下列规定：

10.2.7.1 管道安装检查合格后，应按本规范第3.5.2.1款规定回填土；

10.2.7.2 管件的支墩，锚固设施已达设计强度；未设支墩及锚固设施的管件，应采取加固措施；

10.2.7.3 管渠的混凝土强度，应达到设计规定；

10.2.7.4 试验管段所有敞口应堵严，不得有渗水现象；

10.2.7.5 试验管段不得采用闸阀做堵板，不得有消火栓、水锤消除器、安全阀等附件。

10.2.8 试验管段灌满水后，宜在不大于工作压力条件下充分浸泡后再进行试压，浸泡时间应符合下列规定：

10.2.8.1 铸铁管、球墨铸铁管、钢管：

无水泥砂浆衬里，不少于24h；

有水泥砂浆衬里，不少于48h；

10.2.8.2 预应力、自应力混凝土管及现浇钢筋混凝土管渠：

管径小于或等于1000mm，不少于48h；

管径大于 1000mm，不少于 72h。

10.2.9 管道水压试验时，应符合下列规定：

10.2.9.1 管道升压时，管道的气体应排除，升压过程中，当发现弹簧压力计表针摆动、不稳，且升压较慢时，应重新排气后再升压；

10.2.9.2 应分级升压，每升一级应检查后背、支墩、管身及接口，当无异常现象时，再继续升压；

10.2.9.3 水压试验过程中，后背顶撑，管道两端严禁站人；

10.2.9.4 水压试验时，严禁对管身、接口进行敲打或修补缺陷，遇有缺陷时，应作出标记，卸压后修补。

10.2.10 管道水压试验的试验压力应符合表 10.2.10 的规定。

管道水压试验的试验压力（MPa） **表 10.2.10**

管材种类	工作压力 P	试验压力
钢管	P	$P+0.5$ 且不应小于 0.9
铸铁及球墨铸铁管	≤0.5	$2P$
	>0.5	$P+0.5$
预应力、自应力混凝土管	≤0.6	$1.5P$
	>0.6	$P+0.3$
现浇钢筋混凝土管渠	≥0.1	$1.5P$

10.2.11 水压升至试验压力后，保持恒压 10min，检查接口、管身无破损及漏水现象时，管道强度试验为合格。

10.2.12 管道严密性试验，应按本规范附录 A 放水法或注水法进行。

10.2.13 管道严密性试验时，不得有漏水现象，且符合下列规定时，严密性试验为合格。

10.2.13.1 实测渗水量小于或等于表 10.2.13 规定的允许渗水量；

10.2.13.2 当管道内径大于表 10.2.13 规定时，实测渗水量应小于或等于按下列公式计算的允许渗水量；

压力管道严密性试验允许渗水量 **表 10.2.13**

管道内径 (mm)	允许渗水量（L/（min·km））		
	钢管	铸铁管、球墨铸铁管	预（自）应力混凝土管
100	0.28	0.70	1.40
125	0.35	0.90	1.56
150	0.42	1.05	1.72
200	0.56	1.40	1.98
250	0.70	1.55	2.22
300	0.85	1.70	2.42
350	0.90	1.80	2.62
400	1.00	1.95	2.80
450	1.05	2.10	2.96
500	1.10	2.20	3.14
600	1.20	2.40	3.44
700	1.30	2.55	3.70
800	1.35	2.70	3.96
900	1.45	2.90	4.20
1000	1.50	3.00	4.42
1100	1.55	3.10	4.60
1200	1.65	3.30	4.70
1300	1.70	—	4.90
1400	1.75	—	5.00

钢管：$Q = 0.05\sqrt{D}$ （10.2.13-1）

铸铁管、球墨铸铁管：$Q = 0.1\sqrt{D}$ （10.2.13-2）

预应力、自应力混凝土管：$Q = 0.14\sqrt{D}$ （10.2.13-3）

式中 Q——允许渗水量（L/（min·km））；

D——管道内径（mm）。

10.2.13.3 现浇钢筋混凝土管渠实测渗水量应小于或等于按

下式计算的允许渗水量；

$$Q = 0.014D \qquad (10.2.13\text{-}4)$$

10.2.13.4 管道内径小于或等于400mm，且长度小于或等于1km的管道，在试验压力下，10min降压不大于0.05MPa时，可认为严密性试验合格；

10.2.13.5 非隐蔽性管道，在试验压力下，10min压力降不大于0.05MPa，且管道及附件无损坏，然后使试验压力降至工作压力，保持恒压2h，进行外观检查，无漏水现象认为严密性试验合格。

10.3 无压力管道严密性试验

10.3.1 污水、雨污水合流及湿陷土、膨胀土地区的雨水管道，回填土前应采用闭水法进行严密性试验。

10.3.2 试验管段应按井距分隔，长度不宜大于1km，带井试验。

10.3.3 管道闭水试验时，试验管段应符合下列规定：

10.3.3.1 管道及检查井外观质量已验收合格；

10.3.3.2 管道未回填土且沟槽内无积水；

10.3.3.3 全部预留孔应封堵，不得渗水；

10.3.3.4 管道两端堵板承载力经核算应大于水压力的合力；除预留进出水管外，应封堵坚固，不得渗水。

10.3.4 管道闭水试验应符合下列规定：

10.3.4.1 当试验段上游设计水头不超过管顶内壁时，试验水头应以试验段上游管顶内壁加2m计；

10.3.4.2 当试验段上游设计水头超过管顶内壁时，试验水头应以试验段上游设计水头加2m计；

10.3.4.3 当计算出的试验水头小于10m，但已超过上游检查井井口时，试验水头应以上游检查井井口高度为准；

10.3.4.4 管道闭水试验应按本规范附录B闭水法试验进行。

10.3.5 管道严密性试验时，应进行外观检查，不得有漏水现象，且符合下列规定时，管道严密性试验为合格：

10.3.5.1 实测渗水量小于或等于表10.3.5规定的允许渗水量；

10.3.5.2 管道内径大于表10.3.5规定的管径时，实测渗水量应小于或等于按下式计算的允许渗水量；

无压力管道严密性试验允许渗水量　　表10.3.5

管材	管道内径（mm）	允许渗水量（m^3/（24h·km））
混凝土、钢筋混凝土管，陶管及管渠	200	17.60
	300	21.62
	400	25.00
	500	27.95
	600	30.60
	700	33.00
	800	35.35
	900	37.50
	1000	39.52
	1100	41.45
	1200	43.30
	1300	45.00
	1400	46.70
	1500	48.40
	1600	50.00
	1700	51.50
	1800	53.00
	1900	54.48
	2000	55.90

$$Q = 1.25\sqrt{D} \qquad (10.3.5)$$

式中 Q——允许渗水量（m^3/（24h·km））；

D——管道内径（mm）。

10.3.5.3 异形截面管道的允许渗水量可按周长折算为圆形管道计。

10.3.6 在水源缺乏的地区，当管道内径大于700mm时，可按井段数量抽验1/3。

10.4 冲 洗 消 毒

10.4.1 给水管道水压试验后，竣工验收前应冲洗消毒。

10.4.2 冲洗时应避开用水高峰，以流速不小于1.0m/s的冲洗水连续冲洗，直至出水口处浊度、色度与入水口处冲洗水浊度、色度相同为止。

10.4.3 冲洗时应保证排水管路畅通安全。

10.4.4 管道应采用含量不低于20mg/L氯离子浓度的清洁水浸泡24h，再次冲洗，直至水质管理部门取样化验合格为止。

11 工 程 验 收

11.0.1 给水排水管道工程施工应经过竣工验收合格后，方可投入使用。隐蔽工程应经过中间验收合格后，方可进行下一工序施工。

11.0.2 验收下列隐蔽工程时，应填写中间验收记录表，其格式宜符合本规范附录C中表C.0.1的规定。

11.0.2.1 管道及附属构筑物的地基和基础；

11.0.2.2 管道的位置及高程；

11.0.2.3 管道的结构和断面尺寸；

11.0.2.4 管道的接口、变形缝及防腐层；

11.0.2.5 管道及附属构筑物防水层；

11.0.2.6 地下管道交叉的处理。

11.0.3 竣工验收应提供下列资料：

11.0.3.1 竣工图及设计变更文件；

11.0.3.2 主要材料和制品的合格证或试验记录；

11.0.3.3 管道的位置及高程的测量记录；

11.0.3.4 混凝土、砂浆、防腐、防水及焊接检验记录；

11.0.3.5 管道的水压试验及闭水试验记录；

11.0.3.6 中间验收记录及有关资料；

11.0.3.7 回填土压实度的检验记录；

11.0.3.8 工程质量检验评定记录；

11.0.3.9 工程质量事故处理记录；

11.0.3.10 给水管道的冲洗及消毒记录。

11.0.4 竣工验收时，应核实竣工验收资料，并进行必要的复验和外观检查。对下列项目应作出鉴定，并填写竣工验收鉴定书，其格式宜符合本规范附录C中表C.0.2的规定。

11.0.4.1 管道的位置及高程；

11.0.4.2 管道及附属构筑物的断面尺寸；

11.0.4.3 给水管道配件安装的位置和数量；

11.0.4.4 给水管道的冲洗及消毒；

11.0.4.5 外观。

11.0.5 给水排水管道工程竣工验收后，建设单位应将有关设计、施工及验收的文件和技术资料立卷归档。

附录A 放水法或注水法试验

A.0.1 放水法试验应按下列程序进行：

A.0.1.1 将水压升至试验压力，关闭水泵进水节门，记录降压0.1MPa所需的时间T_1。打开水泵进水节门，再将管道压力升至试验压力后，关闭水泵进水节门；

A.0.1.2 打开连通管道的放水节门，记录降压0.1MPa的时间T_2，并测量在T_2时间内，从管道放出的水量W；

A.0.1.3 实测渗水量应按下式计算：

$$q=\frac{W}{(T_1-T_2)L} \tag{A.0.1}$$

式中 q——实测渗水量（L/（min·m））；

T_1——从试验压力降压0.1MPa所经过的时间（min）；

T_2——放水时，从试验压力降压0.1MPa所经过的时间（min）；

W——T_2时间内放出的水量（L）；

L——试验管段的长度（m）。

A.0.2 注水法试验应按下列程序进行：

A.0.2.1 水压升至试验压力后开始记时。每当压力下降，应及时向管道内补水，但降压不得大于0.03MPa，使管道试验压力始终保持恒定，延续时间不得少于2h，并计量恒压时间内补入试验管段内的水量；

A.0.2.2 实测渗水量应按下式计算：

$$q=\frac{W}{T\cdot L} \tag{A.0.2}$$

式中 q——实测渗水量（L/（min·m））；

W——恒压时间内补入管道的水量（L）；

T——从开始计时至保持恒压结束的时间（min）；

L——试验管段的长度（m）。

A.0.3 放水法或注水法试验，应作记录，记录表格宜符合表 A.0.3-1 和表 A.0.3-2 的规定。

放水法试验记录表 **表 A.0.3-1**

<table>
<tr><td colspan="2">工程名称</td><td colspan="3"></td><td>试验日期</td><td>年 月 日</td></tr>
<tr><td colspan="2">桩号及地段</td><td colspan="5"></td></tr>
<tr><td colspan="2">管道内径（mm）</td><td colspan="2">管材种类</td><td colspan="2">接口种类</td><td>试验段长度（m）</td></tr>
<tr><td colspan="2"></td><td colspan="2"></td><td colspan="2"></td><td></td></tr>
<tr><td colspan="2">工作压力（MPa）</td><td colspan="2">试验压力（MPa）</td><td colspan="2">10min 降压值（MPa）</td><td>允许渗水量（L/（min·km））</td></tr>
<tr><td colspan="2"></td><td colspan="2"></td><td colspan="2"></td><td></td></tr>
<tr><td rowspan="5">渗水量测定记录</td><td rowspan="5">放水法</td><td>次数</td><td>由试验压力降压 0.1MPa 的时间 T_1（min）</td><td>由试验压力放水下降 0.1MPa 的时间 T_2（min）</td><td>由试验压力放水下降 0.1MPa 的放水量 W（L）</td><td>实测渗水量 q（L/（min·m））</td></tr>
<tr><td>1</td><td></td><td></td><td></td><td></td></tr>
<tr><td>2</td><td></td><td></td><td></td><td></td></tr>
<tr><td>3</td><td></td><td></td><td></td><td></td></tr>
<tr><td colspan="5">折合平均实测渗水量 （L/（min·km））</td></tr>
<tr><td colspan="2">外观</td><td colspan="5"></td></tr>
<tr><td colspan="2">评语</td><td colspan="2">强度试验</td><td></td><td>严密性试验</td><td></td></tr>
</table>

施工单位： 试验负责人：

监理单位： 设计单位：

使用单位： 记录员：

注水法试验记录表 **表 A.0.3-2**

<table>
<tr><td colspan="2">工程名称</td><td colspan="4"></td><td>试验日期</td><td>年 月 日</td></tr>
<tr><td colspan="2">桩号及地段</td><td colspan="6"></td></tr>
<tr><td colspan="2">管道内径（mm）</td><td colspan="2">管材种类</td><td colspan="3">接口种类</td><td>试验段长度（m）</td></tr>
<tr><td colspan="2"></td><td colspan="2"></td><td colspan="3"></td><td></td></tr>
<tr><td colspan="2">工作压力（MPa）</td><td colspan="2">试验压力（MPa）</td><td colspan="3">10min 降压值（MPa）</td><td>允许渗水量（L/（min·km））</td></tr>
<tr><td colspan="2"></td><td colspan="2"></td><td colspan="3"></td><td></td></tr>
<tr><td rowspan="5">渗水量测定记录</td><td rowspan="5">注水法</td><td>次数</td><td>达到试验压力的时间 t_1</td><td>恒压结束时间 t_2</td><td>恒压时间 T（min）</td><td>恒压时间内补入的水量 W（L）</td><td>实测渗水量 q（L/（min·m））</td></tr>
<tr><td>1</td><td></td><td></td><td></td><td></td><td></td></tr>
<tr><td>2</td><td></td><td></td><td></td><td></td><td></td></tr>
<tr><td>3</td><td></td><td></td><td></td><td></td><td></td></tr>
<tr><td colspan="6">折合平均实测渗水量 （L/（min·km））</td></tr>
<tr><td colspan="2">外观</td><td colspan="6"></td></tr>
<tr><td colspan="2">评语</td><td colspan="2">强度试验</td><td colspan="2"></td><td>严密性试验</td><td></td></tr>
</table>

施工单位： 试验负责人：

监理单位： 设计单位：

使用单位： 记录员：

附录B 闭水法试验

B.0.1 闭水法试验应按下列程序进行：

B.0.1.1 试验管段灌满水后浸泡时间不应少于 24h；

B.0.1.2 试验水头应按本规范第 10.3.4 条的规定确定；

B.0.1.3 当试验水头达规定水头时开始计时，观测管道的渗水量，直至观测结束时，应不断地向试验管段内补水，保持试验水头恒定。渗水量的观测时间不得小于 30min；

B.0.1.4 实测渗水量应按下式计算：

$$q = \frac{W}{T \cdot L} \tag{B.0.1}$$

式中 q——实测渗水量（L/（min·m））；

W——补水量（L）；

T——实测渗水量观测时间（min）；

L——试验管段的长度（m）。

B.0.2 闭水试验，应作记录，记录表格宜符合表 B.0.2 的规定。

管道闭水试验记录表 **表 B.0.2**

工程名称			试验日期	年 月 日	
桩号及地段					
管道内径（mm）	管材种类	接口种类		试验段长度（m）	
试验段上游设计水头（m）	试验水头（m）		允许渗水量（m³/（24h·km））		
渗水量测定记录	次数	观测起始时间 T_1	观测结束时间 T_2	恒压时间 T（min）	恒压时间内补入的水量 W（L）	实测渗水量 q（L/（min·m））
	1					
	2					
	3					
	折合平均实测渗水量				（m³/（24h·km））	
外观记录						
评语						

（续表）

施工单位： 试验负责人：

监理单位： 设计单位：

使用单位： 记录员：

附录C 验收记录表格

C.0.1 中间验收记录表宜按表C.0.1的格式填写：

中间验收记录表 表C.0.1

工程名称			工程项目	
建设单位			施工单位	
验收日期	年 月 日			
验收内容				
质量情况及验收意见				
参加单位及人员	监理单位	建设单位	设计单位	施工单位

C.0.2 竣工验收鉴定书宜按表C.0.2的格式填写：

竣工验收鉴定书 表C.0.2

工程名称			工程项目	
建设单位			施工单位	
开工日期	年 月 日		竣工日期	年 月 日
验收日期	年 月 日			
验收内容				
复验质量情况				
鉴定结果及验收意见				
参加单位及人员	监理单位	建设单位	设计单位	施工单位
	管理或使用单位			

附录D 本规范用词说明

D.0.1 为便于在执行本规范条文时区别对待，对要求严格程度不同的用词说明如下：

(1) 表示很严格，非这样做不可的：

正面词采用“必须”，反面词采用“严禁”。

(2) 表示严格，在正常情况下均应这样做的：

正面词采用“应”，反面词采用“不应”或“不得”。

(3) 表示允许稍有选择，在条件许可时首先这样做的：

正面词采用“宜”或“可”，反面词采用“不宜”。

D.0.2 条文中指定应按其他有关标准、规范执行时，写法为“应符合……的规定”或“应按……执行”。

附加说明

本规范主编单位、参编单位和主要起草人名单

主编单位：北京市市政工程局

参编单位：上海市市政工程管理局
上海市第二市政工程公司
上海市自来水公司
天津市市政工程局
天津市第二市政工程公司
天津市自来水公司
天津市自来水工程公司
西安市市政工程管理局
西安市第一市政工程公司
武汉市自来水公司
北京建筑工程学院
铁道部基建总局
铁道部第四工程局
冶金部包头冶金建筑研究院
吉林市自来水公司

主要起草人：王登镛　许其昌　石志圻　戚伏波
李国业　张美华　常志续　包安文
徐关兴　刘汉卿　王仁和　李孚生
朱鸿略　周凤桐　王汉贤　游青城

中华人民共和国国家标准

给水排水管道工程施工及验收规范

条　文　说　明

GB　50268—97

目　次

1 总 则

1.0.1 建国以来，原国家建委于1956年发布《建筑安装工程施工及验收暂行技术规范》（第十二篇外部管道工程），对给水排水管道工程施工起了积极作用，但其内容包括多种专业管道和给水排水构筑物，其中给水排水管道工程施工及验收仅有部分标准条文。由于给水排水管道工程施工技术不断提高，施工机械与设备的更新，管材品种及结构的革新，原1956年《建筑安装工程施工及验收暂行技术规范》（第十二篇外部管道工程）的规定，远不能满足当前给水排水管道工程施工的需要。为确保工程质量，提高施工技术水平和经济效益，特制订本规范。

1.0.2 本规范是用于房屋建筑外部的给水排水管道工程。其主要针对城镇和工业区常用的预制金属管道与非金属管道，砖、石、混凝土块砌筑管道，现浇混凝土管道，预制装配式管道，不开槽的顶管与盾构施工的管道，倒虹管道及附属构筑物等工程的施工及验收，作了具体规定。

1.0.3 本条规定是根据给水排水管道工程施工特点和设计要求编写的。施工单位在施工前首先应熟悉设计文件和施工图，深入理解设计意图及要求，在施工中应按图精心施工，尤其管道的位置及高程是由设计单位经过水力计算，并考虑与其他专业管道平行或交叉要求等因素确定的，施工时应满足设计及使用要求。

施工单位对因设计错误、材料代用、施工条件及有关合理化建议等需要变更设计时，应按有关规定程序办理。习惯上，局部变更，不影响工程预算的，一般可由施工单位与设计单位进行洽商，并作出洽商记录；如重大变更，还需要建设单位的同意，并由设计单位提出正式变更设计文件。总之，变更设计应有一定的手续和文件。

1.0.4 给水排水管道工程使用的管材、管道附件及其他材料的品种类型较多，国营和地方工厂的产品规格不一，质量有好有坏，如不能达标就会影响工程质量及使用，为此，管材、管道附件及其他材料应按国家或地方的产品标准进行检验，合格后方可使用。为保障人民身体健康，对生活饮用水的管道禁用有影响水质的材料。

1.0.5 本条规定的内容，一是国家已发布的有关标准、法规（见表1.1）；二是地方发布的有关法规。在施工中针对这些法定文件制订有效措施，使全体人员遵守这些规定，并设专门机构进行督促检查。

国家发布的标准、法规目录 **表1.1**

序号	标准号、文号或发布日期	名　称
1	国经薄字244号	国务院关于发布《国务院关于加强企业生产中安全工作的《通知》附：国务院关于加强企业生产中的安全工作的几项规定
2	（79）劳总护字第24号	重申切实贯彻执行《国务院关于加强企业生产中安全工作的几项规定》等劳动保护法
3	GBJ16—87	建筑设计防火规范
4	GBJ39—90	村镇建筑设计防火规范
5	国家主席令第22号（89）年12月26日	中华人民共和国环境保护法
6	GB50194—93	建筑工程施工场地供用电安全规范
7	1987年2月17日	国务院发布《化学危险物品安全管理条例》
8	1982年	劳动人事部关于颁发试行（锅炉压力容器安全监察暂行条例）实施

1.0.6 本规范是根据本专业的特点编写的，在内容上不可能包罗万象，对有些内容不再与国家现行有关标准规范重复。本条规定：一是指给水排水管道工程如土方、地基与基础、钢筋混凝土、砖石与混凝土块砌筑、管道安装及防水、防腐等工程施工，除应符合本规范规定外，还应按国家现行有关标准规范执行；二是指给

水排水管道工程在特殊地区施工，如在湿陷性黄土、膨胀土、软土、地震等地区施工时，应按国家现行有关标准、规范的规定执行。现将与本规范主要有关的主要国家现行标准、规范列入表1.2。

有关国家现行标准、规范目录 **表 1.2**

序号	标准、规范编号	名称
1	GBJ141—90	给水排水构筑物施工及验收规范
2	GBJ69—84	给水排水工程结构设计规范
3	GBJ13—86	室外给水设计规范
4	GBJ14—87	室外排水设计规范
5	CJJ8—85	城市测量规范
6	GBJ201—83	土方与爆破工程施工及验收规范
7	GBJ202—83	地基与基础工程施工及验收规范
8	GBJ203—83	砖石工程施工及验收规范
9	GB50204—92	混凝土结构工程施工及验收规范
10	GB50205—95	钢结构工程施工及验收规范
11	GBJ206—83	木结构工程施工及验收规范
12	GBJ208—83	地下防水工程施工及验收规范
13	GBJ108—87	地下工程防水技术规范
14	TJ212—76	建筑防腐蚀工程施工及验收规范
15	JGJ79—91	建筑地基处理技术规范
16	GBJ235—82	工业管道工程施工及验收规范（金属管道篇）
17	GBJ236—82	现场设备工业管道焊接工程施工及验收规范
18	JGJ18—84	钢筋焊接及验收及规程
19	GBJ107—87	混凝土强度检验评定标准
20	GBJ321—90	预制混凝土构件质量检验评定
21	CJJ3—90	市政排水管渠工程质量检验评定标准
22	GBJ82—85	普通混凝土长期性能和耐久性能试验方法
23	GB11837—89	混凝土管用混凝土抗压强度试验方法
24	GB985—88	气焊手工电弧焊及气体保护焊缝坡口的基本形式及尺寸
25	GB6417—86	钢熔化焊焊缝缺陷分类及其说明
26	DL5017—93	压力钢管制造安装及验收规范
27	TJ32—78	室外给水排水和煤气热力工程抗震设计规范
28	GBJ25—90	湿陷性黄土地区建筑规范
29	GBJ112—87	膨胀土地区建筑技术规范
30	GB50221—95	钢结构工程质量检验评定标准
31	GB5749—85	生活饮用水卫生标准

2 施 工 准 备

本章的内容大部分与《给水排水构筑物施工及验收规范》(GBJ141—90)基本一致，但以“给水排水管道工程”取代“给水排水构筑物工程”，以适应本规范的适用范围。

在条文内容方面稍有增加，在文字上也稍有修改。例如，在第2.0.4条中规定“管道的沿线临时水准点，每200m不宜少于1个”，就是适应本规范增加的内容。

3 沟槽开挖与回填

3.1 施 工 排 水

本节条文与现行国家标准《给水排水构筑物施工及验收规范》(GBJ141—90) 的内容是一致的，针对构筑物与管道施工稍有区别的特点，有个别条文结合管道施工要求做了修改。

3.1.3 当管道未具备抗渗条件时，严禁停止排水。管道安装后，当管道内尚未充满水，一旦停止排水，地下水位上升后，就可能将管道漂浮起来。

3.1.6 因管道是线状构筑物，故本条规定"…排水井宜布置在沟槽范围以外，其间距不宜大于150m"。

3.2 沟 槽 开 挖

3.2.1 给水排水管道沟槽底部的设计开挖宽度应包括管道结构外缘宽度、管道两侧的工作面宽度、支撑的宽度、现浇混凝土管道模板的宽度等。如管道有现场施工的外防水层或采用明沟排水时，开挖宽度还应增大。本条规定的沟槽底部开挖宽度与《土方与爆破工程施工及验收规范》(GBJ201—83) 基本一致。

3.2.3 开挖沟槽的方法，按具体条件可采用人工或机械开挖。采用人工开挖时，若沟槽较深，不能直接将土扔到槽外，就应采取分层开挖，层间留台的措施，以便于转运土方并兼有安全和便于安装支撑的作用。分层的深度，以人体身高结合铁锹的长度能将土甩到槽外为准。根据经验，这一高度不宜超过2m。如槽深大于2m但不超过3m时，仍可不分层而架设翻土板作为土方的转运站。

3.2.4 本条规定是针对沟槽两侧临时堆土、放置器材和有施工机械时，为了槽壁的稳定，不影响施工等所作的规定。需说明的是，第3.2.4.3款规定的堆土高度和距槽口边缘尺寸是即使堆土和施加其他荷载对槽壁的稳定还有较大的安全贮备也不宜超过的界限。

3.2.5 开槽铺设管道时，为控制管道中心线、槽底高程以及安装管节的高程等，可以采用直接测量、坡度板或其他方法。由于坡度板制作简单，操作方便，多有采用。

坡度板上标有管道中心线的位置和槽底高程等。为防止坡度板变形，故规定采用有一定刚度且不易变形的材料制作。为防止位移，故设置应该牢固。规定坡度板设置的间距，主要是考虑其间拉线下垂所产生的误差和测量高程要求的精度确定的。有的企业标准规定：对无压管道，坡度板间距一般不大于10m；压力管道，不大于20m。本条规定坡度板的间距不宜大于20m是取其上限。对不同管道可在不大于20m的条件下选用。坡度板的安装高程，应使所拉垂线不要太长，以减小测量误差。因此，规定坡度板距槽底的高度不宜大于3m。当沟槽深度不大于3m时，坡度板可埋设在槽壁顶端。深度大于3m时，对直槽可设在分层开挖的层间留台处；放坡开槽时，可设在槽壁上。

3.2.6 开挖沟槽后往往遇到已经修建的给水管道、排水管道、电缆管块以及文物等等，如果保护不当，很容易造成事故。为此，对这一经常遇到的情况特作本条规定。

开槽遇到管道等后，要求首先采取保护措施，确保管道不受损伤且不影响其正常使用。

"通知有关单位处理"，是指管道暴露后及时通知有关单位，进一步落实保护措施和处理措施。

3.3 沟 槽 支 撑

3.3.1 支撑工程是开挖直槽（边坡坡度一般约为20：1）时关系到安全施工的一项重要工程，其中包括支撑的设计、施工、维护和拆除。对这些内容，必须精心设计和精心施工，以免槽壁失稳，出现塌方，影响施工，甚至造成人身安全事故。

支撑的设计应确保槽壁的稳定。其有关的因素主要包括沟槽所处土层的性质、地下水位、沟槽的深度和宽度以及附加的荷载条件等。其设计方法一般可按有关资料进行。

给水排水管道沟槽通常采用撑板支撑和钢板桩支撑。在个别情况下采用锚杆、灌注桩或其他类型的支档结构。本条的规定适用于各种类型的支撑和支挡构筑物，但在以下有关条文中，仅对最常用的撑板支撑和钢板桩支撑的设计、施工、维护和拆除等方面作了具体的规定。其他类型的支撑应在施工设计中具体规定。

还应说明，这里的“撑板支撑”是指开挖沟槽达到一定深度后安装的，由横向排列或纵向排列的撑板、纵梁或横梁以及横撑组成的保护沟槽槽壁稳定的支档结构。其中：

撑板：指紧贴沟槽槽壁的挡土板；

纵梁或横梁：指纵向布置或横向布置的支承撑板的梁；

横撑：指横跨沟槽、支承纵梁或横梁的水平向杆件。

撑板支撑按照设计，又可分为密排支撑（简称“密撑”）和稀排支撑（简称“稀撑”）。密排支撑是指撑板之间不留间隔；稀排支撑则是在撑板之间留有间隔，其间隔大小依设计确定，甚至略去纵梁或横梁，使横撑直接支承撑板。

撑板支撑布置如图 3.1 及 3.2 所示。

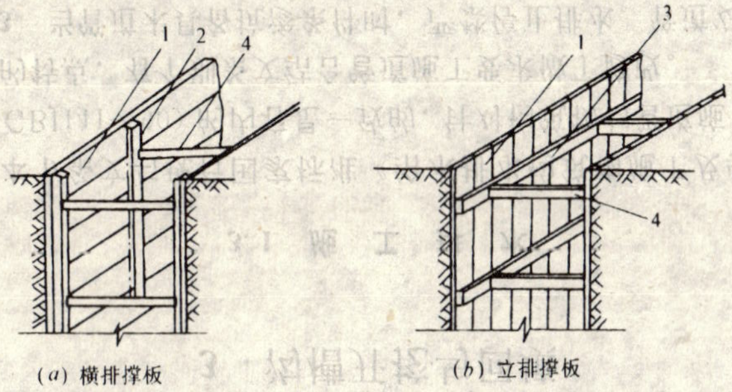

图 3.1　密排撑板布置

1—撑板；2—纵梁；3—横梁；4—横撑

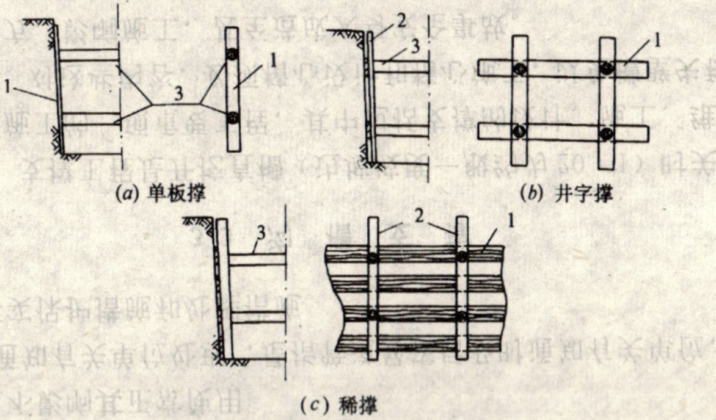

图 3.2　稀排撑板布置

1—撑板；2—纵梁；3—横撑

采用钢板桩时，可设计为悬臂、单锚或多层横撑的钢板桩支撑，其平面布置按具体设计可为间隔排列、无间隔排列和咬口排列。不同排列形式如图 3.3 所示。

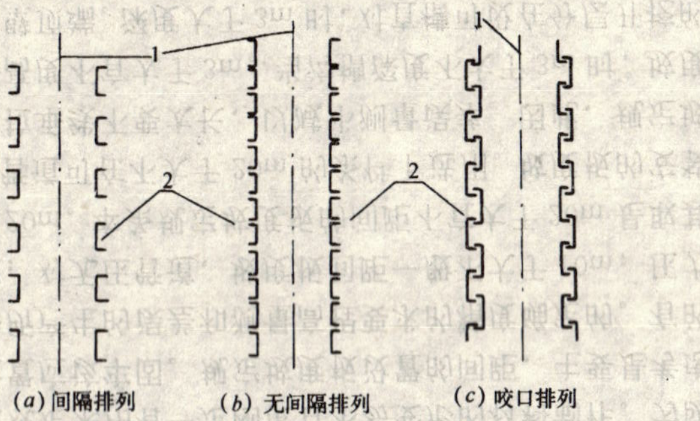

图 3.3　钢板桩支撑平面布置

1—沟槽中心线；2—钢板桩

3.3.4　采用撑板支撑时，支撑一定要随沟槽的挖深及时安装。这是采用撑板支撑的一条重要规定。

根据《土方与爆破工程施工及验收规范》（GBJ201—83）第 3.5.4 条规定，土质均匀且地下水位低于沟槽或管沟底面标高时，直立槽壁不加支撑的深度不宜超过下列规定：

密实、中密的砂土和碎石类土（充填物为砂土）	1m
硬塑、可塑的轻亚粘土及亚粘土	1.25m
硬塑、可塑的粘土和碎石类土（充填物为粘性土）	1.5m
坚硬的粘土	2m

本条规定及时安装撑板支撑的沟槽挖深即指不超过上述规定。

需要强调的是，当直槽挖深达到或超过上述规定时，并不一定出现槽壁失稳或立即出现失稳形成塌方。这种现象主要与沟槽所处土层的性质及荷载条件有关，而且是比较难以准确判断的。但正是由于这一现象的存在，在实际工作中很容易忽视及时支撑的重要性，造成不应有的事故。所以，“及时安装”支撑是保证施工安全的必要措施，沟槽挖深达到应该支撑的深度时随即支撑以及随沟槽的继续挖深随即配合支撑，不能因为任何原因拖延支撑的时间。

3.3.8 本条的规定是保护地下钢管道或铸铁管道的措施。当采用横排撑板时，管道下面的撑板上缘紧贴管道，目的在于阻止管道可能产生下沉，而管道上面的撑板下缘距管道顶面使有一定距离，则是当管道上面的撑板如有少量下沉，尚不致给管道增加负荷。

3.3.12 为了上下沟槽方便，往往攀登支撑，这就可能导致人身安全事故。为了防止出现这种事故，本条规定上下沟槽应设安全梯，即上下沟槽不得攀登支撑。

3.3.13 翻土板是人工开挖沟槽的槽深超过2m，但不超过3m而不分层开挖时，由沟槽出土的转运站。翻土板是架设在横撑上的，其荷载包括待运土重和操作工人的体重。在这种情况下，翻土板除应平整便于铲土外，还应与横撑联结牢固，承托翻土板的横撑也应加固，以策安全。

3.3.14 本条规定是拆除支撑前应对沟槽两侧建筑物、构筑物、槽壁等进行安全检查。例如，检查槽壁及沟槽两侧地面有无裂缝，建筑物、构筑物有无沉降，支撑有无位移、松动等等情况，判断拆除支撑可能产生的后果。如果需要，应在拆除支撑前将拆除支撑的具体方法、步骤和安全措施等制定实施细则，贯彻执行，以确保顺利进行施工。

3.3.15 拆除撑板支撑时确保施工安全和保护临近建筑物和构筑物非常重要。为此，本条专为拆除撑板支撑作了4款规定。其中第3.3.15.4款的“替换拆撑法”是指拆除横排的密排撑板时，应自下而上分次拆除。每次拆除的高度应小些（有的单位规定为20～60cm），且在拆除前先将替换的纵梁和横撑支好。

3.4 管道交叉处理

给水排水管道施工时，经常与已建的或同时施工的给水、排水、煤气、热力、电缆等地下管道交叉。处理这些交叉的措施应由设计单位作出具体设计，施工单位按照设计文件的规定施工。但是，有些管道，尤其是管径较小的已建管道，不少是在开挖沟槽时才发现的。在这种情况下，如果施工单位可以处理，不但对施工有利，对设计单位和管理单位也有利。本节中的5条规定，就是依据设计和施工的某些规定编制的。

以下，是对第3.4.1条将管道交叉处理分为3种情况的说明。

一、按设计文件处理

对那些工作量较大、技术上比较复杂或其他不宜施工单位先行处理的管道交叉，应按设计文件处理。如果设计文件没有规定，施工单位应向设计单位反映，由设计单位提供设计文件。

二、施工单位可以先行处理

设计文件没有规定，而施工单位可以先行处理的管道交叉，只限于本规范第3.4.2条至第3.4.5条规定的几种情况。即使施工单位可以先行处理，也应及时通知有关单位。

显然，如设计文件对这几种管道交叉处理有具体规定，则应按设计文件处理。

三、与设计单位协商处理

当设计文件没有规定，而又不符合本规范第3.4.2条至第3.4.5条规定的条件，则施工单位应与设计单位协商处理。

3.5 沟 槽 回 填

3.5.1 管道沟槽回填前应具备的条件，包括管道结构强度和水压试验两个方面。本条是对管道结构强度应具备的条件。需要说明的是：

一、盖板（矩形管渠的顶板）为预制时，按照侧墙受力分析和实践经验，沟槽回填前应安装盖板。否则，由于管渠两侧回填压实，侧墙容易开裂甚至倒塌。因此，第3.5.1.3款规定回填前应装好盖板。

二、拱形管渠，包括现场浇筑、砌筑或预制构件现场装配的拱形管渠，在回填过程中如可能发生裂缝、位移或失稳，应在回填前采取防止措施。具体方法依具体情况确定，一般可在管渠内部支撑。

3.5.2 第3.5.2.1款规定，其目的是在进行水压试验时用以隔温，以消除环境温度变化对管道内水压的影响，并有防止管道位移的作用。但是，在接口处不应回填，以便进行渗漏检查。

第3.5.2.2款规定，管径大于900mm的钢管道，应采取措施控制管顶的竖向变形。这是因为回填后管道的竖向土压力大于侧向土压力，因而管道的竖向直径减小，水平向直径增大。由于钢管道的管壁一般较薄，在土压力相同的条件下较钢筋混凝土管道或砖石砌筑管道等的竖向变形大。当此变形有可能超过其允许值时，应采取措施控制其变形。采取的措施一般可在回填前于管道内部设临时的竖向支撑，使管道的竖向直径稍大些，用以预留变形量，待管道两侧回填完毕再撤除支撑。这种方法是控制钢管道竖向变形的一个有效措施。

3.5.3 无压管道水压试验采用的压力甚小，一般不考虑环境温度的影响，故无需隔温。另一方面，钢筋混凝土管道、砖石砌筑管道除接口外，管节或砌体也有可能渗漏。为检查渗漏情况，故规定在闭水试验合格后回填。

3.5.4 回填土时，由槽底至管顶以上0.5m范围内要求采用细粒土回填，目的在于保护管道。当采用石灰土、砂、砂砾等其他材料时，由于这些材料的规格及质量差别较大而不宜作具体规定，故要求按具体工程的施工设计规定执行。

3.5.5 第3.5.5条至第3.5.7条是对回填土压实时应予控制的几个因素所作的规定。其中，包括压实工具、土的含水量、每层回填土的虚铺厚度以及压实遍数等。在某一现场，回填土的类别是确定的。如果压实工具也已确定，则影响压实度的就是土料的含水量、虚铺厚度和压实遍数3个因素。本条是控制含水量的规定。

土料的含水量对压实度的影响很大。由击实试验所得的最大干密度与其相应最佳含水量关系曲线明显看到：偏离最大干密度的前后，其相应的含水量则小于或大于最佳含水量；距离最大干密度愈远，相应的含水量也相差愈多。这一现象说明，采用同种压实工具、同样的铺土厚度和压实遍数，含水量偏离最佳含水量愈多，压实度就愈低。因此，压实回填土时，掌握其含水量在最佳含水量附近，是很重要的。

3.5.6 每层回填土的虚铺厚度与压实工具的荷载强度及要求压实度有关。荷载强度较小或要求压实度较高，铺土厚度应较小；否则，可较大。本条对不同压实工具虚铺厚度所作的规定，是根据有关规范并参照部分施工规程确定的，以便在施工时选用。

3.5.7 对回填土的压实遍数，本条规定由现场压实试验确定，而没有给出压实遍数的范围。

某种土料在要求压实度的条件下采用某种压实工具时，实际达到的压实度不但与其含水量和铺土厚度有关，而且还取决于压实遍数，已如前条说明。但是，压实遍数增加对压实度的增长是有一定限度的，即在有效压实深度范围内开始压实时，压实度随压实遍数增长；而增长到一定限度后，即使再增加压实遍数，压实度也不再增长。这一情况说明，如果要求压实度较高增加压实遍数不能达到要求时，就应调整含水量或调整铺土厚度，甚至更换荷载较大的压实工具。因此，应通过现场压实试验确定压实遍数。

进行现场压实试验简便易行，所得结果可靠，用以指导施工具有明显的实际意义。因此，本条规定压实遍数应通过现场试验确定，即根据现场回填的土料，选定压实工具，结合土料的含水量、铺土厚度，通过试验取得相应压实遍数的数据。

3.5.8 采用重型压实工具压实回填土时，为了不损伤管道，管顶以上必须有一定厚度的已经压实的回填土，以将压实工具作用于管道上的荷载减小到不损伤管道的程度。鉴于重型压实工具的种类、规格不同，管道承载能力不同，本条对此高度规定为按计算确定。计算方法可参照《给水排水结构工程设计规范》（GBJ69—84）的有关规定或其他有关资料计算。

本条规定除适用于压实工具外，也适用于运土车、起重机或其他车辆在回填土上行驶或停留的情况。

3.5.12 第3.5.12条至第3.5.15条是对给水排水管道沟槽回填土压实度标准所作的一组规定。

给水排水管道沟槽回填和压实的目的，除埋设管道后一般应恢复原地貌外，还应起到保护管道结构的作用。若在沟槽回填土上修筑路面，还应满足土质路基压实度的要求。这组条文是依据几项有关专业规范，并结合给水排水管道沟槽回填的实际情况，针对符合土质路基要求和保护管道的目的制定的压实度标准。

衡量填土压实度的标准有轻型击实和重型击实两种标准。对土质路基的压实，在城市道路有关规范中以重型击实标准为主，并给出了相应的轻型标准。本条对作为路基的沟槽回填土压实度标准，也给出这两种标准的规定。需要说明的是，由于给水排水管道沟槽回填土的压实多采用轻型压实工具，且习惯上也以轻型击实标准为准，故本规范中除注明者外，皆以轻型击实试验法求得的最大干密度为100%。

本条对回填土作为路基时的压实度标准列入条文中的表3.5.12。其中，压实度标准和由路槽底算起的深度范围的规定，分别与《城市道路设计规范》（CJJ37—90）及《城市道路路基工程施工及验收规范》（CJJ44—91）基本一致。

需要着重说明的是，为了保护管道，管顶以上相邻管道的一定高度范围内一般不能采用重型压实工具；而即使可以采用较重的压实工具，由于管道的存在，也难以达到较高的压实度。因此，当压实度已达到较高时，紧贴管顶以上的一层回填土的压实度也是较低的。这是一个实际问题。《市政排水管渠工程质量检验评定标准》（CJJ3—90）表3.8.3规定管顶以上50cm范围内回填土的压实度不应小于85%，既有保护管道的作用，又有管顶以上一定范围内难以达到较高压实度的现实情况。但是，这一规定不符合土质路基压实度标准，故在编制本规范时经与有关方面协商，对管顶以上25cm范围内的压实度作了特殊处理，即在此25cm范围内的表层取样，其压实度不应小于87%。

3.5.13 本条是专为管道两侧回填土压实度标准所作的规定。几点说明如下：

一、当沟槽回填土不作为路基时，管道两侧回填土压实度应满足保护管道的要求。当沟槽回填土作为路基时，还应满足路基压实度的要求。而当路基压实度的要求高于保护管道压实度的要求时，执行路基压实度的规定则二者皆可满足。

二、由于管道的结构不同，其两侧要求压实度的标准也应有所差别。在圆形管道中，本条将混凝土管道、钢筋混凝土管道和铸铁管道等刚性管道划为一类，规定其最低压实度不应小于90%；钢管道一般管壁较薄，故作为柔性管道划为一类，规定其最低压实度不应小于95%；但是，也有特殊情况。例如，某工程中的球墨铸铁管道内径较大，管壁又较薄，虽不是钢管道，但设计规定其两侧的压实度不应小于95%。因此，对那些有特殊情况的管道，其两侧压实度应按设计文件执行。

三、矩形管道或拱形管道，其结构设计和施工与预制管节的圆形管道有所不同。如果管道沟槽的回填土不作为路基，则管道两侧回填土的压实度可依结构不同而异。因此，如设计有规定，应按设计文件执行；如设计无规定，本条规定的不小于90%，相当于圆形管道两侧压实度标准中的较低值。

3.5.14　本条为回填采用石灰土、砂、砂砾等材料的有关规定。几点说明如下：

一、条文中列出了几种不能用原土回填的条件。其中，管道覆土较浅、管道的承载力较低和压实工具的荷载较大这三个条件相互影响，难以用其中的一个条件决定是否不能用原土回填。例如，为保护管道不受损伤，当覆土深度和压实工具相同时，不同承载力的管道可能就有可以回填原土或不能回填原土的不同处理措施。还应说明，在这三个条件中“覆土较浅”（或称“浅覆土”）一般是比较突出的。本规范中对“浅覆土”没有给出定量界限，主要是考虑到这个界限还受到其他条件的影响而不是一个定值，这样规定有利于按具体条件具体分析处理，从而可以使采取的措施更为切合实际。

二、条文规定，采用石灰土、砂、砂砾等材料回填时可与设计单位协商。这里所说协商，是指就回填材料的选用、质量要求以及要求的压实度标准等进行协商。

三、加固管道的措施一般包括加大管道基础的支承角，采用混凝土包封管道或其他措施。显然，采用加固的具体措施应由设计文件规定。

3.5.15　本条是对管顶以上回填土采用“中松侧实法”时压实度标准的规定。

管顶以上的竖向荷载是管道结构设计的主要荷载。其中，竖向土压力又是主要的。因此，采取措施减小竖向土压力的强度就可以相对提高管道的承载力。采用“中松侧实法”回填，就是减小竖向土压力的有效措施。

在《市政排水管渠工程质量检验评定标准》（CJJ3—90）和某些地方标准或企业标准中，对“中松侧实法”都有所规定，但也稍有不同。本条对“中松侧实法”的规定有以下三点说明：

一、本法只适用于沟槽回填土不作为路基的条件。回填土作为路基时，“中松侧实”的基本原则虽不变，但具体规定有所不同（见第3.5.12条）。

二、本条对“中松”的范围有明确规定，即管顶以上高为50cm，宽为管道结构外缘间距所限定的范围；

三、“中松”部位的压实度标准不应大于85%，用以保证相对的“中松”。

3.5.16　本条所称含水量高的原土主要是指软土，但也包括具有这种性质的其他土类。这种土压实的困难在于其含水量高，难以达到较高的压实度。采用翻晒的方法降低其含水量虽是有效措施，但常因施工场地、气候条件、工期限制等原因，往往难以实现。因此，本条规定，凡不具备降低原土含水量条件，不能达到要求压实度的部位，应回填石灰土、砂、砂砾或其他可以达到要求压实度的材料。

3.5.17　本条对井室周围回填压实的施工规定中，除防止损伤结构外，主要有以下两点：

一、路面范围内的井室周围规定回填石灰土、砂、砂砾等沉降量小的材料，以防止产生较大的沉降量，破坏路面；

二、夯实时，应对称于井室中心，并使井室所受的侧向压力对称分布，防止损伤结构。

4 预制管安装与铺设

4.1 一 般 规 定

4.1.1 混凝土或钢筋混凝土管装卸、运输中应倍加注意防止接口部位损伤，钢管、球墨铸铁管则应防止内、外防腐层的损伤。

4.1.2 “使用方便”指堆放地点尽量选在避免或减少二次搬运、且便于装卸、不碍交通的场所。

4.1.3 橡胶圈长期受紫外线照射或离热源较近易老化；与汽油、苯、丙酮、松节油、酸、碱、盐、二氧化碳接触或长期与产生电火花放电的电器等放在一起将变质。长期挤压将发生永久变形，降低止水效果。

4.1.6 管道施工一般从下游向上游铺设，安装时承口朝向施工方向，这样施工一是有利于管道的稳定，二是一旦管道内进水可将水向下游排放，三是承插接口采用热灌材料时不至外流，这种施工顺序的安排对排水管道、山区、丘陵地带的给水管道尤为必要。平原地区给水管道不一定按这一规律施工，因为给水管道属压力管道且配水管道往往呈网状布置。由于压力流的作用，没有上下游之分。

4.1.7 表4.1.7注2柔性机械式接口安装时，需预留法兰压盘安装移动量及使用搬手的操作空间，一般为承口前再加100mm左右。

4.1.8 沟内运管时，可在槽底垫以大板管节在大板上滚动运输，以免扰动天然地基。

4.1.13 雨期施工事先做出雨水疏导方案，否则，雨水极易流入沟槽内，轻则泥土流入管内，重则造成漂管事故。防止漂管的应急措施是加强槽内排水，必要时向管道内灌水以减小浮力。

4.1.14 橡胶圈受冻后失去弹性，影响止水效果。

4.1.15 管体温度滞后于气温的变化。当空气温度由负温升高至正温时，管体表面温度仍可能处于负温状态，此刻若进行石棉水泥或水泥砂浆接口施工，仍会造成石棉水泥或水泥砂浆材料的冻结。故本条规定管口的表面温度低于－3℃时，不宜进行石棉水泥或水泥砂浆接口施工，应采取冬施措施。

4.1.19 阀门安装前都要做启闭试验，以检查机件是否灵活。有的阀门安装后经过冲洗，启闭运转后仍漏水时，就有必要将阀体拆开，检查闸槽内是否有异物或闸槽与闸板间咬合不严所致。应该指出的是，对大型的，特别是国外进口的阀门，进行解体检验时必须慎重，解体前一定要把阀门的结构、装配组合关系搞清楚再着手进行，不要造成拆后难装的局面。

4.2 钢 管 安 装

4.2.1 给排水用钢管一般管径较大，制造时常采用矩形钢板轧成弧形，然后拼焊而成，用这种工艺加工的钢管叫直焊缝卷制钢管。钢管的圆度、弧度、周长、端面垂直度的偏差对管道的安装质量、施工进度影响甚大。为确保工程质量，本规范根据京、津、沪制管厂的企标。相邻的现行国家标准及行业标准制定了表4.2.1的允许偏差指标。

锈蚀深度大于1mm、小于2mm的锈斑为严重锈蚀。“斑疤”指深度大于管壁厚度负偏差的刨伤、划伤。壁厚8～25mm的允许负偏差为0.8mm。

4.2.2 事先逐根测量管节各部尺寸、编号后，可使施工井然有序，使接口的偏差减至最小程度，以达提高工程质量的目的。

4.2.6 焊条按溶渣性质分为酸性及碱性焊条两大类。前者工艺性好承受动荷能力较差，后者工艺性差，承受动荷能力较好。无论选用那种焊条，首先应选择与母材化学成分相同、机械强度相匹配的焊条，以保证焊接工件的安全。在满足安全条件的前提下，考虑工作条件和工艺性。工作条件指结构的工作环境，如温度、压力、介质腐蚀状态和受力情况。工艺性指焊缝部位、工件复杂程度、通风状态、焊口清洁度及工人操作熟练程度等。一般酸性焊条用于焊接低碳钢及焊缝部位难以清理干净的工件，碱性焊条用于焊接合金钢或工件形状复杂、厚度大、工作条件较差以及比较重要的钢结构上。焊接时不得使用受潮的焊条，如使用受潮焊条，焊接工艺性变坏，出现电弧不稳定、飞溅增大且焊缝容易产生气孔、裂纹等缺陷；若采用碱性焊条，还会产生有害气体。故焊条使用前，一般先放入烘箱内烘干后，放在干燥筒或保温筒中，随时取用。

4.2.7 京、津、沪、穗，管节对接焊口均采用V型坡口，当母材大于10mm、《工业管道工程施工及验收规范》(GBJ235—82)规定V型坡口的钝边间隙为2^{+1}_{-2}mm，《气焊、手工、电弧焊及气体保护焊缝坡口的基本形式与尺寸》(GB—985—88)中规定板厚3～26mm时，钝边厚为1～4mm，间隙0～3mm。本规范综合各地经验及放射线探伤的质量要求，根据相邻国标提出表4.2.7的规定。

4.2.8 "内壁齐平"，指对口时环向焊缝处齐平，本条引用《现场设备、工业管道焊接工程及施工验收规范》(GBJ236—82)Ⅲ级焊缝的规定，较北京、武汉地区的技术规程规定偏宽，依据地标应严于国标的原则，选用了相邻国标的规定。

4.2.9 规定纵向焊缝设置位置的目的，一是尽量使焊缝设在管道承受荷载时产生环向应力较小的位置，二是便于维修，三是避免出现焊缝集中，提高裂纹出现概率。例如，"十"字型的焊缝，裂纹概率明显高于其他类型接头的焊缝。

4.2.11 方孔一旦通水后，在孔的角隅处产生应力集中而撕裂。哈市××工程曾在管道上开了方孔、圆形孔，通水时，方孔被拉裂二处，而圆孔却无一处破坏。

4.2.13 焊接长距管道时，往往在沟槽上先将管节焊成几个组合管段，管段下入沟槽后，再将管段一一施焊，管段间的接口叫固定口。当各段连成一体对最后一个接口焊接时，称为闭合焊接，当时的大气温度与日最低温度之差或日后管道运行时与水温之差，将引起管道温度变形，由于管道在土壤摩擦力、三通、弯头、等构筑物约束之下，不能自由伸缩，管道纵向产生拉力。为此，规定固定口或闭合焊接应选在气温较低时施焊；有的地区为避免闭合焊接引起拉断管道的事故，在闭合焊口处设一可伸缩的柔口，以消除温度应力。

4.2.14 本条吸收东北地区的经验，并参考《中低压管道施工及验收规范》(炼化建502—74)制定。

4.2.16 为尽最大努力保证管道强度，凡人可进入操作的管道，应尽可能采用双面焊，本条参考京、沪地区规程而定（沪$D<$600mm，京$D>$800mm)。

4.2.17 油渗检验是钢管道接口焊接的重要质检工序。对一般性的给排水管道工程，通过该项检验可满足焊口质量检验的要求。重要的管道，如干管或对生产有重大影响的给排水管道，则应作无损探伤检验。外观检查各项指标系参考各地区的企标及《工业管道工程施工及验收规范》(GBJ235—82)中的Ⅲ级焊缝的规定制定的。

4.2.19 施工经验表明，安装法兰接口时，管道将发生纵向变形。为避免安装法兰损坏其他接口，特规定法兰口紧固后再施工与其相邻的刚口及焊接口。

4.3 钢管道内外防腐

4.3.1 钢管壁薄、刚度较小，施工过程中起吊、运输、回填土，产生较大的变形。采用预制法做内外防腐层，应按本规范4.1.1条的规定装卸、运输。采用先下管后做内防腐层的管道，在水压试验、回填土验收合格，管道变形基本稳定后进行。因为机械喷涂，借助弹簧抹子抹压，如果竖向变形过大，抹压力将大小不匀，使水泥砂浆防腐层密实度不等而影响工程质量。采用人工抹压水泥砂浆防腐层时，如在水压试验或回填土前施工，当水压试验或回填土时管道产生较大的变形，引起水泥砂浆内防腐层开裂。

4.3.2 砂的质量对水泥砂浆防腐层质量影响较大。所谓天然砂，指河砂或海砂，其含泥量比普遍混凝土用砂要求更为严格，施工单位为了控制质量，一般用前筛洗。由于机喷、人工抹压工艺不同，对水泥砂浆中砂的级配均有特定要求。又由于各地原材料的物理性能、施工经验不同，本条除规定砂的最大粒径外，级配可在水泥砂浆配比中选定。

4.3.3 某些工程因施工条件所限，水泥砂浆内防腐层采用预制法施工时，应采取加强管道刚度的措施，以克服运输、施工过程中因管道变形过大损伤水泥砂浆内防腐层。国外30年代始采用机喷法施工，我国自60年代始先后在上海、青岛、大连等城市使用，采用该法施工的水泥砂浆内防腐层表面光滑、致密、厚度均匀取得良好效果。北京、天津在D2000mm以上的大口径管道中曾用人工抹压法施工，效果也很好。人工抹压时，应分四层实施，即素浆层、过渡层、找平层、面层。无论采用何种方法施工，养护工序是保证水泥砂浆内防腐层不发生裂缝和空鼓的关键环节。美国《埋地管道现场施工水泥砂浆内衬》（AWWAC602—83）规范中规定：喷涂内衬后应立即封堵该段管道的所有孔洞，硬化后立即潮湿养护至少7d，停止潮湿养护后立即通水。日本中条公司实践证明，养护工作若疏忽大意，将出现裂缝。北京市××工程，采用人工抹压施工，由于未封堵人孔，次日管道顶部出现二条2m多长的纵向裂缝。

4.3.4 根据北京市市政工程设计研究总院的试验研究成果及美国多年的实践经验，当裂缝宽度小于或等于1.6mm时，在特定的条件下可以不进行修补。《压力管道用球墨铸铁管离心水泥砂浆内衬》（ISO4179）的规定，最大允许裂缝宽度为0.8mm，本规范根据工程实践经验，参考国内外研究成果及上述国际标准，允许裂缝宽度定为不得大于0.8mm。

4.3.5 石油沥青及环氧煤沥青涂料是国内目前各地广泛采用的外防腐涂料。表4.3.5-1、表4.3.5-2是参考《埋地钢质管道石油沥青防腐层施工及验收规范》（SY4020—88）及《埋地钢质管道环氧煤沥青防腐技术标准》（SYJ28—87）制定。施工单位应按设计规定的构造施工。当设计无规定时，应按表4.3.5-1和4.3.5-2的规定施工。但是，无论是按设计规定的构造，还是按表4.3.5-1和4.3.5-2的规定施工，其质量验收标准均应符合表4.3.11的规定。

4.3.6 外防腐施工最忌基面潮湿、不洁。基面潮湿、不洁，影响粘结、防腐效果。施工环境温度超过规定时，环氧煤沥青不易固化，石油沥青难以涂刷，气温低于石油沥青脆化温度时，起吊、运输可能导致沥青防腐层开裂。故冬施时，应按《石油沥青脆点试验法》（GB4510—84）测定的沥青脆化温度，决定起吊及运输时机。

4.3.7 工程实践表明，建筑10号石油沥青可满足输送介质温度低于50℃的液体的埋地钢管道外防腐层的性能要求。给排水管道输送的水温一般处于该温度界限以下，故本条规定选用建筑10号石油沥青作为管道外防腐层的涂料。玻璃布生产工艺中要求浸腊，而若将浸腊的玻璃布直接用于外防腐层中，将影响层间的粘结效果，故本条规定应采用脱蜡，干燥的玻璃布。常用的脱蜡方法，是在使用前将玻璃布放入烘箱中高温烘烤进行脱蜡。中碱玻璃布指含碱量不大于12%的玻璃布。当采用石油沥青涂料时，根据环境温度高低常按表4.1选择玻璃布的经纬密度。

玻璃布经纬密度的选择　　　　表4.1

施工环境温度（℃）	玻璃布经纬密度（根/cm）
<25	8×8
25～35	10×10
>35	12×12

“可适应环境温度变化的聚氯乙烯工业薄膜”指可耐热70℃、耐寒－30℃的性能。

4.3.9 《涂装前钢材表面处理的规范》（SYJ4007—86）中规定，人工除锈分为St_2及St_3二个等级，St_3指用动力钢丝刷等彻底除掉钢表面所有松动或起翘的氧化皮、疏松锈皮、疏松的旧涂层和其他杂物。喷丸除锈分为清扫级（S_a1）工业级（S_a2）、近白级（$S_a2.5$）、白级（S_a3）。近白级（$S_a2.5$）指除去几乎所有氧化皮、锈、旧涂层及其他污物。清理后，钢表面几乎没有肉眼可见的油、油脂、灰土、氧化皮、锈和涂层。允许表面留有均匀分布的氧化皮斑点和锈迹，其总面积不超过总除锈面积的5%。本条4.3.9.3款规定沥青熬制温度不得超过250℃，熬制时间不得大于5h，以避免熬制沥青时发生焦化现象。

4.3.9.4 款规定沥青涂刷温度不得低于180℃，是避免温度过低，发生不易涂刷的现象。

4.3.10 环氧煤沥青防腐层比较薄，故本条4.3.10.1款规定，焊接表面应无焊瘤、棱角、光滑无刺。欲做到这一点，除除锈工作精心操作外，还应对不平之处用环氧腻子找平。

4.3.11 钢管的腐蚀主要是电化学腐蚀，当用电火花检漏仪检查时，若有打火花现象表明该处绝缘不佳，有漏电现象。如不处理，日后将发生电化学腐蚀，影响钢管的寿命。表4.3.11中的击穿电压是按$\mu=7850\sqrt{\delta}$推算而来的（δ：防腐层厚度（mm）；μ：击穿电压（V））。

4.4 铸铁、球墨铸铁管安装

4.4.1 改革开放以后，我国铸铁管生产技术发展迅速，由单一的灰口铸铁管研制出强度高、韧性好、耐腐蚀的球墨铸铁管；接口形式也由单一的石棉水泥刚性口，开发出滑入梯唇形、T形及柔性机械式橡胶圈密封的接口。为便于应用，现将现行国家铸铁、球墨铸铁管及管件标准列出，见表4.2。

4.4.2 铸铁管质脆，承受冲击能力差，管节下沟前已经过多次搬运，摔伤率高达5%～10%。判断摔伤或微细裂纹，可用肉眼观察或用小锤轻击管体，从声音频率的高低可判断管身是否有摔伤或微细裂纹。影响管道密封性的关键部位，是插口外工作面和承口内工作面的光滑度和清洁度。管节、管件下沟前，必须将本条所指出的缺陷认真检查、排除，方可保证接口安装的密封性。

现行国家铸铁、球墨铸铁管及管件标准一览表　　表4.2

名　称	标准编号	接口形式	橡胶圈形状
砂型离心铸铁管	GB3421—82	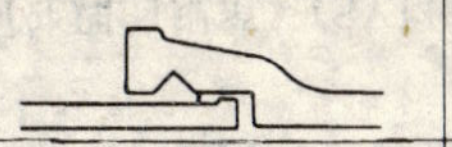	圆形
连续铸铁管	GB3422—82	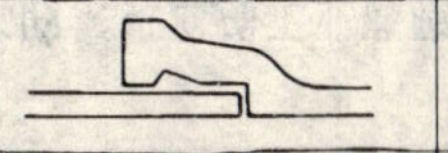	圆形
柔性机械接口灰口铸铁管	GB6483—86	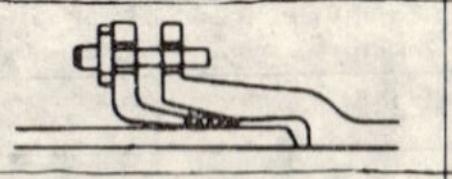	楔形
梯唇形橡胶圈接口铸铁管	GB8714—88	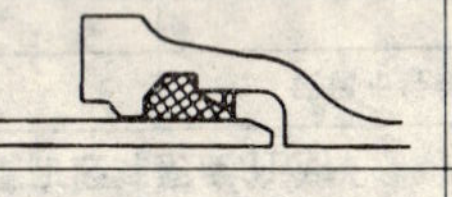	
离心铸造球墨铸铁管	GB13295—91	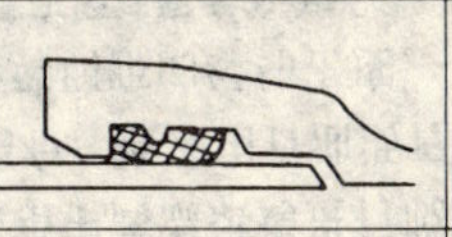	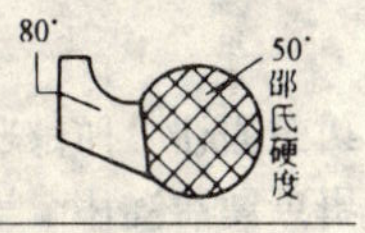
灰口铸铁管件	GB3420—82	—	—
球墨铸铁管件	GB13294—91	—	—

4.4.3 安管时，承插口间留有纵向间隙，是供管道安装时温度变化产生变形的调节量。刚性接口的管材承口内径及插口端外径都有公差，排管时应注意组合，尽量使环向间隙均匀一致。

4.4.4 沿曲线安装时，橡胶圈柔性接口允许转角是根据有关企标及国外同类接口的允许转角确定的。现将有关资料的规定列入表4.3。

柔性接口允许转角（°）　　表4.3

管径(mm)	中国大连铸造厂	美国 AWWAC600—87	日本 久保田球铁管	
	滑入式T形橡胶圈	滑入式T形橡胶圈	滑入式T形橡胶圈	柔性机械式接口
300	5	5	4	5
400	4	3	3°30′	4°30′
500	3	3	3	3°20′
800	—	3	2°30′	2°10′
1000	—	2	2	1°50′

注：1. 美国资料摘自《球铁给水管道及其附件安装标准》（AWWAC600—87）；
2. 日本资料摘自日本久保田球墨铸铁管说明书。

刚性接口的允许转角，是以发生转角后，接口的环向间隙尚能保证最薄的（7mm）打口工具进入间隙内正常操作的原则确定的。

4.4.5 本条第4.4.5.2款刚性接口所用的石棉，有的企标规定选用《温石棉质量标准》（建标54—61）的软4级石棉，近年我国颁布了《温石棉》（GB8701—87）的国标，为与现行国家标准一致，本规范规定用机选4F级石棉。该级石棉近似于《温石棉质量标准》（建标54—61）中的软—4—10级。

新、旧标准石棉等级纤维分布比较表 **表4.4**

标准名称	等级	纤维长度（mm）	筛余（%）	筛底（%）
《温石棉》（GB8701—87）	机选4F	4.75	10	20
		1.40	70	
《温石棉质量标准》（建标54—6）	软—4—10	4.8	10	25
		1.35	65	

4.4.6 刚性接口“水线里缘”指承口三角形凹槽，靠近承口里端的边线，见图4.1。

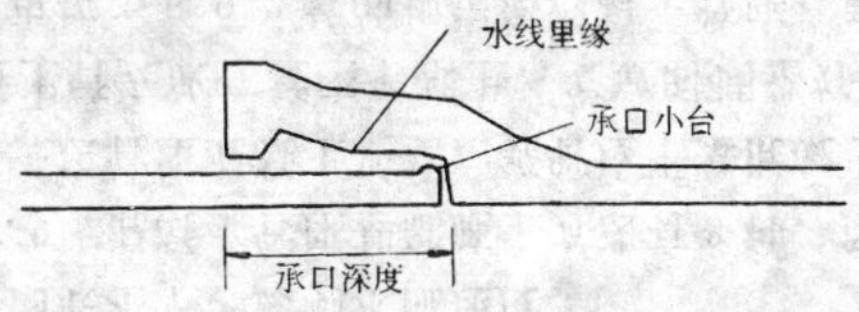

图4.1 承口水线示意图

4.4.8 北方日夜温差约为0～20℃，刚性接口在此温度下施工，如不采取保温措施，常发生每隔4～5节管拉裂一个接口的现象。例如，包头地区常发生此事故。接口施工宜选在形成日夜温差较低的时刻进行，夏季宜早晚施工，冬季宜在中午施工，并加覆盖保温。

4.4.11 当前我国引进铸铁管生产线较多，这些生产线的产品有的是按ISO标准生产的，有的是按国标生产的，接口形式多样，橡胶圈截面形状各异。选用橡胶圈时，其质量、性能、细部尺寸应符合相应的现行国家铸铁、球墨铸铁管及管件标准中有关橡胶圈的规定（见表4.2），以便与铸铁管产品配套使用。

橡胶圈是柔性接口止水的关键材料，一旦断裂不好更换，故橡胶圈的接头要十分可靠，接头最好用加温硫化法联结。

4.4.13 滑入式柔性接口安装，当推入深度达到标志环后，复查与其相邻、且已安好的第一至第二个接口的推入深度，防止安装新的接口时将已安好的接口拔出或错位，影响接口的止水效果。

4.4.14 安装机械接口，紧固螺栓时要循循渐近逐个拧紧，使每个螺栓受力均匀。管径较大时，采用测力搬手拧紧为宜。

4.4.15 铅口有一定的柔性，且成型较快，但是材料昂贵，浪费能源，故仅在抢修或特殊需要时才选用。熔化的铅锅内若落入水滴能引起爆炸。熔铅温度很高，操作时要倍加注意安全，带好劳保用具方可上岗。灌铅应沿注孔一侧灌入，以便灌入时将空气排出，避免窝气，形成气囊。当温度升高时，气囊中的气体膨胀，一旦气囊破裂时，即造成崩爆炸伤事故。

4.5 非金属管安装

4.5.1 非金属管一词是本规范对混凝土、钢筋混凝土、预应力、自应力混凝土管和陶土管的统称。本规范所指的几种非金属管，现行国家标准的名称、编号见表4.5。

现行国家非金属管标准 **表4.5**

名称	编号
《预应力混凝土输水管（震动挤压工艺）》	GB5695—85
《预应力混凝土输水管（管蕊绕丝工艺）》	GB5696—85
《柔插式自应力钢筋混凝土输水管》	GB4083—83
《混凝土和钢筋混凝土排水管》	GB11836—89
《排水陶管及管件》	GB4670—84

4.5.3 混凝土、钢筋混凝土、预（自）应力混凝土管，经过运输或在自然环境中存放过久，经常出现碰伤、裂纹等缺陷。当发现裂纹、接口掉角、保护层脱落时，认真修补后请有关负责人鉴定后方可下管。

4.5.4 无压力管道高程要求较严，安装时应以管节内底高程符合设计规定为准。因为管节的壁厚公差较大，如规定以管顶为准，势必造成管道内底不平，影响水流速度。

4.5.8～4.5.9 混凝土管座基础施工方法有3种，第一种叫平基法，即先打一层管座混凝土平基，等管座平基混凝土达到5.0N/mm² 将混凝土管安放在管座平基上，安放时调整好管节的高程、中心、然后再按4.5.9.2款的规定浇混凝土管座。第二种叫垫块法，即先将预先做好的混凝土垫块直接放在基础垫层上，然后将管节放在垫块上，调整管节的高程、中心后，立即浇筑整体管座混凝土。管座混凝土浇筑必须从一侧灌筑，以使管底的空气排出，避免出现蜂窝狗洞的质量事故。第三种叫四合一法，即先浇管座平基混凝土，浇筑时使管座平基混凝土面稍高于预定高程，当混凝土处于塑性状态时，将管节放在塑态的混凝土上，借助管节的自重再轻轻的揉动，使管节下沉到设计规定的高程，随即浇筑管座混凝土。该法由于将平基、安管、浇筑混凝土管座、抹带四个工序合而为一，故叫四合一法。此法仅适用于小口径管道施工。

4.5.12 承插式甲型、乙型口见图4.3。

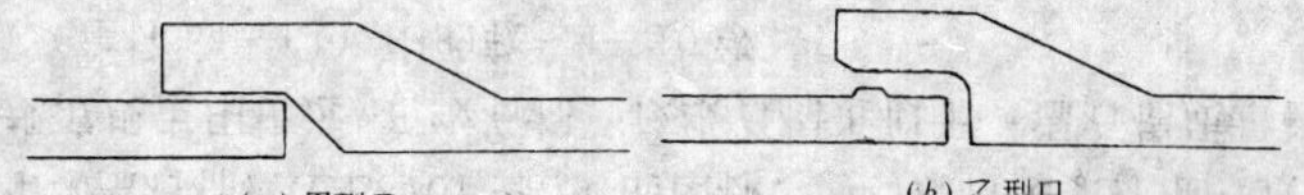

图4.3 承插式接口示意图

陶土管加工精度较差，表4.5.12中所列陶土管的纵向间隙是按照《排水陶管及管件》(GB4670—84)中所规定的承口倾斜偏差，按比例换算而得。

4.5.13 曲线安装时，纵向间隙最小处不得大于5mm，指转角接口的内侧纵向间隙不大于5mm。当大于5mm时，橡胶圈将从接口中滑出。

4.5.14 预（自）应力混凝土管接口安装时，橡胶圈在推力作用下应均匀滚动到接口工作面上。若管口环向间隙不均匀，间隙小处滚动快，间隙大处滚动慢，因而，橡胶圈就位后，出现拧麻花现象。此刻，当推力撤消后，橡胶圈将发生扭力调整，产生将已推入就位的插口又拔出的现象，这种现象俗称“回弹”。一般的情况下，撤掉推力后都有些回弹，只要回弹不超过10mm，橡胶圈在接口工作面上，接口的止水效果是有保障的。

4.5.17 本条规定管径大于700mm，应用水泥砂浆将管道内接口纵向间隙抹平、压光，是由人工进入管道内操作实施。当管径小于700mm，工人进入管道内难以操作，常采用绳拉拖头反复拖挤将缝抹平。

4.5.22 震动挤压预应力混凝土管，由于生产工艺所限，其插口端的内径公差较大，安装后相邻管节内底错口高达10～20mm，故本规范对该种预应力混凝土管的相邻内底错口公差暂不列入。设计单位可据管径大小、工厂生产条件，事先与厂方洽商，满足设计要求后选用。

5 管　　渠

5.1 一 般 规 定

5.1.1 “管渠”因其结构形式和施工工艺不同于管道安装，它包括砌筑、现浇和装配3种形式，并有其各自的特点及复杂性。因此施工前，均需进行施工设计，方能完满地指导施工，并使之顺利完成。

其中，分段施工顺序的确定，是指在管渠工程的全线范围内，依地质条件、地域环境、施工难易程度、设备能力、季节影响等因素，综合考虑后制定出既有利于工程质量又能提高施工速度的分段施工顺序。

砌筑、现浇与装配式管渠，因其结构形式多样，所用材料有所区别，施工技术各有难度，如砌筑管渠可能是混合结构，即基础与顶板均为钢筋混凝土，只是墙体为砌筑材料，若顶部为砌筑拱形时，则显出其复杂性；现浇钢筋混凝土管渠则是矩形、拱形、圆形都可能有，特别在取用拉模施工、模板、钢筋及浇筑工艺如何配合等，均需精心做出施工设计，施工质量才有保证。装配式管渠，在把住构件质量关口的同时，保证装配接缝的质量是另一重要的关键问题，如施工工艺方法不做周密的研究设计，要达到预期目的是很困难的。

施工按变形缝分段施工，有利于质量也方便施工。所要提醒注意的是，同一断面内不同部位的变形缝要与管渠底板的变形缝对正，缝宽一致。否则，变形缝的功能，不能达到预期效果。

5.1.3 砌筑或装配式管渠所用砂浆，要求使用水泥砂浆，是不同于建筑结构的一个特点。因为管渠为用于输水的防渗结构，有一定耐久性要求。本条对水泥砂浆的原材料要求做了规定，皆为达到防渗、耐久之目的。白灰砂浆属气硬性的，泅水产生崩解，防渗结构显然是不适宜的。

5.1.4 施工时，砂浆按设计配合比投料并搅拌均匀，砂浆的设计强度才有基本保证。因为砌筑或装配所用材料砖、石或混凝土块的不同、气温变化等原因，配制砂浆的稠度应在配合比的设计时做出规定，以满足施工的操作性，又可确保设计规定的各项要求。

5.1.5 根据给水排水管渠工程特点与要求，制定了砂浆留取试块的规定。按每砌筑100m^{3}砌体、或每一工作段（砌筑段、安装段）留置不少于一组。当回填土或加荷时，砂浆应有检验强度，所以砌筑时还应根据施工需要，适当增留试块，以适时根据检验结果，决定是否可以进行下一步施工工序。对有抗渗、抗冻要求的砂浆，还应按相应的抗渗、抗冻试验标准，留取试块与检验。

注：①砂浆抗渗试验方法见《市政工程质量检验方法》；

②砂浆抗冻试验方法见《建筑砂浆基本性能试验方法》。

5.1.6 管渠主体结构的同一浇筑段内，使用同一品种同一标号水泥，有利于抑制或减少裂缝产生，以利发挥防渗功能，延长使用寿命。

5.1.7 管渠混凝土所用的骨料除应符合普通混凝土常规要求外，还应针对管渠薄壁抗渗结构的特点选择。本条提出了对骨料的具体要求。骨料吸水性过大影响混凝土强度、稠度等性能，给施工带来不便，甚至造成混凝土产生裂缝。骨料含泥量要求严于普通混凝土，是管渠混凝土要求抗渗、抗冻所必须具备的指标。

骨料中含无定形二氧化硅成分时，遇水与水泥水化生成的碱性物质，引起混凝土膨胀、开裂，对要求抗渗、抗冻的管渠危害较大，因此应通过试验决定。

5.1.8 配制有抗渗、抗冻要求的管渠混凝土掺入的外加剂品种要适宜。如掺入减水剂时，宜选用引气型的；热天施工取用缓凝引气减水剂；冬期施工选用早强引气减水剂；常温施工一般选用加气剂、松香酸钠等，应用效果很好。

本条特别规定，钢筋混凝土中不许掺用氯盐，以防引起钢筋锈蚀，影响结构耐久性。

在给水管渠混凝土中要防止选用有毒外掺剂，如亚硝酸钠及6价铬盐等，萘系减水剂的萘分子结构在双键以上的含有微毒，也应避免使用。

5.2 砌 筑 管 渠

5.2.2 按变形缝分段施工，是多年施工经验的总结，具有保证质量、方便操作等特点。当段内砌筑需间段时，应按本条规定实施，保证砌筑层间结合牢固。对于转角和墙体交接部位，规定同时砌筑，是为结合部砌筑整体性更好些。

5.2.4 本条规定将砖用水浸透，这是确保管渠防水防渗的重要措施。由于浸透的砖不再吸收砂浆中的水分，使水泥砂浆的凝结强度得以正常增长，同时保证砖与砖之间借助砂浆固结形成整体。

5.2.5 砌筑管渠施工的特点就是要求满铺满挤的砌筑方法，它有利于层间和竖向砖与砖之间紧密结合，不存空隙，确保砌体坚固、防渗、耐久。

墙体取用五顺一丁的砌法，是各地常用的方法，但也不排除选用更好的其他砌筑方法，故在采用前加了“宜”字。

5.2.6 砌筑应自两侧向拱中心对称进行，是为防止一侧偏砌影响拱的成形质量。

5.2.12 拱形管渠安装拱胎前两侧墙体外回填土前，一般将墙内每隔一定距离堆筑临时支撑是常用的一种保持墙体稳定的措施。

5.2.13 砌筑后的砌体靠水泥砂浆固结后，形成坚固的整体。因此，对水泥砂浆及时进行养护，并使其在不受冲刷、不受外力震动和撞击的情况下，强度正常发展是非常必要的；而且砂浆强度达到设计抗压强度标准值的25%以后，拆除拱胎也要在无震动情况下进行，以免震裂拱圈。

5.2.14 砌筑管渠的渠体属防渗结构，尤其采用砖砌时，设计常规定渠体用水泥砂浆抹面的方法达到防渗和增加耐久性的措施。这里规定了砂浆抹面的操作工艺及养护要求，是各地施工经验的体现，是保证质量的有力措施。

5.2.16 本条规定“盖板不得反向放置”，因为盖板中钢筋多为单筋布置，若倒置堆放，则钢筋层处于板的上部位置，一旦承受荷载，板的下部无筋仅靠混凝土承受拉力，盖板即将开裂。

5.2.17 盖板安装要求相邻盖板的底面错台相差不大于10mm，是为防止影响水流而规定的。为达到这一要求，施工时常在墙顶铺浆时加入小垫块，以使盖板底面找平。

5.2.19 冬期施工选用普通硅酸盐水泥，是利用其抗冻性能好、早期凝结速度快的特点达到抗冻的目的。拌制砂浆适当增大其流动性，弥补冬期砌筑砌块不得浸水，而砌筑后块体及吸收砂浆中的部分水分，使砂浆过于干燥，不利于砌块间的固结。

5.2.21 在冻结的地基上砌筑，待冻结地基融化后，会使管渠出现不均匀沉陷，产生裂缝、漏水，污染水质，严重时甚至影响管渠使用年限。

5.3 现浇钢筋混凝土管渠

5.3.1 现浇钢筋混凝土管渠的施工，因其结构形式多样，有矩形、圆形、拱形等，施工方法有固定模与拉模等方法，振捣设备选用也与管渠模板设计及钢筋绑扎固定方案密切相关。为此，需在施工前根据管渠结构形式选定施工方法，进行模板与钢筋的施工设计。如为拱形管渠，模板如何起拱，钢筋如何绑扎固定；若为圆形管渠，内模如何固定，环向筋如何防止浇筑时上浮等，均需在施工设计时予以周密计议，以便采取相应的技术措施。

5.3.2 矩形管渠顶板的底模，在跨度过大时，为保证设计拱度，支模时常预留适当拱度。根据一些地区的经验，当跨度等于或大于4m时，预留拱度宜为全跨长度的2‰～3‰。

5.3.3 拱形管渠的底部为倒拱形，支设倒拱内模时，常使拱面略底于设计拱面高程，以防发生跑模，使拱面模板上升，造成混凝土倒拱底面高程高于设计规定，凿除不便。

支模时，常在拱面中心通长设八字缝板一块，是指采用木质拱模时，当木模发生湿胀，可将八字缝板推动，而不致于胀裂混凝土管渠。

5.3.4 现浇钢筋混凝土管渠，模板支设是主要环节，其中地锚的设置为管渠各部尺寸定位起着控制作用，抑制住管内模及环向钢筋笼的上浮，对管渠整体质量十分有利。

条文对施工工艺及程序做了规定，如管渠的环向钢筋骨架及内模支设，要在基础混凝土强度达到 $1.2N/mm^2$ 时，方可进行施工。在程序上需要支设钢筋骨架以后再装入内模，并分别与地锚固定。这个工序是不可颠倒的。管内模的尺寸非常关键，如为钢制内模需控制好其圆整度，如为木模还需预先充分洒水，不致因湿胀将管渠混凝土撑裂。经验证明，设八字缝板是非常有效的措施，这些做法对保证管渠浇筑质量、流水断面圆整、且尺寸不小于设计规定起着控制作用。

5.3.5 固定模板的支撑不得与脚手架联结，因为脚手架承受活荷载时，会牵动模板随之活动，从而影响模内混凝土的正常凝结、硬化及强度增长。

侧模与拱顶板底模支设应分开，也是这个目的。

5.3.7 环筋同心度系指环筋中心与管道（渠）中心的偏差；倾斜度系指环筋由垂直方向沿管渠方向的倾斜值。

5.3.10 管渠钢筋骨架的支设需在基础混凝土抗压强度达到本规范第 5.3.4 条规定的强度后进行，而且安设平直后与架立筋焊接牢固，方不致因浇捣产生变形、变位，影响管渠结构的整体质量。

5.3.11 管渠基础下的砂垫层，也称滑动层，是用以防止现浇管渠产生环裂的有效措施之一。滑动层的另一做法是在基础垫层表面涂两道 4 号石油沥青，同样可达到上述效果。

5.3.13 管渠混凝土的浇筑要求连续进行，是防渗结构施工的一个重要特点，连续进行可避免或尽可能减少人为的施工缝，也就是减少可能渗水的薄弱环节。对于施工中出现分层浇筑的压茬间歇时间，本条文中做了规定，超出时限即应按施工缝处理。因为管渠要求抗渗，在允许间歇时间上比普通混凝土缩短了半小时，这样对连结质量更为有利。

5.3.14 现浇混凝土矩形管渠从基础浇至侧墙，需留施工缝时，其位置应留在本条规定位置，因为此处承受剪力较小，且施工操作方便。

当墙与顶板一次连续浇筑时，墙体浇至墙顶即暂停浇筑 1～1.5h，是为了使这样高的墙体在混凝土在振捣后，待其自沉自密的过程充分完成后再继续浇筑，以便凝结硬化后与顶板连接处不致出现沉降裂缝现象。

5.3.16 圆形管渠的浇筑，当管径比较大时，两侧混凝土浇入量过猛、过快，如无防范措施，容易将钢筋笼及管内模托起。本条规定浇至管径之半的高度，建议间歇 1～1.5h 后再继续浇筑，可使已浇混凝土得以沉凝，用以预防连续浇筑可能产生钢筋骨架变位及内模上浮问题。

5.3.17 本条各项规定是总结工程实践的经验后提出的预防管顶、拱顶纵向开裂的措施，经验证明是行之有效的。

5.3.19 采用钢筋混凝土板桩支护，并与现浇混凝土内衬组成拱形排水管渠主体结构，解决了在地下水位高、地层土质稳定性差、缺乏适宜直径管材与许多施工难题。此项工法的技术要求，除需符合设计与施工常规要求外，重点应控制住本条规定的两项内容，质量才能保证。

5.3.20 对现浇钢筋混凝土管渠规定，按段采用同条件养护，目的是使管渠混凝土的膨胀与收缩均匀一致，以减少因温、湿度不同产生的温度裂缝。同时，洒水过多，还会危及地基，发生管渠沉降裂缝。

5.3.21 现浇混凝土管渠冬期施工，所采用的蒸汽养护法，主要根据结构表面系数限制低压饱和蒸汽的升降温度和速度，限制了恒温最高不超过 30℃ 的方法，既控制住混凝土中的引气不被排除，保证了抗渗、抗冻要求达到的性能指标，抗压强度没有明显降低；而且使混凝土在 2～3d 内即达到抗冻临界强度，有效地加速模板使用的周转，缩短了施工工期（详见专题报告之四《现浇混凝土管渠的蒸汽养护说明》)。本条针对结构性质、构造特点及用途，规定了低温蒸汽养生的一系列条件，使蒸压没有普通预制构件蒸汽养护那么强烈,因而抗渗混凝土中的引气成分得以保留，实践证明采用低压饱和蒸汽，当升温速度不大于10℃、恒温最高不大于30℃、降温速度不大于5℃条件下,蒸养表面系数小于6的管渠抗渗混凝土结构是可行的。

5.3.22 因为抗渗、抗冻试验设备复杂，试验周期较长，试验结果后置时间长，有些单位尚不具有此项试验条件，故只要求留样做验证性检验。但是,这两项指标必须由配合比设计预以保证。此处要求取样虽少，但其代表性极强，其检验结果，将是工程验收重要依据之一；而且当配合比及施工条件发生变化时，如气温突变、材料变更等，均需适当增留试块，用以检验各项性能是否能够达到设计要求。

5.4 装配式钢筋混凝土管渠

5.4.1 预制构件经检验合格方可进入施工现场,是控制工程质量的重要环节。检验构件外观、尺寸、抗压、抗渗、抗冻等要求，按照现行国家标准《预制混凝土构件质量检验评定》(GBJ321—90)、《混凝土强度检验评定标准》(GBJ107—87)、《普通混凝土长期性能和耐久性试验方法》(GBJ82—85)、《给水排水构筑物施工及验收规范》(GBJ141—90) 执行。

本条特别规定进场构件应按装配顺序、编号组合，其目的主要是为减少重复搬运，意外碰撞，使吊装先后有序，既有益于质量，又文明施工。

5.4.2 管渠采用矩形或拱形构件装配施工时,吊装要求按照设计吊点起吊。运输堆放时，不能仰置，并且用垫木垫稳，避免构件失稳或受力不均损伤构件。

5.4.4 矩形或拱型管渠,组装时上下构件的竖向企口接缝要求错开，目的是提高管渠结构的整体性和避免形成渗水通道。

5.4.5 采用钢管支撑器临时固定管渠侧墙装配施工时,其做法是在浇筑底板混凝土时,将支撑器支点地锚预埋在渠道中心位置;吊装墙板时，将墙板对准杯槽中心使支撑器的支杆对准墙板预留支撑孔加以固定（如图5.1)。这样定位稳定可靠，待浇完杯口内混凝土、填筑完板缝、并且强度达到设计规定要求、盖好盖板后，支撑器即可拆除。

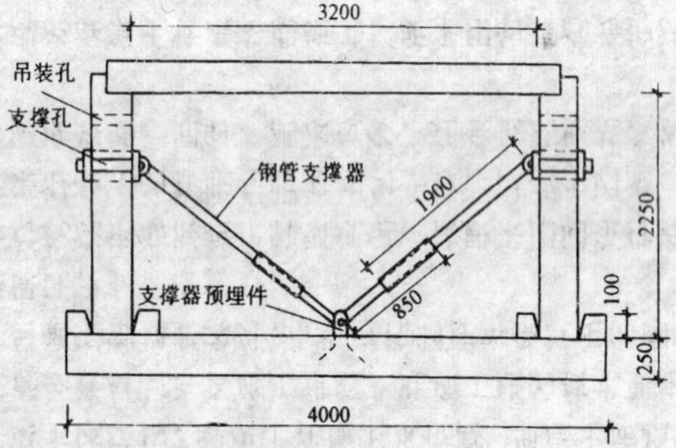

图5.1 钢管支撑安装示意图

5.4.7 后浇杯口混凝土是近期发展的新工艺,该法可避免安装墙板的碰撞，比先浇法（与基础一起浇）支模方便，节省木材，也有利于浇筑成一体。

杯口混凝土有两种形式，根据覆土不同条件，有双杯口及单杯口两种，如图5.2。

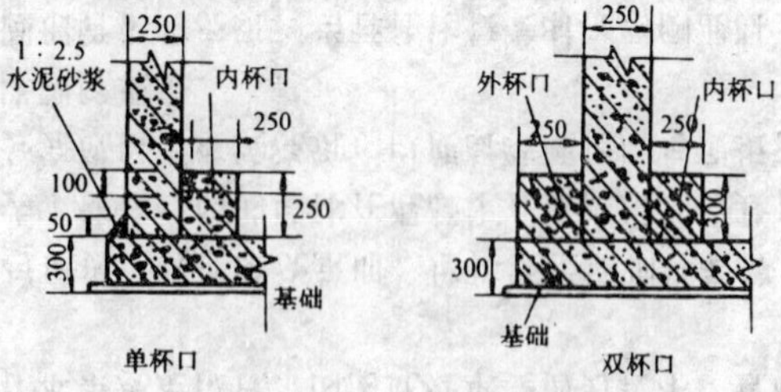

图5.2 杯口示意图

5.4.8 装配式管渠施工质量重点是处理好接缝，条文规定水平接缝应铺满水泥砂浆，以使接缝咬合紧密；同时要求安装后及时对接缝内外进行勾抹，也是保证接缝质量的措施之一。

5.4.9 装配式矩形或拱形管渠的内部填缝或勾缝，要求在外部还土后进行。因为这时内部缝隙较大，可封闭严密，也避免填土震裂的损害。

5.4.10 本条规定管渠顶（盖）板缝与墙体缝错开，是避免局部裂缝出现后发展成渗水通道，污染水质，一旦出现裂缝发展长度受到限制，且便于修补。

6 顶管施工

6.1 一般规定

6.1.1 顶管的施工设计是顶管施工中有关技术问题的设计。本条规定了13款，基本上概括了主要技术问题。以下，就几个问题予以说明：

一、关于顶管段长度的确定

"顶管段单元长度"是指不采用中继间时计算所能顶进的管段长度。此长度由管径、管道所处土层性质、千斤顶的配备、后背墙允许抗力、管道端部所能承受的允许顶力等因素确定。

顶管段的长度一般指相邻两顶管工作坑之间的距离（排水管道顶管时，一般为相邻两检查井之间的距离）。如果设计的工作坑间距超过了顶管段单元长度，可采用润滑措施或中继间等措施，通过技术经济比较，确定顶管段的长度。显然，当采用中继间时，顶管段的单元长度则是顶管段中管道端部至第一个中继间与相邻中继间之间顶进阻力较大的那一段长度。

二、顶力计算

顶力计算除直接与顶管段单元长度有关外，也是后背墙设计的前提条件。因此，顶力计算是顶管施工设计中的关键内容。但是，由于影响顶力计算的因素很多，计算结果相差也很大。如何使计算结果比较接近实际而又有适当的安全系数，必须慎重考虑。详细说明见第6.4.8条。

三、后背设计

后背设计的内容，主要是结合后背土体的物理力学性质以及后背墙的结构进行设计。后背墙的类型有装配式后背墙、钢板桩后背墙、沉井后背墙、连续墙后背墙等，其中以装配式后背墙采用较多。本规范第 6.2.2 和 6.2.4 条对这种后背墙的施工有具体规定。

四、减阻措施

为减小顶力，降低管道与其周围土体的摩擦系数是一种有效的措施。这种措施，可在管壁上涂石蜡、石墨等，但以采用触变泥浆效果最为显著。

对采用触变泥浆的规定，列入本规范第 6.5.1～6.5.7 条。

五、注浆加固

在顶管施工中，为控制软土层沉降，提高顶管洞口土体的稳定性，防止工具管进洞时流动性土体进入工作坑以及减小粗颗粒土层中顶进阻力和减少塌方，可考虑注浆加固土层。

注浆加固的材料很多，施工工艺也不相同，其选用应依加固目的和土层的类别而定。对顶管中的上述目的，加固后的强度不应过高，以既能达到要求的目的，又不过大增加开挖土方的困难为准。为此，本规范第 6.5.8 条规定，应通过技术经济比较，确定加固方法。

6.2 工 作 坑

6.2.2 装配式后背墙是指工作坑开挖以后，采用方木、工字钢、槽钢、钢板等型钢或其他材料加工的构件，在现场组装的后背墙。这种后背墙不但应有足够的强度，而且应有足够的刚度。例如，北京地区的装配式后背墙构造如下：

一、贴土壁立码一层工字钢或 15～20cm 的方木，其宽度和高度应不小于所需的受力面积；

二、横放一层工字钢或方木；

三、立放 2～4 根 40 号工字钢，设在千斤顶作用点位置；

四、土壁与第一层之间的缝隙填塞密实，一般用级配砂石。

本条规定后背墙的底端应在工作坑底以下，不宜小于 50cm。这一规定的目的，是在增加施工工作量不大的条件下，利用后背墙的抗力与其高度的平方成正比的规律，以充分发挥其抗力。

6.3 设 备 安 装

6.3.4 顶铁是顶进管道时，千斤顶与管道端部之间临时设置的传力构件。其作用是：第一，将一台千斤顶的集中荷载或一组千斤顶的合力，通过顶铁比较均匀地分布在管端；第二，调节千斤顶与管端之间的距离，起到伸长千斤顶活塞的作用。由于顶铁的这两个作用，对顶铁的要求是：应有足够的强度和刚度；精度必须符合设计标准。由于顶铁的形状不同，且每种形状的数量也不只一件，故顶铁的质量必须达到要求，以保证使用时的安全，这就是本条第 6.3.4.1～6.3.4.4 款的规定。

除此之外，条文还规定顶铁应有锁定装置。这是因为在施工现场组合时，顶铁与导轨、千斤顶、顶铁之间以及顶铁与管端的接触面都是自由接触的。为防止顶铁受力不均匀发生事故（北京习惯称为“崩铁”），应在顶铁上设锁定装置。

6.3.5 安装顶铁时，应首先检查顶铁与导轨之间、顶铁与顶铁之间的接触面。如有泥土或油污等，应擦拭干净，防止接触不良，相互滑动。安装后，顶铁必须与管道的轴线平行，使千斤顶轴线、顶铁轴线和管道的轴线相互平行。当使用双行顶铁时，顶铁轴线必须与管道中心的垂线对称，以避免顶力产生偏心，导致“崩铁”。

顶铁与管口之间的联接，无论是混凝土管还是金属管，都应垫以缓冲材料，使顶力均匀地分布在管端，避免应力集中对管端的损伤。当顶力较大时，与管端接触的顶铁应采用 U 形顶铁或环形顶铁，务使管端承受的压力低于管节材料的允许抗压强度。缓冲材料一般可采用油毡或胶合板。

需要强调的是，使用顶铁必须注意安全，稍有不慎就可能出现“崩铁”。为加强防护，特又作了第 6.3.5.5 款的规定。

6.4 顶 进

6.4.4 手工掘进顶管法是顶管施工中最简单的一种方法，也是广泛采用的方法。选用这种方法的土层和地下水条件，已在第

6.1.2.1 款作了规定。本条第 6.4.4.1～6.4.4.2 两款是从安全和控制沉降出发，对挖土顺序和超挖量所作的规定。

一、挖土顺序的规定。开挖工具管迎面的土体时，不论是砂类土或粘性土，都应自上而下分层开挖。有时为了方便而先挖下层土，尤其是管道内径超过手工所及的高度时，先挖中下层土很可能给操作人员带来危险。因此，本条特规定自上而下分层开挖。

二、超挖的规定

采用手工挖土时，如允许超挖，可减小顶力。为了纠偏，也常需要超挖。但管侧及管顶超挖过多，则可能引起土体坍塌范围扩大，增大地面沉降及增大顶力。由于超挖不可避免，故应对超挖部位及超挖量做出规定。

对工具管前方的允许超挖量，不同规程有不同规定。例如，北京市市政工程局规定一般顶管地段，如土质良好，可超出管端 30～50cm；上海市第二政工程公司规定不得大于 60cm；西安市第一市政工程公司规定一般为 50cm。所以，规定管前超挖量，应视具体情况确定。

管顶以上的允许超挖量不得超过 1.5cm 的规定，是此超挖量既可满足纠偏要求，又不致引起土体较大坍塌的危险。管道下部 135°范围内，在正常顶进情况下不得超挖，主要是为了控制管道的高程。这两项都是在土层比较稳定的条件下的规定。需要注意的是，是否允许超挖，应按设计和施工单位的规定执行。这里只是规定允许超挖时可以超挖的界限，而不是规定应该超挖。有的规定在软土地层中和其他有特殊要求的条件下不得超挖，就是明显的例子。

6.4.8 影响顶力的因素很多，主要包括土层的稳定性及其覆盖厚度、地下水的影响、管道的材料、管径和重量、顶进的方法和操作的熟练程度、顶力计算方法的选用、计算顶进长度、减阻措施以及经验等等。在这些因素中，土层的稳定性、覆盖土层的厚度和顶力计算方法的选用尤为突出，而且彼此具有密切关系。

土层的稳定性是确定顶力大小的基本条件。按照《给水排水工程结构设计规范》（GBJ69—84）的规定，“稳定土层系指可塑至坚硬状态的粘性土及不饱和的沙土。饱水疏松的粉细砂，干燥的砂类土，淤泥及其他液态性粘土，均属不稳定土”。这一规定是划分管道结构设计中土压力是否采用隧道法计算土压力的依据，也是顶管顶力计算中选用土压力计算方法的依据。

计算顶力的方法有理论公式和经验公式。理论公式是指将影响顶力的有关因素作为计算顶力的函数，将有关数据代入即可求得顶力。经验公式是选择与顶力有关的主要因素，根据实际工程测得的顶力，确定顶力与主要因素的函数关系。在这两类公式中，管顶以上覆盖土层的厚度都是重要的因素。

本条是对理论公式计算顶力所作的规定。

顶管的顶力应大于工具管的迎面阻力、管道周围土压力对管道产生的阻力以及管道自重与周围土层产生阻力之和，即：

$$P \geqslant (P_1 + P_2)L + P_F \tag{6.1}$$

式中 P——计算的总顶力；

P_1——顶进时，管道单位长度上周围土压力对管道产生的阻力；

P_2——顶进时，管道单位长度的自重与其周围土层之间产生的阻力；

L——管道的计算顶进长度；

P_F——顶进时，工具管的迎面阻力。

在式（6-1）中，P_1 的计算是先求出管道周围土体作用于管道上的土压力，再乘以管道与其周围土体的摩擦系数即可。P_2 的计算是管道单位长度的自重乘以管道与其周围土体的摩擦系数。P_F 的计算是按照不同的顶进方法，采用相应的计算公式。故式（6-1）可写为：

$$P \geqslant f\gamma D_1\left[2H + (2H + D_1)\mathrm{tg}^2\left(45° - \frac{\Phi}{2}\right) + \frac{\omega}{\gamma D_1}\right]L + P_F \tag{6.2}$$

由于按上式计算所得的 P 值一般偏大，且管道顶部以上覆盖土层的厚度愈大和土层的稳定性好，偏大就愈多。因此，上式可写为：条文中式（6.4.8）的形式。

在式（6-2）的第一项中，计算土压力所采用的土柱高度是按覆盖土层的全部厚度计算的。而在采用顶管施工时，当管道所处土层为稳定土层且原土厚度较大时，作用于管道上的土压力仅是其上部分高度的土柱重。此土柱的高度一般按普罗托季扬宽诺夫公式或太沙基公式即隧道土压力公式计算。管道顶部以上覆盖土层的厚度超过一定值时，作用于管道上的土压力只计及此定值高度的土柱重。若土层为不稳定土层，则不能采用上述两个隧道土压力公式计算土压力。公式（6-2）不分土层的稳定性，这就是采用该式计算结果对具有稳定性土层计算结果偏大的主要原因。

在不能采用上述隧道式土压力公式计算时，一般采用土柱公式计算管道上的竖向土压力，即管道上的竖向土压力等于其外径范围内的土柱重。

以上说明了隧道土压力公式和土柱公式都是顶管时计算土压力的理论公式。在我国现行的几种规程中将土柱公式作为首选公式，按照习用情况。本规范也首先列出土柱公式。以下，对土柱公式的特点作几点说明。

一、土柱公式计算的土压力一般偏大，尤其是对稳定土层偏大更多；而对不稳定土层，其偏大的程度也不相同，即在相对较为稳定的土层偏大较多；近于流动性土层则偏大较小。还应说明的是，粗颗粒的砂类土、砾石等一般按稳定土看待。但根据北京地区的经验，其单位管道长度上的顶力相差很多，甚至彼此相差2～3倍，有的实测最大顶力已比较接近土柱土压力的计算结果。对这种土按不稳定土计算顶管土压力比较恰当。

二、利用公式计算的土压力是指稳定的土压力，其稳定的时间依土类不同而异。稳定土层的稳定时间较长，不稳定土层的稳定时间较短。对稳定土层，在正常顶管工期内的土压力可能较其稳定的土压力小得多。对不稳定土层，尤其是流动性土层，可以认为顶管施工中的土压力即稳定的土压力。还应说明，有的土层虽属稳定土层，但由于在顶管期间出现的特殊情况，例如，附近管道渗水，施工操作因素等，其土压力虽未达到土柱土压力，但已明显增大。基于这些考虑，计算土压力虽偏大，但基于安全方面考虑，计算结果偏大应是允许的。

三、摩擦系数的选用是决定计算顶力的另一重要因素。条文中所给的 f 值是综合北京经验取用的，但顶管中的摩擦系数有时可能比此数值大的多，最为明显的是土颗粒进入管节接口的孔隙中，这相当于增大了管壁的粗糙程度，即摩擦系数大为增加，尤其是较大颗粒的土。例如，卵石或砾石卡在管口中，顶进中互相滚卡，甚至个别石块将管壁挤裂。在这种情况下，即使土压力不变，其摩擦力已不是土压力与摩擦系数的乘积。如果还用摩擦系数表示，其值可能较选用数值增大若干倍，但在计算公式中不能将摩擦系数提高。因此，允许计算土压力偏大的比较恰当的。

四、纠偏是在顶管过程中不可避免的经常的操作内容。每一纠偏过程都相当于增加土压力，亦即增加顶力。但这一外力难以在土压力计算公式中反映，因此，计算土压力可偏大些。

对顶管的土压力并不是所有条件都要求按土柱公式计算，而是不同地区、不同单位当有成熟经验时可采用经验公式。

我国现行规程中规定顶管采用经验公式的还不多。其中，北京市的经验公式是在稳定土层中顶管时实测顶力的基础上总结的；上海市则是该地区采用触变泥浆顶管中取得的。而二者都是针对管道土压力和管道自重取得的经验公式，不包括工具管的迎面阻力。以下是两种经验公式的概述。

一、北京市的经验公式

北京市在50年代中期，根据顶管实测顶力统计出顶力计算的经验公式，并纳入北京市市政工程局的施工规程。80年代，北京市第四市政工程公司根据大量实测顶力建立的经验公式，进一步丰富了原公式。编制本规范时，编制组对这两个公式进行了分析与比较，对原公式作了修正。修正后的经验公式主要内容如下：

北京市地区稳定土层中采用手工掘进法顶进钢筋混凝土管

道，管底高程以上的土层为稳定土层，且覆盖土层的深度满足卸力拱的要求和允许超挖时，顶力可按下列公式计算：

在亚粘土、粘土土层中顶管，管道外径为1164～2100mm，管道长度为34～99m，当土为硬塑状态，且其覆盖土层的深度不小于1.42D_1，可塑状态时不小于1.80D_1时，顶力可按下式计算：

$$P = K_{粘}(22D_1 - 10)L \tag{6.3}$$

在粉砂、细砂、中砂、粗砂土层中顶管，管外径为1278～1870mm，管道长度为40～75m，且覆盖土层的深度不小于2.62D_1时，顶力可按下式计算：

$$P = K_{砂}(34D_1 - 21)L \tag{6.4}$$

式（6.3）及（6.4）中：

P——计算顶力（kN）；

D_1——管道外径（m）；

L——计算顶进长度（m）；

$K_{粘}$——粘性土系数，可在1.0～1.3之间选用。当土质条件较好及顶管技术比较熟练时取较低值；否则，取较高值；

$K_{砂}$——砂类土系数，可在1.0～1.5之间选用，当土质条件较好及顶管技术比较熟练时取较低值；否则，取较高值。

上例只是经验公式的一种类型，其主要适用条件是明确的。不同地区、不同单位可采用自己的经验公式。

二、上海市的经验公式

利用触变泥浆减小管道外壁与其周围土层的摩擦系数以降低顶力，是经常采用的措施。理想的状态是将触变泥浆灌注在管道外壁与其周围土层之间，使触变泥浆在管道周围形成一个封闭的泥浆套。当顶进管道时，将克服管道与土层之间的摩擦力转化为触变泥浆的剪切力，从而收到大幅度降低顶力的效果。

但是，由于土层的土类不同，触变泥浆的性能不同以及施工操作的影响等因素，减阻效果也不相同。

上海地区结合该地区土层的具体条件，采用触变泥浆顶管的经验认为，采用触变泥浆时，顶力可按每平方米的管道外侧表面积为8～12kN计算，即：

$$P = (8 \sim 12)\pi D \cdot L(\mathrm{kN/m^2}) \tag{6.5}$$

其他地区或单位都可根据自己采用触变泥浆的成熟经验，确定使用触变泥浆时的顶力计算经验公式。

6.4.15 管道顶进的过程包括挖土、顶进、测量、纠偏等工序。从管节位于导轨上开始顶进起至完成这一顶管段止，始终控制这些工序，就可保证管道的轴线和高程的施工质量。开始顶进的质量标准在本规范第6.4.3条已有规定。对进入接受坑的控制，则在本规范表6.4.21中规定了顶进管道的允许偏差，其中包括管道进入接受坑前的控制标准。

管道在顶进的过程中，由于工具管迎面阻力分布不均，管壁周围摩擦力不均和千斤顶顶力的微小偏心等都可能导致工具管前进的方向偏移或旋转。为了保证管道的施工质量，必须及时纠正，才能避免施工偏差超过允许值。值得注意的是，顶进的管道不只在顶管的两端应符合允许偏差标准，在全段都应掌握这个标准，避免在两端之间出现较大的偏差。为此，有些单位要求“勤顶、勤纠”或“勤顶、勤挖、勤测、勤纠”。提法虽然不同，其中心都贯彻一个“勤”字，这是顶进过程中的一条共同经验。

工具管前进偏向和旋转产生的原因已如上述。针对产生的原因再采取纠正措施才是比较有效的。例如，采用手工挖土顶进时，如工具管两侧超挖掌握不均，易产生左右偏差；管底挖土高程掌握不准，则易产生上下偏差。这就需要在挖土时纠正。

根据经验，工具管前进方向出现偏差往往有一定的“惰性”。例如，开始向左偏，则随着顶进继续向左偏，且愈偏愈大。向右、向上、向下都有这种倾向。但是，由于手工掘进的纠偏必然影响顶进的速度，因而不必也没有必要每次顶进都纠偏，而是应该利用产生偏差的“惰性”，分析偏差发展的趋势，控制偏差可能发生的量，掌握纠偏的时机进行纠偏。例如，某顶管段在顶进过程中取一段XX为例说明（图6.1）。如高程允许偏差为Δ，当工具管顶到A点时向上的偏角很小，其高程偏差相应的也很小，如为

0.2Δ。这时可不进行纠偏而继续顶进。工具管顶至 B 点，偏差增大，如为 0.5Δ。分析 AB 段偏差发展的趋势，判断认为工具管偏角将继续上倾。这时开始向下纠正工具管前进的角度。当工具管顶到 C 点时的偏差为 0.7Δ。

这说明工具管的仰角已经减小。继续纠偏，工具管达到 D 点偏差达 0.8Δ。再继续顶进，达到 E 点时偏差值仍为 0.8Δ。

判断 DE 段的偏差发展趋势，工具管已符合设计坡度。此时开始向下纠偏，工具管达到 F 点时，其位置与管道的设计中心相符。之后，再按设计坡度顶进。应注意的是，从 E 点到 F 点的距离应较 AE 段长一些，即纠偏的角度再小些，以使顶力增大不多，又可使 F 点以后临近产生的偏差较小。这个例子只是一个简单的说明。实际上，工具管是一段刚性管，应考虑其导向作用的因素，并应随顶进过程随时分析，根据情况变换纠偏角度。这就是条文中规定的“根据测量结果分析偏差产生的原因和发展趋势，确定纠偏的措施”，在手工掘进顶管中控制工具管前进方向的说明。

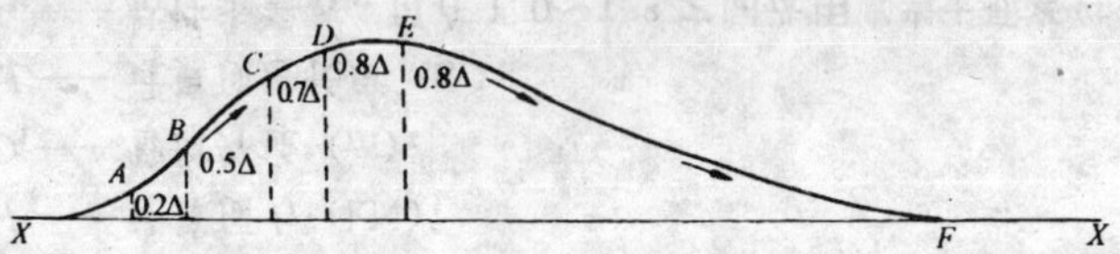

图 6.1　顶管方向纠偏示意图

6.4.16　与上条相联系，本条是工具管在顶进过程中测量的具体规定，包括顶进过程中测量次数和全段顶完后的测量及测量记录的规定。

第 6.4.16.1 款是顶管时测量次数的规定。在顶进过程中的测量次数基本上可以分布两个阶段，即开始阶段和正常顶进阶段。在开始阶段中，工具管由导轨进入土层。其支承条件由刚变柔，尤其是在软土层中顶管，工具管高程发生降低的可能性较大，随后的管节进入土层的情况类似。又由于工具管进入土层后受到的阻力不均，可能加剧工具管中心位置的偏离。根据施工经验，在这个阶段出现偏差应及时纠正，否则偏差发展较快。因此，无论在稳定土层还是软土层，都应注意开始顶进阶段的纠偏。本款参照某些规程，规定每顶进 30cm 的测量次数不少于一次，以控制偏差的发展。

管道进入土层后，随着不断顶进，包裹其周围土层的长度逐渐增大，从而使工具管偏离轴线的自由程度受到越来越多的限制。在这种情况下，控制偏差也较开始顶进阶段容易，这就是所谓“正常顶进”。相应的测量次数就可以少些，规定为每顶进 100cm 不少于一次，一般在正常顶进中应维持到顶管段结束。然而，有时发现偏差较大需要纠正时，相应的测量次数也应增加。

第 6.4.16.2 款是全段顶完后测量的规定。开槽铺设管道时，其轴线位置和管内底高程在安装管道时即可测知。而顶管施工，虽按设计的轴线位置和管内底高程顶进，但由于在顶进时出现偏差及纠正的过程，顶完后的轴线位置和高程一般与设计值不相吻合。因此，顶管完成后，不能只测量顶管段的起点和终点，而应按管道的不同逐节测定，即焊接接口的金属管道，或限制相邻管节接口不产生相对移位的钢筋混凝土管道接口，应逐节测定其轴线位置和高程；相邻管节接口可能产生相对移位的平口、企口等管道，除应逐节测定其轴线位置和高程外，还应测量错口的高差，包括对顶时两端错口的高差。

第 6.4.16.3 款是对测量记录的规定。顶进记录，除对管道所处环境、管道材料、管径、土层土类及其性质、覆盖土层厚度等外，主要应包括顶力及顶进长度的关系，出现的偏差和纠偏的方法及其效果，坍方、暂停顶进等事故发生原因及其处理的方法与效果，待排除的事故以及顶完后管道轴线位置及高程的测量记录等。其中，最好将顶力与顶进长度的关系绘制成曲线。这些记录在交接班时交待清楚，以利下一班顺利顶进。

6.4.17　本条对工具管的纠偏规定了三款。第 6.4.17.1 款为纠偏的时机，6.4.17.2 款为纠正前进方向的偏差，第 6.4.17.3 款为纠正旋转的偏差。

纠偏时首先应掌握条件，无论纠正工具管顶进的方向或旋转，都应在顶进中进行，不能在停顿时纠偏。这是因为纠偏时必须对工具管施加力矩，使工具管产生转角，从而改变工具管前进的方向或旋转，达到纠偏的目的。若在停止顶进时纠正，施加的力矩必使工具管压缩相邻土体，原地形成一定的压缩量才能达到使工具管轴线产生转角的目的。但相邻土体的反作用力相当于对工具管施加土压力，从而增加顶进的阻力，且纠偏的角度愈大，增加的阻力愈大。而在顶进中纠偏，则相当于将纠正某一偏差的角度分为几次纠正，增加顶进的阻力就可减小，且每次纠偏的角度愈小，增加的顶力也就愈小。根据经验，这一规定是很重要的，与6.4.15条相联系，即在偏差发展到允许值以前及时纠偏。本条规定在纠偏时要在顶进中小角度逐渐纠偏，这对保证顶管质量和防止顶力陡增都很重要。

纠正工具管旋转偏差的方法，除采用调整挖土方法以改变外力条件外，还规定了改变切削刀的转动方向和在工具管内配重，用以调整旋转方向的方法。这三种不同的方法，可按具体情况个别采用或联合使用。

6.4.18 顶管穿过铁路的情况很多，不少给水排水施工单位具有相当经验，有的已纳入施工规程。制定本规范时考虑到铁路部门对顶管有规定，因此本条没有引用其有关规定，而要求符合其规定，既可避免重复，又可适应不同情况的具体要求。

顶管穿越公路，过去规定相对较少。近年来，高速公路逐渐增多，顶管穿越高速公路路基的要求尚有待实践与总结。故本条规定与穿越铁路相同。

6.4.19 在顶管过程中如果中途停顿，则再开始顶进时所需的顶力必然大于停顶时的顶力，且停顿的时间愈长，增加的顶力愈大，出现这种情况的原因主要是作用于管道上的土压力增大。

管道在土层中挖土前进时，必然使管道周围土体的应力状态发生变化，除挖出的土洞自身可保持稳定以外，首先是管顶以上的土体部分坍落，这就是作用于管道上的土压力。随着时间的增长，坍落土体的范围逐渐扩大并逐渐趋近其最大值。在不同的土层中，坍落土体的范围不同，发展速度也不同。粘性土的坍落范围小，速度慢；砂类土的坍落范围相对较大，速度也较快。因此，顶管作业不应中断。当必须暂停顶进时，也应尽量缩短停歇时间，以免加大增加的土压力。

7 盾 构 施 工

盾构施工是地下管道不开槽施工的工法之一。它是采取先将盾构顶进，而后用管片拼装衬砌的施工方法。

本章规定是结合给水排水管道工程对采用盾构施工的要求编写的，适用于软土地层下修建大口径的给水排水管道工程。

7.0.1 本条规定了给水排水管道盾构施工设计的主要内容，其中：

7.0.1.1 盾构的选型目前有以下几类：一是全面开口形，有人工开挖、半机械开挖、机械开挖盾构；二是部分开口形，有网格半挤压、局部开挖盾构；三是密闭形，有泥水平衡、水压平衡、全闭胸挤压盾构，其中挤压盾构、半挤压盾构不宜用于市区及砂性土层。选型条件见本规范第7.0.5条规定。

盾构安装应考虑盾构施工的机具设备、安装顺序与要求、检测方法及安全措施等。

7.0.1.4 施工现场临时供水、供电，主要包括水源、电源引接点的位置及水源、电源情况，据以设计给水、供电设施。在管道内的给水应根据需要考虑高压水，用水管路能以分别控制；供电应设两个变电所的两路电源外，必要时有自备发电机；通风应根据施工要求设计通风机室和通风管道，通风机进风口应设置在地面能提供新鲜空气的地点；排水应根据管道地下水情况及临时排水要求设计排水设施，在管道下坡处应设足够的排水泵，排水管道应有良好的控制阀。

7.0.1.6 地面水平运输可采用卡车、行车等，根据运输要求、施工条件设计道路、材料堆放和停车场地。管道内的材料运输一般采用有轨输送，必要时考虑人、车分流的人行道。垂直运输一般在工作室（井）口设置电动起吊设备，应考虑运输场地。

7.0.1.9 盾构施工现场平面布置图的设计内容包括：主要道路、管片堆放处理场地、垂直运输、出渣和注浆设施以及给水、排水、供电、通风、通讯系统等。

7.0.3 测量控制点应设置牢固、便于通视的地方，并定期进行复测。在管道内应根据施工要求布置测点，并考虑设置在不受盾构推进影响的范围。

7.0.10 盾构是主要机械设备，其构造复杂，一般在工厂制作，厂家出据合格证。对盾构的材质、加工、焊（铆）接、冷、热处理工艺，各部件精度及液压系统等，应根据设计要求严格进行质量检验，并经过试运转合格后，方能进入施工现场。

7.0.16 本条第7.0.16.1款根据上海地区施工经验，在软土地层正面土体支护，可采用下列几种支护方法：

一、人工开挖盾构由支撑板支护，千斤顶支撑；

二、网格半挤压盾构由网格与正面胸板支护；

三、泥水平衡盾构由泥水压力支护；

四、土压平衡盾构由土压支护；

五、全闭胸挤压盾构由胸板支护。

7.0.20 本条第7.0.20.1款钢筋混凝土管片的表面应平整，下工作室前进行防水处理，例如，表面涂抹有机涂料，加套弹密性封垫，粘贴自膨性密封垫等。

7.0.21 压浆材料一般用水泥砂浆，压浆用砂应过筛，并剔除大于6mm的颗粒。

8 倒虹管施工

倒虹管施工除用于给水排水管道穿过河道外，对管道不能径直穿过干旱沟、洼地等也适用。

本章规定了倒虹管施工的特点，对涉及其他施工工序，如钢管的焊接与防腐，明挖铺设倒虹管的沟槽开挖与回填，预制管的安装与铺设，现浇钢筋混凝土和装配式管道施工，附属构筑物施工及管道水压试验和冲洗消毒等，应按本规范有关章节的规定执行。

8.1 一 般 规 定

8.1.1 倒虹管施工有许多特点和难点，有的在水域施工时，进行水上和水下作业，有的对河道采用导流或断流后再进行倒虹管施工。其管道处在地下水位以下，且在施工过程中要保证倒虹管自身的强度不受损坏。这些要比陆地铺设管道施工困难。因此，本条规定了编制施工设计的主要内容。其中：

第 8.1.1.2 款 导流或断流工程。主要包括筑坝、围堰及改变河道水流等工程，对此应了解气象、水文与地质资料，管道施工情况等，据以进行施工设计。

第 8.1.1.3 款 对施工机械设备应了解主要施工机械设备的性能及其供应条件。据以研究施工方法和制订必要的施工措施，并确定需用施工机械设备数量与型号。

第 8.1.1.4 款 施工供水、供电、通讯设计。主要包括水源、电源、通讯引接点的位置，了解供应和使用情况，据以设计临时供水、供电、通讯设施。

第 8.1.1.5 款 沟槽开挖与回填方法。应了解河床土质、水文资料、航运情况、挖泥机械设备供应等。据以在不同土质、不同情况确定沟槽开挖与回填方法。

第 8.1.1.6 款 本款规定是指钢制倒虹管制作和组装方法。主要根据施工条件、设备情况确定预先在加工厂制作后运至现场组装，还是在现场制作和组装。如用于水下铺设倒虹管的现场制作与组装，应了解河岸地形及水位变化情况；组装时，应根据倒虹管长度、施工情况、运输条件等确定分段组装或整体组装。

第 8.1.1.7 款 本款规定是指水下铺设倒虹管的运输方法。运输方法应根据河道两岸地形、河面宽度、水的深度、水上航运及运输设备情况等确定。目前我国通常采用拖运法或浮运法。管道浮力计算，主要包括静水浮力、浸水深度、动水浮力、牵引力等计算，据以制订浮运措施。

第 8.1.1.8 款 倒虹管在水上运输，主要包括船运与管道浮运。应了解河道水位、流速、流量、浪高、潮汐及水上船只过往等情况，据以确定运输航线。

第 8.1.1.9 款 倒虹管地基遇有松软土、流砂需要打桩时，应了解河底土质情况、水流速度、水的深度等，据以备制打桩设备，制订打桩方法，在打桩时应预先试打，以调整打桩方法。

第 8.1.1.10 款 倒虹管铺设方法，应了解河道地形与地质构造、水文资料、河道航运及机械设备情况等，据以确定管道铺设方法，并对铺设各工序的管身应力进行计算，以确保施工中管身的安全。

第 8.1.1.11 款 倒虹管施工有水中作业、爆破作业，管道的制作、组装、吊装及运输等应对施工人员和机械设备在施工中可能发生不安全因素，制订各项安全保护措施。

8.1.2 施工场地。主要包括制管和组装场地，管道运输及安装场地，施工机械设备设置场地，土石方堆弃及排泥场地等。在施工前，应与有关部门联系确定适当位置。管道在开挖沟槽前，对有影响堤岸和建筑物，应采取支护等保护措施。

8.1.3 倒虹管施工与设计时间往往相隔一段时期，为防止河道地形的实际形状与设计不符，根据施工经验应进行校测，当不符时应与设计单位联系变更设计。为防止河岸设置的管道中心控制桩丢失或位移，则应设置2个以上护桩，管道中心控制桩及水准点的位置，应考虑设在河岸不致被水冲刷及影响通视的地段。

8.1.5 在浇筑倒虹管斜坡地段的混凝土基础时，为防止混凝土下滑，可采用降低混凝土坍落度或面层加盖模板等措施。

8.1.6 倒虹管弯头应按设计规定制作，并对钢管弯头处进行加强措施。当设计无规定时，通常在弯头连接处加焊菱形钢板及筋板拉杆，以保证弯头不变形。加强钢板、拉杆的材料则应与管材相同，对焊接处与加强材料应作防腐处理。

8.1.8 本条是指穿越通航河道的规定。对不通航河道及干旱沟、洼地等的倒虹管竣工后，可在两岸或坎边设置标志桩。

8.2 水下铺设管道

8.2.1 在市区通航河道中，为顺利进行水下铺设管道施工，对施工船舶的停靠、作业及管道浮运的时间与位置或在施工期间要求其他船舶停航等，应事先与航政、航道部门联系，商定有效措施。

8.2.2 采用拖运法是将管道用滑轨或滚木等牵引到铺设管道位置或拖运到水中，再浮运到管道位置进行沉管。在河道冰冻期，可将管道在冰面上拖运到铺设管道位置后再沉管。采用浮运法是在管道浮运前将两端管口封堵后入水，而后将浮在水中的管道用人工或船只等方法运到管道位置进行沉管。为防止河道因涨落潮或汛期水位的变化导致影响等道拖运或浮运，通常选以常水位进行。

8.2.3～8.2.4 沟槽成型应保证质量，这是对顺利沉管就位的关键。在开挖沟槽中，除对管道中心线、沟槽底宽和边坡控制外，还应控制槽底的平整度。为确保管道顺利下沉就位，沟槽应满足倒虹管水平划弧就位及在下沉时能以翻转的要求。

8.2.5 本条规定是指不影响管道铺设情况下的一般做法，当遇有管道埋设较深、挖土量大、堆积在沟槽断面下游导致影响管道运输、沉管或过往船舶航行时，应将沟槽开挖的土方量运至河岸堆存。

8.2.6 对岩石性沟槽开挖前进行试爆是为了掌握爆破效果，作出爆破的施工方案，据以确保安全起爆及爆破质量，并审视各项安全措施妥当与否。在水下爆破时，应准确测定钻孔位置，严格检查爆破材料，保护已设的爆破网路。爆破工程施工应按《土方爆破工程施工及验收规范》(GBJ201—83) 中有关规定执行。

8.2.7 沟槽开挖前，应在管道两侧设置定位桩，并在桩上做高程标志，定位桩可采用木桩或金属桩，定位桩的间距一般为20m；当河水较深或河底土质坚硬不能打定位桩时，可设置浮标在其间连线作定位标志，高程可由水面下反测量或其他方法测量。在沟槽开挖时，应经常进行测量，以确定是否挖够深度及宽度，并作记录。当沟槽开挖完成后或下管的前一天，应测量槽底高程和沟槽横断面。根据部分地区施工经验，槽底高程测量距离采用1～10m，沟槽横断面测量距离采用5m。当河道涨落潮或水流速度大致使沟槽冲淤时，应连续测量。

8.2.8 本条规定的水下开挖沟槽允许偏差，是根据管道埋设要求及部分地区施工经验编写的。在验槽后，应绘制包括有槽底高程及沟槽断面的形状图。如不符合设计要求，应进行补挖，以确保沉管顺利进行。

8.2.10 本条要求在沟槽施工完成时与管道的运输、沉管的准备工作配合妥当，如沟槽施工完成后不能及时铺设管道，将会造成沟槽冲淤，以导致增加清槽工作。

8.2.11 本条对钢制倒虹管的制作及组装成型的时间，应根据管道的长度、管径及其制作与组装工作量的大小确定，并要求在验槽以前完成，以免影响铺设管道。

8.2.12 组装钢制倒虹管设置的平台应保持水平。当河道狭窄及岸上场地平坦，条件许可组装倒虹管时，可不设平台，即将场地稍加整平后组装管道。当场地为软土时，应采取加强地基措施。

8.2.14～8.2.15 这二条规定是根据各地对钢制倒虹管施工经验编写的。倒虹管在浮运前，应使管道成为封闭的空管，当采用整体管道浮运时，两端管口通常用法兰螺栓堵板封堵，以便于拆装，在堵板上应设置进水管和排气管，其数量可根据管径大小及灌水、排气要求确定，并在管上装置阀门，以便沉管时灌水及排气，当采用分段管道浮运时，可用橡胶球堵塞管口，应注意充气适当，以防止橡胶球堵塞不严或爆裂。当管道浮力不足时，可将浮筒用绳索绑在管上，刚性浮筒可用钢制容器做成；柔性浮筒可用橡胶或塑料制成气囊；也可采用竹、木材等捆绑在管上。管道由组装台上应缓慢地推动入水，保持管身受力均匀，以防止管身因受力不均导致折断。

8.2.16 钢制倒虹管在水中浮运时，应将绳索接触处用木条或竹条等包裹，并用铁丝绑牢，当在岸上采用滑轨或滚杠拖运时，或者在冰上直接拖运时，通常将管道的下部用木条或竹条等全包，其余部分可间隔包裹，在管道下沉前，对管道外防腐层则应进行全面检查，如有损坏应及时修补。

8.2.17 倒虹管下沉前的准备工作是保证管道顺利下沉的重要条件。对设置定位标志应准确、稳固；开挖沟槽断面应考虑满足沉管就位要求，必要时由潜水员下水摸清沟槽情况，并清除沟槽内的杂物；对应用的牵引及起重设备包括人字扒杆、卷扬机、钢丝绳与起重滑轮以及灌、排水用的水泵及计量水表等应经试运转良好，并应考虑备用量；在水下作业的潜水员应有绝对可靠的安全保护措施。

8.2.18 钢制倒虹管的起吊设备，应根据管道长度、重量及河床地形、施工条件等情况，选用合适的起重机或扒杆。吊点通常设在直线管段，并经应力验算确定具体位置。为了防止损坏管壁，吊点的吊环不宜直接焊在管壁上，可用钢制包箍以紧固件固定在管壁外，吊环则焊在包箍顶上。

8.2.19 倒虹管下沉时，首先吊正管位。灌水下沉时，通常由管道一端进水，另一端同时排气；也可一端进水，二端同时排气方法。但不论采用何种方法，应使管内空气排尽，不得产生夹气现象，以防止管道产生扭转变形。灌水时不宜过快，应设置计量水表控制注水，并防止管内水流不均匀而产生集中于一端造成斜向下沉的事故。当管道自重较轻不能下沉，则在管道上加系重物助沉。当下沉时，吊装管道的牵引钢丝绳必须受力，灌水下沉与牵引绳放松应密切配合，力求管道水平下沉。当灌水过程中发现牵引设备不稳固时，应停止灌水，待修整后再继续灌水下沉。管道沉入槽底后，为防止管身位移或倾斜，两岸设置的牵引设备不应立即拆除或放松，应采取措施将管道稳固后再拆除。

8.2.20 浮箱的制作，通常用钢板焊制成长方体，其尺寸应根据管径及便于操作等因素确定。在浮箱两侧上口做成U形，外壁再增焊固定管卡，以便架管及固定管道，箱底焊一段钢管封底做成吸水井。当采用法兰接口连接管道时，先将浮箱拖运至两管段接口处，用船上人字扒杆吊稳浮箱，即注水使其沉入水下适当位置，再牵引两管段至浮箱上面对正后，将水面以上螺栓穿入螺孔稍加拧紧。而后，再提起浮箱至管段接口处，底部用管卡固定两管段后，进行浮箱止水，止水方法可采用耐水性强的粘结剂粘结在管卡与管外壁周围。当将浮箱内积水抽干后，进行管道连接及接口处的防腐处理，完成后即撤走浮箱，进行沉管。

8.2.22 本条规定水下铺设管道的允许偏差，是根据满足水力要求及部分城市施工经验编写的。为确保管道埋设深度，给水排水管道高程只允许有负差，不得有正差。

8.2.23 倒虹管沉入槽底经检查管道无损伤，管道位置、高程及水压试验合格后，应及时回填沟槽。回填沟槽的材料，应根据河道水流情况确定。回填时，先用砂砾石抛下固定两弯头处，然后用土或砂回填管道两侧部位，直至河底高程。当水流速度大时，可在管顶以上不少于15cm处再填压一层石笼，然后用土或砂砾石回填满槽。

8.3 明挖铺设管道

本节规定适用于流量小、水深较浅的河道中采用导流法或断流法进行倒虹管施工。当采用导流时，则开挖沟渠使河水绕流，管道竣工后即恢复原状；也可分段围堰使河水在堰外绕行，并用水泵将堰内积水抽干后，进行开挖沟槽及铺设管道。当采用断流时，则筑坝断水。如同时采用导流及断流时，应先导后断。对围堰、坝体应考虑加高、加固及防止涌水或渗水等应急措施，堰、坝内应有排水设施。如沟槽开挖及铺设管道，则类同陆地施工，应按本规范有关规定执行。

9 附属构筑物

9.1 检查井及雨水口

9.1.1 本章仅对检查井及雨水口施工有特点部分做了规定，对于砌筑、现浇及装配法施工中的通用条款第5章已有规定，可按照执行。

9.1.2 井底基础与相邻管道基础同时浇筑，使两者基础浇筑条件一致，又减少了接缝，避免了因接茬不好的因素，产生裂缝或引起不均匀沉降。

9.1.3 流槽宜与井壁同时浇筑，目的是使两者结合成一坚固、耐久的整体。流槽表面抹压光滑，与上下游管道底部平顺一致，以减少摩阻，有利水流通畅。

9.1.4 井室内安装闸阀时，其承口或法兰外缘与井壁、井底均需保持一定距离，才能提供安装、拆卸、换灵件的操作空间。此处仅规定了不同管径应留设距离的下限。

9.1.5 踏步埋入井壁的位置包括上下间距和埋入深度，都要求按设计进行。间距过大，上下不便；埋入墙壁过浅，容易毁坏。

9.1.6 预留支管的管径、方向、高程，强调严格按照设计施工，因为这些数据是未来接入管道，进行规划设计的依据。管道与井壁的衔接部位是抗渗的关键环节，因而应做到严密不漏水。

9.1.7 当管径大于300mm时，管道覆土渐深或承受荷载加大，管顶加砌砖旋，才能确保安全使用。

9.1.9 内壁抹面分层压实，外壁用砂浆搓缝，这些做法，意在加强井壁防渗，避免水质污染。

9.1.10 预制构件装配的检查井，除构件衔接、钢筋焊接应符合要求外，其相接质量关键在于砂浆接缝。施工要求企口座浆与竖缝灌浆都需饱满，保证装配构件结构坚固，防渗良好。浆缝如不灌实，将出现裂缝，产生渗漏，污染水质。因此，施工时，浆缝凝结硬化期间要精心养护。安装完毕不得承受外力震动或撞击，以免影响接缝质量。

9.1.11 及时浇筑或安装井圈、加盖井盖，是确保施工安全的必要条件。

9.1.12 管道安装后，为防止杂物或雨季泥水进入管道，要求井身一次砌筑，是一项很切实际的防范措施。雨季施工，当施工段较长不能及时还土时，在检查井的井室侧墙底部预留进水孔，以防万一产生较大降雨时，雨水进入沟槽产生漂管事故。遇此紧急情况，可将预留孔打开，使入槽之水由此进入管道，使管内外水压平衡，从而防止漂管、折管事故发生。

9.2 进出水口构筑物

9.2.1 非枯水季节施工，受水的困扰，施工难度加大，需增用许多设备、材料，技术措施相应也复杂化，无形中使工程投资成倍增加，所获工程效果，还不甚理想。故一般均选在枯水季节施工，筑堰施工也比丰水期方便奏效。

9.2.5 “反滤层铺筑断面不得小于设计规定”，即必须保证反滤层的铺筑厚度，不能因边铺反滤层边填土而使土侵入于反滤层的厚度范围。

9.2.6 防潮闸门框架的预埋铁要求准确定位，以便给框架安装位置正确创造条件，同时对闸门安装后启闭灵活使用方便十分有益。

9.3 支　墩

9.3.1 钢管、铸铁（含球铁）管、预应力管等压力管道，因管道运行时管内水流惯性力的作用，在弯头、三通、堵头及叉管处产生纵向或竖向拉力，施工时，在相应位置所设支墩或镇墩，必须位置准确、牢固，以防止管道接口受拉脱节，影响使用。

10 管道水压试验及冲洗消毒

10.1 一 般 规 定

10.1.1 给水工程中配水管网的工作压力多数为大于 0.1MPa 的压力管道，而长距输水管道中却时有无压力管道出现。排水工程中污水管道绝大多数为无压力管道，而个别情况下也有工作压力大于 0.1MPa 的压力管道。为此，本规范根据钢筋混凝土管工厂检验压力的级别以及给排水工程中管道工作压力的分布，划定 0.1MPa 为管道水压试验的界限，即工作压力大于或等于 0.1MPa 的管道；按压力管道试验，工作压力小于 0.1MPa 的管道，除设计另有规定外，应按无压力管道试验。

10.1.3 管道灌水时，水流速度不可太快，应使进入管道的水量与管道的排气量相匹配，如果进水速度过快，而所设排气孔又很小，管道内的气体就会滞留在管道内，待水压试验时形成气囊，影响试验效果。更严重时，由于滞留气体的压缩，可将管道胀裂。

10.2 压力管道的强度及严密性试验

10.2.1 压力管道的水压试验是对管道的接口、管材、施工质量的全面检查，也是工程验收之前必须履行的一个试验项目。本条根据 1956 年《建筑安装工程施工及验收暂行技术规范》（第十二篇外部管道工程），并参考美国《球铁给水管道及其附件安装与验收规范》（AWWAC600—87）及国际标准《球墨铸铁管道——安装后的水压试验标准》（ISO10802），规定以水为介质分段进行强度及严密性试验（详见专题报告之三《给水管道水压试验标准与渗水量测定方法的说明》）。

10.2.4 压力管道进行水压试验时，在水压力作用下管端产生巨大的推力，该推力全部作用在试验段的后背上。如果进行水压试验时后背不坚固，管段将产生很大的纵向位移，导致接口拔出，甚至管身产生环向开裂的事故。故水压试验前，后背必须进行认真的设计，后背抗力的核算一般按被动土压力理论计算，安全系数取1.5～2.0。

10.2.5 根据水压试验的实施经验，当管径小于600mm时，若后背结构认真处理后，发生事故的概率较小，而管径大于600mm后，必须采取措施，防止由于后背位移产生接口被拉裂的事故。本条规定试验管段端部的第一个接口应采用柔性接口或采用特制的柔性接口堵板，其作用是一旦后背产生微小纵向位移时，柔性接口或特制的柔性接口堵板可将微小的位移量吸收；试压时，也可通过对柔性接口位移的监测，及时采取措施，防止发生事故。

10.2.6 压力计的精度不低于1.5级，其含义指最大允许误差不超过最高刻度1.5%。例如，最高刻度为0.6MPa，则1.5级压力表的最大误差不超过0.6×1.5/100=0.9%。采用最大量程的1.3～1.5倍的压力计，是按最高的试验压力乘以1.3～1.5，选择压力计的最大读数。例如，最高试验压力为1.5MPa，则应选用1.5×1.5=2.25MPa的压力计。此外，为了读数方便和提高试验精度，表盘的直径规定不应小于150mm。

10.2.9 进行正式水压试验之前，一般需进行多次初步升压试验，方可将管道内气体排净，仅当确认管道内的气体已排除后，方可进行正式水压试验。如果气体未排除即进行水压试验，所测定的渗水量是不真实的。判断管道内气体是否已排除，可以从下三个现象确定：

一、管道内已充满水，当升压时，水泵不断向管道内充水，但升压很慢；

二、当用水泵向管道内充水时，随首手压泵柄的上下摇动，表针摆动幅度较大，且读数不稳定；

三、当水压升至80%试验压力时，停止升压，然后打开连通管道的放水节门，放水时水柱中带有“突突”的声响，并喷出许多气泡。

以上三个现象的出现，表明管道内气体未排除。仅当以上现象消失，而且用水泵充水升压很快时，方能确认气体已经排除。此刻进行正式水压试验，所测的渗水量是真实的。

10.2.10 表10.2.10补充了现浇钢筋混凝土管渠的试验压力1.5P，此规定是根据京、津、唐几个水、电厂的现浇钢筋混凝土管的验收工程所采用的试验压力拟定的，见表10.1。

现浇钢筋混凝土管渠验收试验压力一览表　　表10.1

工程名称	管径(mm)	工作压力(MPa)	试验压力为1.5P(MPa)	实际采用试验压力(MPa)	施工单位
唐山××电厂	1800 1600	0.25	0.375	0.40	建委一局一公司
天津××电厂	2500	0.14	0.21	0.21	建委一局一公司
天津××电厂	2200	0.03 0.07 0.11	0.045 0.105 0.165	0.05 0.105 0.165	天津自来水公司
天津××电厂	2200	0.20	0.30	0.30	天津六建
北京××电厂	2200	0.15 0.25	0.225 0.375	0.30 0.40	北京市政三公司

10.2.12 本条规定了两种严密性试验方法，这两种方法在验收评定中是等效的。其中放水法沿用了1956年《建筑安装工程施工及验收暂行技术规范》(第十二篇外部管道工程)的试验方法，注水法参考了《球墨铸铁管道——安装后的水压试验标准》(ISO10802)及美国《球铁给水管道及其附件的安装与验收标准》(AWWA C600—87)，并结合我国施工经验补充规定的(详见专题报告之三)。

10.2.13 渗水指潮湿形成水膜但不向下滴水，漏水指连续不断的滴水。判断严密性合格的条件，首先严密性试验时管道的外观不得有漏水现象，同时实测渗水量不得大于10.2.13.1～10.2.13.3

款规定的允许渗水量。本条10.2.13.3款补充了现浇钢筋混凝土管渠允许渗水量标准的计算式，该式根据北京××工程D2000mm现浇钢筋混凝土管渠的实测数据推出，实测数据如表10.2。

实测渗水量统计表　　表10.2

管径D (mm)	长度 (mm)	工作压力 (MPa)	试验压力 (MPa)	实测渗水量 (L/(min·km))	平均渗水量 (L/(min·km))	平均渗水量 (m^3/(24h·km))
2000	266	0.1	0.15	29.8	22.87	32.93
2000	260	0.1	0.15	14.8		
2000	492	0.1	0.15	24.0		

10.3　无压力管道严密性试验

10.3.1　湿陷土、膨胀土遇水后水稳定，影响附近建筑物的安全，因而本条增加了对湿陷土及膨胀土地区的雨水管道应进行闭水试验的规定，该规定是根据西北地区《管道施工技术规程》及《膨胀土地区建筑技术规范》(GBJ112—87)补充的。

10.3.4　闭水试验的目的是检验排水管道的严密性，原1956年《建筑安装施工及验收暂行技术规范》(第十二篇外部管道工程)规定试验水头4m。根据我国多年实践经验采用试验水头2m是可行的。雨污水管道大多数为不满流的无压力管道，但在污水处理厂中的管道或长距输水管道中也常出现低水头的压力管道。故本条第10.3.4.1～10.3.4.2款规定了两种试验水头的计算法。此处应着重说明的是：当用10.3.4.2款计算的试验水头大于10m时，管道的试验方法，应按本规范10.2节的规定办理。第10.3.4.3款是针对埋设较浅的管道的补充规定，当用10.3.4.1～10.3.4.2计算出的试验水头小于10m，但已超过试验段上游检查井井口时，除设计另有规定外，试验水头即以上游检查井井口的高度为准，以避免在闭水试验时再增砌检查井井筒的高度。

10.3.5　判断闭水试验合格的条件有两个：1. 管道的外观不得有漏水现象；2. 实测的渗水量不大于$1.25\sqrt{D}$，表10.3.5即按此公式计算而得。原1956年《建筑安装施工及验收暂行技术规范》(第十二篇外部管道工程)仅给出了管径600mm以下的允许渗水量，对大于600mm的管道，该规范规定：管径每增加100mm，允许渗水量递增10%。解放后，我国修建了大量的排水管道，且管径越修越大，目前管径最大者已达3000mm。显然，再沿用1956年《建筑安装施工及验收暂行技术规范》(第十二篇外部管道工程)的规定，已不能反映当前我国排水管道的施工水平。编制组通过大量的调研，收集到北京、上海、西安、成都、武汉五大城市多年积累的闭水试验实测记录，通过回归分析的方法，提出了本条规定的允许渗水量标准的经验公式$Q=1.25\sqrt{D}$。该标准与美国《污水管道闭水试验标准》(ASTM C969M)相比，当管径小于2000mm时，宽于美国标准；当管径大于2000mm时，逐渐严于美国标准。

进行回归分析时，首先把各管径的实测渗水量与管径的关系绘在座标图上，然后取平均渗水量较高的点做为回归分析的依据。经过计算，得出回归方程式为$Q=0.754D^{0.52}$(m^3/(24h·km))。考虑到便于工地使用及各地区间施工工艺的差异，建议取覆盖系数1.65，公式中的变量取$D^{0.5}$，换算后得出允许渗水量标准方程式$Q=1.25\sqrt{D}$。该式实为五大城市实测渗水量均值的外包络线经验方程式，其覆盖率为95.7%。

关于闭水试验允许渗水量标准的制定过程及与国外标准的比较，详细说明见专题报告之二《排水管道严密性试验允许渗水量标准的说明》。

综观本节压力与无压力管道允许渗水量标准，本规范对各种管材组装的压力与无压力管道严密性要求宽严程度不等，对金属管道要求较严，预(自)应力混凝土管道次之，现浇钢筋混凝土管渠较低，无压力管道最低。这是由于管道的工作状态及管材自身的水密性和接口制造精度而决定的。

表10.3是对各种管材组装的压力与无压力管道允许渗水量

的横向比较。

不同管材压力与无压力管道允许渗水量横向比较表　表 10.3

水压试验分界线	管材品种	规范条款中允许渗水量的单位	化为统一单位后不同管径的允许渗水量(L/(min·km))		
			D=800mm	D=1000mm	D=2000mm
工作压力大于或等于0.1MPa采用水压试验	钢　管	L/(min·km)	1.35	1.5	2.23
	铸铁管 球铁管		2.70	3.0	4.47
	预(自)应力混凝土管		3.96	4.42	6.26
	现浇预钢筋混凝土管渠		11.2	14.0	28.0
工作压力小于0.1MPa除设计另有规定外采用闭水试验	混凝土、钢筋混凝土管及管渠	$m^3/(24h \cdot km)$	24.5	27.4	38.8

10.4　冲 洗 消 毒

10.4.4　不同地区管道消毒，氯离子浸泡浓度综合如表 10.4。

不同地区管道消毒，氯离子浸泡浓度　表 10.4

地　区	浸泡浓度(mg/L)
北　京	25～50
上　海	30
武　汉	20～50
芜　湖	30～40

本条规定氯离子浸泡浓度不低于 20mg/L 为最低值。

11　工 程 验 收

11.0.1　工程验收制度是检验工程质量必不可少的一道程序，也是保证工程质量的一项重要措施。如质量不符合规定时，可在验收中发现和处理。以避免影响使用和增加维修费用。为此，必须严格执行工程验收制度。

给水排水管道工程验收分为中间验收和竣工验收。中间验收主要是验收埋在地下的隐蔽工程，凡是在竣工验收前被隐蔽的工程项目，都必须进行中间验收，并对前一工序验收合格后，方可进行下一工序，当隐蔽工程全部验收合格后，方可回填沟槽。竣工验收是全面检验给水排水管道工程是否符合工程质量标准，它不仅要查出工程的质量结果怎样，更重要的还应该找出产生质量问题的原因，对不符合质量标准的工程项目必须经过整修。甚至返工，经验收达到质量标准后，方可投入使用。

11.0.2～11.0.4　这三条具体规定了中间验收及竣工验收应有验收资料、验收表格以及应验收的主要项目和内容等。中间验收应按各章规定的质量标准进行检验，并按工程质量检验评定记录作出评定。竣工验收除应核实第 11.0.3 条规定的竣工资料外，还应按工程质量检验评定记录，对第 11.0.4 条中的五款内容是否符合设计要求和工程质量标准作出鉴定。其中：第 11.0.4.5 款外观，是指给水排水管道工程对能以检查的部位是否有损伤或缺陷，导致影响工程质量。

11.0.5　给水排水管道工程竣工验收以后，建设单位应按第 11.0.3 条及第 11.0.4 条规定的文件和资料进行整理、分类、立卷、归档。这对工程投入使用后维修管理、扩建、改建以及对标准规范修编工作等有重要作用。

中华人民共和国国家标准

城市排水工程规划规范

Code of Urban Wastewater
Engineering Planning

GB 50318 — 2000

主编部门：中华人民共和国建设部
批准部门：中华人民共和国建设部
施行日期：2 0 0 1 年 6 月 1 日

关于发布国家标准《城市排水工程规划规范》的通知

建标［2000］282 号

根据国家计委《一九九二年工程建设标准制订、修订计划》（计综合［1992］490 号）的要求，由我部会同有关单位共同制订的《城市排水工程规划规范》，经有关部门会审，批准为国家标准，编号为 GB50318—2000，自 2001 年 6 月 1 日起施行。

本规范由我部负责管理，陕西省城乡规划设计研究院负责具体解释工作，建设部标准定额研究所组织中国建筑工业出版社出版发行。

中华人民共和国建设部

2000 年 12 月 21 日

前　言

本规范是根据国家计委计综合［1992］490号文件《一九九二年工程建设标准制订、修订计划》的要求，由建设部负责编制而成。经建设部2000年12月21日以建标［2000］282号文批准发布。

在本规范的编制过程中，规范编制组在总结实践经验和科研成果的基础上，主要对城市排水规划范围和排水体制、排水量和规模、排水系统布局、排水泵站、污水处理厂、污水处理与利用等方面作了规定，并广泛征求了全国有关单位的意见，最后由我部会同有关部门审查定稿。

在本规范执行过程中，希望各有关单位结合工程实践和科学研究，认真总结经验、注意积累资料，如发现需要修改和补充之处，请将意见和有关资料寄交陕西省城乡规划设计研究院（通信地址：西安市金花北路8号，邮编710032），以供今后修订时参考。

本规范主编单位：陕西省城乡规划设计研究院

参 编 单 位：浙江省城乡规划设计研究院
大连市规划设计研究院
昆明市规划设计研究院

主要起草人：韩文斌　张明生　李小林　潘伯堂　赵　萍　曹世法　付文清　张　华　刘绍治　李美英

目　次

1 总 则

1.0.1 为在城市排水工程规划中贯彻执行国家的有关法规和技术经济政策，提高城市排水工程规划的编制质量，制定本规范。

1.0.2 本规范适用于城市总体规划的排水工程规划。

1.0.3 城市排水工程规划期限应与城市总体规划期限一致。在城市排水工程规划中应重视近期建设规划，且应考虑城市远景发展的需要。

1.0.4 城市排水工程规划的主要内容应包括：划定城市排水范围、预测城市排水量、确定排水体制、进行排水系统布局；原则确定处理后污水污泥出路和处理程度；确定排水枢纽工程的位置、建设规模和用地。

1.0.5 城市排水工程规划应贯彻“全面规划、合理布局、综合利用、保护环境、造福人民”的方针。

1.0.6 城市排水工程设施用地应按规划期规模控制，节约用地，保护耕地。

1.0.7 城市排水工程规划应与给水工程、环境保护、道路交通、竖向、水系、防洪以及其他专业规划相协调。

1.0.8 城市排水工程规划除应符合本规范外，尚应符合国家现行的有关强制性标准的规定。

2 排水范围和排水体制

2.1 排 水 范 围

2.1.1 城市排水工程规划范围应与城市总体规划范围一致。

2.1.2 当城市污水处理厂或污水排出口设在城市规划区范围以外时，应将污水处理厂或污水排出口及其连接的排水管渠纳入城市排水工程规划范围。涉及邻近城市时，应进行协调，统一规划。

2.1.3 位于城市规划区范围以外的城镇，其污水需要接入规划城市污水系统时，应进行统一规划。

2.2 排 水 体 制

2.2.1 城市排水体制应分为分流制与合流制两种基本类型。

2.2.2 城市排水体制应根据城市总体规划、环境保护要求，当地自然条件（地理位置、地形及气候）和废水受纳体条件，结合城市污水的水质、水量及城市原有排水设施情况，经综合分析比较确定。同一个城市的不同地区可采用不同的排水体制。

2.2.3 新建城市、扩建新区、新开发区或旧城改造地区的排水系统应采用分流制。在有条件的城市可采用截流初期雨水的分流制排水系统。

2.2.4 合流制排水体制应适用于条件特殊的城市，且应采用截流式合流制。

3 排水量和规模

3.1 城 市 污 水 量

3.1.1 城市污水量应由城市给水工程统一供水的用户和自备水源供水的用户排出的城市综合生活污水量和工业废水量组成。

3.1.2 城市污水量宜根据城市综合用水量（平均日）乘以城市污水排放系数确定。

3.1.3 城市综合生活污水量宜根据城市综合生活用水量（平均日）乘以城市综合生活污水排放系数确定。

3.1.4 城市工业废水量宜根据城市工业用水量（平均日）乘以城市工业废水排放系数，或由城市污水量减去城市综合生活污水量确定。

3.1.5 污水排放系数应是在一定的计量时间（年）内的污水排放量与用水量（平均日）的比值。

按城市污水性质的不同可分为：城市污水排放系数、城市综合生活污水排放系数和城市工业废水排放系数。

3.1.6 当规划城市供水量、排水量统计分析资料缺乏时，城市分类污水排放系数可根据城市居住、公共设施和分类工业用地的布局，结合以下因素，按表3.1.6的规定确定。

1 城市污水排放系数应根据城市综合生活用水量和工业用水量之和占城市供水总量的比例确定。

2 城市综合生活污水排放系数应根据城市规划的居住水平、给水排水设施完善程度与城市排水设施规划普及率，结合第三产业产值在国内生产总值中的比重确定。

3 城市工业废水排放系数应根据城市的工业结构和生产设备、工艺先进程度及城市排水设施普及率确定。

表 3.1.6　城市分类污水排放系数

城市污水分类	污水排放系数
城市污水	0.70～0.80
城市综合生活污水	0.80～0.90
城市工业废水	0.70～0.90

注：工业废水排放系数不含石油、天然气开采业和煤炭与其他矿采选业以及电力蒸汽热水产供业废水排放系数，其数据应按厂、矿区的气候、水文地质条件和废水利用、排放方式确定。

3.1.7 在城市总体规划阶段城市不同性质用地污水量可按照《城市给水工程规划规范》（GB 50282）中不同性质用地用水量乘以相应的分类污水排放系数确定。

3.1.8 当城市污水由市政污水系统或独立污水系统分别排放时，其污水系统的污水量应分别按其污水系统服务面积内的不同性质用地的用水量乘以相应的分类污水排放系数后相加确定。

3.1.9 在地下水位较高地区，计算污水量时宜适当考虑地下水渗入量。

3.1.10 城市污水量的总变化系数，应按下列原则确定：

1 城市综合生活污水量总变化系数，应按《室外排水设计规范》（GBJ 14）表2.1.2确定。

2 工业废水量总变化系数，应根据规划城市的具体情况，按行业工业废水排放规律分析确定，或参照条件相似城市的分析成果确定。

3.2 城市雨水量

3.2.1 城市雨水量计算应与城市防洪、排涝系统规划相协调。

3.2.2 雨水量应按下式计算确定：

$$Q = q \cdot \psi \cdot F \quad (3.2.2)$$

式中 Q——雨水量（L/s）；

q——暴雨强度［L/（s·ha）］；

ψ——径流系数；

F——汇水面积（ha）。

3.2.3 城市暴雨强度计算应采用当地的城市暴雨强度公式。当规划城市无上述资料时，可采用地理环境及气候相似的邻近城市的暴雨强度公式。

3.2.4 径流系数（ψ）可按表3.2.4确定。

表 3.2.4 径 流 系 数

区 域 情 况	径流系数（ψ）
城市建筑密集区（城市中心区）	0.60～0.85
城市建筑较密集区（一般规划区）	0.45～0.60
城市建筑稀疏区（公园、绿地等）	0.20～0.45

3.2.5 城市雨水规划重现期，应根据城市性质、重要性以及汇水地区类型（广场、干道、居住区）、地形特点和气候条件等因素确定。在同一排水系统中可采用同一重现期或不同重现期。

重要干道、重要地区或短期积水能引起严重后果的地区，重现期宜采用3～5年，其他地区重现期宜采用1～3年。特别重要地区和次要地区或排水条件好的地区规划重现期可酌情增减。

3.2.6 当生产废水排入雨水系统时，应将其水量计入雨水量中。

3.3 城市合流水量

3.3.1 城市合流管道的总流量、溢流井以后管段的流量估算和溢流井截流倍数 n_0 以及合流管道的雨水量重现期的确定可参照《室外排水设计规范》（GBJ 14）"合流水量"有关条文。

3.3.2 截流初期雨水的分流制排水系统的污水干管总流量应按下列公式估算：

$$Q_z = Q_s + Q_g + Q_{cy} \quad (3.3.2)$$

式中 Q_z——总流量（L/s）；

Q_s——综合生活污水量（L/s）；

Q_g——工业废水量（L/s）；

Q_{cy}——初期雨水量（L/s）。

3.4 排 水 规 模

3.4.1 城市污水工程规模和污水处理厂规模应根据平均日污水量确定。

3.4.2 城市雨水工程规模应根据城市雨水汇水面积和暴雨强度确定。

4 排 水 系 统

4.1 城市废水受纳体

4.1.1 城市废水受纳体应是接纳城市雨水和达标排放污水的地域，包括水体和土地。

受纳水体应是天然江、河、湖、海和人工水库、运河等地面水体。

受纳土地应是荒地、废地、劣质地、湿地以及坑、塘、淀洼等。

4.1.2 城市废水受纳体应符合下列条件：

1 污水受纳水体应符合经批准的水域功能类别的环境保护要求，现有水体或采取引水增容后水体应具有足够的环境容量。

雨水受纳水体应有足够的排泄能力或容量。

2 受纳土地应具有足够的容量，同时不应污染环境、影响城市发展及农业生产。

4.1.3 城市废水受纳体宜在城市规划区范围内或跨区选择，应根据城市性质、规模和城市的地理位置、当地的自然条件，结合城市的具体情况，经综合分析比较确定。

4.2 排水分区与系统布局

4.2.1 排水分区应根据城市总体规划布局，结合城市废水受纳体位置进行划分。

4.2.2 污水系统应根据城市规划布局，结合竖向规划和道路布局、坡向以及城市污水受纳体和污水处理厂位置进行流域划分和系统布局。

城市污水处理厂的规划布局应根据城市规模、布局及城市污水系统分布，结合城市污水受纳体位置、环境容量和处理后污水、污泥出路，经综合评价后确定。

4.2.3 雨水系统应根据城市规划布局、地形，结合竖向规划和城市废水受纳体位置，按照就近分散、自流排放的原则进行流域划分和系统布局。

应充分利用城市中的洼地、池塘和湖泊调节雨水径流，必要时可建人工调节池。

城市排水自流排放困难地区的雨水，可采用雨水泵站或与城市排涝系统相结合的方式排放。

4.2.4 截流式合流制排水系统应综合雨、污水系统布局的要求进行流域划分和系统布局，并应重视截流干管（渠）和溢流井位置的合理布局。

4.3 排水系统的安全性

4.3.1 排水工程中的厂、站不宜设置在不良地质地段和洪水淹没、内涝低洼地区。当必须在上述地段设置厂、站时，应采取可靠防护措施，其设防标准不应低于所在城市设防的相应等级。

4.3.2 污水处理厂和排水泵站供电应采用二级负荷。

4.3.3 雨水管道、合流管道出水口当受水体水位顶托时，应根据地区重要性和积水所造成的后果，设置潮门、闸门或排水泵站等设施。

4.3.4 污水管渠系统应设置事故出口。

4.3.5 排水系统的抗震要求应按《室外给水排水和煤气热力工程抗震设计规范》（TJ 32）及《室外给水排水工程设施抗震鉴定标准》（GBJ 43）执行。

5 排 水 管 渠

5.0.1 排水管渠应以重力流为主，宜顺坡敷设，不设或少设排水泵站。当排水管遇有翻越高地、穿越河流、软土地基、长距离输送污水等情况，无法采用重力流或重力流不经济时，可采用压力流。

5.0.2 排水干管应布置在排水区域内地势较低或便于雨、污水汇集的地带。

5.0.3 排水管宜沿规划城市道路敷设，并与道路中心线平行。

5.0.4 排水管道穿越河流、铁路、高速公路、地下建（构）筑物或其他障碍时，应选择经济合理路线。

5.0.5 截流式合流制的截流干管宜沿受纳水体岸边布置。

5.0.6 排水管道在城市道路下的埋设位置应符合《城市工程管线综合规划规范》（GB 50289）的规定。

5.0.7 城市排水管渠断面尺寸应根据规划期排水规划的最大秒流量，并考虑城市远景发展的需要确定。

6 排 水 泵 站

6.0.1 当排水系统中需设置排水泵站时，泵站建设用地按建设规模、泵站性质确定，其用地指标宜按表 6.0.1-1 和 6.0.1-2 规定。

表 6.0.1-1　雨水泵站规划用地指标（$m^2 \cdot s/L$）

建设规模	雨水流量（L/s）			
	20000 以上	10000～20000	5000～10000	1000～5000
用地指标	0.4～0.6	0.5～0.7	0.6～0.8	0.8～1.1

注：1. 用地指标是按生产必须的土地面积。
2. 雨水泵站规模按最大秒流量计。
3. 本指标未包括站区周围绿化带用地。
4. 合流泵站可参考雨水泵站指标。

表 6.0.1-2　污水泵站规划用地指标（$m^2 \cdot s/L$）

建设规模	污水流量（L/s）				
	2000 以上	1000～2000	600～1000	300～600	100～300
用地指标	1.5～3.0	2.0～4.0	2.5～5.0	3.0～6.0	4.0～7.0

注：1. 用地指标是按生产必须的土地面积。
2. 污水泵站规模按最大秒流量计。
3. 本指标未包括站区周围绿化带用地。

6.0.2 排水泵站结合周围环境条件，应与居住、公共设施建筑保持必要的防护距离。

7 污水处理与利用

7.1 污水利用与排放

7.1.1 水资源不足的城市宜合理利用经处理后符合标准的污水作为工业用水、生活杂用水及河湖环境景观用水和农业灌溉用水等。

7.1.2 在制定污水利用规划方案时，应做到技术可靠、经济合理和环境不受影响。

7.1.3 未被利用的污水应经处理达标后排入城市废水受纳体，排入受纳水体的污水排放标准应符合《污水综合排放标准》(GB 8978)的要求。在条件允许的情况下，也可排入受纳土地。

7.2 污 水 处 理

7.2.1 城市综合生活污水与工业废水排入城市污水系统的水质均应符合《污水排入城市下水道水质标准》（CJ 3082）的要求。

7.2.2 城市污水的处理程度应根据进厂污水的水质、水量和处理后污水的出路（利用或排放）确定。

污水利用应按用户用水的水质标准确定处理程度。

污水排入水体应视受纳水体水域使用功能的环境保护要求，结合受纳水体的环境容量，按污染物总量控制与浓度控制相结合的原则确定处理程度。

7.2.3 污水处理的方法应根据需要处理的程度确定，城市污水处理一般应达到二级生化处理标准。

7.3 城市污水处理厂

7.3.1 城市污水处理厂位置的选择宜符合下列要求：

1 在城市水系的下游并应符合供水水源防护要求；

2 在城市夏季最小频率风向的上风侧；

3 与城市规划居住、公共设施保持一定的卫生防护距离；

4 靠近污水、污泥的排放和利用地段；

5 应有方便的交通、运输和水电条件。

7.3.2 城市污水处理厂规划用地指标宜根据规划期建设规模和处理级别按照表 7.3.2 的规定确定。

表 7.3.2 城市污水处理厂规划用地指标（$m^2 \cdot d/m^3$）

建设规模	污水量（m^3/d）				
	20 万以上	10～20 万	5～10 万	2～5 万	1～2 万
用地指标	一级污水处理指标				
	0.3～0.5	0.4～0.6	0.5～0.8	0.6～1.0	0.6～1.4
	二级污水处理指标（一）				
	0.5～0.8	0.6～0.9	0.8～1.2	1.0～1.5	1.0～2.0
	二级污水处理指标（二）				
	0.6～1.0	0.8～1.2	1.0～2.5	2.5～4.0	4.0～6.0

注：1. 用地指标是按生产必须的土地面积计算。

2. 本指标未包括厂区周围绿化带用地。

3. 处理级别以工艺流程划分。

一级处理工艺流程大体为泵房、沉砂、沉淀及污泥浓缩、干化处理等。

二级处理（一），其工艺流程大体为泵房、沉砂、初次沉淀、曝气、二次沉淀及污泥浓缩、干化处理等。

二级处理（二），其工艺流程大体为泵房、沉砂、初次沉淀、曝气、二次沉淀、消毒及污泥提升、浓缩、消化、脱水及沼气利用等。

4. 本用地指标不包括进厂污水浓度较高及深度处理的用地，需要时可视情况增加。

7.3.3 污水处理厂周围应设置一定宽度的防护距离，减少对周围环境的不利影响。

7.4 污 泥 处 置

7.4.1 城市污水处理厂污泥必须进行处置，应综合利用、化害为利或采取其他措施减少对城市环境的污染。

7.4.2 达到《农用污泥中污染物控制标准》（GB 4282）要求的城市污水处理厂污泥，可用作农业肥料，但不宜用于蔬菜地和当年放牧的草地。

7.4.3 符合《城市生活垃圾卫生填埋技术标准》（CJJ 17）规定的城市污水处理厂污泥可与城市生活垃圾合并处置，也可另设填埋场单独处置，应经综合评价后确定。

7.4.4 城市污水处理厂污泥用于填充洼地、焚烧或其他处置方法，均应符合相应的有关规定，不得污染环境。

本规范用词说明

一、执行本规范条文时，对于要求严格程度的用词，说明如下，以便在执行中区别对待。

1. 表示很严格，非这样做不可的用词
正面词采用“必须”，反面词采用“严禁”；

2. 表示严格，在正常情况下均应这样做的用词
正面词采用“应”，反面词采用“不应”或“不得”；

3. 表示允许稍有选择，在条件许可时首先应这样做的用词
正面词采用“宜”，反面词采用“不宜”。

4. 表示有选择，在一定条件下可以这样的，采用“可”。

二、条文中指明必须按其他有关标准和规范执行的写法为：“应按……执行”或“应符合……要求或规定”。

中华人民共和国国家标准

城市排水工程规划规范

GB 50318—2000

条 文 说 明

前 言

根据国家计委计综合［1992］490号文的要求，《城市排水工程规划规范》由建设部主编，具体由陕西省城乡规划设计研究院会同浙江省城乡规划设计研究院、大连市规划设计研究院、昆明市规划设计研究院等单位共同编制而成。经建设部2000年12月21日以建标［2000］282号文批准发布。

为便于广大城市规划的设计、管理、教学、科研等有关单位人员在使用本规范时能正确理解和执行本规范，《城市排水工程规划规范》编制组根据国家计委关于编制标准、规范条文说明的统一要求，按《城市排水工程规划规范》的章、节、条的顺序，编制了条文说明，供国内有关部门和单位参考。在使用中如发现有不够完善之处，请将意见函寄陕西省城乡规划设计研究院，以供今后修改时参考。

通信地址：西安市金花北路8号

邮政编码：710032。

目　次

1　总　则

1.0.1　阐明编制本规范的目的。20世纪80年代以来，我国城市规划事业发展迅速，积累了丰富的实践经验，但在制定城市规划各项法规、标准上起步较晚，明显落后于发展需要。由于没有相应的国家标准，全国各地城市规划设计单位在编制城市排水工程规划时出现内容、深度不一，这种状况不利于城市排水工程规划编制水平的提高，不利于排水工程规划的审查和管理工作，同时也影响了城市正常、有序的建设和发展。

随着国家《城市规划法》、《环境保护法》、《水污染防治法》等一系列法规的颁布和《污水综合排放标准》、《地面水环境质量标准》、《城市污水处理厂污水污泥排放标准》以及《生活杂用水水质标准》等一系列标准的实施，人们的法制观念日渐加强，城市规划相应法规的制定迫在眉睫；现在《城市给水工程规范》及其他专业规划规范都已陆续颁布实施，为完善城市规划法规体系，必须制定《城市排水工程规划规范》，以规范城市排水工程规划编制工作。

同时，本规范具体体现了国家在排水工程中的技术经济政策和保护环境、造福人民、实施城市可持续发展的基本国策，保证了排水工程规划的合理性、可行性、先进性和经济性，是为城市排水工程规划制定的一份法规性文件。

1.0.2　规定本规范的适用范围。本规范适用于设市城市总体规划阶段的排水工程规划。建制镇总体规划的排水工程规划可执行本规范。

本规范主要为整个城市的排水工程规划编制工作提供依据，在宏观决策、超前性以及对城市排水系统的总体布局等方面区别于现行的各类排水设计规范，在编制城市修建性详细规划时可参考设计规范进行。

1.0.3 城市排水工程规划的规划期限与城市总体规划期限相一致，设市城市一般为20年，建制镇一般为15~20年。

城市排水设施是城市基础设施的重要组成部分，是维护城市正常活动和改善生态环境，促进社会、经济可持续发展的必备条件。规划目标的实现和提高城市排水设施普及率、污水处理达标排放率等都不是一个短时期能解决的问题，需几个规划期才能完成。因此，城市排水工程规划应具有较长期的时效，以满足城市不同发展阶段的需要。本条明确规定了城市排水工程规划不仅要重视近期建设规划，而且还应考虑城市远景发展的需要。

城市排水工程近期建设规划是城市排水工程规划的重要组成部分，是实施排水工程规划的阶段性规划，是城市排水工程规划的具体化及其实施的必要步骤。通过近期建设规划，可以起到对城市排水工程规划进一步的修改和补充作用，同时也为城市近期建设和管理乃至详细规划和单项设计提供依据。

城市排水工程近期建设规划应以规划期规划目标为指导，对近期建设目标、发展布局以及城市近期需要建设项目的实施作出统筹安排。近期建设规划要有一定的超前性，并应注意城市排水系统的逐步形成，为城市污水处理厂的建成、使用创造条件。

排水工程规划要考虑城市发展、变化的需要，不但规划要近、远期结合，而且要考虑城市远景发展的需要。城市排水出口与污水受纳体的确定都不应影响下游城市或远景规划城市的建设和发展。城市排水系统的布局也应具有弹性，为城市远景发展留有余地。

1.0.4 规定城市排水工程规划的主要任务和规划内容。城市排水工程规划的内容是根据《城市规划编制办法实施细则》的有关要求确定的。

在确定排水体制、进行排水系统布局时，应拟定城市排水方案，确定雨、污水排除方式，提出对旧城原排水设施的利用与改造方案和在规划期限内排水设施的建设要求。

在确定污水排放标准时，应从污水受纳体的全局着眼，既符合近期的可能，又要不影响远期的发展。采取有效措施，包括加大处理力度、控制或减少污染物数量、充分利用受纳体的环境容量，使污水排放污染物与受纳水体的环境容量相平衡，达到保护自然资源，改善环境的目的。

1.0.5 本条规定在城市排水工程规划中应贯彻环境保护方面的有关方针，还应执行“预防为主，综合治理”以及环境保护方面的有关法规、标准和技术政策。

在城市总体规划时应根据规划城市的资源、经济和自然条件以及科技水平，优化产业结构和工业结构，并在用地规划时给以合理布局，尽可能减少污染源。在排水工程规划中应对城市所有雨、污水系统进行全面规划，对排水设施进行合理布局，对污水、污泥的处理、处置应执行“综合利用，化害为利，保护环境，造福人民”的原则。

在城市排水工程规划中，对“水污染防治七字技术要点”也可作为参考，其内容如下：

保——保护城市集中饮用水源；

截——完善城市排水系统，达到清、污分流，为集中合理和科学排放打下基础；

治——点源治理与集中治理相结合，以集中治理优先，对特殊污染物和地理位置不便集中治理的企业实行分散点源治理；

管——强化环境管理，建立管理制度，采取有力措施以管促治；

用——污水资源化，综合利用，节省水资源，减少污水排放；

引——引水冲污、加大水体流（容）量、增大环境容量，改善水质；

排——污水科学排放，污水经一级处理科学排海、排江，利用环境容量，减少污水治理费用。

1.0.6 规定了城市排水工程设施用地的规划原则。城市排水工程设施用地应按规划期规模一次规划，确定用地位置、用地面积，根据城市发展的需要分期建设。

排水设施用地的位置选择应符合规划要求，并考虑今后发展的可能；用地面积要根据规模和工艺流程、卫生防护的要求全面考虑，一次划定控制使用。

基于我国人口多，可耕地面积少的国情，排水设施用地从选址定点到确定用地面积都应贯彻“节约用地，保护耕地”的原则。

1.0.7 城市排水工程规划除应符合总体规划的要求外，并应与其他各项专业规划协调一致。

城市排水工程规划与城市给水工程规划之间关系紧密，排水工程规划的污水量、污水处理程度和受纳水体及污水出口应与给水工程规划的用水量、回用再生水的水质、水量和水源地及其卫生防护区相协调。

城市排水工程规划的受纳水体与城市水系规划、城市防洪规划相关，应与规划水系的功能和防洪的设计水位相协调。

城市排水工程规划的管渠多沿城市道路敷设，应与城市规划道路的布局和宽度相协调。

城市排水工程规划受纳水体、出水口应与城市环境保护规划水体的水域功能分区及环境保护要求相协调。

城市排水工程规划中排水管渠的布置和泵站、污水处理厂位置的确定应与城市竖向规划相协调。

城市排水工程规划除应与以上提到的几项专业规划协调一致外，与其他各项专业规划也应协调好。

1.0.8 提出排水工程规划除执行《城市规划法》、《环境保护法》、《水污染防治法》及本规范外，还需同时执行相关标准、规范的规定。目前主要的有以下这些标准和规范。

1.《城市给水工程规划规范》GB 50282—98

2.《污水综合排放标准》GB 8978—1996

3.《地面水环境质量标准》GB 3838—88

4.《城市污水处理厂污水污泥排放标准》CJ 3025—93

5.《生活杂用水水质标准》GB 2501—89

6.《景观娱乐用水水质标准》GB 12941—91

7.《农田灌溉水质标准》GB 5084—85

8.《海水水质标准》GB 3097—1997

9.《农用污泥中污染物控制标准》GB 4282—84

10.《室外排水设计规范》GBJ 14—87

11.《给水排水基本术语标准》GBJ 125—89

12.《城市用地分类与规划建设用地标准》GBJ 137—90

13.《城市生活垃圾卫生填埋技术标准》CJJ 17—88

14.《室外给水排水和煤气热力工程抗震设计规范》TJ 32—78

15.《室外给水排水工程设施抗震鉴定标准》GBJ 43—82

16.《城市工程管线综合规划规范》GB 50289—98

17.《污水排入城市下水道水质标准》CJ 3082—1999

18.《城市规划基本术语标准》GB/T 50280—98

19.《城市竖向规划规范》CJJ83—99

2 排水范围和排水体制

2.1 排 水 范 围

2.1.1 城市总体规划包括的城市中心区及其各组团，凡需要建设排水设施的地区均应进行排水工程规划。其中雨水汇水面积因受地形、分水线以及流域水系出流方向的影响，确定时需与城市防洪、水系规划相协调，也可超出城市规划范围。

2.1.2～2.1.3 这两条明确规定设在城市规划区以外规划城市的排水设施和城市规划区以外的城镇污水需接入规划城市污水系统时，应纳入城市排水范围进行统一规划。

保护城市环境，防止污染水体应从全流域着手。城市水体上游的污水应就地处理达标排放，如无此条件，在可能的条件下可接入规划城市进行统一规划处理。规划城市产生的污水应处理达标后排入水体，但对水体下游的现有城市或远景规划城市也不应影响其建设和发展，要从全局着想，促进全社会的可持续发展。

2.2 排 水 体 制

2.2.1 指出排水体制的基本分类。在城市排水工程规划中，可根据规划城市的实际情况选择排水体制。

分流制排水系统：当生活污水、工业废水和雨水、融雪水及其它废水用两个或两个以上的排水管渠来收集和输送时，称为分流制排水系统。其中收集和输送生活污水和工业废水（或生产污水）的系统称为污水排水系统；收集和输送雨水、融雪水、生产废水和其它废水的称雨水排水系统；只排除工业废水的称工业废水排水系统。

2.2.2 提出排水体制选择的依据。排水体制在城市的不同发展阶段和经济条件下，同一城市的不同地区，可采用不同的排水体制。经济条件好的城市，可采用分流制，经济条件差而自身条件好的可采用部分分流制、部分合流制，待有条件时再建完全分流制。

2.2.3 提出了新建城市、扩建新区、新开发区或旧城改造地区的排水系统宜采用分流制的要求；同时也提出了在有条件的城市可布设截流初期雨水的分流制排水系统的合理性，以适应城市发展的更高要求。

2.2.4 提出了合流制排水系统的适用条件。同时也提出了在旧城改造中宜将原合流制直泄式排水系统改造成截流式合流制。

采用合流制排水系统在基建投资、维护管理等方面可显示出其优越性，但其最大的缺点是增大了污水处理厂规模和污水处理的难度。因此，只有在具备了以下条件的地区和城市方可采用合流制排水系统。

1. 雨水稀少的地区。

2. 排水区域内有一处或多处水量充沛的水体，环境容量大，一定量的混合污水溢入水体后，对水体污染危害程度在允许范围内。

3. 街道狭窄，两侧建设比较完善，地下管线多，且施工复杂，没有条件修建分流制排水系统。

4. 在经济发达地区的城市，水体环境要求很高，雨、污水均需处理。

在旧城改造中，宜将原合流制排水系统改造为分流制。但是，由于将原直泄式合流制改为分流制，并非容易，改建投资大，影响面广，往往短期内很难实现。而将原合流制排水系统保留，沿河修建截流干管和溢流井，将污水和部分雨水送往污水处理厂，经处理达标后排入受纳水体。这样改造，其投资小，而且较容易实现。

3 排水量和规模

3.1 城市污水量

3.1.1 说明城市污水量的组成

城市污水量即城市全社会污水排放量，包括城市给水工程统一供水的用户和自备水源供水用户排出的污水量。

城市污水量主要包括城市生活污水量和工业废水量。还有少量其他污水（市政、公用设施及其他用水产生的污水）因其数量小和排除方式的特殊性无法进行统计，可忽略不计。

3.1.2 提出城市污水量估算方法。

城市污水量主要用于确定城市污水总规模。城市综合（平均日）用水量即城市供水总量，包括市政、公用设施及其他用水量及管网漏失水量。采用《城市给水工程规划规范》（GB 50282）表 2.2.3-1 或表 2.2.3-2 的"城市单位综合用水量指标"或"城市单位建设用地综合用水量指标"估算城市污水量时，应注意按规划城市的用水特点将"最高日"用水量换算成"平均日"用水量。

3.1.3 提出城市综合生活污水量的估算方法。

采用《城市给水工程规划规范》（GB 50282）表 2.2.4 的"人均综合生活用水量指标"估算城市综合生活污水量时，应注意按规划城市的用水特点将"最高日"用水量换算成"平均日"用水量。

3.1.4 提出工业废水量估算方法。

为城市平均日工业用水量（不含工业重复利用水量）即工业新鲜用水量或称工业补充水量。

在城市工业废水量估算中，当工业用水量资料不易取得时，也可采用将已经估算出的城市污水量减去城市综合生活污水量，可以得出较为接近的城市工业废水量。

3.1.5 解释污水排放系数的含义。

3.1.6 提出城市分类污水排放系数的取值原则，规定城市分类污水排放系数的取值范围，列于表 3.1.6 中供城市污水量预测时选用。

城市分类污水排放系数的推算是根据 1991 ~ 1995 年国家建设部《城市建设统计年报》中经选择的 172 个城市（城市规模、区域划分以及城市的选取均与《城市给水工程规划规范》（GB 50282）"综合用水指标研究"相一致，并增加了 1995 年资料）的有关城市用水量和污水排放量资料和 1990 年国家环境保护总局《环境统计年报》、1996 年国家环境保护总局 38 个城市《环年综 1 表》（即《各地区"三废"排放及处理利用情况表》）的不同工业行业用新鲜水量与工业废水排放量资料以及 1994 年城市给水、排水工程规划规范编制组全国函调资料和国内外部分城市排水工程规划设计污水量预测采用的排放系数，经分析计算综合确定的。

分析计算成果显示，城市不同污水现状排放系数与城市规模、所在地区无明显规律，同时三种类型的工业废水现状排放系数也无明显规律。因此我们认为，影响城市分类污水排放系数大小的主要因素应是建筑室内排水设施的完善程度和各工业行业生产工艺、设备及技术、管理水平以及城市排水设施普及率。

城市排水设施普及率，在编制排水工程规划时都已明确，一般要求规划期末在排水工程规划范围内都应达到100%，如有规定达不到这一标准时，可按规划普及率考虑。

各工业行业生产工艺、设备和技术、管理水平，可根据规划城市总体规划的工业布局、要求及新、老工业情况进行综合评价，将其定为先进、较先进和一般三种类型，分别确定相应的工业废水排放系数。

城市综合生活污水排放系数可根据总体规划对居住、公共设施等建筑物室内给、排水设施水平的要求，结合保留的现状，对整个城市进行综合评价，确定出规划城市建筑室内排水设施完善程度，也可分区确定。

城市建筑室内排水设施的完善程度可分为三种类型：

建筑室内排水设施完善：用水设施齐全，排水设施配套，污水收集率高。

建筑室内排水设施较完善：用水设施较齐全，排水设施配套，污水收集率较高。

建筑室内排水设施一般：用水设施能满足生活的基本要求，排水设施配套，主要污水均能排入污水系统。

工业废水排放系数不含石油、天然气开采业和其他矿与煤炭采选业以及电力蒸汽热水产供业的工业废水排放系数，因以上三个行业生产条件特殊，其工业废水排放系数与其他工业行业出入较大，应根据当地厂、矿区的气候、水文地质条件和废水利用、排放合理确定，单独进行以上三个行业的工业废水量估算。再加入到前面估算的工业废水量中即为全部工业废水量。

城市污水量由于不包括其他污水量，因此在按城市供水总量估算城市污水量时其污水排放系数就应小于城市生活污水和工业废水的排放系数。其系数应结合城市生活用水量与工业用水量之和占城市供水总量的比例在表3.2.3数据范围内进行合理确定。

3.1.7 提出城市总体规划阶段不同性质用地污水量估算方法。在污水量估算时应将《城市给水工程规划规范》（GB 50282）中的不同性质用地的用水指标由最高日用水量转换成平均日用水量。

城市居住用地和公共设施用地污水量可按相应的用水量乘城市综合生活污水排放系数。

城市工业用地工业废水量可按相应用水量乘以工业废水排放系数。

其他用地污、废水量可根据用水性质、水量和产生污、废水的数量及其出路分别确定。

3.1.8 提出城市污水系统包括市政污水系统和独立污水系统以及污水系统污水量的计算方法。工矿企业或大型公共设施因其水质、水量特殊或其他原因不便利用市政污水系统时，可建独立污水系统，污水经处理达标后排入受纳水体。

污水系统计算污水量包括城市综合生活污水量和生产污水量（工业废水量减去排入雨水系统或直接排入水体的生产废水量）。

3.1.9 在地下水位较高地区，污水系统在水量估算时，宜考虑地下水渗入量。因当地土质、管道及其接口材料和施工质量等因素，一般均存在地下水渗入现象。但具体在不同情况下渗入量的确定国内尚无成熟资料，国外个别国家也只有经验数据。日本采用每人每日最大污水量10%～20%。据专业杂志介绍，上海浦东城市化地区地下水渗入量采用$1000m^3/(km^2 \cdot d)$，具体规划时按计算污水量的10%考虑。因此，建议各规划城市应根据当地的水文地质情况，结合管道和接口采用的材料以及施工质量按当地经验确定。

3.1.10 该条规定出了城市综合污水、生活污水和工业废水量总变化系数的选值原则。

城市综合生活污水量总变化系数由于没有新的研究成果，应继续沿用《室外排水设计规范》（GBJ 14—87）（1997年局部修订）表2.1.2采用。为使用方便摘录如下：

表 2.1.2　生活污水量总变化系数

污水平均流量（L/s）	5	15	40	70	100	200	500	≥1000
总变化系数	2.3	2.0	1.8	1.7	1.6	1.5	1.4	1.3

城市工业废水量总变化系数：由于工业企业的工业废水量及总变化系数随各行业类型、采用的原料、生产工艺特点和管理水平等有很大的差异，我国一直没有统一规定。最新大专院校教材《排水工程》在论述工业废水量计算中提出一些数据供参考：工业废水量日变化系数为1.0，时变化系数分六个行业提出不同值：

冶金工业：1.0～1.1　　纺织工业：1.5～2.0

制革工业：1.5～2.0　　化学工业：1.3～1.5

食品工业：1.5～2.0　　造纸工业：1.3～1.8

以上数据与我国1958年建筑工业出版社出版的《给水排水工程设计手册》（第二篇：排水工程）关于工业企业生产污水的变化系数一节中提出的时变化系数值基本一致（除纺织工业为 $K_{时}=1.0\sim1.15$ 不同外）。同时又提出如果有两个及两个以上工厂的生产污水排入同一个干管时，各厂最大污水量的排出时间、集中在同一个时间的可能性不大，并且各工厂距离干管的长度不一（系指总干管而言），故在计算中如无各厂详细变化资料，应将各工厂的污水量相加后再乘一折减系数 C。

工厂数目		C
2～3	约为：	0.95～1.00
3～4		0.85～0.95
4～5		0.80～0.85
5以上		0.70～0.80

以上《给水排水工程设计手册》上的数据来源为前苏联资料。

工业用水量取决于工业企业对工业废水重复利用的方式；工业废水排放量取决于工业企业重复利用的程度。

随着环境保护要求的提高和人们对节水的重视，据国内外有关资料显示，工业企业对工业废水的重复利用率有达到90%以上的可能，工业废水有向零排放发展的趋势。因此，城市污水成分有以综合生活污水为主的可能。

3.2 城市雨水量

3.2.1 城市防洪、排涝系统是防止雨水径流危害城市安全的主要工程设施，也是城市废水排放的受纳水体。城市防洪工程是解决外来雨洪（河洪和山洪）对城市的威胁；城市排涝工程是解决城市范围内雨水过多或超标准暴雨以及外来径流注入，城市雨水工程无法解决而建造的规模较大的排水工程，一般属于农田排水或防洪工程范围。

如果城市防洪、排涝系统不完善，只靠城市排水工程解决不了城市遭受雨洪威胁的可能。因此应相互协调，按各自功能充分发挥其作用。

3.2.2 雨水量的估算，采用现行的常规计算办法，即各国广泛采用的合理化法，也称极限强度法。经多年使用实践证明，方法是可行的，成果是较可靠的，理论上有发展、实践上也积累了丰富的经验，只需在使用中注意采纳成功经验、合理地选用适合规划城市具体条件的参数。

3.2.3 城市暴雨强度公式，在城市雨水量估算中，宜采用规划城市近期编制的公式，当规划城市无上述资料时，可参照地理环境及气候相似的邻近城市暴雨强度公式。

3.2.4 径流系数，在城市雨水量估算中宜采用城市综合径流系数。全国不少城市都有自己城市在进行雨水径流量计算中采用的不同情况下的径流系数，我们认为在城市总体规划阶段的排水工程规划中宜采用城市综合径流系数，即按规划建筑密度将城市用地分为城市中心区、一般规划区和不同绿地等，按不同的区域，分别确定不同的径流系数。在选定城市雨水量估算综合径流系数时，应考虑城市的发展，以城市规划期末的建筑密度为准，并考虑到其他少量污水量的进入，取值不可偏小。

3.2.5 规定城市雨水管渠规划重现期的选定原则和依据

规划重现期的选定，根据规划的特点，宜粗不宜细。应根据城市性质的重要性，结合汇水地区的特点选定。排水标准确定应与城市政治、经济地位相协调，并随着地区政治、经济地位的变化不断提高。重要干道、重要地区或短期积水能引起严重后果的地区，重现期宜采用 3～5 年，其他地区可采用 1～3 年，在特殊地区还可采用更高的标准，如北京天安门广场的雨水管道，是按 10 年重现期设计的。在一些次要地区或排水条件好的地区重现期可适当降低。

3.2.6 指出当有生产废水排入雨水管渠时，应将排入的水量计算在管渠设计流量中。

3.3 城市合流水量

3.3.1 本条内容与《室外排水设计规范》（GBJ 14—87）（1997 年局部修订）第二章第三节合流水量内容相似。其条文说明也可参照 GBJ 14—87（1997 年局部修订）的本节说明。

3.3.2 提出了截流初期雨水的分流制污水管道总流量的估算方法。

初期雨水量主要指“雨水流量过程线”中从降雨开始至最大雨水流量形成之前涨水曲线中水量较小的一段时间的雨水量。估算此雨水流量的时段、重现期应根据规划城市的降雨特征、雨型并结合城市规划污水处理厂的承受能力和城市水体环境保护要求综合分析确定。初期雨水流量的确定，主要取决于形成初期雨水时段内的平均降雨强度和汇水面积。

3.4 排 水 规 模

3.4.1 提出城市污水工程规模和污水处理厂规模的确定原则。

3.4.2 提出城市雨水工程规模确定的原则。

4 排 水 系 统

4.1 城市废水受纳体

4.1.1 明确了城市雨水和达标排放的污水可以排入受纳水体，也可排入受纳土地。污水达标排入受纳水体的标准为水体环境容量或《污水综合排放标准》（GB 8978），排入受纳土地的标准为城市环境保护要求。

4.1.2 明确了城市废水受纳体应具备的条件。现有受纳水体的环境容量不能满足时，可采取一定的工程措施如引水增容等，以达到应有的环境容量。

受纳土地应具有足够的容量，并应全面论证，不可盲目决定；在蒸发、渗漏达不到年水量平衡时，还应考虑汇入水体的出路。

4.1.3 明确了城市废水受纳体选择的原则。能在城市规划区范围内解决的就不要跨区解决；跨区选定城市废水受纳体要与当地有关部门协商解决。城市废水受纳体的最后选定应充分考虑两种方案的有利条件和不利因素，经综合分析比较确定，受纳水体能够满足污水排放的需求，尽量不要使用受纳土地，如受纳土地需要部分污水，在不影响环境要求和城市发展的前提下，也可解决部分污水的出路。

达标排放的污水在城市环境允许的条件下也可排入平常水量不足的季节性河流，作为景观水体。

4.2 排水分区与系统布局

4.2.1 指出城市排水系统应分区布局。根据城市总体规划用地布局，结合城市废水受纳体位置将城市用地分为若干个分区（包括独立排水系统）进行排水系统布局，根据分区规模和废水受纳体分布，一个分区可以是一个排水系统，也可以是几个排水系统。

4.2.2 指出城市污水系统布局的原则和依据以及污水处理厂规划布局要求。

污水流域划分和系统布局都必须按地形变化趋势进行；地形变化是确定污水汇集、输送、排放的条件。小范围地形变化是划分流域的依据，大的地形变化趋势是确定污水系统的条件。

城市污水处理厂是分散布置还是集中布置，或者采用区域污水系统，应根据城市地形和排水分区分布，结合污水污泥处理后的出路和污水受纳体的环境容量通过技术经济比较确定。一般大中城市，用地布局分散，地形变化较大，宜分散布置；小城市布局集中，地形起伏不大，宜采用集中布置；沿一条河流布局的带状城市沿岸有多个组团（或小城镇），污水量都不大，宜集中在下游建一座污水处理厂，从经济、管理和环境保护等方面都是可取的。

4.2.3 提出城市雨水系统布局原则和依据以及雨水调节池在雨水系统中的使用要求。

城市雨水应充分利用排水分区内的地形，就近排入湖泊、排洪沟渠、水体或湿地和坑、塘、淀洼等受纳体。

在城市雨水系统中设雨水调节池，不仅可以缩小下游管渠断面，减小泵站规模，节约投资，还有利于改善城市环境。

4.2.4 提出截流式合流制排水系统布局的原则和依据，并对截流干管（渠）和溢流井位置的布局提出了要求。截流干管和溢流井位置布局的合理与否，关系到经济、实用和效果，应结合管渠系统布置和环境要求综合比较确定。

4.3 排水系统的安全性

4.3.1 城市排水工程是城市的重要基础设施之一，在选择用地时必须注意地质条件和洪水淹没或排水困难的问题，能避开的一定要避开，实在无法避开的应采用可靠的防护措施，保证排水设施在安全条件下正常使用。

4.3.2 提出了城市污水处理厂和排水泵站的供电要求。《民用建筑电气设计规范》（JGJ/T16）规定：

电力负荷级别是根据供电可靠性及中断供电在政治、经济上所造成的损失或影响的程度确定的。

考虑到城市污水处理厂停电可能对该地区的政治、经济、生活和周围环境等造成不良影响而确定。

排水泵站在中断供电后将会对局部地区、单位在政治、经济上造成较大的损失而确定的。

《室外排水设计规范》（GBJ14）和《城市污水处理项目建设标准》对城市污水处理厂和排水泵站的供电均采用二级负荷。

上述规范还规定：二级负荷的供电系统应做到当发生电力变压器故障或线路常见故障时不致中断供电（或中断后能迅速恢复）。在负荷较小或地区供电条件困难时，二级负荷可由一回 6kV 及其以上专用架空线供电。为防万一可设自备电源（油机或专线供电）。

4.3.3 提出雨水管道、合流管道出水口当受水体水位顶托时按不同情况设置潮门、闸门或排水泵站的规定。

污水处理厂、排水泵站设超越管渠和事故出口在《室外排水设计规范》（GBJ 14）中已有规定，可在设计时考虑。

4.3.4 城市长距离输送污水的管渠应在合适地段增设事故出口，以防下游管渠发生故障，造成污水漫溢，影响城市环境卫生。

4.3.5 提出排水系统的抗震要求和设防标准。在城市排水工程规划中选定排水设施用地时，应予以考虑，以保证在城市发生地震灾害中的正常使用。

5 排 水 管 渠

5.0.1 提出城市排水管渠应以重力流为主的要求和压力流使用的条件。

5.0.2 提出排水干管布置的要求。

5.0.3 提出排水管道宜沿规划道路敷设的要求。

污水管道通常布置在污水量大或地下管线较少一侧的人行道、绿化带或慢车道下，尽量避开快车道。

根据《城市工程管线综合规划规范》（GB 50289）中2.2.5规定，当规划道路红线宽度 $B \geq 50m$ 时，可考虑在道路两侧各设一条雨、污水管线，便于污水收集，减少管道穿越道路的次数，有利于管道维护。

5.0.4 明确了管渠穿越河流、铁路、高速公路、地下建（构）筑物或其他障碍物时，线路走向、位置的选择既要合理，又便于今后管理维修。

倒虹管规划应参照《室外排水设计规范》（GBJ 14）有关章节的规定。

5.0.5 提出截流式合流制截流干管设置的最佳位置。沿水体岸边敷设，既可缩短排水管渠的长度，使溢流雨水很快排入水体，同时又便于出水口的管理。为了减少污染，保护环境，溢流井的设置尽可能位于受纳水体的下游，截流倍数以采用2～3倍为宜，环境容量小的水体（水库或湖泊）其截流倍数可选大值；环境容量大的水体（海域或大江、大河）可选较小的值。具体布置应视管渠系统布局和环境要求，经综合比较确定。

5.0.6 提出排水管道在城市道路下的埋设位置应符合国家标准《城市工程管线综合规划规范》（GB 50289）的规定要求。

5.0.7 提出排水管渠断面尺寸确定的原则。既要满足排泄规划期排水规模的需要，并应考虑城市发展水量的增加，提高管渠的适用年限，尽量减少改造的次数。据有关资料介绍，近30年来我国许多城市的排水管道都出现超负荷运行现象，除注意在估算城市排水量时采用符合规划期实际情况的污水排放系数和雨水径流系数外，还应给城市发展及其他水量排入留有余地，因此应将最大充满度适当减小。

6 排 水 泵 站

6.0.1 提出排水泵站的规划用地指标。此指标系《全国市政工程投资估算指标》(HGZ 47—102—96)中4B-1-2雨污水泵站综合指标规定的用地指标，分列于本规范表6.0.1-1和6.0.2-2中，供规划时选择使用。雨、污水合流泵站用地可参考雨水泵站指标。

1996年发布的《全国市政工程投资估算指标》比1988年发布的《城市基础设施工程投资估算指标》在“排水泵站”用地指标有所增大，在使用中应结合规划城市的具体情况，按照排水泵站选址的水文地质条件和可想到的内部配套建（构）筑物布置的情况及平面形状、结构形式等合理选用用地指标。

6.0.2 提出排水泵站与规划居住、公共设施建筑保持必要的防护距离，并进行绿化的要求。

具体的距离量化应根据泵站性质、规模、污染程度以及施工及当地自然条件等因素综合确定。

中国建筑工业出版社1984年出版的《苏联城市规划设计手册》规定“泵站到住宅的距离应不小于20米”；中国建筑工业出版社1986年出版的《给水排水设计手册》第5册（城市排水）规定泵站与住宅间距不得小于30米；洪嘉年高工主编的《给水排水常用规范详解手册》中谈到：“我国曾经规定泵站与居住房屋和公共建筑的距离一般不小于25米，但根据上海、天津等城市经验，在建成区内的泵站一般均未达到25米的要求，而周围居民也无不良反映”。

鉴于以上情况，现又无这方面的科研成果供采用，《室外排水设计规范》也无量化，经与有关环境保护部门的专家研究，认为“距离”的量化应视规划城市的具体条件、经环境评价后确定，在有条件的情况下可适当大些。

7　污水处理与利用

7.1　污水利用与排放

7.1.1　城市污水是一种资源，在水资源不足的城市宜合理利用污水经再生处理后作为城市用水的补充。根据城市的需要和处理条件确定其用途。

7.1.2　在制定污水回用方案时，应对技术可靠性、经济合理性和环境影响等情况进行全面论证和评价，做到稳妥可靠，不留后患，不得盲目行事。

7.1.3　对不能利用或利用不经济的城市污水应达标处理后排入城市污水受纳体。排入受纳土地的污水需经处理后达到二级生化标准或满足城市环境保护的要求。

7.2　污　水　处　理

7.2.1　提出确定城市污水处理程度的依据。污水处理程度应根据进厂污水的水质、水量和处理后的出路分别确定。

受纳水体的环境容量因水体类型、水量大小和水力条件的不同各异。受纳水体的环境容量是一种自然资源，当环境容量大于污水排放污染物的要求时，应充分发挥这一自然资源的作用，以节省环保资金；当环境容量小于污水排放污染物的要求时，根据实际情况，采取相应的措施，包括削荷减污、加大处理力度以及用工程措施增大水体环境容量，使污水排放与受纳水体环境容量相平衡。城市污水处理厂的污水处理程度，应根据规划城市的具体情况，经技术经济比较确定。

7.2.2　《城市污水处理厂污水污泥排放标准》（CJ 3025—93）是国家建设部颁布的一项城镇建设行业标准，规定了城市污水处理厂排放污水、污泥标准及检测、排放与监督等要求，适用于全国各地城市污水处理厂。

全国各地城市污水处理厂应积极、严格执行该标准，按各城市的实际情况对污水进行处理达标排放，为城市的水污染防治，保护水资源，改变城市环境，促进城市可持续发展将起到有力的推动作用。

7.3　城市污水处理厂

7.3.1　提出城市污水处理厂位置选择的依据和应考虑的因素。

污水处理厂位置应根据城市污水处理厂的规划布局，结合规范条文提出的五项因素，按城市的实际情况综合选择确定。规范条文中提出的五项因素，不一定都能满足，在厂址选择中要抓住主要矛盾。当风向要求与河流下游条件有矛盾时，应先满足河流下游条件，再采取加强厂区卫生管理和适当加大卫生防护距离等措施来解决因风向造成污染的问题。

城市污水处理厂与规划居住、公共设施建筑之间的卫生防护距离影响因素很多，除与污水处理厂在河流上、下游和城市夏季主导风向有关外，还与污水处理采用的工艺、厂址是规划新址还是在建成区插建以及污染程度都有关系，总之关系复杂，很难量化，因此在本规范未作具体规定。

中国建筑工业出版社 1986 年出版的《给水排水设计手册》第 5 册（城市排水）及中国建筑工业出版社 1992 年出版的高等学校（城市规划专业学生用）试用教材《城市给水排水》（第二版）中均规定“厂址应与城镇工业区、居住区保持约 300 米以上距离”。

鉴于到目前为止，没有成熟和借鉴的指标供采用，《室外排水设计规范》也无量化。经与有关环境保护部门的专家研究，认为“距离”的量化应视规划城市的具体条件，经环境评价确定。在有条件的情况下可适当大些。

7.3.2 提出城市污水处理厂的规划用地指标。此指标系《全国市政工程估算指标》（HGZ 47—102—96）中 4B-1-1 污水处理厂综合指标规定的用地指标，列于本规范表 7.3.2 中，供规划时选择使用。在选择用地指标时应考虑规划城市具体情况和布局特点。

7.3.3 提出在污水处理厂周围应设置防护绿带的要求。

污水处理厂在城市中既是污染物处理的设施，同时在生产过程中也会产生一定的污染，除厂区在平面布置时应考虑生产区与生活服务区分别集中布置，采用以绿化等措施隔离开来，保证管理人员有良好的工作环境，增进职工的身体健康外，还应在厂区外围设置一定宽度（不小于 10 米）的防护绿带，以美化污水处理厂和减轻对厂区周围环境的污染。

7.4 污 泥 处 置

7.4.1 提出了城市污水处理厂污泥处置的原则和要求。城市污水处理厂污泥应综合利用，化害为利，未被利用的污泥应妥善处置，不得污染环境。

7.4.2 提出了城市污水处理厂污泥用作农业肥料的条件和注意事项(详见《农用污泥中污染物控制标准》(GB 4282))。

7.4.3 提出城市污水处理厂污泥填埋的要求。

7.4.4 提出城市污水处理厂污泥用于填充洼地、焚烧或其他处置方法应遵循的原则。

中华人民共和国国家标准

给水排水工程管道结构设计规范

Structural design code for pipelines of water supply and waste water engineering

GB 50332—2002

批准部门：中华人民共和国建设部

施行日期：2 0 0 3 年 3 月 1 日

中华人民共和国建设部
公　告

第 92 号

建设部关于发布国家标准《给水排水工程管道结构设计规范》的公告

现批准《给水排水工程管道结构设计规范》为国家标准，编号为 GB 50332—2002，自 2003 年 3 月 1 日起实施。其中，第 4.1.7、4.2.2、4.2.10、4.2.11、4.2.13、4.3.2、4.3.3、4.3.4、5.0.3、5.0.4、5.0.5、5.0.11、5.0.13、5.0.14、5.0.16 条为强制性条文，必须严格执行。原《给水排水工程结构设计规范》GBJ 69—84 中的相应内容同时废止。

本规范由建设部标准定额研究所组织中国建筑工业出版社出版发行。

中华人民共和国建设部

2002 年 11 月 26 日

前　言

本规范根据建设部（92）建标字第16号文的要求，对原规范《给水排水工程结构设计规范》GBJ 69—84作了修订。由北京市规划委员会为主编部门，北京市市政工程设计研究总院为主编单位，会同有关设计单位共同完成。原规范颁布实施至今已15年，在工程实践中效果良好。这次修订主要是由于下列两方面的原因：

（一）结构设计理论模式和方法有重要改进

GBJ 69—84属于通用设计规范，各类结构（混凝土、砌体等）的截面设计均应遵循本规范的要求。我国于1984年发布《建筑结构设计统一标准》GBJ 68—84（修订版为《建筑结构可靠度设计统一标准》GB 50068—2001）后，1992年又颁发了《工程结构可靠度设计统一标准》GB 50153—92。在这两本标准中，规定了结构设计均采用以概率理论为基础的极限状态设计方法，替代原规范采用的单一安全系数极限状态设计方法。据此，有关结构设计的各种标准、规范均作了修订，例如《混凝土结构设计规范》、《砌体结构设计规范》等。因此，《给水排水工程结构设计规范》GBJ 69—84也必须进行修订，以与相关的标准、规范协调一致。

（二）原规范GBJ 69—84内容过于综合，不利于促进技术进步

原规范GBJ 69—84为了适应当时的急需，在内容上力求能概括给水排水工程的各种结构，不仅列入了水池、沉井、水塔等构筑物，还包括各种不同材料的管道结构。这样处理虽然满足了当时的工程应用，但从长远来看不利于发展，不利于促进技术进步。我国实行改革开放以来，通过交流和引进国外先进技术，在科学技术领域有了长足进步，这就需要对原标准、规范不断进行修订或增补。由于原规范的内容过于综合，往往造成不能及时将行之有效的先进技术反映进去，从而降低了它应有的指导作用。在这次修订GBJ 69—84时，原则上是尽量减少综合性，以利于及时更新和完善。为此将原规范分割为以下两部分，共10本标准：

1. 国家标准

（1）《给水排水工程构筑物结构设计规范》；

（2）《给水排水工程管道结构设计规范》。

2. 中国工程建设标准化协会标准

（1）《给水排水工程钢筋混凝土水池结构设计规程》；

（2）《给水排水工程水塔结构设计规程》；

（3）《给水排水工程钢筋混凝土沉井结构设计规程》；

（4）《给水排水工程埋地钢管管道结构设计规程》；

（5）《给水排水工程埋地铸铁管管道结构设计规程》；

（6）《给水排水工程埋地预制混凝土圆形管管道结构设计规程》；

（7）《给水排水工程埋地管芯缠丝预应力混凝土管和预应力钢筒混凝土管管道结构设计规程》；

（8）《给水排水工程埋地矩形管管道结构设计规程》。

本规范主要是针对给水排水工程各类管道结构设计中的一些共性要求作出规定，包括适用范围、主要符号、材料性能要求、各种作用的标准值、作用的分项系数和组合系数、承载能力和正常使用极限状态，以及构造要求等。这些共性

规定将在协会标准中得到遵循，贯彻实施。

本规范由建设部负责管理和对强制性条文的解释，由北京市市政工程设计研究总院负责对具体技术内容的解释。请各单位在执行本规范过程中，注意总结经验和积累资料，随时将发现的问题和意见寄交北京市市政工程设计研究总院(100045)，以供今后修订时参考。

本规范编制单位和主要起草人名单

主编单位：北京市市政工程设计研究总院

参编单位：中国市政工程中南设计研究院、中国市政工程西北设计研究院、中国市政工程西南设计研究院、中国市政工程东北设计研究院、上海市政工程设计研究院、天津市市政工程设计研究院、湖南大学。

主要起草人：沈世杰　刘雨生（以下按姓氏笔画排列）
王文贤　王憬山　冯龙度　刘健行
苏发怀　陈世江　沈宜强　钟启承
郭天木　葛春辉　翟荣申　潘家多

目　次

1 总　　则

1.0.1　为了在给水排水工程管道结构设计中，贯彻执行国家的技术经济政策，达到技术先进、经济合理、安全适用、确保质量，特制定本规范。

1.0.2　本规范适用于城镇公用设施和工业企业中的一般给水排水工程管道的结构设计，不适用于工业企业中具有特殊要求的给水排水工程管道的结构设计。

1.0.3　本规范系根据我国《建筑结构可靠度设计统一标准》GB 50068—2001 和《工程结构可靠度设计统一标准》GB 50153—92 规定的原则进行制定的。

1.0.4　按本规范设计时，有关构件截面计算和地基基础设计等，应按相应的国家标准的规定执行。

对于建造在地震区、湿陷性黄土或膨胀土等地区的给水排水工程管道结构设计，尚应符合我国现行的有关标准的规定。

2 主 要 符 号

2.1 管道上的作用

F_{vk}——管道内的真空压力标准值；

$F_{cr,k}$——管壁截面失稳的临界压力标准值；

q_{vk}——地面车辆轮压传递到管顶处的单位面积竖向压力标准值；

$F_{ep,k}$——主动土压力标准值；

F_{pk}——被动土压力标准值；

F_{wk}——管道内工作压力标准值；

$F_{wd,k}$——管道的设计内水压力标准值；

$Q_{vi,k}$——地面车辆的 i 个车轮所承担的单个轮压标准值；

S——作用效应组合设计值；

$F_{sv,k}$——每延长米管道上管顶的竖向土压力标准值。

2.2 几 何 参 数

A_0——管道计算截面的换算截面面积；

a——单个车轮的着地分布长度；

B_c——矩形管道的外缘宽度；

b——单个车轮的着地分布宽度；

D_0——圆形管道的计算直径；

D_1——圆形管道的外径；

d_i——相邻两个车轮间的净距；

e_0——纵向力对截面重心的偏心距；

H_s——管顶至设计地面的覆土高度；

h_0——钢筋混凝土计算截面的有效高度；

L_e——管道纵向承受轮压影响的有效长度；

L_p——轮压传递至管顶处沿管道纵向的影响长度；

r_0——圆形管道的计算半径；

t——管壁厚度；

μ——受拉钢筋截面的总周长；

W_0——管道换算截面受拉边缘的弹性抵抗矩；

$w_{d,max}$——管道的最大竖向变形；

w_{max}——钢筋混凝土计算截面的最大裂缝宽度。

2.3 计 算 系 数

C_c——填埋式土压力系数；

C_d——开槽施工土压力系数；

C_j——不开槽施工土压力系数；

C_G——永久作用的作用效应系数；

C_Q——可变作用的作用效应系数；

D_l——变形滞后效应系数；

E_p——管材弹性模量；

E_d——管侧土的综合变形模量；

K_a——主动土压力系数；

K_d——管道变形系数；

K_p——被动土压力系数；

K_s——设计稳定性抗力系数；

α_{ct}——混凝土拉应力限制系数；

α_s——管道结构与管周土体的刚度比；

γ——受拉区混凝土的塑性影响系数；

γ_G——永久作用分项系数；

γ_0——管道的重要性系数；

γ_Q——可变作用分项系数；

μ_d——动力系数；

ν_p——管材的泊桑比；

ρ——钢筋混凝土管道计算截面处钢筋的配筋率；

ψ——钢筋混凝土管道计算裂缝间受拉钢筋应变不均匀系数；

ψ_c——可变作用的组合值系数；

ψ_q——可变作用的准永久值系数。

3 管道结构上的作用

3.1 作用分类和作用代表值

3.1.1 管道结构上的作用，按其性质可分为永久作用和可变作用两类：

1 永久作用应包括结构自重、土压力（竖向和侧向）、预加应力、管道内的水重、地基的不均匀沉降。

2 可变作用应包括地面人群荷载、地面堆积荷载、地面车辆荷载、温度变化、压力管道内的静水压（运行工作压力或设计内水压力）、管道运行时可能出现的真空压力、地表水或地下水的作用。

3.1.2 结构设计时，对不同的作用应采用不同的代表值。

对永久作用，应采用标准值作为代表值；对可变作用，应根据设计要求采用标准值、组合值或准永久值作为代表值。

可变作用组合值，应为可变作用标准值乘以作用组合系数；可变作用准永久值，应为可变作用标准值乘以作用的准永久值系数。

3.1.3 当管道结构承受两种或两种以上可变作用时，承载能力极限状态设计或正常使用极限状态按短期效应的标准组合设计，可变作用应采用标准值和组合值作为代表值。

3.1.4 正常使用极限状态考虑长期效应按准永久组合设计，可变作用应采用准永久值作为代表值。

3.2 永久作用标准值

3.2.1 结构自重，可按结构构件的设计尺寸与相应的材料单位体积的自重计算确定。对常用材料及其制作件，其自重可按现行国家标准《建筑结构荷载规范》GB 50009 的规定采用。

3.2.2 作用在地下管道上的竖向土压力，其标准值应根据管道埋设方式及条件按附录 B 确定。

3.2.3 作用在地下管道上的侧向土压力，其标准值应按下列公式确定：

1 侧向土压力应按主动土压力计算；

2 侧向土压力沿圆形管道管侧的分布可视作均匀分布，其计算值可按管道中心处确定；

3 对埋设在地下水位以上的管道，其侧向土压力可按下式计算：

$$F_{ep,k} = K_a \gamma_s z \tag{3.2.3-1}$$

式中 $F_{ep,k}$——管侧土压力标准值（kN/m^2）；

K_a——主动土压力系数，应根据土的抗剪强度确定；当缺乏试验数据时，对砂类土或粉土可取$\frac{1}{3}$；对粘性土可取$\frac{1}{3}$～$\frac{1}{4}$；

γ_s——管侧土的重力密度（kN/m^3），一般可取 18 kN/m^3；

z——自地面至计算截面处的深度（m），对圆形管道可取自地面至管中心处的深度。

4 对于埋置在地下水位以下的管道，管体上的侧向压力应为主动土压力与地下水静水压力之和；此时，侧向土压力可按下式计算：

$$F_{ep,k}=K_a[\gamma_s z_w+\gamma'_s(z-z_w)] \qquad (3.2.3\text{-}2)$$

式中 γ'_s——地下水位以下管侧土的有效重度（kN/m^3），可按 $10kN/m^3$ 采用；

z_w——自地面至地下水位的距离（m）。

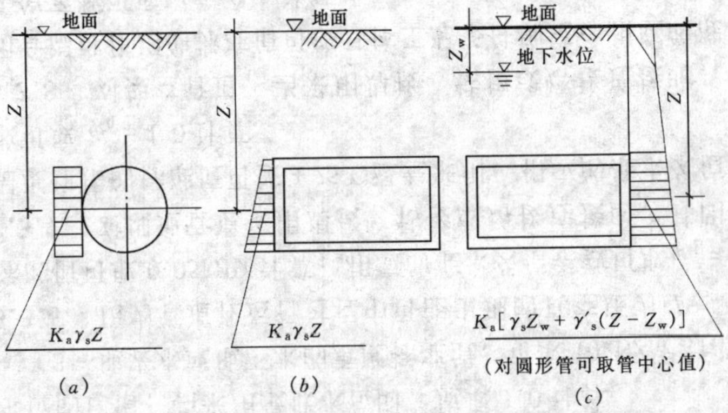

图 3.2.3 作用在管道上的侧向土压力

（a）圆形管道（无地下水）；（b）矩形管道（无地下水）；（c）管道埋设在地下水位以下

3.2.4 管道中的水重标准值，可按水的重力密度为 $10kN/m^3$ 计算。

3.2.5 预应力混凝土管道结构上的预加应力标准值，应为预应力钢筋的张拉控制应力值扣除相应张拉工艺的各项应力损失。张拉控制应力值，应按现行国家标准《混凝土结构设计规范》GB 50010的有关规定确定。

3.2.6 对敷设在地基土有显著变化段的管道，需计算地基不均匀沉降，其标准值应按现行国家标准《建筑地基基础设计规范》GB 50007 的有关规定计算确定。

3.3 可变作用标准值、准永久值系数

3.3.1 地面人群荷载标准值可取 $4kN/m^2$ 计算；其准永久值系数 ψ_q 可取 $\psi_q=0.3$。

3.3.2 地面堆积荷载标准值可取 $10kN/m^2$ 计算；其准永久值系数可取 $\psi_q=0.5$。

3.3.3 地面车辆荷载对地下管道的影响作用，其标准值可按附录 C 确定；其准永久值系数应取 $\psi_q=0.5$。

3.3.4 压力管道内的静水压力标准值应取设计内水压力计算，其标准值应根据管道材质及运行工作内水压力按表 3.3.4 的规定采用；相应准永久值系数可取 $\psi_q=0.7$，但不得小于工作内水压力。

表 3.3.4 压力管道内的设计内水压力标准值 $F_{wd,k}$

管道类别	工作压力 F_{wk}（10^{-1}MPa）	设计内水压力（MPa）
钢　管	F_{wk}	$F_{wk}+0.5\geqslant 0.9$
铸铁管	$F_{wk}\leqslant 5$	$2F_{wk}$
	$F_{wk}>5$	$F_{wk}+0.5$
混凝土管	F_{wk}	$(1.4\sim1.5)\ F_{wk}$
化学管材	F_{wk}	$(1.4\sim1.5)\ F_{wk}$

注：1 工业企业中低压运行的管道，其设计内水压力可取工作压力的 1.25 倍，但不得小于 0.4MPa。
2 混凝土管包括钢筋混凝土管、预应力混凝土管、预应力钢筒混凝土管。
3 化学管材管道包括硬聚氯乙烯圆管（UPVC）、聚乙烯圆管（PE）、玻璃纤维增强塑料管（GRP、FRP）等。
4 铸铁管包括普通灰口铸铁管、球墨铸铁管、未经退火处理的球态铸铁管等。
5 当管线上没有可靠的调压装置时，设计内水压力可按具体情况确定。

3.3.5 埋设在地表水或地下水以下的管道，应计算作用在管道上的静水压力（包括浮托力），相应的设计水位应根据勘察部门和水文部门提供的数据采用。其标准值及准永久值系数 ψ_q 的确定，应符合下列规定：

1 地表水的静水压力水位宜按设计频率1%采用。相应准永久值系数，当按最高洪水位计算时，可取常年洪水位与最高洪水位的比值。

2 地下水的静水压力水位，应综合考虑近期内变化的统计数据及对设计基准期内发展趋势的变化综合分析，确定其可能出现的最高及最低水位。

应根据对结构的作用效应，选用最高或最低水位。相应的准永久值系数，当采用最高水位时，可取平均水位与最高水位的比值；当采用最低水位时，应取1.0计算。

3 地表水或地下水的重度标准值，可取 $10kN/m^3$ 计算。

3.3.6 压力管道在运行过程中可能出现的真空压力 F_v，其标准值可取0.05MPa计算；相应的准永久值系数可取 $\psi_q=0$。

3.3.7 对埋地管道采用焊接、粘接或熔接连接时，其闭合温度作用的标准值可按±25℃温差采用；相应的准永久值系数可取 $\psi_q=1.0$ 计算。

3.3.8 对架空管道，当采用焊接、粘接或熔接连接时，其闭合温度作用的标准值可按具体工况条件确定；相应的准永久值系数可取 $\psi_q=0.5$ 计算。

3.3.9 露天架空管道上的风荷载和雪荷载，其标准值及准永久值系数应按现行国家标准《建筑结构荷载规范》GB 50009的有关规定确定。

4 基本设计规定

4.1 一 般 规 定

4.1.1 本规范采用以概率理论为基础的极限状态设计方法，以可靠指标度量结构构件的可靠度，除对管道验算整体稳定外，均采用含分项系数的设计表达式进行设计。

4.1.2 管道结构设计应计算下列两种极限状态：

1 承载能力极限状态：对应于管道结构达到最大承载能力，管体或连接构件因材料强度被超过而破坏；管道结构因过量变形而不能继续承载或丧失稳定（如横截面压屈等）；管道结构作为刚体失去平衡（横向滑移、上浮等）。

2 正常使用极限状态：对应于管道结构符合正常使用或耐久性能的某项规定限值；影响正常使用的变形量限值；影响耐久性能的控制开裂或局部裂缝宽度限值等。

4.1.3 管道结构的计算分析模型应按下列原则确定：

1 对于埋设于地下的矩形或拱形管道结构，均应属刚性管道；当其净宽大于3.0m时，应按管道结构与地基土共同作用的模型进行静力计算。

2 对于埋设于地下的圆形管道结构。应根据管道结构刚度与管周土体刚度的比值 α_s，判别为刚性管道或柔性管道，以此确定管道结构的计算分析模型：

当 $\alpha_s \geqslant 1$ 时，应按刚性管道计算；

当 $\alpha_s < 1$ 时，应按柔性管道计算。

4.1.4 圆形管道结构与管周土体刚度的比值 α_s 可按下式确

定：

$$\alpha_s = \frac{E_p}{E_d}\left(\frac{t}{r_0}\right)^3 \quad (4.1.4)$$

式中 E_p——管材的弹性模量（MPa）；

E_d——管侧土的变形综合模量（MPa），应由试验确定，如无试验数据时，可按附录 A 采用；

t——圆管的管壁厚（mm）；

r_0——圆管结构的计算半径（mm），即自管中心至管壁中线的距离。

4.1.5 对管道的结构设计应包括管体、管座（管道基础）及连接构造；对埋设于地下的管道，尚应包括管周各部位回填土的密实度设计要求。

4.1.6 对管道结构的内力分析，均应按弹性体系计算，不考虑由非弹性变形所引起的塑性内力重分布。

4.1.7 对管道结构应根据环境条件和输送介质的性能，设置内、外防腐构造。用于给水工程输送饮用水的管道，其内防腐材料必须符合有关卫生标准的要求，确保对人体健康无害。

4.2 承载能力极限状态计算规定

4.2.1 管道结构按承载能力极限状态进行强度计算时，应采用作用效应的基本组合。结构上的各项作用均应采用作用设计值。作用设计值，应为作用代表值与作用分项系数的乘积。

4.2.2 管道结构的强度计算应采用下列极限状态计算表达式：

$$\gamma_0 S \leqslant R \quad (4.2.2)$$

式中 γ_0——管道的重要性系数，应根据表(4.2.2)的规定采用；

S——作用效应组合的设计值；

R——管道结构的抗力强度设计值。

表 4.2.2 管道的重要性系数 γ_0

管道类别 / 重要性系数	给水管道		排水管道	
	输水管	配水管	污水管	雨水管
γ_0	1.1	1.0	1.0	0.9

注：1 当输水管道设计为双线或设有调蓄设施时，可采用 $\gamma_0=1.0$。
2 排水管道中的雨水、污水合流管，γ_0 值应按污水管采用。

4.2.3 作用效应的组合设计值，应按下式确定：

$$S = \sum_{i=1}^{m} \gamma_{Gi} C_{Gi} G_{ik} + \gamma_{Q1} C_{Q1} Q_{1k} + \psi_c \sum_{j=2}^{n} \gamma_{Qj} C_{Qj} G_{jk} \quad (4.2.3)$$

式中 G_{ik}——第 i 个永久作用标准值；

C_{Gi}——第 i 个永久作用的作用效应系数；

γ_{Gi}——第 i 个永久作用的分项系数；

Q_{1k}——第 1 个可变作用标准值，该作用应为地下水或地表水产生的压力；

G_{jk}——第 j 个可变作用的标准值；

γ_{Q1}、γ_{Qj}——分别为第 1 个和第 j 个可变作用的分项系数；

C_{Q1}、C_{Qj}——分别为第 1 个和第 j 个可变作用的作用效应系数；

ψ_c——可变作用的组合系数。

注：作用效应系数为结构在作用下产生的效应（如内力、应力等）与该作用的比值，可按结构力学方法确定。

4.2.4 管道结构强度标准值、设计值的确定，应符合下列要求：

1 对钢管道、砌体结构管道、钢筋混凝土矩形管道和架空管道的支承结构等现场制作的管道结构，其强度标准值和设计值应按相应的现行国家标准《钢结构设计规范》、《砌体结构设计规范》、《混凝土结构设计规范》等的规定确定。

2 对各种材料和相应的成型工艺制作的圆管，其强度标准值应按相应的产品行业标准采用；对尚无制定行业标准的新产品，则应由制造厂方提供，并应附有可靠的技术鉴定证明。

4.2.5 永久作用的分项系数，应按下列规定采用：

1 当作用效应对结构不利时，除结构自重应取 1.20 外，其余各项作用均应取 1.27 计算；

2 当作用效应对结构有利时，均应取 1.00 计算。

4.2.6 可变作用的分项系数，应按下列规定采用：

1 对可变作用中的地表水或地下水压力，其分项系数应取 1.27；

2 对可变作用中的地面人群荷载、堆积荷载、车辆荷载、温度变化、管道设计内水压力、真空压力，其分项系数应取 1.40。

4.2.7 可变作用的组合系数 ψ_c，应采用 0.90 计算。

4.2.8 对管道结构的管壁截面进行强度计算时，应符合下列要求：

1 对沿线采用柔性接口连接的管道，计算管壁截面强度时，应计算在组合作用下，环向内力所产生的应力；

2 对沿线采用焊接、粘接或熔接连接的管道，计算管壁截面强度时，除应计算在组合作用下的环向内力外，尚应计算管壁的纵向内力，并核算环向与纵向内力的组合折算应力；

3 对沿线柔性接口连接的管道，当其接口处设有刚度较大的压环约束时，该处附近的管壁截面，亦应计算管壁的纵向内力，并核算在环向与纵向内力作用下的组合折算应力。

4.2.9 管壁截面由环向与纵向内力作用下的组合折算应力，可按下式计算：

$$\sigma_i = \sqrt{\sigma_{\theta i}^2 + \sigma_{Xi}^2 - \sigma_{\theta i}\sigma_{Xi}} \tag{4.2.9}$$

式中 σ_i——管壁 i 截面处的折算应力（N/mm^2）；

$\sigma_{\theta i}$——管壁 i 截面处由组合作用产生的环向应力（N/mm^2）；

σ_{Xi}——管壁 i 截面处由组合作用产生的纵向应力（N/mm^2）。

4.2.10 对埋设在地表水或地下水以下的管道，应根据设计条件计算管道结构的抗浮稳定。计算时各项作用均应取标准值，并应满足抗浮稳定性抗力系数不低于 1.10。

4.2.11 对埋设在地下的柔性管道，应根据各项作用的不利组合，计算管壁截面的环向稳定性。计算时各项作用均应取标准值，并应满足环向稳定性抗力系数 K_s 不低于 2.0。

4.2.12 埋地柔性管道的管壁截面环向稳定性计算，应符合下式要求：

$$F_{cr,k} \geq K_s\left(\frac{F_{sv,k}}{D_0} + q_{vk} + F_{vs}\right) \tag{4.2.12-1}$$

$$F_{cr,k} = \frac{2E_p(n^2-1)}{3(1-\nu_p^2)}\left(\frac{t}{D_0}\right)^3 + \frac{E_d}{2(n^2-1)(1+\nu_s^2)} \tag{4.2.12-2}$$

式中 $F_{cr,k}$——管壁截面失稳的临界压力标准值（N/mm^2）；

q_{vk}——地面车辆轮压传递到管顶处的竖向压力标准值（N/mm^2）；

F_{vs}——管内真空压力标准值（N/mm^2）；

ν_p——管材的泊桑比；

ν_s——管侧回填土的泊桑比；

D_0——管道的计算直径（mm），可取管壁中线距离；

n——管壁失稳时的折绉波数，其取值应使 $F_{cr,k}$ 为最小值，并为等于、大于2.0的整数。

4.2.13 对非整体连接的管道，在其敷设方向改变处，应作抗滑稳定验算。抗滑稳定应按下列规定验算：

1 对各项作用均取标准值计算；

2 对稳定有利的作用，只计入永久作用（包括由永久作用形成的摩阻力）；

3 对沿滑动方向一侧的土压力可按被动土压力计算；

4 抗滑验算的稳定性抗力系数不应小于1.5。

4.2.14 被动土压力标准值可按下式计算：

$$F_{pk} = \gamma_s z \cdot tg^2\left(45° + \frac{\varphi}{2}\right) \quad (4.2.14)$$

式中 φ——土的内摩擦角，应根据试验确定，当无试验数据时，可取30°计算。

4.3 正常使用极限状态验算规定

4.3.1 管道结构的正常使用极限状态计算，应包括变形、抗裂度和裂缝开展宽度，并应控制其计算值不超过相应的限定值。

4.3.2 柔性管道的变形允许值，应符合下列要求：

1 采用水泥砂浆等刚性材料作为防腐内衬的金属管道，在组合作用下的最大竖向变形不应超过0.02～0.03D_0；

2 采用延性良好的防腐涂料作为内衬的金属管道，在组合作用下的最大竖向变形不应超过0.03～0.04D_0；

3 化学建材管道，在组合作用下的最大竖向变形不应超过0.05D_0。

4.3.3 对于刚性管道，其钢筋混凝土结构构件在组合作用下，计算截面的受力状态处于受弯、大偏心受压或受拉时，截面允许出现的最大裂缝宽度，不应大于0.2mm。

4.3.4 对于刚性管道，其混凝土结构构件在组合作用下，计算截面的受力状态处于轴心受拉或小偏心受拉时，截面设计应按不允许裂缝出现控制。

4.3.5 结构构件按正常使用极限状态验算时，作用效应均应采用作用代表值计算。

4.3.6 对混凝土结构构件截面按控制裂缝出现设计时，应按短期效应的标准组合作用计算。作用效应的标准组合设计值，应按下式确定：

$$S_d = \sum_{i=1}^{m} G_{Gi}G_{ik} + C_{Q1}Q_{1k} + \psi_c \sum_{j=2}^{n} C_{Qj}Q_{jk} \quad (4.3.6)$$

4.3.7 对钢筋混凝土结构构件的裂缝展开宽度，应按准永久组合作用计算。作用效应的准永久组合设计值，应按下式确定：

$$S_d = \sum_{i=1}^{m} G_{Gi}G_{ik} + \sum_{j=1}^{n} C_{Qj}\psi_{qj}Q_{jk} \quad (4.3.7)$$

式中 ψ_{qj}——相应 j 项可变作用的准永久值系数，应按本规范3.3的有关规定采用。

4.3.8 对柔性管道在组合作用下的变形，应按准永久组合作用计算，并应按下式计算其变形量：

$$w_{d,max} = D_l \frac{K_d r_0^3(F_{sv,k} + 2\psi_q q_{vk} r_0)}{E_p I_p + 0.061 E_d r_0^3} \tag{4.3.8}$$

式中 $w_{d,max}$——管道在组合作用下的最大竖向变形（mm），并应符合 4.3.2 的要求；

D_l——变形滞后效应系数，可取 1.00～1.50 计算；

K_d——管道变形系数，应按管的敷设基础中心角确定；对土弧基础，当中心角为 90°、120° 时，分别可采用 0.096、0.089；

$F_{sv,k}$——每延长米管道上管顶的竖向土压力标准值（kN/mm），可按附录 B 计算；

q_{vk}——地面车辆轮压传递到管顶处的竖向压力标准值（kN/mm），可按附录 C 计算；

I_p——管壁的单位长度截面惯性矩（mm^4/mm）。

4.3.9 对刚性管道，其钢筋混凝土构件在标准组合作用下的截面控制裂缝出现计算，应按下列规定计算：

1 当计算截面处于轴心受拉状态时，应满足下式要求：

$$\frac{N_k}{A_0} \leqslant \alpha_{ct} \cdot f_{tk} \tag{4.3.9-1}$$

式中 N_k——在标准组合作用下计算截面上的轴向力（N）；

A_0——计算截面的换算截面积（mm^2）；

f_{tk}——构件混凝土的抗拉强度标准值（N/mm^2），应按现行国家标准《混凝土结构设计规范》GB 50010 的规定确定；

α_{ct}——混凝土拉应力限制系数，可取 0.87。

2 当计算截面处于小偏心受拉状态时，应满足下式要求：

$$N_k\left(\frac{e_0}{\gamma W_0} + \frac{1}{A_0}\right) \leqslant \alpha_{ct} f_{tk} \tag{4.3.9-2}$$

式中 e_0——计算截面上的轴向力对截面重心的偏心距（mm）；

W_0——换算截面受拉边缘的弹性抵抗矩（mm^3）；

γ——计算截面受拉区混凝土的塑性影响系数，对矩形截面可取 1.75。

4.3.10 对预应力混凝土结构的管道，在标准组合作用下的控制裂缝出现计算，应满足下式要求：

$$\alpha_{cp}\sigma_{sk} - \sigma_{pc} \leqslant \alpha_{ct} f_{tk} \tag{4.3.10}$$

式中 σ_{sk}——在标准组合作用下，计算截面上的边缘最大拉应力（N/mm^2）；

σ_{pc}——扣除全部预应力损失后，计算截面上的预压应力（N/mm^2）；

α_{cp}——预压效应系数，可取 1.25。

4.3.11 对刚性管道，其钢筋混凝土结构构件在准永久组合作用下，计算截面处于受弯、大偏心受压或大偏心受拉状态时，最大裂缝宽度可按附录 D 计算，并应符合 4.3.3 的要求。

5 基本构造要求

5.0.1 对圆形管道的接口宜采用柔性连接。当条件限制时，管道沿线应根据地基土质情况适当配置柔性连接接口。对敷设在地震区的管道，应根据相应的抗震设计规范要求执行。

5.0.2 对现浇钢筋混凝土矩形管道、混合结构矩形管道，沿线应设置变形缝。变形缝应贯通全截面，缝距不宜超过25m；缝处应设置防水措施（例如止水带、密封材料）。

注：当积累可靠实践经验，在混凝土配制及养护等方面具有相应的技术措施时，变形缝间距可适当加大。

5.0.3 对预应力混凝土圆管，应施加纵向预加应力，其值不应低于相应环向有效预压应力的20%。

5.0.4 现浇矩形钢筋混凝土管道和混合结构管道中的钢筋混凝土构件，其各部位受力钢筋的净保护层厚度，不应小于表5.0.4的规定。

表 5.0.4 钢筋的净保护层最小厚度（mm）

管道类别＼构件类别／钢筋部位	顶板		侧壁		底板	
	上层	下层	内侧	外侧	上层	下层
给水、雨水	30	30	30	30	30	40
污水、合流	30	40	40	35	40	40

注：1 底板下应设有混凝土垫层；
2 当地下水有侵蚀性时，顶板上层及侧壁外侧筋的净保护层厚度尚应按侵蚀等级予以加厚；
3 构件内分布钢筋的混凝土净保护层厚度不应小于20mm。

5.0.5 对于厂制成品的钢筋混凝土或预应力混凝土圆管，其钢筋的净保护层厚度，当壁厚为8～100mm时不应小于12mm；当壁厚大于100mm时不应小于20mm。

5.0.6 对矩形管道的钢筋混凝土构件，其纵向钢筋的总配筋量不宜低于0.3%的配筋率。当位于软弱地基上时，其顶、底板纵向钢筋的配筋量尚应适当增加。

5.0.7 对矩形钢筋混凝土压力管道，顶、底板与侧墙连接处应设置腋角，并配置与受力筋相同直径的斜筋，斜筋的截面面积可为受力钢筋的截面面积的50%。

5.0.8 管道各部位的现浇钢筋混凝土构件，其混凝土抗渗性能应符合表5.0.8要求的抗渗等级。

表 5.0.8 混凝土抗渗等级

最大作用水头与构件厚度比值 i_w	<10	10～30	>30
混凝土抗渗等级 Si	S4	S6	S8

注：抗渗标号Si的定义系指龄期为28d的混凝土试件，施加 $i \times 10^2$kPa水压后满足不渗水指标。

5.0.9 厂制混凝土压力管道的抗渗性能，应满足在设计内水压力作用下不渗水。

5.0.10 砌体结构的抗渗，应设置可靠的构造措施满足在使用条件下不渗水。

5.0.11 在最冷月平均气温低于－3℃的地区，露明敷设的管道和排水管道的进、出口处不少于10m长度的管道结构，不得采用粘土砖砌体。

5.0.12 在最冷月平均气温低于－3℃的地区，露明的钢筋混凝土管道应具有良好的抗冻性能，其混凝土的抗冻等级不应低于 F200。

注：混凝土的抗冻等级 Fi，系指龄期为 28 天的混凝土试件经冻融循环 i 次作用后，其强度降低不超过 25%，重量损失不超过 5%。冻融循环次数系指从 +3℃以上降低 -3℃以下，然后回升至 +3℃以上的交替次数。

5.0.13 混凝土中的碱含量最大限值，应符合《混凝土碱含量限值标准》CECS 53 的规定。

5.0.14 钢管管壁的设计厚度，应根据计算需要的厚度另加腐蚀构造厚度。此项构造厚度不应小于 2mm。

5.0.15 铸铁管的设计壁厚应按下式采用：

$$t = 0.975t_p - 1.5 \quad (5.0.15)$$

式中 t——设计壁厚（mm）；

t_p——铸铁管的产品壁厚（mm）。

5.0.16 埋地管道的回填土应予压实，其压实系数 λ_c 应符合下列规定：

1 对圆形柔性管道弧形土基敷设时，管底垫层的压实系数应根据设计要求采用，控制在 85%～90%；相应管两侧（包括腋部）的压实系数不应低于 90%～95%。

2 对圆形刚性管道和矩形管道，其两侧回填土的压实系数不应低于 90%。

3 对管顶以上的回填土，其压实系数应根据地面要求确定；当修筑道路时，应满足路基的要求。

附录 A 管侧回填土的综合变形模量

A.0.1 管侧土的综合变形模量应根据管侧回填土的土质、压实密度和基槽两侧原状土的土质，综合评价确定。

A.0.2 管侧土的综合变形模量 E_d 可按下列公式计算：

$$E_d = \zeta \cdot E_e \quad (A.0.2\text{-}1)$$

$$\zeta = \frac{1}{\alpha_1 + \alpha_2\left(\frac{E_e}{E_n}\right)} \quad (A.0.2\text{-}2)$$

式中 E_e——管侧回填土在要求压实密度时相应的变形模量（MPa），应根据试验确定；当缺乏试验数据时，可参照表 A.0.2-1 采用；

E_n——基槽两侧原状土的变形模量（MPa），应根据试验确定；当缺乏试验数据时，可参照表 A.0.2-1 采用；

ζ——综合修正系数；

α_1、α_2——与 B_r（管中心处槽宽）和 D_1（管外径）的比值有关的计算参数，可按表 A.0.2-2 确定。

A.0.3 对于填埋式敷设的管道，当 $\frac{B_r}{D_1} > 5$ 时，应取 $\zeta = 1.0$ 计算。此时 B_r 应为管中心处按设计要求达到的压实密度的填土宽度。

表 A.0.2-1 管侧回填土和槽侧原状土的变形模量（MPa）

土的类别 ＼ 原状土标准贯入锤击数 $N_{63.5}$ ＼ 回填土压实系数（%）	85	90	95	100
	$4 < N \leqslant 14$	$14 < N \leqslant 24$	$24 < N \leqslant 50$	> 50
砾石、碎石	5	7	10	20
砂砾、砂卵石、细粒土含量不大于 12%	3	5	7	14
砂砾、砂卵石、细粒土含量大于 12%	1	3	5	10
粘性土或粉土（W_L < 50%）砂粒含量大于 25%	1	3	5	10
粘性土或粉土（W_L < 50%）砂粒含量小于 25%		1	3	7

注：1 表中数值适用于 10m 以内覆土，对覆土超过 10m 时，上表数值偏低；
2 回填土的变形模量 E_e 可按要求的压实系数采用；表中的压实系数（%）系指设计要求回填土压实后的干密度与该土在相同压实能量下的最大干密度的比值；
3 基槽两侧原状土的变形模量 E_n 可按标准贯入度试验的锤击数确定；
4 W_L 为粘性土的液限；
5 细粒土系指粒径小于 0.075mm 的土；
6 砂粒系指粒径为 0.075～2.0mm 的土。

表 A.0.2-2 计算参数 α_1 及 α_2

$\frac{B_r}{D_1}$	1.5	2.0	2.5	3.0	4.0	5.0
α_1	0.252	0.435	0.572	0.680	0.838	0.948
α_2	0.748	0.565	0.428	0.320	0.162	0.052

附录 B 管顶竖向土压力标准值的确定

B.0.1 埋地管道的管顶竖向土压力标准值，应根据管道的敷设条件和施工方法分别计算确定。

B.0.2 对埋设在地面下的刚性管道，管顶竖向土压力可按下列规定计算：

1 当设计地面高于原状地面，管顶竖向土压力标准值应按下式计算：

$$F_{sv,k} = C_c \gamma_s H_s B_c \tag{B.0.2-1}$$

式中 $F_{sv,k}$——每延长米管道上管顶的竖向土压力标准值（kN/m）；

C_c——填埋式土压力系数，与 $\frac{H_s}{B_c}$、管底地基土及回填土的力学性能有关，一般可取 1.20～1.40 计算；

γ_s——回填土的重力密度（kN/m^3）；

H_s——管顶至设计地面的覆土高度（m）；

B_c——管道的外缘宽度（m），当为圆管时，应以管外径 D_1 替代。

2 对由设计地面开槽施工的管道，管顶竖向土压力标准值可按下式计算：

$$F_{sv,k} = C_d \gamma_s H_s B_c \tag{B.0.2-2}$$

式中 C_d——开槽施工土压力系数，与开槽宽有关，一般可取 1.2 计算。

B.0.3 对不开槽、顶进施工的管道，管顶竖向土压力标准值可按下式计算：

$$F_{sv,k} = C_j \gamma_s B_t D_1 \quad (B.0.3\text{-}1)$$

$$B_t = D_1\left[1 + tg\left(45° - \frac{\varphi}{2}\right)\right] \quad (B.0.3\text{-}2)$$

$$C_j = \frac{1 - \exp\left(-2K_a\mu \frac{H_s}{B_t}\right)}{2K_a\mu} \quad (B.0.3\text{-}3)$$

式中 C_j——不开槽施工土压力系数；

B_t——管顶上部土层压力传递至管顶处的影响宽度（m）；

$K_a\mu$——管顶以上原状土的主动土压力系数和内摩擦系数的乘积，对一般土质条件可取 $K_a\mu = 0.19$ 计算；

φ——管侧土的内摩擦角，如无试验数据时可取 $\varphi = 30°$计算。

B.0.4 对开槽敷设的埋地柔性管道，管顶的竖向土压力标准值应按下式计算：

$$W_{ck} = \gamma_s H_s D_1 \quad (B.0.4)$$

附录C 地面车辆荷载对管道作用标准值的计算方法

C.0.1 地面车辆荷载对管道上的作用，包括地面行驶的各种车辆，其载重等级、规格型式应根据地面运行要求确定。

C.0.2 地面车辆荷载传递到埋地管道顶部的竖向压力标准值，可按下列方法确定：

1 单个轮压传递到管道顶部的竖向压力标准值可按下式计算（图 C.0.2-1）：

$$q_{vk} = \frac{\mu_d Q_{vi,k}}{(a_i + 1.4H)(b_i + 1.4H)} \quad (C.0.2\text{-}1)$$

式中 q_{vk}——轮压传递到管顶处的竖向压力标准值（kN/m^2）；

$Q_{vi,k}$——车辆的 i 个车轮承担的单个轮压标准值（kN）；

a_i——i 个车轮的着地分布长度（m）；

b_i——i 个车轮的着地分布宽度（m）；

H——自车行地面至管顶的深度（m）；

μ_d——动力系数，可按表 C.0.2 采用。

2 两个以上单排轮压综合影响传递到管道顶部的竖向压力标准值，可按下式计算（图 C.0.2-2）：

$$q_{vk} = \frac{\mu_d n Q_{vi,k}}{(a_i + 1.4H)\left(nb_i + \sum_{j=1}^{n-1} d_{bj} + 1.4H\right)} \quad (C.0.2\text{-}2)$$

式中　n——车轮的总数量；

d_{bj}——沿车轮着地分布宽度方向，相邻两个车轮间的净距（m）。

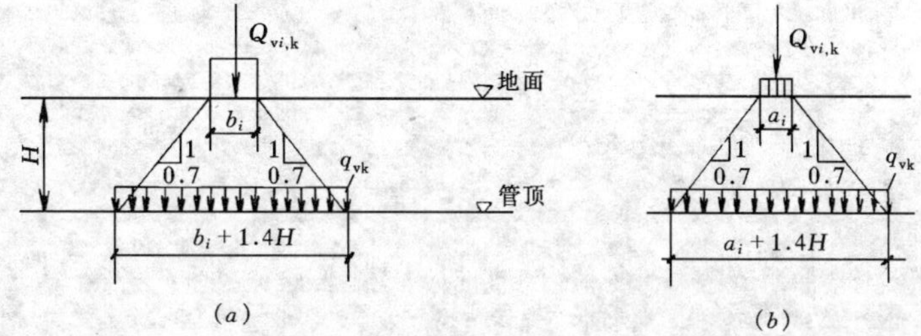

图 C.0.2-1　单个轮压的传递分布图

（a）顺轮胎着地宽度的分布；（b）顺轮胎着地长度的分布

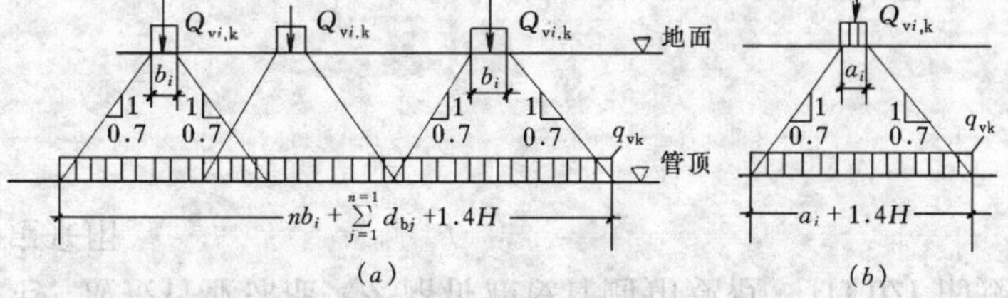

图 C.0.2-2　两个以上单排轮压综合影响的传递分布图

（a）顺轮胎着地宽度的分布；（b）顺轮胎着地长度的分布

表 C.0.2　动 力 系 数 μ_d

地面在管顶（m）	0.25	0.30	0.40	0.50	0.60	≥0.70
动力系数 μ_d	1.30	1.25	1.20	1.15	1.05	1.00

3　多排轮压综合影响传递到管道顶部的竖向压力标准值，可按下式计算：

$$q_{vk}=\frac{\mu_d\sum_{i=1}^{n}Q_{vi,k}}{\left(\sum_{i=1}^{m_a}a_i+\sum_{j=1}^{m_a-1}d_{aj}+1.4H\right)\left(\sum_{i=1}^{m_b}b_i+\sum_{j=1}^{m_b-1}d_{bj}+1.4H\right)}\tag{C.0.2.3}$$

式中　m_a——沿车轮着地分布宽度方向的车轮排数；

m_b——沿车轮着地分布长度方向的车轮排数；

d_{aj}——沿车轮着地分布长度方向，相邻两个车轮间的净距（m）。

C.0.3　当刚性管道为整体式结构时，地面车辆荷载的影响应考虑结构的整体作用，此时作用在管道上的竖向压力标准值可按下式计算（图 C.0.3）：

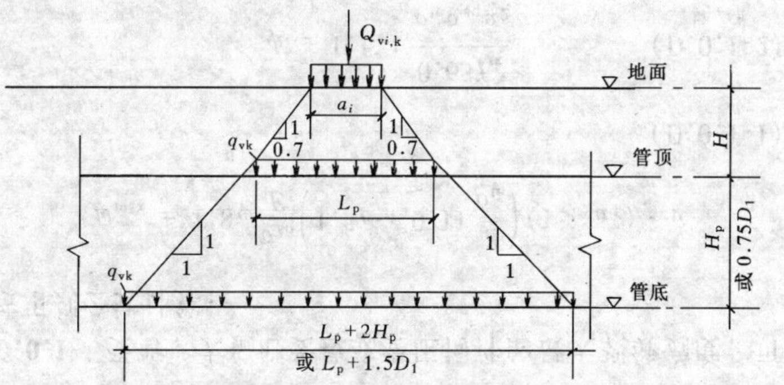

图 C.0.3　考虑结构整体作用时车辆荷载的竖向压力传递分布

$$q_{ve,k}=q_{vk}\frac{L_p}{L_e}\tag{C.0.3}$$

式中　$q_{ve,k}$——考虑管道整体作用时管道上的竖向压力（kN/m²）；

L_p——轮压传递到管顶处沿管道纵向的影响长度（m）；

L_e——管道纵向承受轮压影响的有效长度（m），对圆形管道可取 $L_e = L_e + 1.5D_1$；对矩形管道可取 $L_e = L_p + 2H_p$，H_p 为管道高度（m）。

C.0.4 当地面设有刚性混凝土路面时，一般可不计地面车辆轮压对下部埋设管道的影响，但应计算路基施工时运料车辆和辗压机械的轮压作用影响，计算公式同（C.0.2-1）或（C.0.2-2）。

C.0.5 地面运行车辆的载重、车轮布局、运行排列等规定，应按行业标准《公路桥涵设计通用规范》JTJ 021 的规定采用。

附录D 钢筋混凝土矩形截面处于受弯或大偏心受拉（压）状态时的最大裂缝宽度计算

D.0.1 受弯、大偏心受拉或受压构件的最大裂缝宽度，可按下列公式计算：

$$w_{max} = 1.8\psi \frac{\sigma_{sq}}{E_s}\left(1.5c + 0.11\frac{d}{\rho_{te}}\right)(1 + \alpha_1) \cdot \nu \tag{D.0.1-1}$$

$$\psi = 1.1 - \frac{0.65 f_{tk}}{\rho_{te}\sigma_{sq}\alpha_2} \tag{D.0.1-2}$$

式中 w_{max}——最大裂缝宽度（mm）；

ψ——裂缝间受拉钢筋应变不均匀系数，当 $\psi < 0.4$ 时，应取 0.4；当 $\psi > 1.0$ 时，应取 1.0；

σ_{sq}——按长期效应准永久组合作用计算的截面纵向受拉钢筋应力（N/mm^2）；

E_s——钢筋的弹性模量（N/mm^2）；

c——最外层纵向受拉钢筋的混凝土净保护层厚度（mm）；

d——纵向受拉钢筋直径（mm）；当采用不同直径的钢筋时，应取 $d = \frac{4A_s}{u}$；u 为纵向受拉钢筋截面的总周长（mm）；

ρ_{te}——以有效受拉混凝土截面面积计算的纵向受拉钢筋配筋率，即 $\rho_{te}=\frac{A_s}{0.5bh}$；$b$ 为截面计算宽度，h 为截面计算高度；A_s 为受拉钢筋的截面面积（mm^2），对偏心受拉构件应取偏心力一侧的钢筋截面面积；

α_1——系数，对受弯、大偏心受压构件可取 $\alpha_1=0$；对大偏心受拉构件可取 $\alpha_1=0.28\left(\frac{1}{1+\frac{2e_0}{h_0}}\right)$；

ν——纵向受拉钢筋表面特征系数，对光面钢筋应取1.0；对变形钢筋应取0.7；

f_{tk}——混凝土轴心抗拉强度标准值（N/mm^2）；

α_2——系数，对受弯构件可取 $\alpha_2=1.0$；对大偏心受压构件可取 $\alpha_2=1-0.2\frac{h_0}{e_0}$；对大偏心受拉构件可取 $\alpha_2=1+0.35\frac{h_0}{e_0}$。

D.0.2 受弯、大偏心受压、大偏心受拉构件的计算截面纵向受拉钢筋应力 σ_{sq}，可按下列公式计算：

1 受弯构件的纵向受拉钢筋应力

$$\sigma_{sq}=\frac{M_q}{0.87A_sh_0} \tag{D.0.2-1}$$

式中 M_q——在长期效应准永久组合作用下，计算截面处的弯矩（N·mm）；

h_0——计算截面的有效高度（mm）。

2 大偏心受压构件的纵向受拉钢筋应力

$$\sigma_{sq}=\frac{M_q-0.35N_q(h_0-0.3e_0)}{0.87A_sh_0} \tag{D.0.2-2}$$

式中 N_q——在长期效应准永久组合作用下，计算截面上的纵向力（N）；

e_0——纵向力对截面重心的偏心距（mm）。

3 大偏心受拉构件的纵向钢筋应力

$$\sigma_{sq}=\frac{M_q+0.5N_q(h_0-a')}{A_s(h_0-a')} \tag{D.0.2-3}$$

式中 a'——位于偏心力一侧的钢筋至截面近侧边缘的距离（mm）。

附录E 本规范用词说明

E.0.1 为便于在执行本规范条文时区别对待，对要求严格程度不同的用词说明如下：

1 表示很严格，非这样做不可的：
正面词采用“必须”，反面词采用“严禁”。

2 表示严格，在正常情况下均应这样做的：
正面词采用“应”，反面词采用“不应”或“不得”。

3 表示允许稍有选择，在条件许可时首先应这样做的：
正面词采用“宜”或“可”，反面词采用“不宜”。

E.0.2 条文中指定应按其他有关标准、规范执行时，写法为“应符合……规定”。

中华人民共和国国家标准

给水排水工程管道结构设计规范

GB 50332—2002

条 文 说 明

目　次

1　总　则

1.0.1　本条主要阐明本规范的内容，系针对给水排水工程中的各种管道结构设计，本属原规范《给水排水工程结构设计规范》GBJ 69—84 中有关管道结构部分。给水排水工程中应用的管道结构的材质、形状、制管工艺及连接构造型式众多，20 世纪 90 年代中，国内各地区又引进、开发了新的管材，例如各种化学管材（UPVC、FRP、PE 等）和预应力钢筒混凝土管（PCCP）等，随着科学技术的不断持续发展，新颖材料的不断开拓，新的管材、管道结构也会随之涌现和发展，据此有必要将有关管道结构的内容，从原规范中分离出来，既方便工程技术人员的应用，也便于今后修订。考虑管道结构的材质众多，物理力学性能、结构构造、成型工艺各异，工程设计所需要控制的内容不同，例如对金属管道和非金属管道的要求、非金属管道中化学管材和混凝土管材的要求等，都是不相同的，因此应按不同材质的管道结构，分别独立制订规范，这样也可与国际上的工程建设标准、规范体系相协调，便于管理和更新。

据此，还必须考虑到在满足给水排水工程中使用功能的基础上，各种不同材质的管道结构，应具有相对统一的标准，主要是有关荷载（作用）的合理确定和结构可靠度标准。本条明确本规范的内容是适用各种材质管道结构，而并非针对某种材质的管道结构。即本规范内容将针对各种材质管道结构的共性要求作出规定，提供作为编制不同材质管道结构设计规范时的统一标准依据，切实贯彻国家的技术经济政策。

1.0.2 给水排水工程的涉及面很广，除城镇公用设施外，多类工业企业中同样需要，条文明确规定本规范的内容仅适用于工业企业中一般性的给水排水工程，而工业企业中有特殊要求的工程，可以不受本规范的约束（例如需要提高结构可靠度标准或需考虑特殊的荷载项目等）。

1.0.3 本条明确了本规范的编制原则。由于管道结构埋于地下，在运行过程中检测较为困难，因此各方面的统计数据十分不足，本规范仅根据《工程结构可靠度设计统一标准》GB 50153 规定的原则，通过工程校准制订。

1.0.4 本条明确了本规范与其他技术标准、规范的衔接关系，便于工程技术人员掌握应用。

2 主要符号

本章关于本规范中应用的主要符号，依据下列原则确定：

1 原规范 GBJ 69—84 中已经采用，当与《建筑结构术语和符号标准》GB/T 50083—97 的规定无矛盾时，尽量保留；否则按 GB/T 50083—97 的规定修改；

2 其他专业技术标准、规范已经采用并颁发的符号，本规范尽量引用；

3 国际上广为采用的符号（如覆土的竖向压力等），本规范尽量引用；

4 原规范 GBJ 69—84 中某些符号的角标采用拼音字母，本规范均转换为英文字母。

3 管道结构上的作用

3.1 作用分类和作用代表值

本节内容系依据《工程结构可靠度设计统一标准》GB 50153—92 的规定制订。对作用的分类中，将地表水或地下水的作用列为可变作用，因为地表水或地下水的水位变化较多，不仅每年不同，而且一年内也有丰水期和枯水期之分，对管道结构的作用是变化的。

3.2 永久作用标准值

本节关于永久作用标准值的确定，基本上保持了原规范的规定，仅对不开槽施工时土压力的标准值，改用了国际上通用的太沙基计算模型，其结果与原规范引用原苏联普氏卸力拱模型相差有限，具体说明见附录 B。

3.3 可变作用标准值、准永久值系数

本节关于可变作用标准值的确定，基本上保持了原规范的规定，仅对下列各项作了修改和补充：

1 对地表水作用规定了应与水域的水位协调确定，在一般情况下可按设计频率 1% 的相应水位，确定地表水对管道结构的作用。同时对其准永久值系数的确定作了简化，即当按最高洪水位计算时，可取常年洪水位与最高洪水位的比值，实际上认为 1% 频率最高洪水位出现的历时很短，计算结构长期作用效应时可不考虑。

2 对地下水作用的确定，条文着重于要考虑其可能变化的情况，不能仅按进行勘探时的地下水位确定地下水作用，因为地下水位不仅在一年内随降水影响变动，还要受附近水域补给的影响，例如附近河湖水位变化、鱼塘等养殖水场、农田等灌溉等，需要综合考虑这些因素，核定地下水位的变化情况，合理、可靠地确定其对结构的作用。相应的准永久值系数的确定，同样采取了简化的方法，只是考虑到最高水位的历时要比之地表水长，为此给予了适当的提高。

3 关于压力管道在运行过程中出现的真空压力，考虑其历时甚短，因此在计算长期作用效应时，条文规定可以不予计入。

4 对于采用焊接、粘接或熔接连接的埋地或架空管道，其闭合温差相应的准永久值系数的确定，主要考虑了历时的因素。埋地管道的最大闭合温差历时相对长些，从安全计规定了可取 1.0；架空管道主要与日照影响有关，为此可取 0.5 采用。

4 基本设计规定

4.1 一 般 规 定

4.1.1、4.1.2 条文明确规定本规范的制订系根据《工程结构可靠度设计统一标准》GB 50153—92 及《建筑结构可靠度设计统一标准》GB 50068—2001 规定的原则，采用以概率理论为基础的极限状态设计方法。在具体编制中，考虑到统计数据的掌握不足，主要以工程校准法进行。其中关于管道结构的整体稳定验算，涉及地基土质的物理力学性能，其参数变异更甚，条文规定仍可按单一抗力系数方法进行设计验算。

条文规定管道结构均应按承载能力和正常使用两种极限状态进行设计计算。前者确保管道结构不致发生强度不足而破坏以及结构失稳而丧失承载能力；后者控制管道结构在运行期间的安全可靠和必要的耐久性，其使用寿命符合规定要求。

4.1.3 本条对管道结构的计算分析模型，作了原则规定。

1 对埋地的矩形或拱型管道，当其净宽较大时，管顶覆土等荷载通过侧墙、底板传递到地基，不可能形成均匀分布。如仍按底板下地基均布反力计算时，管道结构内力会出现较大的误差（尤其是底板的内力）。据此条文规定此时分析结构内力应按结构与地基土共同工作的模型进行计算，亦即应按弹性地基上的框（排）架结构分析内力，以使获得较为合理的结果。

本项规定在原规范中，控制管道净宽为 4.0m 作为限界，本次修改为 3.0m，这是考虑到实际上净宽 4.0m 时，底板内力的误差还比较大，为此适当改变了净宽的限界条件。

2 条文对于埋地的圆形管道结构，规定了首先应对该圆管的相对刚度进行判别，即验算圆管的结构刚度与管周土体刚度的比值，以此判别圆管属于刚性管还是柔性管。前者可以不计圆管结构的变形影响；后者则应予考虑圆管结构变形引起管周土体的弹性抗力。两者的结构计算模型完全不同，为此条文要求先行判别确认。

在一般情况下，金属和化学管材的圆管属于柔性管范畴；钢筋混凝土、预应力混凝土和配有加劲肋构造的管材，通常属于刚性管一类。但也有可能当特大口径的圆管，采用非金属的薄壁管材时，也会归入柔性管的范畴。

4.1.4 条文对管、土刚度比值 a_s 给出了具体计算公式，便于工程技术人员应用。

当管顶作用均布压力 p 时，如不计管自重则可得管顶的变位为：

$$\Delta p = \frac{p(2\gamma_0)\gamma_0^3}{12E_pI_p} = \frac{p(2\gamma_0)\gamma_0^3}{E_pt^3} \qquad (4.1.4\text{-}1)$$

在相同压力下，管周土体（柱）在管顶处的变位为：

$$\Delta s = \frac{q(2\gamma_0)}{E_d} \qquad (4.1.4\text{-}2)$$

式中 γ_0——圆管的计算半径；

t——圆管的管壁厚；

E_p——圆管管材的弹性模量；

E_d——考虑管周回填土及槽边原状土影响的综合变形

模量。

根据上列两式，当 $\Delta p < \Delta s$ 属刚性管；$\Delta p > \Delta s$ 则属柔性管，将两式归整后可得条文内所列判别式。

4.1.5 本条明确规定了对管道的结构设计，应综合考虑管体、管道的基础做法、管体间的连接构造以及埋地管道的回填土密实度要求。管体的承载能力除了与基础构造密切相关外，管体外的回填土质量同样十分重要，尤其对柔性管更是如此，回填土的弹抗作用有助于提高管体的承载能力，因此对不同刚度的管体应采取不同密实度要求的回填土，柔性管两侧的回填土需要密实度较高的回填土，以提供可靠的弹性抗力；但对不设管座的管体底部，其土基的压实密度却不宜过高，以免减少管底的支承接触面，使管体内力增加，承载能力降低。为此条文要求对回填土的密实度控制，应列入设计内容，各部位的控制要求应根据设计需要加以明确。对这方面的要求，国外相应规范都十分重视，甚至附以详图对管体四周的回填土要求，分区标示具体做法。

4.1.6 本条对管道结构的内力分析，明确应按弹性体系计算，不能考虑非弹性变形后的塑性内力重分布，主要在于管道结构必须保证其良好的水密性以及可靠的使用寿命。

4.1.7 条文针对管道结构的运行条件，从耐久性考虑，规定了需要进行内、外防腐的要求。同时，还对输送饮用水的管道，规定了其内防腐材料必须符合有关卫生标准的要求。这一点是十分重要的，对内防腐材料判定是否符合卫生标准，必须持有省级以上指定的检测部门的正式检测报告，以确保对人体健康无害。

4.2 承载能力极限状态计算规定

4.2.1～4.2.3 条文系根据多系数极限状态的计算模式作了规定。其中关于管道的重要性系数 γ_0，在原规范的基础上作了调整。原规范对地下管道按结构材质的不同，给定了强度设计调整系数，与工程实践不能完全协调，例如某些重要的生命线管道，由于其承受的荷载（主要是内水压力）不大，也可能采用钢筋混凝土结构。为此条文改为以管道的运行功能区分不同的可靠度要求，对排水工程中的雨水管道，保持了原规范的规定；对其他功能的管道适当作了提高，亦即不再降低水准。同时，对给水工程中的输水管道，如果单线敷设，并未设调蓄设施时，从供水水源的重要功能考虑，条文规定了应予提高标准。

4.2.4 本条规定了各种管道材质的强度标准值和设计值的确定依据。其中考虑到20世纪90年代以后，国内引进的新颖管材品种繁多，有些管材国内尚未制订相应的技术标准，对此在一般情况下，工程实践应用较为困难，如果有必要使用时，则强度指标由厂方提供（通常依据其企业标准），对此条文要求应具备可靠的技术鉴定证明，由依法指定的检测单位出具。

4.2.5～4.2.7 条文规定了各项作用的分项系数和可变作用的组合系数。

这些系数主要是通过工程校准制定的，与原规范的要求协调一致。其中关于混凝土结构的工程校准，可参阅《给水排水工程构筑物结构设计规范》的相应部分说明。必须指出，对其他材质的管道结构，不一定完全取得协调，对此，应在统一分项系数和组合系数的前提下，各种不同材质的管道结构可根据工程校准的原则，自行制定相应必要的调整系数。

4.2.8~4.2.9 条文对管道结构强度计算的要求，保持了原规范的规定。

4.2.10~4.2.13 条文给出了关于管道结构几种失稳状态的验算规定。基本上保持了原规范的要求，仅就以下几点作了修改和补充。

1 对管道的上浮稳定，关于整个管道破坏，原规范仅要求安全系数1.05，实践中普遍认为偏低，因为无论是地表水或地下水的水位，变异性大，设计中很难精确计算，因此条文给予了适当提高，稳定安全系数应控制在不低于1.10。

2 对柔性管道的环向截面稳定计算，原规范系参照原苏联1958年制定的《地下钢管设计技术条件和规范》，引用前苏联学者 E.A.НигоЛай 对于圆管失稳临界压力的解答，其分析模型系考虑了圆管周围360°全部管壁上的正、负土抗力作用。对比国外不少相应的规范则沿用 R·V·Mises 获得的明管临界压力公式。此次条文修改时，感到原规范依据的计算模型考虑管周土的负抗作用，是很值得推敲的，通常都不考虑土的负效应（即承拉作用），为此条文给出了不计管周土负抗作用的计算公式，以使更加符合工程实际情况。应该指出这种计算模型，日本藤田博爱氏于1961年就曾经推荐应用（日本“水道协会”杂志第318号）。

根据失稳临界压力计算模型的修改，不计管周土的负抗力作用后，相应的稳定安全系数也作了适当调整，取稳定安全系数不低于2.0。

3 条文补充了对非整体连接管道的抗滑动稳定验算规定。并在计算抗滑阻力时，规定可按被动土压力计算，但此时抗滑安全系数不宜低于1.50，以免产生过大的位移。

4.3 正常使用极限状态计算

4.3.1 本条对管道结构正常使用条件下的极限状态计算内容作了规定。这些要求主要针对管道结构的耐久性，保证其使用年限，提高工程投资效益。

4.3.2 本条对柔性管道的允许变形量作了规定。原规范仅对水泥砂浆内衬作出规定，控制管道的最大竖向变形量不宜超过0.02D。从工程实践来看，此项允许变形量与水泥砂浆的配制及操作成型工艺密切相关，例如手工涂抹和机械成型，其质量差异显著；砂浆配制掺入适量的纤维等增强抗力材料，将改善砂浆的延性性能等。据此，条文对水泥砂浆内衬的允许变形量，规定可以有一定的幅度，供工程技术人员对应采用。

此外，条文还结合近十年来防腐内衬材料的引进和开拓，管材品种的多种开发，增补了对防腐涂料内衬和化学管材的允许变形量的规定，这些规定与国外相应标准的要求基本上协调一致。

4.3.3~4.3.7 条文对钢筋混凝土管道结构的使用阶段截面计算做出了规定，这些要求和原规范的规定是协调一致的。

1 当在组合作用下，截面处于受弯或大偏心受压、拉时，应控制其最大裂缝宽度，不应大于0.2mm，确保结构的耐久性，符合使用年限的要求。同时明确此时可按长期效应的准永久组合作用计算。

2 当在组合作用下，截面处于轴心受拉或小偏心受拉时，应控制截面的裂缝出现，此时一旦形成开裂即将贯通全截面，直接影响管道结构的水密性要求和正常使用，因此相应的作用组合应取短期效应的标准组合作用计算。

4.3.8 本条对柔性管道的变形计算给出了规定，相应的组合作用应取长期效应的准永久组合作用计算。

原规范规定的计算模型系按原苏联 1958 年《地下钢管设计技术条件和规范》采用。该计算模型由前苏联学者 Л.М.Емельянов 提出，其理念系依照地下柔性管道的受载程序拟定，即管子在沟槽中安装后，沟槽回填土使管体首先受到侧土压力使柔性管产生变形，向土体方向的变形导致土体的弹性抗力，据此计算管体在竖向、侧向土压力和弹性土抗力作用下管体的变形。

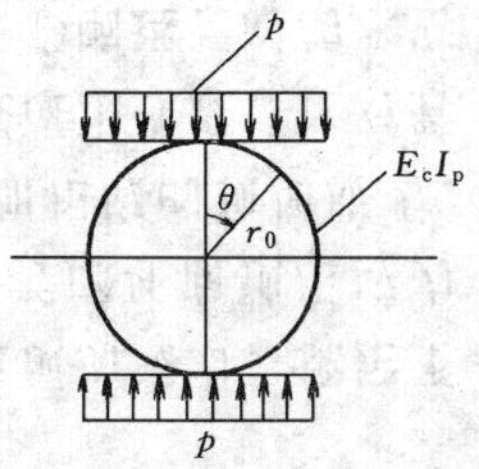

图 4.3.8

如图 4.3.8 所示，当管体上下受到相等的均布压力 p 时，管体上任一点半径向位移 ω 为：

$$\omega = \frac{p\gamma_0^4}{12E_cI_p}\cos2\theta$$

按此式可得管顶和管侧的变位置是相同的。当管体仅受到侧向土压力时，亦将产生变形，其方向则与竖向土压作用相反。由于管侧土压力值要小于竖向土压力（例如 1/3），因此管体的最终变形还取决于竖向土压力导致的变形形态。

应该认为原规范引用的计算模型在理念上还是清楚的，但与通常的弹性地基上结构的计算模型不相协调，后者的结构上的受力，只需计算结构上受到的组合作用以及由此形成的弹性地基反力。美国 spangler 氏即是按此理念提出了计算模型，获得国际上广为应用。据此条文修改为采用 spangler 计算模型，以使在柔性管的变形计算方法上与国际沟通，协调一致。

另外，在条文给定的计算变形公式中，引入了变形滞后效应系数 D_L。此项系数取 1.0～1.5，主要是管侧土体并非理想的弹性体，在抗力的长期作用下，土体会产生变形或松弛，管侧回填土的压实密度越高，滞后变形效应越显著，粘性土的滞后变形比砂性土历时更长，这一现象已被国内、外工程实践检测所证实（例如国内曾对北京市第九水厂 *DN*2600mm 输水管进行管体变形追踪检测）。显然此项变形滞后系数取值，不仅与埋地管道覆土竣工到投入运行的时间有关，还与管道的运行功能相关，如果是压力运行，内压将使管体变形复圆。因此，对变形滞后系数的取值，对无压或低压管（内压在 0.2MPa 以内）应取接近于 1.5 的数值；对于压力运行管道，竣工所投入运行的时间较短（例如不超过 3 个月），则可取 1.0 计算，亦即可以不考虑滞后变形的因素；对压力运行管道，从竣工到运行时间较长时，则可取 $1.0 < D_L < 1.5$ 作为设计计算采用值。

4.3.9～4.3.11 有关条文规定可参阅《给水排水构筑物结构设计规范》相应条文的说明。

5 基本构造要求

5.0.1 给水排水工程中，各种材质的圆形管道广泛应用，这些管道形成的城市生命线管网涉及面广，沿线地质情况差异难免，埋深及覆土也多变，可能出现的不均匀沉陷不可避免。据此条文规定这些圆管的接口，宜采用柔性连接，以适应各种不同因素产生的不均匀沉陷，并至少应该在地基土质变化处设置柔口。此外，敷设在地震区的管道，则应根据抗震规范要求，沿线设置必要数量的柔性连接，以适应地震行波对管道引起的变位。

5.0.2 本条对现浇矩形钢筋混凝土管道（含混合结构中的现浇钢筋混凝土构件）的变形缝间距做出了规定，主要是考虑混凝土浇筑成型过程中的水化热影响。同时指出，如果当混凝土配制及养护方面具备相应的技术措施，例如掺加适量的微膨胀性能外加剂等，变形缝的间距可适当加长，但以不超过一倍（即 50m）为好。

5.0.3 本条对预应力混凝土圆管的纵向预加应力，规定不宜低于环向有效预压应力的 20%。主要考虑环向预压应力所引起的泊桑效应，如果管体纵向不施加相应的预加应力，管体纵向强度将降低，还不如普通钢筋混凝土强度，这对管体受力很不利，容易引发出现环向开裂，影响运行时的水密性要求及使用寿命。

5.0.4 本条对现浇钢筋混凝土结构的钢筋净保护层最小厚度作了规定。主要依据管道各部位构件的环境条件确定。例如对污水和合流管道的内侧钢筋，其保护层厚度作了适当增加，尤其是顶板下层筋的保护层厚度，考虑硫化氢气体的腐蚀更甚于接触污水本身。从耐久性考虑，国外对钢筋保护层厚度都取值较大，一般均采用$1\frac{3}{4}$英寸，条文基于原规范的取值，尽量避免过多增加工程投资，仅对污水、合流管的顶板下层筋保护层厚度，调整到接近国际上的通用水准。

5.0.5 条文对厂制的钢筋混凝土或预应力混凝土圆管的钢筋净保护层厚度的规定，主要考虑这些圆管的混凝土等级较高，一般都在 C30 以上，并且其制管成型工艺（离心、悬辊、芯模振动及高压喷射砂浆保护层等），对混凝土的密实性和砂浆的粘结性能较好；同时这些规定也与相应的产品标准可以取得协调。

5.0.6～5.0.16 条文的规定基本上保持了原规范的要求，仅作了如下补充与修改。

1 关于结构材质抗冻性能的要求，原规范以最冷月平均气温低于（－5℃）作为地区划分界限，实践证明此界限温度取值偏低，并与水工结构方面的规范协调一致，修改为以（－3℃）作界限指标，适当提高了抗冻要求。

2 增加了对混凝土中含碱量的限值控制，以确保结构的耐久性，符合使用年限要求。近十多年来国内多起发现碱集料反应对混凝土构件的损坏（国外 20 世纪 40 年代就已提出），严重影响了结构的使用寿命。这种事故主要是混凝土中的碱含量与砂、石等集料中的碱活性矿物，在混凝土凝固后缓慢发生化学反应，产生胶凝物质，吸收水分后产生膨胀，导致混凝土损坏。据此条文作了规定，应符合《混凝土碱含量标准》CECS3—93 的要求。

3 条文对埋地管道各部位的回填土密实度要求，在原规范规定的基础上，作了进一步具体化，可方便工程技术人员应用，提高对管道结构的设计可靠度。

附录 A 管侧回填土的综合变形模量

关于本附录的内容说明如下：

1 在柔性管道的计算中，需要应用管侧土的变形模量，原规范对此仅考虑了管侧回填土的密实度，以此确定相应的变形模量。实际上管侧土的抗力还会受到槽帮原状土土质的影响，国外相应的规范内（例如澳大利亚和美国的水道协会）已计入了这一因素，在计算中采用了考虑原状土性能后的综合变形模量。

2 本规范认为以综合变形模量替代以往采用的回填土变形模量是合理的，因此在本附录中引入并规定采用。

3 本附录在引入国外计算模式的基础上，进行了归整与简化，给出了实用计算参数，便于工程实践应用。

附录B 管顶竖向土压力标准值的确定

本附录内容基本上保持了原规范的规定，仅就以下两个方面作了修改：

1 针对当前城市建设的飞速发展，立交桥的建设得到广泛应用。随之出现不少管道上的设计地面标高远高于原状地面，此时管道承受的覆土压力，已非开槽沟埋式条件，有时甚至接近完全上埋式情况。据此，本附录补充了相应计算要求，规定对覆土压力系数的取值应适当提高，一般可取1.40。

2 对不开槽施工管道的管顶竖向压力，原规范采用原苏联学者 M.M.Прототиякунов 的计算模型，在一定的覆土高度条件下，管顶土层将形成“卸力拱”，管顶承受的竖向土压力将取决于卸力土拱的高度。目前国际上通用的计算模型系由美国学者太沙基提出，该模型的理念认为管体的受力条件类似于“沟埋式”敷管，管顶覆土的变形大于两侧土体的变形，管顶土体重量将通过剪力传递扩散给管两侧土体，据此即可获得本附录给出的计算公式：

$$F_{sv} = \lambda_c D_1 \quad (附 B\text{-}1)$$

$$\lambda_c = \frac{\gamma_s B_t}{2K_a \cdot \mu}[1 - \exp(-2K_a \cdot \mu \cdot H_s/B_t)] \quad (附 B\text{-}2)$$

上述计算公式的推导过程及卸力拱的计算，参阅原规范编制说明。

按式（附 B-2），太沙基认为当土体处于极限平衡时，土的侧压力系数 $K_a \approx 1.0$，则当管顶覆土高度接近两倍卸力拱高度 h_g（$h_g = B_t/2\text{tg}\phi$）时，式（附 B-2）中 $[1 - \exp(-2K_a\mu \cdot H_s/B_t)]$ 的影响已较小，如果忽略不计，太沙基计算模型和卸力拱计算模型的计算结果，可以协调一致的。

本附录根据以上分析对比，并考虑与国际接轨，方便工程技术人员与国外标准规范沟通，对不开槽施工管道的管顶竖向土压力计算，采用太沙基计算模型替代卸力拱计算模型。

附录C　地面车辆荷载对管道作用标准值的计算方法

本附录的内容保持原规范的各项规定。仅对整体式结构的刚性管道（一般指钢筋混凝土或预应力混凝土管道），附录规定了由车辆荷载作用在管道上的竖向压力，可通过结构的整体性，从管顶沿结构进行再扩散，使扩散范围内的管道结构共同来承担地面车辆荷载的作用，充分体现结构的整体作用。

附录D　钢筋混凝土矩形截面处于受弯或大偏心受拉（压）状态时的最大裂缝宽度计算

本附录内容基础上保持了原规范的规定，其计算公式的转换推导过程，可参阅《给水排水工程构筑物结构设计规范》的相应说明。

中华人民共和国行业标准

建筑与市政降水工程技术规范

Technical Code for Groundwater Lowering Engineering in Building and Municipal

JGJ/T111—98

主编单位：建设部综合勘察研究设计院
批准部门：中 华 人 民 共 和 国 建 设 部
施行日期：1 9 9 9 年 3 月 1 日

关于发布行业标准《建筑与市政降水工程技术规范》的通知

建标［1998］198号

根据建设部《关于印发1992年城建、建工工程建设行业标准制订、修订项目计划的通知》（建标［1992］227号）要求，由建设部综合勘察研究设计院主编的《建筑与市政降水工程技术规范》，经审查，批准为推荐性行业标准，编号JGJ/T111—98，自1999年3月1日起施行。

本标准由建设部勘察与岩土工程标准技术归口单位建设部综合勘察研究设计院归口管理并具体解释。

本标准由建设部标准定额研究所组织中国建筑工业出版社出版。

中华人民共和国建设部
1998年10月16日

目　次

1 总　　则

1.0.1 为使各类降水工程做到技术先进、安全可靠、经济合理、确保质量；正确处理同基础工程、水土资源、环境保护、工程环境的关系，制定本规范。

1.0.2 本规范适用于新建、改建、扩建的建筑与市政降水工程。

1.0.3 建筑与市政降水工程，应具备降水勘察资料。不具备完整的勘察资料，不得进行降水设计；没有降水设计，不得进行降水工程施工；当已有工程勘察资料不能满足降水设计时，应进行补充勘察。

1.0.4 降水工程设计应选择最佳的降水方案，将地下水位降低至建筑和市政工程要求的降水深度，并论证工程环境影响，当预测可能对环境产生危害时，应提出相应的防治措施。

1.0.5 建筑与市政降水工程除应符合本规范外，尚应符合国家现行有关标准的规定。

2 术语、符号

2.1 术　　语

2.1.1 降水工程　engineering dewatering

降水工程系指应用水文地质学原理，通过降水设计和降水施工，排除地表水体和降低地层中滞水、潜水、承压水、基岩水、岩溶水等地下水的水位，满足建设工程的降水深度和时间要求，并对工程环境无危害性影响。

2.1.2 降水地质条件　dewatering geological condition

是指同降水工程有关的水文地质、工程地质、环境地质等条件的总称。

2.1.3 降水工程勘察　dewatering prospecting

是指查清降水工程地质条件，满足降水工程需要所进行的勘察。

2.1.4 降水工程地质参数　dewatering geological parameters

包括水文地质参数、工程地质参数以及环境地质、工程环境等有关参数。

2.1.5 降水深度　ground water level after lowering

自地面算起至基坑底面以下设计要求的动水位间的深度。

2.1.6 滞水　detained ground water

指上层滞水、潜水位以上弱含水层中重力水及人为渗漏补给的层间水。

2.1.7 降水出水量　yield water during lowering

指降水井从含水层中抽出的总水量。

2.1.8 降水点井　dewatering point well

指井的直径接近 100mm 的降水井。按抽水原理和方式不同，可划分为真空点井、喷射点井、电渗点井。

2.1.9 真空点井 vacuum point well

由真空泵、射流泵、往复泵运行时造成真空后抽吸地下水的井，可分单级点井（垂直、水平、倾斜）、多级点井、接力点井三种。

2.1.10 多级点井 multi-stage point well

当单级点井满足不了基坑降水深度要求时，可在基坑边坡不同高程平台上分别设计点井。构成多级点井，达到增加降水深度的目的。

2.1.11 接力点井 relay point well

当单级降水达不到降水深度时，除用真空泵外，可结合使用喷射泵、射流泵。在井下段采用喷射点井设备工作，将地下水抽到井的上段，然后在井口段用射流泵将地下水送入循环水箱，以保证连续工作；

2.1.12 喷射点井 ejector point well

通过点井管内外管间隙把高压水输送到井底后，由射流喷嘴高速上喷，造成负压，抽吸地下水与空气，并与工作水混合形成具有上涌势能的汽水溶液排至地表，达到降低地下水位的目的。

2.1.13 电渗点井 electro-drainage point well

应用电场作用，金属棒插入地中做阳极，使弱含水层中带正电荷的水分子（自由水及结合水）向做阴极的点井管运动，由泵排出。

2.1.14 引渗井 self absorbing well

重力水通过无管裸井或无泵管井自行或抽水下渗至下部含水层的井，分为引渗自降和引渗抽降两种。

2.1.15 潜埋井 buried well

降水施工中，基坑或涵洞底部残留一定高度地下水，把抽水井埋到设计降水深度以下进行抽水，使地下水位降低满足设计降水深度要求的井。

2.1.16 降水试验 dewatering experiment

降水施工前进行抽水试验、引渗试验或注水试验，测定水文地质参数或其它参数；检查降水效果，确定工程参数，供分析调整降水方案的试验。

2.1.17 降水工程检验 Engineering Dewatering inspection

指降水施工后，全部降水井、排水设施进行运转，对降水方案进行总体效果的检验。满足降水设计要求，稳定24h后，即进入降水监测与维护阶段。

2.1.18 工程环境 engineering environment

指工程建设与工程施工产生的环境影响，自然环境、人工环境、社会环境对工程建设与工程施工的制约作用。通过调查、预测、防治、管理，达到建设工程可持续发展的目的。

2.2 符　号

2.2.1 降水工程基本符号应符合表2.2.1的规定。

基本符号　　　　表2.2.1

符号	名称	单位
a	导压系数	m^2/d
b	基础宽度	m
B_r	越流系数	
D	井（孔）直径	m、mm
d	管内直径	m、mm
H	潜水含水层厚度	m
H_0	静水位	m
H_W	井深度	m
h_0	动水位	m
$h_{\triangledown}$	水位埋深	m
h_W	抽水井动水位	m
Δh	水头差	m
K'	垂直渗透系数	m/d

续表

符号	名称	单位
L	自渗井长度	m
l	过滤器长度	m
l'	过滤器淹没段长度	m
M	承压含水层厚度	m
p	污染指数	
Q	出水量	m^3/d
q	降水井出水能力	m^3/d
r_i	第 i 个抽水井至观测孔或计算点的距离	m
r_0	基坑等效半径	m
S	水位降深值	m
S_W	降水井水位降深	m
$S_\triangle$	降水深度	m
S_r	观测孔水位降深	m
$S_{r,t}$	任意距离、任意时间的水位降深	m
S	承压水弹性释水系数，潜水相当 μ	
T	导水系数	m^2/d
t	时间	d，h，min，s
u	井函数自变量 $u=\frac{r^2}{4at}$	
$W(u)$	井函数，同 $[-Ei(u)]$	
φ	公称管或丝直径	m，d，mm
μ	潜水给水度	
a'	与含水层渗透系数有关经验系数	

3 基本规定

3.0.1 降水工程宜分为准备阶段、工程勘察、降水工程设计、降水工程施工、降水工程监测与维护、技术成果等六个基本程序。

3.0.2 降水工程准备应包括下列内容：

1 明确任务要求：

（1）降水范围、深度、起止时间及工程环境要求；

（2）了解掌握建筑物基础、地下管线、涵洞工程的平面图和剖面图；地面高程与基础底面高程；基坑（槽）、涵洞支护与开挖设计；相邻建筑物与地下管线的平面位置、基础结构和埋设方式条件等。

2 搜集降水工程场地与相邻地区的水文地质、工程地质、工程勘察等资料，以及工程降水实例。

3 进行降水工程场地踏勘，搜集降水工程勘察、降水工程施工的供水、供电、道路、排水及有无障碍物等现场施工条件。

3.0.3 工程勘察应满足降水工程设计要求；当不能满足降水工程设计要求时，应进行补充降水工程勘察。

3.0.4 降水工程设计与施工应自始至终进行信息施工活动，以提高降水工程设计水平与降水工程施工质量。

3.0.5 降水工程设计和降水工程施工应备有工程抢救辅助措施，保证降水工程顺利进行。

3.0.6 降水施工完成后，必须经过降水工程检验，满足降水设计深度后方可进入降水工程监测与维护阶段。

3.0.7 降水工程资料应及时分析整理，包括降水工程勘察、降水工程设计、降水工程施工和降水工程监测与维护及工程环境为主要内容的技术成果。

3.0.8 第四系土的分类与定名，应符合附录 A 的规定。

4 降水工程分类

4.1 一般降水工程

4.1.1 建筑与市政一般降水工程，应根据基础类型、基坑（槽）降水深度、含水层特征、工程环境及场地类型的复杂程度分类，按表 4.1.1 确定。

一般降水工程复杂程度分类　　表 4.1.1

条件		复杂程度分类		
		简单	中等	复杂
基础类型	条状 b (m)	$b<3.0$	$3.0\leqslant b\leqslant 8.0$	$b>8.0$
基础类型	面状 F (m^2)	$F<5000$	$5000\leqslant F\leqslant 20000$	$F>20000$
降水深度 S_Δ (m)		$S_\Delta<6.0$	$6.0\leqslant S_\Delta\leqslant 16.0$	$S_\Delta>16.0$
含水层特征 K (m/d)		单层 $0.1\leqslant K\leqslant 20.0$	双层 $0.1\leqslant K\leqslant 50$	多层 $K<0.1$ 或 >50
工程环境影响		无严格要求	有一定要求	有严格要求
场地类型		Ⅲ类场地，辅助工程措施简单	Ⅱ类场地，辅助工程措施较复杂	Ⅰ类场地，辅助工程措施复杂

4.1.2 一般降水工程复杂程度分类选择应以基础类型和降水深度为必要条件，同时尚应具备另一个条件，基础类型仅应取条状或面状一种。对降水工程场地类型应按现行行业标准《市政工程勘察规范》(CJJ 56) 规定的场地分类并结合辅助工程措施确定。

4.2 特殊性降水工程

4.2.1 建筑与市政工程，当遇到基岩、水下及涵洞时，其降水工程复杂程度分类应分别按表 4.2.1-1、表 4.2.1-2 及表 4.2.1-3 确定。

基岩降水工程复杂程度分类　　表 4.2.1-1

条件	复杂程度		
	简单	中等	复杂
构造裂隙性	无构造裂隙均匀	有构造裂隙不均匀	构造复杂裂隙很不均匀
岩溶发育性	不发育	发育	很发育
降水深度 (m)	无严格要求	有一定要求	有严格要求
工程环境	无严格要求	有一定要求	有严格要求

水下降水工程复杂程度分类　　表 4.2.1-2

条件	复杂程度		
	简单	中等	复杂
水体厚度 (m)	$H<0.5$	$0.5\leqslant H\leqslant 2.0$	$H>2.0$
降水深度 (m)	$S_\Delta<6.0$	$6.0\leqslant S_\Delta\leqslant 16.0$	$S_\Delta>16.0$
工程环境	无严格要求	有一定要求	有严格要求

涵洞降水工程复杂程度分类　　表 4.2.1-3

条件	复杂程度		
	简单	中等	复杂
洞形规则性	规则	不规则	很不规则
底板以上含水体厚度 (m)	$H<0.5$	$0.5\leqslant H\leqslant 2.0$	$H>2.0$

续表

条件	复杂程度		
	简单	中等	复杂
降水深度 (m)	$S_{\Delta}<6.0$	$6.0\leqslant S_{\Delta}\leqslant 16.0$	$S_{\Delta}>16.0$
工程环境	无严格要求	有一定要求	有严格要求

4.2.2 特殊性降水工程复杂程度的每种分类至少应满足三个条件，其中水下降水可按两个条件确定。对基岩降水可不考虑第四系地层覆盖厚度。基岩、岩溶两种类型同时出现时宜按复杂程度高的条件确定。

5 降水工程勘察

5.1 一般规定

5.1.1 降水工程勘察的内容和工作量应根据降水设计和施工的技术要求及降水工程复杂程度分类等确定。

5.1.2 降水工程勘察应在现场踏勘后编写降水工程勘察纲要；降水工程用图应与主体工程的初步设计或施工设计图采用的比例尺一致。

5.1.3 降水工程勘察应包括下列内容：

1 搜集当地已有的水文气象、地质图、水文地质、工程地质、环境地质、工程环境等资料；

2 查明地下水类型，含水层与隔水层的空间分布，地下水渗透性，地下水水位动态，水质动态，地下水的补给、径流、排泄，地下水与地表水关系；

3 查明第四系土的物理、力学、化学性质与分布；特殊土的分布和有关指标；不良地质现象；

4 查明基岩、裂隙、构造、岩溶、地表水体、涵洞与降水工程的影响关系；

5 查明降水工程对地上建筑、市政工程，地下设施，水土资源等的影响，以及对降水工程的制约作用；

6 按场地适宜条件确定降水试验方法。

5.1.4 降水工程勘察应提交技术成果和提出有关建议。

5.2 勘察孔（井）布置

5.2.1 勘察孔（井）的布置应符合下列规定：

1 控制降水范围内的水文地质条件；

2 每个含水层不应少于一个勘探孔、一个抽水试验井、一个观测孔；

3 试验井的功能应结合降水工程的需要布置；

4 观测孔的布置与试验井的距离宜为1～2倍含水层厚度；

5 勘探孔布置应能控制降水范围内地层的平面分布和查明基坑底部以下的含水层；

6 勘探孔、试验井、观测孔的数量应根据降水工程复杂程度按表5.2.1的规定布置；

降水勘察孔（井）数量表（个） **表5.2.1**

复杂程度	勘探孔	试验井	观测孔
简单	1	1	1
中等	2～3	1～2	2～4
复杂	>3	>2	>4

7 在降水深度范围内，当遇有软土、盐渍土、湿陷性黄土、红粘土、冻土、膨胀土、污染土、残积土等特殊土时，应增加勘察孔和室内特殊项目试验。

5.2.2 勘探孔应符合下列规定：

1 深度应大于降水深度的2倍；

2 孔径 d 不宜小于90mm。

5.2.3 试验井应符合下列规定：

1 深度不得小于降水深度的1.5倍；

2 井管直径 d 在松散层中不得小于200mm，在基岩中不得小于150mm；

3 过滤器结构应符合《供水水文地质勘察规范》(GBJ27—88)的有关要求；

4 沉砂管长度宜为1～2m；

5 水泵置入应位于降水深度下不少于2m。

5.2.4 观测孔应符合下列规定：

1 深度应达到需要观测某一含水层的层底；

2 孔径宜为50～100mm。

5.3 降 水 试 验

5.3.1 抽水试验井洗井应符合下列要求：

1 试验井应在下管、填料后立即洗井；

2 洗井的时间应按含砂量小于万分之一确定；

3 洗井时应同步进行观测孔水位观测。

5.3.2 抽水试验应符合下列要求：

1 简单降水工程至少做一个单井试验和两次降水深度，其中一次最大降水深度应接近基坑底板设计深度；

2 抽水试验其稳定延续时间不得少于6h；当抽水不稳定时，其延续时间不得少于24h；

3 应观测出水量 Q 和水位降深 S_w，其观测次数与时间间隔应按表5.3.2的规定记录。

水位水量观测时间间隔表 **表5.3.2**

观测内容	观测次数与时间间隔						
出水量及水位降深值	观测次数	5	5	5	3	3	≥3
	时段（min）	1	3	5	10	30	≥60

4 出水量、水位的观测精度应符合下列规定：

（1）出水量的观测误差应小于5%；

（2）水位降深值的观测允许误差为±5mm。

5.3.3 引渗试验应符合下列规定：

1 宜设1～2个引渗试验井在降水影响半径之内。在试验井周围宜设2～6个观测孔，其深度应至下伏含水层中3～5m。

2 引渗时应观测稳定水位、引渗时间、引渗速度、渗入水量。并应分析引渗效果，确定引渗井数量。

5.3.4 注水试验应符合下列规定：

1 室内注水试验应符合现行国家标准《土工试验方法标准》(GBJ 123)的有关要求。

2 现场注水试验应符合下列规定：

（1）选择具代表性注水地层，采用直径为1.0m，高度为1.0m的铁环压入地面0.2m后，清除环内土层并按环的直径范围继续清挖0.8m为止，再压环顶与地面平，环底土层应整平和保持原状，并在1/2处划一水位线。

（2）环中注水，使注水位与水位线始终保持一致。应记录注水量和稳定时间，分析评价注水条件、注水效果和计算渗透系数，并应确定注水井的数量。

5.4 水文地质参数

5.4.1 水文地质参数计算应符合下列规定：

1 应采用现场观测孔的资料计算渗透系数 K'、影响半径 R 和弹性释水系数 S；

2 参数计算公式的选择应符合降水场地水文地质的适用条件；

3 应选择接近设计降水深度的水位降深值，并计入水跃值的影响，计算水文地质参数。

5.4.2 渗透系数 K' 值应按下列方法进行计算：

1 当具有单井抽水试验资料时，应根据 $Q-S$（Δh^2）关系曲线，采用抽水井的出水量 Q 和水位降深 S 稳定值，按稳定流公式计算承压完整井、潜水完整井及承压转潜水井各条件下的 K' 值；

2 当具有观测孔抽水试验资料时，应根据 $Q-S$（Δh^2）与 $\lg r$ 关系曲线和抽水井出水量，按稳定流公式计算潜水完整井、承压完整井、承压转潜水井各条件下的 K' 值；

3 当具有定流量抽水和观测孔资料，并符合泰斯公式假定条件时，应根据任意距离 r、任意时间 t 的水位降深 $S_{r,t}$ 的非稳定关系，可采用双对数或半对数或直线斜率法的非稳定流公式计算 K' 值；

4 当具有越流补给条件时，可采用 S-$\lg r$ 关系曲线上拐点处的斜率确定 K' 值。

5.4.3 宜采用下列方法之一计算影响半径 R 值：

1 已知 K' 值时应采用稳定流公式计算 R 值；

2 可根据观测孔水位资料计算确定 R 值；

3 当没有观测孔资料时，可利用稳定流公式与符合适用条件的经验公式，按渗透系数和影响半径迭代计算求出 R 值。

5.4.4 其它承压水弹性释水系数、导水系数、给水度等可按有关规范规定计算确定。

5.4.5 引渗试验求渗透系数 K' 值应按式（5.4.5）计算。

$$K' = \frac{Q}{F} \cdot I \tag{5.4.5}$$

式中 $I = \frac{H}{L} = 1$

Q——稳定渗入量（m^3/d）；

F——引渗井断面积（m^2）；

K'——垂直渗透系数（m/d）；

L——渗透长度（m）。

5.4.6 当降水工程影响地基液化时，应提供毛细水高度。毛细水高度可按下列土质取值：粘土为0.4～1.0m，粉土为0.2～0.4m，砂土为0.05～0.2m。

对特殊土的毛细水高度应根据实际观测资料确定。

5.5 特殊性降水工程勘察

5.5.1 基岩裂隙水地区勘察应符合下列规定：

1 降水工程勘察应包括下列主要内容：

（1）基岩风化程度、范围和深度；

（2）构造裂隙性质、分布、发育情况、产状特征；

（3）基岩裂隙的导水性、充填物和岩脉阻水性；

（4）地下水的补给、径流、排泄条件以及泉水的形成；

（5）地下水（泉水）水位、水量、水质动态及预测；

（6）预测构造断层破碎带"突水"可能性。

2 降水工程勘察工作应符合下列要求：

（1）应充分利用物探查明基岩构造和裂隙发育；

（2）勘察工作量应能控制主要含水构造和破碎带。

5.5.2 岩溶地区降水勘察应符合下列规定：

1 降水工程勘察应包括下列主要内容：

（1）查明第四系地层的岩性、厚度、分布，第四系地层与下伏岩溶的接触关系；

（2）重点查明浅层岩溶、溶洞、漏斗、暗河、石芽、凹谷、土洞、串珠状洼地等现象的发育程度、形态、成因及充填物；查明深层岩溶发育规律；浅层与深层岩溶的关系；

（3）查明岩溶发育与地貌、构造、岩性的关系；

（4）查明岩溶地下水的补给、径流、排泄条件以及泉水露头的成因和条件；

（5）观测地下水或泉水水位、水量、水质的动态及预测；

（6）预测降水工程影响范围，应判断产生地面沉降、淘空、塌陷的可能性及开挖后产生“扩泉”、“放水”的可能性。

2 降水工程勘察工作应符合下列要求：

（1）充分利用地面调查和物探，查清岩溶分布和发育规律；

（2）勘察工作布置应能控制降水范围和外围地区水力联系；

（3）勘察孔数量应能控制主要岩溶发育带和深层岩溶发育带的状况。

5.5.3 水下降水工程勘察应符合下列规定：

1 降水工程勘察应包括下列主要内容：

（1）地表水（海水、河渠、湖塘、水库等）分布，规模与数量；

（2）查明地表水的多年、年内、施工期的水位变动幅度、流速、流向、潮汐、浪爬高度、风速、水文气象、水道变迁等动力特征；

（3）查明地表水的含砂量和水下沉积物特征；

（4）查明地表水和地下水的关系；地表水与地下水的转换途径及开挖状态地下水动力特征；

（5）预测降水状态可能产生的不良地质现象和工程环境影响；

（6）查明水下地层的物理、力学、化学性质；

（7）着重进行开挖状态的降水试验，保证基坑(槽)的稳定性。

2 水下勘察工作应符合下列要求：

（1）勘察控制范围应大于降水范围1倍；

（2）勘探孔深度宜为基坑深度的2～3倍；

（3）筑岛造陆后应补充降水工程勘察和进行降水试验。

3 水下勘察孔（井）施工应符合下列要求：

（1）试验井、观测孔、勘探孔的水下钻探宜采用套管钻进，并使用薄壁取土器采取土样；

（2）水上钻探应使用可升降的栈桥工作台、固定浮台、固定船台和筑岛；海上钻探要求抗击8级以上风浪；

（3）勘探点的定位要求准确，定位允许偏差±0.5m；

（4）具有可靠的水上和陆地通讯联络设备；

（5）随时掌握天气预报资料，当达到6级风浪时应停止工作。

5.5.4 涵洞降水工程勘察应符合下列原则：

1 降水工程勘察应包括下列主要内容：

（1）查明涵洞顶底板和侧壁的地层、岩性、裂隙、构造的富水程度和物理力学性质；

（2）查明和预测涵洞顶底板和侧壁或涵洞为双洞或体积很大时降水前后的稳定性及可能产生的不良现象；

（3）查明地下水类型、分布、水位和补排关系；

（4）预测洞涵降水水位水量，提出可供选择的降水技术方法。

2 降水勘察工作应符合下列规定：

（1）勘察孔（井）宜沿涵洞轴线两侧的涵洞外侧4.0m交错布置；

（2）勘察孔（井）的深度应穿越涵洞底板以下含水层，不少于10.0m；

（3）地层分布均匀时至少取一段涵洞进行降水试验；当地层分布不均匀时，应增加降水试验段。

6 降水工程设计

6.1 一 般 规 定

6.1.1 降水工程设计应符合下列原则：

1 降水工程技术要求明确；

2 降水工程勘察资料应准确无误；

3 降水工程设计应进行多方案对比分析后选择最优降水方案；

4 降水工程设计应重视工程环境问题，防止产生不良工程环境影响。

6.1.2 降水工程设计资料依据应包括下列主要内容：

1 建筑与市政工程降水的技术要求，包括降水范围、降水深度、降水时间、工程环境影响等；

2 降水勘察资料齐全；

3 建筑物与市政工程基础平面图、剖面图，包括相邻建筑物、构筑物位置及基础资料；

4 基坑、基槽开挖支护设计和施工程序；

5 现场施工条件。

6.1.3 降水工程设计应包括下列主要内容：

1 任务依据；

2 论述降水地质条件、工程环境和现场条件；

3 选择确定降水技术方法；

4 降水技术方案应根据地基基础平面形状、技术要求和降水地质条件，把选择的降水井和排水设施的数量和位置布置在图上，组成降水方案布置图并加以说明；

5 预测计算降水水位和水量；

6 提出降水工程的辅助措施和补救措施；

7 对工程环境问题应专门设计；

8 编制降水施工组织程序、施工安排及安全生产的要求；

9 提出降水施工、降水监测与维护的有关要求；

10 编制降水工程量统计表、设备材料表、加工计划表、工期安排表、工程概预算表；

11 绘制降水施工布置图、降水设施结构图、降水水位预测曲线平面与剖面图。

6.2 降水技术方法选择

6.2.1 降水工程设计采用的技术方法，可根据降水深度、含水层岩性和渗透性，按表 6.2.1 选择确定。

降水技术方法适用范围 **表 6.2.1**

降水技术方法	适合地层	渗透系数（m/d）	降水深度（m）
明排井（坑）	粘性土、砂土	＜0.5	＜2
真空点井	粘性土、粉质粘土	0.1～20.0	单级＜6　多级＜20
喷射点井	砂　土	0.1～20.0	＜20
电渗点井	粘性土	＜0.1	按井类型确定
引渗井	粘性土、砂土	0.1～20.0	由下伏含水层的埋藏和水头条件确定
管　井	砂土、碎石土	1.0～200.0	＞5
大口井	砂土、碎石土	1.0～200.0	＜20
辐射井	粘性土、砂土、砾砂	0.1～20.0	＜20
潜埋井	粘性土、砂土、砾砂	0.1～20.0	＜2

6.2.2 明排井（坑）应符合下列要求：

1 适用条件：

（1）不易产生流砂、流土、潜蚀、管涌、淘空、塌陷等现象的粘性土、砂土，碎石土的地层；

（2）基坑或涵洞地下水位超出基础底板或洞底标高不大于

2.0m。

2 布置原则：

(1) 基坑周围或坑道边侧设置明排井、排水管沟，应与侧壁保持足够距离；

(2) 明排井、排水管沟不应影响基坑和涵洞施工。

6.2.3 点井降水应符合下列要求：

1 适用条件：

(1) 粘土、粉质粘土、粉土的地层；

(2) 基坑（槽）边坡不稳，易产生流土、流砂、管涌等现象；

(3) 地下水位埋藏小于 6.0m，宜用单级真空点井；当大于 6.0m 时，场地条件有限宜用喷射点井、接力点井；场地条件允许宜用多级点井；

(4) 基坑场地有限或在涵洞、水下降水的工程，根据需要可采用水平、倾斜点井降水方法。

2 布置原则：

(1) 真空点井沿基坑周围布置成线状、封闭状。点井间距 0.8～2.0m，距边坡线至少 1.0m。采用水平点井时，点井布置在含水层的中下部；采用倾斜点井时，点井应穿过目的含水层；采用多级点井时，点井的基坑平台级差宜为 4～5m；

(2) 喷射点井间距 1.5～3.0m；

(3) 电渗点井管（阴极）应布置在钢筋或管制成的电极棒（阳极）外侧 0.8～1.5m，露出地面 0.2～0.3m；

(4) 接力点井的降水深度大于单级点井降水深度时，其点井间距可略大于单级点井间距，并应由试验确定。

6.2.4 引渗井降水应符合下列要求：

1 适用条件：

(1) 当含水层的下层水位低于上层水位，上层含水层的重力水可通过钻孔引导渗入到下部含水层后，其混合水位满足降水要求时，可采用引渗自降；

(2) 通过井孔抽水，使上层含水层的水通过井孔引导渗入到下层含水层，使其水位满足降水要求时，可采用引渗抽降；

(3) 当采用引渗井降水时，应预防产生有害水质污染下部含水层。

2 布置原则：

(1) 引渗井可在基坑内外布置，井间距根据引渗试验确定，井距宜为 2.0～10.0m；

(2) 引渗井深度，宜揭穿被渗层，当厚度大时，揭进厚度不宜小于 3.0m。

6.2.5 管井降水应符合下列要求：

1 适用条件：

(1) 第四系含水层厚度大于 5.0m；

(2) 基岩裂隙和岩溶含水层，厚度可小于 5.0m；

(3) 含水层渗透系数 K' 值宜大于 1.0m/d。

2 布置原则：

(1) 降水管井应布置在基坑边线 1.0m 以外；

(2) 根据抽水试验的浸润曲线，当井间地下分水岭的水位，低于设计降水深度时，应反算井距和井数；

(3) 基坑范围较大时，允许在基坑内临设降水管井和观测孔，其井、孔口高度宜随基坑开挖而降低。

6.2.6 大口井降水应符合下列要求：

1 适用条件：

(1) 第四系含水层，地下水补给丰富，渗透性强的砂土、碎石土；

(2) 地下水位埋藏深度在 15.0m 以内，且厚度大于 3m 的含水层。当大口井施工条件允许时，地下水位深度可大于 15m；

(3) 布设管井受场地限制，机械化施工有困难。

2 布置原则：

(1) 大口井井周距基坑边侧处应大于 1.0m；

(2) 大口井可单独使用，亦可同引渗井、管井、辐射井组合使用；

(3) 特殊施工条件下，也可布置在基坑中心，采用潜埋井技术。

6.2.7 辐射井降水应符合下列要求

1 适用条件：

(1) 降水范围较大或地面施工困难；

(2) 粘性土、砂土、砾砂地层；

(3) 降水深度 4～20m。

2 布置原则：

(1) 辐射井的布置，应使其辐射管最大限度的控制基坑降水范围；

(2) 当含水层较薄时，宜单层对应均匀设置辐射管，辐射管的根数，宜每层采用 6～8 根；含水层较厚或多层时，宜设多层辐射管或倾斜辐射管；

(3) 最下层辐射管距井底应大于 1.0m；

(4) 辐射管的长度宜为 20～50m；

(5) 辐射管直径宜为 5～15cm。

6.2.8 潜埋井降水应符合下列要求：

1 适用条件：

(1) 基坑或涵洞底部含水层可为粘土、砂土或砾砂；

(2)因降水条件限制，基坑或涵洞底部残留水体宜小于 2.0m。

2 布置原则：

(1) 潜埋井应布置在排降残存水影响最大的部位；

(2) 潜埋井应考虑基坑出土、排水、封底的方便。

6.2.9 当各种降水技术方法具有互补性时，可组合使用。

6.3 降 水 井 布 置

6.3.1 降水井的平面布置应符合下列要求：

1 条状基坑宜采用单排或双排降水井，布置在基坑外缘的一侧或两侧，在基坑端部，降水井外延长度应为基坑宽度的 1～2 倍；选择单排或双排应依预测计算确定；

2 面状基坑降水井宜在基坑外缘呈封闭状布置，距边坡线 1～2m；当面状基坑很小时，可考虑单个降水井；

3 对于长宽度很大、降水深度不同的面状基坑，为确保基坑中心水位降深值满足设计要求或为加快降水速度，可在基坑内增设降水井，并随基坑开挖而逐渐失效；

4 在基坑运土通道出口两侧应增设降水井，其外延长度不少于通道口宽度的一倍；

5 采用辐射井降水时，辐射管的长度和分布应能有效地控制基坑范围；

6 降水井的布置可在地下水补给方向适当加密，排泄方向适当减少。

6.3.2 降水井的深度应符合下列要求：

1 降水井的深度应根据降水深度，含水层的埋藏分布、地下水类型，降水井的设备条件以及降水期间的地下水位动态等因素确定。

2 降水井的深度可按式（6.3.2）确定。

$$H_W = H_{W1} + H_{W2} + H_{W3} + H_{W4} + H_{W5} + H_{W6} \quad (6.3.2)$$

式中 H_W——降水井深度（m）；

H_{W1}——基坑深度（m）；

H_{W2}——降水水位距离基坑底要求的深度（m）；

H_{W3}——ir_0；i 为水力坡度，在降水井分布范围内宜为 1/10～1/15；r_0 为降水井分布范围的等效半径或降水井排间距的 1/2（m）；

H_{W4}——降水期间的地下水位变幅（m）；

H_{W5}——降水井过滤器工作长度；

H_{W6}——沉砂管长度（m）。

6.3.3 降水井的最终位置包括井数、井深、井距，应根据降水场地的水位预测计算与降水方案优化确定。

6.3.4 降水工程设计还应设计降水观测孔在降水施工、降水监测与维护中控制地下水动态，降水观测孔布置应符合下列规定：

1 降水工程勘察的勘察孔和降水工程设计的降水井宜作为降水观测孔；

2 在降水施工中应布置在基坑（槽）中心、最远边侧、井内分水岭，降水状态地下水位最高的地段，特殊降水工程应专门设计；

3 在有条件的降水施工中可有规律的布置，沿地下水流向和垂直流向，布置 1～2 排，每排不少于 2 个；

4 应在降水区和临近建筑物、构筑物之间宜布置 1～2 排，每排不少于 2 个，进行降水施工和降水监测与维护期观测；

5 临近地表水体、降水施工和降水监测与维护期应布置一定数量的降水观测孔进行观测；

6 降水观测孔的深度和结构，应与降水工程勘察的观测孔一致；

7 降水监测与维护期的降水观测孔数量，简单工程不得少于 1 个，中等工程应为 2～3 个，复杂工程不得少于 3 个。

6.4 降水出水量计算

6.4.1 降水出水量计算应包括基坑出水量和单个降水井的出水量。

6.4.2 基坑出水量计算应根据地下水类型、补给条件，降水井的完整性、以及布井方式等因素，合理选择计算公式。

6.4.3 面状基坑的出水量可按下列公式计算：

1 潜水完整井

$$Q=\frac{1.366K'(2H-S)S}{n\lg R-\lg(r_1\cdot r_2\cdots\cdots r_n)} \qquad (6.4.3\text{-}1)$$

或
$$Q=\frac{1.366K'(2H-S)S}{\lg R-\lg r_0} \qquad (6.4.3\text{-}2)$$

2 承压水完整井

$$Q=\frac{2.73K'MS}{\lg R-\frac{1}{n}(r_1\cdot r_2\cdot r_3\cdots\cdots r_n)} \qquad (6.4.3\text{-}3)$$

或
$$Q=\frac{2.73K'MS}{\lg R-\lg r_0} \qquad (6.4.3\text{-}4)$$

6.4.4 条状基坑出水量可按下列公式计算：

1 潜水完整井

$$Q=L'K'\frac{H^2-\bar{h}^2}{R} \qquad (6.4.4\text{-}1)$$

或
$$Q=nQ'=n\frac{\pi K'(2H-S_W)S_W}{\ln\left(\frac{d'}{\pi r_W}\right)+\frac{\pi R}{2d'}} \qquad (6.4.4\text{-}2)$$

2 承压水完整井

$$Q=2L'K'\frac{MS}{R} \qquad (6.4.4\text{-}3)$$

或
$$Q=nQ'=n\frac{2\pi K'MS_W}{\ln\left(\frac{d'}{\pi r_W}\right)+\frac{\pi R}{2d'}} \qquad (6.4.4\text{-}4)$$

式中 Q——基坑出水量（m^3/d）；

Q'——降水干扰单井出水量（m^3/d）；

S——基坑设计水位降深值（m）；

S_W——降水干扰井设计水位降深值（m）；

r_0——基坑范围的引用半径（m）；

$r_0=\sqrt[n]{r_1, r_2, r_3\cdots r_n}$——降水干扰井群分别至基坑中心点的距离（m）；

n——降水井数（个）；

$\bar{h}$——抽水前与抽水时含水层厚度的平均值（m）；

L'——条状基坑长度（m）；

l——过滤器工作部分长度（m）；

d'——降水干扰井间距之半（m）；

r_w——降水井半径（m）；

R——影响半径（m）。

6.4.5 在降水设计中，单井出水量应小于单井出水能力。单井出水能力可按下列数值和方法确定：

1 真空点井的出水量可按 1.5～2.5m³/h 选用；

2 喷射点井的出水量可按表 6.4.5-1 选用。

喷射点井出水量 　　表 6.4.5-1

型号	外管直径（mm）	喷射器		工作水压力（MPa）	工作水流量（m³/h）	单井出水量（m³/h）	适用含水层渗透系数（m/h）
		喷嘴直径（mm）	混合室直径（mm）				
1.5型并列式	38	7	14	0.60～0.80	4.70～6.80	4.22～5.76	0.10～5.00
2.5型圆心式	68	7	14	0.60～0.80	4.60～6.20	4.30～5.76	0.10～5.00
4.0型	100	10	20	0.60～0.80	9.60	10.80～16.20	5.00～10.00
6.0型圆心式	162	19	40	0.60～0.80	30.00	25.00～30.00	10.00～20.00

3 降水管井的出水能力应选择群井抽水中水位干扰影响最大的井，按公式（6.4.5-1）确定：

$$q = \frac{l'd}{\alpha'} \times 24 \qquad (6.4.5\text{-}1)$$

式中 q——管井出水能力（m³/d）；

d——过滤器外径（mm）；

α'——与含水层渗透系数有关经验系数；

l'——过滤器淹没段长度（m）。

4 含水层的经验系数 α' 值，可按表 6.4.5-2 确定。

经验系数 α' 值 　　表 6.4.5-2

含水层渗透系数 K'（m/d）	α'	
	含水层厚度≥20m	含水层厚度＜20m
2～5	100	130
5～15	70	100
15～30	50	70
30～70	30	50

6.5 降水水位预测

6.5.1 降水水位的预测计算应符合下列要求：

1 合理选择水位预测计算公式；

2 预测计算降水区内的任意点地下水位，均能满足降水深度的要求；

3 在降水水位预测计算过程中，应考虑井周三维流、紊流的附加水头影响。

4 设计采用的渗透系数 K' 值应接近设计降水深度水位降深资料计算的 K' 值。

6.5.2 管井降水水位预测可按下列公式进行计算。

1 面状基坑

（1）潜水完整井：

非稳定流：

$$S_{r,t} = H - \sqrt{H^2 - \frac{Q\ln\dfrac{2.25at}{\sqrt[n]{r_1^2 \cdot r_2^2 \cdot r_3^2 \cdots r_n^2}}}{2\pi K'}} \qquad (6.5.2\text{-}1)$$

当 $\frac{r_i^2}{4at} \leqslant 0.1$ 时采用

稳定流：

$$S = H - \sqrt{H^2 - \frac{Q}{1.366K'}\left[\lg R - \frac{1}{n}\lg(r_1 \cdot r_2 \cdot r_3 \cdots r_n)\right]} \qquad (6.5.2\text{-}2)$$

（2）承压水完整井：

非稳定流：

$$S_{r,t}=\frac{Q\ln\frac{2.25at}{\sqrt[n]{(r_1^2\cdot r_2^2\cdot r_3^2\cdots r_n^2)}}}{4\pi K'M}\qquad(6.5.2\text{-}3)$$

当 $\frac{r_i^2}{4at}\leqslant 0.1$ 时采用

稳定流：

$$S_r=\frac{0.366Q}{MK'}\left[\lg R-\frac{1}{n}\lg(r_1\cdot r_2\cdot r_3\cdots r_n)\right]\qquad(6.5.2\text{-}4)$$

2 条状基坑

除可按公式（6.5.2-1）、（6.5.2-2）、（6.5.2-3）、（6.5.2-4）计算外，也可按公式（6.5.2-5）、（6.5.2-6）计算。

（1）潜水完整井

$$S_x=H-\sqrt{h_1^2+\frac{X}{R}(H^2-h_1^2)}\qquad(6.5.2\text{-}5)$$

（2）承压水完整井

$$S_x=H_1-\left(h_2+\frac{H_1-h_2}{R}X\right)\qquad(6.5.2\text{-}6)$$

式中 $S_{r,t}$——任意距离，任意时间的水位降深（m）；

a——含水层导压系数（m^2/d）；

t——抽水时间（d）；

M——降水井排处的承压含水层厚度（m）；

H——潜水含水层厚度（m）；

H_1——承压含水层水头值（m）；

h_1——降水井排处的含水层厚度（m）；

h_2——降水井排处的承压水水头值（m）；

X——任意点至井排的距离（m）；

S_x——距井排处的水位下降值（m）；

r_i——r_1、r_2、r_3……r_n降水井至任意计算点的距离（m）。

6.5.3 当采用点井或辐射井技术进行降水，点井、辐射井的总出水能力大于基坑出水量一倍以上时，可不进行基坑降水水位预测计算。

6.5.4 采用引渗井降水的工程，除布设引渗井的引渗能力应大于基坑实际出水量外，尚应计算引渗条件下的下层含水层水位上升值，其水位应低于降水水位。

6.5.5 降水水位预测计算，也可根据多孔抽水试验，按实测抽水影响范围内不同距离的观测孔水位降深资料，建立相应的统计方程，计算不同布井条件下的基坑降水水位的统计预测值。

6.5.6 对于降水地质条件复杂的降水工程，在具备资料，工期允许的条件下，也可采用数值法或物理模拟试验进行降水水位预测计算。

6.5.7 特殊工程降水应符合下列要求：

1 基岩裂隙地区

（1）设计井位应能控制风化层厚度和构造；

（2）出水量、水位预测应用裂隙水有关公式计算，还须经实际抽水资料验证；

（3）降水水位水量预测的同时，也要预测和观测是否沟通区域构造和含水层。

2 岩溶地区

（1）设计井位应能控制岩溶构造裂隙和主要岩溶发育带；

（2）出水量、水位预测应以实际观测和试验资料为依据；

（3）防止钻探后“扩泉”、“放水”现象发生，并有辅助工程措施；

（4）降水水位水量预测的同时，也要对相邻地区泉水衰减、地面沉降、地面塌陷进行预测和观测。

3 水下降水

（1）应设计选择可靠的围堰、筑岛、栈桥等排除地表水技术方法，严禁地表水向基坑渗漏；

（2）基坑降水设计中，必要时可采用堵截工程措施，并应注意试验与观测；

（3）在允许条件下，基坑降水可与基础结构施工相结合。

4 涵洞降水

（1）条件允许时，应首先采用地面排水技术方法；

（2）涵洞内降水设计不应影响土石方施工；

（3）涵洞底侧降水设计，宜采用水平点井方法，其长度应大于一个施工段，也可采用潜埋井方法。

（4）预测水位、水量的同时，应预测“突水”、“塌拱”的可能性。

6.5.8 在降水水位预测计算的同时，也要对可能出现的沉降、流砂、流土、管涌、潜蚀、边坡不稳等工程环境影响进行预测计算。

7 降水工程施工

7.1 一 般 规 定

7.1.1 降水工程施工应按降水工程设计实施，完成降水方案的降水井和排水设施的全过程，经过降水试验合格，则降水施工结束。

7.1.2 降水工程设计应编写“降水工程施工纲要”。应包括工程概况、施工要求、技术方法、工程布置、工程数量、施工组织、设备材料、加工计划、降水井与排水设施，施工程序，工程措施与辅助措施，质量检查与安全措施，工期安排，工程环境，工程经济，并附有关图表。

7.1.3 根据“降水工程施工纲要”施工，发现有与降水工程设计不符之处，应及时调整设计或在现场采取辅助措施。

7.2 降水井施工安装

7.2.1 明排井结构应符合下列要求：

1 施工要求

（1）排水管沟与明排可随基坑（槽）的开挖水平和涵洞施工长度同步进行；

（2）基坑侧壁出现分层渗水时，可按不同高程设置导水管、插铁板、砖砌沟或草袋墙等工程辅助措施；

（3）基坑侧壁渗水量大或不能分层明排的，可采用水平降水或其它技术方法。

2 安装要求

（1）排水沟可根据地层选择自然沟、梯形或V形明沟；采用铁或混凝土排水管（管径为200～500mm）时，应离开坡脚0.3m左右，坡度为0.1%～0.5%；

（2）明排井（坑）一般直径为 0.5m，深度 1.0m，明排井抽水设备可采用离心泵或潜水泵，特殊情况可采用深井泵。

7.2.2 点井结构应符合下列规定：

1 点井管材及设备

（1）点井管管径采用 38～110mm，多数为 42～50mm 金属管，管长6～10m，过滤管长 1.2～2.0m，孔隙率 15%，外包 1～2 层 60～80 目尼龙网或铜丝网；

（2）点井泵为真空泵、射流泵、往复泵，用密封胶管或金属管连接各井；每个真空泵、往复泵带动 30～50 个真空点井；

2 真空点井施工安装

（1）垂直点井：对易塌易缩钻孔的松软地层，钻探施工应采用清水或稀泥浆钻进或高压水套管冲击施工；对于不易产生塌孔缩孔的地层，可采用长螺旋钻机施工成孔；清水或稀泥浆钻进，泵压不应低于 2MPa，流量不得小于 $20m^3/d$；钻探深度达到设计孔深后，应加大泵量、冲洗钻孔、稀释泥浆，含泥量不宜大于 5%，返清水 3～5min；向点井内投入的滤料数量，应大于计算值 5%～15%，滤料填至地面以下 1.0～2.0m，再用粘土封孔；滤料直径为 0.4～0.6mm 的中粗砂为宜；

（2）水平点井：采用水平钻机施工，钻探成孔后，将滤水管水平顶入，通过射流喷砂器将滤砂送至滤管周围。对容易塌孔地层可采用套管钻进，将水平点井管由套管中送入，再拨出套管，水平钻孔直径 d 为 89～146mm，长度为 20～80mm；水平点井全部或大部分采用过滤管，钢管直径为 50～110mm。芯管直径为 42～60mm；在基坑底部施工时，应注意排水排砂；

（3）倾斜点井：按水平点井施工安装，根据需要调整角度，穿过多层含水层，倾向基坑外侧；

（4）接力点井安装：上方出水口处，安装大直径射流器，喉管直径 d 为 96mm，增加降水深度；

（5）多级点井：对于降水深度较大的基坑，可按不同深度的梯级平台设置真空点井，按不同高程的多级点井封闭，分别向坑外排水。

3 喷射点井施工安装

（1）喷射点井施工要求同真空点井，仅在点井管下部增加喷射器；

（2）喷射点井的喷射器应由喷嘴、联管、混合室、负压室组成的，放在点井管的下部。

4 电渗点井施工安装

（1）电渗点井管施工同真空点井，电极棒采用钢筋或铁管打入或钻入地下；

（2）电渗点井井管做阴极（－），钢筋或铁管做阳极（＋），阳极比阴极长 0.5～1.0m，通电后带正电荷的水分子应能向点井管中运动集水。

7.2.3 引渗井施工安装应符合下列规定：

1 引渗井施工宜采用螺旋钻、工程钻成孔、对易缩易塌地层可用套管法成孔，钻进中自造泥浆；

2 裸井：成孔直径 D 为 200～500mm，直接填入洗净的砂、砾或砂砾混合滤料，含泥量应小于 0.5%；

3 管井：成孔后置入无砂混凝土滤水管、钢筋笼、铁滤水管，井周根据情况确定填滤料。

7.2.4 管井施工安装应符合下列规定：

1 施工要求

（1）管井施工方法同供水管井，根据地层条件可选用冲击钻、螺旋钻、回转钻或反循环钻进，特殊条件可人工成孔；

（2）钻探施工达到设计深度，宜多钻 0.3～0.5m，用大泵量冲洗泥浆，减少沉淀，并应立即下管，注入清水，稀释泥浆比重接近 1.05 后，投入滤料，不少于计算量的 95%，严禁井管强行插入坍塌孔底，滤料填至含水层顶板以上 3～5m，改用粘土回填封孔不少于 2m；

（3）由于降水管井分布集中，连续钻进，应及时进行洗井，不应搁置时间过长，或完成钻探后集中洗井；

(4) 完成管井施工洗井后，应进行单井试验性抽水；

(5) 做好钻探施工描述记录。

2 安装要求

(1) 当场地具备拔管回收条件时，可用钢管或铸铁及过滤器，不具备回收条件可用混凝土管或其它井管和过滤器；

(2) 管井孔径宜为300～600mm，管径为200～400mm，特殊情况不受限制；

(3) 管井过滤器、滤料、泥浆要求，应符合现行国家标准《供水水文地质勘察规范》(GBJ 27) 的规定。

7.2.5 大口井施工安装应符合下列规定：

1 施工要求

(1) 宜采用沉井法、反循环法施工；条件允许亦可人工成井；

(2) 大口井施工应符合现行国家标准《供水水文地质勘察规范》(GBJ 27) 的规定。

2 安装要求

(1) 多采用井底井壁同时进水，井体宜采用混凝土、钢筋混凝土材料，有条件地层也可采用石砌或砖砌井体；

(2) 井径宜为0.8～4.0m，特殊情况不受限制。

7.2.6 辐射井施工安装应符合下列规定：

1 施工要求

(1) 集水井施工宜采用沉井法或反循环钻机钻进，要求预留辐射管位置并对应相应含水层；

(2) 辐射管施工宜采用顶管机、水平钻机，个别情况也可采用千斤顶法。

2 安装要求

(1) 辐射井直径 D 应大于2.0m，应能满足井内辐射管施工为准；

(2) 集水井结构同大口井，但需在不同高程设置辐射管部位，增设施工辐射管用的钢筋混凝土圈梁；

(3) 辐射管规格应根据地层、进水量、施工长度，按附录 B 选择；

(4) 辐射井宜封底防止进水，且可随钻进抽排水。

7.2.7 潜埋井施工安装应符合下列规定：

1 潜埋井结构宜采用集水坑、砖石砌井，无砂滤水管或铸铁滤水管；

2 在井中宜用离心泵、潜水泵抽降残存水；基坑（槽）封底时应预留出水管口；

3 潜埋井深度在基底底面1.0m以下；

4 停抽后迅速堵塞封闭出水管口，保证不溢水、渗水。

7.2.8 各种技术方法不能完全把地下水位降低到设计降水深度或给施工带来不便时，可选择下列工程措施：

1 基坑侧壁少量渗水时，可浅插小孔径滤水管排水；

2 基坑侧壁渗水较大时，可采用导水管、插铁板、码草袋、砖砌沟等方法导水至基坑明排井排出；

3 连续桩护坡桩间渗漏水，可采用喷护混凝土，桩间加孔灌注混凝土、粘土封堵；

4 局部地段集中渗漏水严重，可采用基坑外加降水井、井排；

5 基坑底部或拱顶、侧壁见水时，可采用速凝混凝土灌、喷护；

6 地表水底铺设粘土、塑膜等增加渗透路径；

7 当工程降水可能影响基坑稳定和地面沉降时，可采用人工回灌地下水；

8 基坑底部隆起时，可采用重压法、降水法。

7.3 施 工 程 序

7.3.1 降水施工前应以降水工程设计为依据。明确降水工程范围，降水技术要求，确定工期期限，编制施工总进度计划和预估成本核算等。

7.3.2 施工现场应落实通水、通电、通路和平整场地，并应满足设备、设施就位和进出场地条件。

7.3.3 按“降水工程施工纲要”组织施工顺序。组织施工队伍，筹措施工设备，选择管材，明确成井工艺。

7.3.4 对所有降水井、试验井、勘探孔、观测孔和排水设施，应按降水工程设计的数量和质量要求，严格进行连续施工按期完成。

7.3.5 当施工过程中遇到降水设计与现场情况不符时，应进行现场调查分析，预测可能出现的问题，并提出修改降水设计方案。在设计人员同意下由施工人员实施。

7.3.6 每个降水井、孔、排水设施竣工后，均应单独进行调试合格，方可进行降水检验。

7.3.7 全部降水井、孔、排水设施经过降水检验后，尚应作好降水监测与维护。

7.4 验 收 规 定

7.4.1 管井、大口井、辐射井等竣工后，应按国家现行的《供水管井验收规范》的有关规定进行验收。当国家尚无标准规定时，可按设计要求进行验收。

7.4.2 降水施工过程中改变降水设计方案，应具有设计人员与施工人员的洽商处理意见书，必要时尚应具有审批手续。

7.4.3 全部降水运行时，抽排水的含砂量应符合下列规定：

1 粗砂含量应小于1/5万；

2 中砂含量应小于1/2万；

3 细砂含量应小于1/1万。

7.4.4 验收时应提供施工记录、工程统计表、施工说明、洽商处理意见和审批文件等。

7.4.5 全部降水井、排水设施的降水深度应符合下列要求：

1 在基坑中心、最远边侧、井间分水岭处和基坑底任意部位，实际降水深度应等于或深于设计预测的降水深度，并应稳定24h。

2 当局部地段不能满足设计降水深度时，应按工程辅助措施、补救措施的可行性进行评估。

8 降水工程监测与维护

8.1 降 水 监 测

8.1.1 降水监测与维护期应对各降水井和观测孔的水位、水量进行同步监测。

8.1.2 降水井和观测孔的水位、水量和水质的检测应符合下列要求：

1 降水勘察期和降水检验前应统测一次自然水位；

2 抽水开始后，在水位未达到设计降水深度以前，每天观测三次水位、水量；

3 当水位已达到设计降水深度，且趋于稳定时，可每天观测一次；

4 在受地表水体补给影响的地区或在雨季时，观测次数宜每日2～3次；

5 水位、水量观测精度要求应与降水工程勘察的抽水试验相同；

6 对水位、水量监测记录应及时整理，绘制水量Q与时间t和水位降深值S与时间t过程曲线图，分析水位水量下降趋势，预测设计降水深度要求所需时间；

7 根据水位、水量观测记录，查明降水过程中的不正常状况及其产生的原因，及时提出调整补充措施，确保达到降水深度；

8 中等复杂以上工程，可选择代表性井、孔在降水监测与维护期的前后各采取一次水样作水质分析。

8.1.3 在基坑开挖过程中，应随时观测基坑侧壁、基坑底的渗水现象，并应查明原因，及时采取工程措施。

8.2 降 水 维 护

8.2.1 降水期间应对抽水设备和运行状况进行维护检查，每天检查不应少于3次，并应观测记录水泵的工作压力、真空泵、电动机、水泵温度，电流、电压、出水等情况，发现问题及时处理，使抽水设备始终处在正常运行状态。

8.2.2 抽水设备应进行定期保养，降水期间不得随意停抽。

8.2.3 注意保护井口，防止杂物掉入井内，经常检查排水管、沟，防止渗漏，冬季降水，应采取防冻措施。

8.2.4 在更换水泵时，应测量井深，掌握水泵安装的合理深度，防止埋泵。

8.2.5 应掌握引渗井的水位变化，当引渗井水位上升且接近基坑底部时，应及时洗井或做其它处理，使水位恢复到原有深度。

8.2.6 发现基坑（槽）出水、涌砂，应立即查明原因，组织处理。

8.2.7 当发生停电时，应及时更新电源，保持正常降水。

8.2.8 降水监测与维护期，宜待基坑中的基础结构高出降水前静水位高度即告结束；当地下水位很浅，且对工程环境有影响时，可适当延长。

9 工 程 环 境

9.1 工程环境影响预测

9.1.1 当降水工程区及邻近已有建筑物、构造物和地下管线时，应预测其工程环境影响。预测项目应包括下列内容：

1 地面沉降、塌陷、淘空、地裂等；

2 建筑物、构筑物、地下管线开裂、位移、沉降变形等；

3 基坑（槽）边坡失稳，产生流砂、流土、管涌、潜蚀等；

4 水质变化。

9.1.2 当预测的工程环境影响情况超出有关标准或允许范围时，应采取工程措施，预测方法包括：

1 根据调查或实测资料进行判断；

2 根据建筑物结构形式、荷载大小、地基条件进行预测计算。

9.2 工程环境影响监测

9.2.1 为查明工程降水对邻近建筑物、构筑物、地下管线的影响，按《建筑变形测量规程》(JGJ/T8)的有关规定建立时空监测系统。

9.2.2 在建筑物、构筑物、地下管线受降水影响范围的不同部位应设置固定变形观测点，观测点不宜少于4个；另在降水影响范围以外设置固定基准点。

9.2.3 降水以前，应对设置的变形观测进行二等水准测量，测量不少于2次，测量误差允许为±1mm。

9.2.4 降水开始后，在水位未达到设计降水深度以前，对观测点应每天观测一次，达到降水深度以后可每2～5d观测1次，直至变形影响稳定或降水结束为止；对重要建筑物和构筑物，在降水结束后15d内，应继续观测3次，查明回弹量。

9.2.5 变形观测点的设置，应符合现行国家标准《工程测量规范》(GB 50026）的有关规定。

9.2.6 对变形测量记录应及时检查整理，结合降水观测孔资料，查明降水对建筑物、构筑物、地下管线变形影响的发展趋势和变形量，分析变形影响危害程度。

9.2.7 降水过程中，特别在基坑开挖时，应随时观察基坑边坡的稳定性，防止边坡产生流砂、流土、潜蚀、塌方等现象。

9.3 工程环境影响防治

9.3.1 降水工程施工前或施工中，应根据预测和监测资料，判断工程环境影响程度，及时采取防治措施。

9.3.2 根据工程环境影响的性质和大小，可选择下列防治措施：

(1) 改进降水技术方法；

(2) 基坑（槽）外建立或结合阻水护坡桩、防渗墙、桩墙、连续墙；

(3) 边坡网护、喷护；

(4) 人工回灌地下水。

9.4 水土资源保护

9.4.1 对于基坑出水量大的降水工程，应在降水工程施工前，对水土资源做好利用、保护计划；暂时难以利用的，可将抽出的地下水引调储存在不影响工程环境的地表或地下。

9.4.2 对滨海地区的降水工程，应注意防止海水入浸，防止淡水资源遭受污染。

9.4.3 采用引渗井降水时，要求上部含水层的水质应符合下部含水层水质标准，以保护地下水资源。

9.4.4 降水施工期间洗井抽出的淡水，应在现场基本澄清后排放，并应防止淤塞市政管网或污染地表水体。

9.4.5 降水施工排出的土和泥浆，不应任意排放，防止污染城市环境或影响土地功能。

10 技术成果

10.0.1 降水工程结束应提交技术成果。包括文字报告并附有关图表。

10.0.2 根据工程复杂程度，可分别提交《降水工程设计说明书》、《降水工程施工报告》、《降水工程技术报告》。

10.0.3 简单降水工程编写《降水工程设计说明书》，文字应简明扼要，说明工程具体位置，工程规模、技术要求，降水地质条件，降水工程布置，降水效果，起止时间及有关问题，并附降水工程示意图。

10.0.4 中等复杂降水工程应编写《降水工程施工报告》，文字应简练全面，阐明工程位置和工程性质、工程规模、技术要求、降水地质条件、降水技术方法、降水设计、工程量布置、降水效果数据、监测与维护时间以及存在问题，并附工程降水布置平面图、剖面图。

10.0.5 复杂降水工程应编写《降水工程技术报告》；要求文字清楚简练全面。报告内容应符合下列要求：

1 前言应包括场地位置，工程规模，技术要求和特殊技术要求，研究程度，降水工程量，降水施工简介，人力设备和工期；

2 场地施工条件应阐述场地与邻地关系、地下设施情况、给水、排水、电力及交通条件等；

3 降水地质条件应包括降水勘察简介，水文气象、地形地貌、地层岩性，地质构造、含水层、隔水层分布；地下水类型、地表水分布特征；地下水的水位变幅、补给、径流、排泄关系等；

4 降水试验应包括试验设计和试验成果，以及水文地质参数与工程参数的选取；

5 降水方案布置与工程量，降水设计预测计算，计算主要过程、实测数据统计资料；

6　降水施工应包括施工方法及完成情况，施工组织、工程措施、存在问题；

7　降水监测与维护情况；

8　工程环境应包括工程环境预测、监测、水土资源保护等；

9　结论与建议；

10　附图表宜包括场地的地上地下工程现状图、降水方案布置图、综合与典型地质剖面图、降水前后的地下水水位等值线图，以及工程量统计表，降水工程水位水量统计表。

10.0.6　特殊降水工程技术成果可参照复杂降水工程的要求编写，重点论证“特殊问题”、降水设计和工程措施，构成报告主要章节。

附录A　土的分类与定名

第四系土的分类与定名应符合表A的规定。

土的分类与定名　　**表A**

类别	定名	说明
碎石土类	漂石	圆形及亚圆形为主，粒径大于200mm的颗粒超过总重量50%
碎石土类	块石	棱角形为主，粒径大于200mm的颗粒超过总重量50%
碎石土类	卵石	圆形及亚圆形为主，粒径大于20mm且≤200mm的颗粒超过总重量50%
碎石土类	碎石	棱角形为主，粒径大于20mm的颗粒超过总重量50%
碎石土类	圆砾	圆形及亚圆形为主，粒径大于2mm且≤20mm的颗粒超过总重量50%
碎石土类	角砾	棱角形为主，粒径大于2mm的颗粒超过总重量50%　$K'>50$m/d
砂土类	砾砂	粒径大于2mm的颗粒占总重量25%～50%　$K'\geq 50$m/d
砂土类	粗砂	粒径大于0.5mm且≤2mm的颗粒超过总重量50%　$K'=25\sim50$m/d
砂土类	中砂	粒径大于0.25mm且≤0.5mm的颗粒超过总重量50%　$K'=10\sim25$m/d
砂土类	细砂	粒径大于0.075mm≤0.25mm的颗粒超过总重量50%　$K'=5\sim10$m/d
砂土类	粉砂	粒径小于等于0.075mm的颗粒超过总重量50%　$K'=1\sim5$m/d
粘性土类	砂质粉土	塑性指数 $3<IP\leq 7$　$K'=0.50\sim1.0$m/d
粘性土类	粘质粉土	塑性指数 $7<IP\leq 10$　$K'=0.5\sim0.25$m/d
粘性土类	粉质粘土	塑性指数 $10<IP\leq 14$　$K'=0.25\sim0.10$m/d
粘性土类	重粉质粘土	塑性指数 $14<IP\leq 17$　$K'=0.10\sim0.05$m/d
粘性土类	粘土	塑性指数 $IP>17$　$K'=0.05$m/d
粘性土类	黄土	手搓无砂砾感，易分散具大孔隙肉眼可见有直立性，$K'=0.20\sim0.50$m/d

注：①土的名称应根据粒径分组由大到小以最先符合者确定。

②野外临时确定土的名称时，可按国家现行标准《建筑工程地质钻探技术标准》（JGJ87—92）附录B的有关规定执行。

③碎石土类粒径大于2mm以上，总重量超过50%，K'值可选用大于50m/d。

附录B 辐射管规格表

辐射管规格应按表B.1和表B.2选用

D=50～75mm 的辐射管规格 **表 B.1**

辐射管管径 (mm)	进水孔直径 d (mm)	每周小孔数（个）	小孔间距 l (mm)	每管孔数（个）	孔隙率 (%)	适用地层
50	6	16	12.0	1328	20	中砂，粗砂
	10	10	26.6	370	15	粗砂夹砾石
	12	8	38.7	232	14	粗砂夹砾石
	12	6	40.0	150	9	粗砂夹砾石
75	6	21	12.0	1750	20	中砂，粗砂
	10	14	28.0	490	10	粗砂夹砾石
	12	10	30.0	330	31	粗砂夹砾石
	13	10	21.1	410	21	粗砂夹砾石

D=100～160mm 的辐射管规格 **表 B.2**

管外径 (mm)	壁厚 (mm)	每周小孔数（个）	每延长米行数（个）	每延长米孔数（个）	孔隙率 (%)	适用地层
108	6	34	9	206	14.4	中砂
		22		198	14.1	中砂，粗砂
		19		171	16.1	中砂，粗砂
		13		117	16.5	粗砂夹砾石
		10		90	17.0	粗砂夹砾石
140	6	44	9	396	14.4	中砂
		29		261	14.2	中砂，粗砂
		24		216	15.7	中砂，粗砂
		17		153	16.7	粗砂夹砾石
		13		117	17.0	粗砂夹砾石
159	7	33	9	297	14.2	中砂，粗砂
		25		225	18.0	粗砂夹砾石
		26		144	16.1	粗砂夹砾石
		12		108	15.6	粗砂夹砾石

附录C 本规范用词说明

C.0.1 为便于在执行本规范条文时区别对待，对要求严格程度不同的用词说明如下：

（1）表示很严格，非这样做不可的：

正面词采用“必须”；

反面词采用“严禁”。

（2）表示严格，在正常情况下均应这样做的：

正面词采用“应”；

反面词采用“不应”、“不得”。

（3）表示允许稍有选择，在条件许可时首先应这样做的：

正面词采用“宜”、“可”；

反面词采用“不宜”。

C.0.2 条中文指定应按其它有关标准、规范执行时，写法为“应符合……的规定”或“应按……执行”。

附 加 说 明

本规范主编单位、参加单位和主要起草人

主编单位：建设部综合勘察研究设计院

参加单位：中国民航机场建设总公司
中国兵器工业部勘察研究院
中国航空工业部勘察设计院
冶金工业部建筑研究总院
上海岩土工程勘察设计研究院
北京市城建勘察测绘院
北京市政第三工程公司

主要起草人：孙树义　苏贻冰　花仁荣　马丽丽
袁绍武　刘哲钧　胡代华　高辅民
刘森林　杜蕙兰

中华人民共和国行业标准

建筑与市政降水工程技术规范

JGJ/T 111—98

条 文 说 明

前　言

根据建设部建标［1992］第227号文件，由建设部综合勘察研究设计院同有关单位共同编制的《建筑与市政降水工程技术规范》经建设部1998年10月26日以建标［1998］198号文件批准，业已发布。

为便于广大设计、施工、科研、学校等有关人员在使用本标准时能正确理解和执行条文规定，《建筑与市政降水工程技术规范》编制组按章、节、条顺序编制了本标准的条文说明。如发现本条文说明有欠妥之处，请将意见函寄建设部综合勘察研究设计院（北京东直门内大街177号，邮政编码100007）。

本规定由建设部标准定额研究所组织出版。

目　次

1 总 则

1.0.1 随着我国大规模经济建设，建筑与市政工程数量越来越多，规模越来越大，基础越埋越深，条件越来越复杂；各类地基、基础、基坑施工，都需要考虑降低地下水位。许多降水工程经验教训说明，没有充分进行降水勘察、降水设计的降水施工会造成损失，甚而导致基坑边坡失稳、塌方、流砂、流土，引起场地周围地面沉降或建筑物变形以及对水土资源环境恶化，产生工程环境影响。说明降水工程是工程建设的重要组成部分，具有很强的科学性。为改变这种状况，正确实施降水工程，从实际出发，认真总结经验，尽量采用国内外先进技术和科研成果，编制具有先进性、实用性和权威性的规范，才能做到标准统一、技术先进、确保质量、安全可靠、经济合理，避免或减轻工程环境不良影响，故编制本规范。

技术要求、名词术语、技术方法、勘察、设计、施工、技术成果等过去很不统一，编制本规范时都曾认真考虑和作出统一规定，目的是方便使用、利于交流和提高。

1.0.2 本规范不仅适用于建筑与市政工程的新建、改建与扩建，对于机场、公路、铁路、港口、冶金、水工等系统的地基基础基坑工程亦可参考应用；并可供大专院校、科研部门参考。适用条件包括第四系松散地层的滞水、潜水、承压水或基岩裂隙水、岩溶水、地表水下、涵洞等条件。

1.0.3 要达到工程降水目的，降水工程勘察必须强调两点：

（1）要有准确的水文地质、工程地质参数为依据，否则将导致降水工程设计和施工的失准、失效或失败。

（2）考虑到工程建设在进行岩土工程勘察时，虽已完成降水工程勘察的部分内容，往往不能满足降水工程设计要求，大多数尚需补充降水试验等勘察工作，才能顺利进行降水工程设计。

1.0.4 本规范强调技术与经济的协调统一，要求进行技术方法和降水方案对比优化，以保证降水工程达到优质、经济、安全的目的；同时强调不产生工程环境危害性影响，这是过去容易忽视的。

1.0.5 我国首次制订降水工程技术规范，缺乏借鉴，凡没有包括的内容，还应参照国家颁发的其它有关标准。

2 术语、符号

2.1 术 语

2.1.1 降水工程是一个独立工程。过去的含义和界定不够明确，理论和实践方面既有独立性又有综合性，在边缘科学中已逐渐形成一个新的学科分支，本条明确了基本定义。关于水下降水工程是指岩土体上有地面水覆盖，因此要降低岩土体中的地下水，需先在该范围筑起围堰排除地面水体，继后降低岩土体中的地下水。

2.1.2 降水地质条件不同于普通地质条件、水文地质条件、工程地质条件，除共性外它有特殊性。技术要求、降水试验、工程参数，需要查清的专门问题等是普通地质条件、水文地质条件、工程地质条件过去没有涉及的。

2.1.3 降水工程勘察在深度、广度和专门性方面不同于岩土工程勘察、供水勘察、综合性地质勘察。降水工程勘察的任务主要是查清与设计降水深度、抽水试验、技术方法选择、降水方案预测对比、工程环境影响等有关问题的勘察。

（1）降水勘察中的抽水试验与供水勘察中的抽水试验有区别，降水勘察的抽水试验需要解决井间地下分水岭等于或低于设计降水深度和定降深条件的参数，此时参数具有模拟性、实用性、接近实际的特点，因此必须通过群井抽水试验使水位降深值接近设计要求时解决井深、井距、井数问题才是合理的；供水勘察的抽水试验不必满足这些要求，主要目的是求地层的渗透系数、补给量、合理的开采降深与开采量问题，水位降深越小越好；

（2）自渗试验是工程降水特有内容；

（3）注水试验是降水条件下需要回灌地下水时进行的试验。

2.1.6 滞水不同于过去通用的“上层滞水”，本条定义和增加了新内容。

2.1.8 勘察单位通常把最小的降水井称为“轻型井点”或“井点”，施工单位常把 $d=100\sim300$mm 的“管井”、“大口井”也叫“井点”；实际上也无严格的定义。为统一标准，避免混淆，本条规定将直径接近 100mm，单级降水深度接近 6m 的井称“点井”，把 $d=200\sim500$mm 的井称“管井”；$d\geqslant800$mm 的井称为“大口井”及“辐射井”的集水井。

2.1.14 引渗井是我国工程降水从实践中总结出来的一种新井式。

2.1.15 潜埋井也是从深基坑和涵洞施工中新总结出来的一种降水井新井式，潜埋方法和设备可有很多种。

2.1.16 降水试验一般应在降水勘察中进行，也可在降水施工前进行，是降水设计的主要依据之一。

2.1.18 “工程环境”不同于“环境保护”。环境保护俗称第一环境。多从宏观、区域、自然、静态的角度，研究水（大气降水、地表水、污水、污液）、气（大气、汽体、废气、射气）、声（噪声）、生（生态）、渣（垃圾、废渣）、油（石油、废油）、射线等方面；工程环境可称第二环境，是从微观、局部、人工、动态的角度，研究大气工程（海洋工程、极地工程、水文气象、射线），地面工程（建筑、构筑、设施），地下工程包括岩、土、水、地震、地质、地基、基础、基坑（槽）涵洞、地下设施、人防工程，管理工程（管理模型、信息施工、专家系统、行政法规）等方面。工程环境与环境工程也不一样，后者仅为减轻或消除对环境产生有害影响而设的工程，可以认为是工程环境影响治理对策的组成部分。降水工程涉及很多工程环境问题。

工程建设和施工，实质上也是环境设计和施工。历史上，任何一个工程建设，自觉或者不自觉、直接或间接，都程度不同的体现了工程环境意识。

总之，工程建设与工程施工对自然环境、人工环境、社会环境的影响，及工程建设与工程施工受这些环境的制约作用，通过调查、预测、防治、管理，达到可持续发展的目的。

3 基 本 规 定

3.0.1～3.0.4 本规范对建筑与市政降水工程全部工作内容都做了比较明确的基本规定，目的是提高降水工程的科学性、系统性和实用性。

3.0.5 强调准备辅助措施是由于降水地质件具有复杂性，降水设计和施工稍有误差，便可能导致降水工程停工或拖期；备有工程辅助措施，可保证工程降水顺利进行。

3.0.7 降水工程技术成果过去常被忽视，为总结工程经验、提高技术质量、建立工程档案，本条规定所有降水工程都应提出不同标准的技术成果。

3.0.8 本规范提出工程环境这一概念，目的是强调工程环境问题。

4　降水工程分类

4.1　一般降水工程

4.1.1　一般降水工程分类还有多种。本规范从方便降水勘察、降水设计、降水施工角度出发，对影响降水的主要因素基础几何形状、降水深度、含水层特性、工程条件和特殊条件降水等进行分类。其它如按降水量分类可寓于渗透性、降水深度和含水层分类之中，本规范复杂程度分类代表了降水工程当前出现的基本类型。

1　过去降水工程取费标准是按基坑侧面积计算的，不能反映降水工程难度和规模，本规范的复杂程度分类为此提供依据。

2　降水工程过去没有复杂程度的统一标准，为评价和使用方便，特制定表 4.1.1。

3　根据我国经常出现的建筑工程基础平面面积做出规定，例如占地 5000～20000m^2 的建筑物，通常会有 2～3 层地下室，降水深度 6～16m，可做为中等复杂程度的指标。

4　我国工程降水深度 6.0～16.0m 居多，小于 6.0m 居次，大于 16.0m 较少，我国目前最大降水深度已达 36.0m。

4.2　特殊性降水工程

4.2.1　特殊条件降水工程，根据我国当前的工程实践，仅考虑 3 种：基岩、水下、涵洞。随着工程建设的发展，经过一段实践，再予丰富补充。

5　降水工程勘察

5.1　一　般　规　定

5.1.1　降水勘察是为降水设计和降水施工服务的。不能用工程勘察资料简单代替，尤其抽水试验是必不可少的内容；确定降水勘察内容和布置勘察工作时，应考虑到建设单位对降水深度、范围、时间、复杂程度和降水地质条件及对周围环境产生不良影响的专门要求等。适当增加或减少工作内容和工作量。因此降水勘察也不划分勘察阶段。

5.1.2　降水勘察首先应进行现场踏勘搜集资料，然后编写勘察纲要。现场踏勘是了解施工现场水文气象、地层岩性、水文地质、工程地质、环境地质资料，尤其需要了解建筑物及地下管线等分布情况，为编写纲要提供第一手材料。还应了解工程场地的交通运输、动力来源、施工用水和材料供应等条件，为勘察施工作好准备。勘察纲要内容应包括：

1　勘察任务委托单位，技术要求，完成工期，勘察范围；

2　勘察孔布置，勘察试验井、勘察孔、观测孔的数量、口径、深度；

3　抽水试验；

4　室内试验；

5　施工组织；

6　材料设备；

7　质检与安全；

8　工程措施；

9　工期安排；

5.2 勘察孔（井）布置

5.2.1 勘察孔的布置的确定应考虑多种因素，应能反映场地降水地质条件，根据基坑施工条件、周围建筑物及地下管线等应保持足够安全距离，勘察孔应布置在基坑内外，必须控制降水含水层的空间分布。对于第四系地下水补给径流方向、基岩裂隙构造和岩溶发育方向，基坑降水条件下可能发生补给的越流含水层，必须要有足够的勘察资料和勘察井孔；

试验井结合生产井，管直径 d 不小于 300mm，孔直径 D 不应小于 500mm，是根据多数潜水泵外形尺寸为 288mm 确定的；

对特殊土增加勘察孔和特殊项目分析，目的是了解抽水状态下，地层和基坑的物理力学性质和化学成分的稳定程度。

5.2.2 勘察孔的深度，从我国目前所完成的一些工程降水看，均质含水层最低要求在基坑深度 2 倍以上。双层或多层含水层勘察孔的深度应了解基坑底以下可能产生水力联系的所有含水层。条文对于深度的具体规定是根据工程实践经验而来的，当遇有特殊要求或降水地质条件复杂，其深度应予适当调整。

在降水深度范围内，往往存在几个含水层，应在不同的含水层中设置观测孔，了解降水过程中有无越流补给现象，使计算的降水地质参数更切合实际。

5.3 降 水 试 验

5.3.1 抽水试验的含砂量为万分之一，其精度等于“供水水文地质勘察规范”规定的十分之一，降水井与供水井不同，降水井以降低水位为目的，使用时间短，以不产生不良地质现象和水泵正常运转为准，故含砂量要求低于供水井。

5.3.2 单孔降水试验至少进行 2 次降深，其中一次最大降深值应接近设计降水深度，目的是，用最大降深值时的附加阻力对 K' 值的影响，阻力条件相近，K' 值也接近，可减少设计偏差，用含有附加降深值计算得出 K' 值不是一个常量。

（1）根据井外观测孔不同水位降深值和井内流量，来修正降水井产生的三维流和井壁摩阻力的影响，去掉井的附加降深值。计算的渗透系数是一个常量；

（2）不同降深的渗透系数不同，说明附加降深不同；

（3）对于复杂工程，为使所求水文地质参数对整个场区更具有代表性，要求不得少于 2 个以上单孔抽水和二次群井抽水试验，是验证预测的水位下降值与实测水位下降值是否一致或接近，为降水设计方案提供合理依据。

（4）由非稳定到稳定的抽水试验的出水量、水位观测的时间间隔、次数的规定，主要是使抽水试验开始即非稳定流段的 $S\cdot t$ 值在第一个周期对数坐标上能均匀分布，真实反映 S-lg$t$ 曲线在试验开始段的变化并使曲线光滑，易求参数。

5.3.3 引渗井降水是钻通滞水层或含水层的下渗通路、使上层水自行下渗，达到疏干上层水降低地下水位的目的。这就要求钻探过程中尽量避免使用泥浆钻进，一般可用清水钻进、高压水套管冲击、螺旋钻进，振动沉管法或人工挖井等方法。

5.3.4 降水工程的注水试验，是为采用工程辅助措施或回灌地下水服务的，应提供注水速度、注水量、R-H 曲线等资料，计算渗透系数。

5.4 水文地质参数

5.4.1 水文地质参数：

1 利用观测孔水位资料计算渗透系数，它符合地下水平面流运动条件；

2 选择水位降深接近降水设计深度和计算水跃值，分析地下水运动的阻力，这种阻力在降水施工中是不易排除的，使试验接近生产条件，更符合实际；

3 计算分层和混层降水地质参数，目的是为分析降水含水层特征、产生越流的可能性，计算水资源等提供依据。

4 水文地质参数可由单孔、多孔、稳定流、非稳定流降水试验方法求得，应根据工程的复杂程度确定。

5.4.2、5.4.3 当降水地质条件简单，工期又很紧迫的情况下，可参考应用降水地质条件相似、相邻地区的参数；但应验证；对中等复杂工程可用单孔或观测孔抽水试验求 K'、R 值；对于复杂工程预测地下水位要求高，必须应用观测孔求参，采用稳定流非稳定流公式计算。

5.4.4 关于 S、T、a、μ 的计算公式可参照国家现行《供水水文地质规范》的规定。

5.4.7 特殊土的指标包括：

1 在湿陷性黄土地区必须求得湿陷系数以判定是否有湿陷性；

2 在软土地区应进行物理力学试验求得液化指标及压缩性指标以判断是否因降水引起流砂、淘空、塌方或地面沉降等现象；

3 在彭胀土地区应求得膨胀率，收缩系数，计算膨胀变形量和收缩变形量；

4 在盐渍土地区，应测定其不同深度的含盐量。

5 其它特殊土根据需要求其指标。

5.5 特殊性降水工程勘察

5.5.1、5.5.2 泉水水位、水量动态预测是采用数理统计预测，亦可用布辛涅克公式计算验证：

补给丰富 $$Q_t = Q_0 e^{-\alpha t} \quad (1)$$

补给不丰富 $$Q_t = \frac{Q_0}{(1+\alpha t)^2} \quad (2)$$

式中 Q_t——任意时间流量（m^3/d）；

Q_0——最大流量（m^3/d）；

t——任意时间（d）；

α——衰减系数；利用实测资料反求 α，资料越多越准确。（1）利用实测资料；（2）对公式两边取对数求 α 值后再求 Q 值。

5.5.3 水下降水勘察：

（1）当地表水排水后，基坑范围与周围产生水头差，地层受力状态不同，地表水地下水联通性越好，产生不良地质现象可能性就越大，故应重视地层的物理力学性质和不良地质现象。

（2）筑岛后再进行工程降水，地层的物理力学性质有变化，尤其是渗透性的差异，故需补充勘察资料。

5.5.4 涵洞降水勘察，应充分注意滞水对降水效果和洞顶稳定性的影响。

6 降水工程设计

6.1 一 般 规 定

6.1.1 为进行正确的降水设计，应明确技术要求，在已往工程实践中，技术要求提的简单不全，因此施工后产生很多问题，技术要求应按基本规定考虑。

降水工程必须进行降水设计和论证这是降水工程成功的保证。在过去工程实践中，存在仅凭经验不重视降水设计，致使有些降水工程造成损失和延误工期，必须引以为戒。同一个降水工程，在相同的降水地质条件下，可以选用一种或几种降水技术方法，采取不同的布井方案，满足降水技术要求，这就存在降水设计方案优劣问题。因此，降水设计需经论证，从中选取经济合理，技术可靠，易于施工，管理方便的降水设计。

6.1.2 以往有些降水工程虽做了降水设计，但依据不充分，大多数没有进行正规的降水勘察，仅根据工程地质勘察的地层资料和水位值（没有含水层渗透性、地下水的补排条件及动态资料），采用有关的经验值（如渗透系数，影响半径，导压系数等）进行降水设计。这样的降水设计，容易产生工程量过大，过于安全，或者工程量太少，降水达不到要求，被迫补加工程量，延误工时，造成浪费。因此，降水设计必须具备降水勘察资料。

降水工程现场施工条件应包括：

降水区附近有无供排水管道渗漏和其它渗水情况，研究其对降水的影响；“三通一平”与排浆、排水、排泥条件；有无影响降水施工的地下障碍物；周围的环境状况与环境质量；附近的测量基准点，高程点；周围已有建筑物和各种管网等。

6.1.3 降水设计的水位预测计算，是降水方案的核心工作。必须根据降水地质条件、现场施工条件，在满足降水技术要求和环境要求的前提下，合理选择降水技术方法，恰当布设降水井，正确选择计算公式，进行降水水位、水量的预测计算应注意三点：

（1）降水设计的水位、水量的预测计算，往往不是经一次计算就能达到技术要求的，需要多次布井方案的调整计算，才能提出较为合理的降水方案。

（2）降水水位、水量的预测计算，由于多种条件的制约，要求降水设计的工程技术人员，严格把握计算条件，精心预测计算，应用试验资料校核，力求预测计算的结果接近实际。

（3）在降水地质条件差的软塑土（淤泥质土、高压缩性土等）、疏松的粉土，盐渍土，因承压水顶托基坑底可能隆起的工程以及距离已有建筑物和构筑物很近的降水工程，进行降水设计时，必须根据当地的具体条件，采取有效的工程措施，和工程辅助措施，确保基坑基槽和邻地已有建筑物和构筑物的稳定与安全。在以往的降水工程中，这方面的经验教训是不少的。

6.2 降水技术方法选择

6.2.1 本条列出了目前常用的降水技术方法和适用范围，在选用技术方法时，必须因地制宜，表 6.2.1 是搜集了目前国内常用的降水技术方法编制的：

1 明排井深度主要依据《北京市政工程手册》；

2 点井的降水深度是依据我国目前常用的降水深度概括的；

3 引渗井降水是在总结北京地区降水工程经验基础上提出的；

4 表 6.2.1 中所列方法是一般的适用范围，遇有特殊情况，不限于表 6.2.1 规定。一个工程降水不限于选择一种降水技术方法，可以根据不同的技术要求，降水地质条件等，同时选用两种或两种以上的技术方法，相互配合，互为补充，达到高效、节约和优化降水的目的。

6.2.2 明排井是集水井、集水坑敞露于基坑底表面而不覆盖，排水沟可为明沟或管涵。

6.2.3 点井降水按原理分为：真空点井、喷射点井、电渗点井降水，真空点井又分为垂直、水平、倾斜；按降水深度分为单级、多级、接力点井降水。

点井的间距，在50年代一般用0.8～1.2m，在某些工程降水中，曾采用2m间距取得成功，但比较有把握的，仍应在1～5m间距，加大间距可节约降水费用及能耗，但要形成降水基坑周围完整的真空帷幕，用以截断地下水渗流，应依试验为依据，才可加大点井间距。

6.2.4 引渗井降水是在滞水分布较普遍地区应用，例如北京市的地下水位，自解放后30多年来，已由埋深2～3m，下降到10～20m，对于一般浅基坑已不用降水，但随之而来的确是大量生活用水的自然排放及下水道工程的渗漏。导致本来已无天然渗流水补给的浅层含水层，受当地附近生活用水的长期补给，而浅层含水层中形成大面积滞水。这种滞水无规律性，甚至形成孔洞渗流的特点。因此在采用自渗井降水时，一定要结合本基坑周围的具体特点布孔，并要调查清楚周围的各种沟渠管线及可能向基坑渗水的途径。

6.2.6 大口井降水在我国应用逐年减少，主要原因是成本高、效果差，但在偏远地区或地层适宜地区仍有应用。我国北方大片黄土覆盖，具有很好的垂直节理特性，井壁不用保护，每眼大口井的费用较低。尽管如此，大口井只能适用于浅基坑降水，一般降水深度小于20m，或在基坑底部，做为其它降水方法的辅助措施。

6.2.7 辐射井在我国应用的时间不长，但由于施工技术不断发展，例如主井大直径反循环钻机的采用及漂浮法下管技术的成功，可使主井施工深度达到50m，甚至更深，是人工沉井法很难实现的，这样就使其适用性更为广泛，又如YS-Ⅳ型专用水平钻机的效能不断完善，就可使一眼辐射井的降水面积达到900m²，甚至更多，尤其是大宽度的基坑降水，更便于发挥作用。

辐射井降水施工比地表施工干扰小，可布置在基坑一侧或端角部位，地表只露出一个大口井；另外辐射井可在某一断面，纵横两个方和拦截地下水，该法也可与其它降水技术配合使用。辐射井在均质地层中可广泛应用，但多层含水层或条件复杂地区，不能单独完成降水，成本也较高。

6.2.8 潜埋井：近年基坑施工中发展起来的新技术，对涵洞和基坑底部残存水的排降作用十分有效，在实施中需要与其它工种配合。

6.3 降水井布置

6.3.1 本条对降水井的平面布置是对降水方案提出要求的，对具体井的布置没有明确规定，可以是等距或不等距布井，应根据任务要求，水文地质条件和降水设计具体需要来布置。

采用辐射井降水时，当有几个辐射井同时对一个工程实施降水，由于目前在理论上还没有解决辐射井相互干扰的水位计算问题，因此只能通过试验或相同条件下的成功经验来确定辐射井辐射管的具体分布和数量，使之控制基坑范围内的有效水位降深达到降水技术要求。

当采用两级或多级点井降水方法时涉及基坑开挖的配合问题，因此在降水设计中，应提出基坑开挖的要求。

6.3.3 降水井的合理布设（包括平面的、垂向的），最终应通过水位、水量预测计算与降水方案优化后确定。并应考虑井周三维流与紊流的附加水头损失，适当留有余地。

6.3.4 降水观测孔从降水勘察开始经降水设计、降水施工、均需考虑其位置和作用。

6.4 降水出水量计算

6.4.1 基坑出水量包括：

1 满足基坑降水水位要求的基坑总出水量；

2 预测计算基坑的出水量。

6.4.3、6.4.4 条所列计算公式，分别为块状基坑和条状基坑降水井出水量公式，分成完整井做完整井，计算具有一定精度。对于具体降水工程超出上述公式适用条件的，不排除选用其他适宜公式。

6.4.5 本条规定在降水设计预测计算中，设计分配每个降水设施的出水量不应大于降水设施的出水能力。

1 单井出水能力，包括群井干扰抽水情况下单井出水能力；基坑出水量分配到各降水井，其单井出水量不大于单井出水能力，降水预测计算才能成立；如分配到各井出水量大于单井出水能力，或者经群井干扰抽水的水位降深达不到要求时，就必须重新调整井的数量或井的结构，重新计算，直至满足降深要求为止。

2 本条列出的真空点井，喷射点井和管井的单井出水量计算公式，都是通过有关实践总结与有关文献资料总结的。因为单井出水能力不仅取决于含水层的渗透能力，还与过滤器的结构，成井施工质量，水位降深等因素有关。因此各类井的单井出水量，只能代表一般情况的单井出水能力。由于在降水设计计算时，开始时仅作初值考虑，精度要求不高，经预测计算确定的井数与井出水量，应小于单井出水能力。

6.5 降水水位预测

6.5.1 降水水位预测计算是降水设计的核心工作。它决定于降水技术方法，降水井的布置，涉及井数、井深、井的结构、出水量和水位降深等一系列指标，因此必须认真对待。

降水水位预测计算，一般不是经过一次，往往需要经过多次布井方案的调整，才能达到目的。复杂工程是一项比较繁琐的工作，应由计算机完成，强调三点：

1 选用的计算公式，其适用条件应尽可能与实际水文地质条件相符；

2 优选的降水方案应保证基坑底部任意点都能满足降水深度要求；无论做何种技术方法与调整降水方案，计算预测都不能满足设计要求的，可采用潜埋井技术方法等加以补充；

3 在降水预测计算中，所用公式均为二维层流状态推导的公式，因此预测计算结果未包含井周三维流与紊流的附加水头损失，在确定井深与井内水位降深时，应把这部分水头损失计算在内。

6.5.2 管井降水水位预测计算，应分为面状基坑或条状基坑。所列公式为两类：非稳定流以泰氏公式为基础，稳定流以裘布衣公式为基础。公式立论正确，已为广大水文地质界所接受，并已广泛用于实践。目前完整井公式比较成熟，计算也比较简单，故列入本规范，使用方便；非完整井公式，计算繁琐，稍欠成熟，可参考使用。

6.5.3 本条作此规定，出于两个原因：

1 点井降水：点井数量很多，如果应用管井理论进行水位降深预测计算，计算工作量大，且每个点井的出水量也很难控制，计算的结果与实际出入较大；又因点井降水大多在弱含水层中进行，每级水位降深很大，出水量不多，按我国目前点井设备规格，其抽水能力一般远大于基坑的来水量。监于上述原因，对点井降水，一般不要求进行降水水位预测计算，但应控制设备的抽水能力应大于基坑出水量一倍以上。

2 辐射井降水的水位预测计算，尤其是两个以上辐射井同时干扰抽水的情况下水位预测计算，目前还没有合适的计算公式，因此只能以辐射井的集水管的分布范围及其抽水能力来控制，即辐射井应是降水区的各降水含水层出水量一倍以上，一般情况下可以达到降水深度要求。

6.5.4 采用引渗降水的工程，其主要手段是将基坑范围内的滞水，通过引渗井，将滞水引渗至基坑底部以下强导水层中消纳，达到降水目的。在进行降水水位预测计算时，需要考虑两方面的问题：需要多少个引渗井才能将基坑出水量全部引渗到下部强导水层中，下渗水量能否被下部强导水层全部接纳；容纳以后的下部含水层水位将抬升，抬升的水位有多高，是否底面在基坑底面以下，能否满足降水技术要求。这需要通过预测计算，一般采用达西公式和裘布衣公式。

6.5.5 基坑降水水位预测计算也可用实抽法。除前面列出的计算方法以外，也可根据降水勘察或降水施工时的群井抽水试验，实测水位影响范围和不同距离的水位降深值。建立相应的统计方程，按迭加原理预测计算不同布井条件下基坑降水水位，这种预测水位，比较直观可靠也简单易行。

6.5.6 对于水文地质条件复杂的重大降水工程，在获得较多的水文地质参数条件下，为慎重起见，也可采用数值法进行基坑降水水位预测。这种预测方法精度比较高，需要条件很多。

7 降水工程施工

7.1 一 般 规 定

7.1.1 降水施工，不仅指降水设施，也包括排水设施施工，当全部完成施工安装后，使设施运行，直到地下水位降深满足技术要求的降水深度并稳定 24h，降水施工阶段结束。

7.1.2 施工纲要是指导降水施工的技术文件，不作为技术成果内容，可做为技术成果的附件。

7.2 降水井施工安装

7.2.2 点井施工安装

1 真空点井

（1）真空点井常用的是单级点井降水采用真空泵。

我国南方已形成点井成套设备供应能力。点井过滤器外部为 $d=50$mm 的钢管，钻有圆形孔眼，内有芯管 $d=38$mm 的钢管连接。钢管上部可通过有环形支撑的 PVC 管或胶管与总管联接，一般总管可采用 $d=90\sim130$mm 的钢管，采用法兰盘连接，总管应在一个方向焊有 $d=38$mm，长度 10cm 的管头，一般间距为 1.0m，也可根据实际需要确定间距。在总管的中间应焊有与其直径相适应的三通，以便与真空泵连接。我国已有点井专用真空泵，抽水效果较好。

我国北方采用的点井过滤器，较为简单，即将 $d=38$mm 的钢管，下部 1.5m 长钻有圆孔，然后包 2 至 3 层棕皮、尼龙网，即可使用，在工期不长的工程降水中是很成功的。

（2）真空点井地上部分可加射流设备。由针状点井管、针状井管、总管和射流泵组四部分组成。针状点井管，下部连接针状过滤器，过滤器包括里层芯管和外层花管。在管外2层分网，过滤器下部接沉淀管，芯管有进水孔，外井管上部由尼龙软管、胶管或铜管与总管相通，总管再接在射流泵组上。

射流泵连续运转造成负压，通过总管和点井管传导至埋入地层的针状过滤器。再由过滤器传导到针状点井周围的含水层中，使含水层的水沿着重力和负压合力的矢量方向流动并汇入点井滤管，最后经射流泵的水箱排出。

各个点井都形成一个负压影响范围，如设计合理，各负压区连接成一个负压带，能起到截断地下水流和降低地下水位的作用。

(3) 接力点井是上方出水口处，安装大直径射流器，设备直径（$D=96$mm），下部加喷射器增加降水深度。

接力点井降水是国内目前仅有的一次接力点井降水实例，应用在上海宝山钢铁总厂初轧车间，最深的基坑中，总长度为2265m，其上部通过两级真空点井降水，开挖基坑底为－9.6m，然后采用25.5m长的喷射点井设备，接力点井下部为喷射点井，在上部芯管的工作水箱排水处，安装了ϕ96mm喉管的射流器。并辅以一级真空点井及一级喷射点井，实际是在不同深度上截断地下水流，即点井截断－9.60～－19.60m渗流水，喷射井点截断－19～－24m渗流水，接力点则截断－24.00～－30.50m的渗流水。

(4) 多级点井是对于降深度较大的基坑，可按不同深度的梯级平台设置真空点井或接力点井。按不同高程的多级点井封闭，分别向坑外排水，或接力排水。

我国目前最多已经达到四级点井降水，1980年在上海市吴松，江边泵站工程施工中采用的多级点井降水，该基坑的降水深度16m，上部地层为淤泥质粉质粘土、下部为淤泥质粘土，通过四级点井，全部采用射流泵，基坑开挖达到了设计深度。

2 喷射点井射流器是由喷嘴、联管、混合室、负压室组成，是根据喷射原理制造的。

原理是由喷射嘴喷射出的高压水，高速冲过喉管的同时，在喷嘴周围形成负压，负压将通过过滤器传导到反滤砂层及降水目的层中，从而将含水层中的水抽至点井中。喉管上方是混合室，高速水流与由地层中抽进的汽与水，将形成汽水溶液，该汽水溶液的比重轻于水，有自然上冒的势能，再借助高速水流具有向上的动能，即可向上排出地表。

喷射点井在我国一般采用7.5MPa压力的水泵，可带动20m长的点井，每台泵可带动30个点井，但必需有备用水泵，以保证连续数个月的降水需求。我国采用的过滤器直径为73mm至63mm，一般长度采用1.5m，外壁管直径多用63mm钢管，内管多采用$d=38$mm钢管。喷射点井的间距，由降水目的层的特性和降水深度、设备能力综合条件进行设计，在上海宝钢的施工降水中，通过试验，曾成功的采用3m间距，并取得了降水成功，我国一般经验均采用2m间距，也就是说，一套喷射井点设备（两台高压泵，1个10m^{3}工作冰箱，60m总管，30套点井管及过滤器)，可完成60m长的降水工作段，如3m点井间距可达到同样目的的情况，可完成90m的降水工作段，就可节约总降水费用1/3。但加大井点间距的设计，必需在科学分析的基础上或通过现场试验后方可采用泵压计算：

$$P=\frac{S}{a} \tag{1}$$

式中 P——泵压；

S——降水深度；

a——喷射点井喷射器系数。

经验公式：

$$0.77\times\beta^2\times\Phi^2-(0.17\times\beta^2+0.54)\Phi-0.18=0 \tag{2}$$

我国通用喷射器喷射直径＝6.5mm，喉管直径＝14mm，β为其比值：

$$\beta=\frac{喉管直径}{喷嘴直径}=\frac{14\text{mm}}{6.5\text{mm}}=2.1538\ 代入上式$$

$$\Phi=0.77,$$

$$a=0.77\Phi-0.17=0.198$$

我国通用的喷射器喷嘴系数 $a=0.198$，如采用上述喷射器时：

$$P=\frac{\text{降水深度}}{0.198}$$

3　电渗点井是饱和粘性土的毛细管中所含的是自由水，不带电荷而呈电中性。紧靠毛细管壁的是一层带负电的强结合水，叫扩散层。这就是土的双电层结构理论。毛细管中的自由水可随重力或电荷吸力移动，固定层的强结合水在一般条件下不会移动，只有弱结合水可以在较简单的外界条件下被排除，在具有一定强度的直流电场中，就可沿着电动热方向移动，这种含水层中带正电水分子沿着电动势方向向阴极运动的过程叫电渗。

在一般的粘性土中，采用真空降水技术，也只能排除自由水中的一部分，仅占粘性土含水量的 2%～5%，远不能满足降水的要求。用直流电渗法，可使粘性土中所含的水排除降低，达到疏干土层的目的。

直流电渗法降水，对所疏干的土层还可以起到其他方面的作用：

（1）提高土的渗透系数：由于粘性土中的弱结合水被排除，使土中孔隙截面积增大，从而增大了水流通道的断面，使水流通畅。

阴极周围的土层加密：在电渗产生的同时，带负电的土颗粒也将沿着电动势的方向，在土的孔隙中向着阳极方向移动，并堆积在阳极周围的孔隙中这种现象叫电泳，对阳极周围的土层起了加密作用。

（2）降水区土层压密：电渗排水的过程，也是土中所受静水压力减弱和消失的过程。同时由于土本身的自压，土体的骨架也将被压缩，尤其对于膨胀性土层，压缩密实更为明显。

（3）形成新的化合物和胶结物：土层产生电渗的同时，电解现象也在进行。由于水分子被电解，使阴、阳极的酸碱度产生变化，因而产生了矿物分解和离子交换。新生的可溶盐类将随水排除。但铁、铝化合物将沉在土颗粒之间，形成土颗粒间的胶结质，因此电渗处理过的土层，会因胶结作用的产生增加地基强度。

7.2.4　管井降水应用最广，具有很多成功的经验。

1　井管种类

钢管：钢质井管在降水工程中应用较少，是因钢材价格高，多用于能够回收的工程。

铸铁管：我国应用的极其普遍，多年来一直有定型产品，规格齐全，质量优良。以 d 为 30mm 井管为主，一般为直径 200～400mm，壁厚 7～13mm 多采用管箍丝扣连接或焊接，圆直度具佳。

塑料管：我国有少量应用，价格并不便宜，抗冲抗压较差，未得到广泛应用。

水泥管：水泥井管有两种。一种是留有孔眼，通过垫筋缠丝进行过滤的。另一种是无砂混凝土管，即用水泥将砾石浇注成圆管，通过砾石间隙或再包棕皮进行过滤。在降水工程中，对于深度不大，工期较短，可一次性报废，价格便宜，多为自制，是一种节约资金的好方法。

还有玻璃井管、钢筋笼管、木质井管、砖制井管等，这些类型的井管，也有应用。

2　过滤器种类

圆孔滤水管：管的孔眼、垫筋、缠丝法，根据地层的特性，在我国普遍采用孔眼直径 d=8～15mm，垫筋直径 6～12m，缠丝直径 2～6mm，缠丝间隙 0.5～5.0mm。垫筋用料多为钢筋，缠丝用料多为铅丝，滤管周围根据设计要求填入滤料。

条孔滤水管：国外叫约翰逊滤水管，即将井管加工成细密的条缝，横缝或竖缝，缝隙宽度最小 0.75mm，此类滤水管在我国已有厂家生产，目前使用不普遍。

3　滤料

一般为砂砾石，滤料层的作用是渗水阻砂阻土。

7.3 施 工 程 序

7.3.1～7.3.7 降水施工程序在基岩、岩溶、水下、涵洞等特殊工程降水，应针对特殊问题安排施工程序。

7.4 验 收 规 定

7.4.1 本条规定的验收标准是指降水井、排水设施施工验收，不是工程降水施工全过程的验收。

8 降水工程监测与维护

8.1 降 水 监 测

8.1.1 降水井做为观测孔使用时，抽水初期由于井壁过滤器的射流和渗流作用，往往不易测到真实水位，应在井下设观测管，观测管中的水位可代表降水井的真实水位。

8.1.2 水位、水量、水质观测方法应根据工程需要和现场条件进行选择。

（1）水位观测

钟测法：适用于孔径 50～80mm，支水位距地面 5～10m，且附近机械干扰声较小的观测孔。该设备由测绳钟组成，当与水面按触发出声音时的深度即为地下水位。

灯显式：适用于孔径较小位置较暗的观测孔。由半导体水位计，井下导线、电极、金属组成，遇水时电路接通，灯泡显亮时，即可测出水位，防止孔壁滴水、潮湿。

音响式：用于孔径较小，动水位 10～20m 观测孔，利用小型电池，地面为发声设备，电源接通后后探头接触水面时发出声音，可测出水位。

电测式水位计：适于各种观测井孔。使用万能表或微安表、电极导线，当用单线下井时，另一端接金属管作为回路，电极遇水后，仪表指针摆动即可测得水位。井壁漏水时易造成误测。

CS-3 型抗干扰水位仪：适用于各种井孔。该仪器可避免因孔壁漏水而造成误测，孔壁间隙大于 1cm 即可，传感器接触水位时，仪表立即发出音响信号，表针摆动，可测出水位。

半自动测井仪（SKS-01 型）：适用于各种井孔，该议器可自动读数，灯亮时为水位深度。

自记水位仪：适用于连续频繁的井孔水位观测、可用于小于89mm的井孔，记录精度在±1.5mm以内，可随水位变化自动记录。

（2）水量监测

当涌水量较小时，可采用三角堰箱观测。利用堰口观测值查三角堰流量表。

$$Q = ch^{5/2} \quad (L/s) \tag{3}$$

式中　h——过堰水位（cm）；

c——随 h 而变化的系数，h 由5.0～30.0cm，c 由0.0142～0.0137。

当水量较大时，可采用梯形堰观测，用其观测值查梯形堰流量表。

$$Q = 0.0186Bh^{5/2} \tag{4}$$

式中　B——堰宽（cm）；

h——过堰水位（cm）。

当水量很大时，可采用矩形堰观测，用观测值查矩形堰流量表。

$$Q = 0.018Bh^{5/2} \tag{5}$$

监护期的水位水量进行同步观测，当水位水量稳定后可适当减少观测次数。

实际工作中也常采用地堰。

（3）水质监测

简单分析试验项目应包括：

碳酸根（CO_3^{-2}），重碳酸根（HCO_3^{-1}）、硫酸根（SO_4^{-2}）、氯根（Cl^{-1}）、钙（Ca^{+2}）、镁（Mg^{+2}）、钠（Na^{+}）、钾（K^{+}）、pH值，矿化度，总硬度，侵蚀CO_2。

发现水质异常时，应增加特殊项目和分析次数做为工程环境问题处理。

8.2 降 水 维 护

8.2.1 降水维护，主要是设备维护和操作方法，应按机械设备使用说明书安装维护操作。各种降水设备应着重注意以下几点：

1 深井泵

降水井水量较大工期较长时使用深井泵；

开泵前应向泵内灌入清水5L左右，以润滑泵内橡皮轴承，启动前应在轴承部分注入润滑油，并将转子提起35mm；

在运转中电机电壳和轴承部位温度最高不得超过75℃，一般为60℃以下；

使用时应调好闸阀，使出水量符合规定避免流量过大或产生空转；

洗井后宜先用泥砂泵抽清，再下深井泵。

2 潜水泵

运转时电机不应露出水面，切忌在泥沙中运转，用泥砂泵抽清后再下潜水泵；

下泵前应检查各种螺栓封口是否漏油、漏水，在地面空转35min下泵，在水中运转有效；

下泵和运转应将绳索栓在水泵耳环上，不得使电缆受力，下入设计深度后将泵体吊住；

潜水泵外径与井壁至少留有1cm间隙，否则下泵提泵困难。

3 卧式离心泵

启动前应仔细检查管路、叶轮，灌水启动后，缓开闸门；

运转中应注意声音、温度是否正常，发现异常，及时停泵检查。

4 空气压缩机

运转中应注意排气温度，控制在40～80℃之间；

注意各种仪表和气压的指示是否正常；

停车时，要逐渐拧开贮气罐的放气阀并降低转速，板开离合器，停止运转。

5 真空泵

应注意真空泵的真空度是否降低，运转有无异常声音。

9 工 程 环 境

9.1 工程环境影响预测

9.1.1、9.1.2 工程降水施工时，预测对基坑边坡稳定性产生的影响，可参照下列指标确定：

（1）各种类型土的边坡遇到下列三种情况之一时，不得使用下列表中数据：

开挖土质边坡高度大于10m，岩石或黄土边坡高度大于15m；

坡体地层中有软弱结构面存在或地下水比较丰富时；

土层层面或主要结构面的倾向与边坡开挖面的倾向一致，且二者走向的交角小于45°时。

（2）各类土边坡容许坡度值参照表1、表2。

土质边坡坡度值 **表1**

土的类别	密实度或粘性土的状态	边坡高度	
		5m以下	5～10m
碎石土类	密实	1：0.35～1：0.50	1：0.50～1：0.75
	中密	1：50～1：0.75	1：0.75～1：1.00
	稍密	1：0.75～1：1.00	1：1.00～1：1.25
粘性土类	坚硬	1：0.75～1：1.00	1：1.00～1：1.25
	硬塑	1：1.00～1：1.25	1：1.25～1：1.50
砂土类	松散	按自然休止角确定	

黄土边坡容许坡度值 **表2**

年代	开挖情况	边坡高度		
		5m以下	5～10m	5～10m
次生黄土Q_4	锹挖容易	1：0.50～1：0.75	1：0.75～1：1.00	1：1.00～1：1.25
马兰黄土	锹挖较容易	1：0.30～1：0.50	1：0.50～1：0.75	1：0.75～1：1.00
黄土Q_2	用锹开挖	1：0.20～1：0.30	1：0.30～1：0.50	1：0.50～1：0.75
黄土Q_1	镐挖困难	1：0.10～1：0.20	1：0.20～1：0.30	1：0.30～1：0.50

注：本表不适用于新近堆积黄土。

9.2 工程环境影响监测

9.2.3 建筑与市政工程环境监测尚应注意以下几点：

（1）变形测量一等系指变形特别敏感的高层建筑中的高耸构筑物、重要古建筑、精密工程设施等。其精度要求是垂直位移测量：变形点的高程中误差±0.3mm，相邻变形点高程中误差±0.1mm。水平位移测量，变形点的高程中误差±3.0mm。

（2）变形测量二等工程是指变形比较敏感的高层建筑、高耸构筑、古建筑、重要工程设施和重要建筑物场地的监测等。其精度要求是垂直位移测量，变形点的高程中误差±0.5mm；相邻变形点高程中误差±0.3mm；水平位移测量、变形点的点位中误差±3.0mm。

9.3 工程环境影响防治

9.3.2 工程环境防治措施，应根据问题选择措施，还可应用其它有效方法。

9.4 水土资源保护

本规范对水土以外资源不做具体规定和要求，例如岩石、矿产、矿泉、盐矿等，一般工程降水遇到的较少。这种情况可根据国家法规和地方法规确定或商定。

10 技术成果

10.0.3～10.0.6 确保降水施工完成后提出技术成果。

中华人民共和国行业标准

市政排水管渠工程质量检验评定标准

CJJ3—90

主编单位：北京市市政工程局
批准部门：中华人民共和国建设部
施行日期：1991年8月1日

关于发布行业标准《市政排水管渠工程质量检验评定标准》的通知

建标〔1991〕6号

各省、自治区、直辖市建委（建设厅），计划单列市建委，国务院有关部、委：

根据原城乡建设环境保护部（87）城科字第276号文的要求，由北京市市政工程局主编的《市政排水管渠工程质量检验评定标准》，业经审查，现批准为行业标准，编号CJJ 3—90，自一九九一年八月一日起施行。原部标准《市政工程质量检验评定暂行标准（排水管渠工程）》CJJ3—81同时废止。

本标准由建设部城镇建设标准技术归口单位建设部城市建设研究院归口管理，其具体解释工作由北京市市政工程局负责。

本标准由建设部标准定额研究所组织出版。

中华人民共和国建设部
一九九一年一月四日

目　次

第一章　总　　则

第 1.0.1 条　为适应市政工程建设发展的需要，统一市政工程质量检验办法和评定标准，以提高市政工程的施工质量，促进市政工程的质量管理工作，特制定本标准。

第 1.0.2 条　本标准适用于新建、扩建、改建的市政排水管渠工程。有特殊要求的市政排水管渠工程，除特殊要求部分外，应按本标准执行。

工业厂区内的市政排水管渠工程，城市市区范围外的远郊区及县（旗）的市政排水管渠工程，可参照本标准执行。

第 1.0.3 条　市政排水管渠工程质量检验评定，除符合本标准外，尚应符合国家现行有关标准的规定。原材料、半成品或成品的质量标准，凡本标准有规定者，应按照执行；无规定者，也应符合国家现行的有关标准。

第二章　检验评定方法和等级标准

第 2.0.1 条　市政排水管渠工程的质量评定，分为“合格”与“优良”两个等级。

第 2.0.2 条　市政排水管渠工程工序、部位、单位工程的划分：

一、工序：

工序划分为：沟槽、平基、管座、安管、接口、顶管、检查井、闭水、回填、渠道、泵站沉井、模板、钢筋、现场浇注水泥混凝土结构、砖砌结构、构件安装、水电设备安装、铸铁管安装、钢管安装等。

二、部位：

市政排水管渠工程不宜划分部位，但也可按长度划分为若干个部位。

三、单位工程：

市政排水管渠工程的独立核算项目，应是一个单位工程。采用分期单独核算的同一市政工程，应是若干个单位工程。

第 2.0.3 条　检验评定必须经外观项目检查合格后，始能进行有允许偏差项目的检验。

第 2.0.4 条　进行抽样检验时，应使抽样取点能反映工程的实际情况（凡检验范围为长度者，应按规定间距抽样，选取较大偏差点；其它在规定范围内选取较大偏差点）。

第 2.0.5 条　市政排水管渠工程质量的检验及评定应按工序、部位及单位工程三级进行，当该工程不划分部位时，可按工序、单位工程两级进行。其评定标准为合格率：

$$合格率 = \frac{同一检查项目中的合格点(组)数}{同一检查项目中的应检点(组)数} \times 100\%$$

一、工序:

合格：符合下列要求者，应评为“合格”

1.主要检查项目（在项目栏列有△者）的合格率应达到100%。

2.非主要检查项目的合格率均应达到70%，且不符合本标准要求的点其最大偏差应在允许偏差的1.5倍之内。在特殊情况下，如最大偏差超过允许偏差1.5倍，但不影响下道工序施工、工程结构和使用功能，仍可评为合格。

优良：符合下列要求者应评为“优良”

1.符合合格标准的条件。

2.全部检查项目合格率的平均值，应达到85%。

二、部位:

合格：所有工序合格，则该部位应评为“合格”。

优良：在评定为合格的基础上，全部工序检查项目合格率的平均值达到85%，则该部位应评为优良。

三、单位工程:

合格：所有部位的工序均为合格，则该单位工程应评为合格。

优良：在评定合格的基础上，全部部位（工序）检验项目合格率的平均值达到85%，则该单位工程应评为优良。

第2.0.6条 工序的质量如不符合本标准规定，应及时进行处理。返工重做的工程，应重新评定其质量等级。加固补强后改变结构外形或造成永久缺陷（但不影响使用效果）的工程，一律不得评为优良。

第2.0.7条 市政排水管渠工程质量检验及评定必须符合下列规定:

一、工序交接检验。由检验人员（专职或兼职）进行工序交接检验，评定工序等级，填写表2.0.7—1（工序交接检验在施工班组自检、互检的基础上进行）;

二、部位交接检验。检验人员在工序交接检验的基础上进行部位交接检验，评定部位等级，填写表2.0.7—2;

三、单位工程交接检验。检验人员在部位或工序交接检验的基础上进行单位工程交接检验，评定工程质量等级，填写表2.0.7—3。

工序质量评定表 表2.0.7–1

单位工程名称: 部位名称: 工序名称:

主要工程项目		
序号	检查项目	质量情况
1		
2		
3		

序号	实测项目	允许偏差(mm)	各实测点偏差值(mm) 1	2	3	4	5	6	7	8	9	10	11	12	13	应检查点数	合格点数	合格率(%)
1																		
2																		
3																		
4																		
5																		
6																		
7																		
8																		

交方班组		接方班组		平均合格率(%)	
				评定等级	

工程技术负责人: 质检员: 施工员: 年 月 日

注：实检点数必须等于或小于应检点数，如超过应检点数，其超过点数应从合格点数中减去。

部 位 质 量 评 定 表 表 2.0.7-2

单位工程名称： 部位名称：

序 号	工 序 名 称	合 格 率 (%)	质 量 等 级	备 注
平均合格率(%)				
评定意见		评定等级		

工程技术负责人： 质检员： 施工员： 年 月 日

单 位 工 程 质 量 评 定 表 表 2.0.7-3

工程名称： 施工队：

序 号	部位(工序)名称	合 格 率(%)	质 量 等 级	备 注
平均合格率(%)				
评定意见		评定等级		建设单位
				设计单位
				施工单位

工程技术负责人： 质检员： 施工员： 年 月 日

第三章 管 道

第一节 沟 槽

第 3.1.1 条 严禁扰动槽底土壤，如发生超挖，严禁用土回填。

第 3.1.2 条 槽底不得受水浸泡或受冻。

第 3.1.3 条 沟槽允许偏差应符合表 3.1.3 的规定。

沟 槽 允 许 偏 差 表 3.1.3

序 号	项 目	允许偏差 (mm)	检验频率		检 验 方 法
			范 围	点 数	
1	槽底高程	0 -30	两井之间	3	用水准仪测量
2	槽底中线每侧宽度	不小于规定	两井之间	6	挂中心线用尺量每侧计 3 点
3	沟槽边坡	不陡于规定	两井之间	6	用坡度尺检验每侧计 3 点

第二节 平基、管座

第 3.2.1 条 平基、管座允许偏差应符合表 3.2.1 的规定。

平基、管座允许偏差 表 3.2.1

序号	项目		允许偏差	检验频率 范围	检验频率 点数	检验方法
1	△混凝土抗压强度		必须符合附录三的规定	100m	1组	必须符合附录三的规定
2	垫层	中线每侧宽度	不小于设计规定	10m	2	挂中心线用尺量每侧计1点
		高程	0 −15mm	10m	1	用水准仪测量
3	平基	中线每侧宽度	+10mm 0	10m	2	挂中心线用尺量每侧计1点
		高程	0 −15mm	10m	1	用水准仪测量
		厚度	不小于设计规定	10m	1	用尺量
4	管座	肩宽	+10mm −5mm	10m	2	挂边线用尺量每侧计1点
		肩高	±20mm	10m	2	用水准仪测量每侧计1点
5	蜂窝面积		1%	两井之间(每侧面)	1	用尺量蜂窝总面积

第三节 安 管

第 3.3.1 条 管道必须垫稳，管底坡度不得倒流水，缝宽应均匀，管道内不得有泥土砖石、砂浆、木块等杂物。

第 3.3.2 条 安管允许偏差应符合表 3.3.2 的规定。

安管允许偏差 表 3.3.2

序号	项目		允许偏差(mm)	检验频率 范围	检验频率 点数	检验方法
1	中线位移		15	两井之间	2	挂中心线用尺量
2	△管内底高程	$D<1000$mm	±10	两井之间	2	用水准仪测量
		$D>1000$mm	±15	两井之间	2	用水准仪测量
		倒虹吸管	±30	每道直管	4	用水准仪测量
3	相邻管内底错口	$D<1000$mm	3	两井之间	3	用尺量
		$D>1000$mm	5	两井之间	3	用尺量

注：1. $D<700$mm 时，其相邻管内底错口在施工中自检，不计点。
2. 表中 D 为管径。

第四节 接 口

第 3.4.1 条 承插口或企口多种接口应平直，环形间隙应均匀，灰口应整齐、密实、饱满，不得有裂缝、空鼓等现象。

第 3.4.2 条 抹带接口应表面平整密实，不得有间断和裂缝、空鼓等现象。

第 3.4.3 条 抹带接口允许偏差应符合表 3.4.3 的规定。

抹带接口允许偏差 表3.4.3

序号	项目	允许偏差 (mm)	检验频率		检验方法
			范围	点数	
1	宽度	+5 0	两井之间	2	用尺量
2	厚度	+5 0	两井之间	2	用尺量

第五节 顶 管

第3.5.1条 接口必须密实、平顺、不脱落。

第3.5.2条 内涨圈中心应对正管缝，填料密实。

第3.5.3条 管内不得有泥土、石子、砂浆、砖块、木块等杂物。

第3.5.4条 顶管工作坑允许偏差应符合表3.5.4的规定。

顶管工作坑允许偏差 表3.5.4

序号	项目		允许偏差	检验频率		检验方法
				范围	点数	
1	工作坑每侧宽度，长度		不小于设计规定	每座	2	挂中线用尺量
2	后背	垂直度	0.1%H	每座	1	用垂线与角尺
		水平线与中心线的偏差	0.1%L		1	
3	导轨	高程	+3mm 0	每座	1	用水平仪测
		中线位移	左 3mm 右 3mm		1	用经纬仪测

注：表内 H 为后背的垂直高度（单位：m），
L 为后背的水平长度（单位：m）。

第3.5.5条 顶管允许偏差应符合表3.5.5的规定。

顶管允许偏差 表3.5.5

序号	项目		允许偏差 (mm)	检验频率		检验方法
				范围	点数	
1	中线位移		50	每节管	1	测量并查阅测量记录
2	管内底高程	$D<1500$mm	+30 −40	每节管	1	用水准仪测量
		$D\geq1500$mm	+40 −50	每节管		
3	相邻管间错口		15%管壁厚，且不大于20	每个接口	1	用尺量
4	对顶时管子错口		50	对顶接口	1	用尺量

注：表内 D 为管径。

第六节 检 查 井

第3.6.1条 井壁必须互相垂直，不得有通缝，必须保证灰浆饱满，灰缝平整，抹面压光，不得有空鼓、裂缝等现象。

第3.6.2条 井内流槽应平顺，踏步应安装牢固，位置准确，不得有建筑垃圾等杂物。

第3.6.3条 井框、井盖必须完整无损，安装平稳，位置正确。

第3.6.4条 检查井允许偏差应符合表3.6.4的规定。

检查井允许偏差　　表 3.6.4

序号	项目		允许偏差(mm)	检验频率 范围	检验频率 点数	检验方法
1	井身尺寸	长、宽	±20	每座	2	用尺量，长、宽各计一点
		直径	±20	每座	2	用尺量
2	井盖高程	非路面	±20	每座	1	用水准仪测量
		路面	与道路的规定一致	每座	1	用水准仪测量
3	井底高程	$D\leqslant1000$mm	±10	每座	1	用水准仪测量
		$D>1000$mm	±15	每座	1	用水准仪测量

注：表中 D 为管径。

第七节　闭　　水

第 3.7.1 条　污水管道、雨污水合流管道、倒虹吸管、设计要求闭水的其它排水管道，必须作闭水试验。

第 3.7.2 条　排水管道闭水试验允许偏差值、渗水量应符合下列规定：

一、排水管道闭水试验允许偏差应符合表 3.7.2–1 的规定。

排水管道闭水试验允许偏差　　表 3.7.2–1

序号	项目		允许偏差	检验频率 范围	检验频率 点数	检验方法
1	△倒虹吸管			每个井段	1	灌水
2	其它管道	△$D<700$mm	不大于表 3.7.2–2 的规定	每个井段	1	计算渗水量
3		△D700～1500mm		每 3 个井段抽验 1 段	1	
4		△$D>1500$mm		每 3 个井段抽验 1 段	1	

注：1.闭水试验应在管道填土前进行。
2.闭水试验应在管道灌满水后经 24h 后再进行。
3.闭水试验的水位，应为试验段上游管道内顶以上 2m。如上游管内顶至检查口的高度小于 2m 时，闭水试验水位可至井口为止。
4.对渗水量的测定时间不少于 30min。
5.表中 D 为管径。

二、排水管道闭水试验允许渗水量应符合表 3.7.2–2 的规定。

排水管道闭水试验允许渗水量　　表 3.7.2–2

管径(mm)	允许渗水量 陶土管 $m^3/d\cdot km$	陶土管 $L/h\cdot m$	混凝土管、钢筋混凝土管和石棉水泥管 $m^3/d\cdot km$	混凝土管、钢筋混凝土管和石棉水泥管 $L/h\cdot m$
150 以下	7	0.3	7	0.3
200.	12	0.5	20	0.8
250	15	0.6	24	1.0
300	18	0.7	28	1.1

续表

管径(mm)	允许渗水量			
	陶土管		混凝土管、钢筋混凝土管和石棉水泥管	
	$m^3/d \cdot km$	$L/h \cdot m$	$m^3/d \cdot km$	$L/h \cdot m$
350	20	0.8	30	1.2
400	21	0.9	32	1.3
450	22	0.9	34	1.4
500	23	1.0	36	1.5
600	24	1.0	40	1.7
700	—		44	1.8
800	—		48	2.0
900	—		53	2.2
1000	—		58	2.4
1100	—		64	2.7
1200	—		70	2.9
1300	—		77	3.2
1400	—		85	3.5
1500	—		93	3.9
1600	—		102	4.3
1700	—		112	4.7
1800	—		123	5.1
1900	—		135	5.6
2000	—		148	6.2
2100	—		163	6.8
2200	—		179	7.5
2300	—		197	8.2
2400	—		217	9.0

第八节 回 填

第 3.8.1 条 在管顶上 500mm（山区 300mm）内，不得回填大于 100mm 的石块、砖块等杂物。

第 3.8.2 条 回填时，槽内应无积水，不得回填淤泥、腐植土、冻土及有机物质。

第 3.8.3 条 回填土的压实度标准应符合表 3.8.2 的规定。

回填土的压实度标准 **表 3.8.2**

序号	项目			压实度(%)(轻型击实试验法)	检验频率		检验方法
					范围	点数	
1	胸腔部分			≥90	两井之间	每层一组(3点)	用环刀法检验
2	管顶以上 500mm			≥85	两井之间	每层一组(3点)	用环刀法检验
3	管顶500mm以上至地面	当年修路（按路槽以下深度计）	0～800mm	高级路面 ≥98 次高级路面 ≥95 过渡式路面 ≥92	两井之间	每层一组(3点)	用环刀法检验
			800～1500mm	高级路面 ≥95 次高级路面 ≥90 过渡式路面 ≥90			
			>1500mm	高级路面 ≥95 次高级路面 ≥90 过渡式路面 ≥85			
		当年不修路或农田		≥85			

注：1.本表系按道路结构形式分类确定回填土的压实度标准。
2.最佳压实度检验办法见附录四。
3.高级路面为水泥混凝土路面、沥青混凝土路面、水泥混凝土预制块等。次高级路面为沥青表面处理路面、沥青贯入式路面、黑色碎石路面等。过渡式路面为泥结碎石路面、级配砾石路面等。
4.如遇到当年修路的快速路和主干路时，不论采用何种结构形式，均执行上列高级路面的回填土压实度标准。

第四章 沟 渠

第一节 土 渠

第 4.1.1 条 边坡必须平整、坚实、稳定，严禁贴坡。

第 4.1.2 条 渠内不得有松散土，渠底应平整，排水通畅。

第 4.1.3 条 土渠允许偏差应符合表 4.1.3 的规定。

土 渠 允 许 偏 差 表 4.1.3

序号	项目	允许偏差	检验频率		检验方法
			范围(m)	点数	
1	高程	0 -30mm	20	1	用水准仪测量
2	渠底中线每侧宽度	不小于设计规定	20	2	用尺量每侧计 1 点
3	边坡	不陡于设计规定	40	每侧 1	用坡度尺量

第二节 基础、垫层

第 4.2.1 条 混凝土基础不得有石子外露，脱皮，裂缝等现象。伸缩缝位置应正确、垂直、贯通。

第 4.2.2 条 基础垫层压实度及允许偏差应符合表 4.2.2 的规定。

基础垫层压实度及允许偏差 表 4.2.2

序号	项目		压实度(%)及允许偏差	检验频率		检验方法
				范围	点数	
1	垫层	灰土压实度	>95	100m	1 组	环刀法
		高程	0 -15mm	20m	1	用水准仪测量
		中线每侧宽度	±10mm	20m	2	用尺量每侧计 1 点
		厚度	±15mm	20m	1	用尺量
2	基础	△混凝土抗压强度	必须符合附录三的规定	每台班	1 组	必须符合附录三的规定
		高程	±10mm	20m	1	用水准仪测量
		厚度	-10mm	20m	1	用尺量
		中线每侧宽度	±10mm	20m	2	用尺量每侧计 1 点
		蜂窝麻面面积	1%	20m(每侧面)	1	用尺量蜂窝麻面总面积

第三节 水泥混凝土及钢筋混凝土渠

第 4.3.1 条 墙面、板面严禁有裂缝，并不得有蜂窝露筋等现象。

第 4.3.2 条 墙和拱圈的伸缩缝与底板的伸缩缝应对正。

第 4.3.3 条 预制构件安装，必须位置准确、平稳、缝隙必须嵌实，不得有渗漏现象。

第 4.3.4 条 渠底不得有建筑垃圾，砂浆、石子等杂物。

第 4.3.5 条 水泥混凝土及钢筋混凝土渠允许偏差应符合表 4.3.5 的规定。

水泥混凝土及钢筋混凝土渠允许偏差 **表 4.3.5**

序号	项目	允许偏差	检验频率		检验方法
			范围	点数	
1	△混凝土抗压强度	必须符合附录三的规定	每台班	1组	必须符合附录三的规定
2	渠底高程	±10mm	20m	1	用水准仪测量
3	拱圈断面尺寸	不小于设计规定	20m	2	用尺量,宽厚各计一点
4	盖板断面尺寸	不小于设计规定	20m	2	用尺量,宽厚各计一点
5	墙高	±20mm	20m	2	用尺量,每侧计一点
6	渠底中线每侧宽度	±10mm	20m	2	用尺量,每侧计一点
7	墙面垂直度	15mm	20m	2	用垂线检验,每侧计一点
8	墙面平整度	10mm	20m	2	用 2m 直尺或小线量取最大值,每侧计 1 点
9	墙厚	+10mm 0	20m	2	用尺量,每侧计一点

第四节 石 渠

第 4.4.1 条 墙面应垂直，砂浆必须饱满，嵌缝密实，勾缝整齐，不得有通缝、裂缝等现象，墙和拱圈的伸缩缝与底板伸缩缝应对正。

第 4.4.2 条 渠底不得有建筑垃圾、砂浆、石块等杂物。

第 4.4.3 条 石渠允许偏差应符合表 4.4.3 的规定。

石 渠 允 许 偏 差 **表 4.4.3**

序号	项目		允许偏差	检验频率		检验方法
				范围(m)	点数	
1	△砂浆抗压强度		必须符合本表注规定	100	1组	必须符合本表注
2	渠底高程	混凝土	±10mm	20	1	用水准仪测量
		石	±20mm			
3	拱圈断面尺寸		不小于设计规定	20	2	用尺量，宽、厚各计 1 点
4	墙高		±20mm	20	2	用尺量,每侧计 1 点
5	渠底中线每侧宽度	料石、混凝土	±10mm	20	2	用尺量,每侧计 1 点
		块石	±20mm			
6	墙面垂直度		15mm	20	2	用垂线检验,每侧计 1 点
7	墙面平整度	料石	20mm	20	2	用 2m 直尺或小线量取最大值,每侧计 1 点
		块石	30mm			
8	墙厚		不小于设计厚度	20	2	用尺量,每侧计 1 点

注: 1.砂浆强度检验必须符合下列规定:

①每个构筑物或每 $50m^3$ 砌体中制作一组试块（6 块），如砂浆配合比变更时，也应制作试块。

②同标号砂浆的各组试块的平均强度不低于设计规定。

③任意一组试块的强度最低值不得低于设计规定的 85%。

2.水泥混凝土盖板的质量标准见第四章第三节。

第五节 砖 渠

第 4.5.1 条 墙面应平整垂直，砂浆必须饱满，抹面压光，不得有空鼓裂缝等现象。

第 4.5.2 条 砖墙和拱圈的伸缩缝与底板伸缩缝应对正，缝宽应符合设计要求，砖墙不得有通缝。

第 4.5.3 条 渠底不得有建筑垃圾、砂浆、砖块等杂物。

第 4.5.4 条 砖渠允许偏差应符合表 4.5.4 的规定。

砖渠允许偏差 表 4.5.4

序号	项目	允许偏差	检验频率		检验方法
			范围	点数	
1	△砂浆抗压强度	必须符合表 4.4.3 注规定	100m、每一配合比	1 组	必须符合表 4.4.3 注的规定
2	渠底高程	±10mm	20m	1	用水准仪测量
3	拱圈断面尺寸	不小于设计规定	20m	2	用尺量，宽、厚各计 1 点
4	墙高	±20mm	20m	2	用尺量，每侧计 1 点
5	渠底中线每侧宽度	±10mm	20m	2	用尺量，每侧计 1 点
6	墙面垂直度	15mm	20m	2	用垂线检验，每侧计 1 点
7	墙面平整度	10mm	20m	2	用 2m 直尺或小线量取最大值，每侧计 1 点

第六节 渠道闭水

第 4.6.1 条 污水渠道、雨污水合流渠道应做闭水试验。

第 4.6.2 条 渠道闭水试验允许渗水量按设计要求参照表 3.7.2–2 执行。

第七节 护底、护坡、挡土墙（重力式）

第 4.7.1 条 砂浆砌体必须嵌填饱满密实。

第 4.7.2 条 灰缝整齐均匀，缝宽符合要求，勾缝不得空鼓、脱落。

第 4.7.3 条 砌体分层砌筑，必须错缝，咬茬紧密。

第 4.7.4 条 沉降缝必须直顺，上下贯通。

第 4.7.5 条 预埋件、泄水孔、反滤层、防水设施等必须符合设计或规范的要求。

第 4.7.6 条 干砌石不得有松动、叠砌和浮塞。

第 4.7.7 条 护底、护坡、挡土墙允许偏差应符合表 4.7.7 的规定。

护底、护坡、挡土墙允许偏差 表 4.7.7

序号	项目	允许偏差 (mm)				检验频率		检验方法
		浆砌料石、砖、砌块	浆砌块石		干砌块石	范围	点数	
		挡土墙	挡土墙	护底、护坡	护底、护坡			
1	△砂浆抗压强度	平均值不低于设计规定				每个构筑物		必须符合表 4.4.3 注的规定
2	断面尺寸	+10 0	+20 −10	不小于设计规定			3	用尺量长、宽、高各计一点
3	顶面高程	±10	±15				4	用水准仪测量
4	中线位移	10	15				2	用经纬仪测量纵、横向各计 1 点
5	墙面垂直度	0.5%H <20	0.5%H <30				3	用垂线检验
6	平整度：料石 砖、砌块	20 10	30	30	30		3	用 2m 直尺或小线量取最大值
7	水平缝平直	10					4	拉 10m 小线量取最大值
8	墙面坡度	不陡于设计规定					2	用坡度尺检验

注：表中 H 为构筑物高度（单位：m）。

第五章　排　水　泵　站

第一节　基　坑　开　挖

第 5.1.1 条　严禁扰动基底土壤，如发生超挖，严禁用土回填。

第 5.1.2 条　基底不得受泡或受冻。

第 5.1.3 条　基坑允许偏差应符合表 4.1.3 的规定。

基　坑　允　许　偏　差　　表 5.1.3

序号	项目		允许偏差	检查频率		检验方法
				范围	点数	
1	轴线位移		50mm	每座	4	用经纬仪测量纵横向各计 2 点
2	基底高程	土方	±30mm		5	用水准仪测量
		石方	±100mm			
3	基坑尺寸		不小于规定		4	用尺量，每边各计 1 点
4	基坑边坡		不陡于规定		4	用坡度尺检验，每边各计 1 点

第二节　回　　填

第 5.2.1 条　填方经夯实后不得有翻浆、弹簧现象。

第 5.2.2 条　填方中不得含有淤泥、腐植土及有机物质等。

第 5.2.3 条　回填土压实度标准应符合表 5.2.3 的规定。

回 填 土 压 实 度 标 准　　表 5.2.3

序号	项目	压实度(%)(轻型击实试验法)	检验频率		检验方法
			范围	点数	
1	压实度	>90	每一构筑物	每层一组(3 点)	用环刀法检查

第三节　泵　站　沉　井

第 5.3.1 条　沉井下沉后内壁不得有渗漏现象，底板表面应平整，亦不得有渗漏现象。

第 5.3.2 条　泵站沉井允许偏差应符合表 5.3.2 的规定。

泵 站 沉 井 允 许 偏 差　　表 5.3.2

序号	项目	允许偏差(mm)		检验频率		检验方法
		小型	大型	范围	点数	
1	轴线位移	1%H		每座	4	用经纬仪测量
2	底板高程	+40 −60	+40 $-[60+10(H-10)]$		4	用水准仪测量
3	垂直度	0.7%H	1%H		2	用垂线或经纬仪检验，纵、横向各取 1 点

注：1.表中 H 为沉井下沉深度（单位：m）。
2.基础、垫层的质量检验标准可参照表 4.2.2。
3.沉井的外壁平面面积大于或等于 $250m^2$，且下沉深度 $H>10m$，按大型检验；不具备以上的两个条件，按小型检验。

第四节 模 板

第 5.4.1 条 模板安装必须牢固，在施工荷载作用下不得有松动、跑模、下沉等现象。

第 5.4.2 条 模板拼缝必须严密，不得漏浆，模内必须洁净。

第 5.4.3 条 整体式结构模板允许偏差应符合表 5.4.3 的规定。

整体式结构模板允许偏差 **表 5.4.3**

序号	项目		允许偏差 (mm)	检验频率 范围	检验频率 点数	检验方法
1	相邻两板表面高低差	刨光模板、钢模	2	每个构筑物或构件	4	用尺量
		不刨光模板	4			
2	表面平整度	刨光模板、钢模	3		4	用 2m 直尺检验
		不刨光模板	5			
3	垂直度	墙、柱	0.1%H且不大于 6		2	用垂线或经纬仪检验
4	模内尺寸	基础	+10 −20		3	用尺量，长、宽、高各计 1 点
		梁、板、墙、柱	+3 −8			
5	轴线位移	基础	15		4	用经纬仪测量，纵、横向各计 2 点
		墙	10			
		梁 柱	8			
6	预埋件,预留孔位移		10	每件(孔)	1	用尺量

注：表中 H 为构筑物高度（单位：m）。

第 5.4.4 条 小型预制构件模板允许偏差应符合表 5.4.4 的规定。

小型预制构件模板允许偏差 **表 5.4.4**

序号	项目		允许偏差 (mm)	检查频率 范围	检查频率 点数	检验方法
1	断面尺寸		±5	每件(每一类型构件抽查10%且不少于5件)	2	用尺量，宽、高各计 1 点
2	长度		0 −5		1	用尺量
3	榫头	断面尺寸	0 −3		2	用尺量，宽、高各计 1 点
		长度	0 −3		1	用尺量
4	榫槽	断面尺寸	+3 0		2	用尺量，宽、高各计 1 点
		深度	+3 0		1	用尺量

第五节 钢 筋

第 5.5.1 条 钢筋表面应洁净，不得有锈皮、油渍、油漆等污垢。

第 5.5.2 条 钢筋必须平直，调直后表面伤痕及锈蚀不应使截面积减小。

第 5.5.3 条 钢筋弯曲成形后，表面不得有裂纹、鳞落或断裂等现象。

第 5.5.4 条 钢筋加工允许偏差应符合表 5.5.4 的规定。

钢筋加工允许偏差 表 5.5.4

序号	项目		允许偏差	检验频率 范围	检验频率 点数	检验方法
1	冷拉率		不大于设计规定	每根(每一类型抽查 10% 且不少于 5 根)	1	用尺量
2	受力钢筋成型长度		+5 mm −10		1	用尺量
3	弯起钢筋	弯起点位置	±20mm		1	用尺量
		弯起高度	0 mm −10		1	用尺量
4	箍筋尺寸		0 mm −5		2	用尺量，高、宽各计 1 点

第 5.5.5 条 绑扎成型时，铁丝必须扎紧，其两头应向内。不得有滑动、折断、移位等情况。

第 5.5.6 条 焊接成型时，焊接前的焊接处不得有水锈、油渍等；焊接后的焊接处不得有缺口、裂纹及较大的金属焊瘤，用小锤敲击时应发出与原钢筋同样的清脆声。

第 5.5.7 条 绑扎或焊接成型的网片或骨架必须稳定、牢固，在安装及浇注混凝土时不得松动或变形。

第 5.5.8 条 用电弧焊焊接钢筋接头的缺陷和尺寸允许偏差应符合表 5.5.8 的规定。

用电弧焊焊接钢筋接头的缺陷和尺寸允许偏差 表 5.5.8

序号	项目		允许偏差	检验方法
1	绑条对焊接接头中心的纵向偏移		0.5d	用尺量
2	钢模、铜模对焊接接头中心的纵向偏移		0.1d	
3	接头处钢筋轴线的曲折		4°	
4	接头处钢筋轴线的偏移		0.1d 且不大于 3mm	
5	焊缝高度		−0.05d	
6	焊接宽度		−0.1d	
7	焊缝长度		−0.5d	
8	咬肉深度		0.05d 且不大于 1mm	
9	焊接表面上气孔及夹渣	在 2d 长度上	不多于 2 个	
		直径	不大于 3mm	

注：1.表中 d 为钢筋直径（mm）。

2.本表供抽查焊接接头质量时使用，不计点。

第 5.5.9 条 钢筋网片和骨架成型允许偏差应符合表 5.5.9 的规定。

钢筋网片和骨架成型允许偏差　　表 5.5.9

序号	项目	允许偏差 (mm)	检验频率 范围	检验频率 点数	检验方法
1	网的长度	±10	每片网	2	用尺量长宽各计 1 点
2	骨架的长度	+5,−10		3	用尺量长、宽、高各计 1 点
3	骨架的宽、高度	0,−10			
4	网眼尺寸及骨架箍筋间距	±10	或骨架	3	用尺量

注：用直钢筋制成的网和平面骨架，其尺寸系指最外边的两根钢筋中心线之间的距离；当钢筋末端有弯钩或弯曲时，系指弯钩或弯曲处切线间的距离。

第 5.5.10 条　所配置钢筋的级别、钢种、根数、直径等必须符合设计要求。

第 5.5.11 条　钢筋安装允许偏差应符合表 5.5.11 的规定。

钢筋安装允许偏差　　表 5.5.11

序号	项目		允许偏差 (mm)	检验频率 范围	检验频率 点数	检验方法
1	顺高度方向配置两排以上受力钢筋时钢筋的排距		±5	每个构件或构筑物	2	用尺量
2	受力钢筋间距	梁、柱	±10		2	在任意一个断面量取每根钢筋间距最大偏差值,计 1 点
		板、墙	±10		2	
		基础	±20		4	
3	箍筋间距		±20		5	用尺量
4	保护层厚度	梁、柱	±5		5	用尺量
		板、墙	±3			
		基础	±10			

第六节　现场浇筑水泥混凝土结构

第 5.6.1 条　水泥混凝土配合比必须符合设计规定，构筑物不得有蜂窝露筋等现象。

第 5.6.2 条　现场浇筑水泥混凝土结构允许偏差应符合表 5.6.2 的规定。

现场浇筑水泥混凝土结构允许偏差　　表 5.6.2

序号	项目		允许偏差	检验频率 范围	检验频率 点数	检验方法
1	△混凝土抗压强度		必须符合附录三的规定	每台班	1 组	必须符合附录三的规定
2	△混凝土抗渗		必须符合 GBJ82 的规定	每个构筑物	1 组 (6 块)	必须符合 GBJ82 的规定
3	轴线位移		20mm		2	用经纬仪测量，纵横向各计一点
4	各部位高程		±20mm		2	用水准仪测量
5	构筑物尺寸 (mm)	长、宽或直径	0.5%且不大于 50mm		2	用尺量
6	构筑物厚度 (mm)	<200	±5mm		4	用尺量
		200～600	±10mm		4	用尺量
		>600	±15mm		4	用尺量
7	墙面垂直度		15mm		4	用垂线或经纬仪测量
8	麻面		每侧不得超过该面积的 1%		1	用尺量麻面总面积
9	预埋件、预留孔位移		10mm	每件(孔)	1	用尺量

注：无抗渗要求的构筑物可不检验第二项。

第七节 砖 砌 结 构

第 5.7.1 条 砂浆必须饱满，砌筑平整、错缝，不应有通缝。

第 5.7.2 条 清水墙面应保持清洁，刮缝深度应适宜，勾缝应密实，深浅一致，横竖缝交接处应平整。

第 5.7.3 条 砖砌结构允许偏差应符合表 5.7.3 的规定。

砖砌结构允许偏差　　表 5.7.3

序号	项目	允许偏差(mm)	检验频率 范围	检验频率 点数	检验方法
1	△砂浆强度	必须符合表4.4.3注的规定	每个构筑物	1组	必须符合表4.4.3注的规定
2	轴线位移	20	每个构筑物	2	用经纬仪测量，纵、横向各计1点
3	室内地坪高程	±20	每个构筑物	2	用水准仪测量
4	尺寸	0.5%$L(D)$	每个构筑物	2	用尺量
5	墙面垂直度	每层 5	每个构筑物	4	用垂线检验
6	墙柱表面平整度	清水墙 5 混水墙 8	每层	4	用2m直尺或小线量取最大值
7	预埋件、预留孔位移	5	每件(孔)	1	用尺量
8	门、窗口宽度	±5	樘	1	用尺量

注：1.表中 L 为矩形构筑物边长（单位：m）。
D 为圆形构筑物直径（单位：m）。
2.木门窗、钢门窗、玻璃安装、油漆抹灰等工程质量检验标准可参照国家现行的《建筑安装工程质量检验评定标准》(GBJ300) 中有关规定执行。

第八节 构 件 安 装

第 5.8.1 条 两板之间的缝隙必须用细石混凝土或水泥砂浆嵌填密实。

第 5.8.2 条 构件安装允许偏差应符合表 5.8.2 的规定。

构件安装允许偏差　　表 5.8.2

序号	项目		允许偏差(mm)	检验频率 范围	检验频率 点数	检验方法
1	平面位置		10	每一个构件	1	用经纬仪测量
2	相邻两构件支点处顶面高差		10	每一个构件	2	用尺量
3	焊缝长度		不小于设计规定	每一个构件		抽查焊缝10%每处计1点
4	吊车梁	中线偏差	5	每一个构件	1	用垂线或经纬仪测量
		顶面高程	0 −5		1	用水准仪测量
		相邻两梁端顶面高差	0 −5		1	用尺量

第九节 水 泵 安 装

第 5.9.1 条 地脚螺栓必须埋设牢固。

第 5.9.2 条 泵座与基座应接触严密，多台水泵并列时各种高程必须符合设计规定。

第 5.9.3 条 水泵轴不得有弯曲，电动机应与水泵轴向相符。

第 5.9.4 条 水泵安装允许偏差应符合 5.9.4 的规定。

水泵安装允许偏差 **表 5.9.4**

序号	项目			允许偏差(mm)	检验频率 范围	检验频率 点数	检验方法
1	基座水平度			±2	每台	4	用水准仪测量
2	地脚螺栓位置			±2	每只	1	用尺量
3	△泵体水平度			每米 0.1	每台	2	用水准仪测量
4	联轴器同心度	轴向倾斜		每米 0.8		2	在联轴器互相垂直四个位置上用水平仪、百分表、测微螺钉和塞尺检查
		径向位移		每米 0.1		2	
5	皮带传动	轮宽中心	平皮带	1.5		2	在主从动皮带轮端面拉线用尺检查
		平面位移	三角皮带	1.0		2	

第十节　铸铁管件安装

第 5.10.1 条　水压和注水试验必须符合设计规定，穿墙管埋塞处应不渗漏。

第 5.10.2 条　支架托架安装位置应正确，埋设平整牢固，砂浆饱满，但不应突出墙面，与管道接触应紧密。

第 5.10.3 条　承插式管道连接应平直，环形间隙应均匀，灰口应齐整、密实、饱满，凹进承口不大于 5mm。

第 5.10.4 条　法兰式管道连接应平整、紧密，螺栓应紧固，螺帽应在同一面，螺栓露出螺帽的长度不应大于螺栓直径的 1/2。

第 5.10.5 条　阀门安装应紧固、严密，与管道中心线应垂直，操作机构应灵活、准确。

第 5.10.6 条　铸铁管件安装允许偏差应符合表 5.10.6 的规定。

铸铁管件安装允许偏差 **表 5.10.6**

序号	项目	允许偏差(mm)	检验频率 范围	检验频率 点数	检验方法
1	△管道高程	±10	每节管	2	用水准仪测量
2	中线位移	10		2	用尺量
3	立管垂直度	每米 2,且不大于 10		2	用垂线和尺检验

第十一节　钢管安装

第 5.11.1 条　水压、气压试验必须符合设计规定。

第 5.11.2 条　支、吊、托架安装位置应正确，埋设平整、牢固，砂浆饱满，但不应突出墙面，与管道接触应紧密。滑动支架应灵活，滑托与滑槽间应留有 3～5mm 的间隙，并留有一定的偏移量。

第 5.11.3 条　管道连接：

一、焊接：

1.焊接表面不得有裂缝、烧穿、结瘤和较严重的夹渣、气孔等缺陷。

2.钢板卷管或螺旋钢管对接，纵焊缝应相互错开 100mm 以上，直线管段相邻两环形焊缝之间距离不应小于 200mm。

3.对口间隙尺寸：壁厚 5～9mm 者不大于 2mm，壁厚大于 9mm 者不大于 3mm。

二、丝口连接：

丝口连接应紧固，管端应清洁，不得有毛刺或乱丝，并应留有 2～3 扣螺纹。

三、法兰连接：

法兰盘对接应平行、紧密，垫片不应使用双层，与管道中心线应垂直。螺帽应在同一面，螺栓露出螺帽的长度不应大于螺栓直径的1/2。

第5.11.4条 阀门安装应紧固、严密，与管道中心线应垂直，操作机构应灵活、准确。

第5.11.5条 管道穿过墙或底板处应按设计和规范规定设置套管。

第5.11.6条 铁锈、污垢应清除干净，油漆颜色和光泽应均匀、附着良好，不得有遗漏、脱皮、起折、起泡等现象。

第5.11.7条 钢管安装允许偏差应符合表5.11.7的规定。

钢管安装允许偏差 **表5.11.7**

序号	项目		允许偏差(mm)	检查频率 范围	检查频率 点数	检验方法
1	△管道高程		±10	每节点	2	用水准仪测量
2	中线位移		10	每节点	2	用尺量
3	立管垂直度		每米2且不大于10	每节点	2	用垂线和尺检验
4	对口错口壁厚(mm)	2.5~5	0.5	每口	1	用尺量
		6~10	1		1	用尺量
		12~14	1.5		1	用尺量
		>16	2		1	用尺量

第六章 测 量

第6.0.1条 水准点闭塞差$\pm 12\sqrt{L}$(mm)，式中L为水准点之间的水平距离，单位为km。

第6.0.2条 导线方位角闭合差：$\pm 40''\sqrt{n}$，n为测站数。

第6.0.3条 直接丈量测距的允许偏差应符合表6.0.3的规定。

直接丈量测距的允许偏差 **表6.0.3**

序号	固定测桩间距(m)	允许偏差
1	<200	1/5000
2	200~500	1/10000
3	>500	1/20000

附录一　术　语　对　照

术　语　对　照　　**附表 1**

序号	本标准采用术语	各地习用术语
1	排　水	下　水
2	平　基	管基、通基、基础
3	管　座	坞膀、垫肩、八字
4	安　管	稳　管
5	套　箍	腰箍、套环
6	检 查 井	窨　井
7	井　框	井　座
8	闭　水	磅　水
9	回 填 土	还　土
10	土　渠	土明沟
11	砂　浆	水泥浆、水泥灰浆、素灰
12	勾　缝	嵌　缝
13	抹　灰	粉刷、粉灰抹面、批挡
14	拱　圈	拱璇、拱券
15	伸 缩 缝	伸涨缝、温度缝
16	泵　站	抽水站、提升泵站
17	水　泵	抽水机
18	联 轴 器	靠背轮
19	刨 光 模 板	清水模板
20	不 刨 光 模 板	混水模板
21	抹　带	外腰箍、腰带
22	贴　坡	补坡

附录二　质量评定统计计算举例

1.假设：×××污水管道全长 200m，管径 700mm，每节管长 2m，检查井 5 座，由 1 号井至 5 号井每个井段 50m，平基的宽度 0.996m，厚度 0.12m；180° 管座的肩高 0.408m，肩宽 0.09m，其平基、管座各序号实测项目的合格率（合格点数／应检查点数）见附表 2。

则该工序的平均合格率为：

$$\frac{\text{序号合格率①+②+③+④+⑤+⑥+⑦+⑧}}{\text{序　号　数　　8}} = 84.4\%$$

该工序评定等级为：“合格”。

说明：

①水泥混凝土抗压强度必须符合附录三的规定，否则，即为不合格品。

②若水泥混凝土抗压强度符合标准，而其他七个实测项目中的某一项合格率未达到 70%，亦为不合格品。

③若所有实测项目的合格率均符合合格标准，但某一不合格点的实测偏差值超过允许偏差值的 1.5 倍，如管座的肩宽允许偏差为+10mm，而某一点实测偏差为 16mm，但不影响下道工序施工、工程结构、使用功能，则该分项工程质量仍可评为合格品。

2.假设：×××污水管道 1 号井至 5 号井段全长 200m，由于长度较短，不再划分部位，其各工序的合格率（%）为：

①沟槽　86

②平基、管座　84.4

③安管　96

④接口　90

工序质量评定表

附表 2

单位工程名称：污水管道工程　　部位名称：　　工序名称：平基、管座

主要工程数量	管径 700mm 的管道长度 200m;内径 1.5m 的检查井 5 座,每个井段的长度 50m,垫层的长度 200m,宽度 1.096m; 平基的长度 200m,宽度 0.996m,厚度 0.12m; 管座的长度 192m,肩宽 0.09m,肩高 0.408m.

序号	检查项目	质量情况
1		
2		
3		
4		
5		

序号	实测项目		允许偏差	1	2	3	4	5	6	7	8	9	10	11	12	13	14	15	16	17	18	19	20	应检查点数	合格点数	合格率(%)
1	△混凝土抗压强度		必须符合附录三的规定	见试验报告书																						100
2	垫层	中线每侧宽度	不小于设计规定(mm)	550 554	552 556	553 555	550 551	552 553	554 554	556 552	553 548	552 548	552 551	554 553	552 556	554 553	555 552	553 552	553 552	551 554	550 556	552 552	554 550	40	40	100
3	垫层	高程	0 −15	−4	−2	0	−5	−10	−22	−16	−8	−4	0	−2	−4	−10	−16	−18	−15	0	−8	0	−3	20	16	80
4	平基	中线每侧宽度	+10mm 0	+5 +13	+3 +11	+6 +8	+8 +5	+11 +7	+12 +6	+7 +6	+4 +4	+2 +3	+3 +2	0 +3	+2 +2	+5 0	+8 +4	+6 +8	+4 +10	+5 +15	+7 +13	+9 +8	+10 +6	40	34	85
5	平基	高程	0 −15mm	−4	−5	−17	−3	−16	−10	−14	−18	−16	−12	−13	−10	−8	−6	−2	0	−4	−6	−4	——	20	15	75
6	管座	肩宽	+10 mm −5	+4 +6	+6 +8	+8 +7	+10 +9	+11 +10	+16 +8	+8 +8	+6 +10	+4 +12	+2 +14	0 +8	−3 +6	−6 +2	−8 0	−5 −2	−3 −4	0 −6	+2 −7	+4 −5	+4 −2	40	32	80
7	管座	肩高	±20mm	+8 +12	+12 +16	+16 +14	+20 +18	+22 +20	+23 +18	+16 +16	+12 +20	+8 +23	+4 +25	−2 +16	−12 +12	−24 +4	−26 −2	−15 −6	−9 −12	−2 −21	+4 −22	+8 −15	+8 −6	40	32	80
8	蜂窝面积		<1%	0.5	0.7	2.1	2.2	0.9	0.8	0.5	0.4													8	6	75

交方班组		接方班组		平均合格率(%)	84.4
				评定等级	合格

工程技术负责人：　　质检员：　　施工员：　　年　月　日

⑤检查井　　75
⑥闭水　　100
⑦回填　　80

则该单位工程平均合格率（%）为：

(①+②+③+①+⑤+⑥+⑦)／7=87.3

该评定等级为“优良”。

附录三　混凝土强度验收的评定标准

评定混凝土强度的试块，必须按《混凝土强度检验评定标准》GBJ107—87的规定取样、制作、养护和试验，其强度必须符合下列规定：

一、用统计方法评定混凝土强度时，其强度应同时符合下列两式的规定：

$$m_{fcu} - \lambda_1 s_{fcu} \geqslant 0.9 f_{cu,k}$$

$$f_{cu,min} \geqslant \lambda_2 f_{cu,k}$$

二、用非统计方法评定混凝土强度时，其强度应同时符合下列两式的规定：

$$m_{fcu} \geqslant 1.15 f_{cu,k}$$

$$f_{cu,min} \geqslant 0.95 f_{cu,k}$$

式中　m_{fcu}——同一验收批混凝土立方体抗压强度的平均值（N/mm^2）；

s_{fcu}——同一验收批混凝土强度的标准差（N/mm^2）。当s_{fcu}的计算值小于$0.06f_{cu,k}$时，取$s_{fcu}=0.06f_{cu,k}$；

$f_{cu,k}$——混凝土立方体抗压强度标准值（N/mm^2）；

$f_{cu,min}$——同一验收批混凝土立方体抗压强度的最小值（N/mm^2）；

λ_1、λ_2——合格判定系数，按附表3—1取用。

合格判定系数 **附表 3–1**

合格判定系数	试块组数		
	10～14	15～24	＞25
λ_1	1.70	1.65	1.60
λ_2	0.90	0.85	0.85

注：1.《混凝土强度检验评定标准》(GBJ107—87) 中的混凝土强度等级与《钢筋混凝土结构设计规范》(TJ10—74) 和《钢筋混凝土工程施工及验收规范》(GBJ204—83) 等规范中的混凝土标号，按附表 3—2 进行换算。

附表 3–2

混凝土标号	100	150	200	250	300	400	500	600
相当混凝土强度等级	C8	C13	C18	C23	C28	C38	C48	C58

2.按照《钢筋混凝土工程施工及验收规范》(GBJ204—83) 评定混凝土强度时，其试块必须按其规定的组数留置，强度必须符合下列规定：

一、用统计方法评定混凝土强度时，按下述条件评定：

$$\overline{R}_n - KS_n \geqslant 0.85R_{标}$$

$$R_{小} \geqslant 0.85R_{标}$$

二、当同批试块少于 10 组时，应用非统计方法，按下述条件评定：

$$\overline{R}_n \geqslant 1.05R_{标}$$

$$R_{小} \geqslant 0.9R_{标}$$

式中 $\overline{R}_n$——n组试块强度的平均值；

K——合格判定系数；按附表3—3取用；

合格判定系数 **附表 3–3**

n	10～14	15～24	＞25
K	1.70	1.65	1.60

S_n——n 组试块强度的标准差；

$R_{标}$——混凝土设计标号；

$R_{小}$——n 组试块强度中最小一组的值。

检验方法：检查标准养护龄期 28d 试块抗压强度的试验报告。

3.混凝土强度按单位工程内强度等级，龄期相同及生产工艺条件、配合比基本相同的混凝土为同一验收批评定。但单位工程中仅有一组试块时，其强度不应低于 $1.15f_{cu,k}$。

附录四　施工现场土工试验方法

1. 环　刀　法

对一般粘质土的密度试验，都应采用环刀法，如果土样易碎裂，难以切削，可用蜡封法，在现场条件下，对粗粒土，可用灌砂法和灌水法。

(1) 仪器设备:

①环刀: 内径 6～8cm，高 2～3cm，壁厚 1.5～2cm;

②天平: 称量 500g，感量 0.01g;

③其它: 切土刀、钢丝锯、凡士林等。

(2) 操作步骤:

①按工程需要取原状土或制备所需状态的扰动土样，整平其两端，将环刀内壁涂一薄层凡士林，刃口向下放在土样上。

②用切土刀（或钢丝锯）将土样削成略大于环刀直径的土柱。然后将环刀垂直下压，边压边削，至土样伸出环刀为止。将两端余土削去修平，取剩余的代表性土样测定含水量。

③擦净环刀外壁称质量。若在天平放砝码一端放一等质量环刀可直接称出湿土质量。准确至 0.1g。

④按下列计算湿密度及干密度:

$$\rho_o = \frac{m_o}{V}, \quad \rho_d = \frac{\rho_o}{1+\omega_1}$$

式中　ρ_o——湿密度(g/cm^3);

ρ_d——干密度(g/cm^3);

m_o——湿土质量(g);

V——环刀容积(cm^3);

ω_1——含水量(%); 计算至0.01g/cm^3。

⑤本试验需进行二次平行测定，其平行差值不得大于 0.03g/cm^3。取其算术平均值。

记录:

本试验记录格式见附表 4—1。

密度试验(环刀法)　　　　**附表 4–1**

工程名称

编　　号　　　　试验者

土样说明　　　　计算者

试验日期　　　　校核者

试样编号	土样类别	环刀号	湿土质量 (g)	体积 (cm^3)	湿密度 (g)	干土质量 (g)	干密度 (g/cm^3)	平均干密度 (g/cm^3)
12–6	粉质土	106	92.7	64.34	1.44	81.7	1.27	1.28
		33	93.2	64.34	1.49	82.2	1.28	
12–7	粘质土	186	126.8	64.34		98.9	1.54	1.54
		151	126.2	64.34		98.5	1.53	
12–8	粘质土	158	125.6	64.34		103.2	1.61	1.62
		85	126.7	64.34		104.0	1.62	

2. 土的最佳压实度测定方法

本试验的目的，是用轻型击实方法，或某种击实仪在一定击实次数下，测定土的含水量与密度的关系，从而确定该土的最优含水量与相应的最大干密度。

本试验适用于粒径小于 5mm 的土料。粗、细、混合料中如粒径大于 5mm 的土重小于总土重 3%时，可以不加校正。在 3～30%范围内，则应用计算法对试验结果进行校正。

一、轻型击实法

(1) 仪器设备

本试验需用下列仪器设备:

①轻型击实仪：技术性能为：锤质量 2.5kg；锤底直径 51mm；落高 305mm；击实筒：直径 102mm，高度 116m，容积 947.4cm^3；单位体积击实功为 591.6kJ / m^3 (分三层击实，每层 25 击)。

②天平：称量 200g，感量 0.01g；称量 2000g，感量 1g。

③台称：称量 10kg，感量 5g。

④筛：孔径 5mm。

⑤其他：喷水设备、碾土器、盛土器、推土器、修土刀及保湿设备等。

(2) 操作步骤

①将代表性的风干或在低于 60℃温度下烘烤干的土样放在橡皮板上，用木碾碾散或碾土机械碾散，过 5mm 筛拌匀备用，土量为 15～20kg。

②测定土样风干含水量，按土的塑限估计其最优含水量，选择 5 个含水量，依次相差约 2%，其中有两个大于和两个小于最优含水量。所需加水量可按下式计算:

$$m = \frac{m_0}{(1+\omega_1)}(\omega_1 - \omega_0)$$

式中 m——所需的加水量(g);

m_0——含水量ω_0时土样的质量(g);

ω_0——土样已有的含水量(%);

ω_1——要求达到的含水量(%)。

③按预定含水量制备试样。称取土样，每个约 2.5kg，分别平铺于一不吸水的平板上，用喷水设备往土样上均匀喷洒预定的水量，稍静置一段时间装入塑料袋内或密封盛样器内浸润备用浸润时间对高塑性粘土 (CH) 不得少于一昼夜，低塑性粘土 (CL) 可酌情缩短，但不应少于 12h。

④将击实仪放在坚实底面上，取制备好的试样 600～800g (其量应使击实后试样略大于筒高的 1 / 3) 倒入筒内，整平其表面。并用圆木板稍加压紧，然后按 25 击击数进行击实。击实时击锤应自由铅直落下，落高为 305mm，锤迹必须均匀分于土面，然后安装套环，把土面刨成毛面，重复上述步骤进行第二层及第三层的击实，击实后超出击实筒的余土高度不得大于 6mm。

⑤用修土刀沿套环内壁削挖后扭动并取下套环，齐筒顶细心削平试样，拆除底板，如试样底面超出筒外亦应削平。擦净筒外壁，称质量，准确至 1g。

⑥用推土器推出击实筒内试样，从试样中心处取 2 个各约 15～30g 土测定其含水量。计算至 0.1%，其平行误差不得超过 1%。

⑦按④～⑥步骤进行其它不同含水量试样的击实试验。

计算及制图

(1) 按下式计算击实后各点的干密度：

$$\rho_d = \frac{\rho_0}{1+\omega_1}$$

式中 ρ_d——干密度(g / cm^3);

ρ_0——湿密度(g / cm^3);

ω_1——含水量(%)。

计算至 0.01g / cm^3。

(2) 以干密度为纵座标，含水量为横座标，绘制干密度与含水量的关系曲线，曲线上峰值点的纵横座标分别表示土的最大干密度和最优含水量，如附图 4.1。如果曲线不能绘出准确峰值点，应进行补点。

(3) 当直径大于 5mm 的砾石含量为 3～30%时，按下式计算校正后的最大干密度及最优含水量。

①最大干密度:

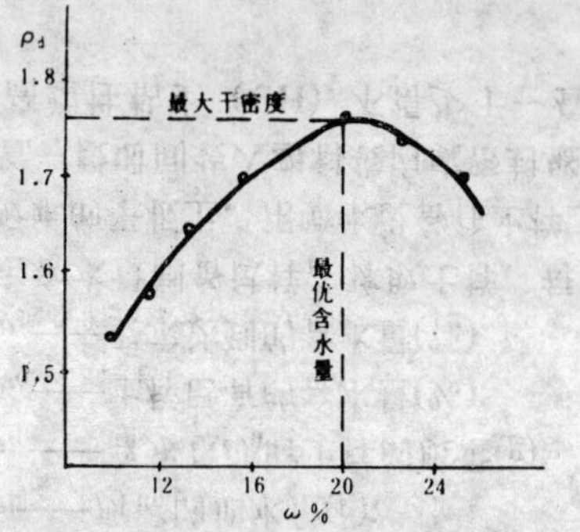

附图 4.1　$\rho_d \sim \omega$ 关系曲线

$$\rho'_{dmax}=\frac{1}{\frac{1-P_5}{\rho_{dmax}}+\frac{P_5}{\rho_\omega G_{s2}}}$$

式中　ρ'_{dmax}——校正后土的最大干密度(g／cm^3);

ρ_{dmax}——粒径小于5mm的土样试验所得的最大干密度(g／cm^3);

ρ_ω——水的密度(g／cm^3);

G_{s2}——粒径大于5mm砾石的饱和面干相对密度;

P_5——粒径大于5mm颗粒含量占总土质重的百分数(%)。

计算至 0.01g／cm^3。

②最优含水量:

$$\omega'_{opt}=\omega_{opt}(1-P_5)+P_5\omega_{ab}$$

式中　ω'_{opt}——校正后的最优含水量（%);

ω_{opt}——用粒径小于5mm的土样试验所得的最优含水量（%);

ω_{ab}——粒径大于5mm颗粒的吸着含水量（%)。

计算至 0.1%。

③按下式计算饱和含水量:

$$\omega_{sat}=(\frac{\rho_\omega}{\rho_d}-\frac{1}{G_s})\times 100$$

式中　ω_{sat}——饱和含水量（%);

G_s——土粒相对密度。

一、重型击实法:

(1) 重型击实仪的技术性能: 锤质量 4.5kg，落距 457mm，击实筒直径为 152mm，筒高 116mm，容积 2104cm^3，单位击实功为 2682.7kJ／m^3（分五层击实，每层 56 击)。

(2) 除分五层击实，每层为 56 击外，其他与轻型击实法相同。

3.石灰土最佳含水量及最大压实度试验方法

(1) 仪器设备

①小型击实仪一套（详见附图 4.2);

技术性能为: 锤质量 2.6kg，锤底直径 70mm，落高 300mm，击实筒直径 50mm，高 50mm，其容积为 100cm^3。单位体积击实功: 30 击时为 2207kJ／m^3，35 击时为 2575kJ／m^3，40 击时为 2943kJ／m^3。

②天平（感量 0.001g)，③上皿天平（称量 500g，感量 0.1g)，④筛子（筛孔 2mm)，⑤烘箱及盛土铝盒若干。

(2) 材料准备

将土捣碎，通过 2mm 筛孔，选取 1.5～2.0kg 的土样，测其含水量，换算成干质量，按照设计的石灰剂量准确掺入熟石灰，并仔细拌匀。加入稍低于按经验估计的最佳含水量（约土样液限的 0.65 倍)，再充分拌匀备用。

(3) 实验步骤

将两半圆筒 3（见附图 4.2）用少许煤油涂抹后，合拢起来放入底座 1 内，即将垫板 9 放入，拧紧螺丝 2 然后上套筒 4，将折合干质量约 200g 的混合料装入套筒内，盖上活塞 5，插入导杆 7 和夯锤 6，夯击次数: 砂性土的石灰土为 30 次；粉性土的石灰土为 35 次；粘性土的石灰土为 40 次；夯实试验应在坚实的地面〔如水泥混凝土或块石〕上进行，松软地面会影响测定结

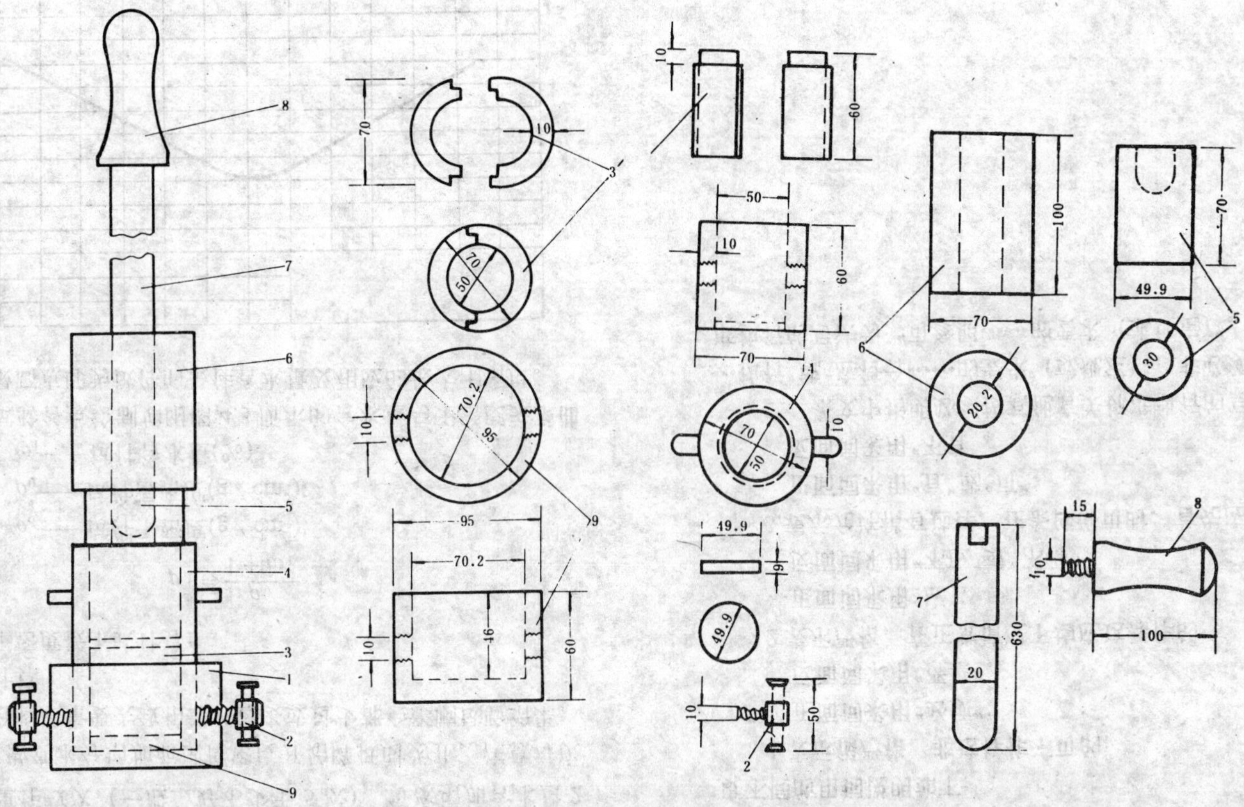

附图 4.2 100cm^3 小型击实仪

1—仪器底座；2—楔紧螺丝；3—半圆试筒；4—套筒； 5—活塞；6—2.5kg 夯锤；7—导杆；8—导杆柄；9—垫板

果。

试件按规定次数击实后，谨慎地将导杆、活塞及套筒取下，用土刀仔细地沿圆筒边缘将试件多余部分削去，表面与圆筒齐平拆开两半圆筒，或用锤自下向上将试件轻轻顶出，称其湿质量准确至 0.1g。同时取样少许，测定其含水量。求该试件的干密度。如此重作数次（一般最好不少于 5 次），每次增加含水量 2～3% 一直做到水分增加而试件密度开始降低时为止。注意每次装筒的混合料质量要大致相等，过多或过少都会影响试验结果。

(4) 计算

试件干密度按下式计算:

$$\rho_d=\frac{\rho_0}{1+\omega_1}$$

式中 ρ_d——试件干密度(g／cm^3);

ρ_0——试件湿密度(g／cm^3);

ω_1——试件含水量(%)。

连接试验各点绘制如附图 4.3 所示的含水量与干密度关系曲线。曲线最高点即为试件的最佳含水量及相应的最大干密度。

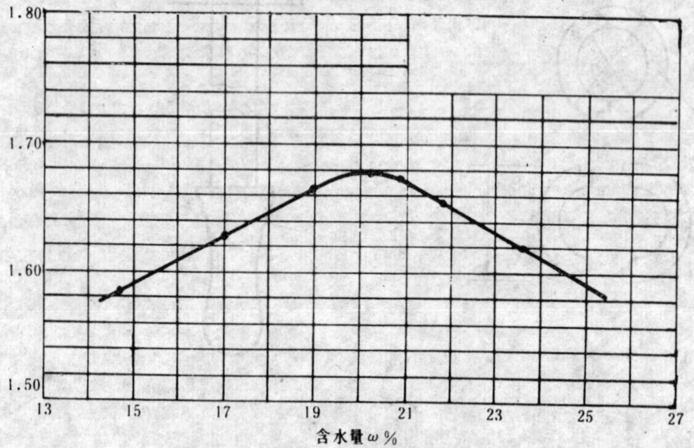

附图 4.3 含水量与干密度关系曲线

附录五 本标准用词说明

一、为便于在执行本标准条文时区别对待，对于要求严格程度不同的用词说明如下:

1.表示很严格，非这样作不可的:

正面词采用“必须”;

反面词采用“严禁”。

2.表示严格，在正常情况下均应这样作的:

正面词采用“应”;

反面词采用“不应”或“不得”。

3.表示允许稍有选择，在条件许可时，首先应这样作的:

正面词采用“宜”或“可”;

反面词采用“不宜”。

二、条文中指明必须按其他有关标准执行的写法为:“应按……执行”或“应符合……的要求（或规定）”。非必须按所指定的标准执行的写法为:“可参照……的要求（或规定）”。

附加说明

本标准主编单位、参加单位和主要起草人名单

主编单位：北京市市政工程局

参加单位：北京市第三市政工程公司
上海第二市政工程公司
天津市第二市政工程公司
沈阳市城建局质量监理所
长沙市城市建设所
深圳市公用事业管理公司

主要起草人：高辅民　吴乃昌　焦永达　俞顺根　包安文
崔培年　郭大光　孙庚元　伍时标　李　剑

中华人民共和国城乡建设环境保护部
劳动人事部部标准

排水管道维护安全技术规程

CJJ 6—85

主编部门：天津市市政工程局
批准部门：城乡建设环境保护部
劳动人事部
实行日期：1985年8月1日

通　知

（85）城公字第6号

为保障排水管道维护工人的作业安全和身体健康，根据原国家城建总局和国家劳动总局（81）城发字247号文，由天津市市政工程局负责编制的《排水管道维护安全技术规程》，经我们联合审查，现批准为部标准，编号为CJJ6—85，从一九八五年八月一日起实行。在实行中有何问题和意见请函告天津市市政工程局排水管道维护安全技术规程管理组，以便修订参考。

城乡建设环境保护部
劳动人事部
一九八五年一月七日

目　次

第一章 总 则

第 1.0.1 条 为保障排水管道维护人员的作业安全和身体健康，提高排水管道维护的技术水平，根据预防为主的方针，特制订本规程。

第 1.0.2 条 本规程适用于：

一、排水管道的检查；

二、排水管道的疏通；

三、排水管道及其附属构筑物的维修。

第 1.0.3 条 为加强排水管道的维护管理工作，必须组织维护人员学习并贯彻执行本规程。

第 1.0.4 条 若有违反本规程的行为，安全员有权决定维护人员停止作业，并及时报告有关主管部门。

第 1.0.5 条 机电设备安全事项应按国务院发布的《工厂安全卫生规程》和《建筑安装工程安全技术规程》相应章节执行。

第 1.0.6 条 管道维护人员每年应体检一次，并建立健康登记卡。

第二章 地面作业

第一节 作业现场

第 2.1.1 条 检查井井盖开启后，必须立即加盖安全网盖或设置护栏。白天应加挂三角红旗，夜间应加点红灯。

第 2.1.2 条 作业现场严禁明火；车辆行人不得进入作业区。

第 2.1.3 条 经征得公安部门同意断绝交通后，应在路段两端设置安全标志。

第 2.1.4 条 在繁华地区作业时，应指派专人维护现场秩序。

第二节 管道检查、疏通和维修

第 2.2.1 条 检查管道内部情况时，宜采用反光镜或电视检测仪等工具。

第 2.2.2 条 凡井深不超过 3 m者，在穿竹片牵引钢丝绳（所用钢丝绳规格见表 1）和掏挖污泥时，不宜下井操作。

第 2.2.3 条 需要封闭作业的管段进行维修时，宜采用橡胶气堵等工具。

第 2.2.4 条 宜采用电动或气动引绳器、机动绞车、高压冲洗车及吸泥车等机具，以改善劳动条件。

第三章 井下作业

第一节 作业要求

第 3.1.1 条 需下井作业时，必须履行批准手续。由作业班（组）长填写“下井安全作业票”（见表２），经维护队的技术负责人批准后，方可下井。

第 3.1.2 条 对每项下井任务，管理人员必须查清管径、水深、潮汐以及附近工厂污水排放情况，并填入“下井安全作业票”内。

第 3.1.3 条 作业班（组）在下井前应做好管道的降水、通风、气体检测以及照明等工作，并制订防护措施填入上述作业票内。

第 3.1.4 条 下井人员应经过安全技术培训，学会人工急救和防护用具、照明及通讯设备的使用方法。

第 3.1.5 条 操作人员下井作业时，井上应有两人监护。若进入管道，还应在井内增加监护人员作中间联络。监护人员不得擅离职守。

第 3.1.6 条 井下作业严禁明火。

第 3.1.7 条 对管径小于 0.8m 的管道，严禁进入管内作业。

第 3.1.8 条 每次下井连续作业时间不宜超过一小时。

第 3.1.9 条 下列人员不得从事井下作业：

一、在经期、孕期、哺乳期的妇女；

二、有聋、哑、呆、傻等严重生理缺陷者；

三、患有深度近视、癫痫、高血压、过敏性气管炎、哮喘、心脏病等严重慢性病者；

四、有外伤疮口尚未愈合者。

第二节 降水和通风

第 3.2.1 条 在井下作业期间，管道作业班（组）的管理人员应要求有关泵站合作或安装临时水泵以降低作业管段水位。

第 3.2.2 条 下井前必须提前开启工作井井盖及其上下游井盖进行自然通风，并用竹（木）棒搅动泥水，以散发其中有害气体。

第 3.2.3 条 雨水管道经过自然通风后，若检测结果证明井下气体中仍然缺氧或所含有毒气体浓度超过容许值，在井下作业期间应继续进行自然通风或人工通风，使含氧量达到规定值，并使有毒气体浓度降至容许值以下，或按第4.1.3条执行。

第 3.2.4 条 排水管道经过自然通风后，若易爆气体浓度仍在爆炸范围内，在井下作业期间必须采用人工通风，使管道中易爆气体浓度降至爆炸下限以下。

第 3.2.5 条 采用人工通风时，一般可按管道内平均风速0.8m/s计算通风机的风量。

第三节 气体检测

第 3.3.1 条 气体检测主要是测定井下空气含氧量和常见有害气体的浓度。

第 3.3.2 条 井下空气含氧量不得少于18%，否则即为缺氧。有害气体容许浓度和爆炸范围详见表３。

第 3.3.3 条 宜采用比色法、仪器法或生物法等简易快速检测方法检测井下气体。

第 3.3.4 条 气体检测人员应经专业技术培训，除配合下井作业前的气体检测外，宜将管辖地段井下气体和工厂所排污水的检测作为一项经常性的业务，以积累资料，改进防护措施。

第四节 照明和通讯

第 3.4.1 条 必须采用防爆型照明设备，其供电电压不得大于12V。

第 3.4.2 条 井下作业面上的照度不宜小于50lx。

第 3.4.3 条 井上、井下人员之间的联系宜采用有线或无线通讯设备，以代替喊话或手势。

第四章 防毒用具和防护用品

第一节 防毒用具

第 4.1.1 条 严禁使用过滤式防毒面具和隔离式供氧面具。必须使用供压缩空气的隔离式防护装具作为防毒用具。

第 4.1.2 条 对于污水管道和合流管道，维护人员下井时，必须穿戴供压缩空气的隔离式防护装具。

第 4.1.3 条 对于缺氧或所含有毒气体浓度超过容许值的雨水管道，维护人员应穿戴供压缩空气的隔离式防护装具下井，或按第3.2.3条执行。

第二节 防护用品

第 4.2.1 条 维护人员下井时，必须配备悬托式安全带，其性能必须符合国家标准。

第 4.2.2 条 维护人员从事维护作业时，必须戴安全帽和手套，穿防护服和防护鞋。

第 4.2.3 条 在地面上掏挖井内污泥或维修检查井时，应戴口罩，必要时还应采取防毒措施。

第五章　附　　则

第 5.0.1 条　各地维护排水管道的主管单位应根据本规程的规定，结合当地具体情况制订安全操作细则。

第 5.0.2 条　本规程在执行过程中，若发现存在问题，由主编部门负责解释。

疏通排水管道用钢丝绳　　　　**表 1**

疏通方法	管径 mm	钢丝绳		
		直径 mm	允许拉力 kN(kgf)	百米重量 kg
人力疏通（手摇绞车）	150～300 550～800	9.3	44.23～63.19 (4510～6444)	30.5
	850～1000	11	60.20～86.00 (6139～8770)	41.4
	1050～1200	12.5	78.62～112.33 (8017～11454)	54.1
机械疏通（机动绞车）	150～300 550～800	11	60.20～86.00 (6139～8770)	41.4
	850～1000	12.5	78.62～112.33 (8017～11454)	54.1
	1050～1200	14	99.52～142.18 (10148～14498)	68.5
	1250～1500	15.5	122.86～175.52 (12528～17898)	84.6

注：1.本表采用国家标准（GB1102—74)规定的 6×19带一个有机物芯的钢丝绳。
2.管内积泥深度超过管半径时，应使用大一级的钢丝绳。
3.竹片必须选用刨平竹心的青竹，截面尺寸不小于 $4\times1cm^2$，长度不小于 3 m。
4.方砖沟、矩形砖石沟、拱砖石沟等异形沟道，可按断面积折算成圆管后参照使用。

下井安全作业票　　　　**表 2**

下井班(组)		作业票填报人		填报日期	
下井人		监护人			
下井地点	区	路道街	井号		
计划下井时间		下井任务			
管径		水深		潮汐影响	
工厂污水排放情况					
防护措施	1.提前开启井盖自然通风情况(井数和时间) 2.井下降水和照明情况 3.井下气体检测结果 4.拟采取的防毒、防爆手段(穿戴防护装具、人工通风等)				
负责人意见	(签字)	安全员意见	(签字)		
年体检或下井前体检结果	(签字)				
附注					

井下常见有害气体容许浓度和爆炸范围 **表 3**

气体名称	比重（取空气比重为1）	短时接触阈限值		经常接触最高容许值		爆炸范围	说明
		mg/m³	ppm	mg/m³	ppm	%(容积)	
硫化氢	1.19	21	15	10	6.6	4.3～45.5	
一氧化碳	0.97	440	400	30	24	12.5～74.2	操作时间1h以上
				50	40		操作时间1h以内
				100	80		操作时间30min以内
				200	160		操作时间15～20min
氰化氢	0.94	11	10	0.3	0.25	5.6～12.8	
汽油	3～4	1500		350		1.4～7.6	不同品种汽油的分子量不同，在此不再折算ppm
氯	2.49	9	3	1	0.32	不燃	
甲烷	0.55	—	—	—	—	5～15	
苯	2.71	75	25	40	12	1.30～2.65	

注：1.井下常见气体除本表所列者外尚有氧、氢、氮和二氧化碳，其中：

（1）氧的最低含量应符合第3.3.2条规定；

（2）氢随井盖开启外溢，可免测；

（3）当氧的含量符合要求时，氮和二氧化碳可免测。

2.经常接触最高容许值采用《工业企业设计卫生标准TJ36—79》有关规定。

3.短时接触阈限值指15min内有害气体浓度的加权平均值。在工作日的任何时间，有害气体浓度不应大于此值。操作人员在此浓度下操作时间不应超过15min，同时每工作日最多重复出现4次，时间间隔不少于60min。

附录　本规程用词说明

1.表示很严格，非这样作不可的用词：

正面词采用"必须"，反面词采用"严禁"。

2.表示严格，在正常情况下均应这样作的用词：

正面词采用"应"，反面词采用"不应"或"不得"。

3.表示允许稍有选择，在条件许可时，首先应这样作的用词：

正面词采用"宜"或"可"，反面词采用"不宜"。

附加说明 本标准主编单位、参加单位和主要起草人名单

主编部门： 天津市市政工程局

主要起草人： 龚绍基　王家瑞

中华人民共和国建设部部标准

城镇污水处理厂附属建筑和附属设备设计标准

CJJ 31—89

主编单位：中国市政工程西南设计院
批准部门：中华人民共和国建设部
实行日期：1989年10月1日

关于发布部标准《城镇污水处理厂附属建筑和附属设备设计标准》的通知

（89）建标字第154号

各省、自治区建委（建设厅），各直辖市、计划单列市建委（市政工程局）：

《城镇污水处理厂附属建筑和附属设备设计标准》，业经我部审查批准为部标准，编号CJJ31—89，自1989年10月1日起实施。在实施过程中如有问题和意见，请函告本标准主编单位中国市政工程西南设计院。本标准由中国建筑工业出版社出版，各地新华书店发行。

中华人民共和国建设部

1989年3月29日

目　次

第一章 总 则

第 1.0.1 条 为了使城镇污水处理厂（以下简称污水厂）附属建筑和附属设备的设计做到基本统一，严格控制建设规模，正确掌握建设标准，特制定本标准。

第 1.0.2 条 本标准适用于新建、扩建和改建的污水厂的附属建筑和附属设备的设计，不适用于污水厂主管部门（公司或管理处、所）的附属建筑和附属设备设计。

注：1.厂外污水泵站和管渠，可参照本标准有关条文执行。

2.类似城镇污水水质的工业污水处理厂的附属建筑和附属设备可参照本标准执行。

第 1.0.3 条 设计污水厂附属建筑和附属设备时，除应遵守本标准的规定外，还必须遵守国家现行的《中华人民共和国环境保护法（试行）》、《城市规划条例》和《室外排水设计规范》（GBJ14）的规定。

第 1.0.4 条 污水厂规模按污水流量（单位以$10^4m^3/d$计）可分为六档：小于0.5、0.5～2、2～5、5～10、10～50和大于50（第二至第四档的下限值含该值，上限值不含该值）。污水厂分为一级处理和二级处理（包括污泥消化和脱水处理）两种级别。

注：一级污水处理厂简称一级厂；二级污水处理厂简称二级厂。

第 1.0.5 条 本标准中有变化范围的数据，应以内插法确定。

第二章 附属建筑面积

第一节 一 般 规 定

第 2.1.1 条 污水厂的附属建筑应根据总体布局，结合厂址环境、地形、气象和地质等条件进行布置，布置方案应达到经济合理、安全适用、方便施工和方便管理等要求。

第 2.1.2 条 本标准所规定的附属建筑面积应指使用面积。

第 2.1.3 条 生产管理用房、行政办公用房、化验室和宿舍等组建成的综合楼，其建筑系数可按55～65%选用。

第二节 生产管理用房

第 2.2.1 条 生产管理用房包括计划室、技术室、调度室、劳动工资室、财会室、技术资料室、电话总机室和活动室等，其总面积应按表2.2.1采用。

生产管理用房面积表 **表 2.2.1**

污水厂规模（$10^4m^3/d$）	二级厂生产管理用房总面积（m^2）
0.5～2	80～170
2～5	170～220
5～10	220～300
10～50	300～480

第 2.2.2 条 一级厂的生产管理用房面积宜按表2.2.1的下限值采用。

第三节 行政办公用房

第 2.3.1 条 行政办公用房包括办公室、打字室、资料室和接待室等。它宜跟生产管理用房等联建，并应跟污水厂区环境相协调。

第 2.3.2 条 行政办公用房，每人（即每一编制定员）平均面积为5.8～6.5m^2。

第四节 化 验 室

第 2.4.1 条 化验室一般由水分析室、泥分析室、BOD分析室、气体分析室、生物室、天平室、仪器室、贮藏室（包括毒品室）、办公室和更衣间等组成。

第 2.4.2 条 化验室面积和定员应根据污水厂规模和污水处理级别等因素确定，其面积和定员应按表2.4.2采用。

化验室面积和定员表 表 2.4.2

污水厂规模 ($10^4m^3/d$)	面积 (m^2)		定员(人)
	一级厂	二级厂	二级厂
0.5～2	70～100	85～140	2～3
2～5	100～120	140～200	3～5
5～10	120～180	200～280	5～7
10～50	180～250	280～380	7～15

第 2.4.3 条 一级厂定员可按表2.4.2的下限值采用。

第五节 维 修 间

第 2.5.1 条 维修间一般包括机修间、电修间和泥木工间。

第 2.5.2 条 机修间面积和定员，应根据污水厂规模、处理级别等因素确定，宜按表2.5.2采用。

机修间面积与定员表 表 2.5.2

规模($10^4m^3/d$)		0.5～2	2～5	5～10	10～50
一级厂	车间面积(m^2)	50～70	70～90	90～120	120～150
	辅助面积(m^2)	30～40	30～40	40～60	60～70
	定员(人)	3～4	4～6	6～8	8～10
二级厂	车间面积(m^2)	60～90	90～120	120～150	150～180
	辅助面积(m^2)	30～40	40～60	60～70	70～80
	定员(人)	4～6	6～8	8～12	12～18

第 2.5.3 条 辅助面积指工具间、备品库、男女更衣室、卫生间和办公室的总面积。规模小于5×$10^4m^3/d$时，可不设置办公室。

第 2.5.4 条 机修间可设置冷工作棚，其面积可按车间面积的30～50%计算。

第 2.5.5 条 小修的机修间面积可按表2.5.2的下限值酌减。

第 2.5.6 条 电修间面积和定员应按表2.5.6采用。

第 2.5.7 条 设有控制系统的污水厂宜设置仪表维修间。

电修间面积与定员表 表 2.5.6

污水厂规模	一级厂		二级厂	
($10^4m^3/d$)	面积(m^2)	定员(人)	面积(m^2)	定员(人)
0.5～2	15	2	20～30	2～3
2～5	15	2～3	30～40	3～5
5～10	20	3～5	40～50	5～8
10～50	20	5～8	50～70	8～14

第 2.5.8 条 泥木工间包括木工、泥工和漆工等的工作场所和工具堆放等场地，其面积和定员应按表2.5.8采用。

注：如有污泥消化池和机械脱水等工艺，其面积和定员还应酌情增加。

泥木工间的面积和定员表 表 2.5.8

污水厂规模	一级厂		二级厂	
($10^4m^3/d$)	面积(m^2)	定员(人)	面积(m^2)	定员(人)
5～10	30～40	2～3	40～50	3～5
10～50	40～70	3～5	50～100	5～8

第六节 车 库

第 2.6.1 条 车库一般由停车间、检修坑、工具间和休息室等组成。其面积应根据车辆配备确定。

第七节 仓 库

第 2.7.1 条 仓库可集中或分散设置，其总面积应按表2.7.1采用。

第 2.7.2 条 一级厂的仓库面积可按表2.7.1的下限值采用。

仓 库 面 积 表 表 2.7.1

污水厂规模 ($10^4m^3/d$)	二级厂仓库总面积 (m^2)
0.5～2	60～100
2～5	100～150
5～10	150～200
10～50	200～400

第八节 食 堂

第 2.8.1 条 食堂包括餐厅和厨房（烧火、操作、贮藏、冷藏、烘烤、办公和更衣用房等），其面积定额应按表2.8.1采用。

食堂就餐人员面积定额表 表 2.8.1

污水厂规模 ($10^4m^3/d$)	面积定额 (m^2/人)
0.5～2	2.6～2.4
2～5	2.4～2.2
5～10	2.2～2.0
10～50	2.0～1.8

注：就餐人员宜按最大班人数计（即当班的生产人员加上白班的生产辅助人员和管理人员）。

第 2.8.2 条 如食堂兼作会场时，餐厅面积可适当增加。

第 2.8.3 条 寒冷地区可增设菜窖。

第九节　浴室和锅炉房

第 2.9.1 条　男女浴室的总面积（包括淋浴间、盥洗间、更衣室、厕所等）应按表2.9.1采用。

浴 室 面 积 表　　表 2.9.1

污水厂规模 （$10^4m^3/d$）	二级厂浴室面积 （m^2）
0.5～2	25～50
2～5	50～120
5～10	120～140
10～50	140～150

第 2.9.2 条　一级厂的浴室面积可按表2.9.1的下限值采用。

第 2.9.3 条　锅炉房的面积宜根据需要确定。

第十节　堆　　棚

第 2.10.1 条　污水厂应设堆棚，其面积应按表2.10.1采用。

管配件堆棚面积表　　表 2.10.1

污水厂规模 （$10^4m^3/d$）	面　积 （m^2）
0.5～2	30～50
2～5	50～80
5～10	80～100
10～50	100～250

第十一节　绿 化 用 房

第 2.11.1 条　绿化用房面积应根据绿化工定员和面积定额确定。绿化面积在7000m^2或7000m^2以下时绿化工定员为2人；绿化面积在7000m^2以上时，每增加7000～10000m^2增配1人；绿化用房面积定额可按5～10m^2/人采用。暖房面积可根据实际需要确定。

注：绿化面积，新建或扩建厂不宜少于厂面积的30%，现有厂不宜少于厂面积的20%。

第十二节　传 达 室

第 2.12.1 条　传达室可根据需要分为1～3间（收发和休息等），其面积应按表2.12.1采用。

传达室面积表　　表 2.12.1

污水厂规模 （$10^4m^3/d$）	面　积 （m^2）
0.5～2	15～20
2～5	15～20
5～10	20～25
10～50	25～35

第十三节　宿　　舍

第 2.13.1 条　宿舍包括值班宿舍和单身宿舍。

第 2.13.2 条　值班宿舍是中、夜班工人临时休息用房。其面积宜按4m^2/人考虑，宿舍人数可按值班总人数的45～55%采用。

第 2.13.3 条 单身宿舍是指常住在厂内的单身男女职工住房，其面积可按$5m^2$/人考虑。宿舍人数宜按污水厂定员人数的35～45%考虑。

第十四节 其 他

第 2.14.1 条 污水厂应设置露天操作工的休息室（带卫生间），其面积定额可按$5m^2$/人采用，总面积应不少于$25m^2$。

第 2.14.2 条 污水厂宜设置球类等活动场地，其面积可按30m×20m考虑。

第 2.14.3 条 厂内可设自行车车棚，车棚面积应由存放车辆数及其面积定额确定。存放车辆数可按污水厂定员的30～60%采用，面积定额可按$0.8m^2$/辆考虑。

第 2.14.4 条 跟污水厂有关的生活福利设施（如家属宿舍、托儿所等）应按国家有关规定执行。

第三章 附属建筑装修

第一节 一 般 规 定

第 3.1.1 条 污水厂附属建筑装修，包括室内外装修和门窗装修，但不包括有特殊要求的装修工程。

第 3.1.2 条 附属建筑装修应力求简洁、明朗、美观大方，并考虑与厂内其他生产性建筑物和构筑物以及周围环境相协调。

第 3.1.3 条 附属建筑装修标准，应根据污水厂建筑类别标准而定。污水厂建筑类别按污水厂规模及要求分为Ⅰ、Ⅱ、Ⅲ类（见表3.1.3）。

污水厂建筑类别　　表 3.1.3

类别	污水厂特征
Ⅰ	大城市的大型污水厂 对环境设计有特殊要求的污水厂
Ⅱ	中等城市的中型污水厂 大城市的小型污水厂
Ⅲ	Ⅰ、Ⅱ类以外的污水厂

注：大型污水厂指规模大于$10\times10^4m^3/d$，中型污水厂规模为$2\sim10\times10^4m^3/d$。

第 3.1.4 条 附属建筑按其功能重要性，可分为主要建筑和次要建筑。本标准规定的建筑装修标准，是指主要建筑的主要部位。对次要部位和次要建筑的装修标准可酌情降低。

第 3.1.5 条 位于城区附近的污水厂建筑，在城市规划中有一定要求时，其外装修面可按下列表（表3.2.1-1和表3.2.1-2）中规定的装修等级标准适当地提高。

第 3.1.6 条 室外装修，可按其效果、施工操作工序及所用的材料，分成1～3级。

第 3.1.7 条 室外装修应考虑建筑总体的装饰效果。

第 3.1.8 条 本标准未列入新型装饰材料，可根据当地实际情况，按其材料的相应等级选用。

第二节 室外装修

第 3.2.1 条 室外装修系指建筑外立面，包括墙面、勒脚、腰线、壁柱、台阶、雨篷、檐口、门罩、门窗套等基层以上的各种贴面或涂料、抹面等。

室外装修分类 **表 3.2.1-1**

建筑物分类 \ 等级 \ 污水厂类别		Ⅰ	Ⅱ	Ⅲ
1	生产管理用房、行政办公用房、化验室、接待室、传达室、厂大门	外墙 1	外墙 2	外墙 2
2	食堂、浴室、宿舍	外墙 2	外墙 2	外墙 3
3	维修车间、仓库、车库、电修间、泥木工间、绿化用房、围墙	外墙 2	外墙 3	外墙 3

注：临街面围墙立面的装修标准可适当提高。

室外装修分类及其等级分别见表3.2.1-1和表3.2.1-2。

室外装修等级 **表 3.2.1-2**

等级	选用材料及作法
外墙 1	高级贴面材料、高级涂料等
外墙 2	普通贴面材料、中级涂料、剁假石、水刷石等
外墙 3	干粘石、水泥砂浆抹面、混合砂浆抹面、弹涂抹灰等

第三节 室内装修

第 3.3.1 条 室内装修系指室内楼面、地面、墙面、顶棚等装修。

室内地面装修分类 **表 3.3.2-1**

建筑物分类 \ 等级 \ 污水厂类别		Ⅰ	Ⅱ	Ⅲ
1	接待室、会议室	地面 1	地面 2	地面 2
2	化验室、活动室、门厅	地面 1～2	地面 2	地面 2
3	餐厅、浴室、厕所	地面 2	地面 2	地面 2
4	生产管理用房、行政办公用房、传达室、楼梯间、走廊	地面 2	地面 2	地面 2～3
5	电话总机室	地面 1	地面 1	地面 1
6	维修车间、仓库、车库、电修间、泥木工间、暖房、绿化用房	地面 3	地面 3	地面 3

第 3.3.2 条 室内楼地面系指地面基层以上的面层所选用的各种装修材料及作法，其装修分类及其等级见表3.3.2-1和表3.3.2-2。

室内地面装修等级 表 3.3.2-2

等级	选用材料及作法
地面 1	高级贴面材料、彩色水磨石、高级涂料、木地板等
地面 2	普通贴面材料、普通水磨石、中级涂料等
地面 3	水泥泥面、水泥砂浆、混凝土压光、涂料等

第 3.3.3 条 内墙装修指室内墙面基层以上的贴面或抹灰。其装修分类及其等级见表3.3.3-1和表3.3.3-2。

内墙面装修分类 表 3.3.3-1

建筑物分类 \ 等级 \ 污水厂类别		Ⅰ	Ⅱ	Ⅲ
1	接待室、会议室、化验室	内墙面 1	内墙面 1	内墙面 2
2	食堂、浴室、厕所	内墙面 3	内墙面 3	内墙面 3
3	生产管理用房、行政办公用房、走廊、楼梯间、门厅、活动室	内墙面 2	内墙面 2	内墙面 3
4	传达室、宿舍、绿化用房	内墙面 3	内墙面 3	内墙面 3
5	维修车间、仓库、车库、电修间、泥木工间	内墙面 4	内墙面 4	内墙面 4

内墙面装修等级 表 3.3.3-2

等级	选用材料及作法
内墙面 1	化纤墙布、塑料墙纸、高级涂料、高级贴面墙裙、高级涂料墙裙等
内墙面 2	中级涂料、中级抹灰、普通贴面墙裙、中级涂料墙裙等
内墙面 3	普通涂料、普通抹灰、水磨石墙裙、普通涂料墙裙等
内墙面 4	普通抹灰、水泥砂浆嵌缝压光喷白、水泥砂浆墙裙等

顶棚装修分类 表 3.3.4-1

建筑物分类 \ 等级 \ 污水厂类别		Ⅰ	Ⅱ	Ⅲ
1	接待室、议会室、门厅	顶棚 1	顶棚 1	顶棚 2
2	化验室、餐厅、门厅	顶棚 1	顶棚 2	顶棚 2
3	生产管理用房、行政办公用房、活动室、厨房、浴室、厕所、传达室、宿舍	顶棚 2	顶棚 2	顶棚 2
4	维修车间、仓库、车库、泥木工间、绿化用房	顶棚 3	顶棚 3	顶棚 3

顶棚装修等级 表 3.3.4-2

等级	选用材料及作法
顶棚 1	钙塑、石膏、高级抹灰、高级涂料等
顶棚 2	纤维板装饰品顶、普通抹灰、普通涂料等
顶棚 3	水泥砂浆嵌缝压光喷白等

第 3.3.4 条 室内顶棚装修系指平顶或吊顶外层所选用不同面层材料及作法，其装修分类及其等级分别见表3.3.4-1和表3.3.4-2。

第四节 门窗装修

第 3.4.1 条 门窗装修指建筑内外门窗的选用材料及做法，包括窗帘盒、窗台板等附属装饰，其装修分类及等级分别见表3.4.1-1和表3.4.1-2。

门窗装修分类 表 3.4.1-1

建筑物分类 \ 等级 \ 污水厂分类		Ⅰ	Ⅱ	Ⅲ
1	接待室、会议室、门厅	门窗 1	门窗 2	门窗 2
2	生产管理用房、行政办公用房、化验室、活动室、餐厅、传达室	门窗 2	门窗 2	门窗 2
3	浴室、厕所、维修车间、仓库、车库、泥木工间、绿化用房	门窗 3	门窗 3	门窗 3

门窗装修等级 表 3.4.1-2

等级	装修选材及作法
门窗 1	钢窗、硬木弹簧门、铝合金门窗、木窗帘合、中级贴面材窗合板、木窗台板等
门窗 2	钢门、钢窗、木门、木窗、水磨石窗台板、普通贴面窗台板等
门窗 3	钢门、钢窗、木门、木窗、普通砂浆窗台板等

第 3.4.2 条 厂区内的食堂、接待室及主要建筑物应设纱门窗。

第四章 附属设备

第一节 一般规定

第 4.1.1 条 选用附属设备，应满足工艺要求，做到设置合理、使用可靠，以不断提高污水厂的管理水平。对于大型先进仪表设备，要充分发挥其使用效益。

第二节 化验设备

第 4.2.1 条 化验设备的配置，应根据常规化验项目、污水厂的规模和处理级别等决定。污水厂不宜考虑全分析项目的化验。

污水厂的常规化验主要设备应按表4.2.1选用。

第 4.2.2 条 承担监测工业废水水质或独立性较强的污水厂的化验室，化验设备可相应增加如气相色谱仪、原子吸收分光光度仪等。

第三节 维修设备

第 4.3.1 条 机修间常用主要设备的配置，应按污水厂规模和处理级别等因素确定。设备种类和数量应按表4.3.1选用。

第 4.3.2 条 电修间、仪修间和泥木工间的设备种类及数量可根据具体情况自行选用。

常规化验主要设备数量表 **表 4.2.1**

序号	处理厂级别 / 规模 / 设备名称	一级厂 ($10^4m^3/d$)				二级厂 ($10^4m^3/d$)			
		0.5～2	2～5	5～10	10～50	0.5～2	2～5	5～10	10～50
1	高温炉	1	1	1	2	1	1	1	2
2	电热恒温干燥箱	1	1	1～2	2	1	1～2	2～3	3～4
3	电热恒温培养箱	1	1	1	1～2	1	1	1	2
4	BOD培养箱	1	1	1～2	2	1	1	2	2～3
5	电热恒温水浴锅	1	1	1～2	2～3	1	1～2	2～3	3～5
6	分光光度计	1	1	1～2	2	1	1	1～2	2～3
7	酸度计	1	1	1～2	2	1	1	1～2	2～3
8	溶解氧测定仪	—	—	—	—	2	2	2～3	3～4
9	水分测定仪	1	1	1—2	2	1	1	1～2	2～3
10	气体分析仪			2	2			3	3
11	精密天平	2	2	2	2～3	2	2	2～3	3～4
12	物理天平	2	2	2	2	1	1	1～2	2～3
13	生物显微镜	—	—	—	—	1	1	1	1～2
14	离子交换纯水器	1	1	1	1～2	1	1	1	2
15	电冰箱	1	1	2	2～3	1	1～2	2～3	3～4
16	电动离心机	1	1	1	1	1	1	1	1
17	真空泵	1	1	1	1	1	1	1～2	2～3
18	灭菌器	1	1	1	1	1	1	1	1
19	磁力搅拌器	1	1	2	2	1	1	2	2
20	微型电子计算机			1	1			1	1
21	COD测定仪	1	1	1	2	1	1	1	2
22	空调器	1	1	1	2	1	1	1	2

机修间常用主要设备数量表

表 4.3.1

设备类型		技术规格				0.5~2 (×10⁴m³/d) 一级厂	0.5~2 (×10⁴m³/d) 二级厂	2~5 (×10⁴m³/d) 一级厂	2~5 (×10⁴m³/d) 二级厂	5~10 (×10⁴m³/d) 一级厂	5~10 (×10⁴m³/d) 二级厂	10~50 (×10⁴m³/d) 一级厂	10~50 (×10⁴m³/d) 二级厂
车床		最大加工直径 (mm)	300	最大加工长度 (mm)	750				1		1	1	
			410		750								1
			410		1500	1	1	1	1	1			
			615		2800						1	1	1
牛头刨床		最大刨削长度650mm				1	1	1	1	1	1	1	1
钻床	台钻	最大钻孔直径12mm				1	1	1	1	1	1	1	1
	立钻	最大钻孔直径25mm					1	1					
		最大钻孔直径35mm							1	1			
	摇臂钻床	最大钻孔直径25mm									1	1	
		最大钻孔直径50mm											1
铣床		最大宽度320mm×1250mm											1
砂轮	台式	最大直径200mm				1							1
	落地	最大直径300mm					1	1	1	1	1	1	1
弓锯床		最大锯料直径220mm				1	1	1	1	1	1	1	1
空压机		0.5m³/7kg									1	1	1
台钳						2~3	2~4	3~4	4~5	4~5	5~6	5~6	5~6
起重设备		手拉葫芦1~2t				1	2	2	2				
		电动葫芦2~5t								1	1	1	1
电焊机	交流	额定电流最大330A				1	1	1	1	1	1		1
		额定电流最大500A										1	
	直流	额定电流最大375A									1		1
乙炔发生器		发气量1m³/h				1	1	1	1	1	1	1	1
氧气瓶		40kg				1~2	2	2~3	2~3	3~4	4~5	4~5	5~6
卷扬机											1	1	1

注：1.规模小于$0.5\times10^4m^3/d$和大于$50\times10^4m^3/d$时，机修间常用设备可酌情确定；2.台钳和卷扬机的技术规格可酌情确定。

本标准用词说明

1.表示很严格，非这样作不可的用词：正面词采用“必须”、反面词采用“严禁”。

2.表示严格、在正常情况均应这样作的用词：正面词采用“应”，反面词采用“不应”或“不得”。

3.表示允许稍有选择，在条件许可时首先应这样作的用词：正面词采用“宜”或“可”，反面词采用“不宜”。

附加说明

本标准主编单位，参加单位和主要起草人名单

主编单位：中国市政工程西南设计院

参加单位：上海市政工程设计院
中国市政工程中南设计院
西安市市政工程管理局

主要起草人：刘章富、吴松华、王　泰、陆　荣、张跃英、张学兵、刘戴德、查眉娉、赵海金、戴秀芳、刘永令、徐均官、孟素珍

中华人民共和国行业标准

城市防洪工程设计规范

CJJ 50—92

主编单位：中国市政工程东北设计院
批准部门：中华人民共和国建设部
　　　　　中华人民共和国水利部
施行日期：1993年7月1日

关于发布行业标准《城市防洪工程设计规范》的通知

建标〔1993〕72号

根据原城乡建设环境保护部（83）城科字224号文和水利部水规（89）41号文的要求，由中国市政工程东北设计院主编的《城市防洪工程设计规范》，业经审查，现批准为行业标准，编号CJJ50-92，自1993年7月1日起施行。

本规范由建设部城镇建设标准技术归口单位建设部城市建设研究院及水利部归口单位水利水电规划设计总院共同负责归口管理，具体解释等工作由主编单位负责。由建设部标准定额研究所组织出版。

中华人民共和国建设部
中华人民共和国水利部
1993年2月8日

目　次

1 总 则

1.0.1 为防治洪水危害，保护城市安全，统一城市防洪规划、设计和建设的技术要求，制定本规范。

1.0.2 本规范适用于我国城市范围内的河（江）洪、海潮、山洪和泥石流防治等防洪工程的规划、设计。工矿区可参照执行。

1.0.3 城市防洪工程设计应以城市总体规划及所在江河流域防洪规划为依据，全面规划、综合治理、统筹兼顾、讲求效益。

1.0.4 城市范围内的河道及沿岸的土地利用必须服从行洪要求，各项工程建设及其防洪标准不得低于该城市的防洪标准。

1.0.5 重要城市的防洪工程设计在可行性研究阶段，应参照现行《水利经济计算规范》进行经济评价，其内容可适当简化。

1.0.6 对自然环境、社会环境产生较大影响的城市防洪工程，在可行性研究阶段应根据现行《水利水电工程环境影响评价规范》进行环境影响评价，编制环境影响报告书或环境影响报告表。

1.0.7 城市防洪工程可行性研究和初步设计阶段，设计文件应包括工程管理设计内容。

1.0.8 地震设防区城市防洪工程设计应符合现行《水工建筑物抗震设计规范》的规定。

1.0.9 城市防洪工程设计除执行本规范外，涉及其它专业时，还应符合有关规范的规定。

2 设计标准

2.1 城市等别和防洪标准

2.1.1 城市等别应根据所保护城市的重要程度和人口数量划分为四等，见表2.1.1。

城 市 等 别 表2.1.1

城市等别	分等指标	
	重要程度	城市人口(万人)
一	特别重要城市	≥150
二	重要城市	150～50
三	中等城市	50～20
四	小城市	≤20

注：①城市人口是指市区和近郊区非农业人口；
②城市是指国家按行政建制设立的直辖市、市、镇。

2.1.2 城市防洪设计标准应根据城市等别、洪灾类型可按表2.1.2分析确定。

防 洪 标 准 表2.1.2

城市等别	防洪标准（重现期：年）		
	河(江)洪、海潮	山洪	泥石流
一	≥200	100～50	>100
二	200～100	50～20	100～50
三	100～50	20～10	50～20
四	50～20	10～5	20

注：①标准上下限的选用应考虑受灾后造成的影响、经济损失、抢险难易以及投资的可能性等因素；
②海潮系指设计高潮位；
③当城市地势平坦排泄洪水有困难时，山洪和泥石流防洪标准可适当降低。

2.1.3 对于情况特殊的城市，经上级主管部门批准，防洪标准可以适当提高或降低。

2.1.4 城市分区设防时，可根据各防护区的重要性选用不同的防洪标准。

2.1.5 沿国际河流的城市，防洪标准应专门研究确定。

2.1.6 临时性建筑物的防洪标准可适当降低，以重现期在5～20年范围内分析确定。

2.2 防洪建筑物级别

2.2.1 防洪建筑物级别，根据城市等别及其在工程中的作用和重要性划分为四级，可按表2.2.1确定。

防洪建筑物级别　　表2.2.1

城市等别	永久性建筑物级别		临时性建筑物级别
	主要建筑物	次要建筑物	
一	1	3	4
二	2	3	4
三	3	4	4
四	4	4	

注：①主要建筑物系指失事后使城市遭受严重灾害并造成重大经济损失的建筑物，例如堤防、防洪闸等；
②次要建筑物系指失事后不致造成城市灾害或者造成经济损失不大的建筑物，例如丁坝、护坡、谷坊；
③临时性建筑物系指防洪工程施工期间使用的建筑物，例如施工围堰等。

2.3 防洪建筑物安全超高

2.3.1 防洪建筑物的安全超高应符合表2.3.1的规定。

安全超高　　表2.3.1

建筑物名称 \ 安全超高(m) \ 建筑物级别	1	2	3	4
土堤、防洪墙、防洪闸	1.0	0.8	0.6	0.5
护岸、排洪渠道、渡槽	0.8	0.6	0.5	0.4

注：①安全超高不包括波浪爬高；
②越浪后不造成危害时，安全超高可适当降低。

2.3.2 建在防洪堤上的防洪闸和其它建筑物，其挡水部分的顶部标高不得低于堤防（护岸）的顶部标高。

2.3.3 临时性防洪建筑物的安全超高，可较同类型建筑物降低一级。海堤允许越浪时，超高可适当降低。

2.4 防洪建筑物稳定安全系数

2.4.1 堤（岸）坡抗滑稳定安全系数，应符合表2.4.1的规定。

堤(岸)坡抗滑稳定安全系数　　表2.4.1

荷载组合 \ 安全系数 \ 建筑物级别	1	2	3	4
基本荷载组合	1.25	1.20	1.15	1.10
特殊荷载组合	1.20	1.15	1.10	1.05

2.4.2 建于非岩基上的混凝土或圬工砌体防洪建筑物与非岩基接触面的水平抗滑稳定安全系数，应符合表2.4.2的规定。

非岩基抗滑稳定安全系数　　表2.4.2

荷载组合 ＼ 安全系数 ＼ 建筑物级别	1	2	3	4
基本荷载组合	1.30	1.25	1.20	1.15
特殊荷载组合	1.15	1.10	1.05	1.05

2.4.3　建于岩基上的混凝土或圬工砌体防洪建筑物与岩基接触的抗滑稳定安全系数，应符合表2.4.3的规定。

岩基抗滑稳定安全系数　　表2.4.3

荷载组合 ＼ 安全系数 ＼ 建筑物级别	1	2	3	4
基本荷载组合	1.10	1.10	1.05	1.05
特殊荷载组合	1.05	1.05	1.00	1.00

2.4.4　防洪建筑物抗倾覆稳定安全系数应符合表2.4.4的规定。

抗倾覆稳定安全系数　　表2.4.4

荷载组合 ＼ 安全系数 ＼ 建筑物级别	1	2	3	4
基本荷载组合	1.5	1.5	1.3	1.3
特殊荷载组合	1.3	1.3	1.2	1.2

3　总体设计

3.1　一般规定

3.1.1　总体设计必须在城市总体规划和流域防洪规划的基础上，根据洪水特性及其影响，结合城市自然地理条件、社会经济状况和城市发展的需要确定。

重要城市防洪工程总体设计，对超设计标准洪水应制定对策性措施，减少洪灾损失。

3.1.2　总体设计应实行工程防洪措施与非工程防洪措施相结合，根据不同洪水类型（河洪、海潮、山洪和泥石流），选用各种防洪措施，组成完整的防洪体系。

3.1.3　总体设计应注意节约用地和开拓建设用地；建筑物选型应因地制宜，就地取材，降低工程造价。

3.1.4　总体设计应与市政建筑密切配合，在确保防洪安全的前提下，兼顾使用单位和有关部门的要求，提高投资效益。

3.1.5　总体设计应保护生态环境。城市天然湖泊、水塘应予保留。

因防洪设施影响造成的内涝，应采取必要的排涝措施。

3.1.6　总体设计必须收集、分析和评价水文、泥砂、河道、海岸冲淤演变趋势、地形、地质、已有防洪设施以及社会经济、洪灾损失等基础资料。

3.1.7　在地面沉降地区，对地面沉降的影响应采取相应的防治措施。

3.1.8　在季节冻土、多年冻土及凌汛地区，对冻胀的影响应采取相应的防治措施。

3.1.9　主要防洪建筑物应设置观测和监测设备。

3.2 河洪防治

3.2.1 总体设计应考虑人类活动及河道变化是否影响流量与水位关系的一致性，分析城市建设和社会经济发展对城市防洪产生的影响。

3.2.2 总体设计应避免或减少对水流流态、泥砂运动、河岸等不利影响，防止河道产生有害的冲刷和淤积。

3.2.3 总体设计应与上下游、左右岸流域防洪设施相协调，注意城乡接合部不同防洪标准的衔接处理。

3.2.4 总体设计应与航运码头、污水截流管、滨河公路、滨河公园、游泳场等统筹安排，发挥防洪设施多功能作用。

3.2.5 位于河网地区的城市，根据市区被河网分割情况，防洪工程布置，宜采用分片封闭形式。

3.3 海潮防治

3.3.1 沿海城市防潮工程总体设计，应分析风暴潮、天文潮、涌潮的特性和可能的不利遭遇组合，合理确定设计潮位。

3.3.2 海口城市防潮工程总体设计，应分析江河洪水与设计潮位的不利遭遇组合，采取相应的防潮措施，进行综合治理。

3.3.3 总体设计应分析海流和风浪的破坏作用，确定设计风浪侵袭高度，采取有效的消浪措施和基础防护措施。

3.3.4 防潮堤防布置应与滨海市政建设相配合，结构选型应与海滨环境相协调。

3.4 山洪防治

3.4.1 山洪防治应以小流域为单元进行综合治理，坡面汇水区应以生物措施为主，沟壑治理应以工程措施为主。

3.4.2 排洪渠道平面布置应力求顺直，就近直接排入城市下游河道；条件允许时，可在城市上游利用截洪沟将洪水排至其它水体。

3.4.3 在城市上游修建小水库削减洪峰时，水库设计标准应适当提高，并应设置溢洪道，确保水库安全。

3.4.4 当排洪渠道出口受外河洪水顶托时，应设挡洪闸或回水堤，防止洪水倒灌。

3.5 泥石流防治

3.5.1 泥石流防治应采取防治结合、以防为主，拦排结合、以排为主的方针，并采用生物措施、工程措施及管理等措施进行综合治理。

3.5.2 应根据泥石流对城市及建筑物的危害形式，采取相应的防治措施。

3.5.3 泥石流沟，宜一沟一渠直接排入河道，合并或改沟时应论证其可行性。泥石流沟设计断面应考虑沙石淤积的影响，并采取相应的防治措施。

4 设计洪水和设计潮位

4.1 设计洪水

4.1.1 城市防洪工程设计所依据的各种标准的设计洪水，包括洪峰流量、洪水位、时段洪量、洪水过程线等，可根据工程设计要求计算其全部或部分内容。

4.1.2 城市防洪工程设计洪水可采用城市河段某一控制断面洪水。

4.1.3 计算设计洪水必须有基础资料。充分利用已有的实测资料，运用历史洪水、暴雨资料，对计算设计洪水所依据的暴雨洪水资料和流域特性资料应重点复核。

4.1.4 洪水系列应具有一致性。当流域修建蓄水、引水、分洪、滞洪等工程或发生决口、溃坝等情况，明显影响各年洪水的一致性时，应将资料还原到同一基础，对还原资料应进行合理检查。

4.1.5 根据资料条件，设计洪水可采用以下方法进行计算：

4.1.5.1 城市防洪控制断面或其上、下游邻近地点具有30年以上实测和插补延长洪水流量或水位资料，并有历史洪水调查资料时，应采用频率分析方法计算设计洪水和设计洪水位。

4.1.5.2 工程所在地区具有30年以上实测和插补延长暴雨资料，并有暴雨洪水对应关系时，可采用频率分析法计算设计暴雨，推算设计洪水，然后通过控制断面的流量水位关系曲线求得相应的设计洪水位。

4.1.5.3 工程所在流域内洪水和暴雨资料均短缺时，可利用邻近地区实测或调查暴雨和洪水资料，进行地区综合分析，计算设计洪水，然后通过控制断面的流量水位关系曲线求得相应的设计洪水位。

4.1.6 对设计洪水计算中所采用的计算方法及其主要环节、各种参数和计算成果，应进行多方面分析检查，论证其合理性。

4.1.7 设计洪水的地区组成可采用下列方法拟定：

4.1.7.1 典型洪水组成法：从实测资料中选择几次有代表性的大洪水作为典型，以设计断面的设计洪量控制，按典型洪水的各区洪量组成的比例，计算各分区相应的设计流量。

4.1.7.2 同频率组成法：指定某一分区发生与设计断面同频率的洪量，其余分区发生的相应洪量用典型洪水的组成比例进行分配。

4.1.8 各分区的设计洪水过程，应采用同一次洪水过程线为典型，以分配到各分区的洪量控制放大。

4.1.9 对拟定的设计洪量地区组成和各分区的设计洪水过程线，应从洪水地区组成规律、水量平衡及洪水过程线形状等方面进行合理性检查，必要时，可适当调整。

4.1.10 当设计断面上游有调蓄作用较大的工程时，应拟定设计洪量的地区组成，计算各分区的洪水过程线，经工程调洪后的洪水与区间洪水组合，推求受上游工程调蓄影响的设计洪水。

4.2 设计潮位

4.2.1 设计潮位包括设计高潮位和设计低潮位。在分析计算高（低）潮位时，应有不少于20年的实测潮位资料，并调查历史上出现的特殊高（低）潮位。

4.2.2 当实测潮位资料大于5年，不足20年时，可采用短期同步差比法与附近有20年以上实测资料的验潮站进行同步相关分析，计算设计高（低）潮位。采用短期同步差比法应满足下列条件：

（1）潮汐性质相似；

（2）地理位置临近；

（3）受河流径流影响相似；

（4）气象条件相似。

4.2.3 设计高（低）潮位可采用第一型极值分布律或皮尔逊Ⅲ型曲线计算。

4.2.4 挡潮闸设计雨型的选择，应分别研究季风雨和台风雨两种成因对渍涝及排水的不利影响。

4.2.5 挡潮闸设计潮型的选择，应以典型年相应时间对排水偏于不利的潮位过程或相应时间的平均偏于不利潮位过程为主，并以最不利的潮位过程校核。

4.2.6 挡潮闸设计潮位的确定，应考虑建闸后形成反射波对天然高潮位壅高的影响和低潮位低落的影响。

5 堤 防

5.1 一 般 规 定

5.1.1 堤线选择应结合现有堤防设施，综合地形、地质、洪水流向、防汛抢险、维护管理等因素确定，并与沿江(河)市政设施相协调。堤线宜顺直，转折处应用平缓曲线相连接。

5.1.2 堤距应根据城市总体规划、河道地形、水面线计算成果、工程量、造价等因素，经技术经济比较确定。

5.1.3 堤防沿程设计水位的确定，当沿程有接近设计流量的观测水位时，可根据控制站设计水位和水面比降推算，并考虑桥梁、码头、跨河、拦河等建筑物产生的壅水影响；沿程无接近设计流量的观测水位时，应根据控制站设计水位，通过推求水面曲线确定。在推求水面曲线时，其糙率选择应力求符合实际。有实测或调查洪水资料时，应根据实测或调查资料推求糙率。所求水位应用上下游水文站水位检验。

5.1.4 堤顶和防洪墙顶标高按下式计算确定：

$$Z = Z_p + h_e + \triangle = Z_p + \triangle H \qquad (5.1.4)$$

式中 Z——堤顶或防洪墙顶标高(m)；

Z_p——设计洪(潮)水位(m)；

h_e——波浪爬高(m)；

$\triangle$——安全超高(m)，根据建筑物级别，由表2.3.1查得；

$\triangle H$——设计洪(潮)水位以上超高(m)。

5.1.5 当堤顶设置防浪墙时，堤顶标高应不低于设计洪(潮)水位加0.5m。

5.2 防 洪 堤

5.2.1 防洪堤可采用土堤、土石混合堤或石堤。堤型选择应根据当地土、石料的质量、数量、分布范围、运输条件、施工场地等因素综合考虑，经技术经济比较后确定。

5.2.2 当有足够筑堤土料时，应优先采用均质土堤，土料不足时，也可采用土石混合堤。

5.2.3 土堤填土应注意压实，使填土具有足够的抗剪强度和较小的压缩性，不产生大量不均匀变形，满足渗流控制要求。粘性土压实度应不低于0.93～0.96；无粘性土压实后的相对密度应不低于0.70～0.75。

5.2.4 土堤和土石混合堤，堤顶宽度应满足堤身稳定和防洪抢险的要求，但不宜小于4 m。如堤顶兼作城市道路，其宽度应按城市公路标准确定。

5.2.5 当堤身高度大于6 m时，宜在背水坡设置戗道（马道），其宽度不小于2 m。

5.2.6 土堤堤身浸润线应根据水位、筑堤土料、背水坡脚有无渍水等条件计算。浸润线逸出点宜在坡脚以下。

5.2.7 土堤边坡稳定计算，可采用园弧法。迎水坡应考虑水位骤降的影响；若高水位持续时间较长，背水坡应考虑渗透水压力的影响；堤基若有软弱地层时，应进行整体稳定性计算。

5.2.8 当堤基渗径满足不了防渗要求时，可采取填土压重、排水减压以及截渗等措施，以防止产生渗透变形。

5.2.9 土堤迎水坡应采用护坡防护，护坡形式有干砌石、浆砌石、混凝土和钢筋混凝土板等。应根据水流流态、流速等要求选用。背水坡可采用草皮护坡。

5.2.10 迎水坡应设置护脚，其宽度和深度可根据水流流速和河床土质经冲刷计算确定。

5.2.11 当堤顶设置防浪墙时，防浪墙高度不宜大于1.2m，并应设置变形缝。缝距可采用：浆砌石结构为15～20m；混凝土和钢筋混凝土结构为10～15m。

5.2.12 迎水面水流流速大、风浪冲击力强的堤段，宜采用石堤或土石堤。受潮水和海浪冲击强度大的海堤，宜用重力式浆砌石堤或土石堤。土石堤可在迎水面砌石或抛石，在其后填筑土料。在防渗体和堤壳之间，根据需要可设置反滤层和过渡层，或只设反滤层。

5.3 防 洪 墙

5.3.1 城市中心区的堤防工程，宜采用防洪墙。防洪墙应采用钢筋混凝土结构，高度不大时，可采用混凝土或浆砌石防洪墙。

5.3.2 防洪墙必须满足强度和抗渗的要求。基底轮廓线长度应满足不产生渗透变形的要求。

5.3.3 防洪墙必须进行抗滑、抗倾和地基整体稳定验算。地基应力必须满足地基承载力的要求。当地基承载力不足时，地基应进行加固处理。

5.3.4 防洪墙基础砌置深度，应根据地基土质和冲刷计算确定，要求在冲刷线以下0.5～1.0m。在季节性冻土地区，还应满足冻结深度的要求。

5.3.5 防洪墙必须设置变形缝，缝距可采用：浆砌石墙体15～20m；钢筋混凝土墙体10～15m；在地面标高、土质、外部荷载、结构断面变化处，应增设变形缝。

5.4 基础处理

5.4.1 当堤基渗流控制、地基稳定不满足要求时，应进行基础处理。

5.4.2 砂砾石堤基应进行防渗处理，处理措施应根据堤型、砂砾石埋藏深度、厚度以及当地建筑材料、施工条件等因素通过技术经济比较确定。

5.4.3 垂直防渗措施应可靠而有效地截断堤基渗流，在技术可能而又经济时，应优先采用以下措施：

（1）砂砾层埋藏较浅，层厚不大时，可采用粘土或混凝土截水墙；

（2）砂砾层埋藏较深，厚度较大时，可采用高压定喷或旋喷防渗帷幕。

5.4.4 当垂直防渗不经济或施工有困难时，可采用粘土铺盖或堤后填土压重，并设反滤体和排水体，或设与排水减压井相结合的措施。

5.4.5 对判定可能液化的土层，应挖除后换填好土。在挖除困难或不经济时，应采用人工加密措施，使之达到与设计地震烈度相适应的紧密状态，并有排水和增加压重措施。

5.4.6 软弱土基的处理措施，应挖除软弱土，当厚度大、分布广、难以挖除时，可打砂井加速排水，增强地基强度。

5.4.7 湿陷性黄土地基宜采用挖除、翻压、强夯等措施，清除其湿陷性。

5.4.8 防洪墙基础持力层范围内若有高压缩性土层，可采用桩基。

6 护岸及河道整治

6.1 一般规定

6.1.1 在城市市区的河（江）岸、海岸、湖岸被冲刷的岸段，影响到城市防洪安全时，应采取护岸保护。护岸布置应减少对河势的影响，避免抬高洪水位。

6.1.2 护岸选型应根据河流和河（海）岸特性、城市建设用地、航运、建筑材料和施工条件等综合分析确定。常用护岸类型有坡式护岸、重力式护岸、板桩及桩基承台护岸、顺坝和短丁坝护岸等。

6.1.3 护岸设计应考虑下列荷载：

（1）自重和其上部荷载；

（2）地面荷载；

（3）墙后主动土压力和墙前被动土压力；

（4）墙前水压力和墙后水压力；

（5）墙前波吸力；

（6）地震力；

（7）船舶系缆力；

（8）冰压力。

6.1.4 沿海护岸可参照现行《港口工程技术规范》的规定。

6.2 坡式护岸

6.2.1 坡式护岸常用的结构形式有干砌石、浆砌石、抛石、混凝土和钢筋混凝土板、混凝土异形块等，其形式选择应根据流速、波浪、岸坡土质、冻结深度以及施工条件等因素，经技术经济比较确定。当岸坡高度较大时，宜设置戗道。

6.2.2 坡式护岸的坡度和厚度，应根据岸边土质、流速、风浪、冰冻、护砌材料和结构形式等因素，通过稳定分析计算确定。

6.2.3 砌石和抛石护坡，应采用坚硬未风化的石料，砌石下应设垫层、反滤层或土工织物。

6.2.4 浆砌石、混凝土和钢筋混凝土板护坡应在纵横方向设变形缝，缝距不宜大于5 m。

6.2.5 坡式护岸应设置护脚。基础埋深宜在冲刷线以下0.5~1.0m。若施工有困难可采用抛石、石笼、沉排、沉枕等护底防冲措施。

6.3 重力式护岸

6.3.1 重力式护岸宜在较好的地基上采用，在较差的地基上采用时，必须进行加固处理，并应在结构上采取适当的措施。

6.3.2 重力式护岸结构形式选择，应根据岸边的自然条件、当地材料以及施工条件等因素，经技术经济比较确定。常用重力式护岸形式有：整体式护岸、空心方块及异形方块式护岸和扶壁式护岸。

6.3.3 重力式护岸基础埋深，不应小于1.0m，在有冲刷的情况下，处理同6.2.5条。

6.3.4 抛石基床的厚度应根据计算确定。对于岩石和砂卵石地基不宜小于0.5m，对于一般土基不宜小于1.0m。在下列情况下可考虑设置抛石基床：

（1）当采用水下安装时；

（2）当地基承载力满足不了要求时；

（3）当为了墙身能在施工水位以上砌筑或浇筑时。

6.3.5 重力式护岸沿长度方向必须设变形缝，缝距可采用：浆砌石结构为15～20m，混凝土和钢筋混凝土结构为10～15m。在下列位置必须设置变形缝：

（1）新旧护岸连接处；

（2）护岸高度或结构型式改变处；

（3）护岸走向改变处；

（4）地基土质差别较大的分界处。

6.3.6 重力式护岸应设排水孔，孔后应设置反滤层或土工织物。

6.3.7 重力式护岸后土压力按主动土压力计算，护岸前土压力可按1/2被动土压力取值。

6.3.8 回填土与护岸背之间的摩擦角δ应根据回填土内摩擦角ϕ、护岸背形和粗糙度确定，可按如下规定采用：

6.3.8.1 仰斜的混凝土或砌体护岸采用$1/2\phi\sim2/3\phi$。

6.3.8.2 俯斜的混凝土或砌体护岸采用$1/3\phi$。

6.3.8.3 垂直的混凝土或砌体护岸采用$1/3\phi\sim1/2\phi$。

6.3.8.4 卸荷平台（板）以下的护岸采用$1/3\phi$。

6.3.9 重力式护岸壁后地面无特殊使用要求时，地面荷载可取$5\sim10kN/m^2$。

6.3.10 重力式护岸壁前正向行进波高小于0.5m时，可不考虑波吸力。

6.3.11 设计重力式护岸时，应进行下列计算和验算：

（1）护岸的倾覆稳定；

（2）护岸的水平滑动稳定；

（3）沿抛石基床面的水平滑动稳定；

（4）基床和地基应力；

（5）护岸底面合力作用位置；

（6）整体滑动稳定；

（7）护岸前冲刷深度。

6.4 板桩式及桩基承台式护岸

6.4.1 在软弱地基上修建港口、码头、重要护岸，宜采用板桩式及桩基承台式，其构造和计算可参照现行《港口工程技术规范》的有关规定。

6.4.2 板桩式及桩基承台式护岸型式选择，应根据荷载、地质、岸坡高度以及施工条件等因素，经技术经济比较确定。

6.4.3 桩板墙宜采用预制钢筋混凝土板桩。当护岸较高时，宜采用锚定式钢筋混凝土板桩。在施工条件允许时，也可采用钢筋混凝土地下连续墙。

6.4.4 钢筋混凝土板桩可采用矩形断面，厚度经计算确定，但不宜小于0.15m。宽度由打桩设备和起重设备能力确定，可采用0.5～1.0m。

6.4.5 有锚板桩的锚碇结构型式应根据锚碇力、地基土质、施工设备和施工条件等因素确定。

6.4.6 板桩墙的入土深度，必须满足板桩墙和护岸整体滑动稳定的要求。

6.4.7 护岸整体稳定计算可采用圆弧滑动法。对板桩式护岸，其滑动可不考虑切断板桩和拉杆的情况；对于桩基承台式护岸，当滑弧从桩基中通过时，应考虑截桩力对滑动稳定的影响。

6.5 顺坝和短丁坝护岸

6.5.1 顺坝和短丁坝护岸应设置在中枯水位以下，可按以下情况选用：

6.5.1.1 在冲刷严重的河岸、海岸、可采用顺坝或丁坝保滩护岸。

6.5.1.2 在波浪为主要破坏力的河岸、海岸、通航河道以及冲刷河岸凹凸不规则的河段，宜采用顺坝保滩护岸。

6.5.1.3 在受潮流往复作用而产生严重崩岸，以及多沙河流冲刷严重河段，可采用短丁坝群保滩护岸。

6.5.2 顺坝和丁坝按建筑材料不同可以分为土石坝、抛石坝、砌石坝、铅丝石笼坝、混凝土坝等类型。坝型选择可根据水流速度的大小、河床土质、当地建筑材料、以及施工条件等因素综合分析确定。

6.5.3 顺坝和丁坝均应做好坝头防冲、坝身稳定和坝根与岸边的连接，避免水流绕过坝根冲刷河(海)岸。

6.5.4 河道急弯冲刷河段宜采用顺坝护岸，其平面布置应与河道整治线一致。

6.5.5 顺坝顶纵向坡度应与河道整治线水面比降一致。

6.5.6 短丁坝护岸宜成群布置；坝头连线应与河道整治线一致；短丁坝的长度、间距及坝轴线的方向，应根据河势、水流流态及河床冲淤情况等，由分析计算确定，必要时应通过水工模型试验验证。

6.5.7 丁坝坝头水流紊乱，受冲击力较大，应特别加固。宜采用加大坝顶宽和边坡系数，扩大护底范围等措施。

6.6 河道整治

6.6.1 河道整治必须按照水力计算确定的设计横断面清除河道淤积物和障碍物，以满足洪水下泄要求。

6.6.2 裁弯取直及疏浚(挖槽)的方向应与江河流向一致，并与上、下游河道平顺连接。

6.6.3 在城市防洪工程中的河道裁弯取直，应达到改善水流条件，去除险工和有利于城市建设的目的。

6.6.4 裁弯取直应进行河道冲淤分析计算，并注意水面线的衔接，改善冲淤条件。

7 山洪防治

7.1 一般规定

7.1.1 山洪防治工程设计，应根据地形、地质条件及沟壑发育情况，因地制宜，选择缓流、拦蓄、排泄等工程措施，形成以水库、谷坊、跌水、陡坡、排洪渠道等工程措施与植树造林、修梯田等生物措施相结合的综合防治体系。

7.1.2 山洪防治应以各山洪沟汇流区为治理单元，进行集中治理和连续治理，尽快收到防治效果，提高投资效益。

7.1.3 山洪防治应充分利用山前水塘、洼地滞蓄洪水，以减轻下游排洪渠道的负担。

7.1.4 排洪渠道、截洪沟的护砌形式可按本规范第6.2节的规定采用。

7.2 小水库

7.2.1 当采用小水库调蓄山洪时，应与城市供水、养鱼、旅游相结合，进行综合利用。

7.2.2 小水库设计应适当提高防洪标准，并满足有关规范的要求。

7.3 谷坊

7.3.1 在山洪沟整治中，应充分利用谷坊截留泥沙、削减洪峰、防止沟床下切和沟岸坍塌。

7.3.2 选择谷坊类型应考虑地形、地质、洪水、谷坊高度、当地材料等因素，可采用的谷坊有土谷坊、土石谷坊、砌石谷坊、铅丝石笼谷坊、混凝土谷坊等。

7.3.3 当沟床整段受冲刷时，应连续设置谷坊群，各谷坊间沟床设计纵坡应满足稳定坡降要求。

7.3.4 谷坊位置应选在沟谷宽敞段下游窄口处，增大拦蓄泥沙容积。

7.3.5 谷坊高度应根据山洪沟自然纵坡、稳定坡降、谷坊间距等条件确定。谷坊高度以1.5～4.0 m为宜，如大于5 m，应按塘坝要求进行设计。

7.3.6 谷坊间距，在山洪沟坡降不变的情况下，与谷坊高度接近正比，可按下式计算：

$$L=\frac{h}{J-J_0} \qquad (7.3.6)$$

式中 L——谷坊间距(m)；

h——谷坊高度(m)；

J——沟床天然坡降；

J_0——沟床稳定坡降。

7.3.7 谷坊溢流口应设在中部或沟床深槽处，当谷坊顶部全部溢流时，必须做好两侧沟岸防护。

7.3.8 谷坊应建在坚实的地基上，岩基要清除表层风化岩，土基埋深不得小于1 m，并应验算地基承载力。

7.3.9 谷坊下游一般应设置消能设施。护砌长度可根据谷坊高度、单宽流量和沟床土质计算确定。

7.3.10 浆砌石和混凝土谷坊，应隔15～20 m设一道变形缝，谷坊下部应设排水孔排除上游积水。

7.3.11 土谷坊和土石谷坊，不得在顶部溢流，宜在坚实沟岸开挖溢流口或在谷坊底部设泄流孔，同时应做好基础处理，防止淘刷破坏。

7.4 跌水和陡坡

7.4.1 跌水和陡坡是调整山洪沟或排洪渠道底纵坡的主要构筑

物，当纵坡大于1:4时，应采用跌水；当纵坡为1:4～1:20时，应采用陡坡。

7.4.2 跌水和陡坡设计，应注意水面曲线衔接，水面曲线计算，可采用分段直接求和法和水力指数积分法。

7.4.3 跌水和陡坡进出口段，应设导流翼墙与上下游沟渠护岸相连接；平面布置宜采用扭曲面连接，也可采用变坡式或八字墙式连接。

进口导流翼墙的单侧平面收缩角可由进口段长度控制，但不宜大于15°，其长度L由沟渠底宽B与水深H比值确定。

当$B/H<2.0$时，$L=2.5H$；

当$2\leqslant B/H<3.5$时，$L=3.0H$；

当$B/H=3.5$时，$L=3.5H$。

出口导流翼墙的单侧平面扩散角，可取10°～15°。

7.4.4 跌水和陡坡进出口段护底长度应与翼墙平齐，在护砌始末端应设防冲齿墙；跌水和陡坡下游应设置消能或防冲措施。

7.4.5 跌水高差在3m以内，宜采用单级跌水，跌水高差超过3m宜采用多级跌水。

7.4.6 陡坡段平面布置应力求顺直，陡坡底宽与水深的比值，宜控制在10～20之间。

7.4.7 陡坡护底在变形缝处应设齿坎，变形缝内应设止水或反滤盲沟，必要时可同时采用。

7.4.8 陡坡护底设置人工加糙，加糙形式及其尺寸应经水工模型试验验证后确定。

7.5 排洪渠道

7.5.1 排洪渠道渠线布置，宜走天然沟渠，必须改线时，宜选择地形平缓、地质稳定、拆迁少的地带，并力求顺直。

7.5.2 排洪明渠设计纵坡，应根据渠线、地形、地质以及与山洪沟连接条件等因素确定。当自然纵坡大于1:20或局部高差较大时，可设置陡坡或跌水。

7.5.3 排洪明渠断面变化时，应采用渐变段衔接，其长度可取水面宽度之差的5～20倍。

7.5.4 排洪明渠进出口平面布置，宜采用喇叭口或八字形导流翼墙。导流翼墙长度可取设计水深的3～4倍。

7.5.5 排洪明渠的安全超高可按本规范表2.4.1的规定采用。在弯曲段凹岸应考虑水位壅高的影响。

7.5.6 排洪明渠宜采用挖方渠道。修建填方渠道时，填方应按堤防要求进行设计。

7.5.7 排洪明渠弯曲段的弯曲半径，不得小于最小容许半径及渠底宽度的5倍。最小容许半径可按下式计算：

$$R_{min}=1.1v^2\sqrt{A}+12 \tag{7.5.7}$$

式中 R_{min}——最小容许半径(m)；

v——渠道中水流流速(m/s)；

A——渠道过水断面面积(m^2)。

7.5.8 当排洪明渠水流流速大于土壤最大容许流速时，应采取防护措施防止冲刷。防护形式和防护材料，应根据土壤性质和水流流速确定。

7.5.9 排洪渠道进口处宜设置沉砂池，拦截山洪泥砂。

7.5.10 排洪暗渠纵坡变化处，应注意避免上游产生壅水。断面变化宜改变渠底宽度，深度保持不变。

7.5.11 排洪暗渠检查井的间距，可取50～100m。暗渠走向变化处应加设检查井。

7.5.12 排洪暗渠为无压流时，设计水位以上的净空面积不应小于过水断面面积的15%。

7.5.13 季节性冻土地区的暗渠基础埋深不应小于土壤冻结深度，进出口基础应采取适当的防冻措施。

7.5.14 排洪渠道出口受河水或潮水顶托时，宜设防洪闸，防止洪水倒灌。排洪明渠也可采用回水堤与河（海）堤连接。

8 泥石流防治

8.1 一般规定

8.1.1 泥石流(包括泥流、泥石流、水石流)是指流动体重度大于14 kN/m³的山洪。

8.1.2 泥石流作用强度分级，应根据形成条件、作用性质和对建筑物的破坏程度等因素按表8.1.2确定。

泥石流作用强度分级　　表8.1.2

级别	规模	形成区特征	泥石流性质	可能出现最大流量 (m³/s)	年平均单位面积物质冲出量 (万m³/km²)	破坏作用
Ⅰ	大型(严重)	大型滑坡、坍塌堵塞沟道，坡陡、沟道比降大	粘性，重度γ_c大于18 (kN/m³)	>200	>5	以冲击和淤埋为主，危害严重，破坏强烈，可淤埋整个村镇或部分区域，治理困难
Ⅱ	中型(中等)	沟坡上中小型滑坡坍塌较多，局部淤塞沟底堆积物厚	稀性或粘性，重度γ_c=16～18(kN/m³)	200～50	5～1	有冲有淤，以淤为主，破坏作用大，可冲毁淤埋部分平房及桥涵，治理比较容易
Ⅲ	小型(轻微)	沟岸有零星滑坍，有部分沟床质	稀性或粘性，重度γ_c=14～16 (kN/m³)	<50	<1	以冲刷和淹没为主，破坏作用较小，治理容易

8.1.3 泥石流防治工程设计标准，应根据城市等别及泥石流作用强度选定。大型(严重)的宜采用表2.1.2的上限值，小型（轻微）的宜采用下限值。泥石流防治应以大中型泥石流为重点。

8.1.4 泥石流防治工程设计，应预测可能发生的泥石流总量、沿途沉积过程、冲淤变化及沟口扇形地的变化，并考虑撞击力及摩擦力对建筑物的影响。

8.1.5 泥石流流量计算，应采用配方法和形态调查法，计算时两种方法应互相验证。也可采用地方经验公式。

8.1.6 泥石流防治工程设计，应根据山洪沟特性和当地条件，采用综合治理措施。在上游宜采用生物措施和截流沟、小水库调蓄径流；泥沙补给区宜采用固沙措施；中下游宜采用拦截、停淤措施；通过市区段宜修建排导沟。

8.2 拦挡坝

8.2.1 拦挡坝类型选择，应根据地形、地质、泥石流性质和规模等因素来确定。常用拦挡坝类型有：重力坝、土坝、格栅坝等。

8.2.2 拦挡坝坝址应选择在沟谷宽敞段下游卡口处，拦挡坝可单级或多级设置。

8.2.3 拦挡坝坝高应根据以下情况确定：

8.2.3.1 以拦挡泥石流固体物质为主的拦挡坝，对间歇性泥石流沟，坝的库容不应小于拦蓄一次泥石流固体物质总量；对常发性泥石流沟，其库容不得小于拦蓄一年泥石流固体物质总量。

8.2.3.2 以淤积增宽沟床，减缓冲刷沟岸为主的拦挡坝.其坝高应使淤积后的沟床宽度相当于原沟床宽度的两倍以上。

8.2.3.3 以拦挡淤积物稳固滑坡为主的拦挡坝，其坝高应满足拦挡的淤积物所产生的抗滑力大于滑坡的剩余下滑力。

8.2.4 拦挡坝基础埋深，应根据地基土质、泥石流性质和规模以及土壤冻结深度等因素确定。

8.2.5 拦挡坝背水面宜垂直，泄水口宜有较好的整体性和抗磨性，坝体应设排水孔。

8.2.6 拦挡坝稳定计算，其稳定系数应符合本规范表2.4.1中基本荷载组合的规定。验算冲击力作用下的稳定性，其稳定系数应符合本规范表2.4.1中特殊荷载组合的规定。

8.2.7 拦挡坝下游应设消能设施，宜采用消力槛，其高度一般高出沟床0.5～1.0 m，消力池长度应大于泥石流过坝射流长度，一般可取坝高的2～4倍。

8.2.8 为拦挡泥石流中的大石块宜修建格栅坝，其栅条间距可按下式计算：

$$D=(1.4\sim2.0)d \tag{8.2.8}$$

式中 D——栅条间的净距离(m)；

d——计划拦截的大石块直径(m)。

8.3 停淤场

8.3.1 停淤场宜布置在坡度小、地面开阔的沟口扇形地带，并利用拦坝和导流堤引导泥石流在不同部位落淤。停淤场应有较大的场地，使一次泥石流的淤积量不小于总量的50%，设计年限内的总淤积高度不超过5～10 m。

8.3.2 停淤场内的拦坝和导流坝的布置，应根据泥石流规模、地形等条件确定。

8.3.3 拦坝的高度应为1～3 m。坝体可直接利用泥石流冲积物。对冲刷严重或受泥石流直接冲击的坝，宜采用混凝土、浆砌石、铅丝石笼护面。坝体应设溢流口排泄泥水。

8.4 排导沟、改沟、渡槽

8.4.1 排导沟是排泥石流的人工沟渠。排导沟应布置在长度短、沟道顺直、坡降大和出口处具有堆积场地的地带。

8.4.2 排导沟进口应与天然沟岸直接连接，也可设置八字型导流堤，其单侧平面收缩角宜为10°～15°。

8.4.3 排导沟以窄深为宜，其宽度可比照天然流通段沟槽宽度确定。排导沟宜设计较大的坡度。排导沟沟口应避免洪水倒灌和扇形地发育的回淤影响。

8.4.4 排导沟设计深度应为设计泥石流流深加淤积高和安全超高，排导沟口还应计算扇形地的堆高及对排导沟的影响。排导沟设计深度可按下式计算：

$$H=H_c+H_i+\varDelta H \tag{8.4.4}$$

式中 H——排导沟设计深度(m)；

H_c——泥石流设计流深(m)，其值不得小于泥石流波峰高度和可能通过最大块石尺寸的1.2倍；

H_i——泥石流淤积高度(m)；

$\varDelta H$——安全超高(m)，采用本规范表2.3.1的数值，在弯曲段另加由于弯曲而引起的壅高值。

8.4.5 城市泥石流排导沟的侧壁应加以护砌，尤其在弯曲地段。排导沟护砌材料应根据泥石流流速选择，可采用浆砌块石、混凝土或钢筋混凝土结构。

8.4.6 排泄泥石流的渡槽应符合下列要求：

8.4.6.1 槽底设置5～10cm的磨损层，侧壁亦应加厚。

8.4.6.2 渡槽的荷载，应按粘性泥石流满槽过流时的总重乘1.3的动载系数。

8.4.7 通过市区的泥石流沟，当地形条件允许时，可以采用改沟将泥石流导向指定的落淤区。改沟工程由拦挡坝和排导沟或隧洞组成。

9 防洪闸

9.1 一般规定

9.1.1 防洪闸系指城市防洪工程中的挡洪闸、分洪闸、排洪闸和挡潮闸等。

9.1.2 兼有城市防洪功能的其它水闸和船闸的工程设计，应符合本规范的有关规定。

9.1.3 建在季节性冻土地区的防洪闸，必须考虑土壤冻胀和冰凌对建筑物的影响。

9.1.4 防洪闸设计除执行本规范外，尚应符合现行《水闸设计规范》的规定。

9.1.5 建在湿陷性黄土、膨胀土、红粘土、淤泥质土和泥炭土等特殊地基上的防洪闸，还应符合有关规范的规定。

9.1.6 通航河道修建防洪闸，除满足防洪要求外，还应符合航运部门的有关规定。

9.2 闸址选择

9.2.1 闸址选择应根据其功能和运用要求，综合考虑地形、地质、水流、泥沙、潮汐、航运、交通、施工和管理等因素，经技术经济比较确定。

9.2.2 闸址应选择质地均匀、压缩性小、承载力大、抗渗稳定性好的天然地基，应避免采用人工处理地基。

9.2.3 闸址应选择在水流流态平顺，河床、岸坡稳定的河段。泄洪闸宜选在河段顺直或截弯取直的地点；分洪闸应选在被保护城市上游，河岸基本稳定的弯道凹岸顶点稍偏下游处或直段，闸孔轴线与河道水流方向的引水角不宜太大；挡潮闸宜选在海岸稳定地区，以接近海口为宜，并应减少强风强潮影响，上游宜有的冲淤水源。

9.2.4 水流流态复杂的大型防洪闸闸址选择，应有水工模型试验验证。

9.3 总体布置

9.3.1 防洪闸的总体布置应结构简单、设计合理、运用方便、安全可靠、经济美观。

9.3.2 防洪闸应根据其功能和运用要求，合理布置。有通航、排冰、过木要求的闸孔，应采用开敞式。当洪（潮）水位高于泄洪水位，又无通航要求时，宜采用胸墙式。

9.3.3 防洪闸底板标高，应综合考虑地形、地质、水流、排涝、航运等条件，结合堰型和门型选择，经技术经济比较确定。

9.3.4 闸孔的总净宽必须根据设计水位和设计流量确定。过闸单宽流量应满足下游河床地质条件要求，闸室总宽度应与上、下游河道相适应。

挡潮闸总净宽，应使闸内设计暴雨径流量在规定的时间内顺畅排出闸外。

闸孔的孔径应根据防洪闸使用功能、闸门型式、施工条件等因素确定。闸的孔数较少时，宜用单数孔。

9.3.5 防洪闸的胸墙和岸墙顶标高不得低于岸（堤）顶标高；泄洪时不得低于设计洪水位加安全超高；关门时不得低于设计挡洪（潮）水位加波浪高和安全超高。

闸顶标高的确定，还应考虑以下因素：

9.3.5.1 在有泥砂淤积的河道上，应考虑泥砂淤积后水位抬高的影响。

9.3.5.2 建在软弱地基上的防洪闸，应考虑地基沉降的影响。

9.3.5.3 挡潮闸还应考虑关闸时潮位壅高的影响。

9.3.6 防洪闸与两岸的连接，应保证岸坡稳定和侧向防渗的要求，有利于水闸进、出水流条件，提高消能防冲效果，并减轻闸室底板边荷载的影响。

9.3.7 闸门和启闭机设计必须满足安全可靠、运转灵活、维修方便、动水启闭的要求。

9.3.8 消能防冲布置应根据地基情况、水力条件及闸门控制运用方式等因素来确定，宜采用底流消能。护坦、消力池、海漫、防冲槽等的布置应按控制的水力条件确定。

9.3.9 防渗排水设施的布置，应根据地质、闸上下游水位差、消能措施、闸室结构和两岸的布置等因素综合考虑，形成完整的防渗排水系统。

9.3.10 防洪闸上、下游的护岸布置应根据水流状态、河岸土质的抗冲能力以及航运要求等因素确定。

9.3.11 有过鱼要求的防洪闸，应结合岸墙、翼墙设置鱼道，但不得影响闸的防洪功能。

9.3.12 防洪闸结合城市桥梁修建时，闸孔、桥孔布置和结构形式应互相适应。

9.4 水力计算

9.4.1 防洪闸单宽流量，应根据下游河床土质、上下游水位差、下游尾水深、河道与闸室宽度比值等因素确定。

9.4.2 闸下消能设计，应根据闸门控制运用条件，选用最不利的水位和流量组合进行计算。

9.4.3 海漫的长度和防冲槽埋深，应根据河床土质、海漫末端单宽流量和下游水深等因素确定。

9.5 结构与地基计算

9.5.1 闸室、岸墙和导流翼墙必须进行稳定计算，稳定安全系数应符合本规范表2.4.1～2.4.4的规定。

9.5.2 当地基受力层范围内夹有软弱土层时，应对软弱土层进行整体稳定验算。对建在复杂地基上的防洪闸整体稳定计算，应专门研究。

9.5.3 防洪闸的地基沉降，只计算最终沉降量，应选择有代表性的计算点进行计算，并考虑结构刚性影响进行调整。最终沉降量可按分层总和法计算。

9.5.4 防洪闸应避免建在软硬不同的地基及地层断裂带上，否则必须采用严格的工程措施，以防止不均匀沉降。

9.5.5 对重要的防洪闸或采用新结构及地基十分复杂的防洪闸，宜设置必要的观测设备。

10 交叉构筑物

10.1 桥 梁

10.1.1 本节桥梁系指在城市防洪工程中，河道和排洪沟渠与堤防、公路和城市道路交叉处设置的桥梁。

10.1.2 桥梁的设计洪水标准，不应低于所在河道或排洪沟渠的防洪标准。

10.1.3 桥梁纵轴线宜与河道正交，桥墩轴线宜与水流方向一致。

10.1.4 桥闸（桥带闸）除满足排泄设计洪水流量要求外，还应考虑壅水影响。

10.1.5 无通航河道桥下净空不得小于表10.1.5的规定。同时梁底缘不应低于堤顶。

桥 下 净 空　　表10.1.5

桥梁部分	高出计算水位(m)	高出最高流冰面(m)
梁 底	0.50	0.75
支承垫石顶面	0.25	0.50
拱 脚	0.25	0.25
桥闸全开时的闸门底缘	0.50	0.75

注：①无铰拱的拱脚可被设计洪水淹没，但不宜超过拱圈高度的 2/3，且拱顶底面至计算水位的净高不得小于1.0m；
②计算水位系指设计洪水位加壅水高、波浪高和安全超高。

10.1.6 桥梁引道与堤防交叉处不宜低于堤顶，否则应设置交通闸。

10.1.7 桥闸底板顺水流长度，除满足上部桥梁和启闭机布置要求外，底板的地下轮廓和边墙布置还应满足防渗要求，同时闸下游应采取消能及防冲措施。

10.1.8 桥墩上应设置水标尺，以观测水位及冲淤变化。

10.2 涵洞与涵闸

10.2.1 涵洞（闸）单孔孔径不得大于5m，多孔跨径总净宽不得大于8m。

10.2.2 为防止河水或潮水倒灌，闸门应设在涵洞出口处。

10.2.3 涵洞（闸）应与堤防、公路、城市道路正交，当上游水流流速或含砂量较大时，可与沟渠水流方向一致，不宜强求正交。

10.2.4 涵（洞）闸孔数及孔径，应根据排洪流量、闸门型式、启闭设备能力等因素确定。

10.2.5 涵洞（闸）地下轮廓线布置，必须满足不产生渗透变形的要求。

10.2.6 涵洞（闸）纵坡在地形较平坦地段，洞底纵坡不应小于0.4%，在地形较陡地段，洞底纵坡应根据地形确定。当纵坡大于5%时，洞底基础应设齿墙嵌入地基。

10.2.7 无压涵洞内顶面至设计洪水位净空值可按表10.2.7的规定采用。

无压涵洞净空值　　表10.2.7

进口净高或内径(m) ＼ 净空(m) ＼ 涵洞类型	圆管型	拱 型	箱 型
h≤3	>h/4	>h/4	≥h/6
h>3	>0.75	≥0.75	≥0.5

10.2.8 当涵洞长度为15～30m时，其内径（或净高）不宜小于1.0m；当大于30m时，其内径不宜小于1.25 m。

10.2.9 涵洞进口段应采取防护措施。护底始端设防冲齿墙嵌入地基，其深度不宜小于0.5 m。进口导流翼墙的单侧平面收缩角一般为15°～20°。

10.2.10 进口胸墙高度应按挡土要求确定，胸墙与洞身连接处，宜做成圆弧形，以使水流平顺。

10.2.11 涵洞出口段应根据水流流速确定护砌长度，护砌至导流翼墙末端，并设防冲齿墙嵌入地基，其深度不应小于0.5m，出口导流翼墙单侧平面扩散角可取10°～15°。

10.2.12 洞身与进出口导流翼墙和闸室连接处应设变形缝。设在软土地基上的涵洞，洞身较长时，应考虑纵向变形的影响。

10.2.13 涵闸工作桥桥面标高，应不低于设计洪水位加波浪高和安全超高，并满足闸门检修要求。

10.2.14 建在季节冻土地区的涵洞(闸)，进出口和洞身两端基底的埋深，应考虑地基冻胀的影响。

10.3 交 通 闸

10.3.1 堤防与道路交叉处，路面低于设计洪水位时宜设置交通闸。

10.3.2 闸址选择应根据交通要求，综合考虑地形、地质、水流、施工、管理以及防汛抢险等因素，经技术经济比较确定。

10.3.3 交通闸孔径应根据交通运输要求，闸门型式、防洪要求等因素确定。

10.3.4 交通闸底板标高应在满足道路要求的前提下，尽量抬高，以减少闸门关闭次数。

10.3.5 交通闸闸门型式选择：

10.3.5.1 一字形闸门宜用于闸前水深较大、孔径较小，关门次数相对较多的交通闸。

10.3.5.2 人字形闸门宜用于闸前水深较大、孔径也较大，关门次数相对较多的交通闸。

10.3.5.3 横拉闸门宜用于闸前水深较小、孔径较大，闸外空间受限制，关门次数相对较多的交通闸。

10.3.5.4 叠梁闸门宜用于闸前水位变化缓慢，关门次数较少，闸门孔径较小的交通闸。

10.3.6 闸底板上、下游两端应设齿墙嵌入地基，其深度不宜小于0.5 m。闸侧墙应设竖直刺墙伸入堤防，长度不宜小于1.5m。

10.3.7 闸室布置必须满足抗滑、抗倾以及渗流稳定的要求。

10.4 渡 槽

10.4.1 排洪沟渠跨越铁路、公路、灌溉渠道沟壑时，宜设置渡槽。

10.4.2 渡槽平面布置应与上、下游沟渠顺直连接，如确有困难，亦应在进出口段前后设置一顺直段。

10.4.3 渡槽内的水面应与上、下游沟渠水面平顺连接。渡槽设计水位以上的安全超高值应符合表2.3.1规定。

10.4.4 渡槽进出口渐变段长度应符合以下规定：

10.4.4.1 渡槽进口渐变段长度，一般为渐变段水面宽度差的1.5～2.0倍。

10.4.4.2 渡槽出口渐变段长度，一般为渐变段水面宽度差的2.5～3.0倍。

10.4.5 渡槽出口护砌形式和长度，应根据水流流速确定。护底防冲齿墙嵌入地基，深度不应小于0.5 m。

附录A　本规范用词说明

A.0.1 为便于在执行本规范条文时区别对待，对要求严格程度不同的用词说明如下：

A.0.1.1 表示很严格，非这样作不可的：正面词采用“必须”，反面词采用“严禁”。

A.0.1.2 表示严格，在正常情况下均应这样作的：正面词采用“应”，反面词采用“不应”或“不得”。

A.0.1.3 表示允许稍有选择，在条件许可时首先应这样作的：正面词采用“宜”或“可”，反面词采用“不宜”。

A.0.2 条文中指定应按其它有关标准执行的写法为“应符合……的规定”或“应按……执行”。

附加说明

本规范主编单位、参加单位和主要起草人名单

主编单位： 中国市政工程东北设计院

参加单位： 天津大学
武汉市防汛指挥部
上海市市政工程设计院
太原市市政工程设计院
南宁市城市规划设计院
中国科学院兰州冰川冻土研究所
甘肃省科学院地质自然灾害防治研究所
水利部松辽水利委员会
水利部黄河水利委员会
水利部珠江水利委员会

主要起草人： 马庆骥　方振远　章一鸣　杨祖玉
李鸿琏　王喜成　曾思伟　张友闻
李鉴龙　陈万佳　貟　英　肖先悟
郭立廷　全学一　温善章　叶林宜

中华人民共和国行业标准

污水稳定塘设计规范

CJJ/T54－93

主编单位：哈尔滨建筑工程学院
批准部门：中华人民共和国建设部
施行日期：1994年1月1日

关于发布行业标准《污水稳定塘设计规范》的通知

建标[1993]339号

根据建设部(90)建标字第407号文的要求，由哈尔滨建筑工程学院(全国氧化塘协作组)主编的《污水稳定塘设计规范》，业经审查，现批准为推荐性行业标准，编号CJJ/T54－93，自一九九四年一月一日起施行。

本标准由建设部城镇建设标准技术归口单位建设部城市建设研究院归口管理，其具体解释工作由哈尔滨建筑工程学院(全国氧化塘协作组)负责。

本标准由建设部标准定额研究所组织出版。

中华人民共和国建设部
一九九三年五月六日

目 次

1 总 则

1.0.1 为使我国污水稳定塘的规划、设计符合国家的方针、政策和法令，并达到净化污水，保护环境的目的，制定本规范。

1.0.2 本规范适用于处理城镇生活污水及与城镇生活污水水质相近的工业废水的污水稳定塘的设计。

1.0.3 污水稳定塘设计除应符合本规范外，尚应符合国家现行有关标准的规定。

2 术 语

2.0.1 稳定塘(stabilization ponds)

以塘为主要构筑物，利用自然生物群体净化污水的处理设施。

根据塘水中的溶解氧量和生物种群类别及塘的功能，可分为厌氧塘、兼性塘、好氧塘、曝气塘、生物塘。根据处理后达到的水质标准，可分为常规处理塘和深度处理塘。

同义词：氧化塘(oxidation pond)。

2.0.2 厌氧塘(anaerobic pond)

塘水在无氧状态下，净化污水的稳定塘。

2.0.3 兼性塘(facultative pond)

塘水在上层有氧下层无氧的状态下，净化污水的稳定塘。

2.0.4 好氧塘(aerobic pond)

塘水在有氧状态下，净化污水的稳定塘。

2.0.5 曝气塘(aeration pond)

设有曝气充氧装置的好氧塘或兼性塘。

2.0.6 生物塘(biological pond)

人工种植水生植物或养殖水生生物的稳定塘。生物塘一般可分为水生植物塘、养鱼塘和生态塘。

2.0.7 水生植物塘(macrohydrophyte pond)

种植水生维管束植物或高等水生植物的稳定塘。

2.0.8 养鱼塘(fish pond)

利用养殖鱼类，摄食水中藻类及各种浮游生物，以净化污水，并可回收资源获得经济效益的稳定塘。

2.0.9 生态塘(ecological pond)

利用菌、藻、浮游生物、底栖动物、鱼、虾、鸭、鹅等形成多条食物链，以达到净化污水目的的稳定塘。

2.0.10 常规处理塘(conventional pond)

作为一般生物处理设施的稳定塘。

2.0.11 深度处理塘(maturationy pond)

通常指与一般生物处理设施连用的生物塘，或常规二级处理设施之后，做进一步去除 BOD_5、病原菌和降低氮、磷含量之后的塘，亦称熟化塘(maturation pond)。

2.0.12 控制出水塘(controlled release pond)

为解决超过受纳水体自净容量问题而设计的可调控污水排放的稳定塘。

2.0.13 完全贮存塘(complete containment pond)

污水贮存不外排，仅靠蒸发减少水量的稳定塘。

2.0.14 污水稳定塘系统

由预处理、兼性塘、好氧塘或曝气塘、生物塘等组成的串联组合。对处理有机物浓度较高的城镇污水或工业废水的塘系统，可由预处理、厌氧塘、兼性塘、好氧塘或曝气塘、生物塘串联而成。

3 水　质

3.1 进水和出水控制点

3.1.1 污水稳定塘系统进水控制点应设在第一座稳定塘的进水口。如果有预处理设施，应设在预处理设施的进水口。

3.1.2 污水稳定塘系统出水控制点应设在最后一座稳定塘的出水口。

3.2 水质评价指标

3.2.1 宜选择 pH 值、SS、BOD_5 项目作为污水稳定塘的水质评价指标。

3.2.2 应在进水和出水控制点进行水质、水量监测，以其去除效率衡量污水稳定塘的处理效果。

3.2.3 处理与城镇生活污水水质相近的工业废水时，可根据具体情况增减相应的水质指标。

3.3 接纳污水水质

3.3.1 污水稳定塘系统接纳污水水质应符合现行的国家标准《污水综合排放标准》中三级标准的规定。

3.3.2 进入污水稳定塘系统的污水中含有抑制或危害塘中生物净化作用的有毒、有害物质的浓度，必须符合现行的国家标准《污水综合排放标准》中表 1 的规定。

3.3.3 稳定塘系统中设有厌氧塘时，进水 BOD_5 可放宽到 800mg/l。

3.4 出 水 水 质

3.4.1 污水稳定塘系统出水水质，根据受纳水体的要求，应符合现行的国家标准《污水综合排放标准》的规定。

3.4.2 采用稳定塘系统作为常规二级处理时，其出水应达到二级污水处理厂的出水标准。

4 总 体 布 置

4.1 塘 址 选 择

4.1.1 污水稳定塘选址必须符合城镇总体规划的要求，应以近期为主、远期扩建为原则。应因地制宜利用废旧河道、池塘、沟谷、沼泽、湿地、荒地、盐碱地、滩涂等闲置土地。

4.1.2 塘址应选在城镇水源下游，并宜在夏季最小风频的上风侧，与居民住宅的距离应符合卫生防护距离的要求。

4.1.3 选择塘址必须进行工程地质、水文地质等方面的勘察及环境影响评价。

4.1.4 塘址的土质渗透系数(K)宜小于 0.2m/d。

4.1.5 塘址选择必须考虑排洪设施，并应符合该地区防洪标准的规定。

4.1.6 塘址选择在滩涂时，应考虑潮汐和风浪的影响。

4.2 总 体 布 置

4.2.1 稳定塘系统总体布置应充分利用自然环境的有利条件。总体布置应紧凑。

4.2.2 系统内的道路宜采用单车道，宽度不应小于 3.5m；主干道可建双车道，宽度应为 6～8m。

4.2.3 多塘系统的高程设计应使污水在系统内自流，需提升时，宜一次提升。

4.2.4 塘堤外侧应种树绿化，系统外围绿化林带宽度应大于 10m。

5 工 艺 流 程

5.1 工艺流程设计原则

5.1.1 污水稳定塘可自成系统，也可与其他污水处理设施相结合使用。

5.1.2 选择污水稳定塘工艺流程时，应因地制宜。

5.1.3 工艺设计应对污染源控制、污水预处理和处理以及污水资源化利用等环节进行综合考虑，统筹设计，并应通过技术经济比较确定适宜的方案。

5.2 污水预处理

5.2.1 预处理设施应包括格栅、沉砂池、沉淀池等，其设计应符合现行的国家标准《室外排水设计规范》的规定。

5.2.2 稳定塘系统预处理宜采用排泥周期较长的、投资和运行费用较低的构筑物。

5.3 污水稳定塘系统

5.3.1 稳定塘系统可由多塘组成，或分级串联或同级并联。

5.3.2 多级塘系统中，单塘面积不宜大于 $4.0\times10^4m^2$，当单塘面积大于 $0.8\times10^4m^2$ 时，应设置导流墙。

5.4 污泥处理与处置

5.4.1 沉砂池（渠）宜采用机械或重力排砂，并应设置贮砂池或晒砂场。

5.4.2 污泥脱水宜采用污泥干化床自然风干，亦可采用机械脱水。

5.4.3 污泥作为农田肥料使用时，应符合现行的国家标准《农用污泥中污染物控制标准》的有关规定。

5.4.4 污泥作填埋处置时，其含水率应小于85%。

6 各种污水稳定塘设计

6.1 设计参数

6.1.1 厌氧塘、兼性塘、好氧塘、曝气塘、水生植物塘、养鱼塘、生态塘应按 BOD_5 表面负荷确定水面面积。厌氧塘亦可按 BOD_5 容积负荷设计，完全曝气塘亦可按 BOD_5 污泥负荷进行设计。

6.1.2 控制出水塘宜按其前置处理设施的实际处理流量与受纳水体季节允许排放污水流量之差设计。为农灌贮存用水的控制出水塘可按农灌需水量进行设计。

6.1.3 完全贮存塘应按全年进塘水量与塘水表面全年净蒸发量达到平衡进行设计。

6.1.4 各种污水稳定塘设计参数可按表 6.1.4 选取，用于专门处理工业废水塘的设计参数应由实验确定。

各种污水稳定塘工艺设计参数 表 6.1.4

常规塘型		BOD_5 表面负荷 ($kgBOD_5/10^4m^2d$) Ⅰ区	Ⅱ区	Ⅲ区	有效水深 (m)	处理效率 (%)	进塘 BOD_5 浓度 (mg/l)
厌氧塘		200	300	400	3～5	30～70	≤800
兼性塘		30～50	50～70	70～100	1.2～1.5	60～80	<300
好氧塘	常规处理塘	10～20	15～25	20～30	0.5～1.2	60～80	<100
	深度处理塘	<10	<10	<10	0.5～0.6	40～60	
曝气塘	部分曝气塘	50～100	100～200	200～300	3～5	60～80	300～500
	完全曝气塘	100～200	200～300	200～400	3～5	70～90	

续表 6.1.4

常规塘型		BOD_5 表面负荷 ($kgBOD_5/10^4m^2d$) Ⅰ区	Ⅱ区	Ⅲ区	有效水深 (m)	处理效率 (%)	进塘 BOD_5 浓度 (mg/l)
生物塘	水生植物塘	—	50～200	100～300	0.4～2.0	60～80	<300
	深度处理塘	—	20～50	30～60	0.4～2.0	69～80	<100
	污水养鱼塘	20～30	30～40	40～50	1.5～2.5	70～90	<50
	生态塘	20～30	40～50	50～60	1.2～2.5	70～90	

注：Ⅰ区系指年平均气温在 8℃ 以下的地区；
Ⅱ区系指年平均气温在 8～16℃ 的地区；
Ⅲ区系指年平均气温在 16℃ 以上的地区。

6.1.5 塘的总深度应包括污泥层深、有效水深、风浪爬高及安全超高。

6.2 厌氧塘

6.2.1 厌氧塘并联数目不宜少于 2 座。处理高浓度有机废水时，宜采用二级厌氧塘串联运行。在人口密集区不宜采用厌氧塘。

6.2.2 厌氧塘可采取加设生物膜载体填料、塘面覆盖和在塘底设置污泥消化坑等强化措施。

6.2.3 厌氧塘应从底部进水和淹没式出水，当采用溢流出水时，在堰和孔口之间应设置挡板。

6.3 兼性塘

6.3.1 兼性塘可与厌氧塘、曝气塘、好氧塘、水生植物塘等组合成多级系统，也可由数座兼性塘串联构成塘系统。

6.3.2 兼性塘系统可采用单塘，在塘内应设置导流墙。

6.3.3 兼性塘内可采取加设生物膜载体填料、种值水生植物和机械曝气等强化措施。

6.4 好 氧 塘

6.4.1 好氧塘可由数座串联构成塘系统，也可采用单塘。

6.4.2 作为深度处理塘的好氧塘，总水力停留时间应大于15d。

6.4.3 好氧塘可采取设置充氧机械设备、种植水生植物和养殖水产品等强化措施。

6.5 曝 气 塘

6.5.1 曝气塘宜用于土地面积有限的场合。

6.5.2 曝气塘系统宜采用由一个完全曝气塘和2～3个部分曝气塘组成的塘系统。

6.5.3 完全曝气塘的比曝气功率应为5～6W/m^3(塘容积)。

6.5.4 部分曝气塘的曝气供氧量应按生物氧化降解有机负荷计算，其比曝气功率应为1～2W/m^3(塘容积)。

6.6 水生植物塘

6.6.1 水生植物塘可选种浮水植物、挺水植物和沉水植物。选种的水生植物应具有良好的净水效果、较强的耐污能力、易于收获和有较高的利用价值。

6.6.2 浮水植物塘水面应分散地留出20%～30%的水面。设计中应考虑水生植物的收集及其利用和处置。

6.6.3 塘的有效水深度，选用浮水植物时，宜为0.4～1.5m；挺水植物，宜为0.4～1.0m；沉水植物，宜为1.0～2.0m。

6.6.4 寒冷地区不宜采用水生植物塘。

6.7 污水养鱼塘

6.7.1 污水养鱼塘应作为塘系统中的后置塘。进水BOD_5浓度应符合本规范第6.1.4条的规定，其他污染物及溶解氧浓度应符合现行的国家标准《渔业水质标准》的规定。高负荷养鱼塘应设增氧机。

6.7.2 污水养鱼塘中放养的鱼种和比例应根据当地养鱼的成功经验和有关研究结果确定。

6.7.3 鱼的用途应根据卫生防疫部门的检验结果确定。

6.8 生 态 塘

6.8.1 生态塘水中溶解氧应不小于4mg/l，可采用机械曝气充氧。

6.8.2 塘中养殖的水生动、植物密度应由实验确定。

6.9 控制出水塘

6.9.1 当污水处理系统排水量季节性的超过受纳水体自净容量或为适应农灌用水需要时，应设置控制出水塘。

6.9.2 寒冷地区的控制出水塘容积设计应考虑到冰封期需要贮存的水量，塘深应大于最大冰冻深度1m，塘数不宜少于2座。

6.9.3 控制出水塘应按照兼性塘校核其有机负荷率。

6.10 完全贮存塘

6.10.1 完全贮存塘宜用于有显著湿度亏缺(亦即年蒸发量与年降水量之差大于770mm)的地区。

6.10.2 完全贮存塘的容积应按污水进水量、年降水量与年蒸发量相平衡的原则确定。应按雨季累计最大贮水量确定塘的最高水位，按旱季累计最小贮水量确定塘的最低水位。

6.10.3 完全贮存塘最大有效水深应为2～4m，最小水深不应小于0.5m。

7 塘体设计

7.1 一般规定

7.1.1 稳定塘的塘体用料应就地取材。

7.1.2 稳定塘单塘宜采用矩形塘，长宽比不应小于 3∶1～4∶1。

7.1.3 利用旧河道、池塘、洼地等修建稳定塘，当水力条件不利时，宜在塘内设置导流墙(堤)。

7.1.4 对塘体的堤岸应采取防护措施。

7.2 堤坝设计

7.2.1 堤坝宜采用不易透水的材料建筑。土坝应用不易透水材料作心墙或斜墙。

7.2.2 土坝的顶宽不宜小于 2m，石堤和混凝土堤顶宽不应小于 0.8m。当堤顶允许机动车行驶时，其宽度不应小于 3.5m。

7.2.3 土堤迎水坡应铺砌防浪材料，宜采用石料或混凝土。在设计水位变动范围内的最小铺砌高度不应小于 1.0m。

7.2.4 土坝、堆石坝、干砌石坝的安全超高应根据浪高计算确定，不宜小于 0.5m。

7.2.5 坝体结构应按相应的永久性水工构筑物标准设计。

7.2.6 坝的外坡设计应按土质及工程规模确定。土坝外坡坡度宜为 4∶1～2∶1，内坡坡度宜为 3∶1～2∶1。

7.2.7 塘堤的内侧应在适当位置(如进、出水口处)设置阶梯、平台。

7.3 塘底设计

7.3.1 塘底应平整并略具坡度，倾向出口。

7.3.2 当塘底原土渗透系数 K 值大于 0.2m/d 时，应采取防渗措施。

7.4 进、出水口设计

7.4.1 进、出水口宜采用扩散式或多点进水方式。出水口应设置挡板，潜孔出流。

7.4.2 进水口至出水口的水流方向应避开当地常年主导风向，宜与主导风向垂直。

8 附属设施

8.1 稳定塘附属设施

8.1.1 稳定塘附属设施应包括输水设施、充氧设备、计量设备和生产、生活辅助设施。

8.1.2 生产、生活辅助设施的设计可参照现行的行业标准《城镇污水处理厂附属建筑和附属设备设计标准》的规定。

8.2 输 水

8.2.1 稳定塘的输水设施应包括输水管(渠)、泵站及闸、阀。

8.2.2 输水可用暗管或明渠，在人口稠密区宜采用管道输水。

8.2.3 邻塘之间的连通，宜采用溢流坝、堰、涵闸或管道。

8.2.4 塘系统出水量较大且跌落较高时，其出水口应设消力坎或消力池。

8.3 跌 水

8.3.1 在多塘系统中，前后两塘有 0.5m 以上水位落差时，连通口可采用粗糙斜坡或阶式跌水曝气充氧。

8.4 计 量

8.4.1 稳定塘系统应在入流处和出流处安装计量装置。

附录A 本规范用词说明

A.0.1 为便于在执行本规范条文时区别对待，对于要求严格程度不同的用词说明如下：

1. 表示很严格，非这样做不可的：
   正面词采用“必须”；
   反面词采用“严禁”。
2. 表示严格，在正常情况下均应这样做的：
   正面词采用“应”；
   反面词采用“不应”或“不得”。
3. 表示允许稍有选择，在条件许可时首先应这样做的：
   正面词采用“宜”或“可”；
   反面词采用“不宜”。

A.0.2 条文中指明必须按其他有关标准执行的写法为：“应按……执行”或“应符合……的要求(或规定)”。非必须按所指定的标准执行的写法为“可参照 ……的要求(或规定)”。

附加说明

本规范主编单位、参加单位和主要起草人名单

主 编 单 位：哈尔滨建筑工程学院（全国氧化塘协作组）

参 加 单 位：中国环境保护工业协会
贵州省城乡规划设计研究院
农业部环保监测科研所
长沙市城建科研所

主要起草人：田金质　王宝贞　祈佩时　陈士年　王德荣
周恂达　任南琪　张金松　杨松滨　李鸿滨

中华人民共和国行业标准

污水稳定塘设计规范

CJJ/T54－93

条 文 说 明

前　　言

根据建设部(90)建标字第407号文的要求，由哈尔滨建筑工程学院(全国氧化塘协作组)主编，中国环保工业协会等单位参加共同编制的《污水稳定塘设计规范》(CJJ/T54－93)，经建设部一九九三年五月六日以建标[1993]339号文批准发布。

为便于广大设计、施工、科研、学校等单位的有关人员在使用本规范时能正确理解和执行条文规定，《污水稳定塘设计规范》编制组按章、节、条顺序编制了本规范的条文说明，供国内使用者参考。在使用中如发现本条文说明有欠妥之处，请将意见函寄哈尔滨建筑工程学院(全国氧化塘协作组)。

本条文说明由建设部标准定额研究所组织出版发行。

目　　次

1 总　　则

随着城乡建设和经济建设的发展，城镇生活污水和工业废水日趋增加，面对急需解决的水污染现实，需要我们寻求适合我国国情的污水治理技术。

我国稳定塘技术的发展是有个过程的。稳定塘习惯上称为氧化塘，从50年代起步研究，60～70年代以改善污水灌溉水质和解决某些城镇污水排放问题为目的，利用坑洼淀塘或古旧河道稍加修整建成一批污水库塘，如西安市漕运河污水库、保定唐河污水库、齐齐哈尔市污水库等。在使用过程中逐渐认识到，污水库有很可观的净化有机物效果，可以大大改善水质，起到了稳定塘的自净作用，成为我国第一代初级形态稳定塘。这些库塘不是按着稳定塘工程要求设计的，而多数是按水利工程要求设计，有的则是临时解决污水出路。多数施工因陋就简，无人管理和维修，或放弃管理职权，如果按稳定塘工程要求来衡量，则几乎所有塘都处于超负荷状态。因此，尽管污水库在农业上发挥了一定的积极作用和减缓了城镇污水污染环境的矛盾，但是对出现的污染地下水、臭味散逸、淤积、占地面积大等问题产生了许多争议。

我国第二代稳定塘吸收了过去的经验和教训，有了改进。比如，针对淤积的问题，设计并联运行的沉淀塘交替使用，为定期清淤创造了条件，采用机械清淤，减轻体力劳动；针对超负荷的问题，对进塘水质水量做出规定，定时化验监测，建立排污收费和超标罚款制度，将稳定塘工程纳入正规污水处理设施运行管理之列，保证稳定塘的使用寿命和净化效果。

从稳定塘的利用考虑，在兼性塘，甚至从厌氧塘就开始养殖凤眼莲，放养耐污鱼类等，都能获得很好的处理效果和经济收益。过去曾以处理污水为主的稳定塘，也搞起了利用污水养鱼、养水生植物等经济活动，以及出水灌溉农田、绿化或回用于生产，形成了多种形式的系统工程。稳定塘工程作为一项系统工程，要确定入塘水质、污水生物处理过程和污水资源化利用三方面，使其能互相补充，发挥自然净化优势，其设计在开拓具有我国特色的污水处理工艺上，向前迈进了一步。

90年代，我国较正规的稳定塘已有113座，处理污水量1898×10^4t/d，占我国污水排放总量的2%。其中，处理城市污水稳定塘占总数的一半，其余是处理各种工业有机废水的稳定塘，比1985年调查的38座稳定塘增加了2倍。

从调查结果分析，5年来稳定塘无论从数量上和处理的水量上都有了很大的发展。建塘的质量从原始的水库型向人工强化型发展。管理水平也有提高，发展趋势是健康的，速度是快的，预计今后每年在全国将会新建30～50座正规的稳定塘，特别是在乡镇企业发达的中小城镇，以及造纸、食品加工、化工、化肥等行业将会出现发展稳定塘的趋势。

稳定塘投资省，管理简便，运行可靠，节省能耗。因此国务院环境保护委员会发布的《关于加强城市环境综合整治的决定》和《关于防治水污染技术政策的规定》等文件中都明确说明了稳定塘技术在处理城镇生活污水和工业有机废水占有重要的地位，提倡采用稳定塘技术。对没有经济实力建设二级污水处理厂的大多数城市和地区，在研究和制定污染防治规划和落实项目时，应优先考虑采用稳定塘技术。

为了积极稳妥发展稳定塘，在总结实践经验和吸收科研成果的基础上，并参考国外经验，编制了我国的稳定塘设计规范，以利稳定塘技术的推广。

我国现有的大部分稳定塘是处理城镇和工业企业污水的稳定塘，并有多年的运行经验和实测数据。同时，近年来的科研试验也多是在这些塘上开展的。因此，本规范的适用范围规定为适用于处理城镇污水及与城镇污水水质相近的工业废水。

稳定塘接纳的污水来源广泛，污水成分复杂，大致包括以下几类：

1. 易生化降解的有机物（以BOD_5表示）和比较容易降解的工业有机物（以COD_{cr}表示），包括了各种可提供生物能源的有机物。

2. 可溶性无机盐类，供给植物生长的营养元素（N、P、K等）。

3. 悬浮物，包括易沉降的有机、无机颗粒物质。

4. 少量难以生物降解的有机物。

5. 微量重金属。

6. 细菌和病原菌（由细菌总数和大肠菌群数表示）。

稳定塘不是万能技术，对污水中所含的可能在环境或动、植物体内蓄积，对人体健康产生长远不良影响的重金属、放射性和难生物降解的有毒污染物应从严控制，以保证稳定塘的安全运行。

本规范引用以下标准：

GB 8978－88《污水综合排放标准》；

GB 2828－88《地面水环境质量标准》；

GB 5084－92《农田灌溉水质标准》；

GB 4284－84《农用污泥中污染物控制标准》；

CJ 18－87《污水排入城市下水道水质标准》；

GB 11607－89《渔业水质标准》；

GBJ 14－87《室外排水设计规范》；

CJJ 31－89《城镇污水处理厂附属建筑和附属设备设计标准》。

2 术 语

污水稳定塘是一种自然或半自然的生物净化污水的处理设施，含有丰富的内容，这里仅对几种主要的稳定塘术语进行解释。

我国自开展稳定塘研究以来，从50年代开始，氧化塘这一术语已为人们所熟悉和习惯，但不够规范和严密，为使国内外在名称上趋于一致，更准确地反映所包含的丰富内容，将氧化塘改称为稳定塘，故本规范改称为污水稳定塘设计规范。

根据处理不同类型的污水和达到不同出水水质的要求，多年来，人们研究、开发和实际应用了多种类型稳定塘，如厌氧塘、兼性塘、好氧塘、曝气塘、生物塘、控制出水塘等。

我国从实践中逐步形成的稳定塘技术，具有自己的特色，主要表现为：

1.它突破了菌藻共生系统的限制，发展成为由菌、藻、水生植物、浮游动物、底栖动物、鱼、蚌、水禽等多条食物链共存组建的生态系统。南溪山医院按稳定塘机理运行，将其污水处理设施改变成生态系统净水工程，将原配水池改为厌氧塘，栽种凤眼莲防止臭气，用青蛙捕食蚊虫改善环境条件，放养污鱼，形成独特的小生态平衡区，基本上达到了塘内污泥消化与新增污泥的平衡。在兼性塘内（原沉淀池）布置淋洒曝气管充氧，藻类生长滤网，分层放养不同鱼种，使得污水在此既得到了净化，又育肥了鱼，形成良性循环系统。

2.稳定塘把污水处理与资源综合利用紧密结合起来，形成了一个良性系统。在解决水资源缺乏，保障农业用水，发展污水养鱼，种植水生植物、花卉等方面都收到了很多效益。

3.因地制宜改进稳定塘设计。贵州省气候条件适宜建稳定塘，但山多地少，没有土地成为建稳定塘的突出矛盾，设计研究单位巧妙地结合地形特点，设计了塔式稳定塘，将稳定塘向空间发展，塔内布置了多层结构的稳定塘，有效地利用了空间和阳光，仅用300m^2面积，布置了厌氧→塔式稳定塘→凤眼莲串联系统，每天处理100t污水，塔内还可以保障凤眼莲安全过冬。

4.各地积累了一批区域性的设计经验。通过在塘中增设纤维填料，成倍地增加了附属生物量，以增加单位体积的处理负荷量，并提高其处理效率，在低温下处理效率的提高尤为明显。

3 水　　质

3.1 进水和出水控制点

稳定塘工程包括预处理、塘体工程及资源利用三个部分。作为净化污水的完整设施考虑其净化能力，应当选择合理的进、出水监测点，稳定塘工程也是一种污水处理厂，进水监测点应设在输水管网末端，进厂前的部位；出水监测点应设在稳定塘工程系统的最后一级处理设施之后，以此来统一衡量稳定塘的功能。

3.2 水质评价指标

3.2.1 稳定塘属于生物处理设施，习惯上把稳定塘列为二级生物处理范围，同样生物二级污水处理厂使用的水质控制项目也适用于稳定塘。一般采用 pH 值、SS、BOD_5 等作为水质控制指标。

3.2.2 将上述指标的量的变化（去除率）作为衡量稳定塘净化效果，可基本上反映稳定塘的功能状况。

3.2.3 对某些工业废水、含有特殊污染物，比如酚、硝基酚、甲醛、马拉硫磷、洗涤剂、农药等，稳定塘也有一定的处理净化效果。为说明稳定塘对其处理效果，需增加相应的污染物测试指标项目。

3.3 接纳污水水质

3.3.1 污水稳定塘接纳的污水既要满足《污水排入城市下水道水质标准》(CJ 18－87)要求，保证管网系统的安全运行，又要满足处理能力的要求，《污水综合排放标准》(GB 8979　88)适用于排放污水和废水的一切企、事业单位。对排入城镇下水道并进入二级污水处理厂进行生物处理的污水，规定执行三级标准，即在排污单位出口取样，其最高允许限值规定为：

pH	6～9	；	悬浮物	400	mg/l；
BOD_5	300	mg/l；	COD_5	500	mg/l；
石油类	30	mg/l；	动植物油	100	mg/l；
挥发酚	2.0	mg/l；	氰化物	1.0	mg/l；
硫化物	2.0	mg/l；	氟化物	20	mg/l；
苯胺类	5.0	mg/l；	硝基苯类	5.0	mg/l；
LAS	20	mg/l；	铜	2.0	mg/l；
锌	2.0	mg/l；	锰	5.0	mg/l。

以此作为稳定塘进水水质要求。

对不超过污染物总量控制要求的其他废水可排入城市排水管网，由城市综合污水稳定塘集中处理。

3.3.2 对可能在环境或植物体内蓄积，对人体健康产生不良影响的重金属和难生物降解的有毒污染物应从严控制，不分行业和污水排放方式，也不分受纳水体的功能类别，一律在车间处理，排放口取样，其最高允许排放浓度在《污水综合排入标准》(GB 8978－88)中严格规定为：

总　汞：	0.05mg/l；	烷基汞：	不得检出；
总　隔：	0.1 mg/l；	总　铬：	1.5mg/l；
六价铬：	0.5 mg/l；	总　砷：	0.5mg/l；
总　铅：	1.0 mg/l；	总　镍：	1.0mg/l。

苯并芘(a)：0.00003mg/l；

稳定塘接纳污水标准也应当执行这一严格规定，以避免给环境带来二次污染。

3.3.3 对单独处理造纸、皮革、食品、洗毛、酿造、发酵、生物制药、肉类加工、纤维板等有机工业废水的稳定塘系统，如果设有性能好的沉淀池和厌氧塘，BOD_5 可放宽到 800mg/l。

3.4 出 水 水 质

3.4.1 设计稳定塘净化污水，根据受纳水体功能的不同，可以有不同的水质要求。

作为二级处理工艺后深度处理的稳定塘，其进水水质决定于二级处理后出水水质。目前我国二级污水处理厂能够达到的实际效果，根据《给排水设计手册》提供的实例情况摘录于表 1。

城市污水、工业有机废水采用二级工艺的效果汇总表　　表 1

废水种类	处理效果（出水）(mg/l)			备注
	pH	BOD_5	SS	
炼油废水	6.8～8.5	30～70	(油 4～10)	实际运行情况
聚酯、三纶废水	6.8～8.5	40～70	40	实际运行情况
焦化废水		20		实际运行情况
印染、漂练废水	6～8	20～50	50～100	实际运行情况
毛纺废水	5.5～7	10～50	10～30	实际运行情况
化工废水		70	50	实际运行情况
屠宰废水		50	50	实际运行情况
造纸废水	7	7.5	13	实际运行情况
碱性亚纳法麻浆废水	5.5～6	10～30	100	实际运行情况
草浆中段废水		48	104	实际运行情况
胶片洗印废水		20		实际运行情况
制革废水	6～7	26	103	实际运行情况
纤维板废水		10～20	15～30	实际运行情况
城市污水二级污水处理厂出水	6～9	20～70	20～30	活性污泥法和高负荷生物滤池

一般情况下，深度处理接纳从二级污水处理厂排出的工业废水或城镇污水，其水质的 pH 值为 6～9，BOD_5＜70mg/l，SS＜80mg/l。经过净化后要求达到：pH6～9，BOD_5＜30mg/l，SS＜60mg/l。在稳定塘设计手册中，稳定塘出水水质和深度处理设计参数为本规范提供了技术依据。

3.4.2　表 2 列出部分稳定塘运行效果。

当稳定塘出水排入一般保护水域时，应符合《污水综合排放标准》(GB 8987－88)二级标准的要求，稳定塘担负二级处理的责任。在控制进塘的污水达到三级排放标准要求的条件下，合理设计稳定塘，其净水效果可达到二级污水处理厂的出水标准，这在国内已有一大批各种类型的稳定塘在成功地运行。表 3 列出了部分稳定塘较可靠的测试数据。这些数据表明，采用稳定塘技术可以达到本节中所规定的要求。

实践证明，经过稳定塘处理达到一级处理水平就基本能满足农灌的要求。表 4 列出了以处理工业废水为主的氧化塘的净化效果。我国的 113 座稳定塘中 80％是达到一级处理水平的，保证农业灌溉不成问题。

生物塘养鱼，群众习惯称为污水养鱼。

水质是污水养鱼的一个重要因素。当前存在的问题是有些地方工业污染严重影响鱼产质量，有的有煤油味，有的残毒超标，因此必须注意城市污水和工业废水的预处理，控制入塘水水质，保证生产安全和鱼产品质量符合食品卫生要求。污水养鱼水中有毒有害物质含量要同清水养鱼一样严格要求，应符合《渔业水质标准》(GB1607－89)的有关规定。

达到深度处理效果的稳定塘工程　　表 2

地点	工艺流程	进水(mg/l)			出水(mg/l)		
		SS	COD_{cr}	BOD_5	SS	COD_{cr}	BOD_5
湖南	沉淀→生态塘→院内湖→出水	200		100	15		10
山西	沉淀→九级兼性塘串联→渔场	40	40	10	19	25	6
北京	四级塘串联(生物塘)出水	105～525	142～237	75～46	10～15	25～87	4～28
山东	厌氧→兼性→好氧→生物塘→出水	80	60		11	17.4	
湖南	过滤→消毒→曝气塘→出水	21.5	242	115	10	18	6
广西	沉淀→四级生态塘串联→出水		30～100	15～70		4～12	2～4

达到二级处理效果的稳定塘工程 表 3

地点	工艺流程	进水(mg/l)		出水(mg/l)	
		SS	BOD_5	SS	BOD_5
黑龙江省	厌氧、兼氧、好氧串并联系统	80～110	60～150	15～30	8～30
黑龙江省	过滤→强化厌氧→兼性→曝气→出水	300	250	60	75
黑龙江省	厌氧→兼性→好氧→曝气→出水	534	760	17	12
湖南省	厌氧→曝气→生态→出水	280	120	90	51
长沙市	预沉→鱼池→出水	174	45	17	17
长沙市	沉淀→并联鱼池	200	<500	20～100	10～20
福建省	三级塘串联	1293	1131	120	5.9
新　疆	五级兼性塘串联		87		35
新　疆	五级串联塘	188	115	32	20
江苏省	厌氧→兼性→好氧	203	31	122	24
黑龙江省	沉淀→兼性→贮存→利用→排出		338		10
山东省	厌氧塘→兼性塘→兼性塘		142		30
湖北省	接触氧化→氧化塘	80	125	60	50
河北省	过滤→二级氧化塘→过滤→出水	112		30	
河北省	气浮→氧化塘	150	120	50	20
桂林市	生态→强化→氧化沟→排江	350～460	150～210	30～45	5～10
贵州省	沉淀→厌氧→生物	814	328	97	94
贵阳市	串联塘(生态塘)	63	72	13	13

达到一级处理效果的稳定塘工程 表 4

地点	工艺流程	进水口(mg/l)			出水口(mg/l)		
		SS	COD_{cr}	BOD_5	SS	COD_{cr}	BOD_5
黑龙江省某农场	厌氧→兼性→好氧→出水	650	2500	850	130	1000	213
齐齐哈尔市	沉淀→厌氧→兼性→生态→出水	200～570	300～1500	200～1000	40～180	100～700	60～430
兰西氧化塘	过滤→厌氧→兼性→好氧→出水	300	10000	500	60	300	120
垦丰氧化塘	沉淀→厌氧→兼性→好氧→出水	1460	323Q	1620	160	420	240
鹿溪氧化塘	沉淀→兼性→好氧生态塘→出水	3300	4390	1330	33	347	139
通辽氧化塘	沉淀→兼性→好氧→生态塘→出水	270	2360	590	121	1321	230

4 总体布置

4.1 塘址选择

4.1.1 稳定塘如果以菌藻共生为主，在感官上较差；如果以有观赏价值的水生植物为主，则夏季可形成很美的绿化水面，冬季水生植物枯萎，观赏价值大减；当解决好水生植物越冬时，则稳定塘均可成为城镇绿化水面。总之稳定塘面积较大，其观感好坏，对城镇环境影响较大。因此，塘址选择应符合城镇总体规划的要求。由于城镇总体规划是动态的，塘址选择可以近期为主，并应考虑远期，是就地扩建还是另选新址，或是原塘址与新塘址并用。

稳定塘占地面积大，征地费用大，所以，塘址以不占耕地为原则，尽量将塘址选在无农用开发利用价值的盐碱地、沿海滩涂、废旧河床、山坡荒地、低洼湿地、沼泽、河谷等闲置土地，并要注意节约用地。

4.1.2 考虑到稳定塘出水残余的有机物必须经一定时间和空间才能在受纳水体中完成净化，因而稳定塘排水口应尽可能选择在城镇水源的下游。稳定塘布置在城镇夏季最小风频的上风侧，以免稳定塘内产生的臭味或孳生的蚊蝇影响城镇居民生活环境。稳定塘与居民区的卫生防护带留有一定的距离并在塘周围种植乔木、灌木绿化带。

在我国东部季风气候区，全年有两个风频率大体相等，方向基本相反的情况。当两盛行风向成180°时，则在最小风频的上风侧布置稳定塘，而在其最小风频的下风侧布置生活区最为适宜。如两盛行风向成一夹角，而与其他风频率相差不大时，生活区布置在夹角内，稳定塘放在其对应方向最为合理，如图1。

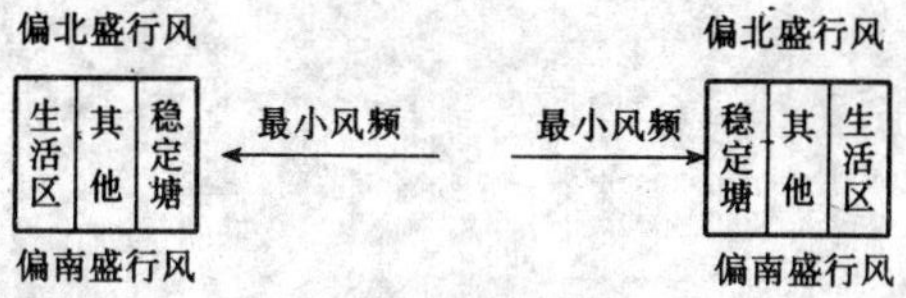

图1 稳定塘布置示意图

4.1.3 塘址选择应考虑区域地形、工程地质、水文地质、工农业生产现状等条件，也要考虑乡镇给水、水产养殖、农田灌溉等方面情况。选择时应深入实地进行调查研究，并进行环境质量评价，在方案充分论证的基础上，审慎确定。

4.1.4 近年来，由于环境意识不断提高，对塘渗漏污染地下水的问题越来越被重视，也提出了越来越高的要求。要求防渗的理由是：

1. 避免污染地下水，影响周围居民的安全用水；
2. 当塘的出水需回收利用时，避免水的损失；
3. 渗漏会引起塘内水深度变化而影响处理能力。

污染半径与土壤渗透性、地下水的流向等因素有关。为预防稳定塘水渗漏对地下水造成的污染，一般可监测500m以内地下水污染状况。表5列出不同土质的渗透系数（K）经验值，一般认为当K值大于0.2m/d时，应当考虑防渗处理。

不同土质的渗透系数（K）经验值 **表5**

土质	渗透系数		防渗处理
粘土*	0.001	m/d	不考虑防渗
重亚粘土	<0.05	m/d	不考虑防渗
轻亚粘土	0.05～0.1	m/d	不考虑防渗
亚粘土	0.1～0.5	m/d	应考虑防渗
黄土	0.25～0.05	m/d	应考虑防渗
粉土质砂	0.5～1.0	m/d	应考虑防渗
细粒砂	1～5	m/d	不宜建塘
中粒砂	5～20	m/d	不宜建塘
粗粒砂	20～25	m/d	不宜建塘
砾石	100～500	m/d	不宜建塘
漂石	500～1000	m/d	不宜建塘

注：※按黄淮海平原地区资料，除粘土外，均为综合资料。

资料来源：河北省地质四大队主编《水文地质手册》，地质出版社，1978年。

4.1.5 选择废旧河床建稳定塘，要充分注意防洪问题，尽量不选用排洪的旧河床。对于拟选作塘址的废旧河床，首先应根据城市的防洪标准，推算出河流的洪峰量和最高洪水水位，判明在洪水期间拟在塘址的旧河道是否作为排洪的过水断面，假如有被洪水淹没的可能性，则不能选择该河床作为稳定塘的塘址。

利用山谷坡地建稳定塘，要注意山洪的危害。山洪爆发时间短，水流湍急，对稳定塘的危害甚大。一旦因山洪造成堤坝决口，将会使污水外流，造成灾害，后果十分严重。因此，设计时应调查核实入塘山洪的汇水面积、径流损失因素，参照山洪防治工程有关的规范，推算出山洪流量。条件允许时应设排洪沟，排除山洪，尽量使山洪不入稳定塘。山洪必须进塘时，应设溢流堰和消力池，及时排走入塘的山洪。此外，山洪到来前，应排放部分塘水，预留蓄洪容积。

4.1.6 利用沿海滩涂建稳定塘，要考虑防止潮汐和风浪的侵袭。沿海滩涂地势低洼，易受天文潮汐和风暴的影响，为确保塘堤的安全，在调查分析海潮变化规律的基础上，应确定设计高潮位和风浪袭击的高度，并以此考虑堤坝的设计高程。易受风浪袭击的危险堤段应采取块石护面，并设防浪设施，严防溃堤。塘最终出口处的水面高程，根据在高潮位时防止海水倒灌的要求加以确定。

利用入海口附近的旧河道作为稳定塘，可能受到河洪、天文潮汐和风暴潮的危害。若三者同时发生，危害更加严重，这时稳定塘应按最不利的情况进行设计。

4.2 总 体 布 置

4.2.1 充分利用地形，减少土方量，降低工程造价。资料分析表明，土方工程一般占工程总造价的50%～60%，因此，高程设计时要遵循土方平衡的原则，设计时尽量做到挖方和填方平衡，以降低土方工程费用。利用废旧河道建塘时，尽量利用河道的自然坡降，由高到低依次建塘。

为便于管理，塘系统宜相互靠近，并以公用堤坝连接，以减少土方量和占地面积，降低输水管渠的长度。格栅、沉砂池、沉淀池等预处理设施，力求布置紧凑，构筑物之间净距一般可采用5～10m。变电所应靠近污水提升泵站。

4.2.2 稳定塘系统内部的道路系指塘周围道路，主要考虑到系统内设备运输，因而可采用单行车道。一般系统内可以不设主干道，对于需要大型机车进入的道路，则设置双行车道。

4.2.3 对塘水排空，特别是对于北方地区稳定塘（控制出水塘），从冬储前塘水排空的角度来看，多塘系统塘标高逐级降低，将有利于塘水排空。为保证污水、污泥在各处理设施和塘内通畅自流，应尽量减少流程中的水头损失和污泥泵站的提升高度，以节省电能。污水、污泥必需设泵站提升时，一般以一次抽升为宜，尽量减少抽升次数。

4.2.4 塘周围绿化主要目的是为了防止臭气逸散，防止风沙，起到保护稳定塘的屏障作用，同时也美化环境。绿化可视塘址具体条件决定，可规划不同层次的草皮、灌木、乔木等。厌氧塘臭味较大，最好种植灌木、乔木林等。宽度至少在10m以上时，树木才有很好的防臭效果。

5 工 艺 流 程

5.1 工艺流程设计原则

5.1.1 为了能够处理各种废水和达到不同的出水水质要求，在研究、开发和应用各种类型的单元塘及所组成的多种系统模式的同时，应重视塘处理与常规处理或土地处理组成的混成处理系统的研究。

各种类型稳定塘的组合体系有很大的灵活性，可以根据具体情况进行工艺设计。

在国外，对于城镇污水，美国、德国、法国主要采用兼性塘、好氧塘等二三塘或更多塘串联系统，例如，德国和法国多采用三塘（兼性 1→兼性 2→熟化塘）的串联系统，其设计人均塘面积为 $10m^2$/人，三个塘面积的比例分别为 3∶4∶3（德国）和 2∶1∶1（法国），塘水深 1～1.2m。其代表性的处理效果是 COD_{cr} 从原水 300～700mg/l 降至出水小于 90mg/l，氨氮从 30～60mg/l 降至小于 15mg/l，BOD_5 从 8～15mg/l 降至小于 5mg/l。为了保护受纳水体免受污染，德国一些重要水域要求二级污水处理厂出水的 SS/BOD_5，从 20/20mg/l 提高到 10/10mg/l，于是在越来越多的二级处理塘之后增加了深度处理塘。例如，鲁尔河流域水管理协会所属的 120 座污水处理厂中，带有深度处理塘的有 40 座，其出水水质不仅 SS、BOD_5 有所减少，而且病原菌、氨氮等也明显减少。德国一些小型处理厂（服务人口 1000～5000 人），把生物滤池或生物转盘与塘结合起来，用塘取代初沉淀池和二次沉淀池，使整个系统得以简化和更加经济，而且还能进一步提高处理效率。美国、德国一些二级处理厂后的熟化塘中，还放养了鲤科鱼类，以控制流失的活性污泥和繁殖藻类及水草，既提高了出水水质，又有一定的经济效益。德国慕尼黑市污水处理厂出水与河水混合的大型养鱼塘（总面积 $233km^2$，每个 $7km^2$）堪为最成功的范例。美国、德国、匈牙利、波兰等国，把塘（处理与贮存塘）与土地处理或农田灌溉结合起来，构成取代常规三级处理的所谓革新与代用技术（I/A）处理系统。它们不仅能保证全年的污水处理并达到高质量的出水水质，种植的牧草、谷物、树木等也有明显的增产。

我国应用的稳定塘工艺流程主要有以下几种形式：

1. 厌氧→兼性→好氧串联塘，如湖北省鸭儿湖氧化塘、黑龙江省安大氧化塘。

2. 兼性→好氧串联塘，如广西壮族自治区硝胺厂氧化塘。

3. 沉淀（一级处理）→多级生物塘，如广西壮族自治区南溪山医院生物塘。

4. 多功能单塘，如黑龙江省齐齐哈尔氧化塘、河北省唐河污水库、陕西省漕运河污水库。

5. 预处理→厌氧→沉淀塘，如海南省西联农场氧化塘。

6. 厌氧→兼性塘，如齐齐哈尔市肉联厂氧化塘。

7. 二级污水处理厂→氧化塘，如上海金山化工厂氧化塘。

8. 沉淀→养鱼塘，如长沙市湘湖渔场、大托渔场。

5.1.2 我国各地兴建的稳定塘，都是结合地方特点因地制宜修建的，在形式上不拘一格，各有特色。

稳定塘设计时可采用单塘分割成多级或几个塘串、并联或混合形式，不必拘于一格，以使水流均匀、提高处理效果为目的，决不可脱离本地特点，生搬硬套外地经验。

例如，齐齐哈尔市氧化塘工程，在改建时选择了沉淀→厌氧→兼性→贮存利用→排江和农灌相结合的工艺流程；山西省长治市护城河道氧化塘建成沉淀→厌氧或兼性塘→九级凤眼莲塘→养鱼→排出的工艺路线；广西阳朔县氧化塘采用沉淀→兼性凤眼莲塘→养鱼塘→排入漓江的工艺路线；昆明市福保造纸厂与滇池只有一坝之隔，采用厌氧→气浮→混凝沉淀→曝气氧化塘→排入滇池的联合工艺路线。

改善农业污灌水质，实现污水资源是广大城乡人民的迫切要求。我国几乎所有城市和工业区周围都形成了污水灌溉体系，小型的分散的灌区更多。

为了实现稳定塘净化后的污水作为资源回收利用，要求在进行设计时统筹考虑。

我国的稳定塘有多种工艺流程，经过调查，认为常规一级处理与生态稳定塘系统相结合的方案是比较适宜的方案之一，其基本流程如图 2 所示。

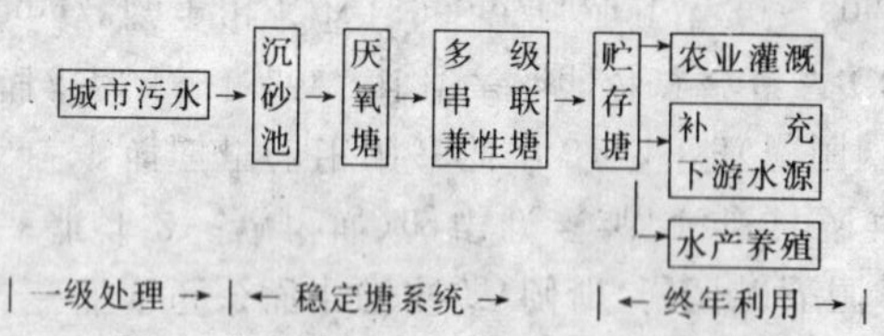

图 2　稳定塘处理系统工艺利用模式图

根据稳定塘运行情况的调查，比较成熟的处理工艺流程列于表 6。

城市污水稳定塘系统工艺流程　　表 6

序号	处理工艺流程	适用情况
1	城市污水→沉砂池或沉淀池→兼性塘（菌藻）→生物养殖塘或贮存塘→灌溉	北方寒冷地区，缺水地区，冬贮春灌地区
2	成份较复杂污水→沉砂池或沉淀池→厌氧塘→水葫芦兼性塘→兼性塘（菌藻）→芦苇塘→灌溉经济作物	含有微量重金属及难降解的有机废水
3	低浓度城市污水→沉砂池→水生植物塘→养鱼→芦苇塘→灌溉	南方低浓度有机污水、小城镇及乡村生活污水
4	高浓度有机污水→沉砂池→厌氧塘→兼性塘→水生植物塘→养鱼塘→灌溉	屠宰、制糖、酿酒、石油、化工等与城市污水的混合水

5.1.3　稳定塘工程具有许多优点，因此选择污水处理方案时，有条件的地方，应采用稳定塘工程系统或稳定塘与其他污水处理设施相结合的处理系统，以使整体工程得到最佳效果。

根据 1985 年全年氧化塘协作组对全国氧化塘现状调查分析，由于建塘的土地绝大多数是废旧池塘、河套、盐碱地等，这样既减少了土方工程量，又减少了土地征购费用，因而建塘投资是最经济的。

修建较为正规的稳定塘投资预算应该包括以下几项主要内容（见表 7）。

稳定塘基建投资表　　**表 7**

序号	项　　目	占投资比例（%）
1	修筑或清理污泥	
2	简易沉砂（沉淀）池	30
3	清淤设备	
4	塘主体工程防渗处理，导流，堤坝，闸门，泵站	60
5	土地征购或赔偿损失费	10

稳定塘系统工艺流程选择的原则是，必须确保该工艺流程的出水能满足设计任务的要求，同时又是经济合理，甚至还有可能创造一定的经济效益。

稳定塘系统工艺流程一般可分为三部分：

第一部分：预处理工艺，一般包括格栅和沉砂池。

第二部分：稳定塘工艺，又可分为常规处理塘和深度处理塘，分别相当于接近二级处理和接近三级处理水平。

第三部分：污泥处理工艺。

5.2　污水预处理

5.2.1　预处理工艺的主要目的在于去除大块垃圾和无机悬浮物，以保证稳定塘的正常运行。污水中的无机悬浮固体进入稳定塘后不能被分解，不断在塘底积累，需周期清塘，由此带来一系列的管理和经济问题。所以，对于含无机悬浮固体较多的污水，必须经过格栅、沉砂、初次沉淀预处理，或者格栅、沉砂预处理。其设计应符合现行的《室外排水设计规范》的要求。

5.2.2 稳定塘一般位于城镇较偏远地区，根据许多稳定塘的运行调查，为方便运行管理，宜采用清污周期长、管理简单的预处理设施。采用除砂渠和厌氧沉淀塘定期清淤比较符合实际情况。

除砂渠可采用土石结构，节省投资。为便于清砂，除砂渠不应少于 2 条，设计渠内流速为 0.15m/s 以上，清砂前由于积存砂量对渠断面的减小会使渠内流速可达 0.3m/s，但仍可满足沉砂设计标准（渠内流速为 0.15～0.3m/s）的要求。

研究表明，挥发性悬浮固体在厌氧塘中通过厌氧发酵得以分解，降解常数可达 $1.36m^3/10^4m^3 \cdot d$，4～5 年中约 70％的挥发性悬浮固体得以去除。因此，以厌氧塘代替初次沉淀池，可起到污水和污泥处理的双重作用，从而降低系统造价和运行费用，并可避免污泥处理所带来的一系列问题。从对安达氧化塘中以厌氧塘代替初次沉淀池（我们称之为厌氧沉淀塘）的运行经验来看，厌氧沉淀塘不宜过大，以免导致清塘困难。从清塘期间污泥分布规律看，蓄积污泥主要集中在进水口 20m 的范围内，约占污泥总量的 30％，进水口处污泥厚度为 1.8m，末端为 0.7m。清塘前该塘出水水质无明显降低，只是春、秋季污泥上浮增多，厌氧作用加剧。从清出污泥的性质来看，除上层有一流动性较大的黑色污泥层外，下层均为棕色污泥，并无明显臭味，肉眼可分出主要为无机泥砂，平均非挥发性固体总量占 80％～90％以上，表明厌氧沉淀塘中污泥处理效果良好。

5.3 污水稳定塘系统

5.3.1 稳定塘系统一般在预处理之后，设兼性塘、好氧塘、生物塘。进塘污水浓度较高时，兼性塘前设厌氧塘，形成多级塘串联形式，污水在各塘中逐渐净化，有机污染物逐级减少，通常采用 2～4 个塘串联运行。为了便于管理和清淤工作，也可将塘分成并联系统。

5.3.2 在多级塘系统中，如果单塘面积太大，水流不易均匀，风吹动水面使水体短路循环流动，可能造成塘的有效使用容积减少，缩短水力停留时间。缩小塘的面积，能控制由风引起的水浪冲刷。根据稳定塘调查资料及美国稳定塘运行经验，提出了经验单塘面积不应超过 $4.0 \times 10^4 m^2$。

以往设计的塘大都是一点进水，而且往往位于塘体中心部位。其水力学和运行效果的研究认为：中心一点进水不是污水最好的入塘方式，即使在小型塘内（$<0.8 \times 10^4 m^2$）也不理想。多点进水，可利用水头压力损失使水在塘内循环流动和初步混合。设置多点出水和导流墙避免股流和短路循环。设置导流墙，在墙底部能引起涡流，增强混合作用，破坏分层或其形成趋势。

5.4 污泥处理与处置

5.4.1 对于污水中较大的固体颗粒，与一般污水处理厂一样，采用沉砂池除砂，通常采用机械或重力排砂等方式。为除砂需要，应设置贮砂池、晒砂场等。

5.4.2 稳定塘工程系统排除的污泥，多采用自然风干。污泥干化场应按《室外排水设计规范》的有关规定来设计。

5.4.3 一般城市污水，其污泥成份简单。污泥经沉淀塘或厌氧塘中微生物的厌氧消化后，可采用直接填埋或运至经设计的堆泥场进一步干化处置。

6 各种污水稳定塘设计

6.1 设 计 参 数

6.1.1 稳定塘是一种复杂的生物处理设施，其生物种群丰富，除菌藻外，还有各种高等水生植物和水生动物，而不同种群之间的相互作用更为复杂。同时，稳定塘还受各种自然环境与社会环境的影响，在设计中也必须加以考虑。国外曾有不少研究人员提出多种计算模式，但由于稳定塘的影响因素过于复杂，到目前为止，各种理论模式都还存在应用上的许多困难。因此，本规范建议以经验数据计算为主，即厌氧塘、兼性塘、好氧塘、曝气塘、水生植物塘、生态塘均以 BOD_5 表面负荷设计；厌氧塘也可按 BOD_5 容积负荷设计；曝气塘在我国使用不多，对其中完全混合曝气塘也可按 BOD_5 污泥负荷设计。

6.1.2 控制出水塘一般按其贮存污水的要求设计，而将塘内的处理作为安全系数；如要作较精确的计算，也可参照稳定塘的设计公式进行。

缺水地区的控制出水塘容积，主要是根据农灌及其他用途的要求考虑。其设计要综合考虑蒸发、降水等因素的影响计算。

6.1.3 完全贮存塘是将污水存于塘内，使之全部蒸发，其计算是按水量平衡原理考虑的。全年净蒸发量即全年蒸发量与全年降水量之差。

6.1.4 我国幅员辽阔，条件各异，为保证正确设计稳定塘，根据国内 113 座运行的稳定塘的调查资料和"七五"期间的稳定塘科研成果，并结合国内的具体条件，本规范提出不同地区、不同类型的工艺设计参数。按年平均气温划分成 8℃以下、8～16℃、16℃以上三个区域，供设计人员选用。处理工业废水的稳定塘，设计参数较为复杂，应由实验确定。

在设计塘深时应有附加贮泥层的深度和北方地区冰盖的厚度，以及为容纳流量的变化和风浪冲击的保护高度（即超高），贮泥层平均厚度按 0.5m 考虑，对兼性塘系统在一般情况下这个深度可以贮泥 5 年以上；冰盖厚度由地区气温而定。

设计好氧塘的有效深度，应保证冬季阳光能透射到塘底，使藻类在全部容积内都能进行光合作用，使整个好氧塘都处于好氧状态，阳光穿透水的深度与塘中水质、季节和气象条件有关。设计塘深较浅时，会引起下列问题：

1. 有的水生植物会露出水面，会引起蚊虫孳生；

2. 由于塘深过浅，在夏季塘内水温可升高到足以抑制某些藻类的生长；

3. 有时氧未被利用的过饱和期间，会有多余的氧留在水中。

好氧塘的水深不应小于 0.5m。

好氧塘在条件允许时（允许清塘时污水超过排放，某些用于处理季节性工业污水的好氧塘等），可采用单塘。

光线是藻类增长的主要因素。光线通过水层时按指数规律被吸收，因此不能透射得深。对某一既定的水力停留时间来说，增加塘深，将使塘表面积减少，因而减少了光线的总入射量，塘深应设计为至少 3m。

6.2 厌 氧 塘

6.2.1 厌氧塘全塘处于厌氧状态，进入厌氧塘的颗粒状有机物被细菌的胞外酶水解成为可溶性有机物，再通过产酸菌转化为乙酸，在产甲烷菌的作用下，将乙酸和 H_2 转变为甲烷和二氧化碳，使污水得到净化。

厌氧塘位于氧化塘系统首端，截留污泥量大。因此，厌氧塘宜并联，以便清除污泥。厌氧塘一般为单级，为了使兼性厌氧产酸菌和专性厌氧产甲烷菌分别有效地完成第一和第二阶段的厌氧消解过程，可采用二级串联厌氧塘。在二级厌氧塘中，第二级塘浮渣厚度较薄，有时不能盖满全塘，不能竭止表面进氧，影响 BOD_5 去除率。串联厌氧塘的出水 SS 较低。

6.2.2 为了强化厌氧塘的运行效能，提高其表面或容积负荷和处理效率，可在塘中设置网式或挂帘式纤维填料或其他填料。在塘中设置纤维填料能够扩大微生物量，并且能够直接接触污水，通过生物絮凝、吸附和分解等过程进一步去除水中溶解性和胶质有机物。厌氧塘模型试验结果表明，与无填料的厌氧塘相比，在相同的有机负荷下，其 BOD_5 的去除率提高 10%(35℃时)～30%(15℃时)。

6.2.3 挡板能截留水面污油和漂浮物，在水面上起到与大气隔绝的作用，可以防止大气中氧扩散到水中破坏厌氧环境，同时也阻碍厌氧过程中产生的臭气溢出水面。

6.3 兼 性 塘

6.3.1 兼性塘是污水稳定塘中最常见的塘型，上部阳光能够透入，藻类光合作用的放氧和水表面的充氧形成一个上层的好氧区。悬浮固体和塘中老化藻类沉淀于塘底发生厌氧消化，形成底部厌氧区。在好氧区和厌氧区之间形成了一个兼性区。兼性塘内好氧、兼性、厌氧菌共同完成了污水的净化。

有机负荷的选择主要取决于出水 BOD_5 的要求，若要求出水的 BOD_5 小于 20mg/l，有机负荷应小于 $100kgBOD_5/10^4m^2 \cdot d$。

水力停留时间是影响稳定塘处理效率的另一个非常重要的因素，美国 EPA 介绍的一些兼性氧化塘的水力停留时间均很长(多为 40～60d，实际运行的停留时间则达百日)。考虑到我国地少人多，不可能采用较长的停留时间，研究结果表明，为使出水 BOD_5 小于 20mg/l，水力停留时间约为 12～18d。

兼性塘常采用条形塘，由于施工简便，易于串联组合，因此得到普遍采用。然而更重要的还在于狭长的塘中具有较好的水力流动状态，可获得较长的水力停留时间。不规则的塘形不应采用，因其容易短路和形成死水区。

6.3.2 很小规模的处理系统可以采用单塘，一般均应采用几个塘。多塘系统既可以按串联形式，也可以按并联形式布置，一般多用串联塘。串联塘系统最少为 3 个塘，其第一个塘的面积较大，约占总面积的 30%～60%，采用的负荷也较高，以不出现全塘厌氧状态为限。当面积较大时，可以采取划分为几个相同的系统解决。

6.3.3 与厌氧塘相同，为提高兼性塘的处理效能，可采用塘内设置纤维填料的办法，增大生物量，提高去除水中有机物的能力。

种植水生植物，利用其根系的拦截、吸附、过滤及其生物光合等作用，提高处理能力和控制污水中的生物链的生长，达到强化的目的。

6.4 好 氧 塘

6.4.1 深度处理好氧塘(也称熟化塘)在多级塘系统的后部或常规二级处理系统之后，它接受二级处理出水并予以进一步的净化，以提供更高质量的出水。目前国外已有越来越多的常规二级处理厂加设好氧塘，用以进一步去除二级出水中的 SS 和 BOD_5，使出水从 20mg/l 普遍排放标准降至 10mg/l 的更严格的排放标准，同时细菌总数降至 10^3MPN/ml，以便能被允许排放于控制严格的受纳水域。

6.4.2 从实验结果(表 8)可得出以下结论：停留时间 10d 左右，塘中 BOD_5 去除率可达到 60%～70%。为确保处理效果，规范将水力停留时间定为不少于 15d。

6.4.3 为提高好氧塘处理效果，可采用机械充氧设施、种植水生植物、养殖水产品等强化措施，当以强化措施处理为主时，其好氧塘也因此发展成为曝气塘、水生植物塘、养鱼塘等新塘型。

水力停留时间对 BOD_5 去除率的影响　　表 8

水温(℃)	5				25			
水力停留时间(d)	6.3	0.7	12.4	15.0	3.0	5.0	6.9	9.3
BOD_5 去除率(%)	43.98	49.04	57.06	60.94	47.93	57.53	64.97	67.73

6.5 曝 气 塘

6.5.1 通过曝气设备向氧化塘内供氧，即为曝气塘。曝气塘按其曝气强度分为部分曝气塘和完全曝气塘。当曝气强度只能使部分固体物质处于悬浮状态进行好氧分解，而另一部分固体物质则沉积塘底进行厌氧分解，增加的溶解氧不能满足好氧分解的全部需要，这种曝气塘即为部分曝气塘，又称兼性曝气塘；当曝气强度能使全部固体物质都处于悬浮状态，又能提供充足的溶解氧，使之进行好氧分解的曝气塘即为完全曝气塘，又称好氧曝气塘。

6.5.2 由表 9 中可见，当曝气塘的 BOD_5 负荷为 150～500kg/10^4m^2d 之间时，其出水可达到二级处理水平。

因此，有适宜的水力停留时间，由一个完全曝气塘和 2～3 个部分混合曝气塘组成的塘系统，可达到常规二级处理水平。

曝气塘系统中，确定适宜的水力停留时间十分重要。过长，会导致藻类过度增殖而使出水含过多的甾类，使 TSS 和 BOD_5 浓度增高而不符合排放标准；过短，则会使可沉淀的悬浮固体不能完全沉淀下来，特别是溶解的 BOD_5 在塘中进行好氧生物降解时所形成的生物污泥。由细菌和原生动物等组成的生态系统无足够的时间来发生熟化而形成不了沉淀性能良好的絮凝体，易于随出水流失。

国外典型曝气塘系统设计和运行数据　　表 9

参　数	曝气塘系统				
	帕　尼	比克斯巴	可希科隆	温　柏	北盖佛波梯
总表面积(10^4m^2)	4.45	2.3	2.8	8.4	、2.5
平均深度(m)	3	3	3	3	1.9
设计流量(m^3/d)	1893	1514	2271	7670	1893
有机负荷量(kgBOD_5/d)	386	336	467	1361	374
进水 BOD_5(mg/l)	473	368	85	173	178
水力负荷($m^3/m^2 \cdot d$)	0.018	0.0221	0.0335	0.0563	0.109
有机负荷(kg$BOD_5/10^4m^2 \cdot d$)	151	161	87	285	486

6.5.3 经研究发现，在非曝气塘中，藻类的平均世代时间约为 2d。但是发现，如果塘系统是由几个塘串联而成，则在总停留时间 4～5d 内未出现多大的增长，即：在由几个完全混合塘串联的塘系统中，微生物的产量要小于相同体积单塘中的微生物产量。对完全曝气塘的水力停留时间取高值时应将曝气塘设计成多塘串联，以达到最佳运行效果。

完全曝气塘能使塘中全部固体物质处于悬浮状态，又能向塘中提供足够的溶解氧，其工作原理与活性污泥法相似。根据“七五”国家重点科技攻关项目研究成果，其比曝气功率为 5～6W/m^3 塘容积。

6.5.4 部分曝气塘底部为厌氧分解，必须留有污泥沉积层，其厚度参照兼性塘取 0.3～0.5m。由于仅需使上部固体物质处于悬浮状态，此类塘的比曝气功率一般采用 1～2W/m^3 塘容积即可。

6.6 水生植物塘

6.6.1 放养水生植物是人工强化塘净化能力的措施，可以提高塘出水的水质，增强稳定塘的环境效益和经济效益。

由于自然条件的差别，放养水生植物的不同，我国各地水生植

物的 BOD_5 表面负荷差别很大。按以前的设计参数，其 BOD_5 表面负荷仅为 20～30kgBOD_5/10^4m^2·d。近年来采用水生植物种类有：凤眼莲、水花生、浮萍、菖蒲、芦苇、大米草、香蒲、莲藕、睡莲等10余种，BOD_5 表面负荷较高，如贵阳花溪公园试验塘为140kgBOD_5/10^4m^2·d，贵阳畜产品厂稳定塘为200kgBOD_5/10^4m^2·d，贵州龙里麻芝铺油库稳定塘为120（秋季）～260（夏季）kgBOD_5/10^4m^2·d，运转效果良好（去除率60%～75%）。

水生植物塘中，最常见和最有实用价值的水生植物是水生维管束植物，它们都具有韧皮部和木质部组成的维管系统，两者分别承担有机物和水分的输送。

水生维管植物按生态类型分为沉水植物、浮水植物和挺水植物。浮水植物的叶片漂浮在水面，可分为浮叶植物和漂浮植物，前者的根扎入水底，只是叶片浮于水面，后者全株浮于水面。水生植物塘中常见的浮水植物有凤眼莲、水葫芦、水浮莲、水花生、浮萍、槐叶萍等，其中凤眼莲具有最强的耐污和除污能力。浙江农大的试验证明，对生活污水和畜牧场污水中的有机物、氮、磷的耐受程度和净化效率的顺序为凤眼莲大于水浮莲，水浮莲大于水花生，水花生大于槐叶萍，槐叶萍大于细绿萍。其中凤眼莲对总N.NH_3－－N、总P和水溶性磷的去除率分别为98.4%、97%、88.2%和100%。因此，凤眼莲适于种植在相当于α或β中污带的前级兼性塘中，而水浮莲、水花生、浮萍等适于生长在β中污带塘中。它们除去污水中有机物和N、P等营养物能力很强，相应其生物增长量很大，平均每亩水面的凤眼莲年产量可达 2×10^4kg（北方）～4×10^4kg（南方）。这些浮水性的维管植物都是很好的家禽和家畜饲料。凤眼莲
对焦油、酸、氰等也有较强的耐污和净化能力，但对砷很敏感，0.06mg/l含砷污水即可使其叶片出现伤害症状。

凤眼莲是一种喜温植物，抗寒能力较弱，我们前面提到的负荷量、放养密度、净化效率，都是指在温暖的季节进行的，在自然条件下，冬季出现霜雪地区，凤眼莲易受冻害而死亡，不能安全越冬。因此，在这些地区需采取适当的越冬保护措施，以保存种苗，这一期间，塘内不能种植凤眼莲。

沉水植物是整个植物体沉没在水下，与大气完全隔绝，常见种类有金鱼藻、茨藻、黑藻、苔草、眼子菜等，它们大多生长在相当于寡污带的后级稳定塘中，如常规二级处理后或多级塘系统中最终净化塘中。它们大多是鸭、鹅和草食鱼类的良好饲料，可及时和适量消耗水生植物塘中的沉水植物，建立良好的生态平衡系统，促进进水（相当于二级处理出水）中剩余 BOD_5 和氮、磷等营养物质在食物链（沉水植物→食草鱼、沉水植物→鹅、鸭等）中的迁移和转化。

挺水植物是茎叶部分挺出水面，最常见的种类有水葱、大米草、芦苇、香蒲、三凌草等，它们可生活在中污带或寡污带浅水中，因此适于种植在浅的最终净化塘中，它们能有效的除去水中剩余的营养物质、酚、微量金属、无机盐等。如水葱可以在酚浓度高达600mg/l的水中迅速生长，每100g水葱经100h可净化酚200mg，水葱能够在两周内使食品工业废水的 BOD_5 降低60%～90%。大米草能吸收污水中80%～90%的氮和磷，还能在石油污染下生存，对重金属、放射性同位素、悬浮固体的拦截能力极强，大米草含有17种以上天然氨基酸磷，是优质牧草，还可提炼成食品添加剂，提高食品营养价值。我国大米草分布宽广，北自辽宁盘山（40°53′N），南至广东电白（21°30′N）均有种植，可在水生植物塘中发挥重要作用。每100g鲜芦苇在24h能分解酚8mg，在试验水池中种植芦苇后，水中的悬浮物可减少30%，氯化物减少90%，有机氯化物减少60%，磷酸盐减少20%，氨减少66%，总硬度减少33%。

水生植物对有毒有害物质的处理能力很强，在一定条件下水生植物塘可处理含有毒有害物质的污水，不同的水生植物适于处理的有毒有害物质也不相同。

凤眼莲的放养密度范围，主要是针对凤眼莲净化二级处理水

过程中实际去除总氮负荷的情况提出的。凤眼莲密度 M＞10kg/m^3 时，可构成一定的净化能力，并且适用于一般和水质等条件，M＞43kg/m^3 时，凤眼莲增长明显会受到抑制而使其净化能力降至较低的水平，因此在实际应用中，一般应选择在 10～35kg/m^3 之间。另外当塘水深超过 1m 时，也要对上述范围重新选择。其他水生植物也应按其特性决定放养密度。

水生植物塘必须进行科学的管理和维护，应定期收获老的个体，以免其死亡腐败对塘造成二次污染，而且这也会促进污染物特别是营养物质从污水中向水生植物迁移转化。

6.6.3 由于水生植物生态类型不同，塘的有效水深也各不相同，挺水植物一般为 0.4～1.0m，如果水深过大，可能造成水生植物倒伏或烂叶；浮水植物可根据选用好氧塘或兼性塘而确定其水深，好氧塘 0.4～1.0m，兼性塘 1.0～1.5m，沉水植物水深可以更深些，为 1.0～2.0m，应根据光照情况确定。

6.7 污水养鱼塘

6.7.1 在污水净化到一定程度的好氧塘内，放养鱼类，通过食物链能有效地去除水中藻类和悬浮物以及水中 N、P 营养物质，使出水水质接近地面水质要求，不引起受纳水体的富营养化。

为保证鱼体的成活，鱼体的生物学品质不发生变化，对于进入养鱼塘的污水必须严格控制其水质。

污水进入养鱼塘前必须进行必要的预处理，去除泥沙、油脂、漂浮物和有毒有害物质，尤其是重金属、放射性物质，以减少污染负荷，防止其通过食物链在鱼体内富集。预处理程度视水质和鱼塘容量决定，要求鱼塘水质符合养殖要求。污灌与清水配灌要配合好，既要保证鱼塘水质要求，又不必将有机质大量去除。

池塘大部分为成鱼池，可以并联方式直接受纳经过预处理的污水，避免污灌量局部集中。池水肥瘦不均匀可设置少部分二级、三级串联塘作寄养池，适应渔业生产要求。

6.7.2 利用污水养鱼，对水中氮、磷的去除率很高，可以有效地改善水质。

鱼塘中放养的鱼种多为鲤科，根据它们的食性可分为杂食性鱼类、滤食性鱼类和草食性鱼类。

鲤、鲫为杂食性鱼类，其耐污力较强，它们能生活在 α－中污带的塘区，鲫鱼甚至能到多污带和 α－中污带的过渡区寻食废水中的食物残渣。

滤食性鱼类主要有鲢、鳙等鱼种，它们在塘中、上层，能有效地消除藻类，使其转化为鱼蛋白。

草食性鱼类如：草鱼、鳊鱼等。

在控制进水，保证池塘水质符合鱼类正常生长的前提下，鱼类的放养方式和饲料管理也很重要，以下是长沙市污水养鱼经验。

1. 一般每亩水面放养大规格鱼类 800～1000 尾，池塘主要是放养滤食浮游植物和动物的鲢、鳙鱼，其次放养吞食底栖生物和碎屑的鲤、鲫鱼，也放养少量杂食性的鳍鱼、刁子、黄姑子，这样就可充分利用各种不同食性的鱼类在上、中、下(底)层摄食自然饲料，鱼类品种搭配比例一般为：鲢 70%，鳙 15%，鲤、草鱼各为 5%，鳍鱼、黄姑子约为 5%，此外，还可酌情搭放一些鲫鱼和罗非鱼等。

2. 鱼种规格：污水鱼塘特别是水面较大的池塘要求放养一些体壮、规格大、摄食能力较强的鱼种，以适应环境、抵抗病害，一般鲢、鳙、草鱼每尾 50～100g，这就要求建立相应的育苗池寄养苗种。

3. 根据污水特性和池塘负荷量，合理引灌经过预处理的污水。在条件好的池塘，可采取细水长流的方式灌水，这种方式管理方便，细水长流适应鱼类生长，鱼产量高；在水质复杂、水量较少、不好掌握的情况下，采取间歇式灌水，10d 左右灌一次，每次灌水量为池塘容积的 1/5。

4. 轮捕轮放。一般根据市场需要，定期安排在“五一”、端午、国庆、中秋、元旦、春节捞捕成鱼上市，并及时补充鱼苗，保持适当的放养密度，通过亮网可检查了解鱼类生长情况，捕大放小，同时也可促使鱼类跳跃运动，增强体质。

5. 适当投放人工饲料，放养草鱼、罗非鱼等，利用池塘水面放养草鱼、鳝鱼等，是提高池塘产量，改善上市品种的一项技术措施，一般在池塘水质较好的水域搭框架，投放草料。此外在池塘边也可投放麦麸、糠粉或混合饲料，增加罗非鱼的饲养，往往能够达到亩产 500kg 以上的效果。

6. 定期干塘清底，污水养鱼塘沉积污泥较多，特别是前段常引起缺氧。厌氧分解，影响底层生物生长和鱼类觅食，因此，一二年干塘、清除污泥，施撒石灰、亮底消毒，同时还可清除害鱼，提高鱼种成活率。一般干塘后翌年产量都有所增长。

7. 设置增氧机和清水回流等设施。污水鱼塘特别是高产量鱼塘，由于水体耗氧量大，溶解氧日夜变化，春夏间高温低压的闷热天，在天亮前后这个时刻常出现缺氧引起鱼类浮头，甚至窒息死鱼，除了注意控制污水饲料的投放量和鱼类的放养密度外，需设置增氧机在缺氧时开机增氧，提高饲料转化率。增氧机常采用螺旋式表曝机，每台动力 3kW，一般 $0.5\times10^4m^2$ 面配备 1 台。

6.7.3 污水养鱼的卫生检验极为重要，据以往养鱼经验，经过严格的卫生防疫检验，均能符合食用标准。如果一直采用污水养鱼，而不是采用清污间养，或是严格控制污水质量，鱼肉可能有轻微异味，不宜食用。因此，本条规定应根据卫生防疫部门检验后，方可确定所放养鱼类的用途。

6.8 生 态 塘

生态塘是由人为控制入塘水质、水量、培育浮游动植物、放养鱼类，形成的一个人工生态塘系统。生态塘系统中各种生物的和非生物的因素处在运动变化中，并保持相对的稳定和动态平衡，一定的限度内，能承受冲击，稳定效应好。

我国从实践中逐步形成的生态塘技术，具有自己的特色，主要表现为：它突破了菌藻共生系统的限制，发展成为由菌、藻、水生植物、浮游动物、鱼、蚌、水禽等多条食物链共存组建的生态系统。南溪山医院，按生态塘运行机理，将其污水处理设施改变成生态系统净水工程，在原配水池内栽种凤眼莲防止臭气，用青蛙捕食蚊虫改善环境条件，放养耐污鱼，形成独特的小生态平衡区，基本上达到了塘内污泥消化与新增污泥的平衡。在塘内布置淋洒曝气管充氧，藻类生长滤网，分层放养不同鱼种，使得污水在此既得到了净化，又育肥了鱼，形成良性循环系统。生态塘把污水处理与资源综合利用紧密结合起来，形成了一个良性系统工程。在解决水资源缺乏，保障农业用水，发展污水养鱼，种植水生植物、花卉等方面都收到了很好效益。

污水应经过一定的处理之后再进入生态塘，因此在塘系统中生态塘设置在后面，对其他污水处理系统，也应放在其后。

6.8.1 当系统的供氧自调应变能力达不到生态环境要求的最低溶解氧量 4mg/l 时，必须采取人工辅助措施，设置增氧机，在缺氧时开机增氧，以保证水体各类生物的正常存活、生长。

6.8.2 水生植物种类多样，根据各地的具体条件研究选择不同的种类和种植密度，其原则是要综合考虑环境效益、经济效益和社会效益。具体地讲，是要综合考虑其处理机能（是否具有良好的净化效果）、运转机能（是否易于收获，是否能全年运转）、缓冲机能（是否有较强的抗污能力）、应用机能（是否有较高的利用价值）等。

6.9 控制出水塘

6.9.1 北方寒冷地区冬季由于低温，稳定塘的处理效率很低，出水难以达到排放标准，在此期间应将塘水贮存，不排放，当气候转暖，塘水达到排放标准后，方可排放；缺水地区非农灌期，为了贮存农灌期用水，也需设置贮存塘，这两种塘均称控制出水塘。

无论是由于低温需贮存污水，延长处理期以保证出水水质，还是由于缺水，需贮存用于农灌均应按稳定塘考虑。通常可按兼性塘有机负荷的低限值设计。

6.9.2 控制出水塘的主要特征是长时间贮存，贮存期的确定应考虑冰封前水质恶化所造成的出水超标和春季冰雪融化后翻塘所造成的 BOD_5 和 SS 升高的因素，因此寒冷地区设计控制出水塘的容积应考虑当地冰封期所需的容量。

在冰封期间，控制出水塘不但应有足够的贮存容积，而且还会具有一定的净化能力。为了减少塘的热损失，保证冰封期塘内有较大的冰层容积，为微生物提供分解有机污染物的条件，控制出水塘塘深应大于冰冻深度 1m，即在冰层下保持有 1m 的水层。

控制出水塘的塘数不宜少于 2 座，为了运行方便，多级塘宜布置为既可按并联运行，又可按串联运行。为了保证塘的贮容量，冰封前必须将塘内污水排空(或达到塘内的有效水位以下)。由于冰封前塘中污水已在高温条件下运行至少 3 个月(7、8、9 月)，各项污染指标均较低，每日进入的污水可迅速得到稀释，此时出水水质指标可达到排放要求。因而可在冰封前一二个月内加大排放量，强制排放。

齐齐哈尔稳定塘是一座超大型城市污水稳定塘系统，该系统将稳定塘的处理和贮存、排放有机地结合起来，是北方地区控制出水塘设计的一个有代表性的范例。

6.10 完全贮存塘

6.10.1 在有显著湿度亏缺的地区，依赖蒸发和微量渗透，使污水的体积在塘中减小，其减少量大于污水进塘量及降水量之和时，即为完全贮存塘。据美国 EPA 认为，年蒸发量与年允许渗透量之和减去降水量大于 750mm 时，用完全贮存塘是最经济的。一般来讲，稳定塘的渗透控制较严，因此，本规范对完全贮存塘的使用范围规定较严，即要求年蒸发量与年降水量之差大于 770mm 的地区才可使用。

6.10.2 为使完全贮存塘发挥其经济效益，其容积可按污水年进塘量、年降水量与年蒸发量平衡进行计算。由于每日污水进塘量、降水量与蒸发量是变化的，因此，雨季塘内的贮水量会达到最大，塘处于最高水位；旱季塘内的贮水量将降至最小，塘处于最低水位。根据塘内水位的变化及对应的容量，即可确定塘的面积。

6.10.3 完全贮存塘是靠蒸发将污水体积减小，其盐浓度将逐渐增加，最终会抑制微生物的生长，使生物降解效率降低。塘的水深不必考虑生物降解的要求，而以蒸发量控制为主要目标，其最大水深一般取 2～4m。为控制塘内野草的生长，最小水深不应小于 0.5m。

完全贮存塘是将未经任何处理的污水贮存，通过蒸发减小体积，其渗透污染危害较大，对塘底、塘堤均需作防渗处理。

7 塘体设计

7.1 一般规定

7.1.1 在一般稳定塘工程中，大多利用现有的天然坑洼淀塘，加以修整改造，这样可以大大地减少土方量，而且原有岸坡的稳定塘较好。在条件不允许时，则采用人工建造。我国现有的稳定塘虽然建造形式各异，但都是以当地的建筑材料为主修建的，它具有取材容易、上马快、投资少的特点，便于建成后的管理。

7.1.2 过去的设计对稳定塘的水力特性注意不够，人们往往只注意了废水的水质特点、塘的有机负荷、生化降解常数(K)等生化因素，其实这些生物化学因素明显地受日光、风、塘的几何形状和水力特性的影响，水力特性会显著地影响塘中被降解基质的扩散、转输和实际的平均停留时间，因而会影响到有机物和病原体在处理过程中的去除效率。

1969年申德迪(Shinddie)就通过稳定塘的实地观察和研究指出：矩形塘比圆形塘有更好特性，加上矩形塘易于施工的优点，因此目前除少数依照原有地形改造而成的稳定塘外，多数都采用矩形塘。确定矩形塘的长宽比也就成为设计中的重要问题之一。

随着长宽比的增加，塘内的水流状态逐渐趋近于推流状态，水力特性得到改善，处理效率也随之增加。但当长宽比增加到一定限度时，由于水流与塘的接触面越来越大，因而塘内的死区体积也开始增加，死区的加大必然造成平均停留时间的下降，使处理效率降低。同时，由于窄长的塘还容易形成股流，短流系数也随长宽的增加而增加，此时，塘内水流状态与推流的偏离程度也会越来越大。

研究表明，仅就水力特性而言，矩形塘的长宽比存在着一个最优值。对已经研究的几种形式来说，其值在3∶1～4∶1左右。

如地形条件只能设置窄长，易形成股流，可将塘分为多级，使每个塘的长宽比不超过4∶1，以改善水力条件。

7.1.3 对于利用旧河道、旧水库或洼地等改造的稳定塘，应尽量利用原有地形。塘形对水力特性无利时，可设置导流墙来改善水力特性。

同样体积、同样深度的塘，长宽比不同时，其内壁的总面积也不同，塘施工时需要衬砌、加固的也不相同，这将直接影响塘的造价。因此，设计时必须考虑经济上的合理性。

在设计中，应使内壁总面积尽可能小，以减少造价。当这一要求与水力特性最优的要求发生矛盾时，应进行综合的经济技术分析以确定长宽比。

导流墙的长宽和数目也是影响塘的水力特性的重要因素，研究表明，导流墙的数目对于所设计的塘也是一个可优化的参数。

随着导流墙数的增加，处理效率有较大幅度的增加，但是，当导流墙数增加到一定程度时，由于下面两因素的影响会使处理效率不再增加甚至有所下降。第一，导流墙数过多会占去较多的有效面积。第二，塘中的廊道过多则相应的死区增大。因此，对于一个确定的稳定塘，导流墙的数目有一个最佳值，该值与塘的规模和形状有直接关系。

7.1.4 由于塘的堤岸主体基本上是土方工程，经常会受到风、雨、冰冻、浪击，以及掘地动物等的破坏作用。设计时必须考虑适当的防护措施。

塘堤外侧设排水沟，能避免雨水对坝体低部的冲刷，确保坝体安全。如果有可能发生管涌，则应设反滤层以避免。

为防雨水冲刷，外坡可作简易铺盖，如采用薄层卵石，或铺设表土、种植当地植物护坡。

在有冰冻地区，背阴面的铺砌要防冻。当筑堤土为粘土时，冬季会由于毛细作用吸水而产生冻胀，应在结冰水位以上换置非粘性土。

掘地穴居动物会破坏堤岸，在设计中应注意防护。防浪工程应注意尽量采用整体性好的材料和作法，不给穴鼠以可乘之机。此外，在管理中经常（在几周内）变化水位，也能解决某些鼠害的骚扰，如麝鼠喜在半淹没的洞中生产，变化水位时，可破坏其生活环境。

7.2 堤坝设计

7.2.1 堤坝最重要的就是防渗漏，因此应采用不易透水的材料筑造，或者不易透水的材料作心墙和斜墙，以保证坝体的安全。

7.2.2 岸（堤）顶的道路要按坝体的安全、使用目的和施工的要求来修筑。一般土坝的顶宽为2m，主要是从安全的角度确定的；而石坝及混凝土坝的顶宽是按通行的要求确定的。行车时，要有足够的宽度（可按单车道3.5m考虑）。

7.2.3 浪击的作用大小决定于浪高，而浪高又决定于风的速度和风在水面上作用的距离。根据经验，防浪铺盖的高度，一般应在设计水位上下0.5m；最少不得小于0.3m。对于盛行风向迎风面塘水位经常变化或塘面积较大时，受浪击最严重的堤面部分，应特别予以防护，加大衬砌范围。

块石护坡常被采用，有的地方也利用混凝土块堆砌护坡。从目前的使用来看，虽然这些做法存在着一些不足之处，但相比之下是较为理想的材料，护坡的厚度一般为20～30cm左右。

干砌块石护坡稳定性较好，且不用水泥，有一定的可变性，适宜在北方应用。浆砌块石抗风浪、冰冻的能力优于干砌块石，但水泥用量大。有时为了节约水泥，可采用干砌勾缝的作法，但寒冷地区勾缝易脱落。

7.2.4 坝体超高受塘大小及其形状的影响，较大的水体浪高较大，在一般情况下，塘的超高不宜小于0.7m。对混凝土坝、浆砌石坝，可根据风浪大小，保证安全超高不应小于0.5m。

7.2.5 稳定塘堤坝要满足的另一个条件是防洪要求，稳定塘堤坝的高低和作用应满足永久性水工建筑的标准。

7.2.6 堤坝的外坡受土质及工程规模影响，外坡一般取4∶1～2∶1，内坡取3∶1～2∶1。

7.2.7 为了便于稳定塘运行时取样、清除漂浮物等，设置阶梯、过道和平台是十分必要的。

7.3 塘底设计

7.3.1 塘底尽可能平整并略具坡度，坡向出口，清塘时便于排除污水。

7.3.2 堤坝的砌筑和塘底的修建应使其渗漏达到最小程度，当渗漏严重时，应采取密封措施，以保持塘内有一符合要求的水位。一般湖塘及水工建筑的防护、防渗做法，原则上都适用于稳定塘工程。

在采取任何防渗工程设施之前，首先要保证塘体土方工程的质量，疏松土壤和有害塘体稳定性的植被必须除去，填方必须保证密实。

在国内外的试验和实践中均发现，污水中的悬浮物及微生物在塘底沉积时，有物理的和生物的封堵防渗作用。这种污泥自然防渗，可在工程中加以利用，特别是在厌氧塘和兼性塘中。

以下为国外某些小试验和生产性试验结果。

1. 曾有人用牲畜污水在4种不同土壤的土柱中试验，发现土柱上部5cm由于悬浮物在土壤缝隙中堵塞造成物理性封堵。以后由于微生物繁殖造成完全封堵，水即不再渗透。

2. 有人对砂质土进行了清水渗漏率的测定，其数值为122cm/d。然后投放畜粪污水，两周后渗率降到5.8cm/d，4个月后降到0.5cm/d。另一类似的试验，在土质为粉砂的塘中加入污水后，渗漏率起始为11.2cm/d，3个月后降为0.56cm/d，6个月后降为0.3cm/d。

7.4 进、出水口设计

7.4.1 进、出水口的形式对塘的水力特性有很大的影响，进而影响到塘的处理效率。模型实验表明，在两种极端的进、出口形式下，塘内的死区体积可相关25%，处理效率可相差12.7%，因此，对进、出口的设计必须给予足够的重视。

进、出口设计应尽量避免在塘内产生短流、沟流、返混和死区，使塘内的水流状态尽可能接近推流状态，以增加进水塘内的平均停留时间，进而提高稳定塘的处理效率。

无论是进口还是出口都应尽量使塘的断面上配水或集水均匀，避免死水区的产生。一般应采用扩散管或多点进水。

7.4.2 进口至出口的方向应避开当地常年盛行风向，最好与盛行风垂直，以避免短流。

8 附属设施

8.1 稳定塘附属设施

8.1.1 稳定塘附属设施的设置目前尚无统一规定，但从国内百余座稳定塘的运行看，一个功能完善的稳定塘系统的附属设施应包括输水设施、充氧设施、导流和计量设施。有些稳定塘的进水有机物浓度较高，由于卫生条件要求高，为稳定塘的首端不出现厌氧状态，则还设有回流系统。

随着稳定塘建设的正规化，生活和生产附属设施进一步向完善化发展，因此，新的稳定塘设计都比较重视生活和生产附属设施的建设。

8.1.2 城市污水稳定塘处理系统配备人员的多少，决定于处理规模大小、处理程度的高低、处理工艺的繁简、操作管理的自动化程度、科技管理人员的技术水平以及操作工人的熟练程度等因素。对稳定塘处理系统每处理1000m^3/d污水需配备的人员数量，我国尚未定出标准，并且过去建造的稳定塘，其管理机构不健全，稳定塘管理相对简单，通常是由排水部门或环保部门代管。近年来，这种现象正在改变，因此，考虑到稳定塘的管理难度和工作强度，通常可参照国内一级处理厂来设置人员。从我国的统计资料看，用人情况大约为0.4～1.0人/10^3m^3污水（水型）。

8.2 输 水

8.2.1 输水设施的任务是将污水汇集起来，送至稳定塘内，并起到各塘的连通作用，然后将塘的出水排至受纳水体。由于采用堤坝作为各塘之间的隔断，因此，在它的输水管（渠）、泵站外，增加了过水涵洞(管)。

8.2.2 污水在流动中会产生臭气逸散,为了减少对环境污染,在居民稠密区及人流集中区不宜采用敞开式排水沟渠。

8.2.3 从减少基建投资费用来考虑,输水管线应尽量短,并应不占或少占农田。

典型的稳定塘工艺流程为厌氧塘→兼性塘→好氧塘,各塘有着不同的溶解氧要求,呈逐级增多趋势,因此,采用坝顶溢流的过水方式不但容易保证各塘的水位,而且能够增加水中的溶解氧,当有水位差时应首先采用这种过水方式。但对于北方寒冷地区,由于冬季塘表面结冰,应在堤坝上设连通管,并使其位于冰冻层以下。当塘与塘之间无水位差时,通常采用连通管或涵洞(管)过水。

8.2.4 当涵洞(管)内过水流速较大时,涵洞出口设消力坎,使出口水流逐渐扩散。消力坎可采用钢筋混凝土结构或块石砌筑。为防止水流冲刷塘底,涵洞(管)的出口处应加护砌。当出口流速过大时,需要设防冲齿墙和消力池。

8.3 跌　水

8.3.1 利用自然高差进行充氧,是最经济的方法,在我国许多稳定塘的设计中都采用了自然充氧方式,实践证明效果良好。充氧方式有多种方式,比较常见的有多级(单级)跌水曝气充氧、多级(单级)陡坡曝气充氧、曝气格栅充氧、单级斜坡曝气充氧等。

利用山坡、河谷作为稳定塘,上游塘水面高程与下游塘水面高程相差较大时,可采用多级曝气充氧。

1. 多级跌水曝气充氧。多级跌水曝气充氧由进水段、跌水曝气充氧段、出水连接段和整流段组成。为使上游塘内水流均匀地进入跌水曝气充氧段,进水段首段为八字形进水口。其后为进口连续部分,连续部分上部设人行便桥。跌水曝气充氧段由跌水墙和跌水底板组成,一般采用钢筋混凝土结构,也可用块石砌筑。跌水底平砌,末端一般不设消力槛;若跌水较大,根据需要可以设,这时会产生水跃,溅起水花卷入空气,对曝气充氧十分有利。

出口连接段和整流段保证跌水充氧后的水流,逐渐扩散均匀分布,扩散角可尽量大些。

各段连接处应做好防渗、防漏处理。

2. 多级陡坡曝气充氧。上游塘和下游塘之间,有一段相当长陡坡的地区可以考虑采用。多级陡坡曝气也由三个部分组成:进口段、陡坡曝气段和出口整流段。

进口段和出口段的构造与多级跌水曝气相同。多级陡坡以及平置护底是曝气充氧的主要设施。陡坡坡度一般采用1∶2～1∶4,陡坡底部可考虑设消力槛,以便形成水跃,提高充氧效果。陡坡面积及具体尺寸,根据充氧需要由计算决定。

3. 低水头跌水曝气充氧。塘上、下游水面高差为0.3～1m时,可采用曝气格栅、悬臂式跌水墙和斜坡曝气等充氧设施。

污水通过栅隙均匀淋下,与空气充分接触充氧。曝气格栅构造简单,管理方便,运行可靠,受跌水高度限制较小,稳定塘均可采用。当塘上、下游水面高差为0.5m左右时,可充分利用连接渠道的陡坡进行充氧,在陡坡段加入大块毛石,水流撞击石块溅起水花,达到充氧的目的。

8.4 计　量

8.4.1 为了考查和控制稳定塘的处理水量,一般要在进水和出水口分别设计量装置,掌握进出水流量、回流水量,这对计算动力消耗,提高管理水平,积累技术资料是十分必要的。

中华人民共和国行业标准

城镇排水管渠与泵站维护技术规程

Technical Specification for Maintenance of Sewerage Pipelines & Channels and Pumping Station in City and Town

CJJ/T 68—96

主编单位：上海市城市排水管理处
批准部门：中华人民共和国建设部
施行日期：1997年4月1日

关于发布行业标准《城镇排水管渠与泵站维护技术规程》的通知

建标［1996］541号

各省、自治区、直辖市建委（建设厅），计划单列市建委，国务院有关部门：

根据建设部建标［1992］227号文的要求，由上海市城市排水管理处主编的《城镇排水管渠与泵站维护技术规程》，业经审查，现批准为行业标准，编号CJJ/T68—96，自1997年4月1日起施行。

本标准由建设部城镇建设标准技术归口单位建设部城市建设研究院归口管理，其具体解释工作由上海市城市排水管理处负责。

本标准由建设部标准定额研究所组织出版。

中华人民共和国建设部

1996年9月27日

目　次

1 总 则

1.0.1 为加强城镇排水设施的维护工作，统一技术标准，保证设施安全运行，发挥设施的功能，制定本规程。

1.0.2 本规程适用于城镇市政排水管渠与泵站的维护。

1.0.3 城镇市政排水管渠与泵站的维护，除应符合本规程外，尚应符合国家现行有关标准的规定。

2 术 语

2.0.1 雨水口 Catch basin

置于路边，用于收集地面雨水的设施。

2.0.2 雨水箅 Grating

一种安装在雨水口顶部的格栅。它既能拦截垃圾，防止坠落，又能让雨水通过。

2.0.3 连管 Connecting pipe

埋设在道路两侧，连接市政管渠与雨水口或用户的管道。

2.0.4 接户管 Service connection

连接市政管渠与用户的连管。

2.0.5 检查井 Manhole

排水管渠上连接其他管渠以及供维护工人检查、清通和出入管渠的构筑物。

2.0.6 接户井 Service manhole

用户排水管通向市政管渠的最后一座检查井。该井及上游管道属用户专用，该井以下管渠属市政公有。

2.0.7 沉泥槽 Basin sump

雨水口和检查井的管口以下槽形部分，用于集中管道中的积泥。

2.0.8 排放口 Outlet

将雨水、处理后的污水或合流污水，经管道输送后排放至水体的设施。

2.0.9 通沟牛 Bucket

在钢索的牵引下，清除管渠积泥的铲形、桶形、圆刷形等的铲泥工具。

2.0.10 绞车疏通 Winch bucket clean

采用绞车牵引通沟牛，以清除管渠内积泥。

2.0.11 转杆疏通 Rod turning clean

采用人工或电动机驱动装在软轴转杆头部的钻头，清除管渠内的积泥。

2.0.12 沟棍疏通 Rod rigid clean

采用短棍接长和装在前端的钻头或耙子清除管渠内的积泥。

2.0.13 水力疏通 Hydraulic clean

通过加大管渠上下游水位差，形成大流速，清通管渠内的积泥。

2.0.14 射水疏通 Jet clean

用高压泵射出的水束清除管渠内积泥。

2.0.15 染色检查 Dye test

通过染色剂在水中的行踪来显示管道走向，找出管道运行中存在问题的检查方法。

2.0.16 水力检测 Hydraulic measurement

通过对管渠流速、流量和水力坡降线的测定、分析，找出管渠运行中存在问题的检查方法。

2.0.17 出水活门 Tide gate

在排水管渠出水口或通向水体的水泵出水管段上设置的单向启闭阀，其可用来防止水流倒灌。

2.0.18 惰走时间 Run doum time

旋转运动的机械，失去驱动力后至静止的这段惯性行走时间。

2.0.19 盘车 Hand operated rotaion

旋转机械在无驱动力情况下，用人力或借助专用工具将转子低速转动的动作过程。

3 排水管渠

3.1 管渠维护

3.1.1 排水设施管理单位应按现行行业标准《污水排入城市下水道水质标准》(CJ18) 的要求，对排放污水的用户定期进行排放水质的抽样检测，并建立管理档案。

3.1.2 在分流制地区，严禁雨污水混接。

3.1.3 管渠检查可采用地面检查、下井检查、潜水检查、染色检查、水力检测等方法。各类管渠及附属构筑物的检查要求宜符合表 3.1.3 的规定。

管渠及附属构筑物的检查要求 表 3.1.3

设施种类	检查方法	检查内容	检查周期（间隔时间/次）
雨水口与检查井	地面检查	违章占压、违章接管、井盖井座、雨水箅、梯蹬、井壁结垢、井底积泥、井身结构等	3月
管道	地面检查	违章占压、地面塌陷、水位水流、淤积情况等	3月
	进管检查	变形、腐蚀、渗漏、接口、树根、结垢等	4月
渠道	地面检查	违章占压、违章接管、边坡稳定、渠边种植、水位水流、淤积、盖板缺损、墙体结构等	6月
倒虹管	地面检查	标志牌、两端水位差、检查井、闸门等	6月
	潜水检查	淤积、腐蚀、接口渗漏、河床冲刷、管顶覆土等	3月
排放口	地面检查	违章占压、标志牌、挡土墙、淤积情况、底坡冲刷	6月
	潜水检查	淤塞、腐蚀、接口、河床冲刷、软体动物生长情况	4月
潮闸门	地面检查	闸门井淤积、机构腐蚀、缺损、启闭灵活性、密封性	3月
	潜水检查	闸门井淤积、机构腐蚀、缺损、启闭灵活性、密封性	1年

3.1.4 管道维护和检查的安全要求应符合现行行业标准《排水管道维护安全技术规程》（CJJ6）的规定。

3.1.5 管道、雨水口和检查井的最大积泥深度应符合表3.1.5的规定。

管道、雨水口和检查井的最大积泥深度　　表3.1.5

类别		最大积泥深度
雨水管或合流管	600mm以下	管径的1/4
	600mm以上	管径的1/5
污水管	任意管径	管径的1/5
雨水口	有沉泥槽	管底以下50mm
	无沉泥槽	管底以上50mm
检查井	有沉泥槽	管底以下50mm
	无沉泥槽	与管道积泥深度相同

3.1.6 雨水口与检查井的维护应符合下列规定：

3.1.6.1 雨水口与检查井维护的主要内容应包括：清掏积泥、洗刷井壁、配齐或更换井盖、井座及踏步。

3.1.6.2 使用的铸铁井盖的质量应符合现行行业标准《铸铁检查井盖》（CJ/T3012）的规定。

3.1.7 管道维护应符合下列规定：

3.1.7.1 当采用转杆疏通或沟棍疏通时，应先检查电动机或钻头。

3.1.7.2 当采用绞车疏通时，在井口和管口转角处，应使用转向滑轮，不得使钢索与井口和管口直接摩擦。

3.1.7.3 当采用绞车疏通时，最后一次通过的通沟牛，其直径应比该管径小一档。

3.1.7.4 当水力疏通的水量不足时，宜采用闸门或管塞积蓄水量，抬高上游水位后，放水冲洗。

3.1.7.5 采用水力冲洗不能完全清除管道积泥时，宜同时采用水力通沟浮球，或者采用射水疏通。

3.1.8 倒虹管的维护应符合下列规定：

3.1.8.1 在河床受冲刷的地区，每年应检查一次过河倒虹管的复土情况；复土未能达到设计要求时，应采取加固措施。

3.1.8.2 当疏通双道倒虹管时，可采用关闭其中一道，放水疏通另一道的方法。疏通直径小于或等于1000mm的倒虹管直线段时，也可采用绞车疏通。

3.1.8.3 在通航河道上设置的倒虹管保护标志牌应定期油漆、维护，保持清晰完好。

3.1.8.4 过河倒虹管，因检修需要抽空管道前，应进行抗浮验算。

3.1.9 渠道的维护应符合下列规定：

3.1.9.1 明渠应定期进行整修边坡、清除污泥等维护。

3.1.9.2 应定期检查无铺砌明渠直线段、转弯处、变坡点的断面状况，发现损坏应用砖石砌成标准沟形断面，以控制沟底标高和断面尺寸，并应符合原设计要求。

3.1.9.3 盖板渠应保持盖板无缺损、不断裂、不露筋，安放平稳，缝隙紧密。相邻盖板之间的高差不应大于10mm。

3.1.10 排放口的维护应符合下列规定：

3.1.10.1 应经常巡视，及时制止向排放口倾倒垃圾和在其附近堆物占压。

3.1.10.2 排放口标志牌应定期油漆，保持清晰完好。

3.1.10.3 因河床淤积而导致水流受阻的排放口应定期输浚，保持水流畅通。

3.1.10.4 岸边式排放口的挡土墙或护坡应保持结构完好，当出现倾斜、沉陷、裂缝等损坏现象时，应及时维修。

3.1.10.5 江心式排放口应经常巡视，防止捕渔作业、航行或其他工程作业造成的损坏。

3.1.10.6 江心式排放口应定期进行水力冲洗，保持排放管及喷射口畅通。

3.1.10.7 江心式排放口宜采用潜水检查的方法，检查河床或海床的变化、管道淤塞、构件腐蚀和水下生物附着生长等情况。

3.1.11 管道的防冻应符合下列规定：

3.1.11.1 冰冻前，应对雨水口采用麻袋、木屑、盖堵等防冻措施。

3.1.11.2 冰冻期内，应对因冰冻而堵塞的管道化冻，其方法可采用蒸汽化冻。

3.1.11.3 融冻后，应及时清除用于盖堵雨水口的保温材料，并清除随融雪流入管道的砂土。

3.2 管 渠 修 理

3.2.1 当需断水作业修理暂时封堵现有排水管渠时，应采取临时排水措施。工程竣工后，应及时清理所有留在管渠内的管塞、砖块等杂物。

3.2.2 管渠改建、修理工程的质量应符合现行行业标准《市政排水管渠工程质量检验评定标准》(CJJ3)的规定。

3.2.3 管道裂缝修理应符合下列规定：

3.2.3.1 细裂缝和网状裂缝可采用压抹或喷涂方法更换旧面层，也可采用加罩新面层，加罩面层前，原壁面应洗刷干净。

3.2.3.2 嵌填裂缝前，应先将裂缝或管道接口凿成深度不小于30mm、宽度不小于15mm的V形槽；清理干净后，应用水泥胶浆等速凝材料或石棉膨胀水泥填实，厚度为15mm；经检查无漏后，应再用抗渗水泥砂浆填平余下的15mm。抗渗水泥砂浆采用的外加剂应包括防水剂、减水剂、膨胀剂中的一种。

3.2.3.3 当有严重的渗漏时，宜采用灌浆堵漏。采用灌浆堵漏时，钻孔应钻至裂缝深处或钻至管道外壁，然后向孔内注入堵漏浆。

3.2.3.4 直径1000mm以上的管道接口修理可采用内套环法。套环可用钢板或塑料预制；套环与混凝土管之间应衬有橡胶密封圈，密封圈不应有接头。钢套环应采取防腐措施。

3.2.4 腐蚀性损坏的修理应符合下列规定：

3.2.4.1 加罩面罩或更新防腐面层前，原混凝土表面应洗刷干净。

3.2.4.2 宜采用抹压或喷涂方法加罩防腐砂浆层，其厚度不应小于20mm。

3.2.4.3 防腐涂层宜采用刮涂或刷涂的方法修理，其厚度不应小于0.3mm。受硫化氢腐蚀严重的污水管在进行维护时，应采取通风、防毒等安全措施，并应符合现行行业标准《排水管道维护安全技术规程》(CJJ6)的规定。

3.2.5 沉降缝止水带的修理应符合下列规定：

3.2.5.1 更换的止水带的规格、尺寸、伸长率、回弹率、老化系数等理化性能指标均应满足设计要求。

3.2.5.2 止水带埋设位置应准确，止水带中间的空心圆应位于变形缝中间。

3.2.5.3 新浇混凝土的强度不应低于原有混凝土强度。新旧混凝土之间以及混凝土与止水带之间的接合处应密实、牢固。

3.2.5.4 止水带的接头不得留在转角处，止水带在转角处的曲率半径应大于200mm。

3.2.6 旧管上加井应符合下列规定：

3.2.6.1 加井的荷重不得全部由旧管承受。直径为600mm以下的小型管，加井时应挖深至管底；直径为600mm以上的管道，加井时可挖至半管。加井底部均应做基础。

3.2.6.2 加井时在旧管上凿孔，不应损坏凿孔以外的管道。凿孔的周边应与井壁对齐并用水泥砂浆抹平；贴近管道上半圆部位的砖墙应砌成拱形。

3.2.7 接纳连管应符合下列规定：

3.2.7.1 各类连管均应在检查井内接通，不应在管道上凿孔暗接。

3.2.7.2 连管接入检查井后，连管与墙孔间的空隙应用水泥砂浆填实，并内外抹光。

3.2.7.3 连管与上游管道的夹角宜小于 90°。

3.2.7.4 雨水接户管在接入管道前，宜加设沉泥井。

3.2.8 井框升降应符合下列规定：

3.2.8.1 井框与井身的连接应平稳、牢固，不得翘动。顶面与路面的高差应符合现行行业标准《城市道路养护技术规范》(CJJ36）的规定。

3.2.8.2 井框与井身之间的衬垫材料，在机动车道下，应采用混凝土，其强度不应小于 C20；在其他车道下，可采用砌砖衬垫，其砌筑砂浆的灰砂比不应小于 1：2。

3.2.8.3 井框升降时，混凝土宜采用早强水泥或在普通水泥中添加早强剂。混凝土养护期间应采用护栏围护。

3.2.9 排水明渠修理应符合下列规定：

3.2.9.1 修理土渠的滑坡、冲刷、渗漏和洞穴等以前，应先对损坏部分采取清除松土和淤泥，将破坏面削成稳定的斜坡等预处理；洞穴应作扩孔清理；裂缝应作扩缝清理。

3.2.9.2 对土渠的滑坡、冲刷和一般渗漏施行原状土修复时，应分层夯实，分层的厚度不应大于 300mm。修复后的断面形状应与原设计一致，不得缩小。

3.2.9.3 严重渗漏的土渠宜选用下列工程措施之一进行修理：

（1）在迎水面做 300～500mm 厚的粘土防渗墙；

（2）修筑混凝土或浆砌块石防渗护面；

（3）采用压力注浆。

3.2.9.4 浆砌石渠的裂缝、渗漏或腐蚀性损坏的修理应符合本规程第 3.2.3 和 3.2.4 条的有关规定。

3.2.9.5 挡土墙、浆砌石渠、溢流堰、消力坎等构筑物出现严重结构性损坏时，应拆除重建；新建的构筑物应进行水力计算和结构计算。

3.3 污泥运输

3.3.1 通沟污泥的运输应符合下列规定：

3.3.1.1 采用机械吸泥或抓泥时，污泥宜直接由罐车装运。

3.3.1.2 采用人工掏挖时，宜采用自卸卡车污泥拖斗或污泥集装箱装运；当水运条件许可时，也可采用水陆联运。

3.3.2 在管渠疏通或污泥运输过程中，应做到污泥不落地，沿途不洒落。

3.3.3 污泥盛器和运输车辆应定期清洗，保持清洁，并宜加装盖子。

3.3.4 疏通作业完毕后，污泥盛器应及时撤离现场，在街道上停放的时间，不宜超过一昼夜。污泥盛器和车辆在街道上停放过夜时，应悬挂安全红灯。

4 排水泵站

4.1 一般规定

4.1.1 水泵经维修后，其流量不应低于设计流量的90%；其机组效率不应低于原机组效率的90%。泵站机组的完好率应达到90%以上；汛期雨水泵站机组的可运行率应达到98%以上。

4.1.2 排水泵站内的机电设备、管配件每二年应进行一次除锈、油漆等处理。

4.1.3 排水泵站内的水位仪、雨量器、开车积时仪，每年应校验一次；当仪器仪表失灵时应立即更换。防毒用具使用前必须校验，合格后方可使用。

4.1.4 排水泵站的围墙、道路、泵房及附属设施应经常进行清洁保养，出现损坏，应立即修复。每隔3年应刷新一次。

4.1.5 每年汛期，排水泵站的自身防汛设施，应进行检查与维护。

4.1.6 排水泵站应经常做好卫生、绿化与除害灭虫工作。

4.1.7 排水泵站应有完整的运行与维护记录。

4.2 排水泵

4.2.1 水泵运行应符合下列规定：

4.2.1.1 水泵运行前的例行检查：

(1) 盘车时，水泵、电机不得有碰擦和轻重不匀现象；

(2) 弹性圆柱销联轴器轴向间隙和同轴度应符合规定；

(3) 水泵各部轴承应处于正常润滑状态；

(4) 水泵轴封机构的密封性能应良好；

(5) 离心泵和卧式混流泵运行前，应将泵体内的空气排尽；

(6) 轴流泵和立式混流泵运行前，应检查冷却水系统、润滑水系统和抽真空系统；

(7) 螺旋泵应在第一个叶轮浸没水中达50%以上才能启动；

4.2.1.2 水泵运行中的巡视检查：

(1) 水泵机组转向应正确，运行应平稳，并无异常振动和异声；

(2) 水泵机组应在规定的电压、电流、转速、扬程范围内运行；

(3) 水泵轴承温度应正常，滑动轴承不应超过65℃，滚动轴承不得超过70℃，温升不应大于35℃。

(4) 橡胶轴承供水压力应正常；

(5) 轴封机构密封不应滴水成线，并不得发热；

(6) 泵体联接管道和泵机座螺栓应紧固，不得渗漏水；

(7) 潜水泵运行时应保持淹没深度；

(8) 运行中，应执行勤看、勤听、勤摸、勤嗅、勤捞、勤动手的"六勤"工作法。

4.2.1.3 水泵停止运行时的检查：

(1) 轴封机构不得渗水；

(2) 止回阀门或出水活门关闭时的响声应正常；

(3) 应观察泵轴惰走时间及停止情况；

(4) 水泵机组应保持整洁。

4.2.2 水泵的日常维护应符合下列规定：

4.2.2.1 各类轴承应定期加注规定的润滑油或润滑脂。

4.2.2.2 应检查联轴器间隙。

4.2.2.3 轴封机构的填料应定期检查和更换，并清除积水和污垢。

4.2.2.4 应检查泵体各部联接螺栓的紧固程度。

4.2.2.5 不常开的水泵每周应用工具盘动一次，试运行时间不得小于15min。

4.2.2.6 水泵机组不应有灰尘、油垢和锈迹。

4.2.2.7 离心泵停止使用时，应将水泵、管道、闸阀等的积水放尽。

4.2.2.8 应经常打开离心泵的手孔盖，并及时清除泵内垃圾。但当离心泵运转时，严禁做此工作。

4.2.2.9 轴流泵、立式混流泵的冷却水系统、润滑水系统及抽真空系统应定期检查。

4.2.2.10 螺旋泵应定期检查齿轮减速机油箱内的油质与油量。油质不符合规定时应立即换油，油量不足时应及时加油。

4.2.2.11 螺旋泵在长期停用时，叶轮应每周盘动一次，并变换位置。

4.2.3 水泵的定期维修应符合下列规定：

4.2.3.1 水泵定期维修：

(1) 轴流泵累计运行3000h；离心泵累计运行4000h；混流泵及潜水泵累计运行5000h；不经常运行的水泵每隔3年，均应解体维修；

(2) 水泵定期维修前，应制定维修技术方案和安全措施；

(3)水泵维修后的技术性能应符合本规程第4.1.1条的规定；

(4) 水泵定期维修应具有完整的维修记录及验收资料。

4.2.3.2 离心泵的定期维修尚应符合下列规定：

(1) 检查轴封机构，发现损坏应修理或更换；

(2) 当叶轮与密封环间隙超过规定值时，应进行修补或更换；

(3) 叶轮轮叶和盖板上有破裂、残缺和透孔等损坏，应及时更换；

(4) 当叶轮流道、导水轮被冲蚀的麻窝深度大于2mm时，应及时修补；剩余壁厚小于原厚度的2/3时，应及时更换。

(5) 轴承磨损间隙超过规定值时应更换；

(6) 离心泵采取"变速变径调节"的，应进行计算。

4.2.3.3 轴流泵、混流泵的定期维修尚应符合下列规定：

(1) 检查轴封机构，发现损坏，应修理或更换；

(2) 检查泵轴、运动副及轴承的磨损程度，发现磨损，应修理或更换；

(3) 检查叶片外缘的磨损量，超过规定值时，应进行修补或更换；

(4) 导叶体喇叭管的球面磨损量大于5mm时，应修理或更换；

(5) 应校核机组的同轴度。

4.2.3.4 潜水泵的定期维修尚应符合下列规定：

(1) 检查轴承磨损量，超过规定值时，应更换；

(2) 潜水泵的叶轮与泵盖间的间隙过大，叶片破损，泵体泵盖磨损、裂缝或损坏，应进行修理或更换；

(3) 检查泵机的密封和绝缘。

4.2.3.5 螺旋泵的定期维修尚应符合下列规定：

(1) 检查上下轴承的磨损程度，发现磨损，应更换；

(2) 检查联轴器的弹性柱销，发现磨损，应更换；

(3) 齿轮减速箱应解体检查；

(4) 检查叶片，发现变形应修理或更换。

4.3 电气设备

4.3.1 电气设备检查和维护应符合下列规定：

4.3.1.1 电气设备的定期清扫、检查及运行中的巡视应符合下列规定：

(1) 电气设备应定期清扫、检查，每年不应少于两次；

(2) 电气设备运行中，每班应巡视一次，夜间关灯巡视每周不应少于一次。

4.3.1.2 电气设备的检修除进行定期维修外，还应根据试验及检查结果，及时检修。

4.3.1.3 电气设备的试验应符合下列规定：

(1) 高压电器设备应按期作预防性试验，预防性试验项目、周期和要求应符合现行行业标准《电气设备预防性试验规程》的规定；

(2) 高、低压电气设备在定期维修后的试验项目和要求应符合现行行业标准《电气设备预防性试验规程》的规定。

（3）高、低压电气设备更新改造完成后并投入运行前，必须做交接试验。交接试验的项目和要求应符合现行国家标准《电气装置安装工程电气设备交接试验标准》（GB50150）的规定。

4.3.2 电力电缆定期检查应符合下列规定：

4.3.2.1 电缆终端应清洁，无漏油或渗油。

4.3.2.2 电缆的绝缘必须满足运行要求。

4.3.2.3 电缆沟内应无积水、无渗水。

4.3.2.4 电缆沿线应无打桩、种植树木或可能伤及电缆的其他情况。

4.3.3 避雷器和避雷针的检查每年不应少于一次；雷雨季节前，必须进行检查。

4.3.4 变压器的检查和维护应符合下列规定：

4.3.4.1 变压器投入运行后，在正常情况下，每十年应至少维护一次。

4.3.4.2 变压器发生下列故障之一时，应立即停电检修：

（1）安全气道膜破坏或储油柜冒油；

（2）重瓦斯断电器动作；

（3）瓷套管有严重放电和损伤；

（4）变压器内噪声增高，且不匀，有爆裂声；

（5）在正常冷却条件下，油温不正常或不断上升；

（6）发现严重漏油，储油柜无油；

（7）预防性试验时，变压器不符合标准；

（8）变压器油严重变色。

4.3.5 高压开关的检查和维护应符合下列规定：

4.3.5.1 高压隔离开关、高压负荷开关检查每年不应少于一次。

4.3.5.2 高压油开关的维护周期：

（1）控制电动机启动的高压油开关定期维护应每年一次；频繁启动的高压油开关应每年不少于两次；

（2）控制变配电的高压油开关定期维护应每年一次；

（3）切断两次短路电流后，即应维护高压油开关。

4.3.5.3 高压油开关维护后的检查应包括下列各项内容：

（1）测定导电杆的总行程、超行程和连杆转动角度；

（2）检测缓冲器；

（3）测定三相合闸同时性；

（4）《电气设备预防性试验规程》规定的电气试验项目。

4.3.6 低压开关的检查和维护应符合下列规定：

4.3.6.1 低压开关定期维护每年不应少于一次；控制电动机的开关应每月进行内部清扫和检查。

4.3.6.2 低压开关定期维护后，应测量开关绝缘电阻和接触电阻。

4.3.7 电动机启动设备必须经常检查和维护，其内容应包括动静触头、灭弧部件、电磁吸铁主回路和控制回路接线等。维护后，应检查三相合闸同时性，测量绝缘电阻，测定触头的压力等。

4.3.8 电流、电压互感器和电容器的检查应符合下列规定：

4.3.8.1 电流、电压互感器的定期检查每年不应少于一次。

4.3.8.2 无功补偿电容器在运行中的检查：

（1）应观察三相电流表的读数；

（2）电容器外观检查每周不应少于两次；当箱壳膨胀漏液时，其电容器应退出运行。

4.3.9 直流设备的检查应符合下列规定：

4.3.9.1 硅整流设备的检查：

（1）仪表针指示、继电器动作应正常；

（2）交直流回路的绝缘电阻不应低于1MΩ/kV；在较潮湿的地方不应低于0.5MΩ/kV；

（3）电阻、电容器、硅整流器等元器件应接触良好，并无放电、损坏、过热等现象；

（4）硅整流设备应清洁无尘垢。

4.3.9.2 蓄电池直流设备的定期检查：

(1)工作电源和备用电源之间的自动切换装置必须保持良好；

(2) 工作电源和备用电源的电压、充电电流应正常；

(3) 蓄电池组自行投入装置必须保持良好。

4.3.10 继电保护装置和自动切换装置的检查每年不应少于一次。

4.3.11 母线、指示电表、电度表等其他电气设备的检查宜结合开关设备的检查同时进行。

4.3.12 通用电动机的检查和维护应符合下列规定：

4.3.12.1 电动机启动前的检查：

(1) 电动机绕组对绝缘电阻应符合安全运行要求；

(2) 开启式电动机内部应无杂物；

(3) 绕线式电动机滑环与电刷应接触良好，电刷的压力应正常；

(4) 电动机引出线接头处应紧固；

(5) 轴承润滑油（脂）应满足润滑要求；

(6) 接地装置必须可靠；

(7) 电动机除湿装置电源应断开。

4.3.12.2 电动机运行中的检查：

(1) 应保持清洁，不得有水滴、油污进入电动机；

(2) 运行电流和电压不宜超过额定值；

(3) 应检查轴承发热、漏油等情况；

(4) 电动机温升不应超过允许值；

(5) 电动机在运行中不应有碰擦等杂声；

(6) 对绕线式电动机，应检查电刷与滑环的接触磨损情况；

(7) 电动机的通风应良好；

(8) 电动机的转向应正确；

(9) 绕线式电动机的短路接触器应在短接位置。

4.3.12.3 电动机累计运行达 6000～8000h 应维护一次；不经常运行的电动机每四年应维护一次。

4.3.12.4 电动机的维护：

(1) 应清除电动机内部灰尘，绕组绝缘应良好；

(2) 铁芯硅钢片应整齐，且无松动；

(3) 定子、转子绕组槽楔应无松动。绕组引出线端焊接应良好，相位、标号应正确、清晰；

(4) 鼠笼式电动机转子端接环应无松动；

(5) 绕线式电动机转子线端的绑线应牢固完整；

(6) 散热风扇及其紧固情况应良好；

(7) 清洗轴承，磨损严重时应更换，并应检查定子与转子的间隙；

(8) 电动机外壳应完好；

(9) 电动机维护后应作试验。

4.4 进水与出水设施

4.4.1 闸阀的维护应符合下列规定：

4.4.1.1 闸阀的日常维护：

(1) 应经常清除垃圾及油污，并应加注润滑脂（油），保持启闭灵活；

(2) 闸阀的全开、全闭、转向、转数等标记应清晰完整；

(3) 暗杆式闸阀，应及时调整填料的松紧；

(4) 电动闸阀，应经常检查机械传动部件及齿轮箱；

(5) 闸阀启闭，出现卡位、突跳等现象时，应停止操作，并进行检查；

(6) 应保持闸阀零部件完整，发现缺损应及时修配；

(7) 不常开的闸阀应每周启闭一次，并保持启闭灵活。

4.4.1.2 闸阀的定期维护：

(1) 应检查闸阀的密闭性和阀杆垂直度，调整闸板的位移余量，进行整修或更换；

(2) 应更换闸阀的填料，检查阀杆等零部件腐蚀、磨损程度，进行整修或更换；

(3) 电动闸阀的限位开关、联锁装置应可靠。当限位开关产生移位、失灵或联锁装置失效时，应及时调整修复。

4.4.2 沉砂池的维护应符合下列规定：

4.4.2.1 沉砂池每半年应清砂一次；池底积砂高度达到进水管管底时，应及时清砂。

4.4.2.2 沉砂池池壁的混凝土保护层出现剥落、裂缝、腐蚀时，应按设计要求修复。

4.4.2.3 清捞出的沉砂可与通沟污泥合并处理。

4.4.3 格栅及除污机的维护应符合下列规定：

4.4.3.1 格栅的维护：

(1) 应及时清除格栅上的污物，并清洗操作平台；

(2) 栅片松动、变形、缺档或断裂时，应及时修理或更换；

(3) 应定期除锈和油漆。

4.4.3.2 除污机的运行和维护：

(1) 运行前，应检查机械机构、电气设备；

(2) 运行时，经常巡视检查，发现异常应停机检查；

(3) 停机后，应及时做好清洁保养，并进行加注润滑油等工作；

(4) 与除污机配套的皮带输送机，应经常除污、清洗和加注润滑油；

(5) 除污机停用期间应每周运行一次；

(6) 应按产品标准的要求进行定期维护。

4.4.4 集水池的维护应符合下列规定：

4.4.4.1 集水池池面的浮渣应及时清捞，并应定期抽低水位，冲洗池壁。

4.4.4.2 集水池内的水位标尺和水位计应经常清洗，定期校验。

4.4.4.3 集水池应定期清除池底泥砂等沉积物，并应检查管道及闸阀的腐蚀情况。

4.4.4.4 集水池池壁的混凝土保护层出现剥落、裂缝、腐蚀时应修复。

4.4.4.5 集水池周围的扶梯、栏杆应定期除锈、刷油漆。

4.4.4.6 集水池前的闸门维护应符合本规程第4.4.1条的规定。

4.4.5 出水井的维护应符合下列规定：

4.4.5.1 高架出水井不得出现渗漏；混凝土保护层出现剥落、裂缝、腐蚀时，应及时修复。

4.4.5.2 出水压力井不得有渗漏水和漏气现象。当密封橡胶衬垫、钢板、螺栓出现老化和腐蚀时，应及时修复。

4.4.5.3 压力井的透气孔不得堵塞。

4.5 相关设施

4.5.1 排水泵站内起重设备应定期检查和维护。

4.5.2 排水泵站内的剩水泵、真空泵、通风机、供水设施等相关设施应每年检查和维护。

4.5.3 水锤装置应设在室内或专用井内，并应定期检查、维修、校验；冬季应采取防冻措施。

4.6 自动控制与计算机控制

4.6.1 自动化装置必须经试运行后才能投入运行；并应每周检查，定期维护。

4.6.2 计算机控制应符合下列规定：

4.6.2.1 排水泵站的计算机控制系统的运行管理应严格执行规章制度。

4.6.2.2 计算机及外围设备的维护应按制造厂的要求执行。

5 排水设施维护技术资料

5.0.1 排水设施管理单位应建立健全排水设施的技术资料和设备档案。

5.0.2 新建排水设施，应有完整、准确、清晰的竣工技术资料。竣工技术资料应包括工程建设文本、技术设计资料、竣工验收资料。

5.0.3 排水设施的维护资料应正确、及时、清晰。

5.0.4 排水设施的更新改造、补缺配套的资料应及时归档保存。

5.0.5 实行计算机管理的维护资料应有备份。

5.0.6 对排水设施的突发事故或设施严重损坏情况，必须及时做好记录，并应连同分析、处理资料一起归档保存。

附录A 本规程用词说明

A.0.1 为便于在执行本规程条文时区别对待，对于要求严格程度不同的用词说明如下：

(1) 表示很严格，非这样做不可的：

正面词采用“必须”；

反面词采用“严禁”。

(2) 表示严格，在正常情况下均应这样做的：

正面词采用“应”；

反面词采用“不应”或“不得”。

(3) 表示允许稍有选择，在条件允许时首先应这样做的：

正面词采用“宜”或“可”；

反面词采用“不宜”。

A.0.2 条文中指明必须按其他有关标准执行的写法为“应按……执行”或“应符合……的规定”。

附加说明

本规程主编单位、参加单位和主要起草人名单

主编单位：上海市城市排水管理处

参加单位：上海市市政工程管理处
哈尔滨市排水管理处
武汉市市政局市政维修处
武汉市排水泵站管理处
天津市排水管理处
西安市市政工程管理处
北京市市政工程管理处
重庆市市政养护管理处
南宁市市政工程管理处

主要起草人：王翌娥、吴菊如、朱保罗、王福南
韩志洁、吴士柏、李燮琮、王　峰
钮建强、胡晓延、范承亮、吴增奎
张东康、李锦华、韩宇超、王绍文
汤志华、郑卫军

中华人民共和国行业标准

城镇排水管渠与泵站维护技术规程

Technical Specification for Maintenance of Sewerage Pipelines & Channels and Pumping Station in City and Town

CJJ/T 68—96

条文说明

前　言

根据建设部建标[1992]227号文的要求，由上海市城市排水管理处主编，上海市市政工程管理处等单位参加共同编制的《城镇排水管渠与泵站维护技术规程》(CJJ/T68—96)经建设部1996年9月27日以建标[1996]541号文批准，业已发布。

为便于广大设计、施工、科研、学校等单位的有关人员在使用本规程时能正确理解和执行条文规定，《城镇排水管渠与泵站维护技术规程》编制组按章、节、条顺序编制了本标准的条文说明，供国内使用者参考。在使用中如发现本条文说明有欠妥之处，请将意见函寄上海市城市排水管理处。

本《条文说明》由建设部标准定额研究所组织出版。

目　次

1 总 则

1.0.1 建国后，特别是改革开放以来，城镇排水事业有了一定的发展。到1990年底，全国467座城市已有排水管道5.8×10^4km，其中城市公共排水管道4.7×10^4km。城市公共排水管网服务面积普及率为59%，到2000年，普及率将达到70%左右。

城镇排水设施是城市基础设施的重要组成部分，也是建设现代化文明城市重要标志。为了保证城镇的生产和生活正常进行，必须对已建成的排水设施予以经常养护，使其处于完好的状态。

由于技术、经济、设备、人员等因素，各城镇对已建成的排水设施的维护要求、方法与标准不一致，很多已建成的设施得不到及时的维护，处于“带病”运行或超负荷运行状态。

因此，当前迫切需要制定适用于全国城镇的、具有可操作性的排水设施维护规程，保证设施安全可靠的运行，充分发挥设施的功能。

1.0.2

(1) 本条所指的管渠包括雨水管道、污水管道、雨污水合流管道、明渠与倒虹管。相关设施包括雨水井、潮闸门、排放口等。

(2) 市政管渠与用户专用管渠的分界：以路边接户井划分，接户井及上游管道属用户；下游管道属市政管渠。

(3) 泵站包括土建、机电设备、进出水设备、起重设备、剩水泵、通风机等相关设施。

1.0.3 排水设施的用户，除执行本规程外，还应执行国家有关的市政、排水、安全、电气等方面的规定，如：

(1) 国发（1983）85号文

国务院批转劳动人事部、国家经委、全国总工会《关于加强安全生产和劳动安全监察工作报告》的通知精神，必须树立“安全第一”的思想，计划、布置、检查、总结、评比安全工作（即五同时）。

(2)（79）城发字第116号国家城建总局《关于加强市政工程工作的意见》。

(3)（82）城公字284号城乡建设环境保护部《市政工程设施管理条例》。

(4)《排水管道维护安全技术规程》(CJJ6—85)。

(5)《污水排入城市下水道水质标准》(CJ18—85)。

2 术　语

2.0.1 雨水口又称雨水井、进水口、茄莉。

2.0.2 雨水箅又称箅子、雨水盖、茄莉盖。

2.0.4 接户井又称户井、用户连管。

2.0.5 检查井又称窨井、人孔。

2.0.6 接户井又称用户井、进门井。

2.0.7 沉泥槽又称集泥槽、落底。

2.0.8 排放口又称出水口、出口。

2.0.9 通沟牛又称铁牛、清通器、刮泥器。

2.0.10 绞车疏通又称拉管疏通、摇车疏通。

2.0.11 转杆疏通又称旋杆疏通、软轴疏通。

2.0.14 射水疏通又称冲水车疏通。

2.0.17 出水活门又称拍门、潮门。

3 排 水 管 渠

3.1 管 渠 维 护

3.1.1 工厂废水的主要检测项目及检测周期如下表所示。

主要检测项目及检测周期

项　目	最高允许浓度	一般检查周期	重点检查	
			工业类型	周期(月/次)
pH值	6～9	6～12月	化工、制革、制药、化纤、金属冶炼等	1～3
水温	35℃	6～12月	化工、冶金、酿造等行业	1～3
易沉固体	10mL/L·15min	1～2年	造纸、制革、冶金、建材等行业	3～6
悬浮物(SS)	400mg/L	1～2年	电镀、毛纺、食品、造纸、酿造等行业	3～6
生化需养量(BOD)	100(300)mg/L	1～2年	肉类加工、纺织、造纸、制革、酿造等	3～6
油脂	100mg/L	1～2年	制焦、有机化工、化纤、食品、原油加工	3～6

工业废水管理档案资料主要包括：工厂主要产品，主要污染物，水质水量，排放口管径、位置及平面图，工厂内废水处理工艺及设施。

3.1.2 雨污水分流是一项非常复杂和困难的工作，需要从以下方面加强管理：

（1）审查工厂和住宅的排水设计图，尽可能在实施阶段纠正雨污水乱接。

（2）对已建成的工厂和住宅的雨、污水分流情况进行检查（包括水质抽查和染色示踪检查）。

（3）监督用户限期整改已查出的混接现象。

（4）杜绝市政管渠自身存在的雨、污水乱接情况。

（5）防止雨、污水乱接，还需特别注意洗涤水和化粪池。许多单位和住宅，往往只将粪便水接入污水管，而错误地将大量洗涤废水和工业废水接入雨水管。有些分流制地区保留着化粪池，而化粪池尾水仍接入雨水管，这些都是导致水体污染和污水厂水量不足的原因。

3.1.3 管渠检查

（1）在地面上检测管道积泥的通常采用量泥斗。

（2）潜水检查必须由经过专门培训的潜水员进行，全套潜水器械除了潜水服外还包括气泵、对讲机等辅助装备。

（3）染色示踪检查采用的染色剂应具有良好的水溶性和鲜艳的颜色。

（4）测量流速、流量主要有以下几种方法：

a. 采用旋杯式流速仪。测得管渠内流速与过水断面相乘即得；

b. 用浮标或染色示踪测算；

c. 测出水面坡降后，用水力学公式推算；

d. 流量槽或流量堰法；

e. 水力坡降图是分析管渠水力状况的有效方法。水力坡降图中通常应同时画出三根坡降线，即地面坡降线、液面坡降线和管底坡降线。

3.1.6.1 在更换井盖时，可根据需要选用具有防盗措施的井盖。

更换检查井踏步时，有条件的地方可考虑采用外包聚乙烯或聚氯乙烯的防腐踏步。

3.1.7 管道的积泥规律和合理的维护周期需经较长时期的摸索才能全面掌握。一般经验表明：

（1）雨季的维护周期比旱季要短；

（2）人口稠密地区的维护周期比稀疏地区要短；

（3）低级路面雨水口维护周期比高级路面要短；

（4）小型管维护周期比大型管短；

（5）倒坡管的维护周期比顺坡管短。

3.1.7.2 绞车疏通只适用于1000mm以下的中小型管道。但在600mm至1000mm的中型管中疏通困难要大一些；而水力疏通则适用任何管径的管道。

3.1.7.5 水力疏通浮球有铁球、橡胶球和桶木浮牛等。

3.1.8.1 检查过河倒虹管的复土情况通常采用河床断面测量或潜水检查的方法。

3.1.9.1 如发现土明渠流速过大，有渠岸被冲刷的情况，可采用局部护面的加固措施或采用消力坎、消力池等消能措施。

3.1.10.4 对落差大，受冲刷严重的岸边式排放口，可采用防冲护坡或阶梯式消力坎等防冲消能措施。

3.1.11.2 用蒸汽进行管道化冻时，一般采用一台装在拖车上的小型燃煤锅炉作为蒸汽源。

3.2 管渠修理

3.2.1 经常采用的施工临时排水措施有：

（1）埋设临时排水管；

（2）设置临时泵抽水；

（3）采用可通水的封堵方法。

3.2.3.2 用于嵌填裂缝和接口渗漏的石棉水泥重量比通常为3∶7，含水量为石棉与水泥总量的1/10。

嵌填石棉水泥需使用平头凿，宽度30～40mm，平头厚度应视裂缝宽度选定。

3.2.3.3 灌浆堵漏采用的无机浆料为水泥粉煤灰浆，有机浆料为聚胺酯或丙烯酰胺等化学堵漏浆。

3.2.4.3 对受硫化氢腐蚀严重的污水管采取通风措施的目的，一方面是出于安全的考虑；另一方面在于降低管道内的硫化氢浓度，从而减少了硫化氢在管壁遇水后转变成硫酸的可能性，延长管道的使用时间。

判断管道受硫化氢腐蚀，主要看损坏的部位。受酸性废水腐蚀的损坏发生在管道底部；而受硫化氢腐蚀的损坏则发生在管道的顶部。

3.2.5 本条所指的沉降缝止水带大多数用在大型现浇钢筋混凝土管道中，在一般管道中很少使用。

3.2.6.1 从施工方便考虑，在旧管上加井可先在管外砌井，然后在井内管背上凿孔，孔的大小应与井壁一致。

3.2.8.2 升降井框采用预制钢筋混凝土垫圈并用预埋螺栓固定的做法，可以大大提高井框升降的施工质量，并缩短封堵交通的时间。

3.3 污泥运输

3.3.1.2 采用人工掏挖时，在污泥装入自卸卡车或污泥拖斗前，尚须人工短途驳运和暂储。此时通常使用污泥桶或手推车，也可采用改装的微型货车或微型三轮车。

4 排水泵站

4.1 一般规定

4.1.1 泵站机组完好率、可运行率、机组效率的计算如下：

$$完好率=\frac{每月机组完好总天数}{机组总台数\times 每月天数}\times 100\%$$

$$可运行率=\frac{每月各机组可运行的总天数}{机组总台数\times 每月天数}\times 100\%$$

$$机组效率=电机效率\times 传动效率\times 水泵效率$$

汛期中为及时排水，凡是开得动、抽得出水的机组即为可运行机组。

4.1.4 排水泵站内的道路、围墙及铁件应定期检查。发现建筑物墙面大面积剥落、铁件锈蚀，应及时修缮。发现渗水、漏水应检查原因，予以筑漏修复。如发现道路塌陷，应及时检查是否管道断裂。

4.1.5 排水泵站自身防汛设施（防汛墙、防汛板、防汛闸门或其他设备），应在每年汛期前认真检查，发现缺损应及时配齐、修复，汛期后应妥善保管，防止损坏与遗失。

4.1.6 排水泵站凡有条件的地方均应进行绿化，美化环境，及时消灭虫害，并经常做好花草树木的修剪、栽培工作。

4.1.7 排水泵站的运行记录一般指：值班记录；交接班记录；运行数据；维修记录。

4.2 排水泵

4.2.1 为了水泵的正常运行和延长水泵的使用年限，必须正确使用水泵，及时维修，使水泵始终保持良好状况，所以排水泵必须遵循运行的基本要求。

4.2.1.1 水泵投入运行前应进行一次细致的检查，尤其是对拆装后的水泵。试车前主要的例行检查有：

（1）经拆装后的水泵，因填料还没有磨合盘动时一般较紧，但一定要转得动。

（2）联轴器轴向间隙和同轴度可参照下列标准。

A. 弹性圆柱销联轴器同轴度允许偏差见下表：

mm

联轴器外圆最大直径	同轴度允许偏差	
	径向位移	倾斜
105～260	0.05	0.2/1000
290～500	0.1	0.2/1000

B. 弹性圆柱销联轴器的端面间隙

mm

轴孔直径	标准型			轻型		
	型号	外形最大直径	间隙	型号	外径最大直径	间隙
25～28	B1	120	1～5	Q1	105	1～4
30～38	B2	140	1～5	Q2	120	1～4
35～45	B3	170	2～6	Q3	145	1～4
40～55	B4	190	2～6	Q4	170	1～5
45～65	B5	220	2～6	Q5	200	1～5
50～75	B6	260	2～8	Q6	240	2～6
70～95	B7	330	2～10	Q7	290	2～6
80～120	B8	410	2～12	Q8	350	2～8
100～150	B9	500	2～15	Q9	440	2～10

（4）水泵轴封机构填料加置应正确、平整，使其处于良好状况。

（5）离心泵和卧式混流泵运行前应开启泵体的排气旋塞，当排气旋塞内有水喷出，表示泵体内已注满水，空气已排尽，即刻关闭旋塞。

（7）潜水泵应在产品样本要求的淹没深度中运行。严禁在少水、泥浆和超过潜水深度的情况下运行。否则将导致空车运转、超负荷和水渗入电机等事故，严重损坏潜水泵。

（8）螺旋泵的第一个叶轮的浸没深度少于50%时，会发生水量不足，效率降低。

4.2.1.2

（1）检查水泵与电机转向是否正确，不得出现逆向运转；水泵联接螺栓是否松动或脱落，保持运行平稳；泵轴运行有否磨擦声或轴承异声发现异常应停泵检查；

（2）检查各类仪表指示是否正常、稳定，特别注意是否超过额定值。电流过大过小或电压超过允许偏差时均应停机检查；

（4）大型轴流泵和立式混流泵橡胶轴承的供水压力宜在1.6×10^4～2.5×10^4MPa；

（5）机械轴封机构泄漏量不宜大于每分钟3滴，普通软性填料轴封机构泄漏量每分钟约10～20滴；

（6）检查水泵各部螺栓及其防松装置是否完整齐全，有无松动，如有脱落或不齐时，应及时紧固或配齐，联接管道不得有滴水现象。

（7）水泵在运行中必须做到：

勤看：电流、电压、温度、进水池水位、设备动态等。

勤听：轴承、螺栓、电机、变压器等有否异声。

勤嗅：水泵运行时轴封机构、联轴器、电机、电气设备等部位有无异常的焦味。

勤摸：凡是不需要采取特别安全措施就能够用手触及进行判断设备是否处于正常状态的部位都应加以检查，主要有设备油箱、电机及底部、轴承等处的温度和振动情况。

勤捞垃圾：经常清除集水池格栅的垃圾，保持进水畅通。

4.2.1.3 停泵时应按操作程序进行，并做好以下维护工作。

（1）检查轴封机构渗漏水情况，必要时更换填料，并做好填料涵内的除污清洁工作。

（3）如发现水泵惰走时间过短或泵轴倒转应进一步检查止回阀或出水活门。

4.2.2 水泵的日常维护

4.2.2.1 润滑油的油号必须符合轴承要求，油质纯洁。轴承内注入润滑油（脂）不得超过轴承容量的 2/3。

4.2.2.2 联轴器间隙，同轴度超过规定标准时，会使轴承发热，应及时检修。联轴器柱销损坏应更换。

4.2.2.7 在寒冷地区，为了防止水泵冻裂，设备损坏，离心泵停止运行时应将水泵管道、闸门等积存污水放尽。

4.2.2.11 螺旋泵因泵体自重大和长度长，易造成变形，影响使用，长期停用或备用的螺旋泵应定期盘动，变换位置。

4.2.3 水泵的定期维护是指解体检查、更换和修理所有不合格的零配件，使水泵的技术性能达到或接近出厂要求。

4.2.3.1 排水泵定期维护的一般规定：

（4）水泵定期维护资料包括维护内容，修理或更换替代零部件名称、规格、安装、调试、验收等记录。

4.2.3.2 离心泵定期维护规定：

（1）软性填料轴封机构重点检查填料涵压盖、压盖螺栓；机械密封的轴封机构重点检查密封性能。

（2）叶轮与密封环的径向间隙应均匀，最大间隙不大于最小间隙的 1.5 倍。具体数值见下表：

密封环内径	半径间隙	最大磨损半径极限
>80～120	0.15～0.22	0.44
>120～150	0.18～0.26	0.51
>150～180	0.20～0.28	0.56
>180～220	0.23～0.32	0.63
>220～260	0.25～0.34	0.68
>260～290	0.25～0.35	0.70
>290～320	0.28～0.38	0.75
>320～360	0.30～0.4	0.80

（5）滚动轴承磨损间隙极限见下表：

mm

轴承内径	径向极限值
20～30	0.1
35～50	0.2
55～80	0.2
85～150	0.3

（6）离心泵的变速调节指改变水泵的转速，使水泵的特性曲线随之改变，达到调节的目的。转速变化后的性能参数，可用比例定律进行换算。

比例定律：

$$\frac{Q}{Q'}=\frac{n}{n'}$$

$$\frac{H}{H'}=\frac{n}{n'}$$

$$\frac{N}{N'}=\frac{n}{n'}$$

式中 Q、H、N、n——转速未变化时水泵的流量、扬程、功率和转速；

Q'、H'、N'、n'——转速变化后水泵的流量、扬程、功率和转速。

变径调节是指切削水泵的叶轮，从而改变水泵的性能和性能曲线来达到调节的目的。水泵叶轮切削后水泵的各项性能也是按照一定的规律变化的，可用切削定律换算。

切削定律：

$$\frac{Q}{Q'}=\frac{D}{D'}$$

$$\frac{H}{H'}=\frac{D}{D'}$$

$$\frac{N}{N'}=\frac{D}{D'}$$

式中　Q、H、N、D——未经切削时水泵的流量、扬程、功率和叶轮外径；

Q'、H'、N'、D'——经切削后水泵的流量、扬程、功率和叶轮外径。

水泵叶轮切削量的多少与水泵效率下降有关，一般不超过下表规定值：

比转数 N_s	60	120	200	300	>350
最大允许切削量	20%	15%	11%	7%	0

4.2.3.3　轴流泵、混流泵定期维护规定：

(2) 视泵轴磨损程度，采用镶轴方法或更换泵轴，橡胶轴承的橡胶老化应更换。

(3) 叶片外缘最大磨损量如下表的所示：

mm

叶片直径	1000	850	650	450
最大磨损量	5/1000	6/1000	8/1000	10/1000

4.2.3.4　潜水泵的定期维护规定：

(3) 检查密封机构，必要时修复或更换测定密封和绝缘电阻均应符合规定要求。

4.2.3.5　螺旋泵的定期维护规定：

(1) 下轴承一般要求每年检查一次，磨损腐蚀严重时应进行更换并做好润滑维护工作。检查上轴承的磨损量，超过规定值时修理或更换。

(3) 齿轮减速箱解体检查，检查齿轮、轴承等磨损情况及油质、油量，并做好清洗维护及换油工作。

4.3　电 气 设 备

4.3.1　电气设备的一般规定

4.3.1.1　电气设备定期清扫检查及运行中的巡视

(1) 电气设备在恶劣环境中使用或使用频率高时，清扫检查的次数应增加。

(2) 电气设备在运行中加强巡视，是发现电气设备缺陷的有效方法。夜间关灯巡视尤其要注意电气设备有否闪烁、漏电现象。

4.3.1.2　电气设备除定期维护外，还有故障后维护、电试不合格后维护及日常巡视中发现问题后维护等。

4.3.1.3　电气设备交接试验目前按《电气装置安装工程电气设备交接试验标准》(GB50150) 执行。

4.3.5　高压开关的检查和维护

4.3.5.1　高压隔离开关、高压负荷开关的检查次数，主要决定于使用环境和年限。检查内容主要有操作机构灵活，动、静触头接触良好。

4.3.5.2　高压油开关的维护周期主要取决于分合闸次数、切断电流的大小以及使用环境和年限等。

4.3.6　低压开关的检查和维护

4.3.6.1　低压开关定期维护的周期主要取决于使用的环境和年限以及分合闸次数、切断电流的大小等。检查内容主要有：灭弧部件、动静触头、操作机构、进出线接头及接地线等。

4.3.7　电动机的启动设备类型有磁力启动器、交流接触器、自耦减压启动器、频敏变阻器和Y—△启动器。电动机启动设备的检查和维护周期视电动机启动频繁程度、使用环境和年限及启动器类型等决定。

4.3.8.1　电流、电压互感器定期检查的重点：绝缘情况和二次接线。

4.3.9　直流设备正常运行要求和定期检查的项目除条文中已提及外，也要参照产品制造厂的使用要求。

4.3.10　继电保护装置和自动切换装置的检查周期主要根据使用环境来确定或与一次主设备检查同时进行。

4.3.12　特殊电机（如潜水泵配套电机）启动前和运行中的检查

要求应根据产品制造厂的使用要求来进行。

4.3.12.3 在恶劣环境下使用的电动机，维护周期可适当缩短。电动机因突发事故损坏必须立即进行修理。

4.3.12.4 电动机解机检查时，其他部件的损伤也应一并进行修理。

4.4 进水与出水设施

4.4.1 闸阀的日常保养和定期维护

4.4.1.1 闸阀的例行保养是指对闸阀做好清洁、润滑、调整工作，使其保持完好状态，做到启闭灵活，发挥作用。

(4) 电动闸阀使用时要无异声，限位正确。要注意检查齿轮箱的油量与油质。

4.4.1.2 闸阀的定期维护是指对闸阀的解体检查和修理，达到使用要求。

4.4.3.2 除污机的维护

(1) 除污机运行前应按要求检查减速箱导轨、齿耙、限位开关、控制设备及接地情况。

(2) 除污机运行时应经常巡视检查运行情况，发现轧垃圾、齿耙歪斜、限位失灵等故障，应立即停机检查修复。

(3) 除污机停止运行后应检查减速箱油量。清洗导轨、齿耙，加注规定的润滑油或脂。

4.5 相 关 设 施

4.5.1 排水泵站内的各类起重设备通过维护应确保其运行机构灵活可靠，机构动作正确无误。

4.5.2 真空泵在运行前应保持转子转动灵活，叶轮旋转无磨阻声音，旋转方向正确；底脚螺丝无松动；轴承中的润滑油充足、干净。

真空泵运行中应响声正常，温度适当，如发现气水分离筒内有水注入声或水位指示器水位上升时即应停机。

运行后应保持泵体清洁，注意在冬季停止运行后，应放空冷却水管道内的积水。

真空泵的日常维护内容：

(1) 经常清洁泵体，保持外观整洁；

(2) 适当调整转轮与侧盖之间的间隙，通过泵和侧盖间加垫片来调整。

定期维护的内容：

(1) 每年拆卸一次，检查泵轴、键槽、叶轮、轴承、进气排气管道，清洗换油；

(2) 组装时要注意与电机的同轴度、刚性联轴器应密合，联轴器间有一定的轴向间隙。

剩水泵应经常保持清洁，清除积水池内的垃圾，防止水泵吸水口堵塞，定期更换填料及易损部件。

通风机及管路应定期清扫检查，确保完好。

4.5.3 下开式水锤消除器和自动复位式水锤消除器要求动作灵敏，排水畅通，并能迅速排放突然产生的回流气体。还应经常检查消除器的定位销、压力表、阀芯、重锤的连杆机构。

检查自闭式水锤消除装置的执行机构信号装置、控制器和延时装置。

检查气囊式水锤消除装置的气囊气压，防止气体泄漏。当气压低于额定值时，必须及时补充气体。

4.6 自动控制与计算机控制

4.6.1 排水泵站自动化装置必须经试运行后才能正式投入运行。自动化装置的各种保护系统、警报系统、自控与手控切换装置等，一般每周应全面检查一次，保持其完好状态。

4.6.2.2 计算机及外围设备的养护除按制造厂要求外，还应定期检查。

通讯专用设备（如：调制解调器、无线电发射、接收设备）每月应检查一次，每年至少进行一次维护工作。

有线通讯线路可巡视部件，每季度应巡视检查一次。

数据通讯的性能每年测试一次。

5 排水设施维护技术资料

5.0.1 建立技术资料管理的目的是为了总结维护管理经验，掌握维护规律，充分发挥设施现有的潜在能力。

管理单位应建立资料图档，以利于技术资料的保管、调整、编绘和供阅。

5.0.2 工程建设文本中应有立项依据，地质气象水位资料，可行性方案论证，计划任务书，扩大初步设计书，建立工程时的征地、拆迁界线和土地证明文本等。

技术设计资料应包括施工组织设计、现场施工中的各类试验检查记录。

竣工验收资料应包括竣工图与文件；工程决算与设备清单及文件等；工程质量检查评定记录；验收签定书及质量等级证书；竣工验收等级证明等。

5.0.3 维护资料应包括下列各项内容：

统计资料：生产运行统计；技术经济指标的统计；设施量的汇总等。

维护资料：管渠的一路一卡；设备的一机一卡；维护计划的制定与实施；维护质量的评定与检验。

5.0.4 更新改造，补缺配套资料的竣工资料应符合本规程5.0.2条规定。

更新改造，补缺配套资料归档后应对原有排水设施的统计资料进行相应的修改。

5.0.6 在各类突发事故或设施损坏严重的处理过程中，必须及时记录、摄影或录像。

城市污水水质检验方法标准

目　次

中华人民共和国行业标准

城市污水　pH值的测定　电位计法

CJ 26.1—91

主编单位：建设部城市建设研究院
批准部门：中华人民共和国建设部
施行日期：1992年2月1日

1　主题内容与适用范围

本标准规定了用电位计法测定城市污水的pH值。

本标准适用于排入城市下水道污水和污水处理厂污水的pH值的测定。

测定范围：1.0～13.0。

2　方法原理

以玻璃电极为测量电极，饱和甘汞电极为参比电极与样品组成工作电池，根据Nernst方程，25℃时每相差一个pH单位(即氢离子活度相差10倍)，工作电池产生59.1mV的电位差，以pH值直接读出。

3　试剂和材料

用分析纯试剂和去离子水。

3.1　标准溶液 *A*

称取经105℃干燥2h的邻苯二甲酸氢钾10.12±0.01g溶于水中，并稀释至1000mL，此溶液的pH值在20℃为4.00。

3.2　标准溶液 *B*

称取在105℃干燥2h的磷酸二氢钾（KH_2PO_4）3.390±0.003g和磷酸氢二钠（Na_2HPO_4）3.530±0.003g溶于水中，并稀释至1000mL，此溶液的pH值在20℃为6.88。

3.3　标准溶液 *C*

称取硼酸钠($Na_2B_4O_7 \cdot 10H_2O$)3.800±0.004g溶于水中，并稀释至1000mL，此溶液pH值在20℃为9.23。

4 仪器

4.1 pH 计：刻度为 0.1pH 单位，并具有温度补偿装置。
4.2 pH 复合电极。

5 样品

样品采集后在 4℃条件下，最多保存 6h。亦可在采样现场测定 pH。

6 分析步骤

6.1 pH 计及电极的使用按说明书进行。
6.2 pH 计校正
6.2.1 电极的玻璃球在水中浸泡 8h 后，用滤纸揩干。
6.2.2 用标准溶液(3.1)冲洗电极 3 次后，将电极浸入标准溶液(3.1)中，摇动溶液，待读数稳定 1min 后，调整 pH 计的指针，使其位于该标准溶液在测量温度的 pH 值处(见附录 A)。

注：每次测量应使被测溶液的温度和室温相同。

6.2.3 分别用标准溶液(3.2)和(3.3)按 6.2.2 条校正 pH 计。
6.3 量取足量实验室样品，作为试料盛入烧杯。
6.4 用水和试料先后冲洗电极，然后将电极浸入试料中，摇动溶液，待读数稳定 1min 后，读出 pH 值。

7 分析结果的表述

以测定温度下的 pH 值表示，表示至一位小数。

附 录 A
温度对标准溶液 pH 值的影响
（补 充 件）

温度(℃)	标准溶液 A	标准溶液 B	标准溶液 C
0	4.00	6.98	9.46
5	4.00	6.95	9.39
10	4.00	6.92	9.33
15	4.00	6.90	9.28
20	4.00	6.88	9.23
25	4.00	6.86	9.18
30	4.01	6.85	9.14
35	4.02	6.84	9.10
40	4.03	6.84	9.07

附加说明：

本标准由中华人民共和国建设部标准定额研究所提出。

本标准由建设部水质标准技术归口单位中国市政工程中南设计院归口。

本标准由上海市城市排水管理处、上海市城市排水监测站负责起草。

本标准主要起草人　沈培明。

本标准委托上海市城市排水监测站负责解释。

中华人民共和国行业标准

城市污水　悬浮固体的测定 重量法

CJ 26.2—91

主编单位：建设部城市建设研究院
批准部门：中华人民共和国建设部
施行日期：1992年2月1日

1　主题内容与适用范围

本标准规定了用重量法测定城市污水中的悬浮固体。

本标准适用于排入城市下水道污水和污水处理厂污水中的悬浮固体的测定。当试料体积为100mL时，本方法的最低检出浓度为5mg/L。

2　方法提要

悬浮在样品中的非溶解性固体能被酸洗石棉层截留，从而以重量法测得。

3　试剂和材料

均使用分析纯试剂和蒸馏水。

3.1　盐酸：ρ=1.19g/mL。

3.2　酸洗石棉

3.3　石棉浮液的制备

取15g酸洗石棉(3.2)，放入烧杯，加300mL水搅和，待较粗的石棉纤维沉下后，倒出上层浮液至玻璃瓶中，重复进行三次，所得石棉浮液贮于瓶中备用。余下较粗的石棉液贮于另一玻璃瓶中。

若无酸洗石棉，可取未处理石棉15g用水湿润后，加入20mL盐酸(3.1)，在沸水浴加热12h，抽滤，并用热水洗涤后备用。

4　仪器

4.1　30mL细孔瓷坩埚。

4.2　真空泵。

4.3 吸滤瓶。

4.4 干燥箱。

4.5 分析天平：感量 0.1mg。

5 样品

测定悬浮固体的样品采集要特别注意样品的代表性

6 分析步骤

6.1 石棉层的铺垫

取 30mL 细孔瓷坩埚置于吸滤瓶上，倾入较粗的石棉浮液，慢慢抽滤成 1～2mm 厚的石棉层，然后倾入细石棉浮液，用水洗涤，直至洗出液中不含有石棉纤维为止。正确铺好的石棉层，使滤下的水流不成一连续直线，而是形成间断而密集的水滴。

6.2 空坩埚的称量

将铺好石棉层的坩埚，在 105℃干燥 1h 后，于干燥器内冷却 30min 以上，取出后立即称量。再次烘干、冷却、称量直至达到恒重(即两次称量相差不超过 0.5mg)。

6.3 试料

量取 100mL 实验室样品作为试料。估计悬浮固体大致含量，可适当增加或减少试料体积。

6.4 过滤

将称量过的坩埚置于吸滤瓶上，用水稍加湿润。将试料的上层清液先行过滤，然后将下层混浊液倾入坩埚过滤，并用少量水洗涤容器数次，一并过滤。

6.5 坩埚与悬浮固体总重的称量

操作同(6.2)。

7 分析结果的表述

悬浮固体的浓度 C 以 mg/L 表示，按下式计算：

$$C=\frac{m_2-m_1}{V}\times1000\times1000$$

式中 m_1——坩埚的质量，g；

m_2——坩埚与悬浮固体的总质量，g；

V——试料体积，mL。

所得结果表示至整数。

附 录 A
砂芯坩埚的使用及洗涤方法

（补 充 件）

对于悬浮固体较少的水可使用 G3 玻璃砂芯坩埚作为滤器。

A1 分析步骤

A1.1 洗净的玻璃砂芯坩埚在 105℃干燥 1h 后，于干燥器内冷却 30min 以上，取出后立即称量。再次干燥、冷却、称量、直至达到恒重(即两次称量相差不超过 0.5mg)。

A1.2 将称量过的砂芯坩埚置于吸滤瓶上，用水稍加湿润，将试料上层清液先行过滤，然后过滤下层浊液，并用少量水洗涤容器数次，一并过滤。

A1.3 砂芯坩埚与悬浮固体总量的称量方法同 A1.1。

A2 玻璃砂芯坩埚的洗涤

A2.1 第一次使用前先用酸溶液浸泡数小时，再用水洗净，除去水滴，120℃干燥 2h。

A2.2 玻璃砂芯坩埚使用后。滤板上常附着沉积物，可先用水冲洗。如果沉积物是油脂类物质或其他有机物质，可先用四氯化碳或其他有机溶剂洗涤，然后用热的铬酸洗液浸泡过夜，最后用水冲洗洁净。

附 录 B
悬浮固体的离心分离法

（参 考 件）

悬浮固体含量在 200mg/L 以上的城市污水可用本方法。

B1 操作步骤

B1.1 离心沉淀

取摇匀的实验室样品 100mL 移入离心管，以每分钟 2000 转的速度离心 5min，静止片刻，用虹吸法移去上层清液，用 100mL 水洗涤，以同样速度离心 5min，静置后虹吸，再洗涤，离心，虹吸一次。

B1.2 沉淀物的干燥与称量

将离心管中的沉淀物全部移入恒重的蒸发皿中，在红外线快速干燥箱内烘干，再放入 105℃的烘箱内干燥 1h，放在干燥器内冷却 30min 以上，立即称量，并再次干燥、冷却、称量，直至达到恒重(两次称量相差不超过 0.5mg)。

B2 精密度和准确度

四个实验室用离心法，得下列结果：

含量（mg/L）	40	200	400
平均回收率(%)	88.9	91.2	92.6
室内标准偏差(%)	5.20	4.98	3.89
室间标准偏差(%)	5.39	6.13	5.60

附加说明：

本标准由中华人民共和国建设部标准定额研究所提出。

本标准由建设部水质标准技术归口单位中国市政工程中南设计院归口。

本标准由上海市城市排水管理处、上海市城市排水监测站负责起草。

本标准主要起草人　沈培明。

本标准委托上海市城市排水监测站负责解释。

中华人民共和国行业标准

城市污水　易沉固体的测定 体　积　法

CJ 26.3—91

主编单位：建设部城市建设研究院
批准部门：中华人民共和国建设部
施行日期：1 9 9 2 年 2 月 1 日

1 主题内容与适用范围

本标准规定了用体积法测定城市污水中的易沉固体。

本标准适用于排入城市下水道污水和污水处理厂污水中易沉固体的测定。

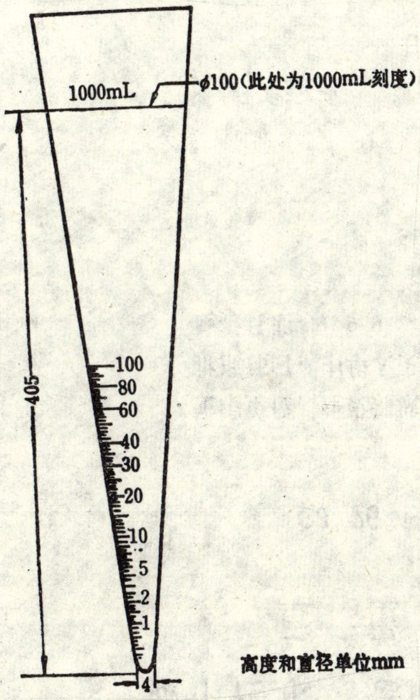

图 1 英霍夫锥形管

2 方法原理

将样品在英霍夫锥形管(Imhoff Cone)中放置15min后直接读出易沉固体的体积。

3 仪器

英霍夫锥形管，如图1所示。

4 样品

测定易沉固体的样品要特别注意代表性。

5 分析步骤

将充分摇匀的样品倾入英霍夫锥形管至1000mL标线，待沉降10min后用玻璃棒触及管壁，使停留在管壁上的沉降物下沉，待继续静置沉降5min后，记录易沉固体所占的体积。当易沉固体与上浮物分离时，不要把上浮物作为易沉固体。

6 分析结果的表述

易沉固体的测定单位是mL/L·15min，数值在英霍夫锥形管上直接读得。

附加说明：

本标准由中华人民共和国建设部标准定额研究所提出。

本标准由建设部水质标准技术归口单位中国市政工程中南设计院归口。

本标准由上海市城市排水管理处、上海市城市排水监测站负责起草。

本标准主要起草人　李允中、卢瑞仁。

本标准委托上海市城市排水监测站负责解释。

中华人民共和国行业标准

城市污水　总固体的测定 重　量　法

CJ 26.4—91

主编单位：建设部城市建设研究院
批准部门：中华人民共和国建设部
施行日期：1992年2月1日

1　主题内容与适用范围

本标准规定了用重量法测定城市污水中的总固体。

本标准适用于排入城市下水道污水和污水处理厂污水中总固体的测定。

2　方法提要

将样品混合均匀，移入已恒重的蒸发皿于水浴上蒸干，放在103～105℃干燥箱内烘至恒重，增加的质量为总固体。

3　仪器

3.1　瓷蒸发皿：直径90mm，容量100mL。

3.2　电热恒温水浴锅。

3.3　干燥箱。

3.4　分析天平，感量0.1mg。

4　样品

测定总固体的样品要特别注意样品的代表性。

5　分析步骤

5.1　将瓷蒸发皿在103～105℃烘1h后，于干燥器内冷却至室温，称量。再次烘30min，冷却，称量至恒重（两次称量相差不超过0.5mg）。

5.2　将样品充分摇匀，立即取出50±0.5mL全部移入已恒重的瓷蒸发皿（若总固体量小于2.5mg，取100±0.5mL试料），置水浴上蒸干（水浴面不可接触皿底）按5.1烘干、冷却和称量，直至恒重。

6 分析结果的表述

总固体的浓度 C（mg/L）用下式计算：

$$C=\frac{m_2-m_1}{V}\times1000\times1000$$

式中 m_1——蒸发皿质量，g；

m_2——蒸发皿与总固体的质量，g；

V——试料体积，mL。

附加说明：

本标准由中华人民共和国建设部标准定额研究所提出。

本标准由建设部水质标准技术归口单位中国市政工程中南设计院归口。

本标准由上海市城市排水管理处、上海市城市排水监测站负责起草。

本标准主要起草人　卢瑞仁。

本标准委托上海市城市排水监测站负责解释。

中华人民共和国行业标准

城市污水　五日生化需氧量的测定
稀释与接种法

CJ 26.5－91

主编单位：建设部城市建设研究院
批准部门：中华人民共和国建设部
施行日期：1992年2月1日

1 主题内容与适用范围

本标准规定了用稀释与接种法测定城市污水中五日生化需氧量。

本标准适用于排入城市下水道污水和污水处理厂污水中五日生化需氧量的测定。

1.1 测定范围

本方法适用于测定 BOD_5 大于或等于 2mg/L 的样品，大于 6000mg/L 会造成较大误差，有必要对测定结果加以说明。

1.2 干扰

水中某些有毒物质的干扰，如杀菌剂、重金属、游离氯等，会抑制生化作用。藻类或硝化微生物可能造成结果偏高。

2 方法原理

五日生化需氧量的测定采用稀释法，即取原样品或经适当稀释的样品，要含有足够的溶解氧，能满足五日生化的需氧要求。将上述样品分成两份，一份测定当天的溶解氧含量，将另一份放入 20℃培养箱内，培养 5d 以后再测其溶解氧含量，两者之差即为五日生化需氧量。如经稀释培养则应乘以稀释倍数。

3 试剂和材料

均用分析纯试剂和蒸馏水或去离子水，水中含铜不应高于 0.01mg/L。

3.1 接种水

如样品本身不含有足够的合适的微生物，应采用下述方法之一，以获得种子。

3.1.1 将生活污水保持 20℃放置 24～36h，取用上层清液。

3.1.2 污水生化处理后未经消毒的出水。

3.1.3 当分析样品为工业废水时，应取排放口下游的水作种液或经实验室培养驯化后的种液，其驯化方法是采用适量的生活污水，开始加入少量的待测废水，连续曝气培养逐渐增加待测废水投加量，直至驯化液中含有可分解废水中有机物的微生物种群为止。驯化周期一般为 10d 左右。

3.2 盐溶液

下述溶液应贮存在玻璃瓶内，置于暗处，至少可稳定一个月。一旦发现有生物滋长现象，应弃去不用。

3.2.1 磷酸盐缓冲溶液

将 8.5g 磷酸二氢钾(KH_2PO_4)、21.75g 磷酸氢二钾(K_2HPO_4)、33.4g 磷酸氢二钠($Na_2HPO_4 \cdot 7H_2O$)和 1.7g 氯化铵(NH_4Cl)溶于 500mL 水中，稀释至 1000mL，混匀。此缓冲溶液的 pH 值为 7.2。

3.2.2 硫酸镁溶液：22.5g/L

将 22.5g 硫酸镁($MgSO_4 \cdot 7H_2O$)溶于水中，稀释到 1000mL 并混匀。

3.2.3 氯化钙溶液：27.5g/L

将 27.5g 无水氯化钙($CaCl_2$)溶于水中，稀释到 1000mL 并混匀。

3.2.4 三氯化铁溶液：0.25g/L

将 0.25g 三氯化铁($FeCl_3 \cdot 6H_2O$)溶于水中，稀释到 1000mL 并混匀。

3.3 稀释水

将水于 20℃恒温下，曝气 1h 以上，静置 24h 或自然充氧 3～4d，确保溶解氧浓度不低于 8mg/L。每 1000mL 水中加入盐溶液(3.2.1、3.2.2、3.2.3、3.2.4)各1mL，作为微生物的营养剂，此溶液即为稀释水。它的五日生化需氧量不得超过0.2mg/L，每次使用前需新鲜配制。

3.4 接种的稀释水

每升稀释水(3.3)中加2.0～5.0mL接种水(3.1)，接种水应在使用时加入稀释水中，用时现配。接种的稀释水五日生化需氧量一般控制在0.6～1.0mg/L之间。

3.5 盐酸溶液：C (HCl) ＝0.5mol/L

取42mL盐酸(HCl)用水稀释成1000mL。

3.6 氢氧化钠溶液：20g/L

称取20g氢氧化钠(NaOH)溶于1000mL水中。

3.7 硫代硫酸钠溶液：C ($Na_2S_2O_3$) ＝0.0125mol/L

配制及标定方法参照附录A3.5

3.8 葡萄糖——谷氨酸标准溶液

将无水葡萄糖($C_6H_{12}O_6$)和谷氨酸(HOOC—CH_2—CH_2—$CHNH_2$—COOH)在104℃干燥1h，每种称量150±1mg，溶于水中，稀释至1000mL，混匀。此溶液于用前配制。

4 仪器

4.1 生化需氧量瓶或250mL具塞细口瓶。

4.2 20±1℃恒温培养箱。

使用的玻璃器皿要洗干净，并防止沾污。

5 样品

样品需装满并密封于瓶中，放在2～4℃下保存，一般采样后6h之内应进行测定，贮存时间不得超过24h。

6 分析步骤

6.1 样品预处理

6.1.1 pH值的控制

如样品中含有游离酸或碱，将会影响微生物活动，应用盐酸溶液(3.5)或氢氧化钠溶液(3.6)调节到pH值7.0～8.0之间。

6.1.2 去除游离氯或其他氧化剂

加入硫代硫酸钠溶液(3.7)使样品中的游离氯或其他氧化剂失效。具体方法是：取100mL污水于碘量瓶中，加入5mL、$C(1/2H_2SO_4)$ ＝6mol/L的硫酸，再加入1g碘化钾，摇匀，放暗处静置5min，此时碘被游离，以淀粉作指示剂，用标准硫代硫酸钠溶液滴定，计算所需硫代硫酸钠溶液的量，根据稀释培养用的实际污水量，计算并加入硫代硫酸钠溶液的量。

6.1.3 抑制硝化作用

经生物处理净化后的污水，或类似生物净化水等，可在加营养剂及缓冲溶液的同时每升稀释水中加入10mg2—氯—6(三氯甲基)吡啶或者每升稀释水中加入10mg丙烯基硫脲且在报告结果时加以说明。

6.2 选择稀释倍数

若样品含溶解氧在6mg/L以上，则无需稀释，可直接测定五天前后的溶解氧，而受污染的地面水、污水或工业废水则应根据其污染程度进行不同倍数的稀释，一般应使经过稀释的样品保持在20℃下，培养五天后，剩余溶解氧至少有1mg/L和消耗的溶解氧至少2mg/L。

稀释倍数也可参照化学需氧量(COD_{Cr})来折算，一般是将污水的COD_{Cr}值除以5～15，作3个稀释倍数。

当难于确定恰当的稀释比时，可先测定水样的总有机碳(TOC)和重铬酸盐法化学需氧量(COD)，根据TOC和COD估计BOD_5可能值，再围绕预期的BOD_5值，作几种不同的稀释比，最后从所得测定结果中选取合乎要求条件者。

6.3 稀释样品

生活污水可用稀释水稀释，工业废水则需用接种的稀释水来稀释。根据已决定的稀释倍数，正确计算并量取所需的污水量及稀释水量(或接种的稀释水量)进行稀释。把经过稀释的样品沿瓶壁缓缓倾入两个编号的生化需氧量瓶内，直至满溢为止。轻轻敲击瓶颈使气泡完全逸出，盖紧瓶塞。再用稀释水灌满瓶口凹处，达到水封。如稀释倍数大于50，先用蒸馏水将原水样稀释10、100或1000倍，再按上述步骤操作。若无生化需氧量瓶，也可用250mL细口瓶代替，在培养五天的过程中，应将盛有样品的瓶倒置于水中，水面应保持淹没瓶口，保证水封的可靠性，按照同法，可分别做3个不同的稀释倍数。

6.4 空白试验

另取两个编号的生化需氧量瓶，倒入稀释水(或接种的稀释水)盖紧瓶塞后，一瓶水封，一瓶用于测定当天溶解氧。

6.5 测定

将上述各稀释倍数的样品(包括空白)一份测定当天溶解氧值，另一份放在20±1℃培养箱内，培养五天后再测定其相应的溶解氧值。

测定溶解氧的方法均用碘量法(参照附录A)。

6.6 为了检验测定正确性，需进行验证试验，将20mL葡萄糖—谷氨酸标准溶液(3.8)用接种稀释水(3.4)稀释至1000mL，并按照(6.5)步骤进行测定，所得BOD_5值应为200±37mg/L。本试验同测试样品同时进行。

7 分析结果的表述

7.1 被测定溶液若满足以下条件，则能获得可靠的结果。

培养5天后：剩余DO≥1mg/L

消耗DO≥2mg/L

若不能满足以上条件，一般应舍去该结果。

7.2 五日生化需氧量BOD_5 (mg/L) 由下式计算：

$$BOD_5=\frac{(C_1-C_2)-f_1(C_3-C_4)}{f_2}$$

式中 C_1——稀释后的样品在培养前的溶解氧，mg/L；

C_2——稀释后的样品在培养5天后的溶解氧，mg/L；

C_3——稀释水在培养前的溶解氧，mg/L；

C_4——稀释水在培养5天后的溶解氧，mg/L；

f_1——稀释水(或接种稀释水)在培养液中所占比例；

f_2——样品在培养液中所占比例。

若样品有几种稀释比所得结果都符合(7.1)所要求的条件，则这些结果皆有效，以平均值表示测定结果。

8 精密度

测定300mg/L葡萄糖—谷氨酸(BOD_5为199.4mg/L)混合标准溶液32次，实验室内相对误差3%，相对标准偏差为1.8%。

附 录 A
碘量法测定溶解氧

（补 充 件）

A1 方法原理

样品在碱性条件下，加入硫酸锰，产生的氢氧化锰被样品中的溶解氧氧化，产生锰酸锰，在酸性条件下，锰酸锰氧化碘化钾析出碘，析出碘的量相当于样品中溶解氧的量，最后用标准硫代硫酸钠溶液滴定。

A2 仪器

A2.1 溶解氧瓶(同生化需氧量瓶)。

A2.2 250mL 三角烧瓶。

A2.3 50mL 滴定管。

A3 试剂和材料

均用分析纯试剂和蒸馏水或去离子水

A3.1 浓硫酸(H_2SO_4)：$\rho=1.84g/mL$。

A3.2 硫酸锰溶液

称取 360g 硫酸锰($MnSO_4 \cdot H_2O$)溶于水中，稀释到 1000mL，过滤备用。

A3.3 碱性碘化钾溶液

称取 500g 氢氧化钠及 150g 碘化钾溶于水中，稀释到 1000mL，静止 24h 使所含杂质下沉，过滤备用。

A3.4 重铬酸钾标准溶液：$C\ (1/6K_2Cr_2O_7)=0.0125mol/L$

将分析纯重铬酸钾放在 180℃烘箱内，干燥 2h，取出，置于干燥器内冷却。称取 0.6129±0.0006g 重铬酸钾溶于水中，倾入 1000mL 容量瓶，稀释到标线。

A3.5 硫代硫酸钠标准溶液：$C\ (Na_2S_2O_3)=0.0125mol/L$

称取分析纯硫代硫酸钠($Na_2S_2O_3 \cdot 5H_2O$)约 32g 溶于煮沸并冷却的 1000mL 水中，使用前取 100mL 稀释到 1000mL，然后按下法标定。

在具塞的三角烧瓶中加入 1g 碘化钾及 50mL 水，用移液管加入 20mL 重铬酸钾标准溶液(A3.4)及 5mL、$C(1/2H_2SO_4)=6mol/L$ 的硫酸静置 5min 后，用硫代硫酸钠溶液滴定至淡黄色，加 1mL 淀粉溶液，继续滴定至蓝色刚退去为止，记录用量，根据公式($C_1V_1=C_2V_2$)计算硫代硫酸钠的浓度，并校正为 0.0125mol/L。

A3.6 淀粉溶液

称取 1g 可溶性淀粉用少量水调成糊状，再用刚煮沸的水稀释成 100mL，冷却后加入 0.1g 水杨酸或 0.4g 氯化锌保存。

A4 分析步骤

A4.1 在已知体积的溶解氧瓶中装满样品(或经稀释的样品)轻轻敲击瓶颈使气泡完全逸出，使瓶塞下不留气泡。

A4.2 用滴定管浸入样品，加入 1mL 硫酸锰溶液(A3.2)，1mL 碱性碘化钾溶液(A3.3)盖紧瓶塞，把样品摇匀，使之充分混合，静止数分钟使沉淀下降。

A4.3 加 1mL 浓硫酸盖紧瓶塞，摇动瓶子使沉淀全部溶解。

A4.4 静止 5min 后，量取 100mL，沿壁倒入三角烧瓶中，用硫代硫酸钠标准溶液(A3.5)滴定至淡黄色，再加入 1mL 淀粉溶液(A3.6)，继续滴定至蓝色刚退去为止，记下用量。

A5 分析结果的表述

溶解氧(DO mg/L)用下式计算

$$DO=\frac{V_1\times 0.0125\times 8\times 1000}{100}$$

式中 V_1——样品耗用硫代硫酸钠标准溶液(A3.5)的体积，mL；

100——被测定溶液的体积，mL。

A6 其他

A6.1 如样品中含有亚硝酸盐时，可改用叠氮化钠修正法，操作步骤不变(同上所述)，仅在步骤(A4.2)中以叠氮化钠碱性碘化钾溶液(叠氮化钠的浓度为10g/L)代替碱性碘化钾溶液。

A6.2 如样品含有还原性物质时，可选用高锰酸钾修正法，样品装满溶解氧瓶后，先往瓶中加0.5mL浓硫酸和0.5mL0.4%高锰酸钾溶液，盖紧瓶塞，摇匀，放置15min，在此时间内粉红色褪去，应随时补加高锰酸钾溶液，直至粉红色保持不褪，然后加1mL1%草酸钠溶液去除多余的高锰酸钾，再加入3mL碱性碘化钾，其他试剂及操作步骤同碘量法。

A6.3 含有较多铁盐的样品，在测溶解氧前，应先加40%氟化钾溶液1mL，使氟化钾与铁生成络合物，以消除铁的影响。

附加说明：

本标准由中华人民共和国建设部标准定额研究所提出。

本标准由建设部水质标准技术归口单位中国市政工程中南设计院归口。

本标准由上海市城市排水管理处、上海市城市排水监测站负责起草。

本标准主要起草人 李允中、严英华。

本标准委托上海市城市排水监测站负责解释。

中华人民共和国行业标准

城市污水 化学需氧量的测定 重铬酸钾法

CJ 26.6—91

主编单位：建设部城市建设研究院
批准部门：中华人民共和国建设部
施行日期：1 9 9 2 年 2 月 1 日

1 主题内容与适用范围

本标准规定了用重铬酸钾法测定城市污水中化学需氧量。

本标准适用于排入城市下水道污水和污水处理厂污水中化学需氧量的测定。

1.1 测定范围

本方法测定化学需氧量(COD_{cr})的范围为 50～400 mg/L。

1.2 干扰

氯离子对本方法有干扰，若氯离子浓度小于 1000mg/L 时，可加硫酸汞消除。亚硝酸盐也有干扰，可加氨基磺酸消除。

2 方法原理

在强酸性溶液中，用重铬酸钾氧化样品中还原性物质，过量的重铬酸钾以试亚铁灵为指示剂，用硫酸亚铁铵溶液滴定，根据消耗的重铬酸钾量可计算出样品中的化学需氧量。

3 试剂和材料

均用分析纯试剂和蒸馏水或去离子水。

3.1 硫酸汞。

3.2 硫酸银—硫酸溶液

于 500mL 浓硫酸中加入 6.7g 硫酸银，溶解后使用（每 75mL 硫酸中含 1g 硫酸银）。

3.3 重铬酸钾标准溶液：C_1 $(1/6K_2Cr_2O_7)$ =0.2500mol/L

称取预先在 180℃干燥过的重铬酸钾 12.258±0.005g，溶于水中，移入 1000mL 容量瓶，用水稀释至标线，摇匀。

3.4 硫酸亚铁铵标准溶液

称取 49g 硫酸亚铁铵 $[FeSO_4(NH_4)_2SO_4 \cdot 6H_2O]$ 溶于水中，加入 20mL 浓硫酸，冷却后稀释至 1000mL，摇匀。临用前用重铬酸钾标准溶液(3.3)标定。

3.4.1 标定方法

吸取 25.0mL 重铬酸钾标准溶液(3.3)于 500mL 锥形瓶中，用水稀释至 250mL，加 20mL 浓硫酸，冷却后加 2～3 滴试亚铁灵指示剂(3.5)，用硫酸亚铁铵溶液(3.4)滴定到溶液由黄色经蓝绿色刚变为红褐色为止。

3.4.2 硫酸亚铁铵标准溶液浓度 C (mol/L) 的计算：

$$C=\frac{C_1\times V_1}{V} \tag{1}$$

式中 C_1——重铬酸钾标准溶液(3.3)的浓度，mol/L；

V_1——吸取重铬酸钾标准溶液(3.3)的体积，mL；

V——消耗硫酸亚铁铵标准溶液(3.4)的体积，mL。

3.5 试亚铁灵指示剂

称取 1.49g 邻菲罗啉($C_{12}H_8N_2 \cdot H_2O$)、0.695g 硫酸亚铁($FeSO_4 \cdot 7H_2O$)溶于水中，稀释至 100mL，贮于棕色试剂瓶中。

4 仪器

4.1 COD 消解装置：250mL 磨口锥形瓶连接球形冷凝管。

4.2 加热装置

功率约 1.4W/cm^2 的电热板或电炉，以保证回流液充分沸腾。

5 样品

若取样后推迟分析则用浓硫酸酸化至 pH 小于 2 保存。

6 分析步骤

6.1 空白试验

取 50mL 水按(6.2)进行操作。

6.2 测定

6.2.1 量取适量实验室样品作为试料(不足 20mL 时,用水补足)于 250mL 磨口锥形瓶中，加入 10mL 重铬酸钾标准溶液(3.3)，缓缓加入 30mL 硫酸银-硫酸溶液(3.2)和数粒玻璃珠，轻轻摇动锥形瓶使溶液混匀，加热回流 2h。

6.2.2 若样品氯离子大于 300mg/L，取 20mL 样品，加 0.2 硫酸汞(3.1)和 5mL 浓硫酸，摇匀，待硫酸汞溶解后，再按(6.2.1)操作，其中硫酸银-硫酸溶液(3.2)加 25mL。

6.2.3 冷却后，先用水冲洗冷凝器壁，然后取下锥形瓶，再用水稀释至 140mL，此酸度时，滴定终点较为明显。

6.2.4 冷却后，加 2～3 滴试亚铁灵指示剂(3.5)用硫酸亚铁铵标准溶液(3.4)滴定到溶液由黄色至蓝绿色刚变为红褐色为止，记录消耗的硫酸亚铁铵标准溶液(3.4)的体积。

7 分析结果的表述

化学需氧量 COD_{c_r} (O_2，mg/L) 由下式计算：

$$COD_{c_r}=\frac{(V_0-V_1)\times C\times 8\times 1000}{V_2} \quad (2)$$

式中 C——硫酸亚铁铵标准溶液(3.4)的浓度，mol/L；

V_1——滴定试料消耗硫酸亚铁铵标准溶液(3.4)的体积，mL；

V_0——滴定空白消耗硫酸亚铁铵标准溶液(3.4)的体积，mL；

8——氧($1/4O_2$)的摩尔质量,g/mol；

V_2——试料体积,mL。

8 精密度

生活污水中加标 425.1mg/L 的邻苯二甲酸氢钾(相当于 COD_{c_r}500mg/L)，测定 23 次，平均回收率为 98%，相对标准偏差 2.16%。

9 其他

9.1 本方法测定时，0.1g 硫酸汞(3.1)可与 10mg 氯离子结合，如果氯离子浓度高，应补加硫酸汞(3.1)使它与氯离子重量比为 10：1，如有少量沉淀不影响测定。

9.2 试料加热回流后，溶液中重铬酸钾剩余量为原加入量的 1/5～4/5 为宜。

9.3 若试料中含易挥发有机物，在加硫酸银—硫酸溶液时，应在冰浴或水浴中进行，或从冷凝器顶端慢慢加入，以防易挥发性物质损失，使结果偏低。

9.4 样品中的亚硝酸盐对测定有干扰，可按 1mg 亚硝酸盐氮加入 10mg 氨基磺酸来消除，空白中也应加入等量的氨基磺酸。

9.5 用邻苯二甲酸氢钾作标准检验，邻苯二甲酸氢钾浓度为 425mg/L，相当于 COD 值 500mg/L。

9.6 如采用各种不同类型的 COD 消解装置，试料体积在 10～50mL 时，所加试剂的体积及浓度应按表 1 进行相应的调整。

用重铬酸钾法测定 COD 的条件 表 1

试料体积（mL）	C_1（$1/6K_2Cr_2O_7$ =0.2500mol/L）溶液的体积（mL）	硫酸银-硫酸溶液的体积（mL）	硫酸汞（g）可消除 1000mg/L 氯离子干扰	硫酸亚铁铵标准溶液的浓度（mol/L）	滴定前的体积（mL）
10.00	5.00	15	0.1	0.0500	70
20.00	10.00	30	0.2	0.1000	140
30.00	15.00	45	0.3	0.1500	210
40.00	20.00	60	0.4	0.2000	280
50.00	25.00	75	0.5	0.2500	350

附加说明：

本标准由中华人民共和国建设部标准定额研究所提出。

本标准由建设部水质标准技术归口单位中国市政工程中南设计院归口。

本标准由上海市城市排水管理处、上海市城市排水监测站负责起草。

本标准主要起草人 严英华。

本标准委托上海市城市排水监测站负责解释。

中华人民共和国行业标准

城市污水 油的测定

重 量 法

CJ 26.7—91

主编单位：建设部城市建设研究院

批准部门：中华人民共和国建设部

施行日期：1 9 9 2 年 2 月 1 日

1 主题内容与适用范围

本标准规定了用重量法测定城市污水中的油。

本标准适用于排入城市下水道污水和污水处理厂污水中油的测定。

本方法适用于测定含油在5mg/L以上的样品。不受油的品种限制，所测定的油不能区分矿物油，动、植物油。

2 方法提要

以硫酸酸化样品，用石油醚从样品提取油类，蒸发去除石油醚，再称其重量，此方法测定的是水中可被石油醚提取的物质的总量。

3 试剂和材料

均用分析纯试剂。

3.1 石油醚，沸程30～60℃。

3.2 无水乙醇。

3.3 无水硫酸钠。

3.4 50%（V/V）硫酸溶液

将硫酸（H_2SO_4，$\rho=1.84$g/mL），缓慢倒入等体积水中。

4 仪器

4.1 分析天平。

4.2 干燥箱。

4.3 电热恒温水浴锅。

5 样品

定量采集100～500mL样品于清洁干燥的玻璃瓶内，此瓶用洗涤剂清洗，勿用肥皂水洗，为了保存样品，采样前，可向瓶里加入硫酸(每1000mL样品加2.5mL硫酸)使pH小于2，低于4℃保存，常温下，样品可保存24h。

6 分析步骤

6.1 将采集的样品全部作为试料倒入500或1000mL分液漏斗中，加硫酸溶液(3.4)5mL，用25mL石油醚洗采样瓶后，倾入分液漏斗中，充分振摇2min，并注意打开活塞放气，静置分层。水相用石油醚重复提取2次，每次用量25mL，合并3次石油醚(有机相)提取液于锥形瓶中。

6.2 向石油醚提取液中，加入无水硫酸钠(3.3)脱水，轻轻摇动，至不结块为止。加盖，放置0.5～2h。

6.3 用预先以石油醚洗涤过的滤纸过滤，收集滤液于经烘干恒重的1000mL蒸发皿中。

6.4 将蒸发皿置于65±1℃水浴上蒸发至近干。将蒸发皿外壁水珠擦干，置于烘箱中，在65℃烘1h，放干燥器内冷却30min，称量，直至恒重。

7 分析结果的表述

油的含量C（mg/L）按下式计算：

$$C=\frac{m_1-m_2}{V}\times1000\times1000$$

式中 m_1——蒸发皿和油的总质量，g；

m_2——蒸发皿的质量，g；

V——试料体积，mL。

8 其他

8.1 石油醚必须纯净，取100mL蒸干，残渣不得大于0.2g，否则需要重蒸馏。

8.2 分液漏斗活塞切勿涂任何油脂。

8.3 发现分层不好，可加少量无水乙醇。

8.4 确定矿物油可用紫外分光法。

附 录 A
紫外分光光度法测定油

（参 考 件）

本方法适用于测定含矿物油0.05～50mg/L的样品。

A1 方法原理

石油及其产品在紫外光区有特征吸收，带有苯环的芳香族化合物，主要吸收波长为250～260nm；带有共轭双键的化合物主要吸收波长为215～230nm。一般原油的两个吸收波长为225及254nm。石油产品中，如燃料油、润滑油等的吸收峰与原油相近。因此，波长的选择应视实际情况而定，原油和重质油可选254nm，而轻质油及炼油厂的油品可选225nm。

标准油采用受污染地点水样中的石油醚萃取物。

A2 仪器

A2.1 分光光度计（具有215～256nm波长），10mm石英比色皿。

A2.2 1000mL分液漏斗。

A2.3 50mL容量瓶。

A2.4 G3型25mL玻璃砂芯漏斗。

A3 试剂和材料

均用分析纯试剂和蒸馏水或去离子水。

A3.1　氯化钠。

A3.2　无水硫酸钠

在300℃下烘1h，冷却后装瓶备用。

A3.3　50%(V/V)的硫酸溶液

把硫酸缓缓倒入等体积的水中。

A3.4　石油醚(60～90℃馏份)

石油醚必须脱芳烃，方法是将60～100目粗孔微球硅胶和70～120目中性层析氧化铝(在150～160℃活化4h)，在未完全冷却前装入内径25mm高750mm的玻璃柱中。下层硅胶高600mm，上面覆盖50mm厚的氧化铝，将60～90℃石油醚通过此柱以脱除芳烃。收集石油醚于细口瓶中，以水为参比，在225nm处测定透光率，不应小于80%。

A3.5　标准油

用经脱芳烃并重蒸馏过的30～60℃石油醚，从待测样品中萃取油，经无水硫酸钠脱水后过滤。将滤液置于65±5℃水浴上蒸出石油醚，然后于65±5℃恒温箱内赶尽残留的石油醚，即得标准油品。

A3.6　标准油贮备溶液

称取标准油0.100±0.001g溶于石油醚(A3.4)中，移入100mL容量瓶内，稀释至标线，贮于冰箱中。此溶液1mL含1.00mg油。

A3.7　标准油溶液

临用前把标准油贮备溶液(A3.6)用石油醚(A3.4)稀释10倍，此液1mL含0.10mg油。

A4　分析步骤

A4.1　空白试验

取与试料相同体积的水，按(A4.2)步骤操作。

A4.2　测定

A4.2.1　将已测量体积的样品作为试料，全部倒入1000mL分液漏斗，加入50%的硫酸5mL(若采样时已酸化，则不需加酸)。加入氯化钠，约为样品量的2%(m/V)。用20mL石油醚(A3.4)清洗采样瓶后，移入分液漏斗中，充分振摇3min静置使之分层，将水相移入采样瓶内。

A4.2.2　将石油醚萃取液通过内铺约5mm厚度无水硫酸钠的砂芯漏斗，滤入50mL容量瓶。

A4.2.3　将水相移入分液漏斗，用20mL石油醚(A3.4)重复萃取一次，然后用10mL石油醚(A3.4)洗涤分液漏斗，收集于同一容量瓶内，并用石油醚(A3.4)释稀至标线。

A4.2.4　在选定的波长处，用10mm比色皿，以石油醚(A3.4)为参比，测定吸光度。减去空白试验的吸光度，得到校正吸光度。

A5　工作曲线的绘制

取7只50mL容量瓶，分别加入0、2.00、4.00、8.00、12.00、20.00和25.00mL标准油溶液(A3.7)，用石油醚(A3.4)稀释至标线。按(A4.2.4)操作，并绘制工作曲线。

A6　分析结果的表述

油的含量C(mg/L)由下式计算：

$$C=\frac{m\times1000}{V}$$

式中　m——用校正吸光度在工作曲线上查出油的量，mg；

V——试料体积，mL。

A7 精密度

三个实验室分析含 10.0mg/L 油的统一发放标准溶液，室内相对偏差为 1.7%；室间相对标准偏差为 3.0%；相对误差为－0.6%。

附加说明：

本标准由中华人民共和国建设部标准定额研究所提出。

本标准由建设部水质标准技术归口单位中国市政工程中南设计院归口。

本标准由上海市城市排水管理处、上海市城市排水监测站负责起草。

本标准主要起草人　严英华。

本标准委托上海市城市排水监测站负责解释。

中华人民共和国行业标准

城市污水　挥发酚的测定　蒸馏后4-氨基安替比林分光光度法

CJ 26.8—91

主编单位：建设部城市建设研究院
批准部门：中华人民共和国建设部
施行日期：1992年2月1日

第一篇　三氯甲烷萃取法

1　主题内容与适用范围

本标准规定了用蒸馏后4-氨基安替比林分光光度法测定城市污水中的挥发性酚类化合物。

本标准适用于排入城市下水道污水和污水处理厂污水中的挥发酚的测定。

1.1　测定范围

本方法测定挥发酚的浓度范围为0.005～0.2mg/L。

1.2　干扰

氧化剂、硫化物干扰酚的测定。

2　方法原理

通过蒸馏，分离出挥发性酚类化合物，在pH为10.0±0.2及铁氰化钾存在的条件下，与4-氨基安替比林反应生成橙红色的安替比林染料，用三氯甲烷萃取出安替比林染料进行分光光度测定。

3　试剂和材料

均用分析纯试剂及无酚蒸馏水。

3.1　无酚水的制备

将蒸馏水加氢氧化钠（3.3）呈强碱性，加高锰酸钾（3.2）呈紫红色，移入全玻璃蒸馏器中加热蒸馏，馏出液于玻璃试剂瓶中备用。

3.2　高锰酸钾。

3.3　氢氧化钠。

3.4　硫酸亚铁（$FeSO_4 \cdot 7H_2O$）。

3.5　盐酸：ρ=1.19g/mL。

3.6　磷酸：ρ=1.69g/mL。

3.7　碘化钾。

3.8　无水硫酸钠：使用前，需经105～110℃干燥2h。

3.9　三氯甲烷。

3.10　10%（V/V）磷酸溶液

量取10.0mL磷酸（3.6）用水稀释至100mL。

3.11　10%（m/V）氢氧化钠溶液

称取10.0g氢氧化钠（3.3）溶于100mL水中。

3.12　10%（m/V）硫酸铜溶液

称取100.0g水合硫酸铜（$CuSO_4 \cdot 5H_2O$）溶于水，稀释至1000mL。

3.13　硫酸溶液：C（$1/2H_2SO_4$）=6mol/L。

取100mL硫酸（ρ=1.84g/mL）小心加到500mL水中。

3.14　缓冲溶液：pH≈10

称取20.0g氯化铵（NH_4Cl）溶于100mL氨水中，密闭，于冰箱中保存。

3.15　2%（m/V）4-氨基安替比林溶液

称取2.0g4-氨基安替比林，溶于水中，稀释至100mL，于冰箱中保存，可使用一星期。

3.16　8%（m/V）铁氰化钾溶液

称取8.0g铁氰化钾（$K_3[Fe(CN)_6]$）溶于水中，稀释至100mL，于冰箱中保存，可使用一星期。

3.17　溴酸钾—溴化钾溶液

称取2.784±0.003g无水溴酸钾溶于水中，加入10.0g

溴化钾，溶解后移入1000mL容量瓶，用水稀释至标线。

3.18 硫代硫酸钠溶液：C（$Na_2S_2O_3$）＝0.0125mol/L

称取24.8g硫代硫酸钠（$Na_2S_2O_3 \cdot 5H_2O$）溶于1000mL新煮沸并放冷的水中，加0.4g氢氧化钠（3.3），使用前按附录B标定，标定后稀释成0.0125mol/L的溶液。

3.19 重铬酸钾基准溶液：C（$1/6K_2Cr_2O_7$）＝0.10mol/L

准确称取经105～110℃干燥2h并冷却至室温的重铬酸钾4.9032±0.0005g，用水溶解后移入1000mL容量瓶并稀释至标线。

3.20 酚贮备溶液

称取精制苯酚1.00±0.01g溶于水移入1000mL容量瓶中，稀释至标线。每次使用前按附录A进行标定，于冰箱中保存。

注：当苯酚呈红色时，需要精制：取适量在水浴上融化的苯酚置于蒸馏瓶中，加热蒸馏，以空气冷凝，收集182～184℃馏分，精制的苯酚应为无色。低温时析出晶体，暗处保存。

3.21 酚标准溶液：10.0mg/L

取适量酚贮备液（3.20）用水稀释而成，使用时当天配制。

3.22 酚标准溶液：1.00mg/L

取适量酚标准溶液（3.21）用水稀释而成。配制后2h内使用。

3.23 1%（m/V）淀粉溶液

1.0g可溶性淀粉，置于200mL烧杯中，加少量水调成糊状，加入100mL沸水，搅拌混匀，冷却后加入0.4g氯化锌。

3.24 碘化钾—淀粉试纸

称取1.5g可溶性淀粉置于烧杯中，用少量水调成糊状，加入200mL沸水，搅拌混匀，冷却后，加0.5g碘化钾（3.7）和0.5g碳酸钠，用水稀释成250mL，将滤纸条浸渍后，取出晾干，装棕色瓶备用。

3.25 甲基橙指示剂

称取0.5g甲基橙溶于1000mL水中。

4 仪器

4.1 分光光度计，配20mm比色皿。

4.2 500mL全玻璃蒸馏器。

4.3 125mL锥形分液漏斗。

5 样品

采样后应及时加磷酸（3.6）酸化至pH约4.0，并加适量硫酸铜（1g/L），于4℃保存，期限为24h。

6 分析步骤

6.1 干扰的排除

6.1.1 氧化剂

在采样现场，就应用碘化钾—淀粉试纸（3.24）检查有无游离氯等氧化剂存在，如有发现，应及时加入过量硫酸亚铁（3.4）。

6.1.2 硫化物

用磷酸酸化后，加入适量硫酸铜（3.12）可去除少量的硫化物。当硫化物含量较高时，则应在样品酸化后，在通风柜内搅拌曝气，使其生成硫化物逸出。

6.2 试料

量取100mL实验室样品作为试料。如样品含酚量较高，可减小试料体积，以水补足至100mL，在计算结果时应乘以稀释倍数。

6.3 空白试验

取100mL水（3.1）按6.4条进行平行操作。从工作曲线上查得空白值，若超出置信区间应检查原因。

空白值置信区间可按CJ26.25—91附录B确定。

6.4 测定

6.4.1 预蒸馏

将试料移入蒸馏瓶（4.2）中，加玻璃珠数粒，加甲基橙指示剂（3.25）数滴，滴加磷酸溶液（3.10）至溶液呈红色，使pH为4，最后加1mL硫酸铜溶液（3.12）。加热蒸馏，收集约90mL馏出液，停止加热，稍冷后往蒸馏瓶中加10mL水（3.1）继续蒸馏到100mL馏出液为止。收集管内预先加入1mL氢氧化钠溶液（3.11）。

6.4.2 显色

将馏出液移入分液漏斗（4.3）中，加1.0mL缓冲溶液（3.14），摇匀。此时pH为10.0±0.2。加1.0mL4-氨基安替比林溶液（3.15），摇匀，再加1.0mL铁氰化钾溶液（3.16），充分混匀，放置10min。

6.4.3 萃取

在显色的溶液内准确加入10.0mL三氯甲烷（3.9）加盖，剧烈振摇2min，静置分层。取10mL试管一支，放上垫有直径为70mm滤纸的小漏斗，加入无水硫酸钠（3.8）约1g。使三氯甲烷层经无水硫酸钠脱水后，放入试管。

6.4.4 分光光度测定

将三氯甲烷萃取液移入20mm比色皿，在460nm波长下，以三氯甲烷为参比，测定三氯甲烷萃取液的吸光度。

6.5 工作曲线的绘制

于一组100mL容量瓶中，分别加入0、0.50、1.00、2.00、4.00、6.00、8.00、10.00、15.00、20.00mL酚标准溶液（3.22），加水（3.1）稀释至标线。此标准系列的浓度分别为0、0.005、0.01、0.02、0.04、0.06、0.08、0.10、0.15、0.20 mg/L。按6.4条操作。

以各浓度标准溶液的吸光度减去零浓度溶液的吸光度，绘制吸光度对酚浓度的工作曲线。

7 分析结果的表述

7.1 计算方法

试料中酚的吸光值 A_r 用式（1）计算：

$$A_r = A_s - A_b \tag{1}$$

式中 A_s——由试料（6.2）测得的吸光度；

A_b——空白试验（6.3）的吸光度。

7.2 挥发酚的浓度 C（mg/L）由 A_r 值从工作曲线（6.5）上确定，结果表示至3位小数。

第二篇　直接分光光度法

8　主题内容与适用范围

本标准规定了用蒸馏后 4-氨基安替比林分光光度法测定城市污水中的挥发性酚类化合物。

本标准适用于排入城市下水道污水和污水处理厂污水中的挥发酚的测定。

8.1　测定范围

本方法测定挥发酚的浓度范围为 0.2～2.0mg/L。

9　方法原理

同 2，但生成的安替比林染料，不经三氯甲烷提取，直接进行分光光度测定。

10　试剂和材料

同 3。

11　仪器

同 4。

12　样品

同 5。

13　分析步骤

13.1　干扰的排除

同 6.1。

13.2　试料

同 6.2。

13.3　空白试验

取 100mL 水（3.1）按 13.4 进行平行操作。

13.4　测定

13.4.1　预蒸馏

同 6.4.1。

13.4.2　显色

同 6.4.2。

13.4.3　分光光度测定

将显色的溶液移入 20mm 比色皿，以水（3.1）为参比，测定其在 510nm 波长下的吸光度

13.5　工作曲线的绘制

于一组 100mL 容量瓶中，分别加入 0、1.00、2.00、4.00、6.00、8.00、10.00、15.00、20.00mL 酚标准溶液（3.21），加水（3.1）稀释至标线。此标准系列的浓度分别为 0、0.1、0.2、0.4、0.6、0.8、1.0、1.5、2.0mg/L，按 13.4 条操作。

以各浓度标准溶液的吸光度减去零浓度溶液的吸光度，绘制吸光度对酚浓度的工作曲线。

14　分析结果的表述

14.1　计算方法

试料中酚的吸光度 A'_r 用式（2）计算：

$$A'_r = A'_s - A'_b \qquad (2)$$

式中　A'_s——由试料（13.2）测得的吸光度；

A'_b——空白试验（13.3）的吸光度。

14.2　挥发酚的浓度 C（mg/L）由 A'_r 值从工作曲线（13.5）上确定；结果表示至 2 位小数（1.0mg/L 以下表示至 3 位小数）

附　录　A
酚贮备液（3.20）的浓度标定

（补　充　件）

吸取 10.0mL 酚贮备溶液（3.20）于 250mL 碘量瓶中，加水（3.1）稀释至 100mL，加 10.0mL 溴酸钾—溴化钾溶液（3.17），立即加入 5mL 盐酸（3.5），盖紧瓶塞，摇匀，于暗处放置 10min。加入 1g 碘化钾（3.7），摇匀，于暗处放置 5min。用 0.0125mol/L 硫代硫酸钠（3.18）滴定至淡黄色，加入 1mL 淀粉溶液（3.23），继续滴定至蓝色刚好消失，记录用量。同时用水（3.1）代替酚贮备液做空白试验，记录硫代硫酸钠溶液的用量。

酚贮备溶液浓度 C（g/L）由下式计算：

$$C=\frac{(V_2-V_1)\times 0.0125\times 15.68}{V}$$

式中　V_1——滴定酚贮备液时硫代硫酸钠溶液的用量，mL；

V_2——空白试验中硫代硫酸钠溶液的用量，mL；

V——所取酚贮备液的体积，mL；

0.0125——硫代硫酸钠溶液的摩尔浓度，mol/L；

15.68——苯酚（1/6C_6H_5OH）的摩尔质量，g/mol。

附 录 B
硫代硫酸钠溶液浓度的标定
（补 充 件）

于250mL碘量瓶中，加入约1g碘化钾（3.7），50mL水（3.1），加入15.0mL重铬酸钾基准溶液（3.19）、5mL硫酸溶液（3.13），盖好瓶盖，摇匀，于暗处静置5min，用硫代硫酸钠溶液滴定至淡黄色，加入1mL淀粉溶液（3.23），继续滴定至蓝色刚好消失，记录用量。

硫代硫酸钠溶液的浓度C_1（mol/L）由下式计算：

$$C_1=\frac{C_2V_2}{V_1}$$

式中 C_2——重铬酸钾基准溶液的浓度，mol/L；

V_2——重铬酸钾基准溶液的体积，mL；

V_1——硫代硫酸钠溶液的用量，mL。

附加说明：

本标准由中华人民共和国建设部标准定额研究所提出。

本标准由建设部水质标准技术归口单位中国市政工程中南设计院归口。

本标准由上海市城市排水管理处、上海市城市排水监测站负责起草。

本标准主要起草人 李允中、沈培明。

本标准委托上海市城市排水监测站负责解释。

中华人民共和国行业标准

城市污水 氰化物的测定

CJ 26.9—91

主编单位：建设部城市建设研究院
批准部门：中华人民共和国建设部
施行日期：1992年2月1日

第一篇 异烟酸—吡唑啉酮分光光度法

1 主题内容与适用范围

本标准规定了用异烟酸—吡唑啉酮分光光度法测定城市污水中的氰化物。

本标准适用于排入城市下水道污水和污水处理厂污水中氰化物的测定。

1.1 测定范围

本方法测定氰化物的浓度范围以氰离子（CN^-）计为0.008～0.30mg/L。

1.2 干扰

样品中油干扰测定时，可用正己烷进行萃取排除干扰。蒸馏时加硝酸银，消除硫化物的干扰。

2 方法原理

用酒石酸溶液将样品控制在pH约为4的条件下加热蒸馏，简单氰化物及部分络合氰化物以氰化氢的形式蒸出，用碱液吸收。显色时，在碱性条件下，CN^-经氯胺T氧化生成氯化氰，氯化氰在中性条件下与异烟酸作用并经水解生成戊烯二醛，此戊烯二醛再与吡唑啉酮缩合成蓝色染料，此染料颜色深浅与氰化物含量成正比，可用分光光度法进行测定。

3 试剂和材料

均使用分析纯试剂和蒸馏水或去离子水。

3.1 1.5%（m/V）硝酸银溶液

称取1.5g硝酸银（$AgNO_3$）溶于100mL水中，贮存于棕色瓶内。

3.2 20%（m/V）酒石酸溶液。

称取200g酒石酸（$C_4H_6O_6$）溶于1000mL水中。

3.3 2.5%（m/V）氢氧化钠溶液

称取25g氢氧化钠（NaOH），溶于1000mL水中。

3.4 1%氯胺T溶液

称取0.5g氯胺T（$C_7H_7ClNNaO_2S \cdot 3H_2O$，chloramine-T）溶于50mL水中。用时现配。

3.5 磷酸盐缓冲溶液（pH=6.8）

称取34.0g无水磷酸二氢钾（KH_2PO_4）和35.5g无水磷酸氢二钠（Na_2HPO_4），溶于1000mL水中。

3.6 异烟酸—吡唑啉酮溶液

3.6.1 异烟酸溶液

称取1.5g异烟酸溶于100mL0.5%（m/V）氢氧化钠溶液，加热溶解。

3.6.2 吡唑啉酮溶液

称取0.25g吡唑啉酮（3-甲基-1-苯基-5-吡唑啉酮，$C_{10}H_{10}ON_2$）溶于20mLN，N-二甲基甲酰胺［$HCON(CH_3)_2$］中。

吡唑啉酮溶液（3.6.2）和异烟酸溶液（3.6.1）按体积比1∶5混合。用时现配。

3.7 0.1%（m/V）氢氧化钠溶液

称取1g氢氧化钠（NaOH），溶于1000mL水中。

3.8 氯化钠基准溶液：C（NaCl）=0.02mol/L

称取经140℃干燥的氯化钠（NaCl）0.2922±0.0003g于烧杯内，用水溶解，移入250mL容量瓶，稀释至标线，混匀。

3.9 硝酸银标准滴定溶液：C_1（$AgNO_3$）=0.020mol/L

3.9.1 称取 0.85g 硝酸银($AgNO_3$)溶于水，稀释至 250mL，贮于棕色瓶中，摇匀，待标定后使用。

3.9.2 标定方法

吸取 20±0.05mL 氯化钠基准溶液（3.8）于 150mL 锥形瓶中，加 30mL 水，1mL 铬酸钾指示剂（3.14），用待标定的硝酸银溶液（3.9）滴定至微桔红色，同时用 50mL 水做空白。

硝酸银标准滴定溶液浓度 C_1（mol/L）用下式计算：

$$C_1=\frac{20.00\times C}{V-V_0} \qquad (1)$$

式中 C——氯化钠基准溶液浓度，mol/L；

V——滴定氯化钠基准溶液时硝酸银溶液用量，mL；

V_0——滴定空白时硝酸银溶液用量，mL。

3.10 氰化钾贮备溶液

3.10.1 称取 0.25g 氰化钾（KCN），溶于氢氧化钠溶液（3.7）中，移入 250mL 容量瓶，用氢氧化钠溶液（3.7）稀释至刻度，摇匀，于棕色瓶中避光贮存。

氰化物是剧毒物品，操作时要特别小心，避免直接接触和入口，实验要在通风橱内或通风良好的地方进行。

3.10.2 标定方法

吸取 20±0.05mL 氰化钾溶液于 150mL 锥形瓶，加 30mL 水和 1mL 氢氧化钠溶液（3.3）再加 4 滴试银灵指示剂（3.15），用硝酸银标准滴定溶液（3.9）滴定，滴到溶液由黄色刚变为红色为止。用 50mL 水按同样方法做空白试验。

氰化物的含量 C_{CN^-}（mg/L）用下式计算：

$$C_{CN^-}=\frac{C_1\ (V_1-V_2)\ \times 52.04\times 1000}{20.00} \qquad (2)$$

式中 C_1——硝酸银标准滴定溶液的浓度，mol/L；

V_1——滴定氰化钾贮备液时硝酸银标准滴定溶液的用量，mL；

V_2——空白试验时硝酸银标准溶液的用量，mL；

52.04——与 1mol 硝酸银相当的氰离子（$2CN^-$）的质量，g；

20.00——氰化钾贮备溶液的体积，mL。

3.11 氰化钾标准溶液：$C_{CN^-}=2.00$mg/L

将贮备溶液用氢氧化钠溶液(3.7)逐级稀释成标准溶液，第一次约稀释 10 倍，第二次稀释 20 倍。用时现配。

3.12 酚钛指示剂

称取 0.5g 酚酞，溶于 100mL 酒精中。

3.13 甲基橙指示剂

称取 0.1g 甲基橙，溶于 100mL 水中。

3.14 铬酸钾指示剂

称取 10g 铬酸钾（K_2CrO_4）溶于少量水中，滴加硝酸银溶液（3.9）至产生橙红色沉淀为止，放置过夜后，过滤，用水稀释至 100mL。

3.15 试银灵指示剂

称取 0.02g 试银灵（对二甲氨基亚苄基罗丹宁）溶于 100mL 无水乙醇中。

4 仪器

4.1 500mL 全玻璃蒸馏装置及 300W 电炉（见图 1）。

4.2 分光光度计。

4.3 电热恒温水浴锅。

5 样品

采样后将 pH 小于 12 的样品，用氢氧化钠调节 pH 至 12～13。采样后应尽快分析。

6 分析步骤

6.1 空白试验

用 100mL 水按 6.2～6.3 进行。用所得吸光度在工作曲线上查得空白的值。

若空白值超出置信区间时应检查原因。空白值置信区间可按 CJ26.25—91 附录 B 确定。

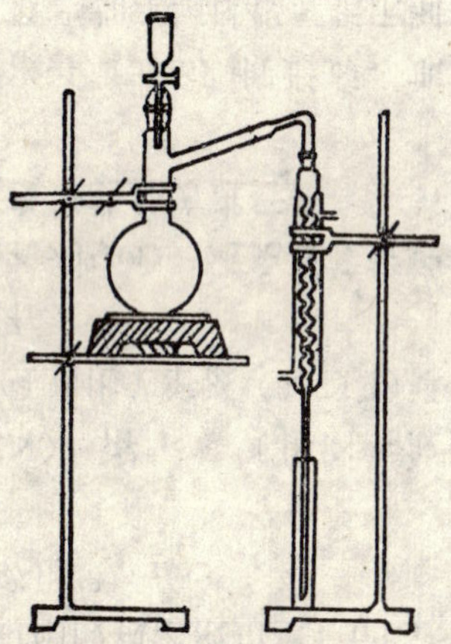

图 1 蒸馏装置

6.2 蒸馏

将实验室样品 100mL 作为试料放入 500mL 蒸馏瓶，加 1mL 硝酸银溶液（3.1）和 2～3 颗玻璃珠，再加 3～4 滴甲基橙指示剂（3.13），将蒸馏瓶置于电炉上，接好冷凝管。50mL 比色管中加入 5mL 氢氧化钠溶液（3.3）用来吸收馏出液，导液管插到比色管内的液面下。装上分液漏斗，在不漏气的情况下通过分液漏斗加入 5mL 酒石酸溶液（3.2），关闭漏斗活塞。若试料碱度大，增加酒石酸使甲基橙呈桔红色，加热蒸馏，待馏出液约 40mL，停止蒸馏，用洗瓶吹洗冷凝管及导液管，最后定容至 50mL，摇匀。

6.3 显色测定

取 10mL 馏出液到 25mL 比色管中，加 2 滴酚酞指示剂（3.12），加4滴氯胺T（3.4）溶液，盖上盖子，摇匀，放置 3～5min，加 5mL 磷酸盐缓冲溶液（3.5），摇匀，再加 5mL 异烟酸——吡唑啉酮溶液（3.6），用水稀释至标线，摇匀，在 30℃～35℃水浴中放置 40min，然后用 10mm 比色皿，以水为参比在 638nm 处测定吸光度。

6.4 确定氰化物含量

用测得的吸光度减去空白试验的吸光度，从工作曲线查得氰化物的含量。

6.5 工作曲线的绘制

分别取氰化钾标准溶液（3.11）0、0.50、1.50、2.50、7.50、10.00、15.00mL，稀释至 100mL。按第 6.2～6.3 条步骤进行操作，测定各标准的吸光度，减去零标准吸光度绘制吸光度对氰化物含量（10mL 馏出液中）的工作曲线。

7 结果的表述

氰化物的浓度 C_{CN^-}（mg/L）用下式计算：

$$C_{CN^-}=\frac{m}{V_1}\times\frac{V_2}{V_3}\times1000 \qquad (3)$$

式中 m——工作曲线上查得的氰化物含量，mg；

V_1——试料的体积，mL；

V_2——馏出液的体积，mL；

V_3——显色时所取馏出液的体积，mL。

8 精密度

五个实验室分析含 CN^- 0.20mg/L 的标准溶液，实验室内相对标准偏差 2.59%，实验室间相对标准偏差为 3.34%。

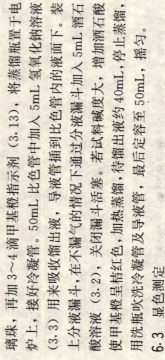

第二篇　银　量　法

9　主题内容与适用范围

本标准规定了用银量法测定城市污水中的氰化物。

本标准适用于排入城市下水道污水和污水处理厂污水中氰化物的测定。

测定浓度范围为 0.5～200mg/L。

10　方法原理

在碱性条件下，以试银灵作指示剂，用硝酸银滴定，形成可溶性银氰络合物 $[Ag(CN)_2]^-$，到达终点时，刚过量的银离子与指示剂作用，生成橙红色。

11　试剂和材料

同（3.1）、（3.2）、（3.3）、（3.9）、（3.13）、（3.15）。

12　仪器

同（4.1）。

13　分析步骤

13.1　空白试验

用 100mL 水，按第 13.2～13.3 条进行操作。

13.2　蒸馏：同（6.2）。

13.3　滴定：将馏出液转移到 150mL 锥形瓶中，加 4 滴试银灵指示剂（3.15），用硝酸银标准滴定溶液（3.9）滴定，滴定到溶液由黄色刚转至橙红色为止。

14　分析结果表述

氰化物的浓度 C_{CN^-}（mg/L）用下式计算：

$$C_{CN^-}=\frac{C_1(V_1-V_0)\times 52.04}{100}\times 1000 \qquad (4)$$

式中　C_1——硝酸银标准滴定溶液的浓度，mol/L；

V_1——滴定试料时硝酸银标准滴定溶液的用量，mL；

V_0——滴定空白时硝酸银标准滴定溶液的用量，mL；

52.04——与 1mol 硝酸银相当的氰离子质量，g。

附加说明：

本标准由中华人民共和国建设部标准定额研究所提出。

本标准由建设部水质标准技术归口单位中国市政工程中南设计院归口。

本标准由上海市城市排水管理处、上海市城市排水监测站负责起草。

本标准主要起草人　刘卫国。

本标准委托上海市城市排水监测站负责解释。

中华人民共和国行业标准

城市污水　硫化物的测定

CJ 26.10—91

主编单位：建设部城市建设研究院
批准部门：中华人民共和国建设部
施行日期：1992年2月1日

第一篇　对氨基N，N二甲基苯胺分光光度法

1　主题内容与适用范围

本标准规定了用分光光度法测定城市污水中的硫化物。

本标准适用于排入城市下水道污水和污水处理厂污水中硫化物的测定。

1.1　测定范围

测定硫化物浓度范围以硫离子(S^{2-})计为0.05～0.8mg/L。

危及城建工人生命的城市下水道内H_2S的来源除了某些工厂直接排放的S^{2-}以外，很大部分来自于无机及有机含硫的化合物在下水道内缺氧的条件下，由微生物分解脱硫而成，本方法针对这一点，改变了传统的分离方法，即将样品在盐酸溶液中加锌粒蒸馏，测定此类总硫化物。

1.2　干扰

还原性物质及色度浊度等均干扰测定，大部分样品，通过在酸性条件下蒸馏分离出H_2S，即能消除干扰。有些干扰物的沸点低，可随蒸馏进入吸收液，干扰显色，需重新取样，加入1mL醋酸锌溶液（3.2），摇匀，过滤，热水洗涤，以净化ZnS。然后将滤纸与沉淀一并放入蒸馏瓶，加50mL蒸馏底液（6.3.1）（也可以用放置过夜的3%水合肼溶液代替）蒸馏。

2　方法原理

在Fe^{3+}存在下，对氨基N，N二甲基苯胺与S^{2-}反应生成亚甲基兰，反应式如下：

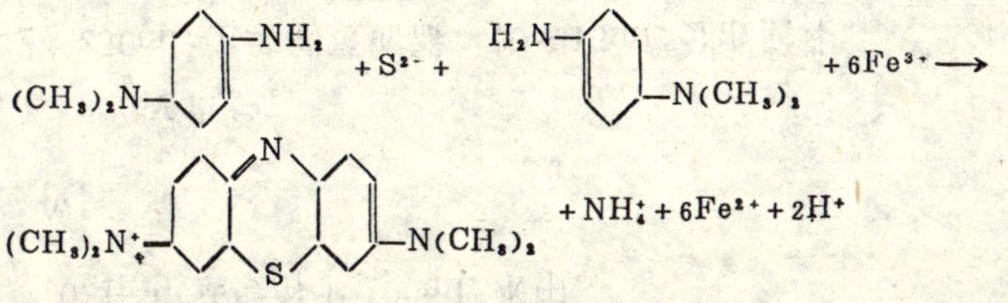

3 试剂和材料

均用分析纯试剂和蒸馏水或去离子水。

3.1 锌粒

3.2 醋酸锌溶液

称取 30g 醋酸锌 [Zn ($CH_3COO)_2\cdot 2H_2O$] 溶于 100mL 水。

3.3 50% (V/V) 氨水溶液

将氨水 ($NH_3\cdot H_2O$, ρ=0.90g/mL) 与水等体积混合。

3.4 50% (V/V) 盐酸溶液

将盐酸 (HCl, ρ=1.19g/mL) 与水等体积混合。

3.5 50% (V/V) 硫酸溶液

将硫酸 (ρ=1.84g/mL) 缓缓加入等体积的水中。

3.6 对氨基 N, N 二甲基苯胺硫酸盐溶液

称取 2g 对氨基 N, N 二甲基苯胺硫酸盐 [$(CH_3)_2NC_6H_4NH_2\cdot H_2SO_4$] 溶于 100mL 硫酸溶液 (3.5)。

3.7 硫酸高铁胺溶液

称取 9g 硫酸高铁胺 [$NH_4Fe(SO_4)_2\cdot 12H_2O$] 溶于 100mL 水。

3.8 碘酸钾标准溶液: C ($1/6KIO_3$) =0.0150mol/L

称取经 180℃干燥的碘酸钾 (KIO_3) 0.5351±0.0005g 溶于水, 加 6g 碘化钾 (KI) 及 0.5g 氢氧化钠 (NaOH), 溶解后移入 1000mL 容量瓶, 用水稀释至标线, 摇匀。

3.9 硫代硫酸钠标准溶液: C ($Na_2S_2O_3\cdot 5H_2O$) =0.015mol/L

3.9.1 配制

将 3.7g 硫代硫酸钠 ($Na_2S_2O_3\cdot 5H_2O$) 溶解于新煮沸并冷却的水, 加 0.4g 氢氧化钠 (NaOH) 并稀释至 1000mL, 摇匀, 贮于棕色玻璃瓶中, 放置一星期后标定。

3.9.2 标定

吸取 20.00mL 碘酸钾标准溶液 (3.8) 于 150mL 锥形瓶, 加水约 80mL, 加 0.5mL 硫酸溶液 (3.5), 放暗处 5min, 用硫代硫酸钠溶液 (3.9) 滴定至淡黄色, 加 1mL 淀粉指示剂 (3.12) 继续滴至蓝色刚好消失。

硫代硫酸钠溶液浓度 C (mol/L) 由下式求出:

$$C=\frac{20.00\times 0.0150}{V} \quad (1)$$

式中 20.00——碘酸钾标准溶液体积, mL;

0.0150——碘酸钾标准溶液浓度, mol/L;

V——滴定消耗硫代硫酸钠溶液体积, mL。

3.10 碘溶液: C ($1/2I_2$) =0.02mol/L

称取 8g 碘化钾 (KI) 溶于 100mL 水, 加 2.54g 碘 (I_2), 溶解后用水稀释至 1000mL。

3.11 硫贮备溶液

3.11.1 配制

取一小块硫化钠 ($Na_2S\cdot 9H_2O$) 用滤纸吸干、压碎, 称取 0.22~0.28g 溶于水, 稀释至 1000mL, 加 2mL 醋酸锌溶液 (3.2), 充分摇匀, 贮于棕色瓶。

3.11.2 标定

将待标定的硫溶液（3.11）充分摇匀后立即用50mL比色管取出50.0mL，加10.0mL碘溶液（3.10），0.5mL硫酸溶液（3.5），摇匀，全部移至150mL锥形瓶，用硫代硫酸钠标准溶液（3.9）按（3.9.2）方法滴定。另外，取50.00mL蒸馏水代替硫溶液用同一方法做空白。三份平行最大与最小不得超过0.1mL，取平均值。硫溶液浓度（mg/mL）由下式求出：

$$C_{S^{2-}}=\frac{(V_0-V_1)\times C\times 16.03}{50.0} \quad (2)$$

式中 C——硫代硫酸钠标准溶液浓度，mol/L；

V_1——滴定硫溶液的硫代硫酸钠标准溶液体积，mL；

V_0——滴定空白的硫代硫酸钠标准溶液体积，mL；

16.03——硫原子的摩尔质量，g/mol。

3.11.3 硫标准溶液：将已标定的硫贮备溶液（3.11）按其浓度用水准确调整为0.020mg/mLS^{2-}。

3.12 淀粉指示剂

称取1g淀粉，先用冷水调成糊状后加100mL水，煮沸，冷却后低温保存。

3.13 酚酞指示剂

0.5g酚酞溶于100mL乙醇中。

3.14 甲基橙指示剂

0.1g甲基橙溶于100mL水中。

4 仪器

4.1 300W电炉。

4.2 250mL全玻璃蒸馏器，10～15mL分液漏斗。

蒸馏装置如图1。

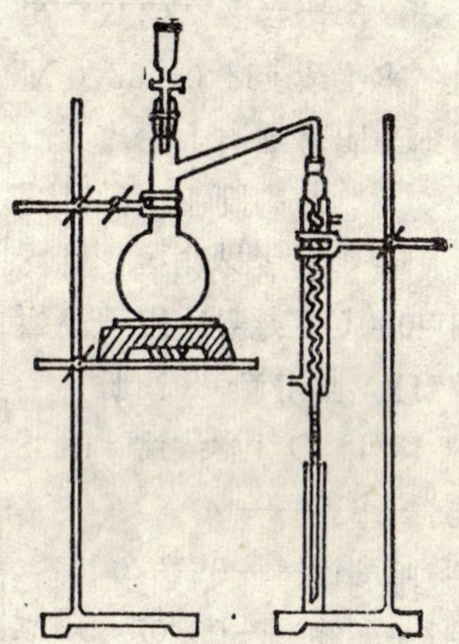

图1 蒸馏装置图

4.3 分光光度计。

5 样品

采样：

采样时将pH小于8的样品用氢氧化钠调至pH大于8。

6 分析步骤

6.1 空白试验

用50.0mL水按（6.2）操作，从工作曲线上查出相当的S^{2-}的浓度。若超出置信区间时应检查原因，空白值置信区间可按CJ26.25—91附录B确定。

6.2 测定

6.2.1 取50.0mL实验室样品作为试料放入250mL蒸馏瓶，加2～3颗锌粒（3.1）及2滴甲基橙指示剂（3.14）。如果不能及时蒸馏，加1mL醋酸锌溶液（3.2）。

6.2.2 于50mL比色管中加醋酸锌溶液（3.2）及氨水溶液（3.3）各0.5mL，2滴酚酞指示剂（3.13）及约10mL水，供吸收馏出液用。

6.2.3 将蒸馏瓶置于电炉（4.1）上，接好冷凝管及分液漏斗，将冷凝管上的导液管插入吸收液中。

6.2.4 检查各接口，在严密不漏气的情况下，通过分液漏斗加入盐酸溶液（3.4）至甲基橙呈桔红色后过量10mL，加热蒸馏，待收集馏出液约40mL时，停止蒸馏。

6.2.5 在馏出液（6.2.4）中加入1mL对氨基N，N二甲基苯胺溶液（3.6）后立即加入1mL硫酸高铁铵溶液（3.7）（注意：加试剂的程序不能颠倒），用水稀释至50mL，摇匀，放置15min，以水为参比在670nm处，用10mm比色皿测定吸光度。

6.3 校准

由于S^{2-}极易氧化，本方法用除去S^{2-}的生活污水代替蒸馏水做蒸馏底液制作工作曲线。

6.3.1 蒸馏底液的制备

取不含溶解氧的生活污水（因为工业废水可能含Hg、Cu等重金属离子），每升加1g醋酸锌［$Zn(CH_3COO)_2 \cdot 2H_2O$］溶解后，放置过夜，取上清液过滤。

6.3.2 工作曲线的制作

取7只250mL蒸馏瓶，分别加入硫标准溶液（3.11.3），0、0.50、1.00、1.50、3.00、5.00、8.00mL，加入50mL蒸馏底液（6.3.1），按6.2.1～6.2.4操作，但要用100mL比色管做为馏出液吸收管，最后将馏出液定容至100mL。充分摇匀。用50mL比色管立即取出25.0mL，用水稀释至约45mL，按6.2.5操作，以测得各点的吸光度值减去零浓度吸光度值为纵座标，对应的浓度0、0.05、0.10、0.15、0.30、0.50、0.80mg/LS^{2-}为横座标绘制工作曲线。

7 分析结果的表述

7.1 试料的吸光度用下式计算：

$$A_r = A_s - A_b \qquad (2)$$

式中 A_s——试料（6.2.5）吸光度；

A_b——空白试验（6.1）的吸光度。

7.2 S^{2-}的浓度C_s^{2-}（mg/L）由A_r值从工作曲线上确定。

8 精密度和准确度

五个实验室测定0.3mg/LS^{2-}标准溶液，测定60次，实验室内相对标准偏差为10.71%实验室间总相对标准偏差为10.72%，平均回收率为93.4%。

五个实验室以生活污水加标0.5mg/LS^{2-}测定60次，实验室内相对标准偏差为8.50%，实验室间相对标准偏差为14.40%，平均回收率为88.8%。

第二篇　容量法—碘法

9　主题内容与适用范围

本标准规定了用容量法测定城市污水中的硫化物。

本标准适用于排入城市下水道污水和污水处理厂污水中硫化物的测定。

9.1　测定范围

本方法测定范围以硫离子（S^{2-}）计为 1～200mg/L。

9.2　干扰

凡是能被 I_2 氧化的还原性物质及有色物质均干扰测定。污水（尤其是工业废水）中低沸点的还原性物质能随蒸馏进入吸收液，必须将馏出液过滤，用热水洗涤，以得到纯净的 ZnS 沉淀。

10　方法原理

S^{2-}与碘（I_2）在酸性溶液中发生氧化还原反应而被氧化成单体硫。过量的碘用硫代硫酸钠标准溶液回滴，滴定空白与滴定样品的硫代硫酸钠标准溶液之差即为 S^{2-}的含量。

11　试剂和材料

均用分析纯试剂和蒸馏水或去离子水。

11.1　碘酸钾标准溶液：C_1（$1/6KIO_3$）＝0.1000mol/L。

称取 1.7835±0.0005g 经 180℃干燥的碘酸钾（KIO_3）溶于水加 25g 碘化钾（KI）及 0.5g 氢氧化钠（NaOH），溶解后移至 500mL 容量瓶，用水稀释至标线，摇匀。

11.2　碘溶液：C_2（$I/2I_2$）＝0.1mol/L

称取 40g 碘化钾（KI）溶于 200mL 水，加 12.7g 碘（I_2），溶解后用水稀释至 1000mL。

11.3　硫代硫酸钠标准溶液：C（$Na_2S_2O_3 \cdot 5H_2O$）＝0.1mol/L

11.3.1　配制和标定

称取 25g 硫代硫酸钠（$Na_2S_2O_3 \cdot 5H_2O$）按（3.9.1）（3.9.2）方法配制和标定。

12　样品

采样时将 pH 小于 8 的样品用氢氧化钠调至 pH 大于 8。

13　分析步骤

13.1　空白试验

用 100mL 水按（13.2）操作。

13.2　测定

13.2.1　取 100mL 实验室样品作为试料，按（6.2.1）～（6.2.4）方法操作，但蒸馏时用 100mL 比色管中加醋酸锌溶液（3.2）及氨水溶液（3.3）各 1mL，加水约 20mL，供吸收馏出液用。

13.2.2　将馏出液过滤，弃去滤液，沉淀用热水洗涤数次，将滤纸连同沉淀放回原 100mL 比色管。

13.2.3　加 50.0mL 水，10.0mL 碘溶液（11.2）及 0.5mL 硫酸溶液（3.5）于 100mL 比色管中，用玻璃棒搅动滤纸，使反应完全。

13.2.4　将溶液连同滤纸全部移入 150mL 锥形瓶，用硫代硫酸钠标准溶液（11.3）滴定至淡黄色，加 1mL 淀粉指示剂

(3.12)，继续滴定至蓝色刚好消失。

14 分析结果的表述

硫的浓度 C_s^{2-}（mg/L）由下式计算

$$C_s^{2-}=\frac{(V_0-V_1)\times C\times 16.03}{V}\times 1000 \qquad (3)$$

式中 V_0——滴定空白的硫代硫酸钠标准溶液体积，mL；

V_1——滴定水样的硫代硫酸钠标准溶液体积，mL；

C——硫代硫酸钠标准溶液浓度，mol/L；

V——试料体积，mL；

16.03——硫原子的摩尔质量，g/mol。

附加说明：

本标准由中华人民共和国建设部标准定额研究所提出。

本标准由建设部水质标准技术归口单位中国市政工程中南设计院归口。

本标准由上海市城市排水管理处、上海市城市排水监测站负责起草。

本标准主要起草人　卢瑞仁。

本标准委托上海市城市排水监测站负责解释。

中华人民共和国行业标准

城市污水　硫酸盐的测定
重 量 法

CJ 26.11—91

主编单位：建设部城市建设研究院
批准部门：中华人民共和国建设部
施行日期：1992年2月1日

1 主题内容与适用范围

本标准规定了用重量法测定城市污水中硫酸盐。

本标准适用于排入城市下水道污水和污水处理厂污水中硫酸盐的测定。

1.1 测定范围

本方法测定硫酸盐（以 SO_4^{2-} 计）的浓度范围为 5～1000mg/L。

1.2 干扰

凡是酸不溶物均干扰测定，在用氯化钡进行沉淀之前将样品用盐酸酸化、过滤，去除干扰。

2 方法原理

样品中硫酸根（SO_4^{2-}）与钡离子（Ba^{2+}）反应生成硫酸钡（$BaSO_4$）沉淀，以硫酸钡的重量计算出硫酸根的重量。

3 试剂和材料

均用分析纯试剂和蒸馏水或去离子水。

3.1 50%（*V/V*）盐酸溶液

盐酸（ρ=1.19g/mL）与水等体积混合。

3.2 1%（*V/V*）盐酸溶液

取 1mL 盐酸（ρ=1.19g/mL）于 100mL 水中。

3.3 5%（*m/V*）氯化钡溶液

称取 5g 氯化钡（$BaCl_2 \cdot 2H_2O$）溶于 100mL 水。

3.4 1%（*m/V*）硝酸银溶液

称取 1g 硝酸银（$AgNO_3$）溶于 100mL 水。

4 仪器

4.1 箱式电阻炉。

4.2 电热板。

4.3 分析天平。

5 样品

为防止样品中微生物分解 SO_4^{2-}，采样后两天内进行分析。

6 分析步骤

6.1 取 200mL 实验室样品作为试料(若 SO_4^{2-} 超过 1000mg/L 时相应减少取样量）放入 400mL 烧杯，加 10mL 盐酸溶液（3.1），盖上表面皿，置电热板加热至沸，稍冷，用定性滤纸过滤，用热水洗涤烧杯及滤纸 4～5 次，弃去沉淀，滤液待测定。

6.2 将滤液置电热板加热至 80～90℃，趁热用玻璃棒边搅动，边滴加 10mL 氯化钡溶液（3.3），然后使溶液控制在 80～90℃保温 2h 左右，冷却后用慢速定量滤纸过滤，用盐酸溶液（3.2）洗涤烧杯及滤纸 2～3 次，再用热水将沉淀全部洗入漏斗，继续用热水洗涤至无氯离子为止（用 1%硝酸银溶液（3.4）检验）。

6.3 将滤纸包好沉淀，放入经 800～850℃灼烧并已称重的瓷坩埚中，低温烘干后，电炉上灰化，然后放入箱式电阻炉内，坩埚盖与坩埚口留有缝隙，于 800～850℃灼烧 30min，取出，稍冷后，盖好盖子，放入干燥器中冷却至室温（约 30min），称至恒重。

7 分析结果的表示

硫酸盐含量 C（mg/L）用下式计算：

$$C=\frac{(m_2-m_1)\times 0.4116}{V}\times 1000$$

式中 m_2——坩埚加硫酸钡质量，mg；

m_1——坩埚质量，mg；

0.4116——$\frac{SO_4^{2-}}{BaSO_4}$；

V——试料体积；mL。

附加说明：

本标准由中华人民共和国建设部标准定额研究所提出。

本标准由建设部水质标准技术归口单位中国市政工程中南设计院归口。

本标准由上海市城市排水管理处、上海市城市排水监测站负责起草。

本标准主要起草人 卢瑞仁。

本标准委托上海市城市排水监测站负责解释。

中华人民共和国行业标准

城市污水 氟化物的测定 离子选择电极法

CJ 26.12—91

主编单位：建设部城市建设研究院
批准部门：中华人民共和国建设部
施行日期：1992年2月1日

1 主题内容与适用范围

本标准规定了用离子选择电极法测定城市污水中氟化物。

本标准适用于排入城市下水道污水和污水处理厂污水中氟化物的测定。

本方法的最低检测限（以 F^- 计）为 0.05mg/L。

2 方法原理

以氟化镧电极为指示电极，饱和甘汞电极（或氯化银电极）为参比电极，当样品中总离子强度为定值时，电池的电动势 E 随被测样品中氟离子浓度变化而改变：

$$E=E^{\circ}-\frac{2.303RT}{F}\lg C_{F^-} \quad (1)$$

$\frac{2.303RT}{F}$ 为该直线的斜率，亦为电极的斜率。

注：待测氟离子浓度在 10^{-3}mol/L 以下时，活度系数为 1，所以用 C_{F^-} 代替活度。

3 试剂和材料

均用分析纯试剂及去离子水或无氟蒸馏水。

3.1 15%（V/V）盐酸。

15mL 盐酸（ρ=1.19g/mL）用水稀释至 100mL。

3.2 总离子强度调节缓冲溶液：0.2mol/L 柠檬酸钠-1mol/L 硝酸钠

称取 58.8g 二水柠檬酸钠和 85.0g 硝酸钠，加水溶解，用盐酸（3.1）调节 pH 至 5～6 转入 1000mL 容量瓶，用水稀释至标线。

3.3 氟化物标准溶液：100mg/L

称取 105～110℃干燥 2h 氟化钠（NaF）0.2210±0.0002g，用水溶解，移入 1000mL 容量瓶，稀释至标线，摇匀，贮于聚乙烯瓶中。

3.4 氟化物标准溶液：10mg/L

用移液管吸取氟化物标准溶液（3.3）10.0mL，注入 100mL 容量瓶，用水稀释至标线，摇匀，贮于聚乙烯瓶中。

3.5 15%（m/V）乙酸钠溶液

称取 15g 乙酸钠溶于水，并稀释至 100mL。

4 仪器

4.1 氟离子选择电极

4.2 饱和甘汞电极或氯化银电极。

4.3 离子活度计或 mV 计：精确到 0.1mV。

4.4 聚乙烯杯：100mL、150mL。

4.5 磁力搅拌器。

5 样品

样品用聚乙烯瓶采集和贮存。如氟化物含量不高，pH 在 7 以上，也可用硬质玻璃瓶存放。

6 分析步骤

6.1 仪器及电极的使用按说明书进行。

6.2 在测定前应使样品及标准溶液均达到室温（温差不超过 ±1℃）。

6.3 测定

吸取适量实验室样品作为试料，移入 50mL 容量瓶中，用盐酸（3.1）或乙酸钠（3.5）调节至近中性（用 pH 试纸），加入 10mL 总离子强度调节缓冲溶液（3.2），用水稀释至标线，摇匀后倒入聚乙烯杯中，放入搅拌棒，插入电极，在搅拌的情况下，待电位稳定后，读取电位值 E_1。

6.4 标准添加

在按（6.3）测定了电位值 E_1 的溶液中，添加一定量的氟化物标准溶液（3.3）或（3.4），在不断搅拌下读取平衡电位值 E_2。E_2 和 E_1 差值以 30～40mV 为宜。

注：在每一次测量之前，都要用水充分冲洗电极，并用滤纸吸干。

7 分析结果的表述

氟化物的浓度（以 F^- 计）C_X 按下式计算：

$$C_X=\frac{C_s\left(\frac{V_s}{V_X+V_s}\right)}{10^{(E_2-E_1)/S}-\left(\frac{V_X}{V_X+V_s}\right)} \tag{2}$$

式中 C_X——待测样品的浓度，mg/L；

C_s——加入标准溶液的浓度，mg/L；

V_s——加入标准溶液的体积，mL；

V_X——试料体积，mL；

E_1——测得试料的电位值，mV；

E_2——试料加入标准溶液后测得的电位值，mV；

S——测定温度下的电极斜率。

附加说明：

本标准由中华人民共和国建设部标准定额研究所提出。

本标准由建设部水质标准技术归口单位中国市政工程中南设计院归口。

本标准由上海市城市排水管理处、上海市城市排水监测站负责起草。

本标准主要起草人 沈培明。

本标准委托上海市城市排水监测站负责解释。

中华人民共和国行业标准

城市污水 苯胺的测定
偶氮分光光度法

CJ 26.13—91

主编单位：建设部城市建设研究院
批准部门：中华人民共和国建设部
施行日期：1992年2月1日

1 主题内容与适用范围

本标准规定了用偶氮分光光度法测定城市污水中的苯胺类化合物。

本标准适用于排入城市下水道污水和污水处理厂污水中苯胺类化合物的测定。

1.1 测定范围

本方法测定苯胺的浓度范围为0.08～2.0mg/L。

1.2 干扰

V^{5+}、W^{6+}、Mo^{6+}、Fe^{3+}、S^{2-}、酚等均影响测定，这些干扰可通过在碱性条件下蒸馏消除。

2 方法原理

苯胺类化合物在酸性条件下与亚硝酸钠重氮化，再与N-(1-萘基)乙二胺偶合，生成紫红色染料，以苯胺为例，反应式如下：

$$\bigcirc-NH_2 + NO_2^- + 2H^+ \longrightarrow \bigcirc-\overset{+}{N}\equiv N + 2H_2O$$

$$\bigcirc-\overset{+}{N}\equiv N + \bigcirc-NH-CH_2-CH_2-NH_2\cdot 2HCl \longrightarrow$$

$$\bigcirc-N=N-\bigcirc-NH-CH_2-CH_2-NH_2\cdot 2HCl + H^+$$

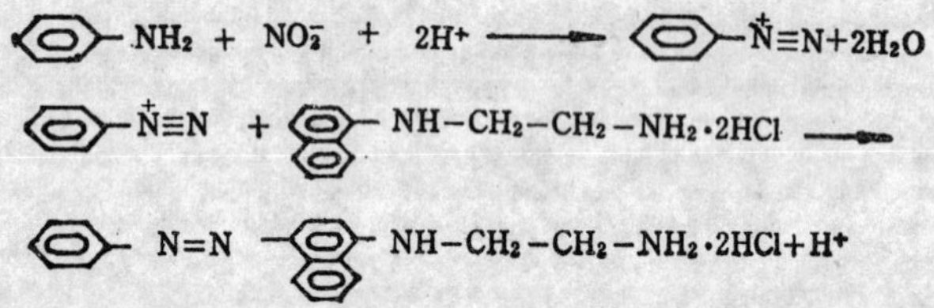

3 试剂和材料

均用分析纯试剂和蒸馏水或去离子水。

3.1 锌粒。

3.2 氢氧化钠溶液：$C(NaOH)=1mol/L$

称取4g氢氧化钠溶于100mL水中。

3.3　5%(*m*/*V*)亚硝酸钠溶液

称取 0.5g 亚硝酸钠($NaNO_2$)溶于 10mL 水中，用时现配。

3.4　20%(*m*/*V*)盐酸羟胺溶液

称取 10g 盐酸羟胺 ($NH_2OH \cdot HCl$) 溶于 50mL 水，置于冰箱中，一星期内有效。

3.5　N-(1-萘基)乙二胺溶液

称取 0.5gN-(1-萘基)乙二胺盐酸盐($C_{10}H_7NHCH_2CH_2NH_2 \cdot 2HCl$)溶于水，置于冰箱中，两个月内有效。

3.6　硫酸溶液：$C(1/2H_2SO_4)=1mol/L$

取 28mL 硫酸(ρ=1.84g/mL)缓慢加至 1000mL 水中混匀，用碳酸钠(Na_2CO_3)标定，然后调整到 1mol/L。

3.7　苯胺贮备溶液

于 100mL 容量瓶中加入 5mL0.1mol/L 盐酸溶液，盖紧瓶塞，准确称量，然后加入 1～2 滴新蒸馏的苯胺($C_6H_5NH_2$)，盖紧瓶塞，再次称量。两次之差即为苯胺的重量，用 0.1mol/L 盐酸溶液稀释至标线，摇匀，计算该溶液每毫升中含苯胺的量。

3.8　苯胺标准溶液

按贮备液(3.7)的浓度，取出部分溶液，用 0.1mol/L 盐酸溶液准确稀释成 10.0mg/L 苯胺的标准溶液

3.9　酚酞指示剂

称取 0.5g 酚酞溶于 100mL 无水乙醇中。

4　仪器

4.1　300W 电炉。

4.2　250mL 全玻璃蒸馏器。

蒸馏装置如图 1。

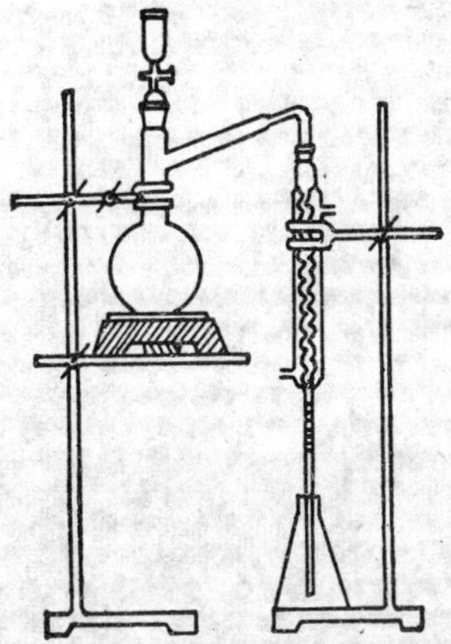

图 1　蒸馏装置图

5　样品

苯胺易氧化，样品于 5～10℃保存，24h 内进行分析。

6　分析步骤

6.1　空白试验

用 50mL 水代替试料按(6.2)操作，从工作曲线上查出相当的苯胺的浓度，若超出置信区时应检查原因。空白值置信区间可按 CJ26.25—91 附录 B 确定。

6.2　测定

6.2.1　取 50.0mL 实验样品作为试料，置于 250mL 蒸馏瓶中，加 2～3 滴酚酞指示剂(3.9)，用 1mol/L 氢氧化钠溶液(3.2)调至红色后再加 1mL，加 1～2 颗锌粒(3.1)，塞好蒸馏瓶塞子。

6.2.2　于 50mL 比色管中放入 2.5mL、1mol/L 硫酸溶液(3.6)供吸收馏出液用。

6.2.3　将蒸馏瓶置于电炉(4.1)上，接好冷凝管加热蒸馏，待馏出液约近 50mL 时，停止加热。

6.2.4　将馏出液用水定容至 50mL，摇匀，用 50mL 比色管取出 25mL，加 1 滴亚硝酸钠溶液(3.3)，摇匀，放置 15min，加 0.5mL 盐酸羟胺溶液(3.4)，充分振荡，轻轻敲比色管底部，待溶液中气泡完全逸出，再加1mLN-(1-萘基)乙二胺溶

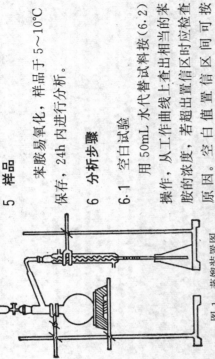

液(3.5)，摇匀，放置60min，以水为参比，于550nm处，用10mm比色皿测量吸光度。

6.3 工作曲线的制作

取8只250mL蒸馏瓶，分别吸取苯胺标准溶液(3.8)0、0.40、0.80、1.60、2.40、3.20、4.80、8.00mL，用水补足到50mL，按(6.2)操作，以测得各点的吸光度减去零浓度吸光度为纵座标，对应的浓度0、0.08、0.16、0.32、0.48、0.64、0.96、1.60mg/L为横座标，绘制工作曲线。亦可按线性回归方程的方法，计算工作曲线方程。

7 分析结果的表述

7.1 试料中苯胺的吸光度 A_r 用下式计算：

$$A_r = A_s - A_b$$

式中 A_s——试料的吸光度；

A_b——空白试验的吸光度。

7.2 苯胺的浓度 C(mg/L)由 A_r 值从工作曲线上确定。

8 精密度

五个实验室测定0.4mg/L苯胺的标准溶液，实验室内相对标准偏差为3.53%实验室间相对标准偏差为3.69%，回收率96.1～100%。

五个实验室以生活污水中加标0.7mg/L苯胺，测定次数为60次，实验室内相对标准偏差为5.29%，实验室间相对标准偏差为5.86%，回收率为97.6%～102%。

附加说明：

本标准由中华人民共和国建设部标准定额研究所提出。

本标准由建设部水质标准技术归口单位中国市政工程中南设计院归口。

本标准由上海市城市排水管理处、上海市城市排水监测站负责起草。

本标准主要起草人 卢瑞仁。

本标准委托上海市城市排水监测站负责解释。

中华人民共和国行业标准

城市污水　苯系物(C_6-C_8)的测定 气相色谱法

CJ 26.14—91

主编单位：建设部城市建设研究院
批准部门：中华人民共和国建设部
施行日期：1992年2月1日

1　主题内容与适用范围

本标准规定了用气相色谱法测定城市污水中的苯系物。

本标准适用于排入城市下水道污水和污水处理厂污水中的苯系物分析和测定。

本方法最低检测浓度为苯0.006mg/L。

2　方法提要

样品中的苯、甲苯、乙苯、二甲苯及苯乙烯经二硫化碳萃取后，用气相色谱仪上的氢火焰离子化检测器进行分析测定。根据保留时间定性，根据峰高定量。

3　试剂和材料

3.1　重蒸馏水：普通蒸馏水加高锰酸钾呈紫色，在全玻璃蒸馏器中重蒸，贮于硬质玻璃容器中备用。

3.2　苯，分析纯。

3.3　无水硫酸钠，分析纯：在300℃干燥箱中干燥4h，放入干燥器内冷却至室温，装入玻璃瓶备用。

3.4　二硫化碳，分析纯：色谱测定应无干扰峰，如有干扰峰参考附录A进行处理。

3.5　色谱标准物：苯、甲苯、乙苯、对二甲苯、间二甲苯、邻二甲苯、色谱标准级试剂。

3.6　色谱标准物：苯乙烯，纯度＞99%。

3.7　色谱柱管：长度3m，内径2～4mm的不锈钢管。

3.8　滤纸：直径70mm，用丙酮浸泡过夜晾干备用。

3.9　硅烷化玻璃棉。

3.10　气体

3.10.1 氮气：纯度 99.999%，用 5A 分子筛净化。

3.10.2 氢气：纯度>99.9%，用 5A 分子筛净化；**氢气是可燃性气体，与空气混和有爆炸危险，务必遵守有关的安全管理规定**。

3.10.3 空气：用 5A 分子筛净化。

3.11 单组分标准溶液

分别称取各种色谱标准物(3.5)和(3.6)20.0±0.1mg，用水(3.1)在 100mL 容量瓶中配成各种单组分标准溶液。在 4℃至多保存五天。

3.12 混合标准溶液

用无分度吸管吸取 7 种标准溶液(3.11)，在 100mL 容量瓶中，用水(3.1)稀释，配制成苯、甲苯浓度为 1.0、2.0、4.0、10.0mg/L；乙苯、对二甲苯、间二甲苯、邻二甲苯、苯乙烯浓度为 2.0、4.0、10.0、20.0mg/L 的混合标准溶液 4 个，该标准溶液用时现配。

4 仪器

4.1 气相色谱仪：具氢火焰离子化检测器。

4.2 积分记录仪。

4.3 微量进样器：10μL。

4.4 填充色谱柱

4.4.1 载体：101 白色载体，80～100 目。

4.4.2 固定液：邻苯二甲酸二壬酯、有机皂土-34。

4.4.3 固定液的涂渍

称取过筛的载体(4.4.1)10.0g，在红外线快速干燥器内干燥 2h，称取 0.50g 有机皂土-34，置于烧杯中，加入少量苯(3.2)，使之溶解。加入0.50g邻苯二甲酸二壬酯，全部溶解后，溶液呈黄色半透明混浊状，加入适量苯(3.2)，摇匀后，倒入冷却了的载体，使载体刚好浸没在溶液中，轻轻摇动容器，让溶剂挥发，即涂渍完毕。最后在红外线快速干燥器内干燥 2h，使载体呈疏松颗粒状。

4.4.4 填充方法

将清洗过的色谱柱管(3.7)一端用硅烷化玻璃棉(3.9)塞住，接真空泵，柱管的另一端接一漏斗，开启真空泵，将涂渍好固定液的载体慢慢倒入漏斗，同时轻轻敲击柱管，使固定相在柱内填充紧密，填充完毕后用硅烷化玻璃棉(3.9)塞住色谱柱的另一端。在色谱柱和真空泵之间应连接缓冲瓶。

4.4.5 色谱柱的老化

将填充完毕的色谱柱接入气相色谱仪，在 100℃ 和低流速氮气下老化 48h 以上。

4.4.6 色谱柱的分离度

在色谱工作条件下分离度应大于 1.0。

4.5 仪器工作条件

4.5.1 载气流量：30mL/min。

4.5.2 氢气流量：30mL/min。

4.5.3 空气流量：450mL/min。

4.5.4 气化室温度：150℃。

4.5.5 柱室温度：80℃。

4.5.6 检测器温度：150℃。

注：分析者可以根据不同型号的色谱仪，修改 4.5.1～4.5.6 条。

4.5.7 积分记录仪

4.5.7.1 衰减：根据样品中被测组分的含量调节。

4.5.7.2 纸速：5mm/min 或 10mm/min。

5 样品

5.1 采样

采样时将样品装满玻璃试剂瓶，立即盖紧瓶塞，样品内不应留有气泡。

5.2 样品保存

如不立即分析，允许在4℃保存24h。

6 分析步骤

6.1 测定

6.1.1 苯系物的萃取

取实验室样品100mL作为试料，置于125mL锥形分液漏斗中，加入5.0mL二硫化碳(3.4)，振摇2min。静置分层后放出二硫化碳层，通过装有滤纸(3.8)和无水硫酸钠(3.3)的小漏斗，二硫化碳提取液收集于具塞试管，供色谱分析。

6.1.2 色谱分析的进样操作

用二硫化碳(3.4)清洗进样器数次，待干后，再用待分析的二硫化碳提取液清洗进样器数次，然后准确抽取5.0μL，迅速注入色谱仪的进样口，并立即将进样器拔出。抽取样品时注意排出所有的气泡。

6.1.3 定性分析

6.1.3.1 标准物的色谱图见图1。

6.1.3.2 组分出峰次序：苯、甲苯、乙苯、对二甲苯、间二甲苯、邻二甲苯、苯乙烯。

6.1.3.3 定性的依据

在已排除干扰的情况下，未知物峰的保留时间与标准物峰的保留时间相差在3%～5%的范围内，即认为该未知物和相应的标准物是同一物质。

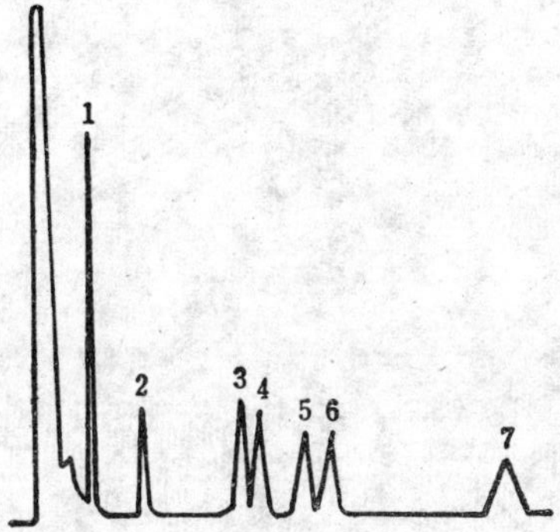

图1 标准物的色谱图

6.1.4 定量分析

根据定性的结果，由峰高值在相应组分的工作曲线上查出该组分的浓度(mg/L)。

6.2 工作曲线

6.2.1 混合标准溶液中苯系物的萃取

按6.1.1条进行操作，得到4个不同浓度的苯系物的二硫化碳提取液，成为一个色谱校准系列。

6.2.2 工作曲线的绘制

在给定的色谱条件下，对校准系列的各个溶液按浓度由低到高的次序进行色谱分析。对各个组分，分别以浓度为横坐标，峰高为纵座标作图，得到各个组分的工作曲线。

7 分析结果的表述

7.1 定性结果

根据标准物的保留时间确定被测样品中存在的苯系物组分名称。

7.2 定量结果

在工作曲线上查出各组分的浓度(mg/L)，结果精确至0.1mg/L。

8 精密度

3个实验室用本方法测定结果的总相对标准偏差为：

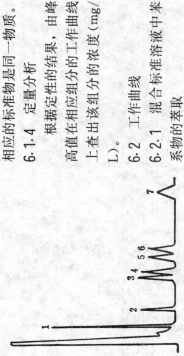

组分(mg/L)	苯 0.40	甲苯 0.40	乙苯 0.60	对-二苯 0.60	间-二甲苯 0.60	邻-二甲苯 0.60	苯乙烯 0.60
相对标准偏差 (%，$n=6$)	7.1	7.9	4.9	4.5	5.2	5.8	3.8

附　录　A
二硫化碳的提取

（参　考　件）

在500mL分液漏斗中加入200mL二硫化碳和50mL浓硫酸，然后用分液漏斗将50mL浓硝酸分三次逐滴加入。每次滴加后摇动500mL分液漏斗5min(注意放气)，静置5min，如此交替进行，直至硝酸加完。待静置分层后弃去酸层。用10%碱液中和残留在有机相中的酸，水洗至中性，弃去水相，有机相在水浴中重蒸，收集46～47℃馏分，经色谱检验在苯系物出峰处无杂峰，才能使用。

附加说明：

本标准由中华人民共和国建设部标准定额研究所提出。

本标准由建设部水质标准技术归口单位中国市政工程中南设计院归口。

本标准由上海市城市排水管理处、上海市城市排水监测站负责起草。

本标准主要起草人　沈培明。

本标准委托上海市城市排水监测站负责解释。

中华人民共和国行业标准

城市污水　铜、锌、铅、镉、锰、镍、铁的测定
原子吸收光谱法

CJ 26.15—91

主编单位：建设部城市建设研究院
批准部门：中华人民共和国建设部
施行日期：1992年2月1日

第一篇　直　接　法

1　主题内容与适用范围

本标准规定了用原子吸收光谱法中的直接法测定城市污水中的铜、锌、铅、镉、锰、镍、铁。

本标准适用于排入城市下水道污水和污水处理厂污水中的铜、锌、铅、镉、锰、镍、铁金属的测定。

1.1　测定范围

测定的浓度范围与仪器的特性有关，表 1 列出一般仪器的测定范围。

表　1

元　素	铜	锌	铅	镉	锰	镍	铁
波长(nm)	324.7	213.9	283.3	228.8	279.5	232.0	248.3
浓度范围(mg/L)	0.05～5.0	0.05～1.0	0.2～10.0	0.05～1.0	0.03～3.0	0.1～1.0	0.3～10

1.2　干扰

火焰原子吸收法直接测定样品中铜、锌、铅、镉、锰、镍、铁时，通常干扰不太严重，但当碱金属、碱土金属的盐类太高时，会影响测定的准确度，应注意基体干扰并进行背景校正。

2　方法原理

样品吸入火焰后被测元素成基态原子，对特征谱线产生吸收，在一定条件下，特征谱线的强度变化，与被测元素的浓度成正比。将被测样品吸光度与标准溶液吸光度相比较即可计算出其浓度。

3　试剂和材料

除另有规定外，均用分析纯试剂及去离子水。

3.1　硝酸(HNO_3，$\rho=1.40g/mL$)，优级纯。

3.2　硝酸(HNO_3，$\rho=1.40g/mL$)。

3.3　高氯酸($HClO_4$，$\rho=1.67g/mL$)，优级纯。

高氯酸系易爆物品，应严格遵守爆炸物品的有关安全规定。

3.4　50%(*V*/*V*)硝酸溶液

将硝酸(3.1)与等体积水混合。

3.5　0.2%(*V*/*V*)硝酸溶液

将 2mL 硝酸(3.1)缓慢加入到 1000mL 水中。

3.6　50%(*V*/*V*)硝酸溶液

将硝酸(3.2)与等体积水混合。

3.7　金属贮备液：1000mg/L

分别称取 1.000±0.001g 光谱纯金属铜、锌、镉、镍、铁或称取相当量的金属氧化物(光谱纯)，各用硝酸(3.4)溶解完全后，并分别转入 1000mL 容量瓶中，用水稀释至标线。

3.8　金属标准溶液

用硝酸溶液(3.5)，稀释金属贮备溶液(3.7)配制，此溶液中铜、锌、铅、镉、锰、镍、铁，其浓度分别为 50.00、10.00、100.00、10.00、30.00、50.00、50.00mg/L。

3.9　乙炔：由乙炔钢瓶供给，纯度以能获得浅蓝色的贫燃火焰为合格。

3.10　空气：由空气压缩机供给。使用时应过滤，以除去水、油、灰尘等杂质。

4 仪器

原子吸收分光光度计，测定元素的相应空心阴极灯。

所用玻璃器皿，均用硝酸溶液(3.6)浸泡后，用水洗净。

5 样品

用聚乙烯瓶采集样品，采样瓶使用前经洗涤剂洗涤，用硝酸溶液(3.6)浸泡，再用水洗清，采样后立即用硝酸(3.1)酸化至 pH 小于 2。

6 分析步骤

6.1 空白试验

取与试料等量的硝酸溶液(3.5)，按 6.2 操作。

6.2 测定

6.2.1 消解

取摇匀实验室样品 100mL 作为试料，移入 250mL 高型烧杯中，加入 5.0mL 硝酸(3.1)，在电热板上缓慢加热，浓缩至 10mL 左右取下，沿杯壁加入 10mL 硝酸(3.1)和 4mL 高氯酸(3.3)，如样品污染不严重时，可用少量过氧化氢代替高氯酸，继续加热消解至溶液清澈后，用少量水淋洗杯壁，加热煮沸，驱尽氯气及氮氧化物。然后用热水溶解，滤入 100mL 容量瓶中，定容待测。

6.2.2 仪器操作

仪器操作严格按制造厂提供的操作手册进行，按表 2 所列参数，选择测定条件。

测定条件 表 2

元素	铜	锌	铅	镉	锰	镍	铁
波长(nm)	324.7	213.9	283.3	228.8	279.5	232.0	248.3
灯电流(mA)	6	8	8	8	8	7	8
火焰类型	贫 燃	贫 燃	贫 燃	贫 燃	贫 燃	贫 燃	贫 燃

6.2.3 吸光度测量

仪器用硝酸溶液(3.5)调零，待仪器的零点稳定后，依次将工作溶液(6.3)，空白试验(6.1)和已消解溶液(6.2.1)喷入火焰，记录吸光度，将试料的吸光度扣除空白试验吸光度，在工作曲线上(6.3)查出被测元素的含量。

6.3 工作曲线绘制

参照表 3，在 100mL 容量瓶中，用硝酸溶液(3.5)稀释金属标准溶液(3.8)，配制 4 个以上浓度的工作溶液，使其浓度范围包括试料中被测金属的浓度。

工作溶液 表 3

金属标准溶液(3.8)	工作溶液浓度(mg/L)						
加入体积(mL)	铜	锌	铅	镉	锰	镍	铁
0.50	0.25	0.05	0.50	0.05	0.15	0.25	0.25
1.00	0.50	0.10	1.00	0.10	0.30	0.50	0.50
3.00	1.50	0.30	3.00	0.30	0.90	1.50	1.50
5.00	2.50	0.50	5.00	0.50	1.50	2.50	2.50
10.00	5.00	1.00	10.00	1.00	3.00	5.00	5.00

仪器用硝酸溶液(3.5)调零，吸入工作溶液测得吸光度，绘制吸光度对金属含量的工作曲线。(与 6.2.3 同时进行)。

7 分析结果的表述

金属浓度，C(mg/L)按下式计算：

$$C=\frac{m\times1000}{V}$$

式中　m——工作曲线上查得的金属含量，mg；

V——试料体积，mL。

8　精密度

对16个实验室统一分发质量控制样品，用直接法测定所得结果列于表4。

质量控制样品直接法测得的精密度　　表4

金　属	铜	锌	铅	镉	镍
样品浓度(mg/L)	25.0	100.00	30.00	0.400	50.0
标准偏差	2.28	3.47	2.54	0.039	2.80
相对标准偏差(%)	9.12	3.51	8.61	9.38	1.98

第二篇　螯合萃取法

9　主题内容与适用范围

本标准规定了用原子吸收光谱法中的螯合萃取法测定城市污水中的铜、锌、铅、镉。

本标准适用于排入城市下水道污水和污水处理厂污水中的铜、锌、铅、镉的测定。

浓度测定范围与仪器的特征有关，表5列出了一般仪器的定量范围。

表5

元　素	定量范围(mg/L)	元　素	定量范围(mg/L)
铜	0.001～0.05	铅	0.01～0.2
锌	0.001～0.05	镉	0.001～0.05

10　方法原理

吡咯烷二硫代氨基甲酸铵在pH为3.0时，与被测金属离子螯合后萃入甲基异丁基甲酮中，然后将有机相吸入火焰进行原子吸收光谱测定。

11　试剂

除另有规定外，均用分析纯试剂及去离子水。

11.1　甲基异丁基甲酮($C_6H_{12}O$)。

11.2　2%(m/V)吡咯烷二硫代氨基甲酸铵($C_5H_{12}N_2S_2$)溶液

称取2.0g吡咯烷二硫代氨基甲酸铵，于100mL水中溶解，过滤后加入等体积的甲基异丁基甲酮，在分液漏斗中振摇 30s，分层后放出水相备用，弃去有机相。

11.3　水饱和甲基异丁基甲酮

在分液漏斗中，将一份甲基异丁基甲酮和一份水混和，振摇 30s 弃去水相、有机相备用。

11.4　10%(m/V)氢氧化钠溶液

称取 10g 氢氧化钠(NaOH，优级纯)，溶解于 100mL 水中。

11.5　2%(V/V)盐酸溶液

量取 2mL 盐酸(优级纯)，溶解于 100mL 水中。

11.6　金属标准溶液

用硝酸溶液(3.5)稀释金属贮备溶液(3.7)配制。此溶液中含铜、锌、铅、镉、其浓度分别为 0.500、0.500、2.00、0.500mg/L。

12　仪器

同 4。

13　样品

同 5。

14　分析步骤

14.1　空白试验

取与试料等量的硝酸溶液(3.5)，按 14.2 操作。

14.2　测定

14.2.1　消解

同 6.2.1。

14.2.2　螯合萃取

试料消解后用氢氧化钠(11.4)和盐酸溶液(11.5)调节 pH 至 3.0 加 5mL 吡咯烷二硫代氨基甲酸铵溶液(11.2)，摇匀，加入 10mL 甲基异丁基甲酮(11.1)，剧烈振摇 30s，静止分层，收集有机相。

14.2.3　仪器调节

仪器严格按照制造厂提供的手册操作，按表 2 所列参数，选择测定条件，将水饱和甲基异丁基甲酮(11.3)，吸入火焰。调节仪器零点，并调节火焰状态为浅蓝色。

14.2.4　吸光度测量

在仪器零点稳定的情况下，依次将空白试验(14.1)，工作曲线系列(14.3)和试料(14.2.2)喷入火焰，记录各自的吸光度。将试料吸光度扣除空白试验吸光度后，在工作曲线上查出测定元素的含量。

14.3　工作曲线绘制

至少选择 4 个以上工作溶液和一个空白溶液，使其浓度范围包括试料中的被测金属浓度，参照表 6，吸取一定量的金属标准溶液(11.6)，用硝酸溶液(3.5)定容至 100mL。空白溶液为 100.0mL 硝酸溶液(3.5)。按(14.2.2)步骤操作，测得吸光度，绘制吸光度对金属含量的工作曲线。

表 6

金属标准溶液加入体积(mL)	0.50	1.00	2.00	5.00	10.0
铜(mg/L)	0.25	0.50	1.00	2.50	5.00
锌(mg/L)	0.20	0.50	1.00	2.50	5.00
铅(mg/L)	1.00	2.00	4.00	10.0	20.0
镉(mg/L)	0.25	0.50	1.00	2.50	5.00

15 分析结果的表述

同7。

附加说明：

本标准由中华人民共和国建设部标准定额研究所提出。

本标准由建设部水质标准技术归口单位中国市政工程中南设计院归口。

本标准由上海市城市排水管理处、上海市城市排水监测站负责起草。

本标准主要起草人 张开富。

本标准委托上海市城市排水监测站负责解释。

中华人民共和国行业标准

城市污水 铜的测定 二乙基二硫代氨基甲酸钠分光光度法

CJ 26.16—91

主编单位：建设部城市建设研究院
批准部门：中华人民共和国建设部
施行日期：1992年2月1日

1 主题内容与适用范围

本标准规定了用二乙基二硫代氨基甲酸钠分光光度法测定城市污水中的铜。

本标准适用于排入城市下水道污水和污水处理厂污水中铜的测定。

1.1 测定范围

本方法测定铜的浓度范围为 0.02~0.60mg/L。

1.2 干扰

测铜时,溶液中的铁、锰、铬、镍、钴等金属,它们能与二乙基二硫代氨基甲酸钠生成有色络合物,干扰铜的测定,使用EDTA和柠檬酸铵可掩蔽消除。

2 方法原理

氨性溶液中(pH8~10),二价铜离子与乙基二硫代氨基甲酸钠生成黄色络合物:

$$2\begin{matrix}C_2H_5\\C_2H_5\end{matrix}N-C\begin{matrix}S\\SNa\end{matrix} + Cu^{2+} \longrightarrow \begin{matrix}C_2H_5\\C_2H_5\end{matrix}N-C\begin{matrix}S\\S\end{matrix}Cu\begin{matrix}S\\S\end{matrix}C-N\begin{matrix}C_2H_5\\C_2H_5\end{matrix} + 2Na^+$$

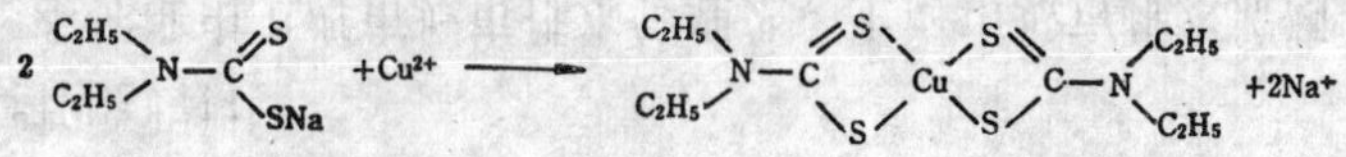

此络合物可用四氯化碳定量萃取,在440nm波长处进行测定,颜色可稳定1h。

3 试剂和材料

除另有规定外,均用分析纯试剂及去离子水。

3.1 盐酸(HCl,ρ=1.19g/mL),优级纯。

3.2 硝酸(HNO_3,ρ=1.40g/mL),优级纯。

3.3 高氯酸($HClO_4$,ρ=1.67g/mL),优级纯。**高氯酸系易爆炸物,务必遵守爆炸物品的有关安全规定。**

3.4 氨水($NH_3 \cdot H_2O$,ρ=0.90g/mL),优级纯。

3.5 四氯化碳(CCl_4)。

3.6 95%(V/V)乙醇(C_2H_5OH)。

3.7 50%(V/V)氨水。

将氨水(3.4)与水等体积混合。

3.8 二乙基二硫代氨基甲酸钠溶液:2g/L

0.2g 二乙基二硫代氨基甲酸钠用水溶解,稀释至100mL,过滤后贮于棕色玻璃瓶中,放暗处保存,可使用两周。

3.9 EDTA-柠檬酸铵溶液

5gEDTA(Na_2-EDTA·$2H_2O$)和20g柠檬酸铵[$(NH_4)_3 \cdot C_6H_5O_7$]溶于水中,并稀释至100mL,加入4滴酚红指示剂(3.12),用氨水(3.7)调至pH8~8.5(由黄色变为浅紫色),加入5mL二乙基二硫代氨基甲酸钠溶液(3.8)摇匀,加入10mL四氯化碳(3.5)振摇2min,静止分层,收集水相待用。

3.10 铜贮备溶液:1000mg/L

称取 1.000±0.001g 金属铜(纯度99.9%)或称取 1.252±0.001g 氧化铜(纯度99.9%)置于100mL烧杯中加入50%(V/V)硝酸20mL,加热溶解,再加10mL50%(V/V)硫酸,继续加热至冒白烟,冷却后,转入1000mL容量瓶中,稀释至标线。

3.11 铜标准溶液:5.0mg/L

准确吸取铜贮备溶液(3.10)5.0mL于1000mL容量瓶

中，用水稀释至标线。

3.12　甲酚红指示剂：0.4g/L

0.02g 甲酚红($C_{21}H_{18}O_5S$)溶于 50mL 乙醇(3.6)中。

4　仪器

分光光度计。

5　样品

采样需用聚乙烯瓶，采样瓶用洗涤剂洗涤后经 50%(*V*/*V*)硝酸浸泡，用去离子水洗涤。样品采集后立即用硝酸调节 pH 小于 2。

6　分析步骤

6.1　空白试验

取与试料等量的去离子水，按(6.2.1～6.2.3)步骤随同样品操作。用所得吸光度从工作曲线上得空白值。

若空白值超过置信区间时应检查原因，空白值置信区间可按 CJ26.25—91 附录 *B* 确定。

6.2　测定

6.2.1　消解

取适量实验室样品作为试料，移入 150mL 烧杯中，加 5mL 硝酸(3.2)，在电热板上加热蒸发至 10mL，取下冷却，加 4mL 高氯酸(3.3)和 5mL 硝酸(3.2)，继续加热至冒大量白烟，冷却，用水淋洗杯壁，再加热，驱尽多余的氯气及氮氧化物，冷却后将溶液过滤至 50mL 容量瓶中，定容后，移入 125mL 分液漏斗。

6.2.2　萃取显色

在 125mL 分液漏斗中，加入 10mLEDTA－柠檬酸铵溶液(3.9)，摇匀，加入两滴甲酚红指示剂(3.12)，摇匀，用氨水(3.7)调至 pH8～8.5，加 5mL 二乙基二硫代氨基甲酸钠溶液(3.8)摇匀，静止 5min，准确加入四氯化碳(3.5)10.0mL，剧烈振摇 2min，静止分层，待测。

6.2.3　吸光度测量

收集有机相于 10mm 比色皿中，在 440nm 波长下以四氯化碳作参比，测定吸光度。

6.2.4　确定铜含量

将试料的吸光度扣除空白试验的吸光度，从工作曲线上查得铜含量。

6.3　工作曲线绘制

分别取铜标准溶液(3.11)0、0.20、0.50、1.00、2.00、3.00、5.00、6.00mL 于 50mL 容量瓶中，稀释至标线，按 6.2.1～6.2.3 操作测定各标准的吸光度，减去零标准吸光度，绘制吸光度对铜含量的工作曲线。

7　分析结果的表述

铜的浓度 *C*(mg/L)按下式计算：

$$C=\frac{m}{V}\times 1000$$

式中　*m*——从工作曲线上查得的铜含量，mg；

V——试料体积，mL。

8　精密度

五个实验室测定含铜 0.075mg/L 的统一分发标准溶液，相对标准偏差为 7.1%，相对误差为－4.0%。

附加说明：

本标准由中华人民共和国建设部标准定额研究所提出。

本标准由建设部水质标准技术归口单位中国市政工程中南设计院归口。

本标准由上海市城市排水管理处、上海市城市排水监测站负责起草。

本标准主要起草人　张开富。

本标准委托上海市城市排水监测站负责解释。

中华人民共和国行业标准

城市污水　锌的测定

双硫腙分光光度法

CJ 26.17—91

主编单位：建设部城市建设研究院
批准部门：中华人民共和国建设部
施行日期：1 9 9 2 年 2 月 1 日

1 主题内容与适用范围

本标准规定了用双硫腙分光光度法测定城市污水中的锌。

本标准适用于排入城市下水道污水和污水处理厂污水中锌的测定。

1.1 测定范围

本法测定锌的浓度范围为 0.005～0.05mg/L。如锌的含量不在测定范围内可对样品进行适当的稀释或浓缩。

1.2 干扰

很多金属能与双硫腙显色反应，如铋、镉、铅、汞、铜、钴、银等金属离子存在，对本法有干扰，在 pH=4.0～5.5 时，硫代硫酸盐能抑制上述金属离子的干扰，由于锌的环境本底值较高，应特别注意在测定时的沾污。

2 方法原理

在 pH4.0～5.5 的乙酸盐缓冲介质中，锌离子与双硫腙形成红色螯合物，用四氯化碳萃取后，在波长 535nm 处进行比色测定。其反应式如下：

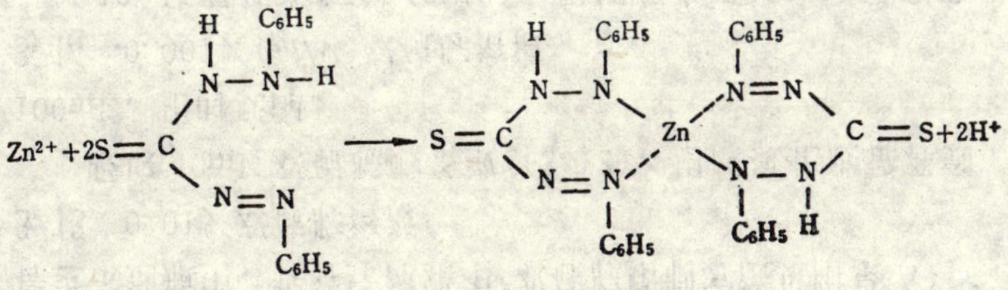

3 试剂和材料

除另有说明外，均用分析纯试剂及去离子水。

3.1 盐酸（HCl，$\rho=1.19g/mL$）。

3.2 硝酸（HNO_3，$\rho=1.40g/mL$），优级纯。

3.3 高氯酸（$HClO_4$，$\rho=1.67g/mL$），优级纯。**高氯酸系易爆物，务必遵守爆炸物品的有关安全规定。**

3.4 冰醋酸（CH_3COOH）。

3.5 氨水（$NH_3 \cdot H_2O$，$\rho=0.90g/mL$），优级纯。

3.6 四氯化碳（CCl_4）。

3.7 盐酸：$C(HCl)=2mol/L$

取 100mL 盐酸（3.1）用水稀释到 600mL。

3.8 10%（V/V）硝酸溶液

将 100mL 硝酸（3.2）缓慢加入到 1000mL 水中。

3.9 0.2%（V/V）硝酸溶液

将 2mL 硝酸（3.2）缓慢加入到 1000mL 水中。

3.10 乙酸钠缓冲溶液

将 68g 三水乙酸钠（$CH_3COONa \cdot 3H_2O$）溶于水中，并稀释至 250mL，另配制 250mL12.5%（V/V）醋酸溶液，将上述两种溶液等体积混合后置于分液漏斗中，用双硫腙四氯化碳溶液（3.12）萃取数次，直至萃取液呈绿色，然后用四氯化碳（3.6）萃取以除去过量的双硫腙。

3.11 硫代硫酸钠溶液

25g 硫代硫酸钠（$Na_2S_2O_3 \cdot 5H_2O$）溶于 100mL 水中，每次用 10mL 双硫腙四氯化碳溶液（3.12）萃取，直至双硫腙溶液呈绿色为止，最后用四氯化碳（3.6）萃取以除去多余的双硫腙。

3.12　双硫腙贮备溶液

取精制双硫腙 125mg 溶于 500mL 四氯化碳(3.6)。置于棕色试剂瓶中，保存于冰箱中(双硫腙精制方法见附录 A)。

3.13　0.01%双硫腙溶液

吸取 40mL 双硫腙贮备液 (3.12)，用四氯化碳稀释到 100mL，用时现配。

3.14　0.001%(*m*/*V*)双硫腙溶液

10mL 双硫腙溶液(3.13)，用四氯化碳(3.6)稀释到 100mL，用时现配。

3.15　柠檬酸钠溶液

将 10 克二水柠檬酸钠($C_6H_5O_7Na_2 \cdot 2H_2O$)溶解在 90mL 水中，用双硫腙四氯化碳溶液(3.12)萃取数次，直至萃取液呈绿色，最后用四氯化碳(3.6)萃取，以除去过量的双硫腙。此试剂用于玻璃器皿的最后洗涤。

3.16　锌贮备溶液：100mg/L

准确称取 0.1000±0.0001g 金属锌粒(纯度 99.9%)，或称取 0.1245±0.0001g 氧化锌(光谱纯)溶于 5mL 盐酸(3.1)中，移入 1000mL 容量瓶中，用水稀释至标线。

3.17　锌标准溶液：1.0mg/L

取锌贮备溶液(3.16)10.00mL 置于 1000mL 容量瓶中，用水稀释至标线。

4　仪器

4.1　分光光度计。

4.2　125mL 分液漏斗：为防止锌的沾污，使用前先依次用 50%(*V*/*V*)硝酸，去离子水洗涤，最后用柠檬酸钠溶液(3.15)双硫腙溶液(3.12)各5mL的混合液，摇1min后，弃去。其他玻璃器皿经 50%(*V*/*V*)硝酸浸泡后，用水洗净。

5　样品

用聚乙烯瓶采样，使用前用硝酸溶液(3.8)浸泡 24h，然后用水冲洗洁净。采样后立即用硝酸(3.2)酸化至 pH 小于 2。

6　分析步骤

6.1　空白试验

取与试料等量的去离子水，按(6.2.1～6.2.3)步骤，随同试料做平行操作。用所得吸光度查得空白值。

若空白值超出置信区间时，应检查原因，空白值置信区间可按 CJ26.25—91 附录 B 确定。

6.2　测定

6.2.1　消解

取适量实验室样品作为试料，加入 5mL 硝酸(3.2)，在电热板上加热，蒸发到 10mL 左右，冷却，加入 5mL 硝酸(3.2)，4mL 高氯酸(3.3)，如样品污染不严重可用少量过氧化氢代替高氯酸继续加热消解，蒸发至近干，用热硝酸溶液(3.9)溶解，过滤于 100mL 容量瓶中，并用热水洗涤，冷却后，用盐酸(3.7)或氨水(3.5)调节 pH 至 2～3 之间，最后用水稀释至标线。

6.2.2　萃取显色

取 10.0mL 消解液(6.2.1)置于 125mL 分漏斗中，加入 5mL 乙酸钠缓冲溶液(3.10)，1mL 硫代硫酸钠溶液(3.11)，摇匀，再加入 10mL 双硫腙四氯化碳溶液(3.14)，摇 4min，待分层后，在分液漏斗管颈内塞入一小团脱脂棉花，将双硫腙四氯化碳层放入 20mm 比色皿中。

6.2.3 吸光度测量

将萃取液(6.2.2)在波长 535nm 处测量吸光度，用四氯化碳(3.6)作参比。

6.2.4 确定锌含量

将测得吸光度扣除空白试验(6.1)吸光度，从工作曲线上查得锌含量。

6.3 工作曲线绘制

在 125mL 分液漏斗中分别加入锌标准溶液(3.16)0、0.50、1.00、2.00、3.00、4.00、5.00mL，用水补充到 10mL，按(6.2.2)～(6.2.3)操作，从测得的吸光度，扣除零标准吸光度后，绘制吸光度对锌量的曲线。每分析一批样品需要重新绘制工作曲线。

7 分析结果的表述

锌的浓度 C(mg/L)由下式计算：

$$C=\frac{m}{V}\times\frac{100}{10}\times1000$$

式中 m——从工作曲线上求得锌的量，mg；

V——试料体积，mL；

100——消解液定容体积，mL；

10——萃取显色用的消解液体积，mL。

附录 A 双硫腙提纯

（补充件）

称取 0.5g 双硫腙溶于 100mL 三氯甲烷中，将所得溶液在分液漏斗中加入 50mL1%(V/V)氨水振摇，放入水相，重复四次，将所得水相合并，用管颈内塞入一小团脱脂棉花的漏斗过滤，以除去残余三氯甲烷，然后用盐酸或 SO_2 酸化(用 SO_2 酸化为宜。SO_2 具有还原，且不会使溶液引入痕量的金属)。沉淀后的双硫腙，用三氯甲烷萃取几次(每次用 15～20mL)，合并萃取液，用水洗涤几次，于 50℃ 水浴上蒸去三氯甲烷，在干燥器中干燥，保存阴暗处备用。

附加说明：

本标准由中华人民共和国建设部标准定额研究所提出。

本标准由建设部水质标准技术归口单位中国市政工程中南设计院归口。

本标准由上海市城市排水管理处、上海市城市排水监测站负责起草。

本标准主要起草人 张开富。

本标准委托上海市城市排水监测站负责解释。

中华人民共和国行业标准

城市污水　汞的测定 冷原子吸收光度法

CJ 26.18—91

主编单位：建设部城市建设研究院
批准部门：中华人民共和国建设部
施行日期：1992年2月1日

1 主题内容与适用范围

本标准规定了用冷原子吸收光度法测定城市污水中的汞。

本标准适用于排入城市下水道污水和污水处理厂污水中汞含量的测定。

1.1 测定范围

本方法测定汞的浓度范围为0.0001～0.010mg/L，低于0.0001mg/L时要进行富集后测定。

2 方法原理

用硝酸、硫酸和过量的高锰酸钾将样品消解，使汞全部转化为二价汞，多余的高锰酸钾用盐酸羟胺还原，然后用氯化亚锡将二价汞还原成原子汞，在253.7nm波长处进行测定。

3 试剂和材料

除另有规定外，均使用分析纯试剂和去离子水。

3.1 硫酸（H_2SO_4，ρ=1.84g/mL），优级纯。

3.2 硝酸（HNO_3，ρ=1.40g/mL），优级纯。

3.3 盐酸（HCl，ρ=1.19g/mL），优级纯。

3.4 5%（m/V）高锰酸钾溶液

取50g经重结晶处理后的高锰酸钾（$KMnO_4$），用水溶解后稀释至1000mL。

3.5 10%（m/V）盐酸羟胺溶液

称取10g盐酸羟胺（$NH_2OH \cdot HCl$），用水溶解，稀释至100mL，通入纯氮气以驱除微量汞。

3.6 20%（m/V）氯化亚锡溶液

取20g氯化亚锡（$SnCl_2 \cdot 2H_2O$）于烧杯中，加入20mL盐

酸(3.3)，加热至完全溶解，用水稀释至100mL，通入纯氮气，驱除微量汞。

3.7 0.05%(*m*/*V*)重铬酸钾溶液

称取0.5g重铬酸钾($K_2Cr_2O_7$，优级纯)，溶于1000mL5%(*V*/*V*)硝酸溶液中。

3.8 汞贮备溶液：100mg/L

称取经充分干燥过的氯化汞($HgCl_2$)0.1354±0.0002g，用重铬酸钾溶液(3.7)溶解后，移入1000mL容量瓶中，再用此溶液稀释至标线。

3.9 汞标准溶液：0.1mg/L。

准确吸取一定量的汞贮备溶液(3.8)用重铬酸钾溶液(3.7)逐级将此溶液稀释而成。用时现配。

4 仪器

测汞仪。

所用的玻璃器皿均需用50%(*V*/*V*)硝酸浸泡，用水洗净。

5 样品

5.1 用内壁光滑的聚乙烯瓶采样，采样瓶经洗涤剂洗净后，用50%(*V*/*V*)硝酸浸泡，再用水洗净。

5.2 样品采集应充满容器，立即在每升样品中加入10mL浓硫酸(3.1)，然后加入0.5g重铬酸钾，使样品保持淡橙色，如橙色消失应添加，密闭后存放阴凉处，可保存一个月。

6 分析步骤

6.1 空白试验

取与试料等量的去离子水，按(6.2.1)及(6.2.2)步骤随同试料做空白试验。用所得吸光度查得空白值。

若空白值超出置信区间时应检查原因，空白值置信区间可按CJ26.25—91附录B确定。

6.2 测定

6.2.1 消解

量取实验室样品10～50mL作为试料，移入50或100mL比色管中，依次加入1mL硝酸(3.2)，2.5～5.0mL硫酸(3.1)，摇匀，加5mL高锰酸钾溶液(3.4)，摇匀，置于80℃左右水浴中，每隔10min振摇一次，如发现高锰酸钾褪色，需继续添加，始终保持消解液呈紫红色。消解1h后取下冷却，临近测定时，边摇边滴加盐酸羟胺溶液(3.6)使消解液褪色，用水定容至50或100mL，取10mL移入测汞仪的汞蒸气发生瓶。

6.2.2 吸光度测量

向汞蒸气发生瓶中，加入1mL氯化亚锡溶液(3.6)，测定吸光度。

6.2.3 确定汞含量

从测得的吸光度扣除空白吸光度后，在工作曲线上查出样品的含量。

6.3 工作曲线的绘制

分别取汞标准溶液(3.9)0、1.0、2.0、3.0、4.0、5.0mL于100mL容量瓶中，加入约50mL水，加1mL硝酸(3.2)，5mL硫酸(3.1)，摇匀，再加5mL高锰酸钾溶液(3.4)摇匀，放置数分钟，滴加盐酸羟胺使溶液的紫红色褪去，定容至100mL。取10mL注入汞蒸气发生瓶中，加入1mL氯化亚锡溶液(3.6)，逐个测量吸光度，分别扣除零标准的吸光度，绘制吸光度对汞含量(mg/L)的工作曲线。

7 分析结果的表述

汞的浓度 C(mg/L)按下式计算：

$$C=C_1\times\frac{V_0}{V}$$

式中 C_1——工作曲线上查得的浓度，mg/L；

V——试料体积，mL；

V_0——消解后定容体积，mL。

8 精密度

污水样品中加 0.005mg/L 的汞标准溶液，6 次测定的回收率为 96.3%～100.3%，相对标准偏差为 5.2%。

附加说明：

本标准由中华人民共和国建设部标准定额研究所提出。

本标准由建设部水质标准技术归口单位中国市政工程中南设计院归口。

本标准由上海市城市排水管理处、上海市城市排水监测站负责起草。

本标准主要起草人　李允中、张开富。

本标准委托上海市城市排水监测站负责解释。

中华人民共和国行业标准

城市污水　铅的测定 双硫腙分光光度法

CJ 26.19—91

主编单位：建设部城市建设研究院

批准部门：中华人民共和国建设部

施行日期：1 9 9 2 年 2 月 1 日

1 主题内容适用范围

本标准规定了用双硫腙分光光度法测定城市污水中铅。

本标准适用于排入城市下水道污水和污水处理厂污水中铅的测定。

1.1 测定范围

本法测定铅的浓度范围为 0.01～0.30mg/L，铅浓度高于 0.30mg/L，可将样品适当稀释。

1.2 干扰

当样品中存在大量的二价锡和一价铊对本法有干扰。可调节 pH 至 2.5，用双硫腙预先萃取以除去干扰。

2 方法原理

在 pH 为 8.5～9.5 的氨性柠檬酸盐——氰化物的还原性介质中，铅与双硫腙形成可被苯萃取的淡红色的双硫腙铅螯合物，于 510nm 波长下测量，其反应式为：

$$Pb^{2+} + 2S=C\begin{matrix} N-N-H \\ N=N \end{matrix}\begin{matrix} C_6H_5 \\ C_6H_5 \end{matrix} \longrightarrow S=C\begin{matrix} H \enspace C_6H_5 \\ N-N \\ N=N \\ C_6H_5 \end{matrix} Pb \begin{matrix} C_6H_5 \\ N=N \\ N-N \\ C_6H_5H \end{matrix} C=S + 2H^+$$

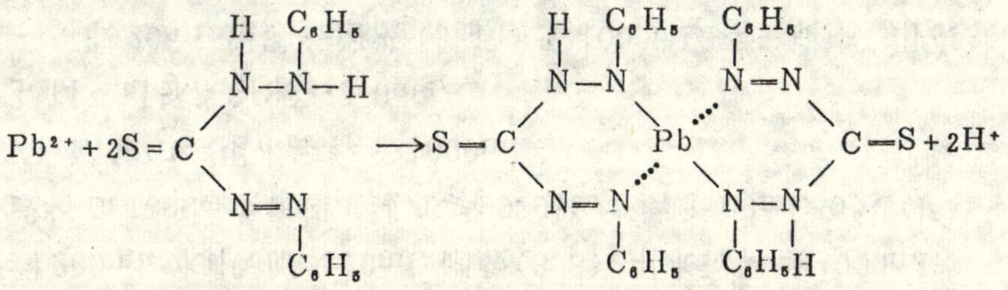

3 试剂和材料

除另有说明外，均使用分析纯试剂和去离子水。

3.1 三氯甲烷（$CHCl_3$）。

3.2 高氯酸（$HClO_4$，$\rho=1.67g/mL$），优级纯。

高氯酸是易爆物，务必遵守爆炸物品的有关安全规定。

3.3 硝酸（HNO_3，$\rho=1.40mg/L$），优级纯。

3.4 氨水（$NH_3 \cdot H_2O$，$\rho=0.90g/mL$）。

3.5 20%（V/V）硝酸溶液

将 200mL 硝酸（3.3）缓慢加入到 1000mL 水中。

3.6 10%（V/V）氨水溶液

将 10mL 氨水（3.4）加入 100mL 水中。

3.7 1%（V/V）氨水溶液

将 10mL 氨水（3.4）加入 1000mL 水中。

3.8 柠檬酸盐和氧化钾还原性溶液

将 400g 柠檬酸氢二铵 [$(NH_4)_2HC_6H_5O_7$]，20g 无水亚硫酸钠（Na_2SO_3），10g 盐酸羟胺（$NH_2OH \cdot HCl$）和 40g 氰化钾（KCN），溶解于水中，并稀释至 1000mL，将此溶液和 2000mL 氨水（3.4）混合。此液剧毒！不可用嘴吸，不可沾污。再用双硫腙溶液（3.10）苯取至有机相呈绿色，最后用三氯甲烷（3.1）苯取 4～5 次以除去残留的双硫腙。

3.9 双硫腙贮备溶液

取 100mL 经提纯双硫腙（$C_6H_5NNCSNHNHC_6H_5$）溶于 1000mL 三氯甲烷（3.1）中，贮于棕色瓶中，低温避光保存，此溶液 1mL 含 0.1mg 三氯甲烷（双硫腙提纯方法见附录）。

3.10 双硫腙溶液

将 250mg 双硫腙溶解于 250mL 三氯甲烷中，此溶液不需纯化。

3.11 0.004%（m/V）双硫腙溶液

取 100mL 双硫腙贮备溶液（3.9）于 250mL 容量瓶中，用三氯甲烷稀释至标线，此溶液 1mL 含 40μg 双硫腙。

3.12 碘溶液：C（I_2）=0.05mol/L。

将40g碘化钾（KI）溶于25mL水中，加入12.7g升华碘，用水稀释到1000mL。

3.13 铅贮备溶液：100mg/L

将0.1599硝酸铅［Pb（NO_3）$_2$］（纯度≥99.5%），溶于约200mL水中，加入10mL硝酸（3.3），用水稀释至1000mL。或将0.1000g金属铅（纯度≥99.9%），溶于20mL50%（V/V）硝酸中，用水定容至1000mL。

3.14 铅标准溶液：2.0mg/L

取20mL铅贮备溶液（3.13）于1000mL容量瓶中，用水稀释至标线。

4 仪器

4.1 分光光度计。

4.2 250mL分液漏斗。

所用玻璃器皿，包括采样容器，使用前，均用50%（V/V）硝酸浸泡后，用水洗净。

5 样品

采集后的样品立即加硝酸（3.3）酸化使pH小于2后，再加入5mL碘溶液（3.12）以避免挥发性有机铅化合物在消解过程中损失。

6 分析步骤

6.1 空白试验

取100mL去离子水，按（6.2.1～6.2.3）随同样品平行操作。用所得吸光度查得空白值

若空白值超出置信区间应检查原因，空白值置信区间可按CJ26.25－91附录B确定。

6.2 测定

6.2.1 消解

量取100mL实验室样品作为试料，加5mL硝酸（3.3），在电热板上加热蒸发至10mL左右。取下冷却，加入5mL硝酸（3.3），4mL高氯酸（3.2），如样品污染不严重，可用少量过氧化氢代替高氯酸继续加热消解，蒸发至近干，用热水溶解，过滤至100mL容量瓶中，并用热水洗涤，定容至标线，待测。

6.2.2 萃取显色

将100mL经消解试料（6.2.1），移到分漏液斗中，加入20mL硝酸溶液（3.5），50mL柠檬酸盐和氰化钾还原性溶液（3.8），摇匀，冷却至室温，加入10mL双硫腙溶液（3.11），盖上塞子剧烈振摇30s，静止分层后，在分液漏斗颈管内塞入一小团无铅脱脂棉花，移出有机相，先弃去2mL后，再注入10mm比色皿中。

6.2.3 吸光度测定

将萃取液（6.2.2）在510nm波长处用双硫腙溶液（3.11）作参比。测量吸光度。

6.2.4 确定铅含量

测得的吸光度扣除空白试验（6.1）吸光度后，在工作曲线上查出样品的含铅量。

6.3 工作曲线的绘制

在100mL容量瓶中，分别加入铅标准溶液（3.14）0、0.50、1.00、5.00、7.50、10.00、12.50、15.00mL，用水定容至100mL，然后按6.2.1～6.2.3操作。将测得的吸光度，

扣除零标准的吸光度后，绘制吸光度对含铅量的工作曲线。

7 分析结果的表述

样品中铅的浓度 C_1（mg/L）按下式计算：

$$C_1=\frac{m}{V}\times1000$$

式中 m——从工作曲线求得铅量，mg；

V——试料体积，mL。

附 录 A
过量干扰物的消除
（补 充 件）

本法测定中，过量的铋、锡和铊有干扰，这些干扰物质的双硫腙盐与双硫腙铅的最大吸收波长不同，检查干扰是否存在的方法如下：在 510nm 和 465nm 处可分别测量其吸光度，从每个波长位置的试料吸光度中扣除同一波长位置空白试验的吸光度，计算出试料吸光度的校正值。求得 510nm 处吸光度校正值与 465nm 处吸光度校正值的比值。双硫腙铅为 2.08，双硫腙铋为 1.07。如果分析试料时求得的比值明显小于 2.08，即表明存在干扰。消除方法：取适量已消解的试料于烧瓶中，在 pH 计上用硝酸溶液（3.5）或氨水溶液（3.6）调节 pH 至 2.5，移入 250mL 分液漏斗中，用双硫腙溶液（3.10）至少萃取 3 次，每次 10mL，直至三氯甲烷层呈明显绿色。然后用三氯甲烷（3.1）20mL 洗涤，以除去双硫腙（绿色消失），水相待测。

附录B
双硫腙提纯

（补 充 件）

称取 0.5g 双硫腙溶于 100mL 三氯甲烷中，将所得溶液在分液漏斗中加入 50mL 氨水（3.7）振摇，放入水相，重复四次，将所得水相合并，用管颈内塞入一小团脱脂棉花的漏斗过滤，以除去残余三氯甲烷，然后用盐酸或 SO_2 酸化（用 SO_2 酸化为宜。SO_2 具有还原性，且不会使溶液引入痕量的金属）。沉淀后的双硫腙，用三氯甲烷萃取几次（每次用 15～20mL），合并萃取液，用水洗涤几次，于 50℃水浴上蒸去三氯甲烷，在干燥器中干燥，保存阴暗处备用。

附加说明：

本标准由中华人民共和国建设部标准定额研究所提出。

本标准由建设部水质标准技术归口单位中国市政工程中南设计院归口。

本标准由上海市城市排水管理处、上海市城市排水监测站负责起草。

本标准主要起草人　张开富。

本标准委托上海市城市排水监测站负责解释。

中华人民共和国行业标准

城市污水　总铬的测定
二苯碳酰二肼分光光度法

CJ 26.20—91

主编单位：建设部城市建设研究院
批准部门：中华人民共和国建设部
施行日期：1 9 9 2 年 2 月 1 日

1 主题内容与适用范围

本标准规定了用二苯碳酰二肼分光光度法测定城市污水中总铬。

本标准适用于排入城市下水道污水和污水处理厂污水中总铬的测定。

1.1 测定范围

本方法测定铬的浓度范围为 0.012～1.0mg/L。

1.2 干扰

本法测定时，三价铁含量大于 1mg/L，钒含量大于铬含量 10 倍时，会产生干扰，当干扰严重时，可用铜铁试剂将其络合，用三氯甲烷萃取后，再行测定。

2 方法原理

在酸性溶液中，三价铬被高锰酸钾氧化成六价铬，六价铬与二苯碳酰二肼反应生成紫红色络合物，用分光光度法测定。

3 试剂和材料

除另有规定外，均用分析纯试剂及去离子水。

3.1 无水乙醇。

3.2 硫酸（H_2SO_4，$\rho=1.84g/mL$），优级纯。

3.3 磷酸（H_3PO_4，$\rho=1.69g/mL$），优级纯。

3.4 硝酸（HNO_3，$\rho=1.40g/mL$），优级纯。

3.5 5%（m/V）高锰酸钾溶液

将 50g 高锰酸钾（$KMnO_4$，优级纯），用水溶解，稀释至 1000mL。

3.6 20%（m/V）尿素溶液

称取尿素［$(NH_2)_2CO$］20g 用水溶解，稀释至 100mL。

3.7 50%（V/V）氨水（$NH_3 \cdot H_2O$）

将氨水与等体积水混合。

3.8 2%（m/V）亚硝酸钠溶液

称取亚硝酸钠（$NaNO_2$）2g，溶于水后，稀释至 100mL。

3.9 50%（V/V）磷酸

将磷酸与等体积水混合。

3.10 显色剂

取二苯碳酰二肼（$C_{13}H_{14}N_4O$）0.2g，溶于 100mL 无水乙醇中（3.1），于棕色瓶中，置冰箱中保存。

3.11 铬贮备溶液

称取经 110℃干燥 2h 的重铬酸钾（$K_2Cr_2O_7$，优级纯）0.2829±0.0003g，用水溶解后，移入 1000mL 容量瓶中，稀释至标线，此溶液 1mL 含 0.10mg 铬。

3.12 铬标准溶液

吸取 5.00mL 铬贮备溶液（3.11）于 500mL 容量瓶中，用水稀释至标线，此溶液 1mL 含 1.00μg 铬，用时现配。

4 仪器

分光光度计

使用的玻璃器皿，均用 50%（V/V）硝酸浸泡后，用水洗净。

5 样品

样品用玻璃瓶采集，此瓶预先经洗涤剂洗涤，50%（V/V）硝酸溶液浸泡，再用水洗净。采样后立即用硝酸调节pH

小于 2，24h 内测定。

6 分析步骤

6.1 空白试验

取 50.0mL 水，按（6.2.1～6.2.3）操作，用所得吸光度从工作曲线上查得空白值。

若空白值超出置信区间时应检查原因，空白值置信区间可按 CJ26.25—91 附录 B 确定。

6.2 测定

6.2.1 消解

取 50.0mL 实验室样品作为试料放入高型烧杯中，加入 5mL 硝酸（3.4），在电热板上加热，蒸发至 10mL 左右，取下冷却，加入 5mL 硝酸（3.4），5mL 硫酸（3.2），继续加热至大量白烟出现，如消解溶液不清澈。再添加硝酸（3.4）消解，直至溶液清澈为止，然后用热水洗涤过滤，定容至 50mL，待用。

6.2.2 高锰酸钾氧化三价铬：

取适量消解液（6.2.1）置于 100mL 烧杯中，用氨水(3.7)调节溶液至中性，加入 0.5mL 磷酸(3.9)，加水至 50mL 左右，滴加高锰酸钾溶液（3.5）使溶液呈紫红色，在电热板上煮沸至 20mL 左右，如紫红色褪去，需再添加高锰酸钾溶液，保持紫红色不褪，取下冷却后，加 1mL 尿素溶液（3.6），摇匀，再逐滴加入亚硝酸钠溶液（3.8），每加一滴充分摇匀，至紫红色刚消失为止，待溶液不再有气泡，移至 50mL 比色管中，用水稀释至标线。

6.2.3 吸光度测量

向比色管中加入 2mL 显色剂(3.10)，摇匀，放置 10min，用 10mm 比色皿，在 540nm 波长下，以水作参比，测量吸光度。

6.2.4 确定铬的含量

将试料的吸光度扣除空白试验的吸光度从校准曲线上查得总铬含量。

6.3 工作曲线绘制

在 9 只 100mL 烧杯中，分别加入 0、0.20、0.50、1.00、2.00、4.00、6.00、8.00、10.00mL 铬标准溶液（3.12），按（6.2.1～6.2.3）操作，从测得的吸光度，扣除零标准吸光度后绘制吸光度对总铬含量的工作曲线。

7 分析结果的表述

总铬浓度 C（mg/L），按下式计算：

$$C=\frac{m}{V}\times 1000$$

式中 m——从工作曲线上查得的总铬含量，mg；

V——用于显色的消解液体积，mL。

8 精密度

七个实验室测定含铬 0.080mg/L 的统一标准溶液，相对标准偏差为 1.4%，相对误差为−0.75%。

附加说明：

本标准由中华人民共和国建设部标准定额研究所提出。

本标准由建设部水质标准技术归口单位中国市政工程中南设计院归口。

本标准由上海市城市排水管理处、上海市城市排水监测站负责起草。

本标准主要起草人　张开富。
本标准委托上海市城市排水监测站负责解释。

中华人民共和国行业标准

城市污水　六价铬的测定
二苯碳酰二肼分光光度法

CJ 26.21—91

主编单位：建设部城市建设研究院
批准部门：中华人民共和国建设部
施行日期：1992年2月1日

1 主题内容与适用范围

本标准规定了用二苯碳酰二肼分光光度法测定城市污水中的六价铬。

本标准适用于排入城市下水道污水和污水处理厂污水中六价铬含量的测定。

1.1 测定范围

本方法测定六价铬的浓度范围为 0.012～1.0mg/L。

1.2 干扰：

本法测定中，三价铁含量大于 1mg/L，钒含量大于铬含量 10 倍时，干扰测定。

2 方法原理

在酸性溶液中六价铬与二苯碳酰二肼反应生成紫红色化合物，用分光光度法测定。

3 试料和材料

除另有说明外，均用分析纯试剂及去离子水。

3.1 无水乙醇（C_3H_6O）

3.2 50%（*V/V*）硫酸溶液

将硫酸（H_2SO_4，ρ=1.84g/mL，优级纯）缓慢地加入到同体积水中，混匀。

3.3 50%（*V/V*）磷酸

将磷酸（H_3PO_4，ρ=1.69g/mL，优级纯）与等体积水混合。

3.4 50%（*V/V*）氨水溶液

将氨水（$NH_3 \cdot H_2O$，ρ=0.90g/mL）与等体积水混合。

3.5 20%（*m/V*）硫酸铵溶液

取 20g 硫酸铵[$(NH_4)_2SO_4$]，溶于水中，稀释至 100mL。

3.6 9%（*m/V*）硫酸铝钾溶液

将 45g 硫酸铝钾溶于水中，稀释至 500mL。

3.7 显色剂

将 0.2g 二苯碳酰二肼（$C_{13}H_{24}N_4O$），溶于 100mL 无水乙醇中（3.1），摇匀，于棕色瓶中，置冰箱中保存。

3.8 铬贮备溶液

称取经 110℃干燥 2h 的重铬酸钾（$K_2Cr_2O_7$，优级纯）0.2829±0.0003g，用水溶解后，移入 1000mL 容量瓶中，稀释至标线，摇匀，此溶液 1mL 含 100.00μg 六价铬。

3.9 铬标准溶液

吸取 5.00mL 铬贮备溶液（3.8），放入 100mL 容量瓶中，用水稀释至标线，摇匀，此溶液为 1mL 含 5.00μg 六价铬，用时现配。

4 仪器

分光光度计。

所有玻璃器皿，经洗涤洗净，用 50%（*V/V*）硝酸浸泡，再用水清洗。

5 样品

样品采集于玻璃瓶中，用氨水调节 pH 值约为 8，24h 内进行测定。

6 分析步骤

6.1 空白试验

取与试料等量的去离子水，按（6.2.1）及（6.2.2）操作。用所得吸光度从工作曲线上查得空白值。

若空白值超出置信区间时应检查原因，空白置信区间可按 CJ26.25—91 附录 B 确定。

6.2 测定

6.2.1 样品处理

取适量实验室样品作为试料，放入 100mL 烧杯中，加数滴硫酸（3.2）酸化，再加 5mL 硫酸铵溶液（3.5）及 2mL 硫酸铝钾溶液（3.6），用水稀释至 50mL 左右，滴加氨水（3.4），调节溶液 pH 约 7.5，移入 100mL 容量瓶中，用水稀释至标线，摇匀，用慢速滤纸过滤，弃去最初滤液 10～20mL，取 50mL 滤液于 50mL 比色管中，待用。

6.2.2 显色和吸光度测量

在比色管中加入 0.5mL 硫酸溶液（3.2），0.5mL 磷酸溶液（3.3），摇匀，再加 2mL 显色剂（3.7）摇匀，10min 后，在 540nm 波长处，用 10mm 比色皿，以水作参比，测定吸光度。

6.2.3 确定铬的含量

将试料的吸光度扣除空白试验吸光度，从工作曲线上查得六价铬含量。

6.3 工作曲线绘制

在 8 只 100mL 烧杯中，分别加入标准溶液（3.9）0、1.00、2.00、4.00、8.00、12.00、16.00、20.00mL，用水稀释至 40mL 左右，然后按（6.2.1）及（6.2.2）操作从测得的吸光度扣除零标准吸光度后绘制吸光度对六价铬含量的工作曲线。

7 分析结果的表述

六价铬的浓度 C（mg/L）按下式计算：

$$C=\frac{m}{V}\times 1000$$

式中 m——工作曲线上查得的六价铬含量，mg；

V——试料体积，mL。

8 精密度

实验室内对不同污水样品中加标 0.200mg/L 的六价铬，进行 17 次测定，平均回收率为 97.5%，相对标准偏差 14.1%。

附加说明：

本标准由中华人民共和国建设部标准定额研究所提出。

本标准由建设部水质标准技术归口单位中国市政工程中南设计院归口。

本标准由上海市城市排水管理处、上海市城市排水监测站负责起草。

本标准主要起草人 张开富。

本标准委托上海市城市排水监测站负责解释。

中华人民共和国行业标准

城市污水 镉的测定
双硫腙分光光度法

CJ 26.22—91

主编单位：建设部城市建设研究院
批准部门：中华人民共和国建设部
施行日期：1992年2月1日

1 主题内容与适用范围

本标准规定了双硫腙分光光度法测定城市污水中的镉。
本标准适用于排入城市下水道污水和污水处理厂污水中镉的测定。

1.1 测定范围

本法测定镉的浓度范围为0.001～0.05mg/L，当浓度高于0.05mg/L时，可适当稀释后再行测定。

1.2 干扰

在强碱性介质中，有酒石酸盐存在时，20mg/L铅、30mg/L锌、4mg/L锰、20mg/L铁、20mg/L镁，对镉的测定无干扰。

2 方法原理

在强碱性溶液中，镉离子与双硫腙生成红色络合物，在波长518nm处比色测定，其反应如下：

$$Cd^{2+} + 2S=C\begin{matrix}H\\N-N-H\\N=N\\C_6H_5\end{matrix}\begin{matrix}C_6H_5\end{matrix} \longrightarrow S=C\begin{matrix}H\\N-N\\N=N\\C_6H_5\end{matrix}Cd\begin{matrix}C_6H_5\\N=N\\N-N\\C_6H_5\end{matrix}C=S + 2H^+$$

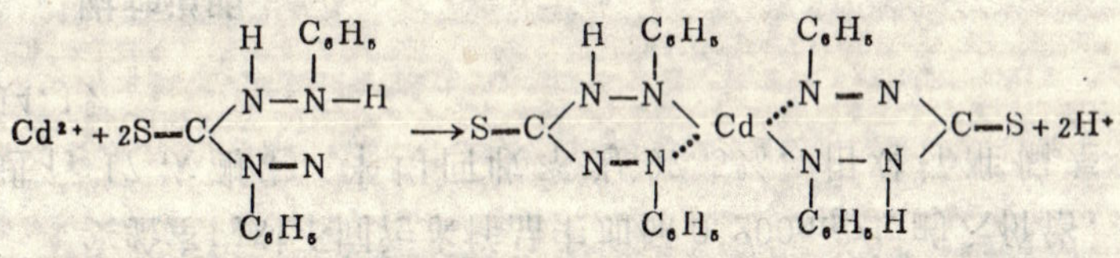

3 试剂和材料

除另有说明外，均用分析纯试剂及去离子水。

3.1 硝酸（HNO_3，$\rho=1.40g/mL$）。

3.2 盐酸（HCl，$\rho=1.19g/mL$）。

3.3 高氯酸（$HClO_4$，ρ=1.67g/mL），**易爆物，使用时务必遵守爆炸物品的有关安全规定**。

3.4 三氯甲烷（$CHCl_3$）。

3.5 2%（*V/V*）硝酸溶液

将 20mL 硝酸（3.1）缓慢加入到 1000mL 水中。

3.6 0.2%（*V/V*）硝酸溶液

将 2mL 硝酸（3.1）缓慢加入到 1000mL 水中。

3.7 盐酸溶液：*C*（HCl）=6mol/L

500mL 盐酸（3.4）用水稀至 1000mL。

3.8 氢氧化钠溶液：*C*（NaOH）=6mol/L。

溶解 240g 氢氧化钠于煮沸放冷的水中，稀至 1000mL。

3.9 20%（*m/V*）盐酸羟胺溶液

称取 20g 盐酸羟胺溶于 100mL 水中。

3.10 40%氢氧化钠和 1%氰化钾的混合溶液

取 400g 氢氧化钠和 10g 氰化钾溶于水中并稀释到 1000mL，贮存于聚乙烯瓶中。

此液剧毒，配制时应特别小心，避免沾污皮肤，禁止用嘴来吸移液管。

3.11 40%氢氧化钠和 0.05%氰化钾的混和溶液

取 400g 氢氧化钠和 0.5g 氰化钾溶于水中并稀释到 1000mL，贮存于聚乙烯瓶中。

3.12 50%（*m/V*）酒石酸钾钠溶液

100g 四水酒石酸钾钠（$C_4H_4O_6KNa \cdot 4H_2O$）溶于水中并稀释至 200mL。

3.13 2%（*m/V*）酒石酸溶液

20g 酒石酸（$C_4H_6O_6$）溶于水中，稀释至 1000mL 置于冰箱中保存。

3.14 0.2%（*m/V*）双硫腙贮备液

取 0.5g 纯净双硫腙（$C_{13}H_{12}N_4S$）溶于 250mL 三氯甲烷中，于冰箱中避光保存。（双硫腙提纯方法见附录 A）。

3.15 0.01%（*m/V*）双硫腙溶液

将双硫腙溶液（3.14）用三氯甲烷（3.4）稀释 20 倍。用时现配。

3.16 0.002%（*m/V*）双硫腙溶液

将双硫腙溶液（3.15）用三氯甲烷（3.4）稀释 5 倍左右，在 510nm 波长处，用三氯甲烷作参比，以 10mm 比色皿测定其透光率，使其透光率在 40±1%。用时现配。

3.17 镉贮备溶液：100mg/L

准确称取含量为 99.9%的金属镉 0.1000±0.0001g 或称取 0.1142±0.0001g 氧化镉（光谱纯）于 100mL 烧杯中，加 10mL 盐酸（3.7）及 0.5mL 硝酸（3.1），温热至完全溶解，移入 1000mL 容量瓶中，用水稀释至标线，贮于聚乙烯瓶中。

3.18 镉标准溶液：1.00mg/L

吸取 5.00mL 镉贮备液（4.17）放入 500mL 容量瓶中，加入 5mL 盐酸（3.2），再用水稀释至标线，摇匀后贮于聚乙烯瓶中。

3.19 0.1%（*m/V*）百里酚蓝溶液

溶解 0.1g 百里酚蓝于 100mL 乙醇中。

4 仪器

4.1 分光光度计。

4.2 125 及 250mL 分液漏斗。

所用玻璃器皿，使用前应预先用盐酸溶液（3.7）浸泡，然后用自来水和去离子水冲洗洁净。

5 样品

样品须用聚乙烯瓶采集，盛器应预先在硝酸溶液（3.5）中浸泡24h。用水洗洁后使用。样品采集后应立即用硝酸（3.1）调节至pH小于2。

6 分析步骤

6.1 空白试验

取100mL去离子水，按6.2.1～6.2.4操作。用所得吸光度查得空白值。

若空白值超出置信区间时，应检查原因，空白值的置信区间可按CJ26.25—91，附录B确定。

6.2 测定

6.2.1 消解

取100mL实验室样品作为试料，加5mL硝酸（3.1），于电热板上加热消解到10mL左右，取下冷却，再加入5mL硝酸（3.1）4mL高氯酸（3.3）（如样品污染不严重，可用少量过氧化氢代替高氯酸），继续加热至溶液清澈，如溶液不清澈，可再加硝酸5mL和高氯酸2mL直至消解溶液清澈为止。最后热水溶解，过滤用硝酸溶液（3.6）洗涤，定容至100mL，移入250mL分液漏斗。

6.2.2 pH调节

向250mL分液漏斗加入3滴百里酚蓝乙醇溶液（3.19），用氢氧化钠溶液（3.8）或盐酸溶液（3.7），调节溶液刚至稳定的黄色，此时pH值为2.8。

6.2.3 萃取显色

6.2.3.1 依次加入1mL酒石酸钾钠溶液（3.12）5mL氢氧化钠和氰化钾的混和溶液（3.10），1mL盐酸羟胺溶液（3.9），每加入一种试剂后均需充分摇匀。最后加15mL双硫腙三氯甲烷溶液（3.15），振摇1min，此步骤应迅速进行。

6.2.3.2 另取125mL分液漏斗，加入25mL冷却的酒石酸（3.13）溶液，然后放入双硫腙三氯甲烷萃取液（6.2.3.1），用10mL三氯甲烷（3.4）洗涤250mL分液漏斗，并入125mL分液漏斗。（注意：切勿将水放入125mL分液漏斗中）。

6.2.3.3 将125mL分液漏斗振摇2min后，弃去三氯甲烷层，再加入三氯甲烷（3.4）5mL，振摇1min，弃去三氯甲烷层。

6.2.3.4 依次向125mL分液漏斗中加入0.25mL盐酸羟胺（3.9），15mL双硫腙溶液（3.16）、5mL氢氧化钠和氰化钾的混和溶液（3.11），立即振摇2min，静止分层，在分液漏斗管颈中塞入一小团无镉脱脂棉花，将双硫腙三氯甲烷溶液滤入30mm比色皿中，待测定。

6.2.4 吸光度测量

在波长518nm处，以三氯甲烷为参比，测量吸光度。

6.2.5 确定镉含量

将测得的吸光度扣除空白吸光度后从工作曲线上查得镉含量。

6.3 工作曲线绘制

分别取镉标准溶液（3.18），0、0.25、0.50、1.00、3.00、5.00mL，用水补足到100mL，然后按6.2.1～6.2.4操作，测得的各标准吸光度扣除零标准吸光度后，绘制吸光度对镉量的曲线。

7 分析结果的表述

镉的浓度 C（mg/L）由下式计算

$$C=\frac{m}{V}\times1000$$

式中 m——从工作曲线上求得镉量，mg；

V——试料体积，mL。

结果以二位有效数字表示。

8 精密度

测定含镉量为 0.020mg/L 标准样品，实验室内相对标准偏差为 1.6%。

附 录 A
双 硫 腙 提 纯
（补 充 件）

称取 0.5g 双硫腙溶于 100mL 三氯甲烷中，将所得溶液在分液漏斗中加入 50mL1%（V/V）氨水振摇，放入水相，重复四次，将所得水相合并，用管颈内塞入一小团脱脂棉花的漏斗过滤，以除去残余三氯甲烷，然后用盐酸或 SO_2 酸化（用 SO_2 酸化为宜。SO_2 具有还原，且不会使溶液引入痕量的金属）。沉淀后的双硫腙，用三氯甲烷萃取几次（每次用 15～20mL），合并萃取液，用水洗涤几次，于 50℃水浴上蒸去三氯甲烷，在干燥器中干燥，保存阴暗处备用。

附加说明：

本标准由中华人民共和国建设部标准定额研究所提出。

本标准由建设部水质标准技术归口单位中国市政工程中南设计院归口。

本标准由上海市城市排水管理处、上海市城市排水监测站负责起草。

本标准主要起草人　张开富。

本标准委托上海市城市排水监测站负责解释。

中华人民共和国行业标准

城市污水　总砷的测定
二乙基二硫代氨基甲酸银分光光度法

CJ 26.23—91

主编单位：建设部城市建设研究院
批准部门：中华人民共和国建设部
施行日期：1 9 9 2 年 2 月 1 日

1　主题内容与适用范围

本标准规定了用二乙基二硫代氨基甲酸银分光光度法测定城市污水中的总砷。

本标准适用于排入城市下水道污水和污水处理厂污水中总砷的测定。

1.1　测定范围

本方法测定砷的浓度范围为 0.035～0.85mg/L。

1.2　干扰

硫化物有干扰，测定前可用醋酸铅吸收去除，锑、铋影响测定，加入碘化钾和氯化亚锡可以消除微量锑的干扰。

尽管铬、锰、铜、汞、钼、铂和银会干扰砷化氢的发生，但这些金属在水中的正常浓度不会造成明显干扰。

2　方法原理

样品经硝酸、硫酸消解后，消解液中的五价砷在碘化钾和氯化亚锡作用下还原成三价砷。三价砷被锌和酸作用生成的新生态氢进一步反应生成砷化氢。砷化氢和银盐反应生成一种可在 530nm 处进行分光光度法测定的红色胶体银。

3　试剂和材料

均使用分析纯试剂和蒸馏水。

3.1　50%（*V/V*）硫酸溶液

将硫酸（H_2SO_4，ρ=1.84g/mL）缓缓加入同体积水中，混匀。

3.2　硝酸（HNO_3，ρ=1.40g/mL）。

3.3　醋酸铅棉花

称取 10g 醋酸铅 [pb ($CH_3COO)_2\cdot 3H_2O$] 溶于 100mL 水中，浸入 10g 脱脂棉花，半小时后取出，自然晾干。

3.4 碘化钾溶液

称取 15g 碘化钾，溶于 100mL 水中，贮于棕色瓶内。

3.5 氯化亚锡溶液

称取 8g 无砷氯化亚锡（$SnCl_2\cdot 2H_2O$）溶于 20mL 浓盐酸（HCl，ρ=1.19g/mL），于通风橱内加热溶解。用时现配。

3.6 二乙基二硫代氨基甲酸银-三乙醇胺-三氯甲烷溶液

称取 1.25g 二乙基二硫代氨基甲酸银（$C_5H_{10}NS_2Ag$），溶于 100mL 三氯甲烷（$CHCl_3$），再加 10mL 三乙醇胺 [$(HOCH_2CH_3)_3N$]，最后再用三氯甲烷稀释至 500mL，使其尽量溶解，静止 24h，过滤到棕色瓶内，贮于冰箱中。

3.7 无砷锌粒，20 目左右。

3.8 砷标准溶液

称取 110℃烘干的三氧化二砷（As_2O_3）0.6600±0.0007g 溶于 10mL20%（m/V）氢氧化钠溶液，转移到 500mL 容量瓶中，用水稀释至标线，此溶液 1mL 含 1.00mg 砷。使用时将 1000mg/L 溶液逐级稀释成 1mg/L 的砷标准溶液。**砷及其化合物很毒，操作中应特别小心，实验要在通风橱内或通风良好地方进行，要避免吸入，入口和接触皮肤。**

4 仪器

4.1 砷化氢发生装置（详见图 1）。

4.2 分光光度计

5 样品

采样时用盐酸作保护剂，一般每升样品中加5mL浓盐酸进行保存。

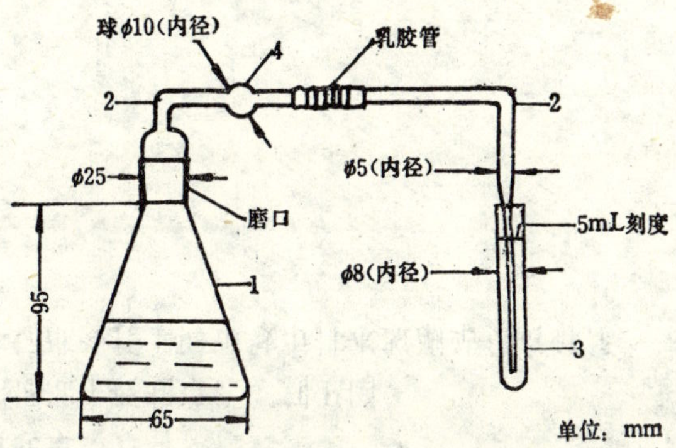

图 1 砷化氢发生装置（单位 mm）

1—用 150mL 磨口锥形瓶作砷化氢发生瓶；2—连接导管分成二段，中间用乳胶管连接，左边有一磨口接口与砷化氢发生瓶连接；3—吸收管；4—醋酸铅棉花装填处

6 分析步骤

6.1 空白试验

用 30mL 水代替试料，按第 6.2～6.4 条操作。用所得吸光度在工作曲线上查得空白值。

若空白值超出置信区间时应检查原因，空白值置信区间可按 CJ26.25—91 附录 B 确定。

6.2 样品的消解和预处理

将含砷 2～25μg 的适量实验室样品作为试料放入砷化氢发生瓶中，加入 2mL 硫酸（3.1）和 5mL 浓硝酸（3.2），在通风橱内消解至白色烟雾出现，如溶液仍不清澈可再加 5mL 浓硝酸（3.2）继续加热消解至白色烟雾出现，冷却后加入

5mL 水再蒸发到白色烟雾出现，赶尽氮氧化物，待冷却后，加入 30mL 水，再加入 5mL 硫酸（3.1），2mL 碘化钾溶液（3.4）和 8 滴（0.4mL）氯化亚锡溶液（3.5），每加入一种试剂后将溶液摇匀，试剂全加完后放置 15min。

洁净的样品可以不消解，如果试料不是取 30mL 左右，可通过蒸发和稀释将体积调节到 30mL 左右，加入 7mL 硫酸（3.1），然后加入碘化钾（3.4）和氯化亚锡（3.5）溶液放置 15min。

6.3　联接导管和吸收管的准备

在联接导管的球体部位装填醋酸铅棉花（3.3）。吸收管中加入 5mL 吸收液（3.6），详见图。

6.4　砷化氢的发生和测量

将 4g 锌（3.7）投入发生瓶内后，立即联接好联接导管，保证全部接口严密不漏气。在室温下反应 1h。反应结束后用三氯甲烷将吸收液体积补足到 5mL，转入 10mm 比色皿中，以三氯甲烷为参比在 530nm 波长下测吸光度。

6.5　确定砷含量

用测得的吸光度扣除空白试验吸光度从工作曲线上查得砷的含量。

5.4　工作曲线的绘制

在 8 个砷化氢发生瓶中，分别加入 0、1.00、2.50、5.00、10.00、15.00、20.00、25.00mL 砷标准溶液（3.8），稀释到 30mL 左右。以下按 6.2～6.4 条操作。从测得的吸光度扣除零标准吸光度后绘制吸光度对砷含量的工作曲线。

7　分析结果的表述

砷浓度 C（mg/L）由下式计算

$$C=\frac{m}{V}\times1000$$

式中　m——从工作曲线上查得的砷含量，mg；

V——试料体积，mL。

8　精密度

对含砷 0.015mg 样品进行平行测定，不消解直接测定 12 次，回收率为 95.5%～102.7%相对标准偏差为 2.6%。通过消解后进行平行测定，测定 12 次，回收率为 84.7%～100%，相对标准偏差为 5.6%。

附加说明：

本标准由中华人民共和国建设部标准定额研究所提出。

本标准由建设部水质标准技术归口单位中国市政工程中南设计院归口。

本标准由上海市城市排水管理处、上海市城市排水监测站负责起草。

本标准主要起草人　刘卫国。

本标准委托上海市城市排水监测站负责解释。

中华人民共和国行业标准

城市污水 氯化物的测定 银量法

CJ 26.24—91

主编单位：建设部城市建设研究院
批准部门：中华人民共和国建设部
施行日期：1992年2月1日

1 主题内容与适用范围

本标准规定了用银量法测定城市污水中的氯化物。

本标准适用于排入城市下水道污水和污水处理厂污水中氯化物的测定。

1.1 测定范围

本方法测定氯离子的浓度范围为10～500mg/L。

1.2 干扰

本方法受Br^-、I^-、CN^-、S^{2-}、SO_3^{2-}等离子的干扰，应预先除去。

2 方法原理

污水中的氯离子与硝酸银反应，生成难溶的氯化银白色沉淀。以硝酸银滴定法测定水中可溶性氯化物，可用铬酸钾作指示剂，因氯化银的溶解度比铬酸银小，所以可溶性氯化物被滴定完全后，稍过量的硝酸银与铬酸钾生成稳定的砖红色铬酸银沉淀，指示终点的到达。反应式如下：

$$Cl^- + Ag^+ \longrightarrow AgCl\downarrow \text{（白色）}$$

$$2Ag^+ + CrO_4^{2-} \longrightarrow Ag_2CrO_4\downarrow \text{（砖红色）}$$

3 试剂和材料

均使用分析纯试剂和蒸馏水或去离子水。

3.1 15%（m/V）硫酸铝溶液

称取15g硫酸铝[$Al_2(SO_4)_3 \cdot 18H_2O$]溶于100mL水中。

3.2 50%（m/V）氢氧化钠溶液

称取50g氢氧化钠（NaOH）溶于100mL水中。

3.3 硫酸溶液：C（$1/2H_2SO_4$）＝1mol/L

取 4mL 硫酸小心倒入 140mL 水中。

3.4 氢氧化钠溶液：C_1（NaOH）=1mol/L

称取 4g 氢氧化钠溶于 100mL 水中。

3.5 氯化钠标准溶液：C_2（NaCl）=0.0282mol/L

称取 8.242±0.008gNaCl（经 140℃干燥）溶于水，移入 500mL 容量瓶稀释至标线，摇匀，此溶液 1.00mL 含 10.0mg 氯离子。临用时，取上述溶液 10.00mL 于 100mL 容量瓶中，稀释至标线，摇匀，此溶液 1.00mL 含 1.00mg 氯离子。

3.6 硝酸银标准溶液

3.6.1 配制

称取经 110℃干燥 1～2h 的硝酸银 4.79g 溶于水，移入 1000mL 容量瓶，稀释至标线，摇匀，在棕色试剂瓶中保存。

3.6.2 标定

吸取氯化钠标准溶液（3.5）10.00mL 于 150mL 锥形瓶内，加入 20mL 水，同时取 30mL 水于另一 150mL 锥形瓶作空白，各瓶分别加入 1mL 铬酸钾溶液（3.7），分别以硝酸银标准溶液滴定至终点（砖红色）。

硝酸银标准溶液浓度 C_3（mol/L）由下式计算：

$$C_3=\frac{C_2V_2}{V_1-V_0} \tag{1}$$

式中 V_0——滴定空白时硝酸银标准溶液用量，mL；

V_1——滴定氯化钠标准溶液时硝酸银标准溶液的用量，mL；

V_2——标定时所取氯化钠标准溶液的体积，mL；

C_2——氯化钠标准溶液的浓度，mol/L。

3.7 铬酸钾溶液

称取 5g 铬酸钾，溶于少量水，滴加硝酸银标准溶液（3.6）至红色不褪，搅拌均匀后放置过夜。然后用滤纸过滤，将滤液用水稀释至 100mL。

4 仪器

分析天平。

5 分析步骤

5.1 空白试验

取 50mL 水，按(5.2.2)操作。

5.2 测定

5.2.1 预处理

量取 100mL 实验室样品作为试料用硫酸溶液(3.3)或氢氧化钠溶液调节(3.4)pH 接近 7。加 2～3 滴硫酸铝溶液(3.1)，加 1～2 滴氢氧化钠溶液(3.2)，摇匀，使悬浮颗粒沉淀，上清液供氯离子测定。

5.2.2 滴定

取 50mL 上清液(若氯离子含量较高，可取适量上清液用水稀释至 50mL)，于 150mL 锥形中，加 1mL 铬酸钾溶液(3.7)，以硝酸银溶液(3.6)滴定到刚出现砖红色沉淀时即为终点。

6 分析结果的表述

氯化物的浓度以氯离子计 C_4(mg/L)由下式计算：

$$C_4=\frac{C_3(V_3-V_0)\times 35.45\times 1000}{V} \tag{2}$$

式中 V_3——滴定试料时硝酸银标准溶液的用量，mL；

V_0——滴定空白时硝酸银标准溶液的用量，mL；

V——试料体积，mL；

C_3——硝酸银标准溶液的浓度，mol/L；

35.45——氯离子的摩尔质量，g/mol。

7 其它

7.1 滴定试料时要求 pH 值在 6.5～10.5。

酸度大，铬酸钾溶解度增加，影响滴定结果，可用1mol/L的氢氧化钠溶液（3.4）调节；如碱性太强，银离子与氢氧根生成沉淀，也影响测定结果，此时，可以用 1mol/L 的硫酸溶液（3.3）来调节。

7.2 样品较透明，悬浮颗粒少，可省去沉淀操作。

7.3 样品中如含有硫化物、亚硫酸盐时，会干扰测定。

取适量样品，用硫酸溶液（3.3）酸化，稀至 50mL，加入过氧化氢（H_2O_2），并加热数分钟，除去硫化物及亚硫酸盐，冷却后用氢氧化钠溶液（3.4）中和，再行测定。

7.4 采用灰化法预处理样品

如果样品中有机物含量高或色度大，难以辨别终点时，可取适量实验室样品作为试料置于坩埚内，调节 pH 至 8～9，在水浴上蒸干，置箱式电阻炉中 600℃灼烧 1h，冷却后，将 10mL 水分几次加入试料溶解残物，全部移入 250mL 锥形瓶，调 pH 至 7 左右，按（5.2.2）步骤测定。经灰化处理的样品，滴定终点变色敏锐，但操作繁琐，费时较长，一般应尽量采用沉淀法，以求快速简便。

附加说明：

本标准由中华人民共和国建设部标准定额研究所提出。

本标准由建设部水质标准技术归口单位中国市政工程中南设计院归口。

本标准由上海市城市排水管理处、上海市城市排水监测站负责起草。

本标准主要起草人　严英华。

本标准委托上海市城市排水监测站负责解释。

中华人民共和国行业标准

城市污水　氨氮的测定

CJ 26.25—91

主编单位：建设部城市建设研究院
批准部门：中华人民共和国建设部
施行日期：1992年2月1日

第一篇　纳氏试剂比色法

1　主题内容与适用范围

本标准规定了用纳氏试剂比色法测定城市污水中的氨氮。

本标准适用于排入城市下水道污水和污水处理厂污水中氨氮的测定。

1.1　测定范围

本方法测定氨氮浓度范围以氮计为 0.050～0.30mg/L。

1.2　干扰

酮、醛、醇、胺等有机物可产生浊度或颜色，使结果偏高。

2　方法原理

氨氮是指以游离态的氨或铵离子形式存在的氮。氨氮与纳氏试剂反应生成黄棕色的络合物，在 400～500nm 波长范围内与光吸收成正比，可用分光光度法进行测定。

3　试剂和材料

均使用分析纯试剂及无氨蒸馏水。

3.1　无氨蒸馏水

在每升蒸馏水中加 0.1mL 浓硫酸进行重蒸馏。或用离子交换法，蒸馏水通过强酸性阳离子交换树脂（氢型）柱来制取。无氨水贮存在带有磨口玻璃塞的玻璃瓶内，每升中加 10g 强酸性阳离子交换树脂（氢型），以利保存。

3.2　硫酸铝溶液

称取 18g 硫酸铝[$Al_2(SO_4)_3 \cdot 18H_2O$]溶于 100mL 水。

3.3 50%（m/V）氢氧化钠溶液

称取 25g 氢氧化钠（NaOH），溶于 50mL 水中。

3.4 酒石酸钾钠溶液

称取 50g 酒石酸钾钠（$KNaC_4H_6O_6 \cdot 4H_2O$）溶于 100mL 水中，加热煮沸驱氨，待冷却后用水稀释至 100mL。

3.5 纳氏试剂

称取 80g 氢氧化钾(KOH)，溶于 60mL 水中。

称取 20g 碘化钾(KI)溶于 60mL 水中。

称取 8.7g 氯化汞($HgCl_2$)，加热溶于 125mL 水中，然后趁热将该溶液缓慢地加到碘化钾溶液中，边加边搅拌，直到红色沉淀不再溶解为止。

在搅拌下，将冷却的氢氧化钾溶液缓慢地加到上述混合液中，并稀释至 400mL，于暗处静置 24h，倾出上清液，贮于棕色瓶内，用橡皮塞塞紧，存放在暗处，此试剂至少稳定一个月。

3.6 磷酸盐缓冲溶液

称取 7.15g 无水磷酸二氢钾(KH_2PO_4)及 45.08g 磷酸氢二钾($K_2HPO_4 \cdot 3H_2O$)溶于 500mL 水中。

3.7 2%(m/V)硼酸溶液

称取 20g 硼酸（H_3BO_3），溶于 1000mL 水中。

3.8 氨氮贮备溶液：1000mg/L

称取 3.819±0.004g 氯化铵(NH_4Cl,在 100～105℃干燥 2h)，溶于水中，移入 1000mL 容量瓶中，稀释至标线。此溶液可稳定一个月以上。

3.9 氨氮标准溶液：10mg/L

吸取10.00mL氨氮贮备溶液（3.8）于1000mL容量瓶中，稀释至标线，用时现配。

4 仪器

4.1 500mL 全玻璃蒸馏器。

4.2 分光光度计。

5 样品

样品采集后应尽快分析，如不能及时分析，每升样品中应加 1mL 浓硫酸，并在 4℃下贮存，用酸保存的样品，测定时用氢氧化钠将 pH 值调至 7 左右。

6 分析步骤

6.1 空白试验

用 50mL 无氨蒸馏水，按 6.2 和 6.3.1 进行操作。用所得吸光度查得空白值，若空白值超出置信区间时应检查原因(空白值置信区间的确定见附录 B)。

6.2 预处理

6.2.1 取 100mL 样品，加入 1mL 硫酸铝溶液(3.2)及 2～3 滴氢氧化钠溶液(3.3)调节 pH 约为 10.5，经混匀沉淀后，上清液用于测定。

6.2.2 若采用上述方法(6.2.1)后，样品仍浑浊或有色，影响直接比色测定，应采用蒸馏法预处理，取 50mL 样品，用氢氧化钠(1mol/L)或硫酸(1mol/L)调至中性，然后加入 10mL 磷酸盐缓冲溶液(3.6)进行蒸馏。用 5mL 硼酸溶液(3.7)吸收，收集 50mL 馏出液进行测定。

6.3 测定

6.3.1 取适量经(6.2)处理后的样品作为试料，转入50mL

比色管，不到 50mL 定容到 50mL，浓度稍大时可进行稀释，使氨氮含量控制在测定的线性范围内，加入 0.5mL 酒石酸钾钠溶液(3.4)，摇匀，再加 1mL 纳氏试剂(3.5)，摇匀，放置 10min 后，在 420nm 波长处，用 20mm 比色皿，以水作参比，测定吸光度。

6.3.2 确定氨氮含量

将试料吸光度扣除空白试验的吸光度，从工作曲线上查得氨氮含量。

6.4 工作曲线的绘制

在 8 个 50mL 的比色管中，分别加入 0、0.50、1.00、2.00、3.00、5.00、7.00、10.00mL 氨氮的标准溶液(3.9)，再稀释至标线，以下按 6.2.1 或 6.2.2 和 6.3.1 条操作。

从测得的吸光度减去零标准的吸光度，然后绘制吸光度对氨氮含量的工作曲线。

7 分析结果的表述

氨氮的浓度 C_N (mg/L)，用下式计算：

$$C_N=\frac{m}{V}\times1000 \qquad (1)$$

式中 m——从工作曲线上查得的氨氮含量，mg；

V——测定时试料的体积，mL。

8 精密度

将氯化铵溶液加入生活污水中，测其加标回收率。沉淀后用纳氏比色法，测定 30 次，回收率为 95%～106%，相对标准偏差为 3.23%，蒸馏预处理后用纳氏比色法测定 16 次，加标回收率为 93%～106%，相对标准偏差为 4.11%。

第二篇 容 量 法

9 主题内容与适用范围

本标准规定了用容量法测定城市污水中的氨氮。

本标准适用于排入城市下水道污水和污水处理厂污水中氨氮的测定。

本方法测定氨氮的检测限为 0.2mg/L。

10 方法原理

样品经磷酸盐缓冲液调节后进行蒸馏，蒸馏释放出的氨用硼酸溶液吸收，再以甲基红亚甲蓝混合溶液作指示剂，用标准硫酸溶液滴定。

11 试剂

均用分析纯试剂和无氨蒸馏水。

11.1 硫酸标准滴定液 $C(1/2H_2SO_4)=0.1$mol/L。

稀释浓硫酸用碳酸钠进行标定(见附录 A)。

11.2 硫酸标准滴定液 $C(1/2H_2SO_4)=0.02$mol/L。

稀释硫酸标准滴定液(11.1)使用。

11.3 混合指示剂

称取 0.1g 甲基红及 0.05g 亚甲蓝，溶于 100mL 乙醇中。

11.4 碳酸钠

12 分析步骤

12.1 空白试验

用 250mL 水代替样品，按 12.3～12.4 操作。

12.2 试料

如果已知样品中氨氮的大致含量，可按下表选择试料体积。

表 1

氨氮浓度 (mg/L)	试料体积 (mL)	氨氮浓度 (mg/L)	试料体积 (mL)
<10	250	20～50	50
10～20	100	50～100	25

12.3 蒸馏

量取试料于 500mL 蒸馏瓶中，如果溶液非中性，可用氢氧化钠（1mol/L）和硫酸（1mol/L）调节至中性，然后加水至 300mL，放入玻璃珠数粒，加 10mL 磷酸盐缓冲溶液（3.6）。吸收瓶内加入 50mL 硼酸溶液（3.7）并滴加 2 滴混合指示剂（11.3）。导液管插到吸收液液面下。加热蒸馏，馏出液约 200mL 时停止蒸馏。

12.4 滴定

用硫酸标准滴定液（11.2）或（11.1）滴定吸收液，滴到溶液由绿色刚转至紫色为止。紫色的深浅与滴定空白作对照。

13 分析结果的表述

氨氮的含量 C_N(mg/L)用下式计算：

$$C_N=\frac{V_1-V_2}{V_0}\times C\times 14.01\times 1000 \qquad (2)$$

式中 V_0—试料的体积，mL；

V_1——滴定试料时所消耗的硫酸标准滴定的体积，mL；

V_2——空白滴定时所消耗的硫酸标准滴定液的体积，mL；

C——硫酸的标准浓度，mol/L；

14.01——氮原子的摩尔质量，g/mol。

附 录 A
硫酸标准滴定液的配制和标定

（补 充 件）

浓度：$C(1/2H_2SO_4)=0.1mol/L$。

配制：每升水中加入 2.8mL 浓硫酸。

标定：在锥形瓶中用 50mL 水溶解约 0.1g 精确至0.002g 经 180℃烘干 1h 的无水碳酸钠(Na_2CO_3)(11.4)，摇匀，加入 3～4 滴甲基橙指示剂。在 25mL 滴定管中加入待标定的硫酸溶液，用该溶液滴定锥形瓶中的碳酸钠溶液，直至溶液由黄色转至橙红色为止，记下读数。同时用 50mL 水做空白。

被标定的硫酸浓度按下式计算：

$$C=\frac{m\times 1000}{53\times(V_1-V_0)}$$

式中 m——无水碳酸钠的质量，g；

V_1——滴定无水碳酸钠溶液时所消耗硫酸的体积，mL；

V_0——滴定空白时所消耗硫酸的体积，mL；

53——1mol 无水碳酸钠($1/2Na_2CO_3$)的质量，g/mol。

附 录 B
纳氏比色法空白值的估算和控制

（补 充 件）

为了保证测定浓度接近检出限时的结果，必须控制空白值。按照分析步骤(6)要求，每天测定两个空白试验平行样，共测五天。用测得的 10 个空白试验值，计算出标准偏差，然后用下列公式计算出置信区间(C_1)：

$$C_1=x\pm S\cdot t/n^{1/2}$$

式中 x——空白值的平均值；

S——标准偏差；

n——测定次数；

t——根据置信水平与自由度 f 由 t 分布的双侧分位数 t_a 表可查化学工业出版社出版的《环境水质监测质量保证手册》(一般置位水平取 95%即 α 取 0.05，$f=n-1$)。

在测定样品时，同时做空白试验，其结果应在置信区间 C_1 以内，如果结果明显大于 $x+s\cdot t/n^{1/2}$则应检查所用试剂，试验用水，器量及容器的沾污情况，淘汰含氨量太高的试剂，如果空白值超出上限(或显著低于 $x-s\cdot t/n^{1/2}$)则应重新确定置信区间并推算出检出限。

附加说明：

本标准由中华人民共和国建设部标准定额研究所提出。

本标准由建设部水质标准技术归口单位中国市政工程中

南设计院归口。

本标准由上海市城市排水管理处、上海市城市排水监测站负责起草。

本标准主要起草人　李允中、刘卫国。

本标准委托上海市城市排水监测站负责解释。

中华人民共和国行业标准

城市污水　亚硝酸盐氮的测定 分光光度法

CJ 26.26—91

主编单位：建设部城市建设研究院
批准部门：中华人民共和国建设部
施行日期：1992年2月1日

1 主要内容与适用范围

本标准规定了用分光光度法测定城市污水中的亚硝酸盐氮。

本标准适用于排入城市下水道污水和污水处理厂污水中亚硝酸盐氮的测定。

1.1 测定范围

本方法测定亚硝酸盐氮的浓度范围为0.0050～0.30mg/L。

1.2 干扰

样品中悬浮杂质及大部分金属离子的干扰，均可用硫酸铝在碱性条件下产生氢氧化铝胶体吸附沉降而消除。色度干扰可用比对试验校正。

2 方法原理

在pH≈3的醋酸溶液中，亚硝酸根与对氨基苯磺酸反应生成重氮盐，再与α—萘胺偶联成红色染料，反应式如下：

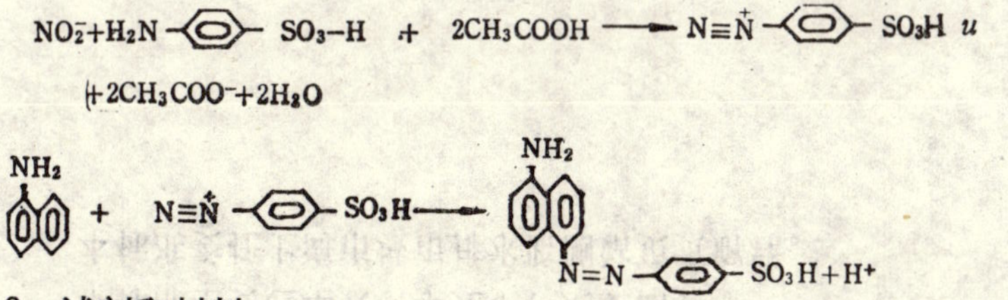

3 试剂和材料

均用分析纯试剂和蒸馏水或去离子水。

3.1 无亚硝酸盐蒸馏水

若普通蒸馏水中含亚硝酸盐，可加少许氢氧化钠，进行重蒸馏。

3.2 硫酸铝溶液

称取18g硫酸铝[$Al_2(SO_4)_3 \cdot 18H_2O$]溶于100mL水。

3.3 氢氧化钠溶液

称取50g氢氧化钠(NaOH)溶于100mL水。

3.4 对氨基苯磺酸溶液

称取0.5g对氨基苯磺酸[$C_6H_4(NH_2)(SO_3H)$]溶于100mL12%(*V*/*V*)冰醋酸溶液。

3.5 *α*—萘胺溶液(**剧毒，切勿入口或与外伤处接触**)。

称取0.2g*α*—萘胺($C_{10}H_7NH_2$)溶解于数滴冰醋酸后加入150mL12%（*V*/*V*）冰醋酸溶液。

3.6.1 亚硝酸钠贮备液的配制

称取0.616g亚硝酸钠($NaNO_2$)，用水溶解后，定量转移至500mL容量瓶中，用水稀释至标线，摇匀。贮存于棕色瓶中，加入1mL三氯甲烷，保存在2～5℃，至少稳定一个月。理论值浓度为0.25mg/mLN。

3.6.2 亚硝酸钠贮备液的标定

吸取50.00mL高锰酸钾标准溶液(附录A)于250mL锥形瓶中，加5mL浓硫酸，再吸取50.00mL亚硝酸钠贮备液于其中，轻轻摇匀，放在电热板上加热至70～80℃，按每次加入10.00mL草酸钠标准溶液[$C(1/2Na_2C_2O_4=0.050mol/L)$](附录A)，直至高锰酸钾褪色，再用高锰酸钾标准溶液滴定过量的草酸钠至溶液呈微红色。记录高锰酸钾标准溶液总用量V_1。

亚硝酸钠贮备液浓度C(mg/L)由下式计算：

$$C=\frac{(V_1C_1-V_2 0.050)\times 7.00\times 1000}{50.00} \quad (1)$$

式中 V_1——高锰酸钾溶液耗用总量，mL；

V_2——加入草酸钠标准溶液总量，mL；

C_1——高锰酸钾标准溶液浓度，mol/L（附录 A）；

7.00——亚硝酸盐氮(1/2N)的摩尔质量；

50.00——亚硝酸盐氮贮备液吸取量，mL；

0.050——草酸钠标准溶液浓度，$C(1/2Na_2C_2O_4)$mol/L。

3.6.3 亚硝酸钠标准溶液

将亚硝酸钠贮备液按标定的浓度逐级稀释，使溶液浓度为 1mg/L。用时现配。

4 仪器

分光光度计。

5 样品

样品采集后 24h 内分析，若需要短期保存 1～2d，应在每升中加入 40mg 氯化汞，于 4℃保存。

6 分析步骤

6.1 空白试验

用 50mL 水按(6.3.2)操作。

6.2 比对试验

有些样品色度干扰不能用硫酸铝去除，需取 50mL 上清液(6.3.1)，仅仅不加对氨基苯磺酸溶液，其余操作与(6.3.2)全同，以此作为该样品比色时的参比。

6.3 测定

6.3.1 用 100mL 比色管(或量筒)取 100mL 样品，加 2～3 滴硫酸铝溶液(3.2)，加1～2滴氢氧化钠溶液(3.3)(控制 pH9～11)，摇匀，静止 30min 后，取上清液测定。

6.3.2 用 50mL 比色管取适量上清液(6.3.1)作为试料(若小于 50mL，用水稀释至 50mL)，加 1mL 对氨基苯磺酸溶液(3.4)，摇匀，放置 3～5min，加 1mLα-萘胺 (3.5)，摇匀，放置 30min，以(6.1)或者(6.2)为参比，于 520nm 处，用 10mm 比色皿比色。

6.4 工作曲线的绘制

取 7 支 50mL 比色管，分别吸取亚硝酸钠标准溶液(3.6.3)0.25、1.00、2.00、4.00、8.00、10.00、15.00mL 于其中，用水稀释至 50mL，按(6.3.2)方法操作。以各点的吸光度为纵坐标，以其对应浓度 0.005、0.020、0.040、0.080、0.16、0.20、0.30mg/L 为横坐标绘制工作曲线。

7 分析结果的表述

亚硝酸盐氮的浓度 C(mg/L)由下式计算：

$$C = C' \times \frac{50}{V_x} \qquad (2)$$

式中 C'——从工作曲线上查得亚硝酸盐氮浓度，mg/L；

V_x——试料体积，mL。

8 精密度

生活污水中加标亚硝酸盐氮 0.15mg/L，测定 20 次，实验室内相对标准偏差为 3.61%，回收率为 96.7%～107.6%。

附 录 A
高锰酸钾标准溶液：$C(1/5KMnO_4=0.050mol/L$ 的标定

（补 充 件）

溶解 1.6g 高锰酸钾 $KMnO_4$ 于 1.2L 蒸馏水中，煮沸 0.5～1h。放置过夜，过滤后，将滤液贮存于棕色试剂瓶中避光保存。

配制草酸钠标准溶液：$C(1/2Na_2C_2O_4)=0.0500mol/L$。

溶解经 105℃烘干 2h 的优级纯无水草酸钠 $Na_2C_2O_4$ 3.350±0.003g于蒸馏水中，移入 1000mL 容量瓶稀释至标线，摇匀。

标定：

在 250mL 具塞锥形瓶中，移入待标定的高锰酸钾标准溶液 50mL，加入浓硫酸 5mL，再加入过量的草酸钠标准溶液，然后用待标定的高锰酸钾标准溶液滴定过量的草酸钠直至淡粉红色终点，记录高锰酸钾标准溶液用量。

按下式计算高锰酸钾标准溶液浓度 C_1(mol/L)：

$$C_1=\frac{0.0500\times V_4}{V_3}$$

式中 V_3——高锰酸钾标准溶液总耗用量，mL；

V_4——加入草酸钠标准溶液总量，mL；

0.0500——草酸钠标准溶液浓度 $C(1/2NaC_2O_4)$，mol/L。

附加说明：

本标准由中华人民共和国建设部标准定额研究所提出。

本标准由建设部水质标准技术归口单位中国市政工程中南设计院归口。

本标准由上海市城市排水管理处、上海市城市排水监测站负责起草。

本标准主要起草人　卢瑞仁。

本标准委托上海市城市排水监测站负责解释。

中华人民共和国行业标准

城市污水　总氮的测定　蒸馏后滴定法

CJ 26.27—91

主编单位：建设部城市建设研究院
批准部门：中华人民共和国建设部
施行日期：1992年2月1日

1　主题内容与适用范围

本标准规定了用蒸馏后滴定法测定城市污水中的总氮。

本标准适用于排入城市下水道污水和污水处理厂污水中总氮的测定。

本方法的最低检出浓度为总氮0.2mg/L。

当硝酸盐和亚硝酸盐氮含量为10mg/L时回收率为69%～83%，大于10mg/L时，本方法误差较大，可改用分别测定凯氏氮，硝酸盐氮和亚硝酸盐氮，计算总氮。

总氮浓度较低时，可取蒸馏液作纳氏比色法测定。

2　方法原理

总氮包括有机氮、氨氮、亚硝酸盐氮和硝酸盐氮。样品中的硝酸盐和亚硝酸盐氮用锌硫酸还原成硫酸铵；有机氮以硫酸铜作催化剂经硫酸消解后，转变成硫酸铵。在碱性条件下蒸馏释放出氨，吸收于硼酸溶液中，最后用标准硫酸溶液滴定。

3　试剂和材料

均使用分析纯试剂及无氨蒸馏水。

3.1　无氨蒸馏水

每升蒸馏水中加0.1mL浓硫酸进行重蒸馏。或用离子交换法，蒸馏水通过强酸性阳离子交换树脂(氢型)柱来制取。无氨水贮存在带有磨口玻璃塞的玻璃瓶内，每升中加10g强酸性阳离子交换树脂(氢型)以利保存。

3.2　锌粉。

3.3 锌粒。

3.4 硫酸(H_2SO_4，ρ=1.84g/mL)；

3.5 硫酸铜-硫酸钠混合溶液

称取4g硫酸铜($CuSO_4 \cdot 5H_2O$)及20g硫酸钠(Na_2SO_4)，溶于100mL水中。

3.6 2%(m/V)硼酸溶液

称取20g硼酸(H_3BO_3)，溶于1000mL水中。

3.7 50%(m/V)氢氧化钠溶液。

称取400g氢氧化钠(NaOH)溶于800mL水中。

3.8 硫酸标准滴定液：$C(1/2H_2SO_4)$=0.10mol/L。

稀释硫酸(3.4)，用碳酸钠进行标定(见附录A)。

3.9 硫酸标准滴定液$C(1/2H_2SO_4)$=0.02mol/L。

将硫酸标准滴定液(3.8)稀释使用。

3.10 混合指示剂

称取0.1g甲基红及0.05g亚甲蓝，溶于100mL酒精中。

4 仪器

4.1 500mL凯氏烧瓶和500W电炉；

4.2 1000mL全玻璃蒸馏器和300W电炉(见图1)。

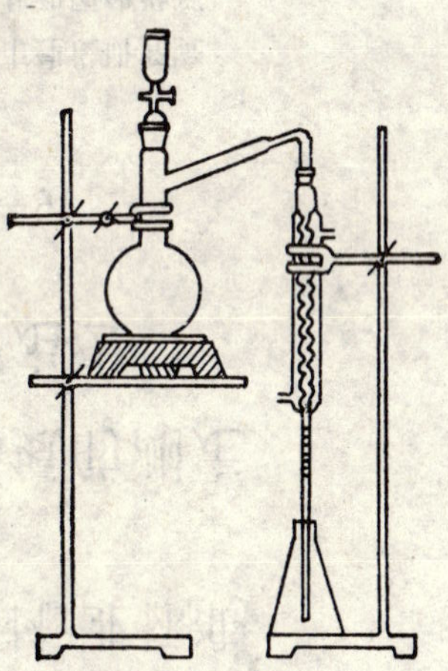

图1 蒸馏装置

5 样品

样品在采集后应及时测定。如不能立即测定，应于每升样品中加入1mL硫酸(3.4)，4℃下贮存。

6 分析步骤

6.1 空白试验

用100mL水，按第6.3～6.4条操作。

6.2 试料体积的选择

如果已知样品中氮的大致含量，可按下表选择试料体积

总氮浓度 C_N (mg/L)	试料体积 (mL)	总氮浓度 C_N (mg/L)	试料体积 (mL)
<10	250	20～50	50
10～20	100	50～100	25

6.3 量取试料于500mL凯氏烧瓶内，若试料不足100mL，用水稀释至100mL，加1g锌粉(3.2)，5mL硫酸铜硫酸钠混合液(3.5)及10mL浓硫酸(3.4)，待锌粉反应完(约10min)，加热消解至消解液透明呈蓝绿色，继续消解20～30min。待消解液冷却后，将其转移至蒸馏烧瓶中，加水使溶液体积为200mL左右，另在150mL锥形瓶中加入50mL硼酸溶液(3.6)，并滴加2滴混合指示剂(3.10)，用来吸收馏出液，导液管插至吸收液面下。再往蒸馏瓶中投入2粒锌粒(3.3)立即通过分液漏斗加入40mL氢氧化钠溶液(3.7)并用洗瓶吹洗分液漏斗，关闭活塞加热蒸馏。待吸收液变色后继续蒸20～30min。

6.4 用硫酸标准滴定液(3.9)或(3.8)滴定吸收液，滴到溶液由绿色刚转至紫色为止，紫色的深浅与滴定的空白作对照。

7 分析结果的表述

总氮的含量C_N(mg/L)用下式计算

$$C_N=\frac{V_1-V_2}{V_0}\times C\times 14.01\times 1000$$

式中 V_0——试料的体积；

V_1——滴定试料时所消耗的硫酸标准滴定液的体积，mL；

V_2——滴定空白时所消耗的硫酸标准滴定液的体积，mL；

C——滴定用的硫酸标准滴定液的精确浓度，mol/L；

14.01——氮原子的摩尔质量，g/mol。

附 录 A

硫酸标准滴定液的配制和标定

（补 充 件）

浓度：$C(1/2H_2SO_4)=0.1$mol/L。

配制：每升水中加入 2.8mL 浓硫酸。

标定：在锥形瓶中用 50mL 水溶解约 0.1g 精确到0.002g经 180℃烘干的无水碳酸钠(Na_2CO_3)，摇匀，加入 3～4 滴甲基橙指示剂。在 25mL 滴定管中加入待标定的硫酸溶液，用该溶液滴定锥形瓶中的硫酸钠溶液，直至溶液由黄色刚转至橙红为止，记下读数。同时用 50mL 水做空白滴定。

被标定的硫酸浓度按下式计算：

$$C=\frac{m\times 1000}{53\times(V_1-V_0)}$$

式中 m——无水碳酸钠的质量，g；

V_1——滴定无水碳酸钠的溶液时所消耗硫酸的体积，mL；

V_0——滴定空白时所消耗硫酸溶液的体积，mL；

53——1mol 无水碳酸钠($1/2Na_2CO_3$)的质量，g/mol。

附录 B
过硫酸钾氧化—紫外分光光度法

（参 考 件）

B1 主题内容与适用范围

本方法适用于污染不严重的污水中总氮的测定。

B1.1 测定范围

本方法测定的总氮浓度范围在 0.05～4mg/L 之间。

B1.2 干扰

样品中含有六价铬离子及三价铬离子时，可加入 5%盐酸羟胺溶液 1～2mL，消除其对测定的影响，碳酸盐及碳酸氢盐对测定的影响，在加入一定量的盐酸后可消除。碘离子及溴离子对测定有干扰。

B2 方法原理

在 120～124℃的碱性介质条件下，用过硫酸钾作氧化剂，可将水中氨氮和亚硝酸盐及大部份有机氮化合物氧化为硝酸盐，然后分别测定 220nm，及 275nm 处的吸光度，用 $A=A_{220}-2A_{275}$ 计算出硝酸盐氮的吸光度，计算出总氮的含量。

B3 试剂和材料

B3.1 无氨蒸馏水

在每升蒸馏水中加0.1mL浓硫酸，进行重蒸馏，收集馏出液于玻璃瓶内保存。

B3.2 20%（*m*/*V*）氢氧化钠。

称取 20g 氢氧化钠（NaOH），溶于无氨水中，稀释至 100mL。

B3.3 碱性过硫酸钾溶液

称取 40g 过硫酸钾（$K_2S_2O_8$），15g 氢氧化钠，溶于无氨水（B3.1）中，稀释至 1000mL 溶液存放在聚乙烯瓶内，可贮存一周。

B3.4 10%（*V*/*V*）盐酸

将 10mL 盐酸（HCl）加入 100mL 水（B3.1）中。

B3.5 硝酸钾贮备液：$C_N=100$mg/L

称取 0.7218g±0.0007g 经 105～110℃烘干的硝酸钾（KNO_3）溶于无氨水（B3.1），移入 1000mL 容量瓶，加入 2mL 三氯甲烷，稀释至标线，可稳定 6 个月以上。

B3.6 硝酸钾标准溶液：$C_N=10$mg/L

吸取 10.00mL 标准贮备液（B3.5）于 100mL 容量瓶中，用无氨水（B3.1）稀释至标线。

B4 仪器

B4.1 紫外分光光度计

B4.2 压力蒸汽消毒器或家用压力锅（压力为 1.1～1.3kg/cm²，相应温度为 120～124℃）。

B4.3 25mL 具塞玻璃磨口比色管。

B5 样品

样品采集后，用浓硫酸酸化到 pH 小于 2，在 24h 内进行测定。

B6 分析步骤

B6.1 空白试验

用10mL无氨蒸馏水按(B6.2)、(B6.3)进行。

B6.2 氧化

取10.0mL样品作试料(或取适量样品使氮含量为20～80μg)于25mL比色管中，加入5mL的碱性过硫酸钾溶液(B3.3)塞紧磨口塞，用纱布及纱绳裹紧管塞，以防蹦出。将比色管置于压力蒸汽消毒器中，加热0.5h，放气使压力指针回零，然后升温至120～124℃开始计时，(或将比色管置于家用压力锅中，加热至顶压阀吹气开始计时)，使比色管在过热水蒸气中加热0.5h。自然冷却，开阀放气，移去外盖，取出比色管并冷至室温。

B6.3 测定

在氧化过的溶液中加入盐酸(B3.4)1mL，用无氨蒸馏水(B3.1)稀释至25mL标线，以新鲜无氨蒸馏水作参比，用10mm石英比色皿分别在220nm及275nm波长处测定吸光度，算出$A=A_{220}-2A_{275}$，从工作曲线上查出氮的含量。

B6.4 工作曲线的绘制

分别吸取0、0.50、1.00、2.00、3.00、5.00、7.00、8.00mL硝酸钾标准溶液(B3.6)于25mL比色管中，用无氨蒸馏水稀释至10mL标线，以下按(B6.2)、(B6.3)进行，用校正吸光度绘制工作曲线。

B7 结果的表述

总氮的浓度C_N(mg/L)用下式计算：

$$C_N=\frac{m}{V}\times1000$$

式中 m——从工作曲线上查得的含氮量，mg；

V——所取试料的体积，mL。

附加说明：

本标准由中华人民共和国建设部标准定额研究所提出。

本标准由建设部水质标准技术归口单位中国市政工程中南设计院归口。

本标准由上海市城市排水管理处、上海市城市排水监测站负责起草。

本标准主要起草人 刘卫国。

本标准委托上海市城市排水监测站负责解释。

中华人民共和国行业标准

城市污水　总磷的测定 分光光度法

CJ 26.28—91

主编单位：建设部城市建设研究院
批准部门：中华人民共和国建设部
施行日期：1992年2月1日

第一篇　抗坏血酸还原法

1　主题内容与适用范围

本标准规定了用抗坏血酸还原法测定城市污水中的总磷。

本标准适用于排入城市下水道污水和污水处理厂污水中总磷的测定。

1.1　测定范围

本方法测定磷(P)的浓度范围为0.03～2mg/L。

1.2　干扰

六价铬存在将使结果偏低，浓度为1mg/L时大约低3%，浓度为10mg/L时低10%～15%。

2　方法原理

水中磷酸盐与钼酸铵形成磷钼酸盐，被抗坏血酸还原成钼蓝，在一定浓度范围内，溶液颜色的深浅与磷含量成比例。

3　试剂和材料

均用分析纯试剂和蒸馏水或去离子水。

3.1　硫酸(H_2SO_4，ρ=1.84g/mL)。

3.2　高氯酸($HClO_4$，ρ=1.67g/mL)。

高氯酸是易爆物，务必遵守爆炸物的有关安全管理规定。

3.3　抗坏血酸。

3.4　50%(V/V)氨水溶液

取50mL浓氨水用水稀释到100mL。

3.5 20%(V/V)硫酸溶液

取 20mL 浓硫酸加入水中稀释到 100mL。

3.6 2.5%(m/V)钼酸铵酸性溶液

将 2.5g 钼酸铵溶解在 100mL$C(1/2H_2SO_4)=0.1mol/L$的硫酸溶液中。用时现配。

3.7 硫酸溶液：$C(1/2H_2SO_4)=20mol/L$

取 55.6mL 浓硫酸缓缓加入水中稀释到 100mL。

3.8 磷贮备溶液

磷酸二氢钾(KH_2PO_4)于 105℃干燥，然后在干燥器内冷却后，称取 0.2195±0.0002g 溶于水并稀释至 100mL，此贮备液 1mL 含 0.5mg 磷。

3.9 磷标准溶液

移取磷贮备液(3.8)10.0mL，用水稀释至 500mL，此溶液 1mL 含 0.010mg 磷。

3.10 0.5%(m/V)酚酞乙醇溶液

称取 0.5g 酚酞溶于 100mL 无水乙醇中。

4 仪器

4.1 100mL 开氏烧瓶。

4.2 分光光度计。

注：所有玻璃容器都要先用热的稀盐酸浸泡，再用水冲洗数次，绝不能用含有磷酸盐的商品洗涤剂来清洗。

5 样品

样品采集后，需低温保存或加 1mL 硫酸(3.1)保存，含磷量较少的样品，除非处于冷冻状态，否则不要用塑料瓶贮存，以防磷酸盐吸附在瓶壁上。

6 分析步骤

6.1 空白试验

取 20.0mL 水按(6.2.1～6.2.4)进行操作。用所得吸光度从工作曲线上查得空白值，若空白值超出置信区间时应检查原因。

空白值置信区间可按 CJ26.25—91 附录 B 确定。

6.2 测定

6.2.1 取 20.0mL 实验室样品作为试料，移入 100mL 开氏烧瓶中，如试料不到 20mL 用水补足，加入硫酸(3.1)及高氯酸(3.2)各 1mL，开氏烧瓶口盖上小漏斗，放到通风橱内的电热炉上，加热 30min 至 1h，直到冒白烟，溶液呈无色为止，冷却后定容至 50mL。

6.2.2 取出 25mL(或适量)消解液放入 50mL 比色管中，加 1 滴酚酞指示剂(3.10)，用氨水(3.4)调节到微红，用水稀释至 45mL 左右。

6.2.3 加入 1mL 硫酸溶液(3.7)再加 2mL 钼酸铵溶液(3.6)摇匀后加约 0.1g 抗坏血酸，摇动使之溶解，定容到 50mL。

6.2.4 把比色管放入沸水浴中，加热 5min，冷却至室温。在 670nm 波长下，用 10mm 比色皿，用水作参比，测定吸光度。

6.2.5 用测得的吸光度减去空白试验的吸光度，得到校正吸光度。

6.3 工作曲线的绘制

取 7 只 100mL 开氏烧瓶，分别加入磷标准溶液(3.9)0，2.00，4.00，8.00，12.00，16.00，20.00mL 按(6.2)操作，其中消解液取25mL，以校正吸光度为纵坐标，各点对应浓度0，

0.20，0.40，0.80，1.20，1.60，2.00mg/L 为横坐标绘制工作曲线。

7 分析结果的表述

总磷含量 C_P(mg/L)用下式计算：

$$C_P=C\times\frac{50}{V_1\times\frac{V_2}{50''}}=C\times\frac{2500}{V_1V_2}$$

式中 C——用校正吸光度从工作曲线上查得的磷(P)浓度，mg/L；

V_1——试料体积，mL；

V_2——取消解液的体积，mL；

50——显色溶液定容体积，mL；

50″——消解液定容体积，mL。

8 精密度

实验室内分析含磷盐 100mg/L 的加标样品相对标准偏差为 3.72%，平均回收率为 97.2%。

第二篇 氯化亚锡还原法

9 主题内容与适用范围

本标准规定了用氯化锡还原法测定城市污水中的总磷。

本标准适用于排入城市下水道污水和污水处理厂污水中总磷的测定。

9.1 测定范围

本方法测定磷(P)的浓度范围为 0.02～1mg/L

9.2 干扰

高铁(Fe^{3+})40mg/L 时，影响显色。如铜(Cu^{2+})离子含量大于 1mg/L 时，可出现负偏差。

10 方法原理

水中磷酸盐与钼酸铵溶液形成淡黄色的磷钼酸盐，被氯化亚锡还原成钼蓝，在一定范围内，溶液颜色的深浅与磷含量成比例。

11 试剂和材料

11.1 2.5%(*m/V*)氯化亚锡甘油溶液

将 2.5g 氯化亚锡($SnCl_2$)溶于 100mL 甘油中，置热水浴中溶解，摇匀后贮于棕色瓶内，可长期保存和使用。

其他试剂与抗坏血酸法相同。

12 仪器

同 4。

13 样品

同 5。

14 分析步骤

14.1 空白试验

取 20mL 水按(14.2.1～14.2.3)进行操作，用所得吸光度在工作曲线上查得空白值，若空白值超出置信区时应检查原因。

空白值置信区间可按 CJ26.25－91 附录 B 确定。

14.2 测定

14.2.1 试料消解与溶液 pH 调节同(6.2.1)(6.2.2)。

14.2.2 在调好 pH 值溶液中，加入 1mL 硫酸溶液(3.7)，再加入 2mL 钼酸铵溶液(3.6)，摇匀后加 4 滴氯化亚锡甘油溶液(11.1)，用水稀释至 50mL，摇匀。显色的速度和颜色深度都与温度有关，温度每升高 1℃使颜色加深 1%，因此必须严格控制温度。试料，标准溶液和试剂的温度彼此相差不得大于 2℃，且要保持在 20～30℃之间。

14.2.3 显色 10min 后进行比色测定，但必须在 20min 内完成。因为颜色将随时间延长而变深。用 10mm 比色皿，在 690nm 波长处，用水作参比，测定吸光度。

14.2.4 用测得的吸光度减去空白试验的吸光度，得到校正吸光度。

14.3 工作曲线的绘制

取 6 只 100mL 开氏烧瓶，分别加入磷标准溶液(3.9)0，2.00，4.00，6.00，8.00，10.00mL 按(14.2)操作，其中消解溶液取25mL，以校正吸光度为纵坐标，各点对应浓度0，0.20，0.40，0.60，0.80，1.00，mg/L 为横坐标绘制工作曲线。

15 分析结果的表述

同 7。

16 精密度

实验室内分析含磷酸盐 100mg/L 的加标样品，相对标准偏差为 6.47%，平均回收率为 94.5%。

附 录 A
常压下的过硫酸钾消解法

（参 考 件）

A1 试剂和材料

均用分析纯试剂和蒸馏水或去离子水。

A1.1 30%(V/V)的硫酸溶液

将 30mL 浓硫酸缓缓倒入 70mL 水中。

A1.2 5%(m/V)过硫酸钾溶液

溶解 5g 过硫酸钾($K_2S_2O_8$)于水中，并稀释至 100mL。

A1.3 硫酸：$C(H_2SO_4)=1mol/L$。

A1.4 氢氧化钠溶液：$C(NaOH)=1mol/L$。

A1.5 1%(m/V)酚酞指示剂

将 0.5g 酚酞溶于 95%乙醇并稀释至 50mL。

A2 操作步骤

取适量混匀样品（含磷不超过 30μg）于 150mL 锥形瓶中，加水至 50mL，加数粒玻璃珠，加 1mL 硫酸溶液(A1.1) 5mL 过硫酸钾溶液(A 1.2)，在电炉上加热煮沸，调节温度保持微沸(30～40min)，至体积 10mL 为止。放冷，加 1 滴酚酞指示剂(A 1.5)，滴加氢氧化钠溶液(A 1.4)至刚呈微红色，再滴加硫酸溶液(A 1.3)使红色褪去，充分摇匀。如溶液不澄清，可用滤纸过滤于 50mL 比色管中，用水洗锥形瓶及滤纸，一并移入比色管中，加水至标线，供分析用。

附加说明：

本标准由中华人民共和国建设部标准定额研究所提出。

本标准由建设部水质标准技术归口单位中国市政工程中南设计院归口。

本标准由上海市城市排水管理处、上海市城市排水监测站负责起草。

本标准主要起草人　严英华。

本标准委托上海市城市排水监测站负责解释。

中华人民共和国行业标准

城市污水　总有机碳的测定
非色散红外法

CJ 26.29—91

主编单位：建设部城市建设研究院
批准部门：中华人民共和国建设部
施行日期：1 9 9 2 年 2 月 1 日

1 主题内容与适用范围

本标准规定了用非色散红外法测定城市污水中的总有机碳。

本标准适用于排入城市下水道污水和污水处理厂污水中总有机碳的测定。

1.1 测定范围

本方法测定总有机碳的浓度范围为1～1000mg/L。

1.2 干扰

如样品悬浮颗粒太多，盐的含量过高，会有干扰。

2 方法原理

利用燃烧氧化法，将样品分别注入高温燃烧管及低温燃烧管，在催化剂存在情况下，水中含碳物质，包括有机物、碳酸盐和碳酸氢盐，反应生成二氧化碳，经红外气体分析器，测得总碳含量及无机碳含量。

高温燃烧反应式如下：

$$C_aH_bO_c+nO_2 \longrightarrow aCO_2+b/2H_2O$$

$$Me(HCO_3)_2 \longrightarrow MeO+2CO_2+H_2O$$

$$MeCO_3 \longrightarrow MeO+CO_2$$

低温燃烧反应式如下：

$$MeHCO_3+H^+ \longrightarrow Me^++H_2O+CO_2$$

$$Me_2CO_3+2H^+ \longrightarrow 2Me^++H_2O+CO_2$$

3 试剂和材料

均用分析纯试剂及用无二氧化碳蒸馏水制备。

3.1 总碳标准溶液

称取预先在105℃干燥2h的邻苯二甲酸氢钾($KHC_6H_4O_4$)2.215±0.002g，溶于水中，移入1000mL容量瓶，用水稀释至标线，此溶液1mL含1mg总碳。

3.2 无机碳标准溶液

称取无水碳酸钠(Na_2CO_3)4.412±0.004g和无水碳酸氢钠($NaHCO_3$)3.497±0.003g(二种试剂都需干燥)溶于水中，移入1000mL容量瓶，用水稀释至标线。此溶液1mL含1mg无机碳。已制备好的标准溶液放入冰箱保存。

4 仪器

4.1 总有机碳分析仪。

4.2 微量注射器0～50μL、0～100μL。

4.3 压缩空气钢瓶。

5 样品

样品中有机化合物在放置过程中易受氧化或被微生物分解，因此样品采集后要及时分析，如不能及时分析，应低温保存，但不能超过7d。

6 分析步骤

仪器操作应遵照仪器的使用说明书进行。

6.1 样品的预处理

如样品浓度大于工作曲线测定范围，应用无CO_2蒸馏水将样品稀释再行测定。如果样品中有机碳浓度很低而无机碳浓度很高，或是总碳浓度小于10mg/L，此时应将样品酸化，即取20mL样品，加入50%(V/V)的盐酸数滴，使pH为2左右。通入净化空气2～5min，将无机碳吹掉，可直接测得总有机碳的含量。

6.2 测定

测定前要估计样品中总碳的大致含量，以选择适宜的进样量，在同一样品中，用微量注射器(4.3)取一份样品注入(TC)进样口，再取一份样品注入(IC)进样口。

6.3 总碳工作曲线的绘制。

用标准溶液(3.1)稀释配制标准系列，为了提高测定的准确度，可选择几档不同的浓度范围。例如1～50mg/L、20～100mg/L、40～200mg/L等等，每一组标准至少要选五个不同浓度的标准，每一浓度至少进样三次，取其平均值，然后以浓度为横座标，测得相应的mV数为纵座标，绘制出不同浓度范围的总碳工作曲线。

6.4 无机碳工作曲线的绘制

将仪器上切换阀的位置转向无机碳，用标准溶液(3.2)稀释配制标准系列，按(6.3)步骤操作，绘制出不同浓度范围的无机碳工作曲线，30mg/L以下的无机碳标准溶液，在空气中易发生变化，应临用前配制。

7 分析结果的表述

根据样品测得的总碳和无机碳mV数，分别在它们的标准曲线上查出相应的浓度(mg/L)，二者之差即为总有机碳浓度(mg/L)。

总有机碳（TOC）＝总碳（TC）－无机碳（IC）

8 精密度

本实验室内，TOC浓度为121mg/L的标准溶液经过20次测定，相对标准偏差为0.98%，平均回收率为98%。含颗粒样品测定的相对标准偏差为5%～10%。

9 其他

9.1 除去水分

样品燃烧后有水蒸气产生，水蒸气的红外吸收频带较宽且与二氧化碳有重叠现象，所以在红外检测器前都有除水装置，一般用无水氯化钙除去水分，因此要经常注意除水装置，吸湿后，应立即调换。

9.2 在注入样品或标准时发现平行测定不佳，如果仪器其他部分都正常，可能是催化剂失效，应按说明书更换催化剂。

附加说明：

本标准由中华人民共和国建设部标准定额研究所提出。

本标准由建设部水质标准技术归口单位中国市政工程中南设计院归口。

本标准由上海市城市排水管理处、上海市城市排水监测站负责起草。

本标准主要起草人　严英华。

本标准委托上海市城市排水监测站负责解释。

中华人民共和国城镇建设行业标准

城市污水处理厂污水污泥排放标准

CJ 3025—93

主编单位：建设部城市建设研究院
批准部门：中华人民共和国建设部
施行日期：1 9 9 4 年 1 月 1 日

目 次

1 主题内容与适用范围

本标准规定了城市污水处理厂排放污水污泥的标准值及其检测、排放与监督。

本标准适用于全国各地的城市污水处理厂。地方可根据本标准并结合当地特点制订地方城市污水处理厂污水污泥排放标准。如因特殊情况，需宽于本标准时，应报请标准主管部门批准。

2 引用标准

CJ 18　污水排入城市下水道水质标准

GB 3838　地面水环境质量标准

GB 4284　农用污泥中污染物控制标准

GB 3097　海水水质标准

CJ 26　城市污水水质检验方法标准

CJJ 31　城镇污水处理厂附属建筑和附属设备设计标准

3 污水排放标准

3.1 进入城市污水处理厂的水质，其值不得超过CJ 18标准的规定。

3.2 城市污水处理厂，按处理工艺与处理程度的不同，分为一级处理和二级处理。

3.3 经城市污水处理厂处理的水质排放标准，应符合表1的规定。

城市污水处理厂污水水质排放标准　mg/L　表1

序号	项目 \ 标准值 \ 处理分级	一级处理		二级处理
		最高允许排放浓度	处理效率（%）	最高允许排放浓度
1	pH值	6.5～8.5		6.5～8.5
2	悬浮物	<120	不低于40	<30
3	生化需氧量（5d，20℃）	<150	不低于30	<30
4	化学需氧量（重铬酸钾法）	<250	不低于30	<120
5	色度（稀释倍数）	—	—	<80
6	油类	—	—	<60
7	挥发酚	—	—	<1
8	氰化物	—	—	<0.5
9	硫化物	—	—	<1
10	氟化物	—	—	<15
11	苯胺	—	—	<3
12	铜	—	—	<1
13	锌	—	—	<5
14	总汞	—	—	<0.05
15	总铅	—	—	<1
16	总铬	—	—	<1.5
17	六价铬	—	—	<0.5
18	总镍	—	—	<1
19	总镉	—	—	<0.1
20	总砷	—	—	<0.5

注：1. pH、悬浮物、生化需氧量和化学需氧量的标准值系指24h定时均量混合水样的检测值；其他项目的标准值为季均值。

2. 当城市污水处理厂进水悬浮物、生化需氧量或化学需氧量处于CJ 18中的高浓度范围，且一级处理后的出水浓度大于表1中一级处理的标准值时，可只按表1中一级处理的处理效率考虑。

3. 现有城市二级污水处理厂，根据超负荷情况与当地环保部门协商，标准值可适当放宽。

3.4 城市污水处理厂处理后的污水应排入 GB 3838 标准规定的Ⅳ、Ⅴ类地面水水域。

4 污泥排放标准

4.1 城市污水处理厂污泥应本着综合利用，化害为利，保护环境，造福人民的原则进行妥善处理和处置。

4.2 城市污水处理厂污泥应因地制宜采取经济合理的方法进行稳定处理。

4.3 在厂内经稳定处理后的城市污水处理厂污泥宜进行脱水处理，其含水率宜小于 80%。

4.4 处理后的城市污水处理厂污泥，用于农业时，应符合 GB 4284 标准的规定。用于其他方面时，应符合相应的有关现行规定。

4.5 城市污水处理厂污泥不得任意弃置。禁止向一切地面水体及其沿岸、山谷、洼地、溶洞以及划定的污泥堆场以外的任何区域排放城市污水处理厂污泥。城市污水处理厂污泥排海时应按 GB 3097 及海洋管理部门的有关规定执行。

5 检测、排放与监督

5.1 城市污水处理厂应在总进、出口处设置监测井、对进、出水水质进行检测。检测方法应按 CJ 26 的有关规定执行。

5.2 城市污水处理厂应设置计量装置，以确定处理水量。

5.3 城市污水处理厂排放污泥的质和量的检测应按有关规定执行。

5.4 城市污水处理厂化验室及其化验设备应按 CJJ 31 的规定配备。

5.5 城市污水处理厂的检验人员，必须经技术培训，并经主管部门考核合格后，承担检验工作。

5.6 处理构筑物或设备等发生故障，使未经处理或处理不合格的污水污泥排放时，应及时排除故障，做好监测记录并上报主管部门。

5.7 当进水水质超标或水量超负荷时，必须上报主管部门处理。

5.8 本标准由城市污水处理厂的建设、规划和运行管理等单位执行，城市污水处理厂的主管部门负责监督和检查。

附加说明：

本标准由建设部标准定额研究所提出。

本标准由建设部城镇水质标准技术归口单位中国市政工程中南设计院归口。

本标准由建设部城市建设研究院、上海市城市排水管理处、天津市排水管理处、中国市政工程西南设计院、西安市市政工程局、长沙市排水管理处负责起草。

本标准主要起草人：杨肇蕃、吕士健、严嫣、谈志德、欧阳超、雷寤初、刘永令、李和平。

本标准委托建设部城市建设研究院负责解释。

城市排水流量堰槽测量标准

目　次

中华人民共和国城镇建设行业标准

城市排水流量堰槽测量标准 三 角 形 薄 壁 堰

CJ/T 3008.1-93

主编单位：北 京 市 市 政 工 程 局
批准部门：中华人民共和国建设部
施行日期：1 9 9 3 年 1 0 月 1 日

本标准制订参照了国际标准（ISO）1438/1—1980《应用薄壁堰和文杜里水槽在明渠中测流》、(ISO）4373-1979《明渠水流测量—水位测量设备》和（ISO）772-1988《明渠水流测量—词汇和符号》

1 主题内容与适用范围

本标准规定了三角形薄壁堰的术语、结构、流量公式、制作、安装、水头测量、综合误差分析及维护等。

本标准适用于水温为5～30℃、流量为0.3～100L/s的城市生活污水、工业废水和雨水的明渠排水流量测量。

本标准的测量精度为1%～2%。

供水明渠的流量测量可参照使用。

本标准不适用于含有大量漂浮物质和易淤积物质的排水流量测量。

2 引用标准

GBJ 95 水文测验术语和符号标准

3 术语

3.1 导流板 baffle

为改善水流条件，在行近渠道中设置的档板。

3.2 钩形测针 hook gauge (gage)

主要测量部件为一针形细钩。测针上端的刻度为零，自上向下刻度读数逐渐增加，见图1和图3。

3.3 针形测针 point gauge (gage)

主要部件是一根针形测杆。测针上端刻度为零，自上向下刻度读数逐渐增加，见图2和图3。

3.4 基准板 datum plate

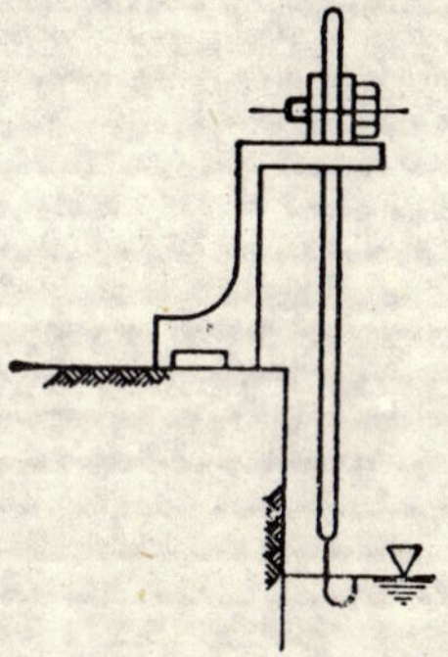

图 1 钩形测针

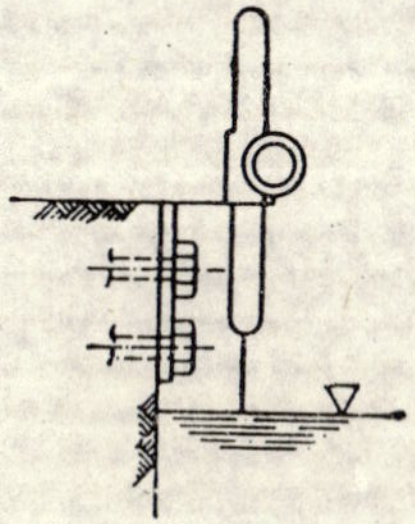

图 2 针形测针

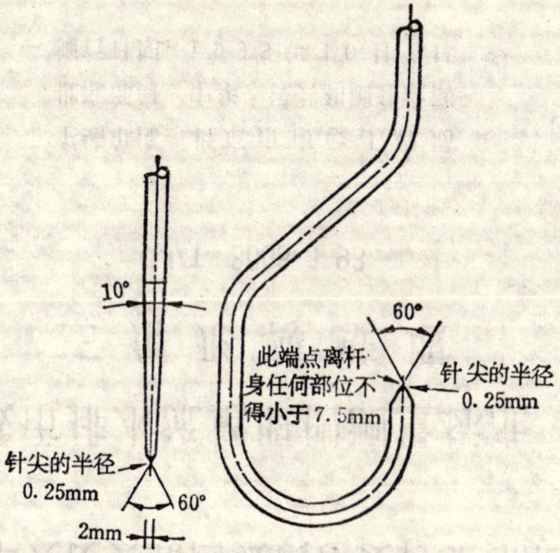

图 3 测针的针尖和针钩

具有精确基面的固定金属板，用以测量水位。

3.5 亚临界流 sub—critical flow

弗汝德数小于 1 的水流。在这种水流中，水面的扰动会影响上游流态。

3.6 堰顶 crest

测流堰顶部的线或面。

3.7 完全通气水舌 fully ventilated nappe（fully aerated nappe）

跳离测流堰下游表面的水舌，水舌下面形成一个与大气连通的气穴。

3.8 本标准采用的其他术语和符号应符合 GBJ95 的有关规定。

4 三角形薄壁堰的形状尺寸

4.1 三角形薄壁堰的形状尺寸，见图 4。

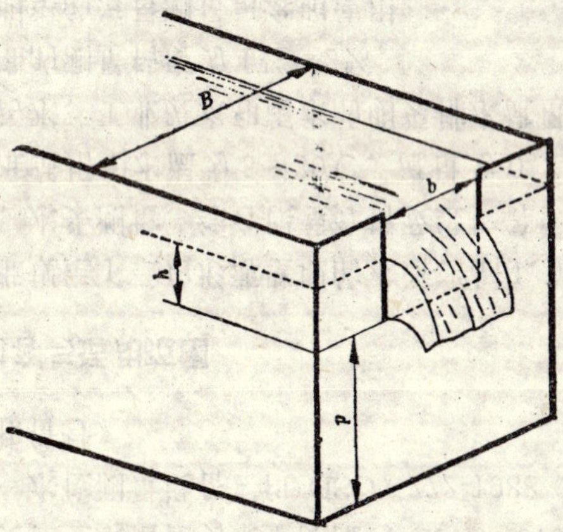

图 4 三角形薄壁堰

图中：　a——堰口角，度；

h——堰顶水头，m；

p——堰高，m；

b_t——堰口上部宽度，m；

B——行近渠道宽度，m。

4.2　堰口角

4.2.1　堰口角的使用范围是 $a=20°\sim100°$，常用堰口角 $a=90°$。

4.2.2　另有三种特殊堰口角的三角形薄壁堰，堰口角 $\mathrm{tg}\,\frac{a}{2}=1$，$\mathrm{tg}\,\frac{a}{2}=0.5$，$\mathrm{tg}\,\frac{a}{2}=0.25$，详见附录 C。

4.3　堰口形状

垂直于三角形薄壁堰锐缘的堰口剖面，见图 5。

5　流量计算

5.1　流量计算公式

$$Q=C_e\frac{8}{15}\mathrm{tg}\,\frac{a}{2}\,(2g)^{1/2}h_e^{5/2} \qquad (1)$$

式中　Q——流量，m^3/s；

C_e——流量系数；

g——重力加速度，m/s^2；

h_e——有效水头，m。

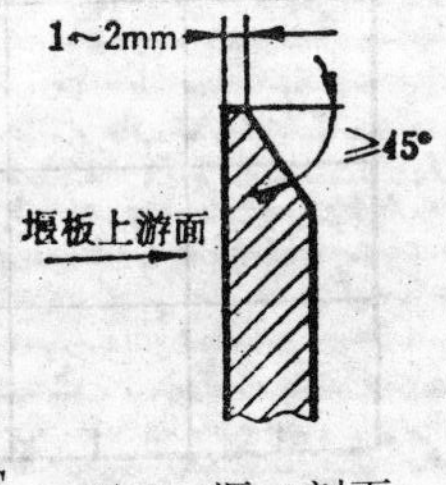

图 5　堰口剖面

5.1.1　确定 C_e 值

5.1.1.1　$a=90°$的 C_e 值由图 6 查得。

5.1.1.2　$a=20°\sim100°$(不包括 90°)的 C_e 值

由图 7 查得

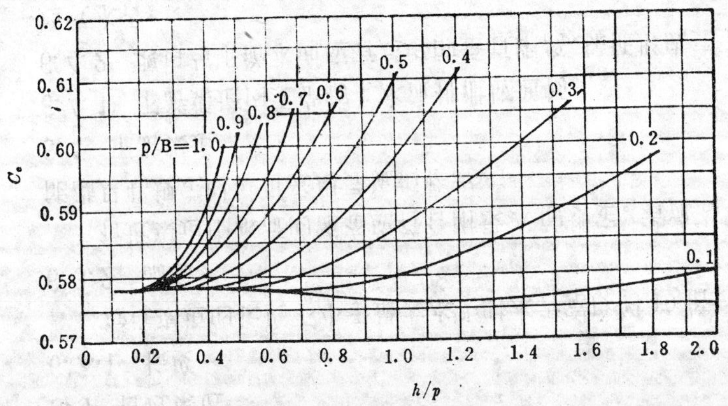

图 6　流量系数 C_e（$a=90°$）

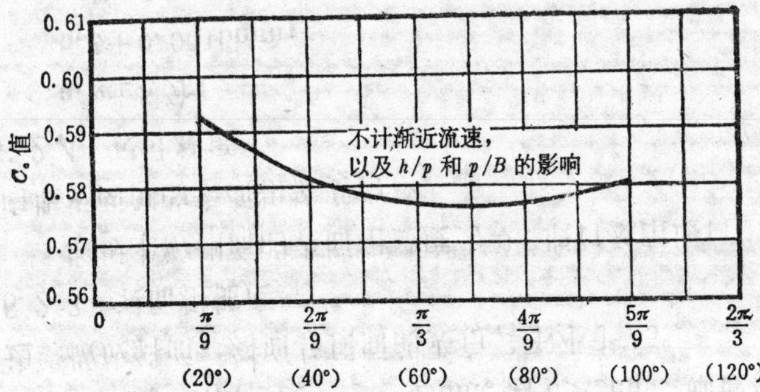

图 7　流量系数 C_e（$a=20°\sim100°$，不包括 90°）

5.1.2　h_e 值按公式（2）计算：

$$h_e=h+k_h \qquad (2)$$

式中　h——堰顶水头，m；

k_h——粘滞力和表面张力综合影响的校正值，m。

5.1.2.1　确定 k_h 值。

a. 当 $a=90°$时，$k_h=0.00085$m。

b. 当 $a=20°\sim100°$（不包括 90°）时，k_h 查图 8 求得。

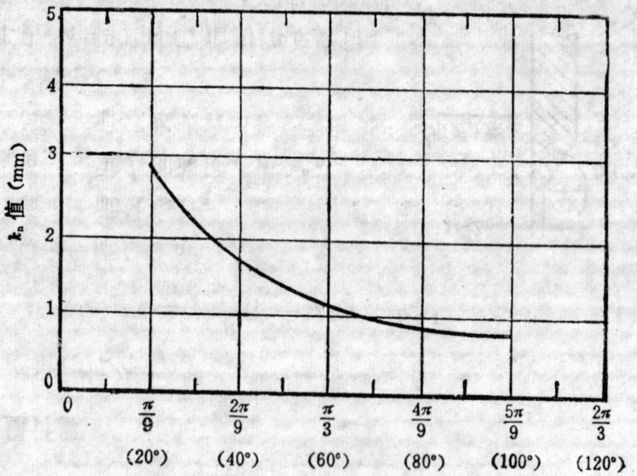

图 8　水头校正值 k_h（$a=20°\sim100°$不包括 90°）

5.2　应用限制条件

a. 当 $a=90°$时，$h/p=0.2\sim2.0$；

当 $a=20°\sim100°$（不包括 90°）时，$h/p<0.35$；

b. 当 $a=90°$时，$p/B=0.1\sim1.0$；

$a=20°\sim100°$（不包括 90°）时，$p/B=0.1\sim1.5$；

c. $h\geqslant0.06$m；

d. $p\geqslant0.09$m。

6　技术条件

6.1　材料

6.1.1　三角形薄壁堰板应采用耐腐蚀、耐水流冲刷、不变形的材料精确加工而成。

6.1.2　行近渠道、下游渠道和静水井等，用混凝土或砖石等砌筑后，再用水泥砂浆抹面压光；也可用其他耐腐蚀材料预制而成。

6.1.3　连通管应采用铸铁管或塑料管等耐腐蚀管道。

6.2　堰板制作

6.2.1　堰板必须平整坚固。

6.2.2　堰口顶面厚度 $\delta=1\sim2$mm。若 $\delta>2$mm，则堰板下游边缘做成斜面，斜面与顶面的夹角 β 不小于 45°。

6.2.3　表面粗糙度

堰板上游侧面的表面粗糙度为$\overset{50}{\triangledown}$，堰口及距堰口 100mm 内堰板两侧的表面粗糙度为$\overset{25}{\triangledown}$。

6.2.4　尺寸精度

a. $a\pm5$ 分；

b. $b\pm0.001b$mm；

c. $P\pm2$mm；

d. $B\pm5$mm。

6.3　行近渠道

6.3.1　长度

行近渠道的长度不小于最大水头时水舌宽度的 10 倍。

6.3.2　流态

行近渠道中水流的流态应符合附录 A 的规定。若流态不能满足此规定时，可采用导流板整流。

6.4　下游渠道

6.4.1　下游渠道内无杂物，水流排泄应通畅。

6.4.2　堰口与下游水面应有足够的垂直距离，保证形成完全通气水舌。

6.5　静水井

6.5.1 位置

静水井设在行近渠道的一侧，距堰板上游面 4～5h_{max}处。h_{max}为堰上最大水头。

6.5.2 连通管

6.5.2.1 渠道和静水井之间用连通管相连，管长尽量缩短，管子坡向渠道。

6.5.2.2 连通管直径不小于 50mm。管底距渠底 50mm。

6.5.3 井筒

6.5.3.1 静水井可为圆形或方形，竖直设置，高度应不低于渠顶。

6.5.3.2 井筒内壁与水位计浮子的间隙不小于 75mm。井底低于连通管进口管底 300mm。

6.5.3.3 在井筒的顶面上设一金属基准板，其一边应与井筒内壁齐平。

6.6 安装

6.6.1 堰板置于行近渠道末端，垂直安装。

6.6.2 堰口的垂直平分线与渠道两侧壁距离相等。

6.6.3 行近渠道、静水井和堰板等均不得漏水。

6.6.4 下游渠道紧接堰板处，应作加固处理。

6.6.5 在最大流量通过时，堰板不变形，渠道不损坏。

7 水头测量

7.1 测量仪器

7.1.1 测量瞬时的堰顶水头，使用针形测针、钩形测针或其它有同等精度的仪器，刻度划分至毫米，游标尺读数至 0.1mm。

7.1.2 连续测量堰顶水头的变化过程时，使用浮子式水位计、超声波液位计或其他有同等精度的水位计测量。

7.1.2.1 水位精度

水位计的水位刻度划分至毫米。水位计的滞后行程不大于 3mm。

7.1.2.2 记时精度

记时装置连续工作 30d 以上，计时累积平均误差不大于±30s/d。连续工作 24h 的记时钟，误差不大于±30s/d。

7.1.2.3 电子记录仪精度

电子记录仪的误差不大于满量程读数的 0.5%。

7.1.3 直接与污水接触的测针和浮子等用耐腐蚀的材料制成。

7.1.4 安装在现场的仪器，应有防潮、防腐和防冻等措施。

7.2 测量位置

在行近渠道上，距堰板 4～5h_{max}处测量堰顶水头。若渠道中的水面波动不大，测量仪器不影响水流，可在渠道上直接测量；否则应在静水井中测量。

7.3 确定水头零点

7.3.1 测流前应确定水头零点。水头零点，即堰顶水头为零时水头测量位置处测针的读数，或静水井基准板与堰口最低点的垂直距离。

7.3.2 不能用下降或上升堰前水面至堰口处的读数，当作水头零点。

7.3.3 确定水头零点的方法

a. 将行近渠道中的静水位下降至三角堰口以下；

b. 在堰板上游的行近渠道上，安装一临时的钩形测针，在测定堰顶水头的位置处安装针形测针。

c. 把一个用千分卡尺测量过的圆筒的一端放在堰口上，

另一端架在钩形测针的针尖上。在圆筒上放一个机工水平尺，调整钩形测针，使圆筒呈水平位置，然后记录钩形测针的读数 A，见图 9。

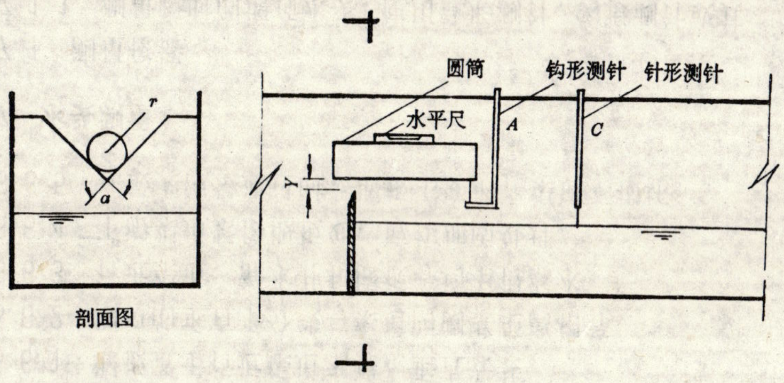

图 9 三角形薄壁堰水头零点的确定

d. 将钩形测针下降到行近渠道的水面，并记录其读数 B。调整针形测针至水面，记录读数 C。

e. 针形测针圆筒底的读数由下式求得：

$$D=(A-B)+C \tag{3}$$

f. 圆筒底到三角形堰口顶点的距离由下式求得：

$$Y=\frac{r}{\sin\frac{a}{2}}-r \tag{4}$$

式中 r——圆筒半径，mm。

g. 针形测针在三角形堰口顶点的读数，即水头零点的读数，由下式求得：

$$E=(A-B)+C-Y \tag{5}$$

7.4 水头测量精度

水头测量的误差为水头变幅的 1%，但不得大于±3mm。

8 流量测量的综合误差分析

8.1 误差计算公式

$$X_0=\pm\left[X_{ce}^2+X_{tg\frac{a}{2}}^2+(2.5X_{he})^2\right]^{1/2} \tag{6}$$

式中 X_0——流量计算值的误差，%；

X_{ce}——流量系数的误差，%；

$X_{tg\frac{a}{2}}$——三角堰堰口角度的误差，%；

X_{he}——有效水头的误差，%。

8.1.1 X_{ce}值可取为 1%。

8.1.2 $X_{tg\frac{a}{2}}$值按公式（7）计算：

$$X_{tg\frac{a}{2}}=\pm100\left[\left(\frac{\varepsilon_{ht}}{h_t}\right)+\left(\frac{\varepsilon_{bt}}{b_t}\right)^2\right]^{1/2} \tag{7}$$

式中 ε_{ht}——堰口高度的误差，mm；

ε_{bt}——堰口宽度的误差，mm；

h_t——堰口垂直高度，mm；

b_t——堰口上部宽度，mm。

8.1.3 X_{he}值按公式（8）计算：

$$X_{he}=\pm\frac{100\left[\varepsilon_h^2+\varepsilon_{h0}^2+\varepsilon_{kh}^2+(2S_{\bar{h}})^2\right]^{1/2}}{n} \tag{8}$$

式中 ε_h——测量水头的误差，mm；

ε_{h0}——水头零点的误差，mm；

ε_{kh}——水头改正系数的误差，取 0.3mm；

$2S_{\bar{h}}$——n 次水头测量值平均值的误差，mm；

n——水头测量的次数。

8.1.3.1 $S_{\bar{h}}$ 值按公式（9）计算：

$$S_{\bar{h}}=\frac{S_h}{n^{1/2}} \tag{9}$$

式中　S_h——n次水头测量值的标准差。

$$S_h=\left[\frac{\sum_{i=1}^{n}(h_i-\bar{h})^2}{n-1}\right]^{1/2} \tag{10}$$

式中　h_i——各次水头测量值，mm；

$\bar{h}$——n次水头测量值的平均值，mm。

9　维护

9.1　行近渠道、连通管和静水井应保持清洁，底部无障碍物。

9.2　下游渠道应无阻塞，保持水舌下空气自由流通。

9.3　堰板应保持清洁和牢固可靠，清洗时不得损伤堰口，特别是堰口上游的边缘和表面。

9.4　凡有漏水部位，应及时修补。

9.5　在渠道或堰板维修前后，要核查各部位的尺寸，是否与原尺寸相符。

9.6　每年应核查一次测针和水位计等测量仪器的精度。

9.7　每年对水头零点校测一次。

附　录　A
行近渠道的流态

（补　充　件）

A.1　行近渠道的水流应为均匀稳定的亚临界流，其流速分布应接近于图A1。

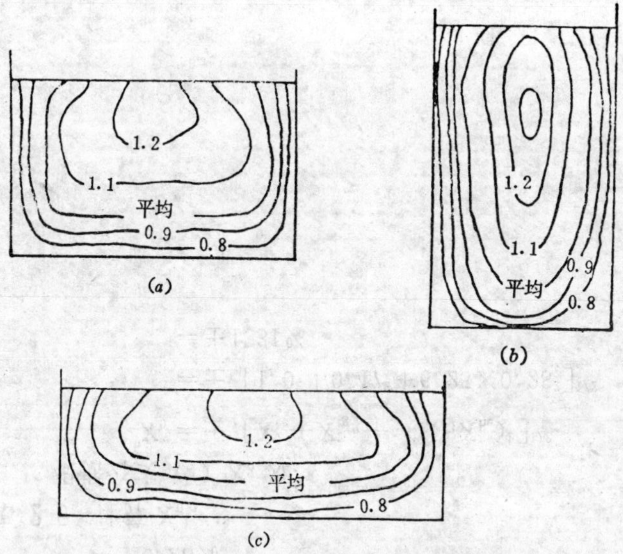

图 A1　行近渠道中的正常流速分布

A.2　保持亚临界流的条件

$$\bar{v}<\left(\frac{g\cdot A}{B}\right)^{1/2}$$

式中　$\bar{v}$——行近渠道中的平均流速，m/s；

A——行近渠道中的水流断面，m^2。

附　录　B
流量测量的误差分析举例

（参　考　件）

B.1　三角形薄壁堰的基本尺寸

$a=90°$　　$p=0.30\mathrm{m}$　　$h=0.121\mathrm{m}$

$b_t=0.440\mathrm{m}$　　$h_t=0.220\mathrm{m}$

B.2　误差分析

B.2.1　本例给定的误差

本标准规定取　$X_{ce}=\pm1.0\%$

本标准规定取　$\varepsilon_{kh}=\pm0.30\mathrm{mm}$

连续 15 次水头读数的标准差 $S_{\bar{h}}=0.03\mathrm{mm}$。

B.2.2　使用者估算的测量误差

测量水头误差　$\varepsilon_h=\pm0.10\mathrm{mm}$

水头零点误差　$\varepsilon_{ho}=\pm0.10\mathrm{mm}$

水头标准差　$S_{\bar{h}}=0.03\mathrm{mm}$

堰口宽度误差　$\varepsilon_{bt}=\pm0.50\mathrm{mm}$

堰口高度误差　$\varepsilon_{ht}=\pm1.00\mathrm{mm}$

B.2.3　计算 $X_{tg\frac{a}{2}}$

根据公式（5），$X_{tg\frac{a}{2}}$为：

$$X_{tg\frac{a}{2}}=\pm100+\left[\left(\frac{\varepsilon_{ht}}{h_t}\right)^2+\left(\frac{\varepsilon_{bt}}{b_t}\right)^2\right]^{1/2}$$

$$=\pm100\left[\left(\frac{1.0}{220}\right)^2+\left(\frac{0.50}{440}\right)^2\right]^{1/2}$$

$$=\pm0.47\%$$

B.2.4　计算 X_{he}

根据公式（6），X_{he}为：

$$X_{he}=\pm\frac{100\ [\varepsilon_h^2+\varepsilon_{ho}^2+\varepsilon_{kh}^2+(2S_{\bar{h}})^2]^{1/2}}{h}$$

$$=\pm100\frac{[0.10^2+0.10^2+0.30^2+(2\times0.03)^2]^{1/2}}{121}$$

$$=\pm0.28\%$$

B.2.5　计算 X_0

根据公式（4）X_0 为：

$$X_0=\pm[X_{ce}^2+X_{tg\frac{a}{2}}^2+(2.5X_{he})^2]^{1/2}$$

$$=\pm[1.0^2+0.47^2+6.25\times0.28^2]^{1/2}$$

$$=\pm1.31\%$$

附 录 C

三种特殊堰口角的三角形薄壁堰的流量公式

（参 考 件）

C.1 三角形薄壁堰的堰口角

a. $\mathrm{tg}\,\frac{a}{2}=1$ （$a=\pi/2$ rad 或 90°）；

b. $\mathrm{tg}\,\frac{a}{2}=1/2$ （$a=0.9273$ rad 或 53°8′）；

c. $\mathrm{tg}\,\frac{a}{2}=1/4$ （$a=0.4899$ rad 或 28°4′）。

C.2 流量公式

$$Q=C_e\frac{8}{15}\cdot\mathrm{tg}\,\frac{a}{2}\cdot(2g)^{1/2}\cdot h^{5/2} \tag{C1}$$

C.2.1 当 $\mathrm{tg}\,\frac{a}{2}=1$ 时，流量公式转化为：

$$Q=2.3625\,C_e\cdot h^{5/2} \tag{C2}$$

流量计算查表 C1。

C.2.2 当 $\mathrm{tg}\,\frac{a}{2}=1/2$ 时，流量公式转化为：

$$Q=1.18125\,C_e\cdot h^{5/2} \tag{C3}$$

流量计算查表 C2。

C.2.3 当 $\mathrm{tg}\,\frac{a}{2}=1/4$ 时，流量公式转化为：

$$Q=0.590625\,C_e\cdot h^{5/2} \tag{C4}$$

流量计算查表 C3。

表 C1

h (m)	C_e	Q ($m^3/s\times10$)	h (m)	C_e	Q ($m^3/s\times10$)
0.060	0.6032	0.01257	0.090	0.5937	0.03409
0.061	0.6028	0.01309	0.091	0.5935	0.03503
0.062	0.6023	0.01362	0.092	0.5933	0.03598
0.063	0.6019	0.01417	0.093	0.5931	0.03696
0.064	0.6015	0.01473	0.094	0.5929	0.03795
0.065	0.6012	0.01530	0.095	0.5927	0.03895
0.066	0.6008	0.01588	0.096	0.5925	0.03997
0.067	0.6005	0.01648	0.097	0.5923	0.04101
0.068	0.6001	0.01710	0.098	0.5921	0.04206
0.069	0.5998	0.01772	0.099	0.5919	0.04312
0.070	0.5994	0.01836	0.100	0.5917	0.04420
0.071	0.5990	0.01901	0.101	0.5914	0.04530
0.072	0.5987	0.01967	0.102	0.5912	0.04641
0.073	0.5983	0.02035	0.103	0.5910	0.04754
0.074	0.5980	0.02105	0.104	0.5908	0.04869
0.075	0.5978	0.02176	0.105	0.5906	0.04985
0.076	0.5975	0.02248	0.106	0.5904	0.05103
0.077	0.5973	0.02322	0.107	0.5902	0.05222
0.078	0.5970	0.02397	0.108	0.5901	0.05344
0.079	0.5967	0.02473	0.109	0.5899	0.05467
0.080	0.5964	0.02551	0.110	0.5898	0.05592
0.081	0.5961	0.02630	0.111	0.5897	0.05719
0.082	0.5958	0.02710	0.112	0.5896	0.05847
0.083	0.5955	0.02792	0.113	0.5894	0.05977
0.084	0.5953	0.02876	0.114	0.5892	0.06108
0.085	0.5950	0.02961	0.115	0.5891	0.06242
0.086	0.5948	0.03048	0.116	0.5890	0.06377
0.087	0.5945	0.03136	0.117	0.5889	0.06514
0.088	0.5942	0.03225	0.118	0.5888	0.06653
0.089	0.5940	0.03316	0.119	0.5886	0.06793

续表

h (m)	C_e	Q ($m^3/s\times10$)	h (m)	C_e	Q ($m^3/s\times10$)
0.120	0.5885	0.06935	0.150	0.5861	0.12066
0.121	0.5883	0.07079	0.151	0.5861	0.12267
0.122	0.5882	0.07224	0.152	0.5860	0.12471
0.123	0.5881	0.07372	0.153	0.5860	0.12676
0.124	0.5880	0.07522	0.154	0.5859	0.12883
0.125	0.5880	0.07673	0.155	0.5859	0.13093
0.126	0.5879	0.07827	0.156	0.5859	0.13304
0.127	0.5878	0.07982	0.157	0.5858	0.13517
0.128	0.5877	0.08139	0.158	0.5858	0.13732
0.129	0.5876	0.08298	0.159	0.5857	0.13950
0.130	0.5876	0.08458	0.160	0.5857	0.14169
0.131	0.5875	0.08621	0.161	0.5857	0.14391
0.132	0.5874	0.08785	0.162	0.5856	0.14614
0.133	0.5873	0.08951	0.163	0.5856	0.14840
0.134	0.5872	0.09119	0.164	0.5855	0.15067
0.135	0.5872	0.09289	0.165	0.5855	0.15297
0.136	0.5871	0.09461	0.166	0.5855	0.15529
0.137	0.5870	0.09634	0.167	0.5854	0.15763
0.138	0.5869	0.09810	0.168	0.5854	0.15999
0.139	0.5869	0.09987	0.169	0.5853	0.16237
0.140	0.5868	0.10167	0.170	0.5853	0.16477
0.141	0.5867	0.10348	0.171	0.5853	0.16719
0.142	0.5867	0.10532	0.172	0.5852	0.16964
0.143	0.5866	0.10717	0.173	0.5852	0.17210
0.144	0.5866	0.10904	0.174	0.5851	0.17459
0.145	0.5865	0.11093	0.175	0.5851	0.17709
0.146	0.5864	0.11284	0.176	0.5851	0.17963
0.147	0.5863	0.11476	0.177	0.5851	0.18219
0.148	0.5862	0.11671	0.178	0.5851	0.18478
0.149	0.5862	0.11867	0.179	0.5851	0.18738

续表

h (m)	C_e	Q ($m^3/s\times10$)	h (m)	C_e	Q ($m^3/s\times10$)
0.180	0.5851	0.19001	0.210	0.5848	0.27921
0.181	0.5851	0.19265	0.211	0.5848	0.28254
0.182	0.5850	0.19531	0.212	0.5848	0.28588
0.183	0.5850	0.19800	0.213	0.5847	0.28924
0.184	0.5850	0.20071	0.214	0.5847	0.29264
0.185	0.5850	0.20345	0.215	0.5847	0.29607
0.186	0.5850	0.20621	0.216	0.5847	0.29953
0.187	0.5850	0.20899	0.217	0.5847	0.30301
0.188	0.5850	0.21180	0.218	0.5847	0.30651
0.189	0.5850	0.21463	0.219	0.5847	0.31004
0.190	0.5850	0.21748	0.220	0.5847	0.31359
0.191	0.5850	0.22034	0.221	0.5847	0.31717
0.192	0.5849	0.22322	0.222	0.5847	0.32077
0.193	0.5849	0.22612	0.223	0.5847	0.32439
0.194	0.5849	0.22906	0.224	0.5847	0.32803
0.195	0.5849	0.23203	0.225	0.5846	0.33168
0.196	0.5849	0.23501	0.226	0.5846	0.33535
0.197	0.5849	0.23802	0.227	0.5846	0.33907
0.198	0.5849	0.24106	0.228	0.5846	0.34282
0.199	0.5849	0.24411	0.229	0.5846	0.34659
0.200	0.5849	0.24719	0.230	0.5846	0.35039
0.201	0.5849	0.25028	0.231	0.5846	0.35421
0.202	0.5848	0.25339	0.232	0.5846	0.35806
0.203	0.5848	0.25652	0.233	0.5846	0.36193
0.204	0.5848	0.25969	0.234	0.5846	0.36582
0.205	0.5848	0.26288	0.235	0.5846	0.36974
0.206	0.5848	0.26610	0.236	0.5846	0.37369
0.207	0.5848	0.26934	0.237	0.5846	0.37766
0.208	0.5848	0.27261	0.238	0.5846	0.38166
0.209	0.5848	0.27590	0.239	0.5846	0.38568

续表

h (m)	C_e	Q ($m^3/s\times10$)	h (m)	C_e	Q ($m^3/s\times10$)
0.240	0.5846	0.38973	0.270	0.5846	0.52317
0.241	0.5846	0.39380	0.271	0.5846	0.52802
0.242	0.5846	0.39790	0.272	0.5846	0.53291
0.243	0.5846	0.40202	0.273	0.5846	0.53782
0.244	0.5846	0.40617	0.274	0.5846	0.54276
0.245	0.5846	0.41034	0.275	0.5846	0.54772
0.246	0.5846	0.41454	0.276	0.5846	0.55272
0.247	0.5846	0.41877	0.277	0.5846	0.55774
0.248	0.5846	0.42302	0.278	0.5846	0.56282
0.249	0.5846	0.42730	0.279	0.5847	0.56794
0.250	0.5846	0.43160	0.280	0.5847	0.57306
0.251	0.5846	0.43593	0.281	0.5847	0.57819
0.252	0.5846	0.44028	0.282	0.5847	0.58335
0.253	0.5846	0.44466	0.283	0.5847	0.58853
0.254	0.5846	0.44907	0.284	0.5847	0.59375
0.255	0.5846	0.45350	0.285	0.5847	0.59899
0.256	0.5846	0.45796	0.286	0.5847	0.60425
0.257	0.5846	0.46245	0.287	0.5847	0.60955
0.258	0.5846	0.46696	0.288	0.5847	0.61487
0.259	0.5846	0.47150	0.289	0.5847	0.62023
0.260	0.5846	0.47606	0.290	0.5847	0.62560
0.261	0.5846	0.48065	0.291	0.5847	0.63101
0.262	0.5846	0.48527	0.292	0.5847	0.63645
0.263	0.5846	0.48991	0.293	0.5847	0.64195
0.264	0.5846	0.49458	0.294	0.5848	0.64748
0.265	0.5846	0.49928	0.295	0.5848	0.65303
0.266	0.5846	0.50400	0.296	0.5848	0.65858
0.267	0.5846	0.50876	0.297	0.5848	0.66416
0.268	0.5846	0.51353	0.298	0.5848	0.66976
0.269	0.5846	0.51834	0.299	0.5848	0.67539

续表

h (m)	C_e	Q ($m^3/s\times10$)	h (m)	C_e	Q ($m^3/s\times10$)
0.300	0.5848	0.68106	0.330	0.5850	0.86459
0.301	0.5848	0.68675	0.331	0.5850	0.87116
0.302	0.5848	0.69246	0.332	0.5850	0.87775
0.303	0.5848	0.69821	0.333	0.5850	0.88438
0.304	0.5848	0.70398	0.334	0.5850	0.89103
0.305	0.5848	0.70980	0.335	0.5850	0.89772
0.306	0.5848	0.71568	0.336	0.5850	0.90448
0.307	0.5849	0.72159	0.337	0.5851	0.91128
0.308	0.5849	0.72750	0.338	0.5851	0.91811
0.309	0.5849	0.73341	0.339	0.5851	0.92491
0.310	0.5849	0.73936	0.340	0.5851	0.93175
0.311	0.5849	0.74534	0.341	0.5851	0.93862
0.312	0.5849	0.75135	0.342	0.5851	0.94551
0.313	0.5849	0.75738	0.343	0.5851	0.95244
0.314	0.5849	0.76344	0.344	0.5851	0.95940
0.315	0.5849	0.76954	0.345	0.5851	0.96638
0.316	0.5849	0.77566	0.346	0.5851	0.97340
0.317	0.5849	0.78181	0.347	0.5851	0.98045
0.318	0.5849	0.78802	0.348	0.5851	0.98753
0.319	0.5850	0.79428	0.349	0.5851	0.99471
0.320	0.5850	0.80057	0.350	0.5852	1.00192
0.321	0.5850	0.80685	0.351	0.5852	1.00912
0.322	0.5850	0.81314	0.352	0.5852	1.01633
0.323	0.5850	0.81947	0.353	0.5852	1.02356
0.324	0.5850	0.82583	0.354	0.5852	1.03082
0.325	0.5850	0.83222	0.355	0.5852	1.03812
0.326	0.5850	0.83863	0.356	0.5852	1.04545
0.327	0.5850	0.84508	0.357	0.5852	1.05280
0.328	0.5850	0.85155	0.358	0.5852	1.06019
0.329	0.5850	0.85806	0.359	0.5852	1.06767

续表

h (m)	C_e	Q ($m^3/s\times10$)	h (m)	C_e	Q ($m^3/s\times10$)
0.360	0.5853	1.07519	0.371	0.5854	1.15947
0.361	0.5853	1.08273	0.372	0.5854	1.16730
0.362	0.5853	1.09024	0.373	0.5854	1.17516
0.363	0.5853	1.09778	0.374	0.5854	1.18310
0.364	0.5853	1.10536	0.375	0.5855	1.19111
0.365	0.5853	1.11297	0.376	0.5855	1.19914
0.366	0.5853	1.12063	0.377	0.5855	1.20712
0.367	0.5853	1.12837	0.378	0.5855	1.21515
0.368	0.5854	1.13615	0.379	0.5855	1.22320
0.369	0.5854	1.14391	0.380	0.5855	1.23128
0.370	0.5854	1.15167	0.381	0.5855	1.23940

表 C2

h (m)	C_e	Q ($m^3/s\times10$)	h (m)	C_e	Q ($m^3/s\times10$)
0.060	0.6114	0.00637	0.075	0.6071	0.01105
0.061	0.6111	0.00663	0.076	0.6068	0.01141
0.062	0.6108	0.00691	0.077	0.6066	0.01179
0.063	0.6105	0.00718	0.078	0.6064	0.01217
0.064	0.6101	0.00747	0.079	0.6061	0.01256
0.065	0.6098	0.00776	0.080	0.6060	0.01296
0.066	0.6095	0.00806	0.081	0.6058	0.01336
0.067	0.6092	0.00836	0.082	0.6056	0.01377
0.068	0.6090	0.00867	0.083	0.6054	0.01419
0.069	0.6087	0.00899	0.084	0.6052	0.01462
0.070	0.6084	0.00932	0.085	0.6050	0.01505
0.071	0.6081	0.00965	0.086	0.6048	0.01549
0.072	0.6079	0.00999	0.087	0.6046	0.01594
0.073	0.6076	0.01033	0.088	0.6044	0.01640
0.074	0.6073	0.01069	0.089	0.6042	0.01686

续表

h (m)	C_e	Q ($m^3/s\times10$)	h (m)	C_e	Q ($m^3/s\times10$)
0.090	0.6040	0.01734	0.120	0.5989	0.03529
0.091	0.6038	0.01782	0.121	0.5988	0.03602
0.092	0.6036	0.01830	0.122	0.5987	0.03677
0.093	0.6034	0.01880	0.123	0.5985	0.03751
0.094	0.6032	0.01930	0.124	0.5984	0.03827
0.095	0.6030	0.01981	0.125	0.5982	0.03904
0.096	0.6028	0.02033	0.126	0.5981	0.03982
0.097	0.6026	0.02086	0.127	0.5980	0.04060
0.098	0.6024	0.02139	0.128	0.5979	0.04140
0.099	0.6022	0.02194	0.129	0.5978	0.04220
0.100	0.6021	0.02249	0.130	0.5976	0.04302
0.101	0.6019	0.02305	0.131	0.5975	0.04384
0.102	0.6017	0.02362	0.132	0.5973	0.04467
0.103	0.6016	0.02420	0.133	0.5972	0.04551
0.104	0.6014	0.02478	0.134	0.5971	0.04636
0.105	0.6013	0.02537	0.135	0.5970	0.04722
0.106	0.6011	0.02598	0.136	0.5968	0.04809
0.107	0.6009	0.02659	0.137	0.5967	0.04897
0.108	0.6008	0.02720	0.138	0.5966	0.04986
0.109	0.6006	0.02783	0.139	0.5965	0.05075
0.110	0.6005	0.02847	0.140	0.5964	0.05166
0.111	0.6003	0.02911	0.141	0.5962	0.05258
0.112	0.6002	0.02976	0.142	0.5961	0.05351
0.113	0.6000	0.03042	0.143	0.5960	0.05444
0.114	0.5998	0.03109	0.144	0.5960	0.05539
0.115	0.5997	0.03177	0.145	0.5959	0.05635
0.116	0.5995	0.03246	0.146	0.5958	0.05732
0.117	0.5994	0.03315	0.147	0.5957	0.05830
0.118	0.5992	0.03386	0.148	0.5956	0.05929
0.119	0.5991	0.03457	0.149	0.5956	0.06029

续表

h (m)	C_e	Q ($m^3/s \times 10$)	h (m)	C_e	Q ($m^3/s \times 10$)
0.150	0.5955	0.06130	0.180	0.5930	0.09629
0.151	0.5954	0.06231	0.181	0.5929	0.09762
0.152	0.5952	0.06334	0.182	0.5929	0.09896
0.153	0.5952	0.06437	0.183	0.5928	0.10032
0.154	0.5951	0.06542	0.184	0.5927	0.10168
0.155	0.5950	0.06648	0.185	0.5926	0.10305
0.156	0.5949	0.06755	0.186	0.5926	0.10444
0.157	0.5948	0.06863	0.187	0.5925	0.10584
0.158	0.5948	0.06971	0.188	0.5925	0.10726
0.159	0.5947	0.07081	0.189	0.5924	0.10867
0.160	0.5946	0.07192	0.190	0.5923	0.11010
0.161	0.5945	0.07304	0.191	0.5923	0.11155
0.162	0.5944	0.07417	0.192	0.5922	0.11300
0.163	0.5944	0.07531	0.193	0.5922	0.11447
0.164	0.5943	0.07646	0.194	0.5921	0.11595
0.165	0.5942	0.07762	0.195	0.5920	0.11743
0.166	0.5941	0.07879	0.196	0.5920	0.11893
0.167	0.5941	0.07998	0.197	0.5919	0.12044
0.168	0.5940	0.08117	0.198	0.5919	0.12197
0.169	0.5939	0.08237	0.199	0.5919	0.12351
0.170	0.5938	0.08358	0.200	0.5918	0.12506
0.171	0.5937	0.08481	0.201	0.5918	0.12662
0.172	0.5937	0.08604	0.202	0.5917	0.12819
0.173	0.5936	0.08728	0.203	0.5917	0.12977
0.174	0.5935	0.08854	0.204	0.5916	0.13136
0.175	0.5934	0.08980	0.205	0.5916	0.13296
0.176	0.5933	0.09108	0.206	0.5915	0.13457
0.177	0.5933	0.09237	0.207	0.5915	0.13620
0.178	0.5932	0.09367	0.208	0.5914	0.13784
0.179	0.5931	0.09497	0.209	0.5913	0.13949

续表

h (m)	C_e	Q ($m^3/s \times 10$)	h (m)	C_e	Q ($m^3/s \times 10$)
0.210	0.5913	0.14115	0.240	0.5901	0.19668
0.211	0.5912	0.14282	0.241	0.5900	0.19872
0.212	0.5912	0.14450	0.242	0.5900	0.20079
0.213	0.5911	0.14620	0.243	0.5900	0.20287
0.214	0.5911	0.14792	0.244	0.5899	0.20496
0.215	0.5910	0.14964	0.245	0.5899	0.20705
0.216	0.5910	0.15138	0.246	0.5898	0.20916
0.217	0.5910	0.15313	0.247	0.5898	0.21127
0.218	0.5909	0.15489	0.248	0.5898	0.21340
0.219	0.5909	0.15666	0.249	0.5898	0.21555
0.220	0.5908	0.15844	0.250	0.5898	0.21772
0.221	0.5908	0.16024	0.251	0.5898	0.21990
0.222	0.5908	0.16204	0.252	0.5898	0.22209
0.223	0.5907	0.16386	0.253	0.5897	0.22429
0.224	0.5907	0.16570	0.254	0.5897	0.22649
0.225	0.5906	0.16754	0.255	0.5897	0.22873
0.226	0.5906	0.16940	0.256	0.5897	0.23098
0.227	0.5906	0.17127	0.257	0.5897	0.23323
0.228	0.5905	0.17315	0.258	0.5896	0.23549
0.229	0.5905	0.17504	0.259	0.5896	0.23777
0.230	0.5904	0.17695	0.260	0.5896	0.24005
0.231	0.5904	0.17886	0.261	0.5895	0.24235
0.232	0.5904	0.18079	0.262	0.5895	0.24466
0.233	0.5903	0.18274	0.263	0.5894	0.24699
0.234	0.5903	0.18469	0.264	0.5894	0.24933
0.235	0.5902	0.18666	0.265	0.5894	0.25168
0.236	0.5902	0.18864	0.266	0.5893	0.25404
0.237	0.5902	0.19063	0.267	0.5893	0.25642
0.238	0.5901	0.19263	0.268	0.5892	0.25881
0.239	0.5901	0.19465	0.269	0.5892	0.26121

续表

h (m)	C_e	Q ($m^3/s\times10$)	h (m)	C_e	Q ($m^3/s\times10$)
0.270	0.5892	0.26363	0.300	0.5885	0.34268
0.271	0.5891	0.26606	0.301	0.5884	0.34552
0.272	0.5891	0.26851	0.302	0.5884	0.34837
0.273	0.5891	0.27098	0.303	0.5884	0.35124
0.274	0.5891	0.27347	0.304	0.5883	0.35412
0.275	0.5891	0.27596	0.305	0.5883	0.35702
0.276	0.5890	0.27845	0.306	0.5883	0.35995
0.277	0.5890	0.28097	0.307	0.5883	0.36290
0.278	0.5890	0.28351	0.308	0.5883	0.36585
0.279	0.5890	0.28607	0.309	0.5882	0.36880
0.280	0.5890	0.28863	0.310	0.5882	0.37177
0.281	0.5889	0.29119	0.311	0.5882	0.37477
0.282	0.5889	0.29377	0.312	0.5882	0.37779
0.283	0.5889	0.29638	0.313	0.5882	0.38081
0.284	0.5889	0.29901	0.314	0.5881	0.38384
0.285	0.5889	0.30163	0.315	0.5881	0.38687
0.286	0.5888	0.30427	0.316	0.5881	0.38995
0.287	0.5888	0.30691	0.317	0.5881	0.39304
0.288	0.5888	0.30959	0.318	0.5881	0.39615
0.289	0.5888	0.31229	0.319	0.5881	0.39927
0.290	0.5888	0.31499	0.320	0.5881	0.40241
0.291	0.5887	0.31769	0.321	0.5881	0.40553
0.292	0.5887	0.32040	0.322	0.5880	0.40867
0.293	0.5887	0.32315	0.323	0.5880	0.41184
0.294	0.5887	0.32591	0.324	0.5880	0.41503
0.295	0.5887	0.32869	0.325	0.5880	0.41824
0.296	0.5886	0.33146	0.326	0.5880	0.42174
0.297	0.5886	0.33424	0.327	0.5880	0.42471
0.298	0.5886	0.33704	0.328	0.5880	0.42796
0.299	0.5885	0.33985	0.329	0.5880	0.43123

续表

h (m)	C_e	Q ($m^3/s\times10$)	h (m)	C_e	Q ($m^3/s\times10$)
0.330	0.5880	0.43451	0.356	0.5876	0.52487
0.331	0.5880	0.43779	0.357	0.5876	0.52856
0.332	0.5879	0.44107	0.358	0.5876	0.53227
0.333	0.5879	0.44438	0.359	0.5876	0.53596
0.334	0.5879	0.44773			
0.335	0.5879	0.45108	0.360	0.5875	0.53967
0.336	0.5879	0.45446	0.361	0.5875	0.54340
0.337	0.5879	0.45785	0.362	0.5875	0.54717
0.338	0.5879	0.46125	0.363	0.5875	0.55096
0.339	0.5879	0.46467	0.364	0.5875	0.55473
			0.365	0.5874	0.55851
0.340	0.5879	0.46810	0.366	0.5874	0.56231
0.341	0.5879	0.47153	0.367	0.5874	0.56616
0.342	0.5878	0.47497	0.368	0.5874	0.57003
0.343	0.5878	0.47842	0.369	0.5874	0.57391
0.344	0.5878	0.48191	0.370	0.5874	0.57780
0.345	0.5878	0.48542			
0.346	0.5878	0.48895	0.371	0.5874	0.58171
0.347	0.5878	0.49249	0.372	0.5874	0.58560
0.348	0.5878	0.49604	0.373	0.5873	0.58950
0.349	0.5878	0.49958	0.374	0.5873	0.59345
			0.375	0.5873	0.59742
0.350	0.5877	0.50313	0.376	0.5873	0.60141
0.351	0.5877	0.50672	0.377	0.5873	0.60542
0.352	0.5877	0.51033	0.378	0.5873	0.60944
0.353	0.5877	0.51397	0.379	0.5873	0.61346
0.354	0.5877	0.51758	0.380	0.5872	0.61747
0.355	0.5876	0.52121	0.381	0.5872	0.62150

表 C3

h (m)	C_e	Q ($m^3/s \times 10$)	h (m)	C_e	Q ($m^3/s \times 10$)
0.060	0.6417	0.00334	0.090	0.6256	0.00898
0.061	0.6410	0.00348	0.091	0.6252	0.00922
0.062	0.6403	0.00362	0.092	0.6248	0.00947
0.063	0.6396	0.00376	0.093	0.6244	0.00973
0.064	0.6390	0.00391	0.094	0.6240	0.00998
0.065	0.6383	0.00406	0.095	0.6236	0.01025
0.066	0.6376	0.00421	0.096	0.6233	0.01051
0.067	0.6370	0.00437	0.097	0.6229	0.01078
0.068	0.6364	0.00453	0.098	0.6226	0.01106
0.069	0.6358	0.00470	0.099	0.6222	0.01133
0.070	0.6352	0.00486	0.100	0.6219	0.01161
0.071	0.6346	0.00503	0.101	0.6215	0.01190
0.072	0.6340	0.00521	0.102	0.6212	0.01219
0.073	0.6335	0.00539	0.103	0.6209	0.01249
0.074	0.6329	0.00557	0.104	0.6205	0.01278
0.075	0.6324	0.00575	0.105	0.6202	0.01309
0.076	0.6318	0.00594	0.106	0.6199	0.01339
0.077	0.6313	0.00613	0.107	0.6196	0.01371
0.078	0.6308	0.00633	0.108	0.6193	0.01402
0.079	0.6303	0.00653	0.109	0.6190	0.01434
0.080	0.6298	0.00673	0.110	0.6187	0.01466
0.081	0.6293	0.00694	0.111	0.6184	0.01499
0.082	0.6289	0.00715	0.112	0.6181	0.01533
0.083	0.6285	0.00737	0.113	0.6179	0.01566
0.084	0.6280	0.00759	0.114	0.6176	0.01601
0.085	0.6276	0.00781	0.115	0.6173	0.01635
0.086	0.6272	0.00803	0.116	0.6171	0.01670
0.087	0.6267	0.00826	0.117	0.6169	0.01706
0.088	0.6264	0.00850	0.118	0.6166	0.01742
0.089	0.6260	0.00874	0.119	0.6164	0.01778

续表

h (m)	C_e	Q ($m^3/s \times 10$)	h (m)	C_e	Q ($m^3/s \times 10$)
0.120	0.6162	0.01815	0.150	0.6102	0.03140
0.121	0.6160	0.01853	0.151	0.6100	0.03192
0.122	0.6158	0.01891	0.152	0.6099	0.03245
0.123	0.6155	0.01929	0.153	0.6097	0.03297
0.124	0.6153	0.01968	0.154	0.6095	0.03350
0.125	0.6151	0.02007	0.155	0.6093	0.03404
0.126	0.6148	0.02046	0.156	0.6091	0.03458
0.127	0.6146	0.02086	0.157	0.6090	0.03513
0.128	0.6144	0.02127	0.158	0.6088	0.03568
0.129	0.6141	0.02168	0.159	0.6087	0.03624
0.130	0.6139	0.02209	0.160	0.6085	0.03680
0.131	0.6137	0.02251	0.161	0.6083	0.03737
0.132	0.6135	0.02294	0.162	0.6082	0.03794
0.133	0.6133	0.02337	0.163	0.6080	0.03852
0.134	0.6131	0.02380	0.164	0.6079	0.03911
0.135	0.6129	0.02424	0.165	0.6077	0.03969
0.136	0.6127	0.02468	0.166	0.6076	0.04029
0.137	0.6125	0.02513	0.167	0.6074	0.04089
0.138	0.6123	0.02559	0.168	0.6073	0.04149
0.139	0.6121	0.02604	0.169	0.6071	0.04210
0.140	0.6119	0.02651	0.170	0.6070	0.04272
0.141	0.6117	0.02697	0.171	0.6069	0.04334
0.142	0.6115	0.02744	0.172	0.6068	0.04397
0.143	0.6113	0.02792	0.173	0.6067	0.04460
0.144	0.6112	0.02840	0.174	0.6065	0.04524
0.145	0.6110	0.02889	0.175	0.6063	0.04588
0.146	0.6108	0.02938	0.176	0.6062	0.04653
0.147	0.6106	0.02988	0.177	0.6061	0.04718
0.148	0.6105	0.03038	0.178	0.6060	0.04784
0.149	0.6103	0.03089	0.179	0.6059	0.04851

续表

h (m)	C_e	Q ($m^3/s\times10$)	h (m)	C_e	Q ($m^3/s\times10$)
0.180	0.6057	0.04918	0.210	0.6029	0.07196
0.181	0.6056	0.04986	0.211	0.6028	0.07281
0.182	0.6055	0.05054	0.212	0.6027	0.07366
0.183	0.6054	0.05122	0.213	0.6026	0.07453
0.184	0.6053	0.05192	0.214	0.6025	0.07539
0.185	0.6051	0.05261	0.215	0.6025	0.07627
0.186	0.6051	0.05332	0.216	0.6024	0.07715
0.187	0.6050	0.05403	0.217	0.6023	0.07803
0.188	0.6049	0.05475	0.218	0.6022	0.07893
0.189	0.6048	0.05547	0.219	0.6022	0.07982
0.190	0.6047	0.05620	0.220	0.6021	0.08073
0.191	0.6045	0.05693	0.221	0.6020	0.08164
0.192	0.6044	0.05766	0.222	0.6019	0.08255
0.193	0.6043	0.05841	0.223	0.6018	0.08347
0.194	0.6042	0.05916	0.224	0.6018	0.08441
0.195	0.6041	0.05992	0.225	0.6017	0.08535
0.196	0.6041	0.06068	0.226	0.6017	0.08629
0.197	0.6040	0.06145	0.227	0.6016	0.08724
0.198	0.6039	0.06222	0.228	0.6015	0.08819
0.199	0.6038	0.06300	0.229	0.6015	0.08915
0.200	0.6038	0.06379	0.230	0.6014	0.09011
0.201	0.6037	0.06458	0.231	0.6013	0.09108
0.202	0.6035	0.06537	0.232	0.6013	0.09207
0.203	0.6034	0.06617	0.233	0.6012	0.09306
0.204	0.6033	0.06698	0.234	0.6012	0.09405
0.205	0.6033	0.06780	0.235	0.6011	0.09504
0.206	0.6032	0.06862	0.236	0.6010	0.09605
0.207	0.6031	0.06944	0.237	0.6010	0.09706
0.208	0.6030	0.07028	0.238	0.6009	0.09808
0.209	0.6029	0.07111	0.239	0.6009	0.09910

续表

h (m)	C_e	Q ($m^3/s\times10$)	h (m)	C_e	Q ($m^3/s\times10$)
0.240	0.6008	0.10013	0.270	0.5992	0.13407
0.241	0.6007	0.10116	0.271	0.5992	0.13529
0.242	0.6006	0.10220	0.272	0.5991	0.13653
0.243	0.6006	0.10325	0.273	0.5991	0.13778
0.244	0.6005	0.10430	0.274	0.5990	0.13903
0.245	0.6004	0.10536	0.275	0.5990	0.14030
0.246	0.6003	0.10642	0.276	0.5989	0.14157
0.247	0.6003	0.10750	0.277	0.5989	0.14284
0.248	0.6002	0.10858	0.278	0.5989	0.14413
0.249	0.6002	0.10967	0.279	0.5988	0.14542
0.250	0.6002	0.11077	0.280	0.5988	0.14671
0.251	0.6001	0.11187	0.281	0.5987	0.14802
0.252	0.6001	0.11299	0.282	0.5987	0.14933
0.253	0.6000	0.11410	0.283	0.5987	0.15065
0.254	0.6000	0.11523	0.284	0.5986	0.15197
0.255	0.6000	0.11635	0.285	0.5986	0.15330
0.256	0.5999	0.11749	0.286	0.5985	0.15464
0.257	0.5999	0.11863	0.287	0.5985	0.15598
0.258	0.5998	0.11978	0.288	0.5985	0.15734
0.259	0.5998	0.12094	0.289	0.5984	0.15870
0.260	0.5997	0.12210	0.290	0.5984	0.16006
0.261	0.5996	0.12326	0.291	0.5983	0.16143
0.262	0.5996	0.12443	0.292	0.5983	0.16281
0.263	0.5995	0.12561	0.293	0.5983	0.16420
0.264	0.5995	0.12680	0.294	0.5982	0.16559
0.265	0.5995	0.12799	0.295	0.5982	0.16699
0.266	0.5994	0.12920	0.296	0.5981	0.16840
0.267	0.5994	0.13041	0.297	0.5981	0.16982
0.268	0.5993	0.13162	0.298	0.5981	0.17124
0.269	0.5993	0.13284	0.299	0.5980	0.17267

续表

h (m)	C_e	Q ($m^3/s\times10$)	h (m)	C_e	Q ($m^3/s\times10$)
0.300	0.5980	0.17410	0.330	0.5968	0.22051
0.301	0.5979	0.17555	0.331	0.5968	0.22217
0.302	0.5979	0.17700	0.332	0.5967	0.22384
0.303	0.5979	0.17845	0.333	0.5967	0.22551
0.304	0.5978	0.17992	0.334	0.5967	0.22719
0.305	0.5978	0.18139	0.335	0.5966	0.22888
0.306	0.5978	0.18287	0.336	0.5966	0.23058
0.307	0.5977	0.18435	0.337	0.5965	0.23228
0.308	0.5977	0.18585	0.338	0.5965	0.23400
0.309	0.5976	0.18735	0.339	0.5965	0.23572
0.310	0.5976	0.18885	0.340	0.5964	0.23744
0.311	0.5976	0.19037	0.341	0.5964	0.23918
0.312	0.5975	0.19189	0.342	0.5963	0.24092
0.313	0.5975	0.19342	0.343	0.5963	0.24267
0.314	0.5974	0.19495	0.344	0.5963	0.24442
0.315	0.5974	0.19650	0.345	0.5962	0.24619
0.316	0.5974	0.19805	0.346	0.5962	0.24796
0.317	0.5973	0.19960	0.347	0.5961	0.24974
0.318	0.5973	0.20117	0.348	0.5961	0.25152
0.319	0.5972	0.20274	0.349	0.5961	0.25332
0.320	0.5972	0.20432	0.350	0.5960	0.25512
0.321	0.5972	0.20590	0.351	0.5960	0.25693
0.322	0.5971	0.20750	0.352	0.5959	0.25875
0.323	0.5971	0.20910	0.353	0.5959	0.26057
0.324	0.5970	0.21071	0.354	0.5959	0.26240
0.325	0.5970	0.21232	0.355	0.5958	0.26424
0.326	0.5970	0.21395	0.356	0.5958	0.26609
0.327	0.5969	0.21558	0.357	0.5957	0.26794
0.328	0.5969	0.21721	0.358	0.5957	0.26981
0.329	0.5968	0.21886	0.359	0.5957	0.27168

续表

h (m)	C_e	Q ($m^3/s\times10$)	h (m)	C_e	Q ($m^3/s\times10$)
0.360	0.5956	0.27355	0.371	0.5952	0.29472
0.361	0.5956	0.27544	0.372	0.5952	0.29669
0.362	0.5955	0.27733	0.373	0.5951	0.29867
0.363	0.5955	0.27923	0.374	0.5951	0.30065
0.364	0.5955	0.28114	0.375	0.5950	0.30264
0.365	0.5954	0.28306	0.376	0.5950	0.30465
0.366	0.5954	0.28498	0.377	0.5950	0.30666
0.367	0.5954	0.28691	0.378	0.5949	0.30867
0.368	0.5953	0.28885	0.379	0.5949	0.31070
0.369	0.5953	0.29080	0.380	0.5948	0.31273
0.370	0.5952	0.29275	0.381	0.5948	0.31477

C.3 应用限制条件

a. h/p 不大于 0.4；

b. h/B 不大于 0.2；

c. h 在 0.05～0.38m 之间；

d. p 不小于 0.45m；

e. B 不小于 1.0m。

附加说明：

本标准由建设部标准定额研究所提出。

本标准由建设部城镇建设标准技术归口单位建设部城市建设研究院归口。

本标准由北京市市政工程局负责起草。

本标准主要起草人：陶丽芬、李俊、王岚、王春顺、肖鲁。

本标准委托北京市市政工程局负责解释。

中华人民共和国城镇建设行业标准

城市排水流量堰槽测量标准

矩 形 薄 壁 堰

CJ/T 3008.2—93

主编单位：北 京 市 市 政 工 程 局
批准部门：中华人民共和国建设部
施行日期：1 9 9 3 年 10 月 1 日

本标准制订参照了国际标准(ISO)1438/1—1980《应用薄壁堰和文杜里水槽在明渠中测流》、(ISO)4373—1979《明渠水流测量—水位测量设备》和(ISO)772—1988《明渠水流测量—词汇和符号》。

1 主题内容与适用范围

本标准规定了使用矩形薄壁堰测量明渠排水流量的术语、结构、流量公式、制作、安装、水头测量、综合误差分析和维护等。

本标准适用于水温为5～30℃的城市生活污水、工业废水和雨水的明渠排水流量测量。

本标准的测量精度为1%～4%。

供水明渠的流量测量可参照使用。

本标准不适用于含有大量漂浮物质和易淤积物质的流量测量。

2 引用标准

GBJ 95　水文测验术语和符号标准

3 术语

3.1　导流板　baffle

为改善水流条件，在行近渠道中设置的档板。

3.2　钩形测针　hoor gauge

主要测量部件为一针形细钩。测针上端的刻度为零，自上向下刻度读数逐渐增加，见图1、图3。

3.3　针形测针　point gauge

主要测量部件为一针形测杆。测针上端的读数为零，自上向下刻度读数逐渐增加，见图 2、图 3。

3.4 基准板 datum plate

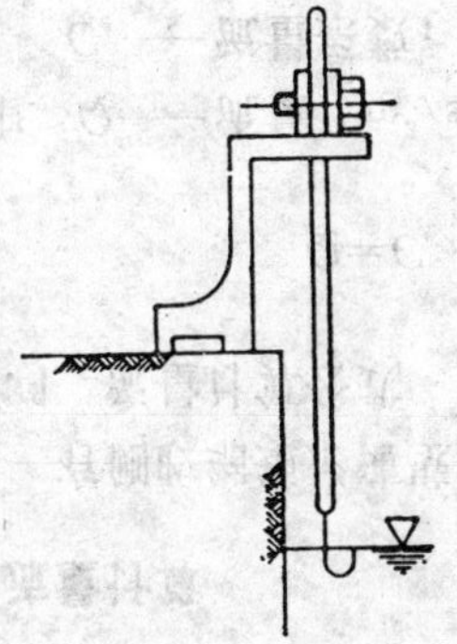

图 1 钩形测针

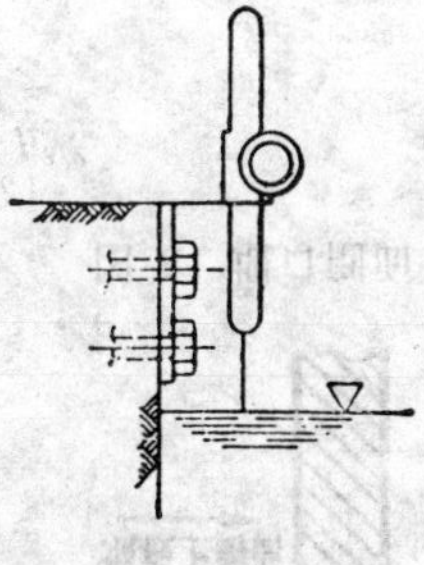

图 2 针形测针

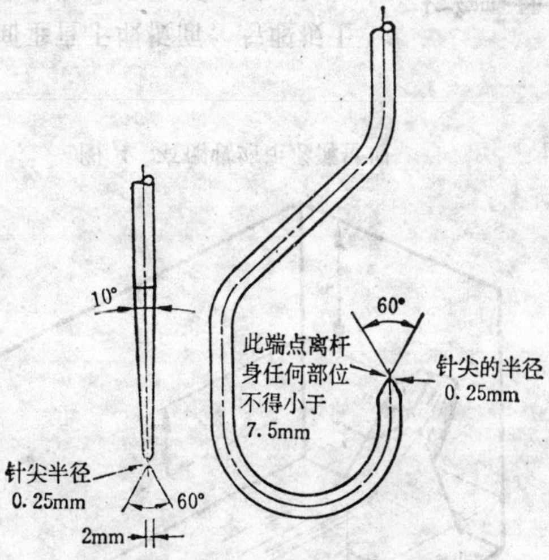

图 3 测针的针尖和针钩

具有精确基面的固定金属板，用以测量水位。

3.5 亚临界流 sub－critical flow

弗汝德数小于 1 的水流。在这种水流中，水面的扰动会影响到上游流态。

3.6 堰顶 crest

测流堰顶部的线或面。

3.7 完全通气水舌 fully ventilated nappe；fully aeroted nappe

跳离测流堰下游表面的水舌，水舌下面形成一个与大气连通的气穴。

3.8 本标准采用的其他术语和符号应符合 GBJ95 的有关规定。

4 矩形薄壁堰的类型形状尺寸

4.1 类型

矩形薄壁堰分为有侧收缩矩形薄壁堰和无侧收缩矩形薄壁堰。

4.2 有侧收缩矩形薄壁堰

有侧收缩矩形薄壁堰的堰口宽度小于行近渠道的宽度，见图 4。

图中 B——行近渠道宽度，m；

b——堰口宽度，m；

p——堰顶水头，m；

h_{max}——堰顶最大水头，m；

4.3 无侧收缩矩形薄壁堰

无侧收缩矩形薄壁堰的堰口宽度等于行近渠道宽度。

4.4 堰口

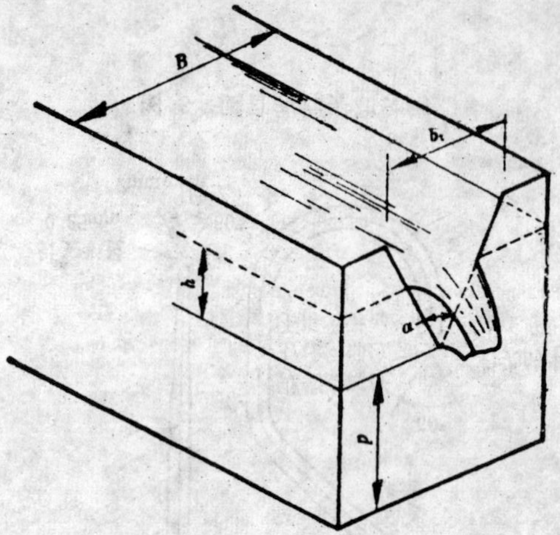

图 4 有侧收缩矩形薄壁堰

堰的顶面垂直于堰板面，与堰板上游面相交处为直角锐缘，堰口剖面，见图 5。

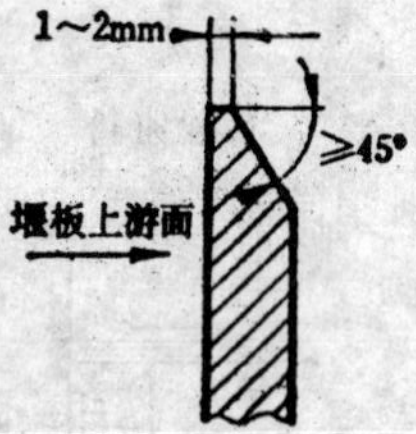

图 5 堰口剖面

5 流量计算

5.1 有侧收缩矩形薄壁堰的流量计算

5.1.1 流量计算公式

$$Q=C_e\frac{2}{3}(2g)^{1/2}\cdot b_e\cdot h_e^{3/2} \qquad (1)$$

式中 Q——流量，m^3/s；

C_e——流量系数；

g——重力加速度，m/s^2；

b_e——堰口的有效宽度，m；

h_e——有效水头，m。

5.1.1.1 C_e 值按表 1 计算：

表 1

b/B	C_e
0.9	$0.598+0.064(h/p)$
0.8	$0.596+0.045(h/p)$
0.7	$0.594+0.030(h/p)$
0.6	$0.593+0.018(h/p)$
0.4	$0.591+0.0058(h/p)$
0.2	$0.589-0.0018(h/p)$
0.0	$0.587-0.0023(h/p)$

注：表 1 中 b/B 的其他中间值，用内插法确定 C_e 值。

表中 b——堰口宽度，m；

B——渠道宽度，m；

P——上游堰口高度，m。

5.1.1.2 b_e 值按公式(2)计算：

$$b_e=b+K_b \qquad (2)$$

式中 K_b——粘滞力的校正值，mm。查表 2 求得。

表 2

b/B	K_b(mm)
0.0	2.4
0.2	2.4
0.4	2.7
0.6	3.6
0.8	4.2
1.0	−0.9

注：表 2 中 b/B 的其他中间值，用内插法确定 K_b 值。

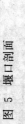

5.1.1.3 h_e 值按公式(3)计算：

$$h_e = h + K_h \quad (3)$$

式中 h——堰顶水头，m；

K_h——表面张力的校正值，m。取 $K_h = 0.001$m。

5.1.2 应用限制条件

a. h/p 不大于 2.50；

b. h 不小于 0.03m；

c. b 不小于 0.15m；

d. p 不小于 0.10m；

e. $(B-b)/2$ 不小于 0.10m。

5.2 无侧收缩矩形薄壁堰的流量计算

5.2.1 流量公式

$$Q = C_e \frac{2}{3}(2g)^{1/2} \cdot h_e^{3/2} \quad (4)$$

式中 $C_e = 0.602 + 0.083h/p$； (5)

$h_e = h + 0.0012$，m。 (6)

5.2.2 应用限制条件

a. h/p 不大于 1.00；

b. h 在 0.03m 到 0.75m 之间；

c. b 不小于 0.30m；

d. p 不小于 0.10m。

6 技术条件

6.1 材料

6.1.1 矩形堰板应采用耐腐蚀、耐水流冲刷、不变形的材料精确加工而成。

6.1.2 行近渠道、下游渠道和静水井等用混凝土或砖石等砌筑后，再用水泥砂浆抹面压光；也可用其他耐腐蚀的材料预制而成。

6.1.3 连通管应采用铸铁管或塑料管等耐腐蚀管道。

6.2 堰板制作

6.2.1 堰板必须平整、坚固。

6.2.2 堰口顶面厚度 $\delta = 1 \sim 2$mm。若 $\delta > 2$mm，则堰板下游边缘做成斜面，斜面与顶面的夹角 β 不小于 45°。

6.2.3 表面粗糙度

堰板上游侧面的表面粗糙度为 $\overset{50}{\triangledown}$，薄壁堰口及距堰口 100mm 内堰板两侧的表面粗糙度为 $\overset{25}{\triangledown}$。

6.2.4 尺寸精度

a. $b \pm 0.001b$，mm；

b. $p \pm 2$mm；

c. $B \pm 5$mm。

6.3 行近渠道

6.3.1 **长度**

行近渠道的长度应不小于最大水头时水舌宽度的 10 倍。

6.3.2 **流态**

行近渠道中水流的流态应符合附录 A 的规定。若流态不能满足此规定时，可采用导流板整流。

6.4 下游渠道

6.4.1 下游渠道内应无杂物，水流排泄应通畅。

6.4.2 堰口与下游水面应有足够的垂直距离，保证形成完全通气水舌。

6.4.3 无侧收缩矩形堰两侧渠壁应延伸到堰板下游，其长度不小于 $0.3h_{max}$。两侧壁上设通气孔，保证水舌下空气自由流通。

6.5 静水井

6.5.1 位置

静水井应设在行近渠道的一侧，距堰板上游面 4～5h_{max}处。

6.5.2 连通管

6.5.2.1 渠道和静水井之间应用连通管相连。管长尽量缩短，管子坡向渠道。

6.5.2.2 连通管直径应不小于 50mm。管底距渠底 50mm。

6.5.3 井筒

6.5.3.1 静水井可为圆形或方形，竖直设置，高度应不低于渠顶。

6.5.3.2 井筒内壁与水位计浮子的间隙应不小于 75mm。井底低于连通管进口管底 300mm。

6.5.3.3 在井筒的顶面上应设一金属基准板，其一边应与井筒内壁齐平。

6.6 安装

6.6.1 堰板置于行近渠道末端，垂直安装。

6.6.2 有侧收缩矩形堰的堰口与两侧渠壁等距。堰口必须水平安装。

6.6.3 行近渠道，静水井和堰板等均不得漏水。

6.6.4 下游渠道紧接堰板处，应作加固处理。

6.6.5 在最大流量通过时，堰板不变形，渠道不损坏。

7 水头测量

7.1 测量仪器

7.1.1 测量瞬时的堰顶水头，使用针形测针、钩形测针或其他有同等精度的仪器。刻度划分至毫米，游标尺读数至0.1mm。

7.1.2 连续地测量堰顶水头的变化过程时，使用浮子式水位计，超声波液位计或其他有同等精度的水位计测量。

7.1.2.1 水位精度

水位计的水位刻度应划分至毫米。水位计的滞后行程应不大于 3mm。

7.1.2.2 记时精度

记时装置连续工作 30d 以上，记时累积平均误差不大于±30s/d。连续工作 24h 的记时钟，误差不大于±30s/d。

7.1.2.3 电子记录仪精度

电子记录仪的误差不大于满量程读数的 0.5%。

7.1.3 直接与污水接触的测针和浮子等，用耐腐蚀的材料制成。

7.1.4 安装在现场的仪器，应有防潮、防腐和防冻等措施。

7.2 测量位置

在行近渠道上，距堰板 4～5h_{max}处测量堰顶水头。若渠道中的水面波动不大，测量仪器不影响水流，可在渠道上直接测量；否则在静水井中测量。

7.3 确定水头零点

7.3.1 测流前应确定水头零点。水头零点，即堰顶水头为零时，水头测量位置处测针的读数，或静水井基准板与堰口最低点的垂直距离。

7.3.2 不能用下降或上升堰前水面至堰口处的读数当作水头零点。

7.3.3 确定水头零点的方法

a. 将行近渠道中的静水位下降至堰顶以下；

b. 在堰板上游的行近渠道上，安装一临时钩形测针；在测定堰顶水头的位置处，安装针形测针。见图 6。

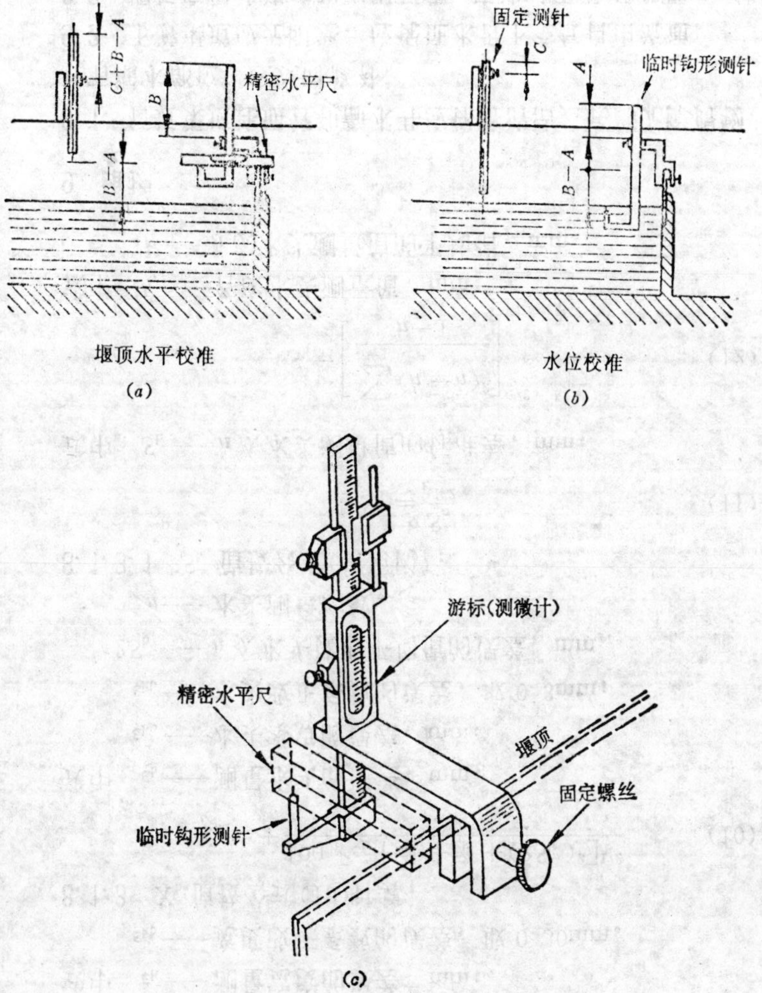

图 6 水头零点的确定

c. 用一精密水平尺，一端置于堰顶，另一端置于临时钩形测针的针尖上。调整钩形测针至水平尺保持水平时，记录钩形测针读数 B，见图 6a。

d. 将临时钩形测针下降到水面并记录读数 A。调整针形测针至水面，并记录读数 C，见图 6b。

e. 针形测针零点读数公式：

$$D=C+(B-A) \tag{7}$$

f. 也可用水准仪测量堰顶与基准板间的高差，确定水位计的水头零点。测量误差不大于 1mm。

7.4 水头测量精度

水头测量的误差为水头变幅的 1%，但不得大于 ±3mm。

8 流量测量的综合误差分析

8.1 误差计算公式

$$X_0=\pm\ [X_{ce}^2+X_{be}^2+(1.5X_{he})^2]^{1/2} \tag{8}$$

式中 X_0——流量计算值的误差，%；

X_{ce}——流量系数的误差，%；

X_{be}——矩形薄壁堰有效宽度的误差，%；

X_{he}——有效水头的误差，%。

8.1.1 X_{ce} 由表 3 查得。

X_{ce} 值 表 3

h/p	X_{ce}%
<1.0	<1.5
1～1.5	<2.0
1.5～2.5	<3.0

8.1.2 X_{be} 值按公式(9)计算：

$$X_{be}=\pm\frac{100\ [\varepsilon_b^2+\varepsilon_{kb}^2]^{1/2}}{b} \tag{9}$$

式中 ε_b——测量宽度的误差，mm；

ε_{kb}——宽度改正系数的误差，取 0.30mm。

8.1.3 X_{he}值按公式(10)计算：

$$X_{he}=\pm\frac{100\ [\varepsilon_h^2+\varepsilon_{h0}^2+\varepsilon_{kh}^2+(2S_{\bar{h}})^2]^{1/2}}{n} \tag{10}$$

式中 ε_h——测量水头的误差，mm；

ε_{h0}——水头零点的误差，mm；

ε_{kh}——水头改正系数的误差，取 0.3mm；

$2S_{\bar{h}}$——n 次水头读数平均值的误差，mm。

n——水头测量次数。

8.1.3.1 $S_{\bar{h}}$ 值按公式(11)计算：

$$S_{\bar{h}}=\frac{S_h}{n^{1/2}} \tag{11}$$

式中 S_h——n 次水头测量值的标准差，mm；

$$S_h=\left[\frac{\sum_{i=1}^{n}(h_i-\bar{h})^2}{n-1}\right]^{1/2} \tag{12}$$

式中 h_i——各次水头测量值，mm；

$\bar{h}$——n 次水头测量值的平均值，mm。

9 维护

9.1 行近渠道连通管和静水井应保持清洁，底部无障碍物，凡有漏水部位，应及时修补。

9.2 下游渠道应无阻塞，应保证水舌下空气自由流通。

9.3 堰板应保持清洁和牢固可靠，清洗时不得损伤堰口，特别是堰口上游的边缘和表面。

9.4 在渠道或堰板维修前后，应核查各部位的尺寸，是否与原尺寸相符。

9.5 每年应校验一次测针和水位计等测量仪器的精度。

9.6 每年应对水头零点校测一次。

附 录 A
行近渠道的流态

（补 充 件）

A.1 行近渠道的水流应为均匀稳定的亚临界流，其流速分布应接近于图 A1。

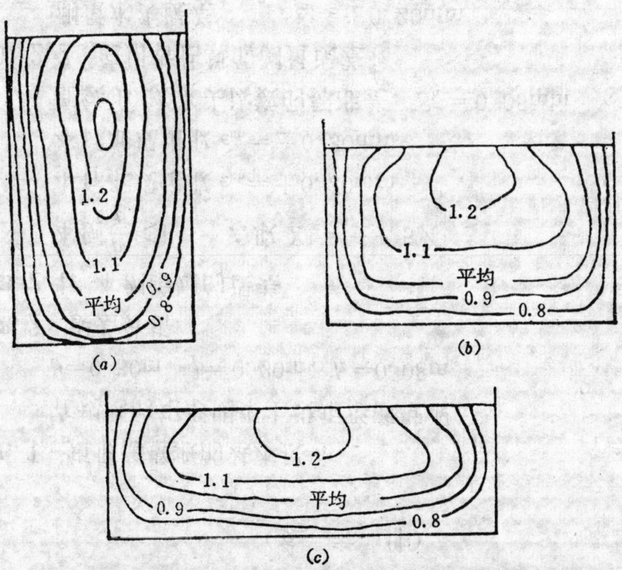

图 A1 行近渠道中的正常流速分布

A.2 保持亚临界流的条件

$$\bar{v}<\left(\frac{g\cdot A}{B}\right)^{1/2} \qquad (A_1)$$

式中 $\bar{v}$——行近渠道中的平均流速，m/s；

A——行近渠道中的水流断面，m^2。

附 录 B
流量测量的误差分析举例

（参 考 件）

B.1 矩形薄壁堰的基本尺寸

在规则的矩形明渠上设矩形薄壁堰。

$b=0.30m$，$p=0.20m$，$h=0.08m$。

B.2 误差分析

B.2.1 本例给定的误差

本例$\frac{h}{p}<1$　　∴取 $X_{ce}=\pm1.5\%$。

本标准规定取 $\varepsilon_{kb}=\pm0.30mm$

本标准规定取 $\varepsilon_{kh}=\pm0.30mm$

连续 10 次水头读数的标准差　$S_{\bar{h}}=0.05mm$

B.2.2 使用者估算的测量误差

测量水头误差　　$\varepsilon_h=\pm0.20mm$

水头零点设置误差　$\varepsilon_{ho}=\pm0.30mm$

测量堰宽误差　　$\varepsilon_b=\pm0.50mm$

B.2.3 计算 X_{be}和 X_{he}

根据(9)式，X_{be}是：

$$X_{be}=\pm\frac{100\ [\varepsilon_b^2+\varepsilon_{kb}^2]^{1/2}}{b}$$

$$=\pm\frac{100\ [0.50^2+0.30^2]^{1/2}}{300}$$

$$=\pm0.19\%$$

根据(10)式，X_{he}是：

$$X_{he}=\pm\frac{100\ [\varepsilon_h^2+\varepsilon_{h0}^2+\varepsilon_{kh}^2+(2S_{\bar{n}})^2]^{1/2}}{h}$$

$$=\pm\frac{100\ [0.20^2+0.30^2+0.30^2+(2\times0.05)^2]^{1/2}}{80}$$

$$=\pm0.6\%$$

B.2.4 计算 X_0

根据(8)式，X_0 是：

$$X_0=\pm\ [X_{ce}^2+X_{be}^2+(1.5\times h_e)^2]^{1/2}$$

$$=\pm\ [1.5^2+0.19^2+(1.5\times0.6)^2]^{1/2}$$

$$=\pm1.76\%$$

附加说明：

本标准由建设部标准定额研究所提出。

本标准由建设部城镇建设标准技术归口单位建设部城市建设研究院归口。

本标准由北京市市政工程局负责起草。

本标准主要起草人：陶丽芬、李俊、王岚、王春顺、肖鲁。

本标准委托北京市市政工程局负责解释。

中华人民共和国城镇建设行业标准

城市排水流量堰槽测量标准

巴 歇 尔 量 水 槽

CJ/T 3008.3—93

主编单位：北 京 市 市 政 工 程 局
批准部门：中华人民共和国建设部
施行日期：1 9 9 3 年 1 0 月 1 日

本标准制订参照了国际标准(ISO)9826—1991《明渠水流测量—巴歇尔水槽和孙奈利水槽》、(ISO)772—1988《明渠水流测量—词汇和符号》和(ISO)4373—1979《明渠水流测量—水位测量设备》。

1 主题内容与适用范围

本标准规定了使用巴歇尔量水槽测量排水流量的术语、结构、流量公式、制作、安装、水头测量、综合误差分析和维护等。

本标准适用于渠道坡降小，特别适用于水中杂质多，污水流量为1.5L/s～93m^3/s 的城市生活污水、工业废水和雨水的明渠排水流量测量。

本标准的测量精度为2%～5%。

供水明渠的流量测量可参照使用。

2 引用标准

GBJ 95　水文测验术语和符号标准

3 术语

3.1　导流板　baffle

为改善水流条件，在行近渠道中设置的档板。

3.2　基准板　datum plate

具有精确基面的固定金属板，用以测量水位。

3.3　亚临界流　sub—critical flow

弗汝德数小于1的水流。在这种水流中，水面的扰动会影响上游的流态。

3.4　本标准采用的其他术语和符号应符合GBJ95的有关规

定。

4　巴歇尔量水槽的类型与尺寸

4.1　类型

巴歇尔量水槽分为标准巴歇尔量水槽和大型巴歇尔量水槽。

4.2　尺寸

4.2.1　巴歇尔量水槽由三部分组成，进口段、喉道和出口段，见图 1。

4.2.2　标准巴歇尔量水槽的尺寸，见表 1。

4.2.3　大型巴歇尔量水槽的尺寸，见表 2。

5　流量计算

5.1　标准巴歇尔量水槽的流量公式

当 $b=0.152\sim2.400$m 时，称标准巴歇尔量水槽，其流量公式见表 3。

表中　C——流量系数；

n——由喉道宽确定的指数。

5.2　大型巴歇尔量水槽的流量公式

当 $b=3.05\sim15.24$m 时。称大型巴歇尔量水槽，其流量公式见表 4。

5.3　应用限制条件

5.3.1　槽上水流应呈非淹没自由流，其淹没系数应小于表 3 和表 4 中所列值。

6　技术条件

6.1　材料

量水槽、行近渠道、下游渠道和静水井用混凝土或砖石砌筑，外抹水泥砂浆并压光；也可用耐腐蚀、耐水流冲刷、不

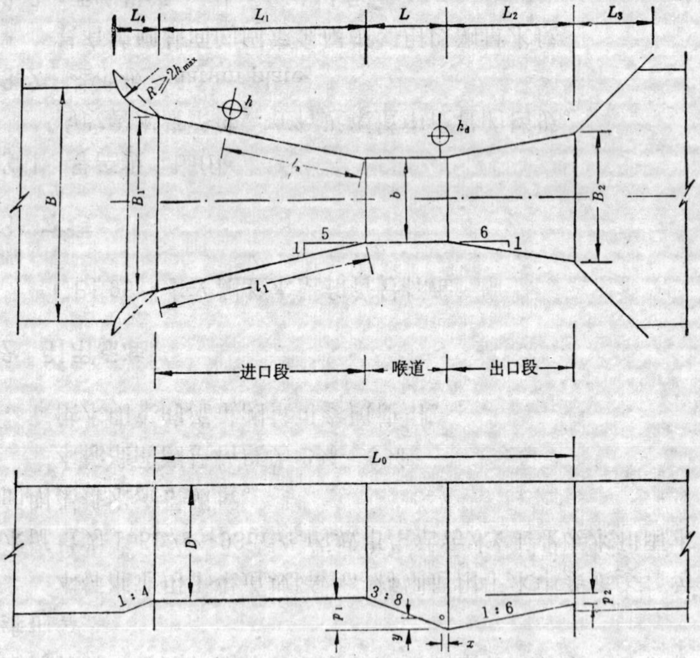

图 1　标准和大型巴歇尔量水槽

L—喉道长度；L_0—量水槽总长；L_1—进口段轴线长度；L_2—出口段轴线长度；L_3—出口段护墙轴线长；L_4—进口段护墙轴线长；l_a—上游水头观测点到槽脊的距离；l_1—进口段侧壁长；b—喉道宽；B—上游渠道宽；B_1—进水段上游底宽；B_2—出口段下游底宽；h—上游水头；h_d—下游水头；h_{max}—上游最大水头；R—进口护墙的曲率半径；p_1—槽脊高度；p_2—出口段末端至脊顶的高度；x—下游观测孔与槽底的高差；y—下游观测孔与槽底的水平距离；D—边墙高度

标准巴歇尔量水槽尺寸（m） 表 1

喉道段					进口段				出口段			墙高
b	L	x	y	p_1	B_1	L_1	l_1	l_a	B_2	L_2	p_2	D
0.152	0.305	0.05	0.075	0.115	0.40	0.610	0.620	0.415	0.39	0.61	0.08	0.60
0.25	0.60	0.05	0.075	0.230	0.78	1.325	1.350	0.900	0.55	0.92	0.08	0.80
0.30	0.60	0.05	0.075	0.230	0.84	1.350	1.380	0.920	0.60	0.92	0.08	0.95
0.45	0.60	0.05	0.075	0.230	1.02	1.425	1.450	0.967	0.75	0.92	0.08	0.95
0.60	0.60	0.05	0.075	0.230	1.20	1.500	1.530	1.020	0.90	0.92	0.08	0.95
0.75	0.60	0.05	0.075	0.230	1.38	1.575	1.610	1.074	1.05	0.92	0.08	0.95
0.90	0.60	0.05	0.075	0.230	1.56	1.650	1.680	1.121	1.20	0.92	0.08	0.95
1.00	0.60	0.05	0.075	0.230	1.68	1.705	1.730	1.161	1.30	0.92	0.08	1.00
1.20	0.60	0.05	0.075	0.230	1.92	1.800	1.840	1.227	1.50	0.92	0.08	1.00
1.50	0.60	0.05	0.075	0.230	2.28	1.950	1.993	1.329	1.80	0.92	0.08	1.00
1.80	0.60	0.05	0.075	0.230	2.64	2.100	2.140	1.427	2.10	0.92	0.08	1.00
2.10	0.60	0.05	0.075	0.230	3.00	2.250	2.300	1.534	2.40	0.92	0.08	1.00
2.40	0.60	0.05	0.075	0.230	3.36	2.400	2.453	1.636	2.70	0.92	0.08	1.00

大型巴歇尔水槽尺寸(m) 表 2

喉道段					进口段			出口段			墙高
b	L	x	y	p_1	B_1	l_1	l_a	B_2	L_2	p_2	D
3.05	0.91	0.305	0.23	0.343	4.76	4.27	1.83	3.66	1.83	0.152	1.22
3.66	0.91	0.305	0.23	0.343	5.61	4.88	2.03	4.47	2.44	0.152	1.52
4.57	1.22	0.305	0.23	0.457	7.62	7.62	2.34	5.59	3.05	0.229	1.83
6.10	1.83	0.305	0.23	0.686	9.14	7.62	2.84	7.32	3.66	0.305	2.13
7.62	1.83	0.305	0.23	0.686	10.67	7.62	3.45	8.94	3.96	0.305	2.13
9.14	1.83	0.305	0.23	0.686	12.31	7.93	3.86	10.57	4.27	0.305	2.13
12.19	1.83	0.305	0.23	0.686	15.48	8.23	4.88	13.82	4.88	0.305	2.13
15.24	1.83	0.305	0.23	0.686	18.53	8.23	5.89	17.27	6.10	0.305	2.13

标准巴歇尔量水槽的流量公式 **表 3**

喉道宽 (m)	$Q=ch^n$ (m^3/s)	水头范围(m) min	水头范围(m) max	流量范围(L/s) min	流量范围(L/s) max	淹没系数 h_d/h
0.152	$0.381h^{1.58}$	0.03	0.45	1.5	100	0.6
0.25	$0.561h^{1.513}$	0.03	0.60	3.0	250	0.6
0.30	$0.679h^{1.521}$	0.03	0.75	3.5	400	0.6
0.45	$1.038h^{1.537}$	0.03	0.75	4.5	630	0.6
0.60	$1.403h^{1.548}$	0.05	0.75	12.5	850	0.6
0.75	$1.772h^{1.557}$	0.06	0.75	25.0	1100	0.6
0.90	$2.147h^{1.565}$	0.06	0.75	30.0	1250	0.6
1.00	$2.397h^{1.569}$	0.06	0.80	30.0	1500	0.7
1.20	$2.904h^{1.577}$	0.06	0.80	35.0	2000	0.7
1.50	$3.668h^{1.586}$	0.06	0.80	45.0	2500	0.7
1.80	$4.440h^{1.593}$	0.08	0.80	80.0	3000	0.7
2.10	$5.222h^{1.599}$	0.08	0.80	95.0	3600	0.7
2.40	$6.004h^{1.605}$	0.08	0.80	100.0	4000	0.7

大型巴歇尔量水槽的流量公式 **表 4**

喉道宽 (m)	自由量 $Q=ch^{1.6}$ (m^3/s)	水头范围(m) min	水头范围(m) max	流量范围(m^3/s) min	流量范围(m^3/s) max	淹没系数 p_d/h
3.05	$7.463h^{1.6}$	0.09	1.07	0.16	8.28	0.80
3.66	$8.859h^{1.6}$	0.09	1.37	0.19	14.68	0.80
4.57	$10.96h^{1.6}$	0.09	1.67	0.23	25.04	0.80
6.10	$14.45h^{1.6}$	0.09	1.83	0.31	37.97	0.80
7.62	$17.94h^{1.6}$	0.09	1.83	0.38	47.16	0.80
9.14	$21.44h^{1.6}$	0.09	1.83	0.46	56.33	0.80
12.19	$28.43h^{1.6}$	0.09	1.83	0.60	74.70	0.80
15.24	$35.41h^{1.6}$	0.09	1.83	0.75	93.04	0.80

变形的材料预制而成。

连通管采用铸铁管或塑料管等耐腐蚀管道。

6.2 制作精度

6.2.1 巴歇尔量水槽的内表面应平整光滑。

6.2.2 制作精度应符合下列规定：

a. 喉道底宽 b 及两侧墙之间的宽度误差应不大于 ±0.2%L；最大误差值为±0.005m；

b. 喉道表面各点误差应不大于±0.1%L；

c. 喉道底面纵向和横向基线的平均坡度误差不大于±0.1%；

d. 喉道斜面坡度误差应不大于±0.1%；

e. 喉道长度的误差应不大于±1%L。

f. 进口段水平面各点的误差应不大于±0.1%L；

g. 出口段底表面各点的误差应不大于±0.3%L；

h. 其他竖直面、水平面倾斜面和曲面的误差应不大于±1%L；

i. 行近渠道底部平面误差应不大于1%L。

6.3 行近渠道

6.3.1 长度

行近渠道为顺直平坦的矩形明渠，其长度应不小于槽宽的10倍。

6.3.2 流态

行近渠道中水流的流态应满足附录A的规定，而且弗汝德数 F_r 小于或等于0.5～0.7。

$$F_r=\frac{Q_{max}}{A(gh_{max})^{1/2}} \tag{1}$$

式中 Q_{max}——测量流量的最大值，m^3/s；

A——行近渠道水流断面面积，m^2；

g——重力加速度，m/s^2。

若流态不能满足此规定时，应进行整流。

巴歇尔量水槽应处于非淹没状态。

6.5 静水井

6.5.1 位置

静水井设在巴歇尔量水槽槽壁的外侧，与槽壁的距离尽量缩短。上游静水井和下游静水井的位置见图1、表1和表2的规定。

6.5.2 连通管

a. 静水井与巴歇尔量水槽之间应用连通管相连通。管长尽量缩短，管子坡向量水槽；

b. 连通管直径应不小于50mm。

6.5.3 井筒

a. 静水井可为圆形或方形。竖直设置，高度应不低于渠顶；

b. 井筒内壁与水位计浮子的间隙不小于75mm。井底低于连通管进口管底300mm；

c. 在井筒的顶面上设一金属基准板，其一边与井筒内壁齐平。

6.6 安装

6.6.1 巴歇尔量水槽砌筑或安装在行近渠道末端，进口段底面为水平面，侧壁与底面垂直。

6.6.2 行近渠道、静水井和槽体均不得漏水。

6.6.3 下游渠道紧接出口段处，应作加固处理。

6.6.4 在最大流量通过时，槽体和渠道不受损坏。

7 水头测量

7.1 测量仪器

7.1.1 测量瞬时水头时，水尺的刻度刻划至毫米。

7.1.2 连续地测量水头的变化过程时，使用浮子式水位计、超声波水位计或其它有同等精度的水位计。

7.1.2.1 水位计精度

a. 水位计的水位刻度应刻划至毫米；

b. 水位滞后行程应不大于±3mm。

7.1.2.2 记时精度

计时装置连续工作30d以上，记时累积平均误差不大于±30s/d。连续工作24h的记时钟，误差应不大于±30s/d。

7.1.2.3 电子记录仪精度

电子记录仪的误差不大于满刻度读数的±0.5%。

7.1.3 直接与污水接触的测量仪器部件，用耐腐蚀的材料制成。

7.1.4 安装在现场的仪器，应有防潮、防腐和防冻等措施。

7.2 测量位置

若水流平稳，测量仪器不影响水流，可在水槽上直接测量，否则必须在静水井中测量。

7.3 确定水头零点

测流前应确定水头零点。水头零点即进水段底面至基准板的垂直距离，此值用水准仪测量求得。

7.4 水头测量精度

7.4.1 水头测量的误差为水头变幅的±1%，但不得大于±10mm。

7.4.2 水头零点综合误差应不大于±3mm。

8 流量测量的综合误差分析

8.1 误差计算公式

$$X_Q=\pm\ [X_c^2+rX_b^2+nX_h^2]^{1/2} \quad (2)$$

式中 X_Q——流量计算值的误差，%；

X_c——流量系数 c 的误差，%；

r 和 n——分别为 b 和 h 的指数，由巴歇尔量水槽的尺寸而定；

X_b——喉道宽度 b 的误差，%；

X_h——上游水头的误差，%。

8.1.1 本标准取 $X_c=\pm4\%$。

8.1.2 确定 X_b 值和 r 值

$$X_b=\pm100\times\frac{\varepsilon_b}{b} \quad (3)$$

式中 X_b——喉道宽 b 的测量误差，%；

ε_b——喉道宽的测量误差，m。

本标准取 $r=1.05$。

8.1.3 X_h 值按公式(4)计算：

$$X_h=\pm\frac{100\cdot\ [{}_1\varepsilon_h^2+{}_2\varepsilon_h^2+\cdots\cdots+(2S_{\bar{h}})^2]^{1/2}}{h} \quad (4)$$

式中 ${}_1\varepsilon_h^2$、${}_2\varepsilon_h^2$——影响水头测量的各种误差；

$2S_{\bar{h}}$——n 次水头测量读数平均值的误差。

8.1.3.1 $S_{\bar{h}}$ 值按公式(5)计算：

$$S_{\bar{h}}=\frac{S_h}{n^{1/2}} \quad (5)$$

式中 S_h——n 次水头测量值的标准差。

$$S_h=\left[\frac{\sum_{i=1}^{n}(h_i-\bar{h})^2}{n-1}\right]^{1/2} \quad (6)$$

式中 h_i——每次水头读数；

$\bar{h}$——n 次水头读数平均值。

9 维护

9.1 行近渠道、连通管和静水井应保持清洁，底部无障碍物。

9.2 下游渠道应无阻塞，不应壅水，保证巴歇尔量水槽的水流处于自由出流状态。

9.3 水槽应保持牢固可靠，不受损坏。

9.4 凡有漏水部位，应及时修补。

9.5 每年应核查一次槽体各部位的尺寸，是否与原尺寸相符。

9.6 每年应校验一次水位计的精度。

9.7 每年应校测一次水头零点。

附　录　A
行近渠道的流态

（补　充　件）

A.1　行近渠道的水流应为均匀稳定的亚临界流，其流速分布接近于图 A1。

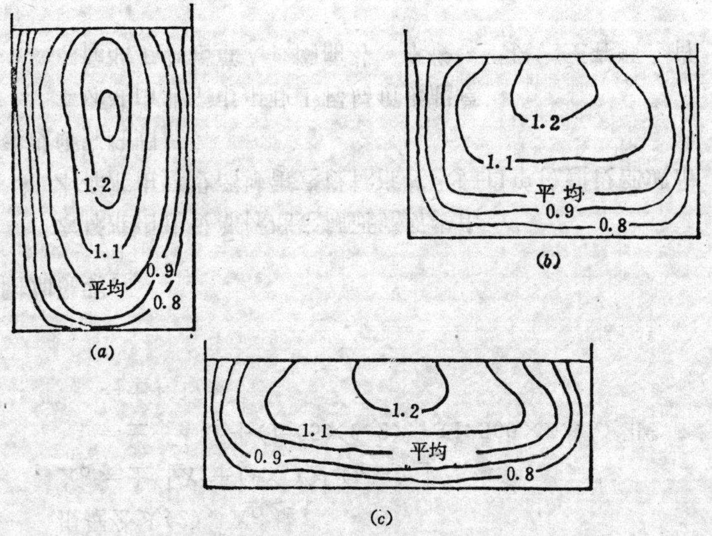

图 A1　行近渠道中的正常流速分布

A.2　保持亚临界流的条件

$$\bar{v}<(\frac{gA}{B})^{1/2} \qquad (A_1)$$

式中　$\bar{v}$——行近渠道中的平均流速，m/s；

A——行近渠道中的水流断面面积，m^2。

附　录　B
巴歇尔量水槽流量测量综合误差举例

（参　考　件）

B.1　基本尺寸

在规则的矩形明渠上设巴歇尔量水槽，进行单次流量测量，水流为自由流。

喉道宽 $b=1.00$m

上游水头 $h=0.60$m

B.2　误差分析

B.2.1　本例给定的数值

流量系数的误差 $X_c=\pm4\%$；

系数 $r=1.05$

查表 3，当 $b=1.00$m 时，$n=1.569$。

B.2.2　使用者估算的误差

喉道宽 b 的误差 $\varepsilon_b=\pm2$mm

零点设置误差　$\varepsilon_{h0}=\pm2$mm

水头综合误差　$\varepsilon_h=\pm4$mm

B.2.3　计算 X_b 和 X_h

根据公式(3)，X_b 是：

$$X_b=\pm100\frac{\varepsilon_b}{b}$$
$$=\pm100\frac{0.002}{1.00}$$
$$=\pm0.2\%$$

根据公式(4)，X_h 是：

$$X_h = \pm \frac{100\left[{}_1\varepsilon_h^2 + {}_2\varepsilon_h{}^2 + \cdots\cdots + (2S_{\bar{h}})^2\right]^{1/2}}{h}$$

$$= \pm \frac{100\left[0.002^2 + 0.004^2\right]^{1/2}}{0.600}$$

$$= \pm 0.75\%$$

B.2.4 计算流量测量误差 X_Q

根据公式(2)，X_Q 是：

$$X_Q = \pm \left[X_c^2 + (rX_b)^2 + (nX_h)^2\right]^{1/2}$$

$$= \pm \left[4.0^2 + (1.05 \times 0.2)^2 + (1.569 \times 0.75)^2\right]^{1/2}$$

$$= \pm 4.17\%$$

附加说明：

本标准由建设部标准定额研究所提出。

本标准由建设部城镇建设标准技术归口单位建设部城市建设研究院归口。

本标准由北京市市政工程局负责起草。

本标准主要起草人：陶丽芬、李俊、王岚、王春顺、肖鲁。

本标准委托北京市市政工程局负责解释。

中华人民共和国城镇建设行业标准

城市排水流量堰槽测量标准
宽 顶 堰

CJ/T 3008.4—93

主编单位：北京市市政工程局
批准部门：中华人民共和国建设部
施行日期：1993年10月1日

本标准制订参照了国际标准（ISO）3846－1989《堰、槽明渠水流测量—矩形宽顶堰》、(ISO) 4374－1990《明渠水流测量——圆缘宽顶堰》、(ISO) 772－1988《明渠水流测量—词汇和符号》和（ISO）4373－1979《明渠水流测量—水位测量设备》。

1 主题内容与适用范围

本标准规定了使用宽顶堰测量明渠排水流量的术语、结构、流量公式、制作、安装、水头测量、综合误差分析和维护等。

本标准适用于流量较大的城市生活污水、工业废水和雨水的明渠排水流量测量。

本标准的测量精度为 3%～5%。

供水明渠的流量测量可参照使用。

本标准不适用于含有大量漂浮物质和易淤积物质的流量测量。

2 引用标准

GBJ 95　水文测验术语和符号标准

3 术语

3.1 导流板 baffle

为改善水流条件，在行近渠道中设置的档板。

3.2 基准板 datum plate

具有精确基面的金属板，用以测量水位。

3.3 亚临界流 sub－critical flow

弗汝德数小于1的水流。在这种水流中，水面的扰动会影响上游的流态。

3.4 堰顶 crest

测流堰顶部的线或面。

3.5 本标准采用的其他术语和符号应符合 GBJ 95 的规定。

4 宽顶堰的类型与形状

4.1 类型

宽顶堰分为矩形宽顶堰和圆缘宽顶堰。

4.2 矩形宽顶堰

矩形宽顶堰的纵剖面是矩形断面。顶面是水平的矩形面，该平面与水流垂直、与渠道等宽。堰的上、下游端面与明渠侧壁和渠底垂直。上游端面与顶面的交角为尖锐的直角，见图 1。

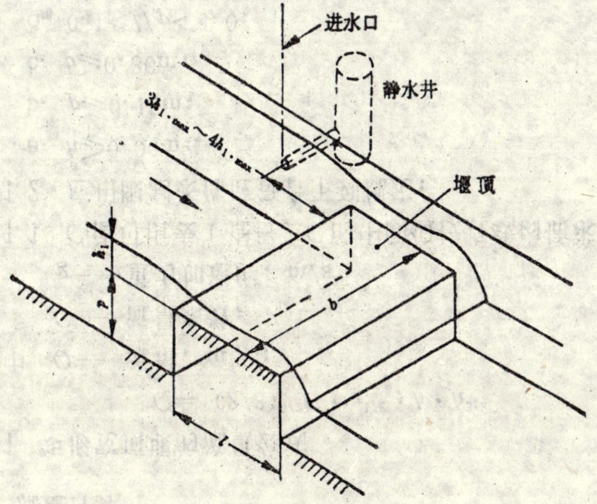

图 1　矩形宽顶堰

4.3 圆缘宽顶堰

圆缘宽顶堰的堰顶前缘为圆弧，堰顶下游角可为圆形，下游面可为斜面或垂直面。其他结构与矩形宽顶堰相同，见图 2。

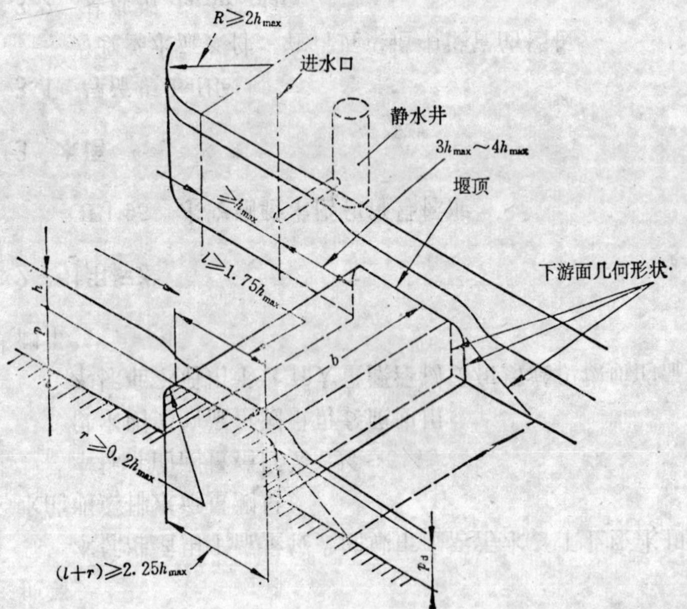

图 2 圆缘宽顶堰

图中：b——堰宽，m；

l——水流方向堰顶水平段长度，称堰顶厚度，m；

p——上游堰高，m；

p_d——下游堰高，m；

h——上游堰顶水头，m；

h_{max}——上游堰顶最大水头，m；

r——堰顶圆缘的圆弧半径，m；

R——行近渠道前的明渠转弯半径，m。

5 流量计算

5.1 矩形宽顶堰的流量公式

$$Q=(2/3)^{3/2}C\cdot g^{1/2}\cdot b\cdot h^{3/2} \quad (1)$$

式中 Q——流量，m^3/s；

C——流量系数；

g——重力加速度，m/s^2。

5.1.1 C 值可由表 1 查得。C 的中间值按直线内插求得。

5.1.2 应用限制条件应符合下列规定：

a. $h\geqslant 0.06m$；

b. $p\geqslant 0.15m$；

c. $b\geqslant 0.30m$；

d. $0.1<l/p<4.0$；

e. $0.1<h/l<1.6$；

f. $h/p<1.6$。

g. 堰上水流应呈非淹没状态。非淹没流的界限由图 3 查得。

5.2 圆缘宽顶堰的流量公式

$$Q=(2/3)^{3/2}\cdot C_D\cdot C_V\cdot b\cdot g^{1/2}\cdot h^{3/2} \quad (2)$$

式中 C_D——流量系数；

C_V——行近流速系数。

流量系数 C 值 **表 1**

h/p	h/l 0.1	0.2	0.3	0.4	0.5	0.6	0.7	0.8	0.9	1.0	1.1	1.2	1.3	1.4	1.5	1.6
0.1	0.850	0.850	0.850	0.861	0.870	0.885	0.893	0.925	0.948	0.971						
0.2	0.855	0.855	0.855	0.864	0.874	0.888	0.907	0.930	0.954	0.977	1.001	1.026	1.050	1.074	1.096	1.120
0.3	0.864	0.864	0.864	0.868	0.879	0.894	0.913	0.936	0.961	0.986	1.011	1.037	1.061	1.085	1.110	1.132
0.4	0.873	0.873	0.873	0.874	0.885	0.901	0.920	0.945	0.969	0.995	1.021	1.047	1.072	1.097	1.122	1.144
0.5		0.882	0.882	0.883	0.894	0.909	0.929	0.954	0.978	1.005	1.032	1.057	1.083	1.109	1.133	1.154
0.6		0.892	0.892	0.894	0.904	0.920	0.941	0.964	0.990	1.016	1.043	1.067	1.094	1.120	1.143	1.164
0.7		0.901	0.901	0.906	0.916	0.932	0.952	0.975	1.000	1.026	1.052	1.077	1.104	1.129	1.152	1.171
0.8		0.911	0.912	0.916	0.926	0.942	0.962	0.985	1.010	1.036	1.062	1.086	1.112	1.136	1.158	1.176
0.9			0.922	0.926	0.936	0.952	0.972	0.996	1.021	1.046	1.072	1.096	1.120	1.143	1.163	1.181
1.0			0.931	0.936	0.946	0.962	0.982	1.006	1.031	1.056	1.081	1.106	1.128	1.150	1.169	1.187
1.1			0.940	0.946	0.956	0.972	0.993	1.017	1.042	1.066	1.092	1.115	1.138	1.159	1.177	1.195
1.2			0.949	0.956	0.966	0.982	1.004	1.028	1.053	1.077	1.103	1.126	1.148	1.168	1.186	1.204
1.3				0.966	0.977	0.993	1.016	1.040	1.063	1.089	1.114	1.136	1.158	1.178	1.196	1.214
1.4				0.975	0.986	1.005	1.028	1.050	1.075	1.101	1.124	1.147	1.108	1.187	1.206	1.224
1.5				0.984	0.997	1.018	1.040	1.061	1.086	1.111	1.134	1.156	1.176	1.196	1.215	1.235
1.6				0.994	1.010	1.030	1.050	1.073	1.096	1.119	1.142	1.164	1.184	1.204	1.224	1.245

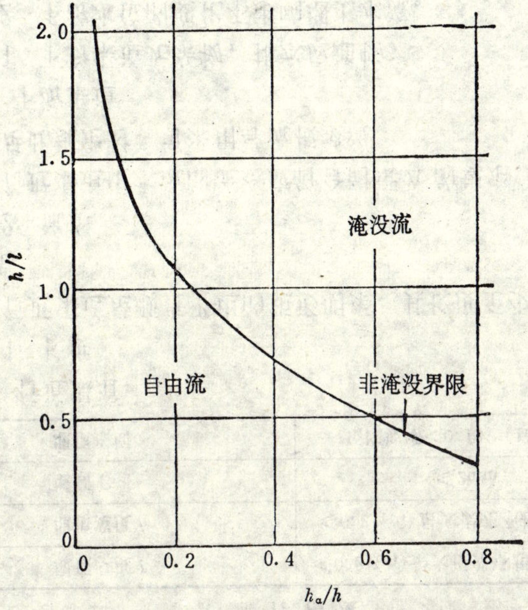

图 3 矩形宽顶堰非淹没界限

5.2.1 C_D 值应按公式（3）计算：

$$C_D=\left(1-\frac{0.006l}{b}\right)\left(1-\frac{0.003l}{h}\right)^{3/2} \tag{3}$$

5.2.2 C_V 由图 4 查得。

图中：$A=B\ (h+p)$ （4）

式中 A——行近渠道水流断面面积，m^2。

5.2.3 应用限制条件应符合下列规定：

a. $h\geqslant 0.06m$ 或 $h\geqslant 0.01l$，采用其中较大值；

b. $h/l>0.57$；

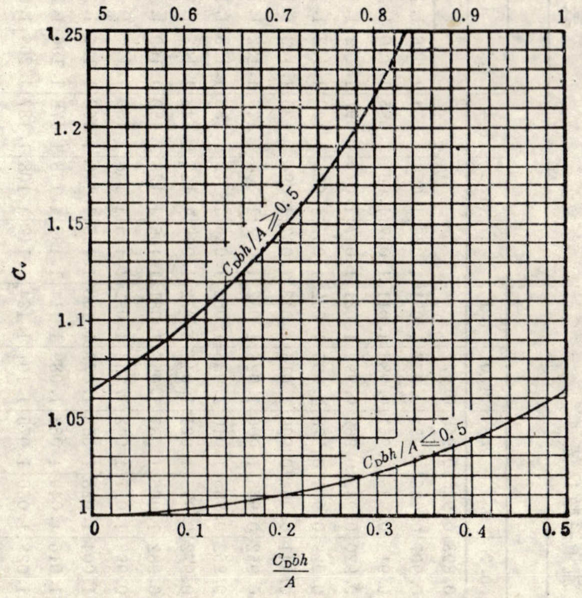

图 4 行近流速系数 C_V

c. $h/p \leqslant 1.5$；

d. $p \geqslant 0.15$m；

e. $b \geqslant 0.30$m、$b \geqslant h_{max}$、$b \geqslant 1/5$，三者必须同时满足。

f. 堰上水流应呈非淹没流状态，规定值见表 2。

非淹没流的规定值 **表 2**

h/P_d	淹没比 h_d/h	
	下游垂直面	下游斜坡面坡度小于 1∶5
<0.5	<63%	<68%
0.5	<75%	<80%
≥1.0	<80%	<85%

6 技术条件

6.1 材料

宽顶堰、行近渠道、下游渠道和静水井用混凝土或砖石砌筑，外抹水泥砂浆并压光；也可用耐腐蚀、耐水流冲刷、不变形的材料预制而成。

连通管采用铸铁管或塑料管等耐腐蚀管道。

6.2 制作精度

6.2.1 宽顶堰的表面应平整光滑。

6.2.2 制作精度见表 3。

制 作 精 度 **表 3**

堰顶厚度 l	≤0.2%l，最大误差不超过 0.01m。
堰顶宽度 b	≤0.2%b，最大误差不超过 5mm。
堰高 P	≤2mm
堰顶平面	允许坡度<0.1%（1mm/m）

6.3 行近渠道

6.3.1 长度

行近渠道是顺直平坦的矩形明渠，其长度至少为堰宽的 10 倍。

6.3.2 流态

行近渠道中水流的流态应符合附录 A 的规定。若流态不能满足此规定时，可采用导流板整流。

6.4 下游渠道

6.4.1 下游渠道无杂物，排水应通畅。

6.4.2 下游水位的变化不影响堰上水流。

6.4.3 水流自堰顶流向下游渠道时，确保水舌的底部不流通空气。

6.5 静水井

6.5.1 位置

静水井设在行近渠道的一侧，距宽顶堰上游端面 3～$4h_{max}$处。

6.5.2 连通管

a. 渠道和静水井之间用连通管相连通，管长尽量缩短，管子坡向渠道。

b. 连通管的直径应不小于 50mm。

6.5.3 井筒

a. 静水井可为圆形或方形。竖直设置，高度应不低于渠顶。

b. 井筒内壁与水位计浮子的间隙应不小于 75mm。井底低于连通管进口管底 300mm。

c. 在井筒的顶面上设一金属基准板，其一边与井筒内壁齐平。

6.6 安装

6.6.1 宽顶堰砌筑或安装在行近渠道的末端，堰顶面与渠壁垂直。

6.6.2 行近渠道、静水井和堰体均不得漏水。

6.6.3 下游渠道紧接堰体处，应作加固处理。

6.6.4 在最大流量通过时，堰体和渠道不受损坏。

7 水头测量

7.1 测量仪器

7.1.1 测量瞬时堰顶水头时，使用刻度至毫米的水尺测量。

7.1.2 连续地测量堰顶水头的变化过程时，使用浮子式水位计、超声波水位计或其他有同等精度的水位计。

7.1.2.1 水位精度

水位计的水位刻度刻划至毫米。

水位滞后行程应不大于 3mm。

7.1.2.2 记时精度

记时装置连续工作 30d 以上，记时累积平均误差应不大于±30s/d。连续工作 24h 的记时钟，误差应不大于±30s/d。

7.1.2.3 电子记录仪精度

电子记录仪的误差应不大于满量程读数的 0.5%。

7.1.3 直接与污水接触的测量仪器部件，用耐腐的材料制成。

7.1.4 安装在现场的仪器，应有防潮、防腐和防冻等措施。

7.2 测量位置

在行近渠道上距堰体上游面为 3～$4h_{max}$距离处测量堰顶水头。若渠道中的水面波动不大，测量时不影响水流，可在渠道上直接测量，否则应在静水井中测量。

7.3 确定水头零点

7.3.1 测流前应确定水头零点。水头零点，即过堰水头为零时，水头测量位置处水尺的读数，或基准板与堰顶面的垂直距离。此值用水准仪测量求得。

7.3.2 不能用下降或上升堰前水面至堰顶处的读数，当作水头零点。

7.4 水头测量精度

水头测量的误差应为水头变幅的 1%，但不能大于±10mm。

8 流量测量的综合误差分析

8.1 矩形宽顶堰和圆缘宽顶堰的测量误差计算方法相同。

8.2 误差计算公式

$$X_Q=\pm\left[X_c^2+X_b^2+(1.5X_h)^2\right]^{1/2} \quad (5)$$

式中 X_Q——流量的综合误差,%;

X_c——流量系数 c 的误差,%;

X_b——堰顶宽度 b 的误差,%;

X_h——堰上水头 h 的误差,%。

8.2.1 确定 X_c 值

8.2.1.1 矩形宽顶堰的 X_c 值

本标准流量系数的最大综合误差应为±3%。

8.2.1.2 圆缘宽顶堰的 X_c 值按公式（6）计算：

$$X_c=\pm2\,(21-20C_D)\% \quad (6)$$

8.2.2 X_b 值按公式（7）计算：

$$X_b=\pm100\times\frac{\varepsilon_b}{b} \quad (7)$$

式中 ε_b——宽度测量误差。

8.2.3 X_h 值按公式（8）计算：

$$X_h=\pm\frac{100\left[{}_1\varepsilon_h^2+{}_2\varepsilon_h^2+\cdots\cdots+(2S_{\bar{h}})^2\right]^{1/2}}{h} \quad (8)$$

式中 ${}_1\varepsilon_h$，${}_2\varepsilon_h$——影响水头测量值的各种误差；

$2S_{\bar{h}}$——n 个水头测量读数平均值的误差。

8.2.3.1 $S_{\bar{h}}$ 值按公式（9）计算：

$$S_{\bar{h}}=\frac{S_h}{n^{1/2}} \quad (9)$$

式中 S_h——n 个水头测量值的标准差。

$$S_h=\left[\frac{\sum_{i=1}^{n}(h_i-\bar{h})^2}{n-1}\right]^{1/2} \quad (10)$$

式中 n——水头测量次数；

h_i——每次的水头读数；

$\bar{h}$——n 次水头读数的平均值。

9 维护

9.1 行近渠道、连通管和静水井应保持清洁，底部无障碍物。

9.2 下游渠道无阻塞，不发生壅水，保证宽顶堰上水流处于自由出流状态。

9.3 应保持堰体牢固可靠，不受损坏。

9.4 凡有漏水部位，应及时修补。

9.5 每年应核查一次堰体各部位的尺寸，是否与原尺寸相符。

9.6 每年应校验一次水位计的精度。

9.7 每年应校测一次水头零点。

附 录 A
行近渠道的流态

（补 充 件）

A.1 行近渠道的水流应为均匀稳定的亚临界流，其流速分布接近于图 A1。

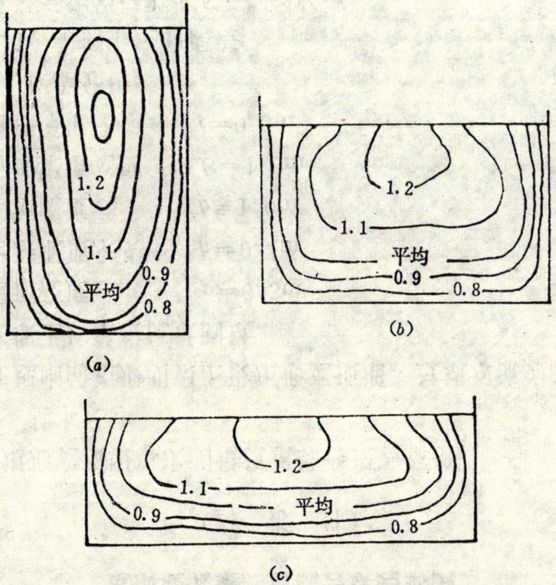

图 A1 行近渠道中的正常流速分布

A.2 保持亚临界流的条件

$$\bar{v}<\left(\frac{g\cdot A}{B}\right)^{1/2} \tag{A1}$$

式中 $\bar{v}$——行近渠道中的平均流速，m/s；

A——行近渠道中的水流断面面积，m^2。

附　录　B
宽顶堰流量测量综合误差举例

（参　考　件）

B.1　矩形宽顶堰单次测量流量综合误差举例。

B.1.1　基本尺寸

在规则的矩形明渠上设矩形宽顶堰，过堰水流为非淹没流，在堰上作单次流量测量。

堰顶高度　　　$p=0.3m$

上游堰顶水头　　$h=0.4m$

堰顶宽度　　　$b=1.0m$

行近渠道宽度　　$B=1.0m$

堰顶厚度　　　$l=0.5m$

B.1.2　误差分析

B.1.2.1　本例给定的误差

流量系数的误差　$X_c=\pm3\%$

B.1.2.2　使用者估算的测量误差

水头测量装置最小刻度为 1mm

测量水头误差　　　$\varepsilon_h=\pm3.0mm$

水头零点设置误差　　$\varepsilon_{h0}=\pm5.0mm$

堰宽的测量误差　　$\varepsilon_b=\pm5.0mm$

B.1.2.3　计算 X_b 和 X_h　根据公式（7），X_b 是：

$$X_b=\pm100\times\frac{\varepsilon_b}{b}$$

$$=\pm100\times\frac{0.005}{1.000}$$

$$=\pm0.5\%$$

根据公式（8），X_h 是：

$$X_h=\pm\frac{100\ [\varepsilon_h^2+\varepsilon_{h0}^2+\cdots+(2S_{\bar{h}})^2]^{1/2}}{h}$$

$$=\pm\frac{100\ [0.003^2+0.005^2]^{1/2}}{0.400}$$

$$=\pm1.46\%$$

B.1.2.4　计算流量测量误差 X_Q

根据公式（5），X_Q 是：

$$X_Q=\pm\ [X_c^2+X_b^2+(1.5X_h)^2]^{1/2}$$

$$=\pm\ [3.0^2+0.5^2+(1.5\times1.46)^2]^{1/2}$$

$$=\pm3.75\%$$

B.2　圆缘宽顶堰的测量流量误差举例

B.2.1　基本尺寸

在规则的矩形明渠中设圆缘宽顶堰，过堰水流为非淹没流。连续作 10 次水头测量。

堰顶高度　　　$p=1.00m$

实测水头　　　$h=0.67m$

堰顶宽度　　　$b=2.00m$

堰顶长度　　　$l=0.50m$

B.2.2　误差分析

B.2.2.1　使用者估算的测量误差

测量水头仪器的误差　　$\varepsilon_h=\pm3mm$

水头零点设置误差　　$\varepsilon_{h0}=\pm5mm$

测量堰宽误差　　　$\varepsilon_b=\pm0.01m$

连续 10 次水头读数均值标准差　$S_{\bar{h}}=1mm$

B.2.2.2 计算 C_D 和 X_C

根据公式（3），C_D 是：

$$C_D=\left(1-\frac{0.006l}{b}\right)\left(1-\frac{0.003l}{h}\right)^{3/2}$$
$$=\left(1-\frac{0.006\times0.50}{2.00}\right)\left(1-\frac{0.003\times0.50}{0.67}\right)^{3/2}$$
$$=0.9966$$

根据公式（6），X_C 是：

$$X_C=\pm2\ (21-20C_D)\%$$
$$=\pm2\ (21-20\times0.9966)\%$$
$$=\pm2.1\%$$

B.2.2.3 计算 X_b

根据公式（7），X_b 是：

$$X_b=\pm100\times\frac{\varepsilon_b}{b}$$
$$=\pm100\times\frac{0.01}{2.00}$$
$$=\pm0.5\%$$

B.2.2.4 计算 X_h

根据公式（8），X_h 是：

$$X_h=\pm\frac{100\ [\varepsilon_h^2+\varepsilon_{h0}^2+\cdots\ (2S_{\bar{h}})^2]^{1/2}}{h}$$
$$=\pm\frac{100\ [0.003^2+0.005^2+\ (2\times0.001)^2]^{1/2}}{0.67}$$
$$=\pm0.92\%$$

B.2.2.5 计算流量测量误差 X_Q 值

根据公式（5），X_Q 是

$$X_Q=\pm\ [X_c^2+X_b^2+\ (1.5X_h)^2]^{1/2}$$
$$=\pm\ [2.4^2+0.5^2+\ (1.5\times0.92)^2]^{1/2}$$
$$=\pm2.81\%$$

附加说明：

本标准由建设部标准定额研究所提出。

本标准由建设部城镇建设标准技术归口单位建设部城市建设研究院归口。

本标准由北京市市政工程局负责起草。

本标准主要起草人：陶丽芬、李俊、王岚、王春顺、肖鲁。

本标准委托北京市市政工程局负责解释。

中华人民共和国城镇建设行业标准

城市排水流量堰槽测量标准 三角形剖面堰

CJ/T 3008.5—93

主编单位：北京市市政工程局
批准部门：中华人民共和国建设部
施行日期：1993年10月1日

本标准制订参照了国际标准（ISO）4360—1984《堰槽明渠水流测量—三角形剖面堰》、（ISO）772—1988《明渠水流测量—词汇和符号》和（ISO）4373—1979《明渠水流测量—水位测量设备》。

1 主题内容与适用范围

本标准规定了使用三角形剖面堰测量明渠排水流量的术语、结构、流量公式、制作、安装、水头测量、综合误差分析和维护等。

本标准适用于城市较大流量的生活污水、工业废水和雨水的明渠流量测量。

本标准的测量精度为2%～5%。

供水明渠的流量测量可参照使用。

2 引用标准

GBJ 95 水文测验术语和符号标准

3 术语

3.1 基准板 datum plate

具有精确基面的金属板，用以测量水位。

3.2 亚临界流 sub—critical flow

弗汝德数小于1的水流。在这种水流中，水面的扰动会影响上游流态。

3.3 堰顶 crest

测流堰顶部的线或面。

3.4 本标准采用的其他术语和符号应符合 GBJ 95 的规定。

4 三角形剖面堰的形状

4.1 三角形剖面堰的形状见图1。堰体上游面和下游面都是斜面。两个斜面的交线形成一条水平的直线，即三角形剖面堰的堰顶。上游面的坡度：1∶2，下游面的坡度：1∶5。

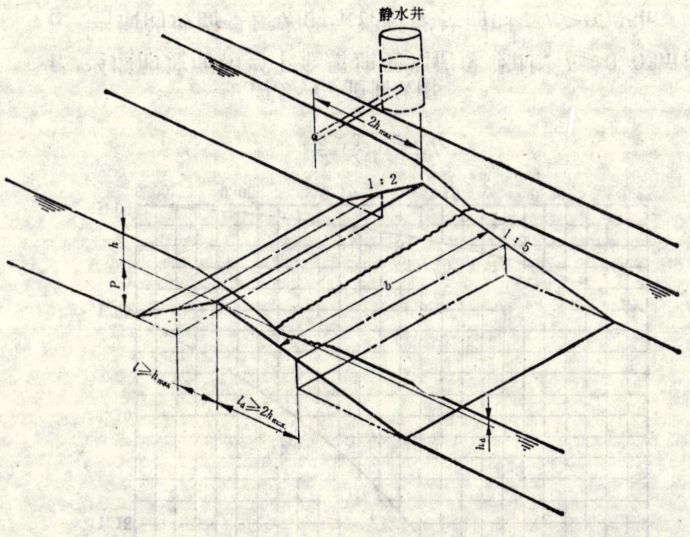

图1 三角形剖面堰

图中：b——堰宽，m；

P——堰高，m；

l——上游斜面的水平距离，m；

l_d——下游斜面的水平距离，m；

h——上游堰顶水头，m；

h_d——下游堰顶水头，m。

4.2 在应用中，堰体的两个斜面可以适当截短，但应满足下列条件。

$$l\geqslant h_{max}$$

$$l_d\geqslant 2h_{max}$$

式中 h_{max}——堰顶水头的最大值，m。

5 流量计算

5.1 三角形剖面堰的流量公式

$$Q=(2/3)^{3/2}C_eC_Vg^{1/2}bh^{3/2} \quad (1)$$

式中 Q——流量，m^3/s；

C_e——流量系数；

C_V——流速系数；

g——重力加速度，m/s^2。

5.1.1 C_e值按公式（2）计算：

$$C_e=1.163\left(1-\frac{0.0003}{h}\right)^{3/2} \quad (2)$$

当$h\geqslant 0.1m$时，$C_e=1.163$。

5.1.2 C_v值由图2查得。

图中：$A=b(P+h)$ (3)

5.2 应用限制条件

a. $h_d\leqslant 0.75h$；

b. $b\geqslant 0.3m$；

c. $P\geqslant 0.06m$；

d. $b/h\geqslant 2.0$；

e. $h/P\geqslant 3.5$；

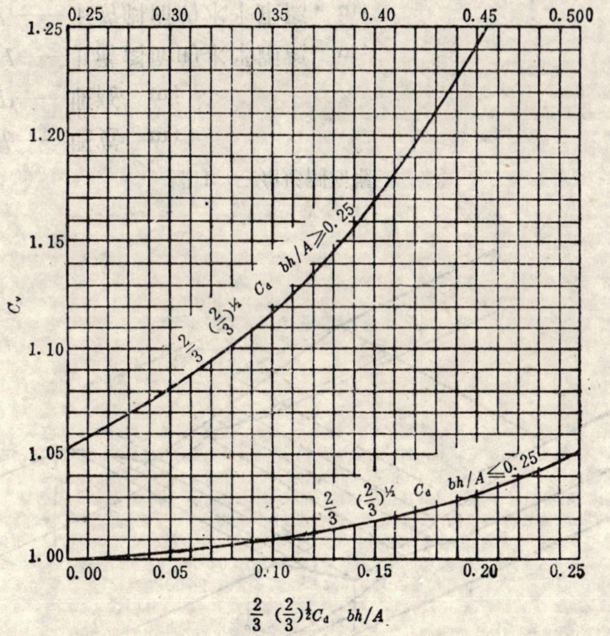

图 2 C_V 值曲线图

f. 当堰的坡面相当于金属加工光洁度$\overset{25}{\triangledown}$时，$h \geqslant 0.03$m；

g. 当堰的坡面是压光的水泥砂浆抹面时，$h \geqslant 0.06$m。

6 技术条件

6.1 材料

三角形剖面堰的行近渠道、下游渠道和静水井等，用混凝土建造，外抹水泥砂浆并压光；也可用耐腐蚀、耐水流冲刷、不变形的材料预制而成。

连通管应采用铸铁管或塑料管等耐腐蚀管道。

6.2 制作精度

6.2.1 三角形剖面堰的表面应平整光滑。

6.2.2 制作精度规定见表 1。

制 作 精 度 **表 1**

部　　位	精　度　要　求
堰顶宽度 b	≤±0.2%b，最大误差不超过±5mm
堰顶水平线	坡度误差≤±0.1%
斜面不平度	≤±1mm/m
斜　面	坡度误差≤±0.1%
堰　高　P	≤±2mm

6.3 行近渠道

6.3.1 长度

行近渠道为顺直平坦的矩形明渠，其长度至少为堰宽的10倍。

6.3.2 流态

行近渠道中水流的流态应满足附录 A 的规定。若流态不能满足此规定时，可采用导流板整流。

6.4 下游渠道

6.4.1 下游渠道内无杂物，水流排泄通畅。

6.4.2 下游水面的变化不影响堰上水流，三角形剖面堰应处于非淹没状态。

6.5 静水井

6.5.1 位置

静水井设在行近渠道的一侧，距离堰顶为 $2h_{max}$处。

6.5.2 连通管

6.5.2.1 渠道和静水井之间用连通管相连通。管长尽量缩短，管子坡向渠道。

6.5.2.2 连通管直径应不小于 50mm。管底距渠底 50mm。

6.5.3 井筒

6.5.3.1 静水井可为圆形或方形，竖直设置，高度应不低于渠顶。

6.5.3.2 井筒内壁与水位计浮子的间隙应不小于75mm。井底低于连通管进口管底300mm。

6.5.3.3 在井筒的顶面上设一金属基准板，其一边应与井筒内壁齐平。

6.6 安装

6.6.1 三角形剖面堰砌筑或安装在行近渠道的末端，堰顶线与渠壁垂直。

6.6.2 行近渠道、静水井和堰体均不得漏水。

6.6.3 下游渠道紧接堰体处，应作加固处理。

6.6.4 在最大流量通过时，堰体和渠道不受损坏。

7 水头测量

7.1 测量仪器

7.1.1 测量瞬时的堰上水头时，使用刻度至毫米的水尺测量。

7.1.2 连续地测量堰上水头的变化过程时，使用浮子式水位计、超声波水位计或其他有同等精度的水位计。

7.1.2.1 水位计精度

水位计的水位刻度应划分至毫米。水位计的滞后行程不大于3mm。

7.1.2.2 计时精度

记时装置连续工作30d以上，记时累积平均误差应不大于±30s/d。连续工作24h的记时钟，误差应不大于±30s/d。

7.1.2.3 电子记录仪精度

电子记录仪的误差应不大于满刻度读数的±0.5%。

7.1.3 直接与污水接触的测量仪器部件，用耐腐蚀的材料制成。

7.1.4 安装在现场的仪器，应有防潮、防腐、防冻等措施。

7.2 测量位置

在行近渠道上，距堰顶 $2h_{max}$ 处测量堰上水头。若渠道中的水面波动不大，测量时不影响水流，可在渠道上直接测量，否则应在静水井中测量。

7.3 确定水头零点

7.3.1 测流前应确定水头零点。水头零点即过堰水头为零时，水头测量位置处水尺的读数，或静水井基准板与堰顶的垂直距离。此值用水准仪测量求得。

7.3.2 不能用下降或上升堰前水面至堰顶处的读数，当作水头零点。

7.4 水头测量精度

7.4.1 水头测量的误差应为水头变幅的±1%，但不得大于±10mm。

7.4.2 水头零点的综合误差应不大于±3mm。

8 流量测量的综合误差分析

8.1 误差计算公式

$$X_Q = \pm \left[X_c^2 + X_b^2 + (1.5X_h)^2\right]^{1/2} \tag{4}$$

式中 X_Q——流量计算值的误差，%；

X_c——C_d 和 C_V 的误差，%；

X_b——b 的误差，%；

X_h——h 的误差，%。

8.1.1 流量系数的综合误差 X_C 不大于±3%。

8.1.2 X_b 值按公式（5）计算：

$$X_b=\pm 100\times\frac{\varepsilon_b}{b} \qquad (5)$$

式中 ε_b——堰宽测量误差，mm。

8.1.3 X_h 值按公式（6）计算：

$$X_h=\pm\frac{100\ [{}_1\varepsilon_h^2+{}_2\varepsilon_h^2+\cdots\cdots+\ (2S_{\bar{h}})^2]^{1/2}}{h} \qquad (6)$$

式中 $1\varepsilon_h$，$2\varepsilon_h$——影响水头测量值的各种误差，mm；

$2S_{\bar{h}}$——n 次水头测量读数平均值的误差，mm。

8.1.3.1 $S_{\bar{h}}$ 值按公式（7）计算：

$$S_{\bar{h}}=\frac{S_h}{n^{1/2}} \qquad (7)$$

式中 S_h——n 次水头测量值的标准差，mm；

n——水头测量次数。

$$S_h=\left[\frac{\sum_{i=1}^{n}(h_i-\bar{h})^2}{n-1}\right]^{1/2} \qquad (8)$$

式中 h_i——每次水头读数，mm；

$\bar{h}$——n 次水头读数平均值，mm。

9 维护

9.1 行近渠道、连通管和静水井应保持清洁，底部无障碍物。

9.2 下游渠道应无阻塞，应不发生壅水，保证三角形剖面堰的堰上水流处于自由出流状态。

9.3 堰体应保持牢固可靠，不受损坏。

9.4 凡有漏水部位，应及时修补。

9.5 每年应核查一次堰体各部位的尺寸，是否与原尺寸相符。

9.6 每年应校验一次水位计的精度。

9.7 每年应校测一次水头零点。

附 录 A
行近渠道的流态

（补 充 件）

A.1 行近渠道的水流应为均匀稳定的亚临界流，其流速分布接近于图 A1。

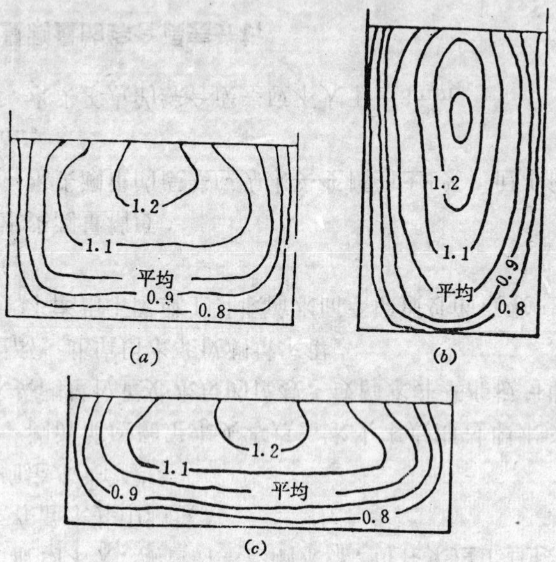

图 A1 行近渠道中的正常流速分布

A.2 保持亚临界流的条件

$$\bar{v}<\left(\frac{g\cdot A}{B}\right)^{1/2} \qquad (A1)$$

式中 v——行近渠道中的平均流速，m/s；

A——行近渠道中的水流断面面积，m^2。

附 录 B

三角形剖面堰流量测量综合误差举例

（参 考 件）

B.1 基本尺寸

在规则的矩形明渠上设三角形剖面堰，过堰水流为非淹没流。在堰上作单次流量测量。

$P=0.01m$　　$h=0.25m$

$b=1.00m$　　$B=1.00m$

B.2 误差分析

B.2.1 本例给定的误差

流量系数的误差，取 $X_C=\pm3\%$。

B.2.2 使用者估算的测量误差

水头综合误差　　$\varepsilon_h=\pm4mm$

零点设置误差　　$\varepsilon_{h0}=\pm2mm$

堰宽测量误差　　$\varepsilon_b=\pm0.01m$

B.2.3 计算 X_b 和 X_h

根据公式（5），X_b 是：

$$X_b=\pm100\times\frac{\varepsilon_b}{b}=\pm100\times\frac{0.01}{1.00}=\pm1.0\%$$

根据公式（6），X_h 是：

$$X_h=\pm\frac{100\left[{}_1\varepsilon_h^2+{}_2\varepsilon_h^2+\cdots\cdots(2S_{\bar{h}})^2\right]^{1/2}}{h}=\pm\frac{100\left[0.004^2+0.002^2\right]^{1/2}}{0.25}=\pm1.79\%$$

B.2.4 计算流量测量误差 X_Q

根据公式（4），X_Q 是：

$$X_Q=\pm\left[X_C^2+X_b^2+(1.5X_h)^2\right]^{1/2}=\pm\left[3.0^2+1.0^2+(1.5\times1.79)^2\right]^{1/2}=\pm3.56\%$$

附加说明：

本标准由建设部标准定额研究所提出。

本标准由建设部城镇建设标准技术归口单位建设部城市建设研究院归口。

本标准由北京市市政工程局负责起草。

本标准主要起草人：陶丽芬、李俊、王岚、王春顺、肖鲁。

本标准委托北京市市政工程局负责解释。

中国工程建设标准化协会标准

混凝土排水管道工程闭气检验标准

CECS 19:90

主编单位：天津市市政工程局
批准单位：中国工程建设标准化协会
批准日期：1990年11月

前　言

根据原城乡建设环境保护部（87）城科字第276号文要求，由天津市市政工程局会同有关单位共同制订《混凝土排水管道工程闭气检验标准》。编制组搜集了国内有关资料，并经过3年的室内闭气试验，提出了规范稿，经广泛征求有关单位和专家意见，最初由建设部城镇供水排水工程标准技术归口单位组织审查定稿。

现批准《混凝土排水管道工程闭气检验标准》，编号为CECS 19：90，并推荐给工程建设有关设计、施工单位使用。在使用过程中，如发现需要修订补充之处，请将意见和资料寄天津市河西区平山道天津市市政工程局市政研究所（邮政编码：300074），以便修订。

中国工程建设标准化协会
1990年11月

目　次

第一章 总 则

第1.0.1条 排水管道闭气检验（简称闭气检验）适用于管道在回填土之前，地下水位低于管外底150mm，直径为300～1200mm的承插口、企口、平口混凝土排水管道，环境温度为－15～50℃。在下雨时，不得进行闭气检验。

第1.0.2条 闭气检验与闭水试验具有同等效力。

第二章 管道闭气检验

第一节 检验方法

第2.1.1条 将进行闭气检验的排水管道两端用管堵密封，然后向管道内充入空气至一定的压力，在规定闭气时间测定管道内气体的压降值。检验装置应符合图2.1.1的规定。

第二节 检验步骤

第2.2.1条 对闭气检验的排水管道两端管口与管堵接触部分的内壁应进行处理，使其清洁磨光。

第2.2.2条 分别将管堵安装在管道两端，每端接上压力表和充气嘴（见图2.1.1）。

第2.2.3条 用打气筒给管堵充气，加压至0.15～0.20MPa将管道密封。

第2.2.4条 用空气压缩机向管道内充气至3000Pa，关闭气阀，使气压趋于稳定，气压从3000Pa降至2000Pa历时不应少于5min。气压下降较快，可适当补气。下降太慢，可适当放气。

第2.2.5条 根据不同管径的规定闭气时间，测定并记录管道内气压从2000Pa下降后的压力表读数，其下降到1500Pa的时间不得低于表4.0.1的规定。管道闭气检验记录格式应符合表2.2.5的规定。

第2.2.6条 闭气检验不合格时，应进行漏气检查、修补、复检。

第2.2.7条 管道闭气检验完毕，首先排除管道内气体，再排除管堵内气体，最后卸下管堵。

第2.2.8条 闭气检验工艺流程应符合图2.2.8的规定。

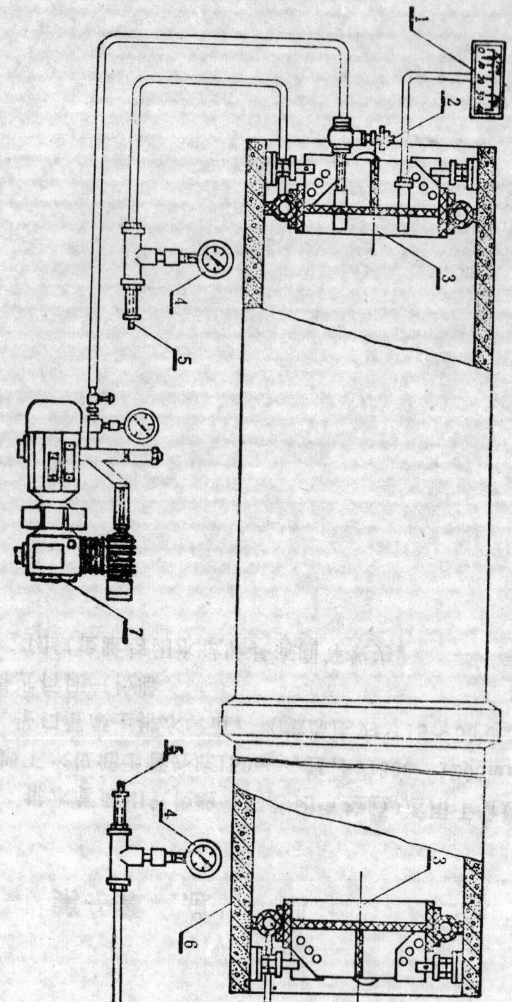

图2.1.1　排水管道闭气检验装置图

1—膜盒压力表；　2—气阀；　3—塑料封板；　4—压力表；　5—充气嘴；
6—混凝土排水管道；　7—空气压缩机

管道闭气检验记录表

工程名称：　　　　年　月　日　　表2.2.5

序号	桩号 0+00(　)0+00	管径 (mm)	规定最短压降时间(s)	管内实测压降读数(Pa)	检验结果	备注
1						
2						
3						
4						
5						
6						
7						
8						

观测：　　　　记录：

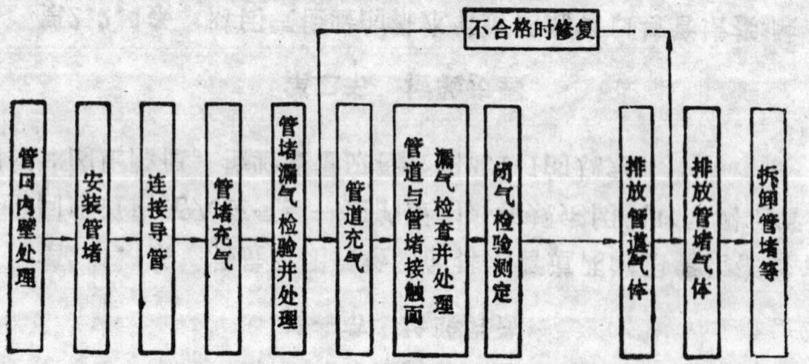

图2.2.8　管道闭气检验工艺流程图

第三章 漏气检查

第一节 管堵充气胶圈漏气检查

第3.1.1条 管堵充气胶圈严禁漏气。

检查方法：管堵充气胶圈充气达到规定压力值 2 min后，应无压降。在试验过程中应注意检查和进行必要的补气。

第二节 管道漏气检查

第3.2.1条 管道内气压趋于稳定过程中，用喷雾器喷洒发泡液：

一、检查管堵对管口的密封，不得出现气泡。

二、检查管接口及管壁漏气，漏气部位较多时，管内压力下降较快，要及时进行补气，以便做详细检查。

第四章 检验标准

第4.0.1条 混凝土排水管道闭气检验规定闭气时间，应符合表4.0.1的规定。

闭气检验标准 **表4.0.1**

管径(mm)	管内压力(Pa)		规定闭气时间(s)
	起点	终点	
300	2000	≥1500	60
400			95
500			125
600			155
700			185
800			215
900			250
1000			290
1100			330
1200			370

附录一　管道闭气检验设备

管道闭气检验设备见附表1.1，管道密封管堵示意图见附图1.1。

管道闭气检验设备表　　　　附表1.1

序号	名　称	规　格	数　量
1	管道密封管堵	φ300mm～φ1200mm	各2个
2	空气压缩机	ZV—0.1～0.3/7型	1台
3	打气筒		1个
4	膜盒压力表	0～4000Pa	1个
5	普通压力表	0～0.4MPa	2个
6	喷雾器	工农16型	1个
7	秒表		1块

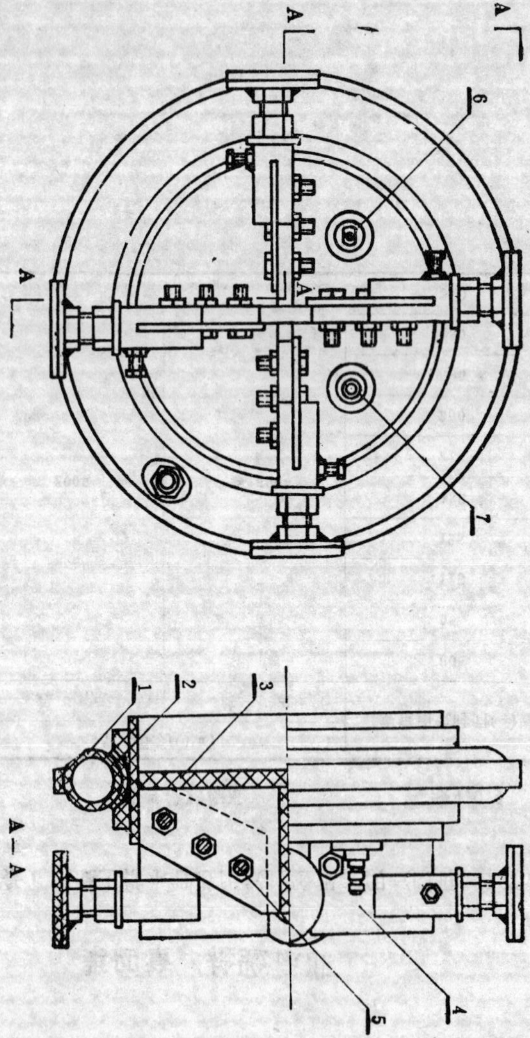

附图1.1　管道密封管堵

1—密封胶圈；　2—胶圈衬垫；　3—嵌料封板；　4—止动器；　5—连接螺栓；
6—管咀组件；　7—进气管组件

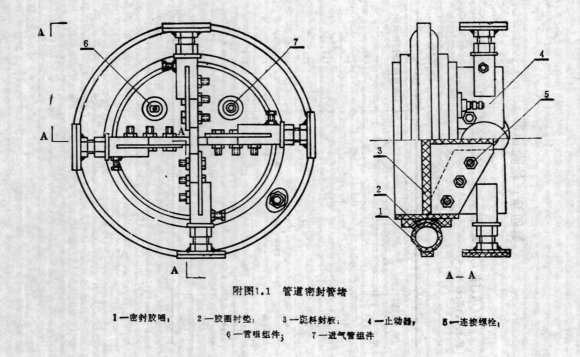

附录二　发泡液配合比

发泡液配合比参考表　　附表2.1

温度(℃)	水(kg)	TIF一表面活性剂(kg)	M3一防冻剂(kg)
0以上	100	0.4	
0～－5	100	4.9	17.5
－5～－10	100	5.9	42.4
－10～－15	100	7.1	71.4

附录三　名词解释

一、管堵，用来封堵管道端部管口的专用工具。

二、管堵充气胶圈：管堵充气部分，用以密封管道。

三、发泡液：检查管道、管堵漏气用的发泡溶液。

附录四 本标准用词说明

执行本标准条文时，对要求严格程度的用词作如下规定：

一、表示很严格，非这样作不可的用词：

正面词采用“必须”；反面词采用“严禁”。

二、表示严格，在正常情况下均应这样作的用词：

正面词采用“应”；反面词采用“不应”或“不得”。

三、表示允许稍有选择，在条件许可时首先应这样作的用词；

正面词采用“宜”或“可”；反面词采用“不宜”

附加说明

本标准主编单位、参加单位和主要起草人名单

主编单位：

天津市市政工程局

参加单位：

郑州市公用事业局

太原市市政工程管理处

呼和浩特市城建局

西安市市政工程管理局

沈阳市政设计研究院

石家庄市市政工程公司

哈尔滨市排水事业管理处

主要起草人：

王瑞芝（主编） 云正平 刘连琴

陈彦凯 刘洪泉 贺宗信 王新民

祁洪年 李辉章 李洪让 徐步国

丁振福 包玉芬 杨玉森 南光燮

何曙光 张 荣 刘天臣 吴颖湜

中国工程建设标准化协会标准

混凝土排水管道工程闭气检验标准

CECS 19:90

条文说明

目次

第一章　总　　则

第1.0.1条　规定了本标准的适用条件和范围。

对于一定管径的单位管长，漏水量与漏气时间之比基本上是一定的，因此本标准只与管径大小有关，而与管道长度无关。闭气检验时，要求管道自然干燥。

第1.0.2条　闭气检验标准是以现行的专业标准《市政工程质量检验评定暂行标准（排水管渠工程）》（CJJ3—81）第2.7.2条闭水试验允许渗水量为依据，采用闭气与闭水对比试验的方法求得的。因此闭气检验与闭水试验具有同等效力。

第二章　管道闭气检验

第一节　检验方法

第2.1.1条　管道闭水试验是在恒压水头条件下，一定时间内渗水量的大小来判断该段管道是否合格。而管道的闭气检验，既不容易保持气压的恒定，又难以测量在某一时间内漏气量的多少。因此，不宜用测量漏气量的方法来判断该段管道是否合格。但是管道漏气必造成压力的下降，而且漏气量越大，压降也越快，如果压降值是固定的，则漏气量的大小就只与压降时间有关系，而压降值和压降时间是很容易测定的，因此可用来作为判断管道是否合格的标准。

第二节　检验步骤

第2.2.1条　进行闭气检验时，需在管道两端管口处安装管道密封管堵。为保证管堵对管道的密封效果，必须对管道两端管口内壁进行处理，表面不得有毛刺及污物。管口内壁处理方法：

一、用砂轮将管口内壁沿圆弧面磨光。

二、用坚硬器具刮去管口内壁毛刺，再用砂纸磨光。

第2.2.2条　安装压力表用以监视管堵充气胶圈内的压力，以便在漏气时做必要的处理。充气嘴用以给充气胶圈充气，同时起到单向阀的作用。

第2.2.3条　用打气筒给管堵充气的优点：

一、管堵充气胶圈的充气量较小，用打气筒充气便于控制进气量和气压。

二、一孔管道较长，用打气筒给管道两端的管堵充气，携带方便。

第2.2.4条 管道充气后，由于充入气体压力、温度等因素的变化所引起的瞬时效应，以及混凝土管毛细孔对气体的吸收作用，在充气后的一段时间，气压下降很快，过一段时间，气压才趋于稳定。实验表明，从管道充气到气压趋于稳定，应为5 min，趋于稳定时间小于5 min，将会影响测定结果的准确性。当气压下降较快时，为满足5 min稳压时间，可适当补气，反之则放气。

第2.2.5条 闭气检验有两种方法：

一、测定压力从2000Pa降至1500Pa所需的时间，当大于或等于最短压降时间时为合格，否则为不合格。当管道施工质量很好，管材也较好，从2000Pa降至1500Pa所需的时间可能很长，就造成时间上的浪费。

二、测定在规定闭气时间内，管道内气压从2000Pa下降后的压力表读数，只要压力表读数不小于1500Pa即为合格，否则为不合格，这种方法方便省时。

本标准采用第二种方法。

第2.2.6条 当闭气检验不合格时，说明有漏气处，可用喷雾器喷洒发泡液的方法，找出漏气处。首先检查管堵对管口的密封，然后检查管接口及管材。当找出漏气部位后，要及时进行修补，修补后再复检，直至合格。

第2.2.7条 先排除管道内气体，后排除管堵内气体，是安全的操作步骤。

第2.2.8条 管道闭气检验工艺流程图按照闭气检验操作顺序编排，其中“连接导管”即给管道、管堵充气及膜盒压力表的连接胶管。在闭气检验测定前，对连接导管接头也应做漏气检查。

第三章 漏气检查

第一节 管堵充气胶圈漏气检查

第3.1.1条 管堵充气胶圈漏气，将导致管道漏气。

管堵充气胶圈充气达到规定压力值2 min后，应无压降。但是由于温度的变化和充气胶圈质量的差异，应注意管堵充气胶圈压力的变化和进行必要的补气，以确保管道的密封效果。

第二节 管道漏气检查

第3.2.1条 管堵对管口密封不严而出现漏气的原因：

一、与管口内壁接触的管堵充气胶圈有缺陷，可用橡胶粘补。

二、与管堵充气胶圈接触的管口内壁有缺陷，可用稠水泥浆抹平。

三、充气胶圈与塑料封板接触面漏气，应及时修理。

当闭气检验不合格时，说明管道存在着超过允许漏气量的缝隙，必须进行漏气检查，找出漏气处，进行修补。

管道漏气缝隙一般出现在管接口处，因此漏气检查的重点是管接口。

第四章 检验标准

第4.0.1条 混凝土排水管道闭气检验标准，目前在我国还是一项空白。本标准是根据专业闭水试验标准，采用闭气与闭水对比试验的方法建立起两者之间的对应关系。方法是用一条铺设好的混凝土排水管道，将管道两端密封后，向管道内充气，当管道有缝隙时，将造成漏气，致使管道内气体产生压降，记录一定压降值所需的时间，然后把管道内气体放掉再灌水，按照闭水规定，记录在2m水头压力下，管道缝隙的漏水量，这样闭气与闭水之间就建立起一定的对应关系。为了找到管道在允许漏水量时的闭气时间，采用了内插法，即在管道不同缝隙的对比试验曲线上，找出与管道允许漏水量相对应的闭气时间。试验时用孔口来代替缝隙，不同的渗漏缝隙是以更换孔口的大小来实现的，因此用一条管道就可以方便地试验出若干个漏水量与闭气时间的对比试验数据。将这些对比数据连成曲线，就可在曲线上找到与管道闭水允许漏水量所对应的闭气时间（见图4.0.1和表4.0.1）。

本标准中另一个重要的技术参数，即压降起止点，对于管道闭气检验工艺、设备都有较大的影响。该参数的选择与混凝土管壁的透气性能及管道漏气检验有关，选择该参数的原则是：

一、压降时间不能取得太长或太短，时间太长，容易受外界温度的干扰，时间太短，测定操作不方便。考虑到上述因素，同时参考了国外有关资料，结合所制订标准的管径范围，压降时间宜选在8分钟以下。

二、压降起止点的选择，除要满足上述压降时间外，还要根据闭气检验工艺的需要和混凝土管的气密性能试验结果。从750～24000Pa的范围内，经试验筛选，选择闭气压降起止点为2000

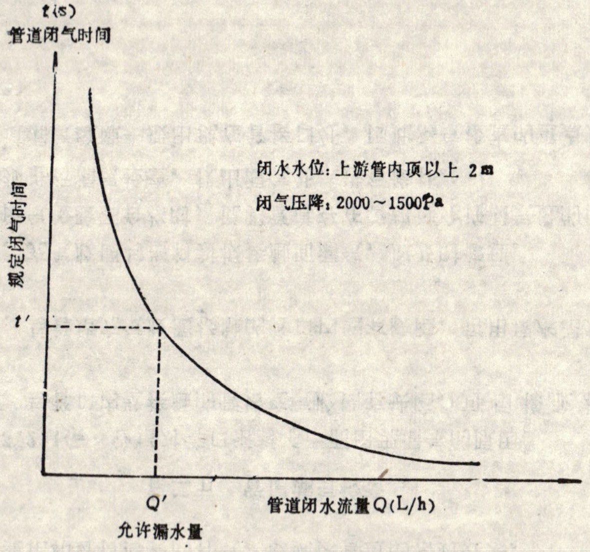

图4.0.1 闭气与闭水对比试验曲线图

～1500Pa。经现场管道闭气检验的实际应用，证明该压降起止点是适当的，具有与闭水试验水压相当的效果。上述包括压降起止点选择在内的闭气与闭水对比试验方法等研究成果，已于1987年2月由建设部组织召开的鉴定会通过了鉴定。

规范正文表4.0.1的数据系根据以下数据综合：1984年以来，进行室内对比试验700余次，得出对比试验曲线13条；室外现场对比试验634次，得出对比试验曲线28条；现场对比试验管道长度647米（共27孔）。1987年天津市市政工程局制订了混凝土排水管道闭气检验试行标准在天津地区试用，在生产上应用闭气检验试行标准检查各种管径的排水管道600余米。在此基础上，1988年由8个城市组成的标准参编单位分担不同管径的闭气与闭

排水管道闭气检验标准与闭水试验标准对照表 表4.0.1

管径 mm)	用水试验		闭气检验		
	水位	允许渗水量 (L/h·m)	管内压力(Pa) 起点	管内压力(Pa) 终点	规定闭气时间(s)
300	上游管内顶以上2米	1.1			60
400		1.3			95
500		1.5			125
600		1.7			155
700		1.8			185
800		2.0	2000	≥1500	215
900		2.2			250
1000		2.4			290
1100		2.7			330
1200		2.9			370

水对比试验。尽管各地区的具体情况不同（如不同的管材质量、接口型式和材料、管道基础、以及温度、湿度等因素的影响），但是从汇总各地区“排水管道闭气检验标准试验曲线图”可知（见图4.0.1—2），其对比折线区域基本上覆盖了天津市市政工程局试行标准的对比曲线区域，两者基本上是重叠的。1989年1月在太原，经8个参编单位代表的充分讨论，一致提出了表4.0.1的数据。

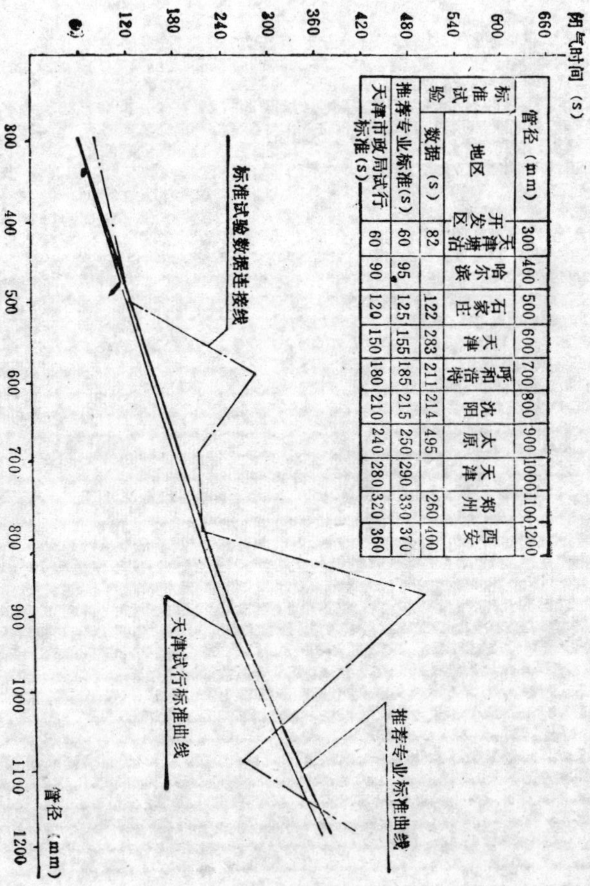

管径（mm）		300	400	500	600	700	800	900	1000	1100	1200
标准试验	地区	天津塘沽开发区	哈尔滨	石家庄	天津	呼和浩特	沈阳	太原	天津	郑州	西安
	数据（s）	82		122	283	211	214	495		260	400
推荐专业标准(s)		60	95	125	155	185	215	250	290	330	370
天津市政局试行标准(s)		60	90	120	150	180	210	240	280	320	360

图4.0.1-2 排水管道闭气检验标准试验曲线图

中国工程建设标准化协会标准

深井曝气设计规范

DESIGN STANDARD FOR DEEP WELL AERATION

CECS 42：92

主编单位：北京市市政设计研究院

批准部门：中国工程建设标准化协会

批准日期：1992年11月6日

前言

深井曝气是活性污泥法的一种，近年来在国内外应用较广，是处理污水的有效方法。为了统一设计标准，确保工程质量，根据中国工程建设标准化委员会(89)建标委字第19号文要求，由北京市市政设计研究院主编《深井曝气设计规范》。本规范在调研、工程测试和工程总结的基础上，规定了深井曝气的工艺流程、工艺参数、设计方法、运行方式和监测控制等，并对深井结构设计和成井施工提出了要求，经反复征求有关专家和单位的意见，最后由全国给水排水工程标准技术委员会审查定稿。

根据国家计委计标(1986)1649号"关于请中国工程建设标准化委员会负责推荐性工程建设标准试点工作的通知"精神，现批准《深井曝气设计规范》CECS 42：92，并推荐给各工程建设设计、施工单位使用。在使用过程中，请将意见及有关资料寄交北京月坛南街乙2号(邮政编码100045)北京市市政设计研究院。

中国工程建设标准化协会

1992年11月6日

目　次

1 总 则

1.0.1 为保证深井曝气工程设计质量，使设计符合技术先进、经济合理、安全适用、标准统一等基本要求，制订本规范。

1.0.2 本规范适用于深井曝气处理有机工业废水和城市污水的工程设计。

1.0.3 深井曝气工程设计，除遵守本规范外，尚应符合国家现行的《室外排水设计规范》(GBJ 14—87) 中有关规定。

2 一般规定

2.0.1 设计前必须具备下列资料：

(1) 污水的水质、水量及可生化性资料。

(2) 深井井址处的工程地质和水文地质勘探资料。

2.0.2 深井必须采取防腐、防渗措施，不得污染地下水源。

2.0.3 一般工艺流程宜采用：

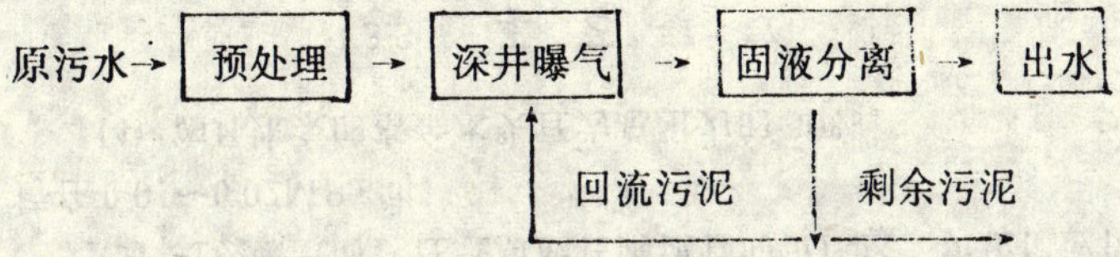

预处理内容应视污水的水质、水量而定，一般可不设初次沉淀池。

3 深井曝气池

3. 0. 1 深井曝气池可由深井和大气泡脱气池两部分组成。

3.1 深井构造形式

3. 1. 1 深井可建成同心圆型、U管型和中隔墙型等形式。

3. 1. 2 同心圆型深井应符合下列规定:

(1) 内管为深井降流管，外管与内管间的环形通道为深井升流管。不同深度处的升流管与降流管横断面积的比例关系应维持不变。对于直径大于1.5m的深井，一般可取升流管与降流管等断面积。

(2) 降流管直径应通过流体力学计算，使深井循环动力最小。

(3) 降流管应妥善定位和支撑稳定。

3. 1. 3 U管型深井应符合下列规定:

(1) 两竖井管间净距不得小于0.2m。

(2) 井管直径一般不宜大于0.8m。

3. 1. 4 中隔墙型深井宜符合下列规定:

(1) 深井直径小于或等于4m时，可按一字隔墙设计。

(2) 深井直径大于4m时，可按十字隔墙设计，每格断面不宜超过$8m^2$，使相邻二格相通。

3. 1. 5 深井曝气池中阻水构造宜按水流流线修圆。

3.2 运行方式和循环动力

3. 2. 1 深井曝气池按循环动力有气提循环和水泵循环两种运行方式。

3. 2. 2 深井曝气所需循环动力必须克服深井的总阻力，并应根据垂直管中气液两相流的液体经济循环流速计算求出。

3. 2. 3 气提循环方式应符合下列规定:

(1) 当深井循环所需的气量小于生化供气量的1.3倍时，供气量宜按生化供气量1.3倍计；当深井循环所需的气量大于或等于生化供气量的1.3倍时，供气量即为循环所需的气量。

(2) 供气量的2／3左右应注入降流管中，其余的气量注入升流管中。

(3) 注气点深度应按所需的循环动力计算确定。

(4) 供气的富余风压不宜小于0.02MPa。

3. 2. 4 水泵循环方式（可分鼓风曝气和虹吸曝气两种）应符合下列规定:

(1) 生化供气量必须全部注入降流管中。

(2) 鼓风曝气时，注气点在降流管中的位置宜在大气泡脱气池液面附近。

(3) 虹吸曝气时，注气点应在降流管的负压区，负压值应保持在0.01～0.02MPa间。

(4) 循环水泵的富余水头宜为总阻力的30%。

3.3 工艺参数

3. 3. 1 深井深度应根据地质及施工技术等条件确定，一般宜采用50～100m。

3. 3. 2 降流管的液体循环流速宜采用0.8～2.0m／s。

3. 3. 3 降流管最大空隙率，应控制在0.2以下。

3. 3. 4 深井曝气池容积负荷的确定：一般宜采用5～10kgBOD_5／m^3·d；高浓度易生化污水可采用10～15kgBOD_5／m^3·d。

3. 3. 5 处理城市污水时，深井曝气池水力停留时间一般不得小于0.5h。

3. 3. 6 深井曝气氧的利用率应根据井深、空隙率、循环流速等条件确定，一般宜采用40%～90%。

3.3.7 深井曝气的生化供气量可按 1.1～1.3kgO_2／去除 kgBOD_5计算确定。

3.3.8 混合液污泥浓度宜采用 5～10g／L。

3.4 空气扩散设施

3.4.1 深井中宜采用穿孔管扩散器，其布置应保证曝气均匀。

3.4.2 穿孔管和输气管的安装应稳固，并便于拆卸修理。

3.4.3 穿孔管的孔径不得小于 5mm，空气通过孔口的流速不宜小于 50m／s。

3.5 大气泡脱气池

3.5.1 大气泡脱气池可采用敞开式和密闭式两种型式。密闭式脱气池附有水封排气池。

3.5.2 敞开式大气泡脱气池宜符合下列规定：

(1) 有效容积宜为深井容积的 20%～40%。

(2) 液体流速不宜小于 0.3m／s。

(3) 有效水深宜采用 1.0～3.0m。

(4) 超高宜采用 1.0m 左右。

3.5.3 密闭式脱气池宜符合下列规定：

(1) 水区容积宜为深井容积的 30%～50%。

(2) 气区容积宜为深井容积 10%～15%。

(3) 气区高度不得小于 0.5m。

3.5.4 水封排气池宜符合下列规定：

(1) 横断面宜大于深井横断面的 5 倍。

(2) 超高宜采用 0.5m 以上。

(3) 水封排气管的淹没深度应根据大气泡脱气池与固液分离池的水位差确定。

(4) 液面处宜设可调溢流管。

(5) 视污水水质设置消泡措施。

4 固液分离构筑物

4.0.1 固液分离可有脱气—沉淀和气浮—沉淀两种型式。

4.1 脱气—沉淀

4.1.1 脱气装置一般可有真空脱气塔和机械搅拌脱气池两种。

4.1.2 真空脱气塔应符合下列规定：

(1) 水力停留时间宜采用 3～6min。

(2) 塔内的负压值应大于 0.05MPa。

(3) 塔内气区高度应大于 3m。

(4) 塔顶应高出二次沉淀池水面 10m。

(5) 混合液应从塔底流入，在塔的中部以上出流。

4.1.3 机械搅拌脱气池宜符合下列规定：

(1) 水力停留时间宜采用 6～12min。

(2) 搅拌机的叶轮外缘线速度不宜大于 1.5m／s。

4.1.4 二次沉淀池的设计可按表面水力负荷计算，但必须用固体负荷校核，并宜符合下列规定：

(1) 表面水力负荷宜采用 0.20～1.0m^3／m^2·h。

(2) 固体负荷宜采用 100～200kg／m^2·d。

4.2 气浮—沉淀

4.2.1 气浮沉淀池一般可有竖流式和平流式两种。

4.2.2 气浮沉淀池的设计可按表面水力负荷计算，但必须用固体负荷校核，并宜符合下列规定：

(1) 表面水力负荷宜采用 0.30～2.0m^3／m^2·h。

(2) 固体负荷宜采用 150～300kg／m^2·d。

4 2. 3 竖流式气浮沉淀池可由气浮区和沉淀区两部分组成，并应符合下列规定。

(1) 气浮区停留时间应为 0.5～1.0h。

(2) 气浮区有效水深不得小于 1.5m。

(3) 气浮区内中心筒宜采用旋流进水方式，其喷嘴流速为 1.5～2.0m／s，停留时间为 lmin 左右。

4. 2. 4 平流式气浮沉池应符合下列规定:

(1) 有效水深应为 1.5～2.5m。

(2) 距混合液进口 0.5m 处设 J 型障板，淹没深度至少为 0.3m。

4.3 污泥回流方式

4. 3. 1 除机力回流方式外，尚可采用重力式或气提式。

4. 3. 2 重力式回流污泥适用于水泵循环式深井曝气系统，重力流水头差不宜小于 1.5m。

4. 3. 3 气提式回流污泥适用于气提循环式深井曝气系统。应在升流管中设置空气提升器，空气提升器内液体流速不应小于 5m／s，提升高度不宜小于 1.5m。

4. 3. 4 污泥回流比宜为 50%～150%。

5 监 测 控 制

5. 0. 1 监测控制应符合下列要求:

(1) 进水和回流污泥量应计量。

(2) 深井循环管路和供气管路应设流量、压力和温度仪表。

(3) 大气泡脱气池的循环水应测定溶解氧。

5. 0. 2 应定期监测、检查深井的渗漏情况。

附录 A　深井结构设计和成井施工的要求

(1) 深井井体的结构材料，一般宜采用钢筋混凝土。若采用钢管井体时，井管内壁必须有防腐措施，井管外应灌筑水下混凝土层，厚度不少于 200mm，混凝土标号不宜低于 C25。

(2) 井体结构设计应与井体成井施工过程协调。施工图设计必须明确规定施工方法。

(3) 钢制井管安装，一般宜采用保持井管内外水压平衡的吊装下管法。同时应备有吊起整个井管重量的安全措施。

(4) 钢制井管外灌筑水下混凝土层时，应将井管封闭注水加压保持 0.1～0.2MPa 的内压。直径较大的井管，可采用向井内注砂的更安全措施。

附录 B　本规范用词说明

执行本规范条文时，对于要求严格程度的用词说明如下，以便执行中区别对待。

(1) 表示很严格，非这样作不可的用词:

正面词采用“必须”;

反面词采用“严禁”。

(2) 表示严格，在正常情况下均应这样作的用词:

正面词采用“应”;

反面词采用“不应”或“不得”。

(3) 表示允许稍有选择，在条件许可时，首先应这样作的用词:

正面词采用“宜”或“可”;

反面词采用“不宜”。

条文中指明必须按其他有关标准和规范执行的写法为，“应该……执行”或“应符合……要求或规定”。非必须按所指定的标准和规范执行的写法为“可参照……”。

附 加 说 明

主编单位：北京市市政设计研究院

主要起草人：曲际水　李连生　孟书琪
巴兴辉　丁荫椿　邱跃东

中国工程建设标准化协会标准

深井曝气设计规范

CECS 42：92

条 文 说 明

目　次

主 要 符 号

C ——流速系数；
C' ——常数；
D ——深井直径；
d ——井管直径；
d_1 ——降流管直径；
g ——重力加速度；
H ——深井深度；
h ——气提循环式深井注气点深度；
Δh ——深井水阻；
h_{ij} ——深井局部阻力；
J_1 ——降流管空隙率水头；
J_2 ——升流管空隙率水头；
ΔJ ——深井气阻；
K ——系数；
L ——升流管与降流管总长度；
n ——深井断面几何系数；
n_i ——粗糙系数；
R ——水力半径；
S_1 ——降流管横断面积；
S_2 ——升流管横断面积；
V_1 ——降流管液体空管流速；
V_2 ——升流管液体空管流速；
V_a ——降流管空气空管流速；
V_b ——深井气泡上浮速度；
Y ——深井总阻力；
ε ——深井空隙率；
ε_1 ——降流管空隙率；
$\varepsilon_1(0)$——降流管液面处空隙率；

ε_2 ——升流管空隙率；

$\varepsilon_2(0)$——升流管液面处空隙率；

λ ——液体单相流摩阻系数；

ψ ——升流管与降流管空隙率比值。

1 总 则

1.0.1 阐明了编制本规范的宗旨。

1.0.2 规定了本规范的适用范围。对有机工业废水的 BOD_5/COD_{c_r} 值不宜小于0.3。

1.0.3 指明了与国家现行有关标准的关系。

2 一般规定

2.0.1 设计前必须具备的资料。

(1) 污水的水质、水量，一般以水质、水量调查报告为依据。水质内容：COD_{cr}、BOD_5、SS、PH、水温、油、有毒物质（包括有机毒物和重金属）、无机盐、氮、磷等项目的平均浓度和范围；水量内容：平均流量和流量变化系数。对于成分复杂的有机工业废水，设计之前必须掌握废水的可生化性资料（主要包括耗氧速率、BOD_5/COD_{cr} 比值等），包括开展可生化性试验。

(2) 深井井址处的工程地质和水文地质勘探资料是深井结构设计和确定施工方案的主要依据。为使设计、施工质量得到保证，必须在井址处实地钻孔，孔深应大于设计井深至少 5m。水文地质资料一般对下列项目需要作详细描述。

1) 覆盖层的分层情况、厚度、颗粒组成及透水性。

2) 基岩的地质构造、岩性、风化程度及深度、透水性。

3) 地下水的水位及分层。

4) 可能存在的孤石、反坡、深槽、断层破碎带等情况。

2.0.2 深井的防腐、防渗主要由井体结构材料保证。对深井钢井管的内壁防腐可采用管内喷涂 5～8mm 水泥砂浆或内衬环氧玻璃布等。应尽可能减少在下管过程中的管口焊接数量。焊工应是免检的高级焊工，以确保焊口质量。下井管时必须保证井管的垂直度，使水下浇注的混凝土沿井管上下及四周的厚度得到保证，水下混凝土必须连续浇注，注料导管下口必须淹没于混凝土中，不允许出现工作缝。有关深井结构设计和成井施工的要求应参照本规范附录 A。

2.0.3 提出了深井曝气的一般工艺流程。

本条主要参照英国、北美和国内污水处理厂生产运行经验制订的。

预处理内容视污水的水质、水量情况可设置格栅、沉砂池、中和池、调节均化池等。由于深井的氧化能力很强，当污水所含无机悬浮物不多时，一般可不设初次沉淀池，深井的负荷虽有增加，但足以满足所需处理水平，从而省去初次沉淀池的占地、投资。

根据国内生产运行经验和国外资料介绍，在固液分离的方式上主要有以下三种组合：

深井曝气池 → ┌→真空脱气塔→二次沉淀池→出水
├→机械搅拌脱气池→二次沉淀池→出水
└→气浮沉淀池→出水

3 深井曝气池

3. 0. 1 为了脱除深井内循环液体携带的废气（N_2和CO_2）以保证深井中液体的稳定循环和生化反应的进行，在深井头部必须设置大气泡脱气池。

3.1 深井构造形式

3. 1. 2 为获得最小气阻值，升流管与降流管断面积相等有利。可是对于小口径的同心圆型深井，等断面积势必使升流管的环形通道变得十分狭窄，从而大大增加了深井的水力摩阻，对于小口径（D小于或等于1.5m）的同心圆型深井，降流管的合理直径需要通过水阻和气阻两方面的综合分析，以深井循环动力最省来确定。

3. 1. 3 本条中两竖管间净距的规定主要是为了保证井管外壁间的混凝土层的厚度。

井管的直径限制在0.8m，主要是受国内成井施工技术水平的制约。

3. 1. 4 大口径深井多建成中隔墙型。据国外资料，在已建成的深井中井径最大的为6m（在英国）。目前国内规模最大的深井，井径为4.5m，一字隔墙构造，每格断面为7.5m^2。经生产运行测定，当按设计条件控制时，深井循环正常；但如控制不当，布气不均时，循环水流呈不稳定的非均匀流状态。所以本条规定每格断面不超过8m^2。

3. 1. 5 目的是尽量减少深井曝气池运行的局部阻力。

3.2 运行方式和循环动力

3. 2. 2 深井流体力学的计算可参照表3.2.2中公式进行。深井液体经济循环流速即深井循环所需动力为最小值时的液体循环流速。

对于同心圆型深井，一般降流管横断面积S_1与升流管横断面积S_2不相等，计算中液体循环流速选用降流管的液体空管流速V_1作为参数；对于降流管与升流管横断面积相等的深井有$S_1=S_2$，则$V_1=V_2$。

深井流体力学基本计算公式 **表3.2.2**

计算公式	设计数据及符号说明
水阻： (1) 同心圆型 $\Delta h=\sum_{i=1}^{m}h_{ij}+k\lambda\frac{H}{d_1}\frac{V_1^2}{2g}$ 式中： $K=1+\frac{1}{(n+1)(n^2-1)^2}$ $n=\frac{D}{d_1}$ (2) 中隔墙型 $\Delta h=\sum_{i=1}^{m}h_{ij}+\frac{V_1^2L}{CR}$ 式中：$C=\frac{1}{n_i}R^{1/6}$	Δh——深井水阻（m）； h_{ij}——深井局部阻力（m）； K——系数； λ——液体单相流摩阻系数； H——深井深度（m）； d_1——降流管直径（m）； V_1——降流管液体空管流速（m／s）； g——重力加速度（m／s^2）； n——深井断面几何系数； D——深井直径（m）。 L——升流管与降流管总长度（m）； C——流速系数； R——水力半径（m）； n_i——粗糙系数。

续表

计算公式	设计数据及符号说明
(3) U 管型 $\Delta h=\sum_{i=1}^{m} h_{ij}+\lambda\frac{L}{d}\frac{V_1^2}{2g}$	d ——井管直径 (m)。 ε ——深井空隙率；
气阻： (1) 空隙率 $\varepsilon=\frac{V_a}{V_1+V_a+V_b}$	V_a ——降流管空气空管流速 (m／s)； V_b ——深井气泡上浮速度 (m／s)。
(2) 空隙率比值 $\psi=\frac{\varepsilon_2}{\varepsilon_1}=\frac{V_2(V_1-V_b)}{V_1(V_2+V_b)}$	ψ ——升流管与降流管空隙率比值； ε_2 ——升流管空隙率； ε_1 ——降流管空隙率； V_2 ——升流管液体空管流速 (m／s)。
(3) 空隙率水头 $J_1=C'\varepsilon_1(0)ln(1+\frac{H}{C'})$ $J_2=C'\varepsilon_2(0)ln(1+\frac{H}{C'})$ 式中： $C'=10$	J_1 ——降流管空隙率水头 (m)； J_2 ——升流管空隙率水头 (m)； C' ——常数； $\varepsilon_1(0)$ ——降流管液面处空隙率； $\varepsilon_2(0)$ ——升流管液面处空隙率。
(4) 深井气阻 $\Delta J=J_1-J_2=J_1(1-\psi)$ 深井总阻力： $Y=\Delta h+\Delta J$	$\triangle J$ ——深井气阻 (m)。 Y ——深井总阻力 (m)。

3. 2. 3 对于气提循环式深井，液体循环的动力是靠在降流管一定深度 h 处曝气获得的，故 h 必须满足下式：

$$Y=C'\varepsilon_1\ (0)\ ln\ (1+\frac{h}{C'})$$

则降流管内的曝气深度为

$$h=C'\ (\frac{Y}{e^{C'\varepsilon\ (0)}}-1)$$

式中 h——气提循环式深井注气点深度 (m)。

气提循环式深井的供气量应比较深井循环所需要的气量与1.3倍的生化供气量的大小确定，即选取其中大者为深井的供气量。优化设计的深井，二者的数值应该是接近的。

从气提循环式深井的运行原理上讲，起动之后只在降流管一定深度处曝气，靠升流管与降流管的空隙率所造成的水头差，即可维持深井内的液体循环。但按国外资料和国内生产运行经验，总供气量按2／3和1／3的比例，分别同时注入降流管和升流管中，才能确保深井液体循环的稳定（无锡电化厂深井测定结果为：当升流管供气量占总供气量的32.5%时，降流管液体流速为1.71m／s；北京制药总厂一分厂深井测定结果为：当升流管供气量占总供气量的40%时，降流管液体流速为1.4m／s）。

因此根据第3.3.7条计算出的生化供气量，需要增加30%的富余气量，以便保证充足的供氧。

3. 2. 4 水泵循环式深井是靠水泵的动力克服深井总阻力来维持液体循环的，因此深井的供气量，即生化供气量必须全部注入降流管中。

鼓风曝气方式，为了不增大鼓风机的压力，保证气液接触时间最长，故注气点在降流管中的位置宜在大气泡脱气池液面附近。

虹吸曝气方式，经多处工程长期生产运行证实是可行的。当虹吸管注气点负压值保持在0.01～0.02MPa时，降流管顶部空隙率在0.15左右，一般可以满足生化需氧量。

深井总阻力中还应计入虹吸管的气阻值，设计时其值可按工程经验 0.4～1.0mH_2O 采用。

3.3　工 艺 参 数

3. 3. 1　由于深度 50～100m 的深井都能满足工艺要求，因此深井深度的确定，主要是根据工程地质情况、施工技术、工程造价等因素综合考虑。

3. 3. 2　深井应按计算出的液体经济循环流速进行优化设计，其值应符合本条规定的范围。当 V_1 小于 0.8m／s 时，难于保证液体循环的稳定；当 V_1 大于 2m／s 时不经济。

3. 3. 3　国外资料介绍当降流管最大空隙率大于 0.2 时，将发生气泡合并而影响井内液体循环。在国内北京市市政设计研究院对东北制药总厂、苏州第一制药厂深井曝气工程的实际测定，当降流管最大空隙率大于 0.23 时，便会破坏井内的液体循环。为此本条规定了降流管最大空隙率，控制在 0.2 以下。

3. 3. 4　由于深井曝气充氧能力强，井内维持的 MLSS 是标准活性污泥法的 2 倍以上，因此处理高浓度易生化污水时容积负荷可超过 20kgBOD_5／m^3·d。但为了工程设计的安全可靠计，本条规定的设计负荷参数以不超过 15kgBOD_5／m^3·d 为宜。例如某厂易生化污水的 BOD_5／CODcr＝0.7、MLSS＝10.1g／L，完全处理时有机负荷为 20.1kgBOD_5／m^3·d。

3. 3. 6　深井曝气氧的利用率目前国内尚无成熟的取值方法。国内运行资料为氧利用率 50%～90%。北京市市政设计研究院对直径 0.5m，深 84m 深井工程的实测结果，为氧利用率 50%～80%。并归纳成经验公式（见表 3.3.6），可供设计参考。

3. 3. 7　本条规定的生化供气量数据是指易生化的污水，对于一些水质复杂的有机工业废水，其生化供气量应通过可生化性试验取得。

3. 3. 8　容积负荷较小时，污泥浓度可采用低值；容积负荷较大时，污泥浓度可采用高值。

深井曝气氧的利用率经验公式　　**表 3.3.6**

液体流速 V_l (m／s)	氧的利用率(%)			
	$\varepsilon_1(0)=0.08$	$\varepsilon_1(0)=0.12$	$\varepsilon_1(0)=0.16$	$\varepsilon_1(0)=0.20$
1.0	0.55*H*+32	0.57*H*+24	0.48*H*+23	0.53*H*+16
1.5	0.49*H*+29	0.53*H*+17	0.45*H*+18	0.48*H*+12

注：表 3.3.6 中经验公式，参照使用的前提是井深不大于 100m。

深井曝气可采用高有机负荷的重要因素是混合液污泥浓度高，国内外多数深井曝气工程的污泥浓度为 5～10g／L。

3.4　空 气 扩 散 设 施

3. 4. 1　由于深井内液体循环流速大，紊流程度强，有利于气泡切割，中气泡曝气可满足运行要求。考虑到井内曝气器应构造简单、维护方便，本条规定宜采用穿孔管扩散器。布气均匀是循环水流稳定的重要保证，特别是大口径气提循环式深井中如布气不均易形成井内局部小循环，严重时可以破坏循环流态。

3. 4. 2　深井内穿孔管和输气管，因曝气时振动较大，故应安装稳固。为考虑穿孔管的检修、更换，应便于拆卸。

3. 4. 3　为保证穿孔管孔口不堵塞，本条规定孔径最小尺寸为 5mm。为使曝气均匀，穿孔管扩散器采用大阻力布气，孔口空气流速为 50m／s 时，通过孔口阻力为 100mmH_2O 左右，此阻力值对风机供气压力而言，所增加的阻力可忽略不计。

3.5　大 气 泡 脱 气 池

3. 5. 1　一般当污水中泡沫比较多时，宜采用密闭式大气泡脱气池。

3.5.2 关于敞开式大气泡脱气池的规定。

(1) 据国外资料介绍，大气泡脱气池有效容积，一般为深井容积的 15%～60%；按国内投产工程统计该值一般为 15%～50%。本条规定为 20%～40%，工程运行实践证实可以满足脱除大气泡的要求。

有效容积的取值原则为，当曝气强度大或污水中泡沫较多时，宜取高值。

(2) 大气泡脱气池内液体流速的规定是为了满足活性污泥不沉流速。

(3) 按国内生产运行经验，当有效水深为 1.0～3.0m 时，均可有效地脱除大气泡。

有效水深的取值原则为，当池有效容积取高值时，有效水深也相应宜取高值。

(4) 由于深井曝气的大气泡脱气池的脱气强度高和运行时深井内液体循环流速高，因此池超高需要高于普通曝气池的超高。

池超高的取值原则为，当污水中泡沫较多时，池超高宜采用高值。

3.5.3 关于密闭式脱气池的规定

(1) 密闭式脱气池的脱气效果与敞开式脱气池相比，脱气效果要差些，因此水区容积（即有效容积）的规定要比敞开式脱气池大些。

水区容积的取值原则为，当曝气强度大或污水中泡沫较多时，水区容积宜取高值。

(2)气区容积和气区高度的规定，是为了保证密闭式脱气池具有足够的脱气面积和气体的空间高度。

本条文是以杭州农药厂、苏州第一制药厂、苏州第四制药厂的深井曝气工程运行实践制定的。

3.5.4 关于水封排气池的规定

(1) 横断面积的要求。横断面积过小，将影响脱除大气泡的效果，造成密闭式脱气池的气室压力不稳定；横断面积过大，会造成投资增加。按国内投产工程统计该值一般为深井横面积的 5～8 倍（运行效果良好），本条规定该值为宜大于深井横断面的 5 倍。

(2) 池超高的规定主要是为使污水中的泡沫不溢出池外。

(3) 水封排气管的淹没深度，主要应根据工艺流程及工艺高程布置的需要确定，一般情况下该值为 2～5m。

(4) 液面处设可调溢流管的作用，是为调节密闭脱气池的液面水位。

(5) 消泡可采取加水喷淋等常规方法。如泡沫过多时，可通过试验，采取更有效的消泡措施。

4 固液分离构筑物

4. 0. 1 由于深井混合液在升流管上升过程中，随着静水压力的减小，过饱和的气体被解析出来，并以微气泡的形式裹挟在活性污泥中，为保证固液分离的效果，在沉淀前需要脱气。按脱气方法可有脱气—沉淀和气浮—沉淀两种型式。国内外工程实践证实这两种工艺型式均能满足固液分离的要求。

4.1 脱气—沉淀

4. 1. 2 关于真空脱气塔的规定

(1) 国内东北制药总厂深井曝气试验工程真空脱气塔的停留时间在 3～6min 时，可以满足脱除微气泡的作用；国外某试验装置的真空脱气塔，停留时间为 5～10min。本条规定 3～6min，理由是试验结果证实，当真空脱气塔进水的溶解氧浓度为 1.0～8.4mg／L，经真空脱气 3min 后的出水溶解氧值为零，说明该停留时间已经满足脱除微气泡的要求。如停留时间过长，对生化不利。

对停留时间的取值原则为，当曝气强度大或污水中泡沫多时宜取高值。

(2) 国内生产的真空泵，一般可提供 0.05～0.08MPa 的负压值。按国内运行经验，塔内的负压值在 0.05MPa 时，一般情况下能满足脱除微气泡的要求。

(3) 塔内气区高度的确定原则是为了避免污水的泡沫吸入真空泵，按国内运行经验该值应大于 3m。

(4) 真空脱气塔的高度按 1 个大气压的水柱高度确定。

(5) 真空脱气塔的出流位置，可根据工艺要求设置几个不同点，这样可调节塔内气区高度值。

4. 1. 3 国内运行经验得：一般当停留时间在 6～12min，搅拌机的叶轮外缘线速度不大于 1.5m／s 时，可以满足脱除微气泡的要求。

4. 1. 4 由于深井曝气池需维持较高的混合液污泥浓度，故二次沉淀池应具备有效的沉淀和浓缩的双重功能。因此二次沉淀池的设计按表面水力负荷计算的同时，需用固体负荷校核。

《室外排水设计规范》中推荐的活性污泥法二次沉淀池的表面水力负荷的数值，一般适用于 MLSS 在 5g／L 及其以下，相应的固体负荷不超过 150kg／m^2·d。而深井曝气池流入二次沉淀池的固体浓度至少是标准活性污泥法的 2 倍以上，其沉淀状态取决于沉降速度较慢的污泥界面的沉淀。本条中提出的参数值是根据试验、工程测定结果并综合了国外资料制定的。

4.2 气浮—沉淀

4. 2. 2 气浮沉淀池的固体负荷是指气浮区与沉淀区两部分之和。国内外深井曝气工程试验测定结果表明一般可有 10%～30% 固体上浮，90%～70%固体下沉，这样相应减轻了污泥浓缩的负担。因而本条所提出的参数值高于二次沉淀池的数值。

4.3 污泥回流方式

4. 3. 1 借循环水泵的提升水头将固液分离池的水位提高，即可实现重力回流污泥。

4. 3. 3 利用升流管所供气量的一部分，作为污泥空气提升器的用气量。该气量即可提升污泥又兼充氧的双重作用。

4. 3. 4 高有机负荷时，污泥回流比宜取高值。

5 监测控制

5.0.2 监测、检查深井的渗漏，可设水质观测井或在深井停用时观测深井渗漏情况。以便发现问题，及时采取补漏措施，防止对地下水污染。

附录A 深井结构设计和成井施工的要求

“附录A”主要是针对深井结构设计与成井施工必须考虑的几项基本要求，并非全部，叙述也较简单，且偏重于施工方面注意事项。结构设计应按国家有关标准规范规定执行。

(1) 钢管井体的井管内壁的防腐措施，日前主要是两种：一是防腐涂料，二是水泥砂浆抹面。施工方法、优缺点和存在的问题，均由深井结构设计规范或技术规定论述。井管外的外包凝混土为水下浇筑，一是保证水下混凝土的质量（如现场做最佳配比试验），二是其厚度还要视钻井设备情况，井孔成型状况适当调整，但不得小于200mm。

(2) 井体结构设计应与井体成型的施工过程协调，主要是考虑最不安全条件组合，不同情况的荷载组合和不同的内力计算简图，都能保证结构的安全和正常使用。

(3) 钢制井管安装，下管时管内必须充水，主要有两个功能，利用重力下沉和保证管内外的低水位差，防止钢管失稳。

(4) 管外浇筑水下混凝土时，将井管封闭注水加压（或注砂），是防止混凝土凝固前过大的管外压，导致管壁的强度破坏。

中国工程建设标准化协会标准

合流制系统污水截流井设计规程

Specification for design of combined sewage intercepting well

CECS 91:97

主编单位：北京建筑工程学院
审查单位：中国工程建设标准化协会城市给水排水委员会
批准单位：中国工程建设标准化协会
批准日期：1997年10月9日

前　言

污水截流井是合流管道中一个重要的附属构筑物。为了指导国内新建、改建、扩建合流制排水系统中污水截流井的设计，统一工程设计的基本要求，现批准《合流制系统污水截流井设计规程》，编号为CECS 91:97，推荐给工程设计、施工单位、建设单位和管理部门使用。在使用过程中，请将意见及有关资料寄交上海市国康路3号中国工程建设标准化协会城市给水排水委员会（邮编200092）。

本规程主编单位： 北京建筑工程学院
参 编 单 位： 北京市市政工程管理处
主 要 起 草 人： 李燕城　王岚　马君兰　冯倩云　王茂才　王春顺　曹洪林　董树信

中国工程建设标准化协会
1997年10月9日

目　次

1 总　则

1.0.1 为使新建、改建、扩建合流制排水系统中污水截流井的设计做到技术先进、经济合理、安全适用、确保质量，制定本规程。

1.0.2 本规程适用于管道系统为重力自由出流，截流井为无恒定截流设施，井的溢流管出口不受水体顶托影响的场合。

2 术　语

2.0.1 污水截流井　sewage intercepting well

设于合流制排水系统中，用于将旱流污水和初期雨水截至污水管道，且保证雨水排泄水体的特殊构筑物。

2.0.2 堰式截流井　intercepting weir well

井内设有堰的截流井。堰有正堰、斜堰、曲线堰、侧堰之分。

2.0.3 槽式截流井　intercepting trough well

井内设有槽的截流井。

2.0.4 槽堰结合式截流井　intercepting weir-trough well

井内同时设有槽、堰的截流井

2.0.5 污水截流量　intercepting sewage flow

按设计应截留的旱流污水和初期雨水流量，以L/s计。

2.0.6 截流倍数　interception ratio

污水截流井开始溢流时所截流的雨水量与合流管内旱流污水设计流量之比值。

3 一般规定

3.0.1 污水截流井应能将污水和初期雨水截流入污水截流管，并保证在设计流量范围内雨水排泄通畅。

3.0.2 污水截流井在管道高程允许条件下，应选用槽堰式截流井。当选用堰式截流井时，宜选用正堰式截流井。

3.0.3 污水截流井设置地点应根据污水截流干管或污水管道位置、周围地形、排放水体的水位高程、排放点的周围环境而定。

3.0.4 污水截流井溢流管底出口高程，宜在水体洪水位以上。

4 设计计算

4.1 污水截流设施的计算

4.1.1 污水截流量应按下式计算：

$$Q = (1 + n_0) \cdot Q_h \qquad (4.1.1)$$

式中 Q —— 污水截流量(l/s)；

n_0 —— 截流倍数，取 $n_0 = 1 \sim 5$；

Q_h —— 合流管道内旱流污水设计流量(l/s)。

4.1.2 对于无污水设计流量资料的原有合流管，应实测现有污水量，确定最大污水量，并应考虑将来的发展。

4.1.3 当污水截流管管径为 300～600mm 时，堰式截流井内各类堰(正堰、斜堰、曲线堰)的堰高可根据表 4.1.3 计算确定。

表 4.1.3 堰式井的堰高计算式(mm)

d	H_1
300	$H_1 = (0.233 + 0.013Q) \cdot d \cdot k$
400	$H_1 = (0.226 + 0.007Q) \cdot d \cdot k$
500	$H_1 = (0.219 + 0.004Q) \cdot d \cdot k$
600	$H_1 = (0.202 + 0.003Q) \cdot d \cdot k$

式中 d —— 污水截流管管径(mm)；

H_1 —— 堰高(mm)；

k —— 修正系数，取 $k = 1.1 \sim 1.3$。

4.1.4 当污水截流管管径为 300～600mm 时，槽式截流井的槽深、槽宽可按下式确定。

$$H_2 = 63.9 \cdot Q^{0.43} \cdot k \qquad (4.1.4-1)$$

式中 H_2——槽深(mm)；

$$B = d \tag{4.1.4-2}$$

式中 B——槽宽(mm)。

4.1.5 槽堰结合式井，槽深、堰高应按下列步骤和公式计算确定。

1 根据地形条件、管道高程允许降落可能性，确定槽深 H_2'；

2 根据截流量，应用水力计算确定截流管管径 d；

3 假设 H_1'/H_2' 比值，按表 4.1.5 计算确定槽堰总高 H。

表 4.1.5 槽堰结合式井的槽堰总高计算(mm)

d	$H_1'/H_2' \leqslant 1.3$	$H_1'/H_2' > 1.3$
300	$H=(4.22Q+94.3)\cdot k$	$H=(4.08Q+69.9)\cdot k$
400	$H=(3.43Q+96.4)\cdot k$	$H=(3.08Q+72.3)\cdot k$
500	$H=(2.22Q+136.4)\cdot k$	$H=(2.42Q+124.0)\cdot k$

4 按公式(4.1.5)确定堰高 H_1'。

$$H_1' = H - H_2' \tag{4.1.5}$$

式中 H_1'——槽堰结合式井中堰高(mm)；

H_2'——槽堰结合式井中槽深(mm)；

H——槽堰结合式井中槽堰总高(mm)。

5 校核 H_1'/H_2' 是否符合本条第 3 款的假设条件，否则改用相应公式重复上述计算。

6 槽宽计算同式(4.1.4－2)。

4.1.6 污水截流管管径与坡度计算应符合下列规定：

1 污水截流管管径应遵照《室外排水设计规范》有关水力计算的规定，按满流重力流原则计算确定。

2 截流管管径不宜小于 300mm。

4.2 雨水溢流设施的计算

4.2.1 溢流量可按式(4.2.1)近似计算确定：

$$Q_y = Q_z - Q_h(1 + n_0) \tag{4.2.1}$$

式中 Q_y——溢流量(l/s)；

Q_z——合流管道的设计流量(l/s)。

4.2.2 合流管道的设计流量，应按现行的《室外排水设计规范》有关规定计算确定。

4.2.3 溢流管的管径、坡度应按雨水管道满流计算确定。

4.2.4 堰式、槽堰式结合井内，对加堰后合流管泄水能力应按下列规定校核。

当 $H_1/d<0.9$(堰式)，$H_1'/d<0.9$(槽堰式)时，不影响合流管泄水能力；

当 $H_1/d\geqslant 0.9$(堰式)，$H_1'/d\geqslant 0.9$(槽堰式)时，影响合流管泄水能力，此时应考虑槽式，或加大槽堰式井中槽深，或加大截流管管径。

附录A　本规程用词说明

A.0.1　为便于在执行本规程条文时区别对待，对要求严格程度不同的用词说明如下：

1　表示很严格，非这样作不可的用词：正面词采用“必须”，反面词采用“严禁”。

2　表示严格，在正常情况下均应这样作的用词：正面词采用“应”，反面词采用“不应”或“不得”。

3　表示允许稍有选择，在条件许可时首先应这样作的用词：正面词采用“宜”，反面词采用“不宜”。

表示有选择，在一定条件下可以这样作的，采用“可”。

A.0.2　条文中指定应按其他有关标准执行的连接用语为：“应符合……的规定”或“应按……执行”。

中国工程建设标准化协会标准

合流制系统污水截流井设计规程

CECS 91:97

条 文 说 明

目　次

1　总　则

1.0.1　我国地域广大，各地经济发展也不平衡。合流制排水系统在某些城市中仍在应用。无论是改建、扩建和新建的合流制排水系统，均存在一个污水截流以防旱流污水污染水体的问题。污水截流井正是合流制排水系统中起到这一作用的特殊构筑物。随着环保与城市建设的发展，截流井的设计与管理日益受到市政工程人员广泛重视。为此，迫切需要在总结科学实验和生产实践的基础上，制定出适合我国国情的污水截流井设计规程，以用于指导工程设计。

1.0.2　规定本规程适用的条件：第一，管道是重力自由出流。第二，截流井处无恒定截流设施，即指截流井处无特殊构造和技术措施能保证在雨季时截流量为一常量。因此雨季时通过截流井进入污水截流管的水量是一变量，它随着暴雨的加大而增加。第三，截流井溢流管出口不受水体水位顶托，为自由出流。

2 术 语

2.0.1 污水截流井

我国现行的《室外排水设计规范》，在第二章第三节合流水量中提到了溢流井一词，但未做任何说明。1986年出版的《给水排水设计手册》第五册，对雨水溢流井做了一般性介绍，并介绍了一种跳越式溢流井。该井主要作用是用来截流旱流污水和初期雨水，以免它们污染水体，同时保证在雨季时，截流水量尽可能恒定，以免增大污水处理厂的水量负荷，还应保证雨水通畅排泄。为更直观和更能说明该井的作用并引起足够的重视，我们将该井命名为污水截流井。

2.0.2 堰式截流井

堰式截流井的构造如图2.0.2所示。井本身构造详见国家或地方有关检查井标准图。

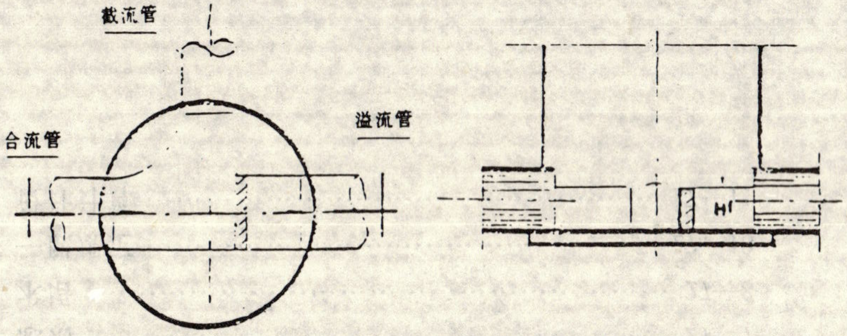

(a)平面图　(b)剖面图

图2.0.2—1 正堰式截流井

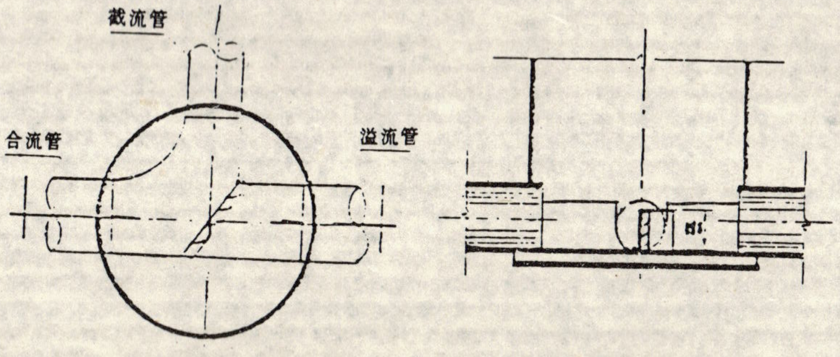

(a)平面图　(b)剖面图

图2.0.2—2 斜堰式截流井

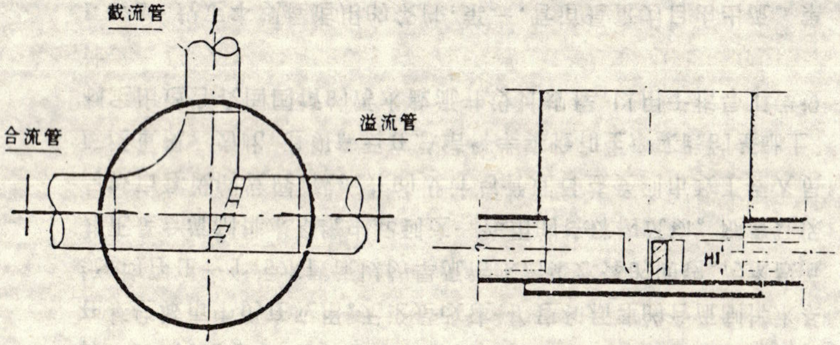

(a)平面图　(b)剖面图

图2.0.2—3 曲堰式截流井

2.0.3 槽式截流井

槽式截流井的构造如图 2.0.3 所示，井本身构造，详见国家或地方有关检查井标准图。

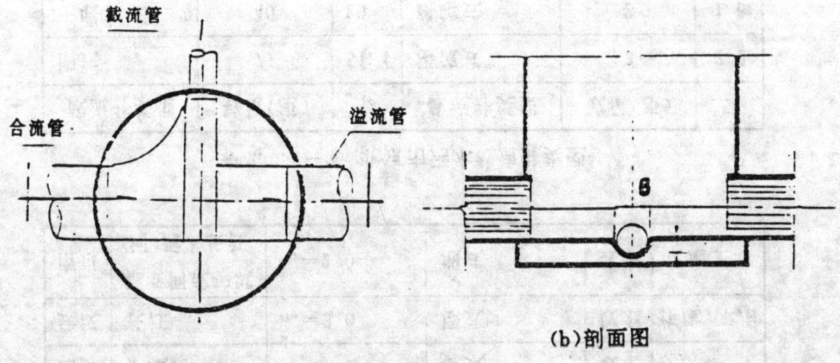

图 2.0.3 槽式截流井

2.0.4 槽堰结合式截流井

槽堰结合式截流井的构造如图 2.0.4 所示。井本身构造，详见国家或地方有关检查井标准图。

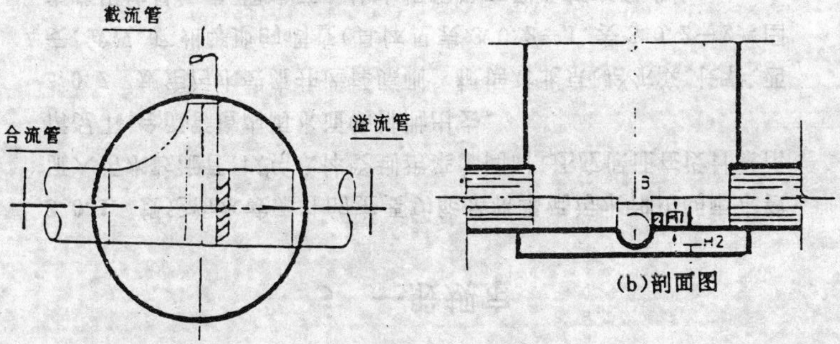

图 2.0.4 槽堰结合式截流井

上述三井中流槽高度，与合流管的 1/2 内径齐平，但不得小于截流管内顶高。

2.0.5 规定了污水截流井截流量的定义，指明截流量并非旱流污水量。

2.0.6 规定了截流倍数的定义，此处合流管内旱流量是指设计污水量，即最高日最高时污水量。这是根据污水截流尽量避免其进入水体、污染环境而定。

3 一般规定

3.0.1 规定污水截流井的主要功能是将旱流污水和初期雨水截流入污水截流管，以免水体受到污染。同时，还应保证在设计暴雨情况下，合流管道内雨水通畅排泄出去。

3.0.2 规定污水截流井选择原则。根据对北京、哈尔滨、长春、西安、武汉、广州等地的调查(具体见表3.0.2—1、表3.0.2—2)，国内常用的是槽式、堰式等。故本规程没有列入其它型式的井。

表3.0.2—1 国内某些城市污水截流井概况

城市	污水排入水体	截流倍数	井型	数量	备注
长春	伊通河	近期n_0=0.5 远期n_0=2.0	堰式、槽式	7～8	
沈阳	浑河	n_0=3.0	槽堰结合式	3	未发现问题
西安	护城河		堰式	数个	
武汉	长江	n_0=3.0	堰式	数个	作废，未用
南京	秦淮河或护城河，后入长江	n_0=2.0	堰式	数个	正施工

表3.0.2—2 北京市污水截流井类型

截流井类型	数量(座)	%	截流井类型	数量(座)	%
槽式	71	51.4	溢流式	3	2.2
正堰	40	29	跳越式	2	1.6
跌落式	9	6.5	子沟式	1	0.7
闸门式	6	4.3	转槽式	1	0.7
漏斗式	4	2.9	起闭闸门式	1	0.7
合计				138	100

因槽堰式污水截流井兼有槽式井和堰式井的优点，即井内不积泥砂，截流效果好，故建议在高程允许条件下可优先选用。此外，堰式井因构造简单，污水截流效果好，也可优先考虑。在堰式井中，因正堰构造简单，井又小，故在堰式井中可优先选用正堰式井。

3.0.3 污水截流井一般建在合流管道入河口前。因此设置地点应考虑污水截流干管位置、排放水体水位、排放点周围环境等。但也有的截流井是设在城区内，旧有合流支线进入新建分流制雨、污水管道处，此时应考虑污水管道位置与周围地形条件等。

3.0.4 污水截流井溢流管底出口高程，宜在水体洪水位以上，是为防止河水倒灌，否则溢流管道上还要设置闸门等防倒灌设施，给截流井的正常运行造成困难。

4 设计计算

4.1 污水截流设施的计算

污水截流设施的计算，目的是为了保证污水截流。计算内容主要有污水截流量的计算；截流设施——井内堰高、槽深或槽宽的计算；污水截流管水力计算。

4.1.1 规定污水截流量的计算公式

本规程推荐采用公式：$Q=(1+n_0)\cdot Q_h$，其中 Q_h 为管内设计最高日最高时污水量，目的是提高旱流污水不进入水体的安全性。

截流倍数 n_0 应根据合流管道内旱流污水的水量、水质、水体卫生要求、水文、气象条件、资金条件、已建截流干管的承受能力等因素选用，一般采用 $n_0=1\sim5$。

4.1.2 本条文主要是针对已建合流管道进行污水截流时的污水量确定方法。

4.1.3～4.1.4 规定堰高计算公式、槽深计算公式

国内外对污水截流设施计算，均是按明渠均匀流公式进行。不同之处是国外计算截流量按合流管内明渠均匀流时的水深，以此确定堰高；而国内计算截流量是按截流管内明渠均匀流时的水深，以此确定堰高。

经过模型试验和生产实践，可以证实上述按明渠均匀流计算水深、确定堰高的方法是错误的。这是因为污水截流井本身只有几米长，此处水流弯道既多，又存在突然放大和突然缩小，还有截流水堰或跌水等。该处水力计算中局部阻力已上升为主要矛盾，不容忽视。不考虑局部阻力带来的影响，仍按明渠均匀流公式计算确定堰高、槽深，当水流经此处时，为克服局部阻力，水位必然抬高，造成污水过堰，污染水体。

表 4.1.3 的计算公式及式(4.1.4－1)是通过 1∶1 规模模型的正交试验，找出影响污水截流量因素的主次关系及显著性因素，并建立起污水截流量与显著性因素间的定量关系。

4.1.5 条文说明同 4.1.3。如堰过高，以至降低合流管泄水能力，造成雨水排泄不畅，或是受高程限制，无法做成槽式井时，可选用槽堰结合式井。一般槽深可以先确定。

4.1.6 规定了污水截流管的设计计算。

1 计算方法、公式、要求均按《室外排水设计规范》的规定进行。

2 因为规程中污水截流井为无恒定截流设施。旱流时，合流管内仅有少量污水，为非满流。污水进入截流井后，被全部截入污水截流管内，溢流管内无水。雨天时，地面雨水汇流经雨水口进入合流管，管内水量逐渐增大，水深也逐渐增高，这部分雨水流经地面挟带着污物进入管内，同时又将管内泥沙沉积物冲起一齐进入截流井。由于这部分初期雨水较脏，污染物较多，故应全部截留。此时合流管内为非满流，当截流井内水位刚好和堰高或槽顶相平，截流管内为满流，溢流管内无水。随着雨水量的增加，合流管内水量加大，截流井内水位上升，截流管水量也加大，最终从重力流开始进入有压流，此时井内一部分水溢过堰或槽，经溢流管排入水体。当合流管达到设计流量时，管内进入满流状态，截流管仍为有压流。所以截流管在雨季时，随着雨量大小不同，经截流管进入处理厂的污水量有较大变化。故建议截流管的充满度按满流设计。

4.2 雨水溢流设施的计算

雨水溢流设施计算的目的是保证在设计雨水流量情况下，合流管道内排水通畅。计算内容主要有：雨水溢流量计算；溢流设施——溢流管水力计算；合流管道泄水能力校核。

4.2.1 当截流井为无恒定截流设施时，截流管污水截流量并非恒定值。设计雨量下，因截流管内为有压流，故截流管内截流流量远

大于污水截流量，为简化溢流量计算，建议采用计算公式(4.2.1)。

4.2.2 规定合流管道设计流量按《室外排水设计规范》的规定计算。

4.2.3 规定了溢流管道设计流量按《室外排水设计规范》规定的满流计算。

4.2.4 规定合流管泄水能力校核

为了截流污水和初期雨水，在井内加堰后，必然影响合流管道雨季泄水能力。为保证加堰后不影响上游合流管内泄水能力，应予校核。

日本、前苏联、美国等是靠计算堰长，满足溢流量以保证雨季合流管内泄水能力。其计算公式为：

$$Q_{溢} = Q_{合} - Q_{截} \quad (4.2.4-1)$$

式中 $Q_{溢}$——经过污水截流井溢入水体中流量(l/s)；

$Q_{合}$——合流管道中设计流量(l/s)；

$Q_{截}$——污水截流井截流量(l/s)。

日本排水规范中，堰长计算公式为：

$$Q_{溢} = 1.8 \cdot b \cdot H^{3/2} \quad (4.2.4-2)$$

式中 b——堰长(m)；

H——溢流水头(沿堰长的平均值)(m)；

$Q_{溢}$——雨水溢流量(m^3/s)。

前苏联采用溢流量计算公式为：

$$Q_{溢} = 1.96 \cdot b \cdot H^{3/2} \quad (4.2.4-3)$$

美国所用侧堰计算公式为：

$$Q_{溢} = 3.32 \cdot b^{0.88} \cdot H^{1.67} \quad (4.2.4-4)$$

由上列计算公式可见，各国的计算中均认为溢流量与堰长 b，堰上水头 H 有关，即 $Q_{溢}=f(b \cdot H)$。但该计算公式是水力学中渠道内堰前、堰后流量相等时堰溢流量公式。此条件下堰溢流量当然仅与堰长、堰上水头有关。但合流管道中截流井的堰处并非上述状况，而是在堰前多了一个侧向泄流，即污水截流量。所以来水在截流井处分为二部分：堰前分走一部分，过堰流走另一部分。故影响堰溢流量的因素，除了堰长、堰上水头外，还有截流管径 d 和合流管径 D。即 $Q_{溢}=f(D \cdot d \cdot b \cdot H)$。截流管径 d 大小不同，截走的流量不同，当然就影响溢流量的大小。同样合流管管径大小不同，来水量也不一样，也影响溢流量大小，所以忽略这二因素，还用水力学中堰溢流量公式是不适宜的。

美国虽多采用侧堰，但在其计算公式中，也未考虑截流管与合流管的管径大小，公式是在考虑堰后溢流渠道断面未缩小，与堰前渠道一样宽；堰后溢流仍为重力流；存在自由液面的前提下推导而得。但在侧堰式截流井内，水力条件远非如此，截流管管径 d 远小于合流管管径 D，沿水流方向断面发生了急剧变化，截流管内水流已成为压力流，并非重力流。由于条件的改变，截流管径、合流管径大小同样也将影响溢流量。根据多因素正交试验，方差分析得出污水截流井中影响溢流量的显著因素为合流管管径 D 和截流管管径 d。因此，加大堰长对溢流量影响不大，而工程中又不可能将截流井做得很大，故本规程中没有提出用堰长调节溢流量的公式。

截流井处加堰会降低上游合流管过水能力，堰越高，合流管过水能力降低越大。但截流井处，由于堰前有侧向泄流——污水截流管，从而又加大了合流管过水能力，截流管径越大，合流管过水能力越大。截流井处由于截流管与堰的同时存在，二者对合流管内过水能力的影响刚刚相反。经试验研究得出本规程结论。

中国工程建设标准化协会标准

重金属污水化学法处理设计规范

CECS 92:97

前　言

《重金属污水化学法处理设计规范》是根据(93)建标协字第12号文"关于下达推荐性工程建设规范计划的通知"的要求制订的。根据国内大量的工程实践和科研成果，参考国内外有关资料，在此基础上归纳、总结、提高为规范的条文，在编制的过程中，以多种形式征求有关专家的意见，最后由中国工程建设标准化协会工业给排水委员会组织专家审查会审查定稿。

中国工程建设标准化协会于1997年10月9日批准《重金属污水化学法处理设计规范》，编号为CECS 92:97。供国内有关单位使用，并可供国外交流。在使用过程中如发现需要修改、补充之处，请将意见和有关资料寄交中国工程建设标准化协会工业给水排水委员(北京市和平街北口中国寰球化学工程公司，邮编 100029)。

本规范主编单位：长沙有色冶金设计研究院
主　　　　编：唐锦涛
主 要 起 草 人：唐锦涛　曾凡勇　李卫红　杨运华
黄伏根　李绪忠　罗　彬　刘素萍

中国工程建设标准化协会
1997年10月9日

目　次

1 总 则

1.0.1 为使我国重金属污水用化学法处理的工程设计符合国家有关方针、政策、法令，有效且经济地处理污水，特制定本规范。

1.0.2 本规范适用于矿山、冶金、化工、机械等行业选用化学法处理含重金属工业废水的工程设计。电镀过程产生的重金属污水也应符合《电镀废水治理设计规范》GBJ136 的规定。

1.0.3 重金属污水处理应首先考虑回收其中的有价金属或综合利用，对处理过程中产生的沉渣，应使其无害化或妥善处理。

1.0.4 重金属污水处理应首先考虑回用。回用污水应处理到符合回用水的水质要求；处理后外排的污水水质，应符合《污水综合排放标准》GB8978 的规定和地方环保部门的有关要求。

1.0.5 化学法处理重金属污水，除符合本规范外，尚应符合国家、行业或地方有关标准和规范的要求。

1.0.6 本规范引用标准和相关规范：

《给水排水设计基本术语标准》GBJ 125

《室外排水设计规范》GBJ 14

《室外给水设计规范》GBJ 13

《电镀废水治理设计规范》GBJ 136

2 术 语

2.0.1 重金属 heavy metals

污水处理中的重金属，指有毒金属和类金属。包括《污水综合排放标准》GB 8978 规定的第一类污染物中的重金属和类金属，即汞、镉、铬、铅、镍、砷等，以及铜、锌、钴、锡、钒、钼、铁、锰等人类必需的微量元素，但超过一定限量时也显示出毒性的金属元素。

2.0.2 重金属污水 wastewater containing heavy metals

指含重金属离子的污水。

2.0.3 石灰法 lime process

以投加石灰或石灰石为主的处理重金属污水的方法。

2.0.4 硫化法 sulphuring process

投加硫化钠、硫化氢等硫化剂，使污水中的重金属离子与硫离子生成难溶物质而与水分离的一种污水处理方法。

2.0.5 铁盐——石灰法 ferrosoferrlc compound-lime process

投加铁盐和石灰使污水中的重金属离子生成难溶物质而与水分离的一种污水处理方法。

2.0.6 铁氧体法 ferrite process

投加亚铁盐、碱，通入空气，在一定的温度下，使污水中重金属离子与铁离子、氧离子组成氧化物晶体——铁氧体再与水分离的一种污水处理方法。

2.0.7 氧化还原法 oxide-reduction process

借助于氧化剂或还原剂，使污水中重金属离子氧化或还原后再进一步与水分离的污水处理方法。

2.0.8 铁屑置换法 replacement with irons

用铁屑（粉）置换重金属污水中的 Cu^{2+}，使 Cu^{2+} 还原成海绵铜而去除的污水处理方法，是还原法的一种。

2.0.9 细菌氧化法 bacterial oxide process

借助于细菌(铁杆菌、铁氧杆菌等),使污水中的 Fe^{2+} 氧化成 Fe^{3+} 的方法。

2.0.10 硫化剂 sulphuring chemical

在水中能产生 S^{2-} 并能与金属离子生成难溶的硫化物的污水处理药剂。

2.0.11 共沉 cosedimentation

污水中悬浮物在沉淀过程中,作为载体吸附或包裹污水中的重金属离子共同沉淀的过程。

2.0.12 共沉剂 cosedimentation chemical

投加到污水中,能生成沉淀物,并能与污水中重金属共沉的水处理药剂。

2.0.13 沉渣 sludge

污水经化学法处理所产生的沉淀物。

2.0.14 沉渣回流比 return sludge rate

化学法处理污水过程中,回流沉渣中的固体重量和被处理污水在化学作用下新产生的沉渣的固体重量之比。

2.0.15 分步沉淀 step sedimentation

重金属污水处理时,分步(阶段)投加相同或不同种类的水处理药剂,使污水中的不同重金属离子在不同阶段生成难溶化合物而与水分离的污水处理方法。

2.0.16 有价金属 vatuable matals

有回收价值的金属。

3 处理方法

3.1 一般规定

3.1.1 污水处理方法和药剂的选择应考虑污水量、水质、回收有价金属的形式及其利用、药剂来源及其价格、地方条件、处理后水质的要求等因素,并进行技术经济比较后确定。

3.1.2 应充分研究利用本厂矿或邻近厂矿的污水、废气、废渣处理污水的可行性,做到以废治废。

3.1.3 不同污染源的重金属污水根据其水质、处理流程、回收金属方式或沉渣处置的方式等因素,确定集中或分散处理。同类污水宜集中处理。

3.1.4 污水中的悬浮物如无回收价值,一般宜先予去除;如悬浮物与化学法处理重金属污水产生的沉渣具有不同的回收价值,则应先去除悬浮物后再处理重金属离子;如悬浮物与沉渣均采用同一工艺回收或综合利用,则宜同时回收。

3.1.5 污水处理流程通过试验确定,当缺乏试验资料时也可参照类似污水处理流程设计。

3.1.6 应根据污水中重金属离子的种类、含量和回收或综合利用的方式,选用一步或分步沉淀流程。

3.1.7 应配备必要的可靠的计量和 pH 等测定仪表,有条件时宜采用自动化操作。

3.1.8 对小水量、难处理或为保证处理后的水质要求而严格控制处理条件的污水,宜选用间歇法处理。

3.2 石灰法

3.2.1 石灰法可用于去除污水中的铁、铜、锌、铅、镉、钴、砷等,以

及能与 OH^- 生成金属氢氧化物沉淀的其它重金属离子。

3.2.2 处理单一的重金属离子污水，投加的石灰量可按污水的pH值，重金属离子含量和石灰的纯度进行计算确定。污水投加石灰后要求达到的pH值，可根据重金属氢氧化物的溶度积和处理后的水质要求计算确定。对某些两性重金属，污水的pH值控制还要考虑羟基络合离子的影响。

常温下处理单一重金属污水要求的pH值可参照表3.2.2中的数值。

如采用沉渣回流技术，则加石灰后的污水pH值可小于表3.2.2所列数值。

表3.2.2 处理单一重金属污水要求的pH值

金属离子	Cd^{2+}	Co^{2+}	Cr^{3+}	Cu^{2+}	Fe^{2+}	Fe^{3+}	Zn^{2+}
pH值	11～12	9～12	7～8.5	7～12	9～13	>4	9～10

3.2.3 为提高污水处理效果，可加入共沉剂。共沉剂品种和投加量以及投加共沉剂后控制的pH值通过试验或类似污水处理的运行数据确定，控制的pH值宜小于表3.2.2中所列的数值。

3.2.4 含多种重金属离子的污水，无论是一步沉淀还是分步沉淀，控制的pH值都需试验或参考类似污水处理的实际运行数据确定。

3.2.5 污水中的某些阴离子会影响石灰法的处理效果，应进行前处理。

1 CN影响 Ag^+、Cd^{2+}、Ni^{2+}、Fe^{2+}、Fe^{3+}、Zn^{2+} 等的去除，应先用氧化剂使 CN^- 分解。

2 Cl^- 影响 Ag^+、Cd^{2+}、Pb^{2+} 的去除，不宜采用氯化物作共沉剂。

3 NH_3 影响 Cd^{2+}、Co^{2+}、Cu^{2+}、Ni^{2+}、Zn^{2+} 等的去除，宜采用加温或其它方法先去除 NH_3。

4 草酸、醋酸、酒石酸、乙二胺四乙酸、乙二胺等，宜先使之氧化分解。

3.2.6 投加石灰和共沉剂后生成的金属氢氧化物，宜采用沉淀法去除，是否需要过滤应根据处理后的水质要求确定。

3.2.7 处理含多种重金属的污水，若需分别回收污水中的有价金属，或为了提高回收有价金属的品位，宜采用分步沉淀。分步沉淀可采用石灰法或石灰法与硫化法相结合。

3.2.8 在较低pH条件下除铁，或采用分步沉淀回收污水中的铜、锌等有价金属前先除铁，宜将 Fe^{2+} 氧化成 Fe^{3+}。采用曝气法、药剂氧化法或细菌氧化法，应进行技术经济比较后确定。

在较低pH值条件下除铁，可采用曝气法，曝气时pH值宜控制在6以上。

分步沉淀处理污水，污水中 Fe^{2+} 含量较小时宜采用药剂法，常用的氧化剂为液氯或漂白粉，其用量一般按理论量计算，每克 Fe^{2+} 需有效氯0.64g。污水量很小时，也可选用臭氧等其它氧化剂。污水中 Fe^{2+} 含量较大时宜采用细菌氧化法。

3.2.9 石灰法处理重金属污水宜采用沉渣回流技术。最佳回流比根据试验资料经技术经济比较后确定，无试验资料时，沉渣回流比可选用3～4。

3.2.10 酸性重金属污水是否需预处理中和酸，根据水质和回收有价金属的要求而定，预处理可采用升流式膨胀中和滤塔，投加石灰石粉末或石灰。

3.2.11 采用升流式膨胀中和滤塔，原水的硫酸含量不宜超过2g/L，pH值可调整到6左右。升流式膨胀中和滤塔宜采用变速流，并符合以下要求：

1 滤料宜采用石灰石或白云石，其碳酸钙和碳酸镁的含量不小于90%。

2 滤料粒径为0.5～3.0mm，滤料高度为1.0～1.2m，滤塔下部滤速为130～180m/h，上部滤速为40m/h，中和塔总高度不宜小于 3.5m。

3 进塔污水宜先经沉淀去除悬浮物，出塔污水是否设脱除二氧化碳气体的设施，则根据工艺要求的 pH 值确定。

3.2.12 投加石灰石粉末可调整污水的 pH 值至 6 左右，石灰石粉末粒径宜小于 0.147mm(100 目)。

3.3 硫化法

3.3.1 硫化法可用于去除污水中的镉、砷、锑、铜、锌、汞、银、镍等，以及能与 S^{2-} 生成硫化物沉淀的其它重金属离子。

3.3.2 宜优先利用本厂矿或邻近厂矿的硫化氢气体副产品、含硫化氢废气、含硫废水或废渣。没有上述条件时可采用硫化钠或硫氢化钠等作硫化剂。

3.3.3 硫化钠或其它硫化剂的用量应根据 S^{2-} 与重金属离子生成硫化物的摩尔量计算。设计用量宜为理论量的 1～1.4 倍，加药量可通过氧化还原电位控制。

3.3.4 采用硫化氢气体作为硫化剂时，与污水的混合反应应在密闭容器或构筑物中进行。若加硫化剂后被处理污水的 pH<6，则其沉淀亦应在密闭容器或构筑物中进行。

3.3.5 硫化法处理重金属污水过程中 pH 的控制，应根据污水水质和需要回收或除去的重金属而定。

3.3.6 硫化法处理酸性重金属污水，当需要对酸进行预处理时，可采用石灰、石灰石粉末、升流式膨胀中和滤塔等，少量污水也可以采用其它碱剂。对升流式膨胀中和滤塔和石灰石粉末的要求，见 3.2.11 和 3.2.12 条。

3.3.7 硫化法可与石灰法配合使用

1 用石灰法作为硫化法的 pH 调节剂，其用量根据 pH 值计算确定。

2 在分步沉淀中利用硫化剂回收或去除某种重金属离子时，投加硫化剂时的污水 pH 值控制，根据污水处理工艺要求确定；

3 当利用硫化剂辅助石灰法去除污水中少量用石灰法难以处理达标的重金属离子时，可在石灰与污水充分反应后再投加少量硫化剂。

3.3.8 以硫化法为主处理污水，应将污水中残硫处理到达标，宜采用硫酸亚铁或漂白粉处理。

3.4 铁盐——石灰法

3.4.1 铁盐——石灰法可用于去除污水中的镉、六价铬、砷等，以及其它能与铁盐共沉的重金属离子。

3.4.2 铁盐——石灰法用于处理镉含量较低的污水时，宜采用三价铁盐，其用量和 pH 值的控制由试验确定，当缺乏试验资料时，采用 Fe/Cd 宜不小于 10，并用石灰调节废水 pH 值至 8 以上。

3.4.3 含六价铬污水宜先回收铬。当含六价铬量较小时，可选用铁盐——石灰法处理。宜选用硫酸亚铁作还原剂，Fe/Cr 采用 3.5～5.0，含六价铬量大时采用小值。投加硫酸亚铁的污水 pH 值宜在 2.5～3.0 反应 10～15min 后，再投加石灰调整 pH 值至 8～9。

3.4.4 铁盐——石灰法处理含砷污水，根据污水中砷的价态和含量大小选用一段处理或二段处理，污水中含砷量大时宜采用二段处理。

3.4.5 去除污水中的五价砷宜采用三价铁盐。铁盐的投加量与污水的 pH 值的控制，应根据铁盐的品种、一段处理还是二段处理再经试验确定。无条件试验时，可参照下列数值：

1 三价铁盐的投加量：当采用一段处理时，Fe/As 宜大于 4；当采用二段处理时，第一段 Fe/As＝1～2；第二段 Fe/As 宜大于 4，pH 值宜控制在 3～6；

2 二价铁盐的投加量：当采用一段处理时，Fe/As 宜大于 4；当采用二段处理时，第一段 Fe/As 宜大于 1.5；第二段 Fe/As 宜大于 4，pH 值宜控制在 8～9。

3.4.6 去除污水中的三价砷宜先氧化成五价砷。如直接处理，宜投加三价铁盐。当采用一段处理时，Fe/As 宜大于 10；当采用二段处理时，第一段 Fe/As 宜大于 2，第二段 Fe/As 宜大于 10，pH 值宜控制在 8～9。

3.4.7 含砷浓度较高的污水，可先用石灰法处理，然后再用铁盐——石灰法作第二段处理，此时 Fe/As 宜大于 4。

3.5 其它处理方法

3.5.1 氧化还原法宜用于污水的预处理。

3.5.2 采用空气氧化法使 Fe^{2+} 氧化成 Fe^{3+}，空气用量为每克 Fe^{2+} 需 2～5L，污水的 pH 值不宜小于 7，曝气时间不宜小于 0.5h。

3.5.3 三价砷氧化成五价砷宜采用液氯、漂白粉等氧化剂。

3.5.4 六价铬还原成三价铬宜采用亚硫酸氢钠、硫酸亚铁作还原剂，也可采用二氧化硫或亚硫酸钠。反应的 pH 值宜在 2.5～3.0，反应完成的电位值与所用药剂和测定电极种类有关，一般为 300～450mv。

3.5.5 含铜污水用铁屑置换法回收海绵铜时，宜采用动态置换，污水中的 Cu^{2+} 含量不宜小于 60mg/L。污水中 Fe^{3+} 含量高时不宜采用。

3.5.6 铁氧体法可用于处理含铬污水，亦可用于处理含铬、镍、铜、锌、银等多种重金属的污水。

4 药剂选用和投配

4.1 药剂选用

4.1.1 在保证水处理效果的前提下，药剂选用应综合考虑药剂来源、成本、制备等因素，以及以废治废的可能性。

4.1.2 药剂的选用和药剂投加量可通过试验确定，当缺乏试验条件时，宜比照类似污水处理的实际运行数据或试验资料确定。

4.1.3 选用废渣、废气、废液(水)作为污水处理药剂时，应注意其中是否含有害成份影响处理后的水质。

4.1.4 中和剂可选用电石渣、石灰、石灰石、少量污水，有特殊需要时，也可选用碳酸钠、氢氧化钠等药剂。

4.2 药剂投配

4.2.1 药剂投配方式宜采用湿投，药剂的溶解宜采用机械搅拌。当药剂的用量很大，且干投不影响处理效果时，也可采用干投。

4.2.2 药剂湿投时，溶解次数应根据药剂用量和制备条件等因素确定，每班不宜超过 1 次。药剂用量较小时，溶解池可兼作投药池。

4.2.3 药剂投配浓度采用重量浓度 1～10%。当药剂用量较小时，投配浓度宜小些。石灰乳浓度不宜超过 10%，有机高分子絮凝剂的投配浓度不宜超过 2%。

4.2.4 投药系统应有定量投药的设施和指示投药量的计量仪表。

4.2.5 在混合池前和反应池后应设置 pH 指示仪表；水处理效果需通过氧化还原电位控制时，在反应池出口应设置电位指示仪表。上述测定值均应反馈到加药间。

4.2.6 与药剂接触的池(槽)内壁，管道、设备和地面(楼面)，应根据药剂的性质采取相应的防腐措施。

4.2.7 加药间应有保障工作人员卫生安全的设施。采用硫化法处理污水时，混合反应池不宜设置在加药间内。

投加液氯、硫化氢或其它可能在投加过程产生异臭、有害气体或大量粉尘的药剂，其加药设施应设单独的房间，并按有关规程、规范的安全卫生和环保要求进行设计。

4.2.8 加氯间设计，应符合《室外给水设计规范》GBJ13 的有关规定。

投加硫化氢的加药间，除参照加氯间的安全卫生要求设计外，并应设置室内空气中硫化氢浓度测定和报警设施。

4.2.9 加药间宜与药剂库毗连，根据具体情况设置搬运、起吊设备和计量设施。

4.2.10 药剂仓库的药剂贮量，应根据药剂用量和当地药剂供应条件等因素确定，且不宜少于 15d 的投药量。

5 污水处理构筑物

5.1 一般规定

5.1.1 污水处理构筑物应根据污水处理流程选用，其设计参数应满足流程对该构筑物处理效果的要求。

5.1.2 处理构筑物的设计流量按污水泵站的最大设计提升流量或最大日污水流量和污水处理站日工作小时数计算确定。当需要处理初雨水时，还应考虑初雨水经调节后的流量。

工程分期建设时，设计流量可根据分期建设的情况分别计算。

5.1.3 各处理构筑物一般不少于 2 个（或分成 2 格）。当污水流量小，调节池容积大，且每天工作时间较少的污水处理站，也可考虑只设 1 个。

5.2 格 栅

5.2.1 在污水进入污水处理站或水泵集水池前应设置格栅。

5.2.2 格栅栅条空隙宽度一般可采用 10～25mm，泵站集水池前的格栅空隙宽度应满足水泵要求。格栅采用人工或机械清理，中、大型污水处理站宜采用机械清理。

5.2.3 当污水呈酸性时，格栅应采用不锈钢或其它耐腐蚀材料。

5.2.4 污水过栅流速宜采用 0.6～1.0m/s，设计流量应采用最大日最大时流量或污水泵站最大设计提升流量。格栅倾角宜采用 45°～90°，并应考虑格栅上杂物的清除、格栅的清洗和工作人员的安全设施。

5.2.5 格栅宜设在室外，当要求设于室内时，格栅间应根据污水水质设置有效的通风设施。

5.3 调节池

5.3.1 连续处理的污水处理站应设置调节池。调节池容积应根据污水量变化规律计算确定，宜大于 8h 污水量，不宜小于 6h 污水量。当污水处理站需处理初雨水时，调节池还应考虑初雨水量，其调节容积按厂区污染面积和降雨量计算。

5.3.2 调节池应方便沉渣清理，悬浮物较多的污水宜采用机械清理。

5.3.3 调节池应根据污水的性质有相应的防腐措施。

5.4 污水泵站

5.4.1 水泵的选型和台数应与污水的水质、水量及处理系列相适应，宜按每个系列的处理水量选 1 台工作泵，泵站需设 1 台备用泵，3 台或 3 台以上工作泵时，宜采用 2 台备用泵。

5.4.2 抽升腐蚀性污水的泵站，应选用耐腐蚀的水泵、管道和配件，集水池和泵房地面应防腐。

5.4.3 抽升可能产生有害、有毒气体的污水泵房，须设计为单独的建筑物。集水池宜与泵房分建，并设于室外。如与泵房合建，应有可靠的通风设施。

5.5 混合反应池

5.5.1 水处理药剂与污水的混合和反应，宜采用机械搅拌或水力搅拌，间歇处理污水可采用压缩空气搅拌。

5.5.2 药剂与污水混合时间为 3～5min，反应时间为 10～30min。

5.5.3 药剂与污水混合反应过程中，如产生有害气体，则混合池和反应池应密闭，且不应采用压缩空气搅拌。

5.5.4 混合和反应池都应设排空管，排空管应通向调节池。

5.5.5 混合和反应池应根据污水水质选用相应的防腐措施。

5.6 沉淀池

5.6.1 沉淀池的设计参数应根据污水处理试验数据或参照类似污水处理的沉淀池运行资料确定。当没有试验条件和缺乏有关资料时，采用石灰法处理污水，其设计表面负荷参照下列数字选用。

斜板(管)沉淀池	
有沉渣回流	2.0～3.0m³/m².h
无沉渣回流	1.0m³/m².h
水力循环澄清池	
有斜板	2.0～3.0m³/m².h
无斜板	1.0～2.0m³/m².h
机械搅拌澄清池	1.0～2.0m³/m².h

当投加高分子絮凝剂时，上述指标还可适当提高。

5.6.2 斜板(管)设计一般采用斜板间距(斜管直径)50～80mm，其斜长不小于 1.0m，倾角 60°。

5.6.3 有沉渣回流的斜板(管)沉淀池，回流沉渣根据工艺要求可与药剂同时加入到废水混合池，或与药剂混合后加入到污水中，或先与污水混合再投加药剂。其计算流量应为污水和回流沉渣之和。

5.6.4 斜板(管)沉淀池的排泥宜采用机械排泥或排泥斗。沉淀池排泥斗的斗壁与水平面的夹角，园斗不宜小于 55°，方斗不宜小于 60°，每个泥斗应设单独的排泥管和排泥阀。

5.7 过滤池

5.7.1 污水经加药沉淀后，是否需要过滤，应根据出水水质要求而定。

5.7.2 当需要设置过滤池时，可参照《室外给水设计规范》GBJ 13 中有关规定设计。

5.7.3 滤池的反冲洗水应返回污水调节池，不得直接外排。

6 沉渣处理

6.1 一般规定

6.1.1 沉渣首先应考虑回收其中有价金属及综合利用，并应妥善处置，防止二次污染。

6.1.2 沉渣回收和综合利用应优先利用本厂生产工艺。沉渣脱水和干燥程度及其构筑物和设备的选择，根据回收及综合利用的要求确定。

6.1.3 当沉渣回收和综合利用有困难时，废渣应设置固定处置场；有害废渣宜经无害化处理，或采取设置安全土地填筑处置场及其它安全处置措施。

沉渣的浸出毒性鉴别，应遵照《有色金属工业固体废物浸出毒性试验方法标准》GB5086 和《危险废物鉴别标准》GB5085.1～5085.3 执行，废渣污染控制参照《有色金属工业固体废物污染控制标准》GB5085 执行。

6.1.4 沉渣的浓缩、脱水构筑物和设备的排水，应排到调节池。

6.2 浓缩池

6.2.1 沉淀池排出的沉渣，在机械脱水前宜先进行浓缩。

6.2.2 沉淀池排出的沉渣含水率，如无试验资料或类似污水处理运行数据可参考时，石灰法可按 99.5%～98.0%选用。同一处理方法有沉渣回流时，沉淀池排出的沉渣较无沉渣回流时的沉渣含水率要小。

6.2.3 重力式污泥浓缩池浓缩时间不宜少于 12h，有效水深不宜小于 4m，浓缩后的沉渣在无试验资料或类似污水处理运行数据参考时，含水率可按 98.0%～96.0%选用。

6.2.4 浓缩池的排泥可采用刮泥机排泥和斗式排泥。刮泥机排泥时，其外缘线速度宜为 1～2m/min，刮泥机上宜设置浓集栅条，池底应坡向泥斗，其坡度不宜小于 0.05。斗式排泥时污泥斗斜壁与水平面夹角为 55～60°，多斗排泥时应每斗设单独的排泥管和排泥阀。

6.2.5 间歇式浓缩池应在不同高度设置排出澄清水的设施。

6.3 脱水机械

6.3.1 沉渣脱水机械的选型，应根据沉渣脱水性能和脱水要求，经技术经济比较后确定，宜采用压滤机。

6.3.2 沉渣进入脱水机前，宜先浓缩。当处理后污水硫酸钙含量很高、污水量较小，或采用间歇法处理时，也可将沉渣直接进入脱水机。

6.3.3 沉渣在脱水前是否投加絮凝剂，可通过试验和技术经济比较后确定。

6.3.4 压滤机可采用箱式压滤机、板框压滤机或带式压滤机，其过滤强度和滤饼含水率可由试验或参照类似沉渣脱水运行数据确定。当缺乏有关资料时，对石灰法处理污水，有沉渣回流且脱水前不加絮凝剂，压滤后的滤饼含水量可为 82%～80%，过滤强度可为 6～8kg/m^2.h(干基)。当沉渣中硫酸钙含量高时，滤饼含水率可取 75%或更小。

6.3.5 压滤机的设计工作时间每班不宜大于 6h。

6.3.6 机械脱水间的设备配置应符合下列要求：

1 压滤机宜单列布置；

2 有滤饼贮斗或滤饼堆场，其容积或面积根据滤饼外运条件确定；

3 应考虑滤饼外运的设施和通道。

6.4 沉渣干化

6.4.1 沉渣在干化前应先经脱水。

6.4.2 沉渣采用干燥窑干化时，宜采用悬链式回转干燥窑，有条件时可采用煤气作燃料，干燥窑的干燥强度当无类似资料参考时，可按脱水量 $70kg/m^2 \cdot h$ 选用。

6.4.3 干燥窑一般不设备用，但应设置浓缩沉渣的贮存池，贮存池容积一般为7～15d浓缩沉渣量。

6.4.4 干燥窑产生的烟尘应设收尘装置，烟气排放应符合环保有关规定。

7 污水处理站总体布置

7.0.1 污水处理站的位置选择应综合考虑以下因素：

1 全厂需处理的污水宜自流到污水处理站；

2 处理站平基标高应高出设计洪水位0.5m以上；

3 有良好的工程地质条件；

4 处理后的污水有良好的排放条件；

5 根据厂矿的发展规划，如污水处理量后期要增加，则应有相应的扩建场地。

6 采用硫化法处理污水时，处理站宜设在居住区和工厂常年主导风的下方。

7.0.2 污水处理站平面和高程配置应综合考虑以下因素：

1 污水处理构筑物和沉渣处理构筑物宜分别集中布置，加药间宜靠近投药点；

2 各处理构筑物的配置宜使污水流向顺直，少迂回和反流；

3 建构筑物的间距紧凑，但要满足施工和管道铺设的要求，通道的设置要方便药剂和沉渣的运送；

4 竖向设计宜充分利用地形，减少土石方工程和污水在处理站内的扬送次数；

5 沉渣有条件自流输送时宜采用渠道；

6 污水处理站设在工厂厂区时，其化验室、其它附属建筑物和生活设施宜与全厂统一考虑。污水处理站只配备简易、常规的分析仪器。

7.0.3 并联运行的处理构筑物应均匀配水。

7.0.4 采用石灰法处理污水时应设石灰棚或石灰库；需堆存的沉渣应根据其有害程度进行妥善处置，并与全厂的生产废渣统筹考虑。

7.0.5 污水和回流沉渣宜根据工艺要求设置计量装置，排放污水必须计量。

7.0.6 寒冷地区的污水处理站，构筑物和管道应考虑保温防冻。

7.0.7 污水处理站内的药剂管道宜架空敷设，避免U形管。石灰乳输送管道宜由石灰乳车间经投药点回流到石灰乳车间，停止运行时管道能放空，并设管道冲洗设施。

7.0.8 处理构筑物应考虑排空，排放水应回流到调节池。

7.0.9 污水处理站的供电等级应与主要的重金属污水污染源的有关车间供电等级一致。

7.0.10 污水处理站应有一定的绿化面积，各建筑物的造型应简洁美观。

附录A　本规范用词说明

执行本规范条文时，要求严格程度的用词说明如下：

一、表示很严格，非这样做不可的用词：

正面词采用“必须”，反面词采用“严禁”。

二、表示严格，在正常情况下均应这样做的用词：

正面词采用“应”，反面词采用“不应”或“不得”。

三、表示允许稍有选择，在条件许可时首先应这样做的用词：

正面词采用“宜”，反面词采用“不宜”。

表示有选择，在一定条件下可以这样做的，采用“可”。

中国工程建设标准化协会标准

重金属污水化学法处理设计规范

CECS 92:97

条文说明

目 次

1 总 则

1.0.1 说明本规范编制的目的

重金属污水有其特殊性，与有机污水相比，重金属污染不易被觉察。一是不像有机物污染使污水有颜色、臭味，从而使人从感官上就能觉察到其危害；二是重金属在自然界不会像有机物那样降解而达到无害化，要使其无害化只能将其从污水中分离出来。其中应用得较广泛的方法就是投加化学药剂，使重金属离子与药剂中的其它离子生成难溶的化合物，然后与水分离。本规范针对重金属污水的特点，编写化学法处理设计规范，以期达到有效和经济地处理重金属污水的目的。

1.0.2 规定了规范适用的范围

矿山、冶金、化工、机械等行业都有重金属污水，特别是矿山和冶金企业生产过程产生的重金属污水量大，目前多采用化学法处理。大多数重金属污水都是酸性污水，因此，规范的编写也侧重于酸性重金属污水。电镀废水的治理国家已颁布了《电镀废水治理设计规范》GBJ 136，本规范涉及的内容与该规范并不矛盾，而该规范更切合电镀废水的治理，且为强制性规范，因此规定了电镀废水的治理首先应符合现行的《电镀废水治理设计规范》。

1.0.3 重金属污水中重金属离子含量较大时，往往可以回收其中的有价金属或实现综合利用。日本已把矿山污水作为一种资源，例如栅原矿山的矿井水，先用石灰石粉末将污水 pH 提高到 3.8 使 Fe^{2+} 变成 $Fe(OH)_3$ 沉淀回收，再把污水 pH 值提高到 5.0～5.5 分离出石膏，进一步提高 pH 值到 8.0～8.5，使污水中的 Cu^{2+}、Zn^{2+} 变成 $Cu(OH)_2$、$Zn(OH)_2$ 沉淀回收。我国株洲冶炼厂的污水，采用石灰中和法处理，中和、沉淀产出的沉渣经浓缩、压滤、干燥成为锌渣，每年回收锌渣 2000t 左右，锌品位 25%左右，折合锌金属约 500t；处理后的污水准备回用于全厂作杂用水和冷却补充水，已完成了水质稳定的试验工作并通过了鉴定，回水工程已正常运行。因此规定了重金属污水首先应考虑回收其中的有价金属或综合利用的可行性。

重金属污水的沉渣分为有害渣和一般废渣，有害渣在露天堆存时，其中重金属化合物会被雨水反溶出重金属离子，而造成对环境的二次污染。我国某矿山由于含砷渣没有妥善处置，雨水淋溶使砷溶出污染了饮用水源而造成了中毒事故。因此，为了保护环境和水资源，规定了重金属污水不能回收有价金属或综合利用时，应使沉渣无害化或妥善处置。

1.0.4 重金属污水应首先考虑回用。由于重金属在水体中不会像有机物那样自然降解而无害化，只能迁移转化，始终存在危害性或潜在的危害性，因此，重金属应尽可能少排入水体。污水回用可以达到不排重金属的目的。另一方面，回用水对重金属的允许含量往往大于排入水体的允许含量，更大于水体中重金属的允许含量，故污水回用其需要处理的程度往往比外排需要的处理程度低，从而可以降低污水处理的费用。所以，无论从环境保护的角度还是从技术经济的角度来看，污水回用都是合理的。

1.0.5 本规范主要是规定化学法处理重金属污水的工艺、药剂选用、特有的设备选择等以及与城市污水处理相比具有特点的内容。对污水处理的建构筑物、总体布置等，除有特殊要求提出相应的条文外，一般不再作重复规定而执行相关规范。

2 术 语

2.0.1 重金属目前还没有统一和严格的定义。有的提出金属密度大于 5g/cm³ 的为重金属；有的提出周期表中序号 21(Sc)以后的金属为重金属；而在重金属污水处理和环境科学领域里，通常泛指有毒金属和类金属。本规范采用后一种提法，因为重金属污水处理的目的即是去除这些有毒物质。在重金属污水中较常遇到的，有《污水综合排放标准》第一类污染物中的汞、镉、铬、铅、镍、砷等毒性较显著，能在环境或动植物体内蓄积，对人体健康能产生长远不良影响的重金属，以及铜、锌、钴、锡、钒、钼、铁、锰等，虽然长远影响小于上述第一类污染物，但超过一定含量也会显示出毒性，对人体、动物、植物和水环境产生不良影响。

2.0.2 重金属污水是指含重金属离子的污水，这是本规范研究的对象。对含重金属固体悬浮物的污水，例如尾矿液中含有大量的尾矿颗粒，颗粒中都含重金属，但这类污水只需通过沉淀即可去除重金属，不需要用化学法处理。因此，规范中对重金属污水定义为含重金属离子的污水。

2.0.3 以投加石灰或石灰石为主的处理重金属污水的方法称为石灰法。石灰加入污水中产生 OH^- 和 Ca^{2+}，可使一些重金属离子生成氢氧化物而除去，但还可以利用 Ca^{2+} 除砷、氟。Ca^{2+} 可以在不同条件下与含砷阴离子生成 $Ca(AsO_2)_2$、$Ca_2As_2O_5$、$Ca_3(AsO_4)_2$、$Ca(OH)_2$、$Ca_3(AsO_4)_2$ 等难溶化合物而除砷。因此，不宜笼统地称为石灰中和法，而称之为石灰法更为确切。

3 处理方法

3.1 一般规定

3.1.1 化学法处理重金属污水，污水处理流程的确定和药剂的选用是最主要的问题。本条规定了流程选择要考虑的诸因素，设计时要综合考虑这些因素进行全面比较，才能作出切合实际情况的选择。

1 污水量

流程的选用与污水量的大小有关。污水量小则可供选择的水处理方法就较多，除化学法外还可以选用离子交换、电解上浮、浮选等方法；而大流量污水目前还多采用化学法处理。采用中和法处理污水，如污水流量小可以选用氢氧化钠，使沉渣量少，沉渣的金属品位高；若污水量大，则由于药剂来源、价格等问题，通常只能选用石灰、石灰石。污水量小可选用间歇法处理，构筑物少，管理方便，利于保证处理后的水质要求；而污水量大，则只能用连续法处理。

2 污水水质、回收有价金属的形式及其利用

污水水质与处理流程选择的关系是很显然的，同时也是确定是否回收有价金属，以何种形式回收的依据。举例说明如下：

铜矿矿山污水含有铜离子和铁离子。如铜离子含量高就可以回收铜。当污水中铁离子 Fe^{3+} 含量低时可以选用铁屑置换法以海绵铜形式回收铜；如 Fe^{3+} 含量很高，则由于 Fe^{3+} 与铁屑作用还原成 Fe^{2+}，使铁屑消耗量增加，而铁屑置换后水中总的铁离子也增加，使除铁所用的药剂和处理后的沉渣也增加，从而使污水处理的成本增加，影响了铁屑置换法的选用。当污水中铁离子主要是 Fe^{3+} 时，则可选用石灰法，先在低 pH 条件下除铁，进一步提高污

水的 pH 值，再以氢氧化铜的形式回收铜。当污水中的铁离子主要是 Fe^{2+} 时，可选用铁屑置换或硫化法选回收铜，再用石灰法除铁。

再以某铅锌矿的矿井污水为例说明。

污水平均水质：Zn^{2+} 248mg/L、Pb^{2+} 0.85mg/L、Cu^{2+} 4.33mg/L、Cd^{2+} 1.25mg/L、Fe^{2+} 124mg/L、Fe^{3+} 60.6mg/L、As〔Ⅲ〕1.41mg/L、pH3.28。考虑以下三种处理流程：

用石灰使污水的 pH 提高到 8～9，能使污水达到排放标准，但沉渣含锌量低，难以回收利用。

采用分步沉淀，投加石灰乳，先将污水 pH 值调到 5 左右除 Fe^{3+} 和 As，再提高 pH 值到 8～9 沉淀出锌渣，由于 Fe^{2+} 与 Zn^{2+} 在 pH8～9 时同时沉淀，因此所得锌渣锌品位约 28%。

先用液氯将 Fe^{2+} 氧化成 Fe^{3+}，再采用石灰分步沉淀除铁和回收锌渣。这一流程与上一流程相比，锌渣品位由 28%提高到 40%左右，锌渣量减少了 25%左右，从而使锌渣的浓缩、脱水、干燥设施都相应减少，虽然增加了液氯用量，在经济上仍是有利的。这一流程使锌渣品位提高，有利于锌的回收和利用，工程设计中最后选用了这一流程。

3　药剂来源及其价格、地方条件

药剂来源及其价格直接影响到药剂的选用和处理成本，因此也就影响流程的选择。

地方条件包括污水承纳水体的水量水质，附近其它污水排放情况，水体的功能，当地环境和环保部门的有关要求，以及药剂供应情况等等。例如某冶炼厂污水含锌、镉、铜、铅、砷等重金属。采用石灰法处理污水，为使镉达到排放标准，pH 值须控制在 10 以上。污水排放标准要求 pH6～9，因此，石灰法处理后的污水需投加硫酸回调 pH 值。但该地区外排的工业污水总体上说是偏酸性，当地环保部门根据这一地方条件，认为该冶炼厂污水 pH 值 10 外排，对环境不会产生不利影响，因此流程中取消了硫酸回调 pH 值。

3.1.2　国家计委、国务院环境保护委员会下发的(87)国环字 002 号文《建设项目环境保护规定》第 35 条，"拟定污水处理工艺时，应优先考虑利用污水、废气、废渣(液)等进行以废治废的综合治理。"根据这一规定制定本条。以废治废可达到经济效益、环境效益和社会效益的统一。在生产实践中也常常存在这种可能性。如利用电石渣处理污水；利用矿山的尾矿颗粒中氧化钙成分中和酸性重金属污水；碱性污水中和酸性重金属污水；以及利用工厂排出的含硫化氢气体作硫化剂等等。

3.1.3　厂矿企业可能有几个车间或矿井排出重金属污水，水质类似的宜集中处理，以节约投资，方便管理。由于两种污水水质不同，因而处理流程也不同，或者虽然流程相同，但要求回收不同的重金属，则应分别处理。两种污水虽然处理流程相同，但一种废水产出有害渣，另一种污水则产出一般渣或可以回收有价金属，宜分别处理，或对前一种污水进行预处理后再集中处理，以减少有害渣的数量。如铅锌冶炼厂冶炼污水和制酸污水，后者往往含砷很高，通常对制酸污水先进行预处理除砷，然后再与冶炼废水一起处理。

3.1.4　污水中往往含有悬浮物，有的厂甚至达到 300～600mg/L。当悬浮物没有回收价值时，宜先予以去除，以免影响化学法处理重金属污水产生沉渣的回收利用。如果悬浮物可以回收利用，当与化学法处理污水产生的沉渣采用不同的回收方法时，应先去除悬浮物。如悬浮物和沉渣均采用同一工艺回收或综合利用，则没有必要对悬浮物进行预处理，可根据污水处理工艺设计的要求确定污水中的悬浮物是否要进行预处理。

例如我国某铅锌冶炼厂，污水悬浮物含量 300～500mg/L，悬浮物含锌 5～8%，为一般渣，没有回收价值。而用石灰法处理污水所得沉渣含锌达 25%，可以回收利用，因此采用先除去悬浮物的水处理工艺。如果悬浮物与沉渣混合，则将使沉渣含锌降到 15%以下，这类渣难以回收利用，而且为有害渣，一般的堆存将对环境引起二次污染。

我国某锌厂，污水中悬浮物含锌 30%以上，采用与上述铅锌冶炼厂相似的处理流程，但悬浮物不进行预处理，与沉渣一起在沉淀池中沉淀回收。

3.1.5 单一的重金属离子污水，其投药量可以根据化学理论计算确定。但重金属污水一般都含有多种重金属离子，其处理条件就难以完全用理论计算确定。如含 Cd^{2+} 1mg/L 的污水用中和法调 pH 到 12 时处理效果最好，含 Cd^{2+} 达 0.5mg/L，与理论计算一致；如同时存在 Fe^{3+} 10mg/L，在 pH 值为 8 的条件下，经充分沉淀后的污水含 Cd^{2+} 可达 0.1mg/L；当 Fe^{3+} 50mg/L 时，在 pH 值为 7 的条件下即可使 Cd^{2+} 达 0.1mg/L。这是由于 Fe^{3+} 形成 $Fe(OH)_3$ 在沉淀过程中与 Cd^{2+} 共沉，共沉作用目前在理论上还难以进行计算。

污水中某些共存的阴离子影响有些重金属离子去除。例如 CN^- 对 Fe^{2+}、Fe^{3+}、Zn^{2+}、Ni^{2+}、Cd^{2+} 等的去除有影响；Cl^-、F^-、NH_3、SCN^- 等也对一些重金属离子的去除有影响。虽然单一的影响因素也可以通过理论作定量计算，但是在实际污水处理中往往是多种因素的综合影响，也难以完全用理论计算。

因此，本条规定污水处理流程通过试验确定，当缺乏试验资料时可参照类似污水处理流程设计。

3.1.6 规定了污水处理选用一步或分步沉淀流程的原则

某冶炼厂污水，含 Zn^{2+} 80～100mg/L，Pb2.34～3.44mg/L，Cd^{2+} 0.90～1.37mg/L，Cu^{2+} 0.08～1.40mg/L，As〔Ⅲ〕0.4～2.88mg/L。很显然，除锌外其它重金属含量少，难以单独回收，而其它重金属与锌渣一起沉淀也不影响锌的回收。因此，选用石灰法一步沉淀流程。

某矿山污水平均水质为 Fe^{3+} 390mg/L，Cu^{2+} 90mg/L，Zn^{2+} 340mg/L。三种金属都具有回收价值，采用石灰法都可以回收。但一步沉淀则三种金属氢氧化物沉淀混在一起，难以分别回收或综合利用。经试验采用石灰法分步沉淀流程，污水 pH 值先控制在 3.6～4.0，沉淀出 $Fe(OH)_3$；提高 pH 至 6.2～6.8，沉淀出 $Cu(OH)_2$；再进一步提高 pH 值到 8.0～8.5，沉淀出 $Zn(OH)_2$。采用石灰法三步沉淀流程，分别回收三种有价金属，现已投产运行。

3.1.7 污水计量过去不被重视。近年来环境保护的重要性已日益被人们所认识，因此，改进生产工艺，节约用水，加强管理，尽量减少污水排放量已进一步被重视。污水计量是环保考核的手段，故规定污水处理站必须有计量设备。

化学法处理重金属污水，pH 值直接关系到污水处理的效果，对中和法 pH 值的控制更是污水处理能否达到预期效果的关键。因此，必须要有 pH 值测定仪表。对污水处理关键性参数测定也应有可靠的仪表，如氧化还原法中的电位测定等。

自动化操作不仅可以节省劳动力，更主要的还是可以确保处理过程中有关参数的控制和适宜的投药量，从而保证污水处理效果。由于国内有关自动控制装置还不能完全满足要求，故规定有条件时考虑自动化操作。

3.1.8 对污水流量小的处理站，有条件采用间歇法处理，因为构筑物不大，且混合、反应、沉淀以至沉渣回流，可以在一个池子中进行，管理简单，工作可靠。对难处理废水，要求非常严格地保证出水水质的处理站，也宜采用间歇法，这样，如由于控制条件欠佳，污水处理未达到要求时，还可以投药进一步处理，保证达标排放。

3.2 石灰法

3.2.1 规定石灰法的适用范围。条文所列的重金属都有处理实例。石灰投加到污水中产生 OH^- 和 Ca^{2+}，多数重金属离子能与 OH^- 结合生成溶度积很小的氢氧化物而与水分离。而除砷则主要是利用 Ca^{2+}。

石灰法去除水中的砷，是使污水中的砷以砷酸钙〔$Ca_3(AsO_4)_2$〕、偏亚砷酸钙〔$Ca(AsO_2)_2$〕和焦亚砷酸钙〔$Ca_2As_2O_5$〕等沉淀除去，这些沉淀物在常温下的溶解度分别为 130、190、700mg/L，理论上不能达到排放标准。实践中由于污水中往往含有其它重金属离子，在石灰法处理中与OH^-生成氢氧化物，成为砷的共沉剂；或由于低pH污水处理中产生硫酸钙成为砷的共沉剂，或在一定条件下污水中的铁与砷络合成溶度积很小的砷酸铁〔$FeAsO_4$〕沉淀，或者由于沉渣回流的作用等综合因素，往往能把含砷污水处理到排放标准。例如我国某磷肥厂污水含砷20mg/L，采用石灰法处理，出水含砷0.5mg/L；浙江某硫酸厂污水含砷5mg/L，采用石灰法处理，出水含砷0.5mg/L；陕西某冶炼厂硫酸污水含砷400mg/L，采用石灰法沉渣回流流程处理，出水含砷0.25mg/L。

3.2.2 单一重金属离子污水，可以根据金属氢氧化物的溶度积和处理后的水质要求，计算出污水处理控制的pH值。

以M^{n+}表示污水中的重金属离子，Ks表示该重金属氢氧化物M(OH)n的溶度积，则

$$M^{n+}+nOH^- = M(OH)_n$$

$$Ks=[M^{n+}][OH^-]^n$$

$$\log[M^{n+}]=\log Ks-n\log[OH^-]$$

在22℃时水的离子积$Kw=[H^+][OH^-]=10^{-14}$，$pH=-\log[H^+]$，则

$$\log[OH^-]=pH-14$$

$$\log[M^{n+}]=\log Ks-n(pH-14)$$

由上式可以根据污水处理后要求的M^{n+}浓度计算出污水控制的pH值。

从上式也可以看到pH值愈高，M^{n+}浓度愈小，即处理效果愈好。但对某些两性的重金属，如铅、锌、镉、镍等，在高pH条件下又会生成羟基络合物，在水中离解出重金属的羟基络合离子。如锌在pH值为9时，Zn^{2+}含量0.166mg/L，pH上升到12时，除Zn^{2+}水中还有$Zn(OH)_3^-$、$Zn(OH)_4^{2-}$等，使水中含锌总量达到12.4mg/L。因此，某些两性重金属，废水处理时控制的pH值还要考虑羟基络合离子的影响。

条文中表3.2.2列出的处理单一重金属污水适宜的ph值，该值考虑了金属羟基络合离子的影响。

采用沉渣回流技术，由于回流沉渣对重金属离子的吸附共沉作用，以及对某些重金属而言，其氢氧化物老化的溶度积小于新鲜的。考虑到这些因素，石灰法处理控制的pH值会小于所列参考数值。下面列出某矿山污水用石灰法处理的试验数据。

某矿山污水石灰法处理时沉渣回流与不回流对比表

项　目	控制pH值	斜板沉淀池表面负荷($m^3/m^2.h$)	净化水水质(mg/L)	
			Zn^{2+}	Cd^{2+}
中和渣不回流	8.5	1.0	1.13	0.76
中和渣回流	7.9	4.0	0.122	0.017

3.2.3 石灰法处理有些重金属污水难以达到排放标准要求，如投架共沉剂则可以提高处理效果。

某冶炼厂污水处理试验。污水水质如下：pH2.5～3.0，Zn^{2+} 395.5mg/L，Pb^{2+} 2.44mg/L，Cd^{2+} 3.86mg/L，Cu^{2+} 1.47mg/L。用石灰法处理控制pH8.0～8.5时，澄清后的废水含Cd 0.06mg/L，Pb 0.37～0.40mg/L。如果是单一的含镉污水或含铅污水，在该pH值条件下均达不到上述效果。而使Cd^{2+}和Pb^{2+}得到有效处理的原因是污水中的Zn^{2+}在处理过程中生成$Zn(OH)_2$沉淀，成为Cd^{2+}和Pb^{2+}的共沉剂。

上例说明污水处理过程中共沉剂可以提高污水处理效果。共沉剂可以是人为投加的金属盐或其它物质，也可以是污水本身存在的某些金属离子在水处理过程中生成的。由于共沉对污水处理的效果目前还无法进行理论计算，因此，本条规定了共沉剂的品种和投加量以及控制pH值，通过试验或类似污水的运行数据确定。

3.2.4 含多种重金属离子的污水，对处理各种重金属离子所要求的pH值，均小于去除某单一重金属离子所需的pH值，这主要是

由于共沉作用。对某一金属离子而言，在石灰法处理污水过程中其它金属的氢氧化物都成为其自身的共沉剂，因此，pH 值的控制可小于第 3.2.2 条的数值。对于分步沉淀，虽然理论上在某一较低的 pH 值条件下只会使某一类金属离子生成沉淀物，其它金属离子不会生成沉淀物，但实际上也会由于共沉作用而部分沉淀，从而影响分步回收的效果。因此控制的 pH 值需通过试验或参照类似污水的实际运行数据确定。

3.2.5 污水中某些阴离子会与重金属离子生成络合离子，对石灰法去除污水中的重金属离子有不良影响，因此，当有这些离子存在时，应先进行前处理。

影响较大又常见的 CN^-，它影响 Ag^+、Cd^{2+}、Fe^{2+}、Ni^{2+}、Zn^{2+} 等的去除。以镉为例，Cd^{2+} 与 CN^- 络合生成 $CdCN^+$、$Cd(CN)_2$、$Cd(CN)_3^-$、$Cd(CN)_4^{2-}$，这些络合离子不会与 OH^- 生成沉淀物而除去。因此，本条规定应先用氧化剂使 CN^- 分解，然后再除去重金属。

Cl^- 影响 Ag^+、Cd^{2+}、Pb^{2+} 等的去除，仍以镉为例说明。当污水中存在 Cl^- 100mg/L 时，污水中的 Cd^{2+} 与 Cl^- 主要以 $CdCl^+$ 络合离子形式存在，其含量以 Cd 计为 Cd^{2+} 19%；如 Cl^- 达到 500mg/L 时，$CdCl^+$ 中的 Cd 为 Cd^{2+} 的 96%，它们无法用石灰法去除。由于污水中的 Cl^- 难以去除，因此，本条仅规定不宜用氯化物作共沉剂。

NH_3 影响 Cd^{2+}、Co^{2+}、Cu^{2+}、Ni^{2+}、Zn^{2+} 等的去除，而对 Cu^{2+} 的影响最大。Cu^{2+} 与 NH_3 会络合成 $Cu(NH_3)^{2+}$、$Cu(NH_3)_2^{2+}$、$Cu(NH3)_3^{2+}$、$Cu(NH_3)_4^{2+}$、$Cu(NH_3)_5^{2+}$ 等。某锡冶炼厂污水含 Cu^{2+} 和 NH_3，用石灰法处理铜的去除率小于 50%，当污水加温到 90℃～94℃时，Cu^{2+} 与 NH_3 的络合分解，铜去除率提高到 96～99%。

污水中的草酸、醋酸、酒石酸、乙二胺四乙酸、乙二胺等都会与污水中的某些重金属离子络合而影响石灰法的处理效果，宜先使之氧化分解后再去除重金属。

3.2.6 石灰法处理重金属污水，生成的金属氢氧化物等多用沉淀法除去。

污水经沉淀后是否需要过滤，则需根据处理后的水质要求确定。常规过滤并不能去除重金属离子，只能去除沉淀或气浮过程中未能除去的微细悬浮颗粒，而过滤石灰法处理后的污水滤料易板结。因此，一般都采用加大沉淀面积、提高沉淀效果的方法去除微细悬浮物而不采用过滤。只有当沉淀效果因各种原因难以保证或对处理后水质有较高要求时才采用过滤池。

3.2.7 规定了分步沉淀适用的条件和方法

分步沉淀采用石灰法的实例见第 3.1.6 条说明。以下列举石灰法硫化法结合的实例。

某矿山污水含 Cu^{2+} 50mg/L、Fe^{2+} 340mg/L、Fe^{3+} 380mg/L、pH2.6。先用经棒磨机粉磨的石灰石粉末将污水的 pH 值提高到 4 沉淀去除 Fe^{3+}，再用 H_2S 气体使 Cu^{2+} 生成 CuS 沉淀回收铜，然后再投加石灰去除水中的 Fe^{2+}。

3.2.8 用石灰法处理重金属污水，Fe^{2+} 沉淀 pH 值较高，Fe^{2+} 在低 pH 值条件下即可沉淀。Fe^{2+} 与 Cu^{2+}、Zn^{2+} 生成氢氧化物沉淀的 pH 值较接近。因此，拟在较低 pH 值条件下除铁或污水中含 Fe^{2+}、Cu^{2+}、Zn^{2+} 等金属离子而采用分步法回收铜、锌等有价金属时，宜将 Fe^{2+} 氧化成 Fe^{3+}。常用的方法有曝气法、药剂氧化法和细菌氧化法。

用石灰法可以去除污水中的 Fe^{3+} 和 Fe^{2+}，但前者在 pH 值为 4 时即可除去，且 $Fe(OH)_3$ 无论是污水沉降性能还是沉渣脱水性能均优于 $Fe(OH)_2$ 很多，因此，仅为除铁也常在较低 pH 值条件下将 Fe^{2+} 氧化成 Fe^{3+} 再除去。这种情况多用曝气法。虽然在 pH 值为 4 时，Fe^{3+} 即可生成 $Fe(OH)_3$ 沉淀，而本条规定 pH 值控制在 6 以上，这是因为在较高 pH 值条件下曝气氧化的效果好，而排放污水 pH 值需在 6 以上才达到排放标准。

分步沉淀处理污水，Fe^{2+}含量较低时可采用药剂氧化，工艺较简单，药剂耗量也少，故成本不高。根据某铅锌矿矿山污水的试验资料，药剂用量接近理论量，由于在污水加药搅拌过程中带入空气，也有一定的氧化作用，实际上起到药剂过量的作用。氧化剂中以液氯与漂白粉价格较低，故为常用氧化剂。用量少时也可考虑选用臭氧和其它氧化剂。

当污水中Fe^{2+}含量过高时，采用药剂氧化成本就过高，因此，可采用细菌氧化法。如日本棚原矿山污水，含Fe^{2+} 3g/L。过去用空气氧化法，以氧化氮作触煤，后改为细菌氧化法，成本仅为原来的1/3。美国、英国、南非等均有用细菌氧经法氧化矿山污水中Fe^{2+}成Fe^{3+}为实例报导。细菌氧化法构筑物则采用生物转盘，塔式生物滤池、鼓风曝气池等。因此，规定了污水含Fe^{2+}高时宜用细菌氧化法。国内细菌氧化法只见到试验报导，尚未见应用实例，故还没有条件规定设计参数。

3.2.9 沉渣回流技术能提高污水处理效果，减少石灰用量，提高沉淀物沉降速度和沉渣的浓缩脱水性能。这是由于回流沉渣在重金属离子与药剂的化学反应过程中起晶核作用，从而在化学处理污水过程中新生成的固体物不会生成大量新的微细晶核，而是使回流晶核颗粒增大，因此，沉淀物的沉速大，沉渣浓缩脱水性能好。同时，回流沉渣还具有吸附作用，可以进一步提高污水处理效果。

对中和法，某些金属的氢氧化物溶度积，新鲜沉渣与老化沉渣不同，新鲜沉渣的溶度积大于老化沉渣。如$Cd(OH)_2$新鲜沉渣与老化沉渣的溶度积分别为$10^{-13.7}$和$10^{-14.4}$；$Ni(OH)_2$为$10^{-14.7}$和$10^{-17.2}$；$Pb(OH)_2$为$10^{-14.9}$和$10^{-15.3}$；$Zn(OH)_2$为10^{-16}和10^{-17}。无沉渣回流的中和法产生的是金属氢氧化物的新鲜沉渣，沉渣回流则趋向于老化沉渣，因此其处理效果就更好。

以前苏联阿拉维尔兹炼铜化工联合企业硫酸污水为例，污水中含三价砷5～12g/L，用石灰法处理，石灰投加量达40g/L，处理后污水含砷2～10mg/L。而后采用石灰法中和渣回流的三段逆流石灰法处理，石灰投加量减至30g/L，处理后污水含砷为0.01～0.03mg/L。这主要也是沉渣回流的作用。

某矿山污水pH4，Fe^{3+} 400mg/L，用石灰直接中和后污水静止沉淀24h，沉渣体积占污水总体积的23%；当回流中和渣回流比为3时，静止沉淀1h，新增沉渣体积仅占污水总体积的5%，可见回流对沉淀和脱水的效果。

根据有关试验资料，沉渣回流比由0逐渐增加到3，石灰法处理污水的效果逐渐提高。回流比由3到7，处理效果缓慢提高，7以上处理效果基本不变。因此，从提高处理效果的角度出发，沉渣回流比应为3～7，但考虑到沉渣回流比越大，在水处理过程中消耗的动力也越大，因此，规定石灰法最佳回流比应根据试验资料经技术经济比较后确定，无试验资料时可选用3～4。

3.2.10 酸性重金属污水对酸的预处理，一般是当污水pH值很低时，先将酸中和，这种预处理的目的，一是当污水为硫酸型时可回收石膏；一是为了分步回收污水中常见的有回收价值的铜和锌，先去除大部分硫酸钙沉淀，以提高回收重金属的品位。

预处理采用升流式膨胀中和滤塔或石灰石粉末，成本较低。它们可使污水pH值提高到5～6，无论从回收石膏或随后的回收铜或锌，均是最适宜的pH值。而且pH值的控制也比其它中和剂简易而可靠。

3.2.11 升流式膨胀中和滤塔国内已广泛用于处理酸性污水，并已有定型产品。中和滤塔出水不曝气则pH值为5左右，经曝气可提高到6左右。污水的硫酸含量不宜超过2g/L，含量过大则使石灰石表面沉积$CaSO_4$，包裹了石灰石颗粒而使之失效。

目前，国内的升流式膨胀中和滤塔，基本上都是采用变速流，变速流下部流速大，易于使沉积在石灰石颗粒表面的硫酸钙脱落，而上部流速小，使细粒的石灰石不随水被带走，从而石灰石能被充分利用。故规定宜采用变速流。

滤料含碳酸钙和碳酸镁总量不宜小于90%，是考虑到石灰石

(或白云石)达到这一要求来源并不困难,而含量太低,将使滤料无效部分增加,影响处理效果,并使倒床次数增加。

滤料直径、高度的规定都是目前实践中通用的,下部滤速按常规为130～150m/h,本条规定提高到130～180m/h,因为根据有关试验资料,即使提高到200m/h以上,仍有良好的中和效果,而较高的流速有利于清除滤料表面的沉积物。考虑到有关实际运行资料还不太多,故本条规定对滤速的下限不变,上限只提高到180m/h。

污水如悬浮物较多,宜先经沉淀去除悬浮物,以保证中和滤塔的处理效果。出塔废水并不规定必须曝气提高pH值,因为作为预处理,处理后并不排放,是否曝气根据处理工艺要求确定。

3.2.12 石灰石作为中和剂,颗粒愈小其利用率愈高,但粒度过细,磨石灰石的棒磨机消耗的动力就大,因此参考现有一些实例作本条规定。

3.3 硫化法

3.3.1 规定硫化法的适用范围,S^{2-}能与许多重金属离子生成硫化物沉淀。因此硫化法可用于去除本条所列的各种金属离子。一般重金属硫化物的溶度积比氢氧化物的溶度积小得多,因此比石灰法处理的效果好,而且从回收有价金属的角度看,金属硫化物比氢氧化物更易回收。但由于硫化剂价格比石灰高得多,处理后的水中残留硫离子需进一步去除后才能排放。因此其应用不如石灰法普遍。实用中多用于去除污水中用石灰法难以达标的Cd^{2+}、Hg^{+}等重金属离子。

3.3.2 本条规定是根据以废治废的原则和从经济角度出发制定的。当没有本条所列优先采用的条件时,目前国内都采用硫化钠或硫氢化钠作硫化剂。在国外也有采用硫化氢作为硫化剂的。如据报导日本有采用元素硫和重油热分解法制造硫化氢用以处理污水,但制造工艺较复杂,国内未有应用实例,因此,只规定一般采用硫化钠或硫氢化钠作为硫化剂。

3.3.3 根据有关试验资料,硫化钠处理重金属污水的用量基本接近理论用量,这是因为金属硫化物的溶度积很小,污水中一般也没有其它耗硫物质。而污水中如有过量的硫离子,不仅使处理后的污水硫超标,而且反而会影响某些重金属离子的去除。例如过量的S^{2-}会与Ag、Hg、Sn等生成AgSH、$Ag(SH)_2^-$、$Ag_2S_3H_2^{2-}$、$Hg(SH)_2$、HgS_2^{2-}、SnS_2^{2-}等络合离子。因此规定硫化剂的用量根据S^{2-}与重金属离子的摩尔量计算,设计宜取理论量的1～1.4倍。

3.3.4 由于硫化氢气体有恶臭和毒性,因此规定用硫化氢作硫化剂时,与污水的混合反应必须在密闭容器或构筑物中进行。这一规定也是为了提高硫化氢的利用率。

污水中的H^+会与S^{2-}生成硫化氢气体外逸。根据试验资料,当污水pH值提高到5.4左右,试验人员已嗅不到明显的硫化氢臭味,此时处理重金属离子所需的硫化钠恰与理论量相当,也说明在该pH值条件下基本上无硫化氢外逸。考虑到在实用中pH值控制的误差,故留有一定的余地,规定了加硫化剂后如污水$pH<6$,则污水沉淀也应在密闭容器或构筑物中进行。

3.3.5 硫化法处理重金属污水,总体来说其适应的pH值范围较广,可以在较低的pH值条件下生成金属硫化物沉淀。对于分步沉淀,为了回收或去除某一特定的重金属,而不使其它重金属也生成硫化物,其适宜的pH值一般通过试验确定。

3.3.6 硫化法处理酸性重金属污水,为使pH值达标,必须在处理前或处理过程中调节污水的pH值。一般一步沉淀常对污水中的酸进行预处理,分步沉淀则为了去除或回收某一重金属的需要,采用分步调节污水的pH值。选用中和剂的规定是从经济角度出发的。

对酸的预处理,采用石灰石粉末和升流式膨胀中和滤塔有其突出的优点,即采用这两种方法处理后污水pH值一般可达到5.4以上,这一pH值使污水在投加硫化钠后不会产生硫化氢气体,同时也不会因 pH 值过高而产生金属氢氧化物沉淀(除 Fe^{2+}外),因此既经济又易于控制 pH 值。

3.3.7 硫化法与石灰法配合使用,一是利用石灰调整 pH 值,重金属的去除主要靠硫化法;二是在分步沉淀过程中,利用石灰和硫化剂分别去除不同的重金属;三是以石灰法为主,最后辅以硫化法处理用石灰法难以使之达标的重金属。

1 用石灰法作为硫化法的前处理,主要是提高污水的 pH 值和使污水中的 Fe^{3+}生成 $Fe(OH)_3$ 沉淀,石灰用量可以根据 pH 值的提高和生成 $Fe(OH)_3$ 所需的 OH^- 量计算确定,在实践中则都是测定污水 pH 值,使之达到要求来控制石灰或其它中和剂的投加量。

2 在分步沉淀中,利用硫化剂回收或去除某种重金属离子时,则投加硫化剂时污水 pH 值的控制,如第 3.3.5 条说明所述,其 pH 值应通过试验确定。日本花岗矿山污水,pH2.6,含 Fe^{3+}、Fe^{2+}、Cu^{2+},先用石灰石粉末将 pH 值提高到 4.0 除 Fe^{3+},然后通入硫化氢使 Cu^{2+}与 S^{2-}生成 CuS 沉淀,在此 pH 值下 Fe^{2+}与 S^{2-}难以生成 FeS,进一步再投加石灰除 Fe^{2+}。

3 适用于以石灰法处理污水为主,辅以硫化法去除污水中如 Cd^{2+}等用石灰法难以处理到达标的重金属离子。因此,规定在石灰法与污水中的重金属离子充分反应后,大部分重金属离子已生成氢氧化物,再投加少量的硫化剂。此法在美国赫尔库拉钮铅厂污水处理中应用,用硫化钠去除石灰法未能使污水达标的镉,取得良好的效果。我国株洲冶炼厂据此作过试验,也有好的处理效果。

3.3.8 硫化法处理重金属污水,处理后水中的残硫往往超过排放标准,残硫包括 S^{2-}、HS^-和未完全沉降的细粒金属硫化物,其中 S^{2-}和 HS^-不能通过混凝沉淀和过滤去除,一般采用硫酸亚铁或漂白粉法处理使硫达标。

3.4 铁盐—石灰法

3.4.1 规定了铁盐 — 石灰法的适用范围。本法用以去除污水中的镉、六价铬和砷、其原理不同。铁盐用以去除污水中的镉是作为共沉剂;用以去除六价铬时铁盐则作为还原剂,使六价铬还原为三价铬,因此只能用二价铁盐;用以去除砷则铁盐既与砷生成 $FeAsO_4$ 等沉淀,又作为一种共沉剂。因此,在实际应用中,要根据其处理原理选用适当的铁盐及投加量,控制适宜的 pH 值。以下几条都是根据其处理原理并参考实际运行和试验资料制定的。

3.4.2 用石灰法去除污水中的 Cd^{2+},根据 $Cd(OH)_2$ 的溶度积计算在任何 pH 值条件下均难以达到排放标准 0.1mg/L,加铁盐作共沉剂使之达标是方法之一。由于 Fe^{2+}在较低 pH 值即可生成 $Fe(OH)_3$,且沉降特性和沉淀物浓缩脱水性能均优于 $Fe(OH)_2$,因此,规定宜采用三价铁盐作共沉剂。但考虑到硫酸亚铁价廉易得,从经济角度出发也有其优越性,故本条规定"宜"用三价铁盐,而不规定"应"用三价铁盐。

铁盐的用量与 pH 值控制是相关的。例如污水含 Cd^{2+} 1mg/L,把污水 pH 值提高到 H,Cd^{2+}也达不到排放标准 0.1mg/L;在污水中加入 Fe^{3+}10mg/L,污水 pH 值提高到 8 即可达到排放标准。如加入 Fe^{3+}50mg/L,则污水 pH 值在 7 左右即可达标。要求污水在较低 pH 值条件下达标,则 Fe/Cd 比值较大,pH 值与 Fe/Cd 值的相关关系最好通过试验确定,在缺乏试验条件时,根据已有资料,规定 pH 值宜控制在 8 以上,过高的 pH 值将使 pH 值超标。过低的 pH 值则铁盐投加量就更大,在 pH 值为 8 时,Fe/Cd=10 可使污水中的镉含量低于排放标准 0.1mg/L。

3.4.3 含六价铬的污水宜优先回收铬,因为铬的价格高,而且已有实用的回收技术。因此规定只有在含铬量较低回收困难或成本过高时,才采用化学法处理。化学法处理是先将六价铬还原成三价铬,然后调到适当的 pH 值使三价铬生成 $Cr(OH)_3$ 后沉淀除去。

还原剂可用硫酸亚铁、二氧化硫、亚硫酸、亚硫酸氢钠等，pH值的调节则采用石灰最经济。

含铬电镀废水当采用化学法处理时多采用亚硫酸氢钠，其设计应符合《电镀废水治理设计规范》(GBJ 136)的有关规定，故本条只规定投加硫酸亚铁的要求。

硫酸亚铁将六价铬还原成三价铬，理论值为Fe/Cr＝3.22，考虑到反应过程中Fe^{2+}适当过量并参考有关运行数据，过量系数为1.1～1.5，故规定Fe/Cr＝3.5～5.0，这一数值与《电镀废水治理设计规范》中亚硫酸氢钠的过量系数也基本相对应。

硫酸亚铁还原六价铬的化学反应在pH值2.5～3.0的条件下进行。$Cr(OH)_3$沉淀生成pH值为7时已满足要求，本条规定沉淀的pH值控制在8～9，是考虑到过量的Fe^{2+}沉淀所要求的pH值。

3.4.4 污水含砷浓度高时，二段处理往往是经济的。实验室研究表明，用铁盐处理含砷污水，处理后污水砷的浓度主要与铁砷比有关。例如污水含砷100mg/L，Fe/As＝4可将污水含砷降到1.0mg/L，Fe/As＝20才能将砷降到0.1mg/L。若采用一段处理，要使污水处理后砷的含量达到0.1mg/L，则需Fe^{2+} 2000mg/L；若分段处理，先采用Fe/As＝4，将污水中的砷降到1.0mg/L，第二步采用Fe/As＝20，将砷处理到0.1mg/L，则需Fe^{2+}总量为420mg/L，可见铁盐的用量可减少近80%。铁盐用量少，相应的也减少了石灰的用量和沉渣量。故二段法处理虽然需要二套反应、沉淀构筑物，但往往还是被采用。株洲化工厂的含砷污水，含砷17.5mg/L，试验采用二段铁盐——石灰法处理，第一段Fe/As＝2.5，第二段Fe/As＝20～25。

3.4.5 铁盐——石灰法处理含砷污水，对去除污水中的五价砷效果比三价砷好，用药量也较少。

正确选择铁盐投加量和控制pH值是关键，其影响因素有砷的价态，铁盐的价态，一段处理还是二段处理等。由于含砷污水中通常还含有其它重金属离子和氟等有害物也需要去除，则影响药剂用量和pH值控制因素就更多，难以从理论上作定量计算，因此有条件时应通过试验确定。本条所列的参数值，也是归纳一些运行和试验资料而定的。

三价铁盐去除污水中五价砷较二价铁盐有效。根据有关文献资料，在Fe/As＝1时，五价砷去除率可达90%；当Fe/As＝2时去除率接近100%，但要处理到污水含1mg/L以下，Fe/As须在4以上。因此规定Fe/As值当一段处理时宜大于4，二段处理时第一段为1～2，第二段宜大4。pH值的适宜范围为3～6。当pH值＞9时，氢氧化铁带负电，pH值愈高带负电量愈大，而砷酸的解离随污水的pH值升高，由$H_2AsO_4^- \rightarrow HAsO_4^{2-} \rightarrow AsO_4^{3-}$，即由电荷量小的阴离子变为电荷量大的阴离子，因而与$Fe(OH)_3$静电相斥力增大。此外$Fe(OH)_3$对OH^-的吸附作用比对AsO_4^{3-}吸附作用大，当污水pH值升高时，水中OH^-浓度提高，也使$Fe(OH)_3$对砷的吸附去除率下降。此外，污水pH＞9外排也不达标，因此规定pH值不能超过9。

清华大学环境工程系对株洲化工厂硫酸污水进行了污水处理试验，污水含砷17.2～204.1mg/L，先用有效氯将三价砷氧化成五价砷，控制污水pH值3.2～3.6，铁砷比3.5，处理后污水含砷1mg/L以下。相似条件也在某锡冶炼厂设计并投产，采用Fe/As＝4，污水含砷500mg/L左右，也能处理到1mg/L以下。根据以上资料，虽然Fe/As＝3.5时基本使污水中的砷达到排放标准，但仅为小试资料，且只能达到砷1mg/L以下，有时未达到排放标准0.5mg/L，故推荐一段处理时Fe/As不宜小于4。

二价铁盐去除污水中五价砷效果不如三价铁盐。据文献资料介绍，Fe/As＝1.5时，除砷效果达94%，其最佳pH值为8。Fe/As大时处理效果会好些，故规定一段处理时，Fe/As宜大于4(不小于三价铁盐的除铁砷比)，二段处理时，Fe/As宜大于1.5。

3.4.6 去除污水中三价砷，宜先氧化成五价砷，因五价砷较易处理。如直接处理，有关文献资料表明，采用二价铁盐无效。因此，条文中只提到投加三价铁盐。pH 值控制在 8～9，反应时间不小于 30min，是为了在反应的过程中使部分三价砷能氧化成五价砷。实践中投加二价铁盐去除三价砷也有一定的效果。这是由于部分 Fe^{2+} 和 As[Ⅲ]在处理过程中被氧化成 Fe^{3+} 和 AS(Ⅴ)。

投加三价铁盐处理污水中的三价砷 Fe/As 的规定。《石油化工环境保护手册》中一段处理推荐为 10，有关试验资料有高达 25 的。考虑到含砷污水还含有其它有害杂质，应用中 Fe/As 差别较大也是符合实际情况的，如推荐的 Fe/AS 过大，虽然可保证处理效果，但投药量大量增加使处理成本提高、沉渣量增大，故推荐 Fe/As 一段处理时宜大于 10，二段处理时第一段宜大于 2，第二段宜大于 10。

3.4.7　一般石灰法不能使污水中的砷达标，但由于石灰价格低，先用石灰法处理，再加铁盐使污水中的砷达标是实践中常用的方法，此时相当于用石灰——铁盐法作为二段处理，其 Fe/As 也规定不宜小于 4。例如某厂含砷 1000mg/L 的污水，先用石灰法处理，再加铁盐，Fe/As＝4～5，出水可以达标。

3.5　其它方法

3.5.1　说明氧化还原法的适用范围，一般用于污水的预处理。例如 Fe^{2+} 氧化成 Fe^{3+}，三价砷氧化成五价砷，六价铬还原成三价铬，其目的是为进一步除铁、砷、铬创造条件。铁屑置换法用铁屑置换铜，在回收污水中的铜后，污水中的铁还要进一步去除。因此氧化还原法一般只是预处理，不是一种单独使用的方法。

3.5.2　Fe^{2+} 氧化成 Fe^{3+}，理论上每克 Fe^{2+} 仅需氧 0.14 克。在标准状况下每升空气含氧 0.27 克，条文规定氧化每克 Fe^{2+} 需空气 2～5 升，相当于氧 0.54～1.35 克，约相当于氧的利用率 25%～10%，此值与《室外给水设计规范》GBJ 13－86 中曝气除铁的规定数值一致。

Fe^{2+} 氧化速度与污水 pH 值的关系很大，在 25℃水中溶解氧饱和的情况下，氧化一半 Fe^{2+} 所需时间 $t(1/2)=10^{14.318-2pH}$(min)。因此 pH 值每提高 1，半氧化的速度即加快 100 倍。在 pH 值为 7 时，t(1/2)为 2min，氧化 90%的时间为 7min，理论上 15min 即可氧化 99%。本条文规定曝气时间为 0.5h，是考虑到实际应用中的各种不利因素。武钢冷轧厂含铁污水的曝气时间也采用 0.5h。

3.5.3　三价砷氧化成五价砷一般采用液氯、漂白粉等作氧化剂，但含砷污水中一般还含有其它耗氧物质，如 Fe^{2+} 等，故其所需氧化剂量往往较大，难以作具体规定。

3.5.4　本条规定是根据化学原理和《电镀废水治理设计规范》GBJ 136 的相应条文。

3.5.5　铁屑置换铜，动态置换比静态置换效果好，当污水中的 Cu^{2+} 小于 60mg/L 时，回收往往是不经济的。当污水中 Fe^{3+} 含量大时，由于 Fe^{3+} 也要被铁屑还原成 Fe^{2+}，使铁屑耗量增加，污水中 Fe^{2+} 升高，故不宜采用铁屑置换法。

3.5.6　根据铁氧体法的原理，可用于处理条文中所列的各种重金属，实践中多用于处理含铬污水。《电镀废水治理设计规范》GBJ 136 已对设计要求作了规定。

4 药剂选用和投配

4.1 药剂选用

4.1.1 本条是体现环保和经济的原则。

4.1.2 单一的重金属离子溶液，可以根据投加药剂后所生成的沉淀物的溶度积计算出处理后污水中重金属离子的浓度、处理过程中控制的 pH 值和药剂用量。但重金属污水往往成分较复杂，当污水中不止一种重金属时，加药剂后产生共沉目前还无法通过理论计算确定量的关系，共存污水中的某些阴离子也影响药剂的选用和用量。因此规定药剂的选用和用量通过试验确定，当缺乏试验条件时，比照类似污水处理的实际运行数据或试验资料确定。

4.1.3 条文提醒设计者，不要由于使用药剂中的有害成分而使处理后的污水产生新的污染。

4.1.4 电石渣、石灰和石灰石是最常用的三种中和剂。电石渣是一种废渣，但只有有条件的地方才可使用。石灰全国各地都有，价格较便宜。石灰石比石灰更便宜，但它只能使污水的 pH 值提高到 6 左右，一般重金属污水要将 pH 值调到 8～9 才可达标，因此不可能全部代替石灰。

碳酸钠和氢氧化钠由于价格高而较少使用。但它们不需要石灰石或石灰乳那样复杂的制备工艺，投配简单而且沉渣量少，因此当污水量小，药剂总用量小时也可采用。有时由于金属回收的要求，如含镍污水需要以碳酸镍形式回收镍，要选用碳酸钠作为处理药剂。

4.2 药剂投配

4.2.1 药剂湿投比干投利用率高，个别试验资料说明石灰干投比湿投用量要增加一倍。从目前调查情况看，所有污水处理站药剂均为湿投，故规定药剂宜湿投。

药剂的溶解过去多采用机械搅拌或压缩空气搅拌，目前机械搅拌设备已定型，压缩空气搅拌则动力消耗大，噪声大，因此宜采用机械搅拌。

4.2.2 药剂溶解次数一般规定为每日不宜超过 3 次，即 1 天 3 班工作，每班一次。现有的工厂为三班制工作，有的是四班制工作，因此规定为每班不宜超过 1 次更为妥切。

4.2.3 本条参照《室外给水设计规范》GBJ 13 的有关条文制订。对石灰乳（包括石灰石粉末乳状液）规定浓度不宜超过 10%，这是考虑浓度过大石灰乳投加管道易堵塞。

有机高分子絮凝剂一般投加量较少，如浓度过高难以较正确地定量控制，故规定其投加浓度不宜大于 2%。

4.2.4 化学法处理污水，药剂投量是影响处理效果的主要因素。投量不足影响处理效果，投量过大，超过一定范围，不仅浪费药剂，还可能影响处理效果或带来其它问题。例如用石灰法处理污水，石灰用量过大，污水的 pH 值超过一定范围，锌、镉、铅等重金属会生成羟基络合物而反溶；采用分步沉淀时，某一步的药剂用量过大或过小，会影响有价金属的回收率和沉渣金属品位。又如采用硫化法处理污水，药剂投加量过大，会使处理后水中残硫量大，为去除过量的硫又得耗用大量的脱硫药剂。一些污水处理站的废水处理合格率不高，主要是药剂投量不适当，与没有定量投药设施和投药量计量指示仪表有关。目前定量投药和药剂计量仪表、设备已有较可靠的商品，技术和设施技术已能满足定量投药、药剂计量甚至药剂投量自动调节的要求。设置定量投药设施和指示投药量的计量仪表，既有需要，又可能实现，故作本条规定。

4.2.5 重金属污水化学法处理过程中，pH 值的控制和氧化还原电位的控制，是确保处理效果的关键。其测定值要求反映到加药间，以便及时调整加药量。规定了测定仪表的安装位置，是使处理效果能尽快地反馈到加药间以便及时调整加药量，而不滞后过多。

4.2.6 提醒设计者那些地方要采取防腐措施。

4.2.7 硫化法处理污水，如用硫化钠作药剂，污水 pH 较低时将会有硫化氢气体逸出，既污染空气又降低了硫化剂的利用率，因此混合、反应池必须密闭。为防止可能造成有害气体排出的意外事故，不宜设在有人固定值班的加药间。

投加液氯、硫化氢或其它可能在投加过程中产生异臭、有害气体或大量粉尘的药剂，也要求设在单独的房间，并采取相应的安全卫生和环保措施。

4.2.8 加氯间的设计其安全等方面的要求，《室外给水设计规范》GBJ－13 已作了明确规定，用于污水处理和给水处理的有关要求基本是一致的。

硫化氢有恶臭，在空气中浓度达到 0.3ppm 时即可明显地感觉到其臭味，浓度达 5～10ppm 时恶臭味就很强烈，但若以此作为预知危险信号仍是不可靠的，因硫化氢当浓度达 200ppm 时，就不再明显感觉臭味，达到 700ppm 时就完全感觉不到臭味。国内曾不止一次地出现过下水道维护工和污水泵房管理工因硫化氢中毒致病、致死的事故发生，故规定应设置空气中硫化氢浓度测定和报警设施。目前国内已有硫化氢气体检测报警头和报警仪产品，已有实施的条件。

4.2.9 本条是考虑药剂运输方便而制定的。药剂的搬运、起吊设备和计量设施往往被有些设计人员忽视，故预以规定。

4.2.10 本条规定是为了保证不因药剂缺乏而影响污水处理设施的正常运行。

5 污水处理构筑物

5.1 一般规定

5.1.1 规定了污水处理构筑物及其设计参数选择的基本要求，以确保总的污水处理效果。

5.1.2 关于处理构筑物设计流量的确定。

污水处理站大多是污水进入调节池后用水泵扬送到处理构筑物，这种情况应按泵的最大扬量作为设计流量。当调节池的水自流到处理构筑物时，则按最高日污水量除以废水处理站日工作小时数作为设计小时流量。如需要处理初雨水，还应考虑初雨水经调节池调节后的流量。

当工程分期建设时，一般污水处理也根据工程分期建设相应的流量设计。

5.1.3 各处理构筑物一般不少于 2 个，是为了当其呈个构筑物需要清理、检修而停止运行时，污水处理站仍能维持运行。对污水量小，调节池窖大，每天工作时间又较少的污水处理站，某一构筑物短时停止运行，污水藉调节池容纳，不会将未经处理的污水直接外排，则构筑物也可考虑只设 1 个。

5.2 格栅

5.2.1 工厂生产污水中常混有棉纱、破手套、塑料制品、木棒等杂物，如不去除将使水泵和处理构筑物的设备、布水设施、连按管道等堵塞。规定设置格栅，以使污水处理系统有正常运行。

5.2.2 目前国内城市污水处理厂的格栅栅条空隙宽度为 16～40mm，《室外排水设计规范》GBJ 14－87 规定污水处理系统前的格栅栅条间隙宽度，当人工清理时为 25～40mm，机械清理时为 16

～25mm，考虑到重金属污水处理厂规模与城市污水处理厂相比都较小，需清理的格栅上的杂物相对也要少些，且当前格栅的栅条空隙正趋于减小，故规定格栅栅条宽度一般采用 10～25mm。

5.2.3 针对重金属污水往往是酸性这一特点作本条规定。

5.2.4 参照《室外排水设计规范》GBJ14－87 相应的条文制订的。

5.2.5 本条是从安全和卫生角度出发制订的。格栅放在室外，即使污水释放出一些有害气体，在人工清理格栅或格栅检修时，对人体的危害也较小。如放在室内，即使设置一定的通风安全设施，也由于设施的可靠性和管理人员的素质等因素不及放在室外安全。故规定格栅宜设在室外，当要求设于室内时，则格栅间应根据污水水质设置有效的通风设施。

5.3 调节池

5.3.1 工厂污水一般水量、水质均有变化。如有时有含重金属溶液、废液的泄漏和事故溢流等，交接班时增加了冲洗地坪、设备、容器等排出的污水，都会使污水水量、水质变化。当污水处理站需要处理初雨水时，处理构筑物更无法适应水量的变化，同步处理全部雨水。对间歇法处理的污水处理站，可通过调节每一处理周期的投药量等因素，仍能达到好的处理效果，当发现某一周期处理达不到要求时，还可继续加药再处理一次。但对连续处理的污水处理站，水质和水量的变化将使处理条件适时调节困难，即使是全自动化的污水处理站，药剂投加量的变化也滞后水质的变化。为了确保处理效果，不使处理站的设计规模过大，规定了应设调节池，对水量和水质进行均化。

一般工厂在交接班时水量和水质变化较大，如清洗地坪、设备等一般均在交接班前进行。目前工厂均为三班制或四班制，故规定调节池容积一般大于 8h 污水量，如为四班制工作也不宜小于 6h 污水量。

有的工厂，如有色金属冶炼厂，初雨水挟带大量空气中的有害物和地面、屋顶上的粉尘，使水中的重金属含量很高。某冶炼厂的测定资料，正常情况下污水含重金属 100mg/L 左右，初雨时排水达 300mg/L 以上，说明对该类工厂初雨水必须处理。

5.3.2 调节池内污水停留时间较长，一般不设搅拌设施，即使有搅拌设施也需定期清理。对悬浮物较多的污水，人工清理工作量很大，劳动条件差，故宜采用机械清理。国内刮泥机、虹吸和泵吸式吸泥机均已有定型产品，在设备选型上也已可以满足机械清理的要求。

5.3.3 重金属污水多呈酸性，故作本条规定。

5.4 污水泵站

5.4.1 污水水质决定水泵的选型，一般重金属污水均为酸性，应选用耐酸泵。选用工作泵的台数宜与污水处理设施系列相适应，如 2 个系列处理构筑物宜选 2 台工作泵，当一个系列停运时可只开 1 台泵。

泵站通常设 1 台备用泵，考虑污水泵或耐酸泵检修周期较短，事故可能性也较清水泵大，故规定 3 台及 3 台以上的工作泵宜设 2 台备用泵，调查的污水处理站管理人员也提出这一看法。

5.4.2 重金属污水经常是酸性污水，具有腐蚀性，因此作本条规定。

5.4.3 从安全与环保角度出发，规定抽升可能产生有害、有毒气体的污水泵房，须设计为单独的建筑物。国内有一合建式污水泵房，由于未按设计安装通风设备以及管理上的一些原因，集水池排出有毒气体使三人中毒而死。因此集水池宜设于室外，如与泵房合建，则应有可靠的通风设施。

5.5 混合反应池

5.5.1 水处理药剂与污水的混合，一般采用机械搅拌或水力搅拌，不宜采用压缩空气搅拌，一是从环保角度出发，压缩空气搅拌噪声较大，空气压缩机或鼓风机本身的机械噪声也很大；二是从节能的角度，空压机的功率要大于搅拌机械。

间歇式处理污水，考虑到混合、反应、沉淀一般都在同一池子中进行，池子面积大，大型的机械搅拌设备还没有定型，用水泵进行水力搅拌效果较差，故规定也可采用压缩空气搅拌。

5.5.2 药剂溶液与污水的混合在高速机械搅拌下不到1min即可混合均匀，重金属离子与OH^-或S^{2-}的化学反应也很快，有关石灰法的试验在1～2min化学反应已完成，规定混合时间为3～5min，已适当留有余地。

反应时间这里是指污水经化学反应后污水中悬浮颗粒的絮凝时间。在给水处理中隔板反应池为20～30min，机械反应池为15～20min，折板反应池为6～15min。石灰法处理重金属污水的试验3～5min已取得良好效果，实际运行资料5～10min也已足够。但考虑到试验及运行资料仅限于石灰法，系统研究和积累的可靠资料均不足，结合给水处理、化学法处理电镀废水和一些设计单位的经验，规定反应时间为10～3min。

5.5.3 本条主要考虑环保和安全卫生的要求，压缩空气搅拌除了噪声大，还会加剧有害气体的逸出，故不宜采用。

5.5.4 反应池的末端会产生沉淀，当污水中有较大颗粒的悬浮物时，即使在混合池中也有沉淀物。在调查中有的运行单位提出要设排空管。为使外排不污染环境，规定排空管应通向调节池。

5.5.5 重金属污水多呈酸性，混合池和反应池均应根据污水的性质采用相应的防腐措施。

5.6 沉淀池

5.6.1 重金属污水性质各异，所加药剂也有多种，一般处理流程均应通过试验确定，其沉淀池的设计参数也应通过相应的试验确定。但有时候没有试验条件，如矿井污水、废石场的排水，在设计阶段，其污水水质也要进行预测和类比参考，因此规定了没有试验条件和缺乏有关资料时的参照数据。

目前在重金属污水处理中应用的沉淀构筑物以斜板沉淀池、水力循环澄清池、机械搅拌澄清池较多。

某矿山含重金属的矿井污水用石灰法处理。试验采用斜板沉淀池，表面负荷1.0$m^3/(m^2.h)$，采用沉渣回流技术表面负荷提高到4.0$m^3/(m^2.h)$。实际生产中采用水力循环澄清池加斜板，表面负荷3.0$m^3/(m^2.h)$，运行多年，在略超过设计流量时，仍有良好的沉淀效果。

某冶炼厂重金属污水，污水处理试验采用石灰法，斜板沉淀表面负荷1$m^3/(m^2.h)$，采用沉渣回流技术表面负荷提高到4～5$m^3/(m^2.h)$，设计采用表面负荷2.3$m^3/(m^2.h)$，运行多年，在略超过设计流量时，仍有良好的效果。

某冶炼厂重金属污水采用石灰法处理，选用机械搅拌澄清池，表面负荷2.25$m^3/(m^2.h)$，投聚合氯化铝作聚凝剂，沉淀效果良好。

在实际应用中，投加高分子聚凝剂，沉淀池的表面负荷还可进一步提高。如武钢1.7m轧机工程冷轧车间污水处理，用石灰法处理含铁污水，斜管沉淀法表面负荷达6.9$m^3/(m^2.h)$。

考虑到实际应用的资料还不多，故只对石灰法处理污水的沉淀构筑物给出参照指标。重金属污水处理中，沉淀构筑物排水中的悬浮物主要是重金属。如用石灰法处理含锌废水，沉淀池排水中的悬浮物主要是$Zn(OH)_2$，如悬浮物含量为10mg/L，即相当含锌6.58mg/L。用硫化法处理含锌污水，悬浮物主要是ZnS，如悬浮物10mg/L，相当含锌6.71mg/L。因此要求沉淀池沉淀效果好，条文中所列的参考数值偏小，以策安全。

5.6.2 在实际应用中，当污水中含重金属离子较多，或采用沉渣回流技术时，斜管沉淀池效果较差，因此多采用斜板沉淀池。斜板净距多为50mm。国内城市污水处理厂实际采用的斜板(管)，净距为45～100mm。《室外排水设计规范》GBJ14－87规定为80～100mm。城市污水处理中的二沉池与化学法处理重金属污水采用沉渣回流技术的沉淀池沉渣性能有较多的相似之处，但本条中斜板间距没有规定为80～100mm，而定为50～80mm，是基于以下原因：(1)斜板间距大，沉淀面积就小，表面负荷要降低。(2)调查的斜板沉淀池（有沉渣回流）和加斜板的水力循环澄清池斜板间距都为50mm，运行基本良好，有一个厂反映当沉渣回流较多时有时沉淀池有悬浮物向上翻，建议斜板间距略大些。因此，规定斜板间距50～80mm，对有沉渣回流的斜板沉淀池可取大值。

斜板斜长1m，倾角60°是目前的通用数据。根据石灰法处理污水的试验，倾角55°也基本可以，但当污水重金属含量低时斜板上略有积泥。武钢1.7m轧机工程冷轧厂污水处理由西德引进的兰美拉净化器（异向流斜管沉淀池）斜管倾角也是55°。但考虑到污水性质各异，当斜板倾角55°时也还可能有积泥现象，目前国内的给水和污水处理都是要用60°，故规定为60°。

5.6.3 沉渣回流技术可以把回流沉渣与药剂同时加入到污水中，或先与药剂混合后再加入到污水中，或先与污水混合再加药剂，对于不同的污水适合不同的沉渣回流形式，在日本有文献资料报导，如含铜污水宜采用第二种方式，含锌污水宜采用第一种方式。国内也有单位做过一些试验工作，但工作不系统。就已掌握的资料来看还没有条件对这三种沉渣回流方式的适用范围作具体规定。

回流沉渣可以是沉淀池的沉渣，也可以是经浓缩后的沉渣，后一方式可减少回流沉渣的流量，从而减小了沉淀池的流量负荷和回流的动力费用，但增加了浓缩池的负荷，故必要时可通过技术经济比较后确定，条文中未作具体规定。

5.6.4 斜板（管）沉淀池的排泥，大型沉淀池宜采用机械排泥，小型沉淀池可采用多斗排泥。排泥斗斜壁与水平面夹角，株洲冶炼厂污水站为方斗采用50°，据调查有积泥现象，故规定圆排泥斗宜为55°，方斗宜为60°。这一规定与《室外排水设计规范》GBJ14－87一致。株洲冶炼厂污水处理站原设计为每两个排泥斗采用一管一阀排泥，运行中问题较多，后改为一斗一管一阀，效果明显改善。

5.7 过滤池

5.7.1 化学法处理重金属污水，经沉淀池后未下沉的悬浮物主要是细粒的重金属化合物，排入水体后由于重金属不能自净只能迁移转化，最终仍有可能造成危害。因此要求处理后的污水悬浮物含量很低。这一要求一般都通过减小沉淀池表面负荷以提高沉淀效率来达到。经调查沉淀池出水浊度多在5°以下。

当要求出水水质较高时，也可在沉淀后再过滤。据调查目前昆明冶炼厂的重金属废水用石灰法处理，污水在澄清后进入无阀滤池，滤池在运行过程中滤料易板结影响正常运行，这是目前较少使用过滤池的主要原因。

5.7.2 重金属污水处理采用过滤池的实例还较少，目前多参照《室外给水设计规范》GBJ13－86中的有关规定进行设计。

5.7.3 滤池中洗水是含重金属的污水不能直接外排，故应返回污水调节池。

6 沉渣处理

6.1 一般规定

6.1.1 规定沉渣处理的原则。

重金属污水处理中的沉渣，在一定意义上说是一种资源，因此首先应考虑回收其中的有价金属和综合利用。国内外实例表明，对铜、锌等金属有以氢氧化物或硫化物形式回收的；对铜有用铁屑置换方法以海绵铜形式回收的；对镍有以碳酸镍形式回收的；对铁则以氢氧化铁形式回收后制氧化铁红或氧化铁黄。很多情况下沉渣回收有价金属或综合利用是可行的。对在当前技术经济条件下回收和综合利用有困难的沉渣，由于有些沉渣会被雨水反溶而造成二次污染，因此必须妥善处置。

6.1.2 沉渣应尽可能在本厂生产工艺过程中回收有价金属和在厂内综合利用，或者外销作为其它厂的生产原料。株洲冶炼厂的重金属污水用石灰法处理，其沉渣经浓缩、脱水、干燥后返回本厂挥发窑回收铅锌等有价金属，既回收了有价金属又消除了二次污染。沉渣无论是回收、综合利用，对其含水量均有要求，据此确定沉渣脱水和干燥的程度和选用相应的构筑物和设备。

6.1.3 暂时不能回收、综合利用或外销的沉渣应妥善处置。首先应鉴别是否为有害渣，即鉴别其浸出毒性，然后再采取相应的处置措施。我国已有《有色金属工业固体废物浸出毒性试验方法标准》GB 5086 和《有色金属工业固体废物污染控制标准》GB 5085，1996 年国家环境保护局和国家技术监督局又颁发了《危险废物鉴别标准》GB 5085.1～5085.3，均应遵照执行。

6.1.4 沉渣的浓缩、脱水构筑物和设备的排水，正常情况下一般能达到沉淀池出水水质，即可以达到排放标准。但在非正常情况下，如浓缩池底流排放不及时，脱水设备每个周期开始时的排水不能达标，事故时如滤布破裂跑液等排水水质就更差了，因此规定其排水应排到调节池。

6.2 浓缩池

6.2.1 沉淀池排出的沉淀，一般含水率 99%以上，因此规定了在进入机械脱水前一般先进行浓缩，以减轻脱水机械的负荷和保证脱水效果。不同的污水即使用同一流程和方法处理，其沉淀池沉渣的含水率和浓缩性能也不尽相同，例如用石灰法处理含重金属相同的污水，如污水中 SO_4^{2-} 含量不同，同含量高的污水沉渣中有大量的硫酸钙，这就使沉渣含水率要低些，浓缩、脱水性能也要好些。至于不同的处理方法所产生的沉渣，沉淀前加或不加絮凝剂，加入不同的絮凝剂，其沉渣的含水率和浓缩特性更不相同。因此沉渣含水率和浓缩参数，有条件时应通过试验确定。

6.2.2 很多情况下没有条件进行沉渣的浓缩试验，因此只好参考类似污水处理的运行数据进行设计。从调查积累的资料来看，仅有石灰法处理污水有条件提出参照数据。根据冶炼厂和矿山重金属污水石灰法处理试验和运行资料，沉淀池的沉渣含水率一般在 99.2%～99.8%，采用沉渣回流技术后，沉渣含水率可达 98%以下。当污水中无机悬浮物含量高或 SO_4^{2-} 含量高时，沉渣含水率还会进一步降低。由于没有条件对各种情况的沉渣含水率提出参考数据，只能提出沉渣含水率 99.5%～98.0%这一较保守的参考值。

6.2.3 国内的重金属污水处理，浓缩池的停留时间均大于 12 h，有效水深不小于 4 m。重金属氢氧化物沉渣浓缩性能和城市污水活性污泥较类似，故本条是参照《室外排水设计规范》GBJ 14 制订的。浓缩后沉渣含水率 98.0%～96.0%，是根据 6.2.2 条调查实例确定的。

6.2.4 与 6.2.3 条相同，主要也是参照《室外排水设计规范》GBJ 14 制订的。

6.2.5 间歇式浓缩池每周期加入的沉渣量和浓缩时间都可能不

同，也很难较精确地计算出渣和水的界面高度。规定在不同的高度设置排出澄清水的措施，设施简单但可以适应各种变化的情况。

6.3 脱水机械

6.3.1 常用的脱水机械有真空过滤机、压滤机和离心脱水机。根据有关试验，化学法处理重金属污水的沉渣脱水性能较差。某冶炼厂污水用石灰法处理，当有沉渣回流时，沉渣采用真空过滤机脱水，渣含水率为 90%，采用压滤机为 80%，采用离心脱水机为 85%。真空过滤渣含水率过高，离心过滤机滤液浑浊，因此生产中多采用压滤机。硫化法处理污水其沉渣脱水性能更差。目前调查的污水处理站以采用板框压滤机和厢式压滤机的为多，也有采用带式压滤机的。

城市污水处理厂污泥脱水近几年，采用带式压滤机的较多，最近滗析式离心机在上海曹阳污水处理厂污泥脱水中应用，测定表明效果较好，但目前只有引进产品，价格较高。在重金属污水处理中还无应用实例。

因此规定沉渣脱水机械根据技术经济比较后确定选型，一般宜采用压滤机。

6.3.2 为减小脱水设备的负荷，保证脱水效果，沉渣宜浓缩后进入脱水机械。此外，一般压滤机也要求进料含固率大于 2%，沉淀池排出的沉渣往往达不到这一要求。

当污水中 SO_4^{2-} 含量很高时（例如硫酸生产中的污酸或硫酸污水），用石灰法处理后污水中含固率很高，而其量往往也较小，可以直接进入脱水机械。间歇处理污水一般流量较小，且在间歇处理过程中也包含了沉渣浓缩过程，因此沉渣也可直接进入脱水机械。

6.3.3 城市污水处理厂的污泥脱水目前都投加絮凝剂，重金属污水处理站沉渣脱水目前都没有投加絮凝剂，这是由于对重金属污水处理中沉渣脱水的研究还比较少。根据个别的试验资料投加絮凝剂可以提高脱水沉渣的含固率。因此条文没有规定是否必须投加絮凝剂，而要求通过试验和技术经济比较后确定。

6.3.4 重金属污水由 pH 值、悬浮物含量、所含重金属的品种、数量的差异，以及废水处理流程和投加药剂的不同，沉渣过滤性能也会有不同，因此要求通过试验或参照类似沉渣脱水运行数据确定。

当缺乏有关资料时，根据目前国内重金属污水处理站运行情况，只能对石灰法处理污水且脱水前不加絮凝剂的压滤机提出参照数据。归纳一些试验和运行资料，石灰法处理重金属污水，如不采用沉渣回流技术，压滤机滤饼含水率为 85%左右；采用沉渣回流技术，压滤机试验的滤饼含水率为 80%左右，实际运行为 80%～82%，过滤强度为 6～8kg/m²·h（干基）。当污水中 SO_4^{2-} 含量很高时，沉渣中 $CaSO_4$ 含量高，脱水性能较好，滤饼含水率可取 75%甚至更小。

6.3.5 实际调查表明，压滤机的工作时间最多为 6～7 h/班，考虑在设计中应留有余地，故规定每班工作时间不宜大于 6 h。

6.3.6 对机械脱水间的设备布置、滤饼贮斗或堆场、滤饼运输等问题作了原则规定。

6.4 沉渣干化

6.4.1 为了减少干化的运行费用，作此规定。

6.4.2 从沉渣中回收有价金属，一般需进行干燥，通常都采用回转干燥窑。由于重金属污水的沉渣干燥后易附着在窑壁，故必须在窑中增设悬链。所列脱水量指标，是根据两个污水处理站的设计和运行数据确定。

6.4.3 干燥窑平时事故较少，投资也较大，故规定一般不设备用。但干燥窑每年要检修一次，检修时间一般 7～10 d，考虑到适当留有余地，要求设置浓缩沉渣贮存池。容积为 7～15 d 的浓缩沉渣量。

6.4.4 干燥窑一般采用煤气或煤作燃料，会产生一定的烟尘，故要求设收尘系统，使排放烟气符合环保的有关规定。

7 污水处理站总体布置

7.0.1 规定了污水处理站在全厂厂区布置中，位置选择应考虑的主要因素。

1 污水自流安全可靠，管理方便，经营费省。一般重金属污水各车间外排的水量均较小，污水扬送有时泵的选择也较困难，因此应尽可能自流到污水处理厂。

2 曾经有工厂把污水处理站设计在洪水位以下，给站内排洪和处理后的污水排放都造成很多困难，造作本条规定。

3 良好的工程地质条件对污水处理站的施工和节省工程造价都是有利的。

4 处理后污水的排放条件包括污水处理站到污水承纳水体的距离，水体的功能和环境容量，能否自流排放等因素。良好的排放条件可节省基建投资和经营费，并方便管理。

5 厂矿往往是分期建设，污水处理站一般也相应地分期建设以节约初期投资。因此污水处理站要根据厂矿的发展规划留有相应的扩建场地。对矿山井下污水，有时虽然生产规模未扩大，但愈往深部开采井下排水量愈大，这种情况也要考虑污水处理站分期建设的合理性。如选择分期建设应留有扩建场地。

6 硫化法处理污水，当 pH 控制不当时可能有硫化氢排出。德兴铜矿矿山污水曾拟采用硫化法处理，控制合适的 pH 值有一定困难，大型的沉淀池要全部密闭也难以做到，而由于硫化氢问题使该矿不得不改变处理流程。即使设施完善也还难免有不正常的情况逸出硫化氢。因此采用硫化法的污水处理站宜设在居住区和工厂常年主导风向的下方。

7.0.2 规定污水处理站建构筑物平面和竖向配置应考虑的主要因素。

污水和沉渣处理具有不同的操作、维护、管理要求，污水和沉渣处理构筑物相对集中有利于管理，故宜分别集中布置。加药间宜靠近投药点，使投药管道短，管理方便，投药可靠。

合理的构筑物配置，使污水水流顺直，少迂回和反流，则污水处理站内的管道可缩短，污水落差可以减小，以节省基建投资和经营费。

污水处理站内建构筑物的布置既要紧凑以节约用地，又要满足施工和药剂、沉渣等的运送要求。处理站内道路的布置、宽度、等级等要求要与厂矿的总体布置和要求相适应，故不作具体规定。

竖向设计利用地形可减少土石方工程和污水在处理站内的扬送次数，有利于管理并可节省基建费和经营费。不强调处理站内部的土石方平衡，因为污水处理站只是全厂矿的一个组成部分，土石方的平衡应在厂矿总体设计中考虑。

沉渣有条件自流输送时宜采用渠道，以利于维护管理，有的厂已将设计的沉渣自流管改为自流槽，有关管理人员也提出这一意见。

污水处理站多数设在工厂厂区内，因此试化验室、其它附属建筑物和生活设施宜与全厂统一考虑。重金属分析仪器一般较贵，在厂矿的中心试化验室一般已配备较先进的分析仪器设备，故不宜再单独配备许多仪器设备，只需设置一些简易、常规的分析仪器即可。

7.0.3 并联运行的处理构筑物配水如不均匀，则配水量大的构筑物就会因超负荷而影响处理效果，故作本条规定。

7.0.4 石灰法处理污水，有时石灰的日用量达数十吨，必须在污水处理站设石灰棚(库)，且宜设在石灰乳制备间旁边。

化学法处理污水有大量沉渣，当不能回收或综合利用时，如不妥善处置就会引起二次污染。全厂还有其它生产废渣，因此污水处理的沉渣的处置宜与全厂废渣统筹考虑。

7.0.5 污水计量的目的，一是为了加强工厂生产管理，控制生产污水的排放量;二是为了掌握污水处理站的运行数据,考核各构筑物的运行工况;三是为了环境管理。因此宜设置计量装置。沉渣特别是回流沉渣的计量,对提高水处理效果和处理站管理水平也是需要的。排放污水量还涉及到当地环保部门的环境管理和排污收费,因此外排污水必须计量。

7.0.6 寒冷地区的污水处理站,对构筑物和管道,特别是水基本不流动的构筑物和管道,如浓缩池、构筑物的排沁管和排泥阀等,可采用加隔热层、加盖、设闸阀间并加暖气等措施,以保证处理站正常运行。

7.0.7 药剂管道宜架空敷设,利于检修检查。石灰乳管道由于易堵,因此宜明设,避免U形管,并宜设置由石灰乳车间经投药点回流到石灰乳车间的管道,以保证无论投加点是否投加,始终有一定量的石灰乳在管道上流动。在调查的一些污水处理站中,有回流管道的石灰乳投加系统工作正常、可靠,管道不堵。

7.0.8 污水处理构筑物应设排空设施,利于构筑物排空和清洗。由于排空的水达不到排放标准,因此不能直接外排,必须回流到调节池。

7.0.9 本条规定了保证只要有重金属污水从车间外排,污水处理站就能可靠地工作,不会因停电而事故排放。污水处理站一般都与生产车间临近或同在一个厂区,因此与车间供电等级一致,在实施上一般也没有太多困难。

7.0.10 本条规定是为了改善污水处理站的环境条件。